地震学、震源及地球结构概论

An Introduction to Seismology，Earthquakes，and Earth Structure

〔美〕塞思·斯坦(Seth Stein)
〔美〕迈克尔·维瑟逊(Michael Wysession) 著

梁春涛 李红谊 田 有 唐启家
武振波 邓 凯 薛 静 译

科 学 出 版 社
北 京

图字：01-2015-5623 号

内 容 简 介

本书是一本理论基础全面、应用方向广泛且应用实例丰富的地震学专业书籍。本书既包括地震学的基础理论(第 1、2 章)、地震学在地球探测中的应用(第 3 章)，也包括震源机制和震源物理等方面的内容(第 4 章)。本书第 5 章讨论了不同构造环境下的地震分布、震源机制以及震源物理特征；第 6 章讨论了地震图的基本处理方法和原理；第 7 章结合实例讨论了地球物理反演基本原理和方法。此外，本书附录汇总了专业所需的数学和计算方法等方面的基础知识，以供缺乏相关基础的读者自学补充。

本书适合作为地球物理学等专业的本科生或研究生教材，也可作为相关专业领域的科研人员的参考书籍。

Title：*An Introduction to Seismology, Earthquakes, and Earth Structure* by S. Stein and M. Wysession，ISBN：978-0-86542-078-6

审图号：GS(2018)5487号

图书在版编目(CIP)数据

地震学、震源及地球结构概论 /(美)塞思・斯坦(Seth Stein)，(美)迈克尔・维瑟逊(Michael Wysession)著；梁春涛等译. —北京：科学出版社，2020.4（2025.2重印）

书名原文：An Introduction to Seismology，Earthquakes，and Earth Structure

ISBN 978-7-03-064644-6

Ⅰ. ①地…　Ⅱ. ①塞…　②迈…　③梁…　Ⅲ. ①地震学 ②震源 ③地球内部　Ⅳ. ①P315 ②P183.2

中国版本图书馆CIP数据核字(2020)第038634号

责任编辑：黄　桥 / 责任校对：彭　映
责任印制：罗　科 / 封面设计：墨创文化

科学出版社出版
北京东黄城根北街 16 号
邮政编码：100717
http://www.sciencep.com

四川青于蓝文化传播有限责任公司 印刷
科学出版社发行　各地新华书店经销

*

2020年4月第　一　版　开本：889×1194　1/16
2025年2月第五次印刷　印张：30 1/4
字数：850 000

定价：298.00 元

(如有印装质量问题，我社负责调换)

中文版序一

我们希望本书可以帮助年轻的中国科学家了解地震学和世界各地的地震学家群体。这个群体对地震和地球进行更加深入细致地考察，对复杂的相互作用的地球系统知之甚多。但同样重要的是，他们在复杂的自然现象面前明智地保持谦逊。他们认识到地球是非常复杂的，并且仍然有很多我们不清楚的东西。我们很聪明，但地球更“聪明”。这种知识和智慧的结合使我们与众不同。

地震学家是一个包容的群体——我们热爱自己所做的事情，乐于分享，并且欢迎新面孔。我们欢迎年轻人注入新的能量，带来新的观点。当你遇到来自不同国家和文化的地震学家时，你会发现他们之间有一种天然的联系。也许素昧平生，但却见字如面——当你读到一篇科学论文或一篇博客，你会由衷地说：“此言甚佳”，因为相同的知识和观点就是我们共同的语言。有时你会遇到一个因其工作而为你所知的人，你会意识到：尽管你们生活在不同的国家，说着不同的语言，但你们对地球的内部规律有着非常相似的看法。

地震学是一门经验性的科学。我们从现实世界的观察中充分地了解地震波的工作原理，并且发现地震波波动现象与理论大致相符。为了了解地震和地球内部过程，我们对所能观察到的现象进行解释。这意味着我们经常要面对信息的不完整性。例如，当我们谈论地核的组成或者某个地方发生大地震的可能性时，我们只有有限的信息来支持我们的观点。所以，现有的观点并不是永恒不变的。许多现有的模型都是不完整的，而且可能是错误的，快速增加的数据提出了新的问题，也提供了新的机会。我们经常发现一些让我们惊讶的新东西，迫使我们改变长期以来被广泛接受的观点。

举个例子，直到最近，我们一直认为 9 级地震只发生在那些小于 8000 万年的岩石圈的迅速俯冲(超过 50mm/a)的海沟中(如本书图 5.4-30 所示)。尽管这一想法从直觉上讲是合理的，因为年轻的板块和较快的速度才有可能使两个板块之间的界面产生强烈的力学耦合，但 2004 年的苏门答腊地震和 2011 年的日本地震表明这种看法是错误的。我们被短时间的地震记录误导了，以为历史上已知的某个俯冲带发生的最大地震就可以代表全球可能发生的最大地震。

中国的地震学历史可以追溯到公元 132 年的汉代，当时张衡发明了第一个记录地震的仪器。如今，有不少新发现来源于中国，因为中国有一个庞大的地震研究群体，中国地震活跃并且面临重大的地震灾害，而且拥有长时间的历史和古地震记录。例如，长达 2000 多年的中国北方的记录显示，大地震在断裂带之间迁移，基于此提出一个新的模型，板块内部的地震活动是由于缓慢的构造运动加载于一个复杂的相互作用的断层系统所引起的，长时间不活动的断层可能在短时间内变得活跃。另一个例子是，1976 年 7.8 级唐山大地震地区的小地震活动仍在继续，人们担心这些小地震可能会导致唐山和中国北方的其他地区进入一个新的强地震活跃期。然而，基于对这些地震的分析，以及对其他地方地震的观察和断层摩擦模型显示，大陆内部地震的余震可能比板块边界持续的时间要长得多，这表明这些小震仍可能是 1976 年地震的余震。这些例子表明，更多地了解地震和地球的基本科学问题可以帮助社会更好地应对地震灾害。

你们中的许多人可能由于亚洲地区 2008 年的汶川地震和 2015 年的尼泊尔地震的袭击，从而激发了研究地震学的兴趣。然而，地震学在了解地球从地核到地壳的结构方面发挥着更广泛的作用，它是对地球内部进行成像并研究其结构、温度和构造的最佳手段。这包括确定石油储量，了解驱动地幔对流、板块运动和地球演化的动力。我们已经成功地将地震检波器布设到月球和火星上，未来也有可能会布设到其他星球上。地震学还让我们能够监测地球上任何自然的或人为的振动源。地震检波器为我们提供了数千个“耳朵”，用于监测海洋风暴、识别冰川和河流的流动、调查火山活动、跟踪动物迁徙以及量化军事武器和战争的影响。

我们希望你喜欢这本书，并发现它对你的学习和研究有帮助。我们期待着不久的将来与你们见面!

原书作者：Seth Stein　Michael Wysession

2020 年 3 月 28 日

中文版序二

你会打开这本书，说明你应该听说过地震，但你对地震了解多少？不论你只是好奇，想了解地震学是怎么回事，还是课程学习的需要；或者是其他专业的人员，想提高对地震学的认知；甚至是专业研究人员，希望寻找参考书，这本书都可以帮助你。

现代地震学是一门相对年轻的学科。地震学可分为对震源的研究和对地震波传播的地球介质的研究，旨在关心地震如何发生，它的机制、过程、规律，或者关心地震和其他自然或人工源产生的波动，及利用这种波动来了解地球内部信息。有人说最好的科学是既有基础性又有现实意义的科学。地震学有这个特性：既有许多基础问题需要研究，又有着广泛的应用，包含对地球内部结构的认识、地球内部动力学、地表板块运动、地质构造和演化、地震火山灾害、石油矿产等资源勘测、地震工程等等。由于它的基础性和广泛性，地震学被认为是地球物理学中最重要的内容，也是地球科学乃至所有科学研究中重要的内容之一。对我国来说则有着更特殊的需要，因为我国是大陆地震最频繁、灾害最严重的国家，非常需要这方面的最新知识和一代又一代的研究，以及专业工作人员和受过这方面基本教育的公民。

国外在地震学方面有许多深浅不同的教科书，国内也有一些中文教材。这本翻译的教材，出现得很及时。这本书本身是简介性质的，包括了一些基础理论、数学和物理，同时全书从头到尾渗透了大量的实际观测和研究结果，使读者在了解基础的同时，又能看到这些基础是如何被应用到实际问题当中的。原作者 Seth Stein 教授和他原来的学生 Michael Wysession 教授是在美国从事多年地震研究的实践者和专家，同时也在大学从事教学多年，并在积极推动科学普及教育。本书的几位翻译者都是年轻学者，有多年在国外学习、研究、工作的经历，同时多年在国内从事一线的研究、教学和领导的工作，能花费宝贵的时间和精力，把这本书通过翻译介绍给大家，难能可贵。

本书大部分读者和使用者很可能是与地球物理有关或是对此感兴趣的本科生和研究生。学习有各种方法且因人而异，我在这里提几点想法与大家分享。①积极主动的学习态度、提高学习兴趣是学习任何东西的重要秘诀，不是(或不仅是)为了考试，而是在于理解原理(“格物”)。②注意概念，重于理解，学而不思则罔。像其他物理科学一样，概念的理解最重要。③学会看地震图。地震学最根本的可以说是如何看地震图、从中提取信息。④数学基础。要了解地震学需要有一定的数学基础，地震学也是了解这些知识如何应用、提高这方面兴趣和训练的好地方，主要包括微积分、线性分析、复变函数、张量分析、特殊函数和应用数学(如近似分析、反演理论、概率统计)。⑤不要从头看到尾，可以跳着看，来回看。学习科学知识，不是看小说、看电影，地震学尤其如此。每个小节就是一个问题，一个故事，理解了其乐无穷。学会如何跳过不懂的地方，把它当作黑匣子。不懂的地方即使跳过了，也能够了解其中的主要内容。⑥带着问题去学习，没有问题可以问自己问题。⑦自己推导。有些公式需要自己推导才能够理解其公式内部的含义。⑧注意不同的观点、看法、角度。同样问题有不同的解释，不同的理解，从多个角度上看问题更容易深入理解。可以多跟他人交流，查原始工作，查其他文献，查网上资料，以增进理解。⑨英文能力和编程能力。地震学是全球性非常强的科学，有大量的英文参考书和文献，同时需要数字信号处理和编程技能，有许多问题可以通过自己编程和利用他人的程序来检验、来学习、来了解。⑩学习是为了创造，学以致用。培养独立思考能力，批判性思维，学会发现问题。

从我个人教育经历来看，细数在中国科技大学、中国石油勘探开发研究院、美国加州理工学院、哥伦比亚大学，上过和旁听过的地震学课程，有十一门之多。之后在美国哥伦比亚大学、伊利诺伊大学从事科研和教学工作二十多年，期间在国内南京大学、中国科学院大学、武汉大学、北京大学等教过地震学课程或部分内容，并近期开始在北京大学全职工作，对这门学科有着深深的热爱。希望这本书成为一个新的契机，有更多的年轻人能享受这种乐趣，更希望有部分人能参与研究和工作，对这门重要学科的发展有应有的担当，做出自己的贡献。

北京大学：宋晓东

2020 年 4 月

中文版序三

欣闻 *Introduction to Seismology，Earthquake，and Earth Structure* 一书中文版已经由梁春涛、李红谊和唐启家等国内四所高校的七位老师共同努力翻译完成，即将由科学出版社刊印发行，我有幸被邀请为该书作序，十分荣幸。

该书英文版由美国西北大学 Seth Stein 教授和圣路易斯华盛顿大学 Micahel Wyssession 教授合著，两位都是资深的地震学家，而且在美国名牌大学教书多年。该书英文版自 2003 年出版以来，因其由浅入深、图文并茂和涵盖面广而成为近年来大学本科和研究生地震学入门的热门课本。该书中文版的几位译者是我熟悉的国内中青年地震学科研教学骨干，早年留学美国，学成归国后在各高校地震学领域辛勤耕耘多年，这次把这本优秀的地震学教科书翻译引入国内，为今后培养地球科学人才做了一件非常有益的工作。

地震学作为一门独立的学科始于 19 世纪末到 20 世纪初，它为人类探索地球内部结构、板块运动、矿藏资源开发和地震减灾做出了重大贡献。正如原书作者在英文版前言中所言，地震学对人类的生活环境如此重要，它应该成为每一个固体地球科学家基本教育的一部分。地震学同时也是一门有趣的学科，大部分看似枯燥的理论实际上跟观测紧密相连。地震学一百多年来的发展过程很好地展现了理论和观测之间相互依存和相互促进的关系。早在 19 世纪 20 年代，人们通过研究弹性介质运动方程就已经从理论上知道固体中有 P 和 S 弹性波传播的可能，但实际观测到地球中的这两种体波要等到 19 世纪末现代地震仪器的发明和全球地震台网的建立。由于地震波是人类迄今为止唯一可用的能穿过地球内部并受地球介质性质控制的信号，我们对地球内部结构的认知绝大多数都是从分析地震波观测数据得来的。地震观测技术的提高和数据的积累反过来又推进了地震学理论和方法，如理论地震图计算、反演理论、地震层析成像的发展。所以学好地震学，除了要具备一定的数理基础和在学习中掌握基本概念和理论的定义及原理外，还要经常和实际观测数据进行比较，尝试用所学的知识解释观测现象，这将有助于保持学习的兴趣，为将来的研究创新打下坚实的基础。

圣路易斯大学：朱露培
2020 年 3 月

中文版前言

地震学是深部地球探测和地震震源研究的理论基础，是地球物理学专业的核心课程。在国内，早期的地震学教材包括徐果明和周蕙兰编写的《地震学原理》(1982 年)，傅淑芳和刘宝诚编写的《地震学教程》(1991 年)，傅淑芳和朱仁益编写的《高等地震学》(1997 年)，以及陈运泰等编写的《数字地震学》(2004 年)。这些书籍由于出版年代较早，大都已经停止印刷。目前在版的比较成熟的教材包括刘斌编著的《地震学原理与应用》(2009 年)，周仕勇和许忠怀编写的《现代地震学教程》(2017 年)，以及万永革编写的《地震学导论》(2017 年)。这些书籍对我国的地震学教育都做出了不可替代的贡献。

除此以外，比较经典的翻译书籍包括 Aki 和 Richards 所著的《定量地震学：理论与方法》(*Quantitative Seismology*，1986 年)。重要的英文版书籍还包括 Aki 和 Richards 所著的 *Quantitative Seismology* (Second Edtion) (2009 年)，Dahlen 和 Tromp 所著的 *Theoretical Global Seismology* (1999 年)，Lay 和 Wallace 所著的 *Modern Global Seismology*(1995 年)，Stein 和 Wyssession 所著的 *Introduction to Seismology*，*Earthquakes*，*and Earth Structure* (2003 年)，以及 Shears 所著的 *Introduction to seismology*(Second Edtion) (2019 年)。在这些书籍中，*Quantitative Seismology* 和 *Theoretical Global Seismology* 对理论基础要求很高，超出了本科生和大部分研究生的理解水平。*Introduction to seismology*(Second Edtion)、*Modern Global Seismology* 以及 *Introduction to Seismology*，*Earthquakes*，*and Earth Structure* 都是很好的高年级本科生或者低年级研究生的地震学教材。相比之下，*Introduction to Seismology*，*Earthquakes*，*and Earth Structure* 一书提供了比较详细的公式推导，丰富的图形实例，完善的课后练习题和编程习题，完整的基础理论介绍。更重要的是，该书对不同的构造环境下对应的震源机制、震源深度、震级数量、地震大小以及地震矩的大小进行了深入浅出的分析，实现了地震学理论和板块构造学说的完美结合。基于这些优势，我们选择将该书翻译为中文，用作高年级本科地震学教材，同时也可作为相关领域科研人员的参考书籍。

本书的主要内容包括：

第 1 章详细地介绍了地震学基本研究范畴，以及其对人类社会的重要意义。本章描述了地震导致的直接破坏和次生灾害；探讨了地震预报和预警的发展现状；介绍了地震学在核爆监测中的重要作用。

第 2 章介绍了地震学的基本理论。本章首先以简单的弦波为例，介绍了波传播相关的一些基本概念，如波动方程、反射系数、透射系数以及在有限介质尺度下的简正振型等；然后基于应力、应变和本构方程，推导出地震波的波动方程，并基于边界条件，推导出地震波在界面上的反射、透射以及斯涅尔定律；最后介绍了面波以及地球的简正振型。

第 3 章介绍了基于地震波传播获取地下结构的基本方法，包括折射波法和反射波法，以及基于深部体波震相研究地幔和地核的基本方法。除了速度以外，本章也讨论了地球内部地震波各向异性和衰减等属性的基本理论和方法。

第 4 章从两个角度介绍了地震震源的研究。首先将地震视为断裂面两边的两个块体的相对滑动，得到剪切震源的震源机制的数学和图形表示方式，以及相关的应力环境分析。然后基于力偶的概念引出了对震源更完整的表达形式——地震矩。除此以外，本章还专门介绍了大地测量在地震周期研究中的应用，同时也介绍了地震震级、震源谱、应力降以及地震统计规律等相对更深入的知识点。

第 5 章以丰富的实例详细介绍了不同的构造环境(如扩张中心、俯冲带、转换带以及板内地震带等) 中地震的空间分布、震源机制、地震数量以及震级大小的变化规律，同时也展示了如何利用地震学研究构造运动的基本方法。

第 6 章介绍了和地震波形处理相关的信号处理方法；第 7 章以震源定位和走时反演为例，简明扼要地介绍了地球物理学中至关重要的反演问题；而附录部分则简单回顾了地震学中经常会遇到的基本数学知识。对我国的学生来说，地球物理学的本科专业教学大纲一般都包含了这三个方面的知识。但是对于其他专业的学生来说，这三个章节是非常有益的补充。

图片是最强大的科学语言。本书采用了大量的图片对相关概念进行介绍，更加直观且易懂。同时，本书将不同的波动现象进行了多方位的类比。除了第 2 章中以简单的弦波传播引出地震波动相关概念外，书中多处以脚注的形式将地震波动现象与日常生活中常见的光波、声波和水波等波动现象结合起来，使得抽象的概念变得更加形象，且易于理解。

基于以上特点，本书可以作为地球物理学专业本科课程“地震学”的主要教材，同时也可以作为研究生课程“高等地震学”等课程的重要参考资料。该书的翻译初稿曾先后应用于成都理工大学 2013～2017 级本科地震学课程的教学。在教学实践中，我们发现第 2 章的面波、简正振型，第 3 章的物质组成、各向异性以及衰减，第 4 章的应力降、波形合成，第 5 章的板块动力学分析以及地球内断层作用等知识点对于本科学生来说较难掌握，在教学过程中可做适当取舍。

本书在不同章节介绍了美国重要地震带的地质背景和地震活动性研究，此外还包括对全球板块运动研究比较完整的总结以及常见的地震学方法的介绍(如接收函数、横波分裂、走时反演、地震定位以及地幔和地核的研究方法等)。对于科研工作者来说，本书是了解美国地震研究、全球板块运动以及常规地震学方法的窗口，同时也是认识地震孕育和触发机制，开展地震灾害评估等方面研究的重要参考资料。

本书的翻译自 2015 年启动以来，历时 5 年，在来自四所高校的七位老师们的共同努力下，才最终与读者见面。本书历经翻译初稿的交叉校定，第一次全文校定、专家校定，出版社编辑校对，第二、三、四次校定，以及出版社终审等多次修订过程。本书的第 1、2 章由唐启家翻译，第 3 章由李红谊翻译，第 4 章由梁春涛翻译，第 5 章由田有翻译，第 6 章由邓凯翻译，第 7 章由武振波翻译，附录部分由薛静翻译。翻译初稿完成后，由梁春涛对所有章节进行了初次校定；中国科学院广州地球化学研究所的孙薪蕾研究员和中国科学院测量与地球物理研究所的储日升研究员分别对第 2、3 章和第 4、5 章提出了很多宝贵的意见。

特别感谢北京大学宋晓东教授以及圣路易斯大学朱露培教授拨冗为本书作序，并向同学们提出了学习地震学的一些非常实用的方法建议。感谢原书作者 Seth Stein 教授和 Micahel Wyssession 教授为本书作序，他们对地震学的发展提出了一些新的看法。

在翻译和校定过程中，大量的研究生参与其中，主要包括：吉林大学的朱洪翔、刘廷、郑确、柳云龙，中国地质大学(北京)的郑丹、陈辛平、马泽宇、葛慧颖、李炎臻，以及成都理工大学的杨宜海、余洋洋、花茜、叶庆东、江宁波、朱子杰、曹飞煌等。在此一并表示感谢。

由于译者水平所限，错误在所难免，恳请批评指正。

成都理工大学：梁春涛

2020 年 3 月

原版前言

科学研究的价值之一就在于其无穷的乐趣。因此，教科书的目标是使学生对某一学科产生兴趣，使他们觉得学有所值，并帮助他们学有所成。本书将会努力去实现这三点。

对于地震学来说，做到这三点应该很简单。很难想象有什么事情会比地震更加引人注目，也很难想象有什么话题会比地球的结构和演化更引人入胜。我们希望在介绍地震学知识的过程中来达到这些目标。地震学作为现代地球科学的基石之一，它聚焦于对地震及其相关现象，以及在地球内部传播的弹性波的研究。通过综合物理、数学和地质学的技术和数据，地震学已经对地球内部刻画得非常清晰，而这是研究类地行星形成和演化的主要资料。地震学家已经对地震的本质以及引起地震的构造过程有了深入认识。这些研究有时也并不仅仅是单纯的学术兴趣，毕竟地震学也是地震危险性评估、油气勘探的主要工具，并且有着监测核试验，维护和平的功能。

因此，我们认为地震学应该成为固体地球科学领域的每一位科学家培养环节的一部分，而不仅仅是地震学或其他地球物理学分支学科的专设课程。对研究地球内部组成的矿物学家或岩石学家，对岩石圈过程感兴趣的构造学专业学生，对地壳的性质和演化感兴趣的地质学家，对地震灾害感兴趣的工程师，以及对类地行星的演化感兴趣的行星学家，该门课程也大有裨益。随着地球科学的研究越来越综合化，涉及越来越多的学科交叉，懂得地震学将会有越来越明显的优势。

许多学生曾对这门课程望而却步，因为这往往是学生第一次面对连续介质和波的传播这两个物理过程。但是我们认为这些担忧是不必要的。事实上，地震学反而是介绍这些知识的一个非常好的方法，因为它本身就应用了这些抽象的概念。我们会阐述地震波的反射、折射、衍射和频散等效应，并用以研究地球。地震也展示了诸如刚性构造板块、应力和应变以及黏稠性地幔流动等概念。因此，地震学正是讨论这些基本物理过程的一种方法。

我们的目标是介绍一些重要的概念及其在当代研究中的应用。这两个目标给书中的内容带来了一些局限性。首先，时间和篇幅的限制要求在主题的广度和深度之间进行权衡，这样的选择必然是主观的；第二，有些内容确实非常吸引人，但考虑到这些内容更适合于高级别课程或相关专业领域的课程①，我们也就没有展开进一步描述；第三，由于这些局限性，我们省略了对这门学科的历史发展的介绍，也省略了对一些思想和成果贡献者的系统性总结；第四，在介绍当前正在研究的主题时，我们仅仅给出了我们对问题的认识，但其他研究者可能持有不同的观点。在书中呈现“最前沿的知识”的不妥之处在于，该领域的变化是如此之快，以至于这些知识可能很快就会过时。因此，我们试着将关注点从“知识本身”转移至“如何获取知识”，并在研究我们感兴趣的问题时突出当前的发现。

鉴于这些局限性，我们提供了更进一步的阅读建议。如果可能的话，尽量去阅读一些教材和综述性文章，而不是专业的研究性论文。在很多情况下，用以阐述某个概念的图片的参考文献就可以提供额外的重要信息。我们也提供了一些世界各地的网站作为参考，但是要知道到网络的信息虽然丰富，但同时也是不稳定的，因为网站可能会改变网址或失效。

本书是为高年级的本科生和一年级研究生设计的，要求读者熟悉常微分方程和了解基础的物理学知识。如果有更深厚的背景知识对学习本书是有帮助的，如有地球科学的基础课程知识。当然，如果没有这些知识也不会对学习本书造成影响。超出这一水平的内容会根据需要进行推导。同时，对于数学公式我们会在纯粹展示和详尽推导之间寻求平衡，使它们不会“像魔术一样从帽子里变出来”。然而，公式推导也不能过多，否则会导致核心知

---

① 因为地球科学的子领域是相互交叉的，所以它们之间的界限划分不是很清晰，对于一个特定的专题可能会涉及几个子领域。正如美国地震学会的早期成员约翰·缪尔[John Muir，缪尔因创办塞拉俱乐部(Sierra Club)而更为人所知]指出的那样，“当我们看待任何一个独立的事物时，我们会意识到它与宇宙的其他部分是紧密相连的。”

识的推进被打乱。所以，我们在本书附录部分会回顾一些常用的数学知识以供参考。对于其他未收录但仍需使用到的数学概念，尤其是傅里叶分析的一些知识，我们会在适当的时候进行更深入地介绍。

我们的目标是介绍地震学的一些概念及其在地球结构和震源研究中的应用。为此需要建立一些波在连续固体介质中传播的基本理论，因此不得不舍弃一些更偏地质学专业的读者最关心的内容。我们希望读者能对弹性和波传播的内容心向往之，而不是望而生畏。最后，他们往往会发现，这些内容是如此吸引人，进而继续学习了更高级别的课程。

地球科学的一大乐趣在于，它们不同于一些其他学科有着固定结构。本书没有哪一主题可以以反应教师和学生兴趣的特定课程形式来呈现。完整地学习本书所有的章节内容大约需要一学年的课时，所以我们将全书分为了不同的课程。很多同学可能只选择了其中一门课程。我们尝试了多种不同的专题组合，每一种组合都达到了不错的学习效果。同时，我们一般不会在课堂上讨论附录的内容，而是通过相应的练习题确定需要学习或复习的内容。

同时，课后作业能够帮助同学们理解相关知识。鉴于现代地球科学的特质，许多问题都是通过计算机来解决的。所以在教学中，我们期望同学们通过编写程序来完成大部分工作，这就要求大家具有一定的编程能力。首先从解决附录中的简单问题开始，然后逐步解决在各章节中更复杂的问题。这样做的另一个好处是，可以确保学生学习到一些在计算机课程中被忽视的编程技能。书中的一部分编程问题可以使用电子表格来完成，但大多数需要使用专门的数学软件来完成。

有些行文风格需要格外说明。我们通常会采用前引和后引其他部分的内容来说明章节之间的联系。脚注会呈现一些在课堂上可能会提到，但是并非核心的内容。在文中我们既使用到了 SI 单位制［以米(m)、千克(kg)和秒(m)为基础的单位］，也使用了 CGS 单位制［以厘米(cm)、克(g)和秒(s)为基础的单位］，因为这两种单位制在文献中都很常见，尽管 SI 单位制正在逐步取代 CGS 单位制。通常我们也会使用一些其他的常用单位，如地震波速度会以“km/s”表示，而板块运动速度会以更直观的“mm/a”表示(如使用 48mm/a 代替 1.5×10^{-9}m/s)，正如爱默生(Emerson)的格言所说：“墨守成规的做法是愚蠢的”。

撰写这本书的过程是一种享受。总结这门多样而有趣的学科令我们“美不胜收”。我们希望读者能和我们一样从中获得乐趣，希望我们的讨论能促使他们在学习知识的同时提出更多有意义甚至有争议的问题。我们也希望一些读者能有继续学习和研究这些问题的动力，因为还有很多关于地球以及地震发震过程的问题需要进一步的研究。对于那些有精力和想法的人来说，为人类做出超越现有知识和观点的贡献的机会是巨大的。三百年前艾萨克·牛顿(Isaac Newton)在力学和光学方面的成就成为现代地震学发展的基石。三百年后的今天，让我们再次回顾他的感悟之语：“我好像是一个在海边玩耍的孩子，不时为拾到比通常更光滑的石子或美丽的贝壳而欢欣鼓舞，而展现在我面前的是一片尚未探明的真理之海。”

原 版 致 谢

多年来，在很多学生和同事以及一开始是学生，后来成为了同事的许多人的大力帮助下，这本书得到了不断的优化。无论怎样努力去感谢，某些值得感谢的人总会被忽略，但总比没有好。另外，我们也收到了很多好的建议，包括那些因手稿篇幅和内容水平所限而无法被采纳的建议。

部分学生在课程中使用过本书的早期版本，他们有意义的质疑和帮助使得本书改进不少。特别感谢 Gary Acton、Don Argus、Craig Bina、John Brodholt、Po-Fei Chen、John DeLaughter、Charles DeMets、George Helffrich、Eryn Klosko、Lisa Leffler、Paul Lundgren、Frederick Marton、Andrew Michael、Andrew Newman、Phillip Richardson、Thomas Shoberg、Paul Stoddard、John Werner、Dale Woods 和 Mark Woods 都助力了本书的形成。很多图件都是他们以及颇具艺术天赋的 Ranjini Mahinda 和 Megan Murphy 协助制作的。Cheril Cheverton 和 Will Kazmeier 在手稿准备上提供了重要的帮助。

同事们的建议和帮助也使我们获益良多，特别是 Craig Bina、Raymon Brown、Wang-Ping Chen、Ken Creager、Robert Crosson、Joseph Engeln、Edward Flinn、Yoshio Fukao、Robert Geller、William Holt、Stephen Kirby、Simon McClusky、Emile Okal、Gary Pavlis、Aristeo Pelayo、Steve Roecker、Giovanni Sella、Tetsuzo Seno、Anne Sheehan、Zhang-Kang Shen、Robert Smalley、Robert Smith、Carol Stein、John Vidale 和 Douglas Wiens 的建议和帮助。Blackwell 出版社的 Jean van Altena、Cameron Laux、John Staples 和 Nancy Duffy 提供了非常重要的帮助。

美国国家科学基金会(National Science Foundation)通过“美国总统青年科技奖”(PECASE award #NSF-EAR-9629018)提供了间接的支持。此外，最关键的是，Carol Stein 和 Joan Wysession 对该项目的鼓励，以及为我们留出了充裕的时间，才使得本书得以完成。

目　录

第 1 章
简介

“我由衷地认为，地震学在未来的很多年里将会在地球物理学领域中扮演中心角色。通过地震波，我们不用深入地球也可以洞察三分，这就是作为地震学家的乐趣所在。”(Keiiti Aki，美国地震学会主席致辞，1980 年)

1.1 引言

地震学是关于地球内部弹性波和声波传播的一门科学。地震学的基本概念并不复杂。地震波由震源产生，这个震源可以是天然的，如天然地震；或是人为的，如人工爆破。从震源产生的波在介质中传播，被地表的接收器记录下来(图 1.1-1)。地震图(seismogram)是地震计(seismometer)在地表记录到的地面振动，其中包含了震源到地表之间的介质信息。这种信息有几种形式：地震波包含震源位置及相关特性的信息；若地震的发震时间(origin time)(就是地震波自震源向外传播的时间)已知，并且到达地震计的时间可以测定，那么地震波的走时就可以告诉我们传播路径上介质的波速，并进一步揭示介质的物理特性。除此之外，因为地震波的振幅和波形也会受到介质的影响，所以地震图中包含了更多介质的其他属性。

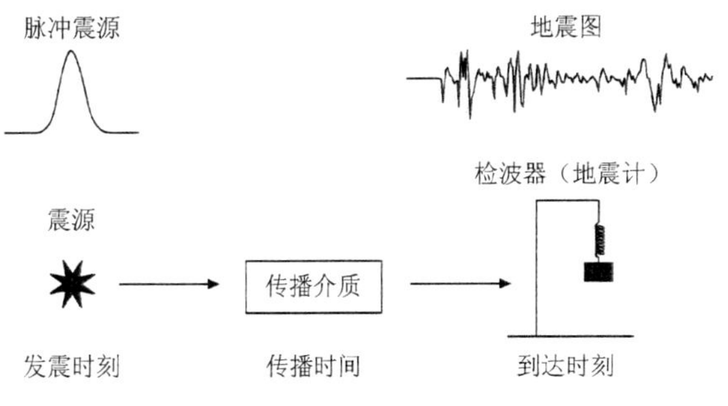

图 1.1-1 地震波传播的几何示意图。

1.1.1 概述

在介绍地震学研究之前，必须先简短地描述一下地震学中用来研究地球结构的方法。因为很少有星球可以像地球一样进行内部观测，所以地震学是研究地球内部构造的主要工具。在地球表面可以进行测绘和爆破勘探，目前的钻探技术可以钻到 13km 深，但费用昂贵；比 13km 更深直到地心(约 6371km)的部分，必须利用非直接的手段来研究。最强大的手段之一就是地震学，用它可以描绘并分析地球内部的物理特性。基于地震波波速随深度的变化，地球可分为浅部的地壳(crust)、较深的地幔(mantle)、地球中心液态的外核(outer core)和固态的内核(inner core)。科学家得出的地球内部的化学成分、随深度增加的压力造成的物质相变等都是基于地震数据推测得到的。在近地表，地震学提供了详细的地壳图像，这些图像包含有经济资源的信息，如矿产或石油。在深部，地震学提供了了解地球内部地幔动力学和演化以及地幔对流(mantle convection)的信息。

地震学同时也是研究天然地震的主要方法。大部分引发地震的断层的信息都是根据地震图推断得来的。因为地震通常是断层两侧的块体相对运动产生的结果，而板块构成了地球的岩石圈，且板块运动是由地幔对流所引起的。板块运动的方向和速度对于研究板块的受力情况有重要的参考价值。通过地震图分析可了解地震前、地震时、地震后断层的物理过程。物理过程的研究有助于进一步估计地震带来的损失。

在这里要讨论一些地震学的基本概念和应用。首先介绍一些简单的波传播的重要概念及其对地球内部物理性质变化的响应。这些概念大多与光波或声波传播的概念类似。利用地震波研究地球与利用可见光和声音来感受周围的环境是一样的。如你现在正在读这本书是因为你的眼睛接收到来自书面的反射光；我们可以看见不同的颜色是因为光有不同的波长；天空是蓝色的是因为特定波长的光散射，蝙蝠、海豚和潜水艇利用声波去“看”周围环境也是类似原理。地震学对地球结构成像同利用超声波和 X 射线探测人体的方法非常类似。

折射(refraction)现象是由于光穿过不同介质时传播速度不同而产生的。物体放进水中会产生弯曲现象是因为光在水中的传播速度较空气中慢。棱镜或透镜就是基于光的折射现象。这种现象会在地球内发生是因为地震波速度一般随深度增加而增加。当地震波在地球内部传播时，波会向远离垂直线的方向偏转，最终转变为水平传播后再向上回到地表(图 1.1-2)。地震波携带的信息可以用来推算不同深度介质的地震波速，进而推断化学成分和物理特性随深度的变化。

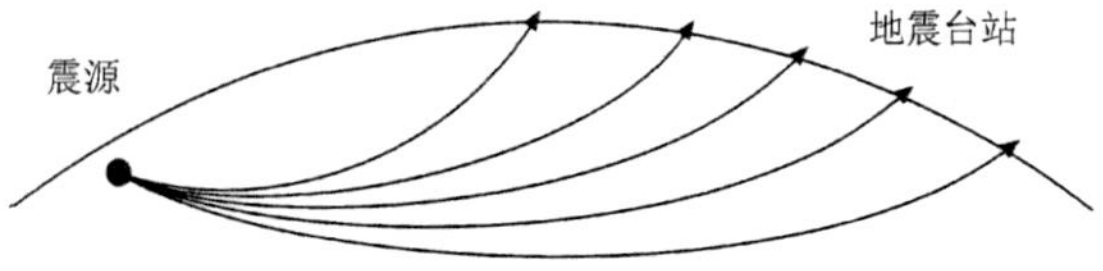

图 1.1-2 地球内部的地震射线路径(ray path)显示了由于地震波速度随深度增加导致的弯曲效应。地震波从震源到地震台站沿曲线路径传播。

与光波在镜面上反射(reflection)一样，地震波也会在物性界面上反射，例如地幔和外核的分界面。因为反射和透射的地震波振幅会受到界面两侧介质波速和密度的影响，所以从地震波中可以提取出界面信息。除了反射和折射，地震波也有衍射(diffraction)现象。声波在建筑拐角处的衍射现象可以让我们在无法看见声源的情况下也能听见声音，地震波一样可以绕过“障碍”进行传播，例如地核。

这些研究所使用的基本数据就是地震图，它反映了反射波、折射波及衍射波引起的地表振动。地震图包含了各种震相的到时，进而可以估计各震相的走时。同时，地震计的仪器响应是已知的，所以地震图可以转换为真实的地表振动。一般来说，地表振动是一个矢量，记录在三分量(南北、东西和垂直)地震计上。因此，虽然地震图看起来像波浪一样，但其中包含了非常有用的信息。

图 1.1-3 显示地震图与地球结构之间的关系。图中显示发生在哥伦比亚(Colombia)震级为 6 级的地震，在 4900km 外的科罗拉多州(Colorado)记录到的地震图(图 1.1-3)。地震图上记录到几个地震波信号，被称为震相(phase)。这些震相从震源到地震计的传播路径不同，可以用简单的命名法来区分。在地球内部传播的地震波可以分为两类，一类称为 P 波或压缩波(compressional wave)，其传播经过的介质会产生与波传播方向平行的振动。另一类称为 S 波或剪切波(shear wave)，其传播经过的介质会产生与波传播方向垂直的振动。P 波传播速度比 S 波快，所以地震图上第一个震相为 P，此震相离开震源后直接传到地震计[①]。随后到达的震相为 pP，这个震相是先向上传播，在地表反射后以 P 波的形式传到地震计。如果震源外围的地震波速度结构已知，那利用 pP 和 P 的走时差可以推算震源深度。因为 pP 和 P 主要的差异在于 pP 是先向地表传播，在地表反射再传播到地震计。PP 震相是 P 波向下传播，到达底部，然后向上传播到地表，在地表反射后再次向下传播到地震计。地震图上，在这些与 P 波有关的震相之后到达的是剪切波，其中包括直达 S 波、与 PP 波类似的 SS 波等震相。由于这些震相均在地球内部传播，所以被称为体波(body wave)。振幅大于 P 波和 S 波系列震相且到达得更晚的震相为瑞利波(Rayleigh wave)，它是一种和体波不同类型的地震波，称为面波(surface wave)，它们只能沿着靠近地表的路径传播。

图 1.1-4 是在夏威夷记录到的地震图，此地震发生在汤加俯冲带(Tonga subduction zone)，震源深度为 650km。通过旋转地震图到特定方向，使得地震图的记录震相都是剪切波。除了 S 波和 SS 波外，在核-幔边界(CMB)反射的 ScS 波也可以观测到。ScS 波从震源向下传播，在核-幔边界(用 c 表示)反射，然后回到地震计。若地幔中 S 波的速度已知，利用 ScS 的走时就可以推算出地核深度；或者地核深度已知，则可以推算出地幔中 S 波的垂向平均速度。除此之外，震相的振幅大小可以揭示固态岩石下地幔和液态铁合金外核边界的物理特性。多重反射震相，如 ScSScS(或写成 ScS_2)是在核-幔边界反射两次，依此类推，ScS_3 反射三次，ScS_4 反射四次。类似于 SS 波，S_3 在地表反射两次，S_4 在地表反射三次。和 pP 相近，sScS 是 S 波先向上传播，自地表反射后又在核-幔边界反射的震相，它也有对应的可以观测到的地表多重反射震相，例如 $sScS_2$，$sScS_3$。

这些范例展示了用地震观测数据研究地球结构的一些基本方法。利用大量的观测数据可以得到不同震相的走时和振幅资料。而不同震相的传播路径不同，因此包含了不同类型的速度结构信息，以及地球内部介质的物理特性。地震学也可以用来研究其他星球的内部结构。历次阿波罗(Apollo)登月任务都在月球表面布设了地震计，在火星上着落的海盗号(Viking)也携带有地震计。

① P 波和 S 波取名是从早期地震学沿袭下来的。P 波意为“Primary Wave”，而 S 波意为“Secondary Wave”。

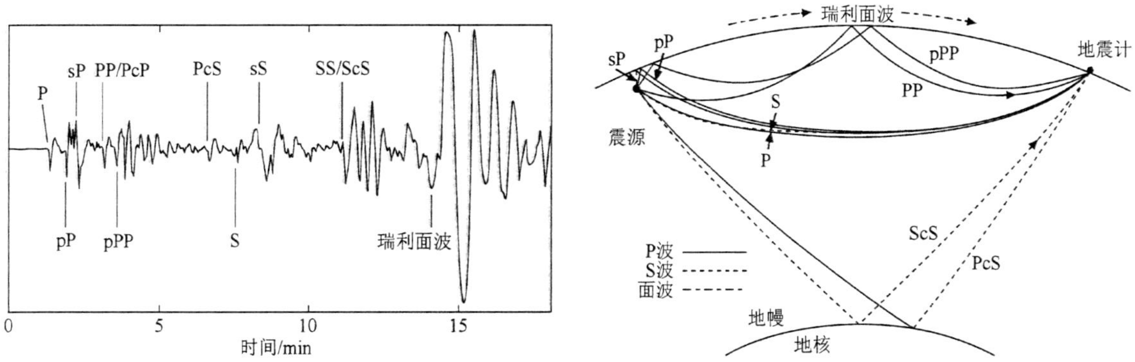

图 1.1-3　左图：位于科罗拉多州的戈尔登市(Golden)记录到的哥伦比亚地震(1967 年 7 月 29 日)的地震波，其中包含不同类型的震相。震源到台站的距离约为 44°。右图：左图标示出的震相的射线路径。

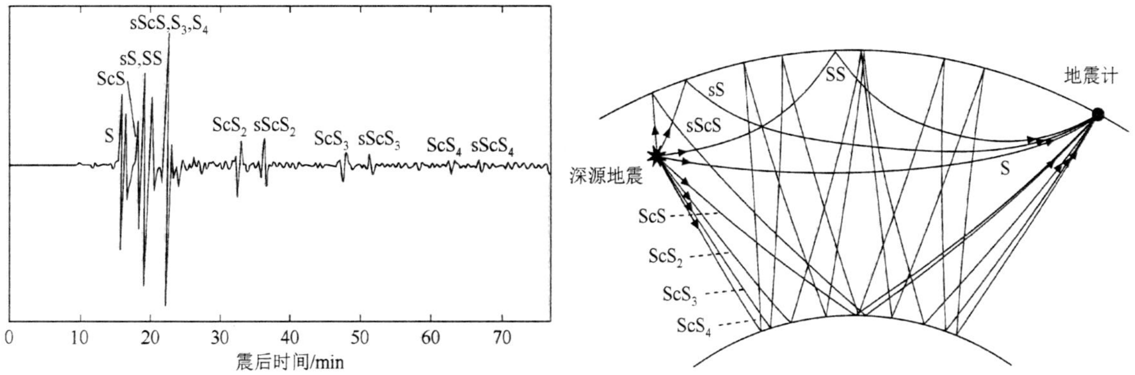

图 1.1-4　夏威夷瓦胡岛(Oahu)记录到的深源地震的地震图(左图)及射线路径(右图)显示了几种地核反射震相。

在科学研究或资源勘探领域，近地表爆破是地震学的另一个重要应用。如图 1.1-5 所示，人工震源在地表或近地表产生向下传播的地震波，在深部界面反射后被地表的地震台站接收。波形数据通过计算机处理强化反射信号并进一步推算地下的速度结构。不同台站记录到的地震图横排展示，纵向为时间轴，向下为正，便于展示垂向的地下结构图。数个地震道上的同一组反射信号近乎水平排列，对应于深部地层界面的反射波。利用估计的地层速度，可以将纵轴从时间转换成深度，各反射界面则可以通过地表地质信息或钻井资料来辨识(图 1.1-6)。这类利用地震波得到的地下图像是构造地质学和地层学研究非常重要的参考资料。虽然勘探地震学传统上被认为与大尺度地球构造研究及天然地震学存在差异，但这种观点主要还是历史遗留下来的[①]。事实上，它们都源于相同的地震学基本理论，研究技术上也有着相当的类似之处。

地震的震源(传统上指的是天然地震)是地震学研究的重要问题之一。地震发生的位置称为震源(focus 或 hypocenter)，一般利用不同台站的地震波到时来确定。该位置通常显示为震中(epicenter)，即震源在地球表面的投影点。地震的大小用地震图的振幅来测量，用震级或矩张量表示(magnitude 或 moment)[②]。此外，引发地震的断层几何形态也可以从地震波的三维传播模式来判定，如图 1.1-7 所示。该例中引发地震的垂直断层的两侧块体产生了水平的相对运动，产生向四周传播的地震波。在某些方向地表的初动(first motion)远离震源(指向台站)，在另一些方向地表初动指向震源(远离台站)。因而各台站的地震图是不同的。“指向台站”方向的象限称为压缩象限，“远离台站”的象限称为伸张象限。对于距离较远的台站，地震波先向下传播，再转向上，从下方到达台站，因此在压缩象限内的仪器记录到的初动是向上的，而在伸张象限内的仪器记录到的初动是向下的[③]。分析不同方

① 由于已经存在大量优秀的勘探地震教材，而传统教学大纲将勘探和深部研究分离，本书遵循该传统，致力于探讨天然地震和大尺度地球结构。

② 震级计算方式各异，但是是无量纲量，主要包括体波震级 m_b、面波震级 M_s 和矩震级 M_w(4.6 节)。地震矩的单位是 dyn·cm 或 N·m(1dyn = 10^{-5}N)。

③ 这些术语不同于压缩波和剪切波：一词多义在科学中是比较常见的。

位的地震波就可以确定压缩象限或伸张象限。断层走向和垂直于断层面的“辅助面”也可以确定，在这两个方向上初动极性不同。结合其他参考资料，可以确定两个方向中真实的断层走向。若已知断层的走向，就可以求出质点振动方向。需要注意的是，断层两侧块体的相对运动反向后，压缩象限和伸张象限也会互换。地震发生后向外传播的地震波也携带着断层面滑动距离、滑动面积和滑动过程的信息。

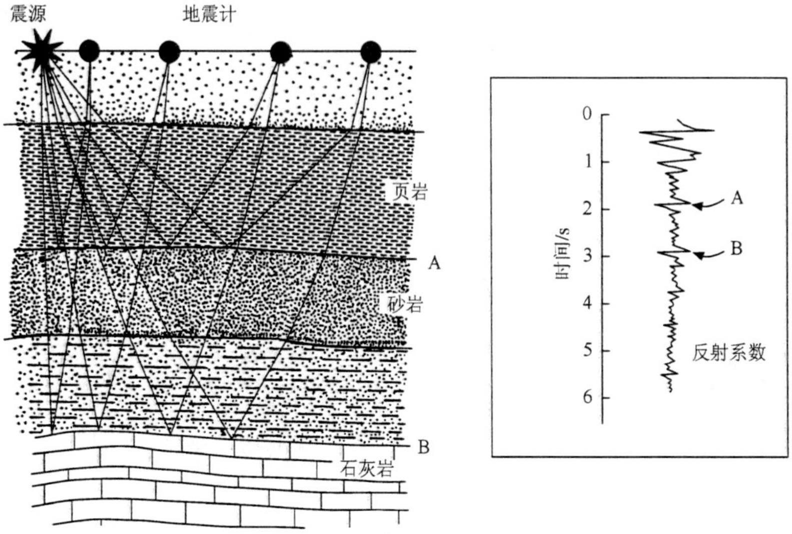

图 1.1-5 油气勘探的最基本方法：反射地震法示意图。

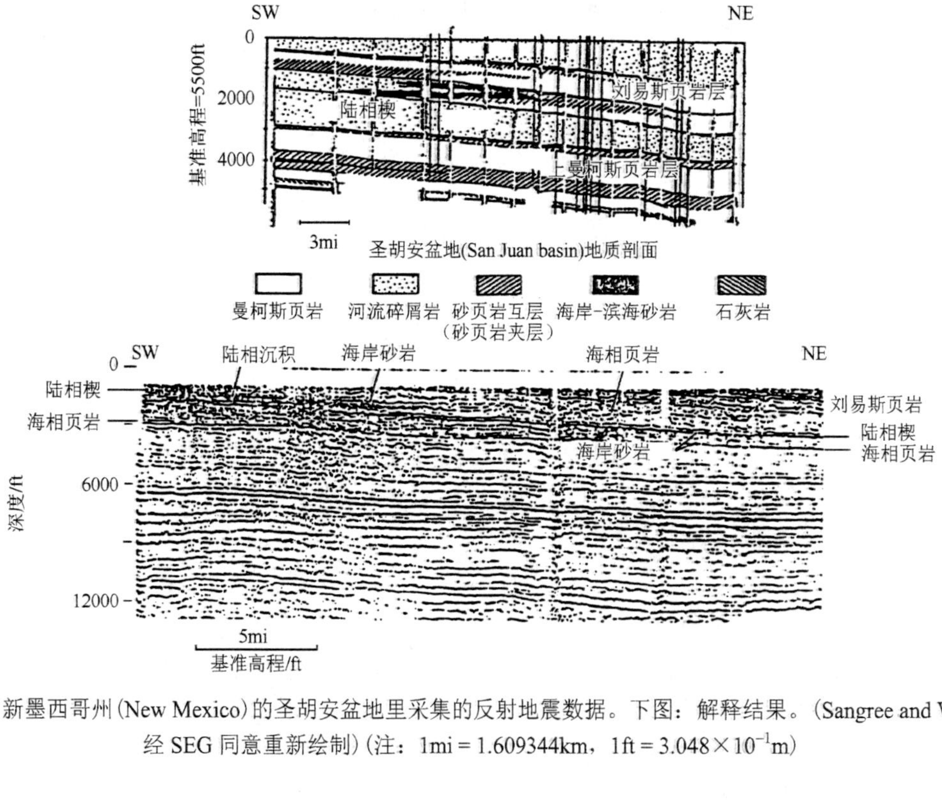

图 1.1-6 上图：新墨西哥州(New Mexico)的圣胡安盆地里采集的反射地震数据。下图：解释结果。(Sangree and Widmier，1979，经 SEG 同意重新绘制)(注：1mi = 1.609344km，1ft = 3.048×10^{-1}m)

震源位置和发震过程中的断层运动是研究板块构造最重要的数据之一，而板块构造过程则决定了地球的几何形貌。图 1.1-7 是北加利福尼亚州圣安德烈斯断层(San Andreas fault)上的地震的震源机制示意图。圣安德烈斯断层是太平洋板块和北美板块的边界，断层西侧的太平洋板块相对于东侧的北美板块向北移动。此断层是直接出露在地表的断层，地质学和测地学的观测数据也显示了类似于地震时会产生的运动模式。在一些人类难以直接进入或接近的区域，例如几千米深的海底板块边界，或是岩石圈板块向深部地幔下沉的俯冲带(subduction zone)。地震学的观测资料是用以识别运动边界并揭示其特性的最重要的数据。在俯冲带内，地震的震源深度可达660km。在这个深度无法直接观测，但是地震图所揭示的深部质点运动让我们可以深入了解这些地震的构造成因。

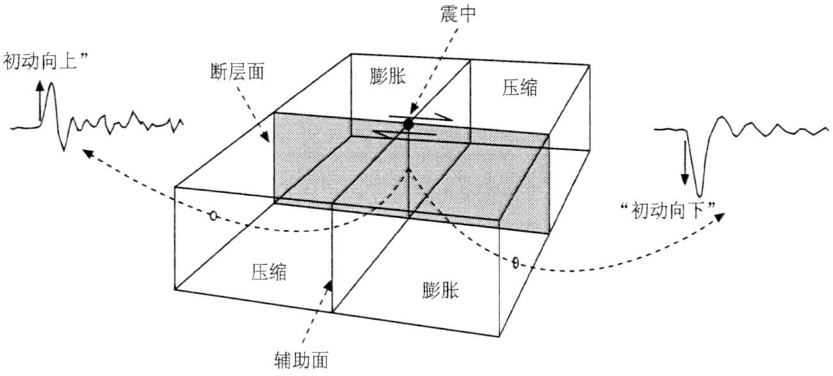

图 1.1-7　用不同方位的地震计记录到的地震 P 波初动可以确定断层的走向等参数。

1.1.2　地震学模型

如上一节所述，地震学提供了关于震源、地球结构以及产生地震的板块构造的大量信息。尽管如此，现代地震学或其他领域的观测数据仍有很大的局限性。比如，我们得到了很好的地球内部地震波速度模型，但是对于地球内部的物质成分和深部介质的物理特性仍了解得不够多，对地幔对流这样的猜想，也仅仅是有一些大致的认识。同样地，虽然地震学提供了很多关于地震过程中断层滑动的信息，但对地震和板块构造的关系只是粗略地了解，对断层的滑动过程仍然知之甚少，短时间尺度(小于 100 年)的地震预测根本就不可能，而地震灾害的评估也仍然不成熟。这种状况在地球科学中普遍存在[①]，主要是因为这些过程的复杂性和观测的有限性。对于这些局限性，我们最好的态度就是谦逊地面对大自然的复杂性，确认目前哪些是人类已经知道的，哪些是未知的。用统计方法来衡量不同观测数据的可信度，并且发展新的观测数据和技术手段以做得更好。

一般来说，基本原则是把复杂的问题简单化，以体现物理过程的基本要素。举例来说，地震是在有限空间中的复杂破裂过程，该过程中地震产生的能量经过地下介质向外传播。在接下来的章节中，我们用各种简单模型来描述这个过程。把复杂的破裂过程当成一个在无限窄的平面上的弹性滑移，并且进一步把岩石当成简单的弹性介质，据此描述复杂的地震波传播过程，同时也做了更多简化。

这些简化模型只是真实情况的近似。举例来说，虽然地震能量是真实存在的(它能摧毁建筑)，但是用来描述地震波的数学公式是人造的。P 波、S 波(如 ScS 等震相)、传播路径、面波或地球的简正振型(normal mode)等近似都是用来帮助我们在概念上更容易理解真实地震波能量的传播。同理，我们用简单平面状的滑动表面去近似真实断层，并且用地震学的观测去描绘滑动的几何特征和过程。然而，尽管这些过程能很好地解释各种地震观测数据，但仍然只是真实物理过程的近似。

我们常根据不同的需求采用最合适的近似模型。举例来说，在射线理论假设下可以估计地震波能量的到达时间。然后利用一个更复杂的波或简正振型去估计地震波的振幅，借此研究其在地球内部穿过的介质的特性。类似地，先将地球视为各向同性(在各方向的物理性质都相同)且纯弹性的介质(地震波的能量不会因摩擦而转为热能而丧失)，再研究实际地球与简化模型之间的差异。

类似方法在讨论产生地震的构造背景时亦适用。用简化的板块边界构造将断层、地震、火山和地形等真实现象联系起来。在接下来的章节中将讨论在什么情况下可以将一个区域视为一个板块并描述其边界，这并不是一个简单问题。最简单的模型是假设板块是刚性体，并且各板块之间有狭窄的边界。随后，我们将板块的边界视为一个有宽度的条带，最后板块也不是完美的刚性体，实际上其内部会产生形变，板块内发生地震就是明证。

① Sarewitz 和 Pielke(2000)在探讨一个类似的话题时指出，“在花费几十亿美元的科研经费后，本以为对气候变化已经非常了解，但让我们感到吃惊的是，对气候变化认识的不足，使得人们对气候模拟的结果失去了信心”。

在研究中，我们常选用一个模型来解释地球结构，然后利用地震学或其他数据来获得此模型的各项参数。因此，地震学或地球科学领域中最典型的任务就是解决反演问题(inverse problems)。科学家从已知的观测——地震图开始，利用各种数学方法去反推产生地震波的地震和地震波所经过的介质的特性。反演问题比正演问题要复杂得多。正演就是利用地震波生成和传播理论来预测特定震源和介质所产生的地震图。反演问题比较难解是因为地震图反映了震源和地震波所经过的介质的综合效应，而无论是震源或是地下介质都不可能被完全准确地了解。而反演中也常存在观测资料不足以分辨模型的问题。因此，地震学以及地球科学的其他分支与大多数其他学科相比，只能在很大程度上从有限的不充分的观测资料中提出一个概略的模型。例如，从地震波得到的地球图像就是很有限的，因为无论是地震还是地震台站的地理分布都非常有限，这就导致地球内部很大部分区域没有被接收到的地震波采样(因而也没有体现在基于地震波得到的地球模型中)。就像医生只用任意几个方向散射的 X 光来找到可能的骨折一样，这是极端困难的。

此外，虽然一般正演问题都可以直接求解，并且只有一个独立的解，但反演问题通常是多解的。事实上，数据一般来说还会因为观测上的误差而不能自洽，没有任何一个模型可以完全地吻合观测数据。最后，求解反演问题时可能会得到能很好地解释观测数据的一系列模型参数，但并不代表这个模型反映了真实的物理情况。这种非唯一性正好体现了这样的逻辑原则：从 a 可以推断出 b 并不意味着从 b 可以推断出 a。事实上，我们通常也没有办法了解真实的情况，正如我们永远无法真正地了解地核的成分和温度一样。尽管地核模型越来越吻合地震观测数据、岩石的高温高压实验结果和其他包括从陨石推断出的太阳系的组成等数据，但是前述的限制仍是无法突破的一个难题[①]。

用模型来近似真实现象需要考虑到精确度、可靠性和不确定性。估计震源深度和地震震级这类地震参数，需要知道地震波到时和振幅等观测量的精确度(precision)或可重复性，以及对地球结构的解释的可靠性(accuracy)。举例来说，地震震级是衡量一个地震大小的简单参数，利用地震图有许多不同的方法计算震级，但都没有考虑震源的几何形态及介质的横向速度变化等因素。因此在不同台站计算出的震级会有差异，若去争论一个地震的震级究竟是 5.2 还是 5.4 是没有太大价值的。类似地，震源深度是利用地震波在各台站的到时估算的，但是震源附近区域的地震波速度是假定的，这些假设的地震波速度是否完全符合真实情况是无法得知的。举例来说，震源深度可以利用直达 P 波和 pP 波(图 1.1-3)走时差的一半和地震波速度的乘积来估算(详见 4.3.3 节)。若走时测量的误差为 0.25s，地震波速度为 8km/s，根据误差传递理论(详见 6.5.1 节)可以得知震源深度误差约为 1km，因此过度追求震源深度的精准度是没有太大意义的。在现实中，因为假设的地震波速度是有误差的，所以震源深度的误差可能还会更大。有一点值得注意，地震的震源深度也许并不能精确代表真实地震发生的深度。因为断层不是一个“点”，而是一个可能比较大的“有限平面”(对于一个震级为 6 的地震来说，断层尺度大约为 10km 量级)。此外，用不同的模型来计算地震参数时(如在假定的断层几何模型基础上用体波来计算地震的应力降)，用某个具体模型计算的参数误差可能会低估真实误差，因为我们无法知道哪一个模型是最好的。在这种情况下，测试这些估算变量与观测的精确性时，模型参数的设定以及不同模型的选择之间的关系会很有帮助。

一般情况下，最好的地震参数和误差估计应该综合不同研究人员利用不同数据和方法得到的不同结果。理想地说，用同样的数据进行研究时可以减少随机误差而提高精确度；而利用不同数据和方法研究时可以减少系统性误差并提高可靠性。举例来说，地震学家对曾发生在美国加利福尼亚州的洛马普列塔(Loma Prieta)地震进行了非常好的研究。利用不同方法估算的地震矩(seismic moment)有 25%的差异，面波震级(M_s)也有 0.1 个震级的差异。

然而，统计学家早就意识到了估计概率和不确定性的难度。如号称“永不沉没”的泰坦尼克号(Titanic)(沉没概率是 0)沉没了；航天飞机估算的事故率为令人惊叹的十万分之一，但却在第 25 次发射中失事。其他历史上一些测量物理量的范例也都表明，预期的不确定性低估了实际误差。举例来说，在 1875～1958 年，27 个连续的光速测量实验中，后续测量的分析总是会证明前一次测量的实际误差远大于所汇报的不确定性。研究显示，一般随机误差估计总是会受到未知的系统性

① 大多数地球科学都面临类似困难。地质学家永远不知道他们对一个区域的历史和环境的推测是否正确；古生物学家永远不知道他们的古生物模型有多大的准确性；等等。

误差的影响，系统误差甚至在总误差中占主导地位，因而总误差总是高于预期。这样的事实带来一个结果：一个变量的测量值在一段时间之内是稳定的，之后可能发生大的变化，且变化程度大于原先假定的误差值。一个可能的解释即所谓的从众效应(bandwagon effect)：首先总是倾向于去掉与理论不一致的数据，但最终却发现去掉的比没有去掉的数据更准确。另一个解释是异常值排除效应。举例来说，1910 年的诺贝尔奖得主 R. Millikan 宣称他的电子电荷研究中使用了所有的观测数据，但他的笔记却提到他从 107 个油滴数据中去掉了 49 个和大多数观测不一致的油滴数据，人为地增加了结果的视精度(apparent precision)。除非找到一种方法在不丢失真实的不一致数据的前提下，才能够有效地排除明显有错误的数据。否则，要计算出真实误差仍是一个挑战。虽然这样的难题在地球科学领域上更难解决，例如地震过程是一个无法重复的实验，因此我们也无从了解观测上究竟有多大的误差，这一点值得牢记。

尽管我们常宣称“发现”或“确定”了某些变量，比如震源参数或是速度结构，但更好的说法应该是“估计”或“推测”出这些变量的值。在使用这些确定性语言时一定要意识到，这些变量值中所包含的由随机噪声引起的误差、测量误差［根据拉丁语中骰子的语意，有时也称为偶然误差(aleatory uncertainty)］以及描述该现象而选择的模型造成的系统误差［有时也称为认知误差(epistemic uncertainty)］。

虽然这些缺陷听起来让人担忧，但地震学模型实际上是很有用的。我们不仅仅可以建立符合实际观测数据的模型，还可以利用模型来预测其他的观测数据。例如，单从地震学的观测数据中推测出的震源模型可以用来预测地质学、测地学(如地表形变)等领域的观测数据，而且不仅仅适用于所研究的地震，还适用于相同区域内的其他地震。地震学的研究结果常常可以得到其他研究结果的支持，从而带来更加深入的认识。举例来说，地震学、重力学和地磁学的研究都认为地球的外核从化学成分上主要是由高密度的液态铁组成，这与固态的岩石地幔不同。这一观点也与被称为小行星碎片的两大主要类型的陨石(岩石型和铁质型)相一致。因此地震学家用建模的方式来研究地球，但同时也认识到它存在局限性。

基于以下原因，模型通常会随着时间而不断改进。第一，观测数据会在质和量上逐步提高；第二，新的观测和分析技术不断地被引入。因此一些长时间存在的问题，如地球内部的速度结构，会不断地被重新评估。新一代模型力求可以解释更多不同类型的观测数据，而且常常包含可以更好地解释地球特性的更多参数。统计学测试表明，有些新模型改进非常大，而另一些模型改进则不是很明显。一个重要观点是，越复杂的模型越能更好地解释观测到的实际数据，因为其中包含了更多的自由变量。就好比二次多项式曲线总是比一条直线能更好地拟合在 x-y 平面上分布的点集。因此我们可以用统计学方法来验证：新模型带来的拟合误差的减少是否比单纯增加变量个数带来的拟合误差的减少更多。另一种测试模型的方法是：考察新、旧模型哪个能更好地预测没有被用来建立这两个模型的数据，这个过程被称为纯预测(pure prediction)。若新模型的预测比旧模型更好，那就接受它，然后找出不能被很好解释的数据，重新修改模型以达到更好的预测效果。

很多年以来，这个过程使得人类更好地了解了地球的演化历史(图 1.1-8)。举例来说，图 1.1-9 归纳了全球板块运动模型的发展历史(此部分将在第 5 章讨论)。这些模型是利用板块在转换断层(transform fault)上的运动方向、地震发生时的板块运动方向和由海底磁带异常推算的板块运动速率估算出来的。自从 1972 年，第一个板块运动模型问世以来，由于地震学、海底成像和海洋磁场测量的进步，观测数据在数量和质量上都在不断增加。相似地，数据拟合度的大大提高(拟合误差大大减小)，得益于数据质量的提高以及模型的改进，如印度板块和澳大利亚板块(原本被视为一个板块)被当成不同的板块对待。类似的情况见于很多应用领域，其中包括地震波速度结构模型。

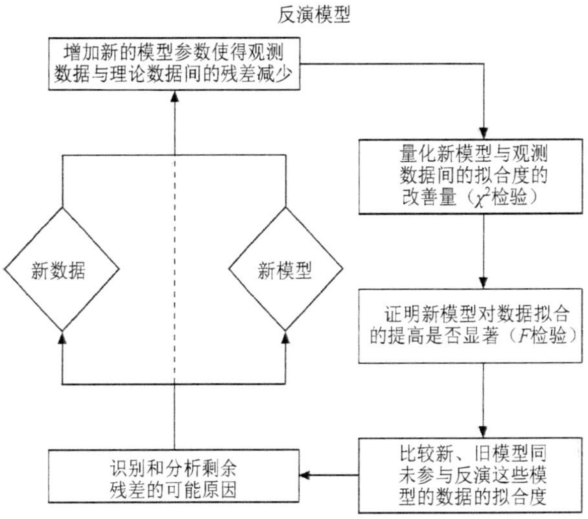

图 1.1-8　由于更多数据及更优化模型参数的加入，地球结构模型随着时间而不断演化。

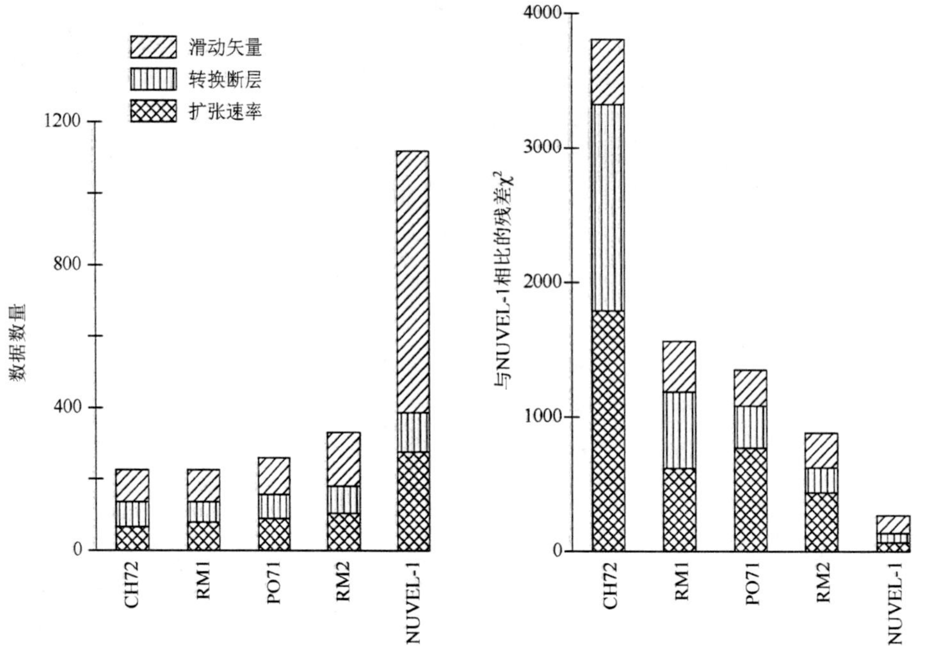

图 1.1-9 全球板块运动模型的渐进演化历史：随着数据量的增加，拟合误差逐步减小。左：用于建模的数据数量。用于反演的数据有 3 种：地震滑动矢量的方位角，转换断层的方位角及扩张速率。右：不同模型与 NUVEL-1 数据的拟合误差。垂直长条显示不同数据的拟合误差。(DeMets et al.，1990，*Geophys. J. Int.*，425-478)

描述地球构造运动的模型面临类似的挑战。举例来说，核-幔边界结构或是俯冲板块内的地震成因均有不同的模型。这些不同的模型都建立在一系列特有的物理过程假设之上，同时估计模型中相关物理变量(一般来说是未知的)可能的数值范围，并验证已经观测到的物理现象。虽然这些简单模型均试图反映复杂自然系统的主要方面，但是常常无法判断这些模型是否或有多接近真实情况。典型的情况是，不同的模型可能都有一部分是真实的，并且都是未知世界的部分体现。数据本身常常不能区分不同模型，所以对模型的选择大都依赖于地质学的考虑或者先验信息，且经历优胜劣汰的过程。一般情况下，某个模型会首先被对相关问题特别感兴趣的研究群体接受，然后被各种外界新的想法或数据所挑战。因此，对传统思维方式进行批判性的检验，常常会对一个模型进行淘汰或修正并取得进步，这正是古代犹太智者所说的“智慧在智者的争论中成长”(the rivalry of scholars increase wisdom)[①]。新模型的产生需要经历一个正反验证、不断循环的过程，在这个循环中，新模型取代旧模型，而旧模型会被抛弃，甚至是被其提出者抛弃。

地质学领域中，一个经典的超越传统思维的例子是 20 世纪 60 年代形成的板块构造学说。虽然自 1915 年起，阿尔弗雷德·魏格纳(Alfred Wegener)就大力提倡早期提出的大陆漂移学说，但这个想法并未被美国和欧洲大多数地质学家接受[②]，其中部分原因是当时著名的地震学先驱哈罗德·杰弗里斯(Harold Jeffreys)认为板块是不可能运动的。20 世纪 50 年代发现地震大量地分布在以年轻火山为特征的洋中脊(mid-ocean range)以及火山和山脉相关联的深海海沟(图 1.1-10)，缘由却不得而知。直到古地磁和海洋地球物理的观测数据表明海洋板块在洋中脊生成并且俯冲到海沟之下以后形成的，这些地震学的观测结果就显得合理了。

因此，与其他科学进展一样，在“正常发展”时期，地震学研究的进步是典型的渐进式，或者说是缓慢而稳定地前进。偶尔地，当一些新观点代替旧的传统思维的时候也会有一些令人兴奋的“里程碑式的跃进(paradigm shifts)”式的发现会让地震学向前迈进一大步。这种科学发展中理论上的创新模式是在 1962 年由哲学家

① David Jackson 提出类似的思想(Fischman，1992)：“但凡我听到‘每个人都知道’，我就会问‘如果每个人都知道，他们是怎么知道的？’”，该引言来自诺贝尔奖获得者 Peter Medewar 著作的题铭。20 世纪 60 年代政治家 Abbie Hoffman 的名言也有类似含义：“好汉堡从培育好牛肉开始”(Sacred cows make the best hamburger)。

② 有趣的是，像澳大利亚和南非这样的南半球国家的地质学家更早就接受了大陆漂移学说，并坚持至今。

托马斯·库恩(Thomas Kuhn)提出，板块构造学说以及一些从属学科的发展都符合这样的规律。这有点类似于地震的孕育和发生，因为主要断层在长时间内的相对位移非常小，但是这种缓慢聚集的能量会在地震发生时突然释放。

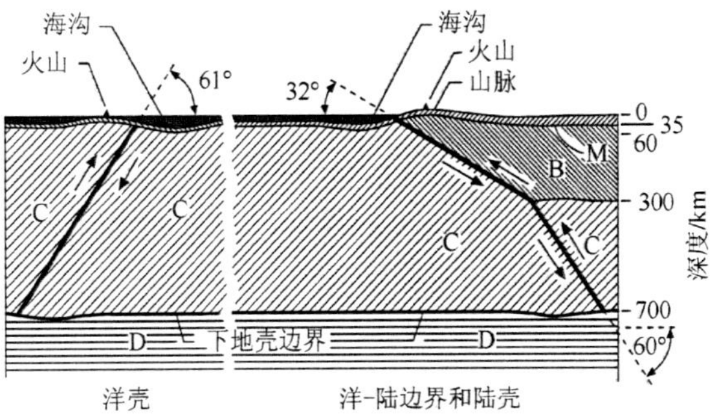

图 1.1-10　板块构造理论被接受以前海洋和大陆边沿的海沟模型。当时已经意识到倾滑地震与海沟、火山以及山脉之间存在密切联系。注意地表起伏有所放大。(Benioff，1955，*Crust of the Earth*，ed. A. Poldervaart，经美国地质学会许可复制)。

1.2　地震学与人类社会

地震学对人类社会有很大的实用价值，这些应用包括地震勘探、天然地震研究和核武器监控。这些主题涉及科学和公共政策层面的问题，而后者超出了本书利用地震波来研究地球结构、天然地震和板块构造的目标。但是，考虑到这些应用与社会利益密切相关，本书简短地讨论地震灾害分析和核爆监控的问题，在某种程度上可以推动对基础科学的讨论。

这些议题有一个共同而有趣的特点——地震学研究的发展水平会影响公共政策的制定。所以，科学上的不确定性对政策制定有着广泛影响。对防震策略的选择部分依赖于地震灾害评估的精确度。国家参加核监控谈判的意愿程度也部分取决于决策者在多大程度上相信地震学的监测能力，从而决定对规则的服从与否。因此地震学面临着和其他领域(如全球变暖或生物技术研究)一样的挑战，既要传递知识的实用性也要解释其局限性。若逃避这个问题，会带来令人尴尬的结果。举例来说，日本政府从 20 世纪 60 年代开始，投入超过 10 亿美元在地震预测研究上，认为大地震发生前会产生可以被观测到的前兆现象。尽管对于前兆现象是否存在，地震学家的怀疑正在逐步增加。这样的研究在预测灾害性地震上至今没有成功过。例如，对于 1995 年的神户大地震，科学家们一致将注意力集中在该地震震中之外的地区。因此评论家批评地震预测研究不具有重大的科学意义，而且让大众误认为地震在当前是可以被预测的，同时耗费了应该被用到更实用的基础地震学和地震工程领域的资源。根据该项目迄今为止的记录，如果日本政府事先听取了批评者的意见并且对民众更坦诚一些，当属明智之举①。

1.2.1　地震灾害与危险性

研究地震及地震学的重要的动力之一就是大地震造成的破坏。在地球上很多地方，地震危险性是相当大的，无论当地人们是否认识到这点(比如日本，学校会定期举行地震演习)。在地震灾害评估或宣传中最大的挑战就是无论什么地方，人类一生中遇到大地震的次数是很少的，但是一旦发生，就会带来重大破坏。

地震主要发生在约 100km 厚的板块边界上，其中板块边界分为三种类型：汇聚型、扩张型或转换型。虽然板块运动稳定而缓慢，但是板块边界通常是“闭锁”的，而且在很长一段时间内边界两侧没有相对运动。在数百年的时间尺度下，板块边界会发生突然滑动，这段时间累积的应变能经由地震而释放。图 1.2-1 显示了 1963～1995 年，体波震级(m_b)≥4 级的地震分布。虽然有些地震发生在远离板块边界的板块内部，但地震分布非常好地定义了不同板块的边界。

地震释放的能量是惊人的(图 1.2-2)。例如，1906 年旧金山地震时，长达 450km 的断层平均滑动了约 4m，释放出约 3×10^{16}J②的弹性能。这样的能量相当于一个 7Mt 的核爆，远高于当年投在日本广岛的 0.012Mt 的核弹能量。当前记录到的最大地震是 1960 年的智利地震，800km 长、200km 宽的断裂带滑动了约 21m。此地震释放出 10^{19}J 的弹性能，超过一个 2000Mt 的炸弹爆炸所产生的能量。1960 年智利地震释放的能量超过人类所有爆破的核弹能量的总和。目前人造核爆最大

① Richard Feynman 在挑战者号航天飞机失事之后提出警告：“NASA 对为其提供支持的美国公民应该坦率、真诚地提供相关信息。这样美国公民可以对有限资源的合理利用做出最英明的决策。对一项成功的技术而言，现实考虑必须优先于公共关系，因为自然不会被愚弄。”

② 能量的 SI 单位是 $1J = 1N\cdot m = 10^7 erg = 10^7 dyn\cdot cm$。核爆炸通常用百万吨级来描述，相当于 1000000 吨 TNT 或者 4.2×10^{15}J。

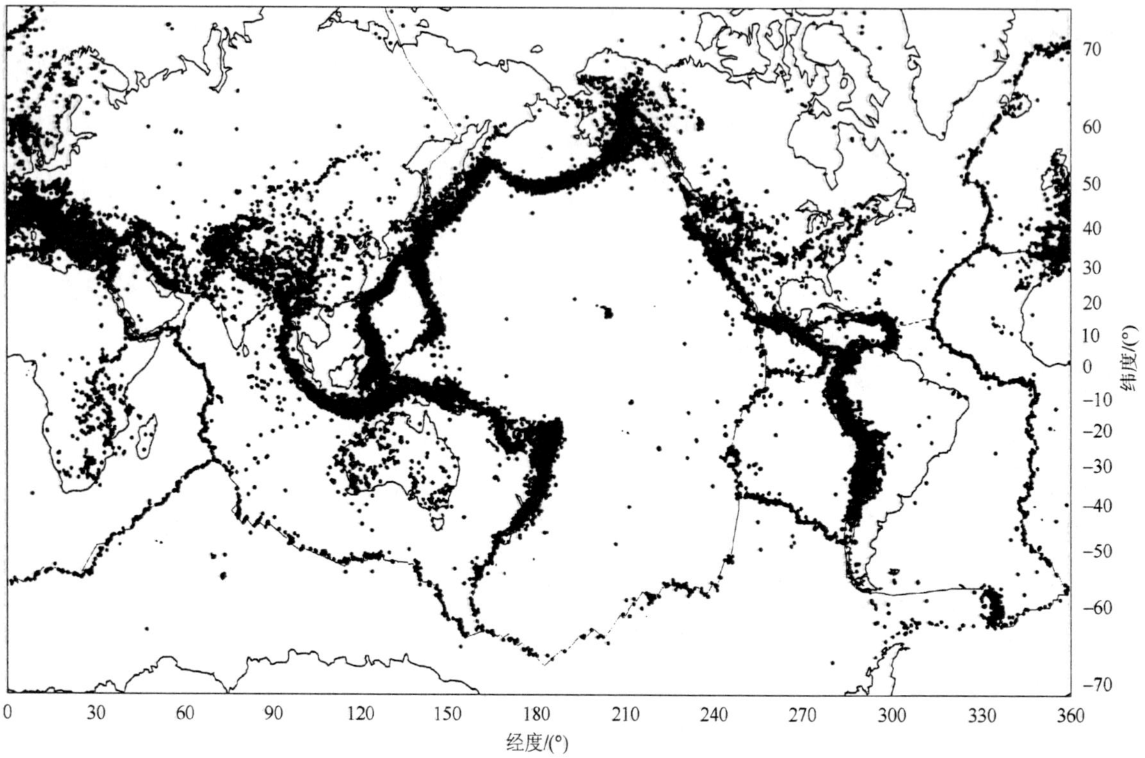

图 1.2-1 1963～1995 年所有 m_b≥4 级的地震震中分布图。大多数地震出现在板块边界。在板块边界比较清晰的地方，地震分布在一个窄的条带；在边界比较发散的地方，如印度和中国之间的喜马拉雅边界带，震中分布范围则要宽得多。

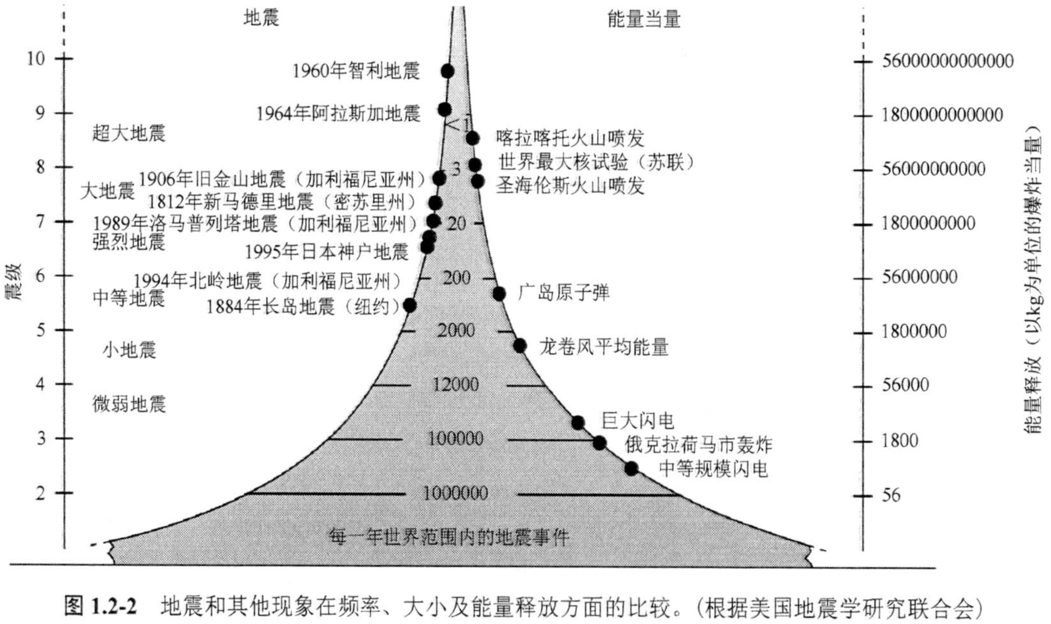

图 1.2-2 地震和其他现象在频率、大小及能量释放方面的比较。(根据美国地震学研究联合会)

能量是 58Mt。作为对比，全世界人类一年消耗的能量大约是 3×10^{20}J。

幸运的是，这种大地震发生的频率不高，因为地震能量累积是一个漫长而缓慢的过程。1906 年旧金山地震发生在圣安德烈斯断层的北加利福尼亚州部分。此断层是太平洋板块与北美板块边界断层的一部分。沿此断层，太平洋板块相对于北美板块向北运动。全球定位系统(Global Positioning System，GPS)观测显示，在远离板块边界的两端，两个板块相对移动速率约为 45mm/a。圣安德烈斯断层的大部分区域在多数时间是“闭锁”的，但在数百年发生一次的大地震中会滑动几米。假定在每次地震中断层上的滑动量为 4m，每年断层两端相对滑动为 45mm，这样每 90 年就会产生一次大地震。但是由于未知原因，真实的大地震间隔是不固定的，并且可能超过 90 年，因为其他断层滑动也会释放部分积累的应变能。

因为板块边界的长度超过 1.5×10^5km(大部分地震发生在板块边界上)，并且板块内部也会发生地震。如表 1.2-1 所示，震级≥7 的地震差不多一个月会发生一次，而震级≥6 的地震平均 3 天就会发生一次[①]。震级减小 1 级，发震频率大约增加 10 倍。因为震级大小和释放能量的对数成比例，大地震释放的能量占所有地震释放能量的大部分。一个震级为 8.5 级的地震释放的能量超过当年所有其他地震所释放的能量之和。因此，地震灾害主要是由大地震造成的(通常震级大于 6.5)。

表 1.2-1　每年发生的地震数目

地震震级(M_s)	每年地震数量	释放能量/(10^{15}J/a)
≥8.0	0～1	0～1000
7～7.9	12	100
6～6.9	110	30
5～5.9	1400	5
4～4.9	13500	1
3～3.9	>100000	0.2

注：美国地质调查局国家地震信息中心提供数据。基于古登堡-里克特经验公式(Gutenberg，1959)计算能量；基于 Geller(1976)进行震级标定；能量计算有很大的近似性。

在评估地震或其他自然灾害可能的潜在危害时，有必要区分灾害(hazard)和危险性(risk)之间的不同。灾害是地震发生时造成的地表振动或其他效应，是本质上就会产生的现象。危险性是灾害发生对生命及财产造成的危害程度。因此，虽然地震灾害是无法避免的自然现象，但是险害性会受到人类活动的影响而有所不同。一个人口很少的地区可能有非常大的地震灾害，但如果人烟稀少，危险性可能会很低。有着中等程度灾害的地区会因为人口众多和低建筑强度，而具有高危险性。人类采取适当行动可降低地震危险性，然而灾害却无法改变。因此，严格地说，美国政府的“国家地震减灾计划”(National Earthquake Hazards Reduction Program)的项目名称并不准确。

表 1.2-2 中列出了一些重大地震及其造成的社会危害。其中，有些非常大的地震无人员伤亡，这是因为发生在偏远地区或者震源很深。一般来说，大多数破坏性很强的地震都发生在大量人类聚居的板块边界附近。最惨重的财产损失发生在发达国家，因为更多财产处于危险之中，最严重的人员伤亡发生在发展中国家。虽然这样的统计不是很精确，但是大地震对人类产生的危害实际上是巨大的。1990 年伊朗北部地震造成 4 万人丧生；1988 年斯皮塔克(Spitak，亚美尼亚)地震造成 25000 人丧生。即使在现代化抗震建筑比较普及的日本，1995 年神户地震仍然造成超过 5000 人丧生和 1000 亿美元的损失。平均来说，20 世纪每年有 11500 人因为地震而丧生。地震在世界上很多地区对于当地的历史和文化都有着重要影响。

因为大地震较少且建筑抗震性的提高，美国的地震危害程度相对来说较其他国家低[②]。美国地震活动最活跃的区域在阿拉斯加南部，当地有一个容易产生大地震的俯冲带(subduction zone)。然而，这个区域的人口相当稀少，因此 1964 年的阿拉斯加地震(仪器记录到的第二大地震)，相对于同样震级发生在日本的地震，只造成了很少的人员伤亡。在美国，近代地震造成的冲击主要发生在加利福尼亚州。1994 年北岭(Northridge)地震带走了 58 条人命并在洛杉矶造成 200 亿美元的财产损失。1989 年旧金山附近的洛马普列塔地震在大联盟棒球世界杯赛期间带走了 63 条人命并造成大约 60 亿美元的财损。这两个地震震级分别是 6.8 级和 7.1 级，都小于该断层上已知的最大地震，比如 1906 年震级约 7.8 级的旧金山大地震。

跟其他因素产生的危险性相比，地震灾害在美国不是造成生命财产损失的最主要灾害。大多数地震造成的伤亡很少，即使是在人口密集地区发生的地震也远远达不到大灾难的程度。从 1811 年起，在美国地震造成的平均死亡率为每年 9 人(表 1.2-3)，与轮滑和美式橄榄球[③]发生意外的死亡人数相当，但远低于自行车意外产

① I. Browning 在 1990 年预测美国中西部将有 7 级地震，并错误地声称自己成功地预测了 1989 年洛马普列塔地震。事实上他说的是在其预测时间附近世界范围内将会发生一个 6 级左右地震。根据全球地震频度，这种预测几乎可以肯定是正确的。

② 许多地震学家都曾经面临不得不向忧心忡忡的电话问询者解释：地震风险如此之小，到迪士尼度假还远远算不上自杀性的冒险行为。

③ 这些是美式橄榄球(American football)的数据；其他国家的足球(在美国称为 Soccer，其他国家称为 Football)运动对球员更安全，但对观众来讲则更危险。

生的死亡人数。1994年北岭地震造成200亿美元的损失，看上去损失很巨大，但其实这样的数字大约是美国一年交通意外所造成的总损失的10%。因此，地震对于人类社会来说变成一个有趣的议题，因为地震不常发生，但一旦发生会造成非常重大的损失。人类社会似乎更重视经常发生的破坏性小得多的危险性事件①。

在评估各种减灾措施的成本、收益及适用性时，类似的议题都无法回避。这样的"得失"之辩在日常生活中经常上演。举例来说，一个家庭若预期每5年会因为偷盗而损失1000元，那么投保年缴200元的失窃险就是合理的。但若每25年才会损失1000元，那么投保年缴200元的保险就显得不合理了。然而，在地震学研究中，这类效益分析是困难的。因为人类历史上对于地震的记录非常有限，使得难以从这些记录中去评估地震发生的周期和可能造成的破坏。

地震学在很多方面有助于减轻地震危害。利用历史地震记录并结合其他地球物理数据预测未来地震发生的位置和大小。这样的研究可以帮助工程师设计抗震结构，也可以帮助工程师以及政府估算并防御地震可能带来的破坏，设定相应的抗震级别。地震学可以帮助保险公司估算地震保险费率。地震保险可以减少地震导致的财产损失，同时也是震后经济恢复的重要资源。这些费率会根据建筑物的强度、断层与建筑的相对位置以及当地的地质条件来决定。屋主和企业根据风险大小及具体保险条款(如破坏必须超过保险额的一定比例保险公司才会赔付)来决定是否购买地震险。地震险对于保险公司来说，有一定的复杂性。地震或其他自然灾害的赔偿和一般的车祸不同(车祸发生概率比较平均)，因地震灾害很少发生，但发生后可能产生集中而且庞大的破坏，其所需赔偿的金额可能超过保险公司所能负担的金额。解决这个问题的方法包括：设立保险公司在某个地区投保的上限；保险公司联合承保，或者采用巨灾债券将大型灾难导致的财政损失分担到全球金融市场，或者发展政府支持的保险项目。

1.2.2 工程地震学和地震工程学

大多数地震造成的死亡源于房屋倒塌，因为地震发生时空旷场地的人最多被摞倒而没有生命危险。因此可以说，"地震不会杀人，建筑物才会"。所以具抗震能力的建筑是降低地震危险性的主要手段。这一问题主要在工程地震学和地震工程学(介于地震学和工程学之间的学科)中讨论。这两个学科的共同目标是研究可能造成房屋和其他关键性建筑物破坏的强地表振动，借此设计出至少可以保护居住者安全的建筑结构。

这些研究聚焦于震中附近能造成建筑物破坏的强地表振动，而不是常规地震研究中的小得难以感觉到的振动。描述一个地方的强地面振动通常采用两个参数。一个是加速度，即地表位移的二次导数。加速度是造成建筑物破坏的主因。把房屋放在一个直线高速行驶且没有加速度的火车上，房屋不会受到任何损伤。然而，在地震中房屋会受到摇晃，并且在加速度够大的情况下，房屋会被破坏。加速度的大小可以用加速度型地震计记录，此种地震计可以在震中附近的激烈摇晃中正常运作，但是对远离震中的微小振动则不敏感。一个地区的地震灾害通常用数值模型来描述。该模型用来估算在一定时间内，此地区产生某个特定加速度振动的可能性大小。举例来说，图1.2-3的灾害图是预测美国自1996年起的未来50年内，在2%的发震概率下(或是未来2500年至少发震1次)，某地区因地震而产生最大地表振动加速度的分布。描述加速度时，常用重力加速度g(9.8m/s^2)的倍数表示。

另一个参数是地震烈度(intensity)，烈度是一种利用分类来表示振动强度的方式。表1.2-4展示了修正麦卡利烈度表(modified Mercalli intensity，MMI)，此表将地表振动分成12级并用罗马数字I(无感觉)到XII(完全破坏)表示。烈度和加速度之间没有一一对应关系，加速度是地震学家计算出的被工程师用以表征地震对建筑物影响大小的一个数字。表1.2-4中给出了不同烈度大致上对应的加速度值，但这种对应不是唯一的。烈度表示法有一个好处，它是基于人们的感觉而确定的，因此在没有地震计的地方特别是地震计发明以前(1890年前)可以利用烈度来表示地震所造成的破坏。虽然烈度不是一个很精确的表示方法(如倒塌的烟囱可能会导致一大片区域的评估烈度值增加)，但烈度分布常常是了解古地震信息的最佳方式。举例来说，1811～1812年发生在新马德里(New Madrid)的地震序列最主要的信息就是烈度(图1.2-4)。这些大地震值得研究的原因是它们发生在相对来说比较

① 例如，虽然航空灾难和安全问题最容易引起关注，但强制执行汽车安全带法律可以以更小的代价挽救更多的生命。

稳定的北美大陆板块内部(详见 5.6 节)。历史记录表明，在密西西比河边的新马德里小镇有房屋倒塌(烈度X)，以及在圣路易斯附近有数个烟囱倾倒(烈度 VII)。烈度可以用于推测地震的震级，即使有很大的不确定性，这些资料仍被用来推测历史地震的震级(约 7.2±0.3)和断层的几何形态，并且是未来地震可能产生的影响的重要参考。

表 1.2-2 一些著名的破坏性地震(该表中所引数据有多种来源，特别是对一些古地震，不同研究得到的估计值也不一样)

发震位置和日期(年-月-日)	强度	破坏性
塞浦路斯，库里安 365-7-21	X MMI	完全摧毁了古希腊罗马城。在地中海产生了非常大的海啸。
瑞士，巴塞尔 1356-10-18	XI MMI	在很大范围内摧毁了 80 座城堡。造成 300 人死亡，倒塌的壁炉造成了延续多天的火灾。
中国，山西 1556-01-23	8 M_s(估计)	窑洞垮塌。据报造成 830000 人死亡(历史以来最严重)。破坏接近 1920 年甘肃地震(见下)。
牙买加，罗亚尔港 1755-06-07	8 M_s(估计)	大范围的砂土液化导致三分之一的罗亚尔港毁坏，沉降到海平面以下 4m，造成 2500 人死亡。
葡萄牙，里斯本 1755-11-01	≥8 M_s(估计)	在整个大西洋都有海啸记录。在 1600000km^2 范围内都有震感。阿尔及尔被摧毁，造成 70000 人死亡。是欧洲历史记录的最大地震(即使在过去的 500 年中，几个意大利地震已经造成超过 150000 人死亡)。
密苏里州，新马德里 1811-12～1812-02	7～7.4 M_s(估计)	共发生三次大地震(1811 年 12 月 6 日，1812 年 1 月 23 日，1812 年 2 月 7 日)。地面断层垂直位移达 7m。大范围的砂土液化。改变了密西西比河的流向。超过 5000000km^2 范围内都有震感。
弗吉尼亚州，查尔斯顿 1886-08-31	7.2 M_s(估计)	在 1680～1886 年，该区域内没有监测到地震活动。超过 5000000km^2 范围内都有震感。14000 个烟囱毁坏。90%的建筑受损或破坏。
日本，三陆 1896-06-15	8.5 M_s(估计)	海啸高达 35m，在本州岛的三陆海岸冲毁了 10000 房屋，造成 26000 人死亡。在三陆，另外一个相似的地震在 1993 年 3 月 2 日发生，造成 3000 人死亡，产生 25m 高的海啸。
印度，阿萨姆邦 1897-06-12	8.7 M_s(估计)	是历史上震感最强的地震之一。造成 1500 人死亡。强烈的地面摇动。其他喜马拉雅地震包括 1905 年 4 月 4 日(造成 20000 人死亡)，1934 年 1 月 15 日(10000 人死亡)，1950 年 8.15(M_s = 8.6，造成 1526 人死亡)。
加利福尼亚州，旧金山 1906-04-18	7.8 M_s	在一个长为 450km 的断层上发生约 4m 的滑动。损毁 28000 栋建筑，损坏主要为持续燃烧 3 天的大火所造成。造成 2500～3000 人死亡(是美国历史上最严重的一次地震)。
中国，甘肃 1920-12-16	8.5 M_s	造成 180000 人死亡，主要是砂土液化形成的泥流沿斜坡下滑长达 1.5km 所导致的。
日本，东京 1923-09-01	8.2 M_s	发生在东京以南 80km 的相模湾。134 次零星失火事件导致了巨大的火灾。12m 高的海啸冲击了相模湾造成 143000 人死亡。
阿拉斯加，阿留申群岛 1946-04-01	7.4 M_s	在夏威夷的希洛，高达 7m 的大型海啸摧毁了一座发电站，造成了 2500 万美元的损失。
阿拉斯加，利图亚湾 1958-07-10	7.0 M_s	巨大的山体滑坡滑进当地的一个海湾，产生了高达 60m 的巨浪，冲刷远至 540m 的山坡。
蒙大拿州，赫布根湖 1959-08-17	7.5 M_s	产生大量的山体滑坡，其中有一个阻拦了河流形成了堰塞湖。激活了黄石公园内 160 个间歇泉。垂直位移达 6.5m。造成 28 人死亡。
智利 1960-05-21	9.5 M_w	历史记录最大震级地震。断层区：800km×200km。滑动量：21m。触发了普耶尔火山的喷发。安第斯山脉发生大量的山体滑坡。产生大型海啸。造成 2000～3000 人死亡。
阿拉斯加 1964-03-27	9.1 M_w	历史记录第二大地震。断层区：500km×300km。滑动量：7m。产生大型海啸，大范围的砂土液化。造成 200000km^2 的地表变形。造成 131 人死亡。
秘鲁 1970-05-31	7.8 M_s	一次近海地震，导致巨大的山崩和滑坡。造成 30000 人死亡。最大的伤亡是由安第斯山脉上 100000000m^3 的岩石和冰层沿安第斯山流动造成的。
加利福尼亚州，圣费尔南多谷 1971-02-09	6.6 M_s	在 200000 平方英里范围内都有震感，造成 65 人死亡，1000 人受伤。直接经济损失达 50 亿美元。
中国，海城 1975-02-04	7.4 M_s	据称，地震发生当天早晨，成功的预测使得政府组织了疏散，大约保护了 100000 人的生命。最终导致 300～1200 人死亡。
夏威夷，卡拉帕拉 1975-11-29	7.1 M_s	导致克鲁尔火山的南翼滑向海里。在夏威夷海岸造成 14.6m 高的海啸。是夏威夷自 1868 年以来的最大地震，产生了 22m 高的海啸，造成 148 人死亡。
中国，唐山 1976-07-27	7.6 M_s	在这座一百万人口的城市中，>250000 人死亡，50000 人受伤。实际死亡人数不一定可靠，一些估计认为超过了 1556 年地震。相较于 1975 年海城地震，本次地震没有观测到前兆。

续表

发震位置和日期	强度	破坏性
墨西哥，墨西哥城 1985-09-19	7.9 M_s	由于湖相沉积，地震产生了长达 3 分钟的震荡。造成 10000 人死亡，30000 人受伤。经济损失达 30 亿美元。
亚美尼亚，斯皮塔克 1988-12-07	6.8 M_s	地表断层显示长达 10km 的断层上有 1.5m 的滑动。造成 25000 人死亡，19000 人受伤，500000 人无家可归。经济损失达 62 亿美元。
加利福尼亚州，洛马普列塔 1989-10-17	7.1 M_s	滑动出现在圣安德烈斯断层上方的旧金山以南段。造成 63 人死亡，其中大部分是由奥克兰的一座高架桥垮塌造成的。经济损失约 60 亿美元。打断了第 5 次世界棒球联赛。
伊朗，里海 1990-06-20	7.7 M_s	100000 栋建筑受损或遭破坏。造成 40000 人死亡，60000 人受伤，500000 人无家可归。超过 700 个村庄被毁，另外 300 个村庄受损。
菲律宾，吕宋岛 1990-07-16	7.8 M_s	主要破裂发生在迪戈迪格断层，产生大量滑坡和地表断裂。产生大范围的砂土液化。造成 1621 人死亡，3000 人受伤。
加利福尼亚州，兰德斯 1992-06-28	7.3 M_w	沿 70km 长的断层段的水平位移达 6m，垂直位移达 2m。造成 1 人死亡，400 人受伤。
印度尼西亚，弗洛雷斯岛 1992-12-12	7.8 M_s	海啸高达 25m，造成大范围的海岸受损，海啸最高达到 300m。造成 2200 人死亡，30000 栋建筑被毁。
加利福尼亚州，北岭市 1994-01-17	6.7 M_w	破裂发生在洛杉矶的一条盲断层上。大量的岩崩，地表破裂，砂土液化。造成 58 人死亡，7000 人受伤，20000 无家可归。经济损失达 200 亿美元。
玻利维亚北部 1994-06-09	8.2 M_s	历史最大的深源地震(深度为 637km)。远在加拿大都有震感。
日本，神户 1995-01-16	6.8 M_s	造成 5502 人死亡，36896 人受伤，310000 人无家可归。对世界第三大海港造成严重破坏：193000 栋建筑被毁，1000 亿美元的经济损失。
巴勒尼岛西北 1998-03-25	8.2 M_w	历史记录最大的海洋板块板内地震。发生在澳大利亚-太平洋-南极洲板块的结合处以西，该区域在过去是非震的。
土耳其，以兹米特 1999-08-17	7.4 M_s	造成 5m 的滑动，120km 长的破裂，30000 人死亡，200 亿美元经济损失。在 20 世纪已经有 12 个大地震(M>6.7)发生在北安纳托利亚断层(North Anatolian fault)上，其中包括 1999 年 11 月 12 日的 7.2 M_w 地震。
中国台湾，集集 1999-09-21	7.6 M_w	发生在台北以南 150km。造成 2333 人死亡。10000 人受伤。

表 1.2-3　美国 1996 年造成死亡的事件和相应死亡人数

造成死亡的事件	死亡人数
心脏病	733834
癌症	544278
中风	160431
肺部疾病	106143
肺炎/流感	82579
糖尿病	61559
机动车事故	43300
艾滋病	32655
自杀	30862
肝部疾病/肝硬化	25135
肾部疾病	24391
阿尔茨海默病	21166
谋杀	20738

续表

造成死亡的事件	死亡人数
摔倒	14100
中毒	10400
溺水	3900
火灾	3200
窒息	3000
自行车事故	695
恶劣天气[1]	514
轮滑[2]	25
美式橄榄球[2]	18
滑板[2]	10
地震(1811～1983 年)，每年[3]	9
地震(1984～1998 年)，每年	9

资料来源：[1]美国国家气象局(恶劣天气导致的财产损失达 100 亿～150 亿美元/年，与北岭市地震造成的损失相当，单个飓风灾害的损失可达 250 亿美元)；[2]美国消费产品安全委员会；[3]来自 Gere 和 Shah(1984)；其他所有数据来自美国国家安全局和国家卫生统计中心。

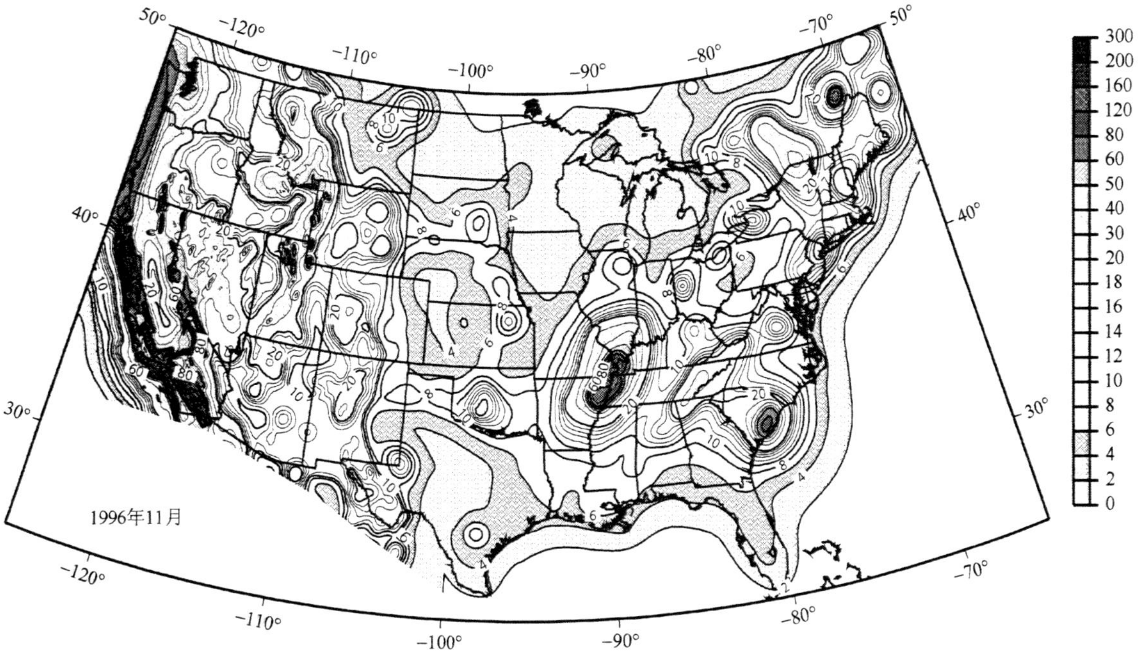

图 1.2-3 美国地震灾害图。地震灾害用 50 年以内概率为 2%的最大地表加速度来表示。尽管唯一一个比较活跃的板块边界位于美国西部，但其他部分区域也面临显著的地震灾害。(美国地质调查局供稿)

表 1.2-4 修正麦卡利地震烈度表

烈度	影响
Ⅰ	无法感觉到，没有破坏：除少数情况外没有震感。
Ⅱ	晃动很微弱，没有破坏：在放松状态下，只有少数人能感受到晃动，特别是住在高层的人。悬挂物可能会晃动。
Ⅲ	在室内可以较为明显地感受到晃动，特别是住在建筑高层的人，但是很多人不会意识到是地震引起的。静止的汽车可能会轻微地振动。类似于卡车经过时产生的晃动。振动时间可以估计。
Ⅳ	轻微晃动，无破坏：如果在白天发生，在室内多数人会感知到，在室外只有少数人能感知到。如果在晚上，某些人会被惊醒。餐具、窗户、门会有震动；墙体可能会产生“嘎吱”声；感觉就像重型卡车撞到建筑物上。静止的汽车可以产生较明显的晃动。(0.015g～0.02g)
Ⅴ	中等程度晃动，十分轻微的破坏：几乎所有人都会感知到地震，大部分人被惊醒。某些餐具、窗户等碎裂。在某些部位，墙体上的石膏龟裂，不稳定的物体倾倒。树、电杆及一些高的物体发生可见的晃动。摆钟可能会停止工作。(0.03g～0.04g)
Ⅵ	较强晃动，轻微破坏：所有人都能感知到地震，许多人受到惊吓，跑到室外。一些重的家具发生移动；出现一些石膏破裂、烟囱倒塌的事件，损害较轻。(0.06g～0.07g)
Ⅶ	强烈晃动，中度破坏：每个人都跑到室外。对于具有较好设计和结构的建筑，损伤轻微；对质量较好的普通建筑造成中等损伤；对质量差的或设计不合理的建筑造成显著的破坏；一些烟囱断裂。开车的人能注意到地震造成的晃动。(0.10g～0.15g)
Ⅷ	很强的晃动，中等到严重破坏：对抗震设计的建筑造成轻微损坏；对大量的普通建筑造成明显的损坏，出现部分垮塌；对质量差的建筑造成严重破坏。板墙被挤出框架结构，烟囱、工厂堆叠的器物、塔、纪念碑、围墙发生倒塌。重家具倾倒。少量沙土被挤出。井水发生变化。正在开车的人受到干扰。(0.25g～0.30g)
Ⅸ	剧烈晃动，损毁严重：对特殊设计的建筑也会造成明显破坏；设计合理的框架建筑发生倾斜；对大量的普通建筑造成大的损坏，部分出现倒塌。建筑体与基础发生位错，地表发生破裂，地下管道被损坏。(0.50g～0.55g)
Ⅹ	很剧烈的晃动，十分严重的破坏：部分质量高的木结构建筑被毁；大多数砌体结构建筑和框架结构建筑和基础被损坏；地表被严重破坏。铁轨弯曲，在河岸和陡坡处发生显著滑坡；沙土移位。溅起水花，溢出河岸。(大于 0.60g)
Ⅺ	鲜有砌体结构没有倒塌。桥梁损毁。地面发生龟裂。地下管道完全瘫痪。在较软弱的区域，地面下沉，滑动。铁路严重弯曲。
Ⅻ	完全摧毁。在地表可以看见地震波。地表扭曲，物体被抛到空中。

注：圆括号中显示对应的平均峰值加速度。相对于重力加速度 (9.8m/s^2) 的倍数，取自 Bolt (1999)。

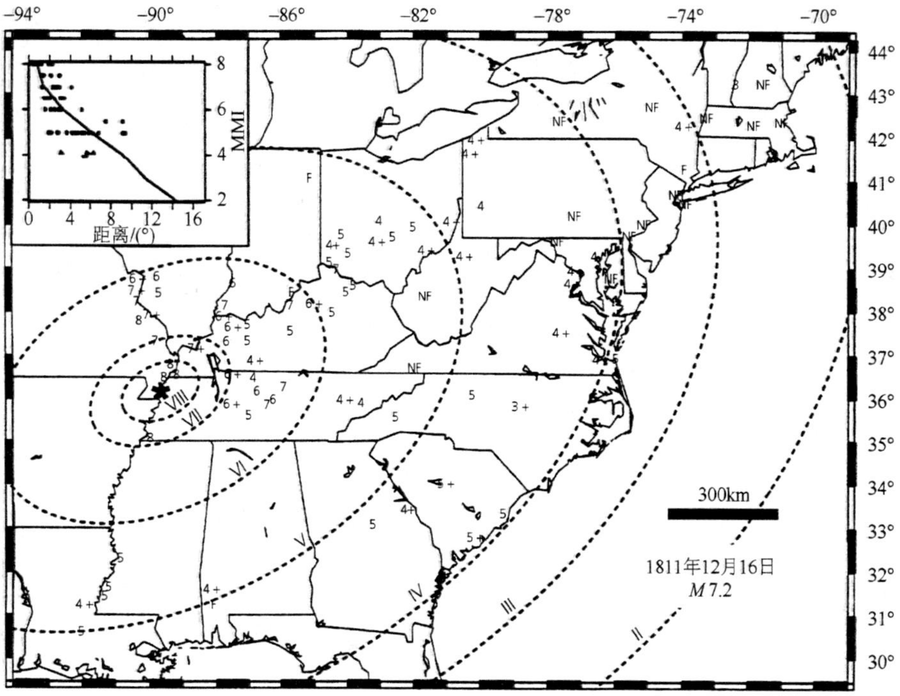

图 1.2-4 1811～1812 年新马德里三个大地震中第一个地震的烈度等值线图。这样的图虽然所基于的数据很稀疏，但对于历史地震及其对未来地震的影响来说，已经是最好的估计了。(根据 Hough et al.，2000，*J. Geophys. Res.*，105，23，839-864，版权归美国地球物理学会所有)

随距离而变化的地表振动可以用烈度等值线来表示。一般而言，烈度等值线如图 1.2-4 所示，烈度随着距离增加而衰减。强地动数据显示，一个震级为 M 的地震在距离震中 r 的地方产生的地表加速度 a 可以用一近似方程式表示为

$$a(M,r)=b10^{cM}r^{-d} \tag{1.2-1}$$

这里，b、c 和 d 为常数，其值取决于当地的地质条件、震源深度、断层的几何形态和地表振动频率等因素。因此，地表加速度预测值会随着震级 M 加大而增加，并且随着距离 r 的增加而快速减小，减小的程度取决于岩石性质。举例来说，在美国落基山脉东部的岩石传递地震能量的能力较西部的岩石更有效(详见 3.7.10 节)，所以相同大小的东部地震影响的范围要大于西部地震(图 1.2-5)。因为振动随着距离增加快速衰减，较近的小地震造成的破坏会比较远的大地震造成的破坏要大。

地表振动造成的破坏也取决于建筑物的种类。如图 1.2-6 所示，加固的混凝土房屋抗震能力较木架结构房屋好，而木架结构房屋较火砖结构及砖石结构房屋好。如表 1.2-4 所示，10%的砖结构房屋在经历烈度为 VII(约 $0.2g$)的摇晃时开始产生严重破坏，而加固的混凝土房屋在烈度高达 VIII～IX(约 $0.3g$～$0.5g$)时才开始产生类似的破坏。抗震设计的房屋，破坏的程度会更小。地震伤亡(如 1988 年亚美尼亚的斯皮塔克地震造成近 25000 人丧生)大多发生在大部分房屋都不抗震的地区(图 1.2-7)。因此，专家[①]认为同样的地震若发生在加利福尼亚州，大约只会造成近 30 人丧生。这样的估计在 1989 年美国洛马普列塔地震中得到证实，这个地震比 1988 年的斯皮塔克地震大一些，但只造成 63 人丧生。

设计可以抗震的建筑物是技术、经济和社会的挑战。目前，科研致力于研究建筑物对地表振动的响应，以及建筑物如何在地震中免于破坏。因为这样的设计会提高建筑成本，并可能不得不占用大量其他项目的社会资源，而有些项目可能花费更少但却可以拯救更多生命或是用于其他的社会建设。关键是评估地震灾害并选择一种符合经济效益的抗震建筑标准。如美国和日本这类国家有财政资源去研究建筑物对振荡的响应，建立合适的建筑设计规范并且建造出符合标准的建筑。这些规范既要要求建筑物的强度不能太低，否则不能承受过大的风险，也不能对强度要求太高，产生过多的不必要的建造成本，并导致规范无法执行。决定这个标准是一个复杂的政策问题，而且没有一个

① Ambraseys(1989)。

统一的标准。做出合适的决定对于发展中国家尤其困难，许多发展中国家面临严重的灾害威胁，但其他方面的发展有更大的资源需求，虽然这些资源

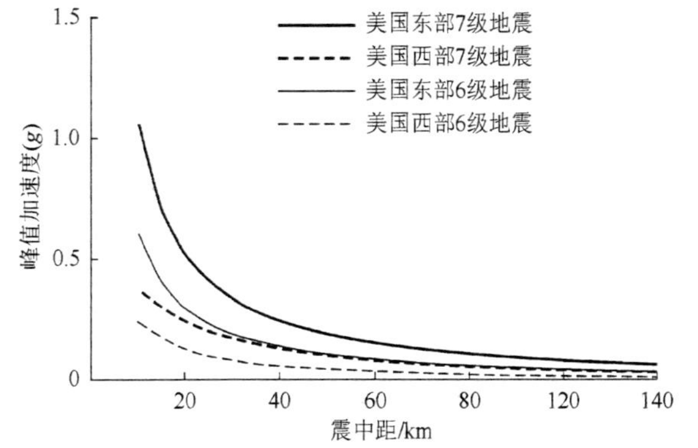

图 1.2-5　震级为 7 级和 6 级的地震在美国西部与东部产生的强地动(峰值加速度)随距离的变化。美国东部的(6 级地震)强地动与美国西部大一个震级(7 级)的强地动相当。曲线基于 Atkinson 和 Boore(1995)、Sadigh(1997)等模型绘制。

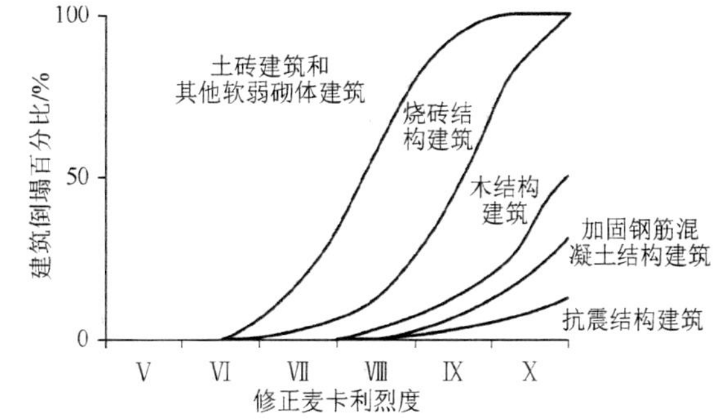

图 1.2-6　地震振动造成的建筑物倒塌的百分比随地震烈度的变化。土砖结构、烧砖结构、木结构、加固钢筋混凝土结构及是否有抗震设计等对建筑物的生存率有相当大的影响。(根据 Coburn and Spence，1992，*Earthquake Protection*，经 John Wiley & Sons Limited 许可复制)。

图 1.2-7　1988 年 12 月 7 号亚美尼亚斯皮塔克地震中破坏的 5 层建筑。该建筑是由预制水泥板建成且板间没有足够联结。25000 个死亡人数中相当部分是由于这样的建筑倒塌造成的。［美国地质勘探局(USGS)供图］

可以用来降低地震风险。是应该在没有学校的地区建设学校，还是应该加固现有的学校建筑提高抗震能力，这是两难的选择。

另一个相关的问题是，对于要求花费昂贵代价去抵御在人类生命周期中很少发生的大地震的法规，人们总是倾向于规避。在这样的背景下如何确保规范的实施是个值得考虑的问题。举例来说，1999 年土耳其大地震期间，绝大部分破坏都是因为建筑设计没有按规范执行造成的。有报道曾提及墙壁碎裂之后，发现了为节省成本而塞进去的空橄榄油桶。

大部分建筑安全的知识是在反复试验过程中得到的。在加利福尼亚州，第一个重大建筑设计规范是在 1933 年长滩地震后制定的，这个地震造成了 4100 万美元的损失和 120 人丧生。随着一系列灾害性地震的发生，工程师已经掌握了建筑物抗震性的知识，建筑规范得到修正。举例来说，用钢筋混凝土制成的剪切墙可以有效防御水平摇晃的横向剪切振动。类似方法被用于旧建筑的翻新以增加其抗震性。

对于地震工程师来说，一个需要考虑的重要因素就是不同建筑物产生共振的周期不同。虽然共振周期取决于建筑物的几何形状和材质，但周期一般随着建筑高度或底层宽度的增加而增加。举例来说，一般的房屋或小型建筑物的共振周期大约是 0.2s，而 10 层高的建筑物的共振周期约为 1s。若是地表振动能量的峰值周期接近建筑物的共振周期，并且振荡持续的时间够长，那么建筑物会因过大的振荡导致严重破坏。这个效应类似于秋千，无规律地推动多半会让秋千停下来，但以振荡周期重复推动就会让秋千保持长时间的振荡。正因为这个效应，一个地震可能摧毁某些建筑物而对另一些建筑物破坏很小。类似地，一个建筑物可能被一个 7 级的地震摧毁，但却可能在峰值周期更长(频率更低)的 8 级地震后屹立不倒。有时因为相邻建筑物的共振不同步造成建筑物顶部碰撞。

对于建筑抗震来说，另一个关键因素是其所在位置的地表物质。松散沉积物和其他强度较弱的岩石相对于基岩来说会增强地表的振荡。如 2.4.5 节所述，近地表沉积物可能会放大地表位移一个量级以上。在 1989 年洛马普列塔地震中，破坏最严重的地区位于浅地表地质学上认定的高风险区。在破坏严重的马利纳区、海湾大桥和尼米兹高速公路等被破坏的建筑物大都位于沉积层地区。

另一个例子是 1985 年的墨西哥城——一个建在

干涸的古代湖泊形成的沉积物之上的城市。一个发生在西边俯冲带的震级为 7.9 的地震导致了沉积盆地的摇晃超过 3min(如此长的振荡在一般地震中很少见)，振荡能量的峰值周期为 2s 左右。破坏最严重的是 6～15 层高的建筑物(其共振周期为 1～3s)。高度更低或更高的建筑物则受损较小，因为它们的共振周期不在 2s 左右的范围。而这样的破坏模式在随后的地震中不断重复。

1.2.3 高速公路、桥梁、水坝和输油管

除建筑物外，公路、桥梁、立体停车场、垃圾填埋场、水坝、输油管和电厂等都面临抗震挑战。这些结构对于社会来说至关重要，应当不遗余力地确保这些建筑结构在地震后能保存下来。

高架式的公路常在地震中倒塌。1989 年的洛马普列塔地震中，大部分人员死亡是因为奥克兰的尼米兹高速公路倒塌所致。在洛杉矶，I-5 号高速公路的设计可以承受大地震，但是部分路段在 1971 年的圣费尔南多地震中倒塌。之后这些路段被重建，但是部分路段在 1994 年的北岭地震中倒塌。最引人注目的公路毁坏发生在 1995 年的神户地震，20km 长，由大型混凝土支撑的快速道路倒塌，压碎了许多车辆。

桥梁也面临类似问题，1989 年洛马普列塔地震就是一例。旧金山的海湾大桥(Bay Bridge)连接旧金山和奥克兰，它是一个双层桥梁，于 1936 年建成，位于沉积岩上。桥梁上几乎没有伸缩空间。上层的大部分在地震中倒塌(图 1.2-8)，之后为了维修而封闭了数月。相反，设计能承受大尺度摇晃的建在基岩上的悬浮式金门大桥(Golden Gate Bridge)没有受到大的破坏。

因地震引起的水坝破坏也应当重视，1971 年圣费尔南多地震中受到破坏的近乎垮塌的范诺曼水坝就是一例。600m 长的水坝发生垮塌，部分滑落到水库中(图 1.2-9)，使得坝高降低了 10m，而坝顶只比水面高出 1.5m。幸运的是，当时这个地区正遭遇干旱，水坝蓄水量只有一半。在水坝下游的 8 万人被撤离，坝里的水被迅速排干。水坝经现代技术重建后，在 1994 年的北岭地震中仅出现轻微裂隙。

水坝的一个独特之处在于它们自身会引发地震。这看起来与直觉相反，因为增加的水重升高了岩石的压力，断层两边的岩石被挤压而更难滑动，因而似乎应该阻止断层滑动。但是，大坝积蓄的水可能渗透到断层面上，降低断层面上的摩擦力，因而更容易滑动。这个效应很容易被观测到，印度的人造戈伊纳大坝(Koyna Dam)诱发地震活动似乎呈现出季节性变化，雨季以后水位上升，而地震也更频繁。1967 年诱发的大地震夺走了 200 余人的生命。所以在设计水库大坝时，水库诱发地震是必须考虑的因素。

图 1.2-8 连接旧金山及奥克兰的海湾大桥在 1989 年 10 月 17 日的洛马普列塔地震中被破坏。建于 1936 年的海湾大桥结构老旧，其桥墩立于会放大振动的沉积岩上。(美国地质调查局供图)

图 1.2-9 在 1971 年 2 月 9 日的圣费尔南多地震中垮塌的范诺曼水坝。由于当地正经历旱灾，水位很低，所以没有造成洪灾。(美国地质调查局供图)

与地震相关，造成人命伤亡和破坏的最主要因素除了建筑物倒塌外，就是火灾。火灾能造成重大伤亡的原因之一就是输水管线在地震中破裂，使得灭火非常困难。在 1906 年的旧金山地震中，大量建筑物因地表振荡而破坏，但是地震后持续三天的火灾被认为造成了 10 倍于地震的破坏(图 1.2-10)。1923 年东京地震后，大量被打翻的火炉造成了火灾，火势迅速蔓延到整个城市以致失控，其原因就是输水管线的破坏。在超过 14 万的死亡人数中，大量是死于火灾，其中包括被大火吞噬的 4 万多为躲避建筑物倒塌而逃避到空旷地带的人。在现代化的城市中，地震后天然气管线容易破裂，造成易燃的天然气泄漏和燃烧。在 1994 年北岭地震和 1995 年神户地震后(这两个地震都发生在夜晚)，大规模火灾爆发的地点就是救援人员首先判断的重灾区。住在地震高发区的民众应该知道，在大地震发生后如果闻到天然气味道应该主动关闭自己家里的天然气开关。

图 1.2-10　1906 年 4 月 18 日旧金山地震 5 个小时之后的旧金山大火。很多建筑在地震中破坏很小，但却被失去控制的火灾所摧毁。(美国国家地球物理数据中心供图)

1.2.4　海啸、滑坡和土壤液化

有种说法是“地震不会杀人，倒塌的建筑物才会”，这种说法部分正确但也不够全面，因为它没有包括地震所引起的其他破坏，如海啸、滑坡和土壤液化(liquefaction)。地震灾害评估中应该包括对这些因素的判定。

海啸是由大体积的海水因火山爆发、海底滑坡或海底地震产生位移时产生的(图 1.2-11)。海啸在海洋中传播时不易察觉，但是到达岸边时其振幅会被显著放大。1896 年日本的三陆地震导致了 35m 高的海啸。海啸淹没了 1 万间房屋并且造成约 26000 人死亡。夏威夷特别容易遭受环太平洋地震引起的海啸冲击。1960 年智利地震引发的海啸在夏威夷造成 61 人死亡。1946 年阿拉斯加地震引发了 7m 高的海啸，淹没并造成一个电厂短路，使得夏威夷的希洛地区陷入了黑暗。为了应付这些风险，海啸警报系统应运而生。该系统评估大地震造成海啸的可能性，并且在海啸来临前对海啸可能袭击的地方发出警报。

在地形险峻的地区，强烈的地表振动可能会造成破坏性的滑坡和雪崩(图 1.2-12)。举例来说，1970 年在秘鲁发生的地震造成了岩石和冰雪滑坡，这些物质以 300km 的时速冲下山坡，掩埋村庄，造成 3 万人死亡。

另一个地震引起的灾害就是土壤液化——含水饱和的土壤在剧烈振动下所表现出的如同液体一样的特殊现象。在一般情况下，沙粒彼此接触，且水填满了沙粒间的空隙。强烈晃动使得沙粒间的距离变大，因此土壤变得像泥浆，类似于流沙一般。建筑物在长达数秒的峰值摇晃过程中会下沉，但不一定被破坏。摇晃停止后，土壤重新固化，建筑物会长久地下沉在土里。一个经典的例子是日本的新潟地区在 1964 年发生地震时，建筑物倾斜地沉在土里(图 1.2-13)。

含有松散潮湿沉积物的土壤是最容易产生液化的物质。有时沙粒会被喷出地表，称为喷沙(sand blows)。1989 年洛马普列塔地震中，在旧金山沿岸的滨海区发生过。讽刺的是，喷出来的物质中，有些是 1906 年旧金山大地震倒塌的建筑瓦砾，这些瓦砾在当时被推土机推进湾区，成为新的海岸区的地基材料。

液化现象可能大规模地扩散并可能是毁灭性的，包括大尺度的向下坡倾斜方向的土壤流动，称为横向扩散(lateral spreading)。在 1920 年甘肃地震中，土壤向坡

下流动达 1.5km，造成 18 万人死亡。在 1964 年阿拉斯加地震中，安克雷奇的坦纳根(Turnagain)高地部分地区产生液化并坍塌。最显著的一个例子发生在牙买加。1692 年 8 级地震造成建在沙土之上的罗亚尔港的大部分区域下沉至海平面以下约 4m。多年以后，在港口的船只上仍然能见到沉到水底的房屋。

图 1.2-11 1964 年的地震造成阿拉斯加州的瓦尔迪兹地区的海岸地带洪水泛滥。其导致的海啸在某些地方高达 32m。(美国国家地球物理数据中心供图，美国内政部拍摄)

图 1.2-12 1989 年洛马普列塔地震造成的圣克鲁兹山脉中的加利福尼亚州 17 号高速公路旁的滑坡。滑坡阻断了圣克鲁兹和圣何塞之间的主要交通要道。(美国地质调查局供图)

图 1.2-13 1964 年 6 月 16 日日本新潟地震引起的沙土液化造成公寓楼的倾斜。由于沙土压缩，该城市的 1/3 区域下沉达 2m。(美国国家地球物理数据中心供图)

1.2.5 地震预报(earthquake forecasting)

通过提高建筑物的抗震性以降低地震风险必须辨识出高地震风险区，并评估(即便是粗略地)地震发生的概率和可能产生的地表振动大小。因此地震预报既是一个科学问题，更涉及社会如何最佳利用地震学所提供的信息的问题。

在介绍地震预测(prediction)之前，有必要先考虑其他地球物理的预测现象。举例来说，强烈风暴的预测有三种方法。第一种是长期的趋势预报，如芝加哥预期冬天会有暴风雪，而迈阿密预期秋天会有飓风。当地政府、能源工厂、房屋业主或其他企业利用历史记录应对这些事件。虽然偶尔会有意外，但长期预报一般来说足以确保资源的合理配置而不造成浪费(如芝加哥人应当准备足够的雪犁和盐，而迈阿密则不需要)。第二种，短期天气预报通常可确认风暴正在形成的状态。第三种，一旦风暴形成，就会对风暴进行实时追踪，因此人们可以提前一到两天得到通知并做好准备。

类似地，火山灾害评估首先要确定现在或者历史上(地质年代)比较活跃的火山位置。基于火山喷发的历史(历史记载或地质学证据)，可以做出长期预报。而利用火山喷发前的一些主要行为可以做出短期预测：岩浆上升造成地表变形、小地震发生且释放出火山气体。最终的大规模喷发之前一般有小规模喷发，这使得发布实时预警成为可能。因此对火山喷发的预测，尽管不够完美①，但已达到非常好的程度。1980 年 5 月 18 日，圣海伦斯火山(Mount Saint Helens)剧烈喷发，由于及时地疏散了周边民众，减少了人员伤亡，最终只有 60 人丧生。其中包括一个正在研究火山的地质学家和拒绝撤离的民众。20 世纪下半叶最大规模的火山喷发发生在菲律宾的皮纳图博火山，当时喷发摧毁了超过 10 万间房屋以及附近的美军空军基地。因为喷发前几天当地就开始疏散，最后只造成 281 人丧生。

① 1982 年，由于火山穹隆的上升以及加利福尼亚州马姆莫斯(Mammoth)湖周围的其他活动显示会有大规模的火山喷发。地质学家发布了火山预警，这引起了当地商业领袖的不满。最后火山没有喷发，地质学家成为了众矢之的，该县负责民众疏散的官员在选举中被淘汰。

地震学家也期望能同样准确地预报地震。希望在地震前的数小时至数年的时间内预测地震可能出现的位置，并且在地震发生后，在需要的情况下发布实时预警。然而，地震学在预报方面有成功也有失败。到目前为止，有些长期预报是成功的，但是在短期预测上，成功的例子很少。而在实时预警上，也仅有部分成功的例子。

地震预报(将在 4.7.3 节中详细讨论)是估算某一个特定震级的地震，在一个特定的地区和时间段内发生的概率。举例来说，“未来 30 年内，在圣安德烈斯断层的旧金山部分有 25%的概率会发生大于等于 7 级的地震”就是一个典型的地震预报例子。地震预报利用断层上的历史地震和其他地球物理信息，包括 GPS 测得的地壳运动，预报未来可能的震情。尽管这样的预报对于短期的地震防灾准备没有实用价值，但对于建筑物防震规范的实施(这需要昂贵的花费和合理的理由)而言是很重要的。这样的预报总体上取得了成效。圣安德烈斯断层和附近断层会周期性地发生地震是不争的事实，这促使建筑标准的提升，这也是 1989 年洛马普列塔地震和 1994 年北岭地震死亡人数很低的主因。

再进一步的地震预报就十分困难了。举例来说，图 1.2-3 所示的美国灾害概率图显示了一个大致的趋势，高灾害地区就是过去曾发生大地震的地区。这些地区大部分是在美国西部，如加利福尼亚州、内华达州(Nevada)、太平洋西北部及犹他州(Utah)。这些区域位于太平洋板块和北美板块的边界带上。除此之外，高灾害区域也出现在大陆板块内部，靠近查尔斯顿市(Charleston)、南卡罗来纳州(South Carolina)和新马德里地区的美国中西部地震带上。这个地图试图用最大预期加速度值(0.2g 左右的加速度就能对建筑物造成一定程度的破坏)来定量某段时间内的危险性。这样的地图是基于某个地区发生大地震的频率、最大震级以及发生位置等先验信息计算的。根据这些假设，利用地表振动模型(图 1.2-5)去预测将产生多大的地表振动。因为对这些假设因素还了解得不够清楚，尤其是在地震数量很少的板块内部，因此灾害评估往往有很大的不确定性①。举例来说，基于一些具体的假设，美国中西部部分地区的高灾害甚至超过旧金山和洛杉矶。但是如果使用不同的假设，往往会得到不同的结果(图 1.2-14)。类似地，灾害评估取决于地震概率和重复发生的时间。以加利福尼亚州的板块边缘带为例，一般最大的地震每 200 年就会发生一次，灾害评估预测在未来的 50 年里有 10%的概率(或是接下来的 500 年里至少有一次)会产生的最大地表加速度与未来 50 年里有 2%的概率(或 2500 年里至少有一次地震)会产生的最大地表加速度的差异不大，因为板块边界的每个部分在接下来的 500 年里至少会破裂一次。然而，对于那些大地震发生不频繁的地方，比如类似新马德里的板内区域(4.7.1 节、5.6.3 节)，这两者有很大差别。这些问题对于建筑标准的选择是很重要的，因为一般而言建筑物的有效使用寿命是五十年左右。

因为在人类寿命的时间尺度内，地震发生并不频繁，所以验证这些长期地震预报和地表振动估计的准确性将是一个漫长的过程。然而，我们需要用这些估测来建立建筑标准和设置保险费率。因此，如何做出有意义的预测和灾害评估，如何向大众解释其不确定性，以及如何最好地利用这些评估为政策制定服务，不仅是地震学也是其他地球科学的重要议题。

灾害评估的一个关键科学挑战是确定大地震复发周期的过程还不够清楚。地震预报的基础理论是弹性回跳(elastic rebound)原理(详见 4.1 节)。在这个模型中，大多数情况下由板块运动引起的大尺度的地壳运动会在闭锁断层上逐渐积累应力与应变。当应力达到一个临界值时，沿着断层就会发生滑动，积累的应力立即被释放。这一应力积累-应力释放的过程继续进行。这些地震的复发时间取决于地壳运动加载到断层的速率以及控制滑动的岩石物性。

这一理论告诉我们可以通过某一地区大地震的历史来预测下一个大地震发生的大致时间。自然地，大地震的记录历史越长越好。不幸的是，与大约 100 年的地震仪器观测的历史相比，一个地震的循环周期是特别长的。在世界上某些地区，如中国和日本的地震历史记录很丰富，但如美国等国家的地震历史记录就短一些。古地震学可以大大扩展地震的历史记录。古地震学是地质学的一个分支，主要研究断层的滑动历史。利用地质学数据来推测发生在圣安德烈斯断层南部一条主要断裂上的大地震历史是最好的例子。加利福利尼州帕莱特溪(Pallett Creek)附近的记录显示，最近一次主要地震——1857 年特琼堡(Fort Tejon)大地震所产生的

① 地震风险评估被称为“一场不知道游戏规则的博弈”(Lommitz，1989)。

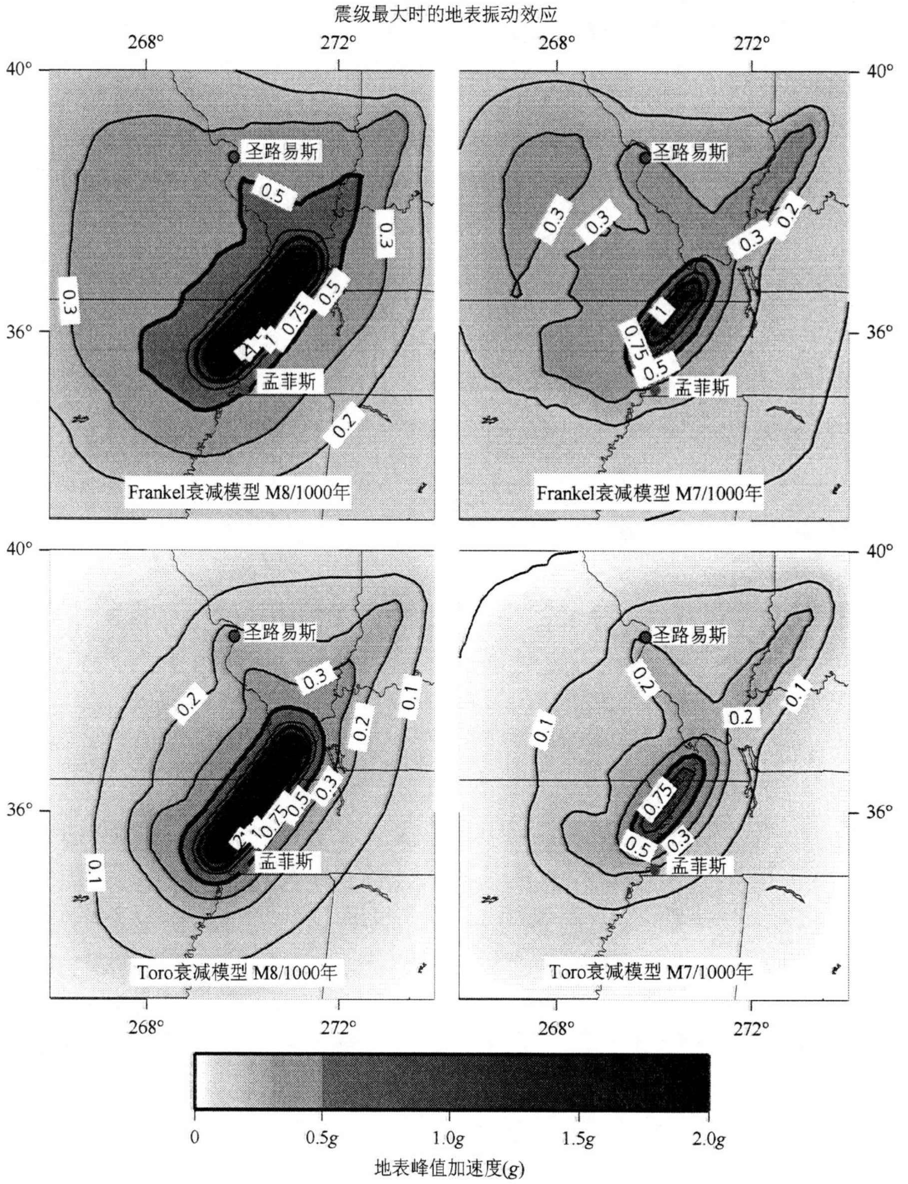

图 1.2-14 使用不同参数预测的新马德里地震带的地震灾害(50 年以内概率为 2%的期望峰值地面加速度)图。左列和右列分别假定该区域最大的地震为 8 级和 7 级；而上排和下排分别使用了 Frankel 和 Toro 推导的衰减模型(峰值地表加速度随距离的衰减)。(Newman et al.，2001，版权归美国地震学会所有)

振动强度达到了 XI 级。这个地震滑动留下了诸如沉积层错断以及喷沙(喷出到地表的沙堆)等地质学记录。大地震时形成的喷沙和其他结构可以使用碳十四放射性元素进行定年，从而给出这些大地震发生时间。尽管这些方法会受到包括放射性定年的不确定性以及气候变化和穴居动物破坏等许多不确定性因素的影响，这些数据显示断层滑动在过去的几千年间重复进行。然而，评估这些地震的大小以及是否存在遗漏却是相当困难的。

定年的结果令人吃惊。在帕莱特溪附近，大约在 1857 年、1812 年、1480 年、1346 年、1100 年、1048 年、997 年、797 年、734 年，以及 671 年发生过大地震。这些地震之间的平均时间间隔是 132 年，我们也许可以预期下一次大地震会发生在 1989 年左右。然而这些间隔时间范围 45～332 年，标准偏差为 105 年。因此，如果 1857 年地震后就知道这些数据的话，最简单的估计就是在 1885 年和 2093 年之间可能会再次发生地震。然而，大地震的时间历史显示了更多的复杂性(图 1.2-15)，比如其标准差和平均值非常接近。看起来，地震是成群发生的：671～797 年发生了三次地震，之后有 200 年的间隙，接着在 997～1100 年发生了三次地震，接下来又有 246 年的间隔。因此，利用地震发生的历史来预测下一次大地震具有很大挑战性。这项研究的作者在 1989 年得到的结论是：2019 年之前发生下一次相似的大地震的概率为 7%～51%。如果假设包括 1812 年和 1857 年地震的地震群已经结束了，那么下一次大地震的发生时间可能更晚。

地震复发时间的变化之大出人意料，因为在这些数据所跨越的较长时间段内［10 个地震周期(seismic cycle)］引起板块边缘地震的板块运动相对比较稳定。我们仅仅知道大多数断层在过去几个周期的历史，帕莱特溪地区数据表明这些数据可能不能代表长期的地震模式。板内地震复发情况也许更加复杂，很多看起来仅仅活跃了很少几个地震周期，其他一些则可能是一次性的。如 5.7 节所述，这种复杂性需要进一步研究。

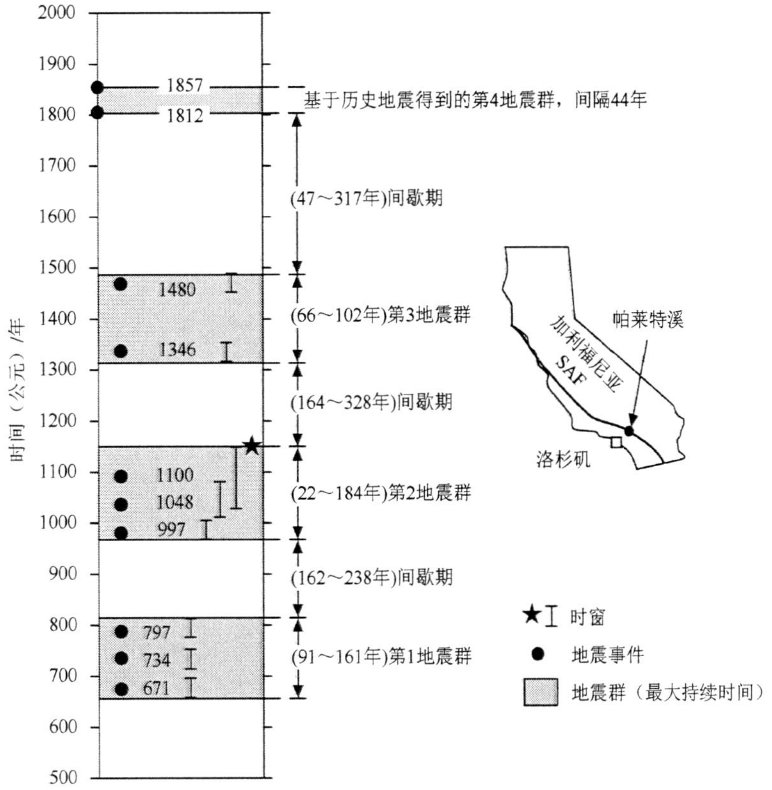

图 1.2-15 圣安德烈斯断层在加利福尼亚州帕莱特溪附近的古地震时间序列。该序列由 Sieh 等(1989)基于沉积层推断而来。该序列显示地震群之间存在较长的间隔，并显示出地震复发历史的复杂性。(Keller and Pinter，1996，*Active tectonics：earthquakes，uplift，and landscape*，Pearson Education 授权复印)

即使知道历史地震的时间，要预测下次地震的发生时间仍然很困难。以圣安德烈斯断层的帕克菲尔德(Parkfield)段为例，与刚讨论过的南段相比，或者与 1906 年发生地震的北段相比，帕克菲尔德段的地震要小得多，但是却发生得更加频繁且更具有周期性。在 1857 年、1881 年、1901 年、1922 年、1934 年和 1966 年分别发生过 5～6 级地震。平均地震复发时间是 22 年。根据线性拟合可以推测下一个地震大概会发生在 1988 年。在 1985 年，美国做出了第一个官方的地震预测：帕克菲尔德下一个地震将有 95%的可能性会在 1993 年之前发生。科学家建立了一个综合性观测系统[1]以监测电阻率、磁场强度、地震波速、微震、地面倾斜、井水位和化学物质(尤其是氡含量)以及断层错动。这个被广泛宣传的实验希望能观测到地震前兆行为，因为在该地区的 1966 年地震前 10 天观测到了地表裂痕，并且在发震前 9 小时一根管子发生了破裂，同时也希望获得地震近场的详细记录。

直到 2002 年，地震也没有发生。这使得地震间歇

① 花费之巨(多于 3000 万美元)使得《经济学》杂志(1987 年 8 月 1 日)评论道：“帕克菲尔德是地球物理学家的滑铁卢。如果地震在没有任何前兆的情况下突然袭击，这意味着地震是不可预测的，这也是科学的失败。没有任何借口可言，因为没有比这更精心策划的突袭了。”

时间变成迄今为止最长的，而且还在增加(地震最后在2004 年发生)。下一个帕克菲尔德地震终会发生，但是它的姗姗来迟告诉我们，用统计方法来预测地震复发时间的局限性(其中忽略了一个理论上应该在1944年发生，但却发生在 1934 年的早产地震)，它也告诉我们即使在最好的情况下，大自然也通常是难以捉摸的。因此，圣安德烈斯断层的帕克菲尔德段不同寻常的准周期性或许仅仅是特例(如果是这样，这个地区的地震预测对其他地区的地震预测来说是没有意义的)；另一种可能是，在足够长的时间内所有段的地震活动是趋于随机的，而在某些段看来会显示出一定的周期性。对于类似问题，只有时间能够告诉我们答案。

这些地震预报方法都涉及地震空区(seismic gap)的概念。这一个概念会在4.7.3节和5.4.3节进一步讨论。这一理论认为，像圣安德烈斯这样长的板块边界或者海沟俯冲带会产生分段破裂。因此我们有理由预期，稳定的板块运动会造成地震出现在未破裂段，并且时间间隔会相对有规律。然而，帕莱特溪和帕克菲尔德段的例子显示了地球比我们所想象的要复杂得多。某一些地震也许支持了地震空区这一概念，如1989 年发生在洛马普列塔的地震及余震就被认为填充了沿着圣安德烈斯断层的地震空区(图 1.2-16)。当然该地震的震源几何参数与断层的几何形态并不一致，因此也有人认为它并非空区地震。然而在其他地区，空区假说和随机猜测相比在预测地震的发生地点的成功率上并没有显著的提高。一些期望应该破裂的断层并没有破裂，并且有一些地震发生在不为人知的断层上，或者发生在被认为地震活动不活跃的地区。因此研究地震空区理论的适用性、适用地区及时间等成为科研热点。除非这个问题得到解决，否则无从得知断层的每一段发生破裂的可能性是否一样，这样的话大地震发生的概率与时间无关；或者破裂最早的那一段是否积累了最多的弹性应变能(elastic strain energy)，从而最有发生破裂的可能性。对这一问题的回答对灾害评估有很重要的影响。

总的来说，有几个因素使得预报地震相当困难。在气象学中，暴风雨在人类寿命周期内发生得特别频繁，同时(我们相信)对暴风雨的基本物理机制了解得比较清楚。但与暴风雨相比，一个断层的地震周期与人类寿命周期相比是相当长的。因此，只有在很少的地区有足够长的地震历史记录让我们可以做出合理的假设(回想一下即使是帕莱特溪约1000年的历史都显示出问题的复杂性)。此外，只有当地震预报能够较可靠地预测未来的地震时，才能算是成功的，这就需要足够长的时间来令人信服地验证相应的地震复发以及地震灾害模型。更糟糕的是，地震错动的基本物理机制至今也不完全清楚。毋庸置疑，这个过程很复杂。地震复发最多也只体现出粗略的周期性，而有时则成群出现。断层展示了一系列连续的状态，从闭锁到缓慢蠕变，最后发展到地震。因此，岩石形变理论和实验研究以及它们在地震断层中的应用也是非常热门的研究领域(详见5.7节)。

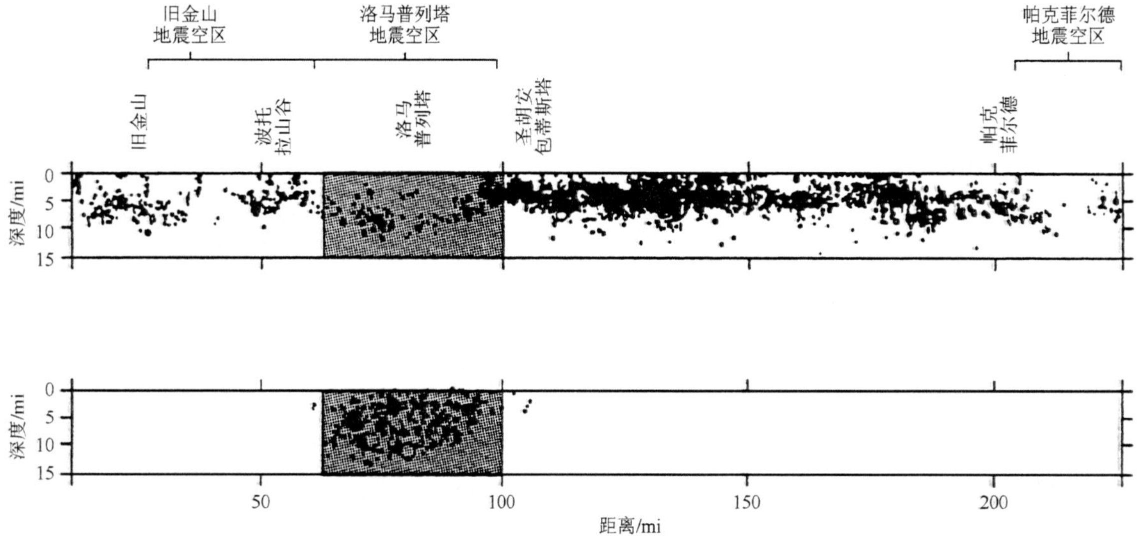

图 1.2-16 圣安德烈斯断层上1989年洛马普列塔地震前(上图)后(下图)的地震活动性剖面图。该地震的破裂起始于下图的大圆圈处并伴随着大量余震(小圆圈)。这一地震序列被解释为填补了沿圣安德烈斯断层的地震空区。当然也存在不同的解释。(美国地质调查局供图)

1.2.6 地震预测

地震预测是指在地震发生前几天至几年内确定地震的位置、时间和大小的大致范围。相较于长期地震预报，地震预测更加困难。一个很常见的类比是：虽然一根弯曲的棍子最终会折断，但你却很难预测其折断的具体时间。要预测棍子折断的准确时间需要知道棍子折断的理论基础，已经施加在棍子上的力，或在折断发生前，能观测到能够直接预示棍子折断的物性改变。

因为我们对断层滑动的基本物理过程了解很少，所以很多地震预测主要是探测可观测到的地震前兆(precursor)。到目前为止，这样的研究已经基本上证实是不成功的。因此，我们甚至不知道预测地震是否可能。有一个假说：所有的地震都是从小地震开始的。小地震发生得很频繁，但是只有少数会通过一系列随机的破裂过程发展成大地震。根据这一假说，因为这些发展成大地震的小地震没有任何特别的地方，因此大地震之间的时间间隔是没有规律的①，所以在震前没有可观测到的前兆。如果是这样的话，那么地震预测是不可能或者近乎不可能实现的。

迄今为止没有观测到一个令人信服的地震前兆模式为这一假说提供支持。科学家们提出了各种各样的地震前兆，而且有一些前兆也有观测实例存在，但是没有任何前兆被证实具有所有地震前都会出现的普遍性，也没有哪种前兆异常值显著地超出其正常的变动范围。地震后在一小部分数据中发现一些前兆模式往往诱导我们认为地震预测也许是可能的，但是这需要基于大量的数据进行严格测试来分辨这个可能的前兆是否真实，并且与地震的相关性高出其偶然性。最重要的是，任何诸如此类的前兆模式都能够对未来的地震做出预测。

一类典型的前兆就是前震，也就是在主震发生前的地震。回顾过去的地震，许多地震之前都有一段时间异常的地震活动。在某些情况下，会出现大量集中的微震(microseismicity)活动：微震是非常小的地震，类似于弯曲的棍子折断前产生裂痕时的破裂。在其他一些情况下却没有前震活动。然而，断层上常常在一段时间内出现突然增加的或者减弱的地震活动，这些活动之后并没有大地震发生。有时候巨大地震前的微震活动可能处于正常的较低的水平。到目前为止，并没有一种前兆异常显著地高于正常地震活动的变化范围，并总是伴随着大地震发生，这是所有地震前兆都存在的问题。

另一种典型的可能前兆是断层区域在大地震之前岩石物性变化。有研究认为在弹性应力和应变积累的区域，微小破裂可能会形成微裂隙并被水填充，充满水的微小破裂降低了岩石强度并最终导致地震发生。氡气释放水平的变化支持了这种假说，因为微小破裂使得氡气得以逃逸。举个例子，1995年神户地震前几个月，在地下水中探测到氡气稳步上升，震前两个星期内上升得更多，最后回到了正常水平(图1.2-17)。

各种相似的观测结果也常被报道。在某些实例中，一些地区在震前，发震区域的P波和S波的波速比降低了大约10%。这样的观测结果与实验结果吻合，可能反映了岩石中由于应力增加而产生的裂隙张开(降低波速)和随后的填充行为(增加波速)。然而，这种现象并没有被证实为普遍现象。相似的困难困扰着震前大地电阻率降低的观测，这个现象与大规模的微小破裂相吻合。地下水流量与成分的改变也常被观测到。例如，加利福尼亚州卡利斯托加的一个间歇泉喷发周期在1989年洛马普列塔大地震和1975年奥罗维尔大地震前发生了变化。

其他研究包括利用震前实时地面形变监测来直接预测地震。这些研究中最著名的是加利福尼亚州帕姆代尔附近的圣安德烈斯断层上的地面在1975年抬升了30～45cm。这个引起广泛关注的“帕姆代尔隆起”(Palmdale bulge)被解释为即将到来的大地震的证据，同时也是促使美国政府成立“国家地震减灾计划”以致力于研究和预测地震的一个重要因素。然而，预期的地震并没有发生，对数据再分析表明这个突起是人为错误造成的。此错误是将垂向位移对海平面作校正时横越了圣加布里埃尔山脉。随后的研究采用新的更精确的技术，包括GPS、卫星干涉雷达以及钻孔应变仪等，仍未探测到令人信服的地面形变前兆。

另一个更难被量化却被经常报道的前兆就是动物的异常行为。我们尚不清楚动物到底能够感知什么(高

---

① 这个假设来自于非线性动力学或混沌理论：小扰动可导致不可预期的巨大后果。这类似于蝴蝶效应——巴西的一只蝴蝶扇动翅膀，可能导致得克萨斯州的飓风；或者微小的扰动不能影响风暴的发生频率，但能影响其发生的时间(Lorenz，1993)。

频噪声、电磁场、气体排放）。此外，因为很难从正常的动物行为中分辨出“异常”行为，大多数这样的观测都不过是“事后诸葛”，即往往在地震后“后测”而不是地震前“预测”。

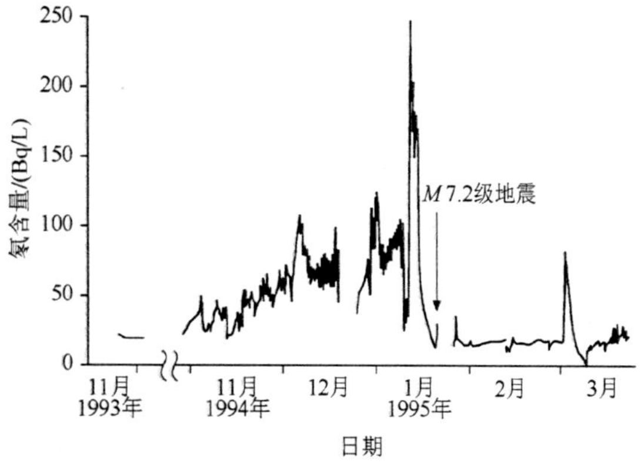

图 1.2-17 1995 年 1 月 16 日日本神户地震前后的地下水中的氡气含量变化。(Igarashi et al.，1995，*Science*，269，60-61，经美国科学促进协会授权)

尽管有很多困难，中国科学家仍然在尝试通过前兆来预测地震。中国报道过一次成功的预测，海城在 1975 年 7.4 级地震发生前进行了疏散，地震毁坏了 90% 的房屋。这次预测据报是基于前兆观测做出的，包括地面形变、电磁场的变化、地下水位的变化、动物的异常行为以及显著的前震。然而，在随后一年里，距离不远的唐山地震在毫无前兆的情况下发生了。在几分钟内，25 万人死亡，另有 50 万人受伤。在接下来一个月里，广东省的一次地震预报导致人们在帐篷里睡了两个月，但是并没有地震发生。由于外国科学家还不能得到中国的数据及包括错误预测（预测但是没有发生地震）以及未能预测（发生了地震但并未预报）的记录，所以很难进行评判。

总的来说，地震预测尽管听起来很诱人，现阶段还是缺少可靠的前兆。预测研究遇到的困惑，导致一个有讽刺意味的调侃“预测地震很难，地震发生之前预测更难”。大多数研究人员觉得，尽管地震预测将会是地震学最伟大的成就，但这个目标却是那么遥远或者根本无法企及。然而，由于成功预测将会带来巨大的社会利益，地震预测研究仍将继续。

1.2.7 实时地震预警（real-time warning）

最近一些努力致力于实时地震预警系统研究：当达到一系列标准时，地震计就会直接触发并发出预警。对于海啸而言，预警能在数小时前就发出，有足够时间进行准备。这是因为海啸传播的速度较地震波慢得多。P 波从阿拉斯加传播到夏威夷大约需要 7min，而时速约为 800km 的海啸穿过海洋需要 5.5h。1946 年阿拉斯加大地震产生的海啸，在夏威夷希洛造成损害后，多个环太平洋国家联合起来组建了“地震海浪预警系统”（seismic sea wave warning system）。从地震计和验潮计中得到的信息被发送到夏威夷火奴鲁鲁（Honolulu）的海啸预警中心，在必要时就能发出海啸预警①。海啸预警系统自建立以来已经变得更加自动化，通过使用实时数字化地震数据来定位大地震并得到大地震的震级、深度以及震源机制信息。基于此可以评估海啸的可能性。海啸通常是由海底的垂直运动导致的。

相较之下，地震预警就要复杂得多。尽管当地的地震台网能够直接自动定位地震并评估这个地震是否具有威胁，但预警时间却很短。举个例子来说，在新马德里断层系统的主震后，通过网络或电台直接向圣路易斯（St. Louis）发送的预警只会比地震初至波到达该地早 40s。地震学家、工程师和政府当局正在讨论这么短的预警时间里可以做些什么。尽管这么短的时间内无法进行疏散，但对某些措施可能会十分有帮助。如日本实时预警能够让高速行驶的火车停下来，还可以关闭煤气管道闸门或者其他与这个系统相连的自动系统。而问题在于这些改进带来的安全与其花费的成本是否相称，以及虚假警报的风险是否过大。

一个类似的办法就是在大地震以后向当局提供近乎实时的包括地面振动分布的信息。地震台网能在大地震后混乱的数小时内，当破坏位置和程度尚不清楚的时候，向当局提供紧急管理服务信息，这样能够向受影响最严重的地区提供最需要的援助。

1.2.8 核试验监测和条约验证

地震学另一个重要的社会应用就是监测核试验。尽管原子物理学通过原子弹的发明动摇了世界的政治格局，地震学从某种程度来说稳定了这样的格局。在美国与苏联冷战期间，地震学确保了核试验禁止条约得到执行。

地震学对核试验的监测始于 1957 年，当年美国引

① 上了年纪的电视观众可能会记得“Hawaii 5-0”的剧情：犯罪分子迫使预警中心发布了一个海啸警报，要求民众迅速撤离火奴鲁鲁市中心以便实施抢劫。

爆了被称为“Rainier”的全球第一次地下核爆。20 世纪 60 年代早期，人们意识到大气层核试验产生的放射性元素对人体健康有明显威胁。在 1963 年，116 个国家签署了《部分禁止核试验条约》(*Limited Test Ban Treaty*)，该条约禁止在大气层、海洋以及太空中进行核试验，并要求所有核爆试验只能在地下进行。大约在同一时间，美国空军出资建立了世界标准地震台网(World Wide Standardized Seismographic Network，WWSSN)。WWSSN 除了在核试验监测中至关重要外，也提供了大量在现代地震学中有极大作用的数据。

1976 年，各国开始执行《核试验当量上限条约》(*Threshold Test Ban Treaty*)，将地下核爆试验当量限制在 150kt(相当于 150 千吨 TNT)以内。在这之前，最大的大气层核试验当量为 58Mt，而最大的地下核爆试验当量为 4.4Mt。图 1.2-18 显示了用地震数据估计的苏联进行的地下核试验当量。尽管最初认为有一部分 1976 年以后的核爆比 150kt 要大，但最后证明这是由于美国西部与亚洲中部不同的地质情况造成的估计错误。地震体波震级 m_b 值与 TNT 当量的转化使用内华达试验场收集的数据进行校正，但是相较位于苏联哈萨克斯坦和新地岛(详见 3.7.10 节)所处的更加稳定的地壳而言，美国西部地壳的地震波衰减更快。以千吨(kt)为单位的爆炸当量(*Y*)，通过下式可以转换到观测到的地震体波震级：

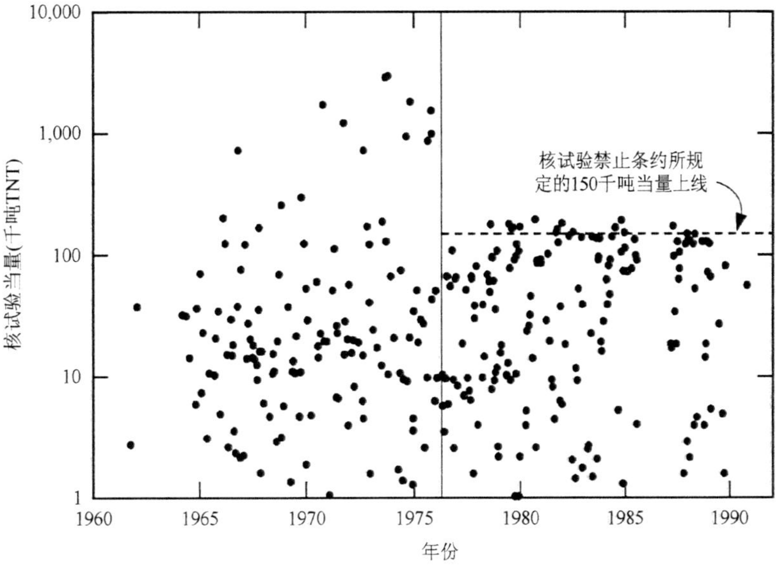

图 1.2-18 通过地震体波震级 m_b 计算出的苏联地下核试验当量。《核试验当量上限条约》签订以后，地震学证实了苏联基本遵守了 150kt 的限制。(P. Richards 提供数据)

$$m_b = C + 0.75\log Y \qquad (1.2\text{-}2)$$

但是常数 C 在内华达($C = 3.95$)和哈萨克斯坦($C = 4.45$)是不同的。经过这些修正，显示出苏联的测试当量基本上符合条约规定。

监测核试验需要区分核试验产生的信号和地震信号。图 1.2-19 中的实例显示了印度的地震与核爆记录的差异。地震是由于断层滑动而产生的，所以会产生大量的剪切波能量，也因此面波的能量很强。相反，爆炸产生的运动为从爆炸源向外扩散的振动，因而剪切波能量相对要弱得多。因此，爆炸产生的面波和 P 波相比要小得的。这种差异是分辨地震与核爆的基础。以 M_s 为纵坐标，m_b 为横坐标，图 1.2-20 显示出了面波能量更强(M_s 更大)的地震和体波(P)能量更强(m_b 更大)的爆破之间的差异。

用地震学监测核爆的难度近年来有所增加。从 1996 年美国执行了《全面禁止核试验条约》(*Comprehensive Test Ban Treaty*)，条约禁止了所有的核爆试验，阻止新的核武器开发。因此地震监测已经延伸到包括世界上其他较小的国家[①]，同时也需要监测更小型的核爆试验，包括恐怖分子进行的试验。因此地震监测必须识别出当量低于 1kt 的爆炸，与之对应的地震震级为 4～4.5 级［公式(1.2-2)］。所以每年需要定位和识别超过 20 万个地震和额外的小型煤矿爆炸。

① 这就是所谓的“监测一切，上帝除外”。

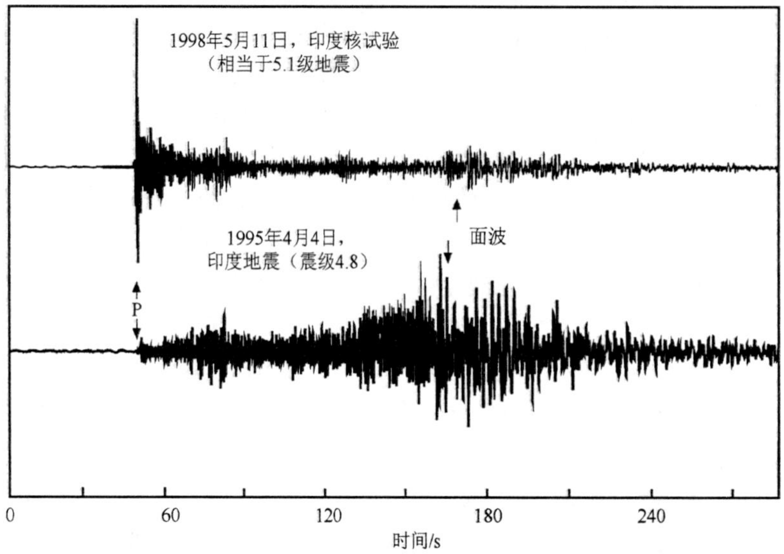

图 1.2-19 地震和爆破产生的地震波的差异。对于浅源地震，如图中的 $m_b = 4.8$ 的印度地震，P 波比面波要小得多。相反，对于印度的核试验记录来说，P 波是最强的震相。两个记录均来自巴基斯坦的 Nilore 台站。[地震学研究联合会(Incorporated Research Institutions for Seismology)供图]

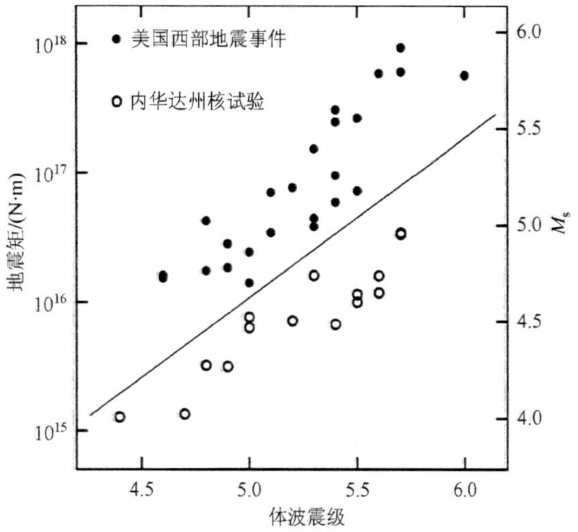

图 1.2-20 美国西部的地震和爆破的体波震级与面波震级及地震矩的对比。如图 1.2-19 所示，由于爆破的 P 波能量很强，对相同能量(地震矩 M_0)的事件，爆破的体波震级要大得多。通过对比体波震级和地震矩，可以区分地震和核爆破。(Aleqabi et al.，2001，版权归美国地震学会所有)

这项任务的一个重要部分就是建设国际监测系统(International Monitoring System，IMS)，它的目标集中在探测、定位以及识别发生在地下、水下或者地上的核爆炸。为了实现这个目标，IMS 将会结合地震学、水下声学和次声波网络。水下核爆试验产生的声波能有效地穿越海洋(详见 2.5.8 节)，因此需要建立一个由水下声学监测站组成的网络，其中一些站点使用的是水下检波器，另一部分则是分布在陆地上以监测海洋声波到陆地产生的地震波震相。大气层核试验可利用其产生的次声波(频率低于 20Hz，低于人类听觉范围)而探测到。IMS 次声波网络将包括小型的声波监听台阵以判断次声波传播的方向，因此多个站点的探测就能够确定波源。

因为大多数的秘密测试会在地下进行，地震台站成为 IMS 中不可缺少的部分。IMS 网络将拥有 50 个配备三分量宽频地震计的基站。大约一半的站点将会配备局部短周期垂直分量传感器。数据将会远程实时传输，因此不会有监测延迟。由 120 个分布于 61 个国家且大量基于已有网络的宽带地震计组成的附加网络将协助鉴别核测试或者替换故障台站。

延伸阅读

本章介绍的与地震学相关的主要问题在其他章节中都有详细论述，因而参考文献也在相应章节中给出。下面主要列出讨论与地震学相关的社会影响的参考文献。

与地震相关的经典文献包括：Gere 和 Shah(1984)、Bolt(1999)、Brumbaigh(1999)。

从地质和灾害角度讨论地震和火山的介绍性著作包括 Alexander(1993)、Kovach(1995)、Sieh 和 LeVay(1998)。万维网包含了大量的地震信息，入门级网站包括：www.scec.org，www.seismosoc.org，www.iris.edu，earthquake.usgs.gov。马姆莫斯湖的火山预测研究可以参考 Sieh 和 LeVay(1998)及 Hill(1998)。关于古地震和地震的地质效应参考 Keller 和 Pinter(1996)、Yeats

等(1997)。地震学在板块构造革命中的角色请参考Cox(1973)、Menard(1986)。关于科学革命的“里程碑式跃进”请参考Kuhn(1962)。

评估概率和不确定性相关问题在Ekeland(1993)中有详细讨论，Henrion和Fischoff(1986)分析了物理常数的测量历史。基于概率的地震灾害评估请参考Eriter(1990)、Hanks和Cornell(1994)及Hanks(1997)。Frankel等(1996)介绍了美国地质调查局的地震灾害图。Shedlock等(2000)介绍了世界地震灾害图。Savage(1991)讨论了加利福尼亚州地震概率的不确定性。Karamori等(1997)讨论了实时地震学在地震减灾中的应用。Sarewitz等(2000)讨论了地球科学中预测与政策相关的一般性话题，其中包括地震预测。Geschwind(2001)回顾了美国地震减灾及地震预测相关政策。

大量科学著作讨论了地震预测，而且大多针对某个具体的方法讨论其可行性。Turcotte(1991)对这一问题进行了总体回顾。Geller(1997)总结了在地震预测方面所做的努力，包括帕克菲尔德和帕姆代尔隆起。Geller等(1997)和Evans(1997)认为地震是不可预测的。Lomnitz(1994)、Wyss等(1997)和Sykes等(1999)则持乐观态度。Roeloffs和Langbein(1994)总结了Parkfield地震预测实验；Davis等(1989)和Savage(1993)讨论了统计方法的局限性。Stein(1992)讨论了地震空区假设的争论。Kagan和Jackson(1991)，Jackson和Kagan(1993)则否定了这一假说，而Nishenko和Sykes(1993)则支持这一假说。

Bray(1995)、Chopra(1995)、Krinitzsky等(1993)和Wiegel(1970)讨论了地震工程。相关的网站包括www.eeri.org，该网站也包括地震保险的介绍。自然灾害相关的保险在Michaels等(1997)中有详细论述。

Bolt(1976)、Sykes和Davis(1987)、Richards和Zavales(1990)、Lay(1992)讨论了核测试的监测问题。更多关于《全面禁止核试验条约》信息见网站pws.ctbto.org。

第 2 章

地震学基本理论

固体地球中径向和切向传播的波，是声波在固体介质中传播的非常有意思的例子。在地球内部，地震不时地发生并产生在地球内传播的声波。用地震仪器可以监测地震后物质的振动、静止、再振动的物理过程。收集不同地区的大量地震记录，就可以推测地球内部的结构(Richard Feyman，*The Feyman Lectures on Physics*，1963)。

2.1 引言

下面通过两个基本问题来展开地球内地震波(seismic wave)传播的研究。首先，固体地球的哪些物理特性使得波能够在其中传播？其次，地震波的传播如何受地球内部物质自然特性的影响？

地震波能够在地球中传播是因为地球内部的介质，尽管是固态，却仍然能够发生内部形变(deformation)。所以，地震和其他扰动能够产生地震波，并携带着包括震源及地震波传播所经过的介质的信息。

要认识这点，首先讨论一根受拉张的弦：一个可以产生类似于在地球内部传播的地震波的简单物理系统。类似于固体地球，使弦发生形变就会产生随时间和空间变化的满足波动方程的位移。与波在地球内部传播类似，波传播的速度以及波随介质的变化取决于弦的物理性质。

随后介绍固体地球力学基本理论，包括应力张量及可变形的固体介质的力作用情况，描述形变的应变张量。然后探讨两者之间的联系，并且显示介质内部的位移可以描述为满足波动方程的位置与时间的函数。特别需要掌握 P 波与 S 波的传播方式。

然后介绍波在地球中传播的概念，着重介绍在物性分界面上的波动行为。这些概念是利用地震波研究地球内部结构(第 3 章)以及地震震源(第 4 章)的基础。

尽管本章专注于地震波研究，但许多概念适用于其他类型的波。有时会将地震波的行为与光波、水波以及声波的行为进行类比。

2.2 弦上传播的波

2.2.1 理论基础

考虑一个理想化的在 x 方向上被拉伸的弦(图 2.1-1)。起初，在沿弦方向的张力 τ 的作用下，弦是直的，因此 y 方向偏离平衡态的位移为 0。当弦被拨动，一部分会偏离平衡位置，而扰动开始沿弦传播。

下面讨论位移 $u(x,t)$ 随位置和时间的变化。这里需要将牛顿第二定律，$\boldsymbol{F}=m\boldsymbol{a}$，即力矢量等于质量和加速度矢量的乘积[①]，应用到弦的一个微元 dx 上。一旦微元位置发生偏离，弦被拉伸，沿弦的张力导致在微元两端的 y 方向产生 $\tau\sin(\theta_2)$ 和 $-\tau\sin(\theta_1)$ 的力。y 方向的净力等于惯性力，即质量和加速度的乘积，其中质量为密度乘以 dx。因此，矢量方程等同于以下标量方程：

$$F(x,t)=\tau\sin\theta_2-\tau\sin\theta_1=\rho\mathrm{d}x\frac{\partial^2u(x,t)}{\partial t^2} \tag{2.2-1}$$

如果角度 θ 很小，$\sin\theta\approx\theta\approx\tan\theta$，约等于其斜率，那么有

$$\tau\left(\frac{\partial u(x+\mathrm{d}x,t)}{\partial x}-\frac{\partial u(x,t)}{\partial x}\right)=\rho\mathrm{d}x\frac{\partial^2u(x,t)}{\partial t^2} \tag{2.2-2}$$

利用泰勒展开式并去掉高阶项：

$$\begin{aligned}\tau\left(\frac{\partial u(x,t)}{\partial x}+\frac{\partial^2u(x,t)}{\partial x^2}\mathrm{d}x-\frac{\partial u(x,t)}{\partial x}\right)&=\tau\frac{\partial^2u(x,t)}{\partial x^2}\mathrm{d}x\\&=\rho\mathrm{d}x\frac{\partial^2u(x,t)}{\partial t^2}\end{aligned} \tag{2.2-3}$$

最后得到波动方程：

$$\frac{\partial^2u(x,t)}{\partial x^2}=\frac{1}{v^2}\frac{\partial^2u(x,t)}{\partial t^2} \tag{2.2-4}$$

---

① 黑体通常用来表示矢量；见 A.3.1 节。

其中 $v=(\tau/\rho)^{1/2}$。该方程给出了位移的时间和空间导数之间的关系。两个偏导数相互作用引起了速度为 v 的沿弦传播的波。因为式(2.2-4)描述标量 $u(x,t)$ 在一维空间的传播，因而被称为一维标量波动方程。

求解以上波动方程比较简单，通解的一般形式是：$u(x,t)=f(x\pm vt)$。它的偏导数为

$$\frac{\partial^2 u(x,t)}{\partial x^2}=f''(x\pm vt) \text{和} \frac{\partial^2 u(x,t)}{\partial t^2}=v^2 f''(x\pm vt) \quad (2.2\text{-}5)$$

其中 f'' 是 f 对其变量的二阶导数。因此，尽管一般形式的波动方程的解为 sin 或 cos 函数，但实际上任何以 $(x\pm vt)$ 为自变量的函数都是符合条件的解。

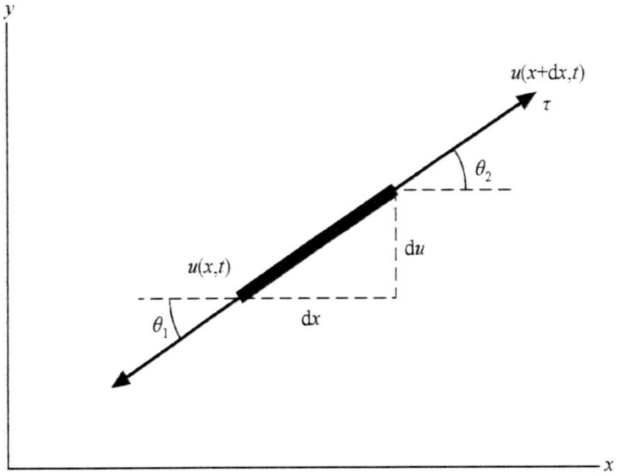

图 2.2-1　弦上微元在张力 τ 的作用下的几何示意图。角度 θ_1 和 θ_2 的微小变化将导致在 y 方向产生净力 $F(x,t)=\tau\sin(\theta_2)-\tau\sin(\theta_1)$ 并产生加速度。

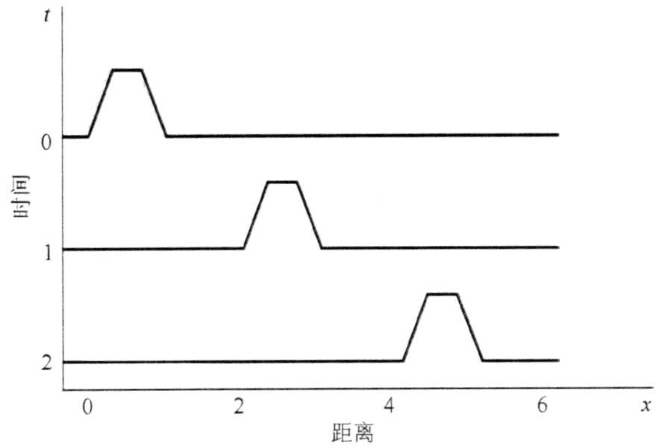

图 2.2-2　在弦上向右沿 $+x$ 向传播的脉冲 $f=(x-vt)$ 的快照。因为速度是 2，脉冲在每个单位时间中向右移动两个距离单位。这个脉冲是众多可能的波形函数之一。

为了理解 $f=(x-vt)$ 为波动方程的解，考虑它随时间和空间的变化。当时间增加 $\mathrm{d}t$，距离增加 $v\mathrm{d}t$，函数的自变量没有变，函数值因而也没有变，$f=(x-vt)$ 描述了一个形状不变、沿 x 正向传播、速度为 v 的波(图 2.2-2)。相似地，如果 x 随 t 增加而减少，则 $x+vt$ 为常量，$f(x+vt)$ 描述了一个沿 x 负向传播的速度为 v 的波。x 和 t 的符号确定了波传播方向。虽然速度是一个标量，并且最好用“Speed”来表示，但是根据地震学惯例，仍然使用矢量“Velocity”来表示。

波传播速度 $v=(\tau/\rho)^{1/2}$ 依赖于弦的两个物理性质：拉伸张力和密度。式(2.2-1)显示了这两个参数的联系。张力提供了恢复位移到平衡态的力，张力大意味着加速度大及波传播更快。相反，密度出现在惯性力一项，高密度降低加速度，导致较慢的波速。

速度对密度的依赖体现了弦波和地震波的可对比性。地震学的一个目标就是研究地球组成。我们测量地震波从震源到台站的时间，计算波传播介质的速度，进而得到地球的介质特性。

2.2.2　谐波解

任何形式为 $f(x\pm vt)$ 的函数都可以描述地震波随时间和空间的变化。特别有用的是谐波，也就是正弦波①：

$$u(x,t)=Ae^{i(\omega t\pm kx)}=A\cos(\omega t\pm kx)+Ai\sin(\omega t\pm kx) \quad (2.2\text{-}6)$$

谐波可以用振幅 A 和两个参数 ω 和 k 来表示。将式(2.2-6)代入式(2.2-4)，消除指数项和常数项，可以得到：

$$v=\omega/k \quad (2.2\text{-}7)$$

尽管式(2.2-6)中的指数方程 $u(x,t)$ 是复数，但物理位移必须是实数。因此可以用 $u(x,t)$ 的实数部分来描述位移。复指数在很多情况下很有用，因为当复指数出现在一个物理问题的解中时，其共轭也会出现，二者之和为实数。

为了理解波动方程谐波解的含义，考虑 $u(x,t)$ 的实数部分，即 $A\cos(\omega t-kx)$。图 2.2-3 显示了该函数随时间和空间的变化。当相位(phase) $(\omega t-kx)$ 为常数时，无论是波峰(crest)还是波谷(trough)，位移 u 都是恒定的。要保持恒定相位，x 必须随 t 的增加而增加。这些同相位线显示波沿 $+x$ 方向传播，且速度为 $\mathrm{d}x/\mathrm{d}t$，也就是 x-t 平面上的同相位线的斜率。

在图 2.2-3 上，着眼于一个固定空间点 x_0，相当于平行于时间轴，与 x 轴相交于 $x=x_0$ 的一个函数切片，得到一个周期性时间函数：$u(x_0,t)=A\cos(\omega t-kx_0)$(图 2.2-4 上图)。因为 ωt 增加或减少 2π，波形完全一

① 复数的性质见 A.2 节。

样，波形的振荡可以用周期(period) $T=2\pi/\omega$，也就是波形每重复一次所需的时间来表示。周期性也可以用频率(frequency) $f=1/T=\omega/(2\pi)$，即单位时间波形振荡的次数来表示，也可以用角频率 $\omega=2\pi f$ 来表示。周期单位为时间，所以频率和角频率单位为1/时间。图2.2-3中 $u(x,t)=A\cos(\pi t-2\pi x)$，所以角频率 $\omega=\pi$(时间单位)$^{-1}$，而频率 $f=1/2$(时间单位)$^{-1}$，而周期 $T=2$(时间单位)。因此图上4个时间单位包括两个完整的振荡。相应地，一个时间单位里包括0.5个周期。

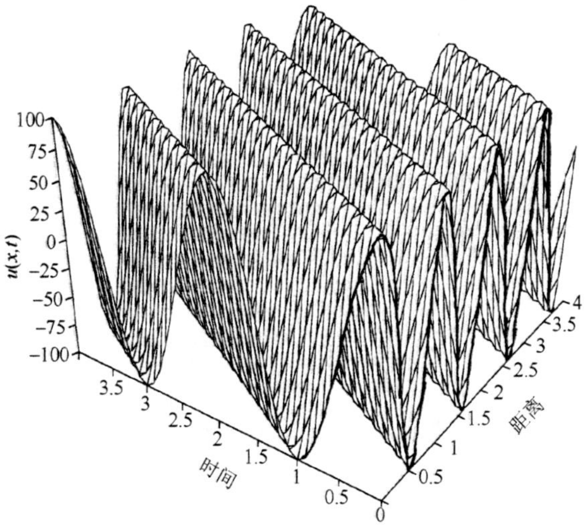

图2.2-3 沿 x 正向传播的谐波 $u(x,t)=A\cos(\pi t-2\pi x)$ 的位移随空间位置和时间的变化。在时间和空间域追踪波峰(或者波的任意一部分)，可以得到波传播的速度。

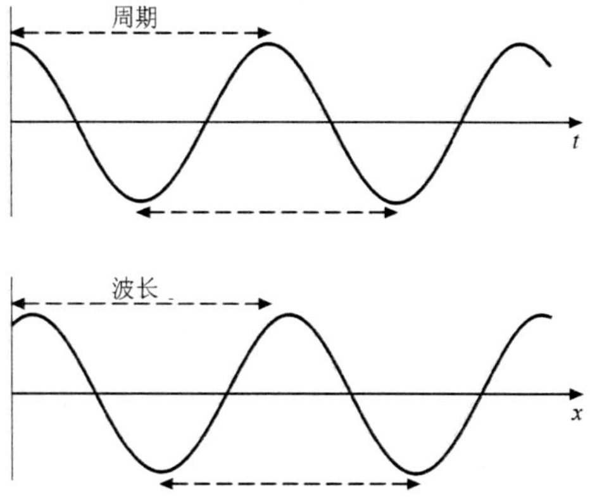

图2.2-4 谐波 $u(x,t)=A\cos(\omega t-kx)$ 在一个固定点显示为时间的函数(上图)，在固定时间显示为位置的函数(下图)。

换一个角度，我们也可以着眼于一个固定时间 t_0，并画出随空间位置变化的函数 $u(x,t_0)=A\cos(\omega t_0-kx)$(图2.2-4下图)。在图2.2-3上相当于平行距离轴且与时间轴相交于 t_0 的一个切片。位移是空间的周期性函数，其周期性可用波长 $\lambda=2\pi/k$ 来表征，它是同一波动周期(wave cycle)内相对应点(如两个波峰或波谷)之间的距离。振动在空间的重复也可以用圆波数，又称空间频率 k 来表示。它等于单位距离内完整的波周期个数乘以 2π。波长单位与距离一样，所以波数量纲是1/距离。图2.2-3中波长是一个距离单位，4个距离单位内有4个波周期，波数是 2π/单位距离。注意某一固定时刻的波长和波数可以类比于固定空间位置的周期和频率。

表2.2-1总结了不同波参数之间的关系。所有这些关系可以从每个参量的定义及 $v=\omega/k$ 推导出来。注意周期和角频率同波长和波数之间的对应关系，前者描述的是固定空间点波场随时间的变化；而后者描述的是固定时间点波场在空间的变化。尽管不同关系很容易混淆，但结合各参数量纲还是容易记住的。如速度一定是波长和周期的比值，而不是它们的乘积。

因此 $Ae^{i(\omega t\pm kx)}$ 代表随时间和空间变化的波场。一般固定一个参数而观察它随另一个参数的变化。如果观察弦上一个点，可以得到其位移随时间的变化，即地震图(准确说是“弦震图”)。相反地，某一时间点的快照(snapshot)，显示位移是空间点的函数。相同的分析也可以用于其他波动现象，比如逼近沙滩的水波。在某一时间点，岸上的救生员看见的是波随空间的变化，而处于水中的游泳者，感觉到的是波随时间的变化。两者观察的是同一个波场，它既是时间的函数也是空间的函数，但观察角度不同。相同概念在地震波中也适用。

以上谐波解描述了某一特定频率的正弦波。看起来似乎只是一个特解，而不能应用于更复杂的传导波。特别是，正弦是定义在无限时间和空间上的，而真实波的时间长度和空间尺度都是有限的。如后文所述，任何形状的波都可以利用傅里叶变换分解为一系列谐波的叠加。所以，以简单谐波描述的解，可以应用于更复杂的情况。

表2.2-1 不同参数之间的关系

变量	单位	
速度(velocity)	距离/时间	$v=\omega/k=f\lambda=\lambda/T$
周期(period)	时间	$T=2\pi/\omega=1/f=\lambda/v$
角频率(angular frequency)	1/时间	$\omega=2\pi/T=2\pi f=kv$
频率(frequency)	1/时间	$f=\omega/(2\pi)=1/T=v/\lambda$
波长(wavelength)	距离	$\lambda=2\pi/k=v/f=vT$
波数(wavenumber)	1/距离	$k=2\pi/\lambda=\omega/v=2\pi f/v$

2.2.3　反射和透射(transmission)

目前为止讨论了波以单一速度在弦上的传播。要把这个现象同速度随深度变化的地球对比，需要讨论波速沿弦变化的情况。最简单的情况是，假定弦是由若干匀速的段组成，不同段上的性质不同。如果每一段的长度足够长，每一段上的位移可以用相应属性的无限长的弦上的位移来代替，同时确保不同段之间的边界上位移相等。

图 2.2-5 反映了这一基本概念：弦的两段相连于 $x=0$ 点。第一段($x<0$)的速度和密度分别为 v_1 和 ρ_1，而第二段($x>0$)的速度和密度分别为 v_2 和 ρ_2。从左边到达边界点的波转换成了两种波。入射波的一部分从边界点反射回来，沿第一段向左传播。余下的入射波透射过边界点在第二段上向右传播。随后将证明反射和透射波的相对大小依赖于界面两侧物质属性的差异①。

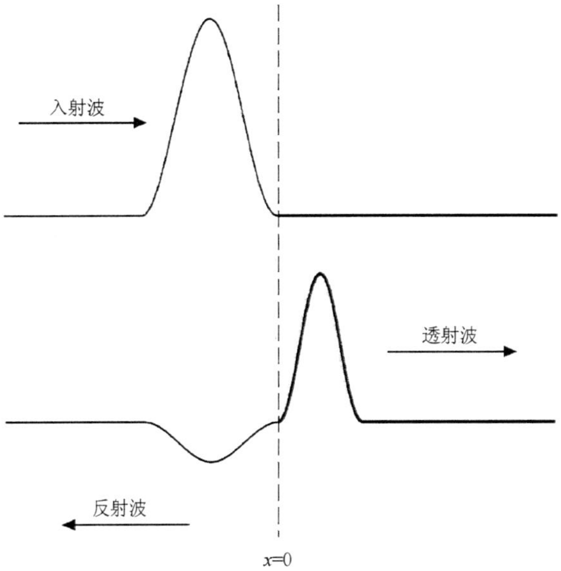

图 2.2-5　波脉冲从左边入射到两个属性不同的弦的边界上产生了反射波和透射波脉冲。翻转的反射波表明右边弦的阻抗(impedance)大于左边。透射波的长度更短，表明右边弦的速度更低。

对于连接在一起的两段弦，左边的总位移可以写成两个谐波的叠加：

$$u_1(x,t)=A\mathrm{e}^{\mathrm{i}(\omega t-k_1x)}+B\mathrm{e}^{\mathrm{i}(\omega t+k_1x)} \tag{2.2-8}$$

复指数的符号显示振幅为 A、沿 $+x$ 方向传播的入射波以及振幅为 B、沿 $-x$ 方向传播的反射波。右边段上只有沿 $+x$ 方向传播的透射波：

$$u_2(x,t)=C\mathrm{e}^{\mathrm{i}(\omega t-k_2x)} \tag{2.2-9}$$

两段弦的速度不同，波数也不同。

反射波和透射波的振幅可以用两个边界条件(在 $x=0$ 处，波动方程解必须满足的物理条件)来确定。因为在两段连接处，弦的两段没有脱节，所以位移在 $x=0$ 两边必须是连续的。因此：

$$\begin{gathered}u_1(0,t)=u_2(0,t)\\ A\mathrm{e}^{\mathrm{i}(\omega t)}+B\mathrm{e}^{\mathrm{i}(\omega t)}=C\mathrm{e}^{\mathrm{i}(\omega t)}\end{gathered} \tag{2.2-10}$$

因为式(2.2-10)对所有时间均成立，三种波的角频率必定是相等的，这与假定一致，其振幅满足：

$$A+B=C \tag{2.2-11}$$

第二个边界条件是，连接点两边 y 方向的张力必定相等，否则不相等的力会将两端拉开。因此，类似于式(2.2-2)，可以得到另外一个边界条件：

$$\tau\frac{\partial u_1(0,t)}{\partial x}=\tau\frac{\partial u_2(0,t)}{\partial x} \tag{2.2-12}$$

对位移公式求导，并去掉相同项，得到：

$$\tau k_1(A-B)=\tau k_2C \tag{2.2-13}$$

或者，因为两段的速度为 $v_i=(\tau/\rho_i)^{1/2}$，同时 $k_i=\omega/v_i$，则：

$$\rho_1v_1(A-B)=\rho_2v_2C \tag{2.2-14}$$

式(2.2-11)和式(2.2-14)中有三个未知数 A、B 和 C，即入射波、反射波和透射波振幅。通过变换消除 C，可以得到反射波和入射波的振幅比，即所谓的反射系数：

$$R_{12}=\frac{B}{A}=\frac{\rho_1v_1-\rho_2v_2}{\rho_1v_1+\rho_2v_2} \tag{2.2-15}$$

类似地，消除 B 也可以得到透射波和入射波的振幅比，即所谓的透射系数：

$$T_{12}=\frac{C}{A}=\frac{2\rho_1v_1}{\rho_1v_1+\rho_2v_2} \tag{2.2-16}$$

下标“12”显示反射系数和透射系数对应的入射波为从第一段入射到第二段。从第二段入射到第一段的反射和透射系数的下标则为“21”。通过交换下标，可以得到：

$$R_{12}=-R_{21},\quad T_{12}+T_{21}=2 \tag{2.2-17}$$

反射和透射系数依赖于弦各段速度和密度的乘积 ρ_iv_i，也称为声波阻抗(acoustic impedance)。由于反射波能量依赖于两边介质的阻抗之差，最强的反射出

① 波同时发生反射和透射，类似于拿发光的手电筒照射窗户：你会发现光波被窗户反射回来，同时一部分穿过玻璃。

现在介质性质相差最大的边界上。一个极端的情况是，如果两边介质完全一样（$\rho_1=\rho_2, v_1=v_2$），那么反射系数为0，透射系数为1。也就是说，没有反射，波全部被透射。另一个极端的情况是，在弦的一端出现全反射，而透射系数为0。如果弦一端是固定的，位移为0，那么可以假定第二段的阻抗为无穷大，因此，反射系数为

$$R_{\text{fixed}}=\frac{\rho_1 v_1-\infty}{\rho_1 v_1+\infty}=-1 \tag{2.2-18}$$

所以整个入射波被反射，但是振幅相反。如果弦的一端可以自由运动，则其边界条件为：$\dfrac{\partial u}{\partial x}=0$，因为没有力的作用。这种情况可以视为弦和一个阻抗为0的介质连接，所以反射系数为1，整个入射波被反射，且振幅相同。其他情况介于这两个端元之间，式(2.2-15)显示反射波的极性依赖于入射波是否离开或进入波阻抗更大的介质。如果第二段波阻抗大于第一段波阻抗，反射波会改变极性；否则极性不会改变。自由和固定端的反射是该性质的极端情况。因此反射波振幅可以用于研究物理性质在边界两边的变化。

考虑在 $x=10$ 处被分为两段的弦上的反射和透射波（图2.2-6）。左段（第一段）密度为 $\rho_1=1$、速度为 $v_1=3$，右段（第二段）密度为 $\rho_2=4$、速度为 $v_2=1.5$。在0时刻快速拨动弦的“震源”（用距离6.5处的三角形标识）。波朝两个方向传播。

在时刻1，向右传播的波到达交接点（垂直虚线）。反射和透射系数取决于阻抗 $\rho_1 v_1=3$ 和 $\rho_2 v_2=6$。因此，对于从左向右的波 $R_{12}=-0.33$，$T_{12}=0.67$。因为反射系数为负，会产生一个较小的与入射波极性相反的反射波。在时刻2，反射波向左传播，而一个较大的透射波向右传播。由于速度不一致，反射波比透射波距交接点更远。

在时刻2，向左传播的初始波抵达了弦左端点。端点的边界条件决定了波传播情况。假定端点是固定的，在时刻3脉冲反射回来，但是极性反转。相似地，在时刻5，在交接点反射回来的脉冲再次在左端反射向右传播，极性再次反转向上。

当脉冲到达交接点，部分被反射、部分被透射。例如，在时刻6，从左端点反射回来的波在交接点被转换成向下的透射波和向上的反射波。随着时间推移，越来越多的脉冲产生，每个脉冲的振幅都和其产生的历史相关。因此如果初始脉冲振幅为1，第一个反射振幅为 R_{12}。从左端反射以后，其振幅变为 $-R_{12}$。在时刻8，当它到达交接点时会产生振幅为 $R_{12}(-1)R_{12}=-0.11$ 的反射波和振幅为 $R_{12}(-1)T_{12}=0.22$ 的透射波。

在时刻14，初始向右传播的波已经透射到第二段，从右端点反射回来并改变了极性（时刻8），从右边入射到交接点，波的反射和透射系数分别为 $R_{21}=0.33$ 和 $T_{21}=1.33$。因此反射和透射波与入射波的极性都是向下的，而它们的振幅分别为：$T_{12}(-1)R_{21}=-0.22$，$T_{12}(-1)T_{21}=-0.89$。

这看起来有点奇怪，因为 $T_{21}>1$。透射到左边的波的振幅比产生它的入射波振幅还大。这个效应虽然出乎意料，但随后将会证明透射波的能量并没有超过入射波。

当脉冲透射过交接点时，它的长度和振幅都改变了。例如，时刻2的透射脉冲比入射脉冲更短。这是由于不同速度造成的。前面提到，一个谐波通过交接点时其入射波和透射波的角频率是一样的［式(2.2-10)］。因此：

$$\omega=v_1 k_1=v_2 k_2=\frac{v_1 2\pi}{\lambda_1}=\frac{v_2 2\pi}{\lambda_2} \tag{2.2-19}$$

因此较慢的弦上其波长较短。从整个入射脉冲透射过的时间也可以得到这个结论（图2.2-7）。在速度为 v_1 的弦上，波长为 λ_1 的脉冲通过交接点的时间是 λ_1/v_1，相同时间内透射脉冲的波长为在介质之中走的距离，即为 $v_2\lambda_1/v_1$，后端点则刚好位于交接点。

需要指出的是，弦上某点的位移等于经过该点所有波的位移的叠加。例如，图2.2-6时刻10，两个相反方向的波叠加形成一个振幅很大的脉冲。在下一时刻，两个波又分开。因此，两个波相遇之后，产生叠加，再完全分离，没有持续影响。两个波这种重叠而不相互影响的特性被称为“线性叠加”特性。除非波的振幅太大以至于其所通过的介质产生非线性振动，或者超出了推导波动方程时所假定的弹性范畴，否则线性叠加特性都是成立的。正如本例所示，基于线性叠加特性，可以用不同频率（傅里叶序列）的谐波组合成任意形状的波。这是因为在推导中速度、反射系数和透射系数都不依赖于频率。

在弦性质发生变化的交接点，反射波和透射波的振幅发生变化，这一现象体现了地球内地震波非常重要的特性。以后将用类似方法利用反射波和折射波的振幅来研究地球的物理属性随深度的变化。

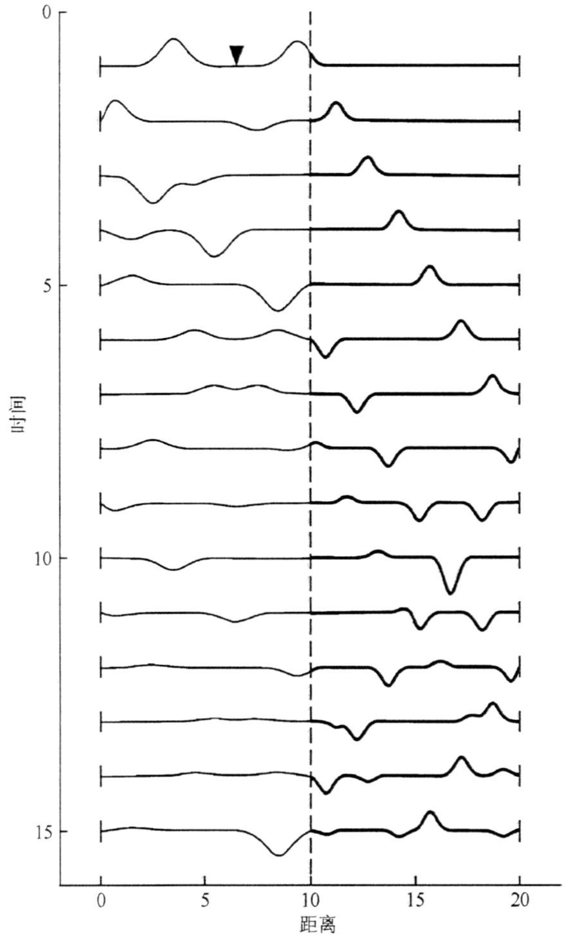

图 2.2-6　两段不同性质的弦上的波传播：左段(第一段)的密度为 $\rho_1=1$，速度为 $v_1=3$，右段(第二段)的密度为 $\rho_2=4$，速度为 $v_2=1.5$。三角形代表在 0 时刻拨动弦的“震源”(距离 6.5 处)，每一道为每隔一个时间单位的波形快照。垂直虚线显示两段的连结点。弦两端固定，因此反射波振幅没有变化但极性反转了。

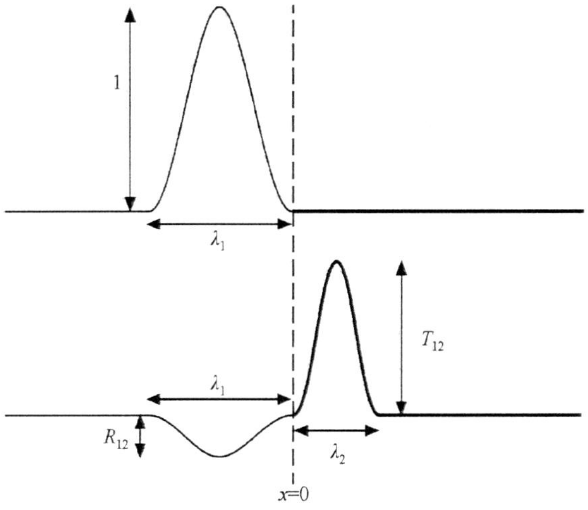

图 2.2-7　波长为 λ_1 的脉冲从速度为 v_1 的弦传播到速度为 v_2 的弦上，并产生波长为 λ_2 的透射脉冲。脉冲长度不同是因为入射脉冲经过交接点时透射波所走的距离不一样。如果入射脉冲的振幅是 1，那么反射脉冲和透射脉冲的振幅分别为 R_{12} 和 T_{12}。

2.2.4　谐波的能量

前面提到某些情况下，透射系数会大于 1。这里考虑波传递的能量。尽管振幅很容易理解，但由于能量是守恒的，而振幅不是，所以能量对理解波的行为更有帮助。当波的振幅现象难以理解时，能量可以加深对波动现象的理解。

类比于点质量的动能 $E=mv^2/2$，弦上微元 $\mathrm{d}x$ 的动能同速度(位移对时间求导)相关，即：

$$KE=\frac{\rho}{2}\left(\frac{\partial u}{\partial t}\right)^2\mathrm{d}x \tag{2.2-20}$$

因为弦上微元的质量 $m=\rho\mathrm{d}x$。

由于弦上存在形变，即偏离了平衡态，因而同时也储存有势能。后文中用应变(strain) e 表征形变。对弦来说，应变就是长度变化与原长的比值。如图 2.2-1 所示的微元，初始长度为 $\mathrm{d}x$，位移 $\mathrm{d}u$ 造成的应变为

$$\begin{aligned} e&=\frac{(\mathrm{d}x^2+\mathrm{d}u^2)^{1/2}-\mathrm{d}x}{\mathrm{d}x}=\left[1+\left(\frac{\mathrm{d}u}{\mathrm{d}x}\right)^2\right]^{1/2}-1\\ &=\frac{1}{2}\left(\frac{\partial u}{\partial x}\right)^2 \end{aligned} \tag{2.2-21}$$

最后一步采用了泰勒展开式 $(1+a^2)^{1/2}\approx 1+a^2/2$，该近似只有当 a 很小时才成立。储存在弦上的势能等于张力和应变的乘积在整个弦长 L 上的积分：

$$\frac{\tau}{2}\int_0^L\left(\frac{\partial u}{\partial x}\right)^2\mathrm{d}x \tag{2.2-22}$$

因此，$\mathrm{d}x$ 上的平均势能可以定义为

$$PE=\frac{\tau}{2}\left(\frac{\partial u}{\partial x}\right)^2\mathrm{d}x \tag{2.2-23}$$

所以传导波的能量可以表示为每个波长的平均动能和势能之和。如果 $u(x,t)=A\cos(\omega t-kx)$，那么一个波长的平均动能为

$$KE=\frac{\rho}{2\lambda}\int_0^\lambda\left(\frac{\partial u}{\partial t}\right)^2\mathrm{d}x=\frac{\rho A^2\omega^2}{2\lambda}\int_0^\lambda\sin^2(\omega t-kx)\mathrm{d}x \tag{2.2-24}$$

因为

$$\int_0^\lambda\sin^2(\omega t-kx)\mathrm{d}x=\lambda/2 \tag{2.2-25}$$

所以动能为

$$KE=A^2\omega^2\rho/4 \tag{2.2-26}$$

类似地，一个波长的平均势能为

$$PE = \frac{\tau}{2\lambda}\int_0^{\lambda}\left(\frac{\partial u}{\partial x}\right)^2 \mathrm{d}x = \frac{\tau A^2k^2}{2\lambda}\int_0^{\lambda}\sin^2(\omega t - kx)\mathrm{d}x \quad (2.2\text{-}27)$$

而利用式(2.2-25)得

$$PE = \tau A^2k^2/4 = A^2\omega^2\rho/4 \quad (2.2\text{-}28)$$

和动能相等。

谐波在一个波长内所传输的平均总能量是势能和动能之和：

$$E = PE + KE = A^2\omega^2\rho/2 \quad (2.2\text{-}29)$$

也可以利用能流(flux)的概念来理解这一公式，即波通过某点时所传递能量的速率。平均能流实际上就是平均能量和速度的乘积，即：

$$\dot{E} = A^2\omega^2\rho v/2 \quad (2.2\text{-}30)$$

对于给定密度的弦，能流和振幅及角频率的平方成正比，所以高频波所传递的能量更多。

利用能量公式可以解释图 2.2-6 所示的透射波振幅比入射波大的现象。为了显示入射波能量转换成透射和反射波后能量守恒，可以假定在第一段上的入射波为 $\cos(\omega t - k_1x)$，那么在界面上产生的反射波和透射波分别为 $R_{12}\cos(\omega t + k_1x)$，$T_{12}\cos(\omega t - k_2x)$。利用式(2.2-15)和式(2.2-16)，反射和透射的净能流为

$$\begin{aligned}\dot{E}_R + \dot{E}_T &= R_{12}^2\omega^2\rho_1v_1/2 + T_{12}^2\omega^2\rho_2v_2/2\\ &= (\omega^2/2)[R_{12}^2\rho_1v_1 + T_{12}^2\rho_2v_2]\\ &= \omega^2\rho_1v_1/2\\ &= \dot{E}_I\end{aligned} \quad (2.2\text{-}31)$$

刚好等于入射波的总能流。因此，即使透射波振幅大于入射波，其传输的能量仍然小于入射波①。

2.2.5 弦的简正振型

目前为止，我们讨论了沿弦传播的波。研究弦的驻波(standing wave)[也被称为简正振型(normal mode)或者自由振荡(free oscillation)]，可以加深对波传播的理解。

前面将牛顿第二定律应用到弦上，可以得到随时间和位置而变的位移 $u(x,t)$ 必须满足标量波动方程：

$$\frac{\partial^2 u(x,t)}{\partial x^2} = \frac{1}{v^2}\frac{\partial^2 u(x,t)}{\partial t^2}$$

该方程的解的基本形式为

$$u(x,t) = A\cos(\omega t \pm kx) \quad (2.2\text{-}32)$$

它表示角频率为 ω，波数为 $k = 2\pi/\lambda$，速度 $v = \omega/k$ 传播的谐波。

另外一个求解方程(2.2-4)的方法是假定方程(2.2-4)的解含有 $\cos(\omega t)$ 因子，即：

$$u(x,t) = U(x,\omega)\cos(\omega t) \quad (2.2\text{-}33)$$

将式(2.2-33)代入式(2.2-4)②。求导以后去掉相同因子，得到：

$$\frac{\partial^2 U(x,\omega)}{\partial x^2} = -\frac{\omega^2}{v^2}U(x,\omega) \quad (2.2\text{-}34)$$

其中的一个解是

$$U(x,\omega) = \sin(\omega x/v) \quad (2.2\text{-}35)$$

如果弦在 $x=0$ 和 $x=L$ 处是固定的，方程(2.2-35)必须满足边界条件：

$$U(0,\omega) = U(L,\omega) = 0 \quad (2.2\text{-}36)$$

因此，

$$U(L,\omega) = \sin(\omega L/v) = 0 \quad (2.2\text{-}37)$$

要满足这一条件，只有当角频率 ω_n 满足：

$$\frac{\omega_n L}{v} = n\pi \quad 或者 \quad \omega_n = n\pi v/L \quad (2.2\text{-}38)$$

因此，如果弦两个端点位移为 0，那么弦只能在特殊频率下振荡。这个频率也叫本征频率(eigenfrequency)。每个本征频率对应的解形式为

$$U_n(x,\omega_n)\cos(\omega_n t) \quad (2.2\text{-}39)$$

其中空间项为

$$U_n(x,\omega_n) = \sin(\omega_n x/v) = \sin(n\pi x/L) \quad (2.2\text{-}40)$$

该项被称为空间本征函数。

要解释这些解的物理意义，注意 $\omega = vk = v2\pi/\lambda$，因此本征频率为

$$\omega_n = \frac{n\pi v}{L} = 2\pi v/\lambda \quad 或者 \quad L = n\lambda/2 \quad (2.2\text{-}41)$$

所以每个空间本征方程必须满足弦的长度 L 是半波长的整数倍，两个端点位移等于 0。这样的解称为驻波，也称为弦的简正振型或者自由振荡。每个简正振型有一个对应于某个本征频率的空间本征函数。因为弦是有限的，它只能在满足边界条件离散的简正振型振荡。本征频率之间间隔是 $\pi v/L$，因此弦越长(L 越大)，本

① 一个类似现象出现在海滩上，当海浪接近海岸时，水波的振幅增大，因为波速与水深的平方根成比例。

② 该过程等同于在空间域中应用傅里叶分析。有关傅里叶分析将在第 6 章讨论。

征频率间隔越小。

传导波可以表示为弦的简正振型的加权求和。所以传导波可以表示为所有本征频率对应的本征函数与振幅项 A_n 乘积的总和：

$$u(x,t)=\sum_{n=0}^{\infty}A_nU_n(x,\omega_n)\cos(\omega_n t) \tag{2.2-42}$$

这个解的一个重要特征是简正振型之间是正交的，也就是说两个不同本征函数的乘积沿整个弦的积分为 0：

$$\int_0^L \sin\left(\frac{m\pi x}{L}\right)\sin\left(\frac{n\pi x}{L}\right)\mathrm{d}x=\frac{L}{2}\delta_{mn} \tag{2.2-43}$$

其中 δ_{mn} 为克罗内克(Kronecker)符号，除 $m=n$ 时，其他情况下均为 0。每个简正振型都是独立的，不能通过其他各项组合得到。因此可以将弦的位移视为矢量空间中的一个矢量。该矢量空间的基矢量就是本征函数。任何一系列波都可以用本征函数的加权系数，或者是基矢量的分量“振幅 A_n”来表示。

每个本征函数依赖于波源的位置和时间函数。A_n 和 U_n 的空间项有相同的形式[式(2.2-40)]，可以写成：

$$A_n=\sin(n\pi x_s/L)F(\omega_n) \tag{2.2-44}$$

其中 x_s 是源位置，$F(\omega_n)$ 是加权因子，其描述震源时间函数中不同频率波的贡献。因此位移公式(2.2-42)简正振型的表达式为

$$u(x,t)=\sum_{n=0}^{\infty}\sin(n\pi x_s/L)F(\omega_n)\sin(n\pi x/L)\cos(\omega_n t) \tag{2.2-45}$$

图 2.2-8 就是依据本公式计算得到，它显示由两端固定、均匀速度的弦，前 40 个简正振型组合得到的传导波。位于 $x_s=8$ 处的震源时间函数为

$$F(\omega_n)=\exp[-(\omega_n\tau)^2/4] \tag{2.2-46}$$

其中 $\tau=0.2$。所用计算程序类似于 A.8.1 节中所讨论的程序。简正振型之和显示了两个分别向左和向右传播的波。波出现的位置与预期位置相同。因此，简正振型相加可以用于计算传导波。除传导波(行波)外，弦上也有一些小的振荡。这是因为忽略第 40 个以后的简正振型导致的。

现在有两种表征弦上位移的方式：传导波和简正振型(或驻波)。两种方式都是真实物理现象的表达，都代表位移的变化情况。但是，对比两种表达方式可以得到一些有趣的深入理解。例如，考虑所研究弦的物理性质，利用传导波(行波)公式，可以测量走时并得到速度；利用简正振型(或驻波)公式，可以测量弦的本征频率，并推导出速度。因此，本征频率可以类比于走时。

简正振型解［式(2.2-45)］显示了传播介质和产生波的震源之间的关系。波可以表示为用振幅加权的本征函数的叠加。弦的物理性质控制它的速度，也因此决定了其本征频率和空间本征函数。某个特定震源产生的位移对应于本征函数的权重序列。类似地，可以利用地球的简正振型研究介质的性质(即地球结构)，利用位移(本征函数的权重序列)研究激发它的震源(一般来说是地震)。

简正振型解可以产生包括入射波、反射波和透射波在内的所有波，尽管不像在行波解［式(2.2-8)］中那样，每个波都显示得很清楚。因此简正振型(驻波)解并不直观，且单一的简正振型也没有具体的物理意义，但是它们之和是有物理意义的。例如，每个驻波的数学公式显示从时间 0 开始整个弦都在运动，尽管波还没有到达端点。但当不同振型叠加后，得到波的传播速度与行波解的传播速度相同。

这个解也显示了震源位置和接收点位置之间的一个重要关系。实际上，式(2.2-45)显示位移对震源位置 x_s 和接收点位置 x 的依赖性是一样的。这就是“互易定理”(reciprocity)：在适当条件下，当震源和接收点位置互易以后，得到的位移相同。这一定理对研究地球结构很重要，因为有时将震源或接收点置于特定位置会更加方便。因为互易以后波传播路径和波形完全一样[①]。式(2.2-45)也显示了震源位置和所产生的波的一个重要关系：如果某个简正振型在震源所在位置的振幅为 0，那么该震源就不会激发这个振型。例如，图 2.2-8 中，振型数为 5 的倍数的振型，其振幅为 0，因为源项 $\sin(n\pi x_s/20)=0$。类似地，地球中面波的位移在靠近地表时最大，深部地震就不容易产生强面波。

尽管这里讨论的是均匀弦的简正振型，也可以根据类似方式得到非均匀弦的简正振型。其中一个办法是将前面分析反射系数和透射系数的方法进行拓展。将非均匀弦视为若干均匀弦的组合，结合不同弦交界点上的位移和张力边界条件，并结合每个均匀弦的谐波解，用数学方法找出满足固定端点

① 与此类似，如果道路上其他司机看不到卡车的后视镜，卡车司机也看不到其他汽车。

的边界条件的本征频率。非均匀弦简正振型的叠加就可以得到传导波。图 2.2-6 显示的就是用这个方法得到的非均匀弦上的波。

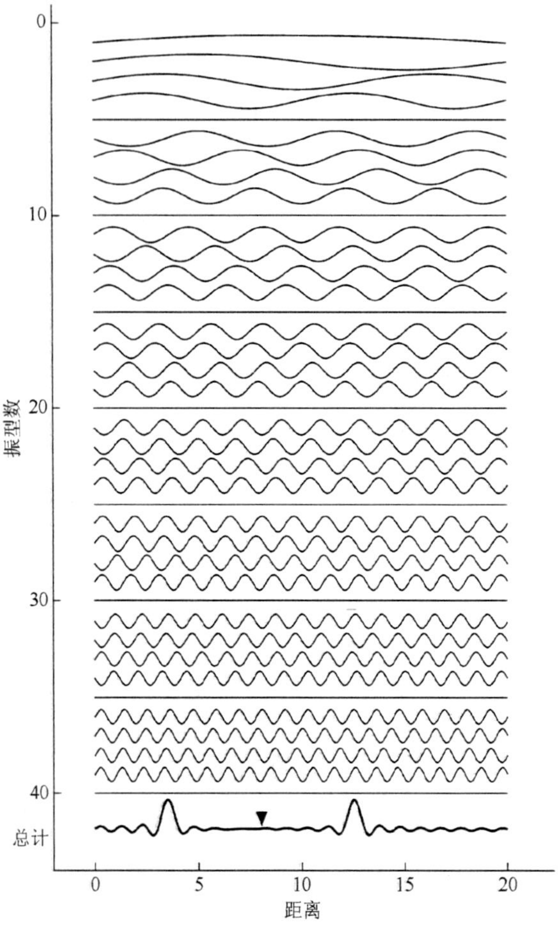

图 2.2-8 用简正振型公式计算两端固定的弦的位移。弦长为 20，速度为 3，在时刻 0 距离为 8 的位置(三角形)拨动。最下面一道显示时间为 1.5 时的位移，它是前 40 道的叠加。振型叠加产生了向左和向右传播的波，且波的位置与传导波一致。每个振型对应于半波长的整数倍，波形为空间本征函数。所有道归一化到单位振幅。

2.3 应力和应变

2.3.1 简介

将牛顿第二运动定律($\boldsymbol{F}=m\boldsymbol{a}$)应用到弦上，可以发现弦的形变引起弹性波。类似地，地球形变会产生地震波。一般利用连续介质力学的概念来研究地震波。连续介质力学(continuum mechanics)描述的是紧密压缩的质点组成的介质在力作用下产生形变的行为。由于这些质点之间非常贴近，所以介质的密度、受力和位移都可以被视为连续可导函数。这样的假定在原子量级的距离上是不适用的，但适用于大多数地震学问题。

在应用上，我们将牛顿第二运动定律用单位体积所受到的力和密度来表示。若密度不随时间改变，单位体积上所受的力可以写成密度乘以位移(displacement)的二阶导数：

$$\boldsymbol{f}(\boldsymbol{x},t)=\rho\frac{\partial^2\boldsymbol{u}(\boldsymbol{x},t)}{\partial t^2} \tag{2.3-1}$$

这个矢量方程式可以进一步写成三个方向上的分量方程①：

$$f_i(\boldsymbol{x},t)=\rho\frac{\partial^2 u_i(\boldsymbol{x},t)}{\partial t^2} \tag{2.3-2}$$

在地震波传播过程中，质点的位移和受力实际上会随着时间和空间变化。虽然变量与时间和空间的关系一般没有显示表达，但应该知道方程式的解是时间和空间的函数。

本章目的是利用牛顿第二运动定律来描述连续介质及其受力后的响应特征。首先引进一个应力张量(stress tensor)的概念，它描述可变形的连续介质受力作用后的情况。然后推导出运动方程(equation of motion)，它将应力和位移联系起来，是牛顿定律在连续介质中的体现。同种介质中，不同部分的位移变化，即内部形变，可以用应变张量(strain tensor)来表示。应变和应力可以通过表征介质性质的本构方程(constitutive equation)相关联。在本章中只简单地讨论一些连续介质力学中对地震学来说必不可少的基础知识。在本章的最后提供了一些参考文献，可以找到更多的相关信息。

2.3.2 应力

作用于一个物体上的力有两种，第一种称为体力(body force)。体力作用于物体内的每一点，且和物体体积成比例。一个较熟悉的体力是因重力而产生的体力，作用在一个密度为 ρ，体积为 dV 的无限小物体的净体力为 ρgdV。体力的单位是单位体积所受到的力。

第二种力是面力(surface force)，面力是作用在物

① 三个方程写为求和约定的形式(A.3.5 节)，其中 i 从 1 到 3 对应三个坐标轴。这种方式使得方程表达式更简洁，更清晰，求解也更容易。这些方程还有更抽象的表达，用一个点来表示对时间微分，所以加速度为 $\ddot{u}_i$。

体表面的力，它产生的净力和受力面积成比例。举例来说，液体中的物体受到的压力等于单位面积物体上的液体重量。在物体表面上任何一点所受到的压力方向都与平面的法线方向平行。因此，类似于压力一样的面力在物体不同部分其作用方向都不一样。而作为体力的重力，作用力方向总是朝下。面力的单位是单位面积所受到的力。

考虑一个大的连续介质中的一个体积为 V、面积为 S 的体元所受到的力的作用(图 2.3-1)。这个体元内部介质受到作用于每一点的体力作用，以及由于体元外物质产生的作用于外部表面 S 上的面力作用。若表面力 $\boldsymbol{F}$ 作用在每个面积为 dS 的面元上，这些面的单位外法向量为 $\hat{\boldsymbol{n}}$，可以定义一个牵引力 $\boldsymbol{T}$($\boldsymbol{T}$ 为向量)，其代表单位面积趋于无限小时所受到的表面力，数学表示如下：

$$\boldsymbol{T}(\hat{\boldsymbol{n}}) = \lim_{dS\to 0}\frac{\boldsymbol{F}}{\mathrm{d}S} \tag{2.3-3}$$

牵引力 $\boldsymbol{T}$ 的方向和表面力 $\boldsymbol{F}$ 是相同的，并且它是单位法向量 $\hat{\boldsymbol{n}}$ 的函数，因为它和物体表面受力的方向有关(牵引力也被称为相应面上的应力矢量)。

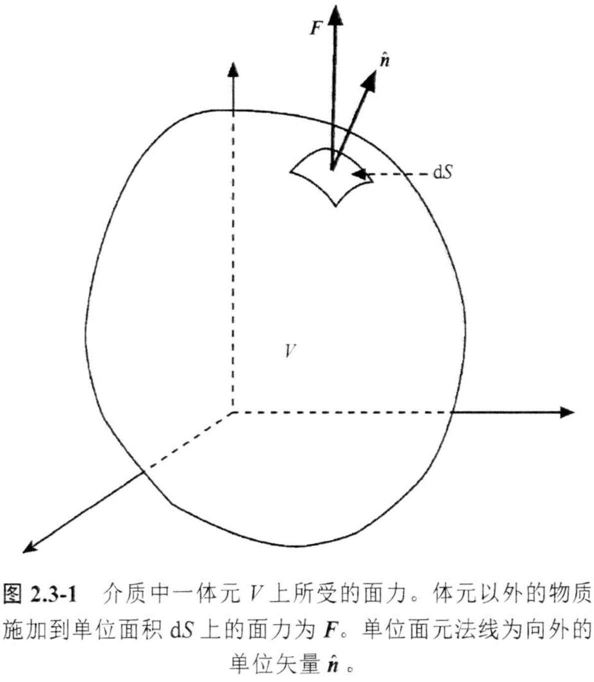

图 2.3-1　介质中一体元 V 上所受的面力。体元以外的物质施加到单位面积 dS 上的面力为 $\boldsymbol{F}$。单位面元法线为向外的单位矢量 $\hat{\boldsymbol{n}}$。

作用于物体表面的力可以用三个应力矢量来描述。其中每个应力矢量都作用在和坐标轴垂直的平面上(图 2.3-2)，并且每个平面都平行于其他两个坐标轴。定义 $\boldsymbol{T}^{(j)}$ 是作用于以 $\hat{\boldsymbol{e}}_j$ (正向)为外法向量的面上的应力矢量。三个应力矢量的分量写成 $T_i^{(j)}$，上标 j 表示所作用的平面，下标 i 表示分量。举例来说，$T_3^{(1)}$ 表示作用在外法向量为 $\hat{\boldsymbol{e}}_1$ 的平面上的应力矢量的第 3 个分量。

包括 9 个分量的表面力可以写成应力张量(stress tensor，$\boldsymbol{\sigma}_{ji}$)的形式，张量中的“行”即为一个受力面的应力矢量的三个分量，表示如下：

$$\boldsymbol{\sigma}_{ji} = \begin{pmatrix} \sigma_{11} & \sigma_{12} & \sigma_{13} \\ \sigma_{21} & \sigma_{22} & \sigma_{23} \\ \sigma_{31} & \sigma_{32} & \sigma_{33} \end{pmatrix} = \begin{pmatrix} \boldsymbol{T}^{(1)} \\ \boldsymbol{T}^{(2)} \\ \boldsymbol{T}^{(3)} \end{pmatrix} = \begin{pmatrix} T_1^{(1)} & T_2^{(1)} & T_3^{(1)} \\ T_1^{(2)} & T_2^{(2)} & T_3^{(2)} \\ T_1^{(3)} & T_2^{(3)} & T_3^{(3)} \end{pmatrix} \tag{2.3-4}$$

因此应力分量 σ_{ji} 代表作用在法向量为 $\hat{\boldsymbol{e}}_j$ 的平面上应力矢量的第 i 个分量。应力表示的是体元表面外的物质施加到表面内物质上单位面积的力。图 2.3-2 展示的特殊例子中，图中物体表面和坐标轴平行，因此很容易看出 $\sigma_{ji} = T_i^{(j)}$。

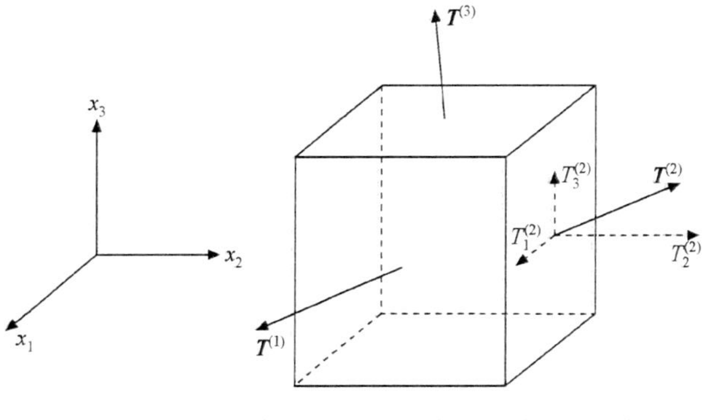

图 2.3-2　当体元的三个面均垂直于坐标轴时作用于三个面上的应力矢量。上标表示作用面的外法线方向。$T_i^{(2)}$ 的三个分量也显示在图上。

在某些情况下，坐标轴用 x、y 和 z 来表示更方便，因此应力张量可以写为

$$\boldsymbol{\sigma}_{ji} = \begin{pmatrix} \sigma_{xx} & \sigma_{xy} & \sigma_{xz} \\ \sigma_{yx} & \sigma_{yy} & \sigma_{yz} \\ \sigma_{zx} & \sigma_{zy} & \sigma_{zz} \end{pmatrix} \tag{2.3-5}$$

应力张量可以用来计量物体内部任何一个面上所受到的应力矢量 $\boldsymbol{T}$。为了证明这一点，任意选择一个单位面元 dS，其法向与坐标轴不平行。dS 面元和另外三个分别垂直于坐标轴的平面构成一个体积(dV)为无

限小的四面体(图 2.3-3)。利用 $\hat{\boldsymbol{n}}$ 和 $\hat{\boldsymbol{e}}_j$ 向量的点积可以计算出两个向量夹角的余弦值，法向量为 $-\hat{\boldsymbol{e}}_j$ 的平面的面积为

$$(\hat{\boldsymbol{n}}\cdot\hat{\boldsymbol{e}}_j)\mathrm{d}S = n_j\mathrm{d}S \tag{2.3-6}$$

因为应力矢量是作用在单位面积上的力，所以将应力矢量的各分量和其作用平面的面积相乘并求和就可以得到某个方向上整个表面的净面力。因此作用在 $\hat{\boldsymbol{e}}_i$ 方向的合力等于 dS 面上的应力矢量、其他三个面上的应力以及体力 $\boldsymbol{f}$($\boldsymbol{f}$ 为向量)在此方向的分量之和。该合力等于四面体质量 $\rho\mathrm{d}V$ 乘加速度在 $\hat{\boldsymbol{e}}_i$ 方向的分量：

$$T_i\mathrm{d}S - \sum_{j=1}^{3}\sigma_{ji}n_j\mathrm{d}S + f_i\mathrm{d}V = \rho\frac{\partial^2 u_i}{\partial t^2}\mathrm{d}V \tag{2.3-7}$$

两侧同时除以 dS，且假定 dV/dS 趋近于 0，应力矢量与应力张量及法向量的关系可以表示为

$$T_i = \sum_{j=1}^{3}\sigma_{ji}n_j = \sigma_{ji}n_j \tag{2.3-8}$$

上式的最后一个等式使用了“索引表示法”(index notation)：重复的标号表示求和(A.3.5 节)。因为这个公式给出任何表面所受到的应力矢量，所以应力张量可以描述介质中作用在任意体元上的面力。

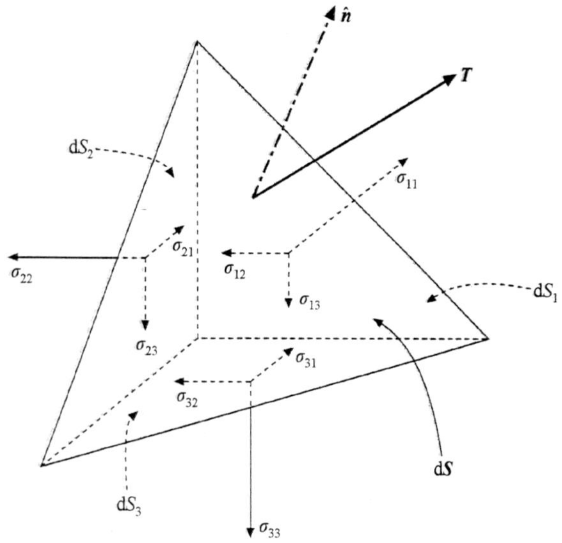

图 2.3-3 作用在四面体 3 个相互垂直的面(法向分别平行于坐标轴)上的应力分量。三个面上的力之和等于第四个面(倾斜面)上的净力。

应力张量分量的符号由面的外法向和基矢量确定。图 2.3-4 显示作用在正方体(其表面垂直于坐标轴)

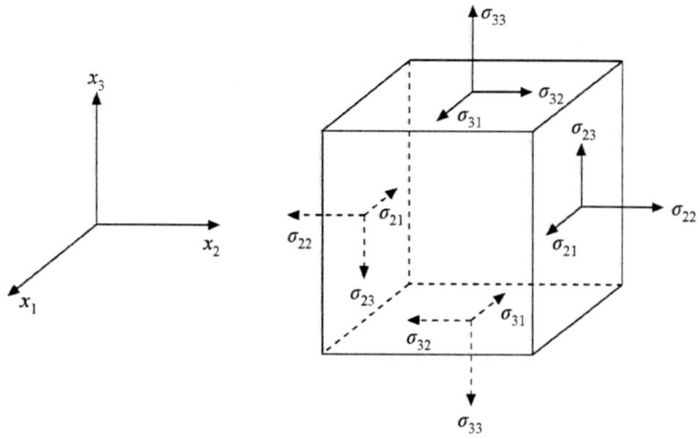

图 2.3-4 所有面均垂直于坐标轴的正方体元上的正应力示意图。σ_{ij} 是作用在以 $\hat{\boldsymbol{e}}_j$ 为外法向的平面上的 $\hat{\boldsymbol{e}}_i$ 方向的应力分量。

上应力的正向分量。例如，对于外法向为 $\hat{\boldsymbol{e}}_3=(0,0,1)$ 的面，σ_{33} 在 $\hat{\boldsymbol{e}}_3$ 方向是正的，σ_{31} 在 $\hat{\boldsymbol{e}}_1$ 方向是正的。由于该面上的应力矢量为 $\boldsymbol{T}_i=\boldsymbol{\sigma}_{3i}$，正的 σ_{33} 和 σ_{31} 对应于 x_3 和 x_1 方向的力。相对应的是，在相反的外法向为 $-\hat{\boldsymbol{e}}_3=(0,0,-1)$ 的面上，σ_{33} 在 $-\hat{\boldsymbol{e}}_3$ 方向是正的，而 σ_{31} 在 $-\hat{\boldsymbol{e}}_1$ 方向是正的。因此该面上的应力矢量为 $T_i=-\sigma_{3i}$，正的 σ_{33} 和 σ_{31} 对应于 $-x_3$ 和 $-x_1$ 方向的力。

应力张量的三个对角元素 σ_{11}、σ_{22} 和 σ_{33} 被称为正应力(normal stress)，6 个非对角元素被称为剪切应力(shear stress)。相应的应力矢量分量被称为正应力矢量(正面力)和剪切应力矢量。图 2.3-4 显示正的正应力使体元膨胀，而负的正应力使体元压缩。因此正的正应力矢量对应于膨胀，而负的正应力矢量对应于压缩。在地球内的大多数点上，由于上覆岩石的重压，物质一般处于压缩状态，因此正应力分量一般为负。地球物理学家一般关心“最大压应力”，即最小(绝对值最大)的正应力分量，或者“最小压应力”，即最大(绝值对最小)的正应力分量。

应力张量的一个重要特征是对称性：

$$\sigma_{ij} = \sigma_{ji} \tag{2.3-9}$$

考虑垂直于 x_3 轴的边长分别为 dx_1 和 dx_2 的正方形上的扭矩［式(A.3-32)］τ_3(图 2.3-5)。如果力矩为 0，则正方形的角动量为常数。如果其初始状态是静止的，就不会发生旋转。净体力为 $f_i\mathrm{d}x_1\mathrm{d}x_2$，其中 f_i 为作用在矩形中心的力。因为力矩是力和臂长的乘积，作用在平面上的沿 x_1 和 x_2 轴的剪切应力 σ_{21} 和 σ_{12} 对力矩没有贡献。其他应力分量所产生的力矩等于臂长和应力矢量(应力分量乘以面元的面积)的乘积。因此总的逆时针力矩是由以下应力分量的力矩之和：其他两个面

上的剪切应力矢量(臂长分别为 $\mathrm{d}x_1$ 和 $\mathrm{d}x_2$)、四个面上的正应力矢量(臂长分别为 $\mathrm{d}x_1/2$ 和 $\mathrm{d}x_2/2$)、作用于物质中心的两个体力(臂长分别为 $\mathrm{d}x_1/2$ 和 $\mathrm{d}x_2/2$):

$$
\begin{aligned}
\tau_3 = &\left(\sigma_{12}+\frac{\partial\sigma_{12}}{\partial x_1}\mathrm{d}x_1\right)\mathrm{d}x_1\mathrm{d}x_2-\left(\sigma_{21}+\frac{\partial\sigma_{21}}{\partial x_2}\mathrm{d}x_2\right)\mathrm{d}x_1\mathrm{d}x_2\\
&-\left(\sigma_{11}+\frac{\partial\sigma_{11}}{\partial x_1}\mathrm{d}x_1\right)\mathrm{d}x_2\frac{\mathrm{d}x_2}{2}+\sigma_{11}\mathrm{d}x_2\frac{\mathrm{d}x_2}{2}\\
&+\left(\sigma_{22}+\frac{\partial\sigma_{22}}{\partial x_2}\mathrm{d}x_2\right)\mathrm{d}x_1\frac{\mathrm{d}x_1}{2}-\sigma_{22}\mathrm{d}x_1\frac{\mathrm{d}x_1}{2}\\
&+f_2\mathrm{d}x_1\mathrm{d}x_2\frac{\mathrm{d}x_1}{2}-f_1\mathrm{d}x_1\mathrm{d}x_2\frac{\mathrm{d}x_2}{2}
\end{aligned}
\tag{2.3-10}
$$

公式两边除以面积并令 $\mathrm{d}x_1$ 和 $\mathrm{d}x_2$ 趋于 0,如果没有净力矩,则要求 $\sigma_{12}=\sigma_{21}$。相同的推理可以得到:$\sigma_{13}=\sigma_{31}$ 以及 $\sigma_{23}=\sigma_{32}$。因此,尽管应力张量有 9 个分量,但仅有 3 个正应力和 3 个剪切应力分量是独立的。

因为应力张量是对称的,我们通常将式(2.3-8)写为

$$T_i=\sum_{j=1}^{3}\sigma_{ij}n_j=\sigma_{ij}n_j \tag{2.3-11}$$

或者,用矢量的方式来表示:

$$\boldsymbol{T}=\boldsymbol{\sigma}\hat{\boldsymbol{n}} \tag{2.3-12}$$

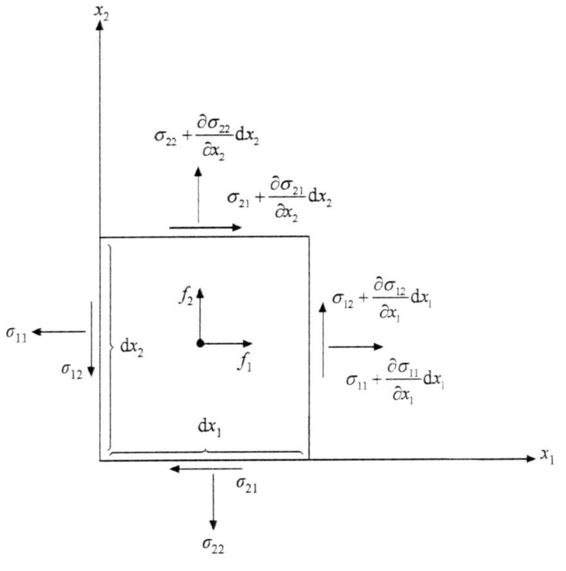

图 2.3-5　应力和体力在垂直于 x_3 轴的正方形上产生的顺时针和逆时针扭矩。如果应力张量是非对称的,$\sigma_{12}\neq\sigma_{21}$,则会存在净力矩使物质发生旋转。

应力的单位是力/面积。在厘米、克、秒单位系统中,力的单位是达因(dyne,简称 dyn),$1\,\mathrm{dyn}=1\,\mathrm{g\cdot cm/s^2}$,因此应力的单位为 $1\,\mathrm{dyn/cm^2}$。有时也可以用巴(bar)来表示,$1\,\mathrm{bar}=10^6\,\mathrm{dyn/cm^2}$。海平面大气压约为 1.01bar。在基于米、千克、秒的国际单位制中,力的单位是牛顿(N),$1\mathrm{N}=1\mathrm{kg\cdot m/s^2}$,相应的应力单位是帕斯卡(pascal,简称 Pa),$1\mathrm{Pa}=1\mathrm{N/m^2}$。这两套系统之间的关系为:$1\mathrm{Pa}=1\mathrm{N/m^2}=10\mathrm{dyn/cm^2}=10^{-5}\mathrm{bar}$。因此 $1\mathrm{MPa}=10\mathrm{bar}$。

2.3.3　应力张量

前面使用了张量概念,但是没有明确定义。不难发现,它与正法向矢量和应力矢量相关,它有两个下标,且有些性质类似于矢量。矢量不依赖于坐标系统。基于矢量的物理定律也独立于坐标系统,并可以根据需要选择合适的坐标系统进行分析。可以证明张量也有类似的性质。

特别是,在两个不同的坐标系统中,矢量保持一致(A.5.1 节)。在两个笛卡儿坐标系(直角坐标系)中,它们的分量之间通过变换矩阵 $\boldsymbol{A}$ 相关联。因此,对于给定的两套坐标值 (x_1,x_2,x_3) 和 (x_1',x_2',x_3'),矢量 $\boldsymbol{u}$ 的分量之间的关系为

$$\boldsymbol{u}'=\boldsymbol{A}\boldsymbol{u} \tag{2.3-13}$$

在每个笛卡儿坐标系中,应力张量的分量将应力矢量和正法向矢量联系起来,因此可以得到在两个笛卡儿坐标系中应力张量分量之间的关系。应力矢量分量和法向量分量在两个坐标系中满足:

$$\boldsymbol{T}'=\boldsymbol{A}\boldsymbol{T},\ \hat{\boldsymbol{n}}'=\boldsymbol{A}\hat{\boldsymbol{n}} \tag{2.3-14}$$

由于 $\boldsymbol{A}$ 是正交矩阵,所以它的逆矩阵等于它的转置,那么:

$$\hat{\boldsymbol{n}}=\boldsymbol{A}^{-1}\hat{\boldsymbol{n}}'=\boldsymbol{A}^{\mathrm{T}}\hat{\boldsymbol{n}}' \tag{2.3-15}$$

在带′的系统中,应力矢量同正法向及应力张量之间的关系为

$$\boldsymbol{T}'=\boldsymbol{\sigma}'\hat{\boldsymbol{n}}' \tag{2.3-16}$$

因此,利用式(2.3-14)和式(2.3-15)

$$\boldsymbol{T}'=\boldsymbol{A}\boldsymbol{T}=\boldsymbol{A}\boldsymbol{\sigma}\hat{\boldsymbol{n}}=\boldsymbol{A}\boldsymbol{\sigma}\boldsymbol{A}^{\mathrm{T}}\hat{\boldsymbol{n}}' \tag{2.3-17}$$

对比式(2.3-16)和式(2.3-17),可以得到:

$$\boldsymbol{\sigma}'=\boldsymbol{A}\boldsymbol{\sigma}\boldsymbol{A}^{\mathrm{T}} \tag{2.3-18}$$

这个方程定义了笛卡儿坐标系中的张量。矢量之所以不仅仅是三个数就是因为其具有可转换特性:矢量的分量值可以在不同坐标系之间转换,但矢量性质是独立于坐标系的。相似地,一个数字矩阵能被称为张量必须满足式(2.3-18)的要求。在推导这个公式时有一个假

设，张量(比如应力张量)是以一种独特方式将两个矢量(应力矢量和法向矢量)联系起来的算子，且这种联系不依赖于坐标系。张量分量在不同坐标系之间转换，但张量作为一个实体的性质不会变。因为应用变换矩阵一次转换一个矢量，应用两次转换一个联系两个矢量的张量。但是张量没有矢量那么直观。应力张量也许不容易理解，但它是最容易从物理角度进行解释的张量之一。

下面显示应力张量的分量如何在不同坐标系之间变化。假定一个微元的面垂直于 x_1 和 x_2 轴。该微元受到了正应力 σ_1 和 σ_2 的作用(图 2.3-6)，因此应力张量是对角矩阵：

$$\boldsymbol{\sigma}=\begin{pmatrix}\sigma_1 & 0 & 0\\ 0 & \sigma_2 & 0\\ 0 & 0 & 0\end{pmatrix} \tag{2.3-19}$$

考虑这个微元内一个更小的微元，其法向与大微元不一样。要找到作用在第二个微元上的应力矢量，可以定义相对于 x_1 和 x_2 轴旋转了 θ 的坐标系 x_1' 和 x_2'，且分别为第二个微元两个面的法向。两个坐标系的 x_3 和 x_3' 轴重合。尽管两个微元内的应力是一致的，但在两个坐标系里应力张量分量是不同的。两者关系为

$$\begin{aligned}\boldsymbol{\sigma}'&=\boldsymbol{A}\boldsymbol{\sigma}\boldsymbol{A}^{\mathrm{T}}\\&=\begin{pmatrix}\cos\theta & \sin\theta & 0\\ -\sin\theta & \cos\theta & 0\\ 0 & 0 & 1\end{pmatrix}\begin{pmatrix}\sigma_1 & 0 & 0\\ 0 & \sigma_2 & 0\\ 0 & 0 & 0\end{pmatrix}\begin{pmatrix}\cos\theta & -\sin\theta & 0\\ \sin\theta & \cos\theta & 0\\ 0 & 0 & 1\end{pmatrix}\\&=\begin{pmatrix}\sigma_1\cos^2\theta+\sigma_2\sin^2\theta & (\sigma_2-\sigma_1)\sin\theta\cos\theta & 0\\ (\sigma_2-\sigma_1)\sin\theta\cos\theta & \sigma_1\sin^2\theta+\sigma_2\cos^2\theta & 0\\ 0 & 0 & 0\end{pmatrix}\end{aligned} \tag{2.3-20}$$

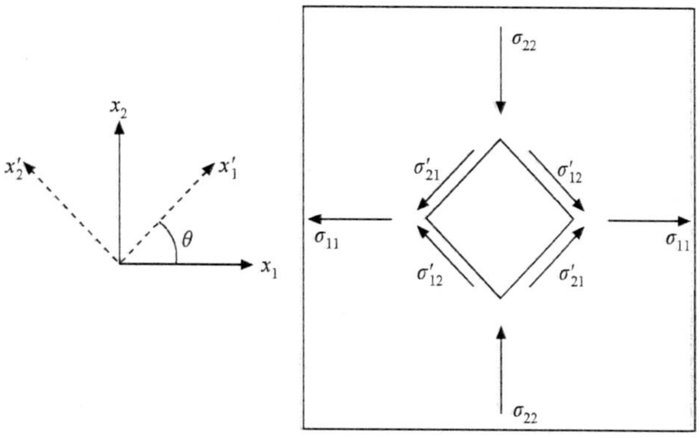

图 2.3-6 不同坐标系中的应力张量的分量。在 x_1-x_2 坐标系中，应力张量是对角矩阵。在相对于 x_1-x_2 坐标系旋转了 θ 的 $x_1'-x_2'$ 坐标系中，剪切应力作用在以坐标轴为法线的面围成的体元上。

例如，如果力 $\sigma_1=1$ 和 $\sigma_2=-1$，旋转角度 $\theta=45°$，那么：

$$\sigma'=\begin{pmatrix}0 & -1 & 0\\ -1 & 0 & 0\\ 0 & 0 & 0\end{pmatrix} \tag{2.3-21}$$

因此，尽管在大微元上，应力张量中只有作用在 x_2 方向的压应力和 x_1 方向上的张应力存在，但由于坐标旋转，在小微元中仅有剪切应力存在。负的剪切应力值对应于 $-x_2'$ 方向上作用于以 $\hat{\boldsymbol{e}}_1'$ 为正法向的面上的应力矢量，在 x_2' 方向上作用于以 $-\hat{\boldsymbol{e}}_1'$ 为正法向的面上的应力矢量。这与大微元的正应力矢量一致。尽管应力张量的分量在两个坐标系中不一样，但它们代表相同的物理应力状态。

2.3.4 主应力

对一个给定的应力状态，作用于物质内大多数面上的应力矢量都有垂直于和平行于该面的分量。但也有一些面上的剪切分量为 0。这些面可以以其法向量来表示，称为主应力轴；这些面上的正应力被称为主应力。主应力轴在地震源研究中有非常重要的作用(详见 4.2 节)。

要找到主应力轴，需要用到特征值和特征向量的概念(A.5.2 节)。如果应力矢量与法向量平行，则应力矢量的剪切分量为 0，因此它们之间存在一个常数因子 λ，有

$$\boldsymbol{T}_i=\boldsymbol{\sigma}_{ij}\boldsymbol{n}_j=\lambda\boldsymbol{n}_i \tag{2.3-22}$$

因此主应力轴 $\hat{\boldsymbol{n}}$ 是应力张量的特征向量，主应力 $\boldsymbol{\lambda}$ 是对应的特征值。特征值和特征向量可以通过求解如下齐次线性方程得到：

$$(\boldsymbol{\sigma}_{ij}-\lambda\boldsymbol{\delta}_{ij})\boldsymbol{n}_j=0$$
$$\begin{pmatrix}\sigma_{11}-\lambda & \sigma_{12} & \sigma_{13}\\ \sigma_{21} & \sigma_{22}-\lambda & \sigma_{23}\\ \sigma_{31} & \sigma_{32} & \sigma_{33}-\lambda\end{pmatrix}\begin{pmatrix}n_1\\ n_2\\ n_3\end{pmatrix}=\begin{pmatrix}0\\0\\0\end{pmatrix} \tag{2.3-23}$$

其中克罗内克符号 $\delta_{ij}=0$，$i\neq j$；$\delta_{ij}=1$，$i=j$。只有当矩阵为奇异矩阵时该方程组才存在非零解，所以矩阵行列式的值必须为 0(A.4.3 节)。

$$\det\begin{vmatrix}\sigma_{11}-\lambda & \sigma_{12} & \sigma_{13}\\ \sigma_{21} & \sigma_{22}-\lambda & \sigma_{23}\\ \sigma_{31} & \sigma_{32} & \sigma_{33}-\lambda\end{vmatrix}=0 \tag{2.3-24}$$

展开行列式得到：

$$\lambda^3-I_1\lambda^2+I_2\lambda-I_3=0 \tag{2.3-25}$$

该公式的系数称为应力张量的不变量，其独立于坐标

系统。其中 I_1 是对角元素之和，也被称为矩阵的迹，具有特定物理意义(2.3.6 节)。

式(2.3-25)的根 λ 就是特征值，也称主应力，用 σ_m 表示，通常按降序排列，使得 $\sigma_1 \geqslant \sigma_2 \geqslant \sigma_3$。在地质学中，所有应力都是压应力(负数)，因此一般按应力绝对值排序，所以有，$|\sigma_1| \geqslant |\sigma_2| \geqslant |\sigma_3|$。将每个特征值带到式(2.3-23)，可以找到对应的特征向量 $\hat{\boldsymbol{n}}^{(m)}$。因为应力张量是对称的，如果三个根不相等的话，三个特征向量相互正交(A.5.3 节)，因此存在三个相互垂直的面，其上没有剪切应力作用。即使存在相等的根，也总是可以找到正交的特征向量 $\hat{\boldsymbol{n}}^{(m)}$。

主应力轴相互垂直，因而可以用作某个新坐标系的基矢量，在该坐标系下应力张量为对角矩阵。要把矢量转换到这种坐标中需要使用旋转矩阵(A.5.1 节)，其每一行为新坐标系的一个基矢量。在这里，基矢量为特征向量，所以变换矩阵为

$$\boldsymbol{A} = \begin{pmatrix} \hat{\boldsymbol{n}}^{(1)} \\ \hat{\boldsymbol{n}}^{(2)} \\ \hat{\boldsymbol{n}}^{(3)} \end{pmatrix} = \begin{pmatrix} n_1^{(1)} & n_2^{(1)} & n_3^{(1)} \\ n_1^{(2)} & n_2^{(2)} & n_3^{(2)} \\ n_1^{(3)} & n_2^{(3)} & n_3^{(3)} \end{pmatrix} \tag{2.3-26}$$

定义包含特征值为对角元素的矩阵：

$$\boldsymbol{\Lambda} = \begin{pmatrix} \sigma_1 & 0 & 0 \\ 0 & \sigma_2 & 0 \\ 0 & 0 & \sigma_3 \end{pmatrix} \tag{2.3-27}$$

将式(2.3-22)用矩阵方程表示，所有的特征值－特征向量组合可以描述为

$$\boldsymbol{\sigma A}^{\mathrm{T}} = \boldsymbol{A}^{\mathrm{T}}\boldsymbol{\Lambda},$$

$$\boldsymbol{\sigma}\begin{pmatrix} n_1^{(1)} & n_1^{(2)} & n_1^{(3)} \\ n_2^{(1)} & n_2^{(2)} & n_2^{(3)} \\ n_3^{(1)} & n_3^{(2)} & n_3^{(3)} \end{pmatrix} = \begin{pmatrix} n_1^{(1)} & n_1^{(2)} & n_1^{(3)} \\ n_2^{(1)} & n_2^{(2)} & n_2^{(3)} \\ n_3^{(1)} & n_3^{(2)} & n_3^{(3)} \end{pmatrix}\begin{pmatrix} \sigma_1 & 0 & 0 \\ 0 & \sigma_2 & 0 \\ 0 & 0 & \sigma_3 \end{pmatrix} \tag{2.3-28}$$

张量转换［式(2.3-18)］显示，在新坐标系中的应力张量为对角矩阵：

$$\boldsymbol{\sigma}' = \boldsymbol{A\sigma A}^{\mathrm{T}} = \boldsymbol{\Lambda}, \quad \sigma'_{ij} = \sigma_i\delta_{ij} \tag{2.3-29}$$

其中不需要对 i 求和。应力张量的每一行为作用于以坐标轴为法向的面上的应力矢量的分量。新的坐标轴为主应力轴，因此以这些轴为法向的面上的应力矢量只有正应力而没有剪应力。

2.3.5　最大剪切应力和断层滑动

最简单的岩石破裂理论认为断层滑动出现在剪切应力最大的平面上(5.7.2 节)，这是主应力在地震学中最主要的应用之一。尽管这个理论并非完全正确，但它可以帮助我们深入认识断层方向和区域构造之间的联系。

对于给定的应力状态，利用对角化的应力张量可以找到主应力［式(2.3-29)］，以及以主应力轴为基矢量的新的坐标系。利用式(2.3-11)，以矢量 $\hat{\boldsymbol{n}}$ 为法向的平面上的应力矢量为

$$T_i = \sigma'_{ij}n_j = \sigma_i\delta_{ij}n_j = \sigma_i n_i \tag{2.3-30}$$

其中不需要对 i 求和。正交于平面的应力平方为 $(\boldsymbol{T}\hat{\boldsymbol{n}})^2 = (T_i\hat{n}_i)^2$，因此，利用三角几何关系(图 2.3.7)，平行于平面的剪切应力矢量 $\boldsymbol{\tau}$ 的平方可以写成法向矢量的函数：

$$\begin{aligned}\boldsymbol{\tau}^2(n_1,n_2,n_3) &= T_iT_i - (T_in_i)^2 \\ &= (\sigma_1n_1)^2 + (\sigma_2n_2)^2 + (\sigma_3n_3)^2 \\ &\quad - (\sigma_1n_1^2 + \sigma_2n_2^2 + \sigma_3n_3^2)^2\end{aligned} \tag{2.3-31}$$

利用这种表示法可以找到 $\boldsymbol{\tau}^2$ 为最大值的平面的法向 $\hat{\boldsymbol{n}}$。利用等式 $n_3^2 = 1 - n_1^2 - n_2^2$ 消除 τ_3，因此有

$$\begin{aligned}\boldsymbol{\tau}^2(n_1,n_2) &= n_1^2(\sigma_1^2 - \sigma_3^2) + n_2^2(\sigma_2^2 - \sigma_3^2) + \sigma_3^2 \\ &\quad - [n_1^2(\sigma_1 - \sigma_3) + n_2^2(\sigma_2 - \sigma_3) + \sigma_3]^2\end{aligned} \tag{2.3-32}$$

当 $\boldsymbol{\tau}^2$ 为最大值时，它对 n_1 和 n_2 的导数为 0，有

$$\begin{aligned} 0 &= 2\boldsymbol{\tau}\frac{\partial\boldsymbol{\tau}}{\partial n_1} \\ &= 2n_1(\sigma_1 - \sigma_3)\{(\sigma_1 + \sigma_3) - 2[n_1^2(\sigma_1 - \sigma_3) \\ &\quad + n_2^2(\sigma_2 - \sigma_3) + \sigma_3]\}, \\ 0 &= 2\boldsymbol{\tau}\frac{\partial\boldsymbol{\tau}}{\partial n_2} \\ &= 2n_2(\sigma_2 - \sigma_3)\{(\sigma_2 + \sigma_3) - 2[n_1^2(\sigma_1 - \sigma_3) \\ &\quad + n_2^2(\sigma_2 - \sigma_3) + \sigma_3]\} \end{aligned} \tag{2.3-33}$$

当 $n_1 = 0$ 时第一个方程成立，且根据第二个方程有 $n_2^2 = 1/2$。当 $n_3^2 = 1/2$ 时，得到法向矢量为 $\hat{\boldsymbol{n}} = (0, 1/\sqrt{2}, 1/\sqrt{2})$ 的平面。当 $n_2 = 0$ 时，从第一个方程可以得到法向矢量为 $\hat{\boldsymbol{n}} = (1/\sqrt{2}, 0, 1/\sqrt{2})$ 的平面。从式(2.3-31)中消除 n_1 得到两个相似的方程，可以得到第三个解，$\hat{\boldsymbol{n}} = (1/\sqrt{2}, 1/\sqrt{2}, 0)$。

以上每个平面平分两个主应力轴的 90°夹角。因为每两个主应力轴确定两个这样的平面，因此还有其他的解。例如，因 $n_1 = 0$ 的条件是 $n_2^2 = n_3^2 = 1/2$，$\hat{\boldsymbol{n}} = (0, -1/\sqrt{2}, 1/\sqrt{2})$ 也是解之一。

为了找到随 $\hat{\boldsymbol{n}}$ 而变的 $\boldsymbol{\tau}^2$，改写式(2.3-31)得到：

$$\begin{aligned}\boldsymbol{\tau}^2(n_1,n_2,n_3) &= n_1^2n_2^2[\sigma_1 - \sigma_2]^2 + n_2^2n_3^2[\sigma_2 - \sigma_3]^2 \\ &\quad + n_1^2n_3^2[\sigma_1 - \sigma_3]^2\end{aligned} \tag{2.3-34}$$

该方程显示剪切应变可能的三个局部最大值中，最大的值为

$$\tau=(\sigma_1-\sigma_3)/2 \qquad (2.3\text{-}35)$$

其中σ_1是最大主应力，σ_3是最小主应力。该剪切应变所作用的平面的法向量为

$$\hat{\boldsymbol{n}}=(1/\sqrt{2},0,1/\sqrt{2}),\quad \hat{\boldsymbol{n}}=(-1/\sqrt{2},0,1/\sqrt{2}) \qquad (2.3\text{-}36)$$

因此，剪切应力最大的平面刚好平分最大主应力轴(1, 0, 0)和最小主应力轴(0, 0, 1)，同时包含中等主应力轴。式(2.3-33)中导数在局部最小值等于0，对应于$\boldsymbol{\tau}^2=0$时的主应力轴。

要利用该理论，考虑岩石压力实验(主应力均为负数)(图2.3-8)，且满足$|\sigma_1|\geqslant|\sigma_2|\geqslant|\sigma_3|$。裂缝应该出现在与最大剪切应力平行的平面上。式(2.3-36)显示这样的平面有两个，每个平面都包含中等主应力轴，但是与最大和最小主应力轴成45°夹角。两个平面破裂的可能性是相等的。换个角度，如果在普通实验环境下进行单轴压力实验，那么$|\sigma_1|\geqslant|\sigma_2|=|\sigma_3|$，破裂可能会出现在与最大主应力成45°夹角的任何方向。5.7.2节的实验支持剪切应力控制裂缝方向的理论，但是控制方式更加复杂，且裂缝平面常常与最大主应力方向成25°，而不是45°夹角。

为简单起见，假定地球内断层在最大剪切应力平面上形成。地球表面是自由表面(2.3.10节)，应力矢量为0。因此在地球表面，主应力轴之一必定是垂直的，另外两个必定平行于表面。三个基本断层参数：走向、倾角和滑动角与应力轴密切相关(图2.3-9)。如果垂直主应力是最大的压应力，断层倾角为45°，且属于正断层。如果垂直主应力是最小的压应力，断层几何形状一致，则属于逆断层(reverse fault)①。如果垂直主应力是中等主应力，该断层为走滑型，且断层与最大主应力轴呈45°夹角。因此，断层几何形状(可以从地质学或地震波形数据中得到)可以用于推断应力方向。这个方法有其缺陷性，特别是地震通常仅出现在已经存在的断层上(5.7.2节)。然而，该方法同其他估计应力方向的方法相结合时还是很有帮助的。

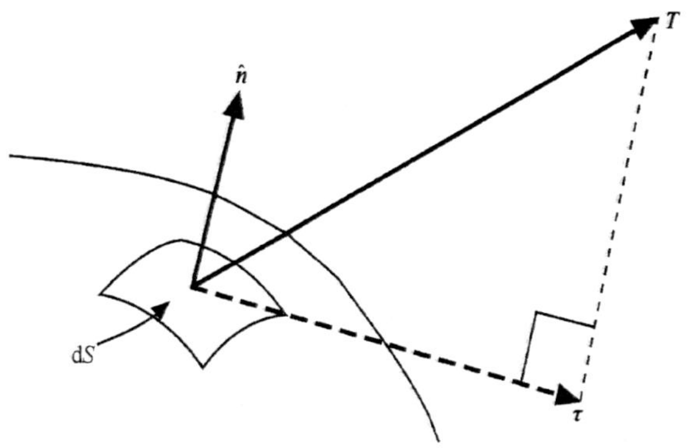

图2.3-7 作用在面元dS上的应力矢量$\boldsymbol{T}$可以分解成两个分量。正应力矢量平行于法向$\hat{\boldsymbol{n}}$，剪切应力矢量$\boldsymbol{\tau}$平行于平面。

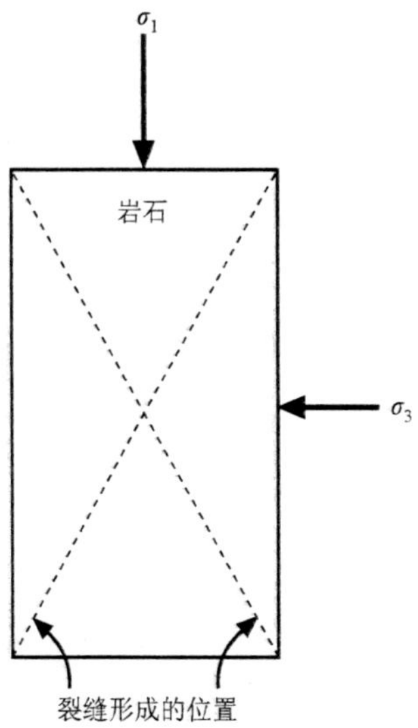

图2.3-8 圆柱体样本在最大主应力σ_1作用下而产生裂缝的示意图。最小主应力σ_2和σ_3近似相等。如果裂缝出现在最大剪切应力面上，那么一般在与最大主应力轴成45°夹角的平面上出现破裂。

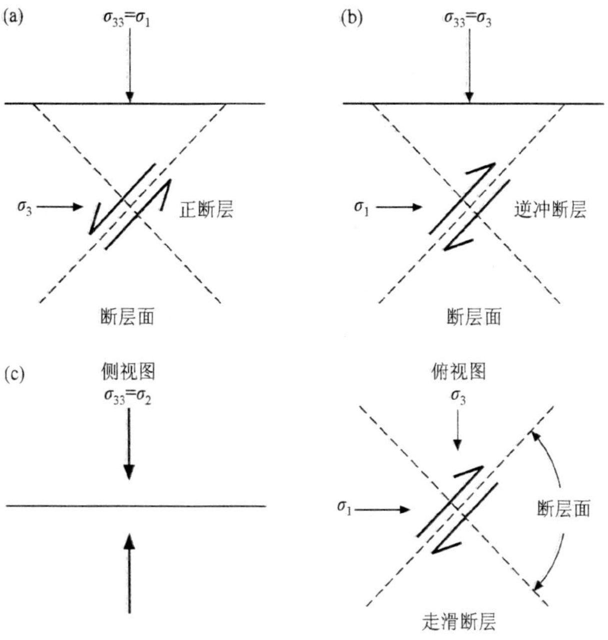

图2.3-9 三种断层的应力场：假定地震出现在最大剪切应力的平面上。(a)正断层，(b)逆断层，(c)走滑断层(包括侧视图和平面图中的应力状态)。

① 地震学家有时不加区分地使用逆断层或逆冲断层(thrust fault)的概念。而构造地质学家使用逆冲断层来表示倾角浅的逆断层。

2.3.6　偏应力(deviatoric stress)

在地球深部，由于上覆岩层的重力，压应力一般较大。有时去掉总体压应力的影响而仅仅考虑应力变化会非常有用。因此，定义平均应力为

$$M = \frac{(\sigma_{11} + \sigma_{22} + \sigma_{33})}{3} = \frac{\sigma_{ii}}{3} \tag{2.3-37}$$

即总正应力(应力张量的迹)的 1/3。由于应力张量的迹独立于坐标系，所以平均应力与主应力密切相关。

要证明应力张量的迹不随坐标系改变，用分量形式来表示应力张量在两个坐标系之间的转换［式(2.3-18)］，并使用求和约定(A.3.5 节)，则：

$$\boldsymbol{\sigma}'_{ij} = \boldsymbol{A}_{ik}\boldsymbol{\sigma}_{kl}\boldsymbol{A}^{\mathrm{T}}_{lj} = \boldsymbol{A}_{ik}\boldsymbol{\sigma}_{kl}\boldsymbol{A}_{jl} \tag{2.3-38}$$

应力张量的迹可以写为

$$\boldsymbol{\sigma}'_{ii} = \boldsymbol{\sigma}'_{ij}\boldsymbol{\delta}_{ij} = \boldsymbol{A}_{ik}\boldsymbol{\sigma}_{kl}\boldsymbol{A}_{il} = \boldsymbol{\sigma}_{kl}\boldsymbol{\delta}_{kl} = \boldsymbol{\sigma}_{kk} \tag{2.3-39}$$

因为 $\boldsymbol{A}$ 是正交矩阵，因此，$\boldsymbol{A}_{ik}\boldsymbol{A}_{il} = \boldsymbol{\delta}_{kl}$。因此在正交变换下，张量的迹没有变化，迹也因此称为张量的第一不变量。其他两个不变量［式(2.3-25)］在正交转换中也不会变。

平均应力因此可以用对角化的应力张量的迹来表示［式(2.3-29)］：

$$M = \frac{(\sigma_1 + \sigma_2 + \sigma_3)}{3} \tag{2.3-40}$$

也就是主应力之和的 1/3。去掉平均应力的影响，就得到偏应力：

$$\boldsymbol{D}_{ij} = \boldsymbol{\sigma}_{ij} - M\boldsymbol{\delta}_{ij}$$
$$\boldsymbol{D} = \begin{pmatrix} \sigma_{11} - M & \sigma_{12} & \sigma_{13} \\ \sigma_{21} & \sigma_{22} - M & \sigma_{23} \\ \sigma_{31} & \sigma_{32} & \sigma_{33} - M \end{pmatrix} \tag{2.3-41}$$

因此，当主应力很大且大致相等时，偏应力中去掉了它们的影响，显示剩余的应力状态。偏应力张量也可以对角化，且主应力轴与应力张量一致。

在讨论地球内部过程时，偏应力的概念非常重要，因为偏应力一般由构造力引起，且导致地震断层滑动，并产生各向异性等地震波传播现象。在几公里深以下，一般假定应力处于“静岩石(lithostatic)压力”状态，类似于静水压状态，也就是说正应力等于上覆岩石压力的负数，且偏应力为 0。厚度为 z、密度为 ρ 的岩石柱的重量为 ρgz。如果上覆岩石的密度为 $3\mathrm{g/cm^3}$，在 3km 深的压力为

$$\begin{aligned} P &= (3\mathrm{g/cm^3})(980\mathrm{cm/s^2})(3\times10^5\mathrm{cm}) \\ &\approx 9\times10^8\mathrm{dyn/cm^2} = 0.9\mathrm{kbar} \end{aligned} \tag{2.3-42}$$

近似于 1kbar(100MPa)。

压力造成压缩，对应于负的主应力。如果深部的应力状态达到静岩石压力状态，平均应力等于压力的负数。由于偏应力的存在，这种关系仅仅是近似的。由于平均应力远高于偏应力，这种近似也有其实用性。

2.3.7　运动方程

前面提到可以用应力来描述作用在物体表面的力，用体力和应力来表述牛顿第二运动定律。这是推导运动方程的第一步。

考虑一个密度为 ρ，体积为 $\mathrm{d}x_1\mathrm{d}x_2\mathrm{d}x_3$ 且其边平行于坐标轴的长方体(图 2.3-10)。该物体中心受到每单位体积为 f_i 的体力，总体力为 $f_i\,\mathrm{d}x_1\mathrm{d}x_2\mathrm{d}x_3$。该物体所受合力为所有面上面力与体力的总和。

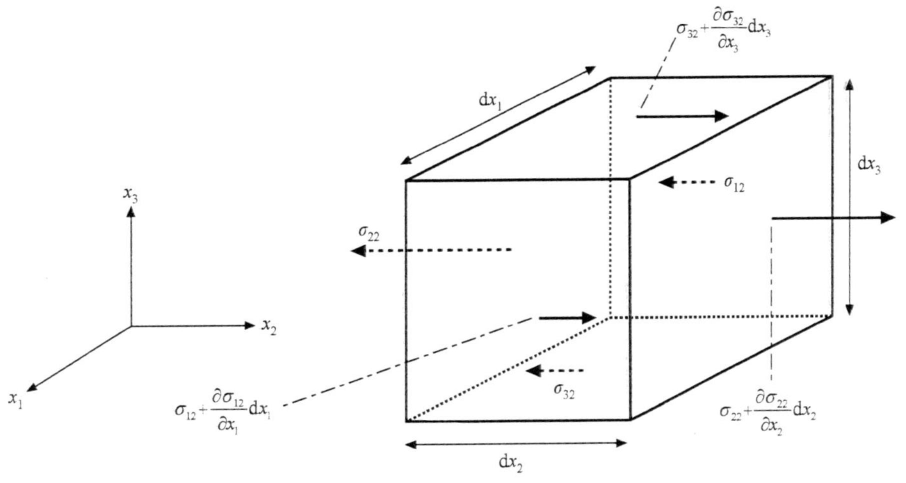

图 2.3-10　对 x_2 方向上的合力有贡献的应力分量

举例来说，x_2 方向上净表面力是三项的总和，其中每一项代表一对相反面上的应力矢量差而产生的净力。第一项是在 $\hat{\boldsymbol{e}}_2$ 方向上且法向量分别为 $\hat{\boldsymbol{e}}_2$ 和 $-\hat{\boldsymbol{e}}_2$ 两个面上的应力矢量差产生的净力。因为应力是单位面积上的力，所以将应力乘面积($\mathrm{d}x_1\mathrm{d}x_3$)，并且利用泰勒展开式求得作用于这两个面上的净力：

$$\begin{aligned}&[\sigma_{22}(\boldsymbol{x}+\mathrm{d}x_2\hat{\boldsymbol{e}}_2)-\sigma_{22}(\boldsymbol{x})]\mathrm{d}x_1\mathrm{d}x_3\\&=\left[\sigma_{22}(\boldsymbol{x})+\frac{\partial\sigma_{22}(\boldsymbol{x})}{\partial x_2}\mathrm{d}x_2-\sigma_{22}(\boldsymbol{x})\right]\mathrm{d}x_1\mathrm{d}x_3\\&=\frac{\partial\sigma_{22}(\boldsymbol{x})}{\partial x_2}\mathrm{d}x_1\mathrm{d}x_2\mathrm{d}x_3\end{aligned}\quad(2.3\text{-}43)$$

利用同样方法可求得作用在法向量为 $\pm\hat{\boldsymbol{e}}_1$ 和 $\pm\hat{\boldsymbol{e}}_3$ 面上的 x_2 方向上的力。将上述三项相加，并加入体力在 $\hat{\boldsymbol{e}}_2$ 上的分量，可以求得在 $\hat{\boldsymbol{e}}_2$ 方向上的合力。此合力等于质量乘加速度，因此可推出：

$$\begin{aligned}&\left[\frac{\partial\sigma_{12}}{\partial x_1}+\frac{\partial\sigma_{22}}{\partial x_2}+\frac{\partial\sigma_{32}}{\partial x_3}\right]\mathrm{d}x_1\mathrm{d}x_2\mathrm{d}x_3+f_2\mathrm{d}x_1\mathrm{d}x_2\mathrm{d}x_3\\&=\rho\frac{\partial^2u_2}{\partial t^2}\mathrm{d}x_1\mathrm{d}x_2\mathrm{d}x_3\end{aligned}\quad(2.3\text{-}44)$$

最前面三项表示长方体不同面上的应力矢量产生的净力。可见，相反方向的应力分量相互抵消后，只有应力导数项才对净力有贡献。因此，应力场[①]的空间变化，而不是应力场本身，会产生净力。将式(2.3-44)同除以物体体积可以得到：

$$\frac{\partial\sigma_{12}}{\partial x_1}+\frac{\partial\sigma_{22}}{\partial x_2}+\frac{\partial\sigma_{32}}{\partial x_3}+f_2=\sum_{j=1}^{3}\frac{\partial\sigma_{j2}}{\partial x_j}+f_2=\rho\frac{\partial^2u_2}{\partial t^2}\quad(2.3\text{-}45)$$

同样步骤可以求得在 x_1 和 x_3 方向上的净力以及加速度。利用求和约定，三个方向上的净力公式可以表示为

$$\frac{\partial\sigma_{ji}(\boldsymbol{x},t)}{\partial x_j}+f_i(\boldsymbol{x},t)=\rho\frac{\partial^2u_i(\boldsymbol{x},t)}{\partial t^2}\quad(2.3\text{-}46)$$

这个式子明确地显示了应力、作用力和位移与时空的关系。由于应力张量是对称的，可以将上式写成：

$$\frac{\partial\sigma_{ij}(\boldsymbol{x},t)}{\partial x_j}+f_i(\boldsymbol{x},t)=\rho\frac{\partial^2u_i(\boldsymbol{x},t)}{\partial t^2}\quad(2.3\text{-}47)$$

注意在 i 方向上的作用力必须对所有 j 面求和。若将偏导数用逗号和下标简化，上式可以写成：

$$\sigma_{ij,j}(\boldsymbol{x},t)+f_i(\boldsymbol{x},t)=\rho\frac{\partial^2u_i(\boldsymbol{x},t)}{\partial t^2}\quad(2.3\text{-}48)$$

这个方程式称为运动方程(equation of motion)，在一个连续介质内部的任何地方都适用。运动方程利用表面力和体力来表示牛顿第二运动定律($\boldsymbol{F}=m\boldsymbol{a}$)。方程式中的加速度由体力和应力张量的散度 $\sigma_{ij,j}$ 引起。应力场中如果应力不随位置变化，则其散度为 0，因此也不会产生净力。一个有趣的地方是，应力张量(3×3 矩阵)取散度后会产生力，其为矢量，而矢量取散度后会得到一个标量(A.6.3 节)。

运动方程的一个重要特例就是当物体处于平衡态时，它的加速度为 0，应力张量的散度和体力相互平衡：

$$\sigma_{ij,j}(\boldsymbol{x},t)=-f_i(\boldsymbol{x},t)\quad(2.3\text{-}49)$$

任何静态弹性问题都必须满足这个平衡态方程(equation of equilibrium)，比如计算单纯因重力而产生的应力。

另外一个重要特例是在体力不存在的情况下，式(2.3-48)可写成

$$\sigma_{ij,j}(\boldsymbol{x})=\rho\frac{\partial^2u_i(\boldsymbol{x},t)}{\partial t^2}\quad(2.3\text{-}50)$$

这个方程式被称为齐次运动方程(homogeneous equation of motion)。用线性方程的术语来说，齐次(homogeneous)指的是没有力作用的状态(A.4.4 节)。这个方程式描述的是地震波在震源(天然地震或人工震源)以外介质中传播的情况。

2.3.8 应变

如果将应力应用于非刚性物质，物质内的点可以相对运动，并产生形变。应变张量(strain tensor)描述物体内部质点间差异性运动引起的形变。

考虑内部位移场为 $\boldsymbol{u}(\boldsymbol{x})$ 的固体物质的一个微元。如果初始位于 $\boldsymbol{x}$ 的质点的位移为 $\boldsymbol{u}$ (图 2.3-11)，临近的初始位于 $\boldsymbol{x}+\delta\boldsymbol{x}$ 的质点的位移可以用第一点位移的分量的泰勒展开式来表示：

$$u_i(\boldsymbol{x}+\delta\boldsymbol{x})\approx u_i(\boldsymbol{x})+\frac{\partial u_i(\boldsymbol{x})}{\partial x_j}\delta x_j=u_i(\boldsymbol{x})+\delta u_i\quad(2.3\text{-}51)$$

因此 $\boldsymbol{x}$ 附近的相对位移 δu_i，可以用一阶近似表示：

$$\delta u_i=\frac{\partial u_i(\boldsymbol{x})}{\partial x_j}\delta x_j\quad(2.3\text{-}52)$$

其中偏微分为在 $\boldsymbol{x}$ 点求导。

除造成物体扭曲的形变外，还包括刚体的平移(translation)和旋转(rotation)。要区别这些效应，在式(2.3-52)中加上和减去 $\partial u_j/\partial x_i$，并分为两个部分：

① 场是一个随空间变化的物理量(A.6.1 节)。

$$\delta u_i = \frac{1}{2}\left(\frac{\partial u_i}{\partial x_j} + \frac{\partial u_j}{\partial x_i}\right)\delta x_j + \frac{1}{2}\left(\frac{\partial u_i}{\partial x_j} - \frac{\partial u_j}{\partial x_i}\right)\delta x_j \qquad (2.3\text{-}53)$$
$$= (e_{ij} + \omega_{ij})\delta x_j$$

其中 ω_{ij} 项对应于没有形变的刚体旋转。ω_{ij} 是反对称的（$\omega_{ij} = -\omega_{ji}$），其对角项为 0，因此只有 3 项独立分量，可以写成一个矢量，其分量为

$$\omega_k = \varepsilon_{stk}\omega_{st} / 2 \qquad (2.3\text{-}54)$$

其中 ε_{stk} 是排列符号［permutation symbol，式(A.3-39)］。使用性质：

$$\varepsilon_{ijk}\varepsilon_{stk} = \varepsilon_{kij}\varepsilon_{kst} = \delta_{is}\delta_{jt} - \delta_{it}\delta_{js} \qquad (2.3\text{-}55)$$

得到：

$$\varepsilon_{ijk}\omega_k = \varepsilon_{ijk}\varepsilon_{stk}\omega_{st} / 2 = (\omega_{ij} - \omega_{ji}) / 2 = \omega_{ij} \qquad (2.3\text{-}56)$$

因此式(2.3-53)中的最后一项可以写为

$$\omega_{ij}\delta x_j = \varepsilon_{ijk}\omega_k\delta x_j = -\omega \times \delta x \qquad (2.3\text{-}57)$$

这是由于刚体沿 ω 向旋转 $|\omega|$ 后得到的位移［式(A.3-31)］。因此，该项并不反映形变。

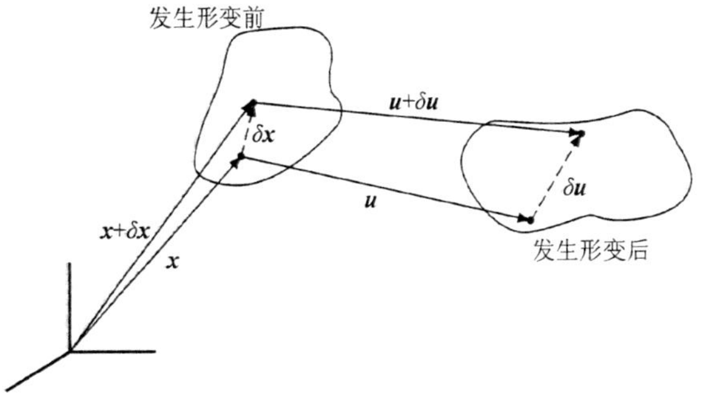

图 2.3-11　初始相隔 $\delta \boldsymbol{x}$ 的两个质点由于相对位移 $\delta \boldsymbol{u}$ 而导致形变。

式(2.3-53)中的另外一项 $\boldsymbol{e}_{ij}$，是描述内部形变的应变张量，其为对称矩阵。张量分量为

$$\boldsymbol{e}_{ij} = \begin{pmatrix} \dfrac{\partial u_1}{\partial x_1} & \dfrac{1}{2}\left(\dfrac{\partial u_1}{\partial x_2} + \dfrac{\partial u_2}{\partial x_1}\right) & \dfrac{1}{2}\left(\dfrac{\partial u_1}{\partial x_3} + \dfrac{\partial u_3}{\partial x_1}\right) \\ \dfrac{1}{2}\left(\dfrac{\partial u_2}{\partial x_1} + \dfrac{\partial u_1}{\partial x_2}\right) & \dfrac{\partial u_2}{\partial x_2} & \dfrac{1}{2}\left(\dfrac{\partial u_2}{\partial x_3} + \dfrac{\partial u_3}{\partial x_2}\right) \\ \dfrac{1}{2}\left(\dfrac{\partial u_3}{\partial x_1} + \dfrac{\partial u_1}{\partial x_3}\right) & \dfrac{1}{2}\left(\dfrac{\partial u_3}{\partial x_2} + \dfrac{\partial u_2}{\partial x_3}\right) & \dfrac{\partial u_3}{\partial x_3} \end{pmatrix} \qquad (2.3\text{-}58)$$

它们是位移场 $\boldsymbol{u}(\boldsymbol{x})$ 对空间的一阶导数。如果位移场不变，则空间导数为 0，因此没有形变，而仅仅是刚体的平移。

利用位移分量（u_x, u_y, u_z）的导数，应变张量可以用 x，y，z 轴表示：

$$\boldsymbol{e}_{ij} = \begin{pmatrix} \dfrac{\partial u_x}{\partial x} & \dfrac{1}{2}\left(\dfrac{\partial u_x}{\partial y} + \dfrac{\partial u_y}{\partial x}\right) & \dfrac{1}{2}\left(\dfrac{\partial u_x}{\partial z} + \dfrac{\partial u_z}{\partial x}\right) \\ \dfrac{1}{2}\left(\dfrac{\partial u_y}{\partial x} + \dfrac{\partial u_x}{\partial y}\right) & \dfrac{\partial u_y}{\partial y} & \dfrac{1}{2}\left(\dfrac{\partial u_y}{\partial z} + \dfrac{\partial u_z}{\partial y}\right) \\ \dfrac{1}{2}\left(\dfrac{\partial u_z}{\partial x} + \dfrac{\partial u_x}{\partial z}\right) & \dfrac{1}{2}\left(\dfrac{\partial u_z}{\partial y} + \dfrac{\partial u_y}{\partial z}\right) & \dfrac{\partial u_z}{\partial z} \end{pmatrix} \qquad (2.3\text{-}59)$$

应变张量的分量是无量纲的。分量可以分为两类。对角元素显示坐标轴方向上的位移变化率。如果位移仅仅存在于 x_1 方向（$u_2 = u_3 = 0$），且 u_1 只在这个方向上变化，那么张量中唯一非零元素就是 e_{11}。如果 $\partial u_1 / \partial x_1 > 0$，那么 x_1 方向是扩张的［图 2.3-12(a)］，如果 $\partial u_1 / \partial x_1 < 0$，那么 x_1 方向是收缩的［图 2.3-12(b)］。如果 e_{11} 在物体内是常数，那么它等于在 x_1 方向上单位长度的变化。其他对角元素代表在另外两个坐标轴方向上相似的应变。

非对角元素描述的是沿一个坐标轴的位移随另一个方向的变化。一个简单的情况是［图 2.3-12(c)］当 $u_1 \neq 0$，但是 u_1 仅随 x_2 变化，因此仅 e_{12} 和 e_{21} 是非 0 的。也可能 $\partial u_1 / \partial x_2$ 和 $\partial u_2 / \partial x_1$ 同时非 0［图 2.3-12(d)和(e)］。其取决于值的相对大小，应变分量可以描述各种不同的形变。

应变张量可以用特征向量，即主应变轴，以及对应的特征值，即主应变，来描述。如果用主应变轴作为坐标轴的基矢量，应变张量是对角矩阵。应变张量的迹，即对角元素的和为

$$\theta = e_{ii} = \frac{\partial u_1}{\partial x_1} + \frac{\partial u_2}{\partial x_2} + \frac{\partial u_3}{\partial x_3} = \nabla \cdot \boldsymbol{u} \qquad (2.3\text{-}60)$$

也称作“膨胀”(dilation)项，它等于位移场 $\boldsymbol{u}(\boldsymbol{x})$ 的散度。膨胀项的物理意义在于它显示由于形变造成的单位体积的体积变化。在主应变轴坐标系里，初始体积为 $dx_1 dx_2 dx_3$ 的物体在变形后的体积为(图 2.3-13)

$$\left(1 + \frac{\partial u_1}{\partial x_1}\right)\mathrm{d}x_1\left(1 + \frac{\partial u_2}{\partial x_2}\right)\mathrm{d}x_2\left(1 + \frac{\partial u_3}{\partial x_3}\right)\mathrm{d}x_3 \qquad (2.3\text{-}61)$$

其一阶近似为

$$\approx \left(1 + \frac{\partial u_1}{\partial x_1} + \frac{\partial u_2}{\partial x_2} + \frac{\partial u_3}{\partial x_3}\right)\mathrm{d}x_1\mathrm{d}x_2\mathrm{d}x_3 = (1 + \theta)\mathrm{d}x_1\mathrm{d}x_2\mathrm{d}x_3 \qquad (2.3\text{-}62)$$

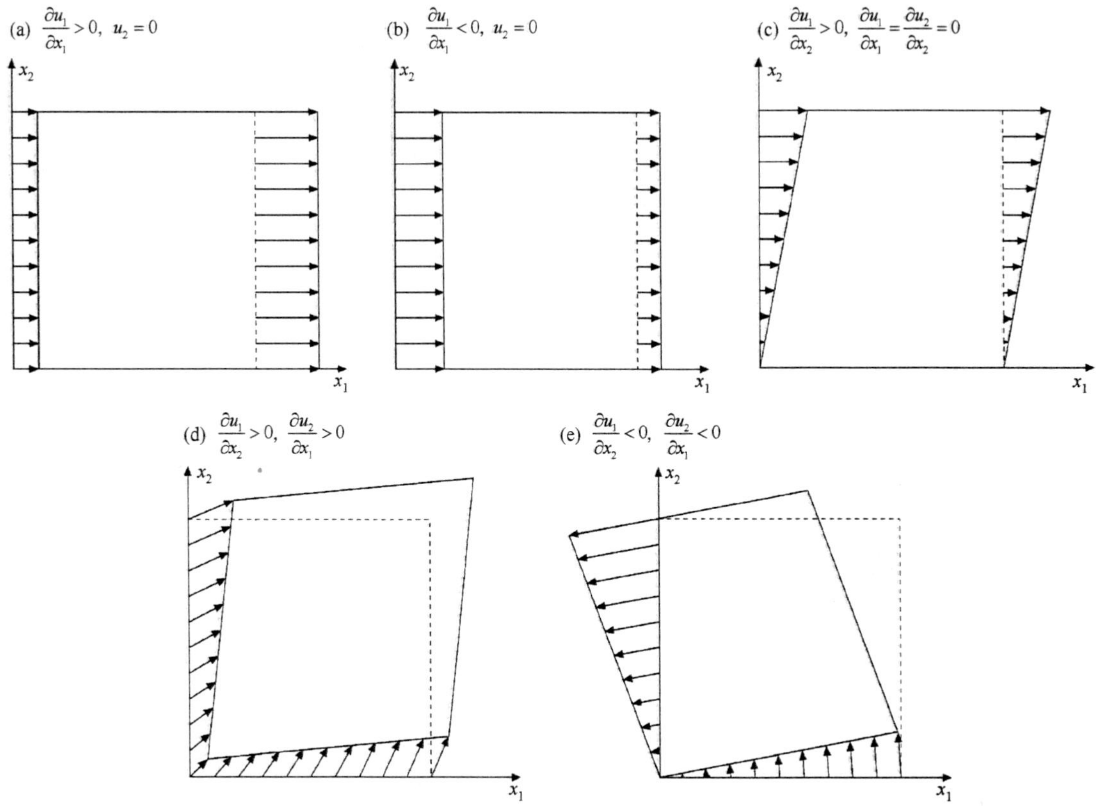

图 2.3-12 二维微元上的应变分类。

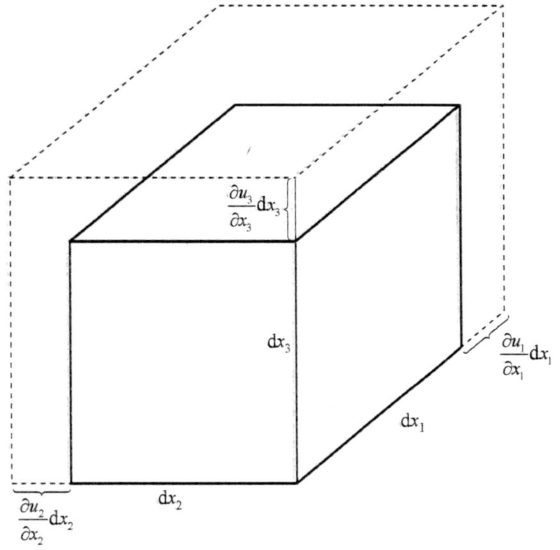

图 2.3-13 主应变所对应正方体体元(面垂直于坐标轴)的体积变化。体积变化比率被称为膨胀应变，它等于主应变之和。

因此，如果定义初始体积 $V=dx_1dx_2dx_3$，那么：

$$V+\Delta V=(1+\theta)V,\quad \theta=\Delta V/V \tag{2.3-63}$$

膨胀项对应单位体积的体积变化，也称体积应变。

值得注意的是，这里主要是在笛卡儿坐标系里讨论应变张量。由于涉及基矢量的空间导数(A.7.4 节)，其他坐标系中的张量要复杂得多。

2.3.9 本构方程

在应力作用下，各种物质的响应不同。对于给定应力，刚性强的物质的应变比刚性弱的物质的应变更小。应变和应力的关系由物质的本构方程来表示。

最简单的物质类型为“线弹性”(linearly elastic)，即应变和应力之间为线性关系。当地球表现为线弹性介质时，会产生地震波并传播。线弹性假设仅仅在地震波传播的很短时间内是成立的，在长时间尺度上不一定成立。在上千年或更长时间尺度上，地球会像黏滞的液体一样流动(5.7.3 节)。

假定物质性质为弹性，在初始无应变状态下施加应力后产生的位移很小。这个假设称为无限小应变理论(infinitesimal strain theory)，对地震波来说一般是适用的。例如，体波位移一般在 10μm 量级，波长一般为 10km 量级。用米表示，应变一般在 $(10^{-5}/10^{4})=10^{-9}$ 量级，所以无限小应变理论是成立的。对于大于 10^{-4} 的应变，应力和应变之间的线性关系不再成立，例如，压力很大的地幔中，或者地震时岩石破裂的地方(5.7.2 节)。

对于线弹性物质，应力和应变之间的关系，即本构方程，满足胡克定律：

$$\sigma_{ij} = c_{ijkl} e_{kl} \tag{2.3-64}$$

其中使用了求和约定。常量 c_{ijkl}，称为弹性模量，是物质性质的体现。为了显示弹性模量和运动方程的关系，考虑到应变是位移的导数，重写本构方程(2.3-64)：

$$\sigma_{ij} = c_{ijkl} u_{k,l} \tag{2.3-65}$$

将该式代入式(2.3-48)，得到基于位移的运动方程：

$$\begin{aligned}&\sigma_{ij,j}(\boldsymbol{x},t) + f_i(\boldsymbol{x},t)\\ &= (c_{ijkl} u_{k,l})_{,j}(\boldsymbol{x},t) + f_i(\boldsymbol{x},t) = \rho \frac{\partial^2 u_i(\boldsymbol{x},t)}{\partial t^2}\end{aligned} \tag{2.3-66}$$

因此在受力情况下，弹性模量控制着位移在时间和空间上的变化，同时也确定了介质的地震波速度。

弹性模量 c_{ijkl} 是一个更加复杂的张量。它有 4 个下标，把二阶张量应力和应变联系起来。这类似于二阶张量应力将两个 1 阶张量(法向矢量和应力矢量)联系起来。因为下标都是从 1～3 的整数，c_{ijkl} 有 81 个分量。如果考虑对称性，独立分量会大量减少。由于应力和应变张量的对称性：

$$c_{ijkl} = c_{jikl}, \quad c_{ijkl} = c_{ijlk} \tag{2.3-67}$$

因此独立分量减少到 36 个，因为应力和应变都只有 6 个独立分量。另一个对称关系是

$$c_{ijkl} = c_{klij} \tag{2.3-68}$$

基于应变能的考虑，最后弹性模量减少到 21 个。

在大尺度上，地球内的物质在各方向上物理性质是一样的，即各向同性(isotropy)。对于各向同性介质，c_{ijkl} 有更进一步的对称性，因此只有两个独立的弹性模量，而且有很多定义方式。比较常用的一对就是拉梅常数(Lame constant) λ，μ：

$$c_{ijkl} = \lambda \delta_{ij} \delta_{kl} + \mu(\delta_{ik}\delta_{jl} + \delta_{il}\delta_{jk}) \tag{2.3-69}$$

利用拉梅常数的各向同性，本构方程(2.3-64)可以写成：

$$\sigma_{ij} = \lambda e_{kk} \delta_{ij} + 2\mu e_{ij} = \lambda\theta\delta_{ij} + 2\mu e_{ij} \tag{2.3-70}$$

其中 θ 为体积应变(膨胀应变)。例如，$\sigma_{11} = \lambda\theta + 2\mu e_{11}$，$\sigma_{12} = 2\mu e_{12}$。下一节将会利用该方程研究地震波。在随后章节中会看到，地震波速度依赖于弹性模量，因此在各向同性介质中，地震波速度不依赖于方向。地球中很多局部区域偏离了各向同性，特别是海洋岩石圈及地幔底部(3.7 节)。

尽管 c_{ijkl} 可以完全描述弹性物质的行为，但不是很直观。拉梅常数 λ 也是一样①。相反，μ 也被称为剪切模量或者刚性模量(rigidity)，有简单的物理意义。考虑在各向同性的弹性体上施加应力 σ_{12}，本构方程(2.3-70)中的体积应变项为 0，因此只有剪切应变 $e_{12} = \sigma_{12} / 2\mu$。因此，物质对剪切应力的响应可以由刚性模量 μ 确定。μ 是非负的，因此应变和应力保持一致[图 2.3-12(c)]。μ 很大时物质刚性很强，因此给定应力产生的应变很小。相反，给定应力施加到 μ 很小的物质会产生很大的应变。μ 为 0 的物质，也就是黏度为 0 的理想液体(perfect fluid)，不能支持剪切应力。在这样的液体中，应力张量在任何坐标系中都是对角矩阵，因此压力等于平均应力的负数。尽管理想液体并不存在②，但对入射到海底的地震波来说，海水基本可以视为理想液体。更进一步，地球外核中的液态铁对地震波来说，也可以视为理想液体。

其他一些在简单实验中定义的弹性常数也很常用。在物质上施加静水压 dP，物质的抗压性(incompressibility)，或者称为体积模量 K，可以用下式定义：

$$\mathrm{d}\sigma_{ij} = -\mathrm{d}P\delta_{ij} \tag{2.3-71}$$

对于各向同性弹性体，从式(2.3-70)可以得到应变为

$$-\mathrm{d}P\delta_{ij} = \lambda \mathrm{d}\theta\delta_{ij} + 2\mu \mathrm{d}e_{ij} \tag{2.3-72}$$

令 $i = j$，并对所有 i 求和：

$$-3\mathrm{d}P = 3\lambda \mathrm{d}\theta + 2\mu \mathrm{d}\theta \tag{2.3-73}$$

其中 $\delta_{ii} = 3$。体积模量是压力同体积应变的比率：

$$K = \frac{-\mathrm{d}P}{\mathrm{d}\theta} = \lambda + \frac{2}{3}\mu \tag{2.3-74}$$

抗压性是指 K 值越大，在相同的应力下应变越小。K 值须大于 0，否则会出现在压力作用下物质膨胀的现象(尽管少量人工合成材料会出现这种现象)③。在理想液态中，$K = \lambda$，只有在该情况下，λ 有直观的物理含义。

用 K 和 μ 表示本构方程(2.3-70)：

$$\sigma_{ij} = K\theta\delta_{ij} + 2\mu(e_{ij} - \theta\delta_{ij} / 3) \tag{2.3-75}$$

应力响应可以分为两部分：由 K 项表征的体积变化，和由 μ 项表征的剪切形变，即形状改变。

沿一个方向拉伸物体会导致所谓的单轴拉伸

---

① 不幸的是，拉梅常数不仅难以解释，而且它没有专门的符号，其符号与波长符号一样。

② 理想流体也称为“Dry Water”，意为现实中没有流体以这种方式存在。

③ 这种奇怪的材料已经被人工合成出来。

(uniaxial tension)状态，可以用另外两个常数来描述。如果应力作用在 x_1 轴上，根据式(2.3-70)可得

$$\begin{aligned}\sigma_{11} &= (\lambda+2\mu)e_{11}+\lambda e_{22}+\lambda e_{33}\\ \sigma_{22} &= 0 = \lambda e_{11}+(\lambda+2\mu)e_{22}+\lambda e_{33}\\ \sigma_{33} &= 0 = \lambda e_{11}+\lambda e_{22}+(\lambda+2\mu)e_{33}\end{aligned} \qquad (2.3\text{-}76)$$

最后两个公式相减，得到 $e_{22}=e_{33}$，因此：

$$e_{22}=e_{33}=\frac{-\lambda}{2(\lambda+\mu)}e_{11}=-\nu e_{11} \qquad (2.3\text{-}77)$$

其中 ν 定义为泊松比(Poisson's ratio)，显示在另外两个轴上的收缩率同拉伸方向上的扩张率之比。代入式(2.3-76)的第一式，得

$$\frac{\sigma_{11}}{e_{11}}=\frac{\mu(3\lambda+2\mu)}{\lambda+\mu}=E \qquad (2.3\text{-}78)$$

其中 E 被称为杨氏模量(Young's modulus)，是张性应力与张性应变之间的比率。

弹性常数 E、ν、K 常常可以在简单实验中测得，所以在工程中经常使用。但是，对于地震波传播 λ 和 μ，以及 K 是比较常用的常数①。框图 Box 2.3-1 给出了不同常数之间的变换关系。

Box 2.3-1 弹性常数之间的关系

$$\nu=\frac{\lambda}{2(\lambda+\mu)}=\frac{\lambda}{(3K-\lambda)}=\frac{E}{2\mu}-1=\frac{3K-2\mu}{2(3K+\mu)}=\frac{3K-E}{6K}$$

$$E=\frac{\mu(3\lambda+2\mu)}{\lambda+\mu}=\frac{\lambda(1+\nu)(1-2\nu)}{\nu}=\frac{9K(K-\lambda)}{3K-\lambda}=2\mu(1+\nu)$$

$$=\frac{9K\mu}{3K+\mu}=3K(1-2\nu)$$

$$K=\lambda+\frac{2}{3}\mu=\frac{\lambda(1+\nu)}{3\nu}=\frac{2\mu(1+\nu)}{3(1-2\nu)}=\frac{\mu E}{3(3\mu-E)}=\frac{E}{3(1-2\nu)}$$

$$\lambda=\frac{2\mu\nu}{1-2\nu}=\frac{\mu(E-2\mu)}{3\mu-E}=K-\frac{2}{3}\mu=\frac{E\nu}{(1+\nu)(1-2\nu)}$$

$$=\frac{3K\nu}{1+\nu}=\frac{3K(3K-E)}{9K-E}$$

$$\mu=\frac{\lambda(1-2\nu)}{2\nu}=\frac{3}{2}(K-\lambda)=\frac{E}{2(1+\nu)}=\frac{3K(1-2\nu)}{2(1+\nu)}=\frac{3KE}{9K-E}$$

许多地震学问题可以使用 $\lambda=\mu$ 近似而得到简化。这样的物质被称为泊松固体(Poisson solid)，在很多情况下是对固体地球的一个较好的近似。在这种情况下，泊松比等于 0.25，杨氏模量 $E=(5/2)\mu$，体积模量 $K=(5/3)\mu$。

因为应变是无量纲的，弹性常数 λ、μ、E 和 K 的量纲与应力一样。对于地球的地壳，$\mu\approx 3\times 10^{11}\,\mathrm{dyn/cm^2}$。作为对比，钢的刚性为 $8\times10^{11}\,\mathrm{dyn/cm^2}$。假定地壳为泊松固体，其杨氏模量为 $7.5\times10^{11}\,\mathrm{dyn/cm^2}$，而橡皮的杨氏模量为 $5\times10^{9}\,\mathrm{dyn/cm^2}$。

① 在工程学中，剪切模量 μ 经常用 G 表示。

2.3.10 边界条件

对于弦来说(2.2.3 节)，波传播通过一个边界点时依赖于边界条件，它们将边界点两边的位移和应力矢量联系起来。在地球内部，可以对三种界面作相似的分析。

在地震学中，一般将地球表面视为固体和真空的边界，地球表面视为自由表面(free surface)，不受力的作用，法向矢量为 $\hat{\boldsymbol{n}}$，应力矢量为 0，约束了应力张量中和该矢量相关的分量：

$$T_i=\sigma_{ij}n_j=0 \qquad (2.3\text{-}79)$$

因此，如果在某坐标系中地表是水平的，法向矢量为 $n_i=\delta_{i3}$，且 $T_i=\sigma_{i3}n_3$，因此有

$$\sigma_{13}=\sigma_{23}=\sigma_{33}=0 \qquad (2.3\text{-}80)$$

该应力矢量对 σ_{11}、σ_{12} 和 σ_{22} 以及位移则没有约束。和一维的弦相比，自由表面对应于端点可自由运动的边界条件。

固体和固体、固体和液体以及液体和液体之间也存在界面。要得到它们的边界条件，考虑一个沿不同介质边界上的体积元［有时被称为“高斯药箱”(Gaussian pill box)］(图 2.3-14)。体元的长轴平行于界面，因此界面面积 S，相对于体积 V 是很大的。在体元上对齐次运动方程(2.3-50)积分：

$$\int\left(\sigma_{ij,j}(\boldsymbol{x},t)-\rho\frac{\partial^2 u_i(\boldsymbol{x},t)}{\partial t^2}\right)\mathrm{d}V=0 \qquad (2.3\text{-}81)$$

运用散度理论［式(A.6-10)］将第一项转换成面积分，得到：

$$\int\sigma_{ij}(\boldsymbol{x},t)n_j\mathrm{d}S-\int\rho\frac{\partial^2 u_i(\boldsymbol{x},t)}{\partial t^2}\mathrm{d}V=0 \qquad (2.3\text{-}82)$$

其中 n_j 是面元上各点处单位外法线矢量的第 j 分量。当体元的厚度趋于 0 时，体积分可以忽略不计，因此：

$$\int\sigma_{ij}(\boldsymbol{x},t)n_j\mathrm{d}S=0 \qquad (2.3\text{-}83)$$

因为厚度趋于 0，所以体元两端面积可以忽略不计，那么如果积分为 0，界面的上下两面必定满足：

$$(\sigma_{ij}n_j)^+ + (\sigma_{ij}n_j)^- = 0 \qquad (2.3\text{-}84)$$

由于上下两面的外法线矢量方向相反（$n_j^+ = -n_j^-$），应力矢量的三分量（$T_i = \sigma_{ij}\eta_j$）在界面两边必定连续。

应力矢量的连续性要求应力分量满足特定的边界条件，且依赖于界面方向。例如，如果界面水平，那么 $n_j = \delta_{j3}$，因此：

$$T_i = \sigma_{ij}\delta_{j3} = \sigma_{i3} \tag{2.3-85}$$

如果两个固体之间的界面是垂直的，那么 $n_j = \delta_{j1}$，因此：

$$T_i = \sigma_{ij}\delta_{j1} = \sigma_{i1} \tag{2.3-86}$$

连续性仅适用于应力矢量，而不是应力张量，和应力矢量无关的分量不一定连续。

在两个固体之间的界面，有时也称为“焊接(welded)界面”，所有的位移分量是连续的，因为不可能出现重叠或者撕裂的现象。同样的原因，应力矢量也是连续的。这类似于两个弦在连接处的边界条件(2.2.3 节)。

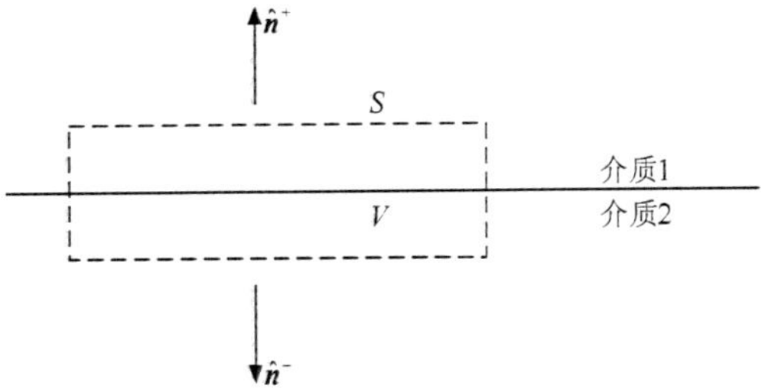

图 2.3-14　用于近似跨越界面的“高斯药箱”。散度理论显示界面两边的应力矢量必须是连续的，但是整个应力张量不一定连续。

表 2.3-1　边界条件

边界	边界条件
固态-固态	$T_i^+ = T_i^-$，$u_i^+ = u_i^-$
固态-液态	$T_3^+ = T_3^-$，$T_2 = T_1 = 0$，$u_3^+ = u_3^-$
自由表面	$T_i = 0$

固体和理想液体界面上，由于液体刚性为 0，不支持剪切应力，液体可以沿界面滑动，因此平行于界面的应力矢量各分量为 0，根据连续性原则，固体里相应分量也为 0。因此，界面上剪切位移不需要连续，但是应力矢量的正应力以及位移是连续的。

表 2.3-1 总结了不同介质之间的水平界面的边界条件。

2.3.11　应变能

正如弦波所示，施加力会使弹性介质产生形变，产生并储存势能(2.2.4 节)。考虑弹簧的恢复力 $f=-kx$ 可以帮助建立弹性应变能的概念。如果弹簧被压缩的长度是 dx，那么，做功等于恢复力乘以 dx 在弹簧长度上的积分。如果弹簧最初处于平衡态，那么：

$$W = \int_0^x kx\mathrm{d}x = \frac{1}{2}kx^2 \tag{2.3-87}$$

即为储存在弹簧里的势能。

类似地，体积中储存的应变能等于应力和应变分量的乘积之和在整个体积内的积分：

$$W = \frac{1}{2}\int \sigma_{ij}e_{ij}\mathrm{d}V = \frac{1}{2}\int c_{ijkl}e_{kl}e_{ij}\mathrm{d}V \tag{2.3-88}$$

应变能相对于 ij 和 kl 是对称的，这也支持了式(2.3-68)中所表述的弹性常数的对称性 $c_{ijkl} = c_{klij}$。

2.4　地震波

2.4.1　地震波方程

基于弹性体概念推导出了运动方程的两种解，分别描述了两种形态的地震(或弹性)波：压缩波和剪切波。本节将讨论两种波在弹性介质中的不同传播方式及其波速特征。从弹性方程中得到行波解的过程类似于 2.2 节中利用弦的物理性质推导出行波的方法。在前面推导中，首先研究波在单一性质的弦上传播，然后考虑波在不同介质弦上的传播情况。在前面的分析中仅考虑了波的传播，而没有考虑波产生的机制。

首先，考虑弹性物体中一个均匀介质[①]区域。假设这个区域中没有震源(即没有体力)。一旦地震波向外传播离开震源，地震波必须满足齐次运动方程中的应力和位移关系(此方程中没有体力)，因此 $F = ma$ 变为

$$\sigma_{ij,j}(\boldsymbol{x},t) = \rho\frac{\partial^2 u_i(\boldsymbol{x},t)}{\partial t^2} \tag{2.4-1}$$

① 这个词有两个不同的含义：均匀介质(homogeneous medium)的性质与位置无关，各项同性方程(homogeneous equation)中没有体力或震源项。

在求解方程之前，有两点必须注意。首先，该运动方程可以写成位移的形式并求解。因为应力和应变有关，而应变和位移的导数有关。应力和应变之间的关系用表征介质性质的本构方程相联系。因此，虽然运动方程中没有弹性常数，但方程的解会带有弹性常数。其次，运动方程将应力张量的空间导数与位移向量的时间导数联系起来。求解该方程得到位移向量，就可以得到应力张量和应变张量随时间与空间的变化。为简洁起见，上述变量之间的依赖关系没有显性地表示出来。

在笛卡儿坐标系(也就是直角坐标系)中求解方程式(2.4-1)，先从 x 轴方向开始：

$$\frac{\partial\sigma_{xx}(\boldsymbol{x},t)}{\partial x}+\frac{\partial\sigma_{xy}(\boldsymbol{x},t)}{\partial y}+\frac{\partial\sigma_{xz}(\boldsymbol{x},t)}{\partial z}=\rho\frac{\partial^2u_x(\boldsymbol{x},t)}{\partial t^2}\quad(2.4\text{-}2)$$

为了将方程用位移来表示，使用各向同性弹性介质的本构方程［式(2.3-70)］：

$$\sigma_{ij}=\lambda\theta\delta_{ij}+2\mu e_{ij}\quad(2.4\text{-}3)$$

并且用位移来表示应变：

$$\begin{aligned}\sigma_{xx}&=\lambda\theta+2\mu e_{xx}=\lambda\theta+2\mu\frac{\partial u_x}{\partial x},\\ \sigma_{xy}&=2\mu e_{xy}=\mu\left(\frac{\partial u_x}{\partial y}+\frac{\partial u_y}{\partial x}\right),\\ \sigma_{xz}&=2\mu e_{xz}=\mu\left(\frac{\partial u_x}{\partial z}+\frac{\partial u_z}{\partial x}\right)\end{aligned}\quad(2.4\text{-}4)$$

进一步对各应力分量求导数：

$$\begin{aligned}\frac{\partial\sigma_{xx}}{\partial x}&=\lambda\frac{\partial\theta}{\partial x}+2\mu\frac{\partial^2u_x}{\partial x^2},\\ \frac{\partial\sigma_{xy}}{\partial y}&=\mu\left(\frac{\partial^2u_x}{\partial y^2}+\frac{\partial^2u_y}{\partial y\partial x}\right),\\ \frac{\partial\sigma_{xz}}{\partial z}&=\mu\left(\frac{\partial^2u_x}{\partial z^2}+\frac{\partial^2u_z}{\partial z\partial x}\right)\end{aligned}\quad(2.4\text{-}5)$$

这里假定在均匀介质中，弹性常数不随位置而变化。最后，将各个导数项代入运动方程，并且使用膨胀反应 θ 的定义：

$$\theta=\nabla\cdot\boldsymbol{u}=\frac{\partial u_x}{\partial x}+\frac{\partial u_y}{\partial y}+\frac{\partial u_z}{\partial z}\quad(2.4\text{-}6)$$

和拉普拉斯算子(A.6.5 节)：

$$\nabla^2(u_x)=\frac{\partial^2u_x}{\partial x^2}+\frac{\partial^2u_x}{\partial y^2}+\frac{\partial^2u_x}{\partial z^2}\quad(2.4\text{-}7)$$

最后得到：

$$(\lambda+\mu)\frac{\partial\theta}{\partial x}+\mu\nabla^2(u_x)=\rho\frac{\partial^2u_x}{\partial t^2}\quad(2.4\text{-}8)$$

即为运动方程在 x 方向的形式。

类似地可以求出在 y 轴和 z 轴方向上的运动方程。将三个方程利用矢量拉普拉斯算子：

$$\nabla^2\boldsymbol{u}=(\nabla^2u_x,\nabla^2u_y,\nabla^2u_z)\quad(2.4\text{-}9)$$

统一起来得到：

$$(\lambda+\mu)\nabla(\nabla\cdot\boldsymbol{u}(\boldsymbol{x},t))+\mu\nabla^2\boldsymbol{u}(\boldsymbol{x},t)=\rho\frac{\partial^2\boldsymbol{u}(\boldsymbol{x},t)}{\partial t^2}\quad(2.4\text{-}10)$$

该式为各向同性弹性介质运动方程的位移表示。位移是时间和空间的函数，因而方程的解显示出与时间和空间的关系。方程式(2.4-10)可以利用以下矢量关系［式(A.6-23)］：

$$\nabla^2\boldsymbol{u}=\nabla(\nabla\cdot\boldsymbol{u})-\nabla\times(\nabla\times\boldsymbol{u})\quad(2.4\text{-}11)$$

将其改写成：

$$(\lambda+2\mu)\nabla(\nabla\cdot\boldsymbol{u}(\boldsymbol{x},t))-\mu\nabla\times(\nabla\times\boldsymbol{u}(\boldsymbol{x},t))=\rho\frac{\partial^2\boldsymbol{u}(\boldsymbol{x},t)}{\partial t^2}\quad(2.4\text{-}12)$$

一般不直接求解方程(2.4-12)，而是先将方程中的位移函数用势能函数 ϕ 和 $\boldsymbol{\varUpsilon}$ 来表示：

$$\boldsymbol{u}(\boldsymbol{x},t)=\nabla\phi(\boldsymbol{x},t)+\nabla\times\boldsymbol{\varUpsilon}(\boldsymbol{x},t)\quad(2.4\text{-}13)$$

在这个表示式中，位移被表示为标量势函数 $\phi(\boldsymbol{x},t)$ (scalar potential) 的梯度和向量势函数①(vector potential) $\boldsymbol{\varUpsilon}(\boldsymbol{x},t)$ 的旋度之和。这两个函数都是时间和空间的函数。这样分解看起来让问题更复杂，但其实简化了求解过程。利用矢量特性(A.6.4 节)：

$$\nabla\times(\nabla\phi)=0,\ \nabla\cdot(\nabla\times\boldsymbol{\varUpsilon})=0\quad(2.4\text{-}14)$$

可将位移场分解为两部分。其中包含标量势函数的部分没有旋度，产生压缩波。相反，包含向量势函数的部分没有散度，无体积改变，对应于剪切波。考虑对整个势函数取旋度且去除函数中任何带有散度(即取散度后不为 0)的部分②，则要求向量势函数满足 $\nabla\cdot\boldsymbol{\varUpsilon}(\boldsymbol{x},t)=0$。

将式(2.3-13)和式(2.3-14)代入式(2.3-12)中，并调整各项可以得到：

$$(\lambda+2\mu)\nabla(\nabla^2\phi)-\mu\nabla\times\nabla\times(\nabla\times\boldsymbol{\varUpsilon})=\rho\frac{\partial^2}{\partial t^2}(\nabla\phi+\nabla\times\boldsymbol{\varUpsilon})\quad(2.4\text{-}15)$$

---

① 尽管 $\boldsymbol{\varPsi}$ 经常用来表示矢量势函数，但这里使用 $\boldsymbol{\varUpsilon}$ 避免和文中 SV 波势函数混淆。

② 可将任一向量场分解为标量势和矢量势，称为亥姆霍兹分解。

利用式(2.4-11)和式(2.4-15)中的第二项可以简化为

$$\nabla\times\nabla\times(\nabla\times\boldsymbol{\Upsilon})=-\nabla^2(\nabla\times\boldsymbol{\Upsilon})+\nabla(\nabla\cdot(\nabla\times\boldsymbol{\Upsilon}))=-\nabla^2(\nabla\times\boldsymbol{\Upsilon}) \tag{2.4-16}$$

其中旋度的散度为0。重新组合式(2.4-15)得到：

$$\begin{aligned}&\nabla\left[(\lambda+2\mu)\nabla^2\phi(\boldsymbol{x},t)-\rho\frac{\partial^2\phi(\boldsymbol{x},t)}{\partial t^2}\right]\\&=-\nabla\times\left[\mu\nabla^2\boldsymbol{\Upsilon}(\boldsymbol{x},t)-\rho\frac{\partial^2\boldsymbol{\Upsilon}(\boldsymbol{x},t)}{\partial t^2}\right]\end{aligned} \tag{2.4-17}$$

其中，弹性常数不随位置改变，微分次序可以交换。

如果括号里的两项均为 0 可以得到式(2.4-17)的一个解。在这个条件下，可以得到一组标量势函数和向量势函数的波动方程。标量势函数满足：

$$\nabla^2\phi(\boldsymbol{x},t)=\frac{1}{\alpha^2}\frac{\partial^2\phi(\boldsymbol{x},t)}{\partial t^2} \tag{2.4-18}$$

而波速为

$$\alpha=[(\lambda+2\mu)/\rho]^{1/2} \tag{2.4-19}$$

后面将会看到其对应P波或压缩波。同理，向量势函数要满足：

$$\nabla^2\boldsymbol{\Upsilon}(\boldsymbol{x},t)=\frac{1}{\beta^2}\frac{\partial^2\boldsymbol{\Upsilon}(\boldsymbol{x},t)}{\partial t^2} \tag{2.4-20}$$

而波速为

$$\beta=(\mu/\rho)^{1/2} \tag{2.4-21}$$

这个波对应的是S波或剪切波。

波动方程(2.4-18)和方程(2.4-20)与前面章节里的波动方程有一定差异。弦波(2.2节)满足的波动方程为

$$\frac{\partial^2u(x,t)}{\partial x^2}=\frac{1}{v^2}\frac{\partial^2u(x,t)}{\partial t^2} \tag{2.4-22}$$

是一维空间中标量位移的传播。标量势函数满足类似的波动方程，但是矢量 $\boldsymbol{x}$ 为三维空间。

式(2.4-18)和式(2.4-20)两组波动方程只有在均匀介质中才成立，因为在推导过程中假定了所有弹性常数的导数均为0。虽然它们是在直角坐标系中推导出来的，但适用于任何坐标系。接下来讨论波动方程的解，然后讨论两种波的特性。

2.4.2　平面波

三维空间中标量波动方程可写成：

$$\nabla^2\phi(\boldsymbol{x},t)=\frac{1}{v^2}\frac{\partial^2\phi(\boldsymbol{x},t)}{\partial t^2} \tag{2.4-23}$$

该方程描述了三维空间中标量场 $\phi(\boldsymbol{x},t)$ 的传播情况。类似于前面提过的方程式(2.3-50)，式(2.4-23)是一个齐次方程，即方程中没有震源项(力项)。若加入震源项 $f(\boldsymbol{x},t)$ 后，则变为非齐次方程：

$$\nabla^2\phi(\boldsymbol{x},t)-\frac{1}{v^2}\frac{\partial^2\phi(\boldsymbol{x},t)}{\partial t^2}=f(\boldsymbol{x},t) \tag{2.4-24}$$

一维标量波动方程的谐波解为［式(2.2-6)］：

$$u(x,t)=Ae^{\mathrm{i}(\omega t\pm kx)} \tag{2.4-25}$$

可以推广到三维标量波动方程中。此方程的解即为平面谐波(harmonic plane wave)，写为[①]

$$\begin{aligned}\phi(\boldsymbol{x},t)&=A\exp(\mathrm{i}(\omega t\pm\boldsymbol{k}\cdot\boldsymbol{x}))\\&=A\exp(\mathrm{i}(\omega t\pm k_x x\pm k_y y\pm k_z z))\end{aligned} \tag{2.4-26}$$

其中 $\boldsymbol{x}$ 是位置向量，$\boldsymbol{k}=(k_x,k_y,k_z)$ 称为波向量(wave vector)，有时也称为波数向量(wavenumber vector)。一维空间的解描述波沿着单一坐标轴方向传播，而该解描述三维空间中波沿波矢量给定的方向传播。为了显示这一点，先令 $\boldsymbol{k}=|\boldsymbol{k}|\hat{\boldsymbol{k}}$，这里的 $\hat{\boldsymbol{k}}$ 是与 $\boldsymbol{k}$ 同向的单位向量。因此，式(2.4-26)可写成：

$$\phi(x,t)=A\exp\{\mathrm{i}[\omega t-|\boldsymbol{k}|(\hat{\boldsymbol{k}}\cdot\boldsymbol{x})]\} \tag{2.4-27}$$

平面波在 $\hat{k}$ 方向上传播的速度为

$$v=\omega/|\boldsymbol{k}| \tag{2.4-28}$$

因此波向量显示波传播中的两个重要特征。向量长度给出了波数，即空间频率，向量方向给出了波传播方向。波前(wave front)是垂直于波传播方向的一个平面。在任何时间点上，平面上各点的相位($\omega t-\boldsymbol{k}\cdot\boldsymbol{x}$)为常数，因此 $\phi(\boldsymbol{x},t)$ 为常数(图2.4-1)。垂直于波向量的平面上的 $\boldsymbol{k}\cdot\boldsymbol{x}$ 为定值，因为，点积是 $\boldsymbol{k}$ 在 $\boldsymbol{x}$ 上的投影。在波传播方向的一个波长内，平面波相位是周期性的，且波长为 $2\pi/|\boldsymbol{k}|$。类似于一维弦波，可以使用复指数表示波动方程的解，取其实数部分或利用其共轭复数得到真实的解。

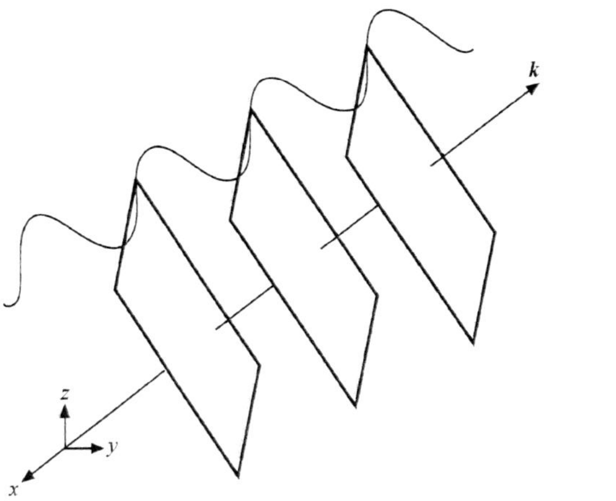

图2.4-1　沿 $\boldsymbol{k}$ 方向传播的平面谐波的波前。波长为 $\lambda=2\pi/|\boldsymbol{k}|$。

① 当指数参数变长时，有时使用 $\exp(x)=e^x$ 来表示。

标量波动方程的解可以推广到三维向量波动方程的解：

$$\nabla^2 \boldsymbol{\Upsilon}(\boldsymbol{x},t)=\frac{1}{v^2}\frac{\partial^2 \boldsymbol{\Upsilon}(\boldsymbol{x},t)}{\partial t^2} \tag{2.4-29}$$

该方程描述了三维空间中向量场的传播情况。在直角坐标中，该方程可以分解为三个标量波动方程：

$$\nabla^2 \Upsilon_x(\boldsymbol{x},t)=\frac{1}{v^2}\frac{\partial^2 \Upsilon_x(\boldsymbol{x},t)}{\partial t^2},$$
$$\nabla^2 \Upsilon_y(\boldsymbol{x},t)=\frac{1}{v^2}\frac{\partial^2 \Upsilon_y(\boldsymbol{x},t)}{\partial t^2}, \tag{2.4-30}$$
$$\nabla^2 \Upsilon_z(\boldsymbol{x},t)=\frac{1}{v^2}\frac{\partial^2 \Upsilon_z(\boldsymbol{x},t)}{\partial t^2}$$

向量波动方程的平面谐波解为

$$\boldsymbol{\Upsilon}(\boldsymbol{x},t)=\boldsymbol{A}\exp(\mathrm{i}(\omega t-\boldsymbol{k}\cdot\boldsymbol{x})) \tag{2.4-31}$$

这个解的基本形式和式(2.4-26)相近，但这里的$\boldsymbol{\Upsilon}(\boldsymbol{x},t)$和$\boldsymbol{A}$为向量。

2.4.3 球面波

三维标量波动方程的另外一类解对应于球面波前。在球坐标系中使用标量势能、$\phi(r,t)$及其拉普拉斯算子［式(A.7-17)］。球对称解$\phi(r,t)$仅是时间和半径r的函数，因此在拉普拉斯算子中仅有$\partial\phi/\partial r$项。球对称波满足齐次波动方程：

$$\nabla^2\phi(r,t)=\frac{1}{r^2}\frac{\partial}{\partial r}\left(r^2\frac{\partial\phi(r,t)}{\partial r}\right)=\frac{1}{v^2}\frac{\partial^2\phi(r,t)}{\partial t^2} \tag{2.4-32}$$

其中空间变量为半径r，而不是空间位置矢量$\boldsymbol{r}$。假定

$$\phi(r,t)=\xi(r,t)/r \tag{2.4-33}$$

可以得到：

$$\frac{1}{r}\left(\frac{\partial^2\xi}{\partial r^2}-\frac{1}{v^2}\frac{\partial^2\xi}{\partial t^2}\right)=0 \tag{2.4-34}$$

中括号里是一维标量波动方程，当$r\neq 0$时，任何$\xi(r,t)=f(r\pm vt)$的函数都满足式(2.4-34)。因此，

$$\phi(r,t)=f(t\pm r/v)/r \tag{2.4-35}$$

都是满足标量方程的球对称解。

这个解对应于以震源$r=0$为中心的球面波前，其振幅依赖于从震源到波前的距离。如果取负号，它代表从震源向外扩散的波，振幅以$1/r$衰减。取正号代表向内汇聚的球面波，振幅以$1/r$向震源增加。通常采用“辐射条件”(radiation condition)，即假定波不可能从远处向研究区域汇聚，放弃汇聚波的那一部分解。

但是式(2.4-35)并不是在整个空间都满足齐次方程，如在震源$r=0$处为无穷大。从物理上讲，这是因为从某一点扩散出来的波必定是由震源产生的。实际上，向外传播的波：$\phi(r,t)=f(r-vt)/r$，是非其次波动方程(2.4-36)的解：

$$\nabla^2\phi(r,t)-\frac{1}{v^2}\frac{\partial^2\phi(r,t)}{\partial t^2}=-4\pi\delta(r)f(t) \tag{2.4-36}$$

该方程为点源的波动方程，震源时间函数为$f(t)$。δ函数$\delta(r)$(6.2.5节)在除了$r=0$以外都为0，但是在包括震源在内的整个空间内的积分为1。因此在包括震源点的整个空间积分显示式(2.4-35)是非齐次标量方程的解，包括源点。因此，虽然式(2.4-35)是在求解齐次方程时得到的，但它也是包含震源的非齐次方程的解。

实际上，球面波解(2.4-35)代表从源向外扩散的波，这也解释了依赖于距离的振幅因子$1/r$，而在平面波中没有相对应的因子。当球面波从源点向外扩散，其波前面积$4\pi r^2$随距离增加。因为行波波前面单位面积的能量与振幅的平方成正比，因此波前上的能量以$1/r^2$衰减。这种衰减称为几何扩散(geometrical spreading)，符合能量守恒定律。相似地，从台灯发出的球面光波随距离也是按$1/r^2$衰减。

平面波可以视为从源点发出的球面波在远场的近似，因为远场球面波前近似于平面(图2.4-2)。当地震计距离地震很远时，该近似在地震学中广泛采用。

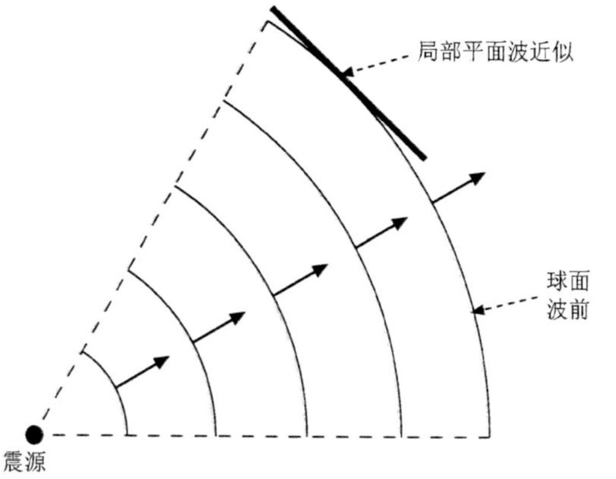

图 2.4-2 当球面波远离源点时，在局部区域，由于曲率大大减小，球面波前可以近似为平面。

2.4.4 P 波和 S 波

前面章节中提到位移势可以分解成与P波对应的标量势，标量势满足：

$$\nabla^2\phi(\boldsymbol{x},t)=\frac{1}{\alpha^2}\frac{\partial^2\phi(\boldsymbol{x},t)}{\partial t^2} \tag{2.4-37}$$

和与 S 波对应的向量势，向量势满足：

$$\nabla^2\boldsymbol{\Upsilon}(\boldsymbol{x},t)=\frac{1}{\beta^2}\frac{\partial^2\boldsymbol{\Upsilon}(\boldsymbol{x},t)}{\partial t^2} \tag{2.4-38}$$

为理解两种波产生的位移，考虑在 z 轴方向上传播的平面波。满足 P 波标量势式(2.4-37)的平面谐波解为

$$\phi(z,t)=A\exp(\mathrm{i}(\omega t-kz)) \tag{2.4-39}$$

标量势产生的位移即为标量势的梯度：

$$\boldsymbol{u}(z,t)=\nabla\phi(z,t)=(0,0,-\mathrm{i}k)A\exp(\mathrm{i}(\omega t-kz)) \tag{2.4-40}$$

这个位移只在传播方向上不为 0(图 2.4-3)。位移所对应的膨胀应变同样也不为 0：

$$\nabla\cdot\boldsymbol{u}(z,t)=-k^2A\exp(\mathrm{i}(\omega t-kz)) \tag{2.4-41}$$

因此会引起介质的体积变化。当波传播时，传播方向上的位移会导致介质受到挤压或拉张。因此，从标量势产生的 P 波称为压缩波。

相反地，对于 S 波或剪切波来说，对应的向量势为

$$\boldsymbol{\Upsilon}(z,t)=(A_x,A_y,A_z)\exp(i(\omega t-kz)) \tag{2.4-42}$$

其位移场为向量势的旋度：

$$\boldsymbol{u}(z,t)=\nabla\times\boldsymbol{\Upsilon}(z,t)=(\mathrm{i}kA_y,-\mathrm{i}kA_x,0)\exp(\mathrm{i}(\omega t-kz)) \tag{2.4-43}$$

其传播方向的位移分量为 0(图 2.4-3)。剪切波的位移出现在与波传播方向垂直的分量上。剪切波不会造成体积改变，因为膨胀应变 $\nabla\cdot\boldsymbol{u}(z,t)$ 为 0。

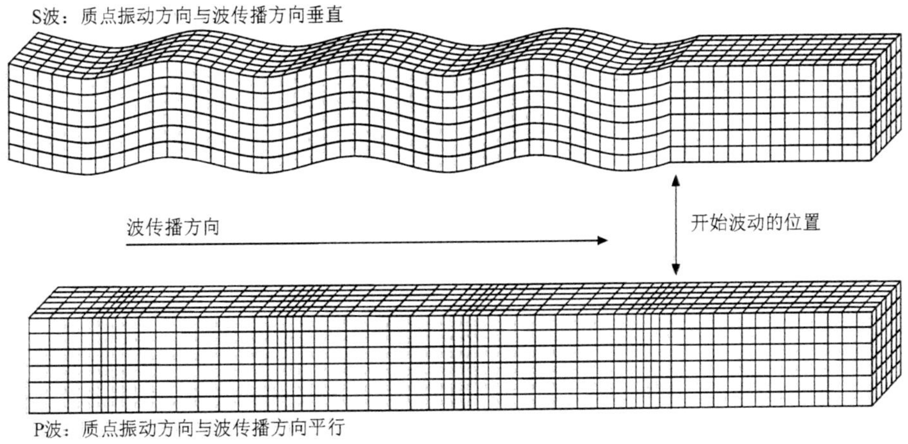

图 2.4-3　平面压缩和剪切波产生的位移。P 波的位移与传播方向一致，且伴随体积变化。S 波的位移与传播方向垂直，使介质扭曲，但没有体积变化。

对比 P 波和 S 波的位移可以发现，波的类型由两个方向确定，一个是波传播的方向，另一个是波场变化方向。压缩波是纵波(longitudinal wave)，因为其位移场在波传播方向上变化。一个熟悉的例子是空气中的声波，可以视为理想流体中的压缩(弹性)波。相反地，剪切波是横波(transverse)，因为其位移场在与波传播方向垂直的方向上变化。前面提到的弦波就是横波，因为波沿着弦传播，但是位移和弦垂直。电磁波也是横波。

$\boldsymbol{\Upsilon}(z,t)$ 在传播方向的分量(A_z)对于位移场没有影响，因为求旋度时与 A_z 相关的项都为 0。因此，令 A_z 为 0 来满足 $\nabla\cdot\boldsymbol{\Upsilon}(x,t)=0$ 并没有增加对位移的约束，只有 A_x 和 A_y 对位移有贡献。因为位移的每个分量只和 A_x 和 A_y 中的某一项有关，所以可以认为存在两个独立的剪切波场。若 A_x 或 A_y 为 0，那么只有在 y 或 x 的分量上有位移。因此剪切波有两个独立的极化方向，与其他横波类似(如光波)。

在实际应用中，通常定义垂直向为 z 轴，并使得 x-z 平面平行于连接震源和接收点的大圆(great circle)路径。平面波沿震源和接收点之间的直线路径，也就是 x-z 平面内传播。在这个坐标系下，剪切波极性方向定义如下：SV 波的位移在垂直的 x-z 平面内，而 SH 波的位移平行于 y 方向，与地球表面平行。两种波的位移都与传播方向垂直(图 2.4-4)。尽管可以在剪切波的位移平面内选择任意两个正交的方向作为剪切波极性，但是选择 SH 和 SV 方向非常实用。当 P 波和 SV 波入射到水平边界的时候会产生耦合，但是 SH 波是独立的，其自身可发生干涉。

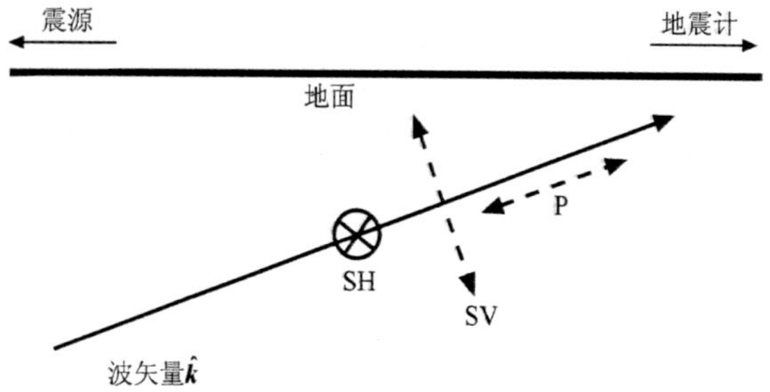

图 2.4-4　P 波和 S 波在包含源点和接收点的 x-z 平面内传播的位移场。其中 z 为垂直轴。P 波的位移沿波矢量 $\hat{k}$ 。垂直于波矢量的 S 波可以分解为两个极性，SV 和 SH。SH 位移是水平的(y 方向，与页面垂直)，SV 位移在 x-z 平面。

地震计一般记录东西向、南北向的水平向位移，这同 SV 波和 SH 波引起的质点振动极性一般不一致。因此水平记录需要做旋转。连接震源和接收点的方向对应于 P/SV 波位移，也称为径向(radial)。旋转到这个方向的地震图被称为径向分量。类似地，与其垂直的方向对应于 SH 波位移，该方向也称为切向(transverse)，旋转到该方向的地震图分量被称为切向分量。

地震图记录位移矢量的不同分量(垂直、东西、南北)，可以通过旋转［式(A.5-9)］得到新坐标系(垂直、径向、切向)下的分量。如果从接收点到源点(A.7.2 节)的反方位角是 ζ' (台站到震源的连线与正北方向的逆时针夹角)，将南北分量(NS)和东西分量(EW)旋转到径向(R)和横向(T)分量的公式为

$$\begin{pmatrix} u_R \\ u_T \end{pmatrix} = \begin{pmatrix} \cos\theta & \sin\theta \\ -\sin\theta & \cos\theta \end{pmatrix} \begin{pmatrix} u_{EW} \\ u_{NS} \end{pmatrix} \tag{2.4-44}$$

其中 $\theta = 3\pi/2 - \zeta'$ 。图 2.4-5 显示震中距约 110°的深源地震的地震图。其中上三道为原始三分量记录，而下两道为旋转后的径向和切向分量。由于传播路径不同，所以可以观测到各种不同的 P 波和 S 波震相(3.5 节)。由于反方位角是 323°，SH 和 SV 能量在南北和东西分量上基本均匀分配，因此 S 波震相在两个分量上的振幅大致相等。旋转以后，SKS、SKKS 以及 PS 等包含 P 波到 SV 波转换的震相主要出现在径向分量上。相反，S_{diff} 等主要以 SH 能量为主的震相在切向分量上最强。

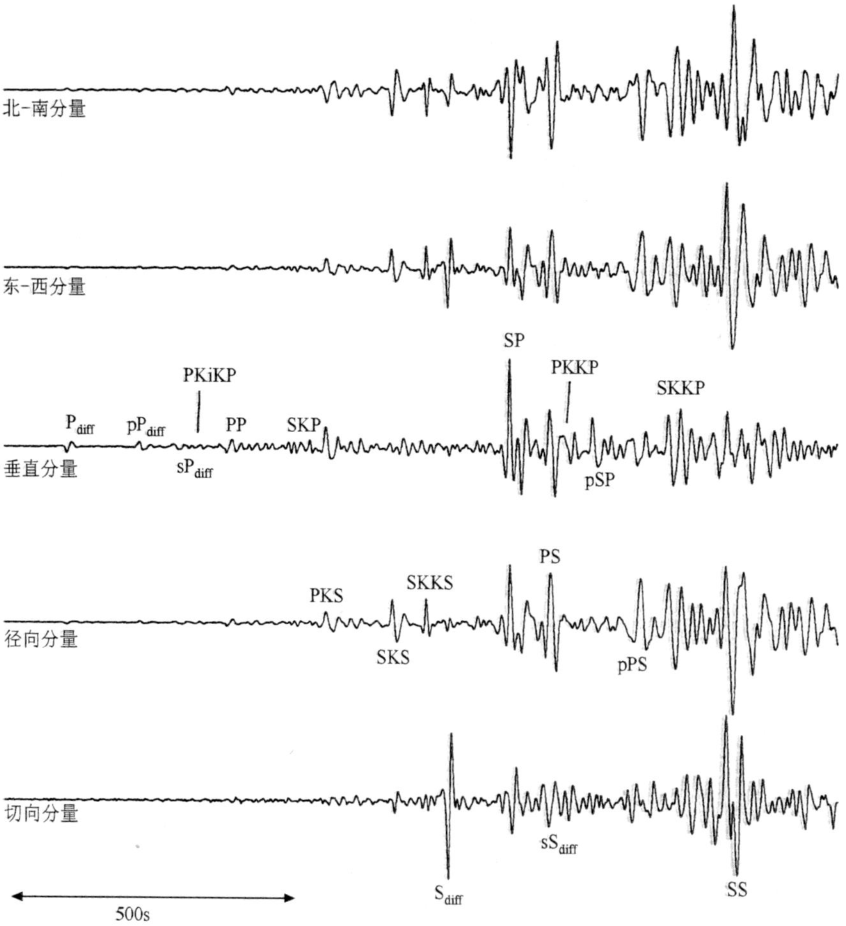

图 2.4-5　在距离 110°以外的哈佛大学记录到的 1995 年 8 月 23 日马里亚纳海沟(Mariana trench)的深源地震(深度 597km)。P 波震相、SV 震相和 SH 震相分别在垂直分量、径向分量和切向分量显示得最清楚。

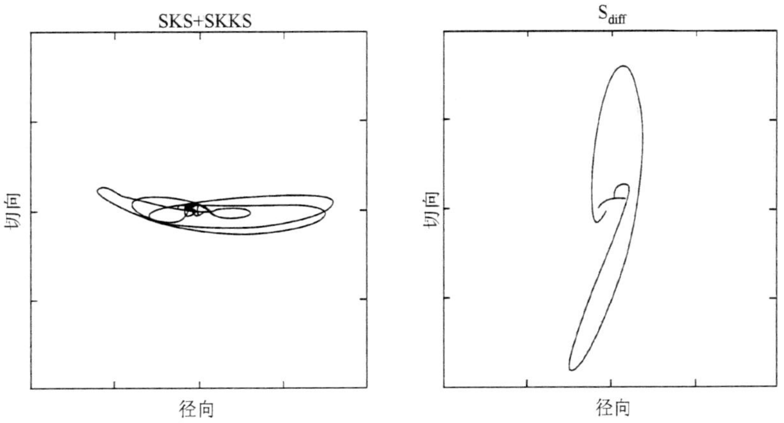

图 2.4-6　图 2.4-5 中径向和切线分量两个时间段的质点运动图。SKS 和 SKKS 主要为 SV 波，因而在径向上最强(左)；而 S_{diff} 主要为 SH 波，所以在切向分量上最强(右)。

径向和切向分量的相对大小可以用质点运动图(particle motion plot)显示(图 2.4-6)。如图 2.4-5 所示，SKS 和 SKKS 主要显示在径向或 SV 分量上，而 S_{diff} 主要出现在切向或 SH 分量上。

P 波速度，常用 α 或者 v_P 表示，可以定义为

$$\alpha = [(\lambda + 2\mu)/\rho]^{1/2} = [(K + 4\mu/3)/\rho]^{1/2} \qquad (2.4\text{-}45)$$

而 S 波速度，常用 β 或者 v_S 表示，可以定义为

$$\beta = (\mu/\rho)^{1/2} \qquad (2.4\text{-}46)$$

两个公式显示地震波速度以不同方式依赖于介质的弹性常数。由于刚性常数 μ 和体积模量 K(式 2.3-74)是正数，所以 P 波总是比 S 波传播得快。从震源到达地面的第一个波总是压缩 P 波。因此，“P” 代表的是 “最初” (primary)，而 S 代表 “第二” (secondary)。

尽管两种速度都依赖于刚性模量，但横波速度不依赖于体积模量 K，因此横波不会引起体积变化。由于横波速度与刚性模量的平方根成正比，所以横波不能在理想液体中传播($\mu=0$)。纵波在理想液体中的传播速度与 $K^{1/2}$ 成正比。因此，只有纵波才能够在液态外核或者海洋中传播①。

从一些典型的参数值可以对波速有一些直观体会。地球的地壳近似于泊松固体，其弹性常数约为 $\lambda = \mu = 3\times10^{11}\text{dyn/cm}^2$。因此，如果密度为 3g/cm^3，那么 P 波速度为 5.5km/s，S 波速度为 3.2km/s。因此，周期为 2s 的 P 波的波长为 11km，频率为 0.5Hz，波数为 $2\pi/11 = 0.57\text{km}^{-1}$。此外，周期为 10s 的相同速度的波的波长为 55km，而频率为 0.1Hz；长周期波的波长较长，频率较低。

① 在海滩上看到的切向传播的波并不是在水中传播的地震波，而是沿二维方向滚动，类似于瑞利波的面波(2.7.2 节)。

图 2.4-7 显示了地震谱(seismic spectrum)，即不同频率或类型的地震波在地震学中的应用。地震学研究所使用的周期从 0.1～3000s，对应的频段为 0.0003～10Hz。在反射地震中勘探地壳的爆破或者其他人工震源的频段为 20～80Hz。在海洋中传播的更高频的波(3×10^3～12×10^3 Hz)常用于绘制海底地图。在地震谱的另一端，周期长于 10000s 的地面运动主要来自地壳运动(4.5 节)而不是传播的地震波。

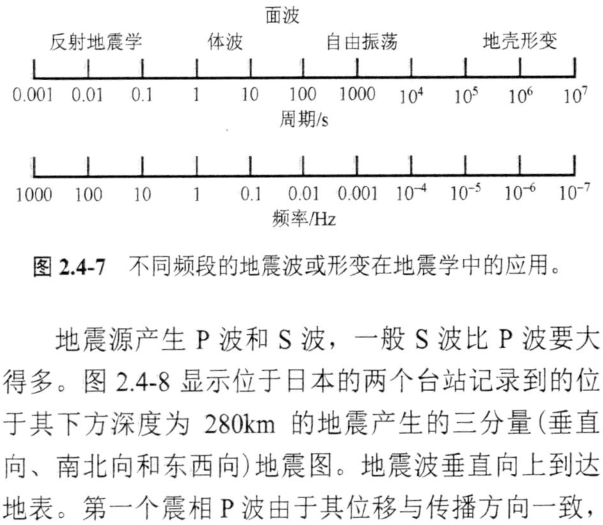

图 2.4-7　不同频段的地震波或形变在地震学中的应用。

地震源产生 P 波和 S 波，一般 S 波比 P 波要大得多。图 2.4-8 显示位于日本的两个台站记录到的位于其下方深度为 280km 的地震产生的三分量(垂直向、南北向和东西向)地震图。地震波垂直向上到达地表。第一个震相 P 波由于其位移与传播方向一致，所以主要出现在垂直分量上。随后到达的大震相为横波，其位移垂直于传播方向，因此主要出现在横向分量上。

这些数据显示出一些有趣的现象。南北分量上的 S 波比东西向的 S 波到达得早一些。该观测被解释为台站下方存在～5%的各向异性(anisotropy)，因此在这个区域位移为南北向的剪切波的速度比位移为东西向的剪切波的速度快。各向异性(3.6 节)可能表明橄榄石

(olivine)的存在。该矿物中，地震波传播速度依赖于其相对于矿物晶体结构的传播方向。如果大量的橄榄石晶体排列方向一致，会出现显著的各向异性。另一个可能导致显著各向异性的是排列一致的裂隙。

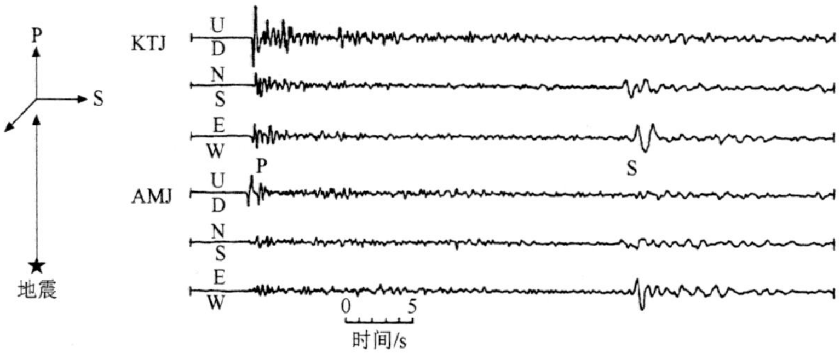

图 2.4-8 两个台站记录到的三分量地震图。地震位于日本下方。由于地震台站基本位于地震的垂直上方，P 波在垂直向(up-down)分量最大(Ando et al.，1983，*J. Geophys. Res.*，88，5850-5864，版权归美国地球物理学会所有)。

图 2.4-9 显示另外一种类型地震的地震图：震中距小于 100km 的地震台站记录到的浅源地震(发生在内华达州)。P 波和 S 波的到达时间可以从地震图上测量。几个不同位置的台站的测量结果可以用于确定地震位置和发震时刻(第 7 章)。即使是一个台站也可以得出一些震源信息。在不知道地震发震时刻的情况下，地震波的到达时间不能转换成走时，P 波和 S 波的到时差包含一些有用信息。对于地壳中典型的 P 波和 S 波速度，$\alpha = 5.5\text{km/s}$，$\beta = 3.2\text{km/s}$，假定震源和台站之间的距离为 x，那么 P 波和 S 波的走时为

$$t_s = x/3.2,\quad t_p = x/5.5 \tag{2.4-47}$$

两者之差也是到时之差为

$$t_s - t_p = x\left(\frac{1}{3.2} - \frac{1}{5.5}\right) = x/7.6 \tag{2.4-48}$$

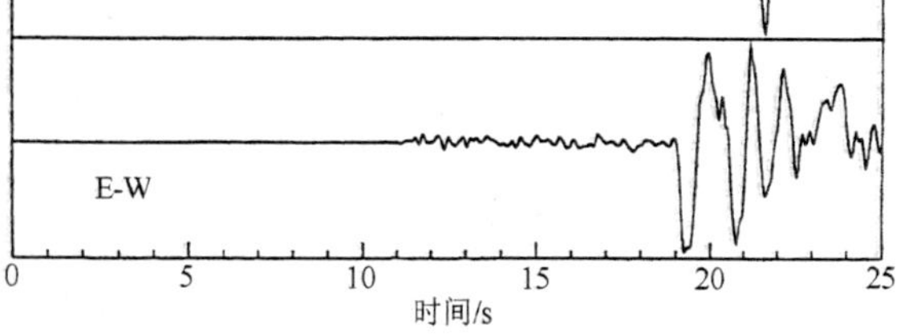

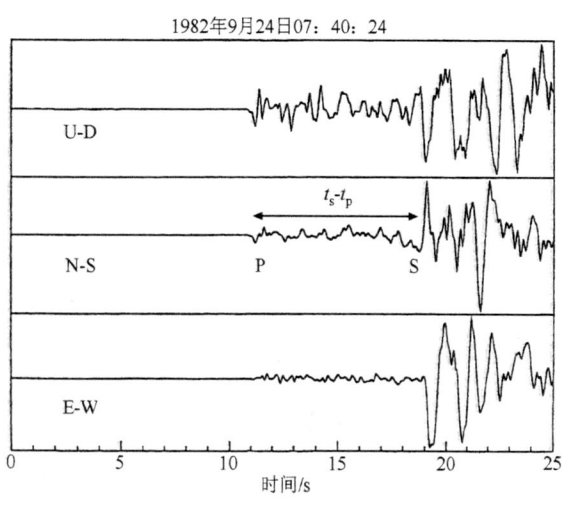

图 2.4-9 内华达州米娜(Mina)地区台站记录到的 64km 以外的 4.9 级浅源地震产生的 3 分量地震图。P 波和 S 波到时差 $t_S - t_P$，可以用于估计地震和台站之间的距离。

它是震源和台站之间距离(震源距)的函数。由于 S 波比 P 波晚到约 8s，可以推测地震距台站约 60km，接近基于大量台站到时和定位程序得到的震源位置计算出的距离。S-P 走时差技术可以估算台站到震源的距离，但是不能得到方位角，也因此不能得到震源位置①。给定几个台站的 S-P 走时差，满足所有台站的走时差的震源位置可以通过程序计算。从示意的角度，震源可以视为在地图上半径为震源距的圆弧的交点。实际问题要更复杂一些，因为地震不一定出现在地表。

2.4.5 平面波的能量

与弦波类似(2.2.4 节)，地震波同时传输动能和势能(应变能)。考虑沿 z 方向传播的正弦 S 波和 P 波。位移沿 y 方向的 SH 波为

$$u_y(z,t) = B\cos(\omega t - kz) \tag{2.4-49}$$

这里用位移(而不是势能)来表示 SH 波。随后会看到，对 SH 波来说这样很实用。

在体积为 V 的空间中，总动能等于三个分量上动能之和在整个体积的积分：

$$KE = \frac{1}{2}\int_V \rho\left(\frac{\partial u_i}{\partial t}\right)^2 \mathrm{d}V \tag{2.4-50}$$

其中假定质量为 $\rho \mathrm{d}V$。对于平面波［式(2.4-49)］，单位波前面积上平均每波长的动能为

① 类似方法可用来估算雷暴发生距离，看到闪电和听到声音的时差为 5s，那么雷暴距离约 1mi，因为光速远大于声速(空气中约 330m/s)。

$$KE = \frac{1}{2\lambda}\rho B^2\omega^2\int_0^\lambda \sin^2(\omega t - kz)\mathrm{d}z = \frac{1}{2\lambda}\rho B^2\omega^2\frac{\lambda}{2} = B^2\omega^2\rho/4 \quad (2.4\text{-}51)$$

应变能(式2.3-88)为

$$W = \frac{1}{2}\int_V \sigma_{ij}e_{ij}\mathrm{d}V \quad (2.4\text{-}52)$$

因为唯一非零应变分量为

$$e_{32} = e_{23} = \frac{1}{2}\frac{\partial u_y}{\partial z} = Bk\sin(\omega t - kz)/2 \quad (2.4\text{-}53)$$

那么唯一非零应力分量为

$$\sigma_{32} = \sigma_{23} = \mu Bk\sin(\omega t - kz) \quad (2.4\text{-}54)$$

因此在传播方向上单位波前面积平均每波长的应变能为

$$W = \frac{1}{2\lambda}\int_0^\lambda \mu B^2k^2\sin^2(\omega t - kz)\mathrm{d}z = \mu B^2k^2/4 = B^2\omega^2\rho/4 \quad (2.4\text{-}55)$$

其中最后一个等式利用了 $\mu = \beta^2\rho$ 和 $\beta k = \omega$。因此单位波前面积上平均每波长的应变能和动能相等，这个结论与弦波一致。因此，平均每个波长的总能量为

$$E = KE + W = B^2\omega^2\rho/2 \quad (2.4\text{-}56)$$

在传播方向上的平均能流为能量乘以速度：

$$\dot{E} = B^2\omega^2\rho\beta/2 \quad (2.4\text{-}57)$$

总能量和能流与振幅和频率的平方成正比。因此，对于相同振幅的波，高频波传输的能量更高。

类似地，z 方向传播的平面 P 波，其标量势能公式为

$$\phi(z,t) = A\exp(\mathrm{i}(\omega t \pm kz)) \quad (2.4\text{-}58)$$

其空间梯度即位移为

$$\boldsymbol{u}(z,t) = \nabla\phi(z,t) = (0,0,-\mathrm{i}k)A\exp(\mathrm{i}(\omega t - kz)) \quad (2.4\text{-}59)$$

实数部分为

$$u_z(z,t) = Ak\sin(\omega t - kz) \quad (2.4\text{-}60)$$

根据式(2.4-50)，单位面积上平均每个波长的动能为

$$KE = \frac{1}{2\lambda}\rho A^2k^2\omega^2\int_0^\lambda \cos^2(\omega t - kz)\mathrm{d}z = A^2k^2\omega^2\rho/4 \quad (2.4\text{-}61)$$

要找到应变能［式(2.4-52)］，唯一非0应力分量为

$$\sigma_{zz} = (\lambda + 2\mu)e_{zz} = \rho\alpha^2 e_{zz} \quad (2.4\text{-}62)$$

其中最后的等式消除了拉梅常数 λ，并将 λ 替换为波长。因此单位面积上平均每个波长的应变能为

$$W = \frac{1}{2\lambda}\int_0^\lambda \rho\alpha^2A^2k^4\cos^2(\omega t - kz)\mathrm{d}z = A^2\omega^2k^2\rho/4 \quad (2.4\text{-}63)$$

与动能一致。因此单位波长的总能量为

$$E = KE + W = A^2\omega^2k^2\rho/2 \quad (2.4\text{-}64)$$

传播方向上的平均能流为单位波长的总能量乘以 P 波速度：

$$\dot{E} = A^2\omega^2k^2\rho\alpha/2 \quad (2.4\text{-}65)$$

该公式与 SH 波相比相差一个 k^2 因子，因为 A 是势能的振幅。而在式(2.4-56)和式(2.4-57)中，B 是位移的振幅。如果在剪切波中使用势能振幅，则需要一个 k^2 因子。

能流让我们对波在不同介质中传播有更深入的理解。例如，当水波传播到浅水区时，速度减慢，所以振幅增加以保持能量守恒。最终，当振幅超过一定的临界值后，波峰垮塌。相似地，当地震波从基岩传播到低速和低密度的沉积层时，振幅增加。图2.4-10显示了这一效应。该图对比了洛马普列塔地震的一个余震在旧金山海港区的两个台站上的记录。位于松软堆填渣土形成的陆地上的地震计记录的地表运动(图2.4-10)比附近基岩上的地表运动要大得多。因此，土壤和基岩上的地震造成的破坏相差很大。

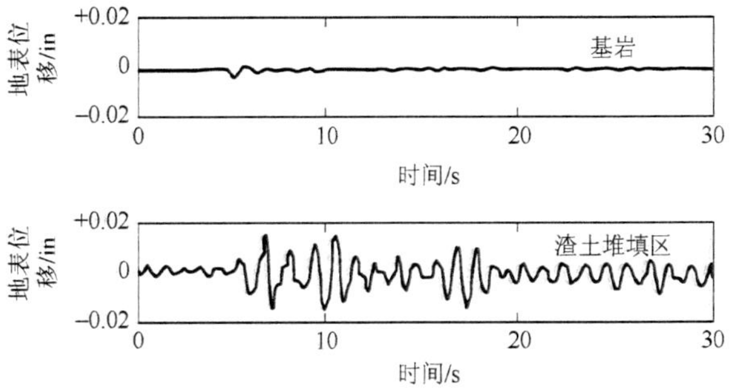

图2.4-10 1989年洛马普列塔地震的一个5级余震在海港区的两个台站上产生的地面位移。填满渣土的陆地上的地震波位移(下图)比基岩上的位移(上图)高出一个量级。(美国地质调查局供图)(注：1in = 2.54cm)

2.5 斯涅尔(snell)定律

2.5.1 层状介质近似

前面介绍了均匀弹性介质中的运动方程及其解。位移以满足波动方程的势函数表示。现在利用这些解来描述地球内部波的传播。利用基于无限均匀介质得到的解来描述真实的复杂地球内部结构虽然太粗略，但也可以揭示一些基本问题。

对地震学来说，固体地球内部结构可以表征为影

响地震波的，并可以用地震波加以研究的物理属性的分布。因此地震学研究弹性性质（如地震速度）和密度。弹性地球的地震学模型参数是一系列诸如 $\alpha(\boldsymbol{r})$、$\beta(\boldsymbol{r})$ 和 $\rho(\boldsymbol{r})$ 的函数。它们代表速度或者密度随空间位置 r（半径、经度和纬度）的变化。地震学研究表明这些物理属性的分布非常复杂，且很难表征。比如，在俯冲带，俯冲的岩石圈板块延伸到相当的深度。幸运的是，我们可以采用一系列常用的近似（图 2.5-1）。由于固体地球的物理性质随深度的变化远大于横向变化，因此可以近似地认为介质属性仅仅随半径变化，即假定 $\alpha(r)$、$\beta(r)$ 和 $\rho(r)$ 为球对称函数。仅仅随深度变化的介质被称为横向均匀（laterally homogenous）介质或层状（stratified）介质。这有别于属性既随深度又随经纬度变化的横向不均匀（laterally heterogeneous）介质。

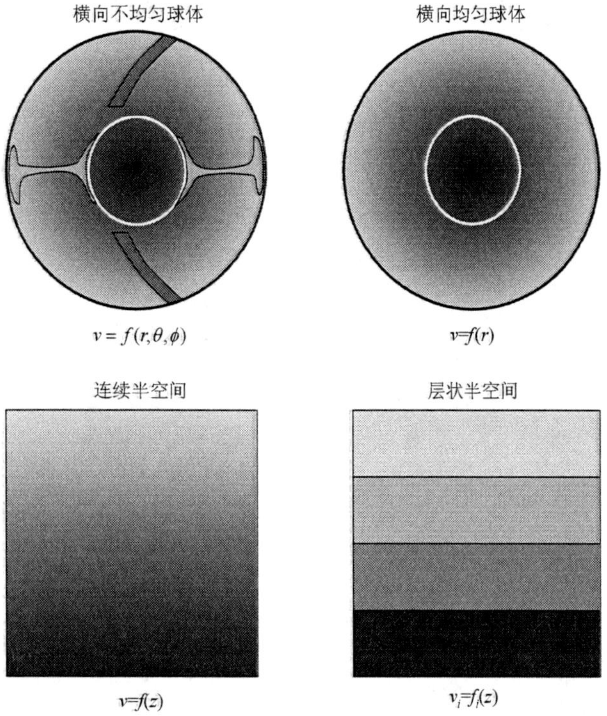

图 2.5-1 地震学中几种地球模型示意图。最精确的横向非均匀模型常被近似为球对称模型，即属性仅仅随半径变化。球对称模型可以进一步简化为属性仅仅随深度变化的层状半空间模型，或者是离散的均匀层状半空间模型。

当研究区域的特征长度相较于地球半径很小时，如局部性的地壳研究，地球的曲率可以忽略不计。这时地球进一步被简化为横向均匀的半空间，而速度和密度可以用随深度 z 变化的函数 $\alpha(z)$、$\beta(z)$ 和 $\rho(z)$ 来表示。再进一步，可以将地球简化为包括有限厚度的多层介质的半空间，每层包括单一属性 α_i、β_i 和 ρ_i。

层状模型的优越性在于，前面讨论的运动方程的解可以直接应用到每层均匀介质上。如果层状假设可取，就可以首先得到每层的均匀介质解，然后利用边界条件考虑不同层之间的地震波传播。在地震波远离震源的情况下，波前近似于平面，该假设是合理的。将层状介质视为一系列均匀属性层的方法类似于将弦分为一系列均匀属性的段并匹配在边界上的解的情况。

真实的地球并非横向均匀的，更不是均匀层状的，波前也并非像平面一样无限延伸。这些近似是否适用，取决于基于这些近似从地震数据中能否得到有地质意义的结果。后面会看到，这些近似大多数时候是适用的。横向均匀模型既适用于描述平均地球结构，也适用于作为更深入研究的初始模型。

2.5.2 层状介质中的平面波势函数

首先分析平面 P 波或 S 波入射到两个均匀各向同性半空间之间的分界面（两侧介质的弹性常数不同，比如波速不同）的情况。首先推导斯涅尔定律，这个著名的定律描述波从一个介质传播到另一个介质时波前的弯曲情况。一旦得到单一界面上的解，就可以将这个解推广到多层均匀介质中。一般情况下假设地下介质是层状的，即使弹性特征随深度的变化是连续平滑的，仍然可以用多个薄层来近似。

如图 2.5-2 所示，考虑一个在 x-z 平面传播（即波矢量也在 x-z 平面上）的平面波，位移可以用仅随 x 和 z 变化的势函数表示。两个不同成分的半空间介质之间的边界在 x-y 平面内，而且界面法向 z 轴以向下为正。这个坐标系一个吸引人的特征就是剪切波可以被分解成前面讨论过的两种极化方向的波：位移在 x-z 平面的 SV 波和只在 y 分量上有位移的 SH 波。此外，位移和势函数在 y 轴上没有变化，所以可以写成是 x、z 和 t 的函数。

在式（2.4-13）中，位移场可以分解成描述 P 波的标量势和 S 波的矢量势。为了将 SV 波和 SH 波分离出来，将 $\boldsymbol{\Upsilon}$ 分解成两项：

$$\boldsymbol{\Upsilon}(x,z,t)=\boldsymbol{\Psi}(x,z,t)+\nabla\times\boldsymbol{\chi}(x,z,t) \qquad (2.5\text{-}1)$$

因此整个位移矢量可以用一个标量势 $\phi(x,z,t)$ 和两个矢量势表示：

$$\begin{aligned}\boldsymbol{u}(x,z,t)&=\nabla\phi(x,z,t)+\nabla\times\boldsymbol{\Upsilon}(x,z,t)=\nabla\phi(x,z,t)\\&\quad+\nabla\times\boldsymbol{\Psi}(x,z,t)+\nabla\times\nabla\times\boldsymbol{\chi}(x,z,t)\end{aligned} \qquad (2.5\text{-}2)$$

两个矢量势可以写成：

$$\begin{aligned}\boldsymbol{\Psi}(x,z,t)&=(0,\psi(x,z,t),0),\\\boldsymbol{\chi}(x,z,t)&=(0,\chi(x,z,t),0)\end{aligned} \qquad (2.5\text{-}3)$$

两个势函数的 x 和 z 分量均为 0，而 y 分量为标量函数。对于 SV 波，函数为 $\psi(x,z,t)$。对于 SH 波，函数为 $\chi(x,z,t)$。因此位移矢量可以用三个标量函数来描述，每个标量函数对应一个势函数。

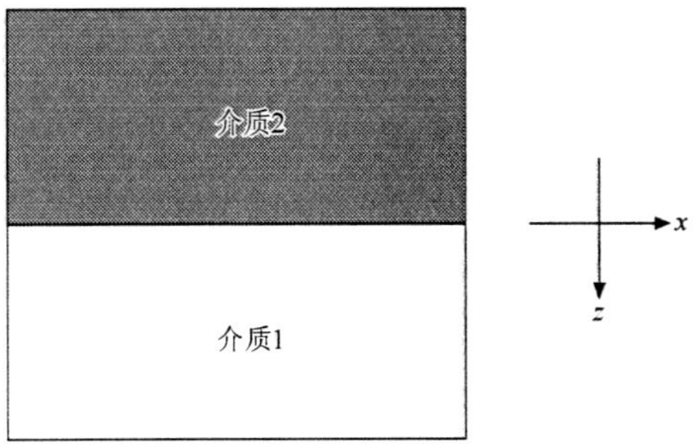

图 2.5-2　两个接触的半空间，物质弹性性质在两个空间中不同。水平界面在 x-y 平面内。

利用式(2.5-2)中的矢量运算计算位移。因为两个矢量势只有 y 分量不为 0，并且 ϕ、ψ 和 χ 都不依赖于 y 分量。所以，P、SV 和 SH 项对应的位移矢量分别为

$$\text{(P)}\quad \nabla\phi(x,z,t)=\left(\frac{\partial\phi(x,z,t)}{\partial x},0,\frac{\partial\phi(x,z,t)}{\partial z}\right),$$

$$\text{(SV)}\quad \nabla\times\boldsymbol{\psi}(x,z,t)=\left(\frac{-\partial\psi(x,z,t)}{\partial z},0,\frac{\partial\psi(x,z,t)}{\partial x}\right),$$

$$\text{(SH)}\quad \nabla\times\nabla\times\boldsymbol{\chi}(x,z,t)=\left(0,-\left[\frac{\partial^2\chi(x,z,t)}{\partial x^2}+\frac{\partial^2\chi(x,z,t)}{\partial z^2}\right],0\right) \tag{2.5-4}$$

所以 P 波和 SV 波对位移的 x 分量和 z 分量有贡献，而 SH 波只对 y 分量有贡献。其中 $\nabla\cdot\boldsymbol{\Psi}=0$ 和 $\nabla\cdot\boldsymbol{\chi}=0$，因为它们只有 y 分量不为 0，且这些分量对 y 的导数为 0。因此，SH 波或 SV 波都不能引起介质体积的改变。

位移的各分量可以从式(2.5-4)中求得：

$$u_x(x,z,t)=\frac{\partial\phi(x,z,t)}{\partial x}-\frac{\partial\psi(x,z,t)}{\partial z},$$

$$u_z(x,z,t)=\frac{\partial\phi(x,z,t)}{\partial z}+\frac{\partial\psi(x,z,t)}{\partial x},$$

$$u_y(x,z,t)=-\left(\frac{\partial^2\chi(x,z,t)}{\partial x^2}+\frac{\partial^2\chi(x,z,t)}{\partial z^2}\right)=-\nabla^2\chi(x,z,t) \tag{2.5-5}$$

式(2.5-5)显示 P-SV 波和 SH 波相互独立。位移的 x 和 z 分量与 P 波势 ϕ 和 SV 波势 ψ 有关。因此对于在 x-z 平面上传播的波来说，P 波和 SV 波形成了一个耦合(coupled)系统，产生了两个分量上的位移。P 波或 SV 波对于 y 分量的位移都没有贡献。SH 波单独对 y 分量的位移有贡献，因此与 P 波和 SV 波是解耦的(decoupled)。

当这些波入射到平行于 x-y 平面的界面上时，这种耦合与解耦关系仍然存在。界面上的边界条件限制了位移和应力矢量(2.3.10 节)。因为界面的法矢量只有 z 分量，因此可以写成：

$$\hat{\boldsymbol{n}}=(0,0,1),n_j=\delta_{j3} \tag{2.5-6}$$

而界面上的应力矢量可以表示为

$$T_i=\sigma_{ij}n_j=\sigma_{i3}=(\sigma_{xz},\sigma_{yz},\sigma_{zz}) \tag{2.5-7}$$

P-SV 系统产生位移矢量中的 u_x 和 u_z，以及应力矢量中的 σ_{xz} 和 σ_{zz}。P 波或 SV 波的 $u_y=0$ 和 $\sigma_{yz}=0$。相反地，SH 波只对 y 分量的位移和应力矢量中的 σ_{yz} 分量有贡献。因此，在界面上，P-SV 波不影响 SH 波，反之亦然。P-SV 波和 SH 波之间没有耦合关系。然而，P 波和 SV 波是耦合的，因为它们都对位移和应力矢量中相同的分量有影响。所以在界面上，P 波可以转换成 SV 波，反之亦然。但 SH 波无法转换为 P 波或 SV 波。

如果把地球视为水平层状介质，假设 P-SV 波和 SH 波在任意两点间传播时是解耦的，并且可以分开讨论。但若存在倾斜界面，情况就会变得复杂。当倾斜界面的法向不在波传播平面内时(即包含震源和台站的垂直面)，P-SV 波和 SH 波也是耦合的。因此对于倾斜界面来说，大多数震源与台站之间传播的波是耦合的。

在大多数应用中都把 P-SV 系统和 SH 系统分别对待。前面的章节中已经提到 P 波可以用满足弹性波方程的标量势来描述［式(2.4-37)］。而 S 波是用满足矢量波动方程的矢量势 $\boldsymbol{\Upsilon}$ 来描述［式(2.4-38)］。为了证明 SV 和 SH 波独立满足矢量波动方程，将式(2.5-1)代入矢量波动方程中：

$$\begin{aligned}&\nabla^2[\boldsymbol{\Psi}(x,z,t)+\nabla\times\boldsymbol{\chi}(x,z,t)]\\&=\frac{1}{\beta^2}\frac{\partial^2}{\partial t^2}[\boldsymbol{\Psi}(x,z,t)+\nabla\times\boldsymbol{\chi}(x,z,t)]\end{aligned} \tag{2.5-8}$$

经整理得

$$\begin{aligned}\nabla^2\boldsymbol{\Psi}(x,z,t)-\frac{1}{\beta^2}\frac{\partial^2\boldsymbol{\Psi}(x,z,t)}{\partial t^2}&=-\nabla^2[\nabla\times\boldsymbol{\chi}(x,z,t)]\\&+\frac{1}{\beta^2}\frac{\partial^2}{\partial t^2}[\nabla\times\boldsymbol{\chi}(x,z,t)]\end{aligned} \tag{2.5-9}$$

所以两个矢量势可以独立地满足矢量波动方程。因此

P-SV 系统可以用下式表示：

$$\nabla^2\phi(x,z,t)=\frac{1}{\alpha^2}\frac{\partial^2\phi(x,z,t)}{\partial t^2},\quad \nabla^2\psi(x,z,t)=\frac{1}{\beta^2}\frac{\partial^2\psi(x,z,t)}{\partial t^2} \tag{2.5-10}$$

两个都是标量波动方程的形式，因为ψ是 SV 矢量势在y分量上的标量势函数［式(2.5-3)］。

对于 SH 波来说，求解方程式(2.5-9)有两种选择。一种是将式(2.5-9)右边项的旋度和求导项作代换，得到一个标量函数χ的关系式。χ是 SH 波矢量势的y分量，其满足标量波动方程。另一种方法是利用式(2.5-4)和式(2.5-5)将式(2.5-9)右边项再取一次旋度：

$$u_y(x,z,t)=\nabla\times\nabla\times\boldsymbol{\chi}(x,z,t) \tag{2.5-11}$$

可以得到：

$$\nabla^2u_y(x,z,t)=\frac{1}{\beta^2}\frac{\partial^2u_y(x,z,t)}{\partial t^2} \tag{2.5-12}$$

因此从式(2.5-12)中我们可以发现 SH 波对应的位移直接满足标量波动方程，而无须使用 SH 波的矢量势函数。

2.5.3 入射角和视速度

现在，考虑 P-SV 波在 x-z 平面内传播，并用标量波动方程的平面简谐波解［式(2.5-10)］进行描述：

$$\text{(P)}\quad \phi(x,z,t)=A\exp(\mathrm{i}(\omega t-k_x x\pm k_{z_\alpha}z)),\quad \text{(SV)}\quad \psi(x,z,t)=B\exp(\mathrm{i}(\omega t-k_x x\pm k_{z_\beta}z)) \tag{2.5-13}$$

波的传播方向用波矢量表示，波矢量和波前垂直。当在 x-z 平面内传播时，传播方向由k_x和k_z表示，因为$k_y=0$。因此式(2.5-13)表示波是朝着x的正方向传播的(因为$-k_x x$中的负号)，同时向着$+z$和$-z$的方向传播。

$\boldsymbol{k}$ 和k_z的下标是必须的，因为 P 波和 SV 波的波矢量大小不同。下面将会证明这个几何关系中 P 波和 SV 波的k_x是相等的。波矢量的分量满足：

$$|\boldsymbol{k}_\alpha|^2=k_x^2+k_{Z_\alpha}^2=\omega^2/\alpha^2,\quad |\boldsymbol{k}_\beta|^2=k_x^2+k_{Z_\beta}^2=\omega^2/\beta^2 \tag{2.5-14}$$

因为$k_y=0$，k_x是波矢量的水平分量。

波的传播方向也可以用波矢量与垂直方向的夹角，即入射角来表示(图 2.5-3)。因为P波和SV波的波矢量可能不同，入射角也因此不同，一般约定i代表 P 波的入射角，j代表 SV 波的入射角，因此：

$$\sin i=\frac{k_x}{(k_x^2+k_{z_\alpha}^2)^{1/2}}=\frac{k_x}{|\boldsymbol{k}_\alpha|},\sin j=\frac{k_x}{(k_x^2+k_{z_\beta}^2)^{1/2}}=\frac{k_x}{|\boldsymbol{k}_\beta|} \tag{2.5-15}$$

随后会看到当平面波穿过界面时(界面两侧介质的波速不同)，其传播方向将会发生改变(图 2.5-4)，所以波矢量的方向和入射角也会发生变化。平面波的传播可以通过波矢量的方向变化来描述。波传播也可以用沿着一定射线路径来描述。图示(图 2.5-4)一般只画出射线路径而忽略与之垂直的波前。

定义视速度c_x为平面波沿着水平面传播时所观测到的速度。图 2.5-3 显示在速度为v的介质中Δt时间内，入射角为i的平面波前向前传播了$v\Delta t$的距离，在水平面传播的距离为$c_x\Delta t$。所以水平面观察到的视速度为

$$c_x=v/\sin i \tag{2.5-16}$$

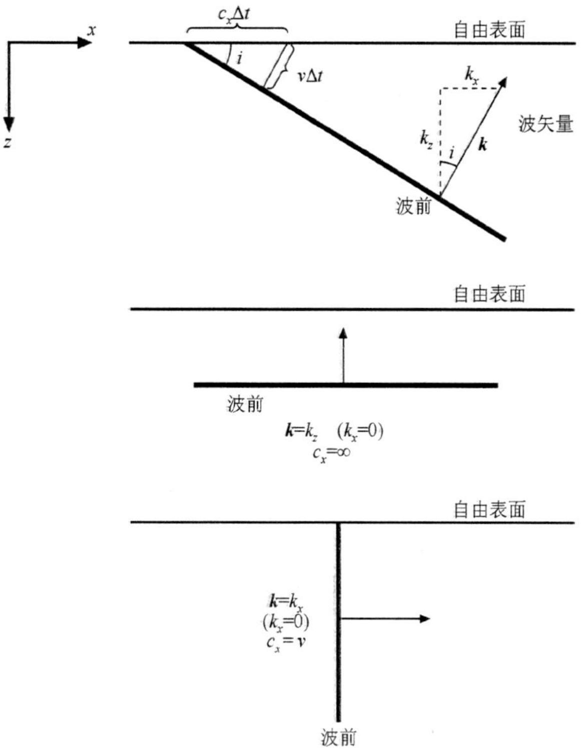

图 2.5-3 垂直于波前的波矢量 $\boldsymbol{k}$，指向波传播方向。上图：在 x-z 平面传播的平面波，其传播方向用波矢量(k_x,k_z)，或者波矢量与垂向之间的夹角，即入射角 i，来表示。在时间增量Δt内，波前移动了$v\Delta t$(其中v是介质速度)，而沿地表面移动的距离为$c_x\Delta t$(c_x为沿地表的视速度)。中图：对于垂直传播的平面波，入射角$i=0°$，$\boldsymbol{k}=k_z$，$c_x=\infty$。下图：对于水平传播的平面波，$i=90°$，$\boldsymbol{k}=k_x$，$c_x=v$。

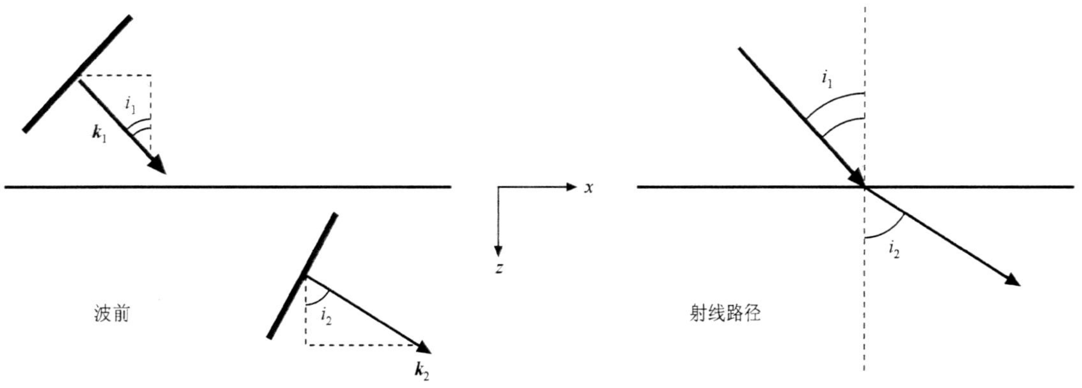

图 2.5-4　当平面波进入地震速度不同的介质中时，其方向发生变化。传播方向可以用波矢量 $\boldsymbol{k}$ 的方向表示，或者显示为在不同介质中方向变化的射线路径。与波矢量垂直的波前一般不用显示。

视速度总是大于或者等于介质速度，α 表示 P 波速度，β 表示 S 波速度。当入射角 $i=90°$ 时，地震波沿水平面传播，视速度等于介质速度。垂直界面入射的平面波同时到达地面上的每一点，视速度为无穷大。

用式(2.5-15)和式(2.5-16)，水平方向的视速度①可以用波矢量的水平分量写成：

$$c_x = \omega / k_x \tag{2.5-17}$$

因此定义垂直向波数与水平向波数的比值为

$$\begin{aligned} r_\alpha &= k_{z_\alpha} / k_x = (c_x^2/\alpha^2 - 1)^{1/2} = \cot i, \\ r_\beta &= k_{z_\beta} / k_x = (c_x^2/\beta^2 - 1)^{1/2} = \cot j \end{aligned} \tag{2.5-18}$$

所以势函数［式(2.5-13)］可以写成：

$$\begin{aligned} &(\mathrm{P}) \quad \phi(x,z,t) = A\exp(\mathrm{i}(\omega t - k_x x \pm k_x r_\alpha z)), \\ &(\mathrm{SV})\ \psi(x,z,t) = B\exp(\mathrm{i}(\omega t - k_x x \pm k_x r_\beta z)) \end{aligned} \tag{2.5-19}$$

2.5.4　斯涅尔定律

现在讨论在界面上的入射波和反射及透射的平面简谐 P 波和 SV 波之间的关系。在图 2.5-5 的几何示意图中，在 $z=0$ 处的界面将 P 波速度为 α_1，S 波速度为 β_1 的介质 1 和 P 波速度为 α_2，S 波速度为 β_2 的介质 2 分开。首先假设 $\alpha_1 < \alpha_2$，$\beta_1 < \beta_2$。

从介质 1 中入射的 P 波形成反射 P 波和透射 P 波。此外，一部分 P 波转化为反射 SV 波和透射 SV 波。每种波都可以用适当的势函数来表达。在介质 1 中有上行 P 波、下行 P 波和上行 SV 波。所以势函数可以表达为

$$\begin{aligned} \phi(x,z,t) &= \text{incident P} + \text{reflected P} \\ &= A_1 \exp(\mathrm{i}(\omega t - k_x x - k_x r_{\alpha_1} z)) \\ &\quad + A_2 \exp(\mathrm{i}(\omega t - k_x x + k_x r_{\alpha_1} z)), \\ \psi(x,z,t) &= \text{reflected SV} = B_2 \exp(\mathrm{i}(\omega t - k_x x + k_x r_{\beta_1} z)) \end{aligned} \tag{2.5-20}$$

波的势函数描述了波的类型。比如符号 $k_x r_{\alpha_1}$（波数的 z 分量）表明该势函数描述了在介质 1 中传播的 P 波。每种波的波矢量 $\boldsymbol{k}$ 的分量给出了波的传播方向。k_x 和 $k_x r_{\alpha_1}$ 的符号显示振幅为 A_1 的入射 P 波朝着 $+x$、$+z$ 的方向传播。类似地，振幅为 A_2 的反射 P 波和振幅为 B_2 的反射 SV 波朝着 $+x$、$-z$ 的方向传播。

在第二层介质中的下行 P 波和 SV 波用下面的势函数表达：

$$\begin{aligned} \phi(x,z,t) &= \text{transmitted P} = A' \exp(\mathrm{i}(\omega t - k_x x - k_x r_{\alpha_2} z)), \\ \psi(x,z,t) &= \text{transmitted SV} = B' \exp(\mathrm{i}(\omega t - k_x x - k_x r_{\beta_2} z)) \end{aligned} \tag{2.5-21}$$

透射 P 波和透射 SV 波的振幅分别为 A' 和 B'，它们沿 $+x$、$+z$ 的方向传播。一般 P 波的振幅用 A 表示，而 S 波的振幅用 B 表示。

可以用入射波的入射角计算透射波和反射波的角度。在 $z=0$ 的固-固界面处，边界条件是：位移和应力矢量连续(2.3.10 节)。因为所有的势函数都包含相位因子，$\exp(\mathrm{i}(\omega t - k_x x))$ 乘以独立于 x 和 t 的一个因子。所有的位移和应力的分量都有这个相位因子。在界面处位移和应力对所有 x 和 t 连续，每个势函数中的 $(\omega t - k_x x)$ 必定相等。那么，水平方向的波数 k_x 和

① 因为地震学大多在地球表面进行观测，沿地表的视速度有时写为 c，而不用 c_x，k 也经常表示 k_x。

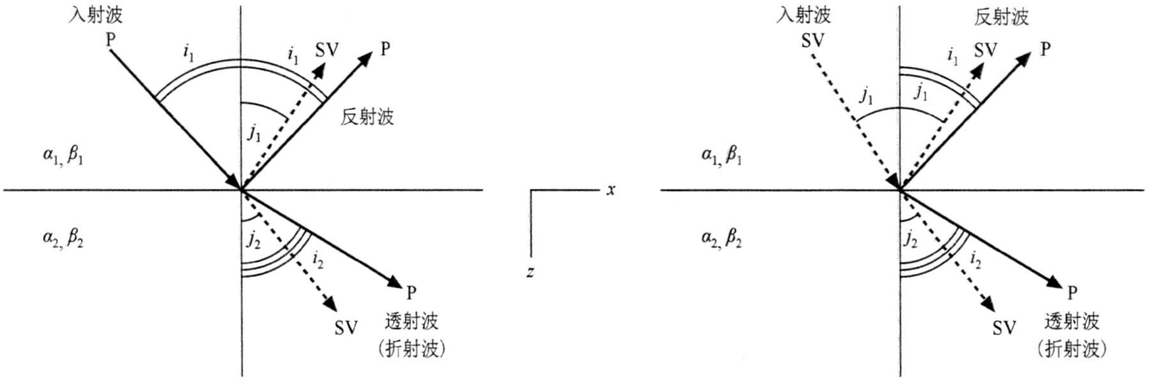

图 2.5-5 平面波从低速介质到高速介质的斯涅尔定律。左图：入射 P 波产生反射 P 波和透射 P 波和 SV 波。反射 P 波的反射角等于入射角 i_1。在每个介质中，P 波速度大于 S 波速度，$j_1 < i_1$，$j_2 < i_2$。右图：反射 SV 波与入射 SV 波的角度相等。其他角度的相对大小与左图类似。

沿水平方向的视速度 $c_x = \omega / k_x$，对所有的波都是相同的。所以，沿界面传播的波具有相同的视速度并保持相同的相位。

这个条件和 c_x 的定义［式(2.5-16)］给出了熟悉的斯涅尔定律的基本形式：

$$c_x = \frac{\alpha_1}{\sin i_1} = \frac{\beta_1}{\sin j_1} = \frac{\alpha_2}{\sin i_2} = \frac{\beta_2}{\sin j_2} \qquad (2.5\text{-}22)$$

每类波的入射角度的正弦值和对应速度的比值是常数。因此入射 P 波的入射角和反射 P 波的反射角相同。透射 P 波和透射 S 波的方向改变取决于两个介质中的波速。透射波进入不同的介质导致传播方向的改变被称为折射(refraction)，所以在第二层介质中的波叫作折射波或者透射波。图 2.5-5 显示了各种波的射线路径。

在界面上的反射 S 波满足：

$$\sin j_1 = \sin i_1 (\beta_1 / \alpha_1) \qquad (2.5\text{-}23)$$

(a)

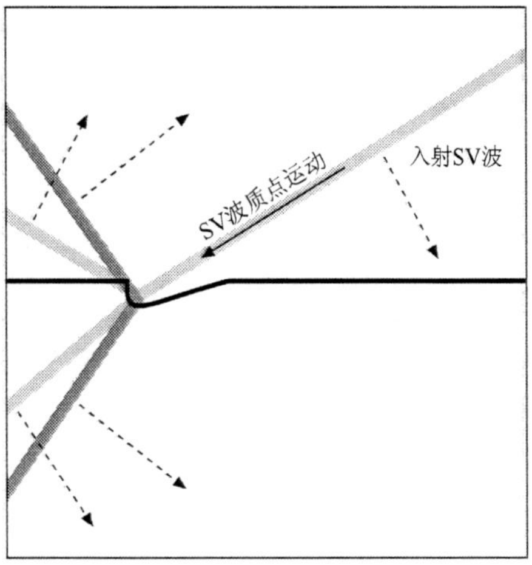

(b)

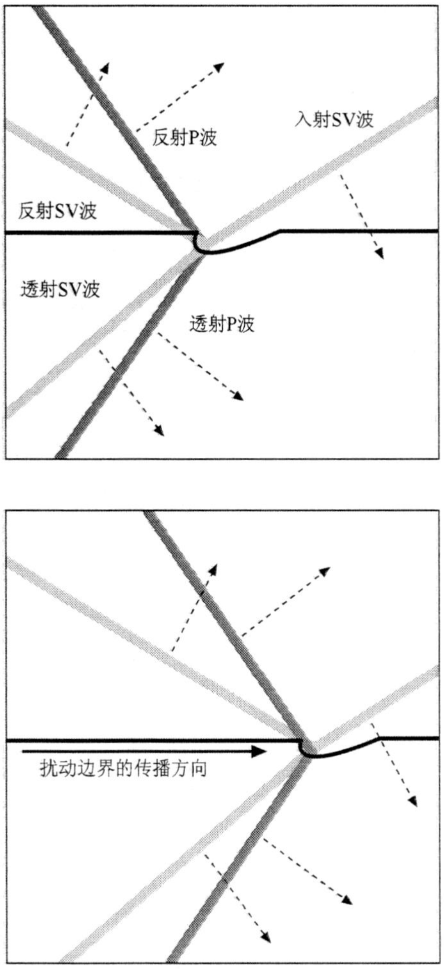

图 2.5-6 示意图显示入射到界面上的 SV 波(浅灰色波前)生成反射和透射 P 波(深灰色波前)和 SV 波(参见图 2.5-5)。(a)入射 SV 波扰动了边界；(b)被扰动的边界产生反射和透射 P 波和 SV 波；(c)随着入射波继续前进，被扰动点向前移动，不断地产生反射和透射波。

因为在任何介质中 P 波的传播比 S 波更快，斯涅尔定律要求 $j_1 < i_1$。因此，在同一种介质中，反射 S 波比反射 P 波更加靠近法线一侧，或者说更加远离界面。从物理上说，这是因为 S 波比 P 波更加靠近法线一侧才能满足沿着界面的视速度相等的条件。

折射 P 波和入射 P 波的角度关系满足：

$$\sin i_2 = \sin i_1(\alpha_2 / \alpha_1) \tag{2.5-24}$$

如果波在第二种介质的速度更快，那么 $i_2 > i_1$，所以透射波比反射波更加远离法线。透射波的传播方向更加趋于水平，但界面处的视速度是相等的。此外，如果 $\alpha_1 > \alpha_2$，那么透射 P 波将会更加靠近法线(对光线而言，这种效应会让插入水中的铅笔在水面出现弯曲的假象)。

透射 S 波满足：

$$\sin j_2 = \sin i_1(\beta_2 / \alpha_1) \tag{2.5-25}$$

因此，当 $\beta_2 > \beta_1$，可以得到 $j_2 > j_1$，所以透射 S 波比反射 S 波更加靠近水平方向。同样的关系适用于入射 SV 波(图 2.5-5)。与入射(反射)SV 波相比，反射 P 波更加远离法线。

正如后面的 2.6 节所述，P 波和 SV 波的相互转化是在边界处满足位移和应力边界条件的结果。图 2.5-6 中，入射 SV 波扰动了边界，除产生透射和反射 SV 波外，也产生了 P 波。

2.5.5 临界角

当 P 波入射到水平界面上，式(2.5-24)显示第二层介质中的透射 P 波的入射角为

$$i_2 = \sin^{-1}[\sin i_1(\alpha_2 / \alpha_1)] \tag{2.5-26}$$

其中，$\sin^{-1}$ 为正弦函数的反函数。如果波在第二层介质中的速度更快，透射的 P 波射线比入射的 P 波射线更远离垂直法线。当入射角增加，透射波射线接近水平界面(图 2.5-7)。当入射角 i_1 等于一个临界值 i_c 时，$i_2 = 90°$。$\sin^{-1}$ 函数的参数变为 1，因此：

$$\sin i_c(\alpha_2 / \alpha_1) = 1 \quad 或 \quad \sin i_c = \alpha_1 / \alpha_2 \tag{2.5-27}$$

因此，如果波的入射角为临界角(critical angle)，那么透射波沿界面传播。

入射角超过临界角被称为超临界(postcritical)入射，此时第二层介质中没有透射的平面波。这种现象有时也称为全内部反射(total internal reflection)。下节将会看到，第二层的 P 波势能包含随 z 变化的实指数项 $\exp(-k_z z)$。第二层中的位移并非一个平面行波，而是沿界面传播但从界面向下衰减的消散波(evanescent wave)。

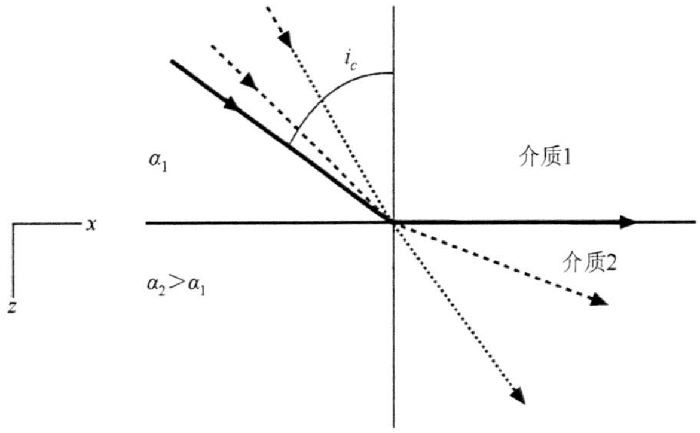

图 2.5-7　P 波入射到界面时的临界角示意图。为清晰起见，透射 S 波及反射和透射 P 波没有显示。当入射角增加时，折射 P 波越来越靠近水平面。当入射波的入射角超过临界角时，传播 P 波不再会透射到介质 2 中。

尽管超临界入射没有透射 P 波，但可能还是有 S 波。如果第二层的 S 波速度大于第一层的 P 波速度，那么存在第二个临界角：

$$\sin i_{c_2} = \alpha_1 / \beta_2 \tag{2.5-28}$$

超过这个临界角，不会存在透射的 P 波和 S 波。

2.5.6 SH 波的斯涅尔定律

斯涅尔定律也适用于 SH 波。SH 波位移满足特定的波动方程。SH 波在第一层介质里满足：

$$\begin{aligned} u_y(x,z,t) &= B_1 \exp(\mathrm{i}(\omega t - k_x x - k_x r_{\beta_1} z)) \\ &\quad + B_2 \exp(\mathrm{i}(\omega t - k_x x + k_x r_{\beta_1} z)) \end{aligned} \tag{2.5-29}$$

其中，B_1 和 B_2 是入射和反射 SH 波的振幅(图 2.5-8)。在第二层介质里，透射 SH 波为

$$u_y(x,z,t) = B' \exp(\mathrm{i}(\omega t - k_x x - k_x r_{\beta_2} z)) \tag{2.5-30}$$

那么斯涅尔定律为

$$c_x = \beta_1 / \sin j_1 = \beta_2 / \sin j_2 \tag{2.5-31}$$

因为 $(\omega t - k_x x)$ 对所有三个波必须相等才能满足位移在界面上的连续性。那么 SH 波的临界角为

$$\sin j_c = \beta_1 / \beta_2 \tag{2.5-32}$$

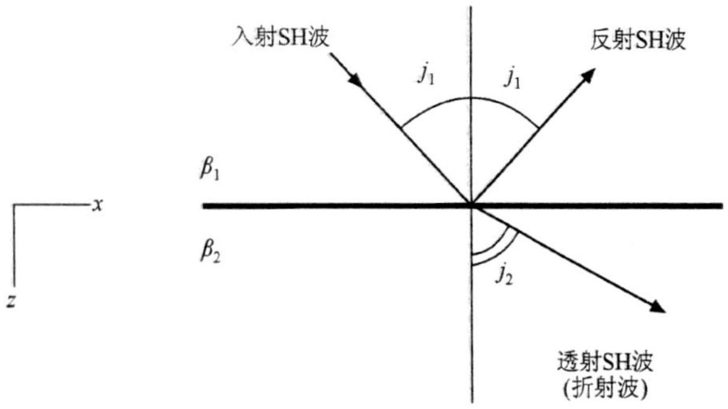

图 2.5-8 在 x-z 平面内传播的 SH 波入射到平行于 x-y 平面的界面上时仅仅产生反射和折射 SH 波。入射角和反射角相等。如果 $\beta_2 > \beta_1$，那么 $j_2 > j_1$。

2.5.7 射线参数和慢度

射线参数 p 是表征波的射线路径的常用参数。它是水平视速度的倒数：

$$p = 1/c_x = \sin i / v = k_x / \omega \tag{2.5-33}$$

其中 i 是 P 波或 S 波的入射角，v 是相应的速度。平面谐波解可以用射线参数表示。考虑在 x-z 面传播的 P 波的势能，并将角频率作为公共因子：

$$\begin{aligned}\exp(\mathrm{i}(\omega t - k_x x - k_x r_\alpha z)) &= \exp(\mathrm{i}\omega(t - (k_x/\omega)x - (k_x/\omega)r_\alpha z)) \\ &= \exp(\mathrm{i}\omega(t - px - \eta_\alpha z)) \\ &= \exp(\mathrm{i}\omega(t - \mathbf{s}\cdot\mathbf{x}))\end{aligned} \tag{2.5-34}$$

其中定义慢度为

$$\mathbf{s} = (p, \eta_\alpha) \tag{2.5-35}$$

其分量为射线参数 p 和 $\eta_\alpha = (k_x/\omega)r_\alpha = pr_\alpha = r_\alpha / c_x = (1/\alpha^2 - p^2)^{1/2}$。

利用波矢量的三个分量可以解释 η_α 的几何意义。因为 $r_\alpha = k_{z_\alpha}/k_x$，因此：

$$\eta_\alpha = k_{z_\alpha}/\omega = k_{z_\alpha}/(|\mathbf{k}_\alpha|\alpha) = \cos i/\alpha \tag{2.5-36}$$

η_α 和射线参数 p 都是入射角的函数与速度的比值。因此慢度矢量的大小为

$$\begin{aligned}|\mathbf{s}| &= (p^2 + \eta_\alpha^2)^{1/2} \\ &= (\sin^2 i/\alpha^2 + \cos^2 i/\alpha^2)^{1/2} = 1/\alpha\end{aligned} \tag{2.5-37}$$

因此，速度的倒数 $1/\alpha$，也被称为标量慢度。这一叫法很直观，因为低速介质的慢度高，而高速介质的慢度低。慢度矢量(图 2.5-9)方向与射线方向一致(与波矢量平行)，其大小为慢度，可以用 $\mathbf{s} = \hat{\mathbf{k}}_\alpha/\alpha$ 来表示。它的分量为射线参数 p(水平慢度)和 η_α(垂直慢度)。类似地，S 波的慢度为

$$\begin{aligned}\mathbf{s} &= (p, \eta_\beta) = \hat{\mathbf{k}}_\beta/\beta, \\ \eta_\beta &= (1/\beta^2 - p^2)^{1/2} = \cos j/\beta = pr_\beta = r_\beta/c_x\end{aligned} \tag{2.5-38}$$

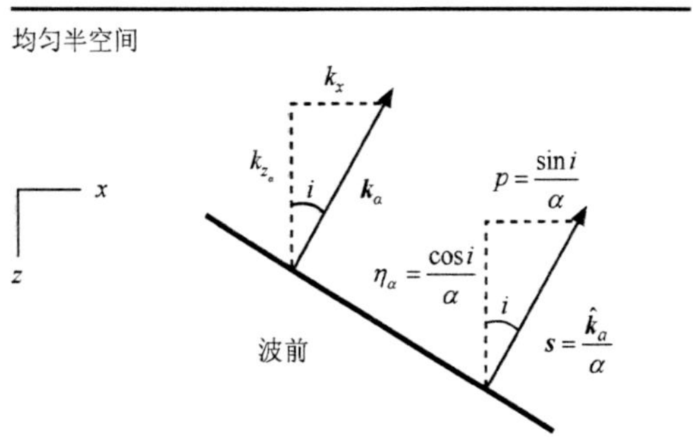

图 2.5-9 P 波与入射角 i、波矢量 $\mathbf{k}_\alpha$、慢度矢量 $\mathbf{s}$、射线参数或者慢度 p，以及垂直慢度 η_α 之间的关系。

用慢度表示平面谐波可以加深对波传播的认识。式(2.5-34)中的指数参数 $(\mathrm{i}\omega(t - \mathbf{s}\cdot\mathbf{x}))$ 中，慢度项 $\mathbf{s}\cdot\mathbf{x}$ 的量纲为时间。它显示由相应的垂直慢度和水平慢度所导致的垂直和水平传播时间与总走时之间的关系。慢度公式从另一个角度给出了斯涅尔定律。斯涅尔定律是基于入射到水平界面的平面谐波产生反射和透射平面波推导出来的。波矢量的水平分量 k_x 和对应的水平视速度 c_x，在界面上连续。相反，波矢量对应的垂直分量(比如 $k_z = k_x r_\alpha$)在每层中都不一样。这些关系用慢度表达就是：射线参数(也就是水平慢度)对入射波、反射波和透射波来说都相等，而垂直慢度依赖于各层介质及波的类型。斯涅尔定律也因此可以表述为：射线及其在界面上产生的任何射线的射线参数 p 是常数。

射线参数在描述射线经过多层介质时非常适用。在第一层界面上产生的 4 条射线都在下一个界面上产生另外 4 条射线(图 2.5-10)。无论有多少反射和透射

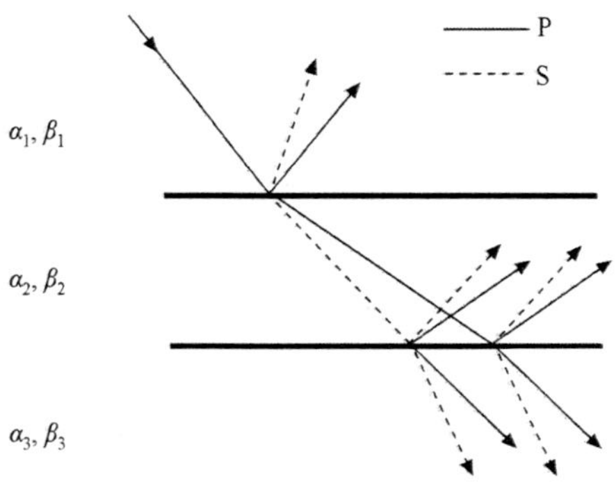

图 2.5-10 P 波入射到一系列水平层状介质时，在每个界面都会产生 4 种波：两种反射波和两种透射波。每一种波在遇到其他界面时也会产生 4 种波。以此类推。所有这些波的射线参数都是一样的，因此在边界上利用斯涅尔定律可以追踪它们的路径。

及波种类的转换，沿任何路径的 p 都是一样的。如果射线参数已知，利用该方法就可以追踪出射线路径。对于垂直入射的波，射线参数为 0，而视速度 c_x 为无穷大。

2.5.8　导波(waveguide)

斯涅尔定律是地震学最重要的工具之一。一般来说，速度随深度增加，地震波逐步靠近水平方向。最终达到最低点，然后转向向上传播，最后到达地表(图 1.1-3)。这样的射线路径可以用斯涅尔定律追踪，无论是多层介质还是波速随深度连续平滑变化的介质(详见 3.4 节)，在第二种介质中路径也是平滑的。射线路径和走时因此包含了速度和物质性质随深度变化的信息。

然而，在某些区域，波速随深度是减小的，比如高速介质之间存在一个低速层的情况(图 2.5-11 上图)。

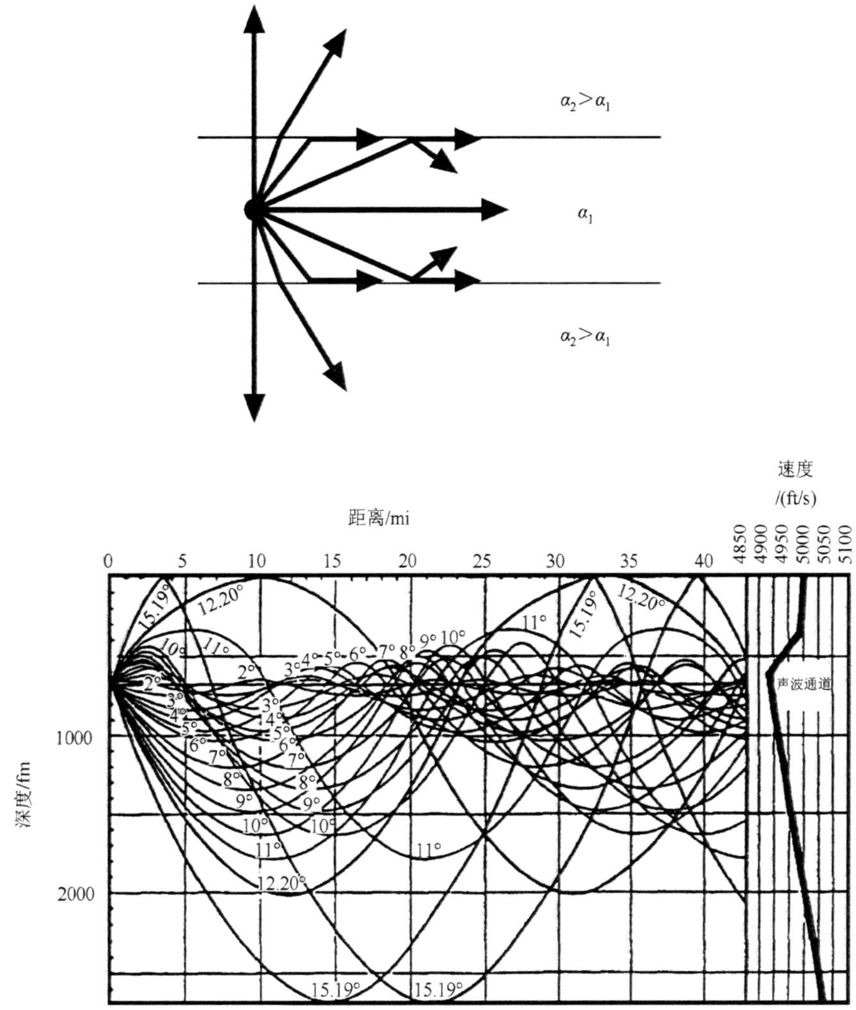

图 2.5-11　上图：高速介质中的低速层起到导波的作用。以超临界入射到低速层的两个界面上的射线被全反射，形成全内部反射。下图：声发层是海洋中的低速层(右)，它起到导波的作用。从该层中的震源所产生的地震射线路径的分布(左)可见波导现象。注意距离和速度为非国际单位。(Ewing et al.，1957)(注：1fm = 1.8288m)

如果地震波是在低速层中产生，总的内部反射会将地震能量中的大部分限制在低速管道以内。低速层起着波导[①]的作用。海洋中就存在这样的导波。海水中的声波速度与温度和压力成正比。深度越深，温度越低，压力越大，导致在 1000m 深处形成被称为 SOFAR 通道(声发层)的低速区域。声发层中产生的声波射线如果以与水平面呈 ±12° 的角度出射，那么所有射线均在管道中反射。由于速度连续平滑，所以射线是弯

① 类似地，光纤电缆利用高速介质将信号“包裹”在低速介质中进行传输。

曲的。声发层能非常有效地传递声波，所以可以在很远以外监测到爆炸、潜艇及鲸鱼活动等。声发层中的声波速度也可用于监测海水温度变化，以研究全球变暖。相似地，也可以利用在声发层中传播的地震波产生的T波震相研究地震(图2.5-12上图)。T波可以用水中检波器(hydrophone)监测到。如果T波传播到陆地上，也可以用地震计监测到。T波的振荡特性(图2.5-12下图)是由声发层中的内部反射造成的。在断层带中，由于其速度比周围岩石速度低也会形成导波。

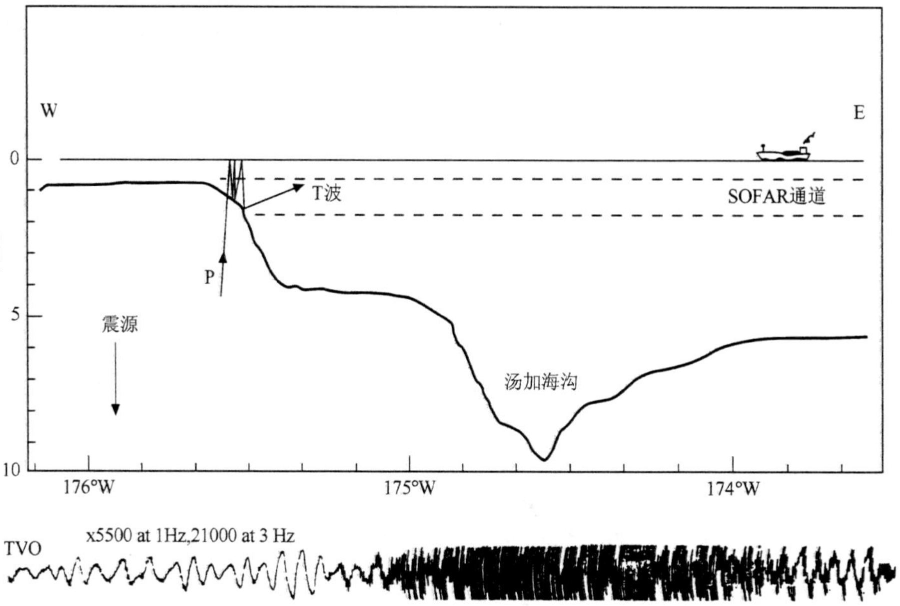

图 2.5-12 上图：地震产生的P波在洋底和洋面间多次反射最终被限制在声发层中，并以T波传播。下图：在Tahiti记录到的汤加(Tanga)地震产生的T波。振幅超过了地震计的增益，使得振幅被限幅。T波的高频振荡与体波和面波有明显区别。(Talandier and Okal, 1979，经美国地震学会授权转载)

2.5.9 费马原理(Fermat's principle)和几何射线理论(geometrical ray theory)

利用射线路径研究波传播的方法被称为几何射线理论。尽管该理论并不能完全描述波传播的所有方面，但它大大简化了分析方法，同时也是非常实用的近似处理，所以被广泛应用。

射线最直接的应用就是计算走时(travel time)，即射线路径的长度除以速度。因此，如果波的路径很复杂，总走时就是路径上每一段的走时之和。经过多层介质的射线的走时，每一段可能是P波，也可能是S波，可以利用每一层的射线长度及相应的速度计算得到。

该方法所基于的理论被称为费马原理。这是光波研究中得到的著名原理。费马原理可以表述为：两点之间的射线路径与相邻路径相比走时为极值(最小或最大)。最简单的例子是在均匀半空间中的两点，连接两点的直线的走时与其他邻近的路径相比最小(图2.5-13)。第二个与邻近路径相比走时最小的例子是满足斯涅尔定律的反射射线。直线对应于最小走时，反射射线对应于一个局部最小走时。

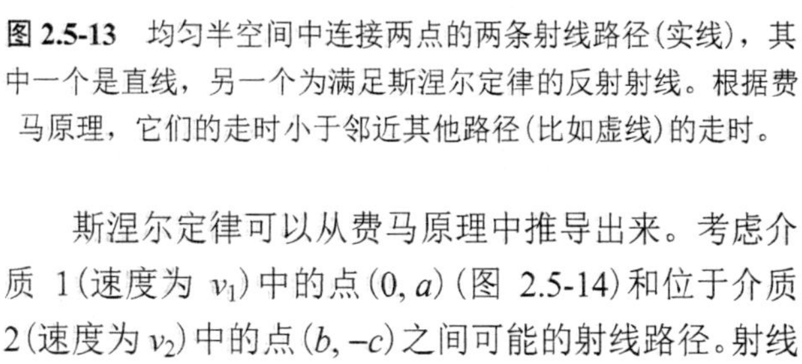

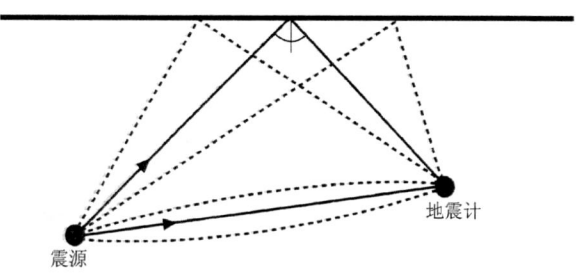

图 2.5-13 均匀半空间中连接两点的两条射线路径(实线)，其中一个是直线，另一个为满足斯涅尔定律的反射射线。根据费马原理，它们的走时小于邻近其他路径(比如虚线)的走时。

斯涅尔定律可以从费马原理中推导出来。考虑介质1(速度为v_1)中的点$(0, a)$(图2.5-14)和位于介质2(速度为v_2)中的点$(b, -c)$之间可能的射线路径。射线与界面的交点用$(x, 0)$表示。走时随x而变化：

$$T(x)=\frac{(a^2+x^2)^{1/2}}{v_1}+\frac{((b-x)^2+c^2)^{1/2}}{v_2} \quad (2.5\text{-}39)$$

走时为极值的路径对应的点就是对 x 导数为 0 的点：

$$\begin{aligned}\frac{\mathrm{d}T(x)}{\mathrm{d}x}&=\frac{x}{v_1(a^2+x^2)^{1/2}}-\frac{(b-x)}{v_2((b-x)^2+c^2)^{1/2}}\\&=\frac{\sin i_1}{v_1}-\frac{\sin i_2}{v_2}=0\end{aligned} \quad (2.5\text{-}40)$$

最后得到斯涅尔定律：

$$v_1/\sin i_1=v_2/\sin i_2 \quad (2.5\text{-}41)$$

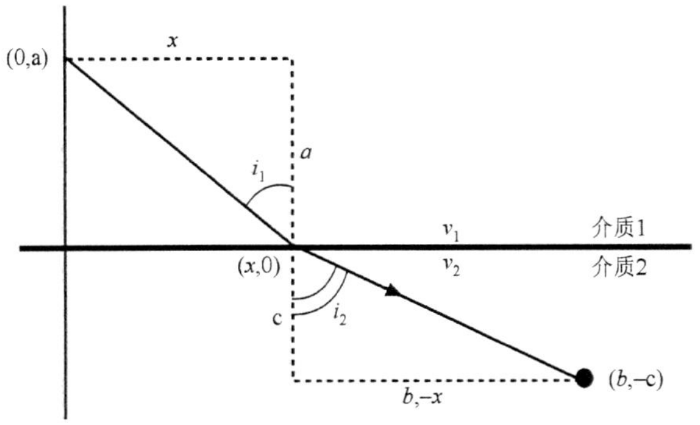

图 2.5-14 利用费马原理推导折射波的斯涅尔定律。连接位于界面两边的两点的射线路径为走时最小的路径。

在大多数地震学应用中，由于地震能量主要沿射线路径传播，所以由斯涅尔定律得到的射线路径及走时与观测基本一致。弹性运动方程的解描述地震能量的产生和传播，而几何射线理论仅仅是解的一种近似。因此，射线理论有两种局限。第一，它不能直接提供波动振幅的信息。因此，尽管通过射线理论推导出的斯涅尔定律可以得到反射波和透射波的角度，但只有通过波动理论才能找到其振幅。在一些情况下，利用射线追踪得到的射线密度来推断振幅（2.8.4 节、3.4.2 节、3.7.3 节）可以部分弥补这一局限。第二，也有一些波动现象无法用几何射线描述。

2.5.10 惠更斯原理（Huygens' principle）和散射（diffraction）

在一些情况下将传播的波视为几何射线无法解释观测到的一些现象。例如，波可能在地核产生弯曲或者散射并到达一些基于斯涅尔定律的射线不可能到达的区域。类似地，基于射线理论，当波以超临界入射到界面时没有透射地震波，但事实上能量的确会透射到界面另一边。要解决这些问题，需要明确地震能量是以波的形式传播。这些都是基于地震学和其他波现象研究的成果，特别是广泛研究的光波。

图 2.5-15 显示了惠更斯原理，它是研究波现象的一个重要方法。波前上的各点被视为惠更斯点源，并产生另一个波前，而这些波前增强干涉形成一个新的圆形波前，而在其他位置发生相消干涉。在三维空间，波前为球面状。

尽管点源（也称散射点）不一定有物理意义，但在某些情况下它们有确定的含义。例如，地震波会被地壳和地幔中的不均匀介质散射。因此，勘探地震学（3.3.7 节）中的偏移方法去掉了这种散射的影响。类似地，PKP 前驱波的能量被认为是源于地幔里的不均匀体产生的散射波。

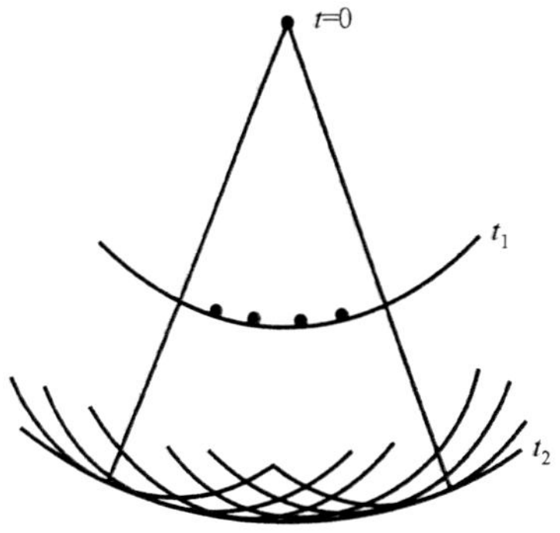

图 2.5-15 惠更斯原理示意图（改编自惠更斯 1690 年原稿）。将波前上的每一点视为一个点源可以产生新的圆形波前。［《光论》（*Treatise on Light*），惠更斯著，Thompson 译，Dover，New York］

惠更斯原理为前面讨论的现象提供了一种新的思考方式。它解释了为什么直线波前会产生下一个直线波前（图 2.5-16），它也提供了一种新的推导斯涅尔定律的方法。如图 2.5-17 所示，介质 1 中的波前 A-A'入射到与介质 2 的边界上。当波前到达 A 点时，能量开始向外辐射，如果波在介质 2 中的速度更低，那么介质 2 中的圆形波前的半径会更小。类似地，当波前到达界面上的另一点 B 时，不同半径的圆形波前在两个介质中传播。当最初的波前到达 C 点时，所有介质 1 中的圆形波前的公共切线形成反射平面波前，而在介质 2 中形成折射波前。波传播方向，即平面波前法向满足斯涅尔定律。所以可以从三个角度理解斯涅尔定律、惠更斯原理、费马原理（2.5.9 节），以及满足边界条件的平面波解（2.5.4 节）。每种方法从不同角度体现反射和折射现象。

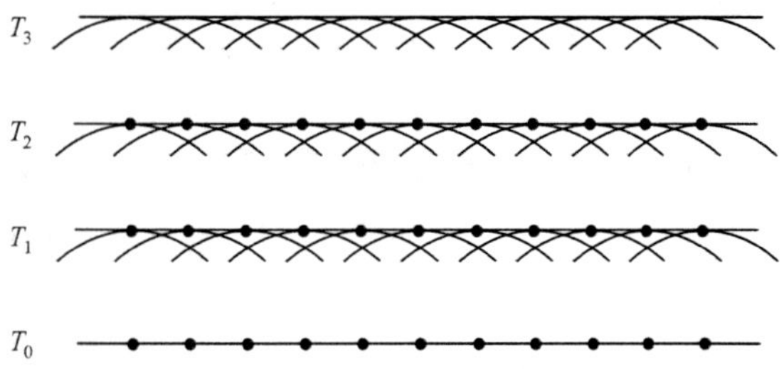

图 2.5-16 直线波前的惠更斯原理示意图。在前一个波前上的每一点上画一个圆形波前，画出这些波前的切线，就形成连续的一系列波前。假定圆形波前在其他位置上相消干涉。

惠更斯原理可以很好地解释散射现象：即波遇到障碍物时会发生弯曲。尽管散射非常复杂，简单的裂缝实验(图 2.5-18 左上图)可以深入地展示其本质。假定平面波前由一系列惠更斯源组成，那么透射波场可以被视为所有源产生的波的叠加。在裂缝前方，所有源的结合产生透射的平面波前。另外，能量也向两边传播并在边角处可以被检测到，尽管没有几何射线可以到达。一个类似的现象是，剪切波虽然不能通过液态外核，但可以在核-幔边界散射(3.5.2 节)。

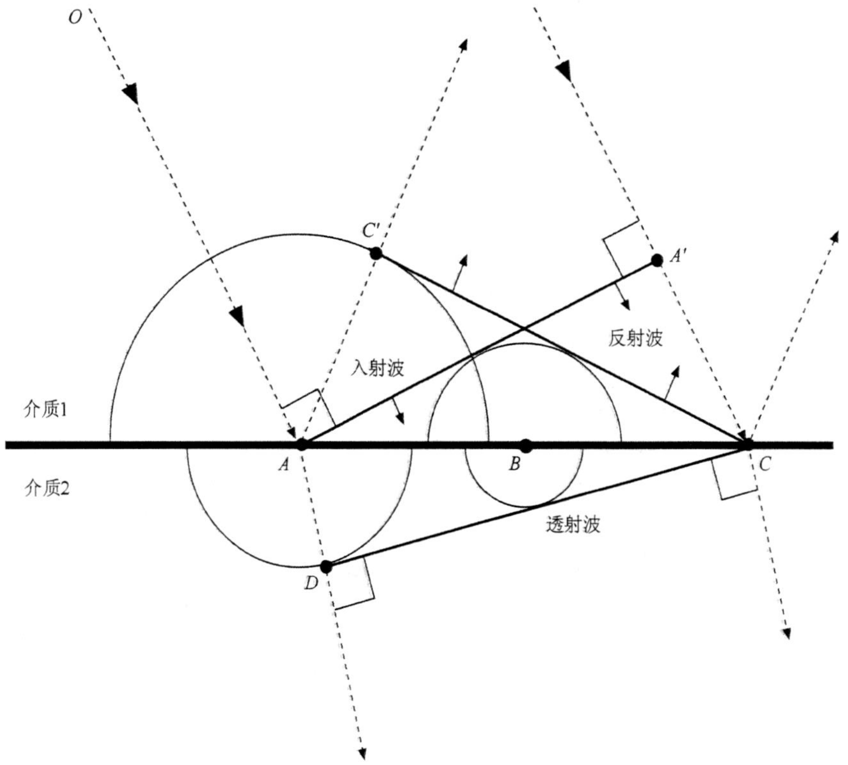

图 2.5-17 利用惠更斯原理推导斯涅尔定律。入射的平面波前 A-A'与界面作用，惠更斯源形成一个反射的波前 C-C'和透射波前 C-D。因为圆形波前的半径与每个介质中波的速度成正比，入射波(O-A)、反射波(A-C')和透射波(A-D)的角度满足斯涅尔定律。

尽管计算散射波的振幅超出了惠更斯原理的范畴，图 2.5-18 左下图显示了振幅的重要特征。假定裂缝的宽度为 d，如果路径差等于半个波长，裂缝两边的散射波在观测距离为 D 的地方会有 90°的相位差，并发生相消干涉①，因此距裂缝中心点的距离为 x_0，或者角度为 θ 的波的振幅为 0。根据这一条件：

$$\lambda / 2 = d \sin\theta \approx dx_0 / D \qquad (2.5\text{-}42)$$

假定 $D \gg d$ 。因此振幅从 $\theta = 0$ 时的最大值衰减到 $x_0 = \lambda D / 2d$ 时的 0。更复杂的分析②显示振幅变化函数为

$$(\sin\zeta)/\zeta, \quad 其中 \zeta = 2\pi dx / \lambda D \qquad (2.5\text{-}43)$$

如图 2.5-18 右上图所示，该函数中心主瓣宽度为 $2x_0$，并包括一系列振幅逐步减小的旁瓣。

裂缝实验显示了散射现象的基本性质，沿障碍物的散射与之在很多方面类似。散射现象的一个重要特征是它与波长密切相关。波长较长的散射振幅函数的瓣宽更大，因此更容易受散射的影响。例如，有时不

① 干涉和衍射是很接近的波传播现象，两者之间没有非常明确的界限。涉及少量震源的称为干涉，涉及大量震源的称为衍射。

② 该分析利用了傅里叶变换，函数 $(\sin\zeta)/\zeta$ 在傅里叶分析中很常见，参见 6.3 节。

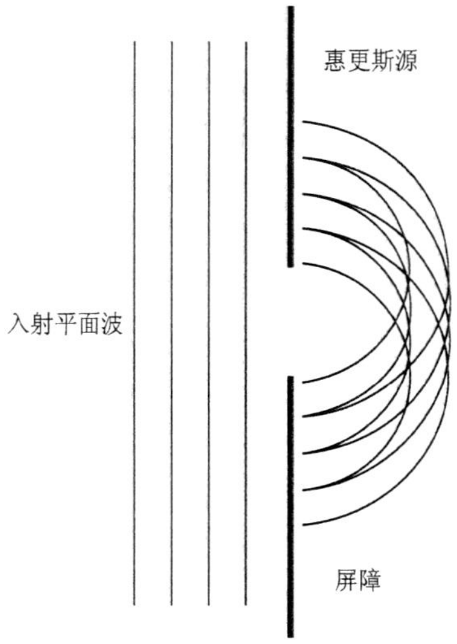

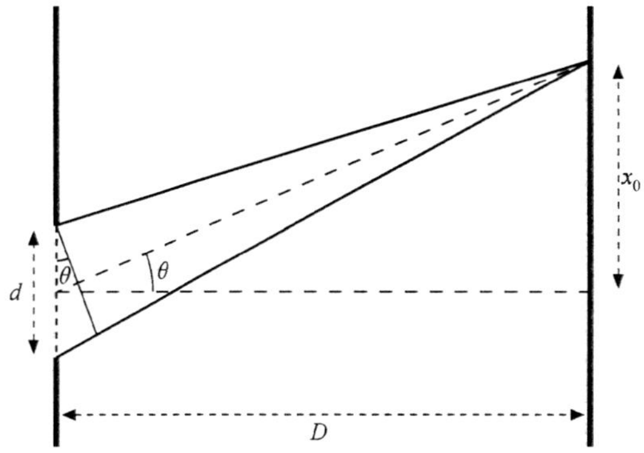

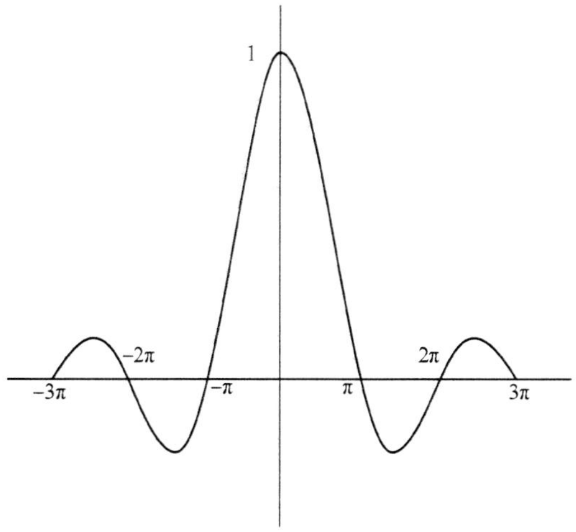

图 2.5-18　左上图：用惠更斯源显示波在裂缝处产生散射。由于边缘散射，能量可以到达几何射线无法抵达的区域(Klein and Furtak，1986，John Wiley & Sons，Inc.授权)。左下图：裂缝散射分析的几何示意图。裂缝宽度为 d，观测距离为 D。右上图：描述散射振幅的 $(\sin\zeta)/\zeta$ 函数，它包括一个中心主瓣和两边的旁瓣。

能看见关门，但是可以听见关门产生的声音。这是因为声波波长为 0.1m 左右，而可见光波波长为 10^{-7}m。类似地，从地核散射的地震波以低频成分为主。因此，波长越长，几何射线近似越不适用。

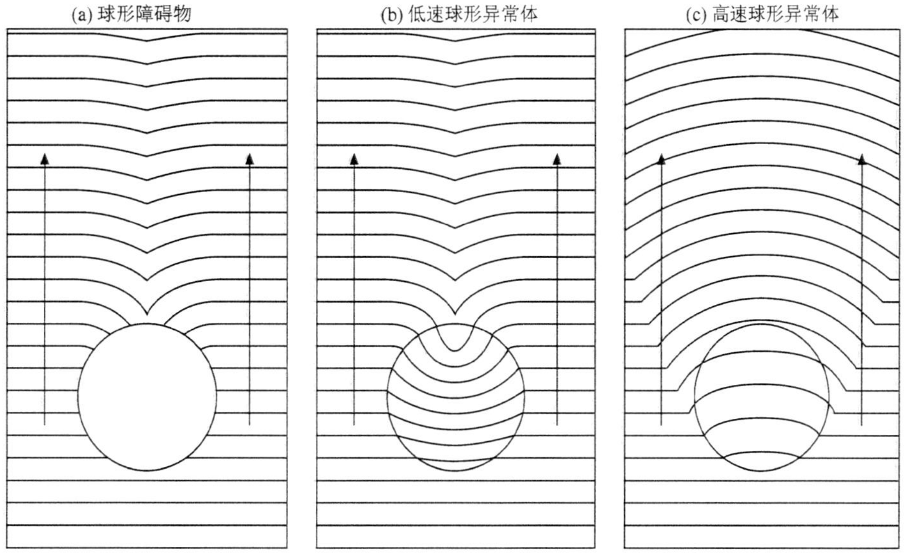

图 2.5-19　波与球形异常体的相互作用。(a)直线波前沿球形障碍物发生散射，如惠更斯原理所描述。图中显示了波前位置，但没有显示振幅。(b)平面波通过速度比环境介质低 30%的球形异常体的传播情况。波在异常体中变慢，同时沿异常体散射。通过障碍物以后，波前上的变化很小。这表明用地震波探测低速体的困难性。(c)平面波通过速度比环境介质高 50%的球形异常体的传播情况。总的波场速度增加，表明用地震波探测高速体是比较容易的。

更进一步，散射与波长和裂缝宽度的比率有关。如果裂缝宽度小于半波长，旁瓣消失。因此，如果障碍物宽度小于半个波长，入射波对它的结构细节不敏感。相反，如果裂缝宽度远大于波长，散射仅仅在边缘出现。如 3.3.7 节所述，反射图像显示仅仅在界面的端点会出现散射。

当波前遇到球形障碍物时［图 2.5-19(a)］会出现相似的现象。几何射线理论认为没有能量会出现在障碍物后面。因此波前上会出现空洞，而且不会闭合。现实中，波沿球面散射，并在球体后面闭合。连续的一系列波前显示为什么用地震方法很难探测障碍物或者低速体。通过球体之后，波前继续传播，两边的能量填充了波前上的缺口。当传播到一定距离，障碍物引起的延迟几乎无法观测到。这种过程被称为波形愈合(waveform annealing)，在通过低速异常体的波中也会出现［图 2.5-19(b)］，因此大部分能量由于边沿散射到达物体后面，而不是慢速地通过低速体。该现象也符合费马原理，因为散射波到达低速体后的时间最短。

这个例子从一定程度上解释了为什么地幔柱很难用地震方法观测到。地幔柱从深部地幔向上涌，并被认为是夏威夷这样的岛链产生的主要原因。地震波前遇到狭窄的高温低速物质通道时沿管道发生散射，以至于延时非常小。相反，高速异常体很容易用地震波探测到。因此地震学很适用于探测俯冲板块(5.4 节)，因为低温物质的速度较高。图 2.5-19(c)显示了该效应。该例子中包括一个高速的球形异常体。根据费马原理，穿过球体的路径时间走时最短。根据惠更斯原理，通过高速球体的波前走得更快，并横向扩散，最后超过波前的其他部分。波前不再为平面状，而看起来更像是从点源产生的波。

以上分析描述了散射的基本特征，但没有涉及振幅信息。尽管图 2.5-19 中波前沿球体散射后振幅降低，但是振幅衰减不能从惠更斯原理推导出。进一步研究需要利用惠更斯原理的扩展，即所谓的基尔霍夫积分(Kirchhoff integral)。该部分内容超出了本课程范围。

2.6 平面波反射和透射系数

2.6.1 简介

地震波在地下传播经过不同类型的界面时，其物理参数在较短距离内会有一定变化(图 2.6-1)。例如地球表面是一个自由界面，海底是一个固-液界面。速度和密度的不同产生固-固界面，如莫霍面，它为地壳和地幔(3.2 节)的分界面。上下地幔之间速度变化剧烈的过渡带(3.5 节)在很多情况下也可以视为固-固界面。核-幔边界是固体地幔和流体外核之间的界面，而外核的底部是固体内核的界面。我们对这些界面的认识几乎全部依赖于它们对地震波传播的影响。

上一节导出了斯涅尔定律。该定律表明波在存在速度差异的界面上会发生弯曲。本节讨论反射波和透射波的振幅。首先考虑两个简单的例子：SH 波入射到任意边界上以及 P-SV 波入射到自由界面上的情况。根据类似分析可以得到 P-SV 波在固-固界面上的反射和透射。实际上尽管透射和反射角(及相应的射线路径和走时)只依赖于速度，但振幅对弹性常数的依赖却非常复杂。总之，地震波振幅比走时含有更多的信息，对研究地球内部结构有很高的价值。

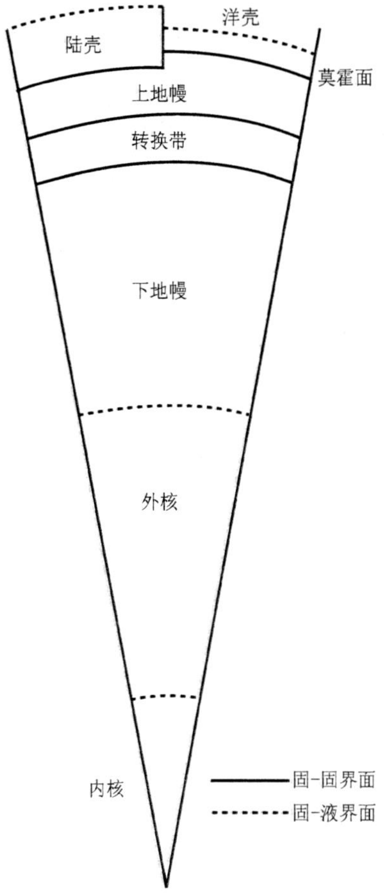

图 2.6-1 影响地震波在地下传播的几个主要界面。(纵横向不成比例)

2.6.2 SH 波的反射和透射系数

首先考虑SH波在水平界面上的反射和透射。图2.6-2显示在 x-z 平面传播的 SH 波入射到以 x-y 面为界面的边界面上。边界两边介质的剪切速度、刚度和密度分别为 β_i、μ_i 和 ρ_i。对于 SH 波，唯一非零位移分量为 u_y，且满足波动方程(2.5-12)，同时需要给出边界两侧的平面谐波位移。因为 $+z$ 定义为向下，指数项 $-k_x r_{\beta_i} z$ 代表介质 i 中的下行波，指数项 $+k_x r_{\beta_i} z$ 代表上行波。在介质 1 中 $(z<0)$ 存在振幅为 B_1 的下行入射波和振幅为 B_2 的上行反射波：

$$\begin{aligned} u_y^-(x,z,t) &= B_1 \exp(\mathrm{i}(\omega t - k_x x - k_x r_{\beta_1} z)) \\ &\quad + B_2 \exp(\mathrm{i}(\omega t - k_x x + k_x r_{\beta_1} z)) \end{aligned} \tag{2.6-1}$$

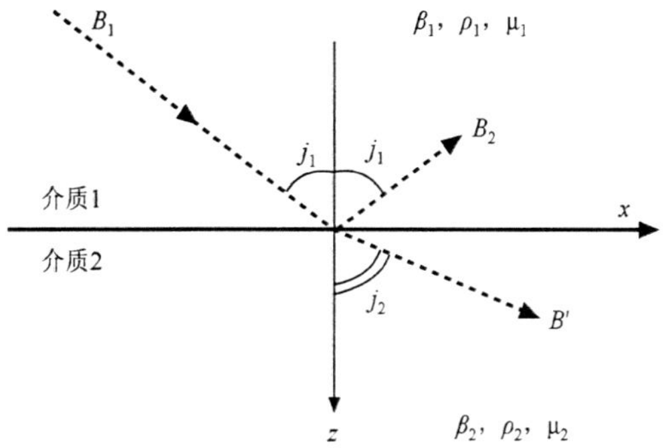

图 2.6-2　SH 波通过固-固界面从介质 1 入射进入介质 2。B_1、B_2 和 B' 是入射波、反射波和透射波对应的振幅。位移在 y 轴方向。

在介质 2 中 $(z>0)$ 只有振幅为 B' 的透射波：

$$u_y^+(x,z,t) = B' \exp(\mathrm{i}(\omega t - k_x x - k_x r_{\beta_2} z)) \tag{2.6-2}$$

要求解振幅需要利用固-固界面边界条件（2.3.10 节）：位移和应力矢量在界面上对于任意 x 和 t 都连续。在位移连续的条件下：

$$\begin{aligned} & u_y^-(x,0,t) = u_y^+(x,0,t), \\ & (B_1 + B_2)\exp(\mathrm{i}(\omega t - k_x x)) = B' \exp(\mathrm{i}(\omega t - k_x x)) \end{aligned} \tag{2.6-3}$$

在推导斯涅尔定律时，发现 $\omega t - k_x x$ 对这三种波均相同，消除指数项，则振幅满足以下条件：

$$B_1 + B_2 = B' \tag{2.6-4}$$

另外要求应力矢量 $T_i = \sigma_{ij} n_j$，在界面连续。因为界面的单位法向量是 $(0, 0, 1)$，应力分量 σ_{xz}、σ_{yz}、σ_{zz} 是连续的。对于 SH 波，u_x 和 u_z 是零，所以 $\sigma_{xz} = \sigma_{zz} = 0$，而 σ_{yz} 是连续的。则有

$$\sigma_{yz} = 2\mu e_{yz} = \mu\left(\frac{\partial u_y}{\partial z} + \frac{\partial u_z}{\partial y}\right) = \mu \frac{\partial u_y}{\partial z} \tag{2.6-5}$$

当上下表面无限接近界面 $z=0$ 时，应力满足：

$$\begin{aligned} & \sigma_{yz}^-(x,0,t) = \sigma_{yz}^+(x,0,t) \\ & \qquad \mu_1 \mathrm{i} k_x r_{\beta_1} (B_2 - B_1) \exp(\mathrm{i}(\omega t - k_x x)) \\ & \qquad = -\mu_2 \mathrm{i} k_x r_{\beta_2} B' \exp(\mathrm{i}(\omega t - k_x x)) \end{aligned} \tag{2.6-6}$$

消除两边共同项，得到第二个条件：

$$(B_1 - B_2) = B'(\mu_2 r_{\beta_2}) / (\mu_1 r_{\beta_1}) \tag{2.6-7}$$

联合式 (2.6-4) 和式 (2.6-7) 求解反射波和透射波的振幅。首先消除 B_2 得到透射系数：

$$T_{12} = \frac{B'}{B_1} = \frac{2\mu_1 r_{\beta_1}}{\mu_1 r_{\beta_1} + \mu_2 r_{\beta_2}} \tag{2.6-8}$$

即介质 2 中透射波振幅与介质 1 中入射波振幅的比值。类似地，从式 (2.6-4) 和式 (2.6-7) 中消除 B' 得到反射系数：

$$R_{12} = \frac{B_2}{B_1} = \frac{\mu_1 r_{\beta_1} - \mu_2 r_{\beta_2}}{\mu_1 r_{\beta_1} + \mu_2 r_{\beta_2}} \tag{2.6-9}$$

即介质 1 中反射与入射波振幅之比。

反射和透射系数取决于入射角，由方程 (2.5-38) 得

$$r_{\beta_i} = c_x \cos j_i / \beta_i \tag{2.6-10}$$

因此，利用式 (2.6-10) 及 S 波速度定义，$\mu_i = \rho_i \beta_i^2$，反射和透射系数可以写成：

$$\begin{aligned} T_{12} &= \frac{2\rho_1\beta_1 \cos j_1}{\rho_1\beta_1 \cos j_1 + \rho_2\beta_2 \cos j_2}, \\ R_{12} &= \frac{\rho_1\beta_1 \cos j_1 - \rho_2\beta_2 \cos j_2}{\rho_1\beta_1 \cos j_1 + \rho_2\beta_2 \cos j_2} \end{aligned} \tag{2.6-11}$$

因此反射和透射系数取决于阻抗 $\rho_i\beta_i$，类似于弦波（2.2.3 节）。和一维弦波相比，反射和透射系数在三维情况下与入射角度有关。如果将上下介质互换，反射系数的极性反转，$R_{12}=-R_{21}$，而透射系数满足 $T_{12} + T_{21} = 2$。由位移连续条件［式 (2.6-3)］可得 $1 + R_{12} = T_{12}$。阻抗差异大时反射能量更强，而阻抗差异小时透射能量更强。当两边介质完全一样时没有反射 $(R_{12} = 0)$，只有透射波 $(T_{12} = 1)$。

SH 波入射到地表自由界面会产生一个有趣的效应。由于 $\beta_2 = 0$，无论入射角是多少，反射系数都为 1，即反射位移和上行波相等。这种现象在固-液界面也存在，例如海底或者核-幔边界，这些边界对 SH 波来说是自由界面，因为 SH 波不能在液体中传播。

反射系数和透射系数在垂直入射时的特殊形式为 $(j_1 = j_2 = 0)$：

$$T_{12} = \frac{2\rho_1\beta_1}{\rho_1\beta_1 + \rho_2\beta_2}, \quad R_{12} = \frac{\rho_1\beta_1 - \rho_2\beta_2}{\rho_1\beta_1 + \rho_2\beta_2} \tag{2.6-12}$$

这种垂直入射的形式方便记忆且可以作为一些非垂直入射的近似。

透射和反射系数依赖于界面两边密度和速度的差异，而波的角度仅取决于速度，这使得振幅在弹性介质研究中具有独特价值。虽然每种介质有三种相关的

参数 β_i、μ_i 和 ρ_i，但只有两个是独立的，因为速度取决于刚度和密度。例如，如果认为速度和刚度是独立的，入射角和反射角提供了速度的信息，振幅提供了刚度信息。

2.6.3 反射和透射 SH 波的能量通量(energy flux)

在一些情况下透射系数会大于 1。例如，当 SH 波以临界角入射到一个高速介质时，透射波沿界面($j_2=90°$)传播，利用式(2.6-11)计算出透射系数为 2。在弦波中(2.2.4 节)，这种令人费解的现象可以通过研究入射波能量在反射和透射波之间分配得以解释。

如 2.4.5 节所述，在传播方向上，SH 平面谐波 $u(x,t)=A\cos(\omega t-kx)$ 单位波前的能量通量是能量密度和速度的乘积：

$$\dot{E}=A^2\omega^2\rho\beta/2 \tag{2.6-13}$$

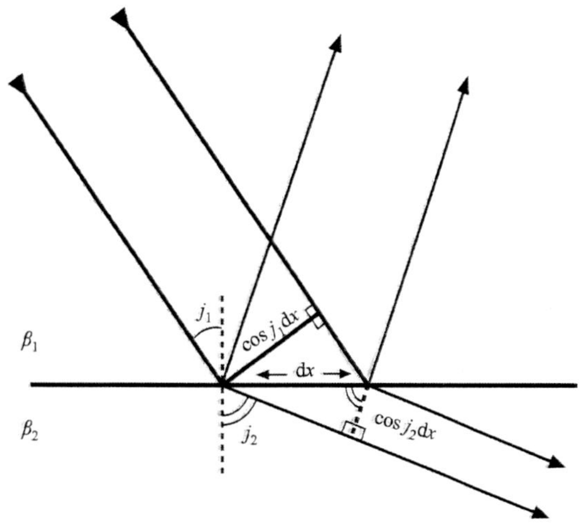

图 2.6-3 在长度为 dx 的界面微元上，对能量通量有贡献的入射波，反射波和透射波的波前长度。

因为界面上没有能量积累，在长度为 dx 的界面上，入射波能量通量(界面上增加的能量)等于反射和透射波的能量(从界面失去的能量)。对入射能量有贡献的波前长度依赖于入射角。图 2.6-3 显示入射和反射波相关长度为 $\cos j_1 dx$，透射波为 $\cos j_2 dx$。因此，对于单位振幅的入射波，入射波、反射波、透射波的能量通量为

$$\begin{aligned}\dot{E}_1&=\omega^2\rho_1\beta_1\cos j_1 dx/2,\\ \dot{E}_R&=R_{12}^2\omega^2\rho_1\beta_1\cos j_1 dx/2,\\ \dot{E}_T&=T_{12}^2\omega^2\rho_2\beta_2\cos j_2 dx/2\end{aligned} \tag{2.6-14}$$

所有波满足能量守恒：

$$\dot{E}_1=\dot{E}_R+\dot{E}_T \tag{2.6-15}$$

对该问题的证明留作本章末的问题。透射和反射能量通量与入射能量通量之比为

$$\frac{\dot{E}_R}{\dot{E}_1}=R_{12}^2,\quad \frac{\dot{E}_T}{\dot{E}_1}=T_{12}^2\frac{\rho_2\beta_2\cos j_2}{\rho_1\beta_1\cos j_1} \tag{2.6-16}$$

因为能量比与振幅平方成正比，小振幅代表非常小能量。例如，$R_{12}=0.1$ 的反射波与入射波的能量比为 $\dot{E}_R/\dot{E}_1=0.01$。

要分析角度依赖关系，考虑介质 $\beta_1=3.9\text{km/s}$，$\rho_1=2.8\text{g/cm}^3$ 和 $\beta_2=4.6\text{km/s}$，$\rho_2=3.3\text{g/cm}^3$ 之间的界面(近似于大陆莫霍面)。图 2.6-4 显示了反射、透射系数和能量通量比随入射角(垂直入射到临界角 58°之间)的变化情况。能量通量比率之总和为 1，所以，如果反射能量增加，透射能量则减少。

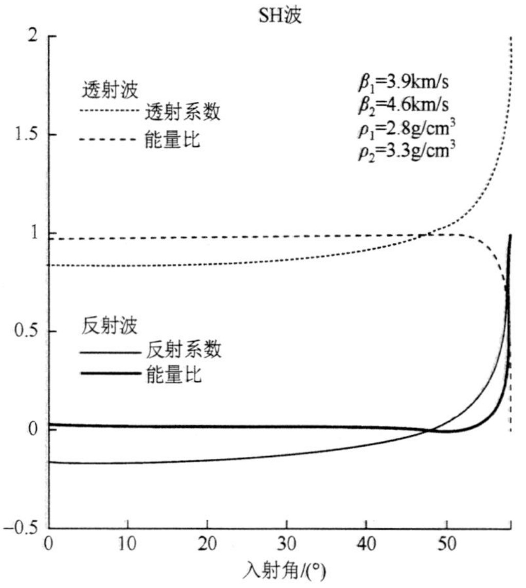

图 2.6-4 SH 波入射到固-固界面上，位移的反射和透射系数，以及反射和透射能量通量之比随入射波的角度变化情况。临界角为 58°。

对于垂直入射和大多数小于临界角的入射波，大部分能量被透射。在这个范围内，垂直入射的反射和透射系数和能量通量比率可以作为非垂直入射的近似。临界角附近的情况说明了考虑能量以及反射和透射系数的重要性。对于入射角接近临界角时，透射系数趋近于 2，但是波前因子 $\cos j_2$ 趋近 0，所以透射波的能量消失，全部能量被反射①。

2.6.4 超临界入射的 SH 波

在入射角大于临界角时，透射和反射波会变得不

① 波的入射角度和振幅可用一个简单的光束实验来演示(Klosko et al., 2000)。

同。根据斯涅尔定律：

$$c_x = \beta_1 / \sin j_1 = \beta_2 / \sin j_2 \qquad (2.6\text{-}17)$$

入射角小于临界角时，视速度超过介质 2 中的速度 β_2；入射角等于临界角时，$\sin j_2 = 1$，视速度等于 β_2；入射角大于临界角时，$\sin j_1 > \sin j_c$，所以视速度 $c_x = \beta_1 / \sin j_1$ 小于 $\beta_1 / \sin j_c = \beta_2$。

为了理解透射波的视速度小于介质 2 的速度的情况，回顾透射波的定义［式(2.6-2)］：

$$u_y^+(x,z,t) = B' \exp(\mathrm{i}(\omega t - k_x x - k_x r_{\beta_2} z)) \qquad (2.6\text{-}18)$$

如果 $c_x < \beta_2$，式(2.6-18)中的值：

$$r_{\beta_2} = (c_x^2 / \beta_2^2 - 1)^{\frac{1}{2}} \qquad (2.6\text{-}19)$$

为虚数，则波数的 z 分量 $k_x r_{\beta_2}$ 也为虚数，所以式(2.6-18)不再代表在 $+z$ 方向传播的平面波。负数的平方根有两个可能的符号，定义符号：

$$r_{\beta_2} = -ir_{\beta_2}^*,\ \ r_{\beta_2}^* = (1 - c_x^2 / \beta_2^2)^{\frac{1}{2}} \qquad (2.6\text{-}20)$$

因此位移中的 z 项为

$$\exp(-\mathrm{i}k_x r_{\beta_2} z) = \exp(-k_x r_{\beta_2}^* z) \qquad (2.6\text{-}21)$$

在介质 2 中该项从界面向下 $z \to \infty$ 时以指数衰减。因此，透射波不再是一个传播波，而是一个局限在界面附近的消散波或被称为不均匀波(inhomogeneous wave)。在式(2.6-20)中取负号是为了满足辐射边界条件。因为取正号时位移随深度的增加($z \to \infty$)而增加，这意味着能量是在无穷远处产生，而这不符合实际情况。

入射角超过临界角时，反射系数成为复数，反射波也受此影响。使用式(2.6-20)可以得到：

$$R_{12} = \frac{\mu_1 r_{\beta_1} + \mathrm{i}\mu_2 r_{\beta_2}^*}{\mu_1 r_{\beta_1} - \mathrm{i}\mu_2 r_{\beta_2}^*} \qquad (2.6\text{-}22)$$

这是一个复数与其共轭复数之比值，所以反射系数的大小是 1，但是存在一个 2ε 的相位变化：

$$R_{12} = e^{\mathrm{i}2\varepsilon},\ \ \varepsilon = \tan^{-1} \frac{\mu_2 r_{\beta_2}^*}{\mu_1 r_{\beta_1}} \qquad (2.6\text{-}23)$$

这个相位差依赖于入射角。在临界角入射，$c_x = \beta_2$，所以 $\gamma_{\beta_2}^* = 0$，$\varepsilon = 0°$；当入射角继续增加超过临界角，ε 增加。直到平行界面入射 $j_1 = 90°$，这时 $c_x = \beta_1$，$\gamma_{\beta_1} = 0$，$\varepsilon = 90°$。而 90°的相位变化使正弦波变成余弦波，反之亦然。180°的相位变化相当于乘−1。如果入射波是由多种不同频率组成，相位变化会影响每个频率，所以反射波可以通过傅里叶变换计算。图 2.6-5 显示反射波在不同相移时的形状。

2.6.5 自由界面上的 P-SV 波

由于涉及波类型的转换，P-SV 系统反射和透射波振幅的确定更加复杂。考虑一个简单的例子：平面简谐 P 波入射到自由界面产生反射 P 波和 SV 波(图 2.6-6)。为了确定振幅，使用 P 波和 SV 波的势函数(与 SH 波直接使用振幅有所不同)，找到满足自由界面边界条件的振幅。

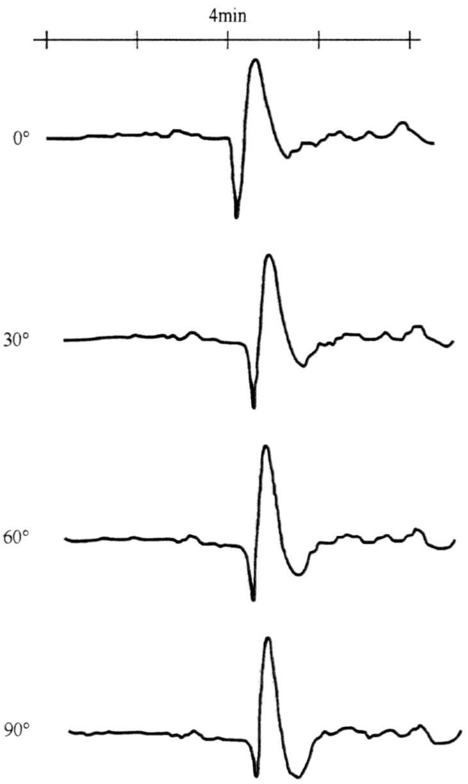

图 2.6-5 相位变化对地震波形的影响(Choy and Richards，1975 年，版权归美国地震学会所有)。

考虑两个波的标量势函数：上行入射 P 波和下行反射 P 波：

$$\phi_1(x,z,t) + \phi_R(x,z,t) = A_1 \exp(\mathrm{i}(\omega t - k_x x + k_x r_\alpha z)) + A_2 \exp(\mathrm{i}(\omega t - k_x x - k_x r_\alpha z)) \qquad (2.6\text{-}24)$$

振幅为 B_2 的下行反射 SV 波用矢量势 y 分量表示为

$$\psi_R(x,z,t) = B_2 \exp(\mathrm{i}(\omega t - k_x x - k_x r_\beta z)) \qquad (2.6\text{-}25)$$

使用式(2.5-5)，两个非零位移分量由 P 波和 SV 波的势能的组合给出：

$$u_x = \frac{\partial \phi}{\partial x} - \frac{\partial \psi}{\partial z},$$
$$u_z = \frac{\partial \phi}{\partial z} + \frac{\partial \psi}{\partial x} \tag{2.6-26}$$

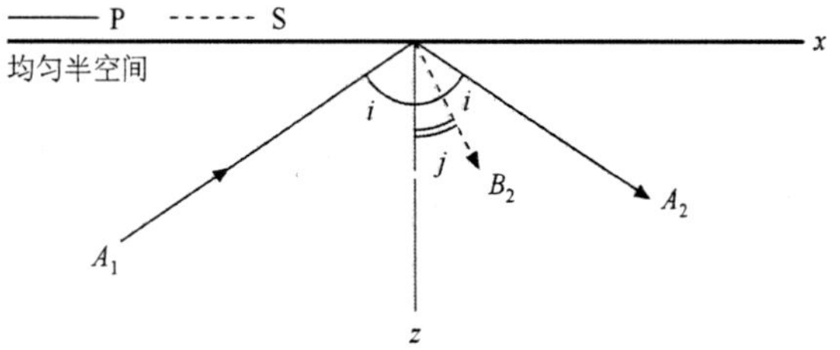

图 2.6-6 P 波从半空间入射到自由表面。A_1、A_2和 B_2是入射 P 波、反射 P 波和反射 SV 波的振幅。

在自由表面处应力矢量为 0，因此应力分量σ_{xz}、σ_{yz}、σ_{zz}对所有的 x 和 t 求导也是 0。σ_{yz} 对 P-SV 系统本身为 0。使用式(2.6-26)，用势函数表达的其他两个应力分量为

$$\sigma_{xz} = 2\mu e_{xz} = \mu\left(\frac{\partial u_x}{\partial z} + \frac{\partial u_z}{\partial x}\right) = \mu\left(2\frac{\partial^2 \phi}{\partial x \partial z} + \frac{\partial^2 \psi}{\partial x^2} - \frac{\partial^2 \psi}{\partial z^2}\right),$$
$$\sigma_{zz} = \lambda\theta + 2\mu e_{zz} = \lambda\left(\frac{\partial^2 \phi}{\partial x^2} + \frac{\partial^2 \phi}{\partial z^2}\right) + 2\mu\left(\frac{\partial^2 \phi}{\partial z^2} + \frac{\partial^2 \psi}{\partial x \partial z}\right) \tag{2.6-27}$$

然后将式(2.6-24)和式(2.6-25)代入式(2.6-27)并令 $z=0$：

$$\sigma_{xz}(x,0,t) = 0 = \mu[2r_\alpha(A_1 - A_2) + (r_\beta^2 - 1)B_2]k_x^2 \exp[\mathrm{i}(\omega t - k_x x)],$$
$$\sigma_{zz}(x,0,t) = 0 = -[\lambda(1 + r_\alpha^2)(A_1 + A_2) + 2\mu(r_\alpha^2(A_1 + A_2) + r_\beta B_2)]k_x^2 \exp[\mathrm{i}(\omega t - k_x x)] \tag{2.6-28}$$

重组各项表明，反射 P 波和 SV 波的振幅同入射 P 波的振幅比率可以通过求解以下两式得出：

$$2r_\alpha \frac{A_2}{A_1} + (1 - r_\beta^2)\frac{B_2}{A_1} = 2r_\alpha \tag{2.6-29}$$

$$[(\lambda + 2\mu)(1 + r_\alpha^2) - 2\mu]\frac{A_2}{A_1} + 2\mu r_\beta \frac{B_2}{A_1} = 2\mu - (\lambda + 2\mu)(1 + r_\alpha^2) \tag{2.6-30}$$

因为$(1 + r_\alpha^2) = (c_x^2 / \alpha^2) = c_x^2 \rho / (\lambda + 2\mu)$，式(2.6-30)可以简化为

$$(c_x^2 \rho - 2\mu)\frac{A_2}{A_1} + 2\mu r_\beta \frac{B_2}{A_1} = 2\mu - c_x^2 \rho \tag{2.6-31}$$

使用 $(1 + r_\beta^2) = (c_x^2 / \beta^2) = c_x^2 \rho / \mu$，求解式(2.6-29)和式(2.6-31)得到振幅比：

$$R_{\mathrm{P}} = \frac{A_2}{A_1} = \frac{4r_\alpha r_\beta - (r_\beta^2 - 1)^2}{4r_\alpha r_\beta + (r_\beta^2 - 1)^2},$$
$$R_{\mathrm{SV}} = \frac{B_2}{A_1} = \frac{4r_\alpha(1 - r_\beta^2)}{4r_\alpha r_\beta + (r_\beta^2 - 1)^2} \tag{2.6-32}$$

式(2.6-32)也可以写成其他形式，如：

$$R_{\mathrm{P}} = \frac{A_2}{A_1} = \frac{4p^2\eta_\alpha\eta_\beta - (\eta_\beta^2 - p^2)^2}{4p^2\eta_\alpha\eta_\beta + (\eta_\beta^2 - p^2)^2},$$
$$R_{\mathrm{SV}} = \frac{B_2}{A_1} = \frac{4p^2\eta_\alpha(p^2 - \eta_\beta^2)}{4p^2\eta_\alpha\eta_\beta + (\eta_\beta^2 - p^2)^2} \tag{2.6-33}$$

P 波垂直入射时上述形式比较直观，因为垂直慢度是$\eta_\alpha = 1/\alpha$和$\eta_\beta = 1/\beta$，r_α和r_β为无穷［式(2.5-36)］。

上述振幅比是 P 波和 SV 波势的反射系数，由反射 P 波和 SV 波产生。垂直入射时射线参数 p 为零，式(2.6-33)显示了两个有趣的特点：第一，入射 P 波不会转换成反射 SV 波($B_2 = 0$)。第二，反射 P 波是反向的，因为 $A_2/A_1=-1$。这些效应也发生在 P 波平行界面入射 $i = 90°$时，此时 η_α 是 0。

入射 P 波和反射 P 波、SV 波的位移振幅比可以从势函数中推导出，由式(2.6-26)得

$$\text{入射P：} (u_x, u_z)_{\mathrm{PI}} = (-\mathrm{i}k_x, \mathrm{i}k_x r_\alpha)\phi_1,$$
$$\text{反射P：} (u_x, u_z)_{\mathrm{PR}} = (-\mathrm{i}k_x, -\mathrm{i}k_x r_\alpha)\phi_{\mathrm{R}}, \tag{2.6-34}$$
$$\text{反射SV：} (u_x, u_z)_{\mathrm{SR}} = (\mathrm{i}k_x r_\beta, -\mathrm{i}k_x)\psi_{\mathrm{R}}$$

由于位移是实数，可以取复数的实部或者复数与其共轭相加得到。

利用式(2.6-34)，位移振幅的任意分量可以从波势的反射和透射系数求得。反射和透射系数的位移比与波势比相差一个符号或者一个比例因子。考虑位移之比，因为 P 波和 SV 波的波矢量分量满足：

$$k_\alpha = [k_x^2 + (k_x r_\alpha)^2]^{1/2} = \omega / \alpha,$$
$$k_\beta = [k_x^2 + (k_x r_\beta)^2]^{1/2} = \omega / \beta \tag{2.6-35}$$

反射和入射 P 波的位移之比是

$$\frac{|u|_{\mathrm{PR}}}{|u|_{\mathrm{PI}}} = \frac{k_\alpha |\phi_{\mathrm{R}}|}{k_\alpha |\phi_1|} = \frac{|A_2|}{|A_1|} \tag{2.6-36}$$

反射 SV 波和入射 P 波位移之比是

$$\frac{|u|_{\mathrm{SR}}}{|u|_{\mathrm{PI}}} = \frac{k_\beta |\psi_{\mathrm{R}}|}{k_\alpha |\phi_1|} = \frac{\alpha |B_2|}{\beta |A_1|} \tag{2.6-37}$$

进一步思考入射波的能量在两种反射波之间的分配。从式(2.4-65)可以得到一个平面简谐 P 波在其传播方向的能量通量为：

$$\dot{E}=A^2\omega^2k_\alpha^2\rho\alpha/2 \tag{2.6-38}$$

而 SV 波结果类似。长度为 dx 的自由界面微元，对其能量有贡献的 P 波波前长度(图 2.6-7)是 cos idx，S 波波前长度是 cos jdx。因此入射 P 波、反射 P 波、反射 SV 波的能通量是

$$\begin{aligned}\dot{E}_{\mathrm{PI}}&=A_1^2\omega^2k_\alpha^2\rho\alpha\cos i\mathrm{d}x/2,\\ \dot{E}_{\mathrm{PR}}&=A_2^2\omega^2k_\alpha^2\rho\alpha\cos i\mathrm{d}x/2,\\ \dot{E}_{\mathrm{SR}}&=B_2^2\omega^2k_\beta^2\rho\beta\cos j\mathrm{d}x/2\end{aligned} \tag{2.6-39}$$

所以反射能通量和入射能通量的比值为

$$\begin{aligned}\frac{\dot{E}_{\mathrm{PR}}}{\dot{E}_{\mathrm{PI}}}&=\left(\frac{A_2}{A_1}\right)^2,\\ \frac{\dot{E}_{\mathrm{SR}}}{\dot{E}_{\mathrm{PI}}}&=\left(\frac{B_2}{A_1}\right)^2\frac{\alpha\cos j}{\beta\cos i}=\left(\frac{B_2}{A_1}\right)^2\frac{\eta_\beta}{\eta_\alpha}\end{aligned} \tag{2.6-40}$$

因为能量不能积累在自由界面上，上述比值之和为 1。

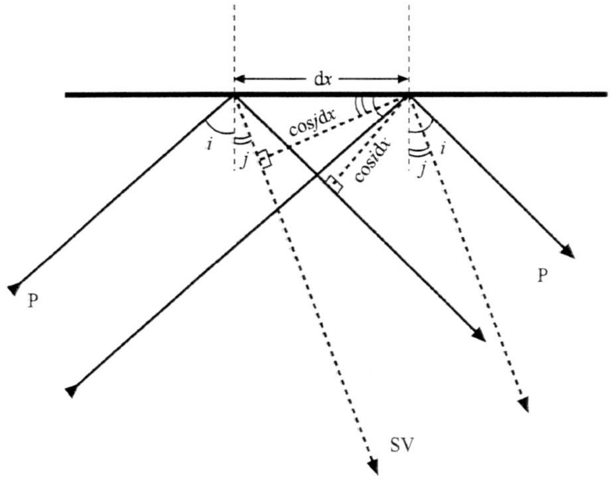

图 2.6-7　对长度为 dx 的自由界面微元有能量贡献的入射和反射波的波前长度。它依赖于每个波的入射角或反射角的余弦。

图 2.6-8 显示反射系数和能通量比随 P 波入射角变化的情况。虽然垂直入射和平行入射时没有反射 SV 波，但在很大角度范围内，入射 P 波能量主要转换成反射 SV 波能量。在两个角度，入射 P 波能量全部转换为 SV 波能量。

2.6.6　固-固和固-液界面

P-SV 波在自由界面的分析方法可以扩展到固-固

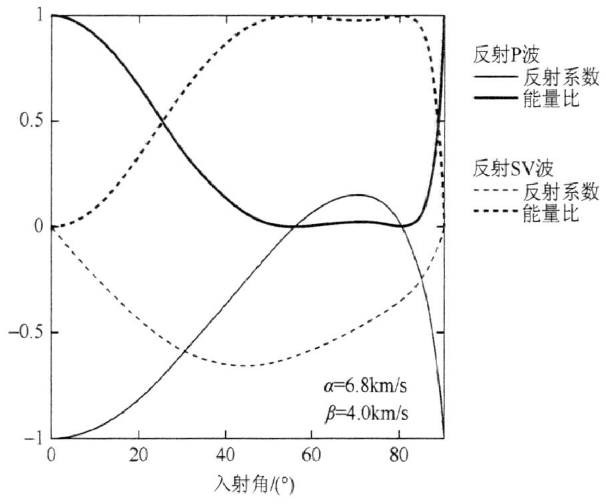

图 2.6-8　P 波入射到自由界面时，反射和透射波的势反射和势透射系数，以及反射和透射能通量与入射波能通量的比率随入射角的变化。

界面。考虑常用的几何系统(图 2.6-9)：P-SV 波传播的 x-z 平面与水平界面 $z=0$ 相交。入射波产生两个反射波和两个透射波。由边界条件可以求出反射 P 波、SV 波和透射 P 波、SV 波与入射波的振幅比。x 和 z 分量的位移和应力矢量在界面上连续形成四个边界方程。最终解比较复杂，本书从略。这里仅仅考虑一些基本定则和例子。

垂直入射的解比较简单。对于垂直入射的 P 波，无转换 SV 波。位移只存在于 z 轴方向，且透射 P 波和入射波的位移比为

$$\frac{(u_z)_{\mathrm{T}}}{(u_z)_{\mathrm{I}}}=T_{12}=\frac{2\rho_1\alpha_1}{\rho_1\alpha_1+\rho_2\alpha_2} \tag{2.6-41}$$

相应反射 P 波的反射系数是

$$\frac{(u_z)_{\mathrm{R}}}{(u_z)_{\mathrm{I}}}=R_{12}=\frac{\rho_1\alpha_1-\rho_2\alpha_2}{\rho_1\alpha_1+\rho_2\alpha_2} \tag{2.6-42}$$

对于这些比值，P 波垂直入射时位移的透射和反射系数满足 $1+R_{12}=T_{12}$，这是位移连续性的必然结果。对于 SH 波来说(2.6.2 节)，垂直入射时的透射和反射系数仅取决于声阻抗。对于入射 SV 波，没有转换 P 波，并且位移分量(u_x)之比与 P 波入射有相同的形式，但是公式中的速度为剪切波速度 β。

图 2.6-10 显示了当 P 波垂直入射到 $\rho_1\alpha_1>\rho_2\alpha_2$ 的界面时的有趣现象，此时 R_{12} 为正。如果入射 P 波是极性为 $+z$ 的单位振幅的脉冲，那么反射 P 波为极性为 $+z$ 且振幅为 R_{12} 的脉冲。因此，入射波的质点运动

与它的传播方向同向（$+z$ 方向）而反射波的质点运动与传播方向相反（$-z$ 方向）。如果 P 波传播方向与运动方向相同，称为压缩波，与传播方向相反则被称为扩张波。因此压缩的入射 P 波产生扩张的反射 P 波。有时 P 波运动的正振幅被定义为传播方向，式(2.6-42)中的反射系数被定义为负号。

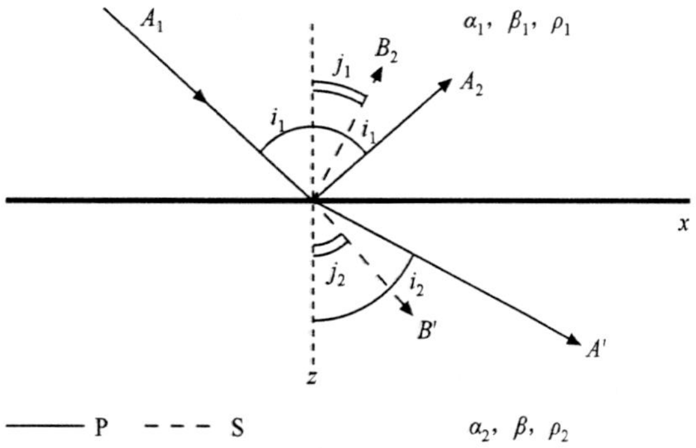

图 2.6-9 P 波入射到固-固界面的示意图。A_1、A_2、B_2、A'和 B'分别是入射 P 波、反射 P 波、反射 SV 波、透射 P 波和透射 SV 波的振幅。

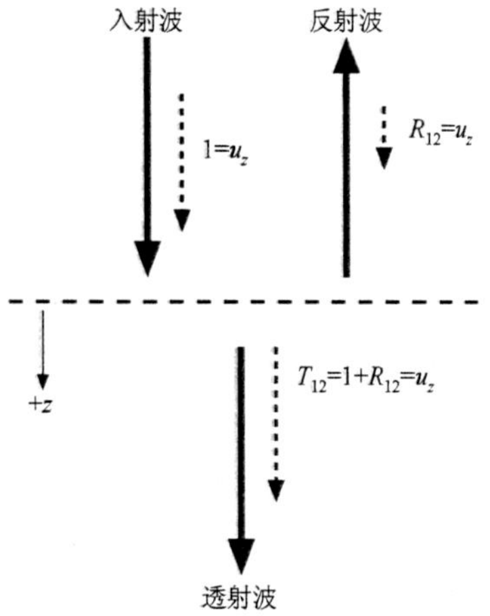

图 2.6-10 在固-固界面上垂直入射、反射和透射的 P 波的传播方向（实线）和位移振幅（虚线）。

反射和透射波的振幅随入射角而变化，体现能量在这四种波之间的分配。图 2.6-11 中的模型类似于莫霍面两边的速度和密度分布，图中显示了 P 波和 SV 波分别从上层和下层入射时的射线路径和能量通量比例。四个比值都为 0～1 并且总和为 1，满足能量守恒定律。

从上方垂直入射的 P 波，阻抗 $\rho_1\alpha_1=19.0$，$\rho_2\alpha_2=26.4$，反射和透射系数为 $R_{12}=-0.16$，$T_{12}=0.84$，能量通量比值为

$$\frac{\dot{E}_R}{\dot{E}_I}=R_{12}^2=0.03,\quad \frac{\dot{E}_T}{\dot{E}_I}=T_{12}^2\frac{\rho_2\alpha_2}{\rho_1\alpha_1}=0.97 \tag{2.6-43}$$

这些比例在入射角小于临界角 [$\sin^{-1}(\alpha_1/\alpha_2)=58°$] 时都大致相等，因为几乎全部能量都集中在透射 P 波。然而，当入射角接近临界角时，透射 P 波能量趋近 0，能量集中在反射 P 波。对于大多数超临界入射，最多约 10%能量转换成 SV 波，其中反射和透射大约各为一半。在水平入射情况下，所有的能量都集中在反射 P 波。

P 波从下方入射时，除了没有临界入射外，其他情况相似。对于垂直入射，反射和透射系数分别为 $R_{21}=0.16$，$T_{21}=1.16$，能量通量比例与从上方入射时一致。因为：

$$\frac{\dot{E}_R}{\dot{E}_I}=R_{21}^2=0.03,\quad \frac{\dot{E}_T}{\dot{E}_I}=T_{21}^2\frac{\rho_1\alpha_1}{\rho_2\alpha_2}=0.97 \tag{2.6-44}$$

对以较大角度入射的情况，入射角＞70°，反射 P 波携带的能量显著增加。

S 波从上面入射的情况与 P 波从上面入射的情况相似。例如，S 波的阻抗为 $\rho_1\beta_1=10.9$，$\rho_2\beta_2=15.2$，垂直入射的反射和透射系数和 P 波相同。即垂直入射时，几乎所有的能量都转化为透射 S 波，很少进入反射 S 波，而没有能量转化为 P 波。对于近似垂直入射的情况，即入射角＜～20°，这种模式逐步改变。当入射角逐步增大，情况更加有趣，因为这时存在 3 个临界角。当入射角逐步接近透射 P 波的临界角，$\sin^{-1}(\beta_1/\alpha_2)=29°$，透射 P 波能量逐步增加。超过这个角度时透射 P 波消失，但反射 P 波仍然存在，直到入射角为 $\sin^{-1}(\beta_1/\alpha_1)=35°$ 时，反射 P 波的出射角为 90°。对于更大的入射角，只有反射和透射 S 波存在，并且透射 S 波的能量在超过临界角 $\sin^{-1}(\alpha_1/\alpha_2)=58°$ 后也减少为 0。超过这个角度，入射 S 波被全反射。

最后一种情况，S 波从下方入射，同 P 波从下方入射类似。垂直入射时几乎全部能量都集中到透射 S 波，很少进入反射 S 波中，而没有转换 P 波。接近临界角 $\sin^{-1}(\beta_2/\alpha_2)=35°$ 时，存在一个较小的转换 P 波。更加值得注意的是，在临界角 $\sin^{-1}(\beta_2/\alpha_1)=42°$ 附近，S 波到透射 P 波的转换增强。对于更大的入射角，透射 S 波减弱而反射 S 波增强。

这个例子表明了波同固-固界面相互作用的复杂性。具体细节取决于四个速度和两个密度。一个有用的近似是，如果介质阻抗相近，大部分的能量进入到与入射波相同类型（P 波或 S 波）的透射波中。这个结论非常有意义，因为如果物质材料完全一样，所有的能量都进入透射波。波从低速介质入射时，入射角小于临界

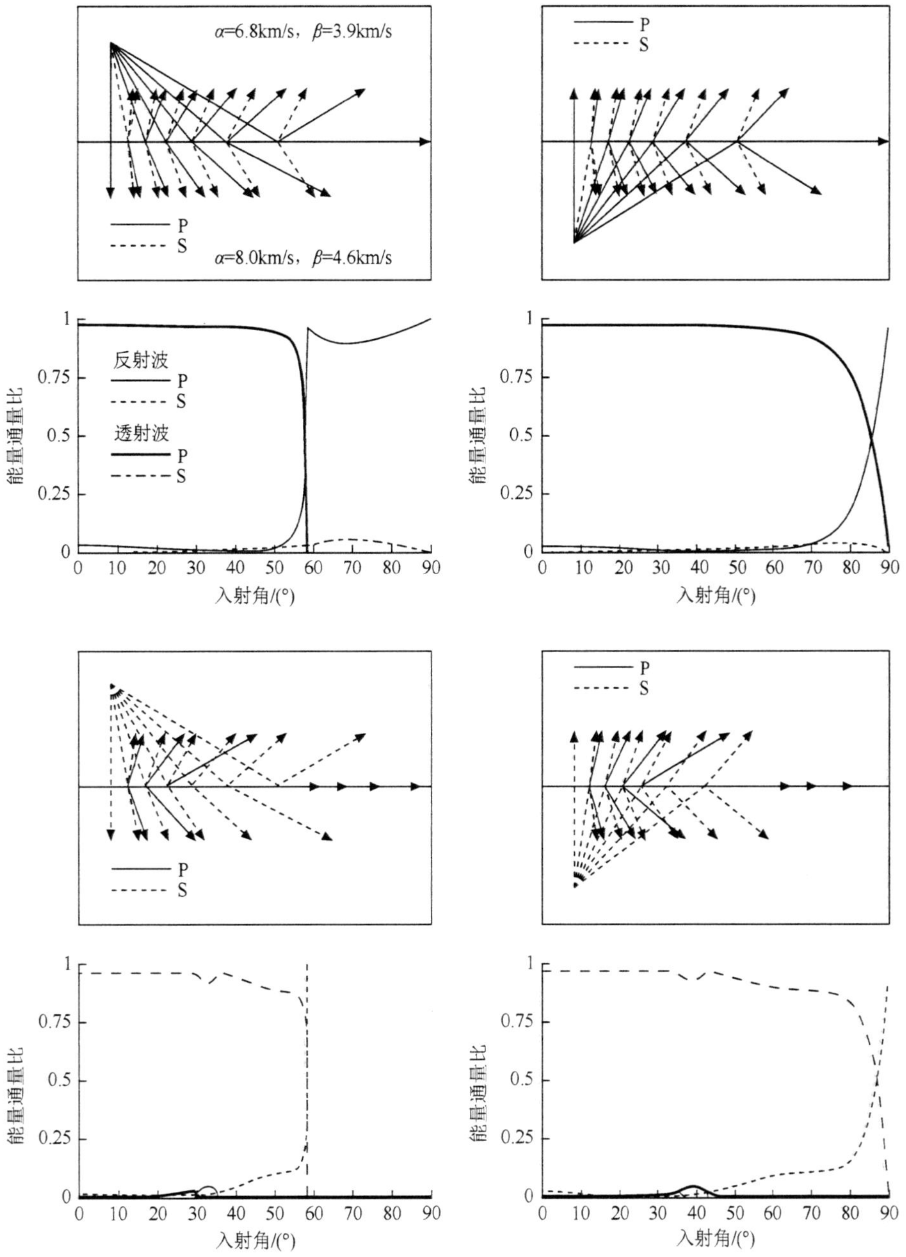

图 2.6-11 在固-固界面两边，$\alpha_1 = 6.8\text{km/s}$，$\beta_1 = 3.9\text{km/s}$，$\rho_1 = 2.8\text{g/cm}^3$，$\alpha_2 = 8.0\text{km/s}$，$\beta_2 = 4.6\text{km/s}$，$\rho_2 = 3.3\text{g/cm}^3$。这些参数近似代表大陆莫霍面上下的地壳和地幔的物理性质。射线路径及反射波和透射波的能量通量与入射波能通量的比率随 P 和 SV 波的入射角而变化。

角的P波或S波的大部分能量被透射为相同类型的波。当波从高速介质入射时，接近平行入射前，大部分能量透射到相同类型的透射波中。因为小的波阻抗差异对入射波的影响并不大，基于斯涅尔定律，波传播穿过地球时其方向连续变化。但是振幅只有在界面阻抗变化大的情况下才会发生明显改变。正因如此，我们才能在地震图上看到清晰的震相。

研究固-固界面上的反射和透射系数的方法可以扩展到固-液界面。因为液体中没有剪切波，因此只存在 3 个振幅比。同样地，因为流体中剪切速度和刚度为 0，在界面上只有 3 组边界条件：垂直位移和应力矢量垂直分量连续，固体中剪切应力为 0。

图 2.6-12 展示了海底面上可能存在的三种情况：P 波从上方入射，P 波和 SV 波从下方入射。因为海床上下的阻抗差比莫霍面上下都要大得多，反射和透射波的相应振幅与图 2.6-11 有很大差异。首先，考虑 P 波从

上方入射。垂直入射时，R_{12}=−0.82，$T_{12}=0.18$，所以2/3的能量被反射，只有1/3能量被透射。当入射角增加，反射能量保持不变，透射S波能量逐步增加而透射P波能量逐步减小。第一个临界角为$\sin^{-1}(\beta_1/\alpha_2)=17°$，对应于透射P波。超过这个角度，直到入射角等于P-S转换波的临界角$\sin^{-1}(\alpha_1/\beta_2)=30°$时，透射S波一直存在。从更大的角度入射时，全部能量进入反射P波。

与P波入射到莫霍面的例子(图2.6-11)相比，海底入射有几方面的区别。在这两种例子中，P波均从低速入射到高速介质上。因为海床上下波阻抗差异更大，垂直入射时大部分能量被反射，并且对所有入射角都是如此。相反，对于莫霍面，在入射角小于临界角的情况下，能量更多集中于透射波。海底透射比Moho透射P波的临界角小得多，因为P波速度差要大得多。透射S波在上述两种情况下的区别也很大：莫霍面上下$\alpha_1>\beta_2$，所以透射S波没有临界角。相反，对于海底入射，当入射角小于透射S波的临界角时，相当一部分入射能量被转换和透射。

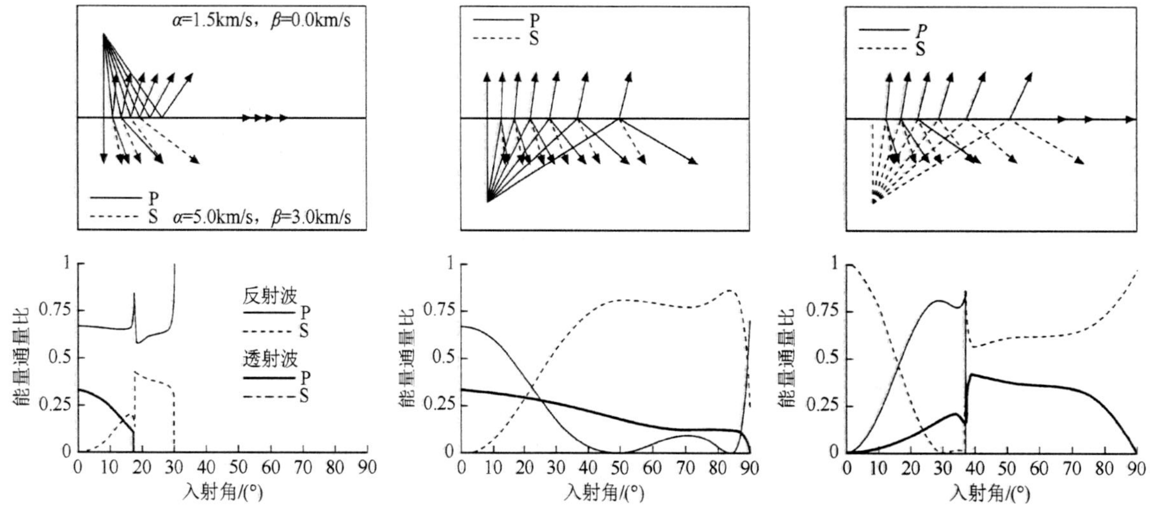

图 2.6-12 海洋与地壳界面上的射线路径和能量通量比。海水参数为：$\alpha_1=1.5\text{km/s}$，$\beta_1=0.0\text{km/s}$，$\rho_1=1.0\text{g/cm}^3$，地壳参数为：$\alpha_2=5.0\text{km/s}$，$\beta_2=3.0\text{km/s}$，$\rho_2=3.0\text{g/cm}^3$。从左到右分别为：P波从上方入射，P波从下方入射和SV波从下方入射的情况。

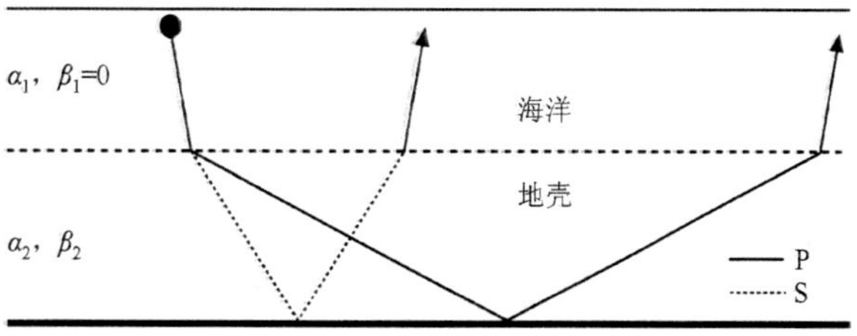

图 2.6-13 海洋地震实验示意图。P波在水中产生并转化为P和S波在地壳中传播。地壳内上行的S波在海床上部分重新转换成P波进入海水中。即使没有S波穿过水域，这个实验依旧可以确定地壳中的S波参数。图中并未展示全部的透射和反射波。

从下方入射时这两种情况同样区别很大。P波从海床下方入射，入射角小于~20°时，反射P波最强，而当入射角大于~30°时，反射S波最强。被透射的能量少于1/3。相反，对于入射到莫霍面的情况，几乎所有入射P波的能量被透射，直到近平行入射。对于S波从下方入射到海底的情况，垂直入射时所有能量都在反射S波中，因为水中不存在透射S波。低角度入射时，反射P波逐步增加直到接近临界角$\sin^{-1}(\beta_2/\alpha_2)=37°$。对于大多数入射角度，入射上行S波的相当部分转换成透射的上行P波。这种显著的转换透射波在莫霍面的例子中并不存在。

P波从水中入射到海底产生显著的S波，以及S波从地壳入射到水中产生显著的透射P波，这在海洋地震学中有非常重要的意义。水中的地震源可以在地壳中生成透射S波，利用上行S波在海底二次转换成的P波可以研究这种S波的传播。因此海洋地壳和上地幔的P波和S波特性都可以研究，只需要产生P波的地震源和探测P波的接收器(图2.6-13)。

2.6.7 实例

在地震学中，使用反射、转换和透射波的振幅来研究界面很常见。在反射地震法中，接近界面的震源产生的P波，及从深处界面反射回来的P波常被用于研究地壳和上地幔顶部。在下一章将会看到当下行波近垂直入射时，经过数据处理可以近似为垂直入射，因为阻抗差异较小，P-S 转换波通常可以忽略，所以反射和透射 P 波的振幅可以使用垂直入射时的反射和透射系数来估计。从地震数据中推断出的反射和透射系数，结合走时，可以得到地下地质信息。

如图 2.6-14 所示，假定不同深度的砂岩孔隙中分别含有天然气、油和盐水。要描述这个区域的介质对振幅为 1 的 P 波脉冲的响应，仅需考虑每个层的首个反射，即主反射，因为较晚到达的多次反射的振幅较小。相应震相的振幅分别为 R_{12}、$T_{12}R_{23}T_{21}$ 和 $T_{12}T_{23}R_{34}T_{32}T_{21}$，而震相间的时间间隔分别为穿越各层的时间。相对的，该区域邻近处的反射波振幅为 R_{14}。阻抗差横向变化时会导致反射波振幅的显著差异。

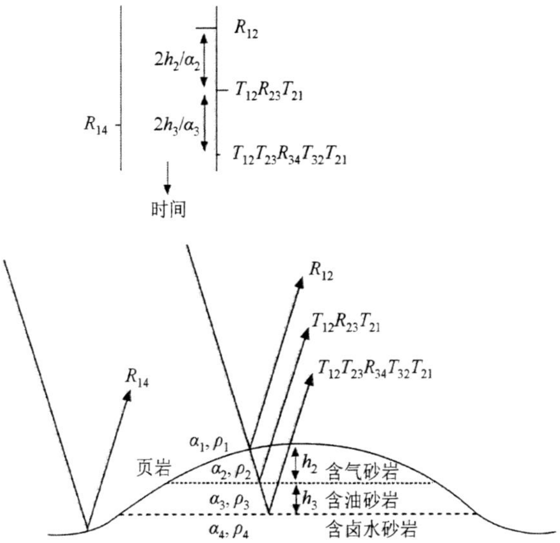

图 2.6-14　地震反射示意图。垂直入射地震波从不同速度的层中反射。为显示清晰，垂直射线路径被显示为近-垂直反射。介质的参数为：$\alpha_1 = 2.6\text{km/s}$，$\rho_1 = 2.5\text{g/cm}^3$，$\alpha_2 = 1.7\text{km/s}$，$\rho_2 = 2.0\text{g/cm}^3$，$\alpha_3 = 2.2\text{km/s}$，$\rho_3 = 2.2\text{g/cm}^3$，$\alpha_4 = 2.3\text{km/s}$，$\rho_4 = 2.3\text{g/cm}^3$。脉冲地震图显示入射单位振幅的 P 波脉冲产生的不同震相，且到达时间随深度增加。所产生的震相的振幅分别为 $R_{12} = 0.3$，$T_{12}R_{23}T_{21} = -0.2$，$T_{12}T_{23}R_{34}T_{32}T_{21} = -0.02$。震相之间的时间差等于穿越相应层的时间。而该区域附近一点的反射系数为 $R_{14} = 0.1$。（根据 Dobrin，1976）

第二个例子考虑俯冲带向下俯冲的岩石圈板块。如第 5 章所述，板块比周围的地幔更冷，因此具有较高的地震波速度。沿不同几何路径传播的地震波可以用来研究板块的上表面(图 2.6-15)。其中一个震相是 S 波在核-幔边界反射产生的 ScS 波，在板块上表面部分转化成 P 波，即 ScSp 波。射线路径可以在倾斜边界上利用斯涅尔定律得到。假定向下俯冲的板块和上覆地幔的速度分别为 α_1、β_1 以及 α_2、β_2，板块的倾斜角度为 θ。垂直传播的 ScS 以 $j_1 = \theta$ 角入射到板块边界，所以透射的 ScS 和 ScSp 的出射角度为 $j_2 = \sin^{-1}[(\beta_2/\beta_1)\sin j_1]$ 和

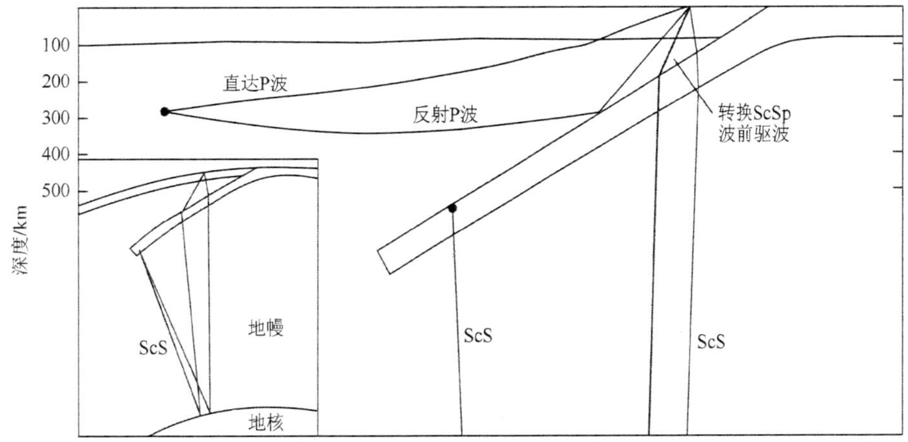

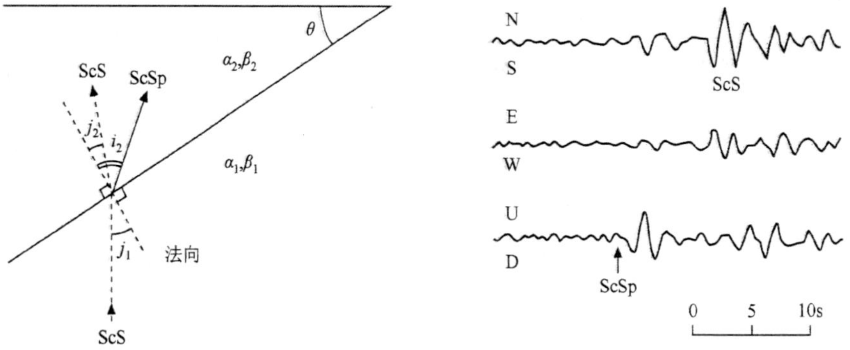

图 2.6-15 利用板块上表面的反射和透射波研究俯冲板块。上图：上行的 ScS 到 ScSp 的转换波以及反射 P 波的射线路径(Helffrich et al.，1989，*J. Geophys. Res.*，94，753-763，版权归美国地球物理学会所有)。左下图：在倾斜界面应用斯涅尔定律研究 ScS 到 ScSp 的转换。右下图：地震图展示了日本北海道地震在北海道的台站上记录到的 ScS 和 ScSp，ScSp 垂直分量比 ScS 水平分量出现得更早。(Snoke et al.，1979)

$i_2 = \sin^{-1}[(\alpha_2/\beta_1)\sin j_1]$。ScSp的振幅很强，因为ScS入射角接近于转换波的临界角。ScSp比ScS传播速度快，且主要出现在垂直分量上，而ScS较晚到达，且主要出现在水平分量上。俯冲带上的地震计记录到的板块界面上的反射P波可以提供更多信息。和直达P波相比，界面上的反射P波由于以较高角度入射，因而视速度更大。走时和这些波的振幅可用于计算界面的深度和速度差异，并进一步推断板块的热力学和矿物学状态。

2.7 面波

2.7.1 简介

前面讨论了 P 波和 S 波。实际地震图上含有 P 波和 S 波震相及较晚到达的地球内部界面上产生的反射或转换波。一般来说，地震图上最显著的震相是 P 波、S 波到达之后才出现的长周期震相。这些长周期地震波就是面波，其能量主要集中在地球表面。面波传播时，其能量以二维方式扩散，且能量近似以 r^{-1} 衰减，r 为震中距。而体波在三维空间中传播，其能量衰减因子近似为 r^{-2}(2.4.3 节)。因此，当震中距很大时，台站记录的地震图上最突出的是面波。

面波有两种：勒夫波(Love wave)和瑞利波(Rayleigh wave)[①]。图 2.7-1 展示了地震计切向分量上记录到的面波序列，随后在垂向和径向上记录到另一组信号。第一个波序列主要为勒夫波，由近地表传播的 SH 波产生。第二个波序列为瑞利波，由 P 波和 SV 波在近地表耦合产生。图 2.7-2 显示了 x-z 平面上传播的波，瑞利波的位移在 x-z 平面上，而勒夫波的位移和 y 轴平行。在本节中，考虑最简单的瑞利波和勒夫波形式，然后利用它们来展示面波的一些基本特征。

由于面波和体波衰减模式不同，导致一些有意思的差异。面波可以在大地震发生后，绕地球传播好几圈。图 2.7-3 展示了这种多重面波(multiple surface waves)，这里用 R_n 和 G_n 分别表示瑞利波和勒夫波的多次传播。走时曲线表明从震源到台站面波每多绕地球一圈，走时随之增加(图 2.7-3 左图)，n 表示某个对应的路径。面波的一个重要特征是存在频散(dispersion)，即不同周期的面波传播速度不同，所以面波震相不是很尖锐的脉冲，而是一个波列。这种效应在不同偏移距的垂直向记录组成的剖面上可以观察到(图 2.7-4)，可以明显观测到 R_1、R_2、R_3 和 R_4 震相的走时。在对应的 6h 中，切向分量上可以发现 G_1 到 G_5 的震相。

2.7.2 均匀半空间介质中的瑞利波

瑞利波由 P 波和 SV 波耦合而成，存在于均匀半空间的顶部。为了证明这一点，定义 $z=0$ 为自由表面，z 向下延伸为正，利用势函数来表示 x-z 平面上的波传播。只考虑 P 波和 SV 波，因为它们可以满足自由表面的边界条件，且不会和 SH 波互相影响。P 波和 SV 波的势函数为

$$\begin{aligned}\phi &= A\exp(\mathrm{i}(\omega t - k_x x - k_x r_\alpha z)),\\ \psi &= B\exp(\mathrm{i}(\omega t - k_x x - k_x r_\beta z))\end{aligned} \tag{2.7-1}$$

要用势函数来描述局限于自由表面附近传播的能量，必须满足两个要求：其解必须确保能量集中于地球表面，并且要满足自由表面边界条件。

若能量要集中在地球表面附近，指数 $\exp(-\mathrm{i}k_x r_\alpha z)$ 和 $\exp(-\mathrm{i}k_x r_\beta z)$ 必须为负实数，保证位移在 z 方向上随深度的增加而减小。因为：

① Lord Rayleigh(1842～1919 年)，因为在波传播方面的先驱性工作而广为地震学家熟知，他因发现氩元素(argon)而获得诺贝尔奖。A. E. H. Love(1863～1940 年)对地震学和地球动力学都做出了重要贡献。

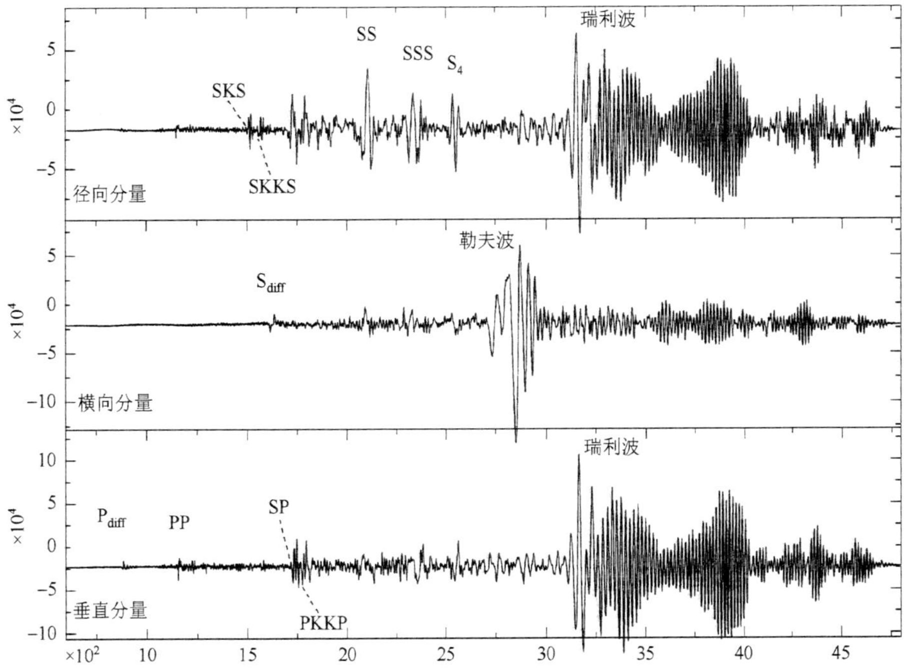

图 2.7-1　瓦努阿图(Vanuatu)海沟的 M_W7.7 地震在 12250km 以外的 CCM 台上的三分量地震图。注意面波比更早到达的体波振幅要大得多。勒夫波主要出现在切向分量上，而瑞利波主要出现垂向和径向上。

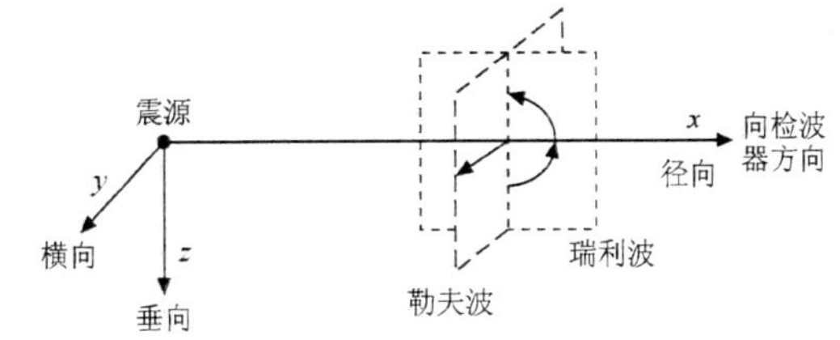

图 2.7-2　在包含震源和接收点的垂直平面内传播的面波。瑞利波(P-SV)出现在垂直和径向分量上，勒夫波(SH)出现在切向分量上。

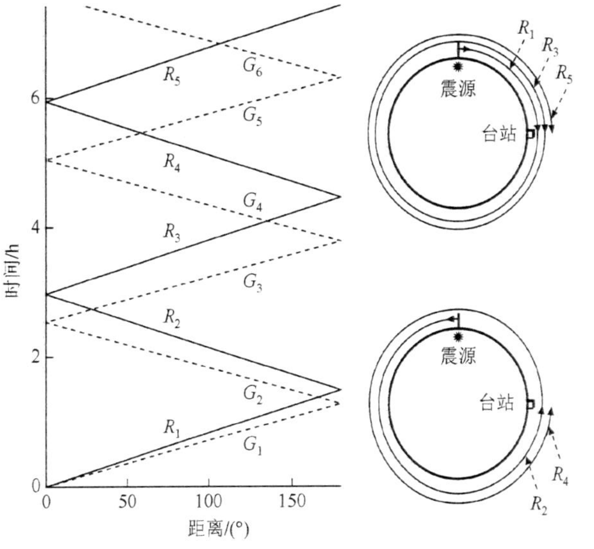

图 2.7-3　环绕地球多圈的面波传播示意图。右图：奇数次面波(R_1.R_3 等)沿震源到台站的最短路径传播，而偶数次面波(R_2.R_4 等)沿相反方向传播。左图：多次瑞利波(R_n)和勒夫波(G_n)的走时。

$$r_\alpha=(c_x^2/\alpha^2-1)^{1/2}, \quad r_\beta=(c_x^2/\beta^2-1)^{1/2} \tag{2.7-2}$$

辐射条件要求 $c_x<\beta<\alpha$，使得式(2.7-2)中的方根为虚数，可以将式(2.7-2)写成：

$$r_\alpha=-\mathrm{i}(1-c_x^2/\alpha^2)^{1/2}, \quad r_\beta=-\mathrm{i}(1-c_x^2/\beta^2)^{1/2} \tag{2.7-3}$$

因此波沿表面的视速度 c_x 小于剪切波速。

同时方程要满足边界条件，即 P-SV 在自由表面的反射点上的牵引力(应力矢量)为 0(2.6.5 节)。和前述章节不同的是，这里没有入射波。利用式(2.6-28)，去除入射波有关项后，可以用势函数来描述应力分量，振幅 A 和 B 必须满足连续方程：

$$\begin{aligned}&\sigma_{xz}(x,0,t)=0=2r_\alpha A+(1-r_\beta^2)B,\\&\sigma_{zz}(x,0,t)=0=[\lambda(1+r_\alpha^2)+2\mu r_\alpha^2]A+2\mu r_\beta B\end{aligned} \tag{2.7-4}$$

利用 $(1+r_\alpha^2)=c_x^2/\alpha^2$ 和 α 与 β 的定义可以消去式(2.7-4)中的 λ 和 μ，最后得到两个线性方程：

$$\begin{aligned}&2(c_x^2/\alpha^2-1)^{1/2}A+(2-c_x^2/\beta^2)B=0,\\&(c_x^2/\beta^2-2)A+2(c_x^2/\beta^2-1)^{1/2}B=0\end{aligned} \tag{2.7-5}$$

方程式存在非零解时，要满足行列式为 0。所以：

$$(2-c_x^2/\beta^2)^2+4(c_x^2/\beta^2-1)^{1/2}(c_x^2/\alpha^2-1)^{1/2}=0 \tag{2.7-6}$$

对于一个给定 α 和 β 的半空间来说，式(2.7-6)给出了满足自由边界条件的 c_x 值。c_x 的四个解中，有一个是 0，而且只有一个满足 $0<c_x<\beta$。对于泊松固体来说，$\alpha^2/\beta^2=3$，式(2.7-6)可写成：

$$(c_x^2/\beta^2)[c_x^6/\beta^6-8c_x^4/\beta^4+(56/3)c_x^2/\beta^2-32/3]=0 \tag{2.7-7}$$

除了 $c_x^2/\beta^2=0$ 解之外，方程为 c_x^2/β^2 的三次方，另外三个解为 4、$2+2\sqrt{3}$（约为 3.155）和 $2-2\sqrt{3}$（约为 0.845）。只有最后一个解满足 $c_x<\beta$，这是能量集中于近地表的必要条件。所以瑞利波在均匀半空间泊松介质中的视波速 $c_x=\sqrt{2-2/\sqrt{3}}\beta=0.92\beta$，比 S 波速度稍慢。

方程式(2.7-1)中的势函数系数可以从式(2.7-5)中推得

$$B=A(2-c_x^2/\beta^2)/(2r_\beta) \tag{2.7-8}$$

利用式(2.6-26)可以求出位移。取位移的实部并且利用泊松固体中的 c_x/β 和 c_x/α 的值，位移函数如下：

$$\begin{aligned}u_x&=Ak_x\sin(\omega t-k_xx)[\exp(-0.85k_xz)\\&\quad-0.58\exp(-0.39k_xz)],\\u_z&=Ak_x\cos(\omega t-k_xx)[-0.85\exp(-0.85k_xz)\\&\quad+1.47\exp(-0.39k_xz)]\end{aligned} \tag{2.7-9}$$

位移随深度和地表传播距离而变化。两个位移分量都是 $(\omega t-k_xx)$ 的正弦函数，可表述为沿 $+x$ 方向传播的简谐波。该波只与 x 轴有关，所以只有沿界面的水平波长 $\lambda_x=2\pi/k_x$ 具有意义。位移随深度以 $\exp(-k_xz)$ 衰减(图2.7-5)，所以瑞利波有显著位移的深度与其波长成比例。

在自由表面 $z=0$ 处，位移为

$$\begin{aligned}u_x&=0.42Ak_x\sin(\omega t-k_xx),\\u_z&=0.62Ak_x\cos(\omega t-k_xx)\end{aligned} \tag{2.7-10}$$

为了直观地了解位移变化情况，考虑在 $x=0$ 处的质点运动随时间的变化。在 $t=0$ 时，u_z 为最大值(z 值向下为正)而 $u_x=0$。随着时间推移，x 和 z 方向上的位移刻画出逆时针方向的椭圆运动(图 2.7-6 左图)。

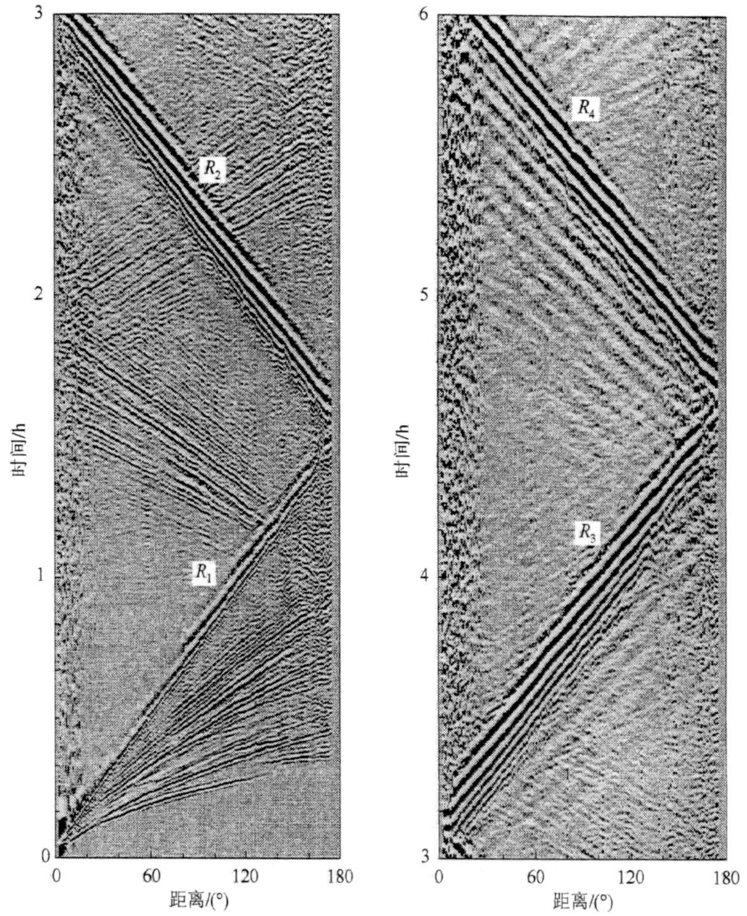

图 2.7-4 国际加速度计部署(IDA)台网的地震图记录。由于频散，R_1 到 R_4 震相出现在一定长度的时间窗口内。线性模式的斜率体现了面波的相速度，而总的振幅模式体现面波的群速度(group velocity)。体波震相出现在 R_1 之前。(Shearer，1994，*Eos*，75，449，451，452，版权归美国地球物理学会所有)

对于泊松固体，表面最大垂向位移大约是最大水平向位移的 1.5 倍。在深度超过波长约 1/5 后，质点运动变成“正转”，这是因为 u_x 在此深度以下是负值。

瑞利波水平和垂直分量的相位关系可以在地震图中观察到(图 2.7-6 右图)。当垂直向振幅达到负最大值时(约 785s)，径向位移为 0，对应图 2.7-6 左图中的 $t=0$。大约 1/4 周期后(约 790s)，垂向位移为 0，径向位移达到正最大值，对应图 2.7-6 左图中的 $t=T/4$。

瑞利波也存在于更复杂的介质中。在这种情况下，波速 c_x 是频率的函数。下面利用勒夫波来表示这一点。

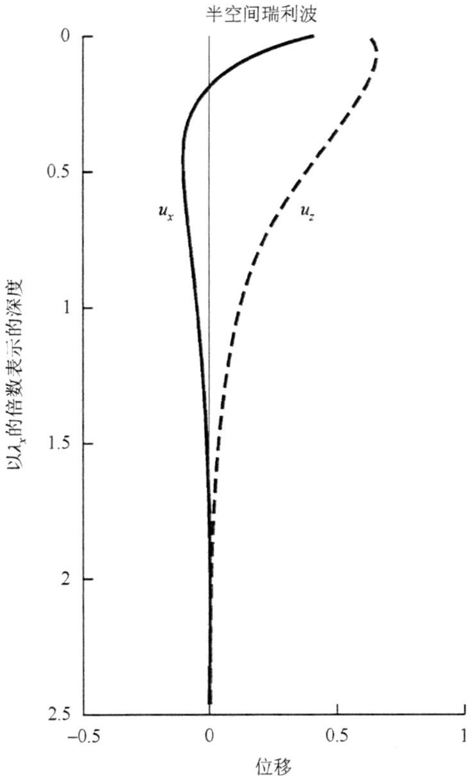

图 2.7-5　介质为泊松固体的半空间中瑞利波两个方向的振幅随深度的变化。两个分量随深度衰减。深度归一化到水平波长。

2.7.3　半空间之上一水平层中的勒夫波

第二种面波是勒夫波，由 SH 波自身耦合产生。最简单的几何图示如图 2.7-7 所示，在半空间之上有一层厚度为 h 的水平层，波速为 β_1；半空间介质中波速为 β_2，且大于 β_1。与瑞利波相比，勒夫波存在于波速随深度变化的介质中，无法在独立半空间中存在。

为了描述勒夫波，将层状介质中 SH 波的位移写成上行波和下行波的形式：

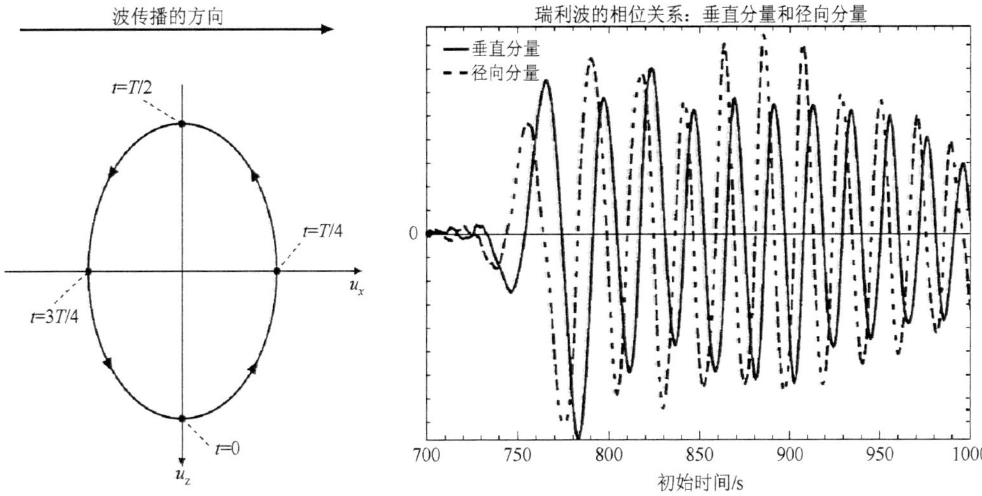

图 2.7-6　瑞利波质点运动的水平和垂向分量，两者存在相位差。左图：由于两个分量相位不同，自由表面上的质点运动轨迹是一个椭圆，上半边质点振动方向与波传播方向相反。右图：Micronesia 地震台站记录到的千岛群岛(Kuril Islands)发生的地震事件的垂向和径向位移分量，显示存在相位差，一个位移分量最大时，另一个位移分量为 0。

$$u_y^-(x,z,t)=B_1\exp(\mathrm{i}(\omega t-k_x x-k_x r_{\beta_1}z))+B_2\exp(\mathrm{i}(\omega t-k_x x+k_x r_{\beta_1}z)) \tag{2.7-11}$$

而在半空间中只有一项：

$$u_y^+(x,z,t)=B'\exp(\mathrm{i}(\omega t-k_x x-k_x r_{\beta_2}z)) \tag{2.7-12}$$

如同前面提过的辐射条件，若能量要限制在近表面，$\exp(-\mathrm{i}k_x r_{\beta_2}z)$ 的指数项必须为负实数。这要求在半空间中 $c_x<\beta_2$，所以：

$$r_{\beta_2}=(c_x^2/\beta_2^2-1)^{1/2}=-\mathrm{i}(1-c_x^2/\beta_2^2)^{1/2}=-\mathrm{i}r_{\beta_2}^* \tag{2.7-13}$$

B_1、B_2 和 B' 可由自由表面和介质中层状界面的边界条件来计算。在自由表面上 $z=0$ 处，对任何 x 和 t 而言，应力均为 0：

$$\sigma_{yz}(x,0,t)=\mu_1\left(\frac{\partial u_y^-}{\partial z}\right)(x,0,t)$$
$$=\mu_1(\mathrm{i}k_x r_{\beta_1})(B_2-B_1)\exp(\mathrm{i}(\omega t-k_x x))=0 \quad (2.7\text{-}14)$$

所以 $B_1=B_2$。在 $z=h$ 的界面上，对任何 x 和 t 而言，位移必须连续，因此：

$$B_1[\exp(-\mathrm{i}k_x r_{\beta_1}h)+\exp(\mathrm{i}k_x r_{\beta_1}h)]=B'\exp(-\mathrm{i}k_x r_{\beta_2}h) \quad (2.7\text{-}15)$$

同样地，应力分量 σ_{yz} 也必须连续，因此：

$$\mu_1(-\mathrm{i}k_x r_{\beta_1})B_1[\exp(-\mathrm{i}k_x r_{\beta_1}h)-\exp(\mathrm{i}k_x r_{\beta_1}h)]$$
$$=\mu_2(-\mathrm{i}k_x r_{\beta_2})B'\exp(-\mathrm{i}k_x r_{\beta_2}h) \quad (2.7\text{-}16)$$

利用复指数与 sin 和 cos 的关系式［式(A.2-10)］，式(2.7-15)和式(2.7-16)可写成：

$$2B_1\cos(k_x r_{\beta_1}h)=B'\exp(-\mathrm{i}k_x r_{\beta_2}h),$$
$$2\mathrm{i}\mu_1 r_{\beta_1}B_1\sin(k_x r_{\beta_1}h)=-\mu_2 r_{\beta_2}B'\exp(-\mathrm{i}k_x r_{\beta_1}h) \quad (2.7\text{-}17)$$

将式(2.7-17)中的上下二式相除得到：

$$\tan(k_x r_{\beta_1}h)=(-\mu_2 r_{\beta_2})/(\mathrm{i}\mu_1 r_{\beta_1})=(\mu_2 r_{\beta_2}^*)/(\mu_1 r_{\beta_1}) \quad (2.7\text{-}18)$$

式(2.7-18)有着特殊意义，它给出了勒夫波存在时水平波数 k_x 和水平视速度 c_x 之间的关系。因为 $c_x=\omega/k_x$，对于一个给定的水平视速度，勒夫波必定会有特殊的相对应的水平波数和角频率。或者说，对于一个特定的周期或角频率而言，勒夫波有特定的水平视速度或水平波数。因此不同频率的面波有不同的视速度，这个现象称为频散(dispersion)。式(2.7-18)展示了水平视速度 c_x 是 k_x 或 ω 的函数，被称为频散关系式(dispersion relations)或周期方程式(period equations)。

在进一步介绍频散关系之前，可以用另一种方式证明。$c_x<\beta_2$ 的关系要求 SH 波在界面的入射角超过临界角 $\sin^{-1}(\beta_1/\beta_2)$ (2.6.4 节)。从图 2.7-7 中可以发现 SH 波在自由表面和下界面均产生全反射，因此能量被约束在上层介质中。

考虑路径为 ABQ 的 SH 波，此路径的波以入射角 j_1 在下界面和自由表面间传播。若相位差为 2π 整数倍，Q 点下行波波前会和 A 点的下行波波前产生干涉。从 A 点到 Q 点的相位改变有两个原因：一个是反射，另一个是波传播。利用式(2.6-23)，入射角度超过临界角时，它的反射波会产生 $2\tan^{-1}(\mu_2 r_{\beta_2}^*/\mu_1 r_{\beta_1})$ 的相位差，但是在自由表面产生的反射波不会改变相位。除此之外，因为波传播距离为 $AB+BQ$，所以相位差为 $-(AB+BQ)k_{\beta_1}$。波传播距离可以写成：

$$AB+BQ=BQ\cos 2j_1+h/\cos j_1$$
$$=(\cos 2j_1+1)(h/\cos j_1)=2h\cos j_1 \quad (2.7\text{-}19)$$

其中用到 $2\cos^2 j_1=\cos^2 j_1-1$。因此要产生相长干涉，需要满足相位改变量为

$$-2k_{\beta_1}h\cos j_1+2\tan^{-1}[(\mu_2 r_{\beta_2}^*)/(\mu_1 r_{\beta_1})]=2n\pi \quad (2.7\text{-}20)$$

或者，因为 $\tan(n\pi)=0$，所以：

$$\tan(k_{\beta_1}h\cos j_1)=\tan(k_x r_{\beta_1}h)=(\mu_2 r_{\beta_2}^*)/(\mu_1 r_{\beta_1}) \quad (2.7\text{-}21)$$

因此，从边界条件推导出来的勒夫波频散关系也可以认为是超过临界角的反射 SH 波发生干涉的条件，波约束在上层介质中传播，在下层高速的半空间介质中波逐渐消散。

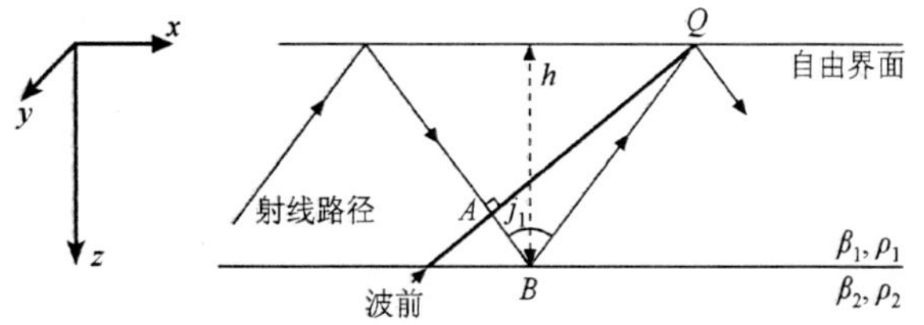

图 2.7-7 半空间之上单层介质中传播的勒夫波。其中单层介质的横波速度必须小于下层半空间介质中的横波速度。当 SH 波超过临界角入射且发生相长干涉时产生勒夫波。

2.7.4 勒夫波频散

式(2.7-21)可以用 c_x、ω和k_x之中的任意两个变量来表示。为了找到方程式的解，将式(2.7-21)写成：

$$\tan[(\omega h/c_x)(c_x^2/\beta_1^2-1)^{1/2}]=\frac{\mu_2(1-c_x^2/\beta_2^2)^{1/2}}{\mu_1(c_x^2/\beta_1^2-1)^{1/2}} \quad (2.7\text{-}22)$$

因为 tan 函数值定义为实数(式中方根必须为正)，所以 $\beta_1<c_x<\beta_2$。这里定义一个新变量：

$$\zeta=(h/c_x)(c_x^2/\beta_1^2-1)^{1/2} \quad (2.7\text{-}23)$$

所以在 c_x 可变动的范围内，$c_x=\beta_1$ 时，$\xi=0$；$c_x=\beta_2$ 时，$\zeta_{\max}=h\left(\frac{1}{\beta_1^2}-\frac{1}{\beta_2^2}\right)^{1/2}$。因此式(2.7-22)可进一步写成：

$$\tan(\omega\zeta)=\left(\frac{\mu_2(1-c_x^2/\beta_2^2)^{1/2}}{\mu_1}\right)\left(\frac{h}{c_x\zeta}\right) \quad (2.7\text{-}24)$$

如图 2.7-8 所示，式(2.7-24)左边 $\tan(\omega\zeta)$ 在 $\zeta=n\pi/\omega$ 时，其值为 0。而在 $\zeta=\pi/2\omega$，$3\pi/2\omega$，…时，其值趋近无穷。式(2.7-24)右边依赖于 $1/\zeta$，所以为双曲线形式。在 $c_x=\beta_1$ 时，$\zeta=0$，右边为无穷大。当 c_x 趋近于 $c_x=\beta_2$ 时，$\zeta=\zeta_{\max}=h\left(\frac{1}{\beta_1^2}-\frac{1}{\beta_2^2}\right)^{1/2}$，右边项单调地

逼近 0。当两条曲线存在交点时，式(2.7-24)有解。对于勒夫波中任何一个 ω 来说，交点给出了 ζ 和 c_x 的解。这些解称为振型(mode)，所以一个给定的 ω 有数个振型，每个振型对应不同的视速度。c_x 值最低的解称为基阶振型(fundamental mode)；其他的称为高阶振型(higher mode)或次阶振型，用 1～n 来进行编号。

图 2.7-8 展示了式(2.7-24)中三个不同周期的曲线图。对应的地质模型为厚度 40km 的大陆地壳，上层 S 波波速为 3.9km/s，密度为 2.8g/cm^3；下层为半空间介质，S 波波速为 4.6km/s，密度为 3.3g/cm^3。对周期为 5s 的面波来说，视速度 c_x 有三个可能的解：3.92km/s、4.13km/s 和 4.55km/s。

对于长周期或低频面波信号，随着周期增加，相应的正切函数取 0 时，$\zeta = n\pi / \omega$ 的值增大，两条正切曲线之间的距离 π / ω 也增加，导致在 $n\pi / \omega < \zeta_{\max}$ 的条件下，可取的正切函数曲线数量变少。因为曲线衰减不依赖频率，对长周期面波来说，c_x 的解变少了。对于一个给定角频率，n 阶振型中 ζ 的最大值为 $\zeta_{\max}$，此时 $c_x = \beta_2$。在这种情况下，$\tan(\omega\zeta_{\max}) = 0$，所以 $\omega\zeta_{\max} = n\pi$，而且：

$$\omega = \omega_{cn} = n\pi / [h(1/\beta_1^2 - 1/\beta_2^2)^{1/2}] \qquad (2.7\text{-}25)$$

ω_{cn} 被称为 n 阶振型下的截止角频率(cutoff angular frequency)，同时也是该振型下的最低角频率。如果 n 值更大，正切函数曲线会超出 ζ 的允许范围。因此，对于足够长周期的面波，只有基阶振型存在。

利用这个方法，可以计算不同周期的勒夫波视速度。图 2.7-9 展示了基阶和其他两个高阶振型的计算结果。最大周期时只有基阶振型，周期较短的面波会有其他高阶振型存在。举例来说，周期为 5s 的面波有三个振型，10s 的有二个，但是 30s 的面波只有基阶振型。每个分支的最长周期振型受限于 $c_x \to \beta_2$，视速度依赖于下层半空间中的剪切波速度，基本不受上层介质波速的影响。因此图 2.7-9 中长周期面波的视速度接近 $\beta_2 = 4.6\text{km/s}$，类似地，最短周期振型的视速度 $c_x \to \beta_1 = 3.9\text{km/s}$。

视速度变化反映了各种振型位移的差别。在上层介质中，因为上行和下行波的振幅相等，$B_1 = B_2$，因此式(2.7-11)可以写成：

$$u_y^-(x,z,t) = 2B_1 \exp(\mathrm{i}(\omega t - k_x x))\cos(k_x r_{\beta_1} z) \qquad (2.7\text{-}26)$$

在半空间中，式(2.7-12)可以写成：

$$u_y^+(x,z,t) = B' \exp(\mathrm{i}(\omega t - k_x x))\exp(-k_x r_{\beta_2}^* z) \qquad (2.7\text{-}27)$$

在 $z = h$ 时位移连续，而

$$B' = 2B_1 \cos(k_x r_{\beta_1} h) / \exp(-k_x r_{\beta_2}^* h) \qquad (2.7\text{-}28)$$

因此上层介质和半空间中，波均在 x 方向上传播，水平波数为 $k_x = 2\pi / \lambda_x = \omega / c_x$。在上层介质中，位移随深度以 $\cos(k_x r_{\beta_1} z)$ 形式变化，因此存在周期性振荡。在半空间中，位移随深度以 $\exp(-k_x r_{\beta_2}^* z)$ 的模式衰减。

图 2.7-10 显示了三种周期对应的 x、z 方向的位移，各周期视速度如图 2.7-8 所示。图 2.7-10 上图显示勒夫

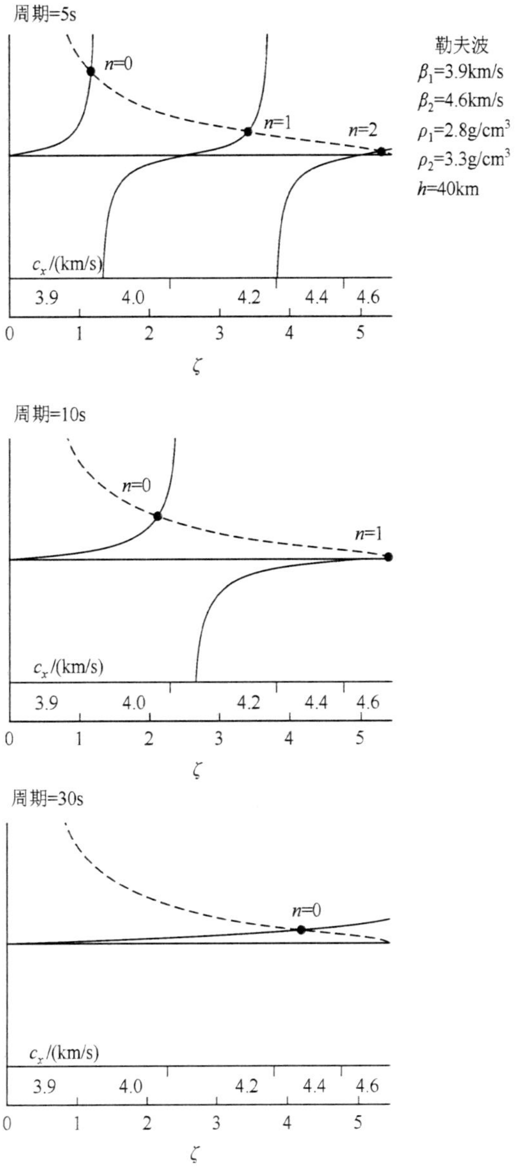

图 2.7-8　图解半空间之上单层介质中勒夫波的频散现象。式(2.7-24)左边部分用实线表示，$\tan(\omega\zeta)$ 在 $n\pi / \omega$ 处值为 0。虚线表示的衰减曲线为式(2.7-24)右边部分。两条曲线的交点为方程(2.7-24)的解，给出了某个周期的视速度。视速度大小位于层状介质与下层半空间介质的剪切波速度之间。对于长周期面波信号，式(2.7-24)对应的解更少，相应的振型更少。

波位移在水平向的变化，因为视速度随周期变长而增加(图 2.7-9)，所以水平波长也随之增加。对于基阶振型($n=0$)，周期最长(30s)的面波有最快的视速度和最长的水平向波长。对于某个给定周期(图 2.7-9)，n 越大，视速度越快，同时对应越长的水平波长。因此图 2.7-9 所示的三个振型中，对于周期为 5s 的面波来说，$n=2$ 时水平波长最大。

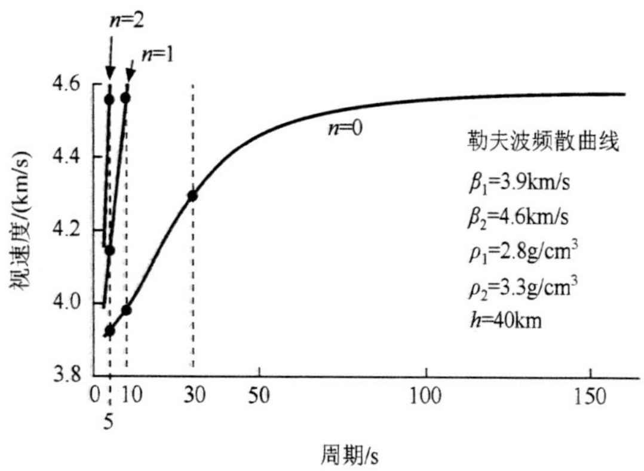

图 2.7-9 勒夫波频散曲线给出的视速度和周期之间的关系。对于每个振型，视速度在层状介质与半空间介质的剪切波速度之间变化。最下面的曲线为基阶振型，其上为两个高阶振型，同一个周期高阶振型视速度更大。圆点代表图 2.7-8 中的曲线交点。

随深度变化的特性，即振型的垂向特征方程(eigenfunction)，对于每个振型都不同。对于给定的视速度变化曲线，面波在半空间中的穿透深度随周期的增加而增大。所以，以基阶振型为例，长周期(30s)面波穿透深度最大，视速度最高。反之，短周期的面波穿透深度浅，视速度低。对于给定周期，在上层介质中，越高阶的面波随深度增加，周期性振荡越强，符号变化越频繁。在半空间中，高阶面波随深度的衰减更慢，且穿透深度增加。n 阶振型的特征方程有 n 个相交零点，或在深度上有 n 个节点。

实际上，不同振型和周期的面波信号，其位移随深度的衰减模式不同，使得勒夫波表现出频散现象。在推导中，上层介质和半空间中，介质的剪切波速度不随频率而改变。然而，沿自由表面的视速度随频率变化，原因在于不同周期的勒夫波的位移随深度不同而不同，以及内部介质的速度随深度的变化而变化。所以，面波频散现象对于研究地球结构来说非常重要。

相反地，存在于半空间中的瑞利波没有表现出频散特征。瑞利波是一个“真的”表面波，由 P 波和 SV 波相互作用而存在于半空间均匀介质中。而勒夫波存在于半空间之上的层状介质中，由于介质特性随深度变化，造成 SH 波发生干涉。勒夫波和瑞利波的频散现象也发生在介质特性随深度发生复杂变化的介质中。这种情况下，勒夫波和瑞利波的频散曲线可以用几种方式求得。一种方法是对 2.7.3 节中的方法进行扩展，把介质视为一连串均匀层状介质，其下为均匀半空间介质。对于每一层，假设位移是指数解形式，并且找到满足各层边界条件的频率和视速度，包括自由表面、层间界面和底层界面。另一种方法是将面波视为球状地球的简正振型(2.9 节)。

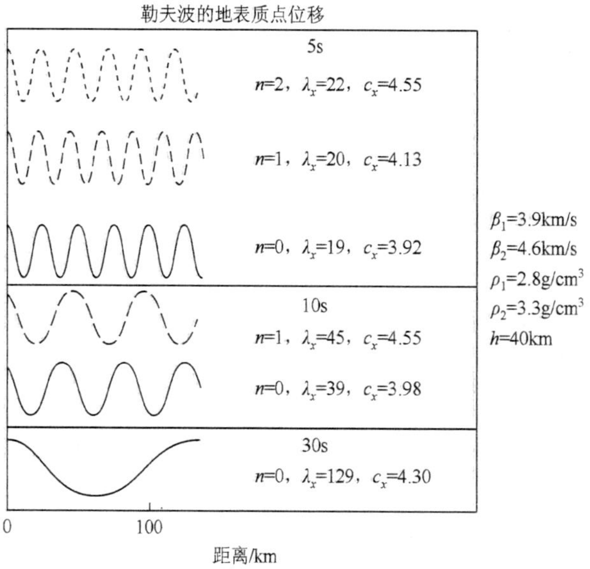

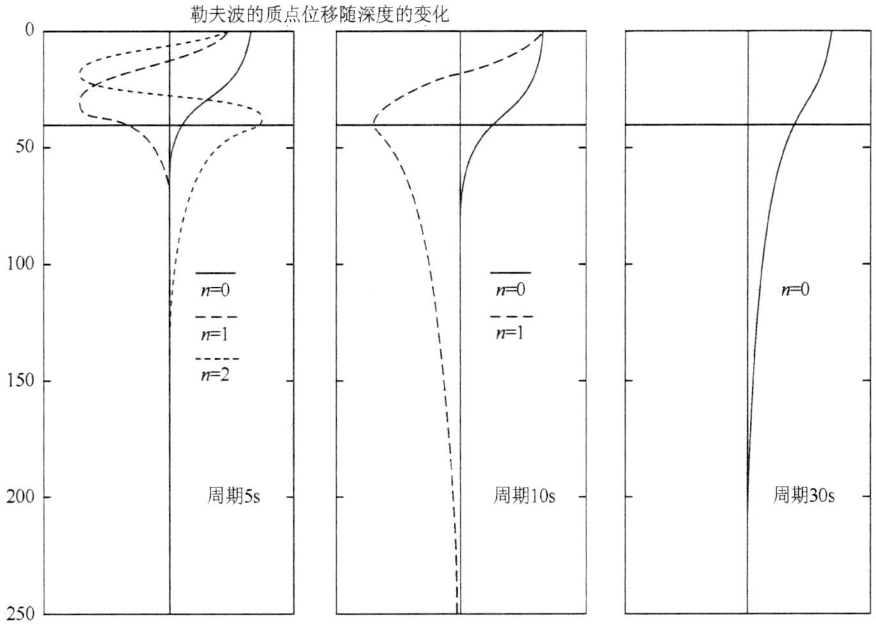

图 2.7-10　勒夫波位移沿水平方向的变化(上图)及其随深度的变化(下图)。三幅图对应图 2.7-8、图 2.7-9 中的三个不同周期。

2.8　频散

2.8.1　相速度和群速度

2.7 节中证明了勒夫波有频散现象，因为它沿着地表的视速度随频率而变。下面以两个频率和波数均不相同的简谐波调和在一起向前传播为例，概括地讨论频散现象，并探讨面波和海啸的频散特征。

考虑两个角频率和波数相差很小的简谐波的叠加：

$$u(x,t)=\cos(\omega_1 t-k_1 x)+\cos(\omega_2 t-k_2 x) \quad (2.8\text{-}1)$$

角频率和波数可以用平均 ω 和 k 来表示：

$$\begin{aligned}&\omega_1=\omega+\delta\omega,\ \ \omega_2=\omega-\delta\omega,\ \ \omega\gg\delta\omega,\\&k_1=k+\delta k,\ \ k_2=k-\delta k,\ \ k\gg\delta k\end{aligned} \quad (2.8\text{-}2)$$

利用式(2.8-2)可以将式(2.8-1)改写为

$$\begin{aligned}u(x,t)&=\cos(\omega t+\delta\omega t-kx-\delta kx)\\&\quad+\cos(\omega t-\delta\omega t-kx+\delta kx)\\&=2\cos(\omega t-kx)\cos(\delta\omega t-\delta kx)\end{aligned} \quad (2.8\text{-}3)$$

因此位移是两个余弦函数的乘积(图 2.8-1)。根据式(2.8-3)中的变量，两个余弦函数对应两个不同的简谐波。因为 $\delta\omega$ 远小于 ω，式(2.8-3)中第二项角频率较低，所以波形在时间上的变化较第一项慢。同理，δk 小于 k，第二项波形在空间上的变化较第一项慢。因此，这里存在一个角频率为 ω、波数为 k 的载波(carrier wave)，与角频率为 $\delta\omega$、波数为 δk 的不断变化的包络(envelope)波叠加。①

假定上述两项余弦函数的相位为常数时，两个函数各描述了一种波的传播，且波速不同。包络波以群速度传播：

$$U=\delta\omega/\delta k \quad (2.8\text{-}4)$$

载波以相速度(phase velocity)传播：

$$c=\omega/k \quad (2.8\text{-}5)$$

图 2.8-1 显示了这两种不同波速。比较不同时间的信号可以发现包络波的速度和载波不同。这种差异是图 2.7-4 中单相位的斜率(相速度)和整体振幅斜率(群速度)不同的原因。

2.8.2　频散信号

因为不同频率的频散波有不同的传播速度，利用傅里叶分析来描述这个现象是最合适的。第 6 章将详细讨论傅里叶分析，但这里先介绍一些基本概念。对于时间函数 $f(t)$，它的傅里叶变换(Fourier transform)为

$$F(\omega)=\int_{-\infty}^{\infty}f(t)\mathrm{e}^{-\mathrm{i}\omega t}\mathrm{d}t \quad (2.8\text{-}6)$$

① 类似于无线电波的振幅调制(AM)传输方法，其中载波振幅被改变或被包络波调制。

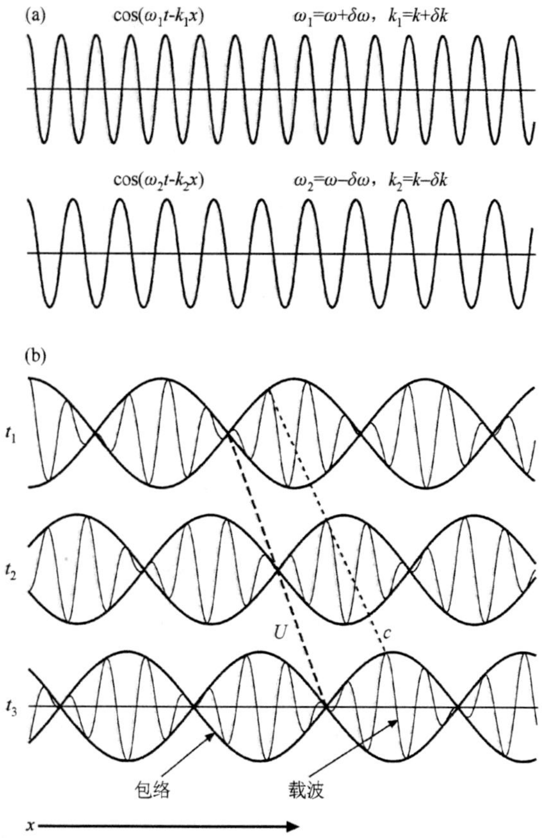

图 2.8-1 两个频率和波数略有差异的正弦波(a)，在三个不同的时间叠加得到图(b)中的波形。随时间变化的叠加波形表现为有节律的振荡，或长周期包络波，其以群速度 U 传播。高频振荡的载波，其振幅被包络调制，以相速度 c 传播。

因为积分式中包含复指数，$F(\omega)$ 是一个复数函数。类似地，$f(t)$ 和 $F(\omega)$ 之间的关系可以用傅里叶逆变换(inverse Fourier transform)表示：

$$f(t)=\frac{1}{2\pi}\int_{-\infty}^{\infty}F(\omega)\mathrm{e}^{\mathrm{i}\omega t}\mathrm{d}\omega \qquad (2.8\text{-}7)$$

因此 $f(t)$ 可以写成 $\mathrm{e}^{i\omega t}$ 乘上一个权重 $F(\omega)$，并对所有角频率的积分。因为傅里叶变换是复数，所以可写成：

$$F(\omega)=A(\omega)\mathrm{e}^{\mathrm{i}\phi(\omega)} \qquad (2.8\text{-}8)$$

其中 $A(\omega)=|F(\omega)|$，相位为 $\phi(\omega)$。因此傅里叶变换将时间序列表示为两个实数函数：振幅谱(amplitude spectrum) $A(\omega)$ 和相位谱(phase spectrum) $\phi(\omega)$ 。

利用傅里叶逆变换，可以将位移 $u(x,t)$ 表示为简谐波对所有频率的积分：

$$u(x,t)=\frac{1}{2\pi}\int_{-\infty}^{\infty}A(\omega)\exp\mathrm{i}[\omega t-k(\omega)x+\phi_i(\omega)]\mathrm{d}\omega \qquad (2.8\text{-}9)$$

在式(2.8-9)中，每个简谐波的波数 $k(\omega)$ 和振幅 $A(\omega)$ 都是角频率的函数。对于每个角频率，相位为

$$\Phi(\omega)=\omega t-k(\omega)x+\phi_i(\omega) \qquad (2.8\text{-}10)$$

其中包含了两部分。$\omega t-k(\omega)x$ 给出了因简谐波传播而造成的相位变化。如图 2.2-3 所示，波的传播取决于时间项(ωt)和空间项[$k(\omega)x$]。相位为常数的波信号传播速度 $c(\omega)$ 为

$$c(\omega)=\omega/k(\omega) \qquad (2.8\text{-}11)$$

$c(\omega)$ 是角频率的函数，随角频率变化。对于 $\phi_i(\omega)$ 来说，此项包含了震源的初始相位(initial phase)信息，该信息和震源机制解有关。

若多个不同角频率的简谐波以不同的相速度传播，这个波群(wave group)传播的速度会和单一简谐波的相速度不同。为了找出角频率在 $\omega_0-\Delta\omega$ 和 $\omega_0+\Delta\omega$ 范围内能量传播的群速度，首先利用泰勒展开式对 $k(\omega)$ 近似：

$$k(\omega)\approx k(\omega_0)+\left.\frac{\mathrm{d}k}{\mathrm{d}\omega}\right|_{\omega_0}(\omega-\omega_0) \qquad (2.8\text{-}12)$$

将式(2.8-12)代入式(2.8-9)可以得到位移的近似值，写成：

$$u(x,t)\approx\frac{1}{2\pi}\int_{\omega_0-\Delta\omega}^{\omega_0+\Delta\omega}A(\omega)\times\exp\left[\mathrm{i}\left(\omega t-k(\omega_0)x-\left.\frac{\mathrm{d}k}{\mathrm{d}\omega}\right|_{\omega_0}(\omega-\omega_0)x+\phi_i(\omega)\right)\right]\mathrm{d}\omega \qquad (2.8\text{-}13)$$

在式(2.8-13)指数项中加减 $\omega_0 t$ 可得到：

$$u(x,t)\approx\frac{1}{2\pi}\int_{\omega_0-\Delta\omega}^{\omega_0+\Delta\omega}A(\omega)\times\exp\left[\mathrm{i}\left((\omega-\omega_0)\left(t-\left.\frac{\mathrm{d}k}{\mathrm{d}\omega}\right|_{\omega_0}x\right)+(\omega_0 t-k(\omega_0)x)+\phi_i(\omega)\right)\right]\mathrm{d}\omega \qquad (2.8\text{-}14)$$

式(2.8-14)中的指数变量有三项，前两项描述了波的传播。第二项[$\omega_0 t-k(\omega_0)x$]描述了一个以角频率为 ω_0、相速度为 $c(\omega_0)=\omega_0/k(\omega_0)$ 传播的波。相比之下，

第一项描述了一个以平均角频率为 ω_0、群速度为 $U(\omega_0)$ 传播的波，$U(\omega_0)$ 成立条件为

$$t-\left.\frac{\mathrm{d}k}{\mathrm{d}\omega}\right|_{\omega_0} x=常数 \tag{2.8-15}$$

所以：

$$U(\omega_0)=\left(\left.\frac{\mathrm{d}k}{\mathrm{d}\omega}\right|_{\omega_0}\right)^{-1}=\left.\frac{\mathrm{d}\omega}{\mathrm{d}k}\right|_{\omega_0} \tag{2.8-16}$$

若一个信号在较宽的频带内有能量，类似的扩展可适用于每个角频率区间，那么群速度随角频率变化的函数为

$$U(\omega)=\frac{\mathrm{d}\omega}{\mathrm{d}k} \tag{2.8-17}$$

虽然群速度可以用式(2.8-17)来定义，但并不代表能量传播的速度一定是角频率的函数。举例来说，若波数随角频率变化很快，那么式(2.8-12)的近似就不适用，并且式(2.8-17)也许会得出负的群速度。在这种情况下，群速度的概念不再有意义。但在地震学中，这些近似对面波来讲一般都是适用的。

对于任一个角频率，群速度和相速度的关系为

$$U(\omega)=\frac{\mathrm{d}\omega}{\mathrm{d}k}=\frac{\mathrm{d}(ck)}{\mathrm{d}k}=c+k\frac{\mathrm{d}c}{\mathrm{d}k} \tag{2.8-18}$$

有时用波长表示较容易理解，写成：

$$U=c-\lambda\frac{\mathrm{d}c}{\mathrm{d}\lambda} \tag{2.8-19}$$

若一个波没有频散现象，不同波长的波具有相同的相速度，即 $\mathrm{d}c/\mathrm{d}\lambda=0$，这种情况下相速度和群速度相等。

对于一个频散波，如前面提到的勒夫波，群速度可以从频散关系式中求得。若频散关系式为

$$f(\omega,k)=0 \tag{2.8-20}$$

那么因 ω 和 k 的微小变化而改变的 f 值可以用泰勒展开式表示为

$$f(\omega+\mathrm{d}\omega,k+\mathrm{d}k)=f(\omega,k)+\left.\frac{\partial f}{\partial\omega}\right|_k\mathrm{d}\omega+\left.\frac{\partial f}{\partial k}\right|_\omega\mathrm{d}k \tag{2.8-21}$$

因为 ω 和 k 确定了一种满足频散关系 $f(\omega,k)=0$ 的振型。若 $\omega+\mathrm{d}\omega$，$k+\mathrm{d}k$ 也是一个解，则 $f(\omega+\mathrm{d}\omega,k+\mathrm{d}k)=0$，因此群速度可以写成：

$$U(\omega)=\frac{\mathrm{d}\omega}{\mathrm{d}k}=-\left(\frac{\partial f}{\partial k}\right)_\omega\Big/\left(\frac{\partial f}{\partial\omega}\right)_k \tag{2.8-22}$$

2.8.3　面波频散研究

两种类型的频散非常有用。最熟悉的例子就是光的传播，其穿过介质如透镜或棱镜时，不同频率的光波穿透速度不同。这种称为物理频散的现象，同样发生在地球内部，但影响微弱(3.7 节)。在地震学中，一个非常显著的例子是勒夫面波，尽管层状介质和半空间介质的本征速度不变，但其视速度沿地球表面发生变化。这种类型的频散称为几何频散，是应用广泛的面波性质。因为面波的水平视速度 c_x 和波数 k_x 随频率而变化，有时也简单地写作 c 和 k。类似地，有时也把平均水平视相速度或群速度简单地称为“相速度”或“群速度”。

图 2.8-2 展示了前面讨论的半空间介质上覆层状介质中基阶面波的相速度和群速度曲线。虽然相速度随周期单调递增，因为长周期波受下伏半空间介质的影响，群速度曲线存在最小值。该最小值位于周期约 15s 处，此处相速度曲线的斜率增大。正如方程式(2.8-19)所示，当频散项 $\mathrm{d}c/\mathrm{d}\lambda$ 变得很大时群速度下降。

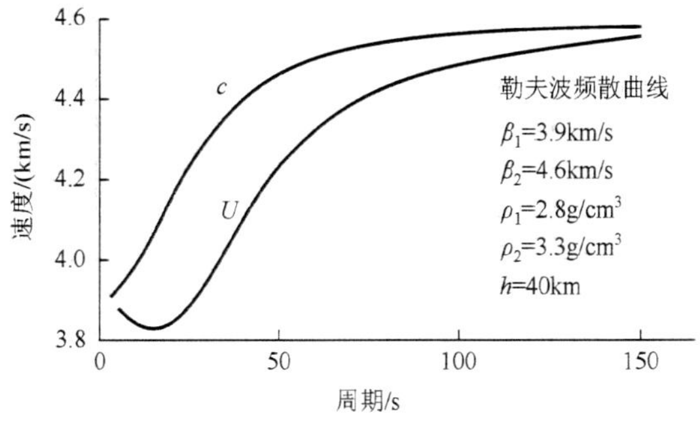

图 2.8-2　对一个给定的大陆地壳(40km 厚，$\beta_1=3.9$km/s，$\rho_1=2.8$g/cm^3)和地幔模型(半空间介质 $\beta_2=4.6$km/s，$\rho_2=3.3$g/cm^3)，获得的基阶勒夫波的相速度和群速度曲线。群速度具有最小值，对应相速度斜率最大的周期。长周期波受下伏半空间介质的影响随周期增大而增加。

事实上，面波速度的变化依赖于每个周期采样的深度范围，该性质使得面波频散对于研究地球结构很有价值。在研究中勒夫波和瑞利波都适用，前者频散依赖于剪切波速度，后者频散同时依赖于压缩波和剪切波速度。

面波的相速度和群速度频散都有实用阶值。群

速度测量相对容易，因为波包在地震图上很容易识别。如图 2.8-3 所示的勒夫波，可测量连续波峰或波谷之间的时间以确定周期。一般而言，长周期的波传播最快，在地震图上最先到达。群速度由震中距除以波包的传播时间来计算。例如，一个周期约 45s 的波包在震后约 1145s 抵达地震台站，其群速度大约为 3.7km/s（震中距为 4200 km）。后一个抵达的为周期约 35s 的波包，群速度约为 3.6km/s（震中距为 4200km，走时为 1170s）。这个方法可应用于更复杂的情况，对一个地震图做傅里叶变换使得不同周期的面波信号独立开来（图 2.8-4）。当原始记录（图 2.8-3 上图）用足够窄的带宽滤波器进行滤波后，可看到不同群速度的能量。

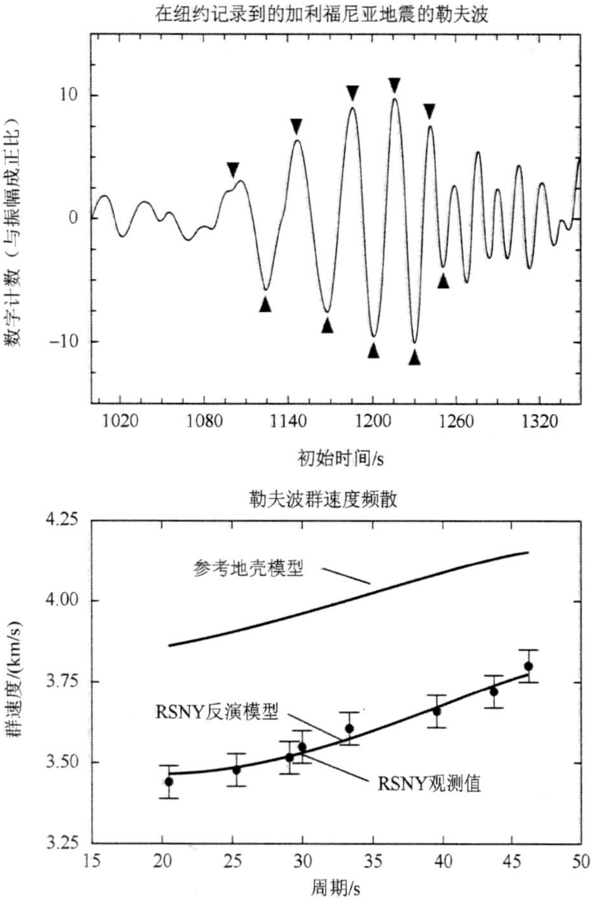

图 2.8-3 上图：远离加利福尼亚海岸的地震产生的勒夫波，记录台站为距离 4200 km 以外的纽约州的 RSNY 地震台站。三角形表示连续的波峰和波谷。下图：观测的（圆点）和预测的（上面曲线）群速度，后者基于图 2.8-2 所示模型。如果将模型参数改为 40km 层厚且剪切波速度为 3.6km/s，下伏半空间介质的剪切波速度为 4.4km/s 时，数据拟合得更好（下面曲线）。

利用这些数据，将随周期变化的速度与利用介质结构计算的理论频散曲线进行对比。例如，图 2.8-3 中地震记录的群速度要低于图 2.8-2 中简单结构模型的预测值，将模型中层状介质和半空间介质的速度降低，则可以更好地拟合数据。

这个例子显示了广泛采用的基本方法：利用在地球表面观测的地震数据来研究不同深度的地球结构（该例中使用了频散曲线）。如 1.1.2 节所述，这是一个反演问题，相对应的是用给定速度结构获得理论预测值的正演问题。求解正演问题更为直接，但想要获得拟合观测数据的速度结构则很困难。目前暂且假设，只要通过试错法就能够找到这样一个模型，更多的内容将在第 7 章讨论。

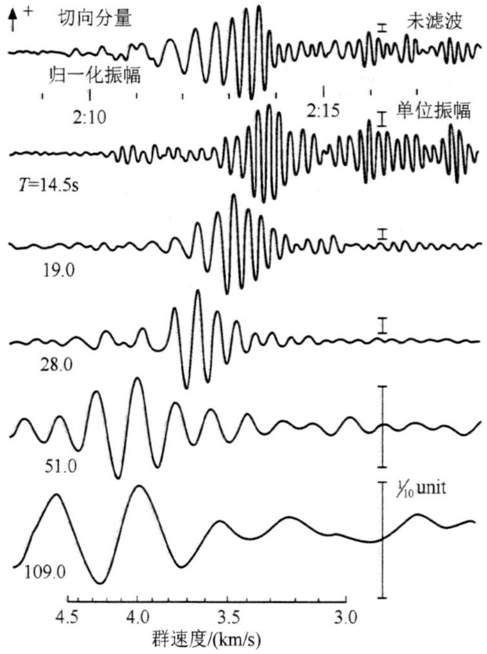

图 2.8-4 日本记录到的一个蒙古地震的勒夫波。以 5 个周期为中心进行滤波，长周期到达较早，表明视速度大。（Kanamor and Abe，1968）

频散数据可用于研究更复杂的速度结构。图 2.8-5 显示了南大西洋一个线性的隆升区域“沃尔维斯湾洋脊”（Walvis ridge）研究中利用的观测频散曲线，及其推测的 S 波速度结构。对于远离洋脊路径周期大于 20s 的长周期信号，其速度越高，暗示在 45km 处存在高速上地幔物质。这种差异可能反映了该洋脊由一个热点产生（5.2.4 节），而该热点是中大西洋洋脊下方固定的岩浆源。

对于周期小于 50s 的面波，群速度随周期增加，因为周期越长对深处的高速介质采样越多。相比之下，周期大于 50s 的面波，群速度随周期而减小，被认为是高速"盖层"下方存在低速区的证据。面波数据表明了地球低温高强度的高速岩石圈下方存在一个低速区域(3.5.3 节)，该处温度接近岩石的熔点(3.8.2 节)。

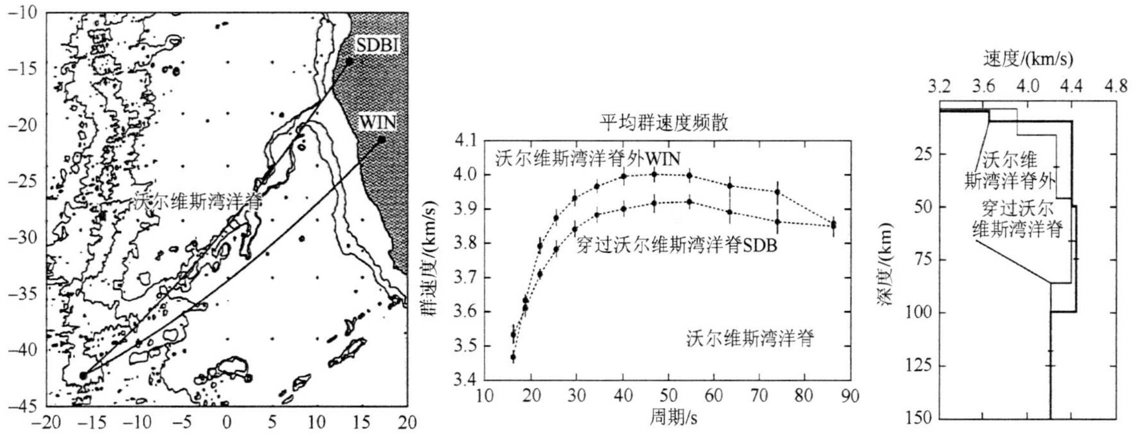

图 2.8-5 利用沃尔维斯湾洋脊的瑞利波群速度获得的地壳和上地幔结构。左图：中大西洋洋脊地震到台站 SDB 的射线路径，沿沃尔维斯湾洋脊到台站 WIN 的路径类似，但远离洋脊。中图：两条路径的频散曲线。右图：推测的剪切波速度结构，显示洋脊下方速度偏低。(数据来源于 Chave，1979)

相速度也可以用于研究地球结构。但其测量要比群速度困难得多，因为它们是针对单频简谐波定义的。对一个地震图做傅里叶变换，获得各角频率的相位 $\Phi(\omega)$。地震发生后时间 t 时，在距离 x 位置记录到的该相位由三项组成：

$$\begin{aligned}\Phi(\omega) &= [\omega t - k(\omega)x] + \phi_i(\omega) + 2n\pi \\ &= [\omega t - \omega x / c(\omega)] + \phi_i(\omega) + 2n\pi\end{aligned} \tag{2.8-23}$$

其中，$\omega t - k(\omega)x$ 为时空中传播的地震波相位。$\phi_i(\omega)$ 包含地震发生时的初始相位和受地震计影响的任何相移。最后一项 $2n\pi$，反映了复指数信号的周期性，因为加上 2π 整数倍，所得函数值仍相等。

相速度可由两种方法来测量。一种方法利用两个台站的地震图，震中距分别为 x_1、x_2。如果地震波到时分别为 t_1、t_2，对每个台站的记录信号做傅里叶变换，得到角频率的相位函数：

$$\begin{aligned}\Phi_1(\omega) &= \omega t_1 - \omega x_1 / c(\omega) + \phi_i(\omega) + 2n\pi, \\ \Phi_2(\omega) &= \omega t_2 - \omega x_2 / c(\omega) + \phi_i(\omega) + 2m\pi\end{aligned} \tag{2.8-24}$$

将上述两式相减获得 $\Phi_{21} = \Phi_2 - \Phi_1$，然后求解出相速度：

$$c(\omega) = \omega(x_2 - x_1) / [\omega(t_2 - t_1) + 2(m-n)\pi - \Phi_{21}(\omega)] \tag{2.8-25}$$

对两个台站而言，初始相位相同，如果台站仪器响应引起相同的相移，则 $\phi_i(\omega)$ 项可以消除。如果台站仪器响应不同，则需要加一个校正项。$2(m-n)\pi$ 可以在确保相速度在合理范围内的前提下，凭经验值获得。

另一个方法，可通过震源机制(4.3 节)预测地震的初始相位，然后由单个台站获得的地震图测量相速度。如果 $\phi_i(\omega)$ 假设已知，则相速度为

$$c(\omega) = \omega x / [\omega t + \phi_i(\omega) + 2n\pi - \Phi(\omega)] \tag{2.8-26}$$

图 2.8-6 展示了利用相速度数据研究大洋岩石圈演化的例子。各种证据说明，当大洋岩石圈逐渐远离洋中脊时会变冷和变厚(5.3.2 节)。结果表明，面波速度依赖于大洋岩石圈的年龄。如图 2.8-6 所示，在两条路径中，到台站 TUC 路径的瑞利波相速度最慢，因为近似平行于东太平洋隆起，这里的岩石圈最为年轻。到台站 ARE 的路径，覆盖较老的岩石圈，表现出较高的相速度。群速度也观测到类似现象。

这些研究获得的是沿大圆弧路径传播的面波的平均频散曲线。但是，真实的地球结构沿路径发生变化。为了研究岩石圈演化，我们想要知道每个年龄的岩石圈速度。但是，地震的发震位置和接收台站之间路径的分布对单个年龄的岩石圈而言十分稀少。一般来说，传播路径会覆盖不同年龄的岩石圈(图 2.8-6)。

确定一条路径上变化的速度结构是个复杂的反演问题。最简单的方法，称为"纯路径"法，把研究区域根据年龄间隔分为多个小区域，并假定单个小区域

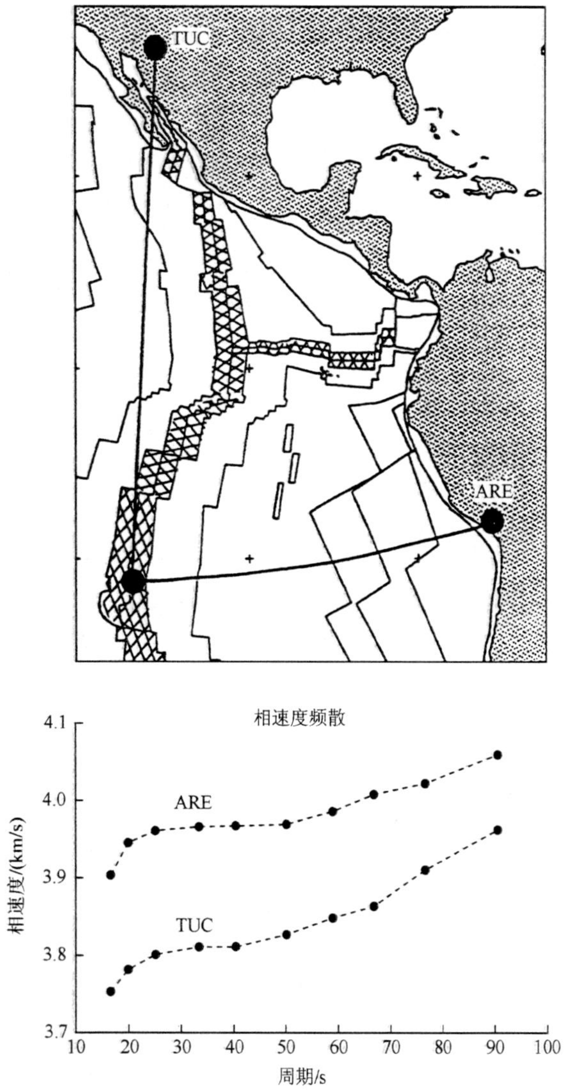

图 2.8-6 利用瑞利波相速度研究大洋岩石圈的演化。上图：东太平洋隆起上的地震与台站之间的采样路径，覆盖了不同年龄的岩石圈，如等时线所示。阴影区的大洋岩石圈年龄小于 300 万年。下图：所示路径的频散曲线。到台站 TUC 的路径上岩石圈较年轻，相对于到台站 ARE 的路径，其相速度值较低。(数据来源于 Forsyth，1975)

内每个角频率的速度恒定。考虑单个地震和台站之间的一系列路径，第 i 条路径长度为 L_i，其相速度或群速度 $v_i(\omega)$ 是角频率的函数。射线沿整条路径的走时表示为路径上每小段路径的走时之和。因此，如果第 i 条路径在小区域 j 内的路径长度为 L_{ij}，对应区域内的速度为 $v_j(\omega)$，那么：

$$L_i / v_i(\omega) = \sum_{j=1}^{n} L_{ij} / v_j(\omega) \qquad (2.8\text{-}27)$$

想要获得每个区域的速度 $v_j(\omega)$，通过式(2.8-27)可以写出向量-矩阵方程：

$$\boldsymbol{d} = \boldsymbol{Am} \qquad (2.8\text{-}28)$$

其中矩阵 $A_{ij} = L_{ij}$，数据向量 $d_i = L_i/v_i(\omega)$ 为已知，则可得到模型向量 $m_j = 1/v_j(\omega)$。

因为研究区域被分为一系列数量小于射线路径数的小区域，观测数据的数量超出模型向量的数量，所有矩阵 $\boldsymbol{A}$ 的行数多于列数，从而不能直接求解。这类超定方程在地震学研究中很常见，尤其是由观测值推断地球结构时。正如第 7 章所述，这类方程的最小二乘意义上的最佳解由转置矩阵及 $\boldsymbol{A}^{\mathrm{T}}\boldsymbol{A}$ 的反矩阵给出：

$$\boldsymbol{m} = (\boldsymbol{A}^{\mathrm{T}}\boldsymbol{A})^{-1}\boldsymbol{A}^{\mathrm{T}}\boldsymbol{d} \qquad (2.8\text{-}29)$$

穿越太平洋的多条路径的瑞利波相速度如图 2.8-7 所示。随着岩石圈年龄增加，速度和低速区域的深度也增加，与之前推测的变冷、变厚的岩石圈相符。

全球或区域尺度的这类研究对理解地球内部动力学过程有很大帮助。频散数据是深度的函数，而由它来获得速度结构是个反演问题，主要是基于不同周期的面波信号对地下不同深度的介质结构采样。纯路径研究给出了一个更为复杂的反演问题，速度结构随深度和传播路径均发生变化。我们能够获得横向速度结构的依据是不同台站路径对不同区域进行采样。这些研究的共同点是，利用区域观测值(横向或深度域)来研究区域内部结构。这类方法的例子是走时层析成像，将在第 7 章介绍。

2.8.4 海啸频散

频散现象也存在于海啸波。1.2.4 节介绍了海啸是由地震产生的水波。海啸类似于风驱动的水波①，由水的垂向位移导致重力势能变化而产生。尽管其传播机制有所不同，但海啸和面波的传播方式有类似之处。

如图 2.8-8 左图所示，海啸频散类似于瑞利波和勒夫波频散，后两者中周期越长的波传播速度越快，到达越早。频散关系(图 2.8-8 右图)表现出依赖于周期和波长的两个特征。在长周期，波长长度远大于海水深度 d，相速度是没有频散的，为

$$c = \sqrt{gd} \qquad (2.8\text{-}30)$$

其中，g 为重力加速度。海啸速度与海水深度有关。

① 尽管海啸称为“潮汐波”，但它们和潮汐没有关系。

但是，在短周期，波长长度远小于海水深度而不受海底的影响，海啸速度对波长的依赖可表示为

$$c=(\lambda g/2\pi)^{1/2} \tag{2.8-31}$$

因此短周期波传播得更慢。

和面波一样，海啸传播时也要穿越地球表面，它们的振幅大致随 $1/\sqrt{r}$ 呈二维衰减。然而，依据斯涅尔定律，它们的水平传播与面波的传播路径类似，如果存在很大的横向不均匀性，海啸会偏离最短的大圆弧路径传播。这种效应，称为多路径效应。因为波从几个方向到达接收台站，由于焦聚和焦散影响(3.7.3 节)可引起波振幅的很大改变，因此振幅变化可由射线路径的集中度来推断。射线密表明射线集中，振幅增强，而射线疏表明射线发散，振幅降低。图 2.8-9 显示了图 2.8-8 左图中海啸的焦聚和焦散随海洋深度的变化。在第 3 章中，我们还会利用该方法研究体波振幅。

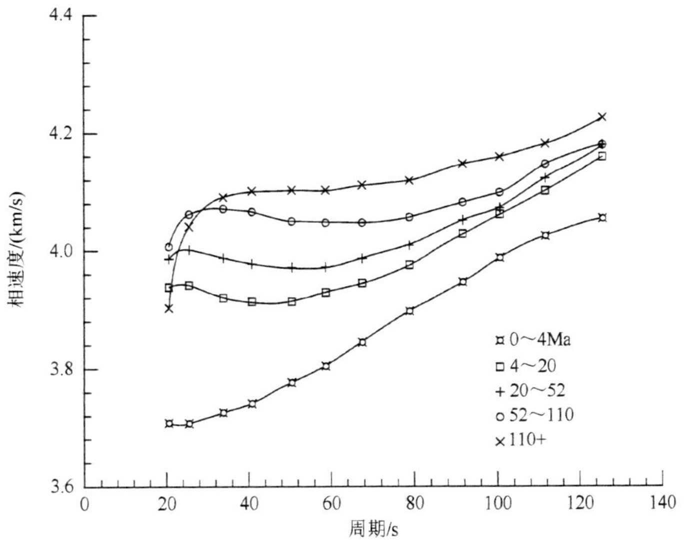

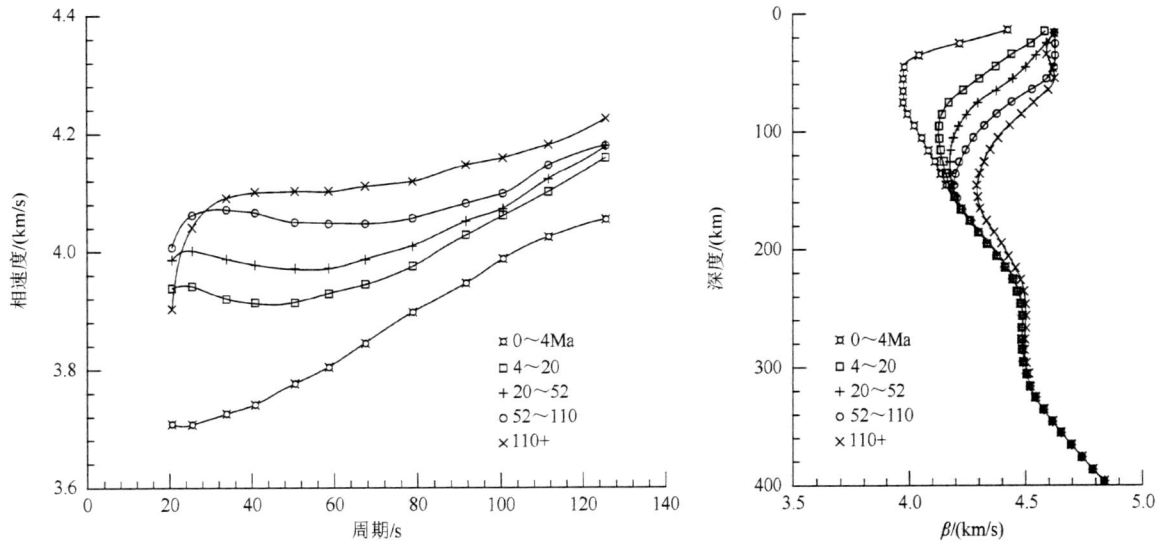

图 2.8-7 左图：太平洋海盆 5 个不同年龄的区域的瑞利波相速度频散。右图：反演的剪切波速度结构。随着海洋年龄增加，相速度和低速区的深度也增加。(Nishimura and Forsyth，1989)

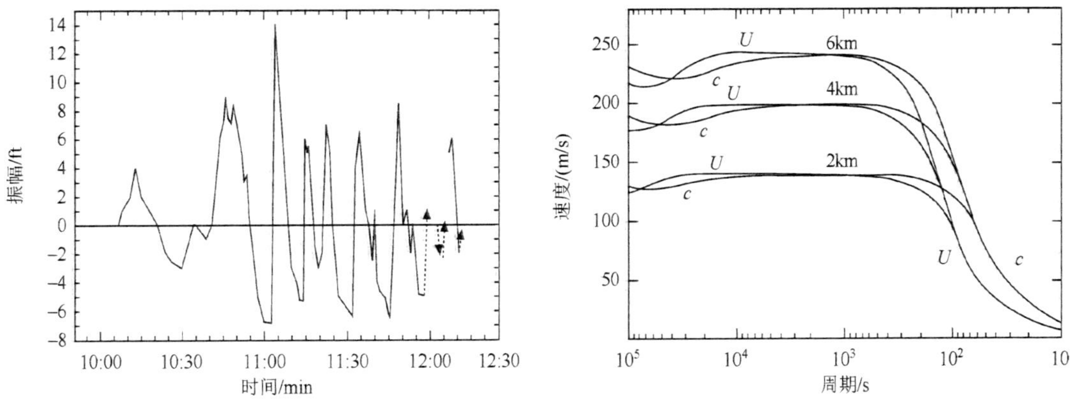

图 2.8-8 左图：潮汐测量仪记录的夏威夷希洛(Hilo)发生的海啸，由 1960 年智利地震引发。可见显著频散，长周期波到达早。(Eaton, et al.，1961，版权归美国地震学会所有)右图：基于不同海水深度合成的理论群速度(U)和相速度(c)海啸频散曲线。在长周期，速度大致恒定且受海水深度约束，而在短周期，海啸波不能到达海底，速度随周期变化。(Ward，1989)

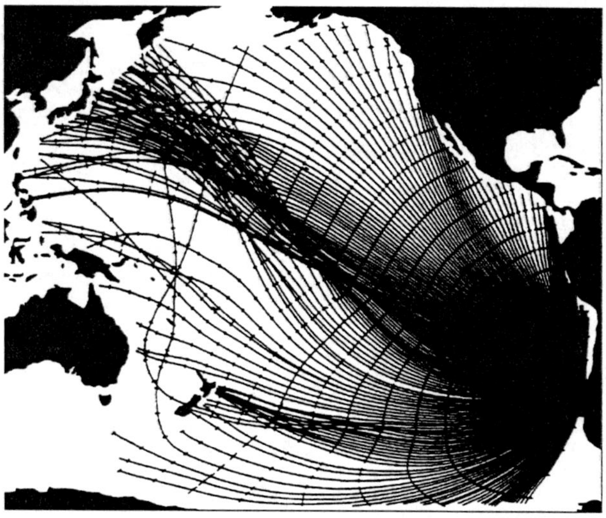

图 2.8-9 图 2.8-8 左图中海啸的射线路径。标记号显示以小时为增量的走时。随海洋深度变化，海啸波速度变化，进而引发多路径效应，导致很大的振幅变化。(Woods and Okal，1987，*Geophys. Res. Lett.*，14，765-768，版权归美国地球物理学会所有)

2.9 地球的简正振型

2.9.1 研究目的

本章一开始考虑了外力作用下弦的振动，其位移可以表示为两种形式：沿弦传播的波或者驻波(简正振型)的叠加。这两种描述均基于牛顿第二定律且是等效的，因为两种形式得到的波传播的所有特征，例如反射波和透射波的速度与振幅都是相等的。这个现象称为“波的二元性”(mode-wave duality)，在地震学研究中很有用，因为两个形式提供了不同的视角，综合考虑可以加深理解。没有哪种形式更“真实”——两种形式都是物理位移的数学表达。

类似地，在本章末尾我们将二元性扩展到三维地球。讨论所有的体波和面波如何表达为简正振型，又称为球状地球的自由振荡(简正振型)叠加。这些叠加不仅能得到所有边界的反射和透射，还包含散射波，而散射波很难由几何光学来描述(2.5.10 节)。但是，在第 3 章中讨论利用地震学研究地球结构时，大部分研究都不采用简正振型的方法。这主要有两个原因：首先，简正振型计算比射线和平面波更复杂；其次，为了同时模拟所有地震波，振型解不针对特定的震相。虽然震相(如 ScS)可以通过大量简正振型的叠加计算得到，但射线理论或平面波计算通常就可以直接给出我们想要的相关信息(如走时和振幅)。尽管如此，振型解在有些情况下仍然非常实用，具有超出其物理美学的研究意义，虽然其物理之美吸引了很多地震学家(包括我们自己)。

2.9.2 球谐模式

地球简正振型的很多性质类似于一维弦的振动。先来回顾一些基本性质。在 2.2.5 节中，讲述了一维弦受外力作用，它的振动可描述为

$$u(x,t)=\sum_{n=0}^{\infty}A_nU_n(x,\omega_n)\cos(\omega_n t) \tag{2.9-1}$$

其为驻波或本征函数 $U_n(x,\omega_n)$ 的和，每个本征函数的权重为振幅 A_n，其本征频率为 ω_n。本征函数和本征频率依赖于弦的物理性质，位移依赖于激发振动的震源性质和位置。满足一维波动方程的本征函数是正弦和余弦函数。对于各向同性(均匀)的弦，长度为 L，速度为 v，边界条件要求固定端位移为 0，则：

$$U_n(x,\omega_n)=\sin(n\pi x/L)=\sin(\omega_n x/v) \tag{2.9-2}$$

本征频率为

$$\omega_n=n\pi v/L \tag{2.9-3}$$

因为传播波的频率、速度和波长都与 $\omega=2\pi v/\lambda$(2.2.2 节)有关，式(2.9-3)要求 $L=n\lambda/2$，所以每个空间本征函数是半波长的整数倍。有限长的弦只能以满足边界条件的离散模式振动。本征频率间隔为 $\pi v/L$，所以如果弦无限长，本征频率就是连续的。最后，振幅依赖于激发振动的震源点的本征函数①。

无限半空间上单层介质中的二维勒夫波问题从另一个视角展示了地球的简正振型(2.7.3 节)。介质在垂向从地表延伸到无穷深，水平向两边延伸。单层和半空间的波动方程解可以描述为垂向和水平向相应项的乘积。然后，利用自由表面牵引力(或应力矢量)为零，层界面处应力和位移连续，能量自层界面向下不断衰减的边界条件。在这些条件约束下，勒夫波具有离散的本征频率，其与水平层厚度、层速度和半空间的剪切波速度有关。每个本征频率对应一个垂向和水平向本征函数。有趣的是特征频率形成几个离散的分支，如图 2.7-9 所示，对于给定视速度，有几个可能的本征频率。因为是二维介质，我们需要两个参数来列举所有本征频率。一个参数是离散的阶数(overtone number)(0,1,2,⋯)，因为层厚是有限的。另一个参数是频率，沿分支连续变化，因为水平维度是无限的。

① 用一系列正弦和余弦函数的和来表示位移，其本征函数具有离散的本征频率，对应于一个傅里叶序列，而连续本征频率分布对应于一个连续傅里叶变换。两种概念在文中都常使用，更详细的介绍见第 7 章。

为了将上述一维和二维的讨论扩展到三维球状地球中的波传播，在球坐标系(A.7 节)下构建简正振型的解。因为波从震源向外传播，把球心放在震源处(图 2.9-1)。然后，写出满足方程(2.4-10)的位移向量 $\boldsymbol{u}(r,\theta,\phi)=(u_r,u_\theta,u_\phi)$，它是半径和表面位置 (θ,ϕ) 的函数。语言表述可能存在歧义的地方是，球坐标系中径向是垂直的，而在平面坐标系中“径向”(图 2.7-2)用来表示包含震源和接收点的垂向平面内的水平方向。在球状几何中，u_θ 相当于平面波传播的方向，u_ϕ 是对应的切向。

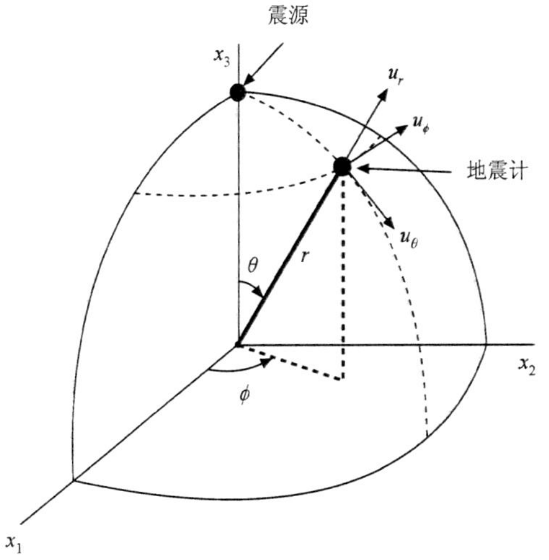

图 2.9-1　描述简正振型使用的球坐标系。震源位于球心，接收点处径向位移 u_r 是垂直的，u_θ 是包含震源和接收点的垂直平面内的水平方向，u_ϕ 是切向。

类似于方程(2.9-1)，将位移写为简正振型的叠加：

$$\boldsymbol{u}(r,\theta,\phi)=\sum_n\sum_l\sum_m {}_nA_l^m\,{}_ny_l(r)\boldsymbol{x}_l^m(\theta,\phi)\mathrm{e}^{\mathrm{i}_n\omega_l^m t} \tag{2.9-4}$$

因为是三维介质，每个振型用径向(深度)阶数 n，两个水平阶数 l 和 m 来描述。所有阶数取离散整数值，因为地球是有限体。本征频率依赖于三个阶数，而其空间特征体现为径向本征函数 ${}_ny_l(r)$ (标量)以及表面本征函数(surface eigenfunction) $\boldsymbol{x}_l^m(\theta,\phi)$ (向量)。求和依赖于每个本征函数的权重 ${}_nA_l^m$，它体现震源对该振型的激发。一个振型的位移沿地球表面发生变化，且依赖于震源对该振型的激发以及震源的相对位置，两者联合控制着表面本征函数的值。正如一根弦的振动模式，可以把位移考虑为空间中的一个向量(A.3.6 节)，它的基向量是本征函数，加权求和可用来描述位移。

虽然方程(2.9-4)看起来很抽象，但很实用。如果对一个长时间(地震发生开始后的几天或几周)的地震图做傅里叶变换，可以发现振幅谱[1] [方程(2.8-8)]由简正振型组成，在特定离散频率处出现峰值(图 2.9-2)。将地震图看作一系列简正振型的和，有助于理解其本质。

将方程(2.9-4)中的求和形式分解为径向和表面本征函数会产生一些有趣的结果。地球近似为球对称的(或横向均匀的)，因为它的性质随深度变化远大于给定深度处水平横向的变化。类似于勒夫波，表面本征函数也能够写成波动方程解析解的形式。而且，如果地球横向均匀(正如勒夫波例子中的假设)，表面本征函数不会影响本征频率。因此，对于横向均匀的地球，可以把本征频率表示为 ${}_n\omega_l^m={}_n\omega_l$。之后会看到，该近似也要求地球是无旋转的完美球体。

本征频率依赖于径向本征函数，通过求取不同深度边界条件下的球状地球振动方程可获得。尽管边界条件(应力和牵引力连续)听起来并不是特别困难，但实际上比较复杂，因为牵引力包括应力和位移梯度。如 A.7.4 节所述，球坐标系中的梯度需要求取单位基向量的导数，而单位基向量随位置变化，而在笛卡儿坐标系中保持恒定。因此，求解径向本征函数和本征频率的问题在本书中不加讨论。也不讨论震源激发的计算问题，因为它依赖于震源深度处的径向本征函数。

2.9.3　球谐函数

球面本征函数基于球谐函数展开，后者经常用来将一个函数在球面进行展开，正如笛卡儿坐标系中的正弦和余弦函数。因为把震源作为球心，θ 是距离极轴的角度(angular)或称余纬度(colatitude)，Φ 是方位角(azimuth)或称经度(longitude)(图 2.9-1)。

角度变化由一系列勒让德多项式表达，用度或角度阶数(angular order) l 索引，那么：

$$P_l(x)=\frac{1}{2^l l!}\frac{d^l}{dx^l}(x^2-1)^l \tag{2.9-5}$$

前几个勒让德函数为

$$P_0(x)=1,\ P_1(x)=x,\ P_2(x)=(1/2)(3x^2-1),\ P_3(x)=(1/2)(5x^2-3x) \tag{2.9-6}$$

图 2.9-3 给出了一些例子。对一个球体，$x=\cos\theta$，$-1\leqslant x\leqslant 1$。勒让德多项式在这一区间是正交的，所以可以用作描述角度变化的基函数。

---

[1] 如 6.2 节所述，振幅谱是傅里叶变换的幅值，其平方显示不同频率的能量。

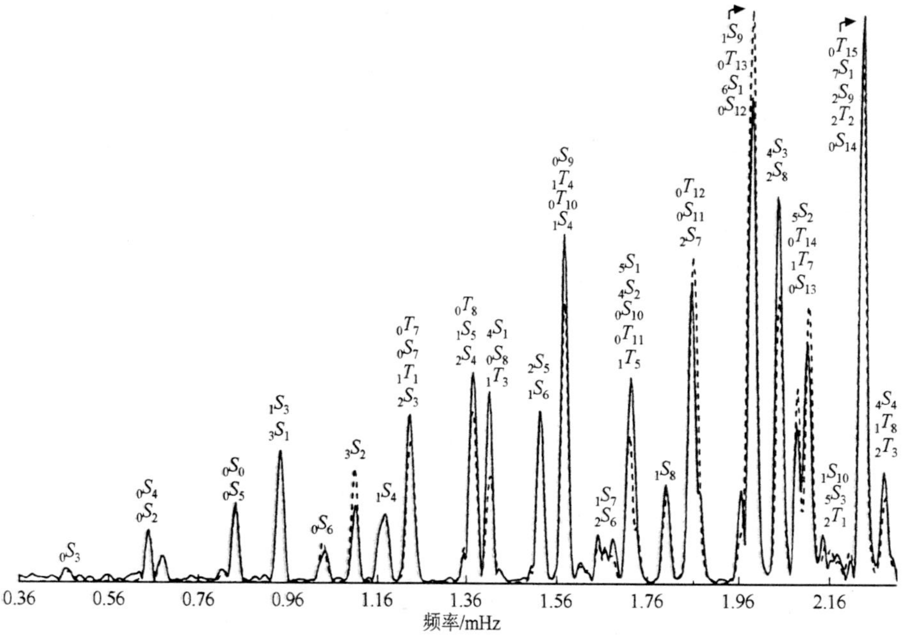

图 2.9-2 加利福尼亚州 Pasadena 台站记录到的 1994 年 6 月 9 日玻利维亚深源地震的长达 35 小时地震图的振幅谱。很多峰值对应于几个振型，表明近似频率的振型间的相互耦合。实线是观测谱，虚线是根据三维地球速度模型获得的预测谱。(Dahlen and Tromp，1998，版权归普林斯顿大学出版社所有)

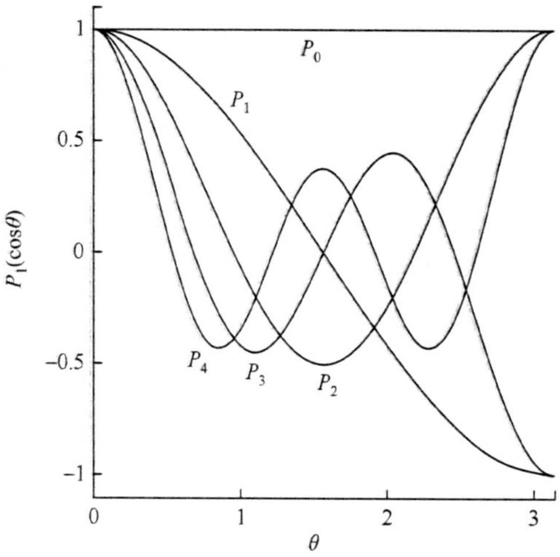

图 2.9-3 区间 0～π 内的勒让德多项式，用来描述地球自由振荡的位移。

方位角变化用缔合勒让德多项式(associated Legendre functions)描述：

$$P_l^m(x) = \left[\frac{(1-x^2)^{m/2}}{2^l l!}\right]\left[\frac{\mathrm{d}^{l+m}}{\mathrm{d}x^{l+m}}(x^2-1)^l\right] \tag{2.9-7}$$

方位角阶数(azimuthal order) m，$-l \leqslant m \leqslant l$。方位角函数 $\mathrm{e}^{\mathrm{i}m\phi}$ 与缔合勒让德函数相结合给出完全归一化球谐函数：

$$Y_l^m(\theta,\phi) = (-1)^m\left[\left(\frac{2l+1}{4\pi}\right)\frac{(l-m)!}{(l+m)!}\right]^{1/2} P_l^m(\cos\theta)\mathrm{e}^{\mathrm{i}m\phi} \tag{2.9-8}$$

球谐函数的定义一般包含 $P_l^m(\cos\theta)\mathrm{e}^{\mathrm{i}m\phi}$ 项，但归一化因子可能不同。

角度变化从 0 到 π 相对于赤道($\theta = \pi/2$)对称(对应 $l+m$ 为奇数)，或者反对称(对应 $l+m$ 为偶数)，且具有周期性($\phi + 2\pi = \phi$)。因为球谐函数一般是复函数，可以在球上画出它们的实部和虚部(图 2.9-4)。角度阶数 l 给出了表面上的节线(nodal line)数。如果方位角阶数 $m = 0$，节线是围绕极点的小圆弧，称为带谐函数(zonal harmonics)，与 ϕ 无关(即相对于 $\theta = 0$ 对称)。另一个极端情况为 $m = l$，此时表面节线为过极点的大圆弧，称为扇谐函数(sectoral harmonics)。当 $0 < |m| < l$ 时，与角度和方位角(余纬度和经度)都相关的节线模式称为田谐函数(tesseral harmonics)，如图 2.9-4 所示。

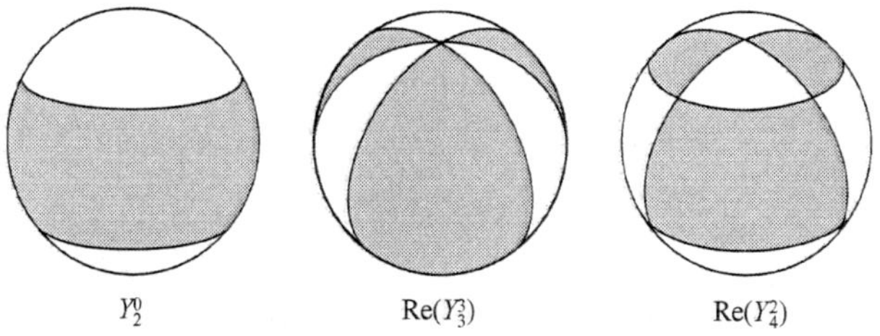

图 2.9-4 球谐函数示例。左图中 Y_2^0 为带谐函数，中图 Y_3^3 的实部为扇谐函数，右图 Y_4^2 的实部为田谐函数。(据 Lapwood and Usami，1981，经剑桥大学出版社许可复印)

球谐函数是正交的，

$$\int_0^{2\pi}\int_0^{\pi}\sin\theta Y_{l'}^{m'*}(\theta,\phi)Y_l^m(\theta,\phi)\mathrm{d}\theta\mathrm{d}\phi=\delta_{l'l}\delta_{m'm} \quad (2.9\text{-}9)$$

所以一个函数与其他函数共轭的乘积沿球面积分为0①。球谐函数组成一系列正交的基向量，可以表示球面上任何一个函数，类似于用正弦函数表示弦的振动。球谐函数用以表示球形星体的物理量，包括地震波速度的横向变化、表面地形、重力场和磁场。场的形状依赖于不同球谐函数分量的振幅。

2.9.4　扭振振型

利用球谐函数可以精确地写出一个球［方程(2.9-4)］的简正振型。在笛卡儿坐标系中可以把位移分为两部分：P-SV 波和 SH 波的振动，它们在介质中传播时相互解耦(2.5.2 节)。在球面几何中可以对简正振型做类似分解。

类似于 SH 波，球坐标系中有扭振或环振模式。它们的表面本征函数可由球谐函数向量(r,θ,ϕ)的分量给出：

$$\boldsymbol{T}_l^m=\left(0,\ \frac{1}{\sin\theta}\frac{\partial Y_l^m(\theta,\phi)}{\partial\phi},\ \frac{-\partial Y_l^m(\theta,\phi)}{\partial\theta}\right) \quad (2.9\text{-}10)$$

球谐函数向量的分量包含球谐函数的偏导数，原因在于振动方程与位移的空间导数有关。

扭振模式相应的位移向量$\boldsymbol{u}=(u_r,u_\theta,u_\phi)$为

$$\boldsymbol{u}^{\mathrm{T}}(r,\theta,\phi)=\sum_n\sum_l\sum_{m=-l}^{l}{}_nA_l^m\,{}_nW_l(r)\boldsymbol{T}_l^m(\theta,\phi)\mathrm{e}^{\mathrm{i}_n\omega_l^m t} \quad (2.9\text{-}11)$$

径向本征函数${}_nW_l(r)$是随深度变化的，尽管最后的位移没有径向分量(因为u_r恒为 0)。所以扭振模式只有水平位移，类似于 SH 波。它们的散度为 0，因此不能引起体积变化。

扭振振型表示为${}_nT_l^m$，其中 n 是径向阶数(radial order)，l 是角度阶数，m 是方位角阶数。对于给定的 n、l、m，在区间$-l\leqslant m\leqslant l$内取值的$2l+1$个振型被称为单谱(singlet)，单谱的群组称为多谱(multiplet)。如果地球是标准球对称的，且没有自旋转，则一个多谱上的所有单谱具有相同的本征频率，这个条件称为“简并”。例如，${}_nT_l^0$的周期与${}_nT_l^{\pm1}$、${}_nT_l^{\pm2}$、${}_nT_l^{\pm3}$等的周期是相等的。对于真实地球，单谱频率是变化的，该效应称为“分裂”。然而，分裂很小，以至于大多数时候可以不考虑，去除上角标 m，用${}_nT_l$表示所有${}_nT_l^m$多谱，相应本征频率为${}_n\omega_l$。

对于扭振振型，沿节线的水平位移u_θ和u_ϕ为 0，因为当$\partial Y_l^m/\partial\phi=0$时角位移$u_\theta$为 0，而当$\partial Y_l^m/\partial\theta=0$时方位角位移$u_\phi$为 0。例如，考虑最低频率(最长周期)的单谱扭振振型${}_0T_2^0$(图 2.9-5)，没有径向振动，角位移恒为 0，因为 $m=0$。为便于理解，从方程(2.9-10)可知，u_θ与下式成比例：

$$\frac{1}{\sin\theta}P_2^0(\cos\theta)\frac{\partial}{\partial\phi}(\mathrm{e}^{\mathrm{i}m\phi})=\frac{1}{\sin\theta}P_2^0(\cos\theta)(\mathrm{i}m)\mathrm{e}^{\mathrm{i}m\phi}=0 \quad (2.9\text{-}12)$$

非零位移分量只有方位角分量u_ϕ，它与下式成比例：

$$\mathrm{e}^{\mathrm{i}m\phi}\frac{\partial}{\partial\theta}P_2^0(\cos\theta)=3\sin\theta\cos\theta \quad (2.9\text{-}13)$$

在极点($\theta=0°$或$180°$)和赤道($\theta=90°$)方位角振动为 0。振动方向在赤道两边是相反的，因为 $\sin\theta$ 是奇函数。该节线是沿赤道平分地球的节面与球面的交线。振荡位移延伸到整个地幔②。

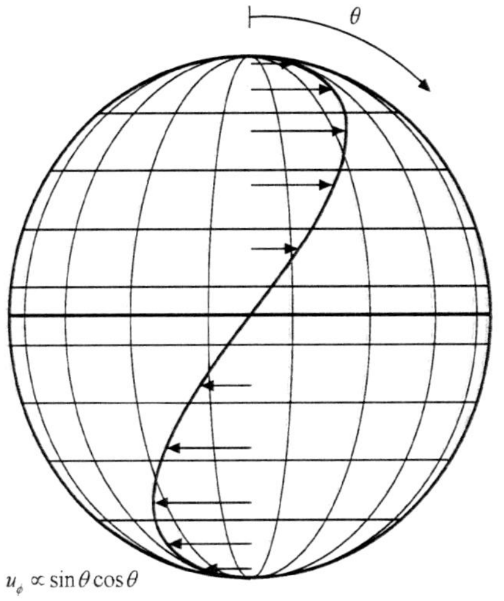

图 2.9-5　扭振振型${}_0T_2^0$的位移。

径向阶数描述了振型随半径的变化，角度和方位角阶数描述了它随纬度和经度的变化。对于扭振振型，n 给出了地球内部球形节面的个数。如果 $n=0$，没有节面，对于给定的经纬度，振动方向在所有深度都相同。l 等于球面上节线数加 1。这些节线的形状和分布随方位角阶数 m 变化，m 给出了过极点平分地

① 如方程(A.3-37)的定义，除 $n=m$ 外，$\delta_{mn}=0$。

② 因为地球外核是液态的，核-幔边界对地震激发的扭振振型来说是一个自由表面。这些振型不能在外核中传播，也不会到达内核，而理论上内核有自身的扭振振型。

球的垂直节面数目。若 $m=0$，节线是围绕极点的弧。若 $m=l-1$，节线是过极点的大圆弧。

单谱振型 ${}_0T_2^1$ 在表面有一个经度方向的大圆弧节线(图 2.9-6)。振动是相对于极点的剪切位移、振动朝向和远离节面。${}_0T_2$ 的周期是 44min：单一方向旋转 22 min，然后反向转回 22 min。对于较高的角度阶数 l，节点平面更多。${}_0T_3^0$ 在表面有两条纬向节线，${}_0T_3^1$ 有一条，${}_0T_3^2$ 没有。随着 l 增加，表面分割数目增多。

$n=0$ 的扭振振型(${}_0T_l^m$)称为基阶振型，深部的振动方向与表面方向一致。然而，对 $n>0$ 的振型(称为“高阶振型”)则并非如此。如图 2.9-6 左下图所示，${}_1T_2^0$ 模式在某一个深度存在一个位移方向倒转的节面。径向阶数为 n 的高阶谐波存在 n 个径向对称的节面，节面的深度由地幔速度确定。

因为节面的数目等于 $l-1$，${}_0T_1$ 没有节点平面，物理上对应于刚性体旋转。如 4.4.4 节所述，地震大致可以模拟为双力偶源而没有净力矩存在，因此不会引起旋转。在很少情况下，大地震可能会引起足够大的岩石垂向位移，从而影响到地球的旋转速率。但是，因为扭振模式不涉及径向振动，角动量守恒要求 ${}_0T_1$ 为 0。$l=1$ 时的高阶谐波(${}_1T_1$、${}_2T_1$ 等)是存在的，地球外部球体沿一个方向自由振荡，深部球体沿相反方向振荡。${}_0T_0$ 没有物理意义。

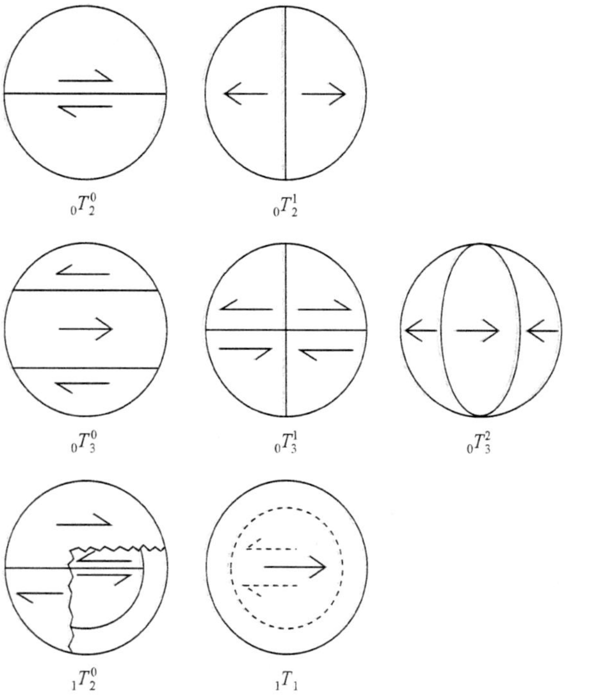

图 2.9-6 几个扭振振型的位移示例。${}_1T_2^0$ 和 ${}_1T_1$ 显示出位移随深度变化。

2.9.5 球振振型

P-SV 波振动可利用类似于球振振型(也叫极振振型)来描述。它们比扭振振型更为复杂，因为同时包括径向和切向振动。球面本征函数由两个球谐函数向量给出，其 (r,θ,ϕ) 分量为

$$\boldsymbol{R}_l^m=(Y_l^m,0,0),$$
$$\boldsymbol{S}_l^m=\left(0,\frac{\partial Y_l^m(\theta,\phi)}{\partial\theta},\frac{1}{\sin\theta}\frac{\partial Y_l^m(\theta,\phi)}{\partial\phi}\right) \tag{2.9-14}$$

每个都对应一个不同的径向本征函数 ${}_nU_l(r)$ 和 ${}_nV_l(r)$，所以球振振型的位移向量 $\boldsymbol{u}=(u_r,u_\theta,u_\phi)$ 为

$$\boldsymbol{u}^S(r,\theta,\phi)=\sum_n\sum_l\sum_{m=-l}^{l}{}_nA_l^m[{}_nU_l(r)\boldsymbol{R}_l^m(\theta,\phi) + {}_nV_l(r)\boldsymbol{S}_l^m(\theta,\phi)]\mathrm{e}^{\mathrm{i}_n\omega_l^m t} \tag{2.9-15}$$

径向本征函数 ${}_nU_l(r)$ 对应于径向振动，${}_nV_l(r)$ 对应于水平振动。

为了说明 P-SV 波和 SH 波是解耦的，且完整地描述三维位移，考虑三个球谐函数向量的正交性：

$$\boldsymbol{T}_l^m\cdot\boldsymbol{S}_l^m=\boldsymbol{T}_l^m\cdot\boldsymbol{R}_l^m=\boldsymbol{S}_l^m\cdot\boldsymbol{R}_l^m=0 \tag{2.9-16}$$

球振振型 ${}_nS_l^m$ 与扭振振型的表达形式类似。基阶振型没有内部节面，对应于 $n=0$。随着 n 增加，内部节面的数目也增加，与扭振振型不同的是，这里 n 不是节面数目。角度阶数 l 等于表面上节线的数目(而不是扭振振型中的 $l-1$)，m 代表过极点的大圆弧节线数目。球振径向振型中 $l=0$，因此只有径向振动，而扭转振动中没有类似情况。

图 2.9-7 显示了几个球振振型的例子。${}_0S_0$ 涉及整个地球的径向振动，扩张和收缩交替进行。最低频或最长周期的地球简正振型 ${}_0S_2$ 的周期为 3233s 或 3240s①，其 ${}_0S_2^0$ 单谱振型在扁圆(平圆盘)和扁长形(橄榄球)之间变化，相应地称为“橄榄球”模式。${}_0S_2^1$ 和 ${}_0S_2^2$ 的位移如图 2.9-7 所示。这里没有 ${}_0S_1$ 振型，它对应于星体的平移。l 增加，表面节线增加，如图中 ${}_0S_3$ 所示，n 增加，内部节面数增加。

2.9.6 简正振型和波传播

考虑地球简正振型与地球内部传播波的关系，可以获得更深入的认识。为此，利用缔合勒让德函数的一个数学近似(这里不做推导)，当角度本征值 l 远大于方位角本征值 m 时，则：

① 由固态内核的横向振动穿过液态铁外核激发的振型 ${}_1S_1$ 已被观测到，理论计算表明其周期约为 5.5h。

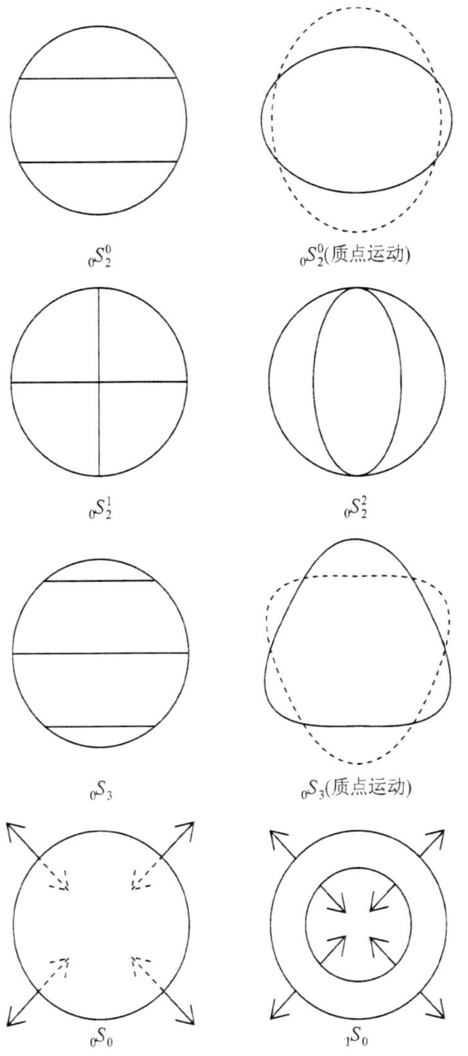

图 2.9-7　几个球振振型的位移示例。

$$P_l^m(\cos\theta) \approx (-1)^m l^m (2/l\pi\sin\theta)^{1/2} \cos[(l+1/2)\theta + m\pi/2 - \pi/4] \tag{2.9-17}$$

所有球谐函数近似于：

$$Y_l^m(\theta,\phi) \approx A(2/l\pi\sin\theta)^{1/2}\cos[(l+1/2)\theta]\mathrm{e}^{im\phi} \tag{2.9-18}$$

其中，A 包含其他系数的组合。利用该近似公式，用复指数表示余弦函数［式(2.9-11)和式(2.9-15)］，涉及乘积项 $Y_l^m(\theta,\phi)\mathrm{e}^{\mathrm{i}_n\omega_l^m t}$ 的振型求和，可获得相应传播波的水平波矢量(2.4.2 节)：

$$\boldsymbol{k}_x = (k_\theta, k_\phi),$$
$$k_\theta = (1/a)[(l+1/2)^2 - m^2/\sin^2\theta]^{1/2}, \tag{2.9-19}$$
$$k_\phi = m/(a\sin\theta)$$

其中地球半径 a 把角度项转换为表面波数。角度阶数 l 和频率 $_n\omega_l$ 相应的传播波的水平波长为

$$\lambda_x = 2\pi/|k_x| = 2\pi a/(l+1/2) \tag{2.9-20}$$

因此环绕地球一圈包括 $l+1/2$ 波长(图 2.9-8)。这些波相应的水平相速度为

$$c_x = {}_n\omega_l/|k_x| = {}_n\omega_l a/(l+1/2) \tag{2.9-21}$$

这些等效关系在地震后很容易观测到，全球绕行的面波可被视为驻波，或简正振型。不同单谱振型传播的方向不同，对应不同的 m 值。

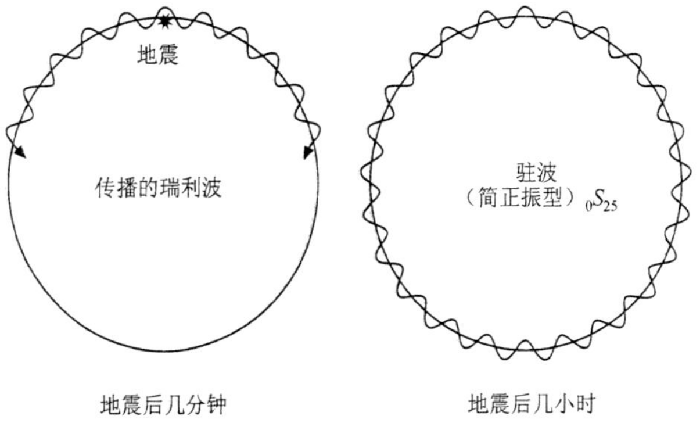

图 2.9-8　面波和简正振型的等效关系。地震激发的面波多次绕行地球，它们可被视为驻波，或简正振型，因此角度阶数为 l 的振型的波长的 $l+1/2$ 倍等于地球周长。该例所示是 $_0S_{25}$。

上述近似也有助于理解球振振型和扭振振型与 P-SV 波和 SH 波的对应关系(或瑞利波和勒夫波)。球振振型和扭振振型的位移依赖于球谐函数向量及其导数。方程(2.9-18)显示出偏导数的比率：

$$\frac{\partial Y_l^m(\theta,\phi)}{\partial\theta} \Bigg/ \frac{\partial Y_l^m(\theta,\phi)}{\partial\phi} \gg 1 \tag{2.9-22}$$

因为假定 l 远大于 m。对扭振振型，球谐函数向量 $\boldsymbol{T}_l^m$［方程(2.9-10)］的 ϕ 分量一般大于其 θ 分量，所以它的位移主要垂直于震源和接收器所在的平面，与 SH 波或勒夫波类似(图 2.9-1)。相比之下，球振振型的球谐函数向量 $\boldsymbol{S}_l^m$［方程(2.9-14)］的 θ 分量一般大于其 ϕ 分量，引起位移主要在震源和接收器所在的平面内，与 P-SV 波或瑞利波类似。

可以利用这些关系将简正振型与特定的体波和面波震相联系起来。先来回顾一下半空间介质之上单层介质中的勒夫波，自由界面和层间界面上的边界条件要求勒夫波具有离散的本征频率，它依赖于层厚和上下介质的剪切波速度，获得频散关系(2.7.3 节)，即相速度是频率的函数。因为频散关系依赖于地球结构，

通过比较面波频散的观测值与模型预测值，并反演观测值来推测地球结构(图 2.8-3)。

类似地，基于球状地球计算可以得到其简正振型的本征函数和本征频率。它们也依赖于地球模型。图 2.9-9 显示了一些振型的径向本征函数。对于面波，不同频率的振型对地球内部的不同深度进行采样。例如，如图 2.9-6 所示，图 2.9-9(a)显示了一个扭振振型的 n 阶谐波，它有 n 个节面且节面的深度由地幔速度结构决定。因此，可以反演观测本征频率来推测地球的径向速度结构，如图 2.9-2 所示虚线，反演结果可以很好地拟合观测数据。而且，反演结果还可以进一步结合走时数据进行验证。例如，在体波 PKJKP[①]震相观测到之前，内核的剪切波速度可通过一些简正振型来约束，例如 $_{10}S_2$，其在内核中位移较大。

图 2.9-10 显示了扭振振型的本征频率-角度阶数曲线。这些振型表现为一系列离散的曲线，对应不同高阶分支。最下面的线是基阶谐波(径向本征值 $n=0$)，对于任意给定的角度阶数，基阶谐波具有最低的本征频率(最长周期)。随着 n 增加，谐波频率增大(周期变短)。对任一高阶分支，如果角度阶数 l 增大，则本征频率增大。

角度阶数 l 将简正振型与某一特定波长［方程(2.9-20)］的传播波或相速度［式(2.9-21)］联系起来。图 2.9-10 所示的简正振型的频率-角度阶数曲线对应于面波(图 2.7-8)的频散(相速度-周期)曲线，有时也称为简正振型频散曲线。

图 2.9-10 显示了扭振振型频散的变化，对应不同体波和剪切波(SH)震相，将在下面的章节中进一步讨论。对于给定振型的水平相速度［方程(2.9-21)］可以与面波的水平相速度或体波震相的视速度联系起来。图的左上部分为高频、低角度阶 l，包含对视速度大、近垂直入射(2.5.3 节，$c_x = v/\sin i$)的体波震相有贡献的振型，例如地核反射波(图 1.1-2、图 3.5-5) ScS、sScS、ScS_2。虚线对应的相速度约 7.3km/s，为地核散射的剪切波视速度。这些 SH_{diff} 波在核幔边界达到底部然后转向返回地表，是直达 S 波和 ScS 波之间的过渡。ScS 表示核-幔边界处的反射波。虚线右边为在地幔底部触底返回的 S 波震相，如 S、SS、sS、sSS、SSS 对应的振型。对于给定频率，最右边的振型具有高 l 值，低相速度，对应于在地幔浅部触底返回的体波震相(3.4 节)。对于同一个频率，扭振振型本征函数的差异如图 2.9-9(b)所示。左边 $_9T_{43}$ 振型在整个地幔都有显著的位移，对应抵达核-幔边界的震相，反之，右边对应只穿透地幔浅部的震相。

面波也有等效的简正振型。当讨论面波时，高阶($n>0$)分支有时被称为“高阶振型”项(2.7.4 节)。图 2.9-10 最右边的扭振振型，它们是最低的高阶分支，可被视为勒夫波。$n=0$ 且 $l>20$ 的分支对应基阶勒夫波，$n=1$ 对应一阶勒夫波，以此类推。图 2.9-9(c)中 $_2T$ ($n=2$)分支的本征函数显示 l 连续增大时，位移越来越集中在地表面。这与我们的观测相符，对于给定 n 的分支，高频(短周期)勒夫波的位移更靠近地球表面(图 2.9-10)。

球振振型的情况则更为复杂(图 2.9-11)。基阶分支与其他分支分离较好，但高阶分支彼此交叉，因为它们同时包括 P 波和 SV 波能量。一些球振振型主要涉及径向振动，一些主要涉及切向振动，而大多位于两者之间。

然而，扭振振型的常见特征也适用于球振振型。对于给定频率，左边低 l 值振型对应于地核震相。中间对应于地幔体波震相。地核边界处的散射波(虚线)为不同组振型的分界线。最右边对应于瑞利波震相。和 P 波震相对应的振型比 SV 波的更靠左，因为 P 波传播快于 S 波。这些思想可以用径向本征函数［图 2.9-9(d)］来说明，每个球振振型的两条曲线代表了两个本征函数 $U(r)$(径向)、$V(r)$(切向)。低 l 高 n 值的振型具有较大的深部位移，所以低 l 值振型的叠加对应地核震相。对于低阶振型(如 $n=2$ 所示)，位移随着 l 增加更接近地表。因此，对 $l>20$ 时 $n=0$ 的谐波分支对应基阶瑞利波，高阶分支($n=1$，2 等)对应高阶瑞利波。

地球简正振型和传播波之间的等效关系提供了一个强有力的工具。如 3.5.5 节所述，可以利用地球简正振型计算在地幔中传播的波，包括地核反射、散射和其他许多震相。类似地，4.3.4 节利用地球简正振型计算了辐射面波在不同方向上的能量变化，即辐射花样(radiation pattern)。因此，既可以使用简正振型，也可以使用波动方程，视便利性而定。经常对这两种方法的计算结果进行对比，各自提供了不同的思考角度。

2.9.7 观测简正振型

和许多地震学的基本概念一样，简正振型的概念在进行仪器观测之前就已提出，并发展了很长时间。如弹性理论在 18 世纪中叶得到发展并用以讨论地球

① 如 3.5 节所述，PKJKP 是个难以捕捉的体波震相，以剪切波形式在内核中传播，包含了内核横波速度的重要信息。

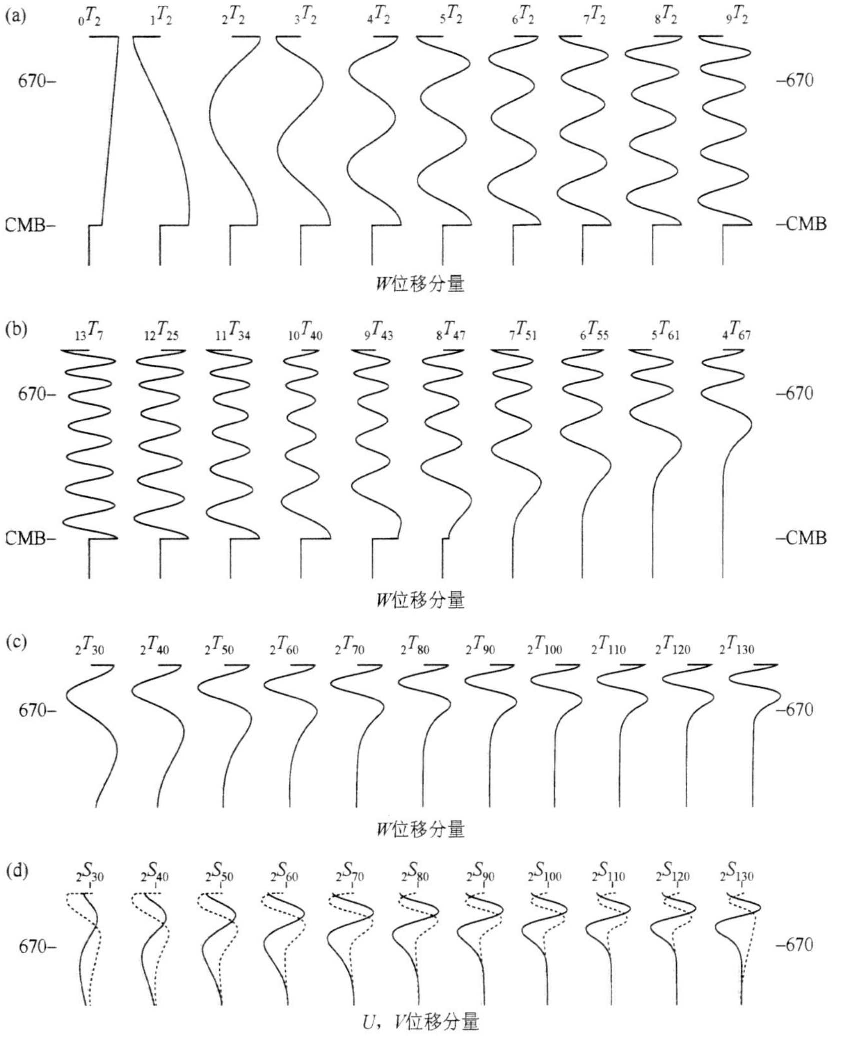

图 2.9-9　地表到核幔界面的不同振型的径向(垂向)本征函数，它是深度的函数。(a) $l=2$ 的基阶($n=0$)和高阶扭振振型。振型对整个地幔均匀采样，径向阶数给出了位移符号的改变次数。(b)相同频率 14mHz 的扭振振型。当 $l<\sim 4n$ 时，振型对应 ScS_{SH} 波，本征函数分布于整个地幔。当 $l>\sim 4n$ 时，振型对应于在中地幔转折的 SH 波，本征函数在核-幔边界之前逐步趋近于 0(tail off)。(c)等效于勒夫波的扭振振型的二阶谐波分支。因为径向阶数恒为 $n=2$，曲线总是有两个零交叉点，所以位移方向总是分为三个区域。本征函数随角度阶数增加而趋近于地表。(d)等效于瑞利波的球振振型的二阶谐波分支。如同(b)，本征函数随角度阶数其敏感深度变浅。实线显示径向位移 U 的本征函数，虚线显示切向位移 V 的本征函数。(Dahlen and Tromp，1998，版权归普林斯顿大学出版社所有)

的"音阶"①。在 1882 年，Lamb 将地球模拟为一个各向同性的刚性球，计算出基阶振型的周期为 78min。1911 年，Love 在地球的径向振动中考虑了重力的影响，将之前预测的振型周期修订为 60min，和真实值 54min 相差不多。然而，制造探测长周期振动信号的地震计很困难(6.6 节)，直到 1952 年堪察加(Kamchatka)地震后，才在仪器记录上观测到该振型。

随着地震仪器的改进，1960 年的智利大地震和 1964 年的阿拉斯加大地震使得鉴别和研究大量的地球简正振型成为可能。超过 40 个振型从 1960 年智利大地震中辨别出来。由于可记录长周期地震信号的仪器继续发展，地震台站的数目不断增多，处理技术不断改进，以及大量大地震的发生，目前识别出的地球简正振型已多达几千个。虽然没有哪个地震的规模可以匹敌 1960 年智利大地震，但地震仪器的改进和处理技术的提高弥补了这一不足。如 6.3.3 节所述，简正振型的观测要求地震记录的能量在远大于一个振型的周期的时间段内都很显著。幸运的是，超大震级的地震

① 地球上观测到的简正振型 $_0S_2$，可对应于一个 E 音调，比钢琴上的中 E 调低了 20 个八度。Johannes Kepler 称其为"球体的音乐"，认为每个环绕太阳的行星都可对应一个音符。地球 365.25d 的公转对应一个 C#音符，它比钢琴上的中 C#音调低了 33 个八度。

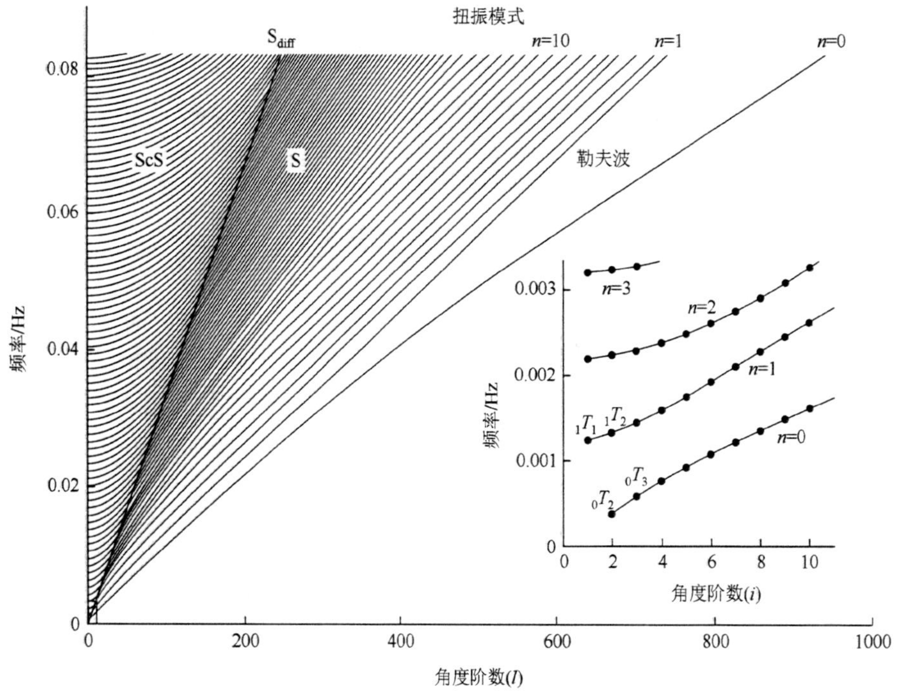

图 2.9-10 基于 PREM 模型(Dziewonski and Anderson，1981)计算的扭振振型的频率-角度阶数(频散)曲线，显示了所有周期大于等于 12s 的扭振振型(共 28588 个)，共 79 个径向阶数(分支)，941 个角度阶数(基阶分支对应 $n = 0$)。左下方方框区域放大显示在内插图中。穿过原点的曲线的相速度是常数。基于视速度，地核散射波 S_{diff} 等体波和面波震相对应于不同的振型。

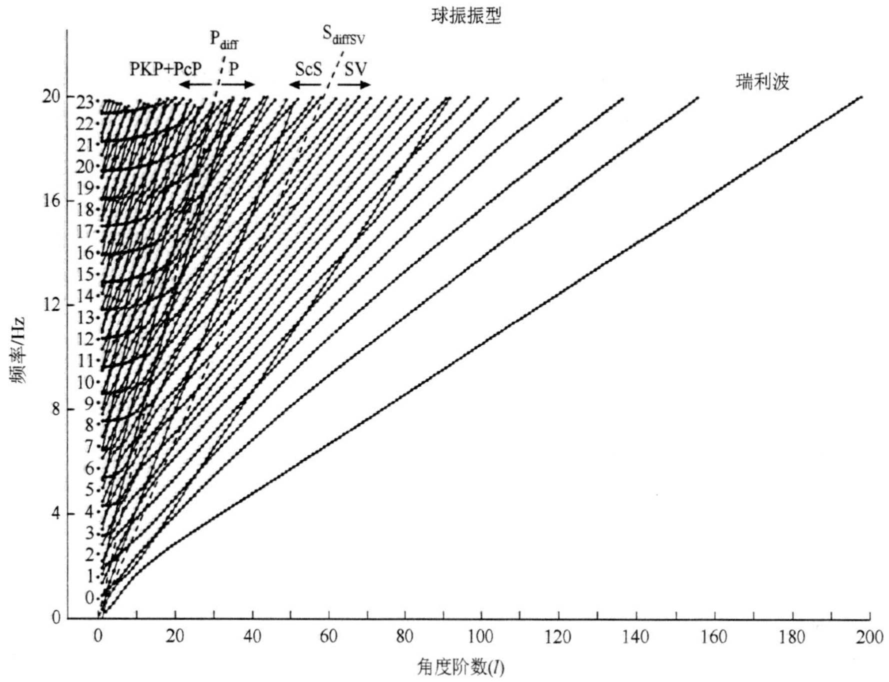

图 2.9-11 基于 PREM 模型计算的球振振型的频率-角度阶(频散)曲线。显示了所有周期大于或等于 50s 的球振振型(28588 个)，比扭振振型的更为复杂。虚线显示地核震相 P_{diff} 和 S_{diffSV}(又称 SV_{diff})对应的相速度振型。P_{diff} 线左边的振型对应地核反射和透射震相，如 PcP、PKiKP 和 PKP 的不同分支。这条线右边的振型对应在中地幔触底返回的 P 波。S_{diffSV} 线左边的振型对应地核反射和透射震相，如 ScS 和 SKS(与 PcP 和 PKP 相交)。S_{diffSV} 线右边的振型对应在中地幔触底返回的 SV 波。右边的少量振型对应瑞利波。(据 Dahlen and Tromp，1998，版权归普林斯顿大学出版社所有)

表 2.9-1　一些扭振和球振振型

振型	周期	描述和关联震相
${}_0T_2$	2639.4	基阶扭转
${}_0T_3$	1707.6	基阶扭转
${}_1T_1$	808.4	径向高阶
${}_1T_2$	757.5	径向高阶
${}_9T_2$	104.4	径向高阶
${}_0T_{30}$	259.5	基阶勒夫波
${}_0T_{130}$	68.9	基阶勒夫波
${}_2T_{30}$	151.3	二阶勒夫波
${}_4T_{67}$	71.3	SH
${}_{10}T_{40}$	71.4	SH_{diff}
${}_{13}T_7$	71.6	ScS_{SH}
${}_0S_0$	1228.1	基阶径向
${}_1S_0$	613.0	径向高阶
${}_0S_2$	3233.5	橄榄球模式
${}_0S_3$	2134.4	梨形振型
${}_0S_{30}$	262.1	基阶瑞利波
${}_0S_{130}$	75.8	基阶瑞利波
${}_1S_{30}$	160.9	二阶瑞利波
${}_{10}S_6$	203.5	内核 PKJKP
${}_{11}S_5$	197.1	内核 PKIKP
${}_{14}S_3$	184.9	地幔 ScS_{SV}
${}_1S_1$	19500	斯里克特振型

资源来源：Dziewonski 和 Anderson(1981)；Wysession 和 Shore(1994)；Dahlen 和 Tromp(1998)。

就满足这一条件，它们的发生使得地球像铃铛一样振动①。大地震后的地震记录时长可延续多天。

表 2.9-1 给出了几种振型的周期，其中一些已经讨论过。对于基阶(${}_0S$ 和 ${}_0T$)谐波分支，角度阶数大于 20 时对应于相应周期的基阶瑞利波和勒夫波，它们常被称为行波。然而，最长周期振型，如 ${}_0S_2$、${}_0S_3$、${}_0T_2$、${}_0T_3$ 等，由于周期太长，一般被称为简正振型。高阶振型通常对应于其贡献最大的体波震相。当然，这些是等价的描述。

2.9.8　简正振型合成地震图

可以利用多种不同技术获得地球的理论地震图，也称合成地震图。其中之一是利用简正振型叠加，类似于 2.2 节中获得弦波的方式。该方法也用来混合不同的谐音(也就是简正振型)以合成特定的音乐声音②。

例如，扭振振型位移［方程(2.9-11)］可通过下式合成：

$$\boldsymbol{u}^T(r_r,\theta_r,\phi_r)$$
$$=\sum_n\sum_l\sum_{m=-l}^{l}{}_nA_l^m(r_s,r_r)\,{}_nW_l(r_r)\boldsymbol{T}_l^m(\theta_r,\phi_r)\mathrm{e}^{\mathrm{i}\,{}_n\omega_l^m t}\mathrm{e}^{-\frac{{}_n\omega_l^m t}{2\,{}_nQ_l}} \tag{2.9-23}$$

这里需要知道振型的径向本征函数 ${}_nW_l$，本征频率 ${}_n\omega_l^m$ 由地球的速度和密度结构决定。这些振型通过 ${}_nA_l^m$ 加权，该系数由震源的深度、几何形状和延续时间函数及接收台站的深度决定。正如 3.7 节和 7.4 节所述，还需要知道衰减或品质因子 ${}_nQ_l$，它用来测量地震波能量的衰减速率(如果没有衰减影响，地球会永远保持振动，像铃铛发出声音)。式(2.9-23)假定一个多谱振型中的所有单频振型具有相同的品质因子。

地球简正振型可通过计算径向本征函数和相应的本征频率获得。虽然该过程超出了本书范围，但已有一些发展起来的应用技术。比如计算从地球中心到地表逐层传递的应力和位移，同时满足每层的边界条件。振型频率可迭代求解，直到地表处的值满足自由表面边界条件。该过程类似于 2.7.3 节计算半空间之上层状介质中勒夫波的周期。

振幅或激发系数依赖于发震断层的几何结构。在震源位于球心的坐标系中计算简正振型的优势之一是辐射能量具有强对称性。如 1.1 节和第 4 章所述，地震辐射能量花样包括对称于断层平面的四个旁瓣。因此，任意给定几何结构的断层，都可以通过不同 $m=0,\pm1,\pm2$ 的单谱振型组合反映出来。激发因子也依赖于震源深度，正如弦的激发函数依赖于震源位置③。600km 深的一个地震，对在该深度处本征函数振幅很大的振型激发很大，其他振型则激发很小。然而，对于 10km 深的地震，情况则非常不同。如前所述，面波基阶振型对应扭振和球振振型的基阶分支($n=0$)，相应的角度阶数大于 20。因为这些振型的径向本征函数在深部很小，因而 600 km 深的地震不能有效地激发地震面波。

这些振型在给定的接收位置叠加。因此，方程(2.9-23)中的位移可用震源半径 r_s、接收器半径 r_r 和接收器的余纬度 θ_r 与方位角 ϕ_r 表示。问题在于，方程(2.9-23)振型求和中的震源时间函数和球谐函数向量均为复数，然而叠加求和给出的位移为一个实数。类似地，尽管单个振型在地球的任何地方一直振荡，甚

① 事实上，因为地球同时以很多频率振动，而不是单频的。一个更恰当但不够诗意的比喻是地球的振动类似于一个凹陷的垃圾桶发出的声音。

② 虽然竖笛、喇叭和长笛的基调可能相同，但每种乐器演奏时都激发出不同的谐波组合，发出不同的声音。例如，尾端开口的竖笛只能激发奇数谐波，偶数谐波的缺失使得其发出的声音温暖、低沉。早期声音合成只使用少数谐波，合成一种假的、很微弱的声音。现在已经可以用许多不同频率的谐波来合成声音，频率甚至超过 20000Hz，即人耳能分辨的极限，所以人工合成的声音已经“几可乱真”。

③ 这种影响类似于在小提琴的不同位置拨动琴弦，会发出不同的声音。

至存在于地震波到达之前，但振型之和给出了地震之后有限时间之内到达的地震波。因此，尽管地球简正振型是很难视觉化的抽象数学表达，但它们之和却产生了有物理意义的位移(图 2.9-12)。

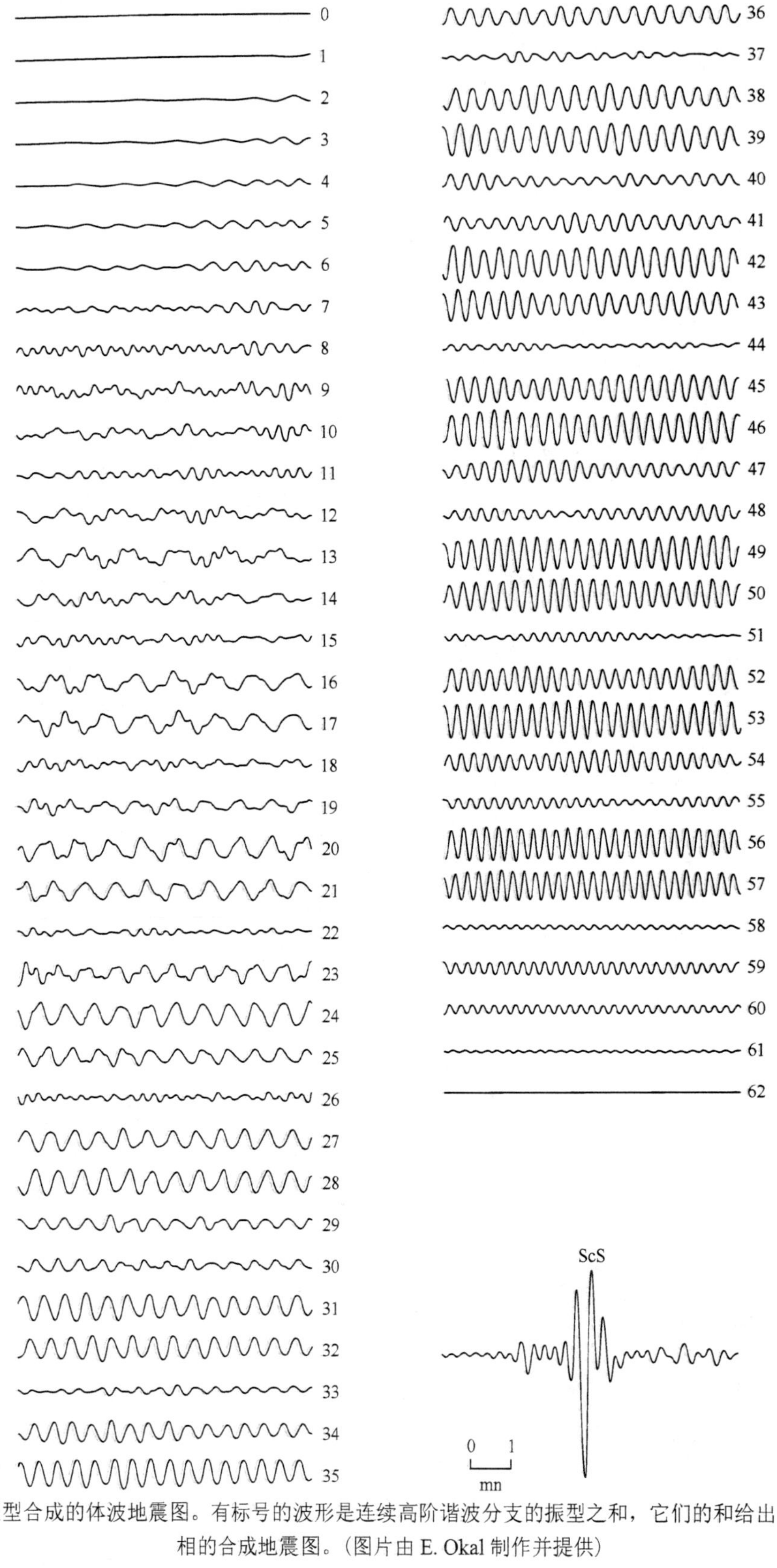

图 2.9-12　利用扭振振型合成的体波地震图。有标号的波形是连续高阶谐波分支的振型之和，它们的和给出了包含地核反射 ScS 震相的合成地震图。(图片由 E. Okal 制作并提供)

图 2.9-13 显示了观测地震图与振型叠加合成的地震图的对比。数据拟合非常好，很多研究利用观测的简正振型振幅推测断层几何结构和震源深度，尤其是那些离地震计较远的大地震。该过程是个反演问题，相应的正演问题是生成合成地震图。

合成地震图时一般将接收台站放置在地表（地震计所在位置），但也可以计算地球任意深度的合成地震图。图 2.9-14 显示了一个合成记录剖面，震中距为 70°，假定从地表到核-幔边界都布设地震计。我们随后会利用这个思想，通过分析位于地幔中 10 万个点的简正振型合成的地震图，可以直观地显示出剪切波的传播过程（3.5.5 节）。

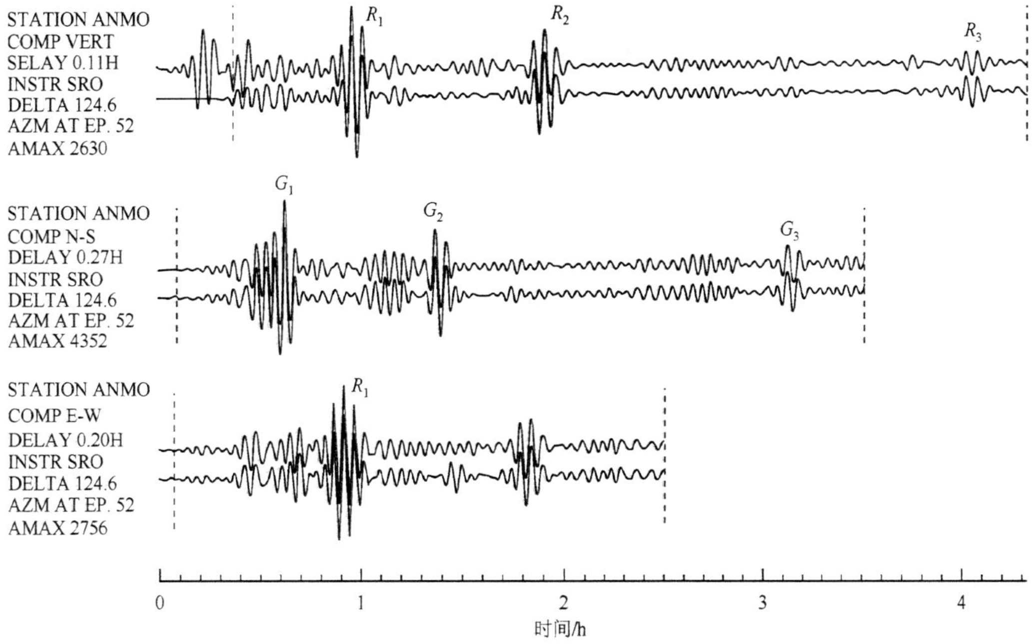

图 2.9-13　用简正振型合成地震图。三对波形分别是在距离 124.6°的台站 ANMO 记录到的垂向、南-北、东-西向地震记录道，地震位于印度尼西亚。每对波形中上面的道为振型数据，下面为振型叠加合成的数据。（Woodhouse and Dziewonski，1984，*J. Geophys. Res.*，89，5953-5986，版权归美国地球物理学会所有）

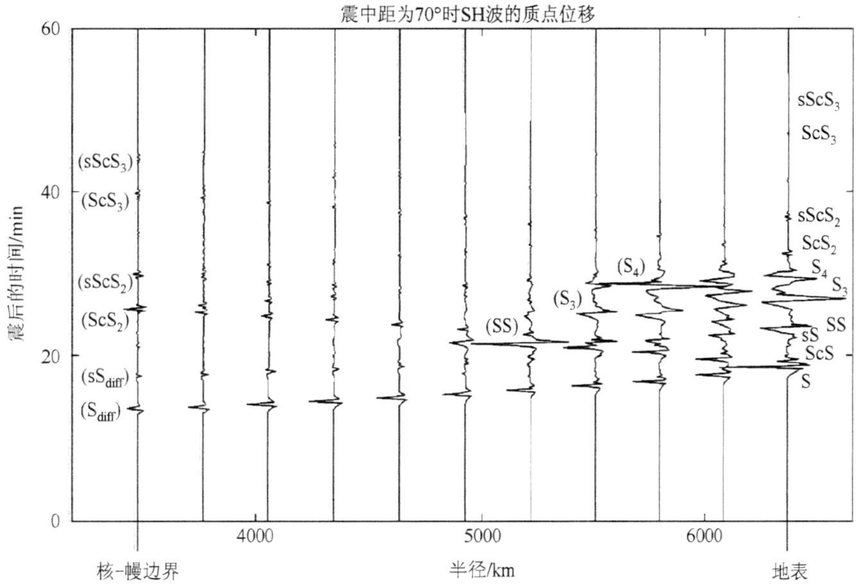

图 2.9-14　在不同深度处计算的剪切波合成地震图，设定震中距为 70°，震源深度 600km。（据 Wysession and Shore，1994，*Pure Appl. Geophys.*，142，295-310，经 Birkhauser 出版社许可重制）

2.9.9 振型衰减、分裂和耦合

前面讨论了球对称、无旋转、纯弹性和各向同性地球的简正振型。这个理想化的球体，有时也称为 SNREI（“Sneery”）地球，是个合理近似，因为地球可近似为球对称和弹性的，它的旋转周期比简正振型周期更长。地震的简正振型谱能够显示每个振型的峰值。然而，图 2.9-2 中的数据显示一些峰值的宽度存在变化，有的相互叠加。这些性质反映了测量真实地球简正振型的复杂性。

第一个影响是地震图不是无限长的。因此每个振型的位移不是无限延伸的单频纯正弦函数，而是终止于地震记录结束时间。在 6.3.3 节中显示正弦函数的有限长度使得其频谱比无限长函数的尖锐脉冲频谱（δ 函数）为一定宽度的峰。物理上，这是因为时间函数的终止实际上导致其他频率的人为加入。使用的时间越短，增宽效应越严重。这个问题看似很容易解决，因为可以得到尽可能长时间的地震图，使得峰值变窄。但是，地震后时间越长，地震信号相对于地面噪声的衰减越多，而且还可能有其他地震信号的加入。

简正振型振幅会随时间衰减，因为地震波能量会转换为热能而消耗。如 3.7 节所述，衰减（有时称为非弹性）代表了地球介质与完全弹性之间的偏差。该影响可通过方程式（2.9-23）模拟为一个周期振荡和一个衰减项的乘积：

$$e^{i_n\omega_l^m t}e^{-\frac{{}_n\omega_l t}{2_n Q_l}} \tag{2.9-24}$$

其中 ${}_nQ_l$ 为振型衰减，或品质因子，设定对所有单频振型都相同。无穷 Q 值对应没有衰减，振荡会永久持续，而低 Q 值（高衰减）引起振荡快速衰减。该项将单频 ${}_n\omega_l^m$ 的频谱增宽为一定宽度的谱峰，因为需要更宽的频带来描述时间衰减。衰减对频谱的影响类似于地震图的有限记录长度的影响。通过修正地震图有限长的影响，可以测量每个振型的 Q 值。这些数据可用来确定地球内部随深度变化的非弹性性质。

其他因素也可以影响谱峰宽度。对于一个 SNREI 地球，一个振型的频率只依赖于径向阶数 n 和角度阶数 l，所以不同方位角阶数 $-l\leqslant m\leqslant l$ 的 $2l+1$ 个单谱振型有相同的本征频率。然而，对应真实地球，单谱振型频率存在轻微变化，引起振型分裂。分裂的单谱振型增宽了整个多谱振型产生的谱峰。单谱振型的谱峰有时可利用高质量长周期地震图（图 2.9-15）获得。为了辨别图中所示单谱，对不同台站数据进行叠加（6.5 节）。它实质上利用了多谱内的每个单谱的地表本征函数的差异性，所以不同台站的频谱可加权叠加以增强希望获得的单谱信号，压制其他信号。

振型分裂的原因可这样理解：多谱振型为单谱振型的叠加重合，而不同单谱振型对应于环绕地球沿不同路径传播的波。如果地球是球形的、无旋转和球对称的，则所有路径的长度和传播时间相同。然而，如果一些路径的传播时长大于其他路径，那么波速和本征频率［方程（2.9-21）］之间的关系显示相应的本征频率会有所不同。因此，当波以不同速度在不同路径上传播时，会发生分裂。换句话说，振型分裂也与震源和接收台站在地球上的实际位置有关，而不仅仅与相对位置有关。

由于地球旋转造成的振型分裂反映了两种影响。一个直接影响是由于旋转造成的科里奥利力（Coriolis force）引起振型分裂，因为波在旋转方向上的传播要快于相反方向。分裂与振型周期和地球旋转周期（24h）的比值成比例，因此该影响对 ${}_0S_2$ 的影响最大，随着振型周期变短影响降低。另一个间接影响是地球旋转造成椭球形（A.7 节），因此穿过极点的波比绕赤道传播的路径短 67 km，引起多谱振型的分裂。图 2.9-16 显示了 ${}_0S_2$ 多谱振型由于旋转和椭球形引起的单谱线分裂。单谱的分裂幅度在 $m=\pm1$ 时最大，$m=\pm2$ 时变小，$m=0$ 时为 0。频率存在轻微差别的单谱之间的干涉引起多谱时间序列表现出有节律的振动“Beating”（2.8.1 节）。

当波在一些传播路径上快于其他路径上时，也会导致振型分裂。速度的横向变化，或地球内部的非均匀性，都会引起分裂。对任一给定深度，地震波速度横向上变化最多几个百分点，但对于理解构造过程却很重要，包括地幔对流（5.1 节）。因此，与利用多谱振型的平均频率确定地球的径向速度结构一样，利用单谱振型的频率分辨地球三维结构同样有重要意义。分裂也可由地震各向异性（3.6 节）导致。例如，图 3.6-13 显示了内核各向异性导致的地震波分裂。

一个相关的效应称为耦合。回顾一下，均匀弦的简正振型之间是正交的，互不影响。类似地，在理想的 SNREI 地球中，能量不会从振荡的一种振型转换为另一种。然而，真实地球，如旋转、椭球形、横向非均匀性和各向异性等不仅会影响本征频率，也会影响

本征函数。所以，给定振型的本征函数同时包含 SNREI 地球中该振型的本征函数，以及由于近似本征频率的其他振型的本征函数造成的扰动。耦合存在于不同分支的振型之间，同一分支的振型之间，甚至多谱振型内的不同方位角度阶数的振型之间。因此，一个地震应该只激发 $m=0, \pm 1, \pm 2$ 的单谱，这是因为它的辐射能量样式相对于断层平面呈四重对称，但能量可能转换为其他单谱。耦合也存在于扭振和球振振型之间，非常类似于平面 P-SV 波和 SH 波在倾斜界面上发生的耦合(2.5.2 节)。另外，扭振振型对径向位移有贡献，这对于 SNREI 地球是不可能发生的。所以，图 2.9-2 中一些频谱峰对应于几个振型，具有类似频率的振型发生了耦合。这些组合振型被称为超多谱振型。

尽管振型分裂和耦合理论超出本书范围，但从概念上来说它们与其他科学分支紧密相连。由于地球自转而导致的分裂类似于波在一碗旋转的水中传播，或原子物理中的塞曼效应(Zeeman effect)，后者描述磁场中谱线的分裂。地球简正振型问题实际上就是研究地球自转、椭球形、横向非均匀性及各向异性等因素对一个未扰动的(SNREI)地球的本征频率和本征函数的影响。

总之，简正振型频谱中的谱峰反映了地震、球形和弹性地球结构、衰减、自转、椭球性、横向非均匀性和各向异性的综合效应。经过大量研究，这些效应可以被很好地模拟出来，图 2.9-2 显示理论和观测频谱拟合很好(虽然并不完美)。因此，正如在实际工作中所见，数据显示的真实地球与简单模型之间的偏差可用来探究这些偏差，从而更好地描述真实地球。

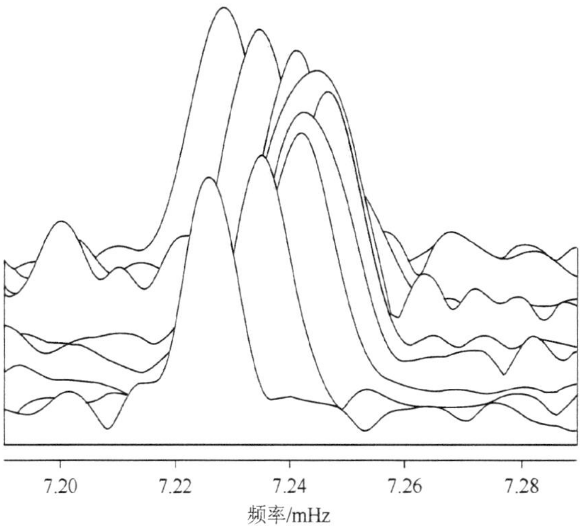

图 2.9-15　球振振型 ${}_{18}S_4$ 多谱分裂的 9 条单谱的振幅谱。最前是 $m=-4$ 的谱线，最后是 $m=4$ 的谱线。(Widmer et al.，1992)

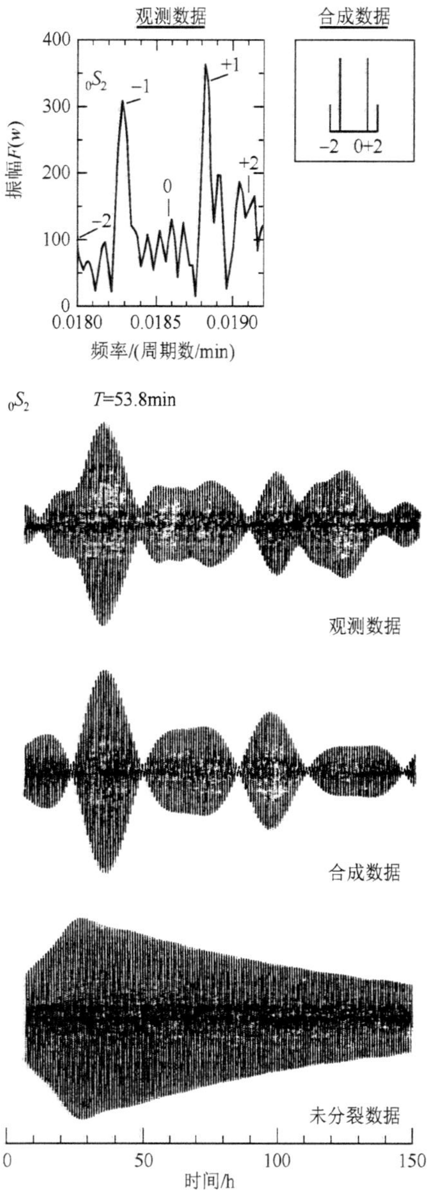

图 2.9-16　1960 年智利大地震，台站 Isabella(加利福尼亚州)记录到的橄榄球振型 ${}_0S_2$ 显示出的分裂特征。分裂引起单谱振型作为独立的谱峰凸显出来，时间序列显示出节律性振动“Beating”效应，这是因为不同谱之间的干涉造成的。通过拟合单谱振型振幅，同时结合时间域的衰减和有限地震记录长度的影响，计算出的理论合成地震图要比不考虑自转分裂效应的计算结果对数据的拟合度更好。(Geller and Stein，1977；Stein and Geller，1978；版权归美国地震学会所有)

延伸阅读

本章讨论的相关主题的信息可以从很多资源得到，这里列举一部分。有关波的基本概念在波传播的书中有所讨论，如 Bland(1988)、French(1971，1970)。经典力学可参考 Feyman 等(1963)、Marion(1970)。

应用数学如 Butkov(1968)、Morse 和 Feshbach(1953)、Menke 和 Abbott(1990)、Snieder(2001)。连续介质力学的介绍如 Fung(1965, 1969)和 Malvern(1969)。费马原理、惠更斯原理和散射的讨论如 Baker 和 Copson(1950)、Klein 和 Furtak(1986)。

地震学简介方面的教材包括 Ewing 等(1957)、Officer(1958)、Bullen 和 Bolt(1985)、Lay 和 Wallace(1995)、Shearer(1999)、Udias(1999)。超出讨论范围的更多内容可参考 Aki 和 Richards(1980)、Hudson(1980)、Ben-Menahem 和 Singh(1981)、Lapwood 和 Usami(1981)、Kennett(1983)、Bath 和 Berkhout(1984)、Dahlen 和 Tromp(1998)。

很多资料讨论一些具体的相关内容。Geller 和 Stein(1978)讨论了弦的例子，包括震源项和非均匀弦的振动振型。Young 和 Braile(1976)讨论了固-固界面上反射波和透射波的解，给出了计算能量的计算机程序，如图 2.6-11 和图 2.6-12。Madariaga(1972)推导了振型和传播波之间的等价关系。

问题

(1)两个完全一样的弦之间的反射和透射系数是什么？解释其物理意义。

(2)图 2.2-6 中，通过测量脉冲随时间和距离的变化找出两个不同弦段的地震波速度。这些速度值与图标题中给出的一致吗？

(3)对于应力张量

$$\boldsymbol{\sigma}=\begin{pmatrix}2 & 1 & 3\\ 1 & -1 & -2\\ 3 & -2 & 5\end{pmatrix}$$

找到下述平面的牵引力(应力矢量)：

①x-y 平面。

②y-z 平面。

③法向量为(3, 2, −1)的平面。

(4)推导在弦末端的反射系数：

①将总振幅表达为入射和反射简谐波的和，其振幅为未知量。

②如果弦末端固定，其位移为 0；如果弦末端为自由端，牵引力为 0。找到这两种条件下振幅之间的关系。

(5)对于应力张量

$$\boldsymbol{\sigma}=\begin{pmatrix}0 & 2 & 0\\ 2 & 0 & 0\\ 0 & 0 & 0\end{pmatrix}$$

①找到主应力及相关方向。

②找到剪切力最大的平面，及对应的最大值。

(6)估计地球 1000km 深度的压力。

(7)对于应力张量，其分量单位为 kbar：

$$\boldsymbol{\sigma}=\begin{pmatrix}-150 & -2 & 1\\ -2 & -155 & 3\\ 1 & 3 & -145\end{pmatrix}$$

①对角线上的很大的负值的物理意义是什么？

②求平均应力和偏应力。

③该应力可能存在于地球的什么深度？

(8)针对以下情况，给出应变张量例子：

①体积增大。

②体积减小。

③有剪切应变但没有体积变化。

哪种情形会产生 P 波，哪种会产生 S 波？

(9)假定泊松固体的刚度与地壳岩石相当，相对于其在地表的体积，估算在地下 30km 处该岩体被压缩的体积比。

(10)拉梅常数 λ 可以为负数吗？如果可以，其条件是什么？

(11)对于应变张量

$$\boldsymbol{e}=\begin{pmatrix}3 & 0 & 0\\ 0 & 1 & 1\\ 0 & 1 & 2\end{pmatrix}$$

①找出相应的应力张量，假设各向同性固体，拉梅常数为 λ 和 μ。

②计算弹性应变能 $W=\sigma_{ij}e_{ij}/2$。

(12)橡胶的杨氏模量要小于钢板的杨氏模量，给出其物理解释。

(13)除了可以利用势函数获得地震波的位移解外，还可以将波动方程表示为位移场的散度和旋度的形式。为此：

①计算式(2.4-12)的散度获得膨胀系数 θ 的波动方程及其波速。

②计算式(2.4-12)的旋度获得 $\nabla\times\boldsymbol{u}$ 的波动方程及其波速。

(14)对于各向同性和线弹性介质，利用式(2.3-69)中的 c_{ijkl} 推导本构方程［方程(2.3-70)］。

(15)推导泊松固体中的 P 波和 S 波速度。

(16)利用球坐标系中的梯度算子［式(A.7-14)］，计算球谐波标量势 $f(t-r/v)/r$ 的位移场。如何近似震源附近的位移场？如何近似远场处的位移场？

(17) 一个位于震源处的地震记，记录了核幔界面反射震相 PcP 和 ScS，其到时分别为震后 511s 和 936s。如果地球半径为 6371km，内核半径为 3480km：

①计算地幔的平均 P 波和 S 波速度。

②利用计算的平均速度评估地幔和泊松固体的近似度。

(18) 假定上地幔为泊松固体，利用图 2.4-8 所示的地震波(震源深度为 280km)，计算 P 波和 S 波速度。将计算结果与地幔平均值比较。需要注意地震记录的起始时间与发震时间可能不一样。

(19) 考虑地震波在速度为 8km/s 的介质中传播：

①计算周期为 0.1s、1s、100s 的波的波长。

②计算波长为 1m、1km、100km 的波的周期和频率。

(20) 沿任意方向传播的地震波的波数为 k：

①对于标量势 $\phi(x,t)=\mathrm{e}^{\mathrm{i}(\omega t-k\cdot x)}$，证明其引起的 P 波位移的方向平行于波传播方向。

②对于矢量势 $\boldsymbol{Y}(x,t)=\boldsymbol{A}\mathrm{e}^{\mathrm{i}(\omega t-k\cdot x)}$，$\boldsymbol{A}=(A_x,A_y,A_z)$，证明其引起的 S 波位移垂直于波传播方向。

(21) 对于一个上、中、下三层介质模型，速度分别为 6km/s、8km/s、0km/s，第一层中入射角为 10°的入射波分别在第二层、第三层中的入射角是多少？可以在 8～10km/s 界面上引起全反射的最小入射角是多少？

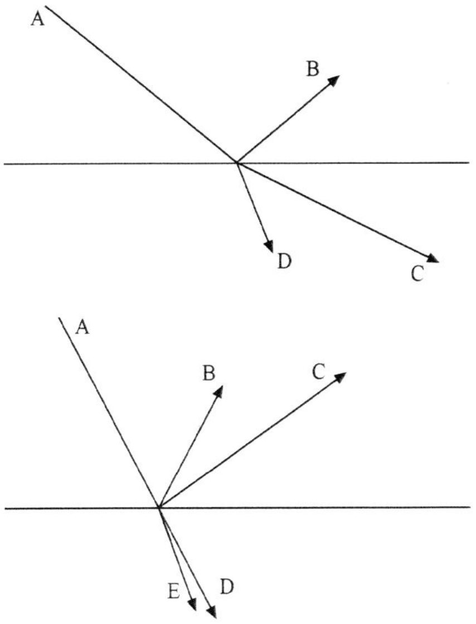

图 P2-1　见问题(22)。

(22) 如图 P2-1 所示。

①判断哪些是 P 波，哪些是 S 波？

②判断哪个介质是液态？哪个是固态？

③对于两种情况，判断哪一层的 P 波速度更高？

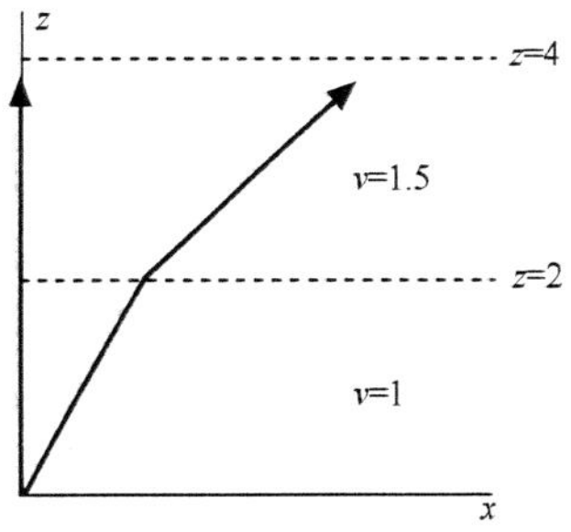

图 P2-2　见问题(23)。

(23) 如图 P2-2 所示。

两条射线分别以入射角度 0°和 30°从震源 $x=0$，$z=0$，速度为 1km/s 的层中出发，在 $z=2$ km 处穿过层界面进入速度为 1.5km/s 的介质中，最后到达 $z=4$ km 的边界。对每一条路径：

①计算上层介质的入射角，每层介质中的路径长度和全部走时。

②计算每层介质中的慢度向量 $\boldsymbol{s}=(p,\eta)$ 的分量和振幅。验证振幅与速度的关系。

③由慢度和路径的点积 $(\boldsymbol{s}\cdot\boldsymbol{r})$ 推导全程走时。注意利用对应的慢度分量和每层的水平、垂向距离。观察这些走时与①的结果是否一致。

(24) 有关费马原理的问题：

①利用费马原理证明在均匀介质半空间界面入射波和反射波的角度相等(图 2.5-13)。

②利用走时的二阶导数来确定路径是最大走时还是最小走时。

③利用走时的二阶导数来说明图 2.5-14 中的折射射线为最小走时路径。

(25) 对入射到自由表面的 SV 波：

①写出入射 SV 波、反射 P 波和 SV 波的势函数。

②推导界面处的势函数和振幅的连续方程。

③假定反射 SV 波和 P 波与入射 SV 波的势函数振幅比值为

$$\frac{B_2}{B_1}=\frac{4p^2\eta_\alpha\eta_\beta-(\eta_\beta^2-p^2)^2}{4p^2\eta_\alpha\eta_\beta+(\eta_\beta^2-p^2)^2},\ \frac{A_2}{B_1}=\frac{4p\eta_\beta(\eta_\beta^2-p^2)}{4\rho^2\eta_\alpha\eta_\beta+(\eta_\beta^2-p^2)^2}$$

计算垂直入射时的反射系数，解释其物理意义。

④计算两个反射波相对于入射波的位移振幅比和能流比。

⑤证明能流比满足能量守恒定理。

(26) ①证明入射 SH 波，及其反射和透射波满足能量守恒定理［式(2.6-14)］。

②证明自由表面入射的 P 波，及其反射 P 波和 SV 波满足能量守恒定理［式(2.6-39)］。

(27) 对于俯冲板块(图 2.6-15)顶面的转换震相 ScSp，假设 ScS 垂直穿过板块，板块的倾角为 30°。假定板块的 P 波速度 $\alpha = 9.3$km/s，S 波速度 $\beta = 5.2$km/s，板块上覆地幔的速度 $\alpha_2 = 8.0$km/s，$\beta_2 = 4.6$km/s。

①计算 ScS 和 ScSp 在板块顶面和地球表面的入射角。

②利用计算结果和图示地震图估计台站下方至板块顶界面的深度。注意对于一个给定接收台站，这两个震相来自板块的不同位置。

(28) 对水平固-固界面上的入射 P 波(图 2.6-9)：

①写出入射 P 波、反射 P 波、SV 波的势函数。

②推导界面处的 4 个势连续方程。

(29) 对于半空间上单层介质中的勒夫波，利用图 2.7-9 中的模型推导第一个和第二个高阶面波的截止频率。

(30) 研究俯冲板块的第二种方法，利用日本的观测数据，1300km 外的地震可产生两个 P 波到达震相，较小的直达波和较大的板块顶面的反射波(图 2.6-15)。利用问题(27)中假定的几何结构和速度：

①如果直达波和反射波的视速度为 8.5km/s 和 16km/s，计算其在地表面的入射角。

②计算反射波在板块顶面的入射角度，如果接近临界角反射，振幅是否增大？计算临界角并与入射角对比。

③假定在板块顶发生了 P 波到 S 波的转换，计算转换波在板块上的入射角，以及在地球表面的入射角和视速度。

(31) 对于半空间上覆单层介质的勒夫波，推导垂向波长，显示在单层介质中位移随深度的变化。推导半空间中位移衰减常量，也就是位移衰减为其界面值的 e^{-1} 时的深度。显示这些值对于给定的周期，如何随视速度变化。对于给定周期的不同振型，解释单层介质中位移振幅比率以及半空间中的穿透深度。

(32) 对于一个频散波，推导群速度、相速度、波长、周期和频率之间的关系：

①$U = c - \lambda \dfrac{\mathrm{d}c}{\mathrm{d}\lambda}$。

②$U = c^2 \dfrac{\mathrm{d}T}{\mathrm{d}\lambda}$。

③$U = -\lambda^2 \dfrac{\mathrm{d}f}{\mathrm{d}\lambda}$。

(33) 参考方程(2.9-12)和方程(2.9-13)中 ${}_0T_2^0$ 的位移推导公式，计算振型 ${}_0T_3^0$ 的位移随 θ、ϕ 的变化。

(34) ①对于 $m = 0$，证明

$$Y_{l0}(\theta,\phi) = \left(\frac{2l+1}{4\pi}\right)^{1/2} P_l(\cos\theta)$$

②利用①计算径向振型 ${}_nS_0$ 的球谐函数 Y_{00}。

③基于径向振型对应的向量球谐函数，解释这些结果对位移有什么影响。

(35) 利用振型和传播波之间的关系及表 2.9-1 中数据：

①因为 ${}_0T_2$ 对地幔均匀采样［图 2.9-9(a)］，假设该振型的相速度是问题(17)中的平均地幔剪切波速度，计算相应的周期，并与实际周期进行比较。

②计算振型 ${}_0T_{130}$ 的相速度，并与由频散计算的同周期的勒夫波相速度(2.7.4 节)对比。

③计算周期相近的三个振型 ${}_4T_{67}$、${}_{10}T_{40}$、${}_{13}T_7$ 的相速度，解释其差异。

④计算振型 ${}_0S_3$、${}_0S_{30}$、${}_0S_{130}$ 的相速度和波长，解释速度变化趋势。哪个振型最能反映地球的横向不均匀性，为什么？

(36) ①证明三个球振振型 $\boldsymbol{T}_m^l$、$\boldsymbol{S}_m^l$、$\boldsymbol{R}_m^l$ 是正交的，解释其物理意义。

②说明扭振振型没有体积变化，解释其物理意义。

(37) ①估计图 2.9-16 中显示的 ${}_0S_2$ 多谱振型的分裂幅度。分裂幅度可以表示为 $m = \pm 2$ 单谱振型频率差与无分裂多谱振型 $m = 0$ 的频率的比值。

②以上多谱振型分裂与无分裂多谱振型 $m = 0$ 的周期与地球旋转的周期的比值在一个数量级上。请验证。

编程

(1) 编写子程序计算函数 $\cos(\omega t - kx)$ 的值，并画图：

①$t = 0 \sim 10$，$x = 1$，$\omega = 1$，$k = 1$。

②$t = 0 \sim 10$，$x = 0$，$\omega = 4$，$k = 1$。

③$x = 0 \sim 10$，$t = 0$，$\omega = 1$，$k = 2$。

④$x = 0 \sim 10$，$t = 0$，$\omega = 1$，$k = 4$。

(2) P 波或 S 波以一定角度入射在固-固界面上，编写子程序计算所有反射和透射 P 波和 S 波的角度。计算出所有可能的入射临界角，同时显示反射或透射波是否超过临界角。

(3) 编写程序计算入射 P 波和 S 波在固-固界面上垂直入射的位移反射和透射系数，能量比值。利用程序估算核-幔边界(尽管是固-液界面)处的这些物理量，假定下地幔 P 波速度为 13.7km/s，S 波速度为 7.2km/s，密度为 5.5g/cm^3，地核的 P 波速度为 8.0km/s，S 波速度为 0.0km/s，密度为 9.9g/cm^3。

(4) 编写程序，利用(2)的结果，生成如图 2.6-11 所示的射线路径。利用程序给出核幔边界[参数见(3)]处任何可能的入射波类型的射线路径。

第 3 章
地震学和地球结构

在高温高压的地球内部结构研究中(由于其巨大的不确定性和难考证特性)，常规的描述性语言也被改造成“高压”形式(曲解的语义)。例如：

普通含义：	曲解的语义：
可疑的	确定的
也许	无疑地
含糊不清的建议	无可辩驳的论据
微不足道的异议	确凿的证据
不确定的各种元素混合体	纯铁

(Francis Birch，1952)

3.1 引言

地震学一个主要应用是确定地球内部地震波速度分布，也就是弹性介质分布。地震波速度分布构成了对地球内部矿物学、化学和热状态的基本约束。地震数据很重要，其分辨能力一般来说要优于其他地球物理方法。例如，虽然重磁数据表明地球深部存在着一个黏稠的流体地核，但只能对其密度和大小提供相对较弱的约束。与之相比，地震数据给出了核-幔边界的深度并揭示出跨越这个界面的物质性质发生了急剧变化。在界面以上，P 波和 S 波在固态地幔中传播，然而在液态外核中 S 波无法传播，并且 P 波速度也急剧下降。

观测到的地震波速度结构是构建该界面两侧物质物理性质和化学组成模型的主要基础。类似地，地壳和地幔之间的差别及很多关于其结构和成分的推断均来自地震观测。更广泛地说，地震学通过建立地球的分层结构，为物质分异过程提供了主要证据。在行星演化过程中，行星内的物质组成会产生分化。因此，如果能得到其他行星上的地震数据，这些类地行星的很多关键问题都可以解决。

地震学约束对地球科学及其他学科至关重要，反之亦然。地震学给出了地球 P 波和 S 波速度以及密度分布模型。然而，根据地球模型去描述地球内部的化学、矿物学、热力学和流变学状态，还需要额外的信息。因此，对于地球内部的认知还存在不确定性。在某些情况下，例如内核的结构，地震学的结果仍存在争议。其他情况下，例如，对于地幔 660km 深处间断面的性质，基本的地震学结果已经被普遍接受，但对其矿物学与岩石学的解释仍在研究中。鉴于本书的范围，这里我们仅对构建地球内部模型的地震数据进行总结归纳。

地震学研究地球内部的基础数据是地震波走时。我们可以测到地震波到达地震台站的到时，要将这些到时转换为走时，就必须知道发震时间和震源位置。对于人工源地震来说，发震时间和震源位置都是已知的，但是对于天然地震源来说，这些参数需用观测数据来推算。因此走时数据既包含震源信息也包含介质属性信息，且在很多地震学研究中要将二者分离仍是一个挑战。

走时可以用来了解震源和台站之间的速度结构。正如第 2 章所述的，波的传播路径取决于介质速度结构。因此，必须了解速度结构才能确定波的传播路径。为说明这一点，我们考虑两点之间的走时。如果速度是恒定的，那么射线路径将是一条直线，速度可以通过距离除以走时得到。但是，如果有一个界面将具有不同速度的两种介质分开，根据速度的不同，射线路径包含这两种介质中的两段，走时是这两段走时的总和。对于更复杂的速度分布，射线路径也更复杂。

这个问题可以在数学上表达为震源(s)和接收台站(r)之间的走时等于速度的倒数(或者叫慢度)沿射线路径的积分：

$$T(s,r)=\int_s^r \frac{1}{v(x)}\mathrm{d}x \tag{3.1-1}$$

在简单情况下，射线路径是一组恒定速度的线段的集合，积分只是每个线段上走时的求和。因此，走时对震源和接收台站之间的速度分布有一定的约束，但并不能说明在满足约束的许多条路径中哪一条是真实的射线。因此，单个的测量不足以给出速度分布。但是，不同震源和接收台站之间的一组走时可以提供更多的信息。此外，地震波的振幅和波形也可以提供有用的信息。

这个例子显示利用走时确定速度结构的有趣特征。如果速度结构已知，求解走时和振幅的正演问题较为直接。然而，利用地表观测到的走时和振幅去求解深部速度结构的反演问题，虽然使用了各种不同方法，还是要困难得多。例如，除了直接利用走时外，还可以通过面波频散(2.8 节)和简正振型的本征频率(2.9 节)等来研究速度结构。

本章遵循 1.1.2 节中的方法，利用一系列越来越复杂，希望也是越来越精确的模型来逼近真实地球。从第 2 章的均匀、各向同性、弹性、层状半空间模型开始，推导地震波传播。在地壳和上地幔的研究中，当震源和接收台站之间的距离小于几百公里时，通常将地下介质近似为均匀水平层。然后考虑更远的震源-接收台站距离时要用到球面几何学，还有地球的各向异性和非弹性行为。通过这些讨论，可以看到虽然速度主要随深度变化，但同样存在较强的横向变化或不均匀性。最后，将讨论这些观察到的不均匀性、各向异性和非弹性速度结构与地球组成的关系。第 7 章将进一步讨论如何利用地震数据来研究横向变化的速度结构。

3.2 折射地震法

3.2.1 水平层

利用走时反演深部速度最简单的方法就是将地球视为均匀水平层状介质。因此从推导水平层状地球模型的走时曲线开始。走时曲线给出地震波从震源到达特定距离所需的时间。走时，特别是那些在界面处产生临界折射波的走时，可以用来确定地层和下伏半空间的速度以及地层厚度。因此，这项技术被称为折射地震法。

折射地震法可以用于探测不同尺度的结构。对于小于 100m 深度的近地表结构可以用大锤和气枪作为震源，单点接收。类似地，通过地震或爆炸源，在几百公里外布设很多接收点，接收到的信号可以研究地壳和上地幔速度结构。

最简单的情况，如图 3.2-1 所示，一个厚度为 h_0，速度为 v_0 的地层，覆盖在速度为 v_1 ($v_1 > v_0$) 的半空间之上。将速度写为“v”以表明既适用于 P 波也适用于 S 波。从位于地表的源到地表接收器的 x 点，有三条基本的射线路径。这三条路径的走时可以用斯涅尔定律求得。

第一条射线路径对应着穿过上覆地层的直达波，其走时为

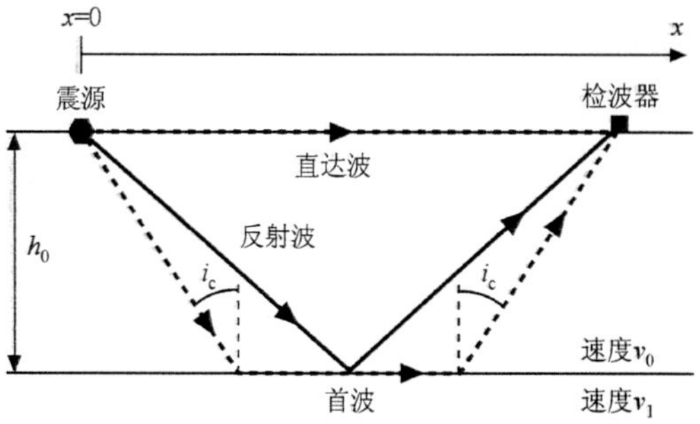

图 3.2-1 半空间上覆单个地层的模型中的三条基本射线路径。直达波和反射波均在该单个地层中传播，但首波路径有一段在界面下传播。首波只有在上覆地层速度 v_0 小于半空间速度 v_1 时才能产生。

$$T_D(x) = x / v_0 \tag{3.2-1}$$

走时曲线(图 3.2-2)是通过原点，斜率为 $1/v_0$，随距离变化的线性函数。

第二条射线路径对应于界面上的反射波。因为入射角和反射角相等，波在源和接收点的中间点反射。通过线段 $x/2$ 和 h_0 构成的直角三角形的两个边可求得走时曲线：

$$T_R(x) = 2(x^2/4 + h_0^2)^{1/2} / v_0 \tag{3.2-2}$$

该曲线为双曲线，因为其可改写为

$$T_R^2(x) = x^2/v_0^2 + 4h_0^2/v_0^2 \tag{3.2-3}$$

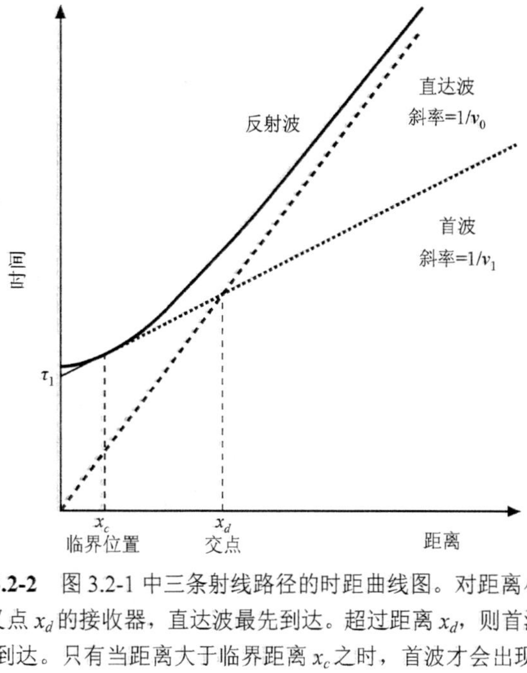

图 3.2-2 图 3.2-1 中三条射线路径的时距曲线图。对距离小于交叉点 x_d 的接收器，直达波最先到达。超过距离 x_d，则首波最先到达。只有当距离大于临界距离 x_c 之时，首波才会出现。

当 $x = 0$，反射波直上直下，垂直反射，其走时为 $T_R(0) = 2h_0/v_0$。当距离远大于地层厚度时 ($x \gg h$)，反射波走时渐渐接近直达波走时。

第三种类型的波是首波，通常被称为折射波。它是下行波在界面处以临界角入射时所产生的波。它的

走时可以分成三段来计算：假设下行波以临界角度入射，然后在界面以下半空间中沿界面以半空间的速度传播，最后在界面处以临界角离开界面，向上传播到达地表。因此，折射波走时是在半空间传播的水平距离除以 v_1 与上行和下行的距离除以 v_0 之和：

$$\begin{aligned} T_H(x) &= \frac{x-2h_0\tan i_c}{v_1}+\frac{2h_0}{v_0\cos i_c} \\ &= \frac{x}{v_1}+2h_0\left(\frac{1}{v_0\cos i_c}-\frac{\tan i_c}{v_1}\right) \end{aligned} \tag{3.2-4}$$

最后一步利用斯涅尔定律，即临界角(2.5.5 节)满足：

$$\sin i_c = v_0 / v_1 \tag{3.2-5}$$

为简化方程(3.2-4)，使用三角恒等式：

$$\cos i_c = (1-\sin^2 i_c)^{1/2} = (1-v_0^2/v_1^2)^{1/2} \tag{3.2-6}$$

与

$$\tan i_c = \frac{\sin i_c}{\cos i_c} = \frac{v_0/v_1}{(1-v_0^2/v_1^2)^{1/2}} \tag{3.2-7}$$

因此方程(3.2-4)可以写为

$$T_H(x) = x/v_1 + 2h_0(1/v_o^2 - 1/v_1^2)^{1/2} = x/v_1+\tau_1 \tag{3.2-8}$$

因此，首波的走时曲线是一条斜率为 $1/v_1$ 的直线，时间轴截距为

$$\tau_1 = 2h_0(1/v_o^2-1/v_1^2)^{1/2} \tag{3.2-9}$$

尽管首波仅在超过临界距离 $x_c = 2h_0\tan i_c$，即临界入射首次出现的位置时才出现。但通过将走时曲线反向延长到 $x=0$，就可以得到此截距。

因为 $1/v_0 > 1/v_1$，直达波的走时曲线经过原点并且斜率更陡，而首波的走时曲线斜率较缓但截距不为零。在临界点对应的距离以内，直达波早于首波到达。然而到达某点，直达波和首波走时曲线相交，且当距离大于该点时，尽管首波传播的路径更长，但却是最先到达的波。通过令 $T_D(x) = T_H(x)$，能够得到上述现象所发生的位置 x_d，即交叉距离：

$$x_d = 2h_0\left(\frac{v_1+v_0}{v_1-v_0}\right)^{1/2} \tag{3.2-10}$$

因此，交叉距离依赖于上覆地层和半空间的速度及上覆地层厚度①。

因此，在地表观测到的走时变化随震源-接收点距离变化，通过反演，可以求得地球深部速度结构。这个简单的速度结构由三个参数描述。两个速度参数 v_0 和 v_1，它们由两条走时曲线的斜率确定。然后确定走时曲线交点位置，并利用方程(3.2-10)求解第三个参数，即地层厚度 h_0。或者，也可以根据反射时间或首波在零距离处的截距［方程(3.2-9)］来确定地层厚度。这两种方法都需要源和接收点之间的多条射线路径资料。

尽管这个解决方法很实用，但对首波走时的基本假设可能看起来并不直观，需要弄清楚地震波能量为何沿这条路径传播。然而，计算结果与观测正好一致。图 3.2-1 中的实验表明首波走时由方程(3.2-8)给定。为了解其原因，可以用多种方式来解读首波。如本章末的问题所示，首波路径对应着源和接收点之间最小走时路径，因此，满足费马原理(2.5.9 节)。另一种方法是利用惠更斯原理(2.5.10 节)。在边界之下以半空间介质速度水平传播的折射波，产生了在低速的上覆层中向上传播的球面波(图 3.2-3)。球面波发生干涉产生以临界入射角离开界面的上行平面波②。然而，对沿着界面传播的超临界入射和消散波的分析(2.6.4 节)并不能完全描述首波。更复杂的分析显示，图 3.2-1 中给出了首波走时，但没有振幅，因为几何光学在这里不适用。因此，尽管能量传播比沿着几何射线路径要复杂得多，但预测走时仍是正确的。

1909 年，莫霍洛维奇(Mohorovičić)③通过对地震折射数据的分析，获得了关于地球结构最重要的发现之一。通过分析观察到的两个 P 波到时(图 3.2-4)，他确认第一个 P 波在深部的高速层(7.7km/s)中传播，第二个 P 波作为直达波在约 50km 厚的浅层以较慢的速度(5.6km/s)传播。这些层，现在已在世界各地被确定，分别被称为地壳和地幔。地壳和地幔之间的边界被称为莫霍洛维奇间断面，或莫霍面。将首波表示为 P_n，直达波表示为 P_g(“g”代表“花岗岩的”)。S 波也有类似现象。地壳和地幔之间的莫霍面在全球各地都可以观察到。研究地壳性质的第一步是描绘莫霍面的深度，或地壳厚度，和 P_n 波速度在不同位置的变化。

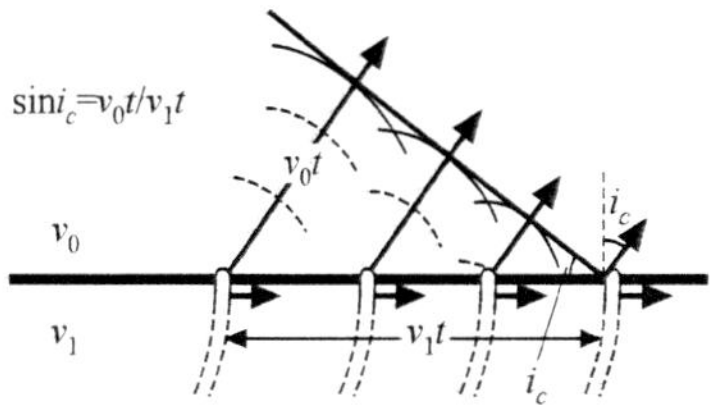

图 3.2-3 由于折射脉冲沿边界传播，惠更斯源产生上行首波。首波在上覆地层以较低的速度(v_0)传播，折射波在界面之下以速度 v_1 传播。(Griffiths and King，1981)

① 一个类似例子是驾车去一个很远的地点，路线包括街道和高速路。如果目的地足够远，那么驾车走远一些的高速路要比走直达的慢速街道更快。该过程依赖于相对速度和多出来的高速路的距离。

② 该情形类似来快速行驶的船产生的水波或一个喷气式飞机的超音速波，能量源的运动速度要快于它激发的波的传播速度。

③ Andrija Mohorovičić(1857～1936 年)，在克罗地亚的萨格勒布(曾是奥匈帝国的一部分)工作，利用新发明的地震仪器研究该区域的地震波走时。

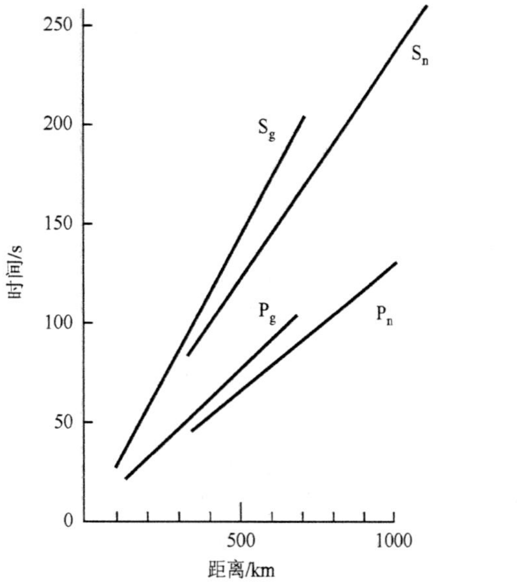

图 3.2-4 莫霍洛维奇的结果示意图清晰地显示地壳和地幔的存在。走时曲线利用现代术语标注：直达波是 P_g 和 S_g，首波是 P_n 和 S_n。(Bonini and Bonini，1979，*Eos*，60，699-701，版权归美国地球物理学会所有)

利用地震记录剖面，可以绘制折射波走时曲线图。因为地震记录是时间的函数，将数个地震记录图按距离排列，即可得到显示不同旅行时的走时曲线图。

图 3.2-5 显示了一份在英格兰记录到的由爆炸源激发的地震波形记录剖面图。除了 P_n 和 P_g，来自莫霍面的反射波(称为 P_mP)，也被很好地记录到。不出所料，直达波和首波的走时与距离呈线性关系，而反射波走时则呈双曲线。这个图是以折合走时图(reduced travel time plot)的方式绘出，其显示的时间是真实走时减去距离除以一个恒定速度的时间。这样可以减少图件的大小，并使得以折合速度到达的波表现为一条平行于距离轴的基线。

这里讨论的几何关系适用于不同的物理实验。单个震源能够被不同距离的接收器同时记录，或者不同距离的多个震源可以被单个接收器在不同时间记录。固定震源位置，然后改变接收器的位置，这样就可以在不同的距离记录同一个震源。类似地，也可以固定接收器位置，然后移动震源。根据互易定理，即震源和接收器位置互换，走时保持不变，则各种不同的实验结果可以组合起来。所以，我们能够利用走时数据，而不用考虑源和接收器的位置。此外，因为假定地球结构在实验期间是不会改变的，因此在不同时间搜集到的数据也可以组合到一起。

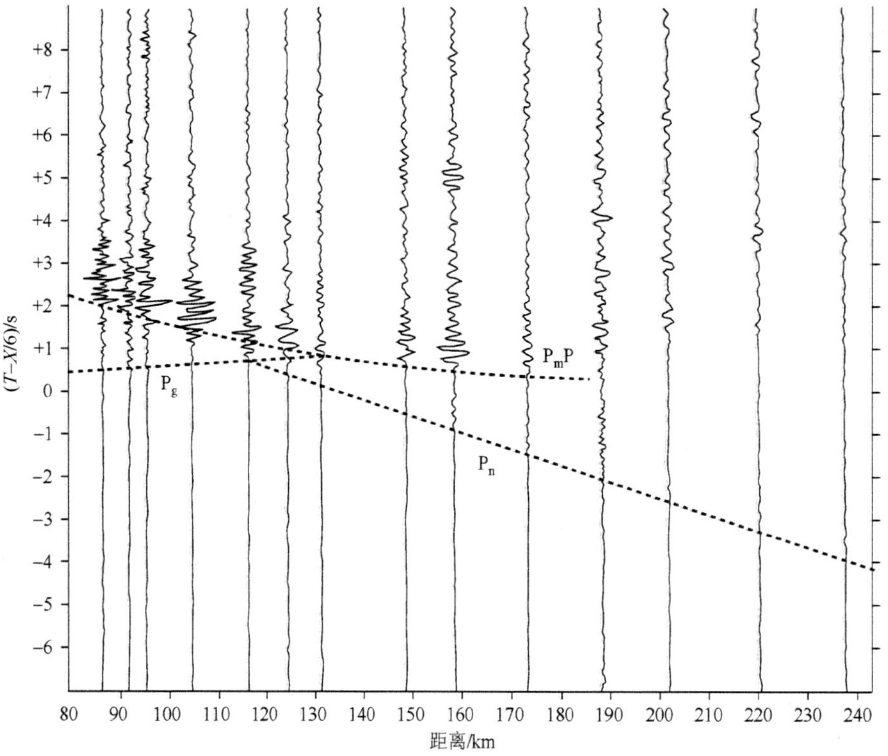

图 3.2-5 以折合速度 6km/s 绘制的折射剖面地震图。可以清晰地观察到直达波、莫霍面的首波 P_n 和莫霍面反射波 P_mP。因为地壳的非均匀性，其速度随深度增加，图中 P_g 波没有像图 3.2-2 中那样渐进地逼近 P_mP。(Bott et al.，1970，From *Mechanism of Igneous Intrusion*，ed. G. Newall and N. Rast，版权归 John Wiley & Sons Ltd.所有)

折射剖面数据通常能显示除 P_g、P_n 和 P_mP 波以外的其他震相。图 3.2-6 给出的记录剖面图显示了沿着地壳内和地幔边界传播的首波 P_i 和 P_n2，和从地壳内界面反射的类似于莫霍面反射波 P_mP 的反射波 P_iP。

这样的数据需要用一个多层模型来解释。图 3.2-7 给出一个速度随深度增加的多层模型，这样首波在每个速度界面均可出现。在第 n 层顶部的首波走时曲线是一条斜率为 $1/v_n$，且在时间轴上截距为 τ_n 的直线，走时表达为

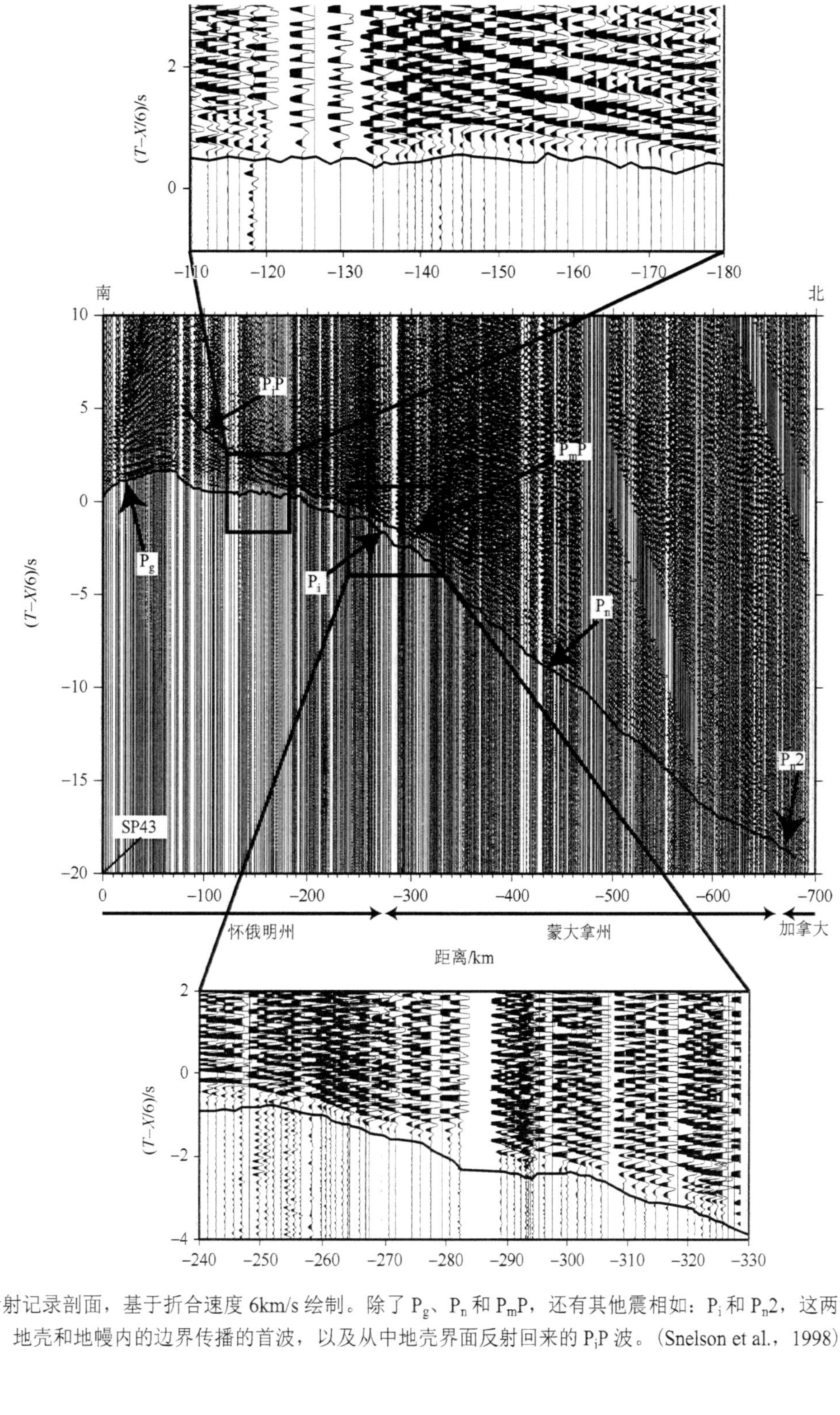

图 3.2-6　地震折射记录剖面，基于折合速度 6km/s 绘制。除了 P_g、P_n 和 P_mP，还有其他震相如：P_i 和 P_n2，这两种波被解释为沿着地壳和地幔内的边界传播的首波，以及从中地壳界面反射回来的 P_iP 波。(Snelson et al.，1998)

$$T_{H_n}(x) = x / v_n + \tau_n \tag{3.2-11}$$

这个表达式类似于单个地层位于半空间之上的情形［方程(3.2-9)］，

$$\tau_n = 2\sum_{j=0}^{n-1} h_j (1/v_j^2 - 1/v_n^2)^{1/2} \tag{3.2-12}$$

从顶层开始，其厚度 h_0 由方程(3.2-9)或方程(3.2-10)给定，使用迭代公式依次向下可以得到各层的厚度：

$$h_{n-1} = \frac{\tau_n - 2\sum_{j=0}^{n-2} h_j (1/v_j^2 - 1/v_n^2)^{1/2}}{2(1/v_{n-1}^2 - 1/v_n^2)^{1/2}} \tag{3.2-13}$$

对半空间上覆两层地层的情形，第二层的厚度可以通过设定 $n=2$ 而得到，因此：

$$h_1 = \frac{\tau_2 - 2h_0(1/v_0^2 - 1/v_2^2)^{1/2}}{2(1/v_1^2 - 1/v_2^2)^{1/2}} \tag{3.2-14}$$

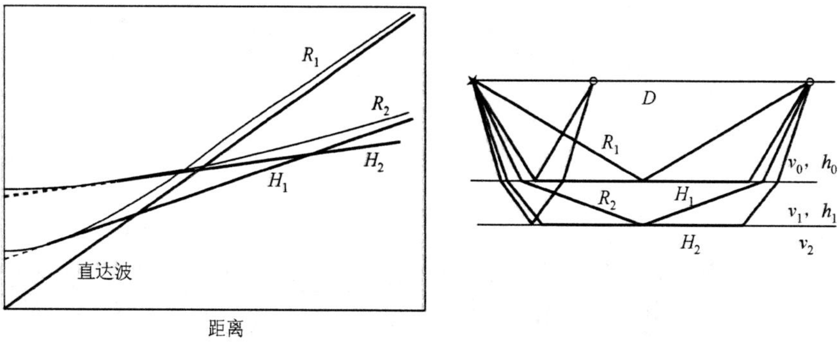

图 3.2-7 速度随深度增加的多层模型的射线路径与走时曲线。每层都产生一个首波 H_i(其在时间轴上的截距是 τ_i)和一个反射波 R_i。图中也给出了直达波。

下面几个例子说明地震折射实验在其他方面的复杂性。如果速度随深度增加，在相继各层顶部的首波走时曲线的斜率依次变缓。相比之下，低速层(图 3.2-8)无法产生首波，因此走时曲线上没有对应速度的首波到达，且通过方程(3.2-13)计算得到的界面深度也是不正确的。如果其中一层地层较薄或与其紧邻的下伏地层之间速度对比较小，另一个可能的问题就会发生：尽管首波产生了，但它可能永远不会作为最先到达的波出现(图 3.2-9)，从而导致在解释中可能成为被忽略的盲区。

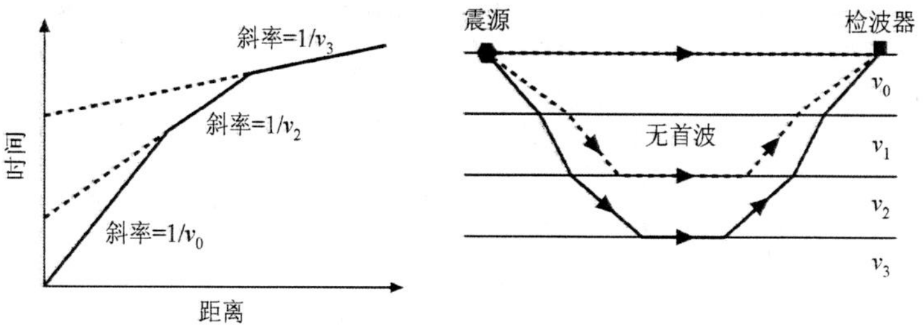

图 3.2-8 对于半空间上覆三层地层的模型，仅显示初至波走时曲线。因为中间层是 $v_1 < v_0$ 的低速层，因此在该低速层顶部无首波出现。

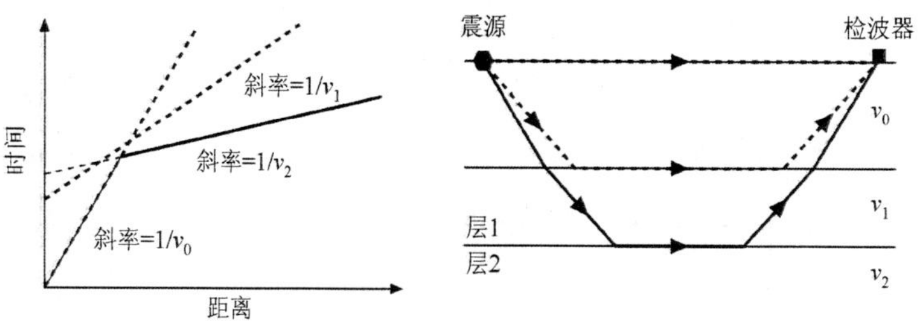

图 3.2-9 存在盲区的地层模型的初至波走时曲线，由于第一层太薄，因此沿该层顶部传播的首波并不是最先到达的波。

3.2.2　倾斜地层

折射方法也可以应用于地层界面非水平的情形。通过反向剖面可以得到下倾和上倾两个方向的射线路径走时。可以将接收器放在震源两边，或震源位于接收器的两边，或二者兼有来实现。在这样的几何构架下，倾角 θ 造成震源和接收器到界面的深度不同。考虑从震源下行的射线路径，震源到倾斜界面的垂直距离为 h_d，震源到接收器的距离为 x，接收器到倾斜界面的垂直距离为 $(h_d+x\sin\theta)$（图 3.2-10）。下倾方向的首波走时等于沿界面传播的距离除以 v_1，加上上行和下行的距离除以 v_0：

$$T_d(x)=\frac{x\cos\theta-(2h_d+x\sin\theta)\tan i_c}{v_1}+\frac{(2h_d+x\sin\theta)}{v_0\cos i_c} \tag{3.2-15}$$

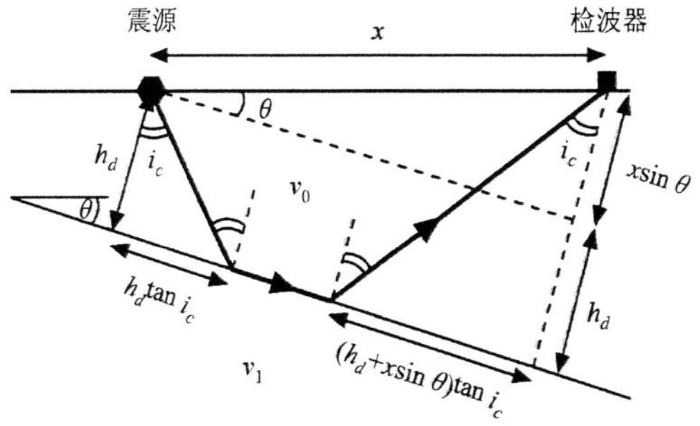

图 3.2-10　覆盖在高速半空间之上的倾斜界面下行方向的首波射线路径。层厚是指到界面的垂直距离。

对水平界面（$\theta=0$），走时方程为（3.2-4）。利用方程（3.2-5）和方程（3.2-7）进行简化可得到：

$$T_d(x)=\frac{x\cos\theta\sin i_c}{v_0}+\frac{(2h_d+x\sin\theta)(1-\sin^2 i_c)}{v_0\cos i_c}$$

$$=\frac{x\sin(i_c+\theta)}{v_0}+\frac{2h_d\cos i_c}{v_0}=\frac{x}{v_d}+\tau_d \tag{3.2-16}$$

这是一条斜率为 $1/v_d$、截距为 τ_d 的直线。类似地，上倾方向的首波走时为

$$T_u(x)=\frac{x\sin(i_c-\theta)}{v_0}+\frac{2h_u\cos i_c}{v_0}=\frac{x}{v_u}+\tau_u \tag{3.2-17}$$

其中，$h_u=h_d+x\sin\theta$ 是检波器下方至反射界面的垂直距离（图 3.2-10）。因此对应于首波走时曲线斜率的视速度，在界面上倾和下倾时是不同的，取决于倾角的大小。

$$v_u=v_0/\sin(i_c-\theta),\quad v_d=v_0/\sin(i_c+\theta) \tag{3.2-18}$$

上倾方向的视速度大于半空间介质的速度，而下倾方向视速度小于半空间介质的速度。相应的时间轴截距

$$\tau_u=2h_u\cos i_c/v_0,\quad \tau_d=2h_d\cos i_c/v_0 \tag{3.2-19}$$

也不同。直达波走时在两个方向上都是一样的，因此有不同的交叉距离。

双向剖面的结果通常以图 3.2-11 的形式给出。两个方向的时间轴是相同的，但对上倾实验是从距离轴的右端开始计算，而对下倾实验则从距离轴的左端开始测量。根据直达波和首波走时的斜率可以计算出倾角：

$$\theta=\frac{1}{2}\left(\sin^{-1}\frac{v_0}{v_d}-\sin^{-1}\frac{v_0}{v_u}\right) \tag{3.2-20}$$

和临界角：

$$i_c=\frac{1}{2}\left(\sin^{-1}\frac{v_0}{v_d}+\sin^{-1}\frac{v_0}{v_u}\right) \tag{3.2-21}$$

根据临界角和 v_0 可以求得半空间速度 v_1，通过时间截距可以求得地层厚度。

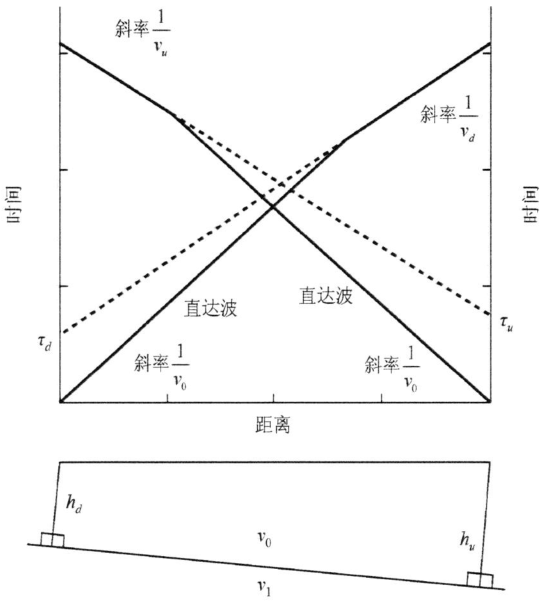

图 3.2-11　双向剖面的走时曲线图及其解释。其中上倾和下倾斜率和截距不同。

另外，对于双向剖面值得注意的是：第一，不同的上倾和下倾首波走时曲线并不意味着对于一对给定的源和接收器位置，可以区分出来源位于上倾、接收器位于下倾，或者是相反的情形（图 3.2-12）。通过互易，两个实验给出相同的走时（图 3.2-12 左图）。因此，对于连接两点的射线路径，不管波上行还是下行都没有关系。相反，对于距离震源同样远的两个接收器（图 3.2-12 右图），一个

上倾，一个下倾，由于射线在不同深度到达倾斜界面，因此走时不同。类似地，对于同一个接收器，距离相等的两个震源，一个上倾，一个下倾，其走时也不同。如果倾角为零，则所有的这些情况走时都一样，因为所有射线路径在同样深度到达界面。或者换一种角度来解释，对于水平层状结构，走时只依赖于震源和接收器之间的距离。对于倾斜界面，由于到达倾斜界面的深度不一样，因此走时与震源、检波器位置和间距都有关系。

第二，如果剖面不是垂直于地层的走向，根据反向剖面得到的倾角并不是真正的地层倾角。事实上测量到的倾角是一个沿着剖面的视倾角。利用构造地质学的一个标准技术，沿着两个以较大角度交叉的双向剖面，可以求得真正的地层倾角。

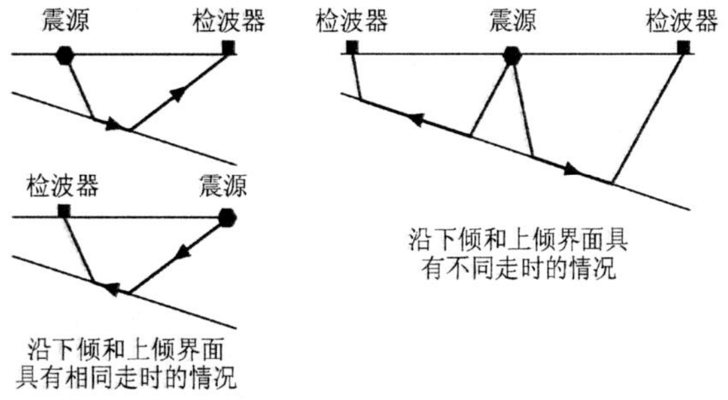

图 3.2-12 左图：如果震源和接收器在双向折射剖面互换，走时不变。右图：因为对于一个给定的震源位置，沿着倾斜界面向上和向下两个方向传播相同距离的波，其对倾斜界面的探测是不一样的，因此上倾和下倾波的走时不同。

3.2.3 深入分析

因为以上分析是针对简单几何体和匀速地层，折射地震法可能看起来对认识真实的地球用处不大。然而简单几何体模型能够较好地拟合数据，并可以作为初始模型对分析更复杂的数据提供帮助。

通过实验得到的数据要比简单几何体产生的走时复杂得多。采用斯涅尔定律对可能的速度结构进行射线追踪，利用计算机程序可以解释这些数据。正演的走时曲线可以沿给定距离的射线路径对慢度积分来求得［方程(3.1-1)］。图 3.2-13 给出了加利福尼亚州中部的一个折射勘探记录剖面及推断的速度结构。采用推断的速度结构计算的射线路径走时与复杂的数据吻合很好。例如，距震源 8km 处的一些滞后到达的波解释为由一系列与断层相关联的低速区所引起。超过此距离，其走时揭示了几个速度跳跃的界面。

匀速层的限制也能被克服。地质学给我们一个直觉(一个有用但偶尔不可靠的工具)：岩石类型及其速度一般应该平缓地变化，而不是离散地跳跃。因此期望速度随深度渐变，而不是出现尖锐的界面。利用高级分析方法预测波的走时和振幅，可以测试这种可能性。即使预测的走时相同，也可以用振幅来区分梯度与均匀层。这些方法超出了本章的范围，这里仅作简要讨论。

为了说明速度结构和振幅之间的关系，考虑由两个地壳模型预测的首波 P_n 和莫霍面反射波 P_mP 的理论(或称合成)地震图形成的记录剖面(图 3.2-14)。合成地震图采用反射率(reflectivity)方法，可以避免射线和平面波分析的限制。折合走时的速度为 8km/s，且未显示直达波。两种模型具有相同的平均速度结构：平均速度为 8km/s 的半空间之上是平均速度为 6.5km/s 的 30km 厚的地层，因此它们走时相近。然而，由于两个模型在莫霍面附近具有不同的精细结构，它们得到的波至振幅却显著不同。

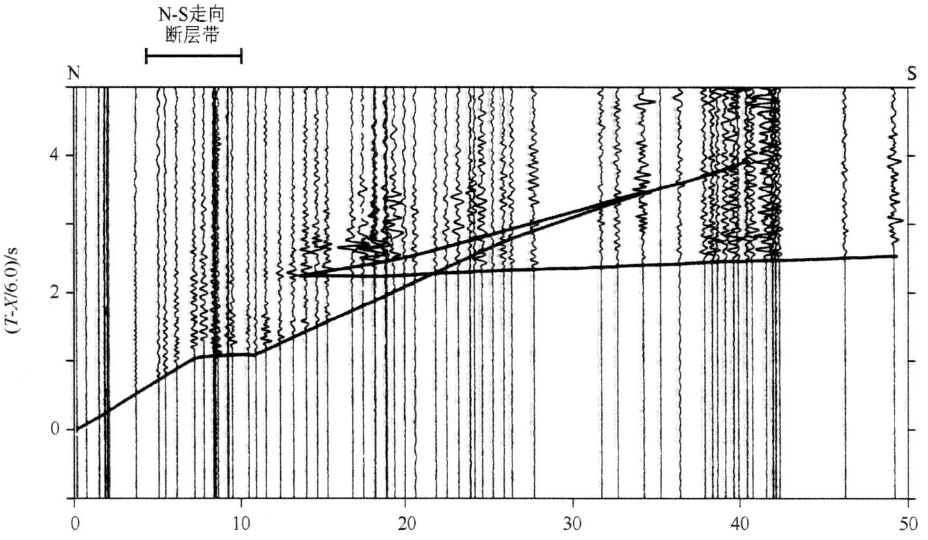

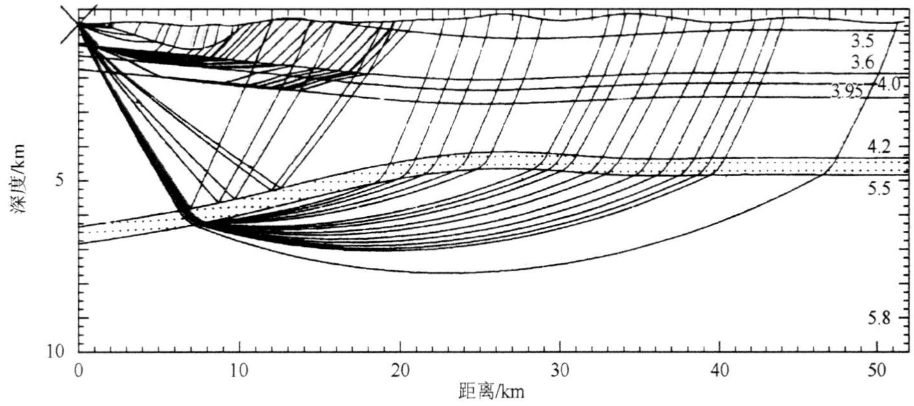

图 3.2-13　地震折射勘探的折合走时与射线追踪结果图。走时图上的实线代表根据模型预测的走时。(Meltzer et al.，1987)

对于突变的莫霍面模型(图 3.2-14 上图)，距离小于临界距离时(亚临界反射)反射波振幅较小；在临界距离时，反射波最大；距离大于临界距离时(超临界，或广角反射)，反射波较大。因为界面是尖锐的，此振幅变化规律与预测的平面波(图 2.6-11)类似。经过临界入射角时(2.6.4 节)，P_mP 也显示了预期的相位偏移。首波在靠近临界距离即 83km 处首次出现，且振幅较小，正如平面波近似预测的那样，超过临界角以后就没有透射波。

图 3.2-14 下图显示莫霍面之上和之下均存在速度梯度的效果。莫霍面附近捕获的地震能量比在尖锐莫霍面情况下产生更大的 P_n 振幅。另外，对亚临界距离，因为地震波不是从尖锐的界面反射，它比莫霍面之上没有梯度时更小，如图 3.2-14 上图所示。因此，P_n 和 P_mP 的振幅可以表明莫霍面是否存在梯度变化。

图 3.2-15 显示了海洋地壳和地幔的这种效应。用一个对走时拟合很好的分层模型来计算理论地震图(图 3.2-15 中图)，预测从第三层(P_3P)和莫霍面(P_mP)顶部有强反射。观测数据(图 3.2-15 下图)显示了强的 P_mP 反射，表明存在一个尖锐的莫霍面。然而，强的 P_3P 反射并未观测到，暗示第二层和第三层之间是一个梯度带，而不是不连续面。因此，尽管折射研究的结果通常给出符合走时的分层结构模型，但仍需要研究振幅以显示是否存在尖锐界面。

有意思的是，因为地层和梯度带是通过解释地震波振幅来区分的，所以这种区分取决于用以研究结构的地震波波长。合理的近似是波仅能“看到”尺度大于其波长的结构。换言之，波只能受到大于其波长尺度的介质的影响。例如，图 3.2-16 中的速度结构对于波长为 1km 的波看起来是相同的，但对于波长为 1m 的波来说则大不一样。因此，剖面 3 的速度结构对 1km 波长的波来说是一个突变界面，对 100m 波长的波来说是梯度带，对 10m 波长的波而言则是一个叠层结构。速度结构依赖于地震波波长，取决于所用波长的分辨能力，因此，速度“梯度”是一个相对于所用波长速度平滑变化的结构，而“界面”是一个相对于所用波长速度急剧变化的区域。

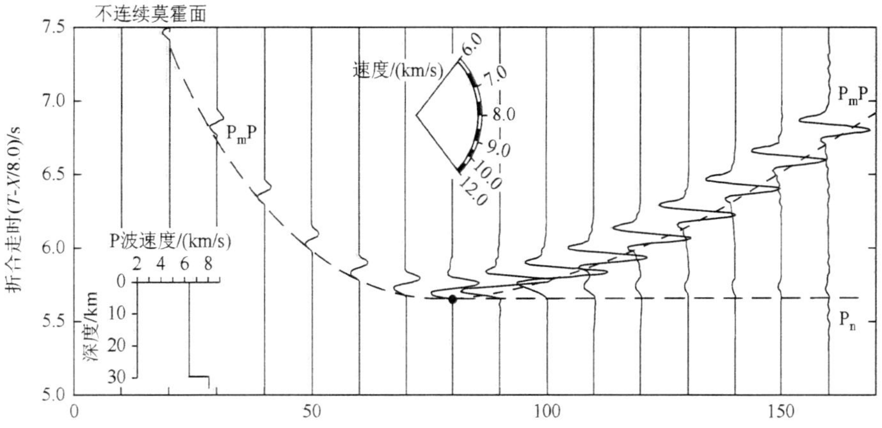

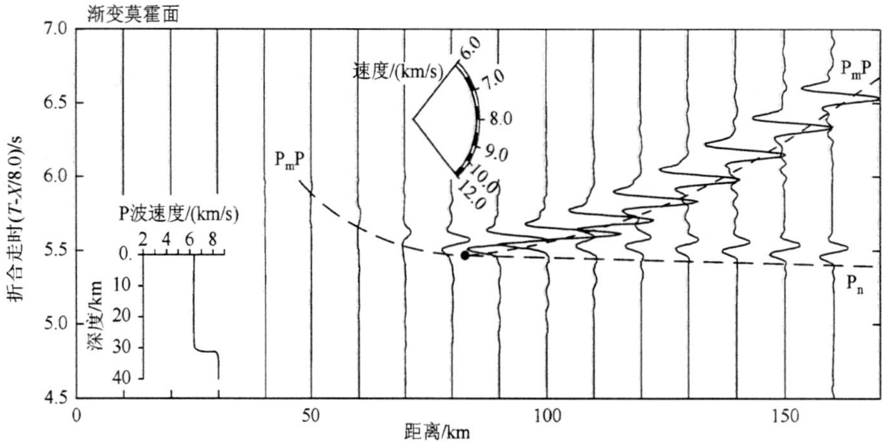

图 3.2-14　合成地震图显示莫霍面的速度结构所造成的首波 P_n 和反射波 P_mP 的明显不同。两个示例模型具有相同平均速度结构。上图中莫霍面是一个尖锐的过渡，而下图中莫霍面上下都是速度梯度带。速度标尺显示不同速度波至的斜率。(Braile and Smith，1975)

3.2.4　地壳结构

世界各地的地壳和上地幔结构信息经由不同尺度的折射测量获取。人工震源大小和震源到接收器距离随被研究结构的深度的增加而增加。天然地震或大的爆破，包括核武器试验，都有足够的能量来揭示莫霍面结构。例如，图 3.2-5 中的剖面清晰地显示了莫霍面波至，该剖面长度接近 250km，使用了 136kg 炸药震源。更短的剖面用来研究壳内结构，如图 3.2-13 所示。记录台站是永久性地震台站，或者在大多数情况下是临时布设的地震台站。

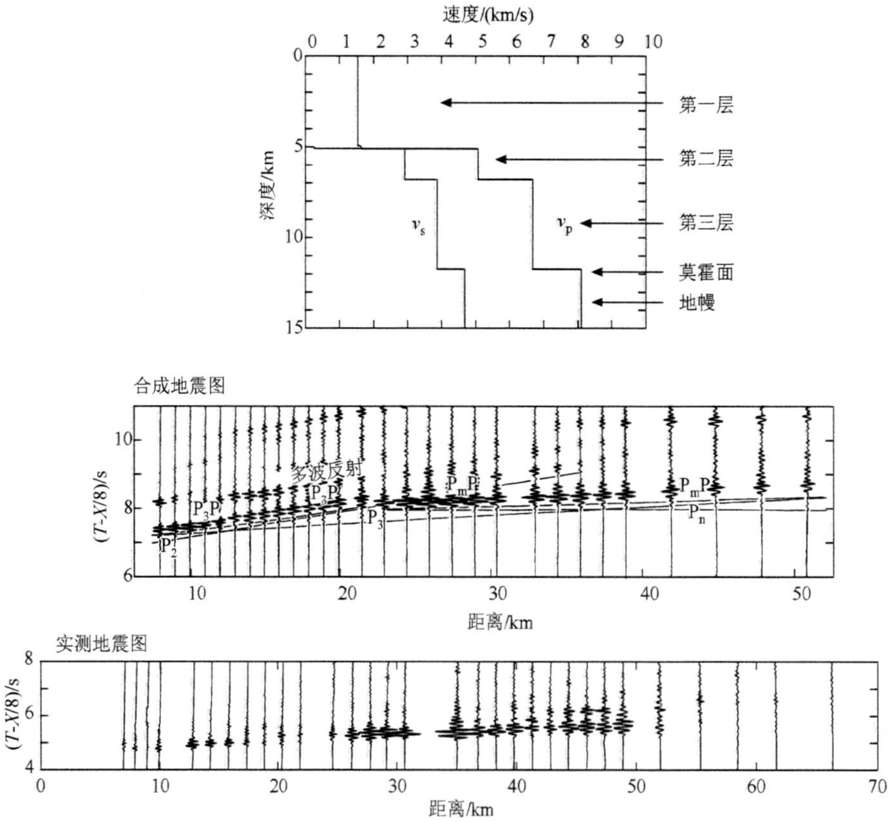

图 3.2-15　上图：第一层(水)、第二层(松散沉积物)、第三层(地壳岩石)和地幔之间都有尖锐界面的洋壳模型。中图：此模型的合成地震图。P_2、P_3 和 P_n 是第二层、第三层和地幔的首波。P_3P 和 P_mP 是第三层和地幔顶部的反射波。下图：数据中没有分层模型所预测的大的 P_3P 波至。(Spudich and Orcutt，1980)

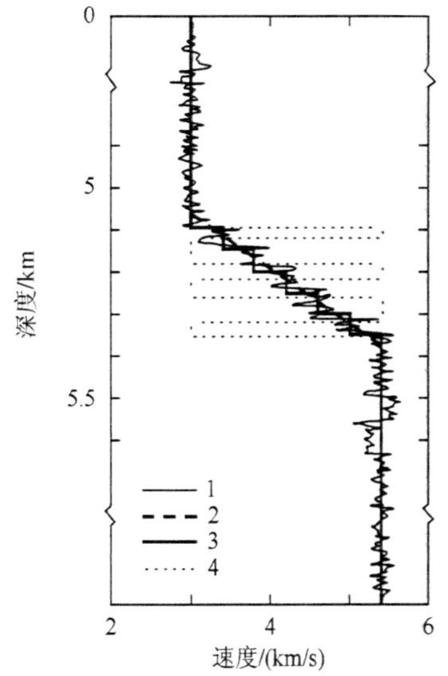

图 3.2-16　当利用波长为 1km 的地震波时，不同速度剖面是无法被区分的，但对更短波长则是可以区分的。(Spudich and Orcutt，1980)

在海上开展折射研究时，在某些情况下可以部署一次性声呐浮标或可回收的海底地震计(OBS)，震源船在航行中激发震源。而在另一些情况下，使用两艘船来进行探测。分析海洋折射数据时，一般将水层作为已知速度的上层来处理(例如图 3.2-15)，结合折射与反射分析。其中，地震反射技术使用亚临界反射，而不是折射波的走时来研究速度结构，这将在下节中讲到。折射和反射是互补的，可以增加对结构的认知。

洋壳厚约 7km，而且除了在洋中脊，洋壳是相对均匀的。因此，如图 3.2-15 的简单模型通常是适用的。与此相反，大陆地壳要厚得多且变化很大，如图 3.2-17 所示的美国西海岸地壳剖面。在这个剖面结构中，太平洋下方薄的地壳在大陆-海洋过渡带变厚，到达海岸时莫霍面深约 25km。内华达山脉以下，莫霍面的深度继续增加到 35～40km。折射数据也显示了地壳内复杂多变的速度结构。因此，地壳并不是一个均匀的层，甚至不能完全视为是多个均匀层的叠加，因为在某些地方包括速度梯度。折射研究认为上地壳和下地壳之间存在康拉德(Conrad)界面。高速(约大于 6.5km/s)下地壳仅仅在某些地方存在。此外，一些地区显示地壳内存在低速层。

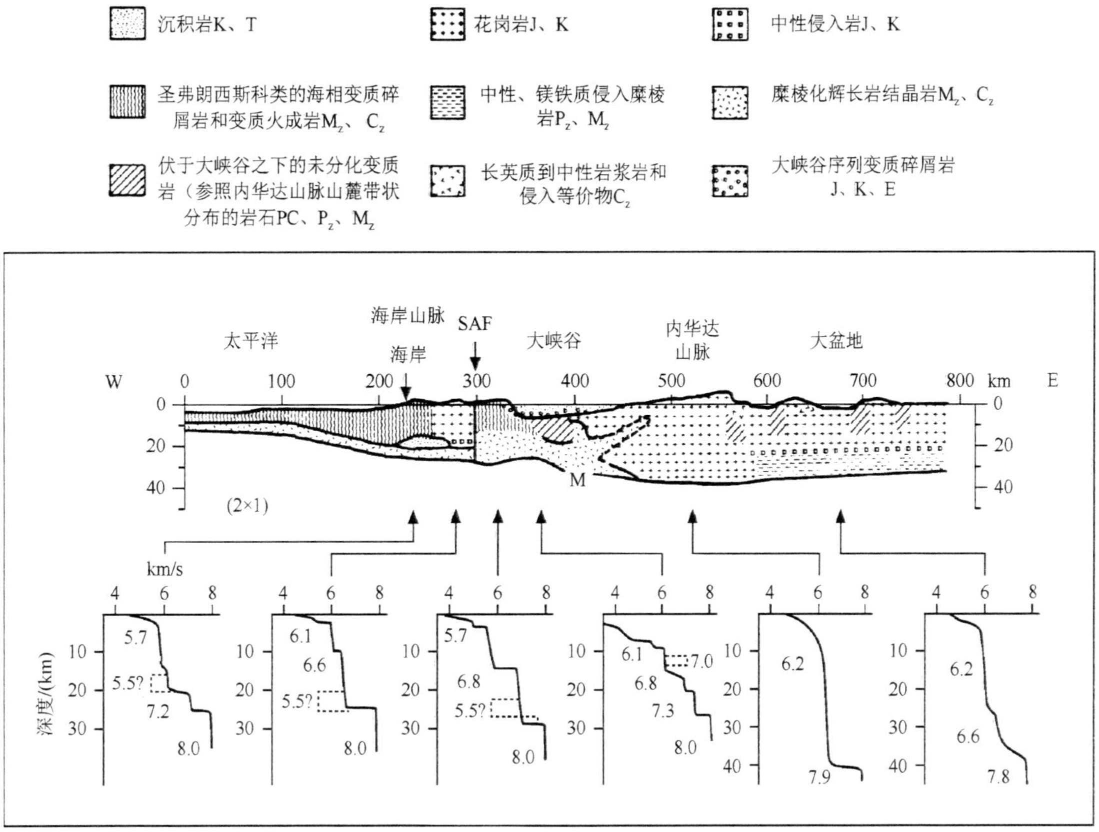

图 3.2-17　横跨美国西海岸地壳速度模型和推断的地质结构。“SAF”表示圣安德烈斯断层，虚线表示低速区。(Mooney and Weaver，1989)

图 3.2-18 为折射地震研究给出的北美地区的地壳厚度和 P_n 速度的分布。西经 104°以东，地壳通常很厚（约 42km），且 P_n 速度很高（约 8.1km/s）。向西地壳通常较薄，P_n 速度也较低。在盆岭（basin and range）地区的薄地壳和低 P_n 速度可能反映了近地表的物质较热，说明该地区处于活跃的扩张状态。从该地区和全球来看（图 3.2-19），山脉地区的地壳一般较厚。山脉地区的厚地壳一般可以用重力均衡（isostasy）理论来解释，高山过剩的质量至少部分地由比地幔密度低的地壳山根来补偿。

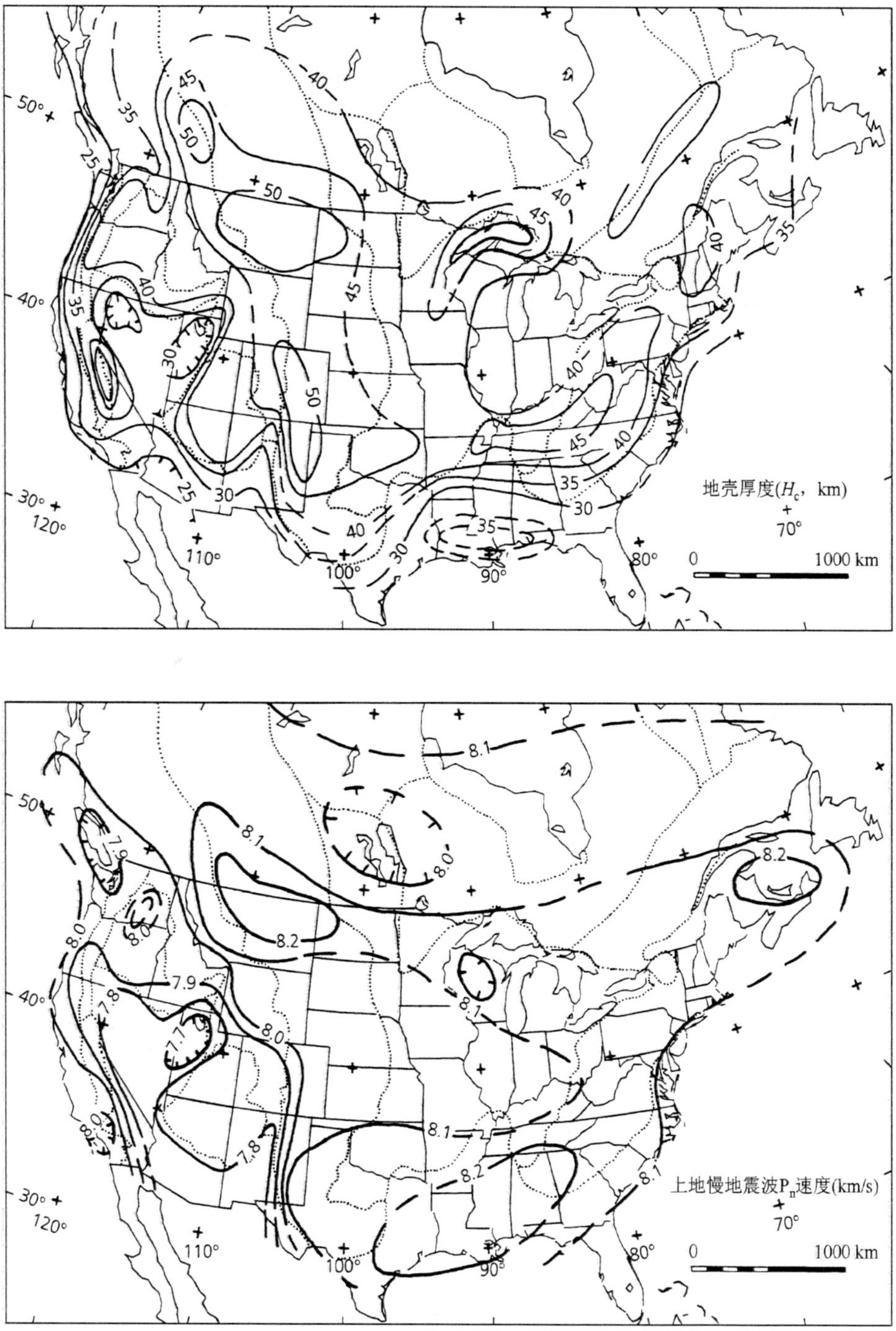

图 3.2-18　北美部分地区地壳厚度（莫霍界面深度）（上图）和 P_n 速度（下图）地图。等值线间距分别为 5km 和 0.1km/s。(Braile et al.，1989)

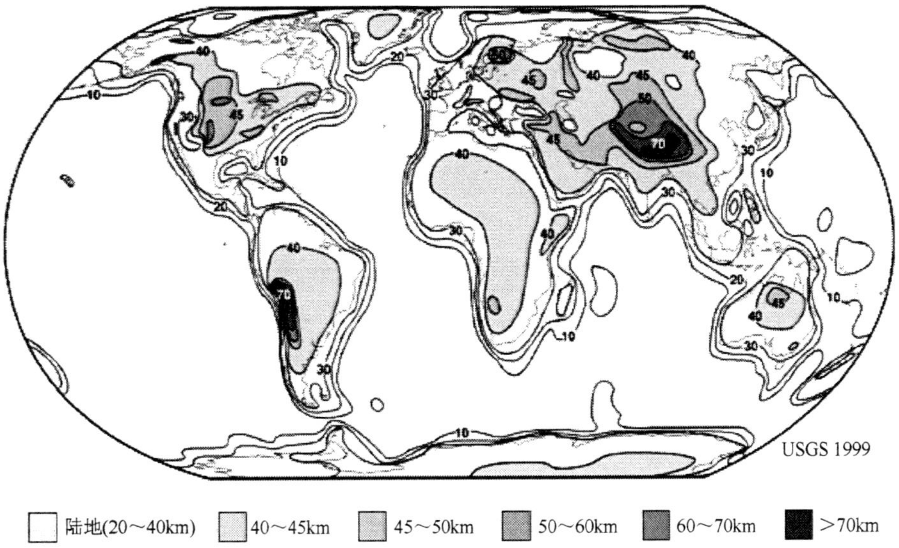

图 3.2-19　全球地壳厚度分布图。(Mooney et al.，1998)

对于大多数折射地震研究中使用的波长而言，大陆莫霍面可以视为一个简单界面。然而，利用更短波长的地震反射研究有时显示出一个高速和低速的叠层结构(图 3.2-20)。反射数据有时观察不到明显的莫霍面。这些复杂性部分可以归因于在横向变化介质中地震反射的复杂性(3.3 节)。尽管如此，莫霍面似乎的确是一个复杂的 0～5km 厚的过渡区，且在不同地点具有不同性质(图 3.2-21)。相比于一个均匀地壳层的底面，莫霍面更准确地说应该是速度随深度迅速增加到约 7.7km/s 以上的一个过渡区域。

速度结构通常用岩石成分来解释，如图 3.2-17 所示。要做到这一点，地震学结果要与其他地球物理数据(例如重力)、地质实地调查与岩石地震波速度的实验室研究相结合。实验室数据显示速度随成分变化，如图 3.2-22 中地壳和上地幔的火成岩成分所示。此外，速度随压力的增加而增加，随温度的升高而降低。一般通过比较预测的和实际地震观测的地震波速度推断岩石成分。对于更深(如下地幔和地核)的压力，实验室研究变得更加困难，因此常通过热力学计算外推实验数据，以得到更高温度和压力下的岩石物理性质。

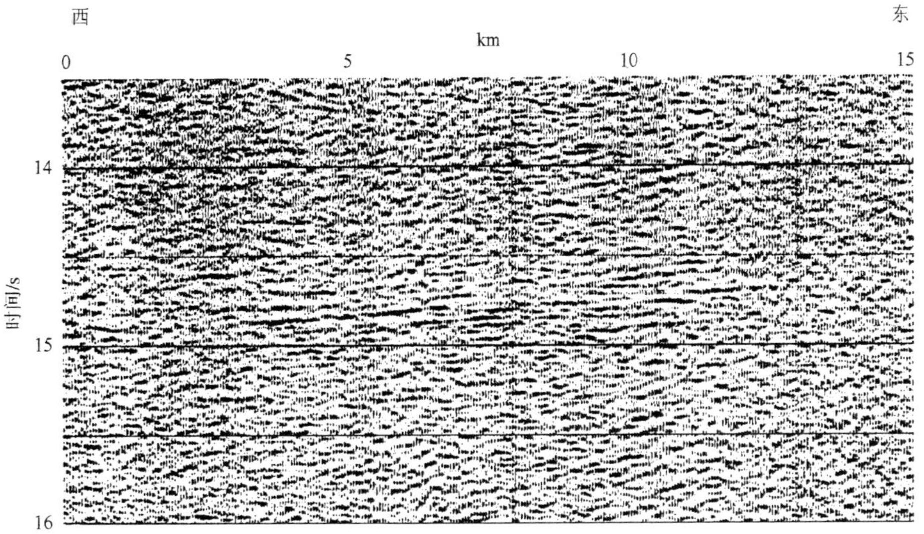

图 3.2-20　俄克拉荷马州东南的威奇塔(Wichita)山地震反射剖面。剖面中间在 14.5～15s 处的一组“波浪”状莫霍面反射信号表明莫霍面是几公里厚的叠层速度结构。(Hale and Thompson，1982)

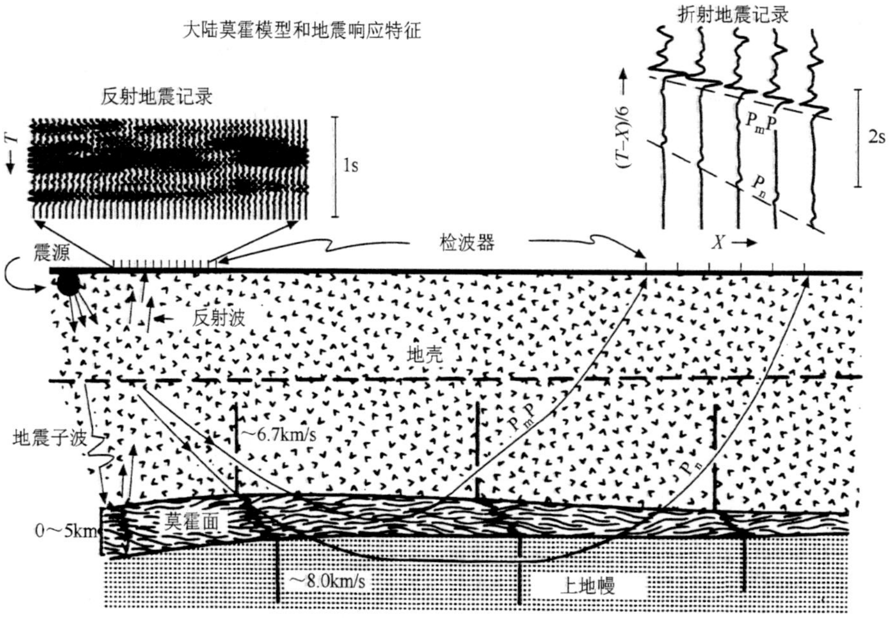

图 3.2-21 具有叠层结构的大陆莫霍面模型。采用较长波长的折射研究会显示清晰的 P_mP 和 P_n 波至，然而采用较短波长的反射研究会显示出多重反射。(Braile and Chiang，1986，*Reflection Seismology*，257-272，版权归美国地球物理学会所有)

这类分析显示大陆地壳上部的平均成分类似于花岗闪长岩，然而海洋地壳上部是辉长岩类①。在历史上，提出了两种莫霍面模型。一种认为莫霍面上下的岩石化学成分不同，另一种认为莫霍面是一个相界面，其上下岩石的总体化学成分相同但矿物种类不一样。这两种模型的差异在于莫霍面两边不同的岩石组合。大陆下地壳岩石是辉长岩或麻粒岩相的中性岩。上地幔主要成分有两种可能，一种认为最可能的是橄榄岩，则莫霍面成为一个化学成分的分界。另一种可能是，上地幔主要成分是榴辉岩，一种与辉长岩有相同的总化学成分，但密度更大的矿物相。如果上地幔是榴辉岩且大陆下地壳是辉长岩，大陆莫霍面则是一个相边界。然而，尽管榴辉岩和橄榄岩具有相似的地震波速度，但橄榄岩更有可能是上地幔的成分。原因之一是橄榄岩的主要成分是橄榄石，而橄榄石的晶体结构可以产生地震波速度的各向异性。在海洋上地幔和大陆上地幔的一些地区已观测到 P_n 速度各向异性(3.6 节)。

大陆下地壳的状态更具争议性。麻粒岩模型更受欢迎，但辉长岩也不能被排除。同样，莫霍面叠层结构的起源仍不清楚，可能的解释包括变质沉积物、堆积分层、构造的带状分布和透镜体的部分熔融。总之，这种结构似乎也是横向变化的。

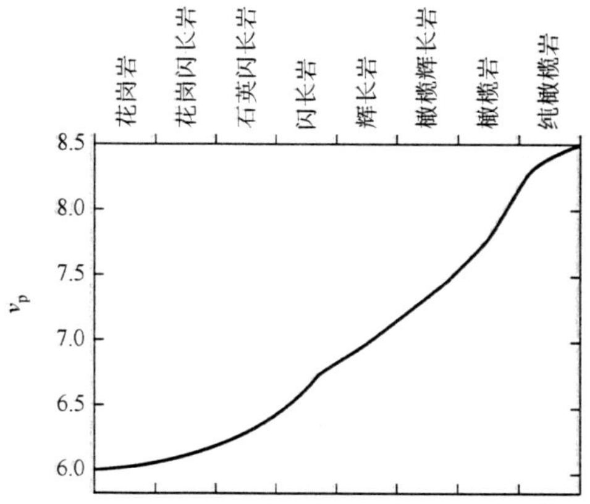

图 3.2-22 在 1.5kbar(150MPa)压力下，地壳和上地幔岩石 P 波速度随岩性的变化。速度随硅含量的减少而增加。(Fountain and Christensen, 1989, From *Framework of the Continental United States*，ed. C. Pakiser and W. D. Mooney，版权归美国地质学会所有)

3.2.5 岩石和矿物

依据物质成分来解释地壳和地幔的地震学研究结果，需要了解其岩石和矿物成分。这是复杂的课题，这里总结一些基本术语。

对于地壳和上地幔结构的讨论，最重要的岩石是由冷却熔融岩浆形成的火成岩。这些岩石主要依

① 一些相关岩石和矿物命名摘录在 3.2.5 节。

据二氧化硅(SiO_2)质量分数进行分类。通用命名法将岩石描述为：SiO_2 质量分数大于 66%的为酸性的或硅质的，52%～66%为中性的，52%～45%为基性的或镁铁质的，小于 45%的为超基性的或超镁铁质的。

岩石的物理性质，例如密度和地震波速度，依赖于其矿物组成。图 3.2-23 总结了在近地表温度和压力下，不同岩石中的主要矿物。因为同一岩石种类的某种矿物的组分在一定范围内变化，图中显示的是矿物组分的平均值。根据其形成环境：地球表面(喷出岩)或是地下(侵入岩)，相同组成的岩石具有不同的名称，因此，与辉长岩相同组成的喷出岩为玄武岩。

图 3.2-23 中提到了几种重要的硅酸盐(含 SiO_2)矿物。石英是纯 SiO_2。橄榄石是(Mg，Fe)SiO_4 固溶体，其组成从纯 Fe_2SiO_4(铁橄榄石)到纯 Mg_2SiO_4(镁橄榄石)变化。由于其晶体结构，橄榄石的地震波速度具有各向异性。辉石是以 $MgSiO_3$(顽辉石)、$FeSiO_3$(铁辉石)、CaMg$(SiO_3)_2$(透辉石)和 CaFe$(SiO_3)_2$(钙铁辉石)为端元的固溶体，但只有某些范围的组成存在于自然界中。长石是以 $CaAl_2Si_2O_8$(钙长石)、$NaAlSi_3O_8$(钠长石)和 $KAlSi_3O_8$(透长石、正长石和微斜长石)为端元的固溶体。富钠和富钙长石称为斜长石。闪石是一个类似的矿物群，包括角闪石 $NaCa_2(Mg, Fe)_4(Al, Fe)(Si_3AlO_{11})_2(OH)_2$、黑云母 $K(Mg, Fe)_3Si_3AlO_{10}(OH)_2$ 和白云母 $KAl_2Si_3AlO_{10}(OH)_2$，属于一个名为云母的矿物群。石榴石是形式为 $A_3B_2(SiO_4)_3$ 的矿物，其中 A 通常是钙、镁或铁离子中的一种，B 为铝、铁和铬中的任意一种。石榴石是相当密实的(密度大)，对讨论相变很有意义。

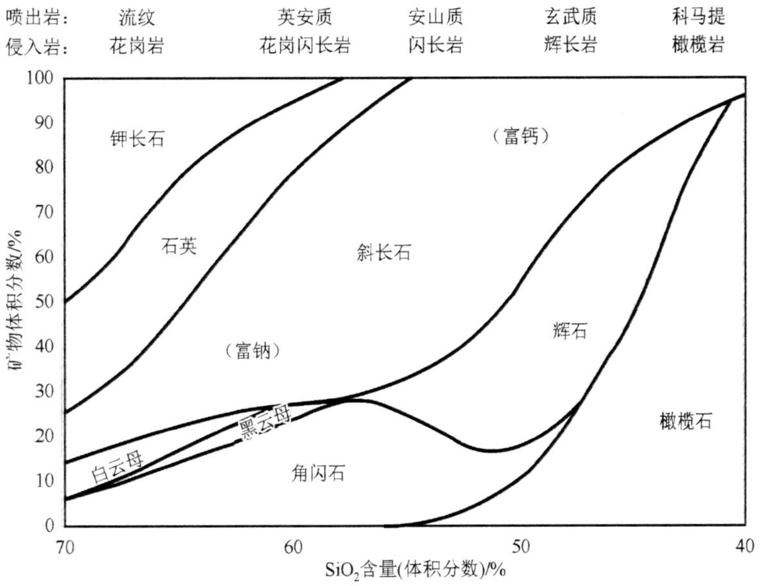

图 3.2-23 简化的火成岩分类。图中火成岩的成分用给定 SiO_2 含量(水平轴)的岩石的主要矿物体积分数来表示。因此，SiO_2 含量约为 60%的花岗闪长岩包含了 20%的角闪石、5%的黑云母、53%的斜长石、17%的石英和 5%的钾长石。岩石名称分别以侵入岩和喷出岩的形式给出。

图 3.2-23 中描述了地表条件下岩石的矿物成分。由于地球内深度增加，压力随之增加，矿物转变为密度更高的物相。例如，包含斜长石、辉石和橄榄石的辉长岩转变到包括石英、辉石和石榴石的化学成分相同的榴辉岩。因此，反对将榴辉岩作为上地幔主要组成的论据之一是与橄榄岩相比，榴辉岩不包含橄榄石，因而不能产生观测到的各向异性的 P_n 速度。然而，辉长岩到榴辉岩的转变可能发生在俯冲板块中(5.4.2 节)，且可能在地震成因方面发挥了一定作用。

3.3 反射地震法

3.2 节利用折射波走时来推断速度结构与深度的关系。采用反射波走时研究地下结构称为反射地震法。它可以确定地壳中的介质速度，在石油和天然气勘探中至关重要。因此，反射数据采集和处理方法经常首先由反射地震学家提出。例如，数字资料在地震研究中变得普遍之前，通常在勘探中使用。同样，由于反射数据的空间和时间采样更密集，且分层介质中波传播的数学表达比球对称介质更简单，所以利用反射数据的处理技术常常发展迅速。本节概述反射地震法的基本概念，其中一些概念也将用于地震和球对称介质的研究。

3.3.1 反射波走时曲线

首先考虑最简单的几何结构：均匀速度的水平层下伏速度较高的半空间(图 3.2-1)。尽管大多数应用采用 P 波，但这里将速度写为“v”，因为这些方法也适用于 S 波。对于速度为 v_0、厚度为 h_0 的地层，3.2.2 节指出，其走时是震源到接收器距离(在反射地震法中被称为偏移距)的函数：

$$T(x)^2 = x^2 / v_0^2 + 4h_0^2 / v_0^2 = x^2 / v_0^2 + t_0^2 \quad (3.3\text{-}1)$$

走时曲线 $T(x)$ 是一个双曲线(图 3.3-1)，在 T 轴截距为 $t_0 = 2h_0/v_0$，即零偏移距的走时。这个时间被称为双程垂直走时，因为它对应的是射线垂直向下传播到反射体再返回来的时间。尽管这个曲线与图 3.2-2 的“反射波”曲线一样，但反射地震法的惯例是向下为时间增加方向①，因为续至波(更晚到达的波)对应于地球中更深的反射界面。

地层速度从双曲线的斜率可以得到。因为斜率随速度的增加而减小，“更平坦的”走时曲线对应更高的速度。要明白这点，只需注意 $T(x)^2$ 对 x^2 关系图的斜率为 $1/v_0^2$。另外，走时随偏移距的变化经常被称为正常时差(normal moveout，NMO)，在某个偏移距和零偏移距之间的走时差为

$$T(x) - t_0 = (x^2 / v_0^2 + t_0^2)^{1/2} - t_0 \quad (3.3\text{-}2)$$

一旦速度确定，地层厚度可通过垂直走时计算出来。

考察走时曲线和射线路径之间的关系，可以考虑相距 $\mathrm{d}x$ 的两个点的射线路径，其走时差为 $\mathrm{d}T$(图 3.3-2)。因为两条射线路径长度差别为 $v\mathrm{d}T$，入射角利用以下公式确定：

$$\sin i = \frac{v\mathrm{d}T}{\mathrm{d}x} \quad (3.3\text{-}3)$$

① 地震学家一般遵循相反的约定。

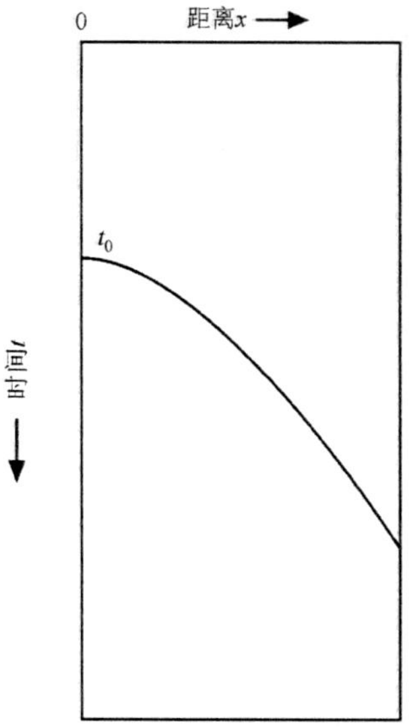

图 3.3-1 从平界面反射的走时曲线是一条双曲线，在 $x = 0$ 时值最小，对应于垂直的射线路径。斜率在 $x = 0$ 时为零，并随偏移距增加而增加。

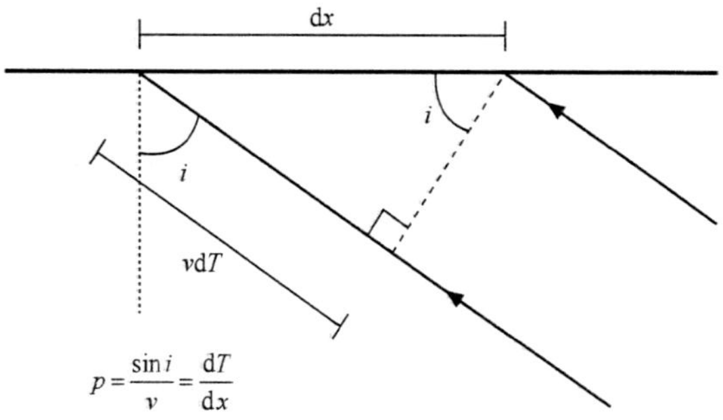

图 3.3-2 在水平层状介质中的两条射线显示了入射角、射线参数和走时曲线斜率之间的关系。

或者，依据射线参数 p(2.5.7 节)：

$$p = \frac{\sin i}{v} = \frac{\mathrm{d}T}{\mathrm{d}x} \quad (3.3\text{-}4)$$

这符合前面射线参数定义。波前在 $\mathrm{d}T$ 时间内沿地表移动了距离 $\mathrm{d}x$ 的视速度的倒数即为射线参数：

$$p = 1/c_x = 1/(\mathrm{d}x/\mathrm{d}T) \quad (3.3\text{-}5)$$

因此，射线参数和射线入射角可以通过 $\mathrm{d}T/\mathrm{d}x$，即走时曲线在 x 处的斜率得到。从方程(3.3-2)可知，在 $x = 0$ 处斜率是零，然后斜率随着偏移距增加而增加。因此，对于短偏移距，入射角几乎为零(垂直入射)；而对于更大的偏移距，入射角接近 90°(水平入射)(图 3.3-1)。

基于此可以得到多层水平地层中反射波的走时曲线。图 3.3-3 显示了从第 $(n+1)$ 层顶部(或第 n 层底部)

反射的 R_{n+1} 穿过 n 层地层，其中每层厚度为 h_j，速度为 v_j 的情况。这种只反射一次的射线，被称为一次反射。依据斯涅尔定律，沿着同一射线的射线参数 p 是常量，因此，在每层的入射角 i_j 能通过顶层入射角 i_0 求得

$$p=\frac{\sin i_j}{v_j}=\frac{\sin i_0}{v_0} \tag{3.3-6}$$

如果一个下行射线在第 j 层穿越的水平距离为 x_j，且走时为 ΔT_j，则射线在下行和再一次上行后，穿越的总水平距离为

$$x(p)=2\sum_{j=0}^{n}x_j=2\sum_{j=0}^{n}h_j\tan i_j \tag{3.3-7}$$

总时间为

$$T(p)=2\sum_{j=0}^{n}\Delta T_j=2\sum_{j=0}^{n}\frac{h_j}{v_j\cos i_j} \tag{3.3-8}$$

这两个量的求和表达式都是基于射线参数的，所以可以显性地写出 $x(p)$ 和 $T(p)$ 的表达式。基于此可以计算对应的走时曲线 $T(x)$。为此考虑一个单一地层，$x_0(=x/2)$ 是下行和上行射线的水平距离。在这种情况下，方程(3.3-8)变为

$$T(x)=2[(x/2)^2+h_0^2]^{1/2}/v_0 \tag{3.3-9}$$

因为

$$\cos i_0=h_0(x_0^2+h_0^2)^{-1/2} \tag{3.3-10}$$

因此，从式(3.3-8)导出了式(3.3-9)，其反射波走时曲线是一个双曲线［式(3.3-1)］。

对多层地层，从第 $(n+1)$ 层顶部反射的 R_{n+1} 的走时曲线可以近似为一个双曲线：

$$T(x)_{n+1}^2=x^2/\overline{V}_n^2+t_n^2 \tag{3.3-11}$$

这里需要求出两个参数 $\overline{V}_n$ 和 t_n。t_n 是零偏移距的双向(上和下)垂直走时之和，是每个地层单向垂直走时 Δt_j 之和的两倍：

$$t_n=2\sum_{j=0}^{n}\Delta t_j=2\sum_{j=0}^{n}(h_j/v_j) \tag{3.3-12}$$

而速度项 $\overline{V}_n$ 的计算需要些技巧。基于几何关系，下行射线在地层 j 的横向距离为

$$x_j=v_j\Delta T_j\sin i_j=(v_j^2/v_0)\Delta T_j\sin(i_0) \tag{3.3-13}$$

其中，最后一个等式利用了斯涅尔定律［式(3.3-6)］。因此，式(3.3-7)中的总距离 x 可以写为

$$x=2\sum_{j=0}^{n}x_j=2\frac{\sin i_0}{v_0}\sum_{j=0}^{n}v_j^2\Delta T_j \tag{3.3-14}$$

由于射线参数沿射线是常量，由式(3.3-4)，走时曲线斜率为

$$\frac{dT}{dx}=\frac{\sin i_0}{v_0}=x\Bigg/\left(2\sum_{j=0}^{n}v_j^2\Delta T_j\right) \tag{3.3-15}$$

对双曲线近似［式(3.3-11)］，走时曲线斜率为

$$\frac{dT}{dx}=\frac{x}{\overline{V}_n^2T} \tag{3.3-16}$$

其中定义：

$$\overline{V}_n^2=\left(2\sum_{j=0}^{n}v_j^2\Delta T_j\right)\Bigg/T \tag{3.3-17}$$

因为式(3.3-17)的推导适用于任意入射角，因而使用垂直入射可以使问题更简化，因此在每一地层走时相当于单向垂直走时，$\Delta T_j=\Delta t_j$，且总走时为 $T=2\Sigma\Delta t_j$。因此：

$$\overline{V}_n^2=\left(\sum_{j=0}^{n}v_j^2\Delta t_j\right)\Bigg/\left(\sum_{j=0}^{n}\Delta t_j\right) \tag{3.3-18}$$

走时曲线的近似平均速度 $\overline{V}_n$，是前 n 层的时间加权均方根(root mean square)或 rms 速度。除了大的偏移距，这种双曲线近似与精确解吻合得很好。

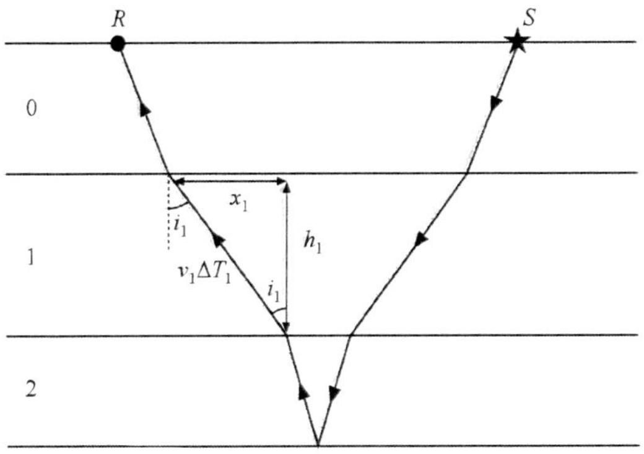

图 3.3-3 水平层状介质中的几何射线。层厚为 h_j，每层中水平旅行距离为 x_j。每层中的单程走时为 ΔT_j。

基于以上讨论可以通过走时曲线计算出地层速度。给定从第 n 层顶部的反射，其垂直双向走时为 t_{n-1}，均方根速度为 V_{n-1}；从第 $(n+1)$ 层顶部的反射，其垂直双向走时为 t_n，均方根速度为 V_n，则第 n 层中的速度为

$$v_n^2=\frac{\overline{V}_n^2t_n-\overline{V}_{n-1}^2t_{n-1}}{t_n-t_{n-1}} \tag{3.3-19}$$

这种关系被称为迪克斯方程(Dix equation)[①]。由

① 以它的发现者命名，即勘探地震学的先驱 C. Hewitt Dix (1905～1984 年)。

此产生的速度称为层速度(interval velocity)。由于大偏移距时走时曲线的斜率更大，因而能更精确地估计等效速度。由于晚到达的反射波的速度更高，走时曲线更平坦(图 3.3-4)，因而需要更大的偏移距数据来确定更深层的速度。

倾斜地层的走时计算更复杂。图 3.3-5 显示了倾斜角为θ，震源之下垂直深度为h的反射面的几何示意图。在从表面震源垂直于反射面的直线上，反射面下方相同距离的地方假设一个假想震源，则从假想震源到接收器的走时与真实震源到接收器的走时相同。因此，可以用假想震源推导走时。图中对$\triangle RIS$，应用余弦定理可以得到：

$$\begin{aligned} T^2 &= [x^2+4h^2-4hx\cos(\theta+\pi/2)]/v_0^2 \\ &= [x^2+4h^2+4hx\sin\theta]/v_0^2 \end{aligned} \tag{3.3-20}$$

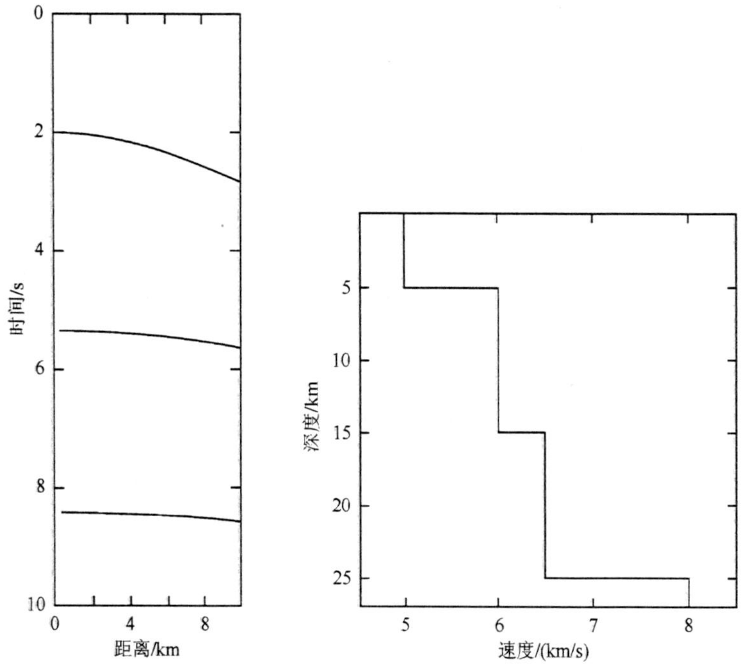

图 3.3-4 对应于大陆地壳的分层结构(右图)的反射波走时曲线(左图)。由于速度随深度增加而增加，更深界面的反射波时矩曲线更平坦。

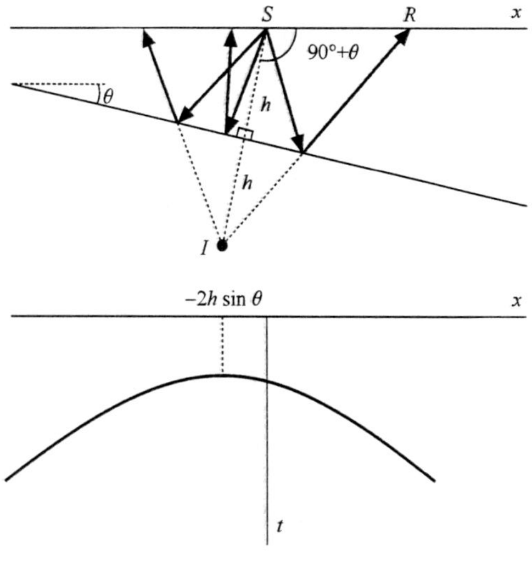

图 3.3-5 倾斜界面反射波的走时曲线可以利用深部的虚拟震源 I 推导出来。该虚拟震源和真实震源到接收点的走时完全一致。由此产生的双曲线的最小值的偏移距非零。S 和 R 表示震源和接收点。

此走时曲线是一个双曲线，在$-2h\sin\theta$处具有最小值。因此在$x=0$时，它不是对称的。一系列倾斜层反射的走时曲线类似这种形式。

与由均匀速度层组成的离散层状模型相比，有时将地球视为速度 $v(z)$ 随深度连续变化的模型会更实用。对射线参数为 p 的射线路径和射线走时在离散地层中的表达加以推广。根据斯涅尔定律可以得到射线路径(图 3.3-6)，因为射线参数：

$$p=\sin i/v(z) \tag{3.3-21}$$

沿射线是常量。如果速度随深度增加，则 $\sin i$ 增大，从而 i 增大，因此射线在其向下弯曲远离垂直面。一旦 $i=90°$，则射线返回，变为水平，然后向上。在最深点，即转折点或最低点，深度为 z_p，速度是射线参数的倒数，$p=1/v(z_p)$。若射线路径的一部分速度随深度减小，则射线凹向地下。在穿过低速区域之前，射线不会向上转向。

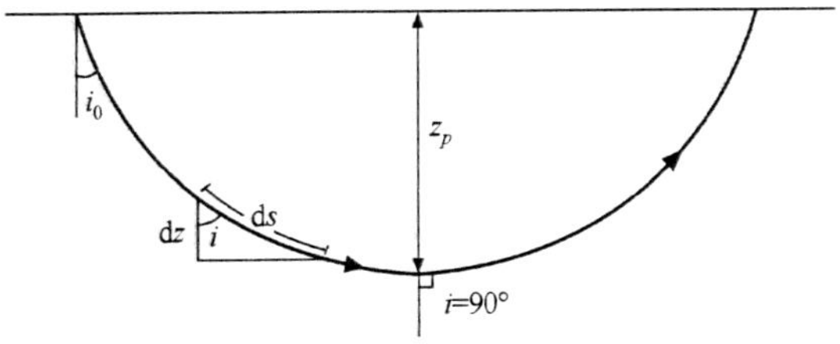

图 3.3-6 速度随深度线性增加的介质中的射线路径。沿射线路径，射线参数是常量，因此当速度变化时，入射角也随之变化。入射角在速度最低的地表最小，在最底部深度 z_p 处为 90°。

因此，可以用深度积分来替换地层厚度 h_j 之和，这样射线旅行距离表达式［式(3.3-7)］变为

$$x(p)=2\int_0^{z_p}\tan i\,\mathrm{d}z=2p\int_0^{z_p}\left(\frac{1}{v^2(z)}-p^2\right)^{-1/2}\mathrm{d}z \quad (3.3\text{-}22)$$

因为：

$$\sin i=pv(z),\ \cos i=(1-\sin^2 i)^{1/2}=(1-p^2v^2(z))^{1/2} \quad (3.3\text{-}23)$$

这一方程有时用慢度，即速度的倒数来表达：

$$u(z)=1/v(z) \quad (3.3\text{-}24)$$

所以：

$$x(p)=2p\int_0^{z_p}\frac{\mathrm{d}z}{(u^2(z)-p^2)^{1/2}} \quad (3.3\text{-}25)$$

同样，走时之和(式 3.3-8)变为

$$\begin{aligned}T(p)&=2\int_0^{z_p}\frac{\mathrm{d}z}{v(z)\cos i}=2\int_0^{z_p}\frac{\mathrm{d}z}{v(z)(1-p^2v^2(z))^{1/2}}\\&=2\int_0^{z_p}\frac{u^2(z)\mathrm{d}z}{(u^2(z)-p^2)^{1/2}}\end{aligned} \quad (3.3\text{-}26)$$

除了在 $u(z)$ 等于 p 的曲线最底部那一点，此积分在其他地方都是成立的。注意射线路径(图 3.3-6)可以写作 ds 的积分，这里 dz = d$s$cos i。因此走时是沿射线路径慢度的积分：

$$T(p)=\int\frac{\mathrm{d}s}{v(z)}=\int u(z)\mathrm{d}s \quad (3.3\text{-}27)$$

尽管慢度没有速度直观①，但可以使公式更简化。

3.3.2 走时的截距-慢度公式

到目前为止，已经给出走时曲线 $T(x)$，即走时随距离的变化。现在讨论一个对数据分析非常有用的替代公式。注意到速度为 v_j 的第 j 层中的单向走时 T_j 与厚度 h_j 和水平距离 x_j 的关系为(图 3.3-3)：

$$v_j\Delta T_j=(x_j^2+h_j^2)^{1/2} \quad (3.3\text{-}28)$$

此射线的入射角 i_j 满足：

$$\sin i_j=\frac{x_j}{(x_j^2+h_j^2)^{1/2}}=\frac{x_j}{v_j\Delta T_j},\ \cos i_j=\frac{h_j}{(x_j^2+h_j^2)^{1/2}}=\frac{h_j}{v_j\Delta T_j} \quad (3.3\text{-}29)$$

重写方程(3.3-28)：

$$v_j\Delta T_j=\frac{x_j^2+h_j^2}{(x_j^2+h_j^2)^{1/2}}=x_j\sin i_j+h_j\cos i_j \quad (3.3\text{-}30)$$

或

$$\Delta T_j=\frac{x_j\sin i_j}{v_j}+\frac{h_j\cos i_j}{v_j}=p_jx_j+\eta_jh_j \quad (3.3\text{-}31)$$

其中，

$$\begin{aligned}p_j&=(\sin i_j)/v_j=\sin i_ju_j,\\\eta_j&=(\cos i_j)/v_j=\cos i_ju_j\end{aligned} \quad (3.3\text{-}32)$$

因此在地层 j 中，在 2.5.7 节中介绍的各种量：P_j 是射线参数或水平慢度，η_j 是垂直慢度。这些是慢度向量的分量，慢度向量的长度等于慢度值，并指向地震波传播方向。因此，此地层中的慢度 u_j 是

$$u_j^2=1/v_j^2=p_j^2+\eta_j^2 \quad (3.3\text{-}33)$$

根据方程(3.3-31)，在一个地层中的射线走时是水平慢度乘以水平距离与垂直慢度乘以垂直厚度之和。总走时是所有地层走时之和，系数 2 是因为包括下行和上行射线。

$$T(x)=2\sum_{j=0}^{n}\Delta T_j=2\sum_{j=0}^{n}p_jx_j+2\sum_{j=0}^{n}\eta_jh_j \quad (3.3\text{-}34)$$

由斯涅尔定律，沿射线路径的水平射线参数是常量，因此 $p_j=p$，且

$$T(x)=px+2\sum_{j=0}^{n}\eta_jh_j \quad (3.3\text{-}35)$$

其中，$x=2\sum_{j=0}^{n}x_j$ 是总水平传播距离。此公式等效于将走时表示为距离和慢度向量的标量积[方程(2.5-34)]。

按此方法表示走时可以给出一些有意思的结论。

① 低速区的说法比高慢度更容易理解。

定义：

$$T(x) = px + \tau(p) \tag{3.3-36}$$

其中函数：

$$\begin{aligned}\tau(p) &= 2\sum_{j=0}^{n}\eta_j h_j = 2\sum_{j=0}^{n}(1/v_j^2 - p^2)^{1/2} h_j \\ &= 2\sum_{j=0}^{n}(u_j^2 - p^2)^{1/2} h_j\end{aligned} \tag{3.3-37}$$

因为 p 是走时曲线在点(T, x)的斜率($\mathrm{d}T/\mathrm{d}x$)，亦即曲线在此点切线的斜率，τ 是该切线在时间轴上的截距(图 3.3-7)。一般情况下，走时曲线上的不同点 τ 和 p 不同，因此走时曲线可以等效地用(T, x)或(τ, p)描述。(τ, p)被称为走时曲线的截距-慢度表现形式。尽管不太直观，但 $\tau(p)$ 公式等效于 $T(x)$。

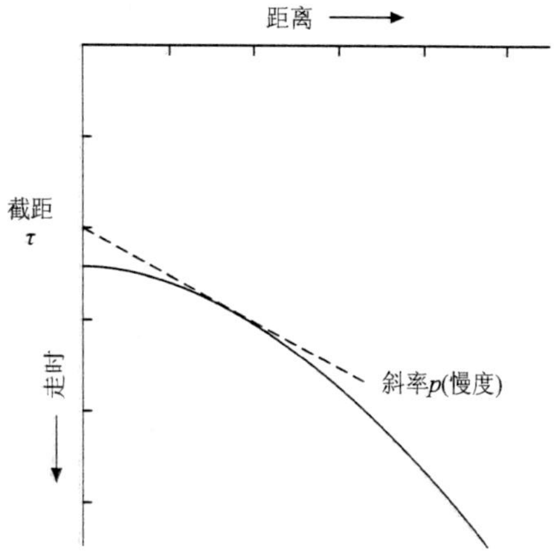

图 3.3-7 走时曲线 $T(x)$和其上任意一点切线之间的关系，切线的斜率(或慢度)为 p，时间轴截距为 τ。

鉴于走时曲线 $T(x)$的斜率有特殊意义，探讨方程 $\tau(p)$的斜率是很必要的。用射线参数而不是距离作为自变量改写方程(3.3-36)：

$$\tau(p) = T(p) - px(p) \tag{3.3-38}$$

并对其微分：

$$\frac{\mathrm{d}\tau}{\mathrm{d}p} = \frac{\mathrm{d}T}{\mathrm{d}p} - p\frac{\mathrm{d}x}{\mathrm{d}p} - x(p) = \frac{\mathrm{d}T}{\mathrm{d}x}\frac{\mathrm{d}x}{\mathrm{d}p} - p\frac{\mathrm{d}x}{\mathrm{d}p} - x(p) = -x(p) \tag{3.3-39}$$

因此，正如 p 是走时曲线 $T(x)$的斜率，距离 x 则是负的 $\tau(p)$曲线斜率。

用 $\tau(p)$公式也可以写出半空间上覆地层中反射波的走时曲线。图 3.3-3 显示 $x_0 = x/2$，所以利用方程(3.3-32)可以得到如下方程：

$$p = \frac{(x/2)}{v_0[(x/2)^2 + h_0^2]^{1/2}}, \quad \eta_0 = \frac{h_0}{v_0[(x/2)^2 + h_0^2]^{1/2}} \tag{3.3-40}$$

因此，利用方程(3.3-36)和方程(3.3-37)，走时曲线可以写成：

$$\begin{aligned}T(x) &= px + 2\eta_0 h_0 = \frac{(x^2/2) + 2h_0^2}{v_0[(x/2)^2 + h_o^2]^{1/2}} \\ &= 2[(x/2)^2 + h_o^2]^{1/2}/v_0\end{aligned} \tag{3.3-41}$$

这就是熟悉的双曲线方程［方程(3.3-9)］。

当走时曲线用 $\tau(p)$表示时，对半空间上覆地层，改写方程(3.3-37)为

$$\tau(p) = 2(1/v_0^2 - p^2)^{1/2} h_0 \tag{3.3-42}$$

或者也可以写作：

$$(v_0^2\tau^2)/(4h_0^2) + v_0^2 p^2 = 1 \tag{3.3-43}$$

这是一个椭圆，其轴线是 τ 和 p 轴(图 3.3-8)。它与 τ 轴相交于点($\tau = t_0 = 2h_0/v_0, p = 0$)，且与 p 轴相交于点($\tau = 0, p = 1/v_0$)。这两个点很有意义。在第一个点，走时曲线斜率为零，且时间轴截距是垂直双向走时，该点对应于零偏移点 $x = 0$。

在第二个点，走时曲线斜率为 $1/v_0$ 且时间轴截距为 0，是直达波线性走时曲线 $\tau(p)$的位置。因此直达波的走时曲线映射到 $\tau(p)$平面上的一点，此点在描述反射波的椭圆上。若要了解为什么会发生这种情况，利用距离是 $\tau(p)$曲线导数的负数［方程(3.3-39)］并对方程(3.3-42)求导，给出：

$$x(p) = -\mathrm{d}\tau/\mathrm{d}p = 2ph_0(1/v_0^2 - p^2)^{-1/2} \tag{3.3-44}$$

因此，在点 $p = 1/v_0$，$x = \infty$。这是有道理的，因为当 $x \to \infty$，反射波与直达波走时曲线逼近到一条线上(图 3.2-2)。

首波很容易映射到 $\tau(p)$平面，因为其走时曲线［方程(3.2-8)］是

$$\begin{aligned}T_H(x) &= x/v_1 + 2h_0(1/v_0^2 - 1/v_1^2)^{1/2} \\ &= x/v_1 + \tau_1\end{aligned} \tag{3.3-45}$$

这是斜率等于半空间速度倒数的一条直线，$p = 1/v_1$，且截距为 τ_1。因此，首波映射到描述反射波椭圆的一点，对应于临界距离 x_c，该点上首波和反射波相同。注意对于 $p = 1/v_1$，方程(3.3-44)给出：

$$x(p) = -\mathrm{d}\tau/\mathrm{d}p = 2h_0 v_0(v_1^2 - v_0^2)^{-1/2} = x_c \tag{3.3-46}$$

此点将描述反射波的椭圆划分成在 τ 轴和首波之间的亚临界部分，以及在首波和 p 轴之间的超临界部分。后文会看到不同波至在 $\tau(p)$平面具有独特的位置，提供了将这些波至分开的技术基础。

此分析能延伸到更复杂的几何体。对多层地层，对应于连续地层反射波的 $\tau(p)$ 曲线都是不同椭圆的一部分(图3.3-9)。对一个连续速度分布，对 τ 的求和[方程(3.3-37)]变成一个积分：

$$\begin{aligned}\tau(p) &= 2\int_0^{z_p} \eta(z)\mathrm{d}z = 2\int_0^{z_p} (1/v^2(z) - p^2)^{1/2}\mathrm{d}z \\ &= 2\int_0^{z_p} (u^2(z) - p^2)^{1/2}\mathrm{d}z\end{aligned} \tag{3.3-47}$$

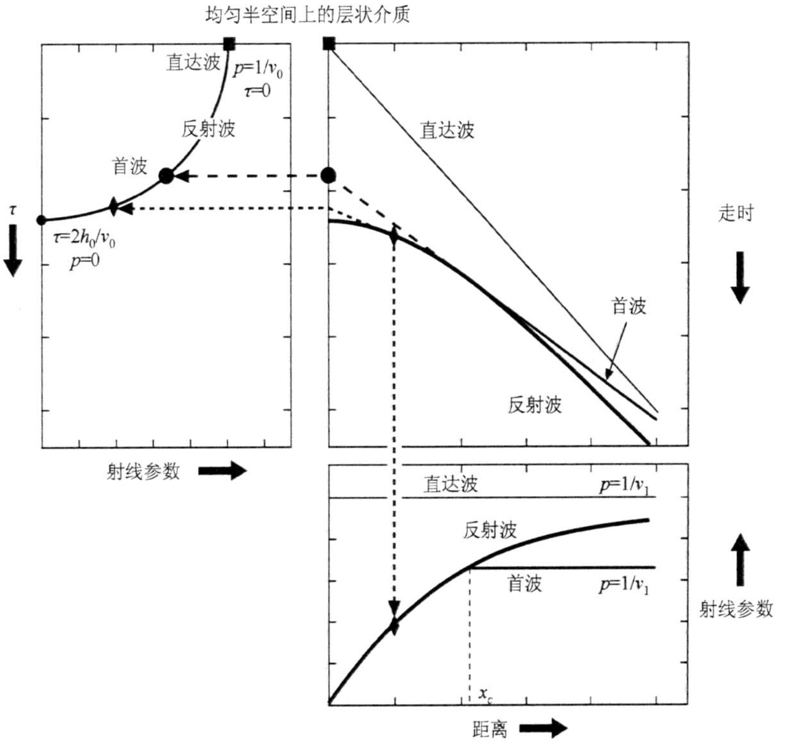

图3.3-8 半空间上覆地层的走时曲线 $T(x)$，及其在(τ,p)平面的表示法。$T(x)$曲线上的每个点斜率为(射线参数)p，截距为τ。直达波和首波的线性走时曲线分别映射到(τ,p)平面的一个点(正方形和圆形)。反射波的双曲型走时曲线映射到(τ,p)平面的一个椭圆。注意反射波走时曲线上以菱形标注的任意一点是如何映射到其他两条曲线的。

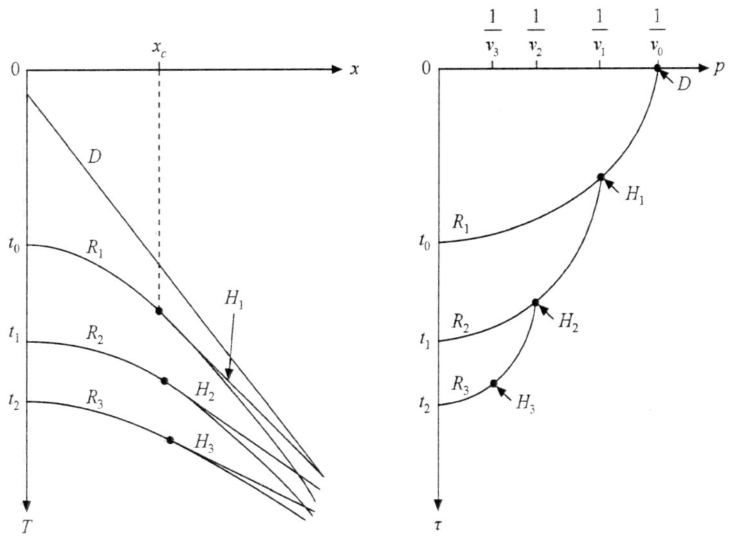

图3.3-9 对半空间上覆多层地层，走时曲线 $T(x)$和函数 $\tau(p)$之间的关系。D表示直达波；R_i和H_i是第i层顶部的反射波和首波；x_c是H_1的临界距离。(Diebold and Staffa，1981，经勘探地球物理学家学会许可转载)

对一些反演速度结构的方法，将走时曲线用 $\tau(p)$ 公式表达是非常有用的。

3.3.3　多通道数据

反射地震法的特征之一是多通道，即同时利用多震源和多接收器，实现反射界面上的点被反复采样的目的。图 3.3-10 通过单一地震震源和台阵(由 8 个接收器组成)的组合实验，说明了对反射点的覆盖情况。每次激发震源产生 8 条地震记录，或称“地震道”。移动震源和接收器位置，然后重复这样的实验，给出另外 8 道记录。最终，反射体上每个点都被采样 4 次，形成“四重覆盖”。

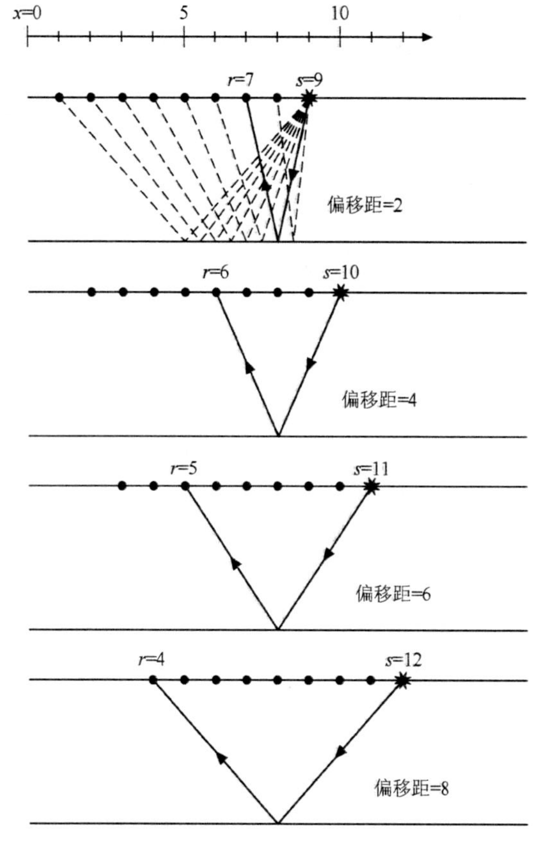

图 3.3-10　沿测线移动的单一震源(星)和 8 个接收器(点)的多通道地震反射勘探的几何图解。对应于单一震源和一系列接收器的射线路径(虚线)，每个实验生成 8 条地震记录。对应于实线显示的射线路径，不同震源和接收器的 4 条地震记录对一个深部平坦反射体上的相同点采样。这些路径具有相同的中心点，即震源和接收器距离的一半，但具有不同的震源-接收器偏移距。

前文假设速度结构是分层的且仅随深度改变。即使如此，对相同点采样的 4 个地震图是不同的，因为它们对应于不同的震源和接收器位置，所示震源和接收器之间的偏移距不同。由此，每道记录的都是在不同震源和接收器位置随时间 t 变化的位移或压力 $u(s, r, t)$。

将反射体上相同采样点的地震图组合起来分析。在平坦地层几何结构中，这些地震图具有相同的中心点，即平分震源和接收器之间距离的点。对每个中心点，有一系列不同偏移距的道。根据震源位置 s 和接收器位置 r 来定义中心点 m 和偏移距 f:

$$m=(s+r)/2,\ f=(s-r) \tag{3.3-48}$$

因此，通过震源和接收器位置或中心点和偏移距(图 3.3-11)来确定单条地震记录。利用两个正交的轴来绘制这些信息(图 3.3-12)，一个轴表示震源位置，另一个轴表示接收器位置。再建立两个以 45°角等分 s 轴和 r 轴的坐标轴，沿此轴的距离指示每条地震记录的中心点和偏移距。注意这两组坐标轴的刻度是不同的。

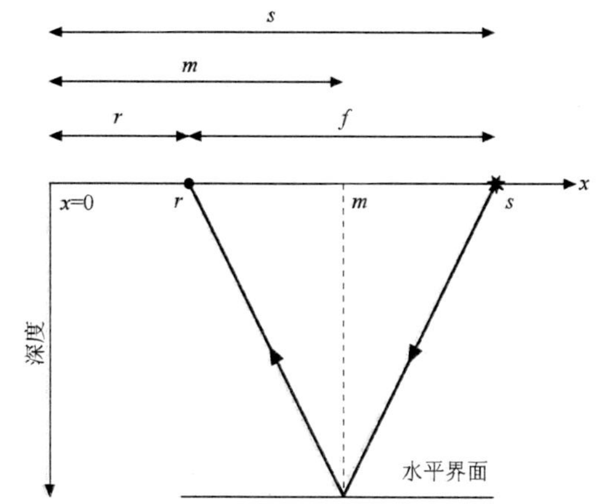

图 3.3-11　沿测线测量的震源、接收器、中心点和偏移距坐标的关系。四者中任意两个即可确定一条地震记录。

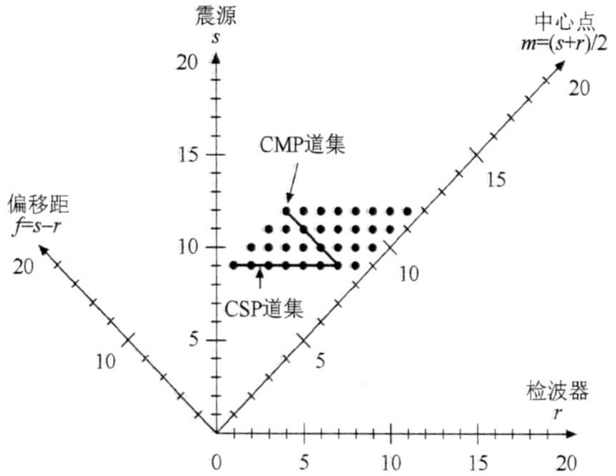

图 3.3-12　一个单独的地震道。在震源、接收器、中心点和偏移距坐标二维图上的位置。圆点显示了图 3.3-10 中的地震道。物理实验对应于一个共震源点(CSP)道集；图 3.3-10 中具有相同中心点的四道形成了共中心点(CMP)道集。

考虑图3.3-10中利用8个接收器和单一震源的四个实验。通过固定的震源位置和接收器位置，每个实验在圆点位置生成数据。每次实验沿着类似水平线产生数据，但每次需移动震源和接收器的位置。

通过不同方式对数据进行分类和组合，而不一定对应真实的实验(图 3.3-13)。每个实验对应于一组相同震源位置的记录，即一个共震源点或 CSP 道集。具有相同中心点和不同偏移距的记录能够集合到一个共中心点或 CMP 道集。类似地，也可以形成共接收点和共偏移距道集。

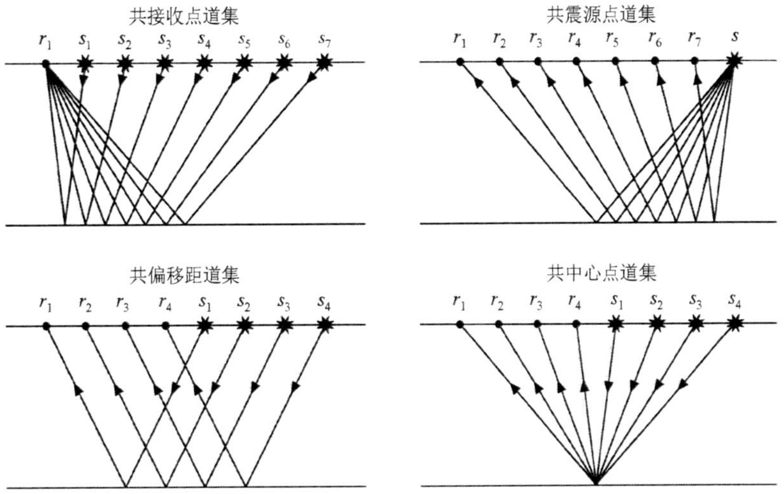

图 3.3-13　四种不同道集类型(共接收点、共震源点、共偏移距和共中心点道集)示意图。

对调震源位置 a 和接收器位置 b，对根据中心点和偏移距的排序没有影响。此假设可由互易原理证明，即这两种几何布局应产生相同的地震图。一个共接收点道集能模拟一个相反的剖面(3.2.2 节)，是因为根据互易原理，其给出的数据等同于在相反方向爆破的共震源点道集。

在本节中，将讨论数据采集过程的几个方面。震源可以是爆炸物、水中的声源或陆地上的震动源。震源坐标因此有时被称为震源点、爆炸点或震动点。在陆地上接收器通常是单分量垂直向地震计，称为地震检波器，海洋勘探使用压力传感器或水下地震检波器。接收器坐标因此通常被称为地震检波器坐标。接收器数量越来越多，可以使用接收器组记录信号。二维区域的采集越来越好，经处理后生成三维速度结构。

3.3.4　共中心点叠加

因为共中心点(CMP)道集的记录理论上对地表下同一点采样，通过叠加可以增强反射波信号。此过程首先将一组数据作为偏移距和时间的函数显示。数据包括有用的“信号”，即用于确定速度结构和深度界面的一次反射波。数据也包括“噪声”，即在反射处理中无用的波至，包括直达波、首波①、面波(有时称为“地滚波”)以及震源在空气中传播的波。数据中也包括多次反射波(图 3.3-14)，称为多次波(multiples)。

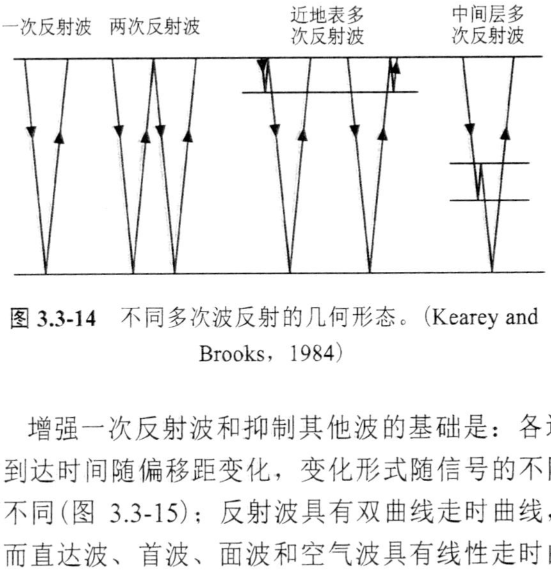

图 3.3-14　不同多次波反射的几何形态。(Kearey and Brooks，1984)

增强一次反射波和抑制其他波的基础是：各道的到达时间随偏移距变化，变化形式随信号的不同而不同(图 3.3-15)；反射波具有双曲线走时曲线，然而直达波、首波、面波和空气波具有线性走时曲线。在道与道之间，其他噪声在本质上可能是不相干的。

反射波，其走时随偏移距的变化也就是正常时差(NMO)为

$$T(x)-t_0=(x^2/\bar{V}^2+t_0^2)^{1/2}-t_0 \tag{3.3-49}$$

其中 t_0 和 $\bar{V}$ 是垂直的双向时间和均方根速度。如果

① 前面的章节中，直达波和首波为有用信号，正如谚语：“对某人有用的信号，其他人则视为噪声”。

每条记录根据 NMO 作时移，把所有偏移距的反射波都移动到相同时间(图 3.3-15)。相比之下，不同时差的波至，例如直达波，并未对齐。同样，多次反射也不会对齐，因为与类似到达时间的一次反射波相比，它们从更浅的界面反射，因此具有更低的均方根速度。此方法类似于形成折合走时图(3.2 节)，用一个线性时移对齐直达波或首波，其线性走时曲线的视速度等于折合速度。在这种情况下，双曲线时移会对齐具有双曲线走时的反射波。

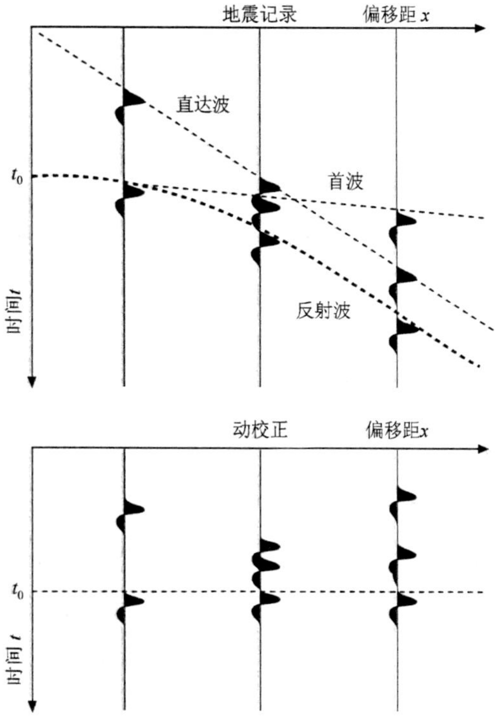

图 3.3-15 正常时差校正原理图示例。显示了单一地层的 3 个波至。通过对应于反射波双曲线走时曲线的时间偏移，在一个 CMP 道集中，NMO 对齐了所有道(下图)。因此，道与道之间有用的反射波是同相的，而其他波至是异相的。CMP 叠加，即在时移之后将各道相加，增强了有用的反射波并抑制了其他波至。

如果在时移之后将各道相加，理论上所得的和是零偏移距记录的道，即震源和接收器重合。对齐的反射波在所有道上同相，因此相长地叠加，得到一个强的波至。相比之下，其他波至在时移后有时会异相，因此相消地叠加，产生更弱的波至。对给定中心点和不同偏移距的各道记录进行时移然后相加的过程，称为共中心点(CMP)叠加。

真实数据包括一个以上的反射波，且所谓“适当的”速度是未知的。因此，利用一系列速度进行叠加，叠加能量最强的速度被视为真实速度。如图 3.3-16 所示，沿着对应于不同速度的双曲线，将地震记录叠加。叠加输出作为叠加速度的函数，称为速度谱，对齐波至的最后速度具有峰值振幅。如果数据质量较好，且结构近似于一系列平坦地层，那么此叠加速度接近均方根速度。

后续的反射波具有更高的均方根速度，对应于更高的叠加速度。因此，速度可以作为时间的函数进行分析。在图 3.3-17 中，最佳的叠加速度，即速度谱中的最大值，会随更深波至的到时而增加。这种增加，使不同叠加速度的波至对焦到相应速度。速度谱的能量峰值显示强的相干反射。在后续时间里，有几个峰值，对应于多个波至。利用叠加速度，不同深度的层速度由迪克斯方程得到。

图 3.3-18 阐释了 CMP 叠加的概念。位移或压力作为中心点、偏移距和时间的函数 $u(m, f, t)$，由各道记录给定。CMP 道集可认为是平行于偏移距和时间轴的平面，每个都具有中心点。每个道集对所有

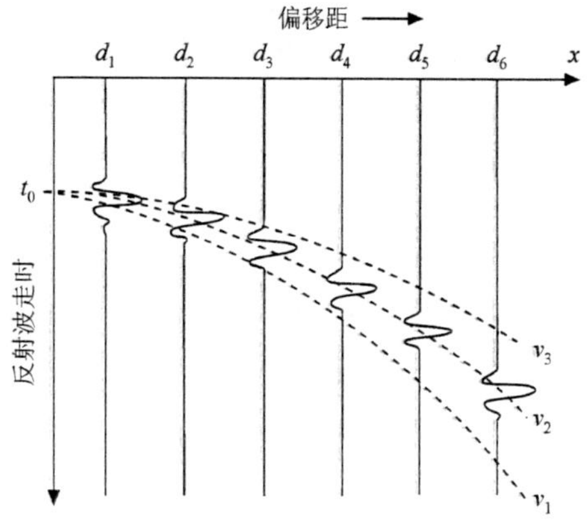

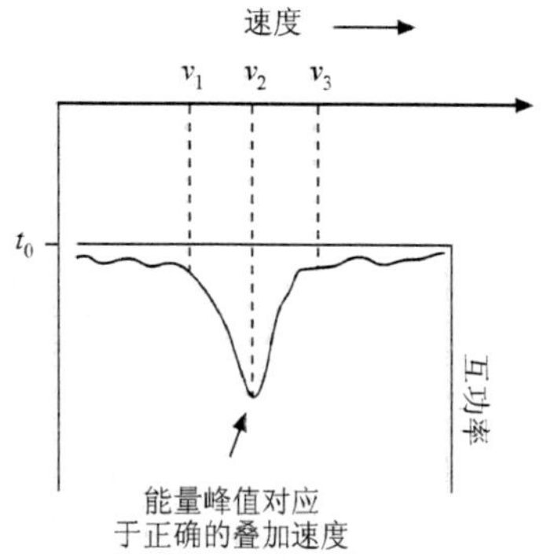

图 3.3-16 CMP 叠加和速度分析的原理图。上图：用一系列叠加速度进行叠加，每个叠加对应于偏移距-时间平面上一条双曲线。下图：速度谱峰值，或叠加能量，显示了最佳叠加速度。(Taner and Kohler，1969)

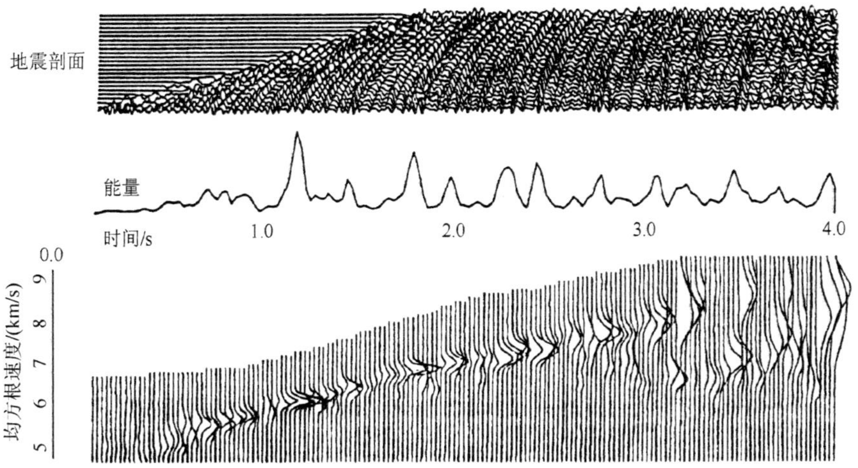

图 3.3-17　CMP 叠加和速度分析的例子。在不同时间的速度分析生成了随时间变化的最佳叠加速度(底部)。因为续至波在更深的界面反射，所以叠加速度随时间增加。(Taner and Kohler，1969)

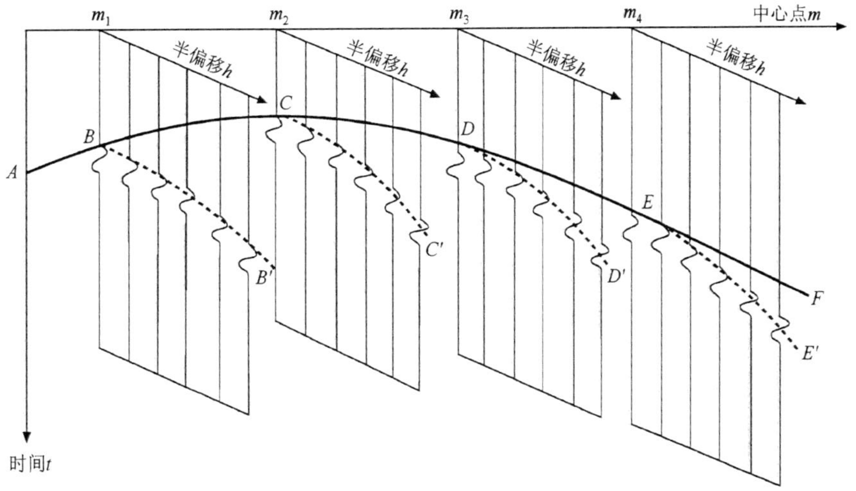

图 3.3-18　CMP 叠加的零偏移地震剖面形成的图解。每个 CMP 道集对所有偏移距叠加，如图虚线 B-B'所示，为该中心点产生一个零偏移距记录道。合在一起，这些道形成了一个零偏移剖面，即中心点-时间空间中的一个平面，其中包括如实曲线 A-F 显示的波至。(Robinson，1983)

偏移距进行叠加，为该中心点产生一个零偏移距记录道。这些道一起形成了一个零偏移地震剖面，$u(m, 0, t)$为中心点和时间的函数。此剖面模拟了沿测线移动的自激自收实验，记录了随时间变化的来自下方的波至。由于这一过程极大地减少了数据量，因此只要有可能，通常都在叠加后而不是叠加前开展数据处理流程。

通常一个 CMP 叠加也被称为共深度点(CDP)叠加。CMP 是一个更好的术语，因为仅反射体与其上部结构水平时，具有相同中心点的道在深部具有相同的反射点(图 3.3-19)。这种影响一般很小，因此 CMP 叠加是有用的。下面将讨论由于偏离理想平坦几何体对反射研究的限制。

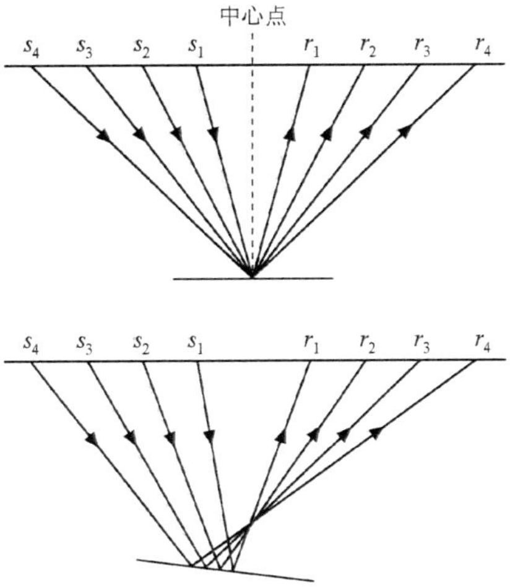

图 3.3-19　上图：当反射体与其上部结构水平时，共中心点的道在深部具有相同反射点。下图：如果结构下倾，具有共中心点的道不会在相同点反射。(Kearey and Brooks，1984)

一个地震剖面从某些方面类似于地表下的“照片”。数据中主要的波至一般代表深部显著的反射体，且与地质结构相关。因此，地震反射数据分析是一种强大的工具。例如，图3.3-20上图显示了一个横穿秘鲁海沟的地震剖面。相同极性的数据是黑色的，这使相干反射体显得更明显。下图显示了俯冲的纳斯卡板块(Nazca plate)的地壳顶部，包括小的地堑和增生楔中的复杂结构。

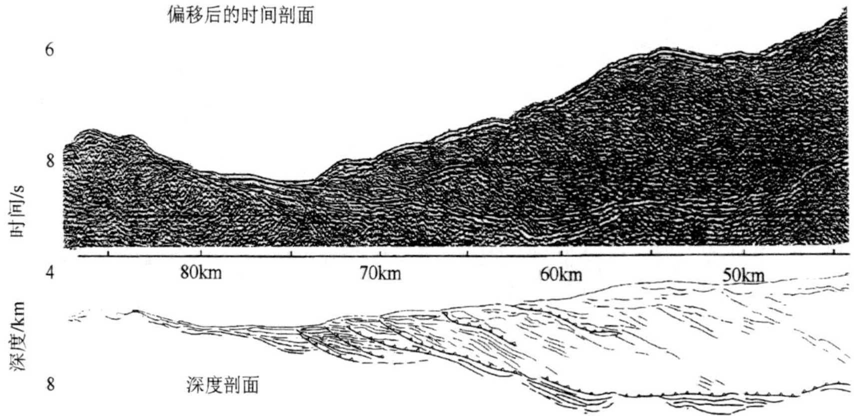

图 3.3-20 穿越秘鲁海沟的经过偏移的地震剖面，显示了俯冲纳斯卡板块向右下倾。利用空气枪震源以 35m 间隔激发进行数据采集，利用 24 个水下地震检波器组的 1600m 长台阵来记录数据。每 4ms 采样一个数据。(Von Huene et al.，1985)

3.3.5 信号增强

在地震剖面中，最好在叠加之前去除由于噪声和其他原因产生的干扰。因此，在很多信号处理应用中，先要确认需要去除的“噪声”的特性，再使用这些特性去除它。

例如，由于风化，近地表低速层厚度变化会影响到时。类似的变化可能由海底地形造成，因为水是厚度变化的低速物质，或者是由于陆地上的高程变化引起。这些变化能够造成反射走时偏离叠加中假设的双曲线时差-偏移距关系，因此使叠加的剖面变差，并使深部反射体产生假的高差。为了最小化这些问题，可以应用静态时间校正，将地震记录在时间上前移或后移。

在 CSP 道集上，直达波、首波、面波、空气波和类似的波经常能根据其到时和线性走时曲线识别。在不需要的波至出现的时间-距离范围内的数据，可以在道集叠加之前设置为零，或称“静噪”(图 3.3-21)。

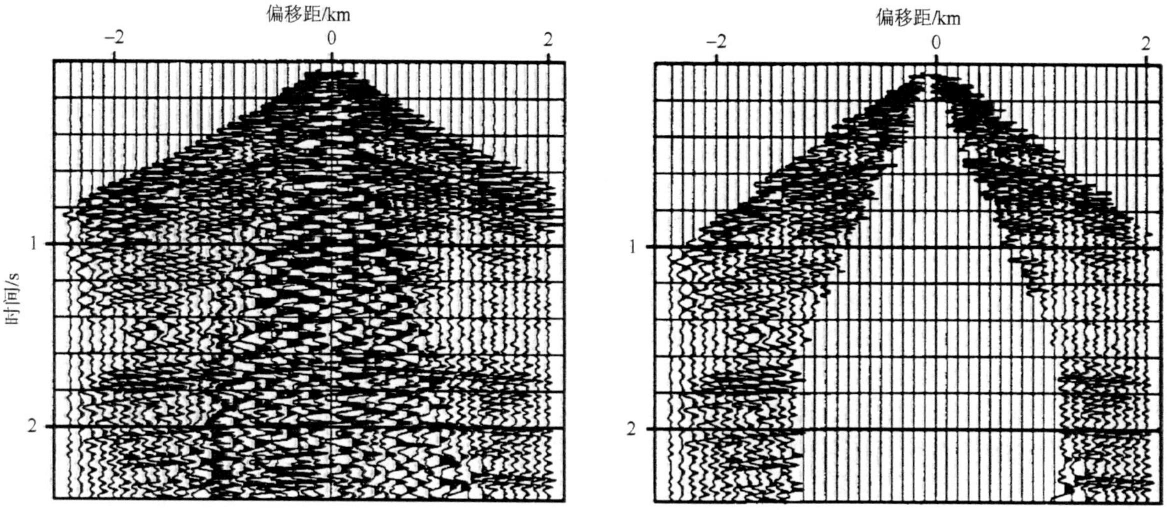

图 3.3-21 反射波数据(左图)，显示通过静噪(右图)来消除首先到达的首波和稍后到达的长周期面波。(Claerbout，1985)

分离反射波的另一种方法是利用其沿表面的视速度比面波或空气波更高这一原理：

$$c_x = 1/p = v/\sin i = \omega/k_x \qquad (3.3\text{-}50)$$

由于其入射角接近垂直，因此反射波具有更长的视波长，$\lambda_x=2\pi c_x/\omega$，从而可以通过叠加一组接收器的数据为一道以减小面波的影响。当到达波的波长小于接收器组长度时，发生相消干涉，振幅减小，增强了波长较长的反射波。因此，来自一对震源-接收器的记录实际上是若干地震检波器或水下地震检波器的记录的叠加。这在数据采集过程中就增强了反射波能量而不依赖于随后的数据分析处理。

数据采集之后，视速度的差异也可以用来增强反射信号。通过这种方法，CSP 道集上不同视速度的波至，可以用速度滤波器，通过双重傅里叶变换来分离。正如在 2.8.2 节所述，且将在第 6 章进一步讨论，傅里叶变换和逆变换将时间函数 $f(t)$ 及其变换 $F(\omega)$ 关联起来：

$$F(\omega)=\int_{-\infty}^{\infty} f(t)\mathrm{e}^{-\mathrm{i}\omega t}\mathrm{d}t,\ f(t)=\frac{1}{2\pi}\int_{-\infty}^{\infty} F(\omega)\mathrm{e}^{\mathrm{i}\omega t}\mathrm{d}\omega \tag{3.3-51}$$

同样，因为波数是空间频率(2.2.2 节)，它与距离相关，就如同角频率与时间相关一样。因此，水平距离函数 $g(x)$ 和其对应的水平波数函数 $G(k_x)$ 通过一对傅里叶变换相关联：

$$G(k_x)=\int_{-\infty}^{\infty} g(x)\mathrm{e}^{\mathrm{i}k_x x}\mathrm{d}x,\ g(x)=\frac{1}{2\pi}\int_{-\infty}^{\infty} G(k_x)\mathrm{e}^{-\mathrm{i}k_x x}\mathrm{d}k_x \tag{3.3-52}$$

按照惯例，时间和空间变换在指数中使用了相反的正负号。

道集 $u(x,t)$ 是作为水平距离和时间函数的位移，因此，双重傅里叶变换为

$$U(k_x,\omega)=\int_{-\infty}^{\infty}\int_{-\infty}^{\infty} u(x,t)\exp[\mathrm{i}(-\omega t+k_x x)]\mathrm{d}x\mathrm{d}t \tag{3.3-53}$$

将其转换到水平波数和角频率域。在 k_x 和 ω(或 k_x 和频率 f)平面，一个给定速度 $C_x=\omega/k_x$，在图中是一条直线(图 3.3-22)。因此，通过设定 (k_x,ω) 空间某些区域的数据为零，抑制给定视速度范围内的波至是可以实现的，然后再采用双重傅里叶变换的逆变换，将数据逆变换到 (x,t) 空间：

$$u(x,t)=\frac{1}{4\pi^2}\int_{-\infty}^{\infty}\int_{-\infty}^{\infty} U(k_x,\omega)\exp[\mathrm{i}(\omega t-k_x x)]\mathrm{d}k_x\mathrm{d}\omega \tag{3.3-54}$$

因此，双重傅里叶变换将 (x,t) 域中有重叠波至的数据转换到 (k_x,ω) 域，该域中不同波至具有容易被分开的独特属性。利用这一点对数据进行滤波，然后转换回 (x,t) 域。速度滤波器也称为倾斜滤波器，因为它们基于 (k_x,ω) 域的斜率(倾角)将速度不同的波至分开。对在两个空间维度记录的数据，此方法的一个变体 $u(x,y,t)$，采取的是三重傅里叶变换 $U(k_x,k_y,\omega)$。因为变换是对水平波向量的两个分量进行的，可以通过滤波抑制从某些方向来的波至。另一种转换数据的方法采用走时曲线的截距-慢度公式，使各种成分能更容易分开。如 3.3.2 节所述，通过在某点与曲线相切直线的时间轴截距 τ 和斜率 p，函数 $\tau(p)$ 描述了走时曲线 $T(x)$ 上的每个点。因此，地震数据可以描述为位置和时间 $u(x,t)$，或者斜率和截距 $u(\tau,p)$ 的函数。要从一个表示形式转换到另一个，将数据 $u(x,t)$ 沿着 (x,t) 平面中的固定斜率线求和，这对应于截距 τ 和斜率 p(图 3.3-23)的值：

$$\bar{u}(\tau,p)=\int_{-\infty}^{\infty} u(x,\tau+px)\mathrm{d}x \tag{3.3-55}$$

此积分将 (x,t) 平面内沿每条倾斜线的所有数据映射到 (τ,p) 中的一个点，称为数据的倾斜叠加或拉东(Radon)变换。也称为平面波分解，因为它根据 p(平面波视速度的倒数)分解数据。将倾斜叠加转换回 (x,t) 平面的逆倾斜叠加操作为①

$$u(x,t)=1/t^2*\frac{1}{2\pi}\int_{-\infty}^{\infty}\bar{u}(t-px,p)\mathrm{d}p \tag{3.3-56}$$

这里“*”是卷积运算，稍后进一步讨论。此表达式类似于在 (τ,p) 平面的倾斜叠加，因为数据是沿常量 τ 的线性求和。

所有的数据从一个域映射到另一个域，经过这个转换没有数据会被丢失。倾斜叠加之后，$\tau(p)$ 表示的走时曲线在某些方面比 $T(x)$ 表示更简单。因为不同波至落入 (τ,p) 平面的不同区域(图3.3-8)，通过归零部分数据，无用的波至被抑制。例如，图3.3-24中的CSP道集显示了一个较强振幅的面波，较晚抵达的线性波至视速度约为1.35km/s，截距约为0。在通常的 (x,t) 空间，不损失反射波而过滤掉这一波至是很困难的。在倾斜叠加之后，波至在 $\tau\approx 0$ 和 $p=1/1350\text{s/m}\approx 740\mu\text{s/m}$ 的一个大

① Claerbout(1985)。

振幅区域出现。一旦倾斜叠加中滤去所有$p>650\mu s/m$的数据，然后进行逆变换，面波将显著减少。在实践中，(τ, p)空间中滤波区域采用平滑的边界，而不是突变的边界，原因将在第6章讨论。

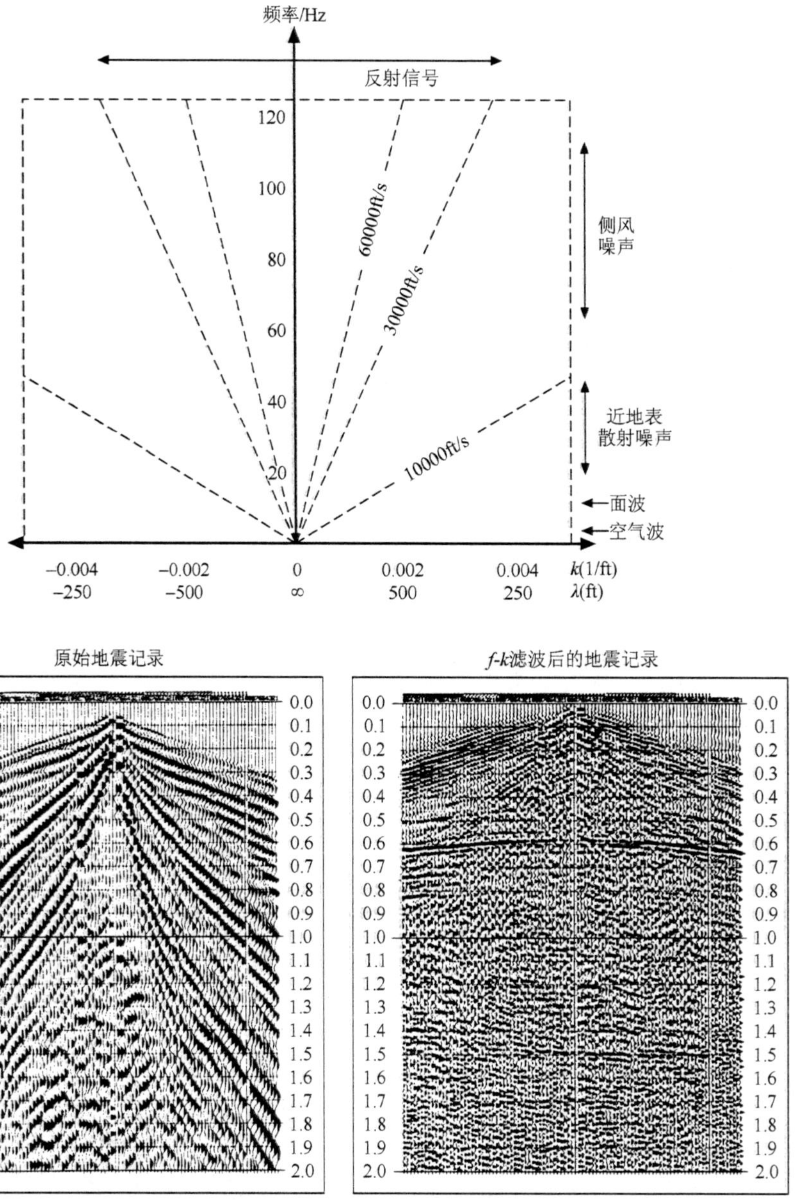

图 3.3-22 通过傅里叶变换到水平波数和频率域中进行速度滤波。上图：(k_x, f)平面中反射波、噪声、空气波和面波对应的频谱范围。斜率对应于视速度（单位 ft/s）线（Kanasewich，1981）。下图：速度滤波之前和之后的 CSP 道集。通过去除低视速度数据，面波被抑制，因此增强了反射（Hosking 地球物理公司提供）。

倾斜叠加和基于双重傅里叶变换的速度滤波是相关的，因为二者都利用了与视速度相关的数据性质。因此，倾斜叠加也可以通过转换数据到(k_x, ω)域实现，基于射线参数进行滤波，然后逆变换到时间域。

3.3.6 反卷积

另一种有用的技术是反卷积。它可以“锐化”界面的反射。理想情况下，每个反射是接近δ函数的尖锐脉冲，因此反射波到时和反射体深度可以精确确定。反射脉冲的锐度决定了垂直分辨率：两个界面对应的走时（亦或深度）即使非常接近，仍能分辨各自清晰的反射波至。

地震震源一般比δ函数更复杂。图3.3-25显示了由空气枪（海洋勘探中常用震源）产生的信号。有阻尼

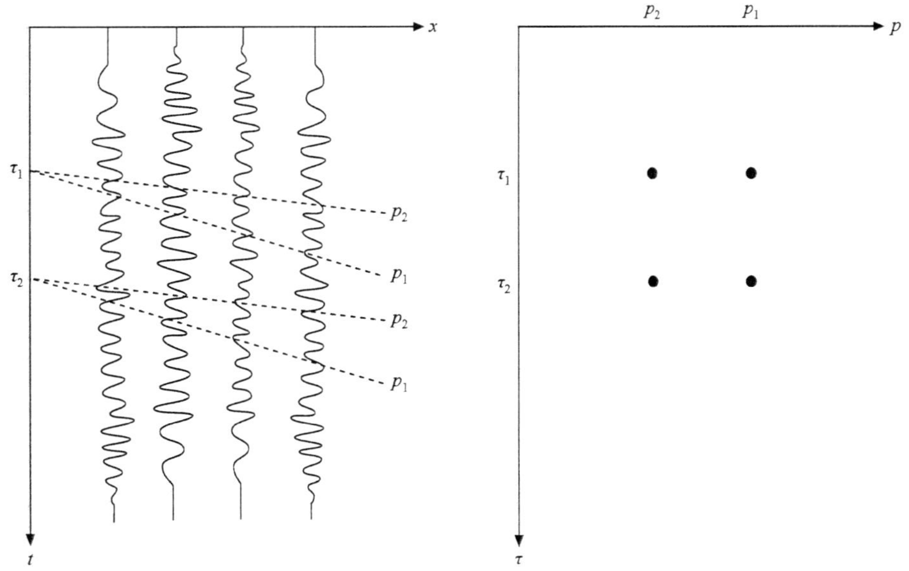

图 3.3-23　倾斜叠加的示意图：对应于截距 τ 和斜率 p 的值，数据沿着 (x, t) 平面上的斜线（左图）求和，并因此产生了 (τ, p) 平面（右图）上的点。

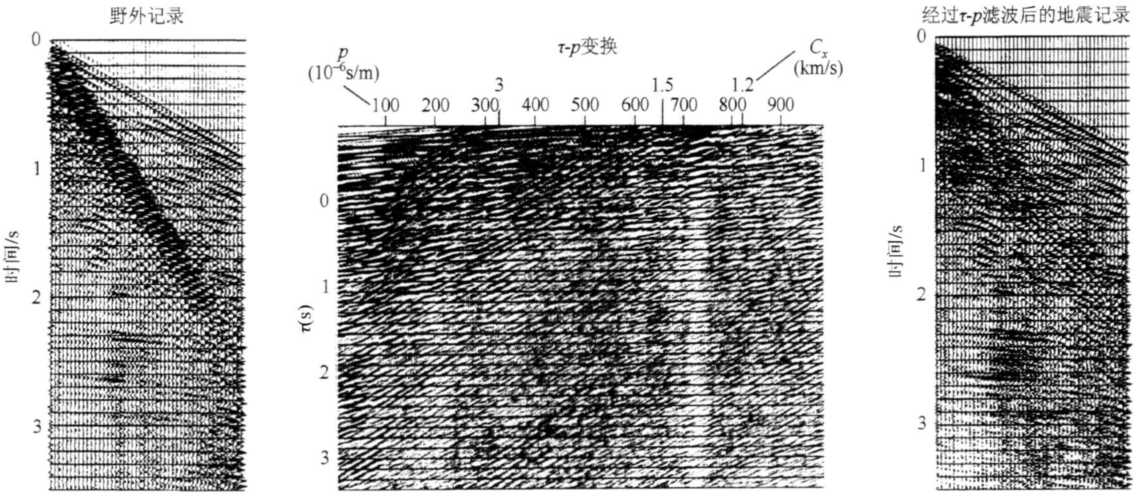

图 3.3-24　左图：阿拉斯加可控震源数据（vibroseis data）的 CSP 道集，可见视速度约为 1.35km/s 和截距约为 0 的显著的面波。中图：数据的倾斜叠加。p 轴用 p 值（μs/m）和视速度值（km/s）标注。面波主要出现在 $\tau \approx 0$ 和 $p \approx 740$μs/m 的大振幅区域。右图：逆倾斜叠加，在抑制 $p > 650$μs/m 的数据后，面波大幅减少（Tatham，1989，Kluwer Academic Publishers 授权转载）

的振荡是由于气枪注入水中的气泡热胀冷缩而引起的。采用带延时的组合气枪通过相干产生一个尖锐脉冲，得到更尖锐的信号。图 3.3-26 显示了由可控震源 Vibroseis[①]，即陆上调查使用的一种车载地震震源，产生的扫频（sweep）信号。信号延续时间为 T（典型为 735s），其间频率变化范围为 $f_1 \sim f_2$，通常在 10～60Hz。这样的信号，也被称为“Chirps”信号，可写为

$$w(t) = \cos 2\pi\left(f_1 t + \frac{(f_2 - f_1)}{2T} t^2\right) \tag{3.3-57}$$

因为扫频信号持续时间经常比界面之间的走时差要长，所以由此产生的地震图是不同界面反射的不同振幅和时间延迟的复杂扫频信号的叠加。

因此，反射数据与任何其他地震数据相同，均包括震源和介质结构的影响。分离这些影响是地震学的一个基本问题，这样可以对震源（如天然地震）和结构进行单独研究。要分离震源和结构，把地震图 $s(t)$ 视为由震源脉冲 $w(t)$（在反射应用中被称为小波）和描述

① Vibroseis 是 Continental 石油公司的商标。Selwyn Sacks 于 1961 年在他的博士论文中首次提出了连续变频震源。

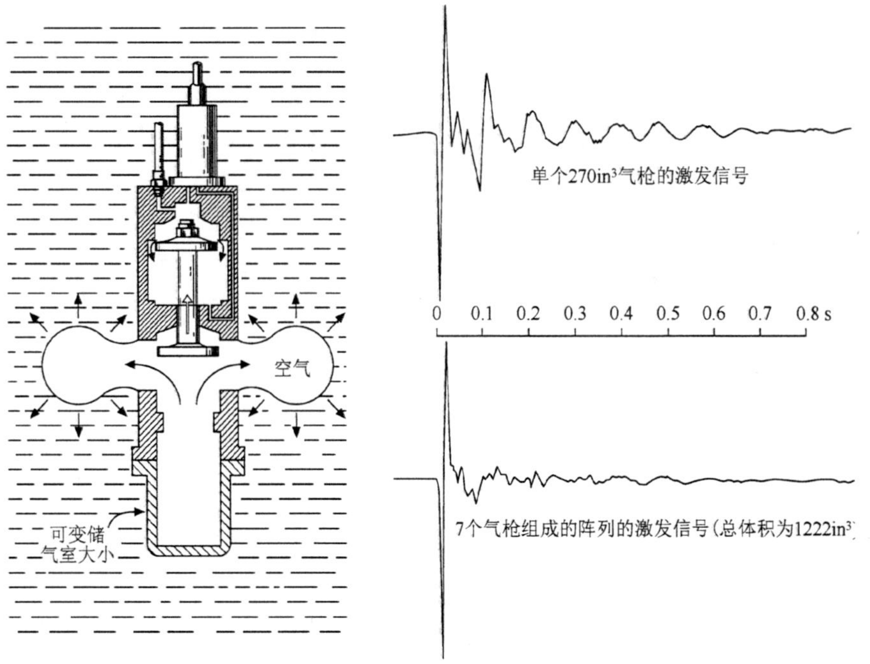

图 3.3-25 左图：空气枪示意图，一种常用海洋地震震源(Kearey and Brooks，1984，图 3.18，经 Bolt Associates and Sodera Ltd.授权重绘)。右图：单一空气枪和空气枪阵列的震源函数(横纵坐标分别为时间和压力)。此阵列缩短了气泡脉冲，使得小波更呈脉冲状，尽管仍包含额外不必要的复杂性。(Kearey and Brooks，1984，图 3.19，经 Bolt Associates and Sodera Ltd.授权重绘)

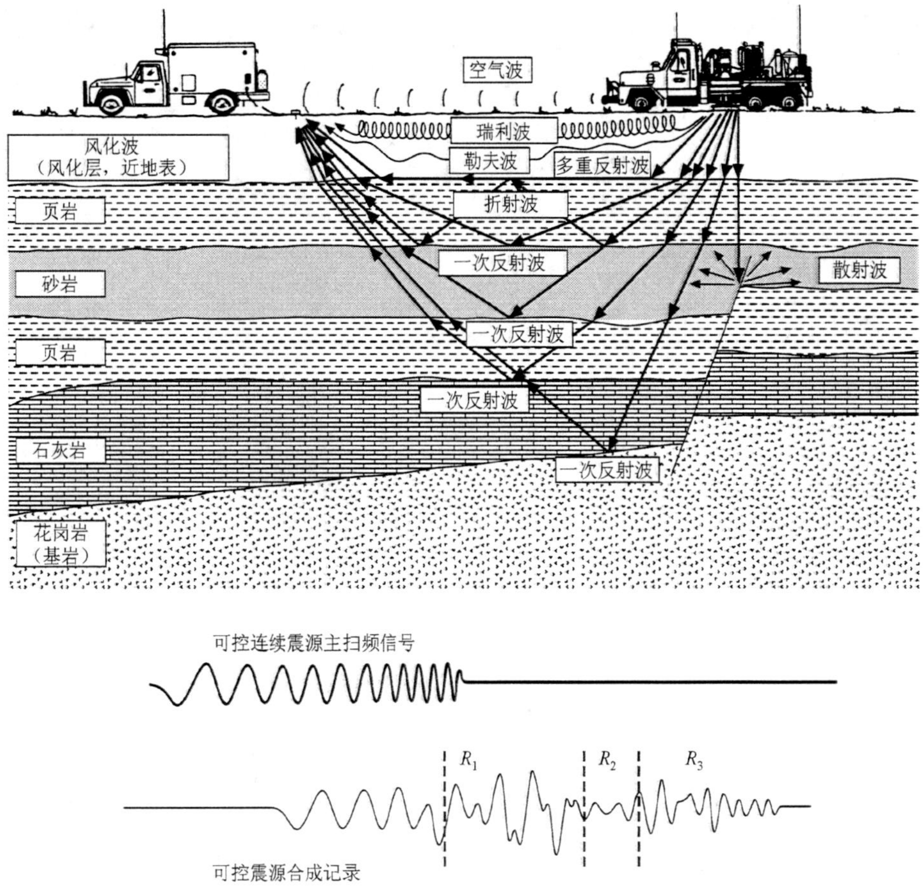

图 3.3-26 可控震源调查的布局示意图(上图)和扫频信号(中图)。现场记录(下图)包含来自不同界面的相互干扰的反射，因此需要经过处理以获得每一个反射波。(美国 Conoco 石油公司提供)

结构影响的时间序列 $r(t)$ (在此例中，是一个反射序列) 引起的。

要找到反射序列，回顾 2.6.7 节，具有初始单位振幅的波，其能量等于沿其路径反射和透射系数的乘积。因此，对一系列具有速度 v_j 和厚度 h_j 的地层，从第 i 层底部的反射波的振幅是地层底界面的反射系数乘以路径上所有上行和下行段透射系数的积，即为

$$R_{i,i+1}\prod_{j=0}^{i-1}T_{j,j+1}T_{j+1,j} \tag{3.3-58}$$

其中，Π 表示乘积。例如，从第二层底界面反射的振幅为 $R_{23}T_{01}T_{10}T_{12}T_{21}=T_{01}T_{12}R_{23}T_{21}T_{10}$，其中，第二个形式显示了沿其路径的先后次序(图 3.3-27)。处理反射数据过程中，垂直入射的反射和透射系数通常是适当的近似。因此，反射和透射系数由每个界面处的密度和速度给定：

$$R_{i,i+1}=\frac{\rho_i v_i-\rho_{i+1}v_{i+1}}{\rho_i v_i+\rho_{i+1}v_{i+1}},\quad T_{i,i+1}=\frac{2\rho_i v_i}{\rho_i v_i+\rho_{i+1}v_{i+1}} \tag{3.3-59}$$

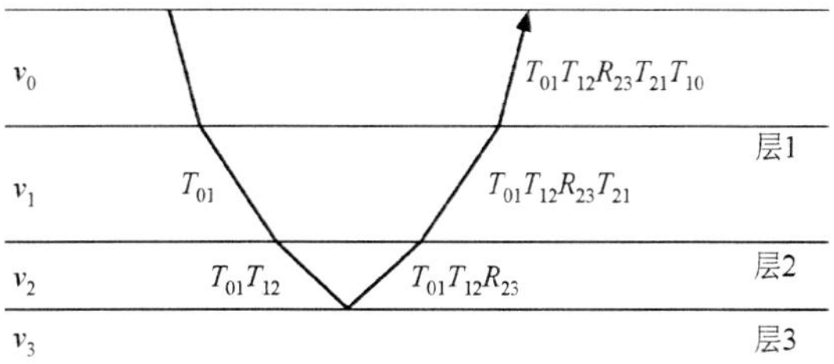

图 3.3-27　穿过几个界面的射线路径示意图，振幅取决于沿路径的反射和透射系数的乘积。

反射波的垂直双向走时为

$$t_i=2\sum_{j=0}^{i}\frac{h_j}{v_j} \tag{3.3-60}$$

是每个地层垂直走时之和。因此，N 层地层的所有一次反射波序列是每次反射的脉冲之和，每个反射脉冲对应于从第 i 层底部的反射。

$$r(t)=\sum_{i=0}^{N}\delta(t-t_i)R_{i,i+1}\prod_{j=0}^{i-1}T_{j,j+1}T_{j+1,j} \tag{3.3-61}$$

其中，$\delta(t-t_i)$ 是 δ 函数，在时间 $t=t_i$ 等于 1 时，是一个尖脉冲，所有其他时间均为零。因此反射序列是具有一定振幅和到时的一系列尖脉冲，每个尖脉冲对应于一个特定层的反射。

如第 6 章所述，地震图可表示为 $w(t)$ 和 $r(t)$ 的卷积运算：

$$s(t)=w(t)*r(t)=\int_{-\infty}^{\infty}w(t-\tau)r(\tau)\mathrm{d}\tau \tag{3.3-62}$$

此等式定义了时间域中的卷积。卷积也可以在频率域计算，因为卷积的傅里叶变换等于傅里叶变换的乘积：

$$S(\omega)=W(\omega)R(\omega) \tag{3.3-63}$$

如图 3.3-28 所示，卷积产生了一条记录，其中的震源小波在对应于反射序列尖峰的时刻出现，且具有一定的振幅。如果不同反射体尖峰之间的时间比小波持续时间更短，相互干涉会产生更复杂的信号。

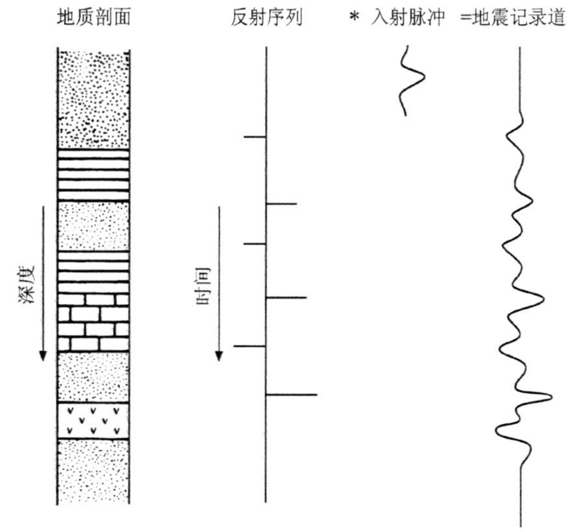

图 3.3-28　反射地震图可视为一个震源小波和一个代表结构的反射序列的卷积。反射序列的脉冲时间对应于反射到时，振幅由反射系数给定。反卷积试图“锐化”数据中的小波，揭示反射序列。(Kearey and Brooks，1984)

这些表达式显示了为什么需要 δ 函数作为震源小波，因为 δ 函数的傅里叶变换是 1。因此，如果 $w(t)=\delta(t)$，地震图等于反射序列。尽管物理震源小波不是 δ 函数，地震图能够在数学上巧妙处理以模拟这样一个小波。产生逆滤波器 $w^{-1}(t)$①，与小波卷积，得到 δ 函数：

$$w^{-1}(t)*w(t)=\delta(t) \tag{3.3-64}$$

应用此滤波器使小波“尖峰化”，只留下反射序列：

$$w^{-1}(t)*s(t)=w^{-1}(t)*w(t)*r(t)=r(t) \tag{3.6-65}$$

因为此操作是卷积的逆过程，称为反卷积。

若要创建逆滤波器，注意卷积的傅里叶变换［方程(3.3-64)］产生：

$$W^{-1}(\omega)W(\omega)=1 \tag{3.3-66}$$

所以逆滤波器变换是 $1/W(\omega)$。因此，反卷积可以通过除以傅里叶变换实现：

$$S(\omega)/W(\omega)=R(\omega) \tag{3.3-67}$$

除了震源小波频谱很小的频率以外，此公式均适用。反卷积使得从反射体产生的波至更明显(图 3.3-29)，并更容易解释。

① 表达式 $w^{-1}(t)$ 不等于 $1/w(t)$。

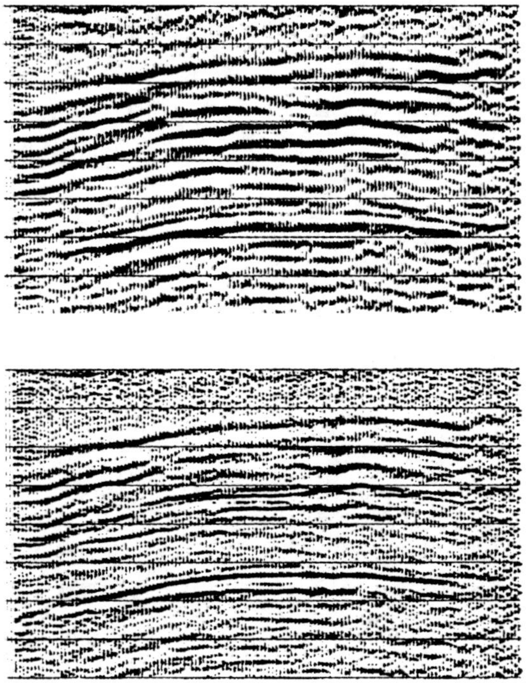

图 3.3-29　上图：卷积前地震剖面。下图：卷积后地震剖面，显示了主要反射的尖锐波至。(Yilmaz，1987)

另一种类似方法用于小波较长的可控震源数据。目标是确认扫频信号到达的时间。两个时间序列 $f(t)$ 和 $g(t)$ 的相似性通过其互相关，即由下式(6.3.4 节)表示：

$$c(L)=\lim_{T\to\infty}\frac{1}{T}\int_{-T}^{T}f(t+L)g(t)\mathrm{d}t \qquad (3.3\text{-}68)$$

当序列最相似时，作为延迟时间 L 的函数，互相关值是最大的。对于有限时间序列，积分是在 f 和 g 非零的时间段进行。一个特殊的例子是自相关，函数与其本身互相关：

$$a(L)=\lim_{T\to\infty}\frac{1}{T}\int_{-T}^{T}f(t+L)f(t)\mathrm{d}t \qquad (3.3\text{-}69)$$

在零滞后($L=0$)时，自相关总是最大。可控震源扫频信号的自相关，称为克劳德(Klauder)小波，在零滞后处为尖峰(图 3.3-30)。因此，扫频信号与地震记录的互相关类似于使用一个尖峰滤波器，因为当反射波到达时(图 3.3-31)，会产生尖锐的脉冲。此相似性并不意外，因为互相关和卷积是相似的运算［比较方程(3.3-62)和方程(3.3-68)］。

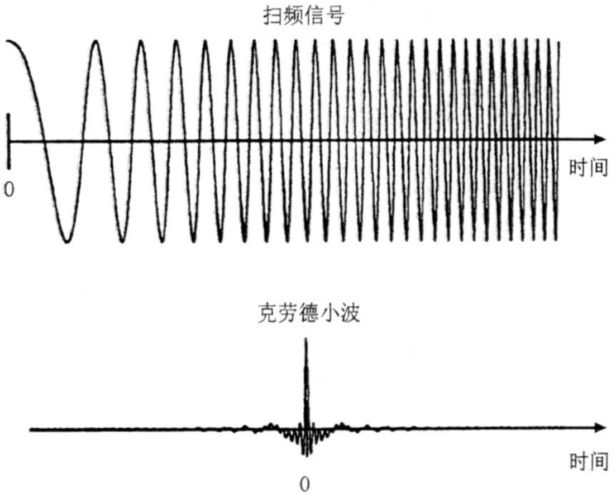

图 3.3-30　可控震源扫频信号的自相关是一个脉冲克劳德小波。

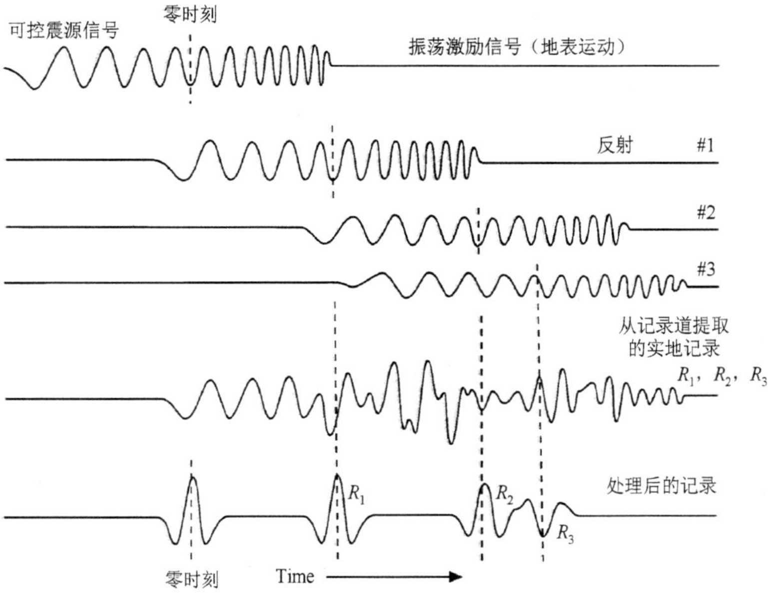

图 3.3-31　一个可控震源记录是从不同界面反射的扫频信号之和。与扫频信号的互相关在反射时间产生了克劳德小波。(美国 Conoco 石油公司提供)

通过频率域滤波，增强一定频率范围并消除其他频率，同样能增强反射。地震检波器的频率响应虽有不同，但记录可能包含低至几赫兹和超过 100Hz 的频率。因此，信噪比可能随频率显著变化，滤波经常可以提升反射信号质量。在记录中，优势频率随时间改变。例如，后至的反射波具有更长的周期，因为高频能量因衰减而减弱，在此过程中地震能量转换为热能(3.7 节)。

3.3.7　偏移

给定一个可能“最干净”的地震剖面，它能多大程度地反映地下图像呢？理想情况下，通过 CMP 叠加产生的剖面是一个零偏移距剖面，因为地震记录已经转换到震源和接收器位于同一处的记录。地震波向下到反射体并向上返回的射线路径必须一样，这样斯涅尔定律要求此路径垂直入射到反射体。若结构为水平界面，反射路径是垂直的，且时间剖面可以转换为深部剖面，只需用速度去标定时间轴(图 3.3-32 左图)。在这种情况下，反射波到达的时间表示了震源和接收器正下方反射体的深度。

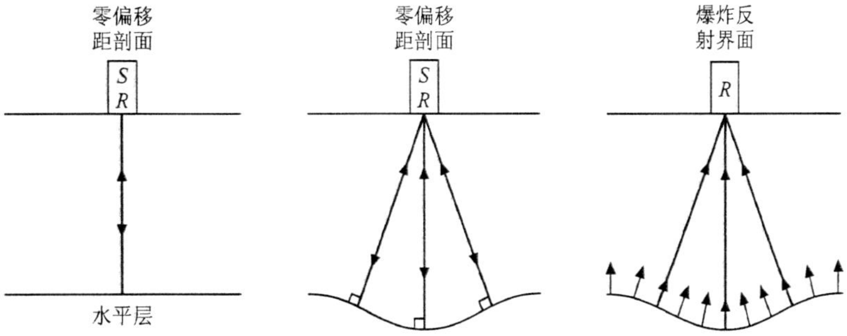

图 3.3-32　三个理想的地震反射实验。左图：平层介质的零偏移距地震剖面。唯一的反射点在震源和接收器之下。中图：非水平界面零偏移距地震剖面。尽管上行和下行射线路径相同，反射点不一定在震源和接收器正下方。对一个给定反射体，几个射线路径的波至能归于同一接收器。右图：一个爆炸反射体的概念模型：具有反射体几何形态的爆炸源产生地震波并传播到地表，产生了观测到的地震剖面。偏移将反转此过程，从地震剖面中找到初始波场。(Claerbout，1985)

如果界面不是水平的，即使上行与下行射线路径相同，且与界面正交，但路径不一定是垂直的(图 3.3-32 中图)。而且，从同一对震源-接收器到反射体有几条路径。零偏移剖面和结构之间的关系因此更加复杂。

考虑波场 $u(x,z,t)$，它是随位置和时间变化的位移。地震记录是地面上的 $u(x,z=0,t)$ 数据。这些记录显示了地下的什么结构呢？这个问题可以通过理论爆炸反射体实验进行研究。反射体上的地震震源在零时刻爆炸(图 3.3-32 右图)，波从反射体向上传播，并在地表被记录。反射体并未继续与波相互作用，因此未产生多重反射。震源强度正比于反射系数，因此在地表的振幅等价于零偏移距反射振幅。最后，考虑到实际反射包括上行和下行，记录道上的时间除以 2。记录的数据因此被看作爆炸反射体产生的。

记录的数据与深部结构直接相关。在 $t=0$ 时，震源爆炸瞬间在深度 $u(x,z,0)$ 的波场正是反射体的几何形状，因此是地下的期望图像。这些波传播到地表 $z=0$，即是地震剖面 $u(x,0,t)$ 记录。采用偏移的方法移除传播路径的影响，就能从反射剖面找到反射体。

先考虑匀速介质，在 (x_0,z_0) 的点震源在 $t=0$ 时爆炸。由此产生的位移是圆形波阵面(2.4.3 节)，随时间以均匀速率传播(图 3.3-33)，用 δ 函数描述为

$$u(x,z,t)=\delta((x-x_0)^2+(z-z_0)^2-(vt)^2) \quad (3.3\text{-}70)$$

其中，忽略了下行波。由此产生的地震剖面(地表 $z=0$ 的波场)为

$$u(x,0,t)=\delta((x-x_0)^2+(z_0)^2-(vt)^2) \quad (3.3\text{-}71)$$

这是顶点在 $(x=x_0,\ t=z_0/v)$ 的双曲线，波阵面首先到达震源之上的点，稍后到达更远的点。因此地震剖面上看到的波至不等于深部的真实地质结构形态。可以形象地体现震源和地震剖面之间的关系是以 vt 为单位绘制时间轴。从而，到达时间等价于沿震源到接收器的距离。如图 3.3-33 所示，只有震源正上方接收器的到达时间，才能准确显示震源深度。对所有其他点，波沿非垂直路径到达该点。因此，除了在震源正上方，剖面上的其他道的波至并不对应于垂直入射，因此，到达时间并不能直接给出震源深度。

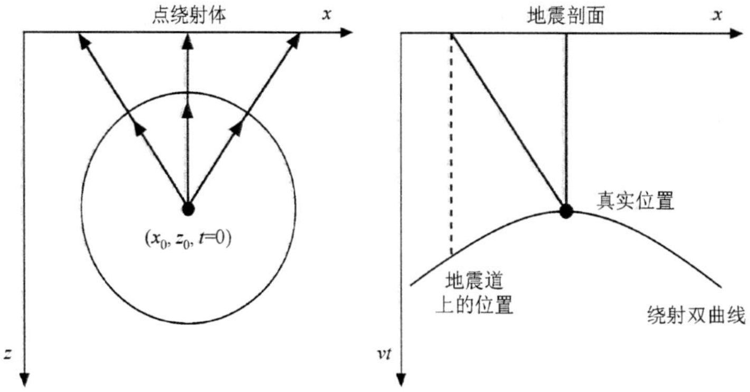

图 3.3-33 左图：点绕射体震源产生的球形(在二维上是圆形)波阵面。右图：相应的地震剖面，纵轴为时间和速度的乘积，因此纵轴具有距离维度。绕射走时为双曲线。顶点对应于绕射体的真实位置。其他点是由于从绕射体非垂直入射的续至波引起的，因此它们在剖面上的位置不代表接收器正下方的反射体。

地震剖面上来自深部点震源的双曲线波至被称为绕射双曲线，它体现了地震剖面上结构的复杂性。根据惠更斯原理(2.5.10 节)，将界面视为一组点震源，就可以发现界面上的反射波。将这些惠更斯震源产生的波阵面相加，就得到合成的反射波，这些源也被称为点绕射体或点散射体。因为每个点震源在地震剖面上产生一个绕射双曲线，由一组点绕射体形成的剖面是其绕射双曲线的叠加。采用更复杂的分析，结果显示振幅在绕射双曲线的顶点处最大，而随夹角的余弦向两边逐渐衰减。方程(3.3-71)仅描述了走时，并未包括振幅。绕射双曲线见图 3.3-34。

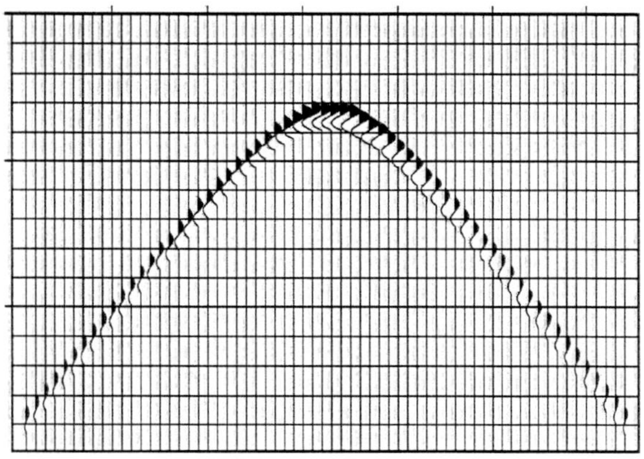

图 3.3-34 具有真实振幅的绕射双曲线。(Claerbour，1985)

将倾角为 β 的倾斜界面视为密集点绕射体形成的反射面，因此地震剖面是所有点绕射体产生的双曲线的叠加。如图 3.3-35 所示，这些双曲线发生相长干涉，形成一个视界面。有趣的是，这个视界面并不穿过每个双曲线的顶点，因此与真实界面存在移位，且具有较浅的倾角 α。因为到真实界面的速度加权走时等于记录道上的速度加权走时，真实倾角和视倾角满足 $\sin\beta = \tan\alpha$。

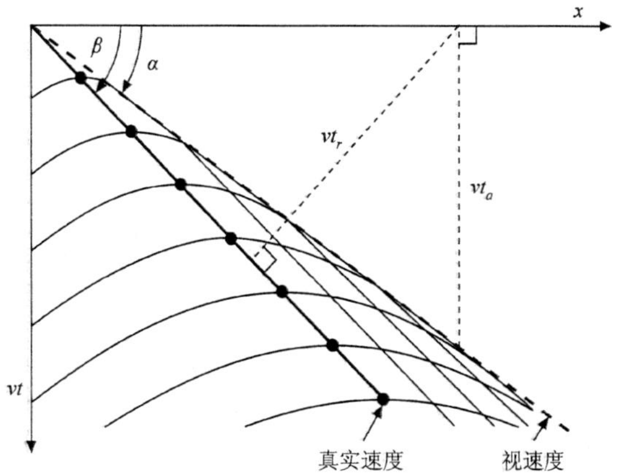

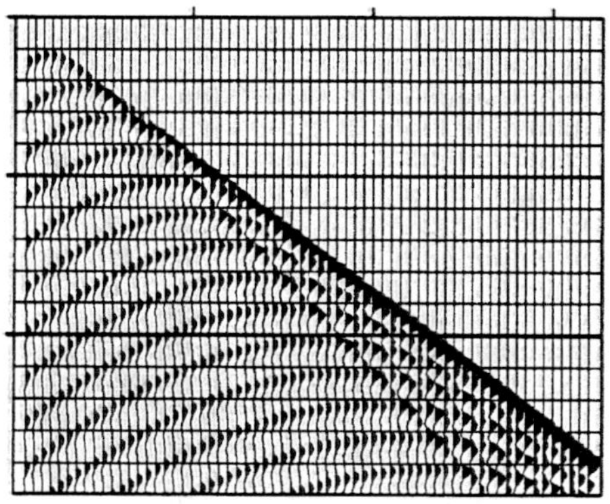

图 3.3-35 倾斜层可以模拟为一系列点绕射体形成的线。在时间剖面上，绕射双曲线之间的干涉产生了一个视反射体，如上图所示，真实振幅见下图。因为到真实界面的速度加权走时(vt_r)等于记录道上的速度加权走时(vt_a)，视倾角 α 比真实倾角 β 更浅。(Claerbout，1985)

简单结构的地震剖面可能与实际结构截然不同。例如，向斜结构反射体上不同点的几个反射波至可能出现在同一个零偏移记录道上，每个波至具有不同的走时。最后表现为视背斜或“领结”状结构(图 3.3-36)。另一种常见的现象是尖锐界面的边缘可能导致长的绕射“尾巴”(图 3.3-37)。此效果类似于在裂缝边缘的绕射(图 2.5-18)。

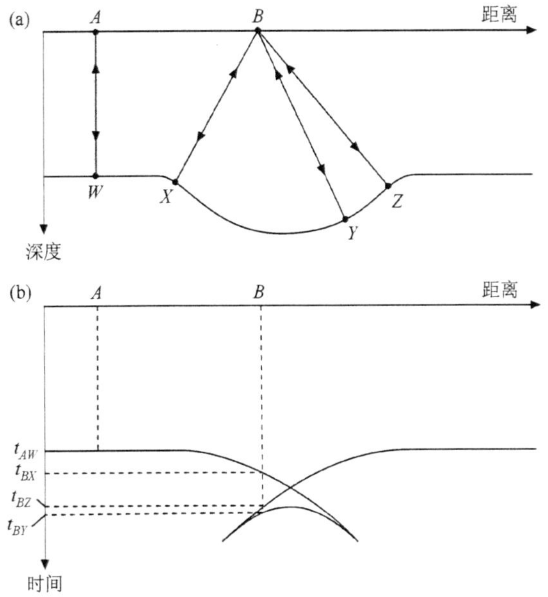

图 3.3-36　(a)向斜结构反射体上几条零偏移距反射路径。(b)因为这些波至来自反射体上不同点，走时不同，时间剖面显示为一个视背斜或“领结”状结构。(Kearey and Brooks，1984)

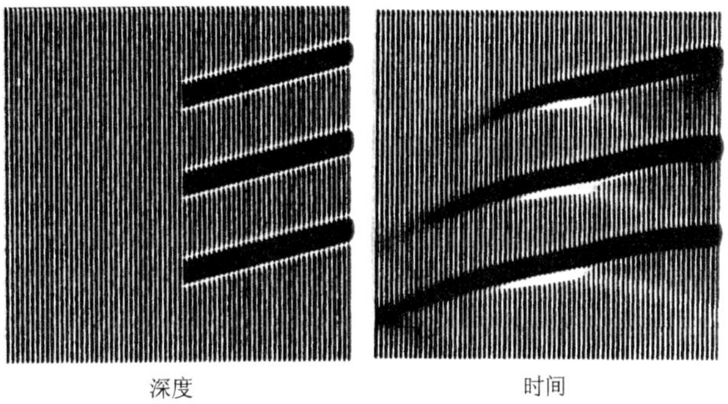

图 3.3-37　截断界面作为绕射体(左图)，因此时间剖面(右图)上存在虚假的界面向下倾延伸现象。(Claerbout，1976)(http: //sepwww.stanford.edu/sep/prof/)

偏移的目标是要消除绕射的影响，将数据转换为地下的真实图像。偏移因此被认为是反散射或反绕射问题。因为这需要移除传播效应，利用传播过程的正演来推导偏移方法。

地震剖面是绕射波的叠加，基于这个思路得到一种称为绕射叠加偏移或基尔霍夫偏移(Kirchoff migration)的方法。因为点绕射体对应地震剖面上的双曲线，沿双曲线轨迹(图 3.3-38)在非偏移剖面上求和，可得到偏移剖面上各点的振幅。此操作使绕射双曲线上的信号转换到它们的顶点，从而重建反射体为一组点绕射体。由此，如图 3.3-36 和图 3.3-37 中的绕射假象被移除，且较浅倾角的视界面被转换为更陡的真实倾角的界面。图 3.3-39 显示了 Kirchoff 偏移对地震剖面的改善。由此产生的偏移时间剖面可以利用速度-深度函数转换为深度剖面。

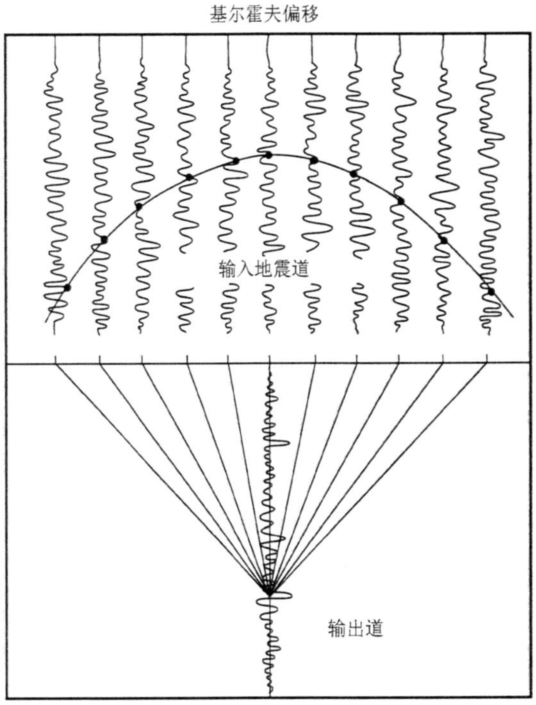

图 3.3-38　在时间剖面上沿双曲线轨迹求和，绕射叠加偏移逆转了绕射效果，因此使双曲线压缩到它们的顶点。(Schneider，1971，由勘探地球物理学家学会授权转载)

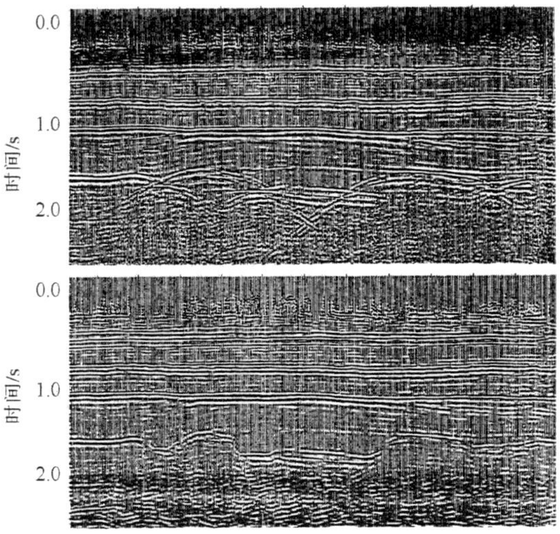

图 3.3-39　偏移前(上图)和偏移后(下图)的时间剖面。消除绕射产生了一个更好的深部结构图像，如在 1.8s 左右的领结和绕射“尾巴”都被抑制了。(Prakla-Seismos)

偏移效果取决于假定的速度。太慢的速度减少了双曲线“尾巴”的长度，但并未完全收敛，称为偏移不足。同样，太高的速度过量偏移了数据，上指的双曲线转变为下指。倾斜结构的正确图像取决于准确的速度模型。

其他偏移方法，称为波动方程偏移，采用双重傅里叶变换将时间域的波场 $u(x, z, t)$，映射到水平波数和角频率域 (k_x, ω)：

$$U(k_x, z, \omega) = \int_{-\infty}^{\infty}\int_{-\infty}^{\infty} u(x, z, t)\exp[\mathrm{i}(-\omega t + k_x x)]\mathrm{d}x\mathrm{d}t \tag{3.3-72}$$

逆变换为

$$u(x, z, t) = \frac{1}{4\pi^2}\int_{-\infty}^{\infty}\int_{-\infty}^{\infty} U(k_x, z, \omega)\exp[\mathrm{i}(\omega t - k_x x)]\mathrm{d}k_x\mathrm{d}\omega \tag{3.3-73}$$

如果只考虑 P 波，波场 $u(x, z, t)$ 满足二维波动方程：

$$\frac{\partial^2 u}{\partial x^2} + \frac{\partial^2 u}{\partial z^2} = \frac{1}{v^2}\frac{\partial^2 u}{\partial t^2} \tag{3.3-74}$$

用逆变换取代 u，得到对应变换 $U(k_x, z, \omega)$ 的条件，通过求导和消项，得到：

$$\frac{\partial^2 U}{\partial z^2} = \left(k_x^2 - \frac{\omega^2}{v^2}\right)U \tag{3.3-75}$$

因为波数矢量的分量满足：

$$|\boldsymbol{k}|^2 = k_x^2 + k_z^2 = \omega^2 / v^2 \tag{3.3-76}$$

此变换满足：

$$\frac{\partial^2 U}{\partial z^2} = -k_z^2 U \tag{3.3-77}$$

如果速度为常量，k_z 独立于 z，可将方程(3.3-77)积分得

$$U(k_x, z, \omega) = U(k_x, 0, \omega)\exp[\pm \mathrm{i}k_z z] \tag{3.3-78}$$

此方程将地表和任意深度的波场联系起来。上述操作被称为波场的向上或向下延拓。指数符号区分了上行波和下行波。通常认为 z 向下增加，当 k_z 和 ω 具有相同符号时，产生上行波。为确保这一点，将 k_z 定义为 ω 的函数：

$$k_z(\omega, k_x) = \mathrm{sgn}(\omega)\sqrt{\omega^2 / v^2 - k_x^2} \tag{3.3-79}$$

其中，ω 是正数时，函数 $\mathrm{sgn}(\omega)$ 为 1；ω 是负数时，函数 $\mathrm{sgn}(\omega)$ 为−1。利用此定义，逆变换方程(3.3-73)转换为

$$u(x, z, t) = \frac{1}{4\pi^2}\int_{-\infty}^{\infty}\int_{-\infty}^{\infty} U(k_x, 0, \omega) \times \exp[\mathrm{i}(\omega t - k_x x + k_z(\omega, k_x)z)]\mathrm{d}k_x\mathrm{d}\omega \tag{3.3-80}$$

此积分将地表 $z = 0$ 处记录的地震剖面的傅里叶变换 $U(k_x, 0, \omega)$ 和深部的上行波场联系起来。根据爆破反射体模型，当反射体刚刚爆炸时，$t = 0$ 时的波场为地下反射体图像。因此，通过设置 $t = 0$，可得到此图像：

$$u(x, z, 0) = \frac{1}{4\pi^2}\int_{-\infty}^{\infty}\int_{-\infty}^{\infty} U(k_x, 0, \omega) \times \exp[\mathrm{i}(-k_x x + k_z(\omega, k_x)z)]\mathrm{d}k_x\mathrm{d}\omega \tag{3.3-81}$$

尽管此积分将地震剖面偏移到期望的地下图像，但需要对 ω 和 k_x 分别积分，以便得到每个深度 z 的图像。规避此问题的一个方法是：用 k_z 的积分来取代 ω 的积分，即将 ω 表达为 k_x 和 k_z 的函数：

$$\omega(k_x, k_z) = \mathrm{sgn}(k_z)v\sqrt{k_x^2 + k_z^2} \tag{3.3-82}$$

从而有

$$\frac{\mathrm{d}\omega}{\mathrm{d}k_z} = \frac{k_z v}{\sqrt{k_x^2 + k_z^2}} \tag{3.3-83}$$

此公式将方程(3.3-81)变换为波数域 (k_x, k_z) 到空间域 (x, z) 的傅里叶逆变换：

$$u(x, z, 0) = \frac{1}{4\pi^2}\int_{-\infty}^{\infty}\int_{-\infty}^{\infty} U(k_x, 0, \omega(k_x, k_z)) \times \exp[\mathrm{i}(-k_x x + k_z z)]\frac{k_z v}{\sqrt{k_x^2 + k_z^2}}\mathrm{d}k_x\mathrm{d}k_z \tag{3.3-84}$$

因此，逆向双重变换可以一次计算所有 x 和 z 处的图像。

数据偏移方法涉及很多复杂性。剖面的时间轴可以用速度随深度的变化标定。复杂地质条件下，速度的水平变化也很重要，因此，用数值方法进行偏移，便于计算横向的变化介质中波的传播。

3.3.8 数据处理流程

地震反射波数据可以用不同方法的组合进行处理。为说明该点，这里总结了一些可能的操作流程。为简单起见，此处依据一个水平维度进行讨论，但方法本身适用于两个维度。

数据预处理包括几个基本步骤。因为不同接收器同时记录数据，需要解码(信号分离)以产生每个接收器的记录道。然后编辑这些道以消除嘈杂道或错误记录的影响。必要时可应用静校正(3.3.5 节)。为校正由于反射、传输、几何扩散与衰减(3.7 节)而导致的续至波振幅降低，可采用增益恢复功能来调整振幅。将数据整合到 CSP 道集中，可看作沿时间、偏移距和中心点坐标轴定义的三维数据体(图 3.3-40)。然后进行滤波(3.3.5 节)，压制不需要的波至。带通滤波可增强或压制某些频率、速度或倾斜叠加滤波可抑制某些波至。反卷积(3.3.6 节)可改善数据的时间轴分辨率(图 3.3-40)。

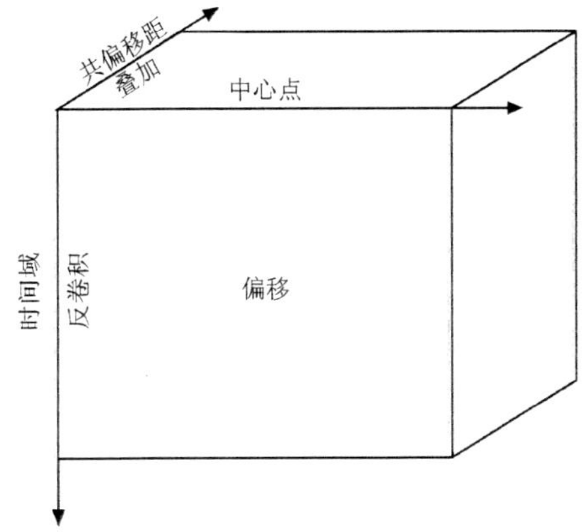

图 3.3-40　反射数据处理示意图。沿时间轴应用反卷积增加时间分辨率。沿偏移轴的 CMP 叠加压缩数据到中心点-时间平面(比较图 3.3-18)，产生一个零偏移距地震剖面并增强反射波。在此平面内应用偏移可提高横向分辨率。(Yilmaz，1987)

CMP 叠加和速度分析是基于 CMP 道集的。这些操作(3.3.4 节)将 CMP 道集叠加，生成一个接近于零偏移距的地震记录剖面，也就是沿偏移距轴将所有数据横向压缩到中心点-时间平面。在中心点-时间平面中通过偏移(3.3.7 节)消除绕射假象并将地震剖面转换成地下结构图像。然后，利用假设的速度模型，偏移后的时间剖面可以转换为深度剖面。再结合地质数据和其他类型的地球物理资料，以及某些情况下的钻孔资料，对深度剖面进行解释，借以了解地下的地质体结构。

关于数据处理有一点需要说明：尽管将地震剖面作为地下图像是合乎情理的，但它实际显示了地震波场能量到达的双向走时。所显示的物理量(垂直位移或压力)，不一定对应于我们感兴趣的地质反射体。振幅大的波至可能来自小阻抗差界面产生的反射波的相互干涉。此外，地震剖面是通过数学运算，而不是物理模拟实验产生的，数据中的噪声和处理过程中的错误可能产生人为的假象。例如，时间转换到深度的精度依赖于通过叠加或者钻孔测量的速度的精度。

正如偏移讨论中，当介质具有显著横向变化时，地震剖面非常有可能偏离期望图像。例如，随机非均质性的介质能产生虚假的短的层状体，这是因为反射波能量取决于介质波阻抗的垂直变化。长波长在垂直向变化中被压制，而短波长和长波长的水平横向变化得以保留，并可能产生具有明显水平分层的结构。此效应可视为降低陡倾结构水平分辨率的速度滤波器(3.3.5 节)。类似效应在大偏移距处更易发生，可能导致地壳深部反射波数据中存在水平不连续分层(3.2.4 节)。在后续不同章节(如 7.3 节)的讨论中会逐步说明：三维速度结构研究是一项有趣且具挑战性的事业。

3.4 球状地球中的地震波

前面章节中详细阐述了基于地震波走时对水平地层介质的速度结构进行研究。当震源和接收器之间的射线路径足够短，以至于可以忽略地球的曲度时，这些分析手段是有效的。在小于几百公里的距离范围时，可用于研究地壳和上地幔顶部结构。本节将阐明球状地球中适用于更大距离范围和更深尺度研究的相应理论。这些理论将是研究地球深部结构的主要工具。

3.4.1 射线路径和走时

相比于均匀平坦地层的地球模型，现在将其视为一系列匀速物质的同心球层模型。球面几何的射线路径和走时描述类似于平坦地层的表达式(3.3.1 节)。考虑从地球中心出发，径向距离为 r_1 和 r_2 的球面上两点之间的部分射线路径(图 3.4-1)。v_1 和 v_2 是在 r_1 上方和下方的介质速度，i_1，i_1'和 i_2 是如图所示角度，那么根据斯涅尔定律：

$$\frac{r_1 \sin i_1}{v_1} = \frac{r_1 \sin i_1'}{v_2} \qquad (3.4\text{-}1)$$

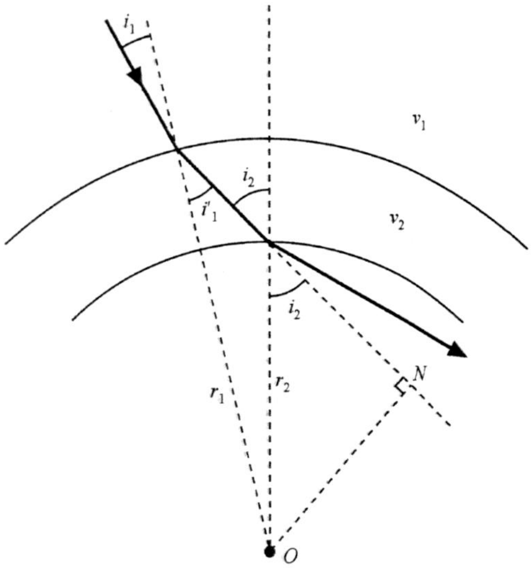

图 3.4-1 球状地球中的斯涅尔定律

在三角形中，$r_1 \sin i_1' = r_2 \sin i_2 = ON$，因此改写方程(3.4-1)为

$$\frac{r_1 \sin i_1}{v_1} = \frac{r_2 \sin i_2}{v_2} \qquad (3.4\text{-}2)$$

因此定义球状地球模型的射线参数为

$$p = \frac{r \sin i}{v} \qquad (3.4\text{-}3)$$

其中，r 是从地球中心到地下某点的径向距离，v 是此点的介质速度，i 是射线路径和地球半径之间的入射角。如果不断减小层厚，速度即可表示为半径的连续函数 $v(r)$。方程(3.4-3)是球状地球中的斯涅尔定律，是在球坐标系下射线路径的描述。类似于层状平坦地球模型，沿着射线路径的射线参数是常量，并确定了一条特定的射线。

对于球状地球模型，射线参数和斯涅尔定律有几种不同的表达形式。在任意给定深度处，平坦地层模型中 $p = \sin i / v$ 是常量。因子 r 对界面法线方向(即半径)沿路径变化进行校正。如果 r 沿路径变化缓慢以至于可以忽略，就得到了平坦地层的表达式。因此，平坦地层公式可用于近地表折射波和反射波研究。

射线参数恒定将射线路径与速度结构联系起来。对于在半径 r_0 的震源(表面震源，r_0 即地球半径)，且该处速度为 v_0，则

$$p = r_0 \sin i / v_0 \qquad (3.4\text{-}4)$$

射线以不同角度离开震源，具有不同的射线参数。当射线向下传播时，r 减小，且一般情况下 v 增加，又因为 p 是常量，因此 $\sin i$ 和 i 增加。当 $i = 90°$时，射线最终“到达底部”转而向上(图 3.4-2)。射线底部的深度 $r = r_p$，且

$$p = r_p / v_p \qquad (3.4\text{-}5)$$

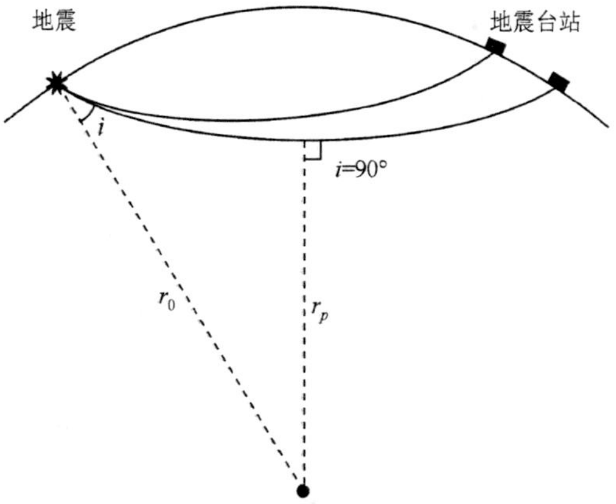

图 3.4-2 速度随深度增加的球状地球中的射线路径。在深度为 r_p 处，入射角 i 为 90°。

从此点射线返回地表。不同射线具有不同的 p，因此射线到达的底部深度不同。

考虑到达地球表面邻近点的射线参数为 p 和 $p + \mathrm{d}p$ 的两条射线(图 3.4-3)。射线参数为 p 的射线的走时为 T，对应的距离为 Δ (由地球中心的角度测量)；射线参数 $p + \mathrm{d}p$ 的射线花费 $T + \mathrm{d}T$ 的走时穿越的距离为 $\Delta + \mathrm{d}\Delta$。在极限情况下，由于两点之间距离趋近于零，则

$$\frac{v_0 \mathrm{d}T}{r_0 \mathrm{d}\Delta} = \sin i \qquad (3.4\text{-}6)$$

因此有

$$\frac{\mathrm{d}T}{\mathrm{d}\Delta} = \frac{r_0 \sin i}{v_0} = p \qquad (3.4\text{-}7)$$

所以，对于水平地层而言(3.3.1 节)，射线参数为沿着地球表面的视速度 c_x 的倒数：

$$p = \frac{1}{c_x} = 1 \Big/ \left(\frac{\mathrm{d}\Delta}{\mathrm{d}T}\right) = \frac{\mathrm{d}T}{\mathrm{d}\Delta} \qquad (3.4\text{-}8)$$

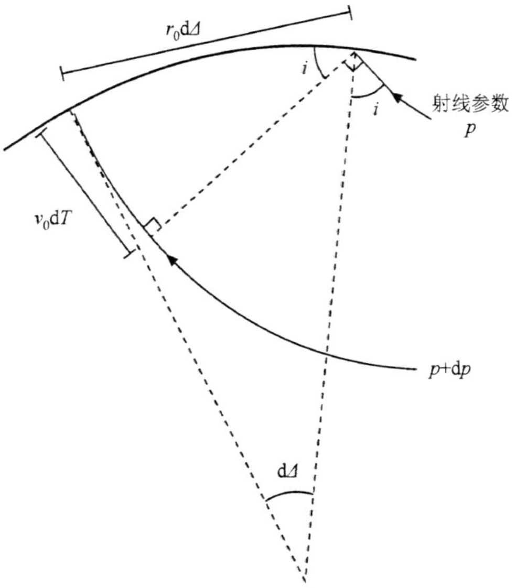

图 3.4-3 射线参数差异为无限小量的两条邻近射线显示 $p = \mathrm{d}T/\mathrm{d}\varDelta$。

可见由相邻台站的走时差可测量射线参数。反之，走时曲线 $T(\varDelta)$ 的斜率即为距离 $\varDelta$ 处射线的射线参数。

在球状地球模型中，可以方便地在极坐标下描述射线路径。考虑射线路径上坐标为 (r, θ) 的点 P（图 3.4-4）。射线路径的一部分 ds，其对应地心夹角为 dθ，因此有

$$(\mathrm{d}s)^2 = (\mathrm{d}r)^2 + r^2(\mathrm{d}\theta)^2 \text{与} \sin i = r\frac{\mathrm{d}\theta}{\mathrm{d}s} \tag{3.4-9}$$

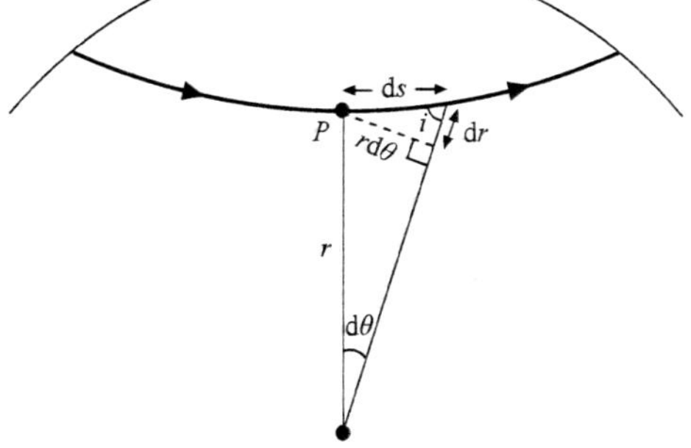

图 3.4-4 定义射线路径上的微元 ds，其对应的球心角为 dθ。

代入斯涅尔定律给出：

$$p = \frac{r\sin i}{v} = \frac{r^2}{v}\frac{\mathrm{d}\theta}{\mathrm{d}s} \tag{3.4-10}$$

因此，利用方程(3.4-9)和方程(3.4-10)可获得

$$\frac{r^4}{p^2v^2} = \left(\frac{\mathrm{d}r}{\mathrm{d}\theta}\right)^2 + r^2 \tag{3.4-11}$$

整理得到：

$$\mathrm{d}\theta = \frac{\pm p\mathrm{d}r}{r(\zeta^2 - p^2)^{1/2}} \tag{3.4-12}$$

其中 ζ 由 $\zeta = r/v$ 定义。从震源深度（设地表为 r_0）到射线最深点 r_p 的积分，乘以 2 以计入上行路径，最后得到：

$$\varDelta(p) = \int \mathrm{d}\theta = 2p\int_{r_p}^{r_0}\frac{\mathrm{d}r}{r(\zeta^2 - p^2)^{1/2}} \tag{3.4-13}$$

结合式(3.4-9)和式(3.4-10)得到此射线走时的类似积分表达式：

$$\frac{p^2v^2}{r^2} = r^2\left(\frac{\mathrm{d}\theta}{\mathrm{d}s}\right)^2 = 1 - \left(\frac{\mathrm{d}r}{\mathrm{d}s}\right)^2 \tag{3.4-14}$$

因此射线路径上的微元：

$$\mathrm{d}s = \pm\frac{r}{v}\frac{\mathrm{d}r}{(\zeta^2 - p^2)^{1/2}} \tag{3.4-15}$$

走时定义为沿射线路径慢度的积分，由以下公式给出：

$$T(p) = \int\frac{\mathrm{d}s}{v} = 2\int_{r_p}^{r_0}\frac{\zeta^2\mathrm{d}r}{r(\zeta^2 - p^2)^{1/2}} \tag{3.4-16}$$

球面几何中的射线距离 $\varDelta(p)$ 和走时 $T(p)$ 的积分表达式类似于层状介质中的 $x(p)$［式(3.3-25)］和 $T(p)$［式(3.3-26)］。如式(3.4-16)所示，积分范围从地表到射线底部，因子 2 计入了回到地表的返程路径。如果震源不在地表，则积分范围要做适当改变。对平面几何而言，根据其斜率，走时可以用射线参数 p 和其切线在时间轴的截距 τ(3.3.2 节)表达。对球面几何体来说，将走时曲线写为

$$T(p) = p\varDelta(p) + \tau(p) \tag{3.4-17}$$

然后计算此函数：

$$\tau(p) = T(p) - p\varDelta(p) \tag{3.4-18}$$

采用积分表达式［式(3.4-13)和式(3.4-16)］，且获得

$$\tau(p) = 2\int_{r_p}^{r_0}\frac{(\zeta^2 - p^2)^{1/2}}{r}\mathrm{d}r \tag{3.4-19}$$

此公式可用于走时曲线反演介质速度结构。

3.4.2 速度分布

速度随深度变化产生了特定的走时曲线。图 3.4-5 显示了通常情况下，速度随深度的增加缓慢增加的情况。给定两条射线，一条在震源处的入射角较小（即较小的 p），其在较大的 r_p（更深）和较大的 v_p 点达到底部，且在离震源更远的距离处出射到地表。因此，射线参数随距离 $\varDelta$ 单调递减且走时不断增加。走时曲线 $T(\varDelta)$ 是下凹的，因为其斜率 $p(\varDelta)$ 随距离的增大而减小（$\mathrm{d}p/\mathrm{d}\varDelta = \mathrm{d}^2T/\mathrm{d}\varDelta^2 < 0$）。截距慢度曲线 $\tau(p)$ 是平滑的。为了对比这

些关系。图3.4-5中射线路径与$T(\Delta)$和$p(\Delta)$图的距离轴是相同的；而射线路径和速度剖面的深度轴是相同的，$T(\Delta)$和$\tau(p)$图的时间轴是相同的。

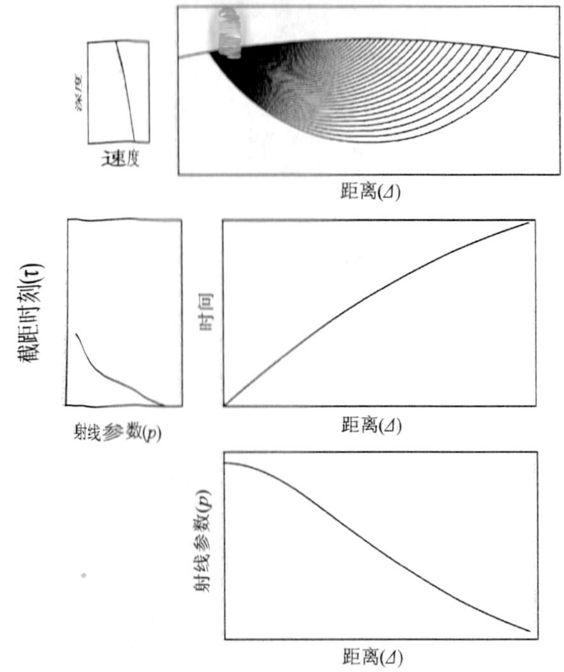

图 3.4-5 速度随深度缓慢增加的情况下，射线路径，$T(\Delta)$、$p(\Delta)$与$\tau(p)$的关系。

当速度随深度的增加而迅速增加时(图3.4-6)，情况则更加复杂。在高速梯度区之上或之下到达底部的射线表现如图3.4-5所示，因此走时和射线参数曲线的对应部分显示T随Δ的增大而增加，且p随Δ的增大而减小。相比之下，在高梯度区内到达底部的射线向上弯曲更多，且出现的距离比速度缓慢变化时更小。其结果是，不同射线参数的3条射线在相同距离Δ出现。因此，$p(\Delta)$和$T(\Delta)$曲线有3个独立的分支。两个正常的正向分支，$dp/d\Delta<0$，一个逆向分支，Δ随p的减小而减小，所以$dp/d\Delta>0$。因此入射角更小的射线，出射点更接近震源，造成走时曲线中特征性的三分支震相和$p(\Delta)$曲线的部分反转。在随后章节中，我们将在地幔波的走时曲线中观测到由速度增加产生的三分支震相，这种速度增加被认为是由矿物相变造成的。

三分支震相与半空间上覆地层的直达波、反射波和首波的走时曲线类似(图3.2-2)。其逆向分支类似于反射波，而两个正向分支类似于直达波和首波。当速度增加变得更加急剧，且更像地层与半空间之间的尖锐跳跃，逆向分支向两个方向都延伸，因此三分支震相看起来更像半空间上覆地层的走时。

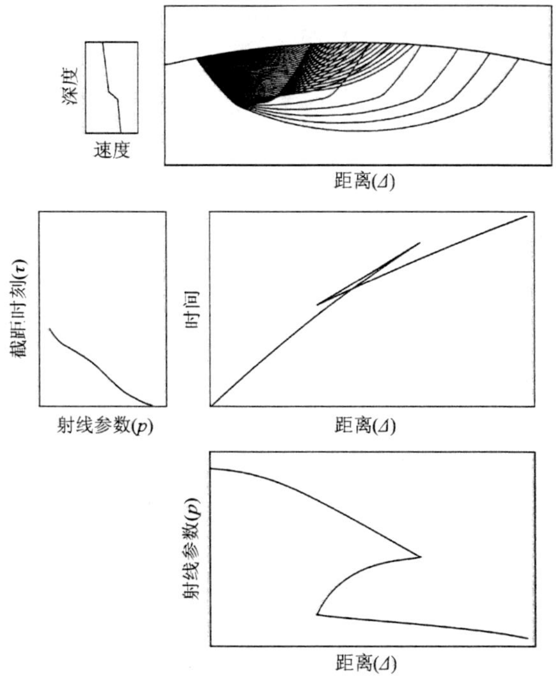

图 3.4-6 如果速度迅速增加，将出现三分支震相，因为在某些距离上，有三条射线到达。三分支震相表现为$T(\Delta)$和$p(\Delta)$曲线的三条分支。走时曲线的分支交汇点对应于$p(\Delta)$图上的拐点。

正如2.8.4节所述，几何射线理论提供振幅及走时信息。因为绘制射线时，射线出射角均匀增加，在一定距离上波形的预期振幅依赖于几何扩散或到达射线的密度。在射线集中的地方，振幅高，在射线稀疏的地方，振幅较低。数学上，射线集中度与$di/d\Delta$成正比，即到达给定距离范围内射线的入射角范围。要发现这点，对射线参数的定义［方程(3.4-7)］进行微分：

$$\frac{d^2T}{d\Delta^2}=\frac{dp}{d\Delta}=\frac{d(r\sin i/v)}{d\Delta}=\frac{r}{v}\cos i\frac{di}{d\Delta} \quad (3.4\text{-}20)$$

因此振幅正比于走时曲线的二阶导数或$p(\Delta)$曲线的导数。对于三分支震相，在走时曲线和$p(\Delta)$曲线的两个点上，后向分支与两个前向分支相遇。这里$dp/d\Delta=\infty$，因此振幅最大。这种情况被称为焦散(caustic)。

第三个重要的情形是低速区：速度随深度的增加而减小，然后增加(图3.4-7)。进入低速区的射线向下弯曲，而不是向上弯曲，没有射线在低速区到达底部。要理解这一点，注意凡是到达底部的射线，随着深度增加(r值更小)，它必然向上转向(更大的入射角)，因此$di/dr<0$。反之，如果$di/dr>0$，射线转为向下而没有最低点。通过速度-深度函数，对以下函数两边微分：

$$\sin i=\frac{pv}{r} \quad (3.4\text{-}21)$$

得到：

$$\cos i\frac{\mathrm{d}i}{\mathrm{d}r}=p\left(\frac{1}{r}\frac{\mathrm{d}v}{\mathrm{d}r}-\frac{v}{r^2}\right)=\sin i\left(\frac{1}{v}\frac{\mathrm{d}v}{\mathrm{d}r}-\frac{1}{r}\right) \tag{3.4-22}$$

因此有

$$\frac{\mathrm{d}i}{\mathrm{d}r}=\tan i\left(\frac{1}{v}\frac{\mathrm{d}v}{\mathrm{d}r}-\frac{1}{r}\right) \tag{3.4-23}$$

在某个深度区域没有射线触底转向的条件是 $\mathrm{d}i/\mathrm{d}r$ 为正数。这意味着速度减小得足够快：

$$\frac{\mathrm{d}v}{\mathrm{d}r}>\frac{v}{r} \tag{3.4-24}$$

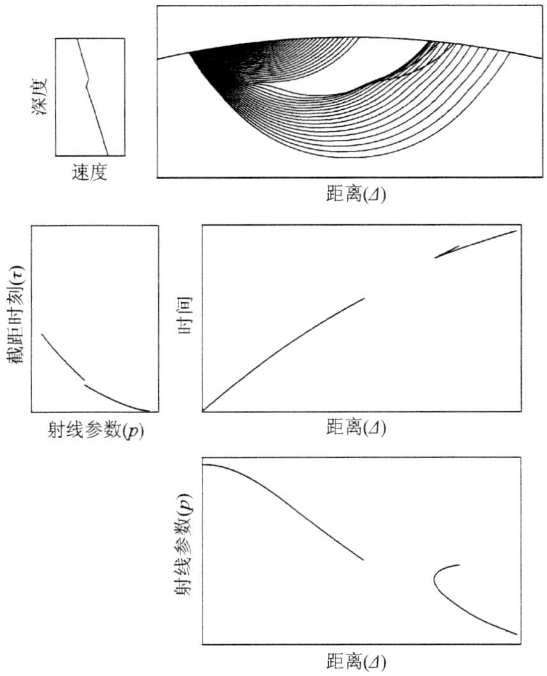

图 3.4-7　低速区导致影区：没有直达射线到达的距离范围，因此出现不连续的 $T(\Delta)$、$p(\Delta)$ 和 $r(p)$ 曲线。

这种情况会导致影区：地球表面没有射线到达的区域。在低速区之下，射线可能通过两条路径到达给定 Δ，即一个给定的距离对应两个 p 值和走时。逆向分支的 $\mathrm{d}p/\mathrm{d}\Delta>0$，其射线对应于没有低速带时应该在低速带深度到达底部的射线，而继续延伸到更远距离的正向分支对应于转折点更深的射线。影区后的射线集中区对应于两条分支相交的点。这里，$\mathrm{d}p/\mathrm{d}\Delta=\infty$，因此振幅较大。后面将讨论，由于穿过核-幔边界时速度下降，就会产生这种情况，导致影区的存在。

3.4.3　走时曲线反演

为了推断速度随深度的分布，需要收集不同震中距的走时曲线。从 $T(\Delta)$ 曲线得到速度结构的反演问题可以通过不同方法完成。一个办法是利用计算机程序，基于斯涅尔定律，对不同速度结构进行射线追踪并计算相应走时曲线。图 3.4-5 至图 3.4-7 均由这种方法计算得来。这种方法通过正演计算直到找到更好拟合走时曲线的速度结构。另一个方法是直接求解反演问题，由 $T(\Delta)$ 得到 $v(r)$。

多种方法可用于求解这个反演问题。一个经典的例子是 Herglotz-Wiechert 积分。此方法基于式(3.4-13)，对于给定速度结构，射线参数为 p 的射线穿越距离为

$$\Delta(p)=2p\int_{r_p}^{r_0}\frac{\mathrm{d}r}{r(\zeta^2-p^2)^{1/2}} \tag{3.4-25}$$

其中 $\zeta=r/v$，p 是射线参数。式(3.4-25)经变换可得

$$\int_0^{\Delta_1}\cosh^{-1}\left(\frac{p(\Delta)}{\zeta_1}\right)\mathrm{d}\Delta=\pi\ln\left(\frac{r_0}{r_1}\right) \tag{3.4-26}$$

其中，在半径 r_1 处 $\zeta_1=r_1/v_1$，以此为最低点的射线出射在地表的距离为 $\Delta_1$①。从观测的走时曲线 $T(\Delta)$ 开始，用数值方法计算其导数 $\mathrm{d}T/\mathrm{d}\Delta=p(\Delta)$。在距离 Δ_1 处，$\zeta_1=\mathrm{d}T/\mathrm{d}\Delta$，从 $\Delta=0$ 到 $\Delta=\Delta_1$ 作数值积分。该方程则给出速度为 r_1/ζ_1 处的半径 r_1。

当速度随深度减小出现低速区时，此方法则会失效。在某些情况下，利用称之为“地球剥离”的方法，此方法依然适用。该方法利用 Herglotz-Wiechert 积分法求出低速区上方的 $v(r)$。然后用低速区的外半径 r' 代替 r_p，用方程(3.4-13)和方程(3.4-16)找到射线穿越低速区的时间和跨越的地表距离。将该时间从已知的 $T(\Delta)$ 曲线中减去，得到半径为 r' 的“小地球”的 $T'(\Delta)$ 曲线。因为在这个“小地球”中，速度随深度增加，Herglotz-Wiechert 积分法再次被使用。

3.5　体波走时研究

上一节讨论了可以用走时确定随深度变化的地震波速度。从 19 世纪早期开始，通过汇总很多不同震中距观测到的数据编制了走时表。这些地震学的观测为我们审视地球速度结构的基本特征提供了主要数据。这样由薄地壳、地幔、液体外核与固体内核组成的层状地球，是我们思考地球如何演变和运行的关键。这个概念主要在 1940 年前后发展起来，图 3.5-1 显示了

① Bullen 和 Bolt(1985)。

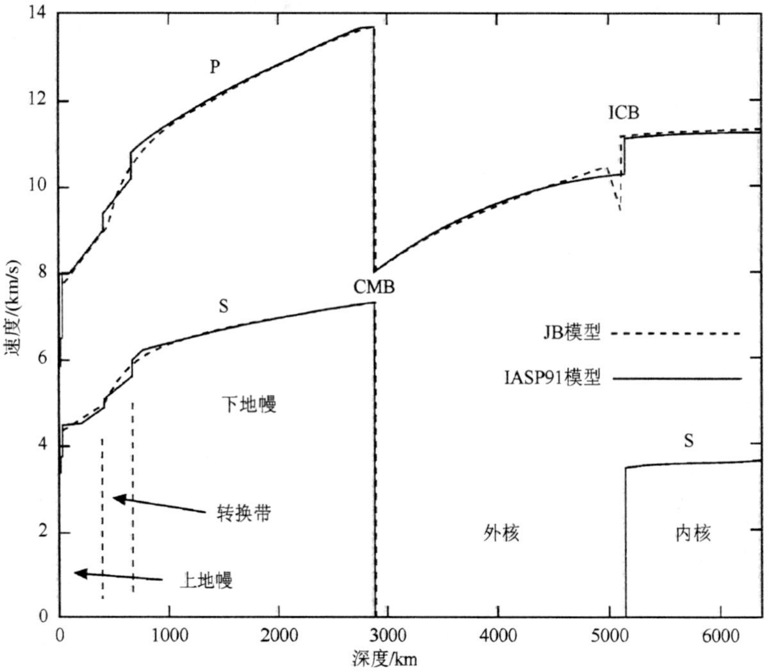

图 3.5-1　比较经典的 Jeffreys-Bullen 地球模型(Jeffreys and Bullen，1940)和新的 IASP91 模型(Kennett and Engdahl，1991)。尽管 IASP91 模型和后继的 AK135 模型(Kennett et al.，1995)改善了地幔转换带和地核的分辨率，新的模型大体上类似于利用手摇计算器推导出的模型。

经典的 Jeffreys-Bullen[①](JB)地球模型。JB 模型将地球视为一系列速度随深度变化的壳状体(表 3.5-1)。地幔分为上地幔(区域 B)和下地幔(区域 D)，二者都具有平滑的速度梯度。上地幔和下地幔之间区域被定义为区域 C，即速度随深度快速增加的地幔过渡带。在核-幔边界(CMB)之下，地核被分为由过渡带(区域 F)分隔的外核(区域 E)和内核(区域 G)。内核边界(ICB)分隔区域 F 和区域 G。随后，下地幔被分为 D′层(1000～2700km)，即下地幔中速度梯度较平滑的区域和 D″层(2700～2900km)，即在核-幔边界之上速度梯度减小的区域。

随后研究得出的模型，例如 IASP91 模型也显示在图 3.5-1 中，其确认了 JB 模型的基本结构，但对较重要的区域有更好的解析度。例如，JB 模型没有分辨出内核的剪切波速度，然而最近的模型给出了内核中有限的 S 波速度，这意味着内核是固体。类似地，最近的模型提供了地幔转换带和核-幔边界的更多细节，并且在内-外地核边界没有速度“缺口”。

表 3.5-1　Jeffreys-Bulen 地球模型中的区域

区域	深度/km	区域地点
A	33	地壳层
B	413	上地幔：稳定的正 P 波和 S 波速度梯度
C	984	地幔转换区
D	2898	下地幔：稳定的正 P 波和 S 波速度梯度
E	4982	外地核：稳定的正 P 波速度梯度
F	5121	地核转换带：负 P 波速度梯度
G	6371	内地核：小的正 P 波速度梯度

资源来源：Bullen 和 Bolt(1985)。

Jeffreys 和 Bullen 从走时观察推导的径向对称地球模型，将先前的粗糙模型转换为一个后来只在细节上有所改变的模型。更多最近的径向速度模型相互差别并不大，因此它们很可能趋近于一个精确的地球径向模型。这样的平均或参考模型和走时曲线，如 JB、IASP91 和 PREM 模型(初始参考地球模型，3.8 节)，是基于世界各地的大量数据得到，且对结构的局部变化进行了平均。区域差异可以视为相对参考模型的扰动。

然而，地球结构的横向差异可能是显著的，且和构造过程密切相关。因此，地震学当前的一个主要目标是确定地球的三维速度结构。该三维速度结构显示

① Harold Jeffreys(1891～1989 年)和 Keith Bullen(1906～1976 年)对地球结构进行了长期综合研究，并于 1926 年提出了该模型。Keith Bullen 指出地核是液态的。

地球事实上是一个地质构造活跃的行星。地球内的地幔对流造成了三维温度场变化，并导致了观察到的地震波速度变化。另外，地幔流似乎在地幔顶端和底部产生了地震各向异性，并且外核流动产生的磁应力可能引起内核的各向异性。解决这个三维速度结构需要复杂的分析技术。如用波形模拟来补充走时研究、用叠加技术来增强地震信号。章节后推荐的阅读材料提供了一些近期研究成果。

本节专注于速度结构的确定，因此我们将导致这些变化的化学、矿物学、热学和流变学因素的讨论放到后续章节中。

3.5.1　体波震相

前面提到地震波能够沿多条路径在震源和接收器之间传播。例如，速度增加可以导致三分支震相，在一个接收器产生 3 个独特的波至。从不同地层的多重反射和绕射可能产生更多的波至。因此地震图包含很多波至或震相，对应于不同的传播路径。图 3.5-2(在 1.1 节中讨论过)显示了观测到的一些震相和一些对应的射线路径。除了瑞利面波，所有显示的震相都是穿越地球内部的体波。汇总地震图提供的观测资料可以生成走时表。如图 3.5-3 所示，图中的点是在不同震中距观测的一系列地震和核爆炸产生的地震波走时。数据定义了不同震相的走时曲线。这样的观测可以用于建立和测试地球模型，给出随深度变化的 P 波和 S 波速度。这些模型很好地预测了观测到的走时，理论走时(图 3.5-3 中的线)与观测的走时拟合情况如图 3.5-3 所示。走时与震源深度有关，如图 3.5-4 所示为一个地表震源和一个 600km 深的震源得到的不同震相走时。

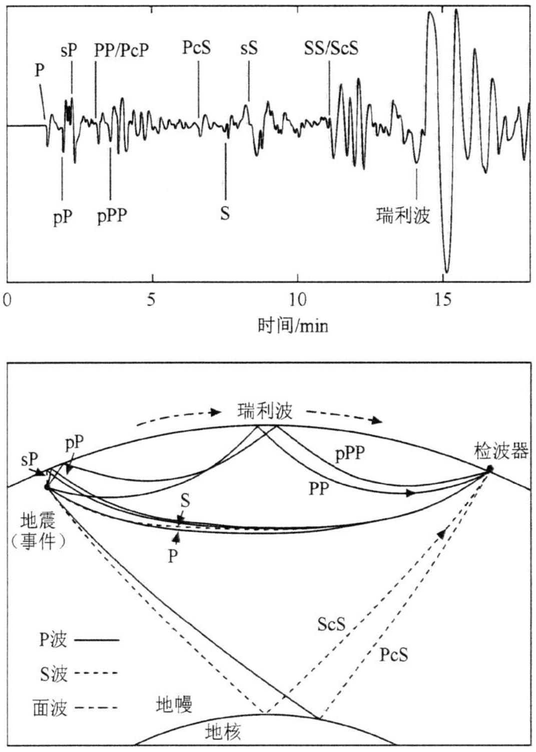

图 3.5-2　上图：科罗拉多州戈登市的长周期垂直分量地震图显示了不同的震相。下图：地震图上标注的一些震相的射线路径。P 波的路径显示为实线；S 波的路径显示为虚线。尽管 P 波和 S 波都是直达震相，但由于速度不同，它们不会沿完全一致的路径传播。同样地，射线路径 PcS 是不对称的，且 pP 和 sP 在地表的反射位置不同。

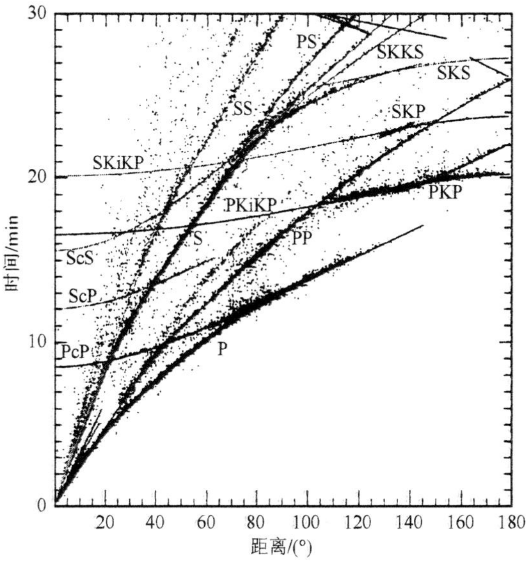

图 3.5-3　不同体波震相的走时数据和基于 IASP91 模型的走时曲线。走时对应的地表地震的走时。数据源于 104 个震源(地震和爆炸)的 57655 个走时。(Kennett and Engdahl，1991)

尽管地球模型的细节依赖于用于建立模型的特定数据，IASP91 模型具有最新模型的一些关键特征。不同地点的速度结构有所不同，此模型代表了一个全球平均速度结构。地壳厚 35km，是在薄的海洋和厚的大陆地壳之间的平均(图 3.2-17)。从上地幔直到 410km 处速度随深度平滑增加。地幔过渡带，在大约 400～700km 深度，包括靠近 410km 和 660km 的深度区间，速度迅速增加。①尽管这些区域经常被称为 410km 和 660km 间断面，它们的确切深度在各个地方是变化的。在整个下

① 虽然之前的研究将速度间断面确定为 400km 和 670km，最近的研究将其修订为 410km 和 660km。

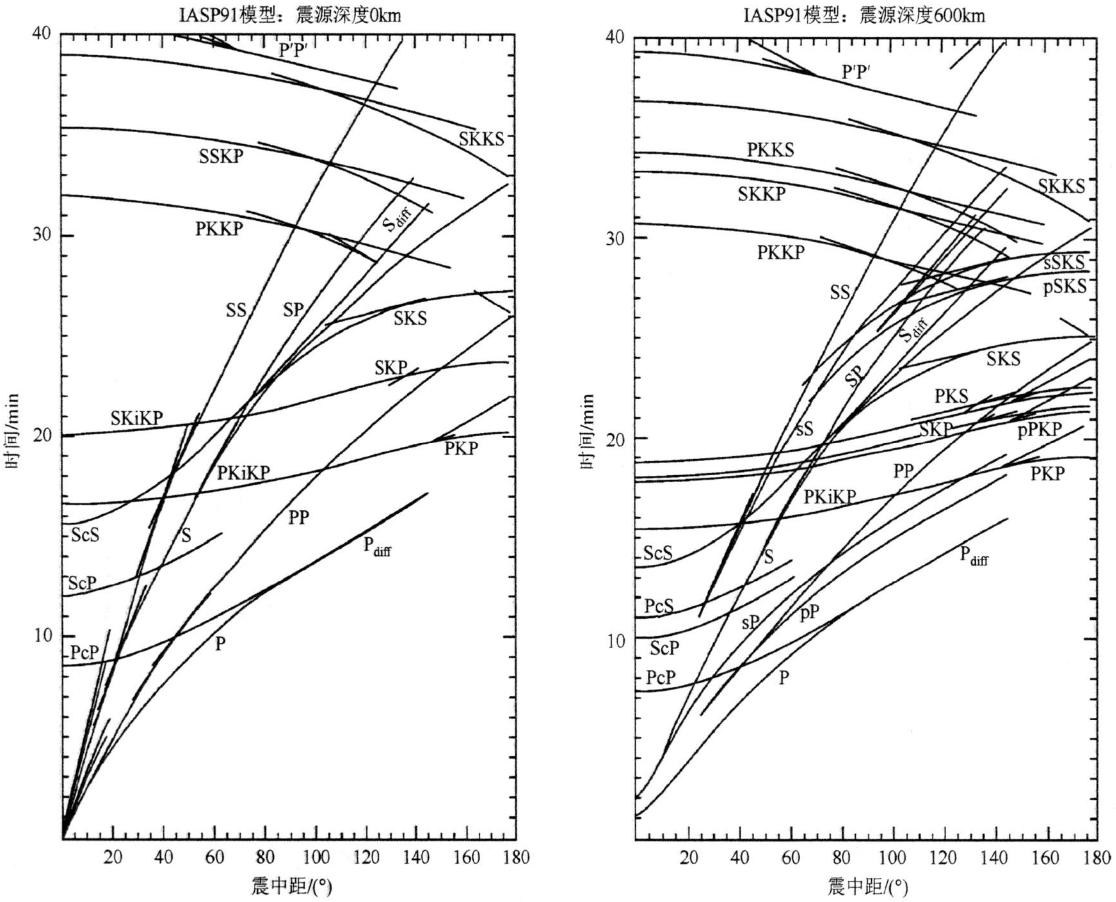

图 3.5-4 IASP91 模型体波震相的走时曲线。震源分别在地表(左图)和 600km 深处(右图)。(Kennett and Engdahl，1991)

地幔，从 700～2890km 深度，速度平滑增加。在大约 2890km，P 波速度急剧下降，S 波速度变为零，对应于液体外核。外核延伸到大约 5150km 深度，其下固体内核的速度更高，包括大于零的 S 波速度。正如后文所述，这些速度随深度的变化反映了介质呈现的物理、化学、热学和矿物学状态的重要变化。

地震震相基于其穿过地球的传播路径(图 3.5-5、表 3.5-2)来命名。直达 P 波和 S 波波至以“P”和“S”表示。另一类波是地球表面的反射波至。对应于一次地表反射的 P 波波至称为 PP，对应于两次反射的称为 PPP，依此类推。同样地，SS 和 SSS 对应于 S 波在地表的反射。因为 P 波能转换为 S 波，反之亦然，PS 是 P 波在地表反射并转换为 S 波，SP 则相反。从射线路径可见，在给定距离的 PP 走时是在一半震中距处(即震源和接收器之间的中间点)P 走时的两倍。类似地，PPP 的走时应为 1/3 震中距的 P 波走时的 3 倍。

地表反射震相 PP 和 SS(以及 SSS、SSSS 或 S4 等)有独特的特点。根据费马原理(2.5.9 节)，相对于相邻路径，地震震相具有最小或者最大走时。大多数波至

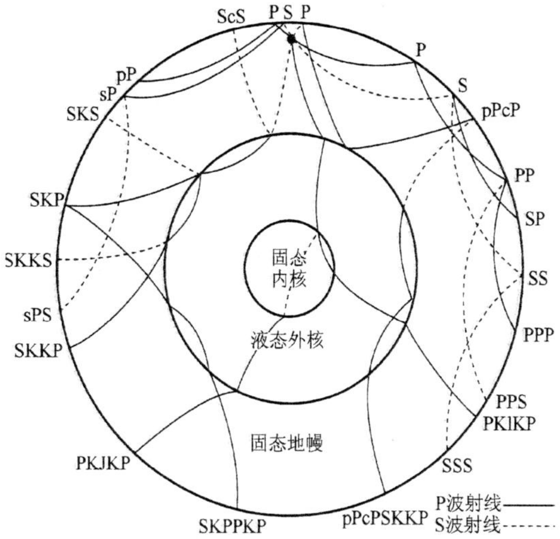

图 3.5-5 以体波为例说明震相的命名方法。“P”和“S”指直达射线路径，而“p”和“s”表示从地震向上传播的路径。而 SP 指地幔中传播的 S 波在地表反射并转换为 P 波。“c”指在核-幔边界反射的波，因此 PcP 是在地核反射的 P 波，PcS 是 P 波反射并转换为 S 波。“K”和“I”表示穿越外核和内核的 P 波，而“i”指在内核边界反射。因此 PKIKP 穿越了地幔、外核和内核。PKJKP 穿过内核的部分为 S 波，该震相直到 21 世纪 80 年代初才首次观测到。(Bolt，1982)

表 3.5-2 体波震相术语

名称	描述
P	压缩波
S	剪切波
K	经过外核的 P 波
I	经过内核的 P 波
J	经过内核的 S 波
PP	地表反射 P 波
PPP	地表反射两次的 P 波
SP	S 波在地表反射后转换为 P 波
PS	P 波在地表反射后转换为 S 波
pP	P 波从震源向上传播在地表反射
sP	S 波从震源向上传播在地表反射并转换为 P 波
c	核-幔边界反射波(例如 ScS)
i	内核-外核边界反射波(例如 PKiKP)
P′	PKP 简称
P_d 或 P_{diff}	核-幔边界的散射 P 波

资源来源：Bolt(1982)。

(P、S、pP、ScS 等)是最小走时震相，但地表反射相对于距离来说是最大走时震相。考虑稍微不同于真实路径的地表反射的射线路径，反射波从震中距中点，即震源和接收器之间一半距离(图 3.5-6 上图)$\Delta/2$ 处的一小段距离 ε 处从地表反射。它们的走时是两边走时之和。

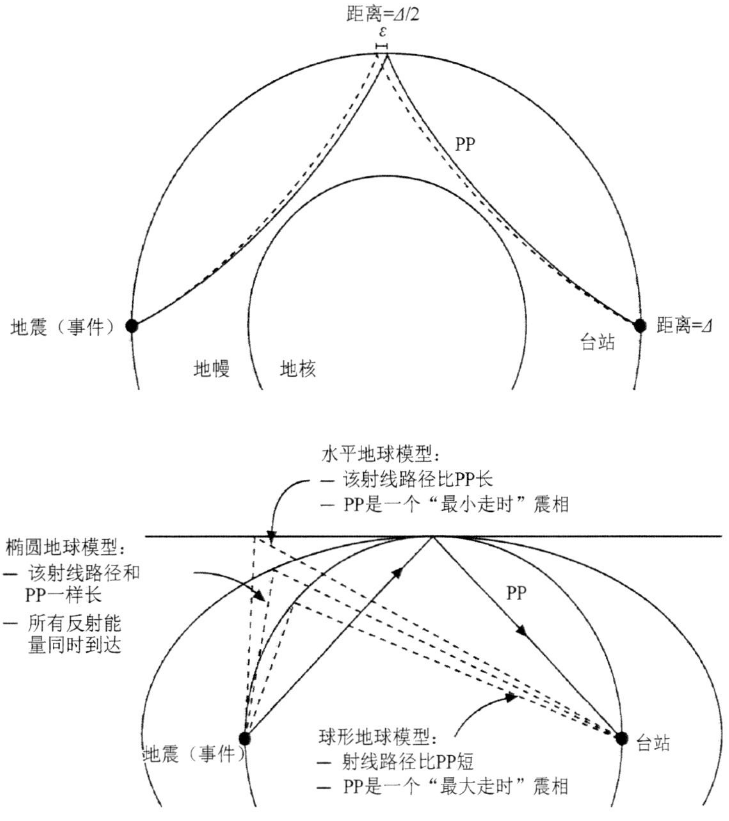

图 3.5-6 上图：地表反射的射线路径。此反射是一个最大走时震相，因为在中点 $\Delta/2$ 的反射走时比附近其他路径更长。下图：均匀介质中的地表反射的射线路径，在椭圆表面的所有反射波具有相同走时。如果地表是平的，从中点反射是最小走时震相，而如果地表是圆的，则是最大走时震相。

$$T(\Delta)=T(\Delta/2+\varepsilon)+T(\Delta/2-\varepsilon) \tag{3.5-1}$$

利用泰勒级数的前两项：

$$\begin{aligned} T(\Delta/2+\varepsilon) &\approx T(\Delta/2)+\varepsilon\frac{\mathrm{d}T}{\mathrm{d}\Delta}+\frac{\varepsilon^2}{2}\frac{\mathrm{d}^2T}{\mathrm{d}\Delta^2} \\ T(\Delta/2-\varepsilon) &\approx T(\Delta/2)-\varepsilon\frac{\mathrm{d}T}{\mathrm{d}\Delta}+\frac{\varepsilon^2}{2}\frac{\mathrm{d}^2T}{\mathrm{d}\Delta^2} \end{aligned} \tag{3.5-2}$$

显示了：

$$T(\Delta)\approx 2T(\Delta/2)+\varepsilon^2\frac{\mathrm{d}^2T}{\mathrm{d}\Delta^2} \tag{3.5-3}$$

根据费马原理，真实射线路径的走时对于 ε 的导数为零：

$$\frac{\mathrm{d}T}{\mathrm{d}\varepsilon}=2\varepsilon\frac{\mathrm{d}^2T}{\mathrm{d}\Delta^2}=0 \tag{3.5-4}$$

因此 ε 为 0 时给出期望的地表反射点。要看是否这是最小或最大值，求其二阶导数：

$$\frac{d^2T}{d\varepsilon^2}=2\frac{d^2T}{d\varDelta^2} \tag{3.5-5}$$

图 3.5-4 和 3.4.2 节显示了直达 P 波和 S 波下凹的走时曲线，$d^2T/d\varDelta^2<0$，因此地表反射 PP 波和 SS 是最大走时震相。因此沿相同方位角传播但是在远于或近于 PP 波反射点反射的 PP 或 SS 波到达较早。相比之下，如 ScS 的地核反射波具有向上凹的走时曲线，因此在式(3.5-5)中 $d^2T/d\varDelta^2>0$，其地表反射 ScS_2 是一个最小走时震相。

一个直观区分最小走时和最大走时震相的方法，是考虑均匀介质(图 3.5-6 下图)中的地表反射射线路径。椭圆定义了一个点集，它们到两个焦点的距离之和是相同的。因此，如果一个地震和一个接收器位于焦点，从椭圆上的任意点反射的走时将相同。因此，若地表是椭圆的，反射震相将既不是最小也不是最大走时震相，因为所有能量将同时到达。若地表是平的，其曲率比椭圆更小，从地表比中点稍近或稍远反射的波传播得更远，使得中点反射为最小走时震相。然而，如果地表是圆形，其比椭圆更加弯曲，从地表中点左右的点反射的波传播的距离更短，因而中点反射为最大走时震相。最后一种情况类似于球形地球中的 PP 和 SS 震相。

尽管 PP 和 SS 相对于距离为最大走时震相，相对于方位角却是最小走时震相，与大多数震相一样。也就是说，在震源和接收点之间大圆路径以外反射点的波到达得较晚。相对于距离的最大走时和相对于方位角的最小走时使得表面反射对靠近反射点的表面“X”形区域采样，被称为菲涅尔区(Fresnel zone)(3.7.3 节)。实际上由于是最大走时震相，导致 $\pi/2$ 的相移①(图 2.6-5)。地球表面上每次反射导致波形产生一个 $\pi/2$ 相移，因此 SSS 相移为 π 且相对于直达 S 震相极性反向。S4 相移为 $3\pi/2$，S5 相移为 2π，其形状与最初 S 波相同。

图 3.5-5 显示一定深度地震的射线路径。因为地震发生在 700km 的深度，从地震发出的地震射线路径向上，也向下传播。“p”和“s”分别标示上行压缩和剪切波(图 3.5-2)。pP 波为向上传播的 P 波在接近震中处反射，而 sP 波为向上传播的 S 波在表面转换为反射 P 波。这些反射震相很有用，例如，直达 P 波和 pP 波的走时差异，指示了地震深度。在上行波从自由表面反射之后，可能发生转换，因此 pPP、sPS 等都是可能的波至。

很多其他的体波震相已被观测到，并被纳入走时表。另外，一些走时表给出了勒夫波和瑞利面波的到时。如图 2.7-4 所示，这些面波具有频散特性，不同频率具有不同到时，因此显示的时间是近似的，但这个时间仍有一定参考价值。比如在研究地球结构时，避开可能与面波同时到达的震相。在很多情况下，深部地震可用于体波研究，因为它们生成的面波能量很小。

最后，值得注意的是走时表是根据地震波至观测编制的。今天，尽管地震图上大多数波至可在走时表中找到，但关注和解释先前未识别出的波至，常常会有重要发现。

3.5.2 地核震相

液体外核比其上覆固体地幔的地震波速度更低。二者性质的差异使得地核非常适合利用反射、透射、转换和绕射地震波进行研究。

由于核-幔边界是固体-液体边界，因此对剪切波是一个很强的反射体，地核反射波具有很大的利用价值。从核-幔边界的反射用“c”表示，因此 ScS 是 S 波反射，而 PcP 是 P 波反射。在核-幔边界也发生转换。ScP 以剪切波向下穿越地幔，并以压缩波返回，而 PcS 正好相反。在地核和地表，一些震相经历了多重反射；ScSScS(或 ScS_2)在核-幔边界反射两次，在地表反射一次。这样的反射，称为多重 ScS，如图 1.1-4 所示。

ScS 是一个比 PcP 更独特的波至，因为液体地核不会传播剪切波。入射 ScS 的 SH 振动分量不能在核-幔边界转换为 P 波，被全部反射。因此在地震计的切向分量上(2.4.4 节)，ScS 经常记录得很清楚。相反地，PcP 反射通常很弱，因为阻抗比(2.6.6 节)很小，因此大多数入射 P 波能量在核-幔边界被透射。之所以产生小的阻抗比(大约 5%)，是因为从地幔到地核的 P 波速度减小(约 13.7km/s 到 8.1km/s)被密度增加(约 5.5g/cm^3 到 9.9g/cm^3)所抵消。地核反射，特别是 ScS，在地球结构研究中至关重要，因为它们给出了地幔的垂直平均速度。这些震相的走时曲线是上凹的(图 3.5-4)，类似层状介质(3.2.1 节)中一层顶部的反射。类似地，在零距离的走时，即到达地核并返回的时间。

地核震相的走时和振幅也可用于研究地核附近或地核内部结构，因为其射线路径对这些深度范围的结构较敏感。考虑地球内部 P 波的射线路径(图 3.5-7 左上图)。入射角逐渐减小(更接近于垂直)，射线在地幔

① 这就是熟知的希尔伯特变换。如果将脉冲视为正弦和余弦函数的叠加，相移就是正、余弦函数之间的相互变换。

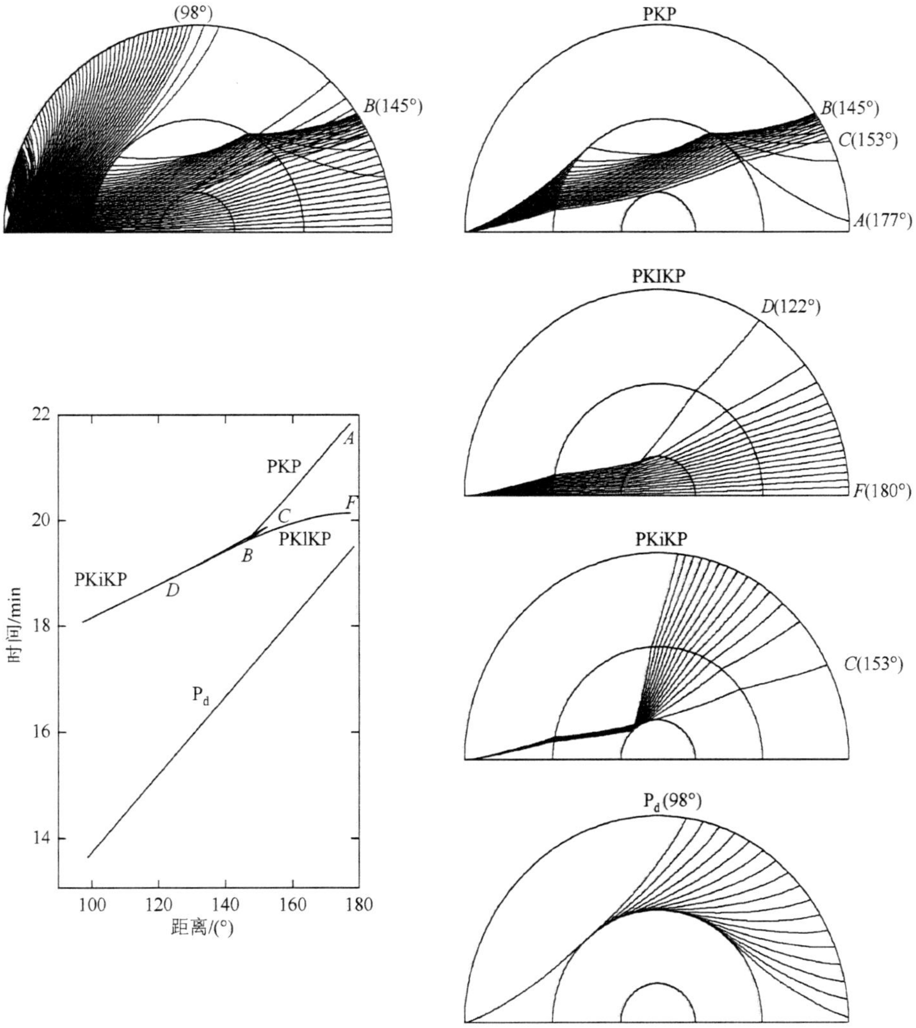

图 3.5-7　主要地核震相的射线路径和走时(基于 PREM 地球模型计算)。左上图：直达波射线路径(即不包括反射和绕射)。右图：其他四个震相的射线路径：PKP 穿过外核，PKIKP 穿透了内核，PKiKP 从外核和内核之间边界反射，而 P_d(也称为 P_{diff})沿着核-幔边界绕射。左下图：这些震相的走时曲线。距离单位为度。

中的最低点更深，因此到达的距离更远。随着最低点的深度接近核-幔边界，P 和 PcP 的走时越来越接近(图 3.5-3 和图 3.5-4)。最终，在约 98°(精确距离取决于地震深度和准确的速度结构)，P 波擦过核-幔边界，且 P 和 PcP 走时完全重合。

因为地核比地幔的 P 波速度更低，具有稍小入射角的射线在核-幔边界向下透射。射线进入地核，穿过地核，再透射进入地幔，最后到达地表。这个震相称为 PKP，其中“K”表示穿越外核的分支[①]。对于稍微低于平行核-幔边界入射的入射角，PKP 在接近 180°的距离的 *A* 点到达地表(图 3.5-7 右上图)。入射角更小的射线穿透地核更深，因此到达的距离逐渐小于 180°，直至约为 145°的距离(*B* 点)。在此点，以上模式反转，因为更小入射角的射线依次到达更远的距离。这将持续到 *C* 点的距离(约 153°，取决于地球模型)，对应于擦过内核-外核边界的射线。

射线路径显示外核中的低速带造成了几何影区，根据斯涅尔定律，没有直达射线到达[②]。对应的走时曲线由于影区而断开(图 3.4-7)，然后影区远侧有两个分支。对于地核 98°～145°(*B* 点，图 3.5-7 左上图)的距离为影区。超过 145°，PKP 走时曲线有两个分支：*AB* 分支(有时标注为 PKP_2)是逆向分支，

① “K”来源于 Kern，德语“核”。

② 尽管地核的存在已经从重力(3.8 节)中推测出来，1906 年 Richard Oldham(1858～1936 年)发现了影区，提供了直接证据，为以后地核的研究提供了范例。

其上较小入射角的射线在较近距离出现，而 *BC* 分支是正向分支，其上较小入射角的射线在更远的距离出现。

实际上，在影区中也能观测到体波。很多体波能量以地表反射(PP、PPP、SS 等)或多重核面反射波(ScS_2 等)到达。其他波至是由于 P 波在内核中传播而产生。因为内核比外核的 P 波速度更快，波向上折射并出现在影区，这些震相称为 PKIKP，因为内核中的 P 波以“I”来表示。另外，在内核和外核之间的边界上反射的震相为 PKiKP(“i”与 PcP 中“c”类似)[1]。走时曲线的 PKIKP 分支即 *DF*，其中 *D* 是 PKIKP 最先被观测到的距离。PKiKP 是一个后向分支。后向分支始于 *C*，在那里 PKiKP 与 PKP 重合，并通过 *D* 延伸到零距离(图 3.5-3 和图 3.5-4)，即垂直入射产生的反射。因此包含 *CD* 和 *DF* 的走时曲线是由于内核-外核边界的速度快速增加而导致的三分支震相。

沿地核边界绕射的 P 波和 S 波(2.5.10 节)的能量也会进入影区。图 3.5-7 中显示绕射 P 波(用 P_d 或 P_{diff} 表示)的射线路径，地震波能量围绕地核绕射后离开核-幔边界返回地表。此过程类似于 3.2.1 节所讨论的首波。因此，在接近 100°的距离，一旦直达 P 波变成绕射波，其走时曲线(图 3.5-4)就失去了原有的曲率(因为后续的射线更深地穿透到较高速的物质中)而变成直线，因为所有绕射波都在核-幔边界到达底部，并因此具有相同的射线参数和视速度。首波能量沿射线路径传播可计算绕射波的走时，但不能完全描述其振幅，因为绕射涉及能量以波场的形式传播，而不是射线。然而更完整的表达式，例如简正振型，可以计算地核绕射震相的时间和振幅。

图 3.5-7 显示地核震相走时曲线的复杂性，因为射线影区的影响，出现了两个 PKP 分支，一个包含 PKIKP 和 PKiKP 分支的类似三分支震相的特征，和一个绕射分支。实际上，这些模型也是更复杂的实际模型的简化。图 3.5-8 显示了几百万个 PKP 震相走时，其揭示了与图 3.5-7 中理论曲线的几个显著差异。第一，波至并非窄线。部分原因是观测误差，但也可能是由于地壳、地幔和地核的不均匀结构使得一些波提前而另一些波延迟到达。第二，PKP-*BC* 分支延续到超过了几何预测的 153°。这是因为 PKP-*BC* 波在内核周围绕射，不过在此过程中其振幅迅速减小，因此很少有超过 160°的观测。

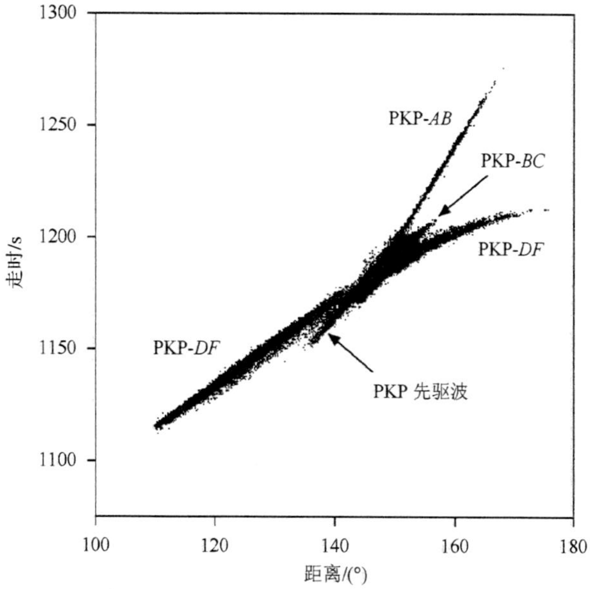

图 3.5-8 1964～1987 年间由国际地震中心(ISC)记录的 PKP 波到达时间。对于某个时间和距离，仅绘制目录中至少 200 个波至的点。尽管这些到时类似于图 3.5-7 中预计的走时曲线，但仍有一些差别。观测到 PKP-*BC* 分支由于绕内地核的绕射超出其几何学预测的 153°，而 PKP-*DF* 分支的先驱波则是由核-幔边界和地幔中地震散射引起。(K. Koper 提供)

第三，最重要的是，PKP 走时显示了另外一个几何射线理论无法预测的分支。这些波至，标记为 PKPpre，是 PKP-*AB* 分支的延续，且在 PKP-*DF* 分支之前多达 20s 到达。这些波至曾使地震学家们感到困惑，最后意识到它们是由地幔中非均匀结构导致的反射或散射引起的。这些散射类似于 3.3.7 节反射地震法中有关偏移的讨论。因为在下地幔，散射体在大小上与短周期 P 波波长相当(10～15km)，它们表现为惠更斯源(2.5.10 节)。因此，PKP-*AB* 波与核-幔边界的散射体相互作用时，向所有方向辐射地震波(图 3.5-9)。在 PKP-*DF* 之前的波至容易观测到，然而之后到达的却淹没在 PKP-*DF* 之中。图 3.5-9 显示在影区可观测到散射 PKP 波的范围，说明这是地震能量到达影区的又一条途径。尽管大多数这样的散射靠近核-幔边界发生，PKP 先驱波的模拟说明整个地幔中的小尺度异常体都会引起散射，如图 3.5-9 中的深色影区所示。

① 该震相由 Inge Lehmann(1888～1993 年)于 1936 年发现，它提供了内核存在的直接证据。

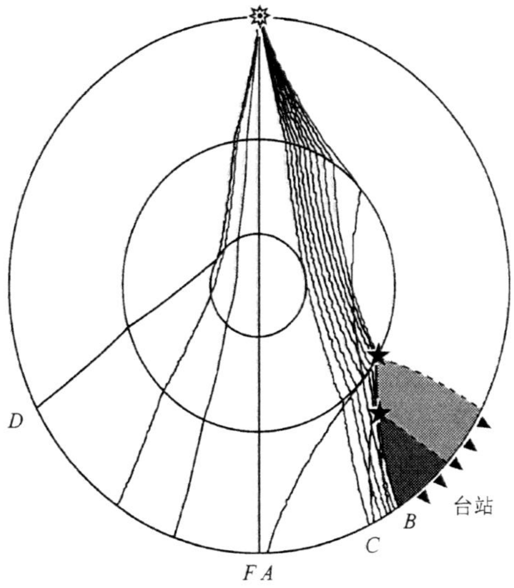

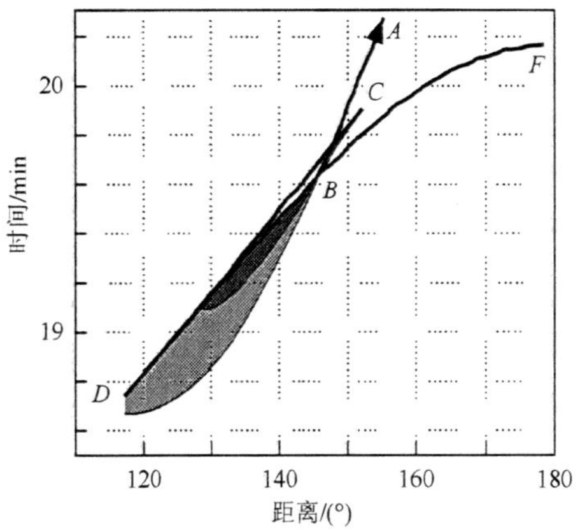

图 3.5-9　图 3.5-8 中 PKP 先驱波的模型。上图：在几何射线能到达的 *AB* 段内，PKP-*AB* 波与散射体(星号)相互作用引起的 PKP 先驱波。如走时所示(下图)，这些波至在 PKP-*DF* 波至之前到达。地幔底部的散射体在浅色和深色影区产生波，而中地幔中的其他散射体在深色影区产生前驱波。(Hedlin et al., 1997)

一些地核震相以 S 波开始(图 3.5-5)。尽管在液体外核中没有 S 波传播，类似 SKS 的震相以 S 波穿越地幔，转换为 P 波穿越地核。SKKS 类似于 SKS，但还包括在核-幔边界下界面的反射。因为地核最上部的 P 波速度(约 8.1km/s)接近于地幔最下部的 S 波速度(约 7.2km/s)，因此 SKS 和 SKKS 波穿过核-幔边界时没有显著改变方向。因此，仅 SKS、SKKS、SKKKS 等才会在接近地核顶部反射转向，且可以用于约束外核速度结构。

也有一些未包括在图 3.5-4 的走时图中的其他地核震相被观测到。包括 PKKP(图 3.5-10)是在核-幔边界下界面反射的 P 波；PKPPKP(有时被称为 P'P')是在地表反射的 PKP 震相，PKIIKP 是从外核-内核边界的下界面的反射。一个特别难捕捉的震相是类似于 PKIKP 的 PKJKP，以 S 波穿越内核。这一震相的微弱振幅，较晚的到时，加之混杂于其他震相中，使得它难以被观测到。通过叠加非常大的深源地震的数据，PKJKP 只是在最近才被证实；深源大地震激发了能够生成微弱 PKJKP 震相所需的巨大体波，又不会生成掩盖微弱地核震相的面波①。

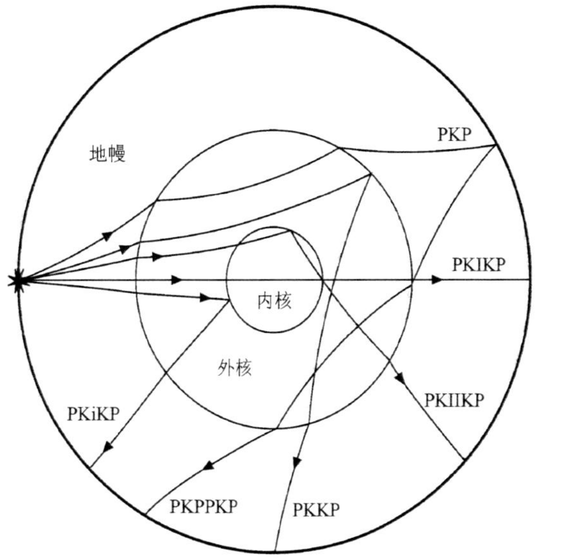

图 3.5-10　其他的地核震相。PKKP 和 PKIIKP 是核-幔边界和内核-外核边界的底面反射，PKPPKP(P'P')是一个地表底面反射。

用走时数据研究地核震相具有挑战性，因为它们的走时曲线很复杂且一些波至振幅很小。振幅和波形研究提供了额外信息。正如 3.2.3 节所述，振幅可以用于区分那些给出近似走时的速度结构。射线密度能一定程度地体现振幅(3.4.2 节)。例如，PKP 走时曲线的 *AB* 和 *BC* 分支在影区的远侧 *B* 点相交。图 3.5-7 显示了以均匀角度增量离开震源的射线在该距离汇聚，因此可以预计在这个焦散面振幅较大。

振幅讨论带来另一个有趣的观点。尽管地球近似球形，我们仅讨论了波在包含震源、接收点和地球中心的平面上传播。一种体现球形重要性的情况是在靠近对跖点，即距离震源 180°的点。图 3.5-11 显示了在 PTO(葡萄牙波尔图)和 MAL(西班牙马拉加)记录的发

① 该观测和简正振型结果结束了以往地震学家对内核存在的保留态度，比如，以往人们说“可能存在的地球内核具有如下特征……”。

生在新西兰的地震的地震图。因为从震源出发的沿不同方向的射线路径在相同时间到达，对跖点记录到的波至振幅会显著加强，如 PP 和 PKP 的震相聚焦在对跖点。如图在 PTO 记录的波至振幅更大，因为它仅距对跖点 0.7°。

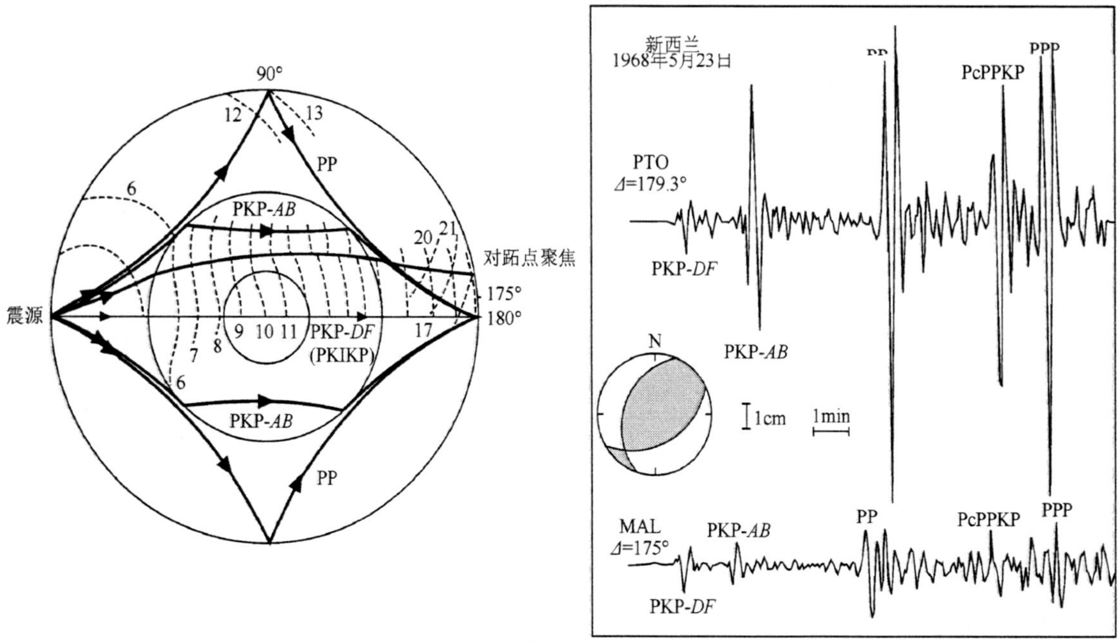

图 3.5-11 对跖点(距震源 180°)的 P 波聚焦。左图：地震射线 PKP-*AB* 和 PP 在对跖点聚焦。虚线代表波阵面，给出了以分钟为单位的传播时间。右图：地震图显示了地核震相在对跖点聚焦现象。(Rial and Cormier，1980)

3.5.3 上地幔结构

上地幔速度结构主要显示为两大特征。第一，基本为径向对称的间断面和速度梯度结构，这可能是由于压力作用于矿物的结果；第二，显著的横向不均匀性，这主要与冷的俯冲海洋岩石圈引起的温度扰动有关。这里主要讨论径向速度结构，在 3.8 节中探讨矿物成因，并在 5.4 节中考虑俯冲岩石圈的影响。

前面已经讨论过面波频散显示的上地幔顶部速度结构(2.8 节)。体波分析揭示了类似的结构。地壳以下岩石圈地幔的 P 波和 S 波速度大约为 8.1km/s 和 4.5km/s。这个高速层提供了一种根据地震学观测定义岩石圈的方法，称为地震学岩石圈或盖层。地震岩石圈厚度随地点而变化。在生成海洋板块的大洋中脊，其厚度接近零。在稳定的克拉通之下，高速岩石圈厚约 200km。作为全球平均，地震岩石圈延伸到 80～100km 深度。

在世界大部分地区的地震学岩石圈下存在地震低速带(low-velocity zone，LVZ)。LVZ 符合在力学性质坚硬的岩石圈之下存在软弱的软流圈的预期。岩石圈和软流圈由其力学性质定义，因此坚硬的岩石圈板块在软弱的软流圈之上滑动。这个差异是由岩石圈是冷的固体地球外部热边界层导致的(3.8 节和 5.1 节)。与之相比，高速地震岩石圈和下面的低速层是地震学上定义的构造。地震学和力学圈层之间的大体对应表明了二者关系密切，且地震观测可以用于反映力学结构。两套地层并不完全相同，原因包括地震波的采样时间为几秒，而地质学上的岩石圈和软流圈则是依赖于采样周期为几千年或几百万年的数据而推断的(5.7 节)。

LVZ 的深度和发育程度因区域而异。北美西部构造活跃的地区，LVZ 发育良好且相对较浅。在长时间未经历构造运动的稳定大陆区域，LVZ 较深且没有那么明显，甚至可能不存在。大陆之下厚的高速层导致一种推测认为其可能是化学上独特的构造圈。基于这一假说，大陆岩石圈表现不同于海洋岩石圈。对所有年代的海洋，面波频散均显示了一个明显的 LVZ (图 2.8-7)。这种显著的一致性可能是因为海洋岩石圈年龄大多不超过 180Ma。与大陆相比这种构造很年轻，因为旧的海洋岩石圈因俯冲而消亡。在 5.7 节中我们将讨论高速地震岩石圈和软流圈 LVZ 之间的对比可能与冷的岩石圈和较热的软流圈之间的物质强度变化相关。部分熔融可能也有一些影响。这一情况有别于不同化学成分造成的地壳和地幔之间的速度差异。LVZ 延伸到大概 200km 的平均深度，这之下温度上升非常缓慢，但速度由于压力增大而显著增加。在上地幔和下地幔之间的这一过渡带的主要标志是深度约 410km 和 660km 的速度间断面。上一节显示由于速度快速增加（图 3.4-6）在走时曲线上产生一个三重分支。410km 和 660km 间断面造成上地幔走时在 15°和 22°附近出现两个三重分支。图 3.5-12 显示了这种结构的射线路径。一些参考模型如 PREM 也在 220km 具有间断面，且区域研究也常常发现在上地幔其他深度的速度间断面。

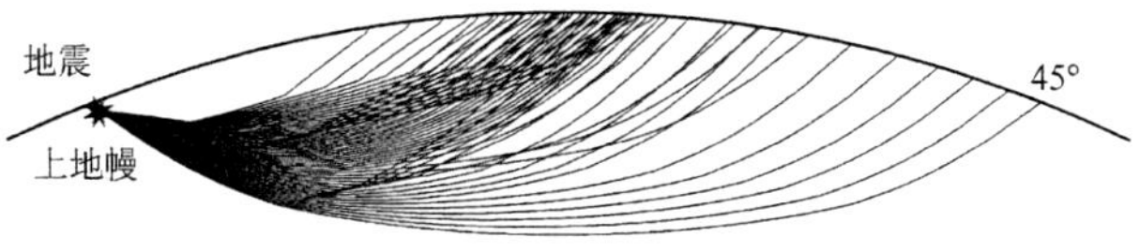

图 3.5-12　以 PREM 地球模型计算的穿过上地幔的 P 波射线路径，显示了由于地幔间断面产生的三重分支。

研究过渡带或其他局部复杂速度结构的困难之一是走时曲线是不同距离的许多地震数据的混合。混合的数据使得三重分支的细节难于观测。并且，用于反演速度的走时曲线导数 $dT/d\Delta$ 因数据分散而导致较大的不确定性。以下几种方法都可以解决这些困难：一种是从波形及走时获取信息。第二种是使用间隔足够密的地震观测台阵，这样可以确定对应于三重分支的不同分支的波至，并通过台阵追踪直接测量 $dT/d\Delta$。这种密集数据也有利于波形研究。

图 3.5-13 通过台阵研究加利福尼亚湾扩张中心的上地幔 P 波结构。对震中距 9°～40°，来自 10 个地震的数据组合成一个记录剖面。走时曲线显示了两个三重分支，一个是 15°附近的源自 410km 间断面，另一个是 22°附近的源自 660km 间断面。由数据得到速度结构（GCA）预测走时和合成地震图，其结果与观测数据吻合很好，包括三重分支的逆向分支（*C-B* 和 *D-E*）。间断面的影响在 $p(\Delta)$ 图中显示为 p 随 Δ 增加的两组续至波。这些波至是三重分支的逆向分支（图 3.4-6）。剩余的波至显示 p 随 Δ 减小，因此为正向分支。

图 3.5-14 比较了 GCA 模型和其他构造环境的上地幔模型：日本俯冲带的 ARC-TR（弧-沟）、构造活跃的北美西部的 T7 和稳定欧亚地盾的 K8。在 200km 以上，所有模型都显示上覆有高速盖层的 LVZ，但 LVZ 的深度和范围有所不同。例如，地盾模型具有最厚的盖层。在 200km 以下，GCA 显示了最低的速度。410km 和 660km 间断面的深度也随模型而不同。这些差异可能的原因是：造成间断面的矿物相变所依赖的压力（或深度）与温度有关。因此横向温度变化，特别是与俯冲带相联系的温度变化，将改变这些矿物相发生转变的深度（5.4.2 节）。

波形模拟为过渡带研究提供了更多信息。例如，中周期 S 波波形模拟显示了约在 520km 深度的间断面，这是利用短周期 P 波没有观测到的，认为造成这个间断面的相变可能比造成 410km 和 660km 间断面的相变所处的深度范围更大，因此使得其只能对长周期地震波可见。

3.5.4　下地幔结构

在 660km 间断面之下大概 100km 的深度，速度随深度快速增加，但随后速度增加较慢。快速增加意味着矿物转化继续，而较慢增加则意味着物质的矿物和化学成分没有显著变化，速度增加主要是由于压力增加。然而，弱的地震间断面，例如 900km 和 1300km 也经常被提到。这些间断面可能类似于 410km 和 660km 的全球间断面，或者是局部速度异常，也许是过去俯冲板块的碎片。

在地幔最底层的 D″层是一个迷人但知之甚少的、且其速度结构的复杂性能与岩石圈匹敌的区域①。D″层是地幔底部几百公里，因为随深度变化的速度梯度变化较慢，可能最初是从地幔其他部分（D′）分化出来的。这个较慢梯度在意料之中，因为 D″是在地幔和更热的地核之间的热边界层。穿越 D″预期约有 1000℃温差，将降低地震波速度，从而减小速度梯度。

然而，详细的速度模型显示在这个较低梯度区域的顶部速度急剧增加（图 3.5-15）。这种模型的一个特点是高速和低速区域相抵消以给出类似 PREM 模型的走时，其中不包含高速区。因此 D″现在通常被表征为不连续速度增加的区域，平均约在核-幔边界以上 250km。这具有讽刺意味，因为 D″最初是因为低于预期速度而得名。

D″间断面上观测到的速度增加一般通过 PdP 和 SdS 震相获得，这些震相包括间断面上的反射和折射波

① 关于 D″的不确定性从它的厚度描述中可见一斑，如（250±250）km（Jeanloz，1990）。

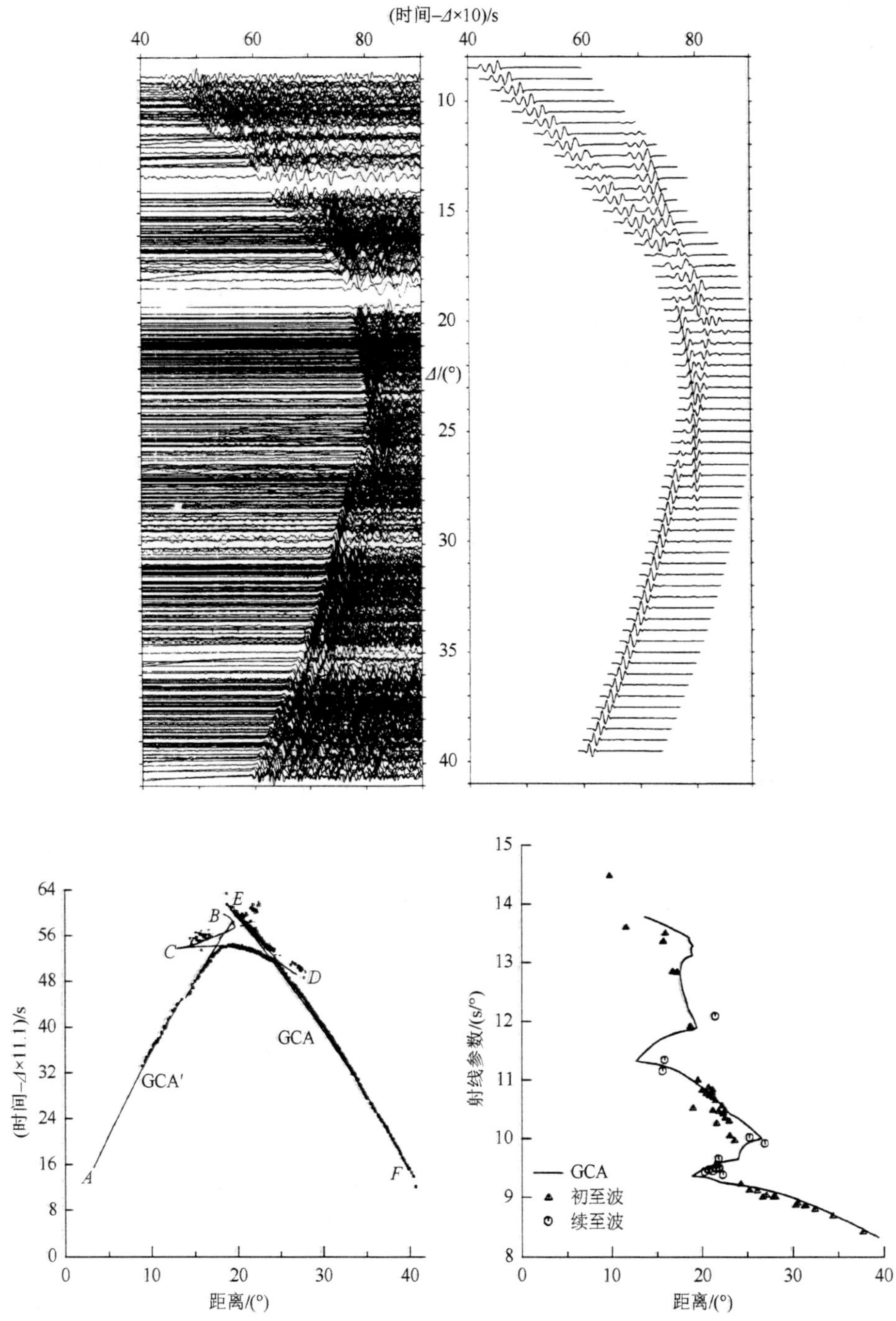

图 3.5-13 上地幔结构的地震台阵研究。上图：以 10°/s 折合速度绘制的记录剖面显示了观测（左图）和合成（右图）地震图。左下图：折合走时图，显示了走时数据和模型预测走时。右下图：$p(\Delta)$图和模型预测射线参数图。两个三重分支在记录剖面、走时图和$p(\Delta)$图中非常明显，走时曲线在 13°附近的弱间断是由于使用了略有差别的模型（GCA'对 GCA）。（Walck，1984）

（图 3.5-16）。PdP 和 SdS 在直达波（P 和 S）和地核反射（PcP 和 ScS）震相之间到达，如图 3.5-16 所示。在核-幔边界上的很多位置，间断面已被观测到，但其他位置，没有显示 PdP 或 SdS 波至。并且，尽管间断面的平均深度是在核-幔边界之上 259km，但观测到的深度在核-幔边界之上 100～450km。对这个变化一个可能的解释是在小波长空间尺度上，间断面有显著的地形变化，从而引起波的聚焦和发散。另一种可能性是没有实际的间断面，但复杂的不均匀三维速度表现为间断面的形状。穿越 D″的地震波散射增加，这种观测支持了这一观点。在任一情况下，速度增加可能与沉入地幔底部的俯冲岩石圈有关。D″中高速区域和远古俯

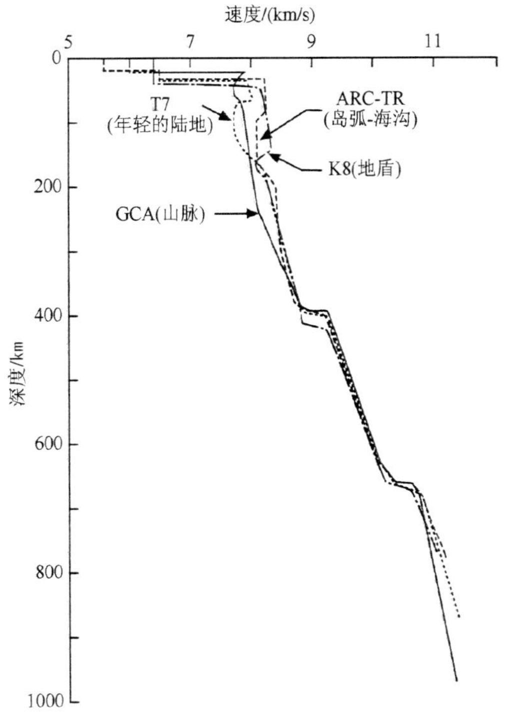

图 3.5-14 由图 3.5-13 中数据推断得到的 GCA 模型与其他构造区域的 P 波速度模型的比较。(Walck，1984)

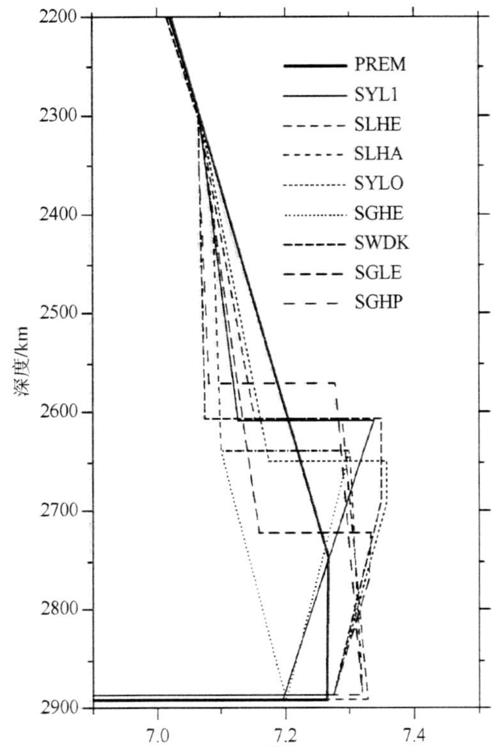

图 3.5-15 几个速度结构模型显示在核-幔边界之上约 250km 存在速度增加区域，称为 D"间断面。(Wysession et al.，1998)

冲带板块的投影位置(图 3.5-17)有关，在到达核-幔边界之后的一个长时间段内，板块将保持一个相对较冷的温度异常(5.4.1 节)。地震模拟表明，此机制能产生 PdP 和 SdS 震相。D″显示了额外的复杂性。有力的证据表明存在显著的地震各向异性(3.6.6 节)。D″内的速度和核-幔边界地形都存在大波长或者小波长的显著横向变化。还有证据表明在地幔最底部的 10～20km 存在一个超低速带(ULVZ)。ULVZ 是用一个不寻常的体波震相 SPdKS 观测到的，这个震相类似于 SKS，但在地核的入口点和(或)出口点处，以绕射 P 波传播。SPdKS 相当于 SKS 波至的“肩部”，且对恰在核-幔边界之上的 P 波速度结构非常敏感(图 3.5-18)。SPdKS 波形模拟表明 v_P 可能比 D″内其他部分要慢 10%，且从 ULVZ 顶部反射的 PcP 前驱波的反射系数表明 v_S 可能降低了 30%。ULVZ 可能起因于部分熔融，因为它在 D″速度最慢的地方最显著，意味着造成低速的高温可能也会造成部分熔融。

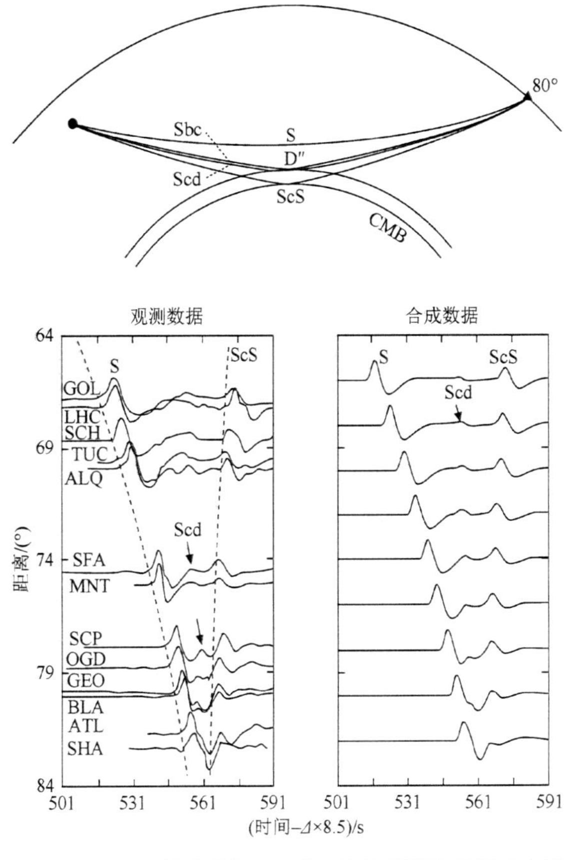

图 3.5-16 上图：构成震相 SdS 的两个波至射线路径示意图。Sbc 在 D"间断面反射，而 Scd 恰在其下折射。(Wysession et al.，1998)。下图：利用 SYLO 速度模型(图 3.5-15)计算观测到的 Scd 波至(箭头)(左图)与合成地震图(右图)的比较。(Young and Lay，1990)

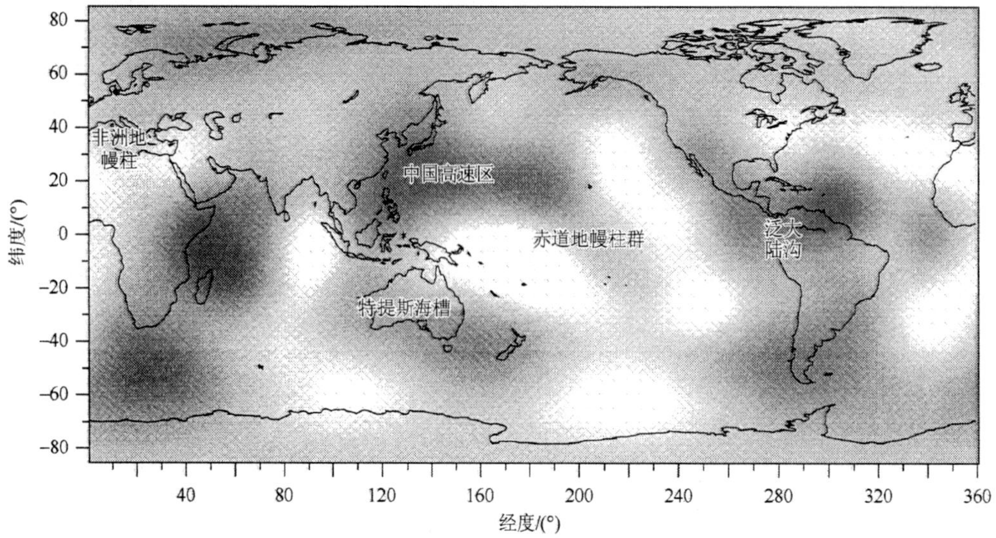

图 3.5-17 地幔底部 P 波速度变化。深色区域代表高速异常，浅色区域代表低速异常。高速异常与在中生代岩石圈俯冲沉入地幔底部的预测地点相关联。(Wysession，1996b)

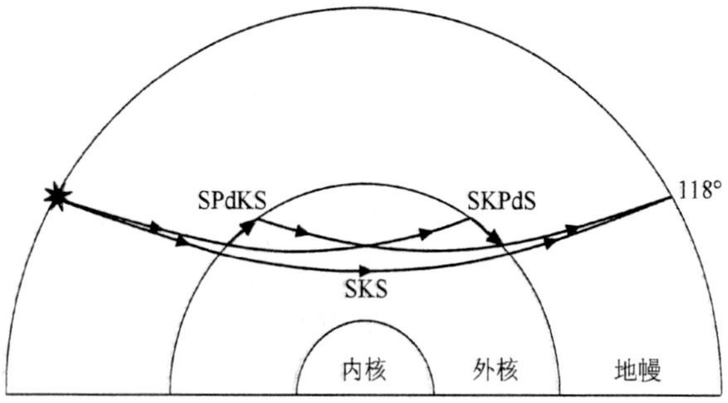

图 3.5-18 对地幔底部 ULVZ 高度敏感的一个震相 SPdKS 的射线路径。在深部地幔和地核的许多研究中，利用其走时和另一个震相(此例中为 SKS)之间的差异进行分析。

总之，D″精细结构和起因仍有太多的不确定性。这不足为奇，因为核-幔边界有可能是横向和纵向运动及剧烈化学反应的许多过程的场所。可以作为类比，D″是地幔和地核的热边界，类似于作为地幔顶部热边界层的岩石圈。在 D″底部的高速层可能是一个化学层，类似于地壳。这些复杂性使得核-幔边界被称为古大洋岩石圈的坟墓、地幔柱的发源地以及对控制外核对流模式和形成地球磁场的作用最具显著的区域。我们很大程度上通过穿越 2890km 不均匀地幔的地震“遥感”来研究这片区域，这可能限制了其可被认识的程度①。

3.5.5 可视化体波

在结束关于体波的讨论之前，思考一下它们的物理性质是很重要的。我们把如 S 和 ScS 的体波波至作为几何射线对待。然而，尽管很方便地将这些波描述为射线且通过射线追踪显示其路径，然而这种近似并不能充分描述其行为。

下面通过数值模拟显示由一个 600km 深地震产生的 SH 剪切波场的时间快照(图 3.5-19)。波场通过叠加 28000 个周期大于 12s 的扭转简正振型(2.8 节)进行合成。计算得到了精确的相对振幅，用浅色和深色阴影分别表示向纸内和纸外的位移。尽管简正振型理论本身是一个横向非均匀地球中实际波场的近似，但它比几何射线都更接近于实际地球。

如图 3.5-19 所示，单一球面 S 波波阵面经过地表、地幔间断面和地核反射后，快速分解成不同波阵面。当波阵面到达地表，会产生 S、ScS、sS 等的波至。在图 3.5-19(a)中，即地震后 60s，波阵面基本维持了其初始的圆形。波阵面上行部分朝向地表，但要再过 67s 才到达。波阵面下行部分朝向地核，将发生完全反射并产生 ScS。

图 3.5-19(b)中，震后 300s，波阵面仍保持完整性，尽管上半部分在地表反射，且下半部分将抵达地核。较慢的上地幔速度引起反射和非反射波的弯曲。S 波波阵面现在到达地表距离震源 12.5°处，且在更近距离已经向下反射。当下行波再次到达地表，产生 sS 和 sScS 震相。初始波阵面的下行部分将产生 ScS，但尚未到达地核。

震后 600s［图 3.5-19(c)］，复杂性更加显而易见。

① 核-幔边界的地球物理学意义及其很大的不确定性参见 D. Stevenson 的总结，他描述 D″为“所有地球内部认识盲区的总和”。

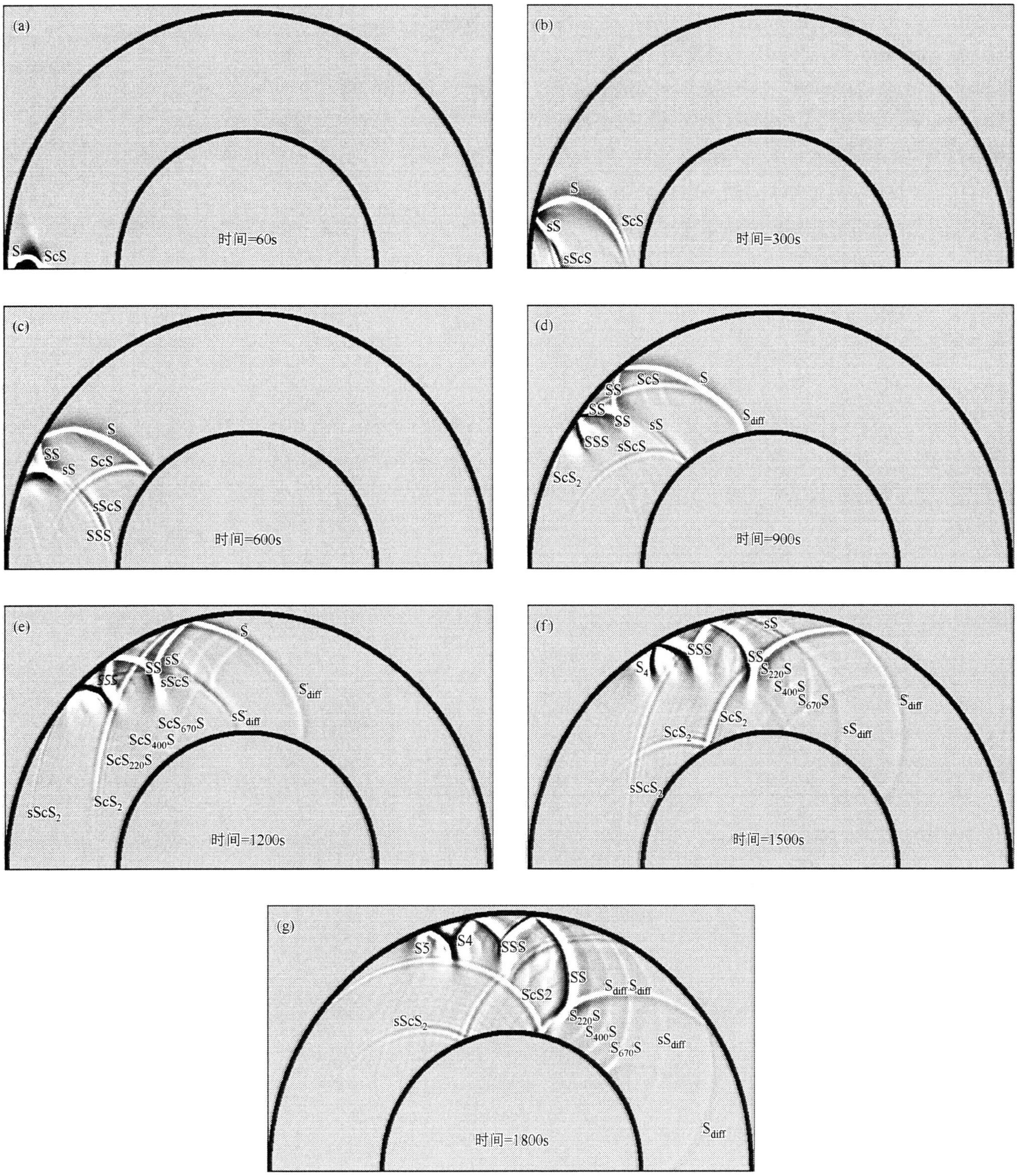

图 3.5-19　合成 SH 波场快照显示了深度为 600km 的地震发生后波的传播。初始波阵面从在图中左下部的震源向外传播。由于与地表、核-幔边界、内部间断面和速度梯度带的相互作用，波阵面变得越来越复杂。基于球对称 PREM 速度模型计算波场。振幅增强到 0.8 次方以增强较小的信号。(Wysession and Shore，1994)

在地核反射的上行波将产生 ScS 及其多重反射(ScS_2、ScS_3 等)。地表反射波分为两部分。一部分进入下地幔并最终以 sScS 和 sS 震相抵达地表。另一部分将在地幔更浅处出现，且以 SS 震相到达地表。在 sS、ScS 和 sScS 波阵面之后是从 220km、400km 和 670km 间断面反射的上地幔回波。尽管这些震相的地震波都在传播，然而现在到达距离震源 31°处在地表被记录的唯一震相是 S。sS 将在 63s 后在距离 24°处开始到达。

900s 后［图 3.5-19(d)］，四段分裂的波阵面到达地表：S 在 52°，sS 在 39°，SS 在 38°，ScS 在 33°。sS 和 SS 波阵面开始分离。而 ScS 和 S 开始同时返回，因为它们进入了地核影区，S/ScS 波阵面以绕射的 S_{diff} 波继续。在下地幔 S 和 ScS 波后面是 sS 和 sScS 波，二者除了地表反射外遵循类似轨迹。S 和 sS 之间(还有 ScS 和 sScS 之间)距离是地震深度的函数。标注为 SS 的三段波阵面形成了一个特有的“Y”形状，起因于波在中地幔的折返。“Y”的交叉点表示向下朝最低点行进的波阵面，与已经调头向上的波阵面的叠加。在 SS 后面，在地表底面反弹两次的震相 SSS 开始形成。

在图 3.5-19(e)中，震后 1200s，大多数初始 S 波阵面实际是 S_{diff} 震相，因为 S 波在约 100°擦过地核。地表反射的 sS 波现在以 sS_{diff} 也绕地核形成绕射。现在 SSS 充分发育，且在 SS 之后抵达地表。SSS 的极性有别于 SS，因为每次表面反弹都使其相位改变 $\pi/2$(3.5.1 节)。初始 S 波极性是纸面向内的(浅色)，而 SSS 极性主要是纸面向外的(深色)，因为其已经历再次相移。更小振幅的震相显然是从位于速度模型 220km、400km 和 670km 上地幔间断面的反射，因此 3 个震相是成组的。其中的一组，标注为 $ScS_{220}S$、$ScS_{400}S$ 和 $ScS_{670}S$，是先于 ScS_2 的底面反射。

震后 1500s［图 3.5-19(f)］，初始波阵面已完全是绕射的 S_{diff}，在距离 111°处抵达地表。因为波在地幔底部比上地幔传播快很多，在核-幔边界的 S_{diff} 能够走得更远，到达 152°。图中也可见在 SS 之前出现的一组标注为 $S_{220}S$、$S_{400}S$ 和 $S_{670}S$ 的中地幔反射。当上行 S/S_{diff} 波阵面与间断面相互作用时可以分离出这些反射。因为它们与 SS 相关，也具有底面反射震相的“Y”形特性。“Y”的上行部分由上行的 S 震相形成，但下行部分(“Y”的右边)从 S_{diff} 分离，且更恰当地被称为 $S_{diff200}S_{diff}$、$S_{diff400}S_{diff}$ 和 $S_{diff670}S_{diff}$。具有最大振幅的波 SS 和 SSS，在距离 76°和 63°处达到地表。

在图 3.5-19(g)中，震后 1800s，跟随着 SS(97°)和 SSS(83°)，S4 开始在地表(71°)被观测到。下一个地表反射 SS，正在产生。ScS_2 多重反射在距地震 36°处到达地表。SS 的下行部分是来自 S_{diff} 的地表反射，因此它将以震相 $S_{diff}S_{diff}$ 在大于 200°的距离到达地表。到目前为止，震后 30min，地震能量已经传遍整个地幔。多重 ScS 波仍在地表和地核之间反射。在核-幔边界，领先的 S_{diff} 波已环绕对跖点，且调头传播回往震中。

这个模拟实验表明，尽管地球中用于描述体波的射线路径直观上很有价值和吸引力，但它们毕竟是表征复杂波场的简单方法。一个地震产生一个初始球形波阵面，它与不同界面的相互作用导致了更多波阵面。对波阵面在地表产生的波至都被赋予特定的名字，因此相同波阵面的不同部分，或在不同时间的相同部分，被赋予不同的名字。因此基于几何射线的直觉能使我们错过一些现象的丰富含义。例如，我们倾向于认为绕射是一个与直达波不同的波，但波场模拟显示直达波变为绕射波时没有重要变化，尽管存在高频损失。模拟没有显示明显的地核影区，因为通过绕射和多重反射地震能量可能到达影区。关键点是波场是物理实体，而射线是有用的近似，需牢记其局限性。

3.6 地球内的各向异性

3.6.1 概述

本章先前的论述中假设地球内部是完全各向同性、线性的弹性介质，并通过分析地震波在这种介质中的传播来认识地球。在该介质中，根据胡克定律，应力和应变呈线性关系：

$$\boldsymbol{\sigma}_{ij} = \boldsymbol{c}_{ijkl} e_{kl} \tag{3.6-1}$$

有 81 个分量的弹性张量 $\boldsymbol{c}_{ijkl}$，减少至 2 个独立的弹性常数 λ 和 μ。因此，介质的弹性性质在所有方向都相同。尽管各向同性介质是地球介质的较好的近似，但是我们有必要考虑地球的各向异性。在各向异性介质中，胡克定律仍适用，但是应力和应变的关系需要更多弹性常数来表示。虽然弹性常数至多可有 21 个，但是用两个以上弹性常数来表示的介质就可以称为各向异性介质。

需要两个以上弹性常数意味着介质的性质随着方位变化。由于地震波的速度取决于弹性常数，所以穿过各向异性介质的地震波速度依赖于波的传播方向，从而产生复杂的波场现象。如 S 波可以分裂成两个脉冲，每个脉冲极性不同、波速不同(图 3.6-1、图 2.4-8)。

各向异性可以由介质的非均匀性导致，也被称为不均匀性、异质性。比较常见的各向异性是由介质结构存在方向性引起的。例如，多层胶合板的薄木层的叠合，它沿不同方向的强度(剪切模量)不同。

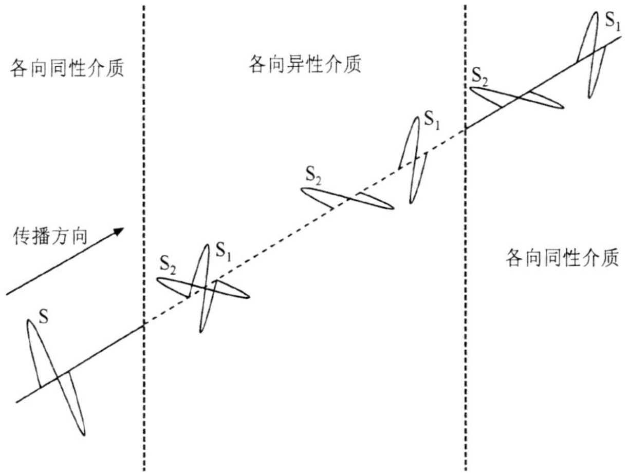

图 3.6-1 一个偏振的 S 波沿快轴和慢轴分裂，使得 S_1 和 S_2 脉冲随时间逐渐分开。在离开各向异性区域后，两个脉冲仍保持分裂。

类似地，具有不同波速的各向同性的岩层叠加后，整体也具有各向异性，因此地震波沿着平行或垂直于岩层传播具有不同的波速。这种情况称为形态优选方位(shape-preferred orientation，SPO)各向异性。各向异性也发生在均匀介质中。例如，橄榄石矿物中的晶体结构是均匀的，由同样重复的原子群构成，但是由于它的声波特性沿晶体的不同方向存在差异，因而表现出各向异性特征。这种情况称为矿物晶格优选方位(lattice-preferred orientation，LPO)各向异性。

相对于地表到地核沿地球的半径方向较剧烈的速度变化，地球介质由于各向异性所引起的地震波速变化很小。因此，在建立径向地震波速模型时，各向异性的影响一般被认为是次要的。但是，近期在致力于建立更加精确的三维速度模型的研究中，人们发现有时各向异性所带来的速度扰动与横向速度变化相当。但是却很难区分各向异性或是介质不均匀性所导致的结果，如折射界面的曲度可以导致很多类似各向异性的效果。

研究各向异性的一个重要原因在于，深部物质的流动可能使上地幔岩石中的橄榄石晶体沿优势方向排列。因此，探测地震“快波”方向就可以探测板块运动和深部地幔流动之间的关系。尽管各向异性研究工作正在进行，且研究的结果和解释也在不断深化，但各向异性研究仍是深部地球探测的前缘科学。

3.6.2 横向各向同性和方位各向异性

在 2.3.9 节中讨论过应力和应变张量的对称性、应变能的概念，这意味着 81 个弹性常量 $\boldsymbol{c}_{ijkl}$ 中至多有 21 个是独立的。因此可以将 $\boldsymbol{c}_{ijkl}$ 张量写作矩阵 $\boldsymbol{C}_{mn}$，其中下标 (I, j) 或 (k, l) 分别取 (1, 1)、(2, 2)、(3, 3)、(2, 3)、(1, 3) 和 (1, 2)，下标 m 和 n 从 1 变至 6：

$$\boldsymbol{C}_{mn}=\begin{bmatrix} c_{1111} & c_{1122} & c_{1133} & c_{1123} & c_{1113} & c_{1112} \\ c_{2211} & c_{2222} & c_{2233} & c_{2223} & c_{2213} & c_{2212} \\ c_{3311} & c_{3322} & c_{3333} & c_{3323} & c_{3313} & c_{3312} \\ c_{2311} & c_{2322} & c_{2333} & c_{2323} & c_{2313} & c_{2312} \\ c_{1311} & c_{1233} & c_{1333} & c_{1323} & c_{1313} & c_{1312} \\ c_{1211} & c_{1222} & c_{1233} & c_{1223} & c_{1213} & c_{1212} \end{bmatrix} = \begin{bmatrix} C_{11} & C_{12} & C_{13} & C_{14} & C_{15} & C_{16} \\ C_{21} & C_{22} & C_{23} & C_{24} & C_{25} & C_{26} \\ C_{31} & C_{32} & C_{33} & C_{34} & C_{35} & C_{36} \\ C_{41} & C_{42} & C_{43} & C_{44} & C_{45} & C_{46} \\ C_{51} & C_{52} & C_{53} & C_{54} & C_{55} & C_{56} \\ C_{61} & C_{62} & C_{63} & C_{64} & C_{65} & C_{66} \end{bmatrix} \tag{3.6-2}$$

对于各向同性介质，张量 c_{ijkl} 可以由两个独立的弹性常量表示：

$$c_{ijkl}=\lambda\delta_{ij}\delta_{kl}+\mu(\delta_{ik}\delta_{jl}+\delta_{il}\delta_{jk}) \tag{3.6-3}$$

其矩阵形式为

$$\boldsymbol{C}_{mn}=\begin{bmatrix} \lambda+2\mu & \lambda & \lambda & 0 & 0 & 0 \\ \lambda & \lambda+2\mu & \lambda & 0 & 0 & 0 \\ \lambda & \lambda & \lambda+2\mu & 0 & 0 & 0 \\ 0 & 0 & 0 & \mu & 0 & 0 \\ 0 & 0 & 0 & 0 & \mu & 0 \\ 0 & 0 & 0 & 0 & 0 & \mu \end{bmatrix} \tag{3.6-4}$$

然而，很多地球介质的晶体结构需要更多独立的弹性常量来表示。例如，冰、石英、橄榄石、斜长石分别需要 5、6、9、21 个常量。这种情况下，矩阵变得更加复杂。

各向异性中一种很重要的形式，称为横向各向同性(也称作径向各向异性、轴对称和圆柱对称)，常存在于层状介质中。例如多层胶合板，每层介质自身都是各向同性的，但是各层介质的性质互不相同。因此层状介质整体的弹性性质，即地震波速，不管怎样围绕对称轴，即垂直于层状方向旋转，都保持不变。但其垂直方向的性质不同。

横向各向同性介质可以用五个独立的弹性系数表示：A、C、F、L、N。这些系数可以表示介质的整体性质。如果对称轴是 x_3，则 x_3 方向的性质与 x_1-x_2 平面的性质不同，弹性常数矩阵［方程(3.6-4)］则可表示为

$$
\boldsymbol{C}_{mn}=\begin{bmatrix} A & A-2N & F & 0 & 0 & 0 \\ A-2N & A & F & 0 & 0 & 0 \\ F & F & C & 0 & 0 & 0 \\ 0 & 0 & 0 & L & 0 & 0 \\ 0 & 0 & 0 & 0 & L & 0 \\ 0 & 0 & 0 & 0 & 0 & N \end{bmatrix} \tag{3.6-5}
$$

对比矩阵(3.6-2)和矩阵(3.6-4)可以看出：在各向同性介质应该相等的项(C_{11} 与 C_{33}，C_{55} 与 C_{66})现在不相等了，因为与 x_3 方向相关的项与 x_1 或 x_2 方向的项是不同的。

矩阵(3.6-5)给出了沿不同方向传播的波速。首先，考虑沿 x_1 方向传播的波(图 3.6-2 上图)。与各向同性介质类比，A 对应于 x_1 方向的 $\lambda+2\mu$，N 对应于 x_2 方向的 μ，L 对应于 x_3 方向的 μ。所以 P 波和两个正交的 S 波可表示为

$$
P_1=(A/\rho)^{1/2}，\ S_1=(N/\rho)^{1/2}，\ S_2=(L/\rho)^{1/2} \tag{3.6-6}
$$

因此沿该方向传播的 S 波速度依赖于粒子运动的方向。S 波产生分裂，在一个平面内偏振的波速比另一个平面内偏振的波速快。这是一种如同图 3.6-1 的分裂方式。对于在 x_2 方向或 x_1-x_2 平面内任意其他方向传播的波，结果是相同的，因为该平面内的物理性质与方向无关。

在很多应用中，地球的水平岩层表现出关于垂直轴的横向各向同性性质。通常 SH 波的波速 S_1 比 SV 波的波速 S_2 快，因为 SH 波的位移多在波速较快的层里，而 SV 波对快慢层同等采样。所以，通过勒夫波频散得到的 SH 波速比通过瑞利波得到的剪切波速高，因为后者包含 SV 波。

对比之下，沿 x_3 方向(即对称轴方向)(图 3.6-2 下图)传播的 P 波和 S 波中，两个 S 波速度均等于方程(3.6-6)中的 S_1。沿 x_3 方向，P 波波速公式中的 C 与 $\lambda+2\mu$ 相当。所以有

$$
P_2=(C/\rho)^{1/2} \tag{3.6-7}
$$

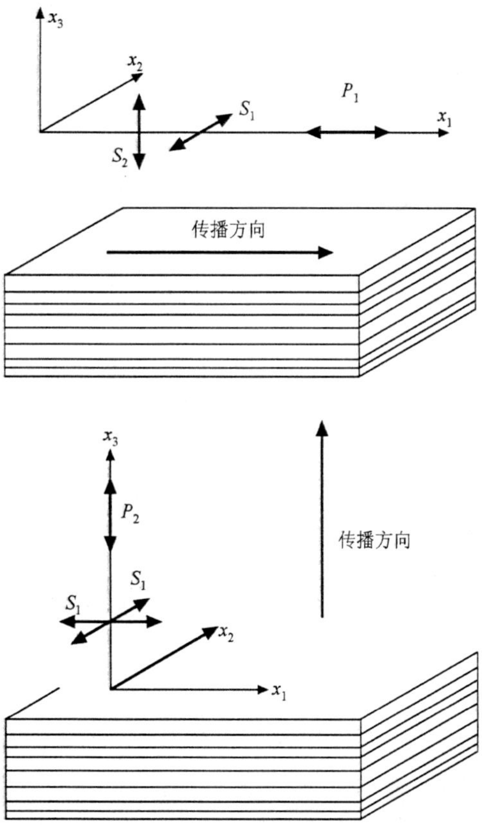

图 3.6-2 层状结构导致的横向各向同性效应。上图：层状介质 x_1 方向上传播的 P 波和 S 波的振动方向。在层面内振动的 S 波速度为 S_1，通常比垂直于岩层方向振动的剪切波速度 S_2 快。下图：垂直于岩层沿 x_3 方向传播的 P 波和 S 波的振动方向。通常压缩波波速 $P_2>P_1$。两个 S 波的速度相同，均为 S_2。

对于层状介质，通常 $P_1>P_2$，因此 P 波波速沿 x_1 方向比 x_3 方向快。这是由于在 x_1 方向 P 波优先在高速层中传播，在 x_3 方向传播的 P 波则必须穿过低速层。横向各向同性通常由 3 个参数确定：

$$
\begin{aligned}
\zeta &= \frac{N}{L}=\left(\frac{S_1}{S_2}\right)^2, \\
\phi &= \frac{C}{A}=\left(\frac{P_2}{P_1}\right)^2, \\
\eta &= F/(A-2L)
\end{aligned} \tag{3.6-8}
$$

如果介质是各向同性的，$\xi=\phi=\eta=1$。对于层状结构，通常 $\xi>1$，$\phi<1$。

另一种常见的各向异性类型是方位各向异性，即速度随水平方向变化。获得方位各向异性的一种方法是将横向各向同性的 x_3 方向改为水平方向，类似于将胶合板垂直竖立。通常 P 波随着方位角的变化可表示为

$$P(\theta) = A_1 + A_2\cos 2\theta + A_3\sin 2\theta + A_4\cos 4\theta + A_5\sin 4\theta \tag{3.6-9}$$

式中的常量 A_i 由 21 个弹性常量决定。

3.6.3　矿物和岩石的各向异性

地震各向异性的一个重要来源是由矿物晶格优势排列引起的。在微观尺度上，各向异性表现为沿不同矿物晶轴方向地震波速度的不同，变化甚至超过 100%。一般而言，矿物晶格是随机排列的，在地震波波长内各向异性的影响因平均效应而减弱，最后只剩下微弱的各向异性特征。但是，某些情况下，矿物晶格定向排列会引起显著的各向异性。

矿物的弹性实验对该各向异性进行了研究。研究方法包含一些静态方法，如扭曲或挤压样品，但大多数利用矿物样品(小至 1mm)的振动性质。在高压条件下，采用一种称为“布里渊散射”(Brillouin scatting)的技术，来测量通过矿物的激光如何扭曲，获得小于 0.1mm 样本的弹性常量。

橄榄石是一种非常重要的各向异性矿物(图 3.6-3)，它是上地幔的主要组成成分。当地震波沿其快轴方向传播时，P 波速度为 9.89km/s，SH 波速度为 4.89km/s，SV 波速度为 4.87km/s。相比之下，该例中最慢的 P 波速度为 7.72km/s。各向异性的强度表示为

$$k = (v_{\text{max}} - v_{\text{min}})/v_{\text{mean}} \tag{3.6-10}$$

对于橄榄石矿物中的 P 波，$v_{\text{max}} = 9.89\text{km/s}$，$v_{\text{min}} = 7.72\text{km/s}$，$v_{\text{mean}} = 8.81\text{km/s}$，因此 $k = 25\%$。S 波的最大、最小速度分别为 5.53km/s 和 4.42km/s，因此 $k = 22\%$。尽管对于橄榄石而言，P 波和 S 波的各向异性程度类似，但对于其他矿物却存在明显区别。

另外，有些矿物性质在各向同性至各向异性之间变化。其中，一种重要矿物是石榴石，其对 P 波和 S 波的 k 值均≤1%。另一种极端情况，层状硅酸岩矿物如云母，其对 P 波的 k 值高达 60%，S 波高达 116%。

因此，岩石各向异性的一个主要影响因素是其所含矿物的各向异性及彼此之间的比例；另一个重要影响因素为偏应力，它能够使原本随机排列的矿物晶格产生优势定向排列，通常宽度最小的方向沿压应力最大的方向排列。例如，层状片岩的重要组成矿物——云母，晶体平面一般平行于最小压应力方向。因此，与层状片岩平行的方向最易发生滑动，片状云母在平面内的约束力最小。特定方向的剪切作用也会引起晶格优势排列，所以最终的各项异性反映了各向异性矿物的优势排列与层状构造的综合效应。

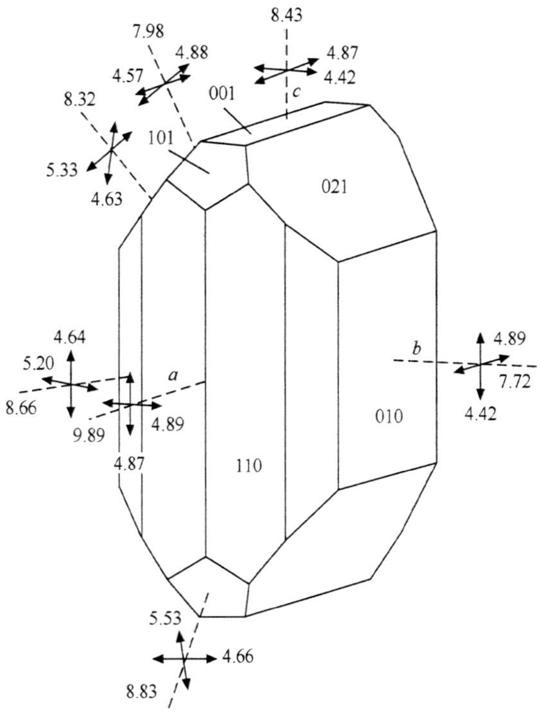

图 3.6-3　橄榄石晶体在不同方向的 P 波和 S 波速度。P 波速度沿虚线方向，S 波速度由垂直交叉的实线表示。与[100]晶面对应的 a 轴是穿过晶体的最快方向，它也是主要的滑动方向，因此橄榄石晶体沿塑性流动的方向排列。(Babuska and Cara，1991，经 Kluwer Academic Publishers 授权)

3.6.4　结构组成导致的各向异性

各向异性也可由矿物的不对称组合引起。大陆上地壳通常包含水平层状的沉积岩。类似地，大洋地壳的玄武岩和辉长岩之上一般为沉积物。这些沉积物具有横向各向同性，以垂直方向为对称轴。在局部区域，板块碰撞经常引起显著的变质作用，有时由于页岩和片岩的优势排列产生横向各向同性。

流体充填的裂隙，例如火山区，也会引起各向异性。对一个包含二维流体充填裂隙的物质，其法向平行于 x_1 轴，各向异性表示为

$$\boldsymbol{C}_{ij} = \begin{bmatrix} \lambda+2\mu & \lambda & \lambda & 0 & 0 & 0 \\ \lambda & \lambda+2\mu & \lambda & 0 & 0 & 0 \\ \lambda & \lambda & \lambda+2\mu & 0 & 0 & 0 \\ 0 & 0 & 0 & \mu & 0 & 0 \\ 0 & 0 & 0 & 0 & \mu(1-\varepsilon) & 0 \\ 0 & 0 & 0 & 0 & 0 & \mu(1-\varepsilon) \end{bmatrix} \tag{3.6-11}$$

式中ε称为裂隙密度，定义为$\varepsilon = Na^3/V$，N为体积V内的裂隙个数，a为裂隙半宽度。如果裂隙无限小，$\varepsilon = 0$，就变为各向同性介质［方程(3.6-4)］。一般而言，各向异性依赖于裂隙几何结构及其与周围结构的对比。为了便于计算，扁长球体和扁圆球体常用于地震各向异性模型中。

3.6.5 岩石圈及软流圈各向异性

岩石圈中的各向异性有多种形式，比如冰川中沿流动方向排列的冰晶。很多因素在洋壳中会引起各向异性。水平沉积层可以引起高达15%的具有垂直对称轴的横向各向同性。在上地壳垂直席状的玄武岩墙中，存在方位各向异性，其水平轴垂直于岩墙，亦即沿着洋壳扩张的方向。

大洋岩石圈的地壳以下部分显示强烈的方位各向异性。伴随板块扩张过程(图3.6-4上图)，橄榄石晶体的[100]滑动轴优先指向扩张方向①。因为P波在这个方向传播最快(图3.6-3)，首波P_n通过莫霍面下方的上地幔顶部(3.2.1节)，其速度显示强烈的方位依赖性(图3.6-4下图)。这种变化在方程(3.6-9)中由$\cos 2\theta$近似表示，θ从扩张方向算起，所以速度在扩张方向或者其反方向最高。随着岩石圈年龄增加，这种各向异性“保留”在岩石圈中，记录了板块扩张的方向。

大陆地壳比洋壳更加复杂，所以陆壳的各向异性也比洋壳更加复杂。上地壳中各向异性的主要来源是裂隙的存在，这种裂隙常常由液体填充，裂隙常呈垂直方向，一般由平行于裂隙的区域应力场导致。近垂直裂隙在水平沉积物中(具有垂直对称轴的横向各向同性介质)出现时，二者叠加的结果会产生斜方对称性。陆壳的下地壳趋向于近水平分层，这可能是韧性变形的结果，从而引起地震各向异性。图3.6-5显示了一个地震反射剖面中的分层和另一处的地壳分层草图。

大陆岩石圈及其下方的各向异性常用“剪切波分裂”方法研究。SKS波由P波从外核到下地幔转化为S波，完全是径向(SV)方向的偏振，这是因为当下行的S波到达核-幔边界时，所有的SH能量被全反射。但是，当剪切波穿过地幔和地壳时，在穿过各向异性介质时会发生分裂(图3.6-6)。假设横向各向同性介质的对称轴是水平的，两个偏振波速度不同，所以到时

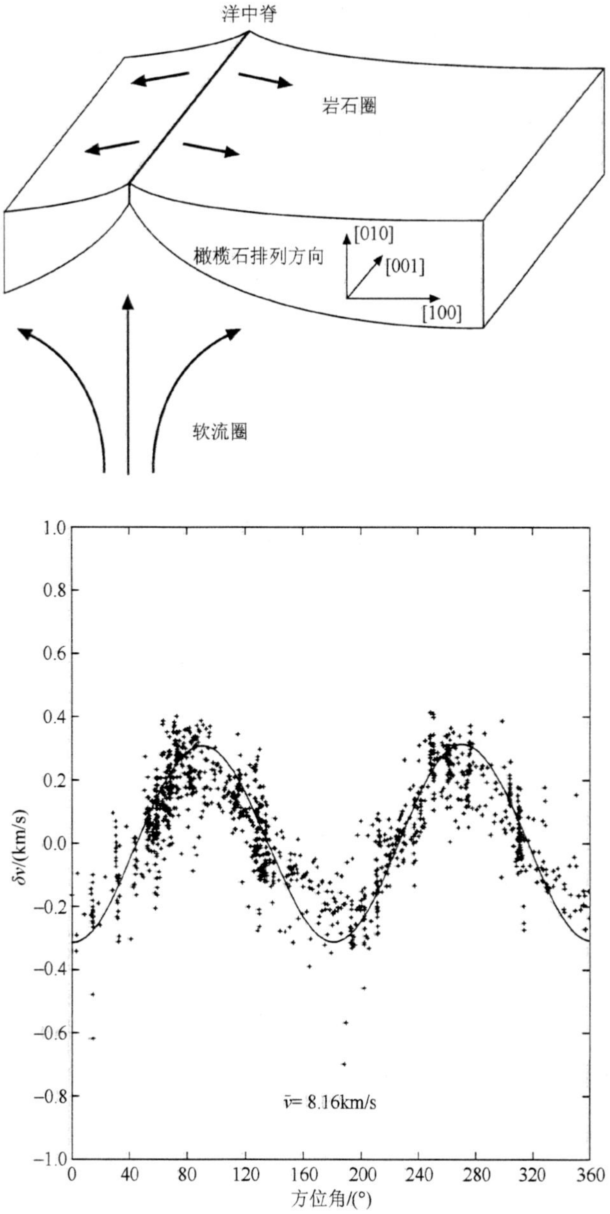

图 3.6-4 上图：扩张过程造成大洋岩石圈中橄榄石晶体的定向排列，速度快轴([100])沿扩张方向。下图：夏威夷附近P_n波速度的变化，方位角是相对等时线走向测量的(与扩张方向成90°)，其极大值在90°和270°，表明方位各向异性的最快方向是沿着板块形成时的扩张方向。(Morris et al.，1969)

不同。因此，如果SKS在各向同性地球中的径向分量是$s(t)$，那么它的快慢偏振分量分别为

$$s_1(t) = s(t)\cos\phi,\quad s_2(t) = s(t-\delta t)\sin\phi \qquad (3.6\text{-}12)$$

式中ϕ是径向和快轴的偏振角，δt是快慢偏振波之间的延时。通常在切向分量中不存在SKS波，但是各向异性导致在径向和切向分量上都存在快慢偏振波，由以下公式表示：

① 这种晶轴表示类似于Klein和Hurlbut(1985)在矿物学中的论述。

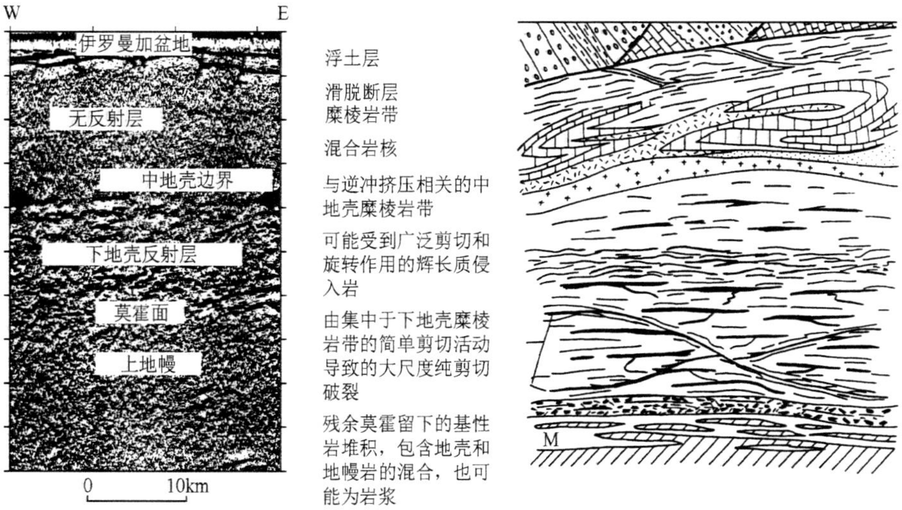

图 3.6-5　左图：澳大利亚东部地壳上地幔地震反射剖面。下地壳存在多层的、不连续的且近水平的反射层，这可能与应变引起的组构、火成岩层、或者自由流体有关。这种结构造成了对称轴垂直的横向各向同性。(Finlayson et al.，1989，*Properties and Processes of Earth's Lower Crust*，1-16，经澳大利亚地质调查局许可转载)。右图：北美盆岭区鲁比(Ruby)山的地壳横截面图。尽管物质组构的起源是随深度变化的，但仍存在一种很强的水平分层特性的趋势。(Smithson，1989，*Properties and Processes of Earth's Lower Crust*，53-63，经澳大利亚地质调查局许可转载)

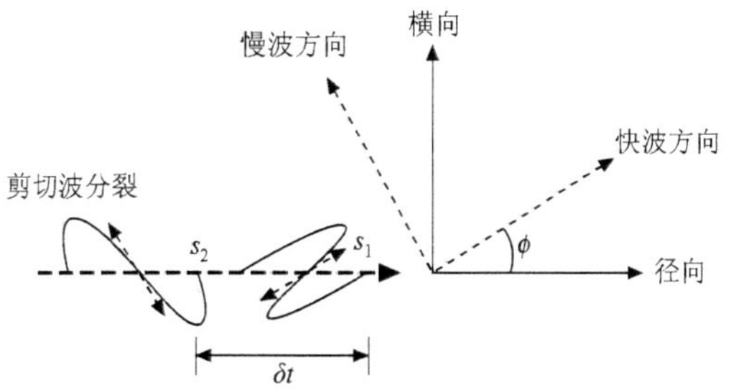

图 3.6-6　S 波沿快波方向(s_1)和慢波方向(s_2)分裂成两个波。偏振角 ϕ 表示快波方向相对于径向传播方向的旋转角度，δt 是分裂波的时间间隔。

$$
\begin{aligned}
R(t) &= s(t)\cos^2\phi + s(t-\delta t)\sin^2\phi, \\
T(t) &= [(s(t)-s(t-\delta t))/2]\sin 2\phi
\end{aligned}
\tag{3.6-13}
$$

例如，在图 3.6-7(a)上图中，SKS 出现在切向分量上。两个分量旋转产生快、慢偏振波 $s_1(t)$ 和 $s_2(t)$［图 3.6-7(a)中图］。之后使用时间差改正，信号旋转，使所有信号均出现在径向分量上［图 3.6-7(a)下图］。如图 3.6-7(b)所示，在校正之前，两个分量都存在质点运动，但在校正后，质点运动只出现在径向分量上。这种方法可以去除切向分量，说明横向各向同性模型是适用的。ϕ、δt 的值是通过将切向信号能量减到最小获得，如图 3.6-7(c)中的等值线所示。一般情况下，剪切波分裂值的大小，即 δt 为 0～2s。

大陆地震各向异性是构造运动过程中产生的晶体排列并且保存下来的痕迹。各向异性是最近一次构造事件的结果，因为最近的构造运动重置了之前的各向异性特征。由于大陆岩石年龄最老为 40 亿年(平均年龄为 15 亿年)，大陆岩石圈中的各向异性可以揭示古老的构造事件，如造山事件。对于板块碰撞，快轴通常近似垂直于主应力轴或者平行于造山带。软流圈的流动也会导致橄榄石定向排列从而造成深部的各向异性。但是有时很难区分软流圈和岩石圈的各向异性。例如，在北美东部，快波方向是 WSW-ENE 方向，平行于两个板块的绝对位移方向(5.2.4 节)(因而可能是软流圈流动的结果)和主要造山带边界，如阿巴拉契亚山脉(Appalachian Mountains)(图 3.6-8)。

面波观测表明：各向异性在大洋地区可能达到 300km 的深度。通过勒夫波得到的 SH 波速比通过瑞利波得到的 S 波(包含 SV 波)速度快。图 3.6-9 显示不同年龄的大洋岩石圈 S 波速度比的平方 ξ[方程(3.6-8)]与深度的关系。ξ 偏离 1 的程度反映了 SH 速度大于 SV 速度的横向各向同性。由于大洋岩石圈深度达到 100～125km，各向异性似乎延伸到软流圈的深度。

此外，与对较浅的上地幔顶部采样的 P_n 波相似，瑞利面波的波速也表现出方位各向异性。这两种波的各向异性都可能反映地幔的流动(图 3.6-4)。地幔流动所诱发的橄榄石定向排列产生沿扩张方向的方位各向异性。将不同方向的路径平均可以消除方位的影响，

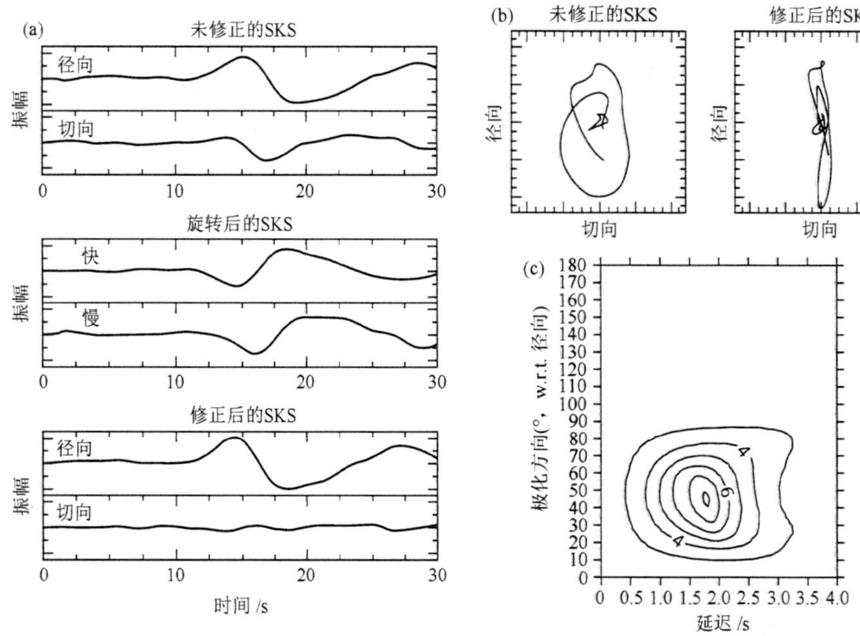

图 3.6-7　千岛群岛地震 SKS 剪切波分裂，来自新西兰地震台阵的叠加结果。(a)SKS 处理前后的波形。上图：处理前的径向和切向分量。注意切向分量上存在明显的 SKS 信号，在各向同性的地球介质中不应当出现。中图：旋转到快慢偏振方向之后的 SKS 波形。下图：去除分裂之后的 SKS 波形，所有的 SKS 信号都在径向分量上。(b)在去除切向信号之前、之后的 SKS 在径向和切向分量的质点运动轨迹(2.4 节)。(c)径向分量振幅的等值线图，它是偏振角和延时的函数。其最大值对应于最佳拟合值。(Gledhill and Gubbins，1996)

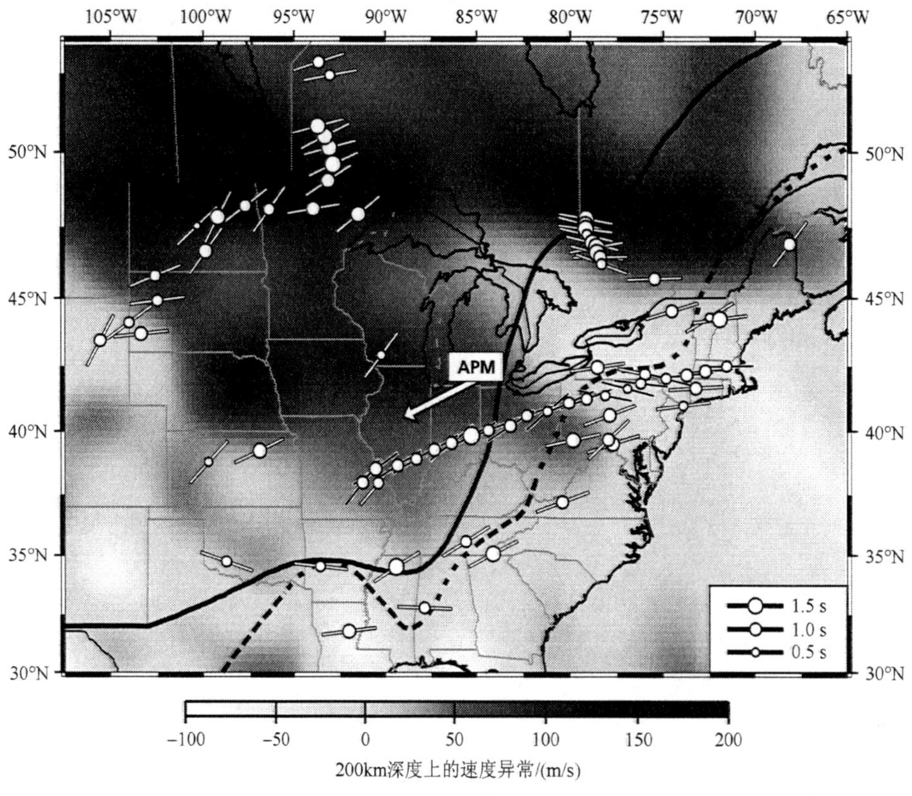

图 3.6-8　美国东部 SKS 和 SKKS 的剪切波分裂结果。假设为对称轴水平的横向各向同性，线段指向表示快波方向，圆圈的大小代表分裂程度，以秒为单位。背景是 200km 深度处的 S 波速度异常值(van der Lee and Nolet，1997)。分裂方向接近平行于阿巴拉契亚造山带(虚线)，并且与板块运动的绝对方向(APM)一致。注意不同位置的区域性变化。(Fouch et al.，2000)

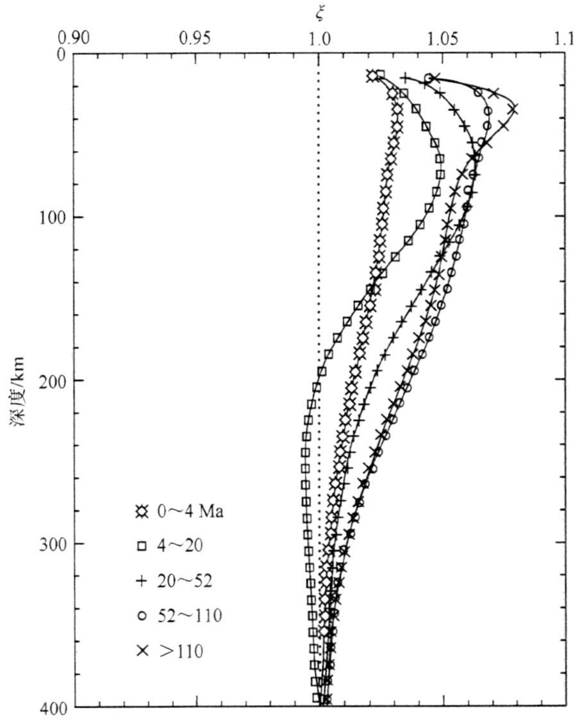

图 3.6-9　太平洋下 $\xi(V_{SH}/V_{SV}$ 的平方)随深度的变化。ξ 往往大于 1，意味着 SH 比 SV 速度更高，这符合岩石圈和软流圈中扩张过程导致橄榄石的定向排列。(Nishimura and Forsyth，1989)

得到关于垂向对称的纯横向各向同性。数据证实一个有趣的结果，就是在地幔物质不断上涌的洋中脊附近，横向各向同性并不显著。在年龄更老的区域，地幔流更加水平，增加了横向各向同性。

3.6.6　地幔和地核中的各向异性

虽然大部分地幔都表现出没有或很弱的各向异性，但是地幔底部 D″区域的情况不同，该处可能存在地幔与液态外核复杂的相互作用(3.5.4 节)。研究横向变化非均匀的地壳和地幔之下近 3000km 处一个薄层的各向异性是很困难的，但是初步探测表明存在量级为百分之几的各向异性，与各向同性速度的变化相当。D″区域的各向异性可以分为两类。在古俯冲地区，如中美洲的西部和太平洋的北部边缘，S、ScS 或 S_{diff} 的 SH 波速度大于相应的 SV 波(图 3.6-10)。这种情况符合横向各向同性模型。然而，太平洋中部 D″区域的各向异性是多变的，SH 波通常但并不总是先于相伴的 SV 波到达。这种现象可能反映了地幔底部上涌造成的垂直结构。此外，在该区域可能会出现几种矿物相，如钙钛矿($MgCO_3$)、方镁石(MgO)和二氧化硅(SiO_2)的铌铁矿相，在 D″条件下应当是各向异性的(图 3.6-11)。由于对地震台站位置的要求比较苛刻，我们对核-幔边界的各向异性了解很少，在这方面还需要进一步研究。

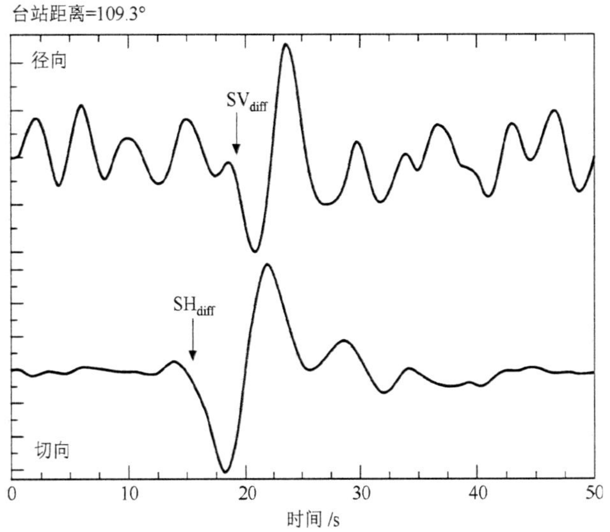

图 3.6-10　如加拿大 DAWY 台站所记录南美地震的衍射波形所示，地幔底部存在各向异性。箭头处表示初动时间。衍射的 SH 比 SV 到时早，这意味着存在横向各向同性。(Kendall and Silver，1996)

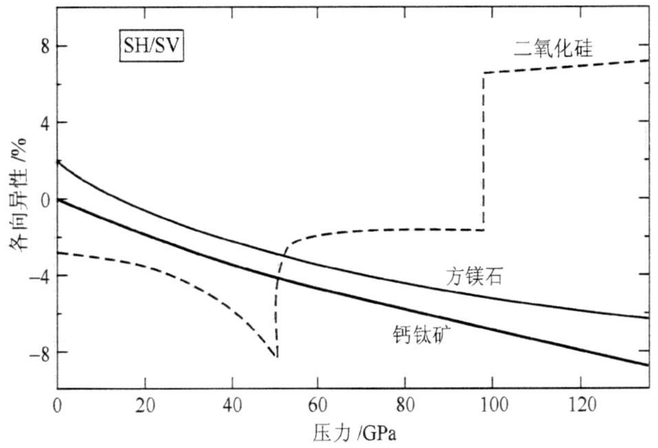

图 3.6-11　钙钛矿、方镁石和二氧化硅各向异性在地幔中随压力变化的理论值。最右侧对应地幔的最底部，在地幔底部这些矿物相是主要成分。二氧化硅曲线中的转折点由相变引起。(Stixrude，1998)

固态铁内核存在明显的各向异性。PKIKP 波(PKP-*DF*)沿地球的旋转轴传播比沿赤道平面传播快 3s。PKP-*DF* 和 PKP-*BC* 震相(图 3.5-7)在地幔中传播的路径相似，所以这两个震相之间的走时差很可能反映了地核的结构。由于液态外核低黏度特征，液体流动可以消除速度的横向变化和各向异性。因此 *BC* 和

DF 震相走时差的观测值与预测值之差：

$$\delta t_{BC}-\delta t_{DF}=(t_{BC}-t_{DF})_{\text{observed}}-(t_{BC}-t_{DF})_{\text{predicted}} \tag{3.6-14}$$

很可能是沿 *DF* 路径的内核结构的一个函数。

图 3.6-12 中显示了 *BC-DF* 走时残差与 ξ 的关系，ξ 是内核中 PKP-*DF* 射线和地球自旋轴的夹角。当 ξ 值很小时，射线路径与地球自旋轴平行，相应的大残差值说明近轴向的 PKP-*DF* 波波速较快，且到时较早。图中还显示了六角紧密堆积(hexagonal close-packed，HCP)结构和面心立方(face-centered-cubic，FCC)结构的固体铁所表现出的各向异性理论值。地球的自旋轴方向的排列的 HCP 晶格结构模型，可以很好地解释地震观测。

在内核中有显著位移的简正振型数据也表明存在各向异性。若不存在横向不均匀性和各向异性，组成一个简正振型多重谱的各单谱线应该有几乎相同的特征频率(2.9 节)。事实上，如图 3.6-13 中所示的 ${}_{18}S_4$，简正振型是分裂的，因此不同方位阶(点)的单谱线具有不同的特征频率。图 3.6-13 左图中实线表示横向各向同性模型的理论分裂，其弹性参数如图 3.6-13 右图所示。此处 α、β、γ 由横向各向同性模型的弹性常数表示［方程(3.6-5)］。内核中任意方向的速度变化可表示为

$$\delta v/v=(2\beta-\gamma)\cos^2\xi \tag{3.6-15}$$

其中，ξ 是射线路径和地球自转轴的夹角。$\delta v/v$ 沿着赤道方向时为 0，平行于自转轴时约为 1%。

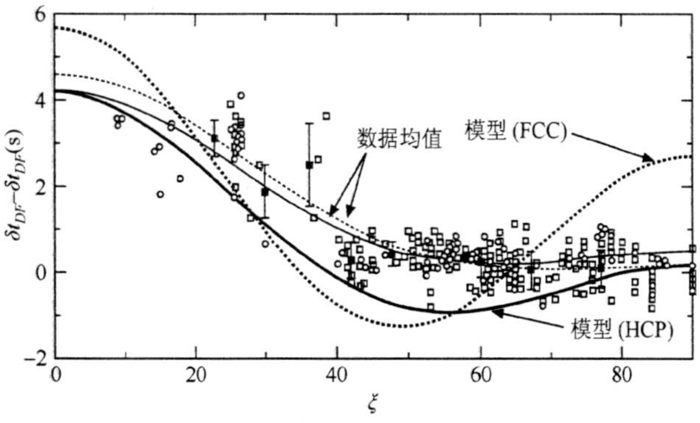

图 3.6-12 PKP-*BC*-PKP-*DF* 的走时残差是 ξ 的函数，ξ 是 PKP-*DF* 射线和地球自旋轴的夹角。圆圈和细实线的数据来自 Song 和 Helmberger(1993)；方块和细虚线的数据来自 Creager(1992)。细实线和虚线表示走时残差的平滑拟合。粗实线和虚线是假设内核的成分为铁，分别为 HCP 和 FCC 结构时，横向各向同性介质走时残差的预测值。HCP 曲线和数据的相似性支持 HCP 是内核的特别晶相。(Stixrude and Cohen，1995)

内核各向异性不完全沿自转轴对称，该现象有利于观测内核相对于地幔的差异性旋转。这种现象体现在相似地震台站的 *BC-DF*［方程(3.6-14)］残差随时间变化中。这种旋转差异的定量研究及其对于对流外核中磁场的产生的意义都是非常热门的研究领域。

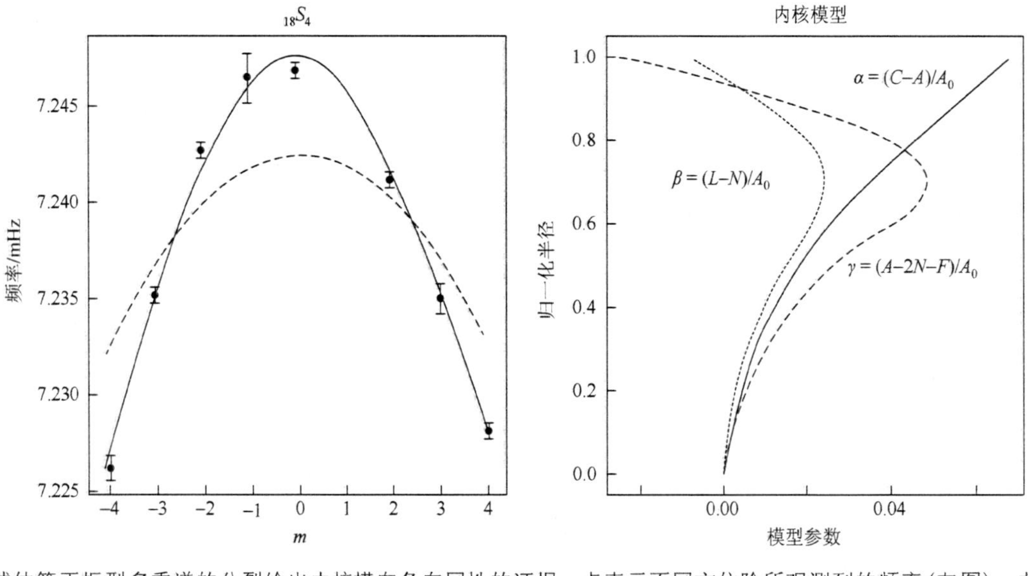

图 3.6-13 球体简正振型多重谱的分裂给出内核横向各向同性的证据。点表示不同方位阶所观测到的频率(左图)。虚线表示右图所示仅考虑地球自转和椭球形状，但不包含各向异性的内核模型给出的理论值。实线是包含横向各向同性的弹性常量构成的模型的计算结果。式中，α、β、γ 不同于通常的地震学定义。(Tromp，1993)

3.7 衰减与滞弹性分析

3.7.1 地震波的衰减

在 3.6 节中，我们对地球的认识，从各向同性弹性介质到包括各向异性影响。本节我们讨论引起地震波在传播过程中衰减、振幅减弱的原因之一——滞弹性或非弹性特征。关于地震波在不连续界面透射与反射过程中的衰减，前面已讨论过。现在，我们讨论导致地震波振幅衰减的另外四个因素：几何扩散、散射(scattering)、多路径(multi-pathing)和滞弹性(anelasticity)。前三点是弹性过程，在地震波传播过程中能量守恒。与此相反，滞弹性，又被称作内部衰减，涉及地震波能量向热能的转化。

在很多地震学应用中，常用光的传播过程来类比分析地震波的传播。在夜晚从路灯下走开时，很多原因会导致光线变暗。第一是光的几何扩散：光线以灯为中心发生球面扩散(2.4.3 节)。由于能量守恒，单位面积内波前能量随 r^{-2} 减小，r 为球面半径，即离开灯的距离。

第二，光线也会由于空气分子、灰尘和水的散射而变暗。如前所述，当物体作为惠更斯源向所有方向都散射能量时，就会发生散射。这种现象在雾天的夜晚尤其显著，因为散射会导致灯的四周出现光环。

第三，随着空气折射性质的变化，光线发生聚焦或散焦[①]。这种效应在地震学上被称为多路径效应。使用双筒望远镜观察路灯可以看到光线的聚焦与散焦。通常的方法通过双目镜观测，光线通过镜头汇聚，路灯显得距离更近也更加明亮。反转镜头则会使光线距离变远也更加暗淡。

第四，部分光线会被空气吸收，转化为热能。这与前三点不同，因为吸收造成了光能的损耗，而非传播路径的变化。

以上四点在地震波传播过程中同样重要，前三点在弹性波理论中有所介绍，它们会由于波场中能量的转移而使波至的振幅增大或减小。相反，滞弹性引起的振幅变小是因为弹性波能量的丢失。大部分地震学理论将地球近似为弹性介质来分析地震波的传播，以至于我们很容易忽略地球非完全弹性的事实。然而，如果不考虑滞弹性，每个地震产生的地震波都将持续地来回振荡，直到积累的地震波导致地球破碎。对于地震波来说，地球能够很好地近似成一种弹性介质，但是在很多情况下也要考虑滞弹性带来的重要影响。

由于介质的永久性形变，弹性波的动能一部分转化成热能，造成了滞弹性。宏观上看，这个过程被称为内摩擦。而微观上，可能引起这种能量散失的机制为：应力导致矿物内部缺陷的迁移、晶体颗粒边界的摩擦滑动、位错振动以及晶体颗粒边界处含水液体或岩浆的流动。地震波衰减机制的理论与实验工作也正在全面展开。

由于测量地震波的衰减以及理解其物理机制的复杂性，关于滞弹性的研究已远远落后于有关弹性波速度的研究。虽然地震波振幅的测量很简单，但它不仅取决于还没有被完全了解的震源，还受到沿着地震波能量传播路径中震源与接收点之间所有的弹性或非弹性效应的影响。因此，很难区分弹性和滞弹性的影响。

如图 3.7-1，对比内华达州和密苏里州地震台站记录到的发生在得克萨斯州的地震可以看出，滞弹性的变化较大，这可以在一定程度上弥补其内在的不确定性。内华达州的地震记录具有较少的高频能量，这表明与中西部相比，地震波在美国西部地壳中衰减更多。相比之下，这两个地区的地震波速度变化差异一般在 ±10%以内。即便如此，由于测量衰减相当困难，无论在局部还是全球范围内，对衰减变化的分辨都远不如速度变化。

地震波衰减对于研究地球内温度变化有重大意义。许多重要的地球物理过程(地幔对流、板块构造、岩浆活动等)都涉及温度的横向变化。弹性波速度也对温度敏感，但是与洋中脊(2.5.10 节)处热物质(低速)相比，弹性波速度更容易反映像俯冲板块一样的冷物质(高速)。如图 3.7-2 所示，地震波波速与温度几乎呈线性关系，衰减与温度呈指数关系。因此同时研究速度与衰减可以为温度研究提供有力帮助。图 3.7-3 给出了部分东太平洋隆起(east pacific rise)的速度与衰减结构，此处的低速、高衰减区可能是被熔融体填充的岩浆囊。

3.7.2 几何扩散

几何扩散是引起地震波振幅随距离变化最明显的因素。随着波前面的扩张或收缩，波前面单位面积的

① 该过程可引发海市蜃楼，光线通过地面热空气时发生折射。类似地，太阳光不同频率的光线穿过具有垂直密度变化的大气层时也会由于折射发生扭曲。

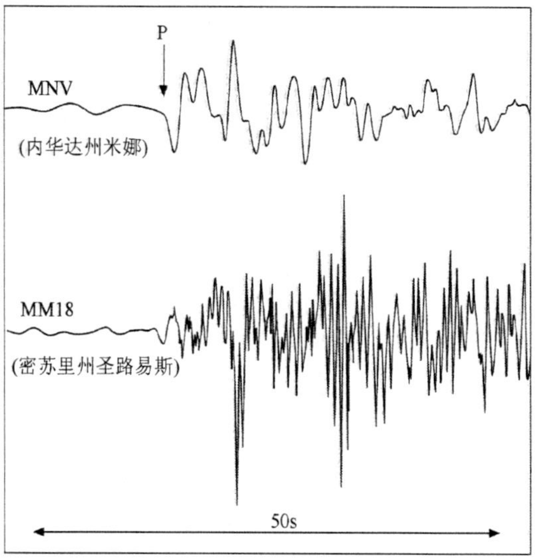

图 3.7-1 1995 年 4 月 14 日发生在得克萨斯州的地震，内华达州(MNV，$\Delta = 15°$)和密苏里州(MM18，$\Delta = 14°$)地震台站记录显示地震波衰减的区域性变化。美国西部构造活动较活跃，西部比中部稳定的大陆衰减更强，所以内华达州具有较少的高频能量。

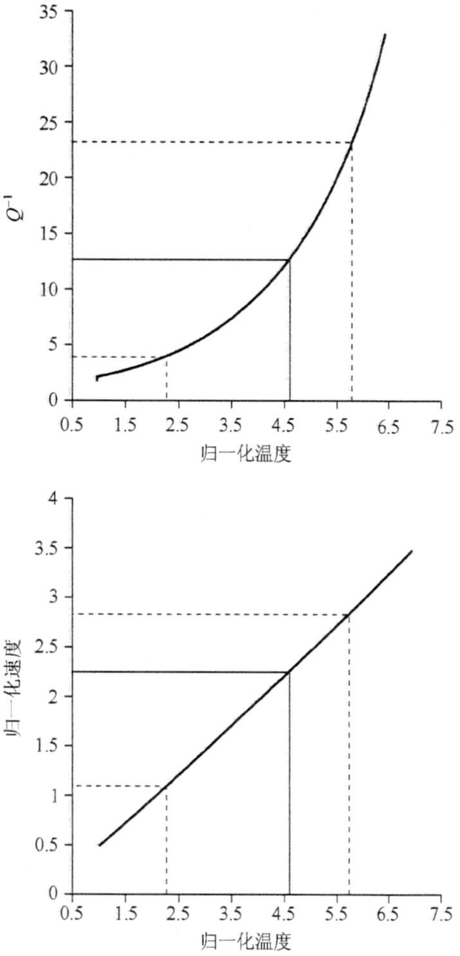

图 3.7-2 示意图显示随归一化温度变化的地震波衰减(上图)和归一化的速度(下图)。衰减对于温度的增加更加敏感。(Romanowicz，1995)

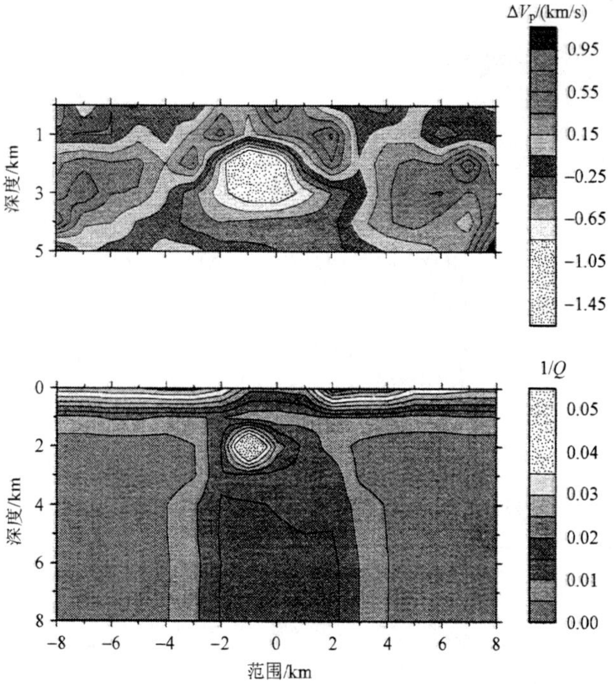

图 3.7-3 穿过东太平洋隆起轴部的 P 波速度(上图)和衰减(下图)的层析成像结果。(Solomon and Toomey，1992)

能量也在变化。面波和体波的几何扩散有所不同。对于均匀弹性的球形地球，面波波前从震源到 90°的距离扩散，然后在地球另一侧震源的对跖点重新汇聚，之后继续传播。振幅在震源和对跖点最大，能量也最为集中；在离震源 90°的地方最小。在一个均匀平坦的地球上，面波以一个不断增长的(周长为 $2\pi r$)环形向外传播，r 是波前与震源的距离。能量守恒①需要单位波前能量按 $1/r$ 减少，振幅与能量的平方根成正比［方程(2.4-65)］，因此按 $1/\sqrt{r}$ 减少。然而，由于地球是一个球体，面波波前环绕地球(图 3.7-4)，单位波前能量如下式变化：

$$1/r = 1/(a\sin\Delta) \tag{3.7-1}$$

式中 Δ 是波前与震源的角距离。这样振幅随 $(a\sin\Delta)^{-1/2}$ 减小，在 $\Delta = 90°$时达到最小值，在 0°和 180°时达到最大值。实际上，即使地球不存在横向速度变化，所有能量也不会集中在震源和对跖点。因为地球略呈椭圆形，这种形状导致了部分能量分散。接下来要讨论的横向不均匀性，会进一步造成波前的变形。

对于体波，我们考虑来自深源地震的球形波前。地震波能量在面积为 $4\pi r^2$ 不断扩张的球形波前中守恒，其中 r 为波前半径。这种情况下，波前单位面积的能量按 $1/r^2$ 衰减，振幅按 $1/r$ 减小。实际上，由于体

① 如 2.2.4 节讨论波的反射和折射现象，波的振幅很容易视觉化，但能量是守恒的，并且对于理解波的传播行为更有用。

波从不均匀的地球中穿过，其振幅与速度结构引起的射线路径汇聚或分散有关。在 3.4 节中通过给定距离内不同入射角的射线密度来显示速度随深度变化产生的效果。这种振幅变化可看作几何扩散，并用走时曲线的二阶导数表示［式(3.4-20)］。所以，尽管几何扩散的现象是直观的，但是很难定量观察。

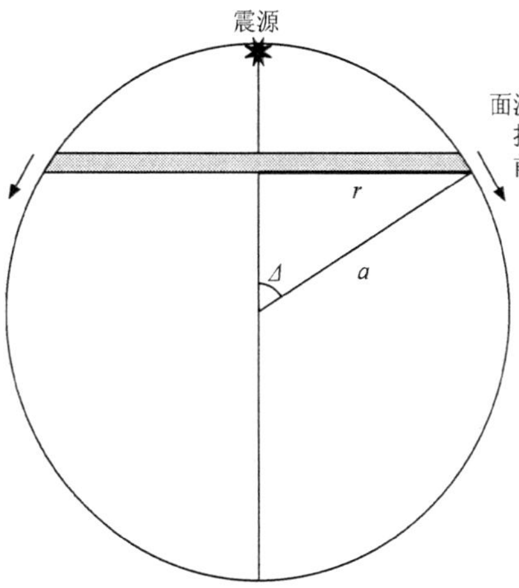

图 3.7-4　面波在横向均匀地球中的几何扩散，面波波前所形成的圆环周长随 $a\sin\Delta$ 变化。

3.7.3　多重路径

当速度发生横向变化时，地震波也会发生聚焦或散焦。尽管这个过程在原理上与速度垂向变化时相同，但是为了区分，通常将其称为多重路径。这一区分说明我们将地球看作基本上是层状的星球，横向变化是次要的。

正如关于海啸的讨论一样(图 2.8-9)，地震波折射朝向低速异常，偏离高速异常。图 3.7-5 展示了平面波穿过厚度变化的折射层时的效果。

射线路径一般与波前垂直，它展示了平面波是如何发生折射的。射线密度代表了能量密度，所以在射线较稀疏的地方，振幅较弱；在射线密集的地方，振幅较强。某些情况下，能量汇聚成焦散面，即能量密度无限高的区域，看起来就是纯黑色的区域。

这个例子说明介质的速度变化可以对一定距离以外的地震波振幅产生影响。例如，震源附近很小的速度不均匀就可以导致远震距离处巨大的振幅变化。这个影响至关重要，因为多数地震发生在板块边缘，如俯冲带或洋中脊，这些区域均存在明显的速度不均匀性。这种现象会使得地震数据难以解释。例如，存在一个高速异常区域时，地震波传播到接收点的实际路径与理论有所不同(图 3.7-6)。如果在震源机制研究中采用这些振幅值，结果就会发生偏差，因为如果不考虑速度不均匀性，地震波实际传播方向与预期方向是不一致的。反之，如果已知震源机制，振幅观测值会与理论值不同，因此衰减的估算不准确。

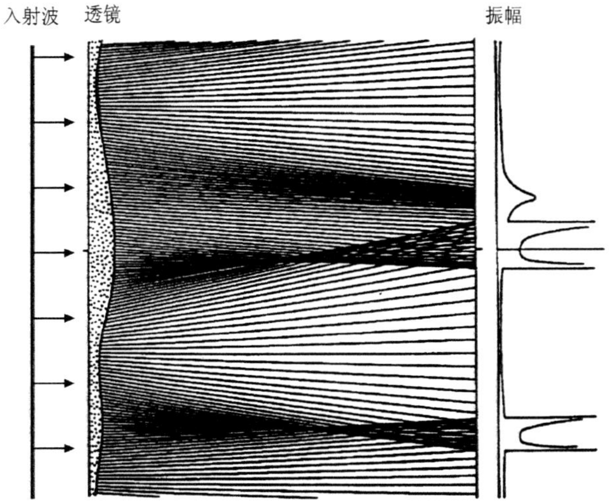

图 3.7-5　介质不均匀性对地震波振幅的影响。平面波从左侧入射到一个厚度不均匀的层状介质里产生折射。到达右侧的地震波振幅如图所示，射线稀疏的区域振幅较小，射线密集的区域振幅较大。汇聚的射线或焦散会引起很大的振幅变化。(Hannay，1986)

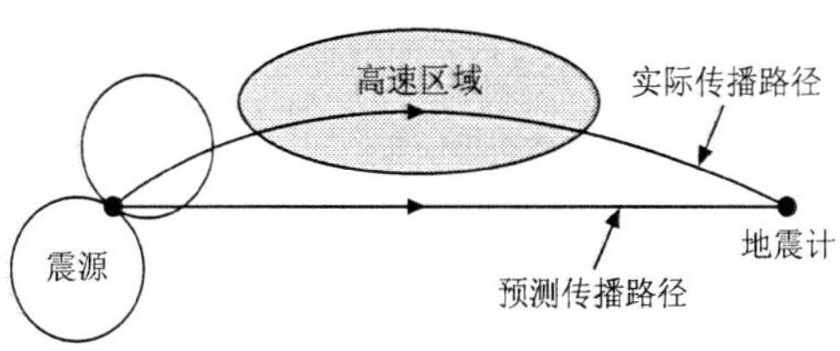

图 3.7-6　示意图显示了速度不均匀性会导致对震源机制或衰减的错误估计。震源的 8 字形图案给出随方位角变化的面波振幅，其取决于震源机制(此例中为垂向断层上的倾向滑动)。实际射线路径由于高速带的影响发生弯曲，所以沿理论射线路径的振幅比实际路径的振幅小。因此，当使用这些资料研究震源机制时，不考虑射线路径扰动就会导致错误的结果。反之，在计算振幅值时不考虑高速带的影响就会导致衰减值被低估。

当多重路径发生时，地震波到达接收点时除了走直达路径外，还有其他一些路径，因此对更多区域进行了采样。要理解这点，须知费马原理给出的几何射线路径仅适用于无限高频率的波。对于有限频率的地震波，可以将地震波形看作是半个周期内所有沿最快传播路径到达的能量的相干叠加。这些路径在无限频率路径周围组成了第一菲涅尔带。相继的半周期对应高阶的菲涅尔带。对于较长周期的地震波，相干能量到达的时间较长，因此菲涅尔带也相应较大。例如，远震体波对几何射线路径周围一个香蕉状的区域采样。图 3.7-7 显示了体波在横向均匀地球介质中传播时的菲涅尔带，图中所示为走时受到速度扰动后的变化。弧形的射线路径代表了速度垂向变化对无限频率射线的影响，而四周的香蕉状区域代表地震波有限频率的效应。横向不均匀性会扰乱“香蕉”区域。

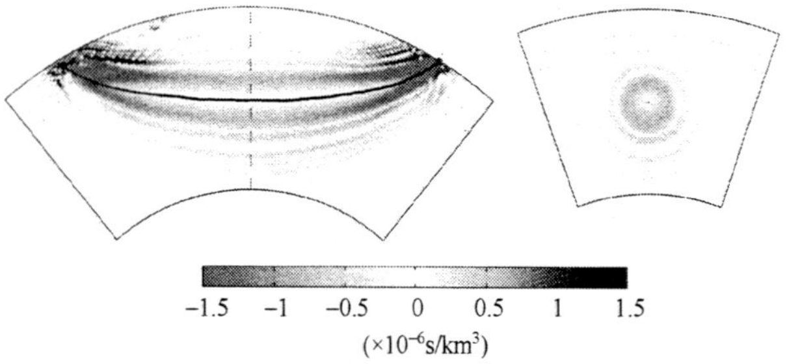

图 3.7-7 发生在 120km 深度的地震的体波 S 和 sS 震相能量所走路径的数值模拟。使用简正振型计算，结果显示速度扰动对走时的影响程度。这两个震相对几何射线路径(实线)周围一个香蕉状区域采样，如侧视图(左)和端视图(右)所示。(Zhao et al.，2000)

3.7.4 散射

与多重路径有关的一种现象是地震波散射。这两种现象都很复杂，且它们之间的差别是渐次的。如图 3.7-8 所示，是否可以将速度不均匀性导致的后果看作散射，取决于不均匀体的大小与波长的比值、波穿过不均匀区域的距离。当不均匀体相比波长大得多时，一般认为波沿着一条确定的射线路径传播，同时也有多重路径存在。当不均匀体跟波长差不多时，主要考虑能量散射而非确定的射线路径。然而，不均匀体比波长小很多时，它们仅仅改变介质的总体性质。地震波在非均匀区域传播得越远，散射理论越适用。因此对于长距离来说，适用于散射理论的波长范围增大①。

图 3.7-8 显示了衍射(diffraction)是处于散射和多重路径之间的状态。正如前文所述，一些衍射波可以用惠更斯源散射表示(2.5.10 节)，也可以用穿过不均匀介质的射线路径来表示，如首波(3.2.1 节)或地核衍射(3.5.2 节)。这些射线路径不是纯几何学的，因为能量的传播路径不遵循斯涅尔定律。正如 2.5.10 节所述，射线理论和衍射的区别取决于波长，所以波在地核周围衍射时，高频率部分会发生衰减②。

可以从不同角度认识散射。在某些情况下认为散射是确定的，并且用以得到散射体的清晰图像。例如，在反射地震中的偏移方法(3.3.7 节)试图消除散射影响，从而获得地表下的清晰成像。在其他情况下认为介质中包含许多散射体，并且用统计学方法考虑它们对波场的影响。例如，分析波长约为 10km 的 PKP 波 (图 3.5-8)，推断出下地幔中存在相同尺度的非均匀体。

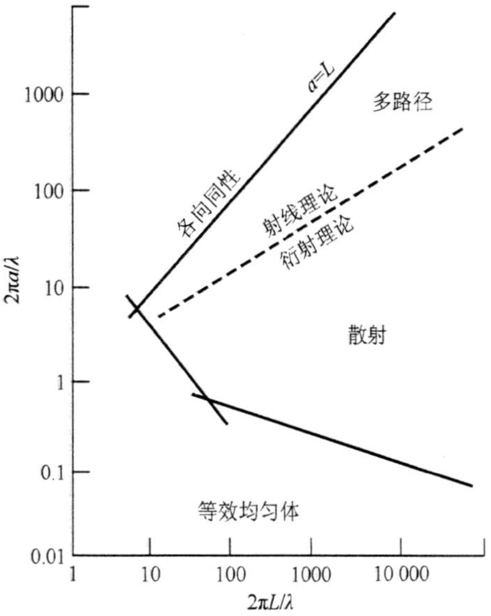

图 3.7-8 示意图显示了非均匀介质中地震波传播的不同方式。传播方式取决于不均匀体的大小 a 与波长 λ 的比值和波在不均匀区域传播的距离 L 与波长 λ 的比值。

在数十亿年的大陆演化中，陆壳内形成了许多小的薄层和反射体，因此散射在大陆地壳中尤其重要。尽管这些结构对于波长大于数十公里的波没有太大影响，但是对于短波长的波它们可以作为散射点或惠更斯源。初始脉冲遵循费马原理且沿着时间最短路径，一些散射能量在初始脉冲之后到达接收器。这些散射能量使到达的波至具有尾波，尾波是不相干能量组成的主要震相的后续部分，在几秒或几分钟内衰减。主要的波至存在与传播方向相关的极性，可以用三分量地震计形成的质点运动图观察(图 2.7-6)。相反，散射能量来自不同方向，因此很少或没有确定的质点运动方向。

图 3.7-9 展示了地震波散射。未发生散射的波沿最

① 事实上，大气中光线散射依赖于波长和旅行距离。因为可见光的最短波长散射最厉害，蓝光从不同方向射向我们，所以天空看起来是蓝色的。由于远距离传播，高频的蓝光衰减最多，使得太阳看起来是黄色的，但从宇宙飞船上看太阳是白色的。日落时，当在大气中日光穿透路径较长时，中间波长也被散射，剩下来自太阳的直达波增强了最长波长(红光)，使得太阳看起来是红色的。

② 该影响使得很难听清楚站在拐角的人说的话，因为声音由于丢失高频而显得沉闷。

短路径传播，产生初始波至(左图)。从初至波中丢失的能量以散射的方式随后到达，散射点可能是无限多的，并产生可观测到的走时。在一个速度恒定的介质中，这些可能的散射点的分布以震源和接收点为焦点(中图)形成了一个椭圆体。更大的椭圆体代表更晚到达能量的散射体分布(右图)。这些椭圆体受速度不均匀性影响而发生变形，类似于波沿着特定的射线路径传播时所用到的菲涅尔体的概念。

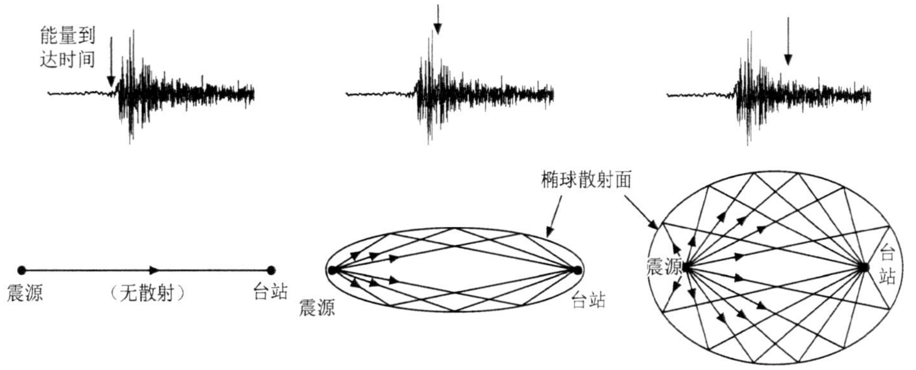

图 3.7-9 散射导致 P 波尾波的产生。左图：根据费马原理，初至波沿震源(EQ)到接收台站(STA)沿最短时间路径传播，并且不存在能量的散射。中图：初至之后到达的散射能量。无穷多个散射体的散射波在同一时刻到达。在均匀介质里，这些散射点的位置形成了一个椭球面。右图：尾波中晚到达的能量可以理解为来自更大的椭球面上的散射体。

散射在月球上非常明显。图 3.7-10 对比了一个地震和月球上火箭撞击的记录。大部分地震能量包含在 P 波和 S 波波至中。相反，在月球上能量发生强烈散射，无法分辨主要波至。这可能是因为地球地壳中的固有衰减比月球上大得多。地壳孔隙中的流体使得地震波振幅大大衰减，然而由月球高度破裂的表层散射的能量却很少被吸收和来回反射。因此，识别震相并且利用其去研究月球内部结构的努力总体上还不成功。

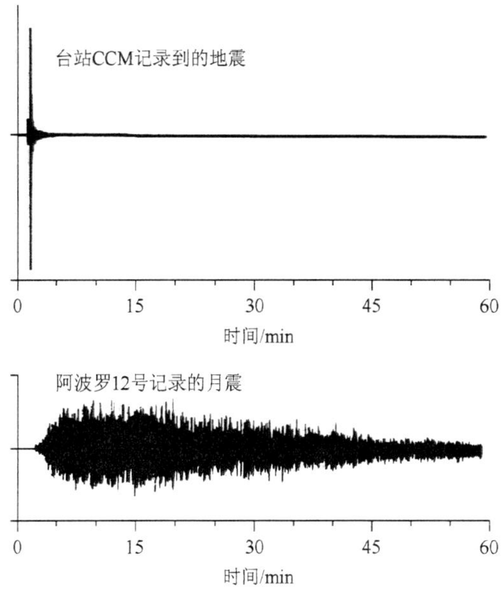

图 3.7-10 地球和月球地震图的对比。上图：在密苏里州的台站 CCM 记录到的来自 183km 外小震的地震图。下图：由阿波罗 12 号记录的阿波罗 14 号土星助推火箭在 147km 外产生的震动。地球的地震图显示了高衰减，而月球的地震图表现出强散射，破碎的表层导致强散射而岩石颗粒间没有水导致衰减非常慢。(Mitchell，1995)

3.7.5 固有衰减

可以通过一个简单系统来了解地震波的固有衰减，这个系统是由弹簧和缓冲器组成的阻尼谐波振荡器。使用牛顿第二定律 $F=ma$ 来描述质量为 m 的物体的位移 $u(t)$，弹簧的回弹力与 k 倍的弹簧伸长或弹簧距离平衡位置的位移成比例，其中 k 为弹簧弹性常数。所以有

$$m\frac{\mathrm{d}^2u(t)}{\mathrm{d}t^2}+ku(t)=0 \tag{3.7-2}$$

系统一旦受到脉冲力开始运动后，这个无摩擦的系统表现为纯弹性响应，即永久的谐波振荡。

$$u(t)=A\mathrm{e}^{\mathrm{i}\omega_0 t}+B\mathrm{e}^{-\mathrm{i}\omega_0 t} \tag{3.7-3}$$

式中，A 和 B 是常数，质点以固有频率往复运动。

$$\omega_0=(k/m)^{1/2} \tag{3.7-4}$$

通解的一种形式为

$$u(t)=A_0\cos(\omega_0 t) \tag{3.7-5}$$

运动一旦开始，由于没有能量损失，这种无阻尼的振荡会一直持续下去。但是，如果这个谐波振荡系统中存在缓冲器，或者存在阻尼，振荡就不会一直持续下去。阻力大小与质量、速度成正比，并且与运动

方向相反。因此运动方程［方程(3.7-2)］可以写为

$$m\frac{\mathrm{d}^2u(t)}{\mathrm{d}t^2}+\gamma m\frac{\mathrm{d}u(t)}{\mathrm{d}t}+ku(t)=0 \tag{3.7-6}$$

其中，γ 是阻尼因子。为了简化起见，定义品质因子为

$$Q=\omega_0/\gamma \tag{3.7-7}$$

且方程(3.7-6)可以写作：

$$\frac{\mathrm{d}^2u(t)}{\mathrm{d}t^2}+\frac{\omega_0}{Q}\frac{\mathrm{d}u(t)}{\mathrm{d}t}+\omega_0^2u(t)=0 \tag{3.7-8}$$

这个微分方程描述了阻尼谐波振荡，假设位移是复指数的实部，就可以求解这个微分方程：

$$u(t)=A_0\mathrm{e}^{\mathrm{i}pt} \tag{3.7-9}$$

其中，p 是复数，将方程(3.7-9)代入方程(3.7-8)得

$$(-p^2+\mathrm{i}p\omega_0/Q+\omega_0^2)A_0\mathrm{e}^{\mathrm{i}pt}=0 \tag{3.7-10}$$

要对所有 t 值成立，则

$$-p^2+\mathrm{i}p\omega_0/Q+\omega_0^2=0 \tag{3.7-11}$$

其中 p 是复数，将其分为实部和虚部两部分：

$$p=a+\mathrm{i}b,\ p^2=a^2+2\mathrm{i}ab-b^2 \tag{3.7-12}$$

因此方程(3.7-11)变为

$$-a^2-2\mathrm{i}ab+b^2+\mathrm{i}a\omega_0/Q-b\omega_0/Q+\omega_0^2=0 \tag{3.7-13}$$

方程(3.7-13)可写成实部和虚部两个方程，并分别求解：

$$\begin{aligned}&\text{实部：}-a^2+b^2-b\omega_0/Q+\omega_0^2=0,\\&\text{虚部：}-2ab+a\omega_0/Q=0\end{aligned} \tag{3.7-14}$$

虚部中的 b 为

$$b=\omega_0/2Q \tag{3.7-15}$$

将 b 代入实部方程得

$$a^2=\omega_0^2-\omega_0^2/4Q^2=\omega_0^2(1-1/4Q^2) \tag{3.7-16}$$

定义：

$$\omega=a=\omega_0(1-1/4Q^2)^{1/2} \tag{3.7-17}$$

然后重写方程(3.7-9)，将其实部和虚部分开：

$$u(t)=A_0\mathrm{e}^{\mathrm{i}(\omega t+\mathrm{i}bt)}=A_0\mathrm{e}^{-bt}\mathrm{e}^{\mathrm{i}\omega t} \tag{3.7-18}$$

实部是阻尼谐波振荡的位移解：

$$u(t)=A_0\mathrm{e}^{-\omega_0t/2Q}\cos(\omega t) \tag{3.7-19}$$

从方程(3.7-19)中可以看出阻尼振荡器对零时刻脉冲的响应(图3.7-11)。由于这个解与无阻尼解［方程(3.7-5)］有两点不同，所以不再是一个简谐振荡。指数项代表信号包络或总体振幅的衰减：

$$A(t)=A_0\mathrm{e}^{-\omega_0t/2Q} \tag{3.7-20}$$

这个衰减项被叠加在由余弦项给出的简谐振荡之上。此外，简谐振荡的频率［方程(3.7-17)］不同于无阻尼系统的固有频率 ω_0，二者的区别主要取决于品质因子。Q 与衰减因子 γ 成反比，所以衰减越小，Q 值

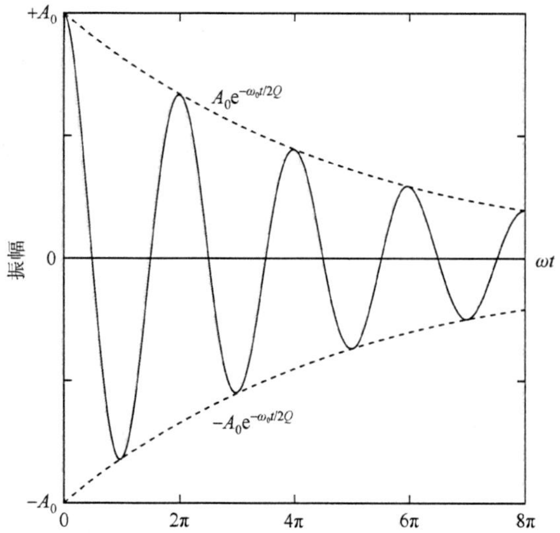

图 3.7-11 对于阻尼谐波振荡器，包络(虚线)的初始振幅为 A_0，随时间衰减，衰减速率取决于品质因子 Q。

越大。如果衰减为零，Q 为无限大。由于零衰减时振幅不会随着时间衰减［方程(3.7-20)］，且其频率为 ω_0［方程(3.7-17)］，阻尼解就变为无阻尼解。随着衰减增大，Q 值减小，振幅的衰减加快，且频率与无阻尼频率差别更大。方程(3.7-20)显示振幅衰减到初始值的 e^{-1}(0.37)时的松弛时间为

$$t_{1/\mathrm{e}}=2Q/\omega_0 \tag{3.7-21}$$

正如2.2.4节中谐波一样，振荡系统中的能量与振幅的平方成正比，方程(3.7-20)中振荡器的能量可以写为

$$E(t)=\frac{1}{2}kA^2(t)=\frac{1}{2}kA_0^2\mathrm{e}^{-\omega_0t/Q}=E_0\mathrm{e}^{-\omega_0t/Q} \tag{3.7-22}$$

由于方程(3.7-22)中的负指数是方程(3.7-20)中的两倍，因此能量比振幅衰减得更快。

3.7.6 品质因子 Q

通过品质因子 Q，阻尼简谐振荡的解引入了衰减项。人们常使用 Q 或 Q^{-1} 来讨论地震波或各种其他物理现象的衰减。尽管 Q 值更便于使用，但是 Q^{-1} 的优点是与衰减成正比，而不像 Q 那样成反比。在一些情况下，Q 可以表示振荡的衰减，在另一些情况下，Q 可以表示一个系统中导致扰动衰减的物理性质。例如，地球的一个简正振型类似于一个阻尼振荡器，其 Q 值描述了该振型随时间的衰减。这种衰减是地球中造成地震波能量转化为热能的物质所致。这种物质分布可以用 Q 或滞弹性衰减结构来表示，类似于弹性速度结构。

因此，可以用 Q 值讨论面波、体波和 Lg 之类地壳震相的衰减。还可以讨论 Q_α 和 Q_β 在地球内部的变

化，这两个 Q 值决定了 P 波和 S 波衰减。使用 Q_α 和 Q_β 表示地球滞弹性结构类似于弹性速度结构，因为 Q 值在数学公式中可以被看作速度的虚部。为了解释 Q 值的意义，前面曾用方程(3.7-9)推导了振荡衰减，现在方程(3.7-9)也可以看作具有复频率 p 的振荡：

$$u(t) = A_0 e^{ipt} = A_0 e^{i(a+ib)t} \tag{3.7-23}$$

频率的实部和虚部分别是

$$a = \omega,\ b = \omega^* = \omega_0/2Q \approx \omega/2Q \tag{3.7-24}$$

假设衰减足够小(Q 值很大)，使得 $\omega \approx \omega_0$，得到：

$$Q^{-1} = 2b/a = 2\omega^*/\omega \tag{3.7-25}$$

将衰减作为频率的虚部处理，并除以波数，就可以得到相应波速的复数形式：

$$c + ic^* = \omega/k + i\omega^*/k = \omega/k + i\omega Q^{-1}/2k \tag{3.7-26}$$

所以有

$$Q^{-1} = 2c^*/c \tag{3.7-27}$$

因此可以用品质因子 Q_α 和 Q_β 给出速度的虚部，从而表示 P 波和 S 波衰减。如果不存在衰减($Q=\infty$)，频率和速度就没有虚部。这个公式非常实用，因为获取地球速度模型时用来反演面波速度或简正振型特征频率的方法，也可以用来反演衰减值以获取滞弹性分布。

如果弹性模量有虚部，那么速度也有虚部，因为它与引起衰减的物质的物性密切相关。对于横波速度：

$$\begin{aligned}\beta + i\beta^* &= \beta(1 + iQ_\beta^{-1}/2)\\ &= ((\mu + i\mu^*)/\rho)^{1/2} = \beta(1 + i\mu^*/\mu)^{1/2}\\ &\approx \beta(1 + i\mu^*/2\mu)\end{aligned} \tag{3.7-28}$$

其中，最后一步使用了泰勒级数首项，因为衰减很小，虚部值很小。对比这些项可以看到：

$$Q_\beta^{-1} = \mu^*/\mu \tag{3.7-29}$$

类似地，通过体积模量和剪切模量的虚部给定 P 波品质因子：

$$Q_\alpha^{-1} = (K^* + 4/3\mu^*)/(K + 4/3\mu) \tag{3.7-30}$$

物理上，可以认为能量在压缩或剪切变形过程中发生损耗，所以使用压缩系数和刚度的虚部来表示衰减：

$$Q_K^{-1} = K^*/K,\ Q_\mu^{-1} = \mu^*/\mu = Q_\beta^{-1} \tag{3.7-31}$$

这些品质因子与速度品质因子存在以下关系：

$$Q_\alpha^{-1} = LQ_\mu^{-1} + (1-L)Q_K^{-1},\ L = (4/3)(\beta/\alpha)^2 \tag{3.7-32}$$

一般而言，在压缩过程中损失的能量很少，因此 Q_K^{-1} 很小，所以 P 波中大多数衰减发生在剪切过程中，使得 $Q_\alpha^{-1} \approx (4/9)Q_\beta^{-1}$。

观测地球 Q 值的方法与测量振荡系统衰减的方法相同。对方程(3.7-20)的振幅取对数得到：

$$\ln A(t) = \ln A_0 - \omega_0 t/2Q \tag{3.7-33}$$

所以可以通过振幅的对数的衰减的斜率获取 Q 值。或者，如果相隔一个完整周期 $T = 2\pi/\omega_0$ 的振幅值分别为

$$\begin{aligned}A_1(t_1) &= A_0\exp(-\omega_0 t_1/2Q),\\ A_2(t_1+T) &= A_0\exp(-\omega_0(t_1+T)/2Q)\end{aligned} \tag{3.7-34}$$

则二者比值为

$$A_1/A_2 = \exp[-\omega_0 t_1/2Q - \omega_0(t_1+T)/2Q] = \exp(\pi/Q) \tag{3.7-35}$$

所以有

$$Q = \pi/\ln(A_1/A_2) \tag{3.7-36}$$

为了解释这个过程，请看图 3.7-11 中在 $\omega t = 2\pi$ 时，第二个峰值的振幅大概为 $\omega t = 0$ 处第一个峰值的 2/3。因此 $Q \approx \pi/\ln(3/2) \approx 8$。相对于地幔岩石的 Q 值(范围在 200～500)，这个 Q 值较小，与某些沉积岩的 Q 值相似。页岩中 S 波的 $Q \approx 10$。

另一种解释 Q 值的方式类似于振荡系统衰减到某一水平经过的周期数。周期数 n 为

$$n = t/T = \omega t/2\pi \approx \omega_0 t/2\pi \tag{3.7-37}$$

其中，方程(3.7-17)中最后一个近似项中假定衰减非常小($Q \gg 1$)，使得 $\omega \approx \omega_0$。n 个周期后，t_n 时刻的振幅为

$$A(t_n) \approx A_0 e^{\frac{-n\pi}{Q}} \tag{3.7-38}$$

因此，如果定义 n 等于 Q，则

$$A(t_n) \approx A_0 e^{-\pi} \approx 0.04A_0 \tag{3.7-39}$$

那么，在 Q 周期后，振幅衰减到初始振幅的 $e^{-\pi}$ 或 4%。因此，在图 3.7-11 中，在 $Q \approx 8$ 个周期之后振幅减小超过 95%。

Q 可以在时间域或空间域来描述振荡系统的衰减。对于类似简正振荡系统的驻波，Q 值描述了振幅随时间的衰减。对于行波，我们使用 x/c 代替 t，x 是距离，c 是速度。所以方程(3.7-20)可以写为

$$A(x) = A_0 e^{\frac{-\omega_0 x}{2cQ}} \tag{3.7-40}$$

方程(3.7-40)描述了振幅随地震波传播距离的衰减情况。

使用以上技术来测量地震波 Q 值时，可以发现 Q 值随频率变化(图 3.7-12)。Q 在低频约 0.001～0.1Hz 时，基本保持不变，然后随频率增大。因此由简正振型计算出的 Q 值比高频率波得到的 Q 值低。尽管凭直

觉可能认为 Q 值应当与频率无关，但是实际情况却很难保证。由于 $Q=\omega/\gamma$，恒定 Q 值要求地球中存在一种物理机制，使衰减与频率成正比。我们将在后续内容中讨论这一问题。

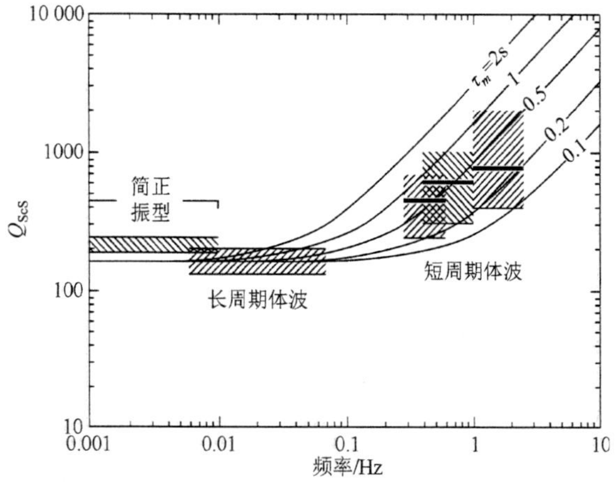

图 3.7-12 地幔中地震波衰减随频率的变化。Q 值均由 ScS 波测量得出，因为 ScS 波的路径在地表和地核之间往返，较好地反映了地幔 Q 值的平均值。(Sipkin and Jordan，1979)

在讨论之前，要注意阻尼振荡模型中假定衰减是线性的，这使得 Q 值和地震波振幅相对独立。这就相当于假设振幅不是太大。如果地震波传播过程中所涉及的应变小于 10^{-6}，那么多数岩石可以满足这个条件。在远震距离这个条件成立，在震源附近弹性应变可能会超过 10^{-4}，这个条件不成立。大地震会造成大的应变，从而导致局部的非线性衰减。

3.7.7 频谱共振峰值

下面讨论地球介质的非弹性性质如何引起地震波衰减。这种行为类似于一个阻尼简谐振荡系统对与频率有关的外力作用的响应。为了解这一点，非齐次介质方程：

$$\frac{\mathrm{d}^2u}{\mathrm{d}t^2}+\gamma\frac{\mathrm{d}u}{\mathrm{d}t}+\omega_0^2u=\mathrm{e}^{\mathrm{i}\omega t} \tag{3.7-41}$$

假定其解为

$$u(t)=A(\omega)\mathrm{e}^{\mathrm{i}\varphi(\omega)}\mathrm{e}^{\mathrm{i}\omega t} \tag{3.7-42}$$

将其代入方程(3.7-41)获得振幅响应 $A(\omega)$ 和相位响应 $\phi(\omega)$：

$$A(\omega)=[(\omega_0^2-\omega^2)^2+(\omega\gamma)^2]^{-1/2},\quad \phi(\omega)=\tan^{-1}\left[\frac{-\omega\gamma}{\omega_0^2-\omega^2}\right] \tag{3.7-43}$$

如图 3.7-13 所示，振幅和相位响应依赖于阻尼因子 γ 和震源频率 ω 与本征频率 ω_0 之差。本征曲线显示阻尼简谐振荡系统对与频率有关的外力作用的响应。频率 ω 越接近本征频率，系统振荡越厉害。

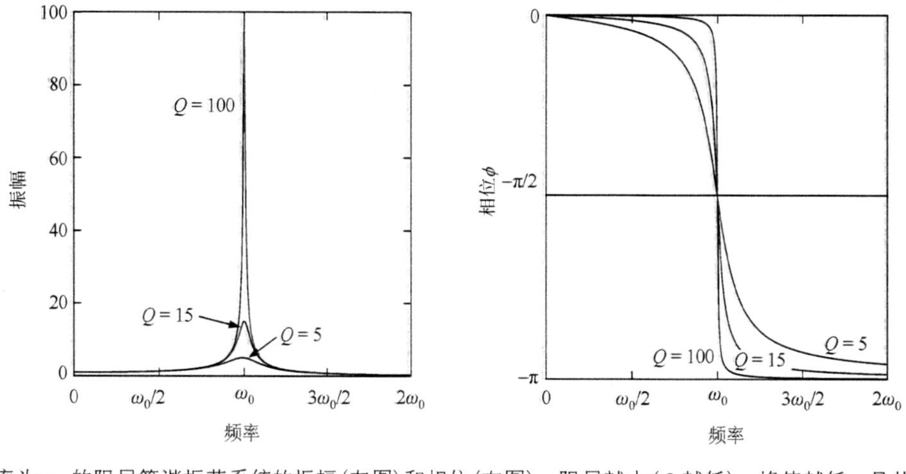

图 3.7-13 本征频率为 ω_0 的阻尼简谐振荡系统的振幅(左图)和相位(右图)。阻尼越大(Q 越低)，峰值越低，且从最大峰值处向两边变宽，相位类似。

本征曲线可视为与峰值频率有关的项：

$$\omega_p=(\omega_0^2-\gamma^2/2)^{1/2}=\omega_0(1-1/2Q^2)^{1/2} \tag{3.7-44}$$

相应的峰值振幅为

$$A(\omega_p)=Q\Big/\left(\omega_0^2(1-1/4Q^2)^{1/2}\right) \tag{3.7-45}$$

如果振荡系统无阻尼($\gamma=0$，$Q=\infty$)，峰值出现在本征频率处，表现为无限响应。加入阻尼降低了峰值振幅且使其移位。但是，移位非常小，除非系统阻尼($Q<2$)远大于地震波衰减频率。同样，阻尼也使得频率在峰值处发散，阻尼越大，峰值越宽和越小。为了说明原

因，回想图 3.7-11，阻尼越大，振荡随时间衰减越快。正如第 6 章所述，无阻尼正弦曲线的频谱是一个尖峰，或 δ 函数。若加入额外的频率，表现为一个宽的主峰，对应衰减的正弦曲线。相位响应也具有重要意义，当我们讨论地震计时将会看到这一点(6.6 节)。

本征曲线的概念有很广的应用范围，因为许多物理系统可视为阻尼简谐振荡系统。在地震学中，三种常见情况是地球简正振型的衰减、地震计原理和地面振动的响应。地震在地球内部激发各种频率的地震波能量，激发地球简正振型(2.9 节)，这些简正振型形成了一系列阻尼简谐振荡系统，因此长周期地震图的振幅谱包含各振型多重谱线的本征曲线相应的峰值。峰宽依赖于频率和振型单谱线及阻尼的振幅。地震计也可被视为一个阻尼简谐振荡系统，它的本征频率和阻尼控制着对地面振动的响应。这个概念在设计抗震结构时也非常重要，建筑物的本征频率接近地震信号的主频率时最易破坏，所以需要加入阻尼因子来降低风险。

3.7.8　滞弹性引起的物理频散

地震波衰减的一个重要后果是造成物理频散，即不同频率的波传播速度不同。这与 2.7 节和 2.8 节讨论的几何频散不同，前面讨论的是不同频率的面波信号对不同深度的介质结构采样，从而在地球表层有不同的视速度。尽管认为任何深度的岩石的本征速度与频率无关，但物质速度随深度变化时就会产生频散。相比之下，物理频散指的是波在介质中传播的速度随频率发生变化①。

为了理解衰减导致频散，考虑地震波形状发生改变。假设一个 δ 函数是无限高度且具有单位面积的脉冲(图 3.7-14)，穿过本征速度为 c 的各向同性弹性介质：

$$u(x,t)=\delta(t-x/c) \tag{3.7-46}$$

δ 函数的傅里叶变换为

$$F(\omega)=\int_{-\infty}^{\infty}u(x,t)\mathrm{e}^{-\mathrm{i}\omega t}\mathrm{d}t=\int_{-\infty}^{\infty}\delta(t-x/c)\mathrm{e}^{-\mathrm{i}\omega t}\mathrm{d}t=\mathrm{e}^{(-\mathrm{i}\omega x/c)} \tag{3.7-47}$$

这显示出 δ 函数包含所有频率的谐波，正如 6.2.5 节所述。如果没有频散，所有频率的波速度相同，到时相同。衰减作为距离的函数，其影响如方程(3.7-40)所示是频率的函数：

$$A(\omega)=\mathrm{e}^{\frac{-\omega x}{2cQ}} \tag{3.7-48}$$

式中，若 Q 是一个常量，振幅随距离衰减的速率随频率强烈增加。为了解该衰减如何影响 δ 函数，将式(3.7-47)乘以式(3.7-48)，并进行傅里叶逆变换回时间域：

$$\begin{aligned}u(x,t)&=\frac{1}{2\pi}\int_{-\infty}^{\infty}A(\omega)F(\omega)\mathrm{e}^{\mathrm{i}\omega t}\mathrm{d}\omega\\&=\frac{1}{2\pi}\int_{-\infty}^{\infty}\mathrm{e}^{\frac{-\omega x}{2cQ}}\mathrm{e}^{\frac{-\mathrm{i}\omega x}{c}}\mathrm{e}^{\mathrm{i}\omega t}\mathrm{d}\omega\end{aligned} \tag{3.7-49}$$

计算积分项，得

$$u(x,t)=\left[(x/2cQ)\Big/\left((x/2cQ)^2+(x/c-t)^2\right)\right]\Big/\pi \tag{3.7-50}$$

因此，δ 函数受衰减影响而变宽成一个小波，该小波相对于其最大值对应的时间 $t=x/c$ 对称(图 3.7-14 中图)。

上述解的一个问题是地震波能量先于 δ 函数的几何到时(即无限频分量的到时)，$t=x/c$。事实上，由于小波在 $t=x/c$ 两边扩展的拖尾效应，看起来一些能量在地震发生之前就已到达。这种不可能出现的情况，称为非因果效应，原因在于介质衰减移除了高频成分而增宽了脉冲信号②。

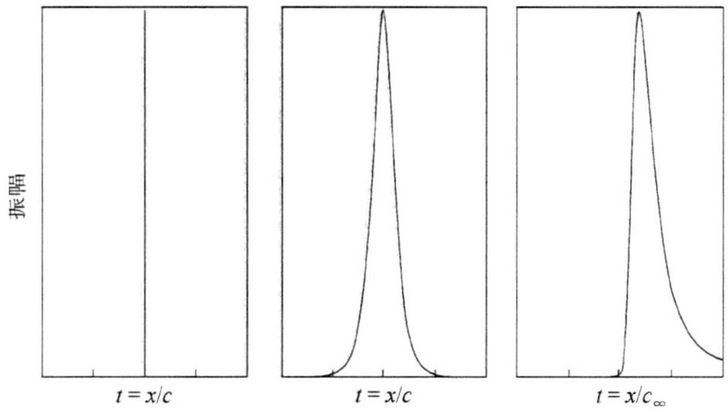

图 3.7-14　左图：δ 函数，无频散，所有频率到时相同。中图：δ 函数受衰减影响增宽，能量先于高频波到来之前到达。右图：包含物理散射的脉冲，使得低频波速度更低，以至于它们晚于最高频分量抵达。

地球中引起衰减的物理机制必然阻止所有频率的地震波以相同速度传播。取而代之，必然存在频散，造成拖尾效应的低频成分变慢，从而更晚到达。在 2.8 节中讨论的频散介质，把单一频率波的相速度 c 与波包传播的群速度区分开来。因果性系统的数学条件为对所有 $t<x/c_{\infty}$ 来说，$u(x,t)=0$，其中 $c_{\infty}=c(\infty)$ 为最

① 当光线穿过空气中的水滴或棱镜时，会由于物理频散产生彩虹。此时，不同频率(颜色)的光线传播速度不同，在不同角度发生折射，从而把白光分离为不同颜色。

② 注意到与 2.9.8 节中类似：单一频率的各个简正振型看起来在波到达之前就产生了位移，但它们的叠加结果给出了波到达的正确时间。

先到达的无限频波的相速度。这种相速度与频率的关系称为 Azimi 衰减定律：

$$c(\omega)=c_0\left[1+\frac{1}{\pi Q}\ln\left(\frac{\omega}{\omega_0}\right)\right] \quad (4.7\text{-}51)$$

其中，c_0 是相对于参考频率 ω_0 的参考速度①。上述关系满足因果性，使得脉冲信号中的高频成分在 $t=x/c_\infty$ 到达或紧随其后，低频成分延迟一段时间（依赖于 Q 值）再到来。若没有衰减（$Q=\infty$），方程(3.7-51)则没有频散，δ 函数也不会增宽。

对应方程(3.7-51)，P 波和 S 波速度 α、β 是周期 T 的函数，如

$$\beta(T)=\beta(1)\left(1-\frac{\ln T}{\pi}Q_\mu^{-1}\right),$$

$$\alpha(T)=\alpha(1)\left[1-\frac{\ln T}{\pi}(LQ_\mu^{-1}+(1-L)Q_K^{-1})\right], \quad (3.7\text{-}52)$$

$$L=\frac{4}{3}\left(\frac{\beta}{\alpha}\right)^2$$

其中，$\alpha(1)$、$\beta(1)$ 分别为周期 1s 时的 P 波、S 波速度值。通过沿路径［方程(3.4-16)］积分，可以发现波的到时随周期的变化，影响非常显著。对于垂向 ScS 波，周期 $T=40$s 的到时比周期 1s 时慢了 5s。路径的总到时约为 934s，造成 0.5%的走时差。对于相同周期的垂向 PcP 波，走时差约 0.2%。

这种现象导致利用长周期简正振型和短周期体波反演的地震波速度结构存在一定差异。利用简正振型推导的波速通常慢于体波结果。这反映了衰减的影响，使得长周期波的速度低于体波。在估计体波到时时，如果不考虑衰减影响，会造成几秒的误差。

图 3.7-14 右图的脉冲称为衰减算子，可用于模拟衰减时地震波形的影响。如 3.3.6 节和 6.3 节的讨论，地震信号可由震源时间函数与描述不同影响因素的算子求卷积得到。因此，一张合成地震图与衰减算子做反卷积可获得更为真实的脉冲信号。

通常用一个参数 t^* 来表征体波衰减。如果射线穿过常量 Q 的区域，则

$$t^*=\frac{t}{Q}=\frac{\text{走时}}{\text{品质因子}} \quad (3.7\text{-}53)$$

因为 Q 在地球内部是变化的，用下式沿路径的积分来表示：

$$t^*=\int\frac{\mathrm{d}t}{Q}=\sum_{i=1}^{N}\frac{\Delta t_i}{Q_i} \quad (3.7\text{-}54)$$

其中，Δt_i、Q_i 分别是第 i 段路径的走时和 Q 值。对于 P 波，t_α^* 约为 1s，S 波 t_β^* 约为 4s。t^* 值随距离的增加而增加，但受到穿过软流圈（80～220km）的路径影响。例如，相同震中距一般 ScS 比 S 波的 t^* 更高（高衰减），因其路径较长。

3.7.9 非弹性物理模型

地球中引起衰减的非弹性过程的常用模型为黏弹性(viscoelastic)流体或标准线性固体(standard linear solid)，结合了对入射地震波的弹性和黏性响应。这个模型可表示为：一个弹性系数 k_1 的弹簧，一个弹性系数 k_2 的弹簧和一个黏度 η 的减震器（图 3.7-15）。利用阶跃函数 $H(t)$（对 $t<0$，函数值为 0，其余为 1），系统应变响应表示为

$$\sigma(t)=k_1H(t)+k_2\mathrm{e}^{-t/\tau} \quad (3.7\text{-}55)$$

式中，$\tau=\eta/k_2$ 为松弛时间常量。

简谐波响应依赖于角频率和松弛时间的乘积。对于周期远小于松弛时间的波，系统大部分为弹性响应，衰减很小。对于周期远大于松弛时间的波，系统大部分为黏性响应，没有能量衰减损失。如图 3.7-15 所示，衰减②变化为

$$Q^{-1}(\omega)=\frac{k_2}{k_1}\frac{\omega\tau}{1+(\omega\tau)^2} \quad (3.7\text{-}56)$$

当频率很低或很高时，$Q^{-1}(\omega)$ 趋近于 0，Q 变为无穷。最大的衰减或吸收③位于 $\omega\tau=1$，对应

$$Q_{\max}^{-1}=Q^{-1}(1/\tau)=k_2/2k_1 \quad (3.7\text{-}57)$$

相速度也依赖 $\omega\tau$，

$$c(\omega)=c_0\left[1+\frac{k_2}{2k_1}\frac{(\omega\tau)^2}{1+(\omega\tau)^2}\right] \quad (3.7\text{-}58)$$

其中，$c_0=(k_1/\rho)^{1/2}$。低频时相速度最低，高频时为

$$c_\infty=c_0\left(1+\frac{k_2}{2k_1}\right)=c_0(1+Q_{\max}^{-1}) \quad (3.7\text{-}59)$$

这个模型具有前面讨论［方程(3.7-51)］的频散特征，长周期波速度低于高频波。

参考该模型，事实上地震观测发现低频范围(0.001～0.1Hz)（图 3.7-12）内 Q 值相对为一个常量。而且，引起

① Aki 和 Richards(1980)。

② Kanamori 和 Anderson(1977)。

③ 该影响类似于开车经过一个减速带障碍：高速时惯性使车保持直线前进，障碍的影响很小。如果车速低，我们会感觉到一个逐渐的起伏。然而，速度中等时障碍隆起造成的颠簸最大。

衰减的理论和实验研究都表明 Q 值应该强烈依赖于频率。低频时的常量 Q 值可认为是许多不同机制叠加的结果。一个可能的解释来源于多晶结构(图 3.7-16 上图)的典型衰减谱，包含多重衰减峰或吸收带。吸收带依赖于物质组成、晶粒尺寸和温度、压力变化(图 3.7-2)，例如高压降低衰减，高温增强衰减。地球内部传播的不同频率的波，可能受不同松弛时间吸收带的净影响，表现为一个平坦的吸收频谱(图 3.7-16 下图)。图 3.7-12 中的高频波显示，与频率有关的 Q 值将会高于吸收频谱的平坦部分。

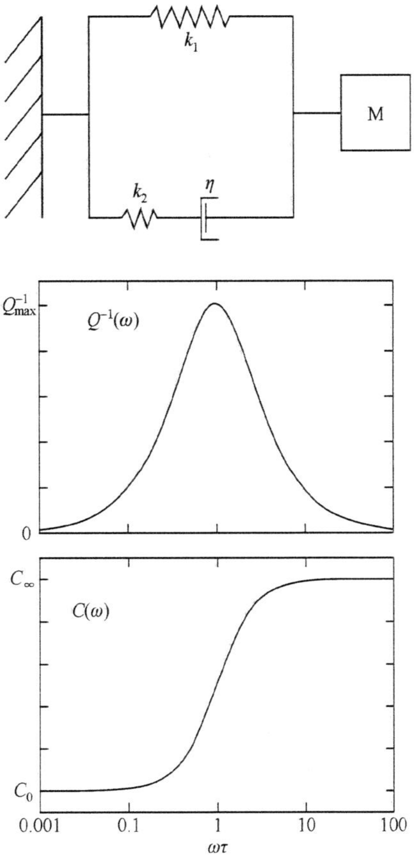

图 3.7-15　上图：标准线性固体的示意图，由两个弹簧和一个减震器组成。当周期远低于松弛时间时，系统体现为弹性；当周期远大于松弛时间时，系统体现为黏滞性。中图：这种物质的吸收峰。$\omega\tau$ 很大或很小时趋于 0，$\omega\tau$ 等于 1 时取最大值。下图：衰减引起的相速度频散。低频时的相速度为 c_0，高频时趋近于 c_∞。

3.7.10　地壳到内核的 Q 值

除了地球中液态铁成分的外核之外，对其他区域的衰减已经有一定的认识，且衰减具有很强的横向和纵向变化。在地壳中，可能由于流体存在，最大衰减(即 Q 最小值或 Q^{-1} 最大值)出现在地表附近

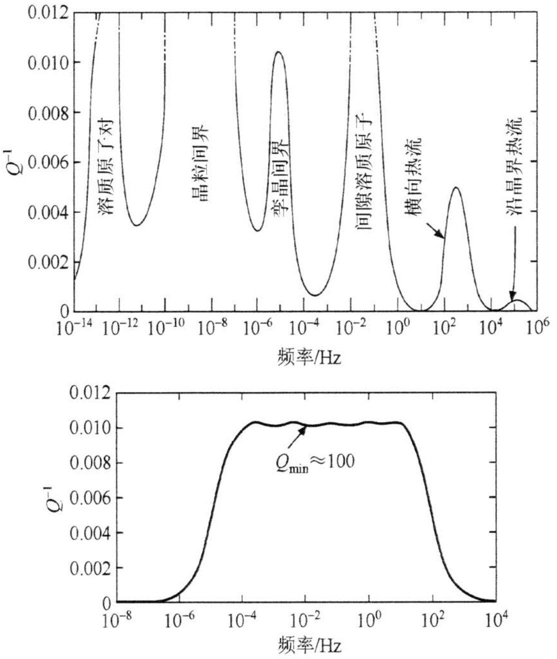

图 3.7-16　上图：多重晶格结构的松弛频谱，由于不同微观机制导致不同频率有不同的衰减峰。下图：对于很大一个频带范围，观测到 Q 值相对为一常量。不同温压条件下不同矿物组成的吸收峰相互叠置，表现为一个平坦的吸收带。

(图 3.7-17)。衰减在 20～25km 深度最小，然后又再次随深度增大，这可能是由于温度增加所致。如图 3.7-12 所示衰减随着频率而变化，也随地理位置发生变化。上地壳的 Q 值大体上与该地区最近一次大构造活动至今的时间成比例，这可能是由于构造运动过程中裂缝的产生和流体的流动，以及构造作用停止后裂缝的愈合造成的。

一般用 Lg 波来研究地壳 Q 值的区域变化。Lg 波

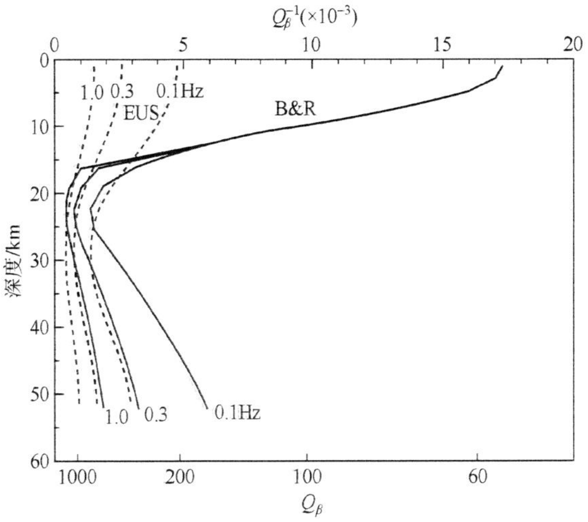

图 3.7-17　美国东部(EUS)和盆岭区(B&R)衰减随深度的变化。低衰减发生在较高频率。(Mitchell，1995)

是高阶面波的叠加，通常在大陆地区比较显著。美国的 Q_{Lg} 随区域而变化(图 3.7-18)，在稳定的东部高达 750，在构造比较活跃的西部低至 250。衰减的区域性变化在图 3.7-1 和图 3.7-17 中也可以看到，这对地震危险性研究有重要意义(1.2.2 节)。类似地，美国在西部进行了核武器实验，该地区比苏联进行试验的地区具有更大的衰减，这一事实对于验证禁止核试验条约具有重要的意义(1.2.8 节)。

上地幔的衰减随深度发生变化，在软流圈中最小 Q 值分布在 80～220km(图 3.7-19)。该深度范围内温度接近或超过岩石熔融的温度，因此可能会存在少量的部分熔融。这种衰减模式类似于地震波速度，在软流圈内波速最低。因此弹性波速度和滞弹性衰减都反映了导致软流圈较弱的物理机制。在软流圈下，Q 值随深度逐渐增大，可能是由于温度比压力增加更慢造成的。

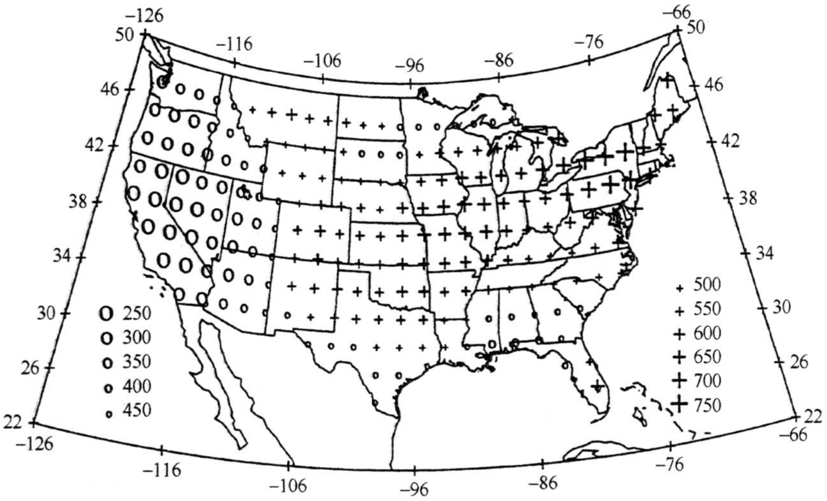

图 3.7-18 由频率为 1Hz 的 Lg 波的尾波得到美国 Q_{Lg} 分布。Q_{Lg} 反映地壳范围内的衰减，在美国西部构造活跃地区表现出高衰减特征，在东部构造不活跃地区表现出低衰减特征。(Mitchell et al.，1997)

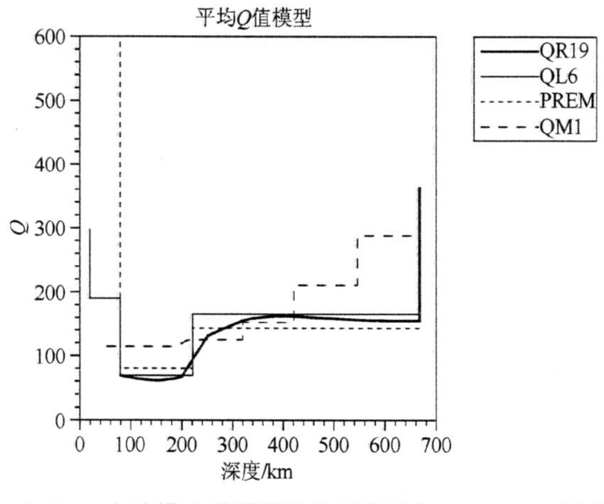

图 3.7-19 上地幔 Q 值模型显示了衰减在 80～220km 深度范围内达到最大，之后随深度减小，Q 值增大。(Romanowicz，1995)

Q_μ 在下地幔随深度的增加而增大，最大值超过 500。有迹象显示在地幔底部的 D"区域，衰减增强。尽管在外核范围内没有探测到 P 波的衰减，但穿过内核的 PKIKP 波存在明显的衰减，Q_K 的范围为 150～300。

可以使用类似于波速层析成像的方法(2.8.3 节和 7.3 节)来研究衰减的横向变化。温度在较短距离内发生变化时，也会伴随着明显的衰减变化，如图 3.7-3 中洋中脊的示例。类似地，从汤加俯冲带上弧后扩张中心的横截面图(图 3.7-20)中可以看到，Q_α 值在冷而坚硬的俯冲板块中超过 10000，但在热的弧后盆地下方低于 75。这些衰减数据，特别是结合速度数据一起解释，对于构造研究很有价值。

3.8 地幔和地核的组成成分

地震学给出了地球内部的波速信息。为了解地球的组成成分，我们通常将地震数据和地质学、大地测量学、地磁学、天体化学、高温高压下物质的物理和化学性质相结合讨论。尽管研究还在进行，但人们对地球的组成成分已有了基本共识。这个共识是我们理解地球和其他星球演化的基础。我们将总结当下备受热议的几个话题，延伸阅读材料可以提供更多信息。

3.8.1 地球内部的密度

为了研究地球组成成分，首先建立一个密度随深

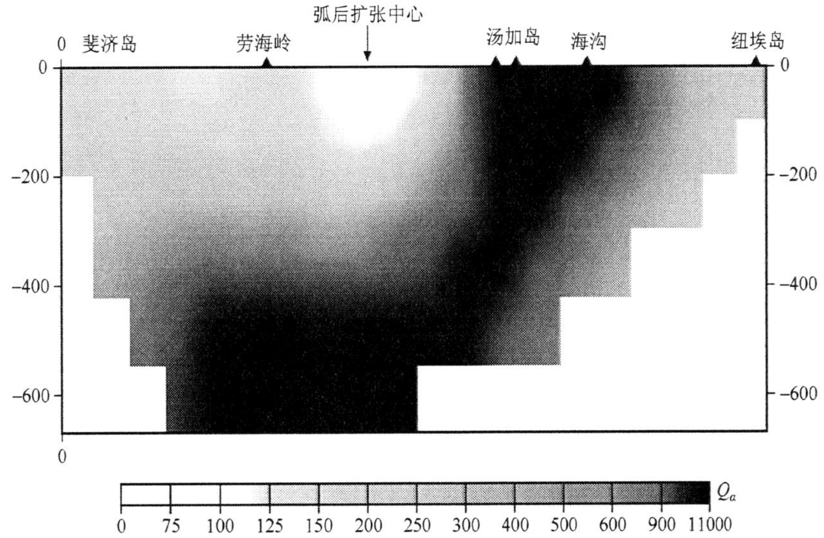

图 3.7-20　穿越汤加俯冲带的横截面图，可以看出冷的俯冲板块（黑色）与热的弧后盆地之间 Q_α 值的横向变化。(Roth et al.，1999)

度变化的模型。密度是物质的一个重要特征，可以和速度结合来推导弹性常量。比起速度，人们对密度了解较少，且密度的测量也没有速度那么直接，一般基于更多的推论。和速度一样，通常使用径向对称的密度模型，在需要的时候才考虑密度横向扰动。

对地球密度的基本约束是其由地球质量 M 给定的平均值，M 可以通过万有引力定律中地表的重力加速度获得，如果 $r=a$，则有

$$g=GM/a^2 \tag{3.8-1}$$

由于 $g=9.8\text{m/s}^2$, $G=6.67\times10^{-11}\text{Nm}^2/\text{kg}^2$, $a=6371\text{km}$，得到 $M=5.97\times10^{24}\text{kg}$。质量是密度的积分，所以如果密度仅随深度变化，那么

$$M=4\pi\int_0^a \rho(r)r^2\text{d}r \tag{3.8-2}$$

将质量除以体积后得到平均密度：

$$\rho_0=M/[(4/3)\pi a^3] \tag{3.8-3}$$

地球的平均密度为 5.5g/cm^3，这个值明显比地表岩石的密度(约 3g/cm^3)大很多，说明地核密度很大，因此可能是与地表不同的物质。

对密度的第二个约束是地球围绕旋转轴的转动惯量，这也说明地核密度较大。如图 3.8-1 所示，转动惯量通过对体积 dV 的积分获得，每个体积单元距自旋轴的距离为 $l=r\sin\theta$，则

$$C=\iiint l^2\rho(r,\theta,\phi)\text{d}V=\int_0^{2\pi}\int_0^{\pi}\int_0^{a}\rho(r)(r^2\sin^2\theta)r^2\sin\theta\text{d}r\text{d}\theta\text{d}\phi$$
$$=\frac{8}{3}\pi\int_0^a\rho(r)r^4\text{d}r \tag{3.8-4}$$

转动惯量与质量的比值取决于密度分布情况。如果地球是均匀的，每处的密度都与平均密度值相等，即 $\rho(r)=\rho_0$，且有

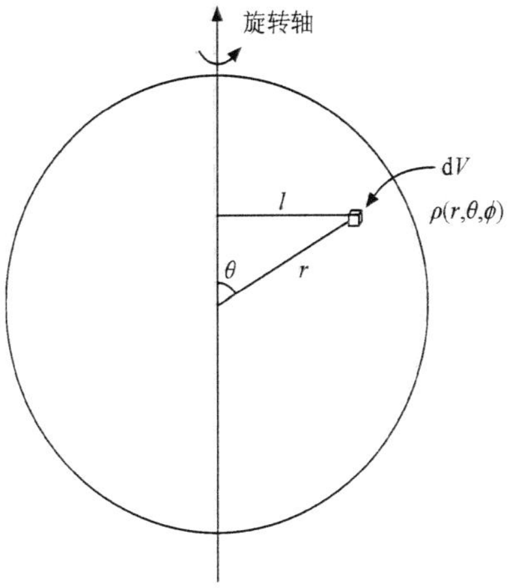

图 3.8-1　通过积分获得行星的转动惯量。体积元 dV 对应的矩臂长为 $l=r\sin\theta$。

$$C=(8/15)\pi a^5\rho_0,\ M=(4/3)\pi a^3\rho_0,\ C/Ma^2=0.4 \tag{3.8-5}$$

或者，如果所有质量都集中在地球表面，密度分布可以

表示为 δ 函数 $\rho(r)=\delta(r-a)\rho_s$。利用 δ 函数的性质(6.2.5 节)，由方程(3.8.2)和方程(3.8-4)可得

$$C=(8/3)\pi a^4\rho_s,\ M=4\pi a^2\rho_s,\ C/Ma^2=0.67 \tag{3.8-6}$$

正如所料，当物质全部集中在地球表面时，比值较大。

更接近实际情况的是一个两圈层的星球，其地幔密度为 ρ_m，地核密度为 ρ_c，半径为 r_c。分块积分的结果为

$$C=\frac{8}{3}\pi\left[\int_0^{r_c}\rho_c r^4\mathrm{d}r+\int_{r_c}^{a}\rho_m r^4\mathrm{d}r\right]=\frac{8}{15}\pi\left[\rho_m a^5+(\rho_c-\rho_m)r_c^5\right],$$
$$M=\frac{4\pi}{3}\left[\rho_m a^3+(\rho_c-\rho_m)r_c^3\right] \tag{3.8-7}$$

如果参数接近地球真实值($\rho_c=12\mathrm{g/cm^3}$，$\rho_m=5\mathrm{g/cm^3}$，$r_c=3480\mathrm{km}$)，那么转动惯量的比值 $C/Ma^2=0.35$。该值小于均匀星球的比值 0.4，这是因为物质向中心部位集中。该值与通过地球形状和重力场得出的 C/Ma^2 值相近。地球的实际值为 0.33，这说明地球具有一个密度较高的地核。

尽管质量和转动惯量仅仅是对密度的整体约束，但地震波速可以给出密度随深度变化的信息。首先，假设一个均匀区域，考察材料受自重压缩时密度随深度的增加。在半径 r 处，岩石静压力 $P(r)$ 的梯度为

$$\frac{\mathrm{d}P}{\mathrm{d}r}=-g\rho \tag{3.8-8}$$

$\rho(r)$ 和 $g(r)$ 分别是该深度的密度和重力加速度。由于压力随深度而增大，梯度值为负。该处重力值 $g(r)$，取决于半径 r 范围内的整体质量 $m(r)$①。

$$g=Gm/r^2 \tag{3.8-9}$$

压力的导数可以写为

$$\frac{\mathrm{d}P}{\mathrm{d}r}=\frac{-\rho Gm}{r^2} \tag{3.8-10}$$

可以用密度和膨胀系数 θ 来表示物质的弹性常量［方程(2.3-60)］：

$$\rho=m/V,\ \mathrm{d}\theta=\mathrm{d}V/V \tag{3.8-11}$$

因此求导可得

$$\mathrm{d}\rho=-(m/V^2)\mathrm{d}V=-\rho\mathrm{d}\theta \tag{3.8-12}$$

所以由定义［方程(2.3-74)］，体模量 K 可表示为

$$K=-\frac{\mathrm{d}P}{\mathrm{d}\theta}=-\frac{\mathrm{d}P}{\mathrm{d}\rho}\frac{\mathrm{d}\rho}{\mathrm{d}\theta}=\rho\frac{\mathrm{d}P}{\mathrm{d}\rho} \tag{3.8-13}$$

将其与压力导数方程［方程(3.8-10)］结合，给出密度随深度的变化：

$$\frac{\mathrm{d}\rho}{\mathrm{d}r}=\frac{\mathrm{d}\rho}{\mathrm{d}P}\frac{\mathrm{d}P}{\mathrm{d}r}=\frac{-\rho^2Gm}{Kr^2} \tag{3.8-14}$$

为包含观测到的地震波速，定义地震参数 Φ 和声速 $\Phi^{1/2}$：

$$\Phi=\alpha^2-(4/3)\beta^2=K/\rho \tag{3.8-15}$$

因此可以得出 Adams-Williamson 方程，将速度结构与密度对半径的导数联系起来：

$$\frac{\mathrm{d}\rho}{\mathrm{d}r}(r)=\frac{-\rho(r)Gm(r)}{\Phi(r)r^2}=\frac{-\rho(r)g(r)}{\Phi(r)} \tag{3.8-16}$$

其中，与半径的关联是以显式表示的。方程(3.8-16)可用以估算密度结构：通过从近地表密度开始，利用地震波速得到其导数，然后计算一个更深点的密度。得到的密度和 $g(r)$ 值可以用于下一步计算。

然而，密度随深度增加既是自重压缩也是矿物相变的结果。因此 Adams-Williamson 方程仍存在不足。早在 1936 年 K. Bullen 使用 Adams-Williamson 方法来计算地幔密度时就发现了这一难题。随后他计算出了地幔转动惯量，并用地球转动惯量减去地幔转动惯量，从而得到地核转动惯量。图 3.8-2 中展示了地核的 C/Ma^2 值与假定的地幔顶部密度值的关系，这一密度是 Adams-Williamson 方程中的初始值。如果近地表区域的密度约为 $3.3\mathrm{g/cm^3}$，那么地核的 C/Ma^2 值就会大于 0.4，这说明

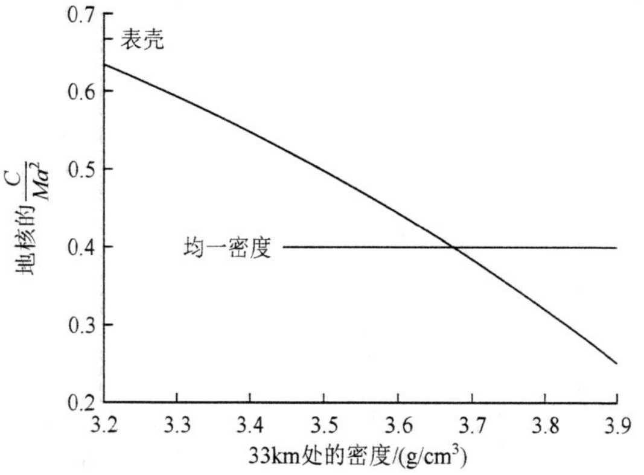

图 3.8-2 地核的转动惯量比随均匀地幔顶部密度的变化。对于任何可能的上地幔密度，该比值将会超过 0.4，这意味着外核比内核密度大。另一种可能是地幔中存在密度增加超过自重压缩的情况。(Birch，1954)

---

① $g(r)$ 仅仅取决于半径为 r 的球体范围内的质量，因为均匀密度的球形圈对圈内物质的净引力为零。这种情况出现的原因是重力随 r^{-2} 变化，而壳体的质量随 r^2 变化，所以近壳体的引力被其余部分所抵消。事实上，一个球体的引力与其所有质量在中心点出现的引力是一样的。这种效应并不适用于其他形状的物体。但是，这种效应适用于电场，它在均匀带电球中也随 r^{-2} 变化。据说为了推导这一结论，使牛顿晚了很多年才在 1686 年发表万有引力理论(Feynman et al.，1963)。

在地核中随着深度的增加密度减小。这看起来很不符合实际，因为固态内核的密度应该比液态外核的密度大。只有在近地表的密度超乎寻常大时才能消除这一问题。

F. Birch[①]在 20 世纪 50 年代的一系列经典文献中解决了这个问题，指出该方法中至少有一个或两个假设是不合理的。一个隐含的假设就是随深度增加，温度循着绝热梯度或“绝热线”增加。因此如果一块物质垂向运动，那么由于压力所导致的温度变化就会使得该物质同其周围物质具有相同的温度［方程(5.4-10)］。然而，由于地幔热对流需要超绝热温度梯度，所以我们认为地幔中的温度梯度超过了绝热梯度[②]。通过修改 Adams-Williamson 方程(3.8-16)可以考虑超绝热梯度：

$$\frac{\mathrm{d}\rho}{\mathrm{d}r}=-\frac{\rho g}{\phi}+\rho\alpha\tau \qquad (3.8\text{-}17)$$

式中，α 是热膨胀系数[③]，τ 是温度梯度超过绝热梯度的部分。由于温度更高，这一修正使算出的地幔密度变低，进而提高地核的 C/Ma^2 值，但使得地核密度结构的问题变得更糟。

因此，关于密度仅随自重压缩变化的均匀物质假设必定是错误的。Birch 认为非均匀性可以用 $1-(1/g)\mathrm{d}\Phi/\mathrm{d}r$ 来表征。图 3.8-3 比较了由地震波速数据推导的该函数值和均匀地幔物质压缩后的预测值。在 1000km 以下地幔表现为均匀介质，浅部则表现为非均匀介质。因为在 410km 和 660km 间断面发生的矿物相变使原子排列更紧密，因此密度增大，高于用 Adams-Williamson 方程计算的密度。

因此，地球密度模型包含了在转换带中的快速变化。图 3.8-4 中显示了 PREM 模型中的速度和密度结构(表 3.8-1)。在下地幔、外核和内核，密度随深度逐渐增加，遵循 Adams-Williamson 方程。在这些区域的分界面，密度急剧变化。核-幔边界是密度最重要的分界面，从地幔岩石 5.57g/cm³ 增加到液态铁质外核 9.90g/cm³。而密度在 410km 和 660km 间断面处变化也很剧烈。PREM 模型符合走时和其他地震数据，包括地球简正振型的特征频率，以及对密度的约束。

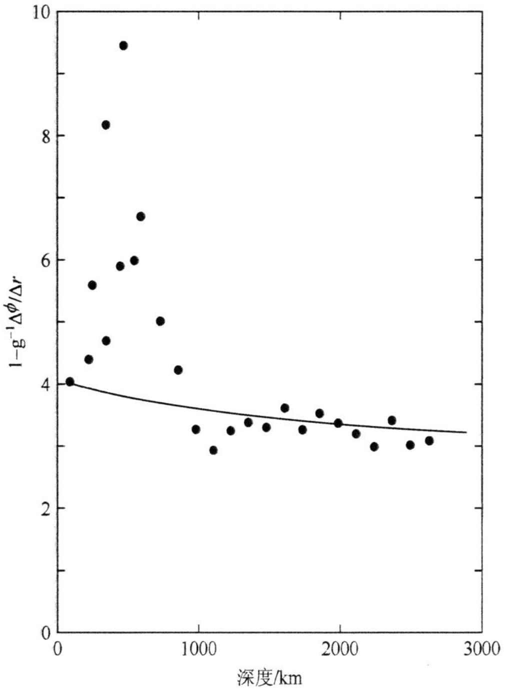

图 3.8-3　地幔中方程 $1-g^{-1}(\Delta\Phi/\Delta r)$ 的观测值(点)，与均匀地幔物质压缩的计算值(线)比较。在上地幔转换带，仅自压缩不可能得到这一结果，激发了关于矿物相变的设想。(Birch，1952)

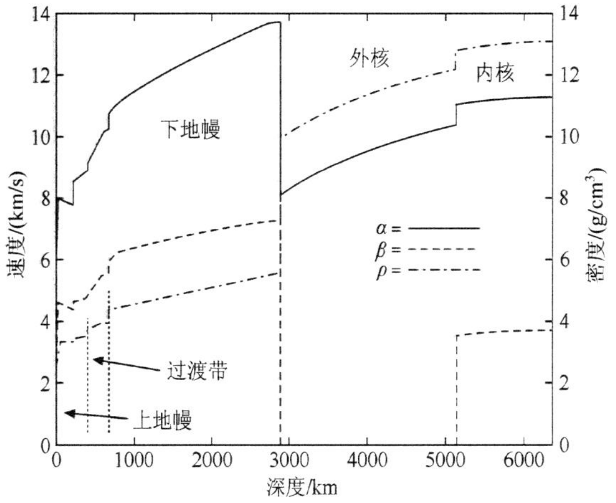

图 3.8-4　PREM 模型中地震波速和密度值。(Dziewonski and Anderson，1981)

通过密度曲线可以计算出压力曲线，然后用实验结果可以揭示在特定压力下可能存在的矿物相。因此对方程(3.8-8)两边进行积分，得到：

$$P(r)=-\int_0^r g(r)\rho(r)\mathrm{d}r \qquad (3.8\text{-}18)$$

---

① Francis Birch(1903～1992 年)在地球物质成分的研究中首先使用了岩石和矿物的物理性质。

② 对于绝热梯度，上升的物质会达到与周围环境相同的温度和密度，因此不再继续上升。但是，对于超绝热梯度，上升物质始终比周围环境更热，密度更小，所以会继续上升。

③ 热膨胀系数 $\alpha=(-1/\rho)\partial\rho/\partial T$ 给出密度随温度的变化。

表 3.8-1 PREM 模型

	深度/km	ρ/(g/cm^3)	α/(km/s)	β/(km/s)		深度/km	ρ/(g/cm^3)	α/(km/s)	β/(km/s)
海洋	0.0	1.020	1.450	0.000	下地幔	2471.0	5.357	13.333	7.106
	3.0	1.020	1.450	0.000		2571.0	5.407	13.450	7.150
地壳	3.0	2.600	5.793	3.191		2671.0	5.457	13.568	7.195
	15.0	2.600	5.793	3.191		2741.0	5.491	13.652	7.227
	15.0	2.900	6.792	3.889		2771.0	5.506	13.659	7.226
	25.0	2.900	6.792	3.889		2871.0	5.556	13.684	7.226
上地幔	25.0	3.381	8.101	4.479		2891.0	5.566	13.689	7.225
	40.0	3.379	8.091	4.473	外核	2891.0	9.903	8.065	0.000
	60.0	3.377	8.079	4.465		2971.0	10.029	8.199	0.000
	80.0	3.375	8.067	4.457		3071.0	10.181	8.360	0.000
	80.0	3.375	8.005	4.377		3171.0	10.327	8.513	0.000
低速区域	115.0	3.371	7.984	4.363		3271.0	10.467	8.658	0.000
	150.0	3.367	7.963	4.350		3371.0	10.602	8.795	0.000
	185.0	3.363	7.942	4.338		3471.0	10.730	8.926	0.000
	220.0	3.359	7.920	4.325		3571.0	10.853	9.050	0.000
	220.0	3.436	8.519	4.589		3671.0	10.971	9.167	0.000
	265.0	3.463	8.606	4.620		3771.0	11.083	9.278	0.000
	310.0	3.490	8.692	4.651		3871.0	11.191	9.384	0.000
	370.0	3.516	8.778	4.683		3971.0	11.293	9.484	0.000
	400.0	3.543	8.865	4.714		4071.0	11.390	9.579	0.000
过渡带	400.0	3.724	9.092	4.874		4171.0	11.483	9.668	0.000
	450.0	3.787	9.347	5.019		4271.0	11.571	9.754	0.000
	500.0	3.850	9.601	5.163		4371.0	11.655	9.835	0.000
	550.0	3.913	9.856	5.307		4471.0	11.734	9.912	0.000
	600.0	3.976	10.111	5.451		4571.0	11.809	9.985	0.000
	635.0	3.984	10.165	5.478		4671.0	11.880	10.055	0.000
	670.0	3.992	10.219	5.505		4771.0	11.947	10.123	0.000
下地幔	670.0	4.381	10.727	5.913		4871.0	12.010	10.187	0.000
	721.0	4.412	10.885	6.061		4971.0	12.069	10.249	0.000
	771.0	4.443	11.040	6.207		5071.0	12.125	10.309	0.000
	871.0	4.504	11.219	6.277		5149.5	12.166	10.355	0.000
	971.0	4.563	11.390	6.344	内核	5149.5	12.764	10.987	3.434
	1071.0	4.621	11.552	6.407		5171.0	12.775	10.995	3.440
	1171.0	4.678	11.707	6.469		5271.0	12.825	11.030	3.465
	1271.0	4.735	11.856	6.527		5371.0	12.871	11.063	3.487
	1371.0	4.790	11.998	6.583		5471.0	12.912	11.092	3.508
	1471.0	4.844	12.135	6.637		5571.0	12.949	11.119	3.526
	1571.0	4.898	12.266	6.689		5671.0	12.982	11.142	3.542
	1671.0	4.951	12.394	6.739		5771.0	13.010	11.162	3.556
	1771.0	5.003	12.518	6.788		5871.0	13.034	11.179	3.568
	1871.0	5.055	12.638	6.836		5971.0	13.054	11.193	3.578
	1971.0	5.106	12.757	6.882		6071.0	13.069	11.204	3.585
	2071.0	5.157	12.873	6.928		6171.0	13.080	11.212	3.590
	2171.0	5.207	12.988	6.923		6271.0	13.086	11.217	3.594
	2271.0	5.257	13.103	7.017		6366.0	13.088	11.218	3.595
	2371.0	5.307	13.218	7.061		6371.0	13.088	11.218	3.595

资源来源：Dziwonski 和 Anderson(1981)。

利用密度 $\rho(r)$ 及其给出的 $g(r)$ 值，可以得到压力曲线。如图 3.8-5，压力在地表从 1bar 开始，在 410km 间断面处上升到约 13.3GPa(133kbar)，在 660km 间断面处上升到 23.8GPa，在核-幔边界处上升到 136GPa，在内核边界处上升至 329GPa，在地球中心处上升至 364GPa。

重力加速度曲线的变化很有趣[①]。地表重力加速度的平均值是 $9.8m/s^2$，地球中心质量在所有方向上分布均匀，重力加速度为零。重力加速度在地幔中增速较缓，由于地核的密度比地幔高，在核-幔边界达到最大值 $10.7m/s^2$。

在地核中，重力加速度线性递减。地核质量分布也证明其密度较大，地核只有地球体积的 16%，但其质量却占了近 1/3。

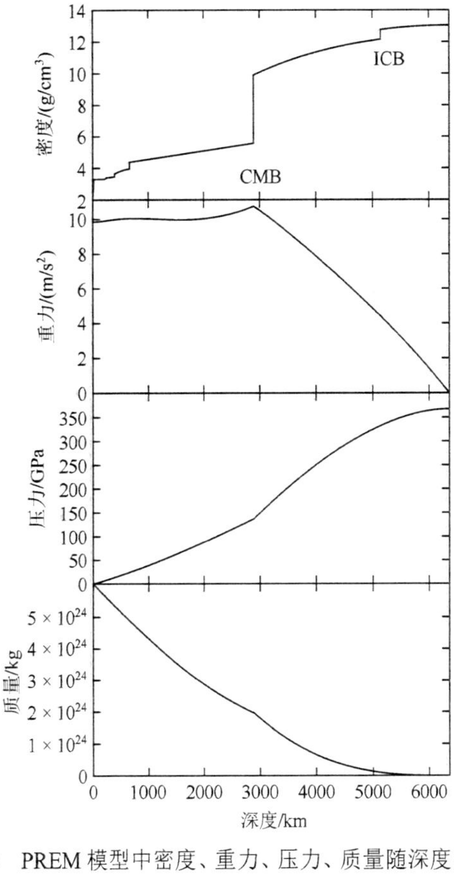

图 3.8-5　PREM 模型中密度、重力、压力、质量随深度的变化。

3.8.2　地球内部温度

地震学可以帮助人们了解地热曲线，即随地球半径变化的地球温度。地热曲线控制并同时反映出地球的成分、矿物和演化。地热取决于热源和热量在地球中向上传导的方式。地幔中存在热对流，即温度导致密度变化并导致物质运动，从而发生热量传递。最明显的热对流现象是洋中脊和俯冲板块的形成。洋中脊是热物质上涌的分支，俯冲板块是冷物质下沉的分支。人们通常认为地球磁场的存在是由于液态外核中存在一个独立的热对流系统。此外，在岩石圈、核-幔边界和内核中热量也通过热传导传递，内核中也可能有对流。

地热曲线比压力剖面更难估计，并且一直是一个具有争议的话题。为了估计地热值，通过模拟地壳、地幔中放射性热，岩石圈、核-幔边界和内核中的传导热，以及地幔和外核中与对流有关的绝热温度梯度来推断地热曲线。温度预测值必须符合转换带中相变的温度，以及在内核边界铁的凝固点[②]。由于涉及不确定因素，地球中心的温度估计为 5000～7000K[③]，而最近的研究结果更倾向于 5000K。

图 3.8-6 显示了地幔地热曲线的一个例子。最显著的特征就是中地幔中较平缓的温度梯度和上下热边界层(即岩石圈和 D″)中较大的梯度存在强烈对比。这种强烈梯度差异反映出之前的假想：热量主要通过边界

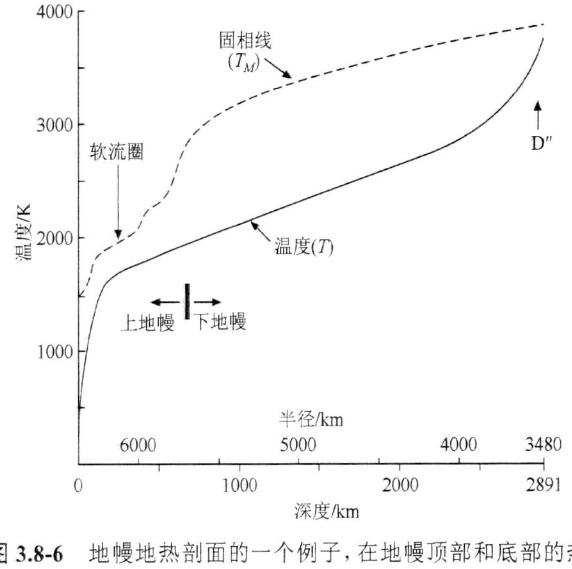

图 3.8-6　地幔地热剖面的一个例子，在地幔顶部和底部的热边界层中有陡峭的温度梯度且在下地幔中有近似绝热的梯度。虚线为熔融曲线，或固相线。图中温度均为绝对温度。(Stacey，1992)

① 地表重力值是一个复杂的函数，该函数受地球内部密度不均匀、使地面上升或下降的作用力、地球椭球形状引起的纬度效应等影响，具有横向变化(A.7.2 节)。

② 对水来说，将近 5000℃的高温称作“凝固点”很奇怪，但是固态的内核可以通过液态的外核冷却而形成。

③ 地球深部的温度通常以绝对温度(K)给出，相当于摄氏温度加上 273.15℃。

层传导，因此边界层处具有较大的梯度；但在边界层之间形成对流，产生较平缓的绝热梯度。预测地温值以 13℃/km 的平均梯度从地表的 0℃上升到地下 100km 的 1300℃。从 100km 到地幔底部，温度仅增加了 1600℃，对应的温度梯度仅约 0.6℃/km。然而，在地幔底部的几百公里中，温度又上升了 1400℃，核-幔边界的温度约为 4000℃。因此，地温在地表和核-幔边界层的变化量是相当的。然而，由于核-幔边界的面积仅为地球表面积的 30%，流出地球表面的热量比从地核流出的热量多得多。大多数多余的热量由地幔和地壳中的放射性同位素衰变产生。值得注意的是，如果地幔中还存在其他热边界层，或地幔的热传导系数高于预期，那么下地幔的温度将会升高且温度在 D″处的变化量会减小。

地热有助于人们探索地震波速、衰减和强度(材料可以承受的应力)随深度的变化(5.7 节)。高温可以降低地震波速和强度，增大衰减。反之，高压可以提高波速和强度，减小衰减。因此波速、强度以及衰减等性质均取决于温度和压力作用的平衡。冷的岩石圈具有较高地震波速和较低衰减，表现为刚性板块。然而，随着深度增加，温度迅速增高到接近甚至超过固相线或熔点，这样就会产生高衰减、软弱的低速区，从而形成活动板块下的软流圈。下地幔温度仅略高于软流圈，因此较高压力可以使岩石保持更高强度。因此下地幔黏度大约是上地幔的 100 倍。D″的温度迅速升高，导致其速度小于由下地幔速度梯度估计的速度。地幔底部的超低速区域可能是部分熔融所致，说明地热已和固相线相交。后文中我们将讨论到，地核的高温使其外核保持液态，但是外核重量导致压力迅速增大，使内核变为密度较高的固体。因此内核温度接近于铁的熔点，从而具有较低的剪切波速度。

3.8.3　地幔的组成成分

通过地震数据可以推导速度和密度(即压力)曲线。然后通过对比速度、密度剖面、温度剖面和地球物质高温高压实验结果，可以推导出地幔成分模型。高温高压实验的一个重要结论是：对于给定的平均原子量，声波速度［方程(3.8-15)］和物质密度呈近线性关系。平均原子量是一个分子式单元的平均分子量。例如，对于镁橄榄石(Mg_2SiO_4)，$m=(2\times24+28+4\times16)/7=20$，对于铁橄榄石($Fe_2SiO_4$)，$m=(2\times56+28+4\times16)/7=29$。图 3.8-7 中展示了不同元素声波速度和物质密度的关系，标注了每个元素的原子数[①]。图中也展示了基于地震学模型的地幔和地核密度及声波速度范围。地幔和地核分布在图中不同区域。

这一结果说明地幔和地核的化学成分不同，也给出了一个方法去检测哪些是可能的化学成分。含有 92%的橄榄石(olivine)，而橄榄石中 90%为镁橄榄石(forsterite)的纯橄榄岩(dunite)符合地幔的数据。富铁橄榄石曲线将处在图 3.8-7 更右方，如果橄榄石中有超过 50%的铁橄榄石(fayalite)，将偏离观测确定的地幔速度-密度曲线范围。

地核数据处于图 3.8-7 的更右方，这意味着地核由更高原子数的物质组成。观测数据处于纯铁曲线的左侧，说明地核由铁和一种原子量较小(“更轻”)的元素构成。例如，Fe_2Si(铁和质量占 20%的 Si)的成分符合地核数据。

人们针对地幔提出了不同的化学模型。为了说明其中涉及的概念，我们来考察一种称作地幔岩(pyrolite)的组成，它可以满足各种岩石学、天体化学、地球物理学约束。该地幔岩类似于天然橄榄岩

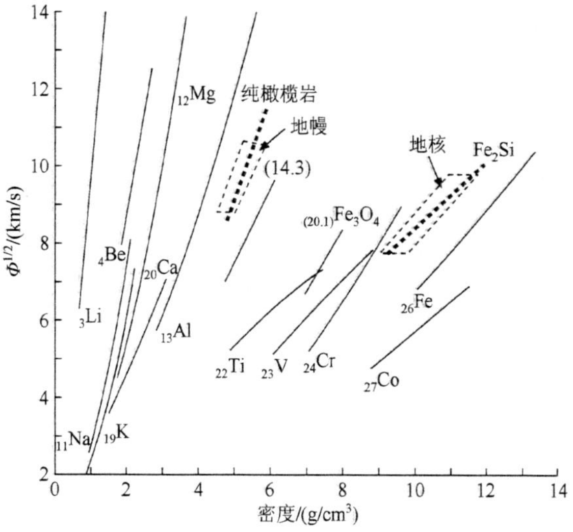

图 3.8-7　不同物质中，声波速度随密度变化。实验结果(虚线)与地震观测和密度模型得到的地幔和地核中速度和密度范围(阴影)的对比。图中也展示了纯橄榄岩与 Fe_2Si 成分的实验结果。图中的数字是平均原子数。(Birch，1968)

(图 3.2-23)，后者可能是通过部分熔融产生玄武岩浆的源岩。随着深度和压力增大，矿物相变到更致密状态，地震波速和密度也发生变化。表 3.8-2 中给出一种组成模型，在地表温压条件下，其密度为 3.38g/cm³，

① 原子数就是质子数，原子量是质子数和中子数之和。

P 波和 S 波速度与上地幔观测结果一致。

在上地幔，模型中的主要矿物成分是橄榄石。这种组成满足密度和速度数据(图 3.8-7)，且与观测到的地震各向异性一致(图 3.6-4)。转换带区域对应着一系列固态相变(图 3.8-8)。橄榄石在转换到下地幔钙钛矿结构之前，进行了多次转换。首先，辉长石转换成石榴石，随着深度增加，含钙石榴石转换为钙钛矿结构。由于钙在下地幔含量较多(约 70%)，故钙钛矿是地球中最丰富的物质。

表 3.8-2　地幔过渡带以上的矿物组成成分

矿物	组成成分	质量分数/%
橄榄石 Olivine (Fo_{89})	$(Mg_{0.89}, Fe_{0.11})_2$	57
斜方辉石 Orthopyroxene	$(Mg, Fe)SiO_3$	17
斜辉石 Clinopyroxene	$(Ca, Mg, Fe)_2Si_2O_6$-$NaAlSi_2O_6$	12
富镁铝石榴石 Pyrope-rich garnet	$(Mg, Fe, Ca)_3(Al, Cr)_2Si_3O_{12}$	14

资源来源：Ringwood(1979)。

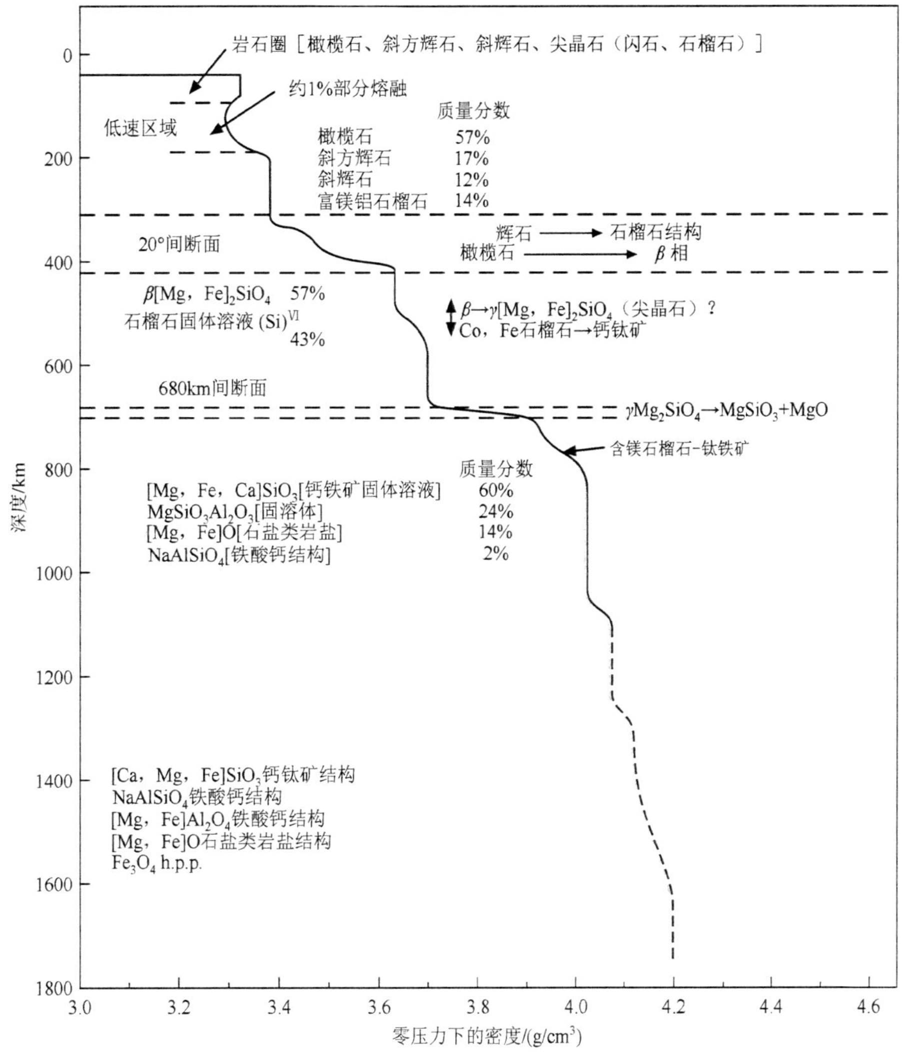

图 3.8-8　预测的地幔中矿物组成随深度的变化。(Ringwood，1979)

图 3.8-9 显示了预测的主要矿物相体积比随深度的变化。地壳和上地幔的橄榄石为 α 相，随着压力增大，α 相橄榄石转变为 β 相瓦兹利石(wadsleyite)，β 相瓦兹利石具有改良的尖晶石(spinel)结构。实验室中观察到这一转化发生在压力约为 12GPa(120kbar)时，与 410km 间断面相对应。在大约 15GPa 时，β 相又转化为 γ 相，或尖晶石，该结构被称为尖晶橄榄石(ringwoodite)(图 3.8-10)，对应波速变化较弱的 520km 处的间断面。在压力超过大约 24GPa 时，对应于 660km 间断面，γ 相尖晶石结构发生破坏，转化为钙钛矿和

(MgFe)O 镁方铁矿(magnesiowustite)结构。

辉石(Mg，Fe)SiO_3也发生了变化，在200km开始转化为石榴石。在600km以下，某些含镁石榴石、铁镁石榴石转化为钛铁矿结构。在660km以下，铁镁石榴石、钛铁矿转化为钙钛矿。部分铁镁石榴石可能在下地幔保持为超石英，即石英的高压相，富Al_2O_3相。橄榄石相变可以导致转换带内出现明显的地震波不连续，与之不同的是，辉石和石榴石的相变比较缓慢，可以将过渡带中的高速梯度带拉低到770km(3.5.4节)。

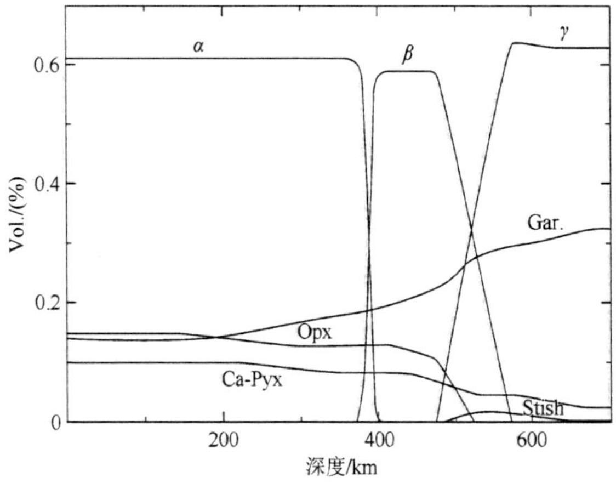

图 3.8-9 上地幔中主要矿物相相对含量随深度变化的模型。橄榄石和尖晶石不同相(α、β、γ)之间的快速变化可以引起410km和520km处的地震间断面。辉石到石榴石的相变较缓慢，这使得410km到660km的转换带内存在更大的速度梯度。(Weidner，1986)

以上相变都是通过实验模拟地球中的压力、温度和物质成分来研究的。由于实验难度较大，有时会基于热力学计算将低压低温数据外推到高温高压的情况。影响速度结构的一个重要因素是：某些相变在一定深度范围内逐渐发生(图 3.8-11)。随着压力增加，一个单变量相变，即某一成分从一个相完全转化成另一个相，会造成速度出现明显间断面。更加复杂的多元相变涉及一个多成分系统，造成在某个较大压力范围内两个或两个以上的相共存，且造成速度梯度。因此地震学研究可以更好地定义转换带的速度结构，有利于我们了解转换带的物质成分。

这些矿物学模型符合地震间断面的深度及其他特征。如图 3.8-9 中体积比所示，橄榄石由α相到β相的转换发生在一个很窄的深度范围内。这与高频率波(短波长)所观测到的地震间断面一致。相变过程中会释放

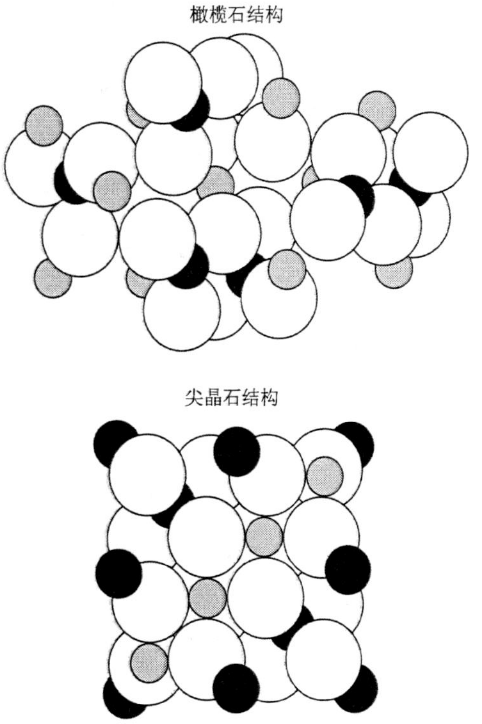

图 3.8-10 对比低压情况下(Mg，Fe)$_2SiO_4$晶体的α橄榄石相(上图)和γ-尖晶石林伍德石相(下图)，后者密度大10%。白色球代表氧离子，黑色球代表硅离子，灰色球代表镁、铁离子。(Press and Siever，1982)

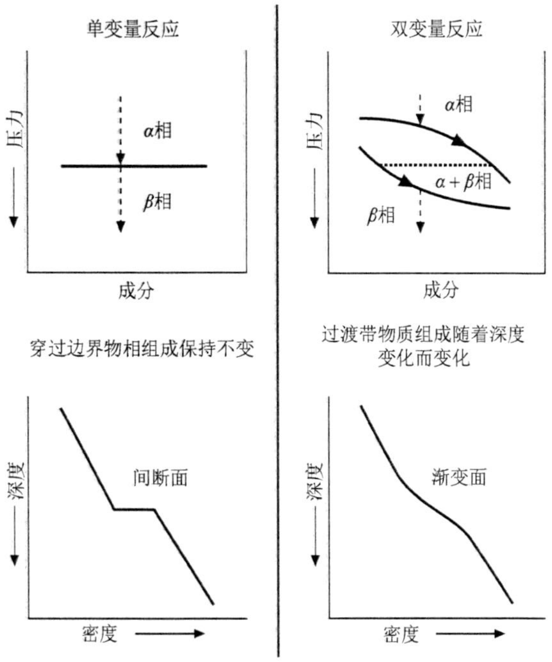

图 3.8-11 相变和速度间断面的关系。(Bina and Wood，1987)

热量，因而更容易发生在温度较低的俯冲板块的低压区域(5.4.2节)。这种预想符合地震学在俯冲岩石圈中及其附近观测到的410km间断面的上升。相比之下，β

相到 γ 相的相变应当发生在较宽的深度范围内。这种预想符合地震学在 520km 处观测到的间断面，该间断面无法通过高频波观测到，仅能通过长波长的波观测到。而 γ 相尖晶石到钙钛矿和镁方铁矿的转换则应当发生在较窄的范围内，这与 660km 处的间断面一致。这一反应过程是吸热的，因而在较低温度下应当发生在较深的区域。研究表明，在俯冲岩石圈中及其附近，间断面被下压到 700km 处或更深的地方。

人们尚不能确定下地幔的化学成分是否与上地幔相同，这对于了解二者在地球演化过程中是如何混合的至关重要。类似图 3.8-8 模型中，上地幔和下地幔具有相同的总化学成分，下地幔由于压力增大，速度、密度均增大。地震波速度数据似乎不要求下地幔中存在相变。然而，下地幔密度可能会比预测的地幔岩密度高，有可能富含铁和硅。观测表明，某些俯冲岩石圈穿过了 660km 处间断面(5.4 节)，说明上地幔和下地幔发生了混合作用。然而，就算所有板块都下沉到下地幔，地球的年龄也没有长到让上下地幔发生完全的混合作用。[①]另一种可能是早期地球具有不同的上地幔和下地幔对流系统，后来才发生整个地幔的对流。

3.8.4　D″的组成成分

地震学观测给出了 D"区域的图像(3.5.4 节)，包括横向速度变化、垂向分层和各向异性。因此，那里发生的各种过程和另一个主要热边界层——岩石圈一样复杂，这种复杂性可能反映俯冲岩石圈、地幔柱的产生、核幔相互作用等因素的影响。

图 3.8-12(a)右图展示了一个简单的对流模型，冷的物质下沉到核-幔边界，与地核接触加热后，再次上升。图左侧展示了下降流区域(实线)和上升流区域(虚线)的垂向速度剖面。因此，地幔底部较大的横向速度变化(＞±5%)可能是由于温度变化引起的。然而，根据观察到的复杂地震结构，此模型的组成要素是必要的但并不能解释全部数据。

其他可能的对流模型涉及俯冲板块。图 3.8-12(b)中，俯冲板块没有到达地核顶部，而是被一个化学边界层隔开。这个层可能来自早期的地球分异作用，或是由地幔和地核的化学作用产生。高压实验显示钙钛矿和镁方铁矿会和铁反应。这些地幔沉降物在地幔下

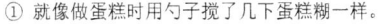

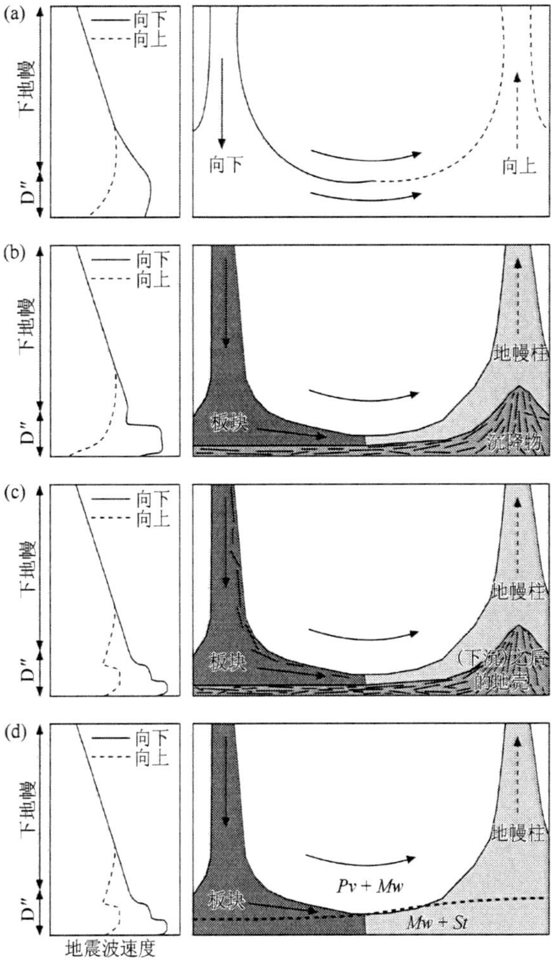

图 3.8-12　影响地幔底部速度结构各种过程的示意图。右图为不同过程的模型，左图为对应的速度-深度剖面，下降流区域(实线)和上升流区域(虚线)。文中讨论到的模型包括：(a)一般热对流；(b)俯冲板块与高密度地幔沉渣形成的化学边界层相互作用；(c)在俯冲板块下脱落的后榴辉岩洋壳所形成的化学边界层；(d)矿物相改变。(Wysession，1996a)

降流区域减薄，在上升流区域加厚。地幔沉降物的分层可以解释下降流区域观察到的横向各向同性和上升流区域的方位各向异性(3.6.6 节)。D″间断面速度的增长部分原因是板块物质堆积，这些板块物质相对于围岩更冷，且具有更高的速度。这个间断面可能因沉降物向上流动到堆积的俯冲板块上方而增强。地幔最底部的超低速带(ULVZ)可能是由铁富集的低速层或是内部部分熔融造成。

另一种可能性是俯冲岩石圈的一部分由开始的玄武质洋壳转化为榴辉岩，再转化成一种波速高于其他下地幔物质的物质图［3.8-12(c)］。这种矿物相可能从地壳脱离并且聚集形成一个新的化学边界层。如果它继续保持固体状态，可以部分地解释 D″间断面。如果发生熔融，

① 就像做蛋糕时用勺子搅了几下蛋糕糊一样。

可以解释 ULVZ。无论哪种情况，其层状结构均可用来部分地解释地震各向异性。速度的横向变化与各向异性相关；由于横向各向同性，SH 波在下降流区域速度更快，但是在上升流下部垂直的层状结构使 SH 波速度减慢。

D″层也有可能标志稳定钙钛矿的底边界［图 3.8-12 (d)］。地幔底部温度和/或成分的显著径向变化会使钙钛矿或者一种次要矿物相超出其稳定范围，从而引起相变。一种可能性是钙钛矿转化为超石英和镁方铁矿，伴随有铁镁含量比的增加。超石英具有很高的地震波速，可能对 D″间断面有所贡献。这种情况下，各向异性反映了横向流造成的晶体定向排列。密度较高的镁方铁矿可能沉积在底部形成 ULVZ。

根据已有的有限知识，D″可能受以上因素和其他因素影响。例如，如果穿过 D″垂向温度差异很小(约 300℃)，那么相对于化学边界层，地幔对流起到的作用较小。如果温度差异很大(约 1500℃)，地幔柱会非常明显，并且很难保持一个明显的化学层。

3.8.5 地核的成分

地核仍旧有很多未解之谜。根据密度和声速数据(图 3.8-7)，人们认为地核的成分类似于铁，但是其中加入了密度较低的低原子数元素。其他关于铁质地核的论据则来源于天体化学。陨石可以分为类似于地幔成分的石质陨石和具有铁镍合金成分的铁质陨石，人们认为铁质陨石类似于地核①。熔融的铁发生对流，这也是使地球产生磁场的唯一适当的机制。人们尚未了解降低地核密度的轻元素，候选元素有可能是硫、硅、氧、钾和氢。实验表明 10%～15%的较轻元素就能给出一个合理的密度值。

因为内核的温度应该比液态的外核高，内核是固态似乎在意料之外。另一方面，压力有利于形成高密度的固相，所以固态内核的存在表明压力的影响必定超过了温度的影响。从内核边界到地球的中心，温度仅仅增加了 100～200℃，约为内核温度(约 5000℃)的 3%。然而，压力增加了约 11%，从内核边界的 329GPa 增加到地球中心的 364GPa(图 3.8-5)。通过地震数据得到的密度值与实验和模拟中得到的固态铁的密度值相同。

这种情况要求内核的温度在熔融曲线(固相线)以下，而外核的温度则必须在固相线之上。根据以上情况，有两种假设。如果内核和外核的物质成分相同(图 3.8-13，左图)，固相线应随着深度逐渐上升。地热线应比固相线平缓，因此二者在内核边界处交叉，但应比外核中发生对流所需的绝热温度梯度更陡。然而某些理论计算结果认为，地核中发生对流所需的超绝热温度梯度比固相线陡。如果是这样，固态内核和液态外核就可以解释为化学成分不同，因此具有不同的熔融曲线(图 3.8-13 右图)。于是仅在内核中，温度位于固相线之下并形成固态物质。

图 3.8-14 说明了这个观点，假设地核中较轻元素是硫。在这个 Fe-FeS 系统外推到地核条件的相图中，硫的存在明显地降低了铁的熔点。将液态铁中混合 12%的硫，即变成含 33%的 FeS 的液态铁，并进行降温，固态铁会析出，使得液体中的 FeS 含量增加。②与此类似，外核相当于富含 FeS 的液体，而内核则为密度更大的 Fe 的固体。镍也可能先进入固态相。这种模型预测内核中含有约 80%的铁和 20%的镍，外核中含有 86%的铁、12%的硫和 2%的镍。对于外核的对流，内核的结晶起到至关重要的作用，因为下沉的铁会释放重力势能。据估计，外核对流的主要动力来源是：内核结晶过程所释放的热能和初始热能的损耗，二者的贡献大致相等。其他的动力来源也可能包括钾或铀的放射性热，如果任何一种存在的话。

这类模型认为内核和外核边界类似于核-幔边界，不仅是相边界，也是物质成分边界。边界处可能非常复杂。PKP-*DF* 波的衰减在内核最外几百公里最大，说明该区域可能是黏稠状的。受磁场的影响，在内核边界某些纬度，铁发生结晶，在其他纬度又溶解到外核中。这种效应可能会造成铁晶体定向排列，从而造成内核各向异性(3.6.6 节)。地震学研究和高温高压下物质的理论和实验研究正被用来探讨以上问题。

3.8.6 地震学和行星演化

在本节中，我们看到地震学给出了地热和化学演化过程研究的现状。地震学展示了现今岩石圈厚度，虽然它可能已随着时间增厚，并且为我们提供关于板块构造过程和地幔对流的信息。地震学也提供了大部分关于地核的知识，包括内外核现今大小，

① 铁质陨石，即假定的固态内核，类似于钢。传说使用陨石炼的剑非常坚硬，并且具有神奇的力量。

② 这种液体和固体成分不同的效应称为分离结晶，该效应在地质上有很多应用，包括岩浆冷凝时岩石的形成。可以用冻苹果汁来作类比，液态的苹果汁比较甜，因为液态苹果汁比冻结的部分更加富含糖。

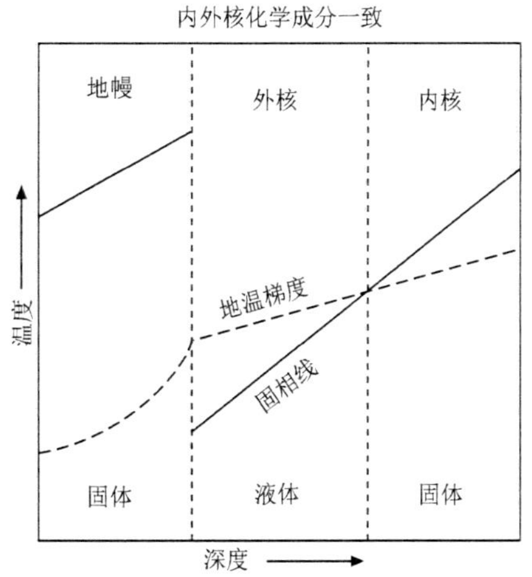

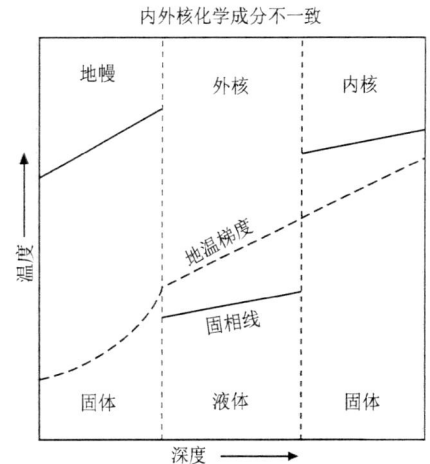

图 3.8-13　内核和外核中，地温梯度(虚线)和固相线(实线)的关系。左图：如果地核是均质的，固相线应该是连续的，并且穿过内核和外核，为了保证内核为固态，外核为液态，地温梯度线必须比固相线平缓。右图：如果内核和外核的成分不同，二者固相线可能不同，因而地温梯度也可能更大。

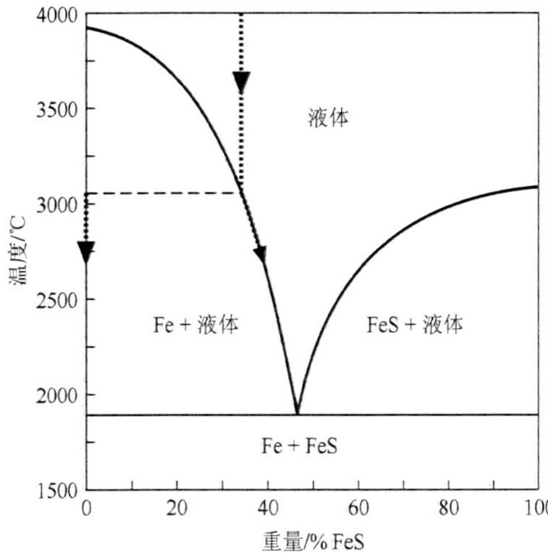

图 3.8-14　在核-幔边界压力(1.4Mbar)下 Fe-FeS 系统的熔融关系。当含有 33% FeS 的冷却液体接近相变边界时，固态铁冻结析出，使得液体中的 FeS 含量增加。与此类似，内核也从外核结晶析离，因此与外核具有不同的化学成分。(Usselman，1975)

其反映了液态外核逐步结晶形成固态内核的过程。如图 3.8-15 所示，地核随着时间逐渐冷却，造成固态内核增长。

根据对地球和月球及其他行星有限的了解，认为尽管行星内部有所不同，反映出它们原始成分不同，但是它们演化过程有着相似之处。如图 3.8-16 所示，各行星可能遵循一个相似的生命循环，包括星球的形成、早期的对流、核的形成、板块构造、晚期火山活动和最终的沉寂等阶段。这个演化过程受到各种能量源驱动，反映了星球最终随着时间逐渐冷却的过程。因此，尽管这些行星大致在同一时间形成，但是它们正处于各自生命周期的不同阶段[①]。地球现在处在中年时代，具有活跃的板块运动特征。

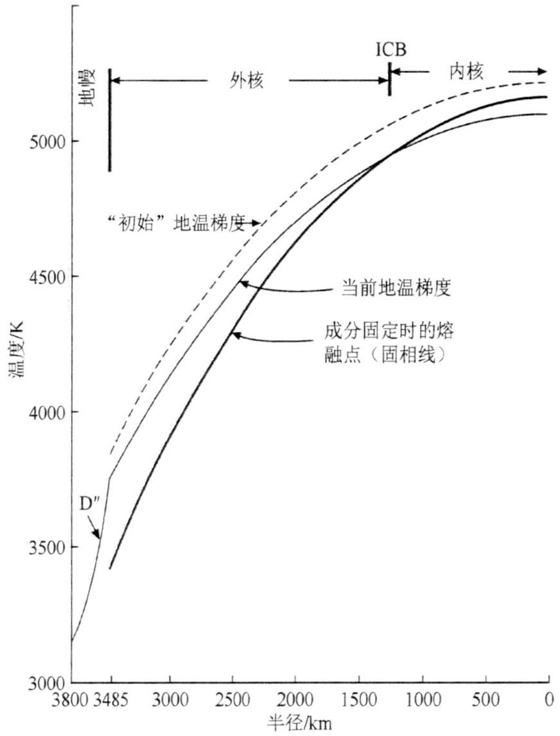

图 3.8-15　假设内核和外核中的固态相是连续的，图中为地核中地热的演化。在地球的早期历史中，地核的温度(虚线)均比固相线高，因而整个地核都是熔融状态的。随着地核慢慢冷却，温度降低，内核逐渐从外核中结晶分离出来。内核边界(ICB)是目前地热线和固相线的交点。(Stacey，1992)

① 就像是同一天出生的一个人和一条狗。

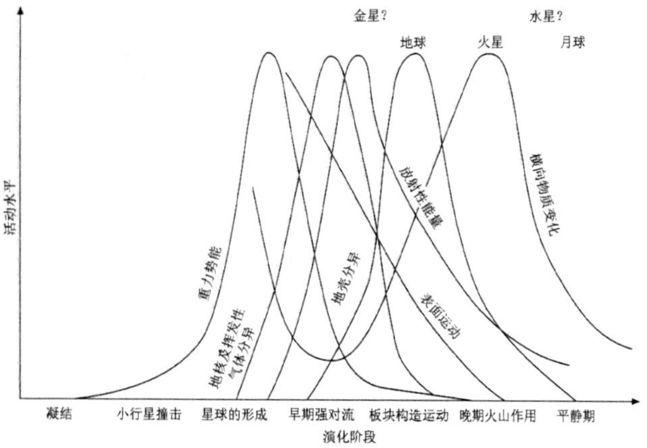

图 3.8-16　类地行星的演化模型，图中展示了各演化阶段的能量来源。

因此，研究地球内部的方法也可以用于研究其他星球。“阿波罗计划”将五个地震台站布设于月球，探测到微弱的月震活动，它们大多数是由陨石撞击引起，或者是由潮汐力引起。图 3.8-17 展示了由走时推导出的速度剖面，由于仪器数量有限，以及散射造成的走时提取的困难(图 3.7-10)，该剖面具有较大不确定性。人们对该结果进行了多种解释。尽管很容易把低速带与软流圈相联系，但是根据热学模型推测，该区域温度非常低，不可能是软流圈。因此认为地幔的分带代表了物质成分的差异。在 1000km 以下速度可能减小，热学模型认为该深度可能存在软流圈。地震学方法探测月核尚无定论，其转动惯量与质量比值为 0.39，所以充其量只能有一个小的月核。

因此，现今月球有很厚的岩石圈，并且构造运动不活跃。可能由于月球较小，热量易于迅速散失，所以可能已经散失了大部分热量。一般而言，我们认为随着星球体积增大，来自重力势能和放射性热量增加。而热量散发速率则取决于星球的表面积。因此，剩余的热量为

$$剩余热量 = \frac{现有热量}{损失热量} = \frac{(4/3)\pi r^3}{4\pi r^2} = \frac{r}{3} \quad (3.8\text{-}19)$$

因此体积大的星球会保存更多热量，因而也具有更加活跃的构造活动。

火星和水星的体积均比月球大，比地球小。根据以上讨论，我们认为水星和火星已经达到各自较老的年龄，不会再有活跃的构造活动。水星可能仍有一个较小的液态核，在太阳潮汐力的作用下可以产生磁场。金星的体积和地球相近，可能依然活动，但其板块构造运动是间歇性的而不是连续性的。只有在这些行星上布设地震台站，才能使用地震学来讨论这些话题。虽然人们只在火星上布设了一个地震台站，且没有得出结论性的成果，但布设更多的地震台站已被列在

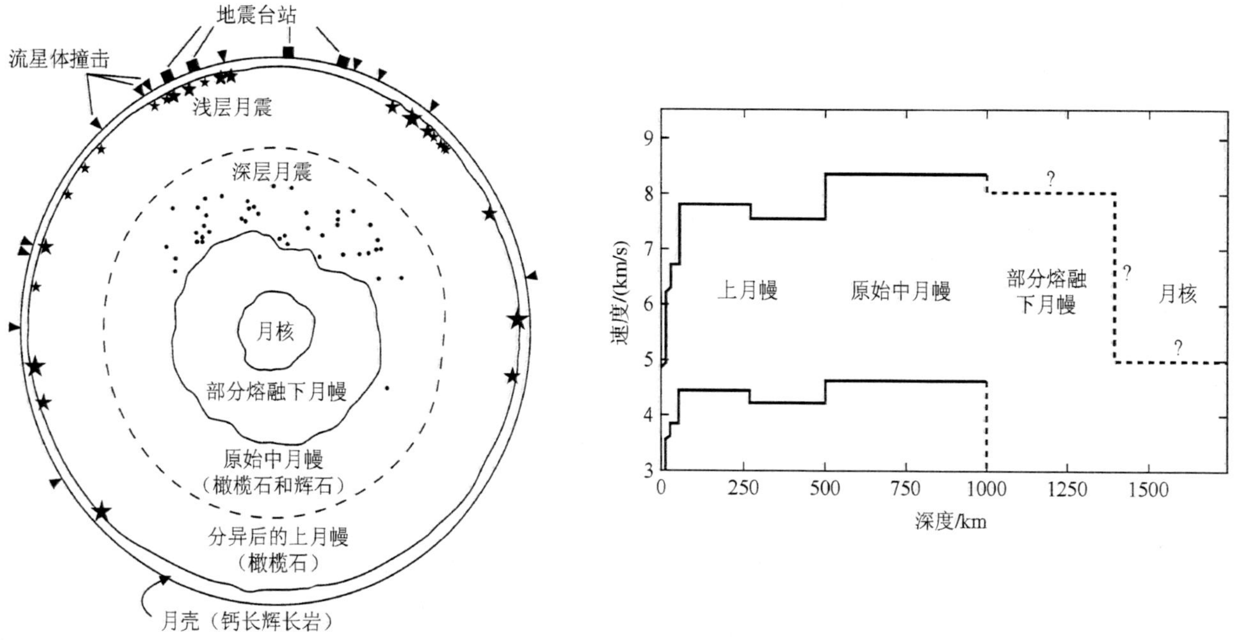

图 3.8-17　通过月震数据获得的速度模型(左图)，根据速度模型解释的物质成分(右图)。正方形代表地震台站的位置，楔形符号代表陨石的撞击，五角星代表浅部的月震，圆点代表深部的月震。(Nakamura，1983；Hubbard，1984)

未来的计划中。①

延伸阅读

在很多普通地球物理学教科书中都涉及折射地震法及其在地壳研究中的应用，如 Fowler(1990) 和 Reynolds(1997)。更多详细的内容可以见 Dobrin Savit(1988)、Sheriff 和 Geldart(1982)、Telford 等(1976) 以及 Kearey 和 Brooks(1984)。更多信息可在综述性文章中获取，如 Braile 和 Smith(1975)，Kennett(1977) 或 Spudich 和 Orcutt(1980)。美国大陆的地壳结构和解释可以参考 Pakiser 和 Mooney(1989)。Meissner(1986) 介绍了一种综合处理观测资料的方法以及多种大陆地壳模型。关于莫霍面性质的综述可以参考 Jarchow 和 Thompson(1989)、Braile 和 Chiang(1986) 以及 Fountain 和 Christensen(1989)。Gibson 和 Levander(1988) 讨论了下地壳反射数据中可能的干扰。

关于反射地震法，除了以上勘探方面的入门书外，还可以参考 Claerbout(1976，1985)、Robinson 和 Treitel(1980)、Waters(1981)、Sheriff 和 Geldart(1982)、Robinson(1983) 和 Yilmaz(1987)。这些参考文献主要涉及地球物理信号处理，这一点在 Kanasewich(1981) 和 Hatton 等(1986) 文献中有所讨论。

应用地震学来研究地球结构，可以参考 Bolt(1982)、Bott(1982)、Gubbins(1990)、Doyle(1995)、Lay 和 Wallace(1995)、Lowrie(1997)、Shearer(1999) 和 Udias(1999)。Simon(1981) 发表了一本关于解释地震图的手册，展示了不同距离和深度地震的记录。关于数据的进一步分析，可以参看 Gutenberg(1959) 和 Jeffreys(1976)。Bullen 和 Bolt(1985) 对球状地球的射线理论进行了详细讨论。Aki 和 Richards(1980)、Ben-Menahem 和 Singh(1981) 及 Kennett(1983) 探讨了射线理论以及更先进的方法。图 3.5-19 所示的体波传播的简正振型模拟可以参考 http://epsc.wustl.edu/seismology/michael/movie.html。

Karato 和 Spetzler(1990) 讨论了滞弹性的物理机制。各向异性的讨论可以参考 Cara(1991) 和 Silver(1996)。关于散射和衰减，参考 Kanamori 和 Anderson(1977)、Brennan 和 Smylie(1981)、Jackson(1993)、Mitchell(1995)、Sato 和 Fehler(1998) 及 Romanowicz(1998)。Garnero(2000) 总结了下地幔底部的横向非均匀性。

我们简略地提过非地震地球物理数据以及化学在地球内部研究的应用。除了期刊文章，比较实用的参考书籍有 Wyllie(1971)、Bullen(1975)、Ringwood (1975)、Wood 和 Fraser(1977)、Brown 和 Mussett (1993)、Bott (1982)、Melchior(1986)、Jacobs(1987)、Lambeck(1988)、Anderson(1989)、Stacey(1992) 和 Poirier(2000)。实用的综述性参考文献有 McElhinny (1979)、Ahrens (1995a、b、c)、Boschi 等(1996)、Boehler (1996)、Crossley(1997)，Gurnis 等(1998) 和 Davies (1999)。

问题

(1) 使用图 3.2-5 的折射实验数据计算地壳和地幔的速度以及地壳厚度。注意图中给出的是折合走时。

(2) 对于半空间上覆两层结构的模型，推导利用第二个交叉距离表示第二层(较深)厚度的表达式。

(3) 分析图 P3-1 中海洋折射实验的数据(Lewis，1978)，假设结构中包括一个水层、一个地壳层和一个地幔半空间。

①假设初至是由两条线段描述，分别对应穿过地壳和地幔顶部的首波，计算其波速。

②尽管图中没有画出在水中传播的直达波，但水中的 P 波速度为 1.5km/s。用地壳首波的时间截距计算水的深度。

③用 P_n 波时间截距来计算地壳厚度。

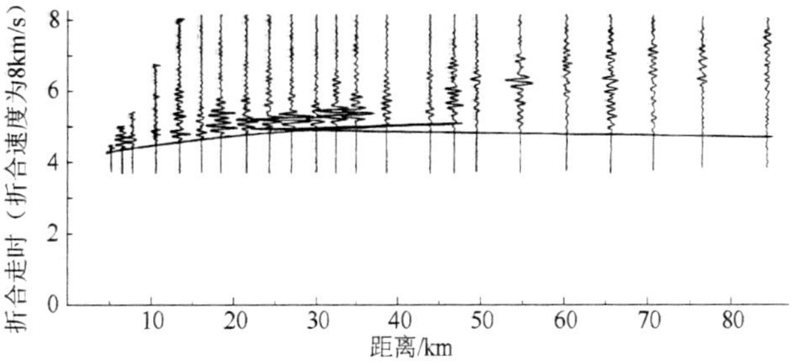

图 P3-1　见问题(3)。

(4) 为了证明费马原理可以预测首波，考虑厚度为 h，波速为 v_0 的层覆盖在具有更高速度 v_1 的半空间上。

①入射波到达边界时离震源的距离为 y(沿地表)，波在边界下方传播一定的距离，然后以与下行波相等的入射角返回到地表离震源 x 处，推导波的走时。

②求走时为极值时的 y 值，并证明该值等于临界入射角。

③确定该走时是最大值还是最小值。

(5) 使用图 P3-2 中反向剖面的数据来计算地壳和

① 由于操作的局限性，地震仪器安置在飞船的着陆器上，而不是直接与火星接触。有传言说，为了减轻着陆器的重量，曾考虑将地震仪器挪到人造卫星上。

地幔的速度、Moho 倾角、地壳厚度。

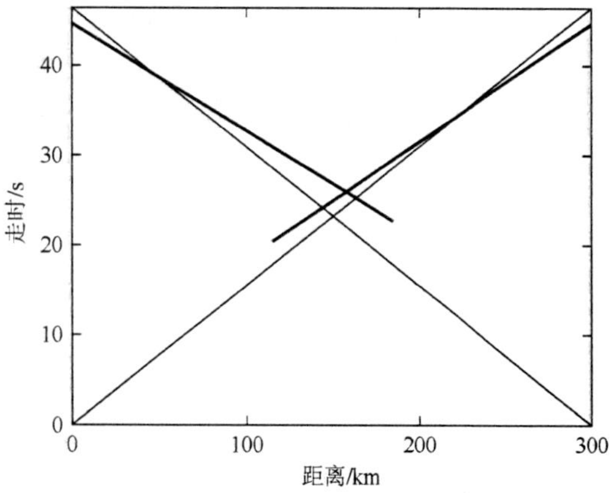

图 P3-2　见问题(5)。

(6) ①推导含倾斜地层的反向剖面中上倾路径首波的走时［方程(3.2-17)］。

②证明倾斜地层首波的走时方程［方程(3.2-16)和方程(3.2-17)］在倾角为零时变成水平岩层的方程。

(7) 从均方根速度公式出发推导地层速度的迪克斯方程［方程(3.3-19)］。

(8) 考虑两对地震记录。其中一对具有相同的中心点，但是其中一个记录的偏移距是另一个的负数。另一对具有相同的震源点，但是其中一个记录的偏移距是另一个的负数。画出单一倾斜岩层的射线路径，并解释哪些路径具有相同的走时。

(9) 定义离散时间序列的互相关函数［方程(3.3-68)］。时间序列中有 N 个点时，$f(t)=f(n\Delta t)$，其中 n 从 0～N–1，Δt 是各点之间的时间增量。

(10) 给定一个共偏移距道集，请描述沿剖面的速度结构。

(11) 假设一个 24 次覆盖的地震记录数据采样率为每 40ms 采样一次，每个记录的长度是 10s。震源间距为 25m 时，在 100km 长的测线中，一共记录了多少个采样点数据？

(12) 假设地球是球形的，给定走时曲线为 $T(p)=p\Delta(p)+\tau(p)$，证明 $\mathrm{d}\tau/\mathrm{d}p=-\Delta(p)$。

(13) ①利用垂直入射时 PcP 和 PKiKP 的走时(图 3.5-4)来估算外核中的平均 P 波速度。

②利用垂直入射时 PKiKP 和 PKIKP 的走时(图 3.5-4 和图 3.5-7)来估算内核中的平均 P 波速度。

(14) 比较震源在地表和震源在 600km 深度的走时曲线(图 3.5-4)，找出并解释它们的不同。

(15) 使用震源在地表和震源在 600km 深度走时曲线(图 3.5-4)来计算震中距为 40°和 60°的直达 P 波的射线参数 p，单位为 s/(°)。将 p 转换为 s/rad，并计算这些射线在震源处的入射角度，请使用图 3.5-1 中的速度，解释到达给定距离的射线的入射角随震源深度的变化。

(16) 图 P3-3 为 1964 年 7 月 21 日，在菲律宾台站记录到于 21：01：50 发生在所罗门群岛的地震。

①测量 P 波到时并利用发震时刻求出其走时。

②利用走时曲线求出地震到台站的距离。

③跟踪 P 波后 8min 内的地震记录。用走时表来帮助确定 S 和 PP 震相。你能认出其他震相吗？

④辨认地表反射 pP 和 sP。测量它们与 P 波的到时差，并用以估计震源深度。

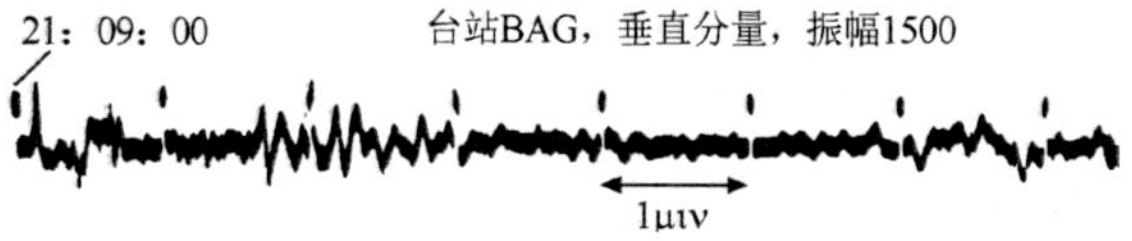

图 P3-3　见问题(16)。

(17) P_{diff} 是 P 波在核–幔边界处的衍射波，其走时曲线携带了地幔底部的速度信息。走时曲线是线性的，射线参数为 $p=\mathrm{d}T/\mathrm{d}\Delta=r_{cmb}/v_{cmb}$，其中 r_{cmb} 为核–幔边界的半径，v_{cmb} 是地幔底部的速度值。

①测量图 P3-4 地震记录剖面中的射线参数值，单位为 s/(°)。并将其与图 3.5-4 中走时曲线的斜率进行对比。

②将 p 转换为 s/rad，并计算地幔底部的速度。

③假设地幔底部的一个位置距地震 180°远。最先到达该点的 SH 波为 SH_{diff}，那么最先到达的 SV 波(非零振幅)是什么？

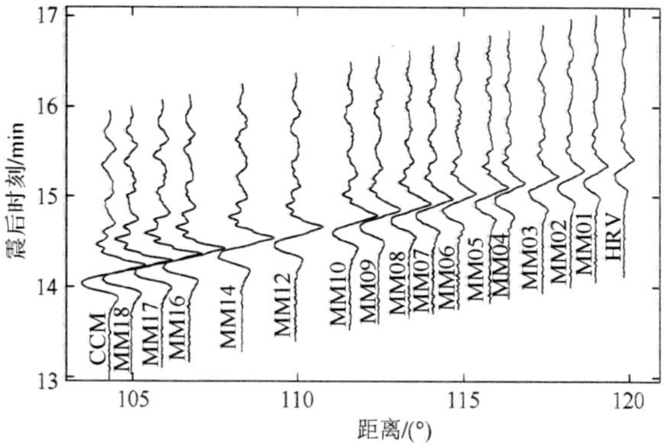

图 P3-4　见问题(17)。

(18) 推导方程(3.6-13)中的 $R(t)$ 和 $T(t)$。

(19) ①使用表 2.9-1 计算振型 ${}_0T_2$、${}_0T_{30}$、${}_0S_{30}$ 的衰减松弛时间，设其 Q 值分别为 250、130 和 183。

②在这段时间里对应于 ${}_0T_{30}$ 和 ${}_0S_{30}$ 的勒夫波和瑞利波的传播距离为多少？

(20) 证明阻尼简谐振荡器的品质因子 $Q=2\pi E/(-\Delta E)$。其中，E 为振荡系统的能量，ΔE 为一个振荡周期中损耗的能量。

(21) 找出以下两种情况下周期为 1s 和 10s 时，由于物理频散导致的 S 波的速度差异百分比值。

①热的弧后盆地 ($Q=25$)。

②冷的岩石圈板块 ($Q=250$)。

解释造成①和②差异的物理机制。

(22) 证明 $\alpha^2-(4/3)\beta^2=K/\rho, Q_\alpha^{-1}=LQ_\mu^{-1}+(1-L)Q_k^{-1}$，$L=(4/3)(\beta/\alpha)^2$。

(23) 使用核-幔边界的重力加速度 ($g=10.7\text{m/s}^2$) 来计算地核的质量和平均密度。

(24) 假设地球是椭圆的，且是均匀的。

①哪个震源位置对面波产生最大的对跖点焦散？

②哪个震源位置对面波产生最小的对跖点焦散？

③对于①，估计相速度为 4km/s 时面波最早和最晚到达的时间范围。

编程

(1) 写程序追踪半空间上覆倾斜岩层中直达波、反射波和首波的路径。程序根据每种介质中路径的长度来计算每条路径的走时 (不要使用走时的解析表达式)。请用该程序来验证问题 (5) 的结果。

(2) 写程序，使用时距曲线的表达式 [方程 (3.3-7) 和方程 (3.3-8)] 和其双曲线近似 [方程 (3.3-11)]，画出多个水平界面的反射波走时。计算图 3.2-15 中洋壳模型的走时。对比以上两种方法得到的结果。

(3) ①写一个子程序计算两个离散时间序列的互相关。

②写一个子程序来计算可控源扫描信号 [方程 (3.3-57)]，信号给定长度为 T，频率范围为 (f_1, f_2)。参数应包括起始时间 t_0 和采样率 Δt。

③计算并画出以下参数的扫描信号：$\Delta t=0.0025\text{s}$，$t_0=0$，$T=5$，$f_1=7\text{Hz}$，$f_2=14\text{Hz}$。使用①的结果来计算并画出自相关。

(4) ①写一个子程序来模拟一系列层厚度为 h_i，速度为 v_i，密度为 ρ_i 岩层的反射时间序列 [方程 (3.3-61)]。

②计算并画出上覆于半空间的双层模型，第一层厚度为 3km，$v=2.5\text{km/s}$，$\rho=2.1\text{g/cm}^3$，第二层厚度为 4km，$v=3.2\text{km/s}$，$\rho=2.4\text{g/cm}^3$，半空间的 $v=4.5\text{km/s}$，$\rho=2.8\text{g/cm}^3$。

③根据这个结构和②中给定的震源，计算并画出垂直入射的合成地震记录。

④根据编程问题 (3) 中的结果，计算地震记录与扫描信号的互相关，并画出结果的时间序列。

⑤重复②～④，将第二层的厚度每次减少一半。多少次后就不能在互相关后的时间序列中分辨出第二层？

(5) ①写一个程序，可以在一个地球模型中对任意深度震源和选定的震源入射角范围追踪射线路径。画出震源、射线路径、地表、核-幔边界、内核-外核边界。

②使用 PREM 模型或其他模型，画出震源在地表和在 300km 深度的射线路径。并通过射线路径显示上地幔间断面和地核的影响。

③通过程序画出走时曲线。你能从图中找出上地幔间断面吗？

(6) ①写一个程序计算半径为 a 的星球的质量 M，关于极轴的转动惯量 C 和 C/Ma^2 比值。星球具有 n 层，密度可以自定。

②确定满足表 P3-1 中 M 和 C/Ma^2 观测值的密度模型。假如没有高密度的地核，是否还能拟合火星和地球的数据？

表 P3-1

	a	M	C/Ma^2
地球	6371km	5.977×10^{24}kg	0.331
月球	1738km	7.352×10^{22}kg	0.395
火星	3390km	6.419×10^{23}kg	0.365

第 4 章

震源理论

对震源的认识大都来自对地面运动的研究。

(Charles Richter，*Elementary Seismology*，1958)

4.1 引言

地震学主要研究地震波的产生和传播。前面章节的重点是地震波的传播以及如何利用它来研究地球内部结构。现在将重心转向地震波的产生以及如何利用它研究地震本身。这两者的联系是如此之强以至于地震学有时被视为研究地震震源的科学，而不是研究地球内部弹性波传播的科学。虽然这两个定义都被使用，但是后者变得更为常用，因为虽然地震学是研究地球结构和地震的主要工具，但除弹性波以外的其他技术也同样可以用来研究地震。

地震几乎总是发生在断层上，所谓断层就是地球内部的破裂面，沿这些面地球的一侧相对于另一侧发生滑动。地震往往发生在地质填图所揭示的业已存在的断层上。发生在陆地上且离地表足够近的地震时常在断层上留下可见的地面破裂。如图 4.1-1 所示，穿过加州很长一段距离的圣安德烈斯断层上就时有地震发生。其中的一个著名的地震就是 1906 年发生在圣安德烈斯断层上并被广泛研究的旧金山 7.8 级地震。现代研究表明，该地震发生时，数百公里的圣安德烈斯断层上发生了数米的相对运动(图 4.1-2)。

图 4.1-1 位于加利福尼亚州卡利索平原(Carrizo Plain)的圣安德烈斯断层的航空图像(从南向北观察)。注意河流沟渠随太平洋板块(近侧)相对北美板块向左运动(北西向)。(版权归 John S. Shelton 所有)

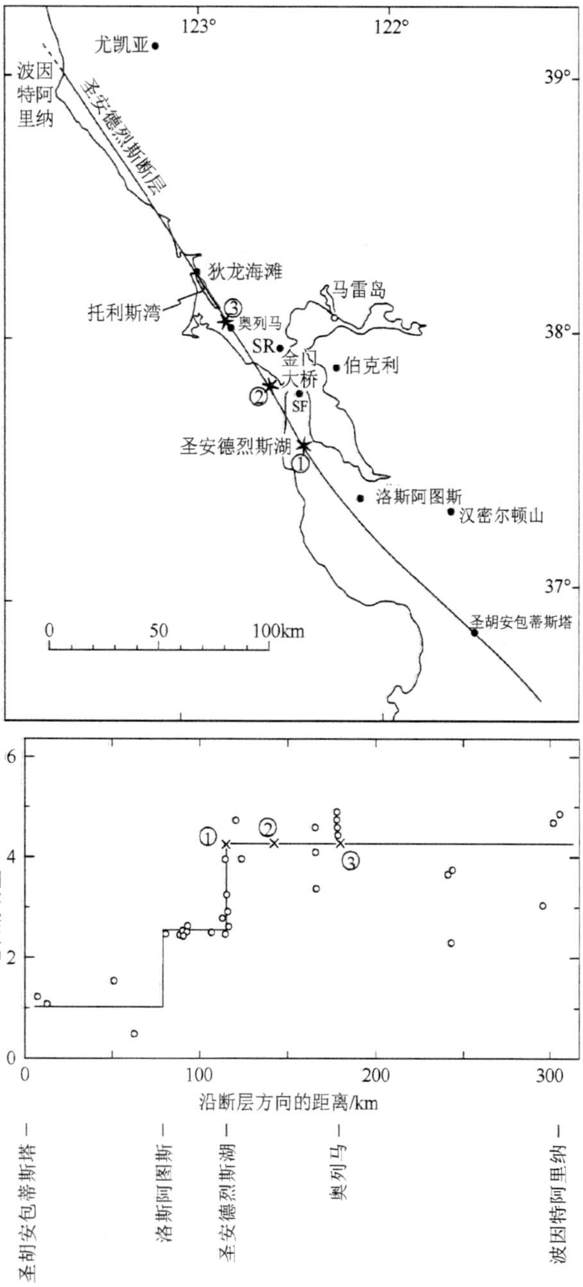

图 4.1-2 1906 年旧金山地震(上图)中发生滑动的圣安德烈斯断层的部分图像以及沿着断层不同位置记录到的地面滑动量(下图)。该滑动距离指的是震前位于断层两侧的相邻的点被地震分开的距离。(Boore，1977，版权归美国地震学会所有)

美国为了调查该地震和伴随的火灾造成的破坏(图 1.2-10)专门成立了研究委员会。作为调查结论的一部分，H. Reid 提出了弹性回跳理论以解释地震在断层上的发生机制。在这个模型里，断层两侧远端的物质相对彼此运动，但是断层面由于被摩擦力“锁住”，而不能发生相对滑动(图 4.1-3)。最终当岩石上积累的应变能超过断层岩石能承受的程度，滑动开始，并产生地震。图 4.1-3 中截断栅栏所代表的运动有时可以从地震后其他线性结构上看到，包括成排的树、铁轨或公路(图 4.1-4)。

弹性回跳理论是一个重大的概念性突破，因为地表破裂以前被视为地震作用的偶然结果，而并不代表地震产生的原因。随后，几大因素促成了地震研究的广泛开展。一个是研究造成地震大规模的地质过程。事实证明地震很大程度上反映了岩石圈板块的运动，

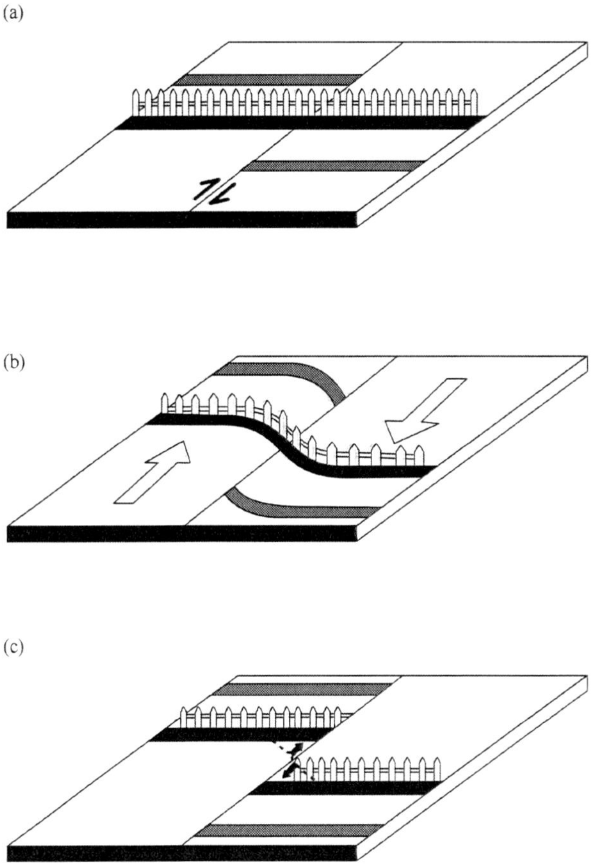

图 4.1-3　地震的弹性回跳模型假设了两次地震之间，断层两侧的物质经历的相对运动。由于断层是闭锁的，在时间(a)跨越断层的线性的地标(如一条篱笆)随时间缓慢地变形到时间(b)的形状。最终应变能积累到一定程度以致断层破裂(地震发生)，并错断了该地标，即时间(c)。(S. Wesnousky 供图)

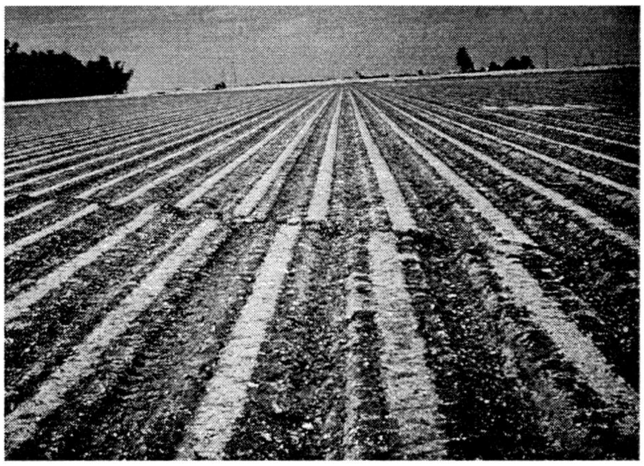

图 4.1-4　1979 年 10 月 15 日加利福尼亚州的埃尔森特罗(El Centro)，沿英佩利尔(Imperial)断层的滑动导致农作物被成排地错断。

并为板块运动研究提供了有价值的信息。例如，圣安德烈斯断层上的地震就是北美板块和太平洋板块持续稳定运动的结果。另一个是研究地震破裂最基本的物理机制。关于断层如何以及何时破裂的诸多问题仍然悬而未决，即使是那些发生在数据相对容易收集的地球表面的地震。这些问题的研究对社会非常重要。正如第 1 章所言，对地震可能发生的地点时间以及它们预期的地面运动大小的认识可以帮助减轻地震带来的风险。

最大的地震通常发生在板块边界。利用弹性回跳理论，大地震的发生是地震孕育周期中最突出的一环。在数百至数千年里，最大的地震仅仅发生在板块边界的某些段上。在地震周期(seismic cycle)中最长的间歇期［或者则震间(interseismic)期］，稳定持续的运动在远离断层的地方发生，但断层本身是“闭锁的”，尽管有一些断层也会以蠕动而不是地震的方式释放能量。破裂之前的时期称为震前(preseismic)阶段，在这一时期经常会观察到小震(前震，foreshock)或其他可能的前兆。地震发生时，就是所谓的同震(coseismic)阶段，断层上快速的相对运动产生地震波。在这数秒内，断层上数米的滑动“追上”过去数百年来以几毫米每年的速度在远离断层的两端产生的相对位移。最后是地震后的长达数年的震后(postseismic)阶段，该阶段内余震和短暂的震后余滑是常见现象，随后断层再次进入稳定的震间期。

研究这个周期是困难的，因为它延续数百年时间，所以不可能在某一个地方找到完整地震周期的观测记录。相反，结合不同地方的观测也许可以对这个过程

给出一个完整的认识。这个认识在多大程度上是合理的以及这个模型多大程度上体现了过程的复杂性，还远没有弄清。因此，震源物理学仍然是一个多学科交叉的活跃的研究领域。很多断层是发生地震以后才被发现的，地震学是研究同震运动以及断层上长期运动特性的主要工具。同时，由于地震是如此剧烈的事件，已有的地震历史记录往往可以提供断层或断层上某一段的地震周期数据。野外研究，在陆地上或水下的野外调查同样可以提供断层位置、几何形态和滑动历史的信息。大地测量通常可用于研究震前、同震和震后的地面形变，以及断层锁定和震后余滑的过程。对海洋地震和深源地震来说，大地测量和地质观测都不可行。对这些地震的全部了解都来自地震学。综合对个别地震的研究结果，结合第 5 章将讨论的其他技术，可以更好地理解在特定区域里地震与大规模构造过程之间的关系。

所有这些方法中，本书主要关注的是地震学提供的关于地震的信息。地震波在不同位置的到时最先被用于求解地震位置，也称为震源位置。所采用的方法将在第 7 章讨论。本章接下来将讨论用地震波的振幅和形状研究地震大小、发震断层的几何形状以及滑动量和方向，介绍这些方法并讨论它们的应用，并将它们的推导以及更进一步的细节列在本章的末尾。

需要指出的是，通过地震波来认识地震断层是一个逆问题，就像通过地震波研究地球结构一样。如 1.1.2 节所述的，这意味着仅仅通过研究地震波来研究地震过程是有限的。地震辐射的地震波可以反映断层几何形状以及断层上的运动，因此可以对断层运动学进行很好的刻画。然而，它们包含的断层物理特性，或者说断层动力学特性，却是相当有限的。第 5 章将探讨地震学与岩石摩擦和破裂实验和理论研究相结合探索震源的物理性质。

4.2 震源机制

4.2.1 断层几何形状

要描述断层的几何形状，假定断层是在地震期间发生相对错动的一个平面。对出露地表的断层的地质学观测表明，这种假定近似成立(图 4.2-1)，但是复杂性不容忽视。相似地，这个假定一般(但不总是)与地震数据吻合。因此断层几何形状一般用断层面的法向和断层面内的滑动方向来描述。

图 4.2-1 横切加利福尼亚州克罗利湖(Crowley Lake)附近的冰碛层的断层。近端土地相对于远端背景下沉。(版权归 John S. Shelton 所有)

图 4.2-2 显示了该模型的几何要素。断层面由它的法向量 $\hat{\boldsymbol{n}}$ 表征。运动的方向由 $\hat{\boldsymbol{d}}$ 给出，即断层面内的滑动向量。滑动向量表明了断层面上方的一侧(称为上盘，hanging wall)和相对较低的一侧(称为下盘，foot wall)的运动方向。因为滑动向量在断层面内，所以它垂直于法向量。

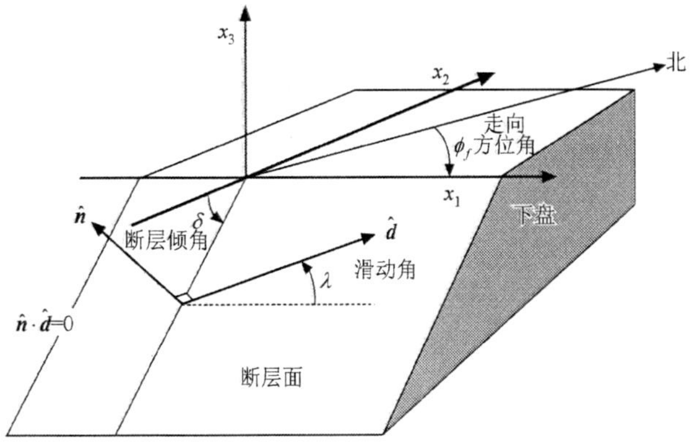

图 4.2-2 地震研究中使用的断层几何模型。以 $\hat{\boldsymbol{n}}$ 为法向的断层面，将下盘岩体与上盘岩体(未显示)分开。滑动向量 $\hat{\boldsymbol{d}}$，描述了上盘岩体相对下盘岩体的运动。坐标轴的 x_3 垂直向上，x_1 在水平面内且平行于断层走向。断层倾角 δ，从 $-x_2$ 方向测量，小于 90°。滑动角 λ 为 x_1 轴和断层面内的 $\hat{\boldsymbol{d}}$ 的夹角。ϕ_f 为由正北方向顺时针测得的断层走向方位角。(Kanamori and Cipar，1974，*Phys. Earth Planet. Inter.*，9，128-136，经 Elsevier Science 许可转载)

在断层研究中以下几个不同的坐标系较为常用。一个是使得 x_1 轴平行于断层的走向，即断层面与地球表面的相交线。x_3 轴垂直向上，x_2 轴垂直于 x_1 和 x_3 轴。倾角 δ 给出了断层面相对地表的方向。由于 x_1 轴可定义为互余(相差 180°)的两个方向之一，可以通过要求倾角从 $-x_2$ 轴测量小于 90°而确定 x_1 轴方向。运动方向用滑动角 λ 表示，从 x_1 方向在断层面内逆时针旋转测得。它体现了上盘岩体相对下盘岩体的运动。为了将该坐标系同地理坐标系联系起来，断层走向 ϕ_f 定义为从北方向顺时针旋转到 x_1 轴在地球表面测得的角度。

另外，断层和滑动方向可以通过断层面法向量和滑动向量来描述。而这两个向量可以用地理坐标系：$\hat{\boldsymbol{x}}$ 指向北，$\hat{\boldsymbol{y}}$ 指向西，$\hat{\boldsymbol{z}}$ 指向上来描述。在这个坐标系中，断层面的单位法向量为

$$\hat{\boldsymbol{n}} = \begin{pmatrix} -\sin\delta\sin\phi_f \\ -\sin\delta\cos\phi_f \\ \cos\delta \end{pmatrix} \tag{4.2-1}$$

滑动向量，即滑动方向上的单位向量为

$$\hat{\boldsymbol{d}} = \begin{pmatrix} \cos\lambda\cos\phi_f + \sin\lambda\cos\delta\sin\phi_f \\ -\cos\lambda\sin\phi_f + \sin\lambda\cos\delta\cos\phi_f \\ \sin\lambda\sin\delta \end{pmatrix} \tag{4.2-2}$$

$(\phi_f, \delta, \lambda)$ 和 $(\hat{\boldsymbol{n}}, \hat{\boldsymbol{d}})$ 两个不同的坐标系，适用于不同的目的。一些计算相对于断层更容易完成，而另一些则相对于地理方向更容易完成。

滑动角在 0°～360°变化，几个特定的滑动角对应了个基本断层类型(图 4.2-3)。当断层两侧彼此水平滑动，产生纯走滑(strike-slip)运动。当 $\lambda = 0°$，上盘向右移动，这种运动称为左旋(left-lateral)。相似地，对于 $\lambda = 180°$，产生右旋(right-lateral)运动。要区分左旋和右旋，主要看断层另一侧是向左还是向右运动。另一种基本的

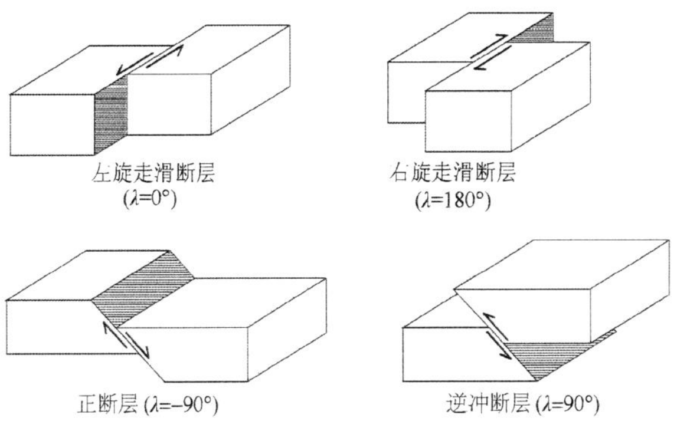

图 4.2-3　断层活动的基本类型。走滑运动分为右旋和左旋。倾滑断层活动包括逆(逆冲)或正断层活动。(Eakins，1987)

断层类型是倾滑运动(dip-slip motion)。当 $\lambda = 270°$时，上盘向下滑动形成正断层(normal fault)。相反的情况，$\lambda = 90°$时，上盘向上运动形成逆断层或逆冲断层①。大多数地震由这些运动组合而成，而滑动角位于这些值之间。因此当考虑地震机制时，记住这三种基本断层很有用。如 2.3.5 节所述的，基本断层类型可以与主压应力方向相关联。

必须指出一点，尽管书本上通常展示垂直的走滑断层②，但是这并不常见。如后文所述，最大的地震发生在俯冲带的低倾角逆冲断层上。尽管这样的断层比较难研究，因为断层线通常淹没在水下，但是类似的基本原理是适用的。

真正的断层具有有限的尺度和复杂的几何形态。如果把断层视为矩形，沿走向的尺度称为断层长度，沿倾向的尺度称为断层宽度。当然，真实地震断层几何形状可能比矩形要复杂得多。断层可能会弯曲并需要用三维空间来描述。破裂可能延续很长一段时间，并且由发生在断层不同部位的滑动方向各异的几个子事件组成。然而，这样复杂的地震事件可以视为多个简单事件的叠加。因此，如果了解由简单的二维矩形断层产生的地震波，就可以模拟更加复杂的破裂产生的地震波。这种叠加原理的应用是基于线性弹性的假定，并且与通过不同简谐波的叠加合成地震波类似(2.2.5 节和 2.9 节)。

4.2.2　初动

不同距离和方位的地震记录可用于研究发生地震的断层几何形状，称其为震源机制(focal mechanism)。因为地震辐射的地震波分布模式取决于断层几何形状。利用体波初动，也称极性(polarity)，是最简单的方法。更复杂的利用体波或面波波形的方法将在下一节讨论。

基本思路是：对一个地震来说，处在不同方向上的地震台站接收到的初至 P 波的极性(方向)是变化的。图 4.2-4 显示垂直断层上的走滑地震。初动或是压缩或挤压(compression)的，即断层附近物质“朝向”台站运动；或是膨胀的，即断层附近物质“远离”台站运动。因此当 P 波从下方到达地震计，垂直分量地震图记录的 P 波上升或下降的初动，对应于压缩或膨胀。

① 地震学家经常无区别地使用“逆”和“逆冲”断层这两个术语，而构造地质学家用“逆冲”指浅倾角逆断层。

② 一部分原因是加利福尼亚断层大多如此，另一部分原因是垂直断层作图更方便。

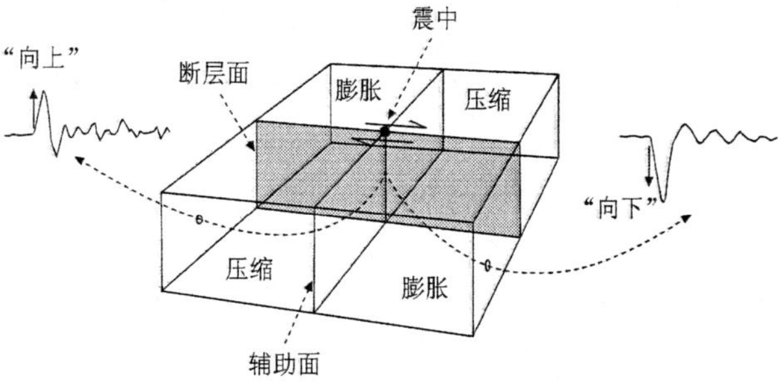

图 4.2-4　位于不同方向的地震计观测到的地震 P 波初动反映了断层运动方向。两个节面将压缩和膨胀的 P 波震相分开。一个节面为断层面，另一个为辅助面，但这些数据不能区分哪一个是实际的断层面。

初动可分为四个象限，两个压缩象限和两个膨胀象限。象限的分界面为断层面和一个与其垂直的面。在这些面上，由于初动从膨胀变为压缩，地震初动很小或为零。这些将压缩和膨胀象限分开的相互垂直的面，称为节面(nodal plane)。如果可以找到这些面，那么断层几何形状就清楚了。但是实际断层面和与它垂直的辅助面(auxiliary plane)上的滑动产生的初动是相同的，所以单独从初动无法确定哪个面是实际的断层面。然而，其他附加信息通常可以帮助解决这个问题。地质和大地测量的信息，如已知断层的走向或地面运动的观测，可以揭示实际断层面的走向。通常，地震后较小的余震也可以勾画出断层面的方向。如果地震足够大，破裂沿断层面传播需要的有限时间会造成在断层不同方向上的台站观测到的地震波有所差异，基于这些方向效应可以用于推测断层面。

4.2.3　体波辐射花样

P 波和 S 波的辐射花样可以从地震的震源理论推导出来，这里从略。辐射花样是由以一定几何分布的一系列力所产生。具体地说，由断层面上的运动产生的辐射花样等价于一对力偶(force couple)，即相隔一小段距离且方向相反的一对力所产生的辐射花样。一个力偶平行于滑动方向但力位于断层面的相反两侧，另一个力偶则平行于辅助面内的相应方向但分布在辅助面的相反两侧。因此弹性波辐射可以描述为由一个双力偶(double couple)产生，被称为断层滑动的等效体力(equivalent body force)，在 4.4 节将进一步讨论。

有必要强调一点，等效体力只是表示实际发生的复杂断裂过程的一个简单模型。可以认为断裂发生在一个黑匣子内，而辐射的地震波仅提供了有限信息。地震波告诉我们的仅仅是匣子内的某些过程产生了可以用等效体力描述的地震波。通常利用其他地质学和地球物理学数据，结合对震源的先验信息，对震源加以描述。特别是经常有很好的理由确定破裂发生在多个可能的断层面中的一个，并且根据区域地质学和应力场来解释断裂。可以根据破裂过程的简单物理模型来解释地震波场的某些方面，同时也应该认识到地震波场的局限性。

双力偶辐射花样相对于断层面是对称的，因此一般用平行于断层的一个坐标系来表达。在这样系统中(图 4.2-5)，断层面位于 x_1-x_2 平面，它的法线为 x_3 轴。滑动向量在断层面内，平行于 x_1 轴。定义滑动方向以使得 x_1-x_2 平面上方的物质相对于另一侧沿 x_1 正方向移动。如果滑动是发生在辅助面(即法线为 x_1 方向的 x_2-x_3 平面)，并且沿 x_3 方向滑动，那么产生的辐射花样是相同的。于是可以互换滑动(x_1)和法线(x_3)的方向。因此一个面上的滑动向量是另一个面上的法向量，反之亦然。与这两者垂直的向量被称为零轴(null axis)向量，且是唯一的。在这个几何坐标系里，等效体力双力偶作用于 x_2 轴，力的方向沿着 x_1 轴和 x_3 轴。

为认识辐射花样随接收点方位的变化，考虑球坐标系下的辐射场，从 x_3 轴到射线之间的夹角为 θ，而射线在 x_1-x_2 平面的投影与 x_1 轴之间的夹角为 ϕ(图 4.2-6 和图 4.2-7)。地震震源理论显示，由于压缩波的质点沿着传播方向振动，所以它会产生位移(u_r)的径向($\hat{\boldsymbol{e}}_r$)分量。在远离震源的地方，压缩波产生的位移(u_r)可以表示为

$$u_r = \frac{1}{4\pi\rho\alpha^3 r} M(t - r/\alpha) \sin 2\theta \cos\phi \qquad (4.2\text{-}3)$$

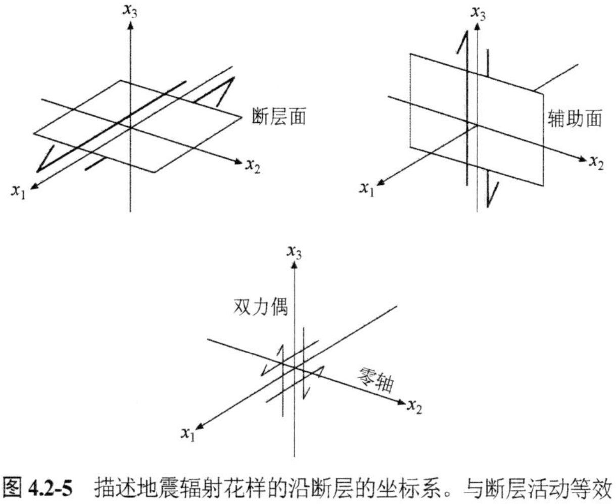

图 4.2-5　描述地震辐射花样的沿断层的坐标系。与断层活动等效体力为一对作用在零轴上的力偶。(Pearce，1977)

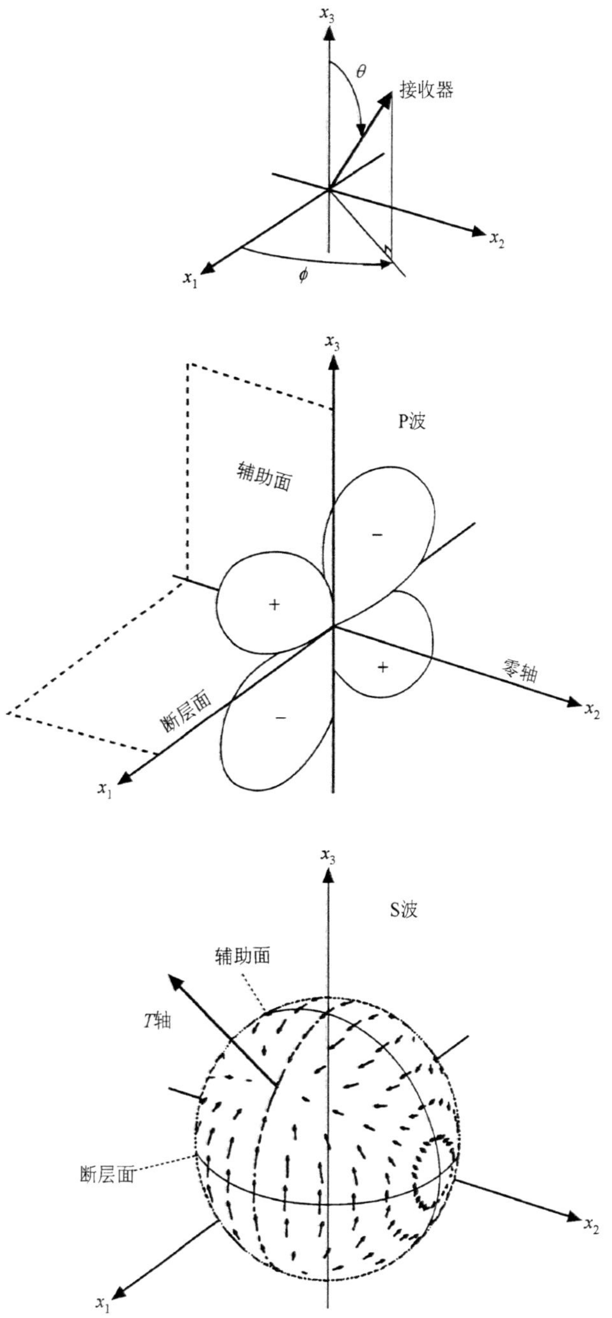

图 4.2-6　双力偶源的体波辐射花样在球坐标系中具有对称性，对应于图 4.2-5 中的坐标轴。θ 为射线和断层(x_1-x_2)面的法线之间的夹角，ϕ 为射线在断层面内的投影同 x_1 之间的夹角。P 波辐射花样具有四瓣，在断层面和辅助(x_2-x_3)面两个节面处为 0。S 波辐射花样描述了一个没有节面但垂直于 P 波节面的向量位移场。S 波运动向 T 轴聚集，从 P 轴向外发散，且在零轴处为 0。(Pearce，1977，1980)

式(4.2-3)包括几个部分。第一项是振幅项。这个式子适用于无限延伸介质中，振幅衰变为 $1/r$。第二项反映了从断层辐射出的脉冲 $\dot{M}(t)$，它以 P 波速度 α 传播，并在 $t-r/\alpha$ 时间后传播到距离 r 的位置。$\dot{M}(t)$ 称

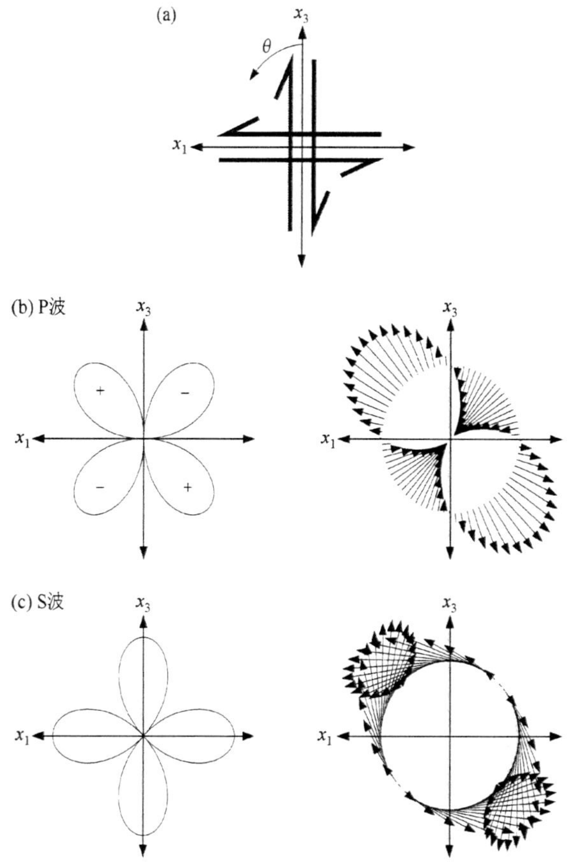

图 4.2-7　x_1-x_3 平面内的 P 波和 S 波振幅辐射花样。(a)断层几何形态，显示双力偶关于 x_2 轴对称。(b)P 波辐射花样，显示了振幅(左)和方向(右)。(c)同(b)，但是是 S 波辐射花样。

为地震矩变化速率函数(seismic moment rate function)或震源时间函数(source time function)。它是地震矩(seismic moment)函数［式(4.2-4)］的时间导数。

$$M(t)=\mu D(t)S(t) \tag{4.2-4}$$

该式基于断层介质的刚度(rigidity) μ、滑动过程 $D(t)$ 和断层面积 $S(t)$ 描述破裂过程。后两项是依赖于时间的，因为它们在破裂期间随时间变化。如 4.6 节所述，对地震大小和能量释放最好的衡量是利用静态(或标量)地震矩：

$$M_0=\mu\bar{D}S \tag{4.2-5}$$

其中，$\bar{D}$ 是在面积为 S 的断层上发生的平均滑动(或位错)。通常将地震矩用作比例因子，则 $\dot{M}(t)=M_0x(t)$，其中 $x(t)$ 是震源时间函数。

最后一项，$\sin 2\theta\cos\phi$，描述了 P 波辐射花样。它有四瓣，两瓣是正的，即压缩的；两瓣是负的，即膨胀的。断层面($\theta=90°$)和辅助面($\phi=90°$)上的位移为零。因此断层面和辅助面是分隔压缩和膨胀象限的

节面。最大振幅位于两个节面之间。

相似地，S 波位移有两个分量$u_\theta\hat{e}_\theta+u_\phi\hat{e}_\phi$，其中

$$u_\theta=\frac{1}{4\pi\rho\beta^3 r}\dot{M}(t-r/\beta)\cos2\theta\cos\phi,$$
$$u_\phi=\frac{1}{4\pi\rho\beta^3 r}\dot{M}(t-r/\beta)(-\cos\theta\sin\phi) \tag{4.2-6}$$

注意$\dot{M}(t)$项对应的是以 S 波速度 β 传播的波。如图 4.2-6 所示，S 波运动没有节面，但是它垂直于 P 波节面，并且在零轴(x_2)上为 0。它向压缩象限的中心收敛，即最小压应力轴(T 轴)。它同时从膨胀象限的中心，即最大压应力轴(P 轴)，向外发散。因此，尽管 S 波辐射花样不如 P 波辐射花样那样清晰地反映断层面，它同样可以用于研究断层几何形状。式(4.2-3)和式(4.2-6)的一个有趣特征是，它们显示了地震图上 S 波经常比 P 波更大——两个方程揭示了 S 波和 P 波平均振幅比α^3/β^3约等于 5。

由于地震波随 θ 和ϕ变化，所以从震源的不同方向记录到的地震图可以用于研究断层几何形状。P 波是第一个从地震到达台站的波，所以地震图上它往往独立于其他震相，其极性通常容易辨别。因此一组 P 波初动通常可以确定分开不同极性区域的节面位置。S 波初动很难利用，因为它们在地震图上到达较晚，并且可能会被掩盖在复杂的波列中。然而，S 波信息仍然是有用的。一个可行的方法是考虑 S 波两个分量的相对振幅。

根据不同地震台站的初动确定断层面解还需要另一个概念。辐射花样显示了发生在一个半径无限小的震源球体上的位移。地震观测一般离震源有一定距离。因此需要将台站的观测转换到假想震源球上。要实现这一点，考虑到地震波并不一定沿直线从震源传播到台站。相反，由于地震波速度随深度变化，它的路径往往是弯曲的。

如 3.4 节所述，射线路径遵循斯涅尔定律，即一条射线的射线参数为常数。因此给定距离的射线的射线参数可以从走时曲线 $T(\varDelta)$的斜率得到：

$$p=\frac{r\sin i}{v}=\frac{\mathrm{d}T}{\mathrm{d}\varDelta} \tag{4.2-7}$$

如果震源半径为 r，震源深度处速度为 v，$\mathrm{d}T/\mathrm{d}\varDelta$ 值给出了射线在震源的入射角，通常称为离源角(take-off angle)。一条射线可以传播多远取决于它的离源角(图 4.2-8)；相较于较小离源角的射线，较大离源角的射线更接近球面并且传播距离更短。

因此，一条射线传播的距离与离源角有直接联系。表 4.2-1 给出了远震传播距离与浅源地震 P 波离源角的对应表。这些距离和角度取决于假定的速度模型。在远震初动的研究中，一般不使用距离在 100°以外的台站，因为这些射线穿过了地核，而且也应避免使用距离在 30°以内的台站，因为这些射线对上地幔速度结构有很大的依赖性。在地方震研究中，一定要确保速度模型的适用性。

表 4.2-1　浅源地震的 P 波离源角

距离/(°)	离源角/(°)	距离/(°)	离源角/(°)	距离/(°)	离源角/(°)
21	36	47	25	73	19
23	32	49	24	75	18
25	30	51	24	77	18
27	29	53	23	79	17
29	29	55	23	81	17
31	29	57	23	83	16
33	28	59	22	85	16
35	28	61	22	87	15
37	27	63	21	89	15
39	27	65	21	91	15
41	26	67	20	93	14
43	26	69	20	95	14
45	25	71	19	97	14

资料来源：根据 Pho 和 Behe(1972)。

通过这样的表格，地震台站的距离可以转换为离源角。因此压缩区和膨胀区的位置可以转换为它们在下半震源球(focal hemisphere，震源周围的半径无穷小的半球)表面上的位置。相似的方法可以用于深源地震正上方的数据，这种情况下一般投影到上半震源球。

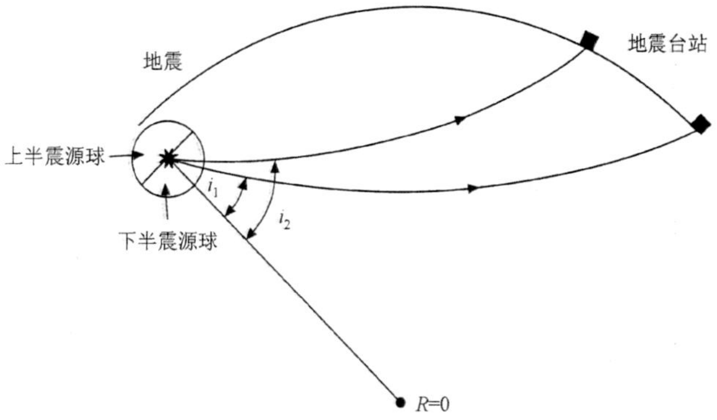

图 4.2-8　震源处的出射角是向外辐射的射线与震源处垂直向之间的角度，且射线穿过下半震源球。

4.2.4　立体投影(stereographic)断层面表示法

前面介绍了断层几何形状可以包围震源的球体上的数据得到。平面图形往往比球面图形使用起来更方便，所以一般用把半球转换到平面的立体投影绘制数据。球面投影网就是实现这个转换的常用图形工具(图 4.2-9)[①]。在这个网上，方位角用数字 0°～360°表示在圆周上。经线代表 0°～90°变化的倾角。倾角 90°表示断层垂直向下，位于投影网的中间，而 0°表示水平断层，位于投影网的边缘。

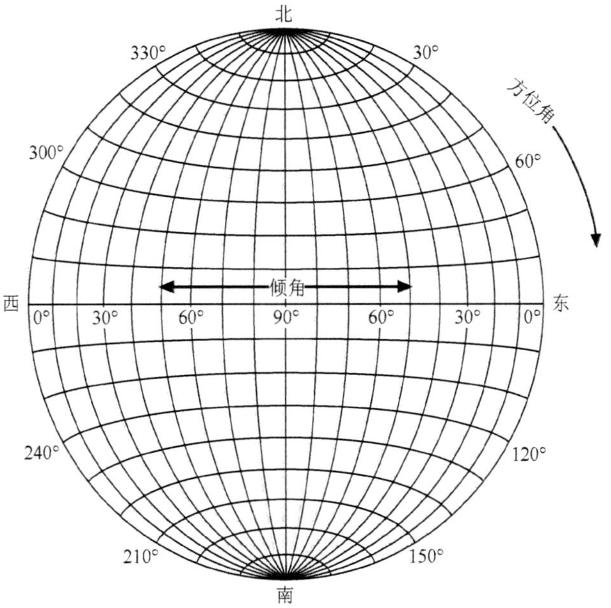

图 4.2-9　在平面上显示一个半球的立体投影网。方位角由圆周上的数字显示，倾角由沿赤道的数字显示。

通过旋转立体投影图，以相似的方法(图 4.2-11)可以绘制走向为其他方向的平面[②]。要绘制走向为ϕ(从正北方向顺时针旋转)的平面，需要旋转立体图使其垂向(南-北)轴指向ϕ度方向。具有特定倾角的平面对应一条经线，其倾角值由赤道上的刻度值确定。通过追踪经线绘出平面后，将投影网旋转回它的初始方位。因此非南北走向的平面相对于走向仍然是经线，并具有相应的倾角值。所有这些经线都是大圆：经过球体中心的平面与球体表面相交形成的曲线。

为了解该网的使用方法，先看看穿过震源球中心的几个平面的投影(图 4.2-10)。垂直的南北走向的平面横切半球，它的平面投影就是穿过投影网中心的直线。具有不同倾角的南北走向的平面与投影网的边缘的交点在 0°和 180°，与投影网赤道的交点对应其倾角。例如，倾向正东、倾角 70°和倾向正西、倾角 60°的平面与赤道的交点在标注为 70°E 和 60°W 的位置。因此，网上的经线(从顶部到底部的曲线)代表了不同倾角的南北走向的平面。

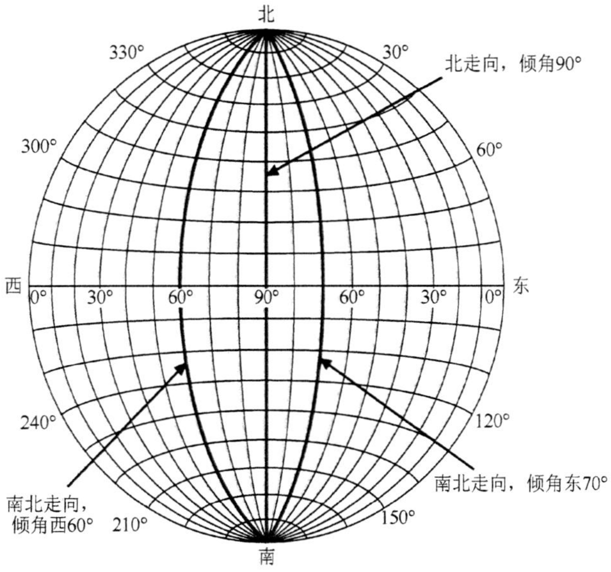

图 4.2-10　立体投影网上南北走向的三个面。经线代表不同倾角的南北走向的平面(从顶部到底部的曲线)。

同样可以绘制与给定平面垂直的平面。要实现这点，旋转立体投影图使得平面位于经线上，然后在赤道上找到已知平面和赤道的交点相差 90°的点的位置(图 4.2-12)。这个点是平面的极点，因为它表示的是平面的法线与球体相交的位置。任何与第一个平面垂直的平面必定包含该平面的法线，因此它必定经过这个极点。要画出这样的垂直平面，记住并不是立体图上任意一条曲线都代表一个平面，只有经线才是平面的投影。因此将投影网旋转到相应的方向上，然后追踪经过极点的经线。

为了确定震源机制，需要画出射线横切震源球的位置，由此可以找到节面。例如，要画出方位角和离源角分别为 40°和 60°的射线对应的位置，首先旋转投影网，将方位 40°刻度对齐到赤道上。因为离源角 i 是相对于垂直方向测得，其对应的倾角为 $90°-i$。因此，在倾角为 30°E 处进行标示，最后旋转投影网以使正北方向位于顶部(图 4.2-13)。

基于以上讨论可以从一组 P 波初动确定震源机制。

① 地震学家一般使用等面积或施密特投影，而不是等角度或伍尔夫投影。两类投影方式的技术手段是相同的。

② 该结果既可以通过传统方法获得，旋转记录纸或立体图绘制；也可以利用计算机程序在立体图上画出点或面。

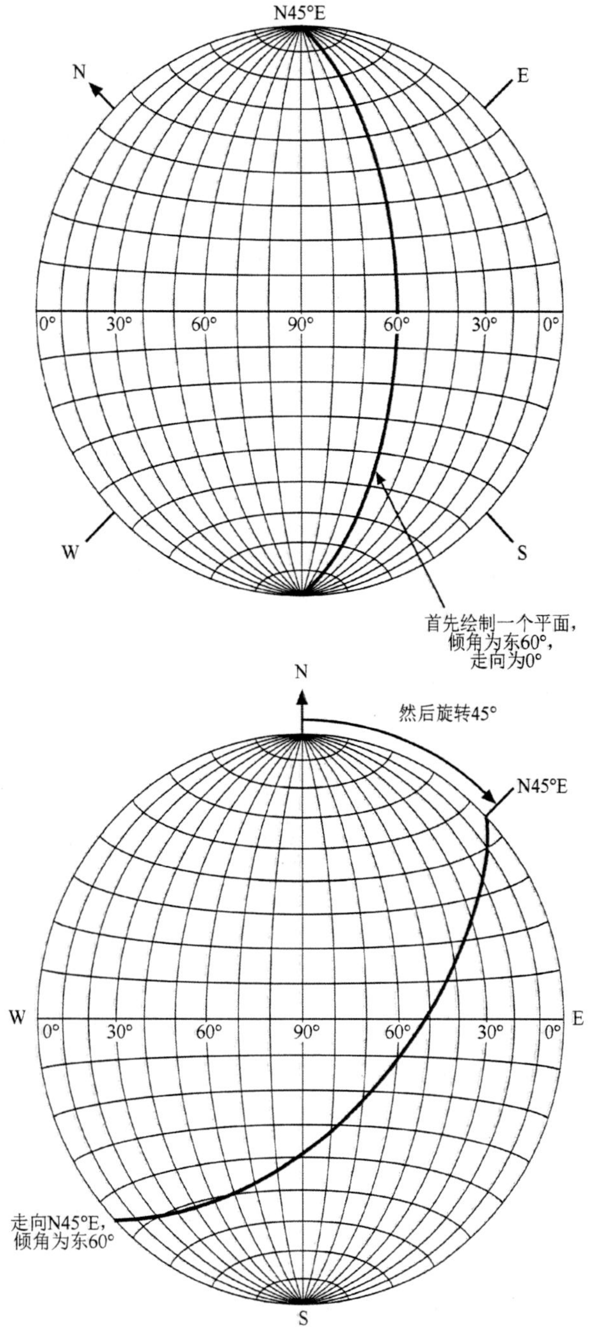

图 4.2-11 为画出走向 N45°E、倾角 60°E 的平面，旋转立体投影网（或覆盖于上的追踪纸）以使走向指向顶部且倾角可以沿赤道测得。随后画出合适的经线，将投影网旋转回地理方向以使北极位于顶部。

首先，从地震台站上找到初至波的极。每个台站相对于震源的方位角和入射角确定了其在震源球上的位置。然后，将各台站位置画到立体投影网上，并标出初动是膨胀还是压缩。接下来，通过旋转描图纸或利用一个立体投影网程序，找到最佳分隔压缩和膨胀区的节面。这样做确保两个节面是正交的，且每个节面都经过另一个节面的极点。假如震源球上

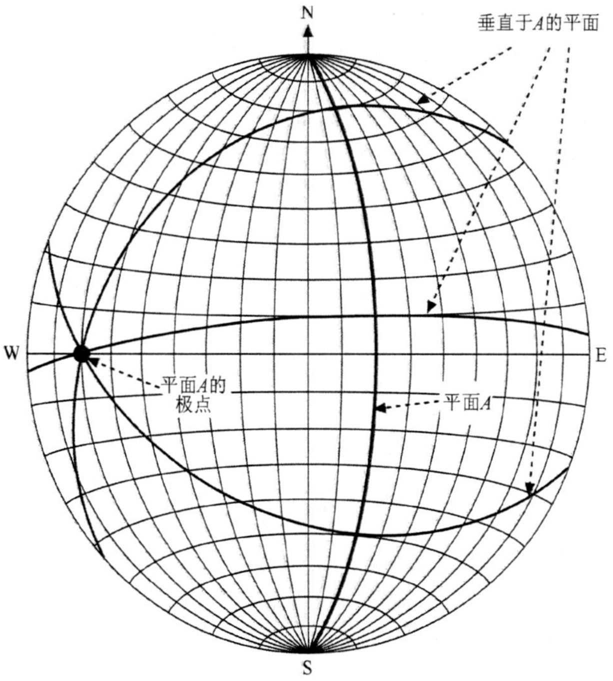

图 4.2-12 在立体投影网上画出与某平面垂直的面。首先，旋转第一个平面的走向到立体投影网的顶部，并画出该平面的投影（对应图中黑色的经线）。接下来，找到该平面的极点，即在赤道上从平面投影与赤道的交点算起，相距 90°的那个点。任意通过该极点的面都垂直于第一个面。图中显示了 3 个具有不同走向和倾角的垂直面。

有足够的台站分布，就可以找到节面，也就是断层面和辅助面。

不同的断层类型在立体图上的投影是不一样的（图 4.2-14）。代表压缩和膨胀的黑色和白色象限揭示了断层几何形态。一个四象限的“棋盘”（checkerboard）模式表示垂直断层面上的纯走滑运动。如果断层面是其中一个面，且断层面上的滑动为右旋走滑运动，那么相对于另一个面的滑动为左旋走滑运动。正如前面提到的，通常余震的分布或地质学信息（或先验信息）可用于确定实际的断层面以及相应的滑动方向。倾角为 45°的纯倾滑断层对应的是三个象限（第四象限位于上半震源球）的“沙滩球”（beachball）。中间部分为压缩的是逆断层，而膨胀的是正断层。二者反映了断层面运动的不同方向，如图 4.2-14 中的侧视图所示。对于垂直断层上的倾滑破裂，只有两个象限是可见的，因为其余两个象限都在上半震源球上。

对于兼具走滑和倾滑运动的斜滑断层，震源球花样会更加复杂。图 4.2-15 中的震源机制显示了有相同南北走向、倾向正东 45°的断层上不同滑动方向的纯逆断层、纯走滑断层和纯正断层以及介于它们之间的混合

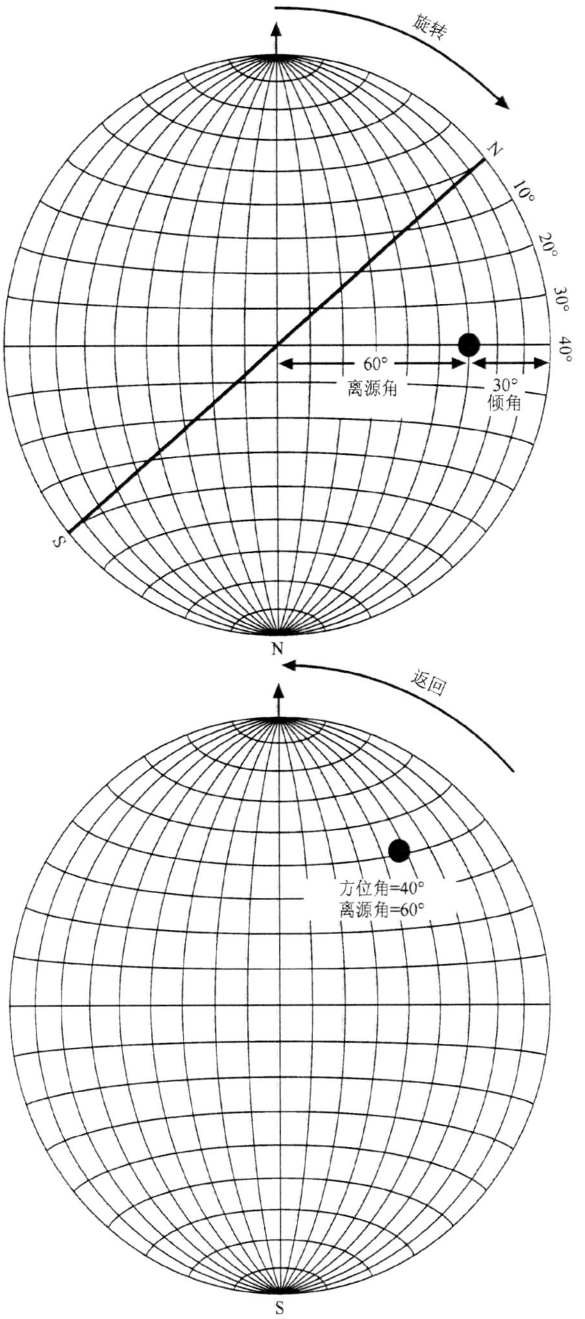

图 4.2-13 为在立体投影网上画一点，旋转点的方位到赤道，由垂直方向测得离源角(或等效地从水平方向测得倾角)，画出该点并旋转立体投影网到地理方向以使顶部朝向正北。

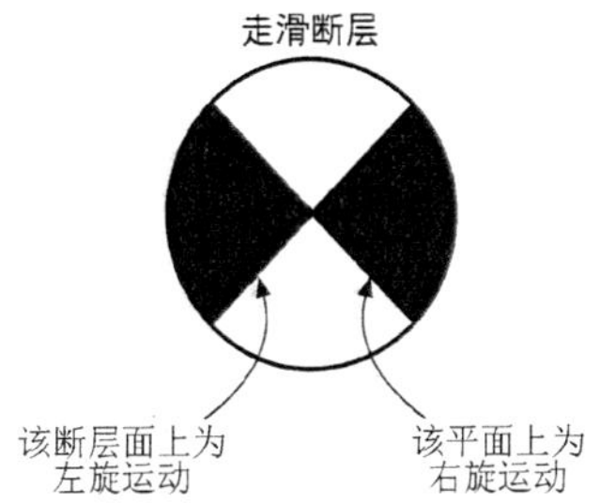

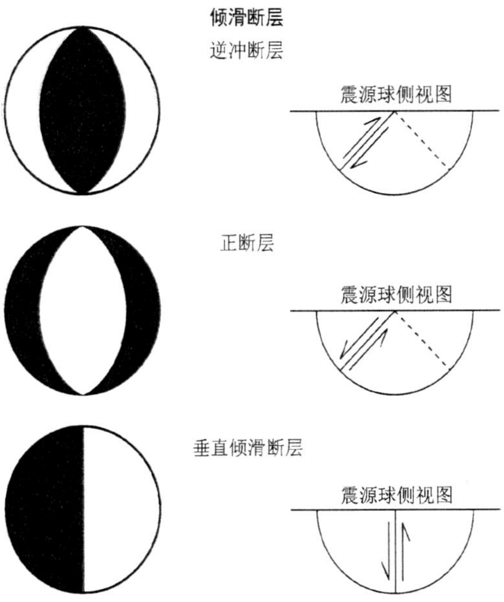

图 4.2-14 不同几何形态的断层的震源机制。压缩象限为黑色。顶图是垂直断层面上的纯走滑运动，走向可能是北东-南西或北西-南东。纯倾滑机制的断层为南北走向。

型断层。辅助面虽不同，但仍然通过断层面的法线，而且可以找到滑动矢量。滑动矢量是辅助面的法线，因此位于断层面内(图 4.2-5)。

尽管震源机制看起来不同，但它们都是相同的四瓣 P 波辐射花样的投影(图 4.2-6)。然而，由于断层面和滑动方向相对地表来说方向各异，辐射花样的四瓣在下半震源球的投影也因此不同。[①]在 45°倾角的断层上，纯倾滑运动有两瓣在垂向轴上，因此节面倾角为 45°。相比之下，垂直平面上的纯走滑运动的所有四瓣均在水平面上，因此它的零轴是垂直的。

地震震源机制的一个常规用途是推测地球内部的应力方向。如 2.3.4 节所述，基于简单模型可以预测断裂出现在与最大和最小压应力方向成 45°夹角的平面上。这些应力场方向处在两个节面之间一半的位置。因此最大压应力(P)轴和最小压应力(T)轴分别位于平分膨胀和压缩象限的方向(图 4.2-16)。尽管 T 称为“张力”轴，但它实际上是最小压应力，因为在地球内部一般观察到的是压应力。中等应力轴，称为 B 轴或零轴，同时垂直于 T 轴和 P 轴。它的方向同样垂直于滑动矢量和法向量，并且为两个节面的交线。

为了在立体图上画出平分两个节面的角度，找到两个平面的极点(每个平面的极点位于另一个平面内)，画

① 这个概念类似于将P波四象限标示到球面上并进行旋转。S波辐射花样可作类似处理(图4.2-6)。

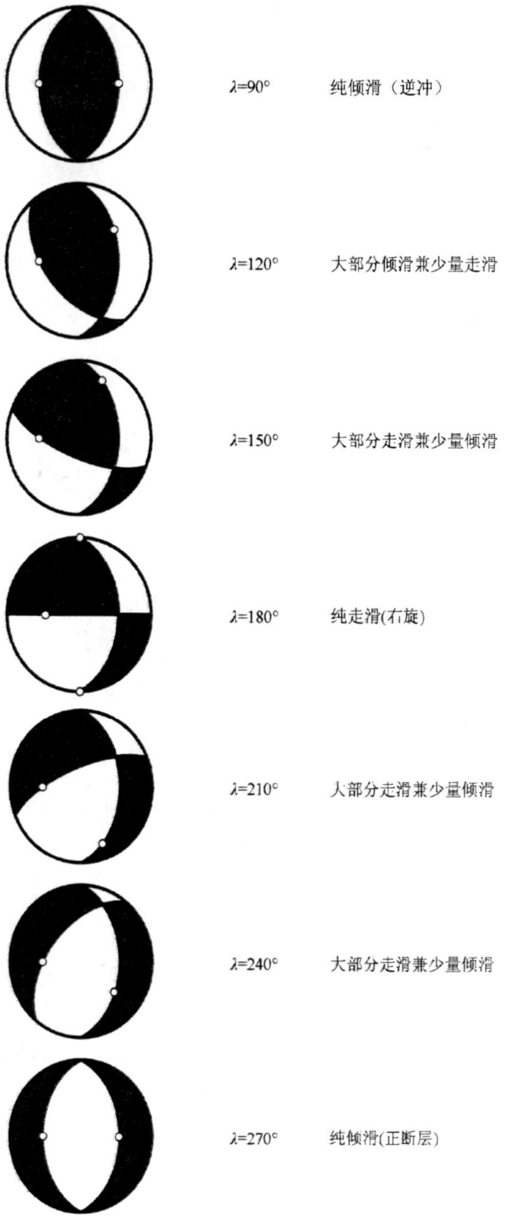

图 4.2-15　具有相同走向(南北向)和倾角的断层面上的不同滑动角的地震震源机制从纯逆冲变化到纯走滑，到纯正断层活动。

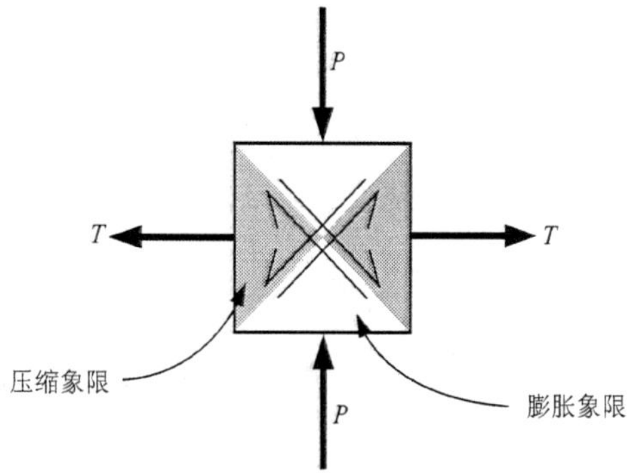

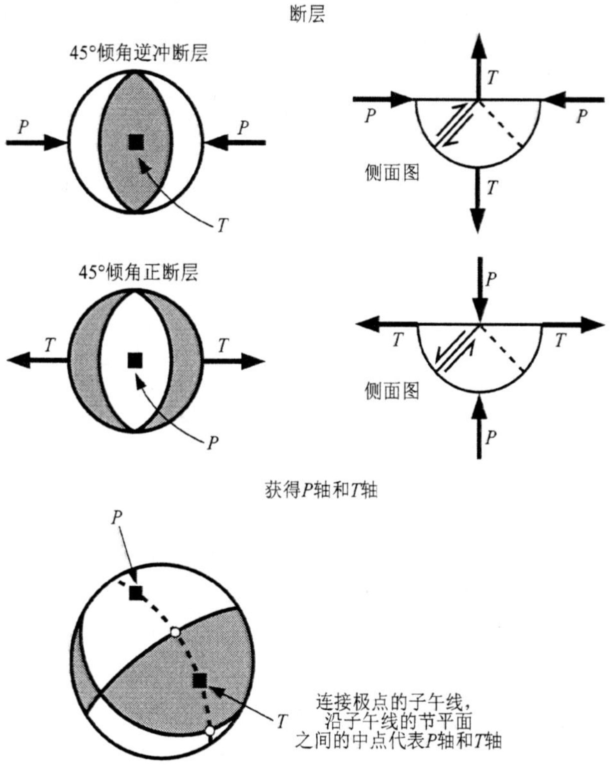

图 4.2-16　断层面和最大主压应力(*P*)轴以及最小压应力(*T*)轴之间关系的草图。*P* 轴和 *T* 轴分别可以通过平分膨胀和压缩象限找到。在立体网上，*P* 轴和 *T* 轴在通过两个节面极点的大圆上，且平分两个极点之间的线段

出连接它们的大圆(经线)，并在大圆上将两个极点的中间点标示出来(图 4.2-16)。由此，从震源机制可以推测出应力场方向。不同的断层类型对应的应力轴方向不同，如图 2.3-9 所示。如果 *P* 轴是垂直的，那么断层面的倾角为 45°，且滑动类型为正断层。相反，如果 *T* 轴是垂直的，那么断层几何形状不变，但滑动类型为逆冲断层。当零轴垂直时，最大主应力轴在地表平面内，且在与它成 45°夹角的平面上发生走滑运动。

图 4.2-17 显示了三个地震的震源机制和部分地震图。一些初至很小以至于难以识别，特别是当台站位于振幅较小的节面附近时。同样值得注意的是，大量台站离震源很远，射线的入射角较小，所以落在震源球中心位置。这种情况下有时很难对节面进行约束，特别是当平面远非垂直时，如图 4.2-17 中倾滑的例子所示。在这样的情况下，就需要利用波形和波的极性来加以约束，这在后面将会讨论。

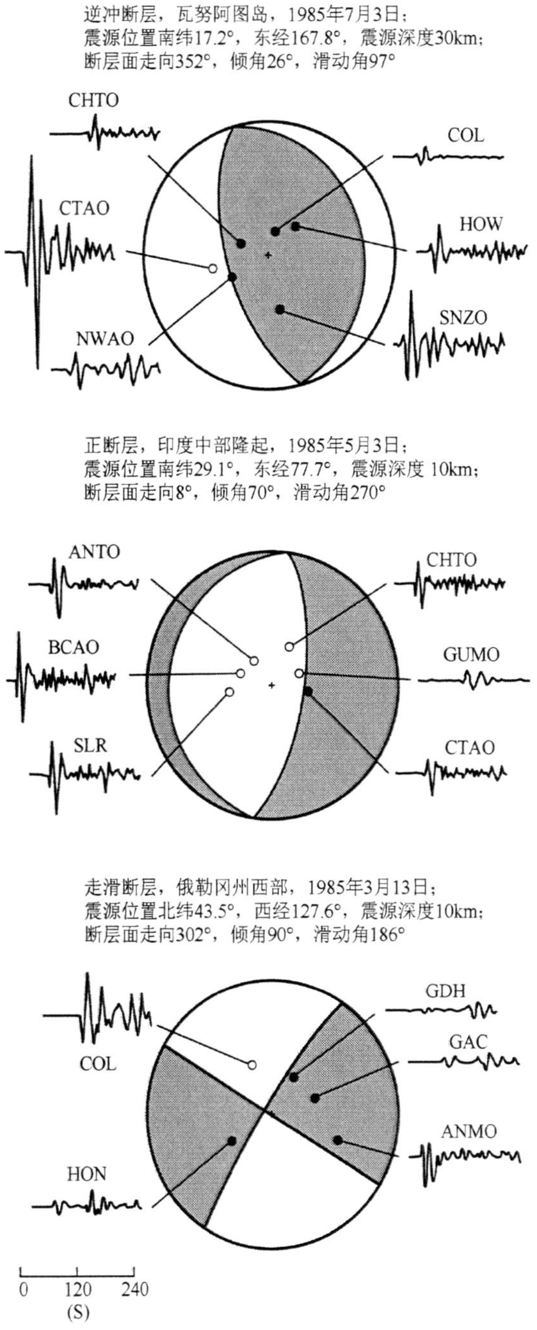

图 4.2-17　三个不同地震的震源机制以及部分地震图。压缩象限用阴影显示。

4.2.5　断层几何形状的解析表达

在很多应用中，包括即将讨论的地震矩张量解，都需要使用断层平面、辅助面和应力轴的解析表达。4.2.1 节中，在地理坐标系中表达了断层的法向量和滑动矢量，对一个走向 ϕ_f、倾角 δ 和滑动角 λ 的断层，它的法向量和滑动矢量为

$$\hat{\boldsymbol{n}}=\begin{pmatrix}-\sin\delta\sin\phi_f\\ -\sin\delta\cos\phi_f\\ \cos\delta\end{pmatrix},\quad \hat{\boldsymbol{d}}=\begin{pmatrix}\cos\lambda\cos\phi_f+\sin\lambda\cos\delta\sin\phi_f\\ -\cos\lambda\sin\phi_f+\sin\lambda\cos\delta\cos\phi_f\\ \sin\lambda\sin\delta\end{pmatrix}\tag{4.2-8}$$

由于零（或 B）轴与断层的法向量和滑动矢量相互垂直，因此在该方向上的单位向量写为

$$\hat{\boldsymbol{b}}=\hat{\boldsymbol{n}}\times\hat{\boldsymbol{d}}=\begin{pmatrix}-\sin\lambda\cos\phi_f+\cos\lambda\cos\delta\sin\phi_f\\ \sin\lambda\sin\phi_f+\cos\lambda\cos\delta\cos\phi_f\\ \cos\lambda\sin\delta\end{pmatrix}\tag{4.2-9}$$

相似地，在 P 轴和 T 轴上找到 $\boldsymbol{p}$ 和 $\boldsymbol{t}$ 向量，它们与 $\hat{\boldsymbol{d}}$ 和 $\hat{\boldsymbol{n}}$ 在相同的平面内，且平分 $\hat{\boldsymbol{d}}$ 和 $\hat{\boldsymbol{n}}$ 之间的角度，因此：

$$\begin{aligned}&\boldsymbol{t}=\hat{\boldsymbol{n}}+\hat{\boldsymbol{d}},\ t_i=n_i+d_i,\\ &\boldsymbol{p}=\hat{\boldsymbol{n}}-\hat{\boldsymbol{d}},\ p_i=n_i-d_i,\\ &\hat{\boldsymbol{b}}=\hat{\boldsymbol{n}}\times\hat{\boldsymbol{d}},\ b_i=\varepsilon_{ijk}n_jd_k\end{aligned}\tag{4.2-10}$$

实际上，零轴同时垂直于 P 轴和 T 轴。使用向量外积［式(A.3-43)］生成一个垂直于两个轴的向量：

$$\begin{aligned}(1/2)(\boldsymbol{t}\times\boldsymbol{p})&=(1/2)(\hat{\boldsymbol{n}}+\hat{\boldsymbol{d}})\times(\hat{\boldsymbol{n}}-\hat{\boldsymbol{d}})\\ &=(\varepsilon_{ijk}/2)(n_j+d_j)(n_k-d_k)\\ &=(\varepsilon_{ijk}/2)(n_jn_k-n_jd_k+d_jn_k-d_jd_k)\end{aligned}\tag{4.2-11}$$

式(4.2-11)可以进一步简化，因为：

$$\begin{aligned}&\hat{\boldsymbol{n}}\times\hat{\boldsymbol{n}}=\varepsilon_{ijk}n_jn_k=0,\\ &\hat{\boldsymbol{d}}\times\hat{\boldsymbol{d}}=\varepsilon_{ijk}d_jd_k=0,\\ &\varepsilon_{ijk}d_jn_k=-\varepsilon_{ijk}n_jd_k\end{aligned}\tag{4.2-12}$$

最后可以得到：

$$(1/2)(\boldsymbol{t}\times\boldsymbol{p})=-\varepsilon_{ijk}n_jd_k=-(\hat{\boldsymbol{n}}\times\hat{\boldsymbol{d}})\tag{4.2-13}$$

正好是零轴（或 B 轴）上单位向量的负数。由此，断层的法向量、滑动矢量和零轴或 P 轴、T 轴和 B（零）轴都可以用作正交坐标系。

断层面和辅助面的关系具体体现在：断层面内的滑动矢量是辅助面的法向量，反之亦然。因此如果 $\hat{\boldsymbol{n}}_1$、$\hat{\boldsymbol{d}}_1$ 和 $\hat{\boldsymbol{n}}_2$、$\hat{\boldsymbol{d}}_2$ 是两个节面的断层法向量和滑动矢量，那么

$$\begin{aligned}&\hat{\boldsymbol{d}}_1=\hat{\boldsymbol{n}}_2,\\ &\hat{\boldsymbol{d}}_2=\hat{\boldsymbol{n}}_1\end{aligned}\tag{4.2-14}$$

按分量写出 $\hat{\boldsymbol{d}}_1=\hat{\boldsymbol{n}}_2$，那么

$$\begin{pmatrix} \cos\lambda_1\cos\phi_{f_1}+\sin\lambda_1\cos\delta_1\sin\phi_{f_1} \\ -\cos\lambda_1\sin\phi_{f_1}+\sin\lambda_1\cos\delta_1\cos\phi_{f_1} \\ \sin\lambda_1\sin\delta_1 \end{pmatrix}=\begin{pmatrix} -\sin\delta_2\sin\phi_{f_2} \\ -\sin\delta_2\cos\phi_{f_2} \\ \cos\delta_2 \end{pmatrix} \tag{4.2-15}$$

$\hat{\boldsymbol{n}}_1$ 和 $\hat{\boldsymbol{d}}_2$ 相应的关系可以简单地互换下标得到。

这些公式将一个平面的走向、倾角和滑动角同另一个平面联系起来。把第一项乘以 $\cos\phi_{f_1}$，第二项乘以 $\sin\phi_{f_1}$，然后相减得到：

$$\cos\lambda_1=\sin\delta_2\sin(\phi_{f_1}-\phi_{f_2}) \tag{4.2-16}$$

或者，同样地有

$$\cos\lambda_2=\sin\delta_1\sin(\phi_{f_2}-\phi_{f_1}) \tag{4.2-17}$$

类似地，可以得到第三个公式：

$$\cos\delta_2=\sin\lambda_1\sin\delta_1 \tag{4.2-18}$$

相应地有

$$\cos\delta_1=\sin\lambda_2\sin\delta_2 \tag{4.2-19}$$

两个节面相互垂直构成另外一个约束条件：

$$\hat{n}_1\cdot\hat{n}_2=0 \tag{4.2-20}$$

因此

$$\begin{aligned}&\sin\delta_1\sin\phi_{f_1}\sin\delta_2\sin\phi_{f_2}+\sin\delta_1\cos\phi_{f_1}\sin\delta_2\cos\phi_{f2}\\&+\cos\delta_1\cos\delta_2=0,\\&\sin\delta_1\sin\delta_2\cos(\phi_{f_1}-\phi_{f_2})+\cos\delta_1\cos\delta_2=0\end{aligned} \tag{4.2-21}$$

或者

$$\tan\delta_1\tan\delta_2\cos(\phi_{f1}-\phi_{f2})=-1 \tag{4.2-22}$$

基于这些公式可以从第一个节面及其对应的滑动矢量 $(\phi_{f_1},\delta_1,\lambda_1)$ 找到第二个节面以及对应的滑动矢量 $(\phi_{f_2},\delta_2,\lambda_2)$。最难的部分是找到角度所在的合适象限，可以首先通过式(4.2-18)得到 δ_2，然后由式(4.2-19)得到 $\sin\lambda_2$，结合式(4.2-16)和(4.2-17)得到 $\cos\lambda_2$。给定正弦和余弦，可以确定 λ_2 所在的象限。然后通过式(4.2-22)和式(4.2-16)获取 ϕ_{f_2}。最后，如果 $90°<\delta_2<180°$，将 $(\phi_{f_2},\delta_2,\lambda_2)$ 转换为 $(180°+\phi_{f_2},180°-\delta_2,360°-\lambda_2)$。

通过初动在立体投影网上的投影找到节面，尽管两个节面的走向和倾角已知，但滑动角还是未知的。选择一个节面并找到它上面的滑动角。这可以利用式(4.2-16)和式(4.2-18)找到 $\cos\lambda_1$ 和 $\sin\lambda_1$ 来实现，然后将 λ_1 放置到相应的象限。

4.3　波形模拟

如前文所述，P 波初动经常不足以约束震源机制。通过比较观测的与基于各种震源参数理论计算的合成体波和面波波形，通过正演或反演找到拟合数据最好的一组震源参数。波形分析还可以提供初动不能获取的地震深度和破裂过程的信息。下面先讨论体波分析，然后再讨论面波分析。

4.3.1　基本模型

把地震图上记录的地面运动看成是以下要素的组合：地震震源、地震波传播经过的地球结构和地震计。每个要素都与地震波频率有关。因此通常用地震图 $u(t)$ 的傅里叶变换 $U(\omega)$ 来表示不同频率的贡献：

$$u(t)=\frac{1}{2\pi}\int_{-\infty}^{\infty}U(\omega)e^{i\omega t}d\omega,\quad U(\omega)=\int_{-\infty}^{\infty}u(t)e^{-i\omega t}dt \tag{4.3-1}$$

这里及前面章节(2.8 节、3.3 节、3.7 节)均使用了傅里叶变换的相关概念(傅里叶分析将在第 6 章详述)。该方法的本质是把地震图或其构成要素表示为时间序列或它的傅里叶变换，然后根据需要使用傅里叶变换和逆变换进行转换。

这种产生合成地震图的方法概念上与 3.3.6 节生成反射地震图的方法一致。各种要素的联合作用可以用代表各要素的时间序列的卷积来表示。两个时间序列 $w(t)$ 和 $r(t)$ 的卷积可以写为

$$s(t)=w(t)*r(t)=\int_{-\infty}^{\infty}w(t-\tau)r(\tau)d\tau \tag{4.3-2}$$

因此一个地震记录 $u(t)$ 可以写为

$$u(t)=x(t)*e(t)*q(t)*i(t) \tag{4.3-3}$$

其中，$x(t)$ 为震源时间函数，也就是地震输入到地下的“信号”；$e(t)$ 和 $q(t)$ 代表地球结构的影响；$i(t)$ 描述地震计的仪器响应。在 6.3.1 节中将会证明，时间域的卷积等于频率域的乘积，因此式(4.3-3)可以写作四个因子的傅里叶变换的乘积：

$$U(\omega)=X(\omega)E(\omega)Q(\omega)I(\omega) \tag{4.3-4}$$

每个因子都有其时间域或频率域的表达方式。例如，地震图依赖于地震计对不同频率的地面运动的响应。图 4.3-1 上图展示了一个长周期地震计的仪器响应，它显示了对不同周期信号的不同放大作用。峰值响应($T=15$s)左右的周期信号比更长周期或更短周期的信号的放大倍数更高。如 6.6 节所述，不同地震计的仪

器响应有所不同，一些峰值响应周期较短(如 1s)，然而其他一些对长周期有更好响应。仪器响应的时间域表达可以通过反傅里叶变换获得(图 4.3-1 下图)。由此产生的时间序列 $i(t)$ 为脉冲响应，也就是地震计对一个尖脉冲的响应。图 4.3-1 中显示的地震计的脉冲响应有个尖锐的初始峰值，随后是一个较小的反向摆动。

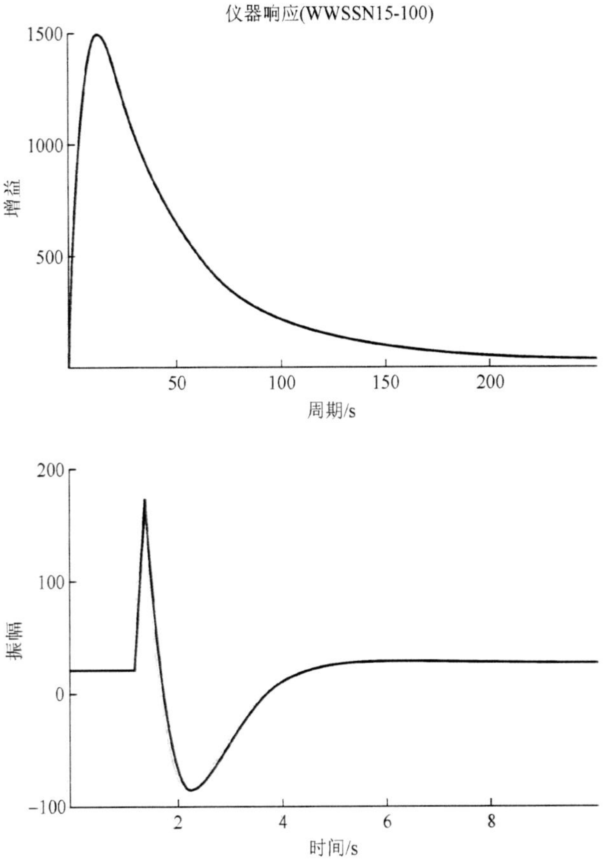

图 4.3-1 长周期地震计的响应。上图：对输入信号的不同周期的增益，或放大系数。下图：时间域内的脉冲响应。该地震计为长周期的 WWSSN 模拟地震计。数字仪器出现之前该类型的地震计在 20 世纪 60 年代安装于世界各地，并产出了大量至关重要的成果。

在式(4.3-3)中，地球结构的影响分成两个因子。其一为 $e(t)$，它给出了射线路径上地震波在不同界面上的反射和转换，以及由于速度结构产生的射线几何扩散(3.4.2 节)。所有这些影响都是弹性的。其二为 $q(t)$，描述的是非弹性衰减，即地震波的机械能通过转换为热能而减少。在 3.7 节中详细讨论了衰减可以用频率为 ω 的阻尼简谐振动随时间的衰减来表示

$$f(t) = Ae^{i\omega t}e^{-\frac{\omega t}{2Q}} \qquad (4.3\text{-}5)$$

品质因子 Q 描述了衰减特征：振幅在时间 $2Q/\omega$ 内衰减到 e^{-1}(图 3.7-11)，所以 Q 值越高，振幅降低越慢，因此衰减更小。$q(t)$ 或 $Q(\omega)$ 描述了合成地震图的频率范围内的衰减效应。

4.3.2 震源时间函数

地震震源信号 $x(t)$，是由断层产生的震源时间函数。考虑最简单的小断层瞬间滑动的情况，它的震源时间函数，即地震矩函数［式(4.2-4)］是导数为 δ 函数的阶跃函数(6.2.5 节)。然而，真实断层需要更复杂的震源时间函数进行描述。考虑一个简单情况，在一个矩形断层上每个点都发生破裂并辐射出一个脉冲信号。然而，总的辐射信号并不是脉冲，因为有限的断层并不是同时全部破裂。相反，首先抵达的地震波来自初始破裂点，随后是断层上较远的点。假定(图 4.3-2)破裂以速度 v_R 沿一个长为 L 的断层传播。相对初始破裂点的距离为 r_0、方位角为 θ 的接收点接收到的最早的地震波的时间为 r_0/v，其中 v 为 α 或 β，分别对应 P 波或 S 波速度。断层最远端的破裂始于时间 L/v_R，地震波到达时刻为 $(L/v_R+r/v)$，其中 r 是断层末端到接收点的距离。余弦定理表明：

$$r^2 = r_0^2 + L^2 - 2r_0L\cos\theta \qquad (4.3\text{-}6)$$

对于远离断层的点($r \gg L$)，近似为

$$r \approx r_0 - L\cos\theta \qquad (4.3\text{-}7)$$

因此有限断层长度产生的时间序列为一个“矩形函数”，其时间长度为

$$T_R = L(1/v_R - \cos\theta/v) = (L/v)(v/v_R - \cos\theta) \qquad (4.3\text{-}8)$$

称为破裂时间。通常假定 v_R 约为 S 波速度 β 的 0.7～0.8 倍，因此 v/v_R 值对于 S 波约为 1.2，对于 P 波约为 2.2。最大持续时间出现在与破裂方向呈 180°夹角的方向，最小的则出现在沿破裂方向①。这些表达式随不同的断层形状和破裂传播方向而变，例如破裂从圆形断层的中心向外传播。

第二个延长时间函数的因素是，就算在断层上的单一位置，滑动也并不是瞬间发生的。滑动历史通常可以用一个零时刻开始并在上升时间 T_D 时结束的斜

① 一个类似效应发生在雷暴中。雷是闪电通道中的空气突然加热而产生的。站在与通道垂直位置的观测者，听到的雷声简洁、洪亮和清脆。而与通道平行的观测者听到的则是长时间的“隆隆”声。这里的方位角 90°时为最小值，0°和 180°时为最大值。因为“破裂速度”远大于声速，所以 v/v_R 接近零，时间函数随 $\cos\theta$ 变化(Few，1980)。

坡函数来表示(图 4.3-3)。震源时间函数取决于滑动历史的导数(4.2.3 节)。斜坡函数的导数是一个“矩形函数”。有限破裂时间函数同单点震源时间函数的卷积产生长度为上升和破裂时间之和的梯形函数，它经常用来表示一个地震的震源时间函数。有时也采用其他长度相当的形状的震源时间函数，比如三角形。因为(正如我们将看到)地震图通常对震源时间函数的细节并不敏感。事实证明，对大地震的体波模拟可以分辨更复杂的震源时间函数，它反映了断层面上滑动随时间和空间的复杂变化。

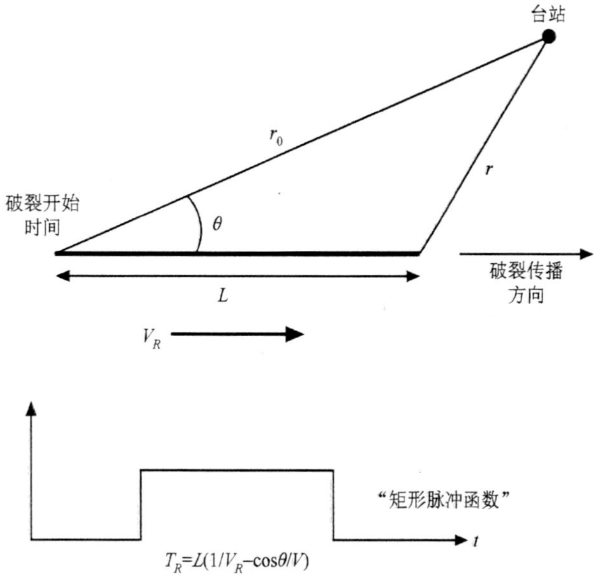

图 4.3-2 对长度为 L 的一个断层，震源时间函数持续时间是方位角的函数，同时也取决于破裂速度 v_R 和波速 v 的比值。

辐射脉冲的时间长度随相对于破裂方向的方位角而变化，这是有限破裂长度导致的［式(4.3-8)］。由于所有方位的脉冲面积都是相同的，震源时间函数的振幅与它的持续时间成反比(图 4.3-4)。某些情况下这些现象被称为震源的方向性，可以用于识别断层面(因为相同的现象不会出现在辅助面上)以及研究破裂传播。方向性与声波和光波的多普勒效应类似，当运动的振荡器朝向观测者运动时，观测频率变得更高，而远离观测者运动时则变得更低。然而，震源方向性源于有限断层上不同部分产生的地震波的相互干涉，而最简单的多普勒效应产生于一个移动点源①。

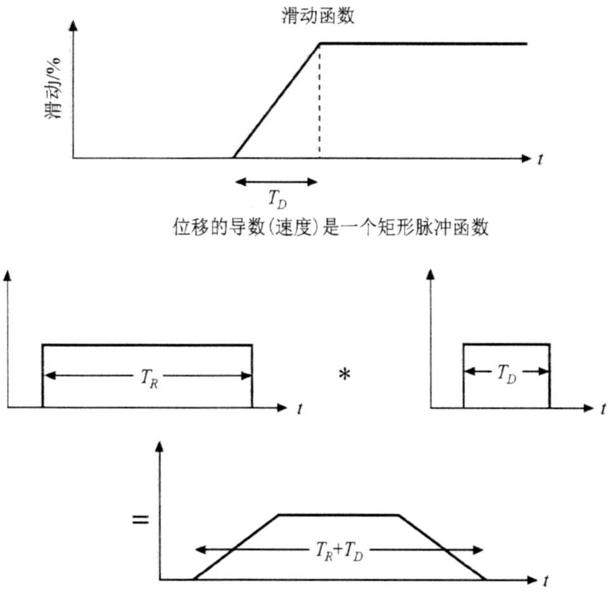

图 4.3-3 震源时间函数取决于断层上滑动历史的导数。一个持续时间为 T_D 的斜坡时间函数(上图)的导数是一个“矩形脉冲”。当将破裂的传播函数与“矩形脉冲”时间函数(中图)卷积时，会产生一个梯形震源时间函数(下图)。

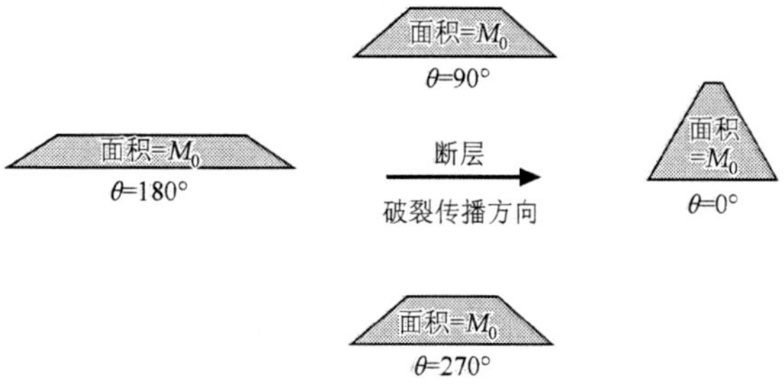

图 4.3-4 破裂方向性对不同方位记录到的震源时间函数的影响。由于破裂产生的能量是确定的，对应于地震矩震源时间函数的面积是相同的。然而，在破裂传播的方向全部能量在更短时间内到达，而在相反方向全部能量分布在更长持续时间内。

一个有意思的问题是在什么时候需要考虑有限震源的影响。式(4.3-8)表明长度为 L 的断层上不同部分产生的以速度 v 传播的地震波在到时上的差异为破裂时间 T_R，近似为 L/v。如果这个差异与地震波周期相近，那么对接收到的地震波可能影响显著。因此，当比值

$$\frac{T_R}{T}=\frac{L/v}{\lambda/v}=\frac{L}{\lambda} \tag{4.3-9}$$

较小时，断层长度相对地震波的波长较短，可以忽略震源的有限性并将它作为一个点处理。这个标准与 3.2.3 节中提到的相似，地震波不可能“看见”尺度比波长小很多的地球结构。对于有限断层，这种现象的出现是因为破裂速度与地震波速度相近。

① 多普勒效应在很多领域用于监测运动，包括警局和天气雷达，航天研究中的“红移”光来探测宇宙膨胀。有关方向性和多普勒效应的研究，详见 Douglas 等(1988)。

式(4.3-9)一个有意思的结论是断层对于体波来说可能是有限的，但对面波则不是。对一个 6 级地震的 10km 长的断层，与周期为 1s、以 8km/s 传播的体波波长相近，但与周期为 50s、以 4km/s 传播的面波波长相比则小得多。此外，8 级地震的 300km 长的断层相对体波和面波都是一个有限震源。

4.3.3　体波模拟

弹性结构算子 $e(t)$ 代表了射线路径上波的反射和转换，它主要反映地震波在物理属性变化最大的近地表的交互作用。考虑两个简单的情况。对于深源地震，表面反射和其他反射、折射和衍射波抵达远在直达 P 波之后，因此可以独立分析 P 波而不受其他震相干扰。此外，离震源距离为 $30°<\Delta<90°$ 时，上地幔(走时曲线的)三分支现象和地核结构(3.5 节)的影响可以忽略。因此，结构算子可以忽略不计，描述地震图上第一个脉冲时需要考虑震源、衰减和地震计(图 4.3-5)。

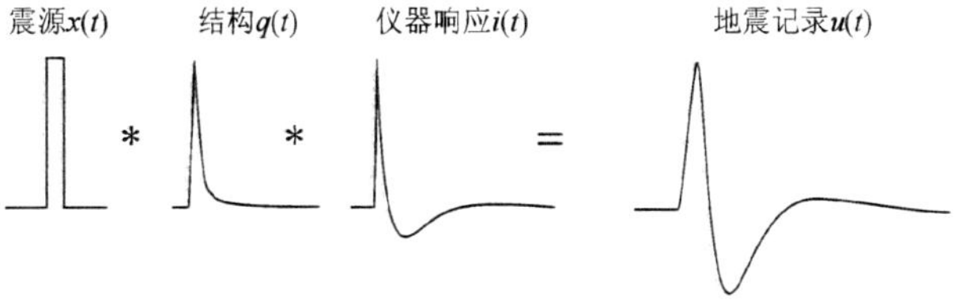

图 4.3-5　深源地震的 P 波波形结合了震源时间函数、衰减和仪器的影响。因为地面反射到达时间要晚得多，震源附近结构可以忽略。(Chung and Kanamori，1980，*Phys. Earth Planet. Inter*，23，134-159，经 Elsevier Science 许可转载)

此外，对浅源地震，地表反射出现在直达波后很短时间内，因此可以将 P 波到后最初数秒模拟成三个震相的总和(图 4.3-6 上图)：直达 P 波、从地表反射的 P 波(pP)以及 S 波在地表转换成的 P 波(sP)。

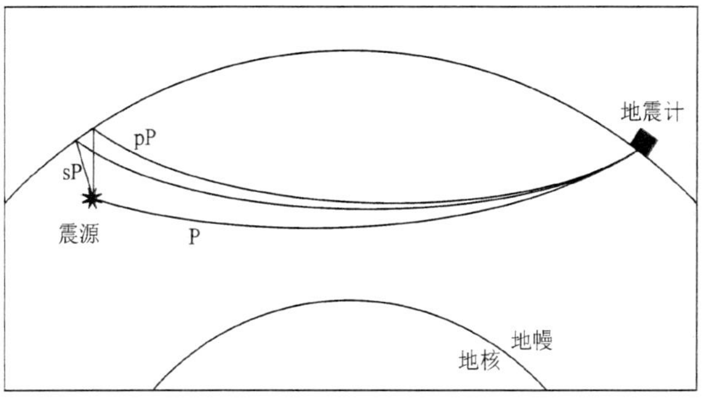

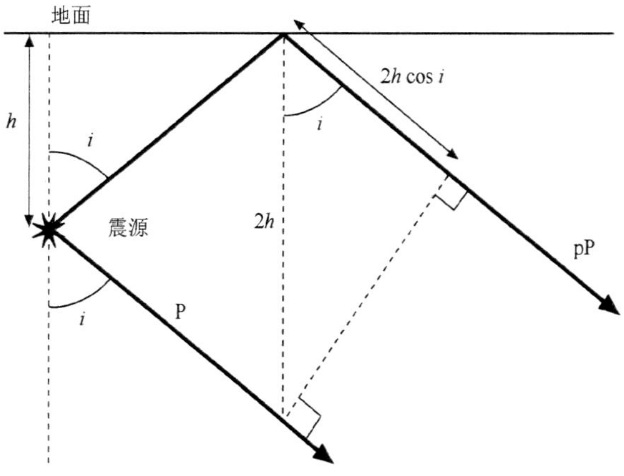

图 4.3-6　上图：震中距为 $30°<\Delta<90°$ 的浅源地震的 P 波震相可以模拟为直达 P 波以及在自由表面反射的 pP 和 sP 之和。下图：用于推导 pP 相对直达 P 波延迟时间的几何图示。

两个地表反射波在直达 P 波后到达。图 4.3-6 下图显示 pP 相对 P 延迟了约

$$\delta t_{\mathrm{pP}}=(2h\cos i)/\alpha \tag{4.3-10}$$

其中，i 和 α 分别为 P 波的入射角和速度。对于泊松固体，更复杂推导可以显示 sP 延迟：

$$\delta t_{\mathrm{sP}}=(h/\alpha)[\cos i+(3-\sin^2 i)^{1/2}] \tag{4.3-11}$$

对于浅源地震，初始波形包括所有三种波。例如，对于介质速度 $\alpha=6.8\mathrm{km/s}$、10km 深的震源，距离 $\Delta=50°$ 的时间延迟 δt_{pP} 和 δt_{sP} 分别为 2.7s 和 3.8s，入射角为 24°。这些波很难同 P 波分离，因为地震计的脉冲响应(图 4.3-1)一般较长以致在其他波抵达之前直达波的振动还没有结束。

式(4.3-3)的四个因子可以联合合成体波。虽然推导有一些细微差异，但结果反映了以上讨论的基本思想。作为时间、距离和方位角的函数，对一个距离震源 30°～90°的初至 P 波，其位移可以表示为

$$\begin{aligned}u(t,\Delta,\varphi)=&\,i(t)*q(t)*\frac{M_0}{4\pi\rho_h\alpha_h^3}\frac{g(\Delta)}{a}C(i_0)\\&\times\Bigg[R^{\mathrm{P}}(\phi,i_h)x(t-\tau^{\mathrm{P}})+R^{\mathrm{P}}(\phi,\pi-i_h)\prod^{\mathrm{PP}}(i_h)x(t-\tau^{\mathrm{pP}})\\&+R^{\mathrm{SV}}(\phi,\pi-j_h)\frac{\alpha_h\cos i_h}{\beta_h\cos j_h}\prod^{\mathrm{SP}}(j_h)x(t-\tau^{\mathrm{sP}})\Bigg]\end{aligned} \tag{4.3-12}$$

这个表达式包含了地震计和衰减因子以及包括震源和结构因子的第三项。这一项有不同部分，每一部分都有独立的物理解释，振幅比例因子 $M_0/(4\pi\rho_h\alpha_h^3)$ 包含了地震矩 M_0 和震源深度 h 处的密度和 P 波速度；$g(\Delta)/a$ 因子描述了由于射线几何扩散产生的振幅变

化，其中 a 为地球半径；$C(i_0)$ 因子校正了自由表面对振幅的影响，射线到达自由表面接收点的入射角为 i_0。括号内的项有三部分，对应 P、pP 和 sP，每一部分都包括相应射线走时的延迟 τ^P、τ^{pP} 和 τ^{sP} 的震源时间函数 $x(t)$。每个震相的地震波振幅取决于震源处各类型地震波的体波辐射花样：

$$R^{P}(\phi,i)=s_R(3\cos^2 i-1)-q_R\sin 2i-p_R\sin^2 i,$$

$$R^{SV}(\phi,j)=\frac{3}{2}s_R\sin 2j+q_R\cos 2j+\frac{1}{2}p_R\sin 2j, \quad (4.3\text{-}13)$$

$$R^{SH}(\phi,j)=-q_L\cos j-p_L\sin j$$

它取决于离源角(P 波为 i，S 波为 j)以及断层几何参数，包括断层走向 ϕ_f、倾角 δ 和滑动角 λ(图 4.2-2)和台站的方位角 ϕ(从正北方向顺时针旋转)。对 P-SV 波这些因子为

$$s_R=\sin\lambda\sin\delta\cos\delta,$$

$$q_R=\sin\lambda\cos 2\delta\sin(\phi_f-\phi)+\cos\lambda\cos\delta\cos(\phi_f-\phi),$$

$$p_R=\cos\lambda\sin\delta\sin 2(\phi_f-\phi)-\sin\lambda\sin\delta\cos\delta\cos 2(\phi_f-\phi),$$

对 SH 波为

$$p_L=\sin\lambda\sin\delta\cos\delta\sin 2(\phi_f-\phi)+\cos\lambda\sin\delta\cos 2(\phi_f-\phi),$$

$$q_L=-\cos\lambda\cos\delta\sin(\phi_f-\phi)+\sin\lambda\cos 2\delta\cos(\phi_f-\phi) \quad (4.3\text{-}14)$$

反射震相的振幅还包括平面波在自由表面的势能反射系数 $\Pi^{PP}(i_h)$ 和 $\Pi^{SP}(j_h)$，二者都是入射角的函数。最后，sP 项振幅取决于因子 $(\alpha_h\cos i_h)/(\beta_h\cos j_h)$，该因子包含多个影响因素，震源附近入射到地表的地震波用球面波表示。

用类似于式(4.3-12)的公式可以模拟到达较晚的 SH 波。叠加直达 S 波和 sS 波，并将对应的 P 波参数替换为 S 波速度、离源角、延迟时间和 SH 波辐射花样 R_{SH}。

这个表达式显示了合成体波地震图依赖于假定的震源深度(决定了震相间到时差)、震源机制(决定了震相间相对振幅)和震源时间函数(决定了脉冲形状)。图 4.3-7 通过两个倾滑断层产生的 P 波来说明这一概念，一个倾角为 90°而另一个倾角为 45°。首先用脉冲函数表示震相，然后显示与地震计响应和衰减因子卷积后的结果。一种情况下 pP 波以与 P 波相同的极性离开震源球(侧视图显示)，而另一种情况下以相反的极性离开，但极性在自由表面发生反转。因此在地震图上 pP 波的极性与 P 波并不一定相反。sP 波类似。所以，震相间相对极性和振幅随震源机制变化，这也使得地震图成为震源机制研究的一个有用的工具。

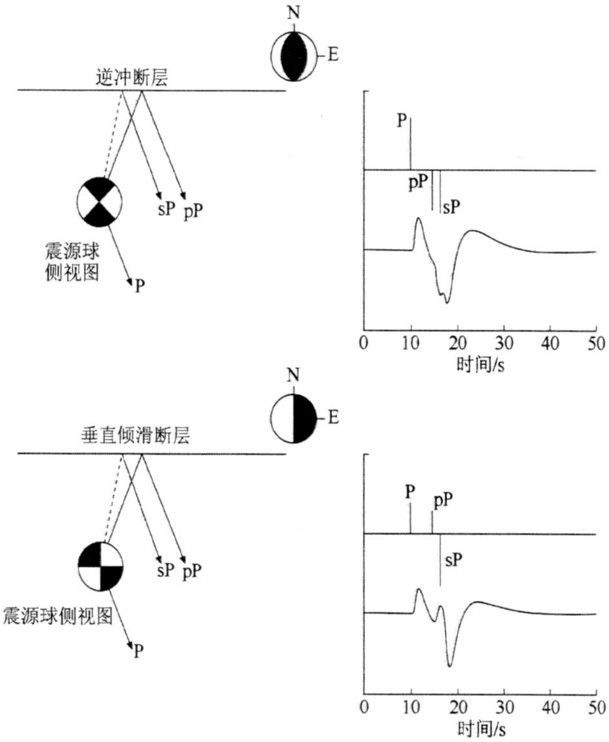

图 4.3-7 不同震源机制的直达 P 波和震源附近自由表面反射的 pP 波和 sP 波之间的相对极性和振幅。震相为脉冲函数与衰减因子和地震计响应的卷积。(Okal，1992，版权归美国地震学会所有)

计算不同震源参数产生的合成地震图，与记录地震波拟合最好的震源参数组合被视为震源参数解。利用正演(“试错法”)或反演方法，通常初动、体波和面波分析(随后讨论)可以联合使用。尽管初动数据通常可以反映各种不同的震源机制，但是不同方法联合使用可以产生更一致且约束更好的结果。

图 4.3-8 显示了苏门答腊(Sumatra)海沟附近的一个地震例子，初动对它的震源机制有非常好的约束。为了验证震源机制及估算震源深度，需要计算不同震源深度对应的合成地震图。图 4.3-8 左图显示的是预期的时间和各震相的振幅，右图显示的是由震源(假定为一个梯形时间函数)、地震计和衰减因子卷积生成的合成地震图。震源在 30km 左右的深度可以很好地拟合数据。由于地震发生在印度洋下，一部分射线在海面发生反射，另一部分在海床发生反射。海床发生的反射 p_wP，应该具有与 pP 相同的极性(向上)，这与观察值相符。这个方法可以扩展以包含地壳和上地幔结构的影响。如图 4.3-9 所示，地壳层比水层的影响更小，因为水层在分界面上速度和密度差异更大。

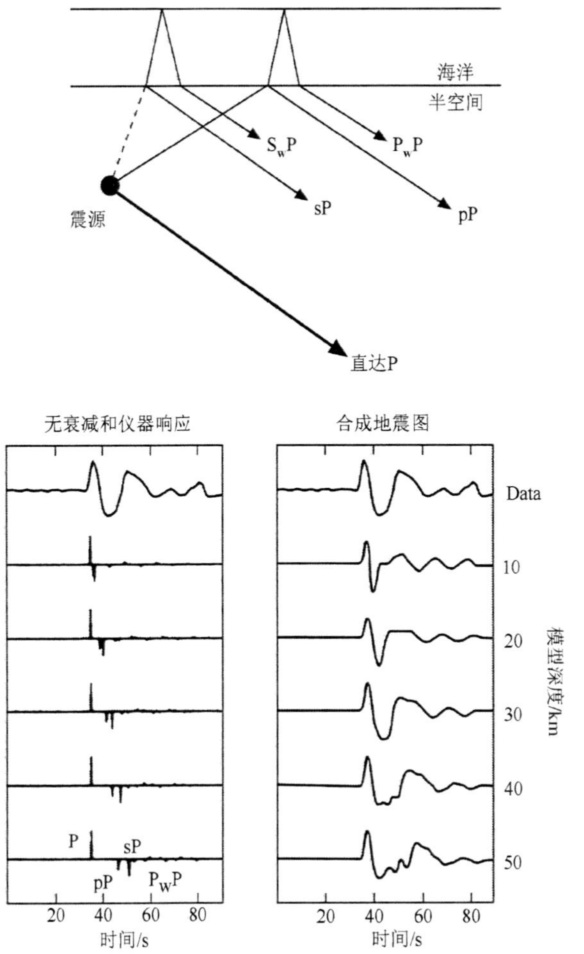

图 4.3-8　通过体波模拟确定震源深度。对一个给定的断层几何形态，计算不同震源深度的合成地震图，同时也包括地震计和衰减的影响。震源深度为 30km 左右的合成数据与记录数据拟合得最好。(Stein and Wiens，1986，*Rev. Geophys. Space Phys.*，24，806-832，版权归美国地球物理学会所有)

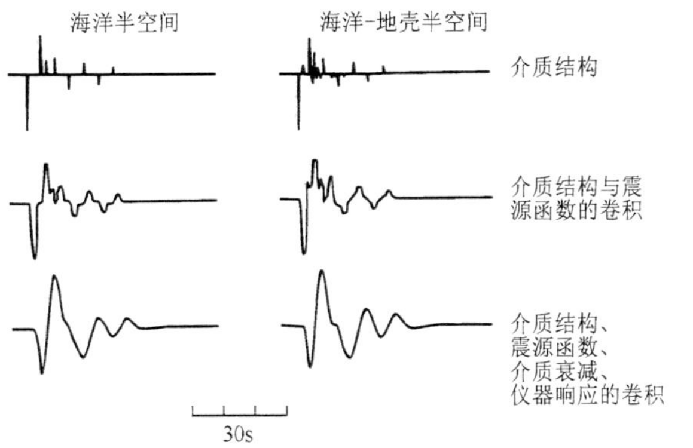

图 4.3-9　海洋下方地震的合成 P 波地震图，模拟时左边没有包括地壳层，而右边包括地壳层。地壳层比水层的影响更小。(Stein and Kroeger，1980，经美国力学工程师协会许可重新绘制)

这种通过体波模拟确定的震源深度通常比走时地震定位得到的深度要好。例如，国际地震中心给出的如图 4.3-8 所示地震的深度为 0±17km。即使深度被限制在地球内部，体波模拟显示这个深度比实际深度要浅。

震源时间函数的细节在多大程度可以被解析出来，取决于所使用的地震计类型和地震大小在内的诸多因素。一个重要因素为震源和接收点之间的距离，它影响了地震波的衰减量。在地震脉冲传播中，脉冲形状的高频成分会首先被衰减掉，因为振幅在 $2Q/\omega$ 时间内的衰减系数为 1/e，所以对给定的 Q 值，频率越高衰减越快。因此衰减和地震计的影响使地震图变得平滑(图 4.3-9)，特别是长周期地震仪器会进一步压制高频成分(图 4.3-1)。所以，持续时间相近的不同的震源时间函数，在远震距离范围的体波脉冲看上去是相似的(图 4.3-10)。反之，对震源时间函数细节的最佳的约束来自靠近地震的强地面运动记录和在很宽频率范围内具有一致响应的宽频带地震计。

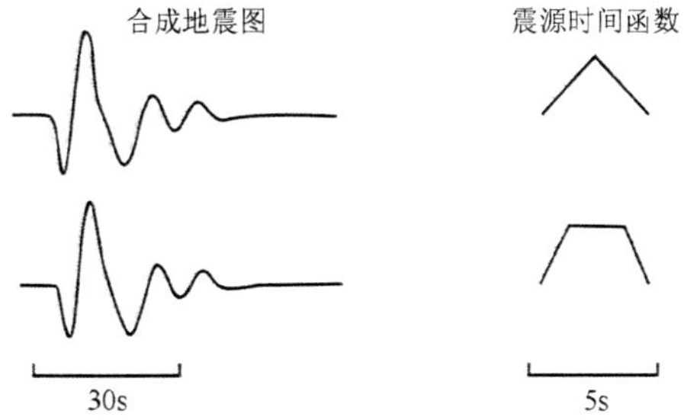

图 4.3-10　远震距离下基于不同震源时间函数的合成地震图的对比。地震计和衰减的影响使得确定震源时间函数的一些细节非常困难。(Stein and Kroeger，1980，经美国力学工程师协会许可重新绘制)

地震越大，通常断层破裂越大，因此其时间函数的持续时间越长。基于此可以确定滑动过程的细节。例如，图 4.3-11 显示 1976 年危地马拉地震的复杂波形[①]。假定震源是由沿着断层的多个独立子事件组成，生成的地震图可以很好地拟合数据。这种研究可以深入揭示沿着断层的滑动量和滑动方向沿断层的变化等破裂过程。

估算震源时间函数的一个有效方法是基于格林函数：

$$g(t)=e(t)*q(t) \tag{4.3-15}$$

将震源到接收点之间传播的弹性和非弹性效应相结合。因此，格林函数描述了当震源时间函数是δ函数时，

① 该 $M_S7.5$ 地震发生在莫塔瓜(Motagua)断层上，这个断层是加勒比海和北美板块边界处的转换部分，该地震造成了巨大的生命财产损失。

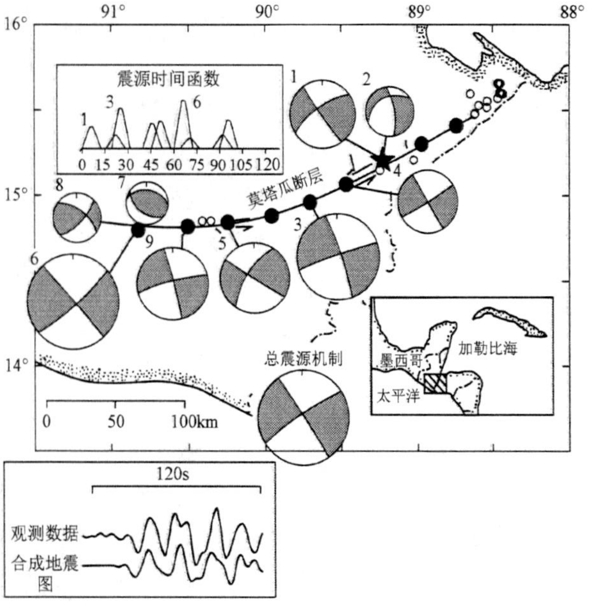

图 4.3-11 1976 年危地马拉(Guatemala)大地震(M_S 7.5)的数据及合成地震图。震源被模拟为一系列沿着断层的子事件。上图显示了子事件的位置、时间、相对振幅和震源机制，所有子事件的综合结果产生了所观测到的复杂波形。(根据 Kikuchi and Kanamori，1991，版权归美国地震学会所有)

地震计将会接收到的信号(即脉冲响应)。地震的震源时间函数可以通过地震记录 $u(t)$ 对格林函数和地震仪器响应作反卷积获得：

$$x(t)=u(t)*[g(t)*i(t)]^{-1},\quad X(\omega)=\frac{U(\omega)}{G(\omega)I(\omega)} \tag{4.3-16}$$

正如对反射地震图的讨论(3.3.6 节)，反卷积可以在时间域或频率域内完成。在频率域内波谱相除比较简单，但需要注意避免某些频率的小振幅相除造成的不稳定问题。

大而复杂的地震可以利用断层区内的其他较简单的震源推导出的格林函数来模拟。地震图可以视为不同时间 τ_j、不同振幅 C_j 的震源时间函数与格林函数和仪器响应的卷积的总和：

$$u(t)=\sum_{j=1}^{K}C_j[x(t-\tau_j)*g(t)*i(t)] \tag{4.3-17}$$

如 4.5.3 节所述，通过高质量数据，可以进一步估算破裂过程中二维断层面上地震矩释放随时间的变化。

4.3.4 面波震源机制

面波可以通过与体波相似的办法进行模拟，并且也可以用面波确定地震的震源机制和深度。相比利用射线理论在时间域内的体波模拟，频率域内的面波模拟一般基于自由振荡的行波近似导出的公式(2.9.6 节)。因此，面波可以表示为所有因子的傅里叶变换的乘积［式(4.3-4)］，而体波［式(4.3-12)］则以时间域卷积表示［式(4.3-3)］。

弧度距离为 θ 和方位角为 ϕ 的观测点的勒夫波地震记录的傅里叶变换形式为

$$U(\omega,\theta,\phi)=\frac{M(\omega)}{\sqrt{\sin\theta}}\mathrm{e}^{-\mathrm{i}\pi/4}\mathrm{e}^{-\mathrm{i}\omega a\theta/c}V(\omega,\phi)\mathrm{e}^{-\omega a\theta/(2Qu)}\mathrm{e}^{\mathrm{i}m\pi/2},$$
$$V(\omega,\phi)=p_L P_L(\omega)+\mathrm{i}q_L Q_L(\omega) \tag{4.3-18}$$

式中，a 是地球半径；c 和 u 分别为该频率下的相速度和群速度(2.8.1 节)；$(m\pi/2)$ 项，其中 m 是波穿过震中或它的对跖点的次数，被称为极相漂移[①]；$M(\omega)$ 代表该地震所释放的频率为 ω 的地震矩，且可以包含震源时间函数的影响。断层有限性可以用类似于体波的频率域表达式[式(4.3-8)]进行表达。除了大地震，$M(\omega)$ 通常可视作一个常数，即标量地震矩。

式(4.3-18)中的几项模拟从震源向外传播的影响。衰减指数 $\mathrm{e}^{-\omega a\theta/(2Qu)}$ 是从式(4.3-5)推导出的面波衰减表达式，其中 $a\theta/u$ 给出走时，Q 代表该频率对应的品质因子。作为位置的函数，相位由复指数 $\mathrm{e}^{-\mathrm{i}\omega a\theta/c}$ 给出。$1/\sqrt{\sin\theta}$ 项描述了波前离开震源的几何扩散而造成的振幅衰减。因此 θ 为波实际的传播距离。$V(\omega,\phi)$ 项代表辐射花样，它是频率和方位角 ϕ 的函数，且包含两组因子。激励函数 $P_L(\omega)$ 和 $Q_L(\omega)$，是从某特征频率扭振振型的径向特征函数导出，且是频率的函数，也是震源深度上弹性参数的函数。这些函数对 SH 波的断层几何因子 p_L 和 q_L 加权[式(4.3-14)]。因为辐射花样是一个复数，给定频率的振幅和相位的辐射花样随方位角变化可以表示为

$$|V(\omega,\phi)|=[(p_L P_L(\omega))^2+(q_L Q_L(\omega))^2]^{1/2},$$
$$\Phi(\omega,\phi)=\tan^{-1}[(q_L Q_L(\omega))/(p_L P_L(\omega))] \tag{4.3-19}$$

相似地，波的垂向分量通过下式合成：

$$U(\omega,\theta,\phi)=\frac{M(\omega)}{\sqrt{\sin\theta}}\mathrm{e}^{\mathrm{i}\pi/4}\mathrm{e}^{-\mathrm{i}\omega a\theta/c}V(\omega,\phi)\mathrm{e}^{-\omega a\theta/(2Qu)}\mathrm{e}^{\mathrm{i}m\pi/2},$$
$$V(\omega,\phi)=s_R S_R(\omega)+p_R P_R(\omega)+\mathrm{i}q_R Q_R(\omega) \tag{4.3-20}$$

辐射花样 $V(\omega,\phi)$ 包含激励函数 $S_R(\omega)$、$P_R(\omega)$ 和 $Q_R(\omega)$，它们是从球振振型的径向特征函数导出，且包含 P-SV 断层几何因子 s_R、q_R 和 p_R［式(4.3-14)］。

利用辐射花样可以计算几何形状各异的断层的理

① 该相移来源于 $(l+1/2)\theta$ 项，用以将简正振型近似为行波［式(2.9-17)］(Brune et al.，1961；Aki and Richards，1980)。关于它在均衡校正中的应用，详见 Kanamori(1970)。

论面波频谱。例如，对垂直倾滑断层有 $s_R = p_R = 0$、$q_R = -\sin(\phi_f - \phi)$，因此辐射花样所依赖的唯一激励函数为 Q_R。同时，垂直走滑断层有 $s_R = q_R = 0$、$p_R = -\sin 2(\phi_f - \phi)$，因此辐射花样取决于 P_R。所以垂直的倾滑和走滑断层的瑞利波频谱随方位角以 $\sin(\phi_f - \phi)$ 和 $\sin 2(\phi_f - \phi)$ 变化。

图 4.3-12 显示走向为正北（走向为 0°）的几种震源机制对应的勒夫波和瑞利波的理论振幅辐射花样。辐射花样各具特色：垂直走滑断层的辐射花样为四瓣，而倾角为 45°的倾滑断层产生的勒夫波和瑞利波的辐射花样分别为四瓣和两瓣。这些辐射花样由相同的地震矩计算得到，因此垂直走滑地震比垂直倾滑地震产生的勒夫波要强得多。倾角 45°的斜滑机制介于倾角 45°的走滑机制和倾角 45°的逆冲机制之间，相应的勒夫波和瑞利波辐射花样也是如此。计算几何形状各异的断层的辐射花样，通过与观测值相比较来找到拟合最好的震源几何形状。

对地震图进行傅里叶分析可以确定某些频率的频谱振幅。然后可以模拟各台站的振幅，或通过均衡校正得到相同震源-台站距离的观测辐射花样。要做到后者，距离 θ 处的观测记录的傅里叶变换 $U(\omega, \theta, \phi)$ 通过下式均衡校正到距离 θ_0：

$$U(\omega,\theta_0,\phi)=\left(\frac{\sin\theta}{\sin\theta_0}\right)^{\frac{1}{2}} U(\omega,\theta,\phi)\exp\left[\mathrm{i}\left(\frac{\omega a(\theta-\theta_0)}{c}-\frac{m\pi}{2}\right)\right] \times\exp\left[\frac{\omega a(\theta-\theta_0)}{2Q\mu}\right] \tag{4.3-21}$$

式中，$(m\pi/2)$ 项为极相漂移，其中 m 是连接 θ 和 θ_0 的路径经过震中或对跖点的次数。

均衡校正理论上移除了传播路径的影响，因此作为方位角函数的频谱振幅可以反映震源辐射花样并且可以与理论花样相比较。图 4.3-13 显示印度洋中分离型板块边界带发生的正断层型地震（图 5.5-5），这是基于标示出的震源-接收点路径的瑞利波和勒夫波得到的。由于初动数据仅约束了走向为东西向，倾向为正北的节面，第二个节面通过拟合理论面波振幅辐射花样（平滑线条）和均衡校正数据得到。尽管观测的辐射花样不够平滑，但显示的断层几何形状与初动一致，且能拟合面波最大和最小振幅的方向。

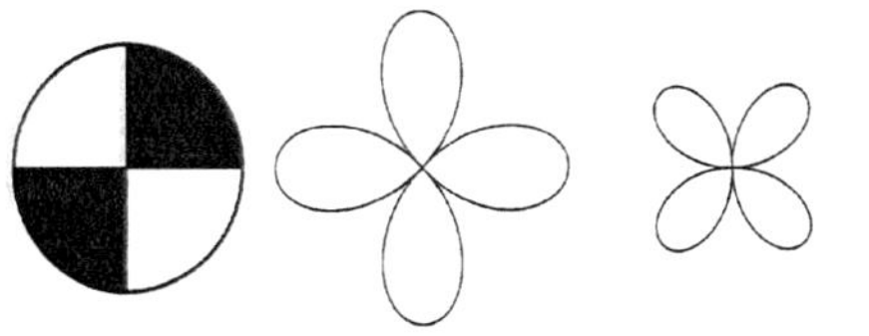

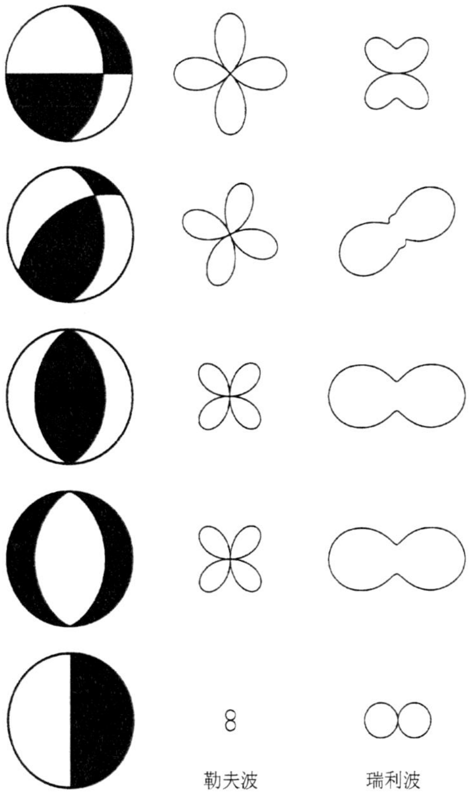

图 4.3-12 六种不同几何形态的断层的震源机制及面波振幅辐射花样。所有震源机制的走向均为 0°，辐射花样对应于地震矩为常数的震源。

图 4.3-13 中均衡校正后的数据并不如理论辐射花样平滑，有两个方面的原因：①数据中有噪声；②均衡校正假定了所有路径的衰减和群速度都相同，而实际上它们是变化的。所以一些台站的振幅比预测的更高或更低。可以通过校正速度和 Q 值结构来降低这个影响。即使不这么做，这种分析对震源机制研究也是有价值的，即使对该例子中的中等大小地震，相位辐射花样也是有用的，但是它通常受速度的横向变化的影响更大。

面波同样可以提供地震深度的信息，因为激励函数依赖于周期和震源深度，如图 4.3-14 上图中瑞利波所示。激励因子随着震源深度增加而减小，这是基阶瑞利波的基本性质。浅源 $Q_R(\omega)$ 变为 0，因为该项正比于波产生的剪切应力，而在自由表面剪切应力为 0。图 4.3-14 下图将观测的面波振幅谱与不同震源深度地震所预测的振幅谱相比较，拟合最好的是 4～5km 深度。这个过程相当于计算误差随震源深度的变化并找出拟合最佳的深度。

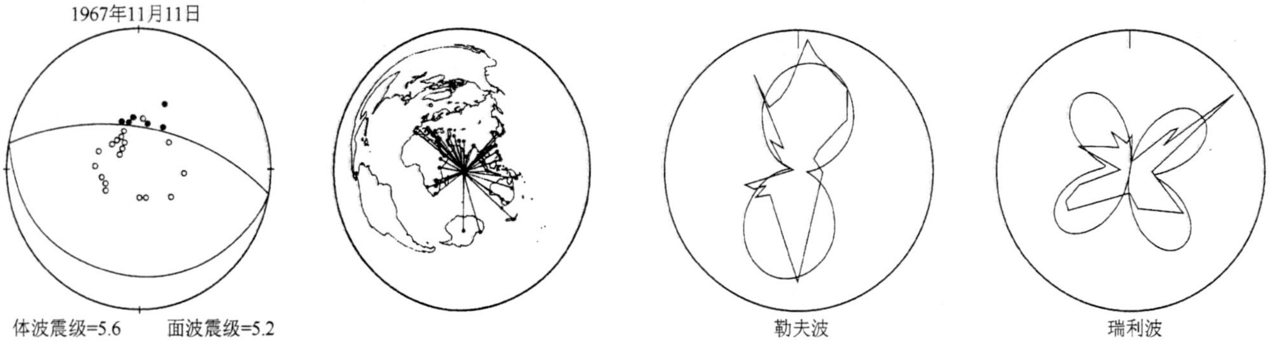

图 4.3-13　利用面波振幅确定震源机制。尽管 P 波初动不能同时约束两个节面，第二个节面可以用观测的勒夫波和瑞利波的振幅辐射花样约束。(Stein，1978)

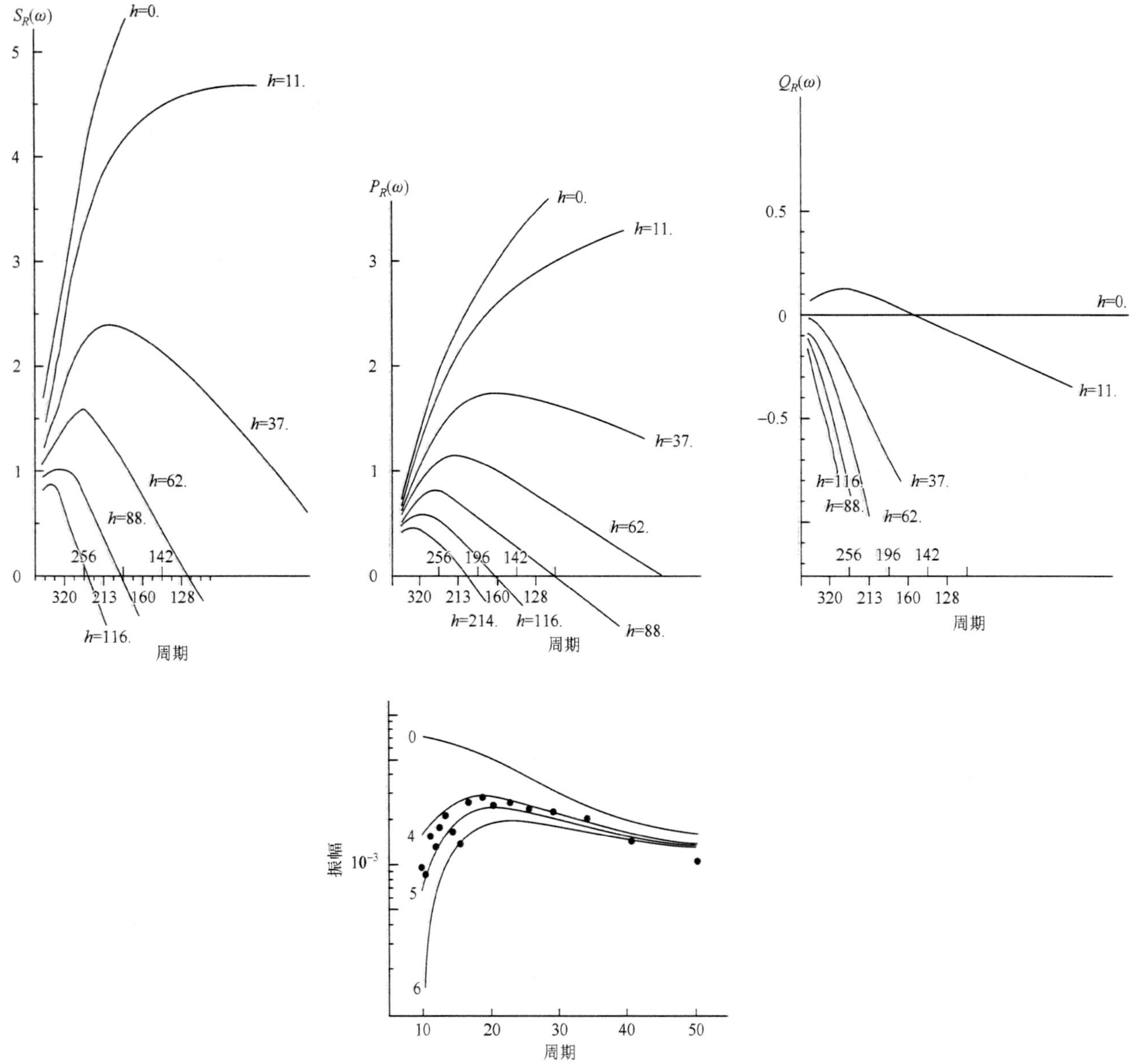

图 4.3-14　利用瑞利波激励函数随周期和震源深度的变化来确定震源深度(上图)。(Romanowicz and Guillemant，1984，版权归美国地震学会所有)例如(下图)，瑞利波谱显示最佳拟合的震源深度为 4～5km。(Tsaci and Aki，1970，*J. Geophys. Res.*，75，5729-5743，版权归美国地球物理学会所有)

面波还可以用于研究大地震的断层长度和破裂过程。图 4.3-15 显示 1964 年阿拉斯加大地震的分析。该地震是仪器曾经记录到的第二大地震(图 1.2-2)。震源机制和大地测量数据显示地震发生在一个大致走向 NE-SW、倾向 NW 的低倾角断层上，由太平洋板块俯冲到北美板块之下形成(图 5.2-3)。地震太大以至于最初的面波(由于限幅)不可用，直到它们第 5 次经过台站(R5 和 G5，图 2.7-3)振幅衰减得足够多以后才可以使用。从图 4.3-12 可知勒夫波和瑞利波的振幅辐射花样均在走向方向上有最小值。然而，观测到的振幅辐射花样明显不同，且模拟显示它们与沿着 600km 长的断层面向南西方向传播的破裂相一致。600km 的尺寸与大余震分布区域一致，结合地震矩(4.6 节)，可以推断平均断层滑动量约为 7m，证实该地震如此巨大[①]。实际上，大地测量数据显示震后存在可以观测到的形变(图 4.5-15)。

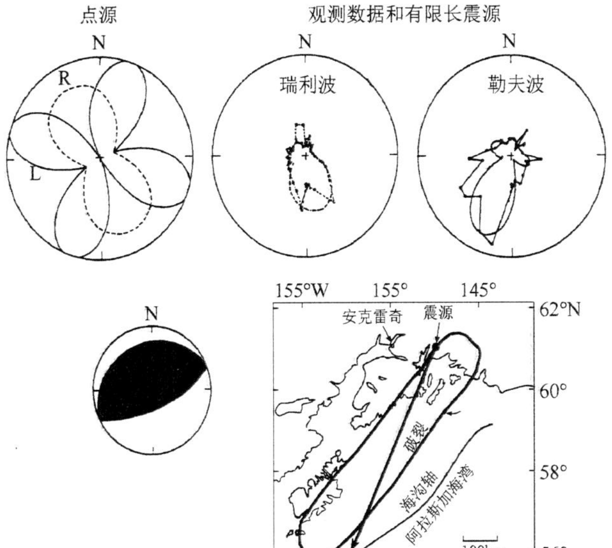

图 4.3-15 1964 年阿拉斯加大地震震源机制以及将震源视为一个点时的面波辐射花样(左上图)。勒夫波和瑞利波分别显示为实线和虚线。观测的花样(锯齿线)非常不同，但与沿着 600km 长的断层面向西南传播的有限长震源所预测的结果有很好的一致性，也与大的余震区相一致(下图)。(Kanamori，1970b，*J. Geophs. Res.*，75，5029-5040，版权归美国地球物理学会所有)

4.3.5 历史和未来的地震

联合体波和面波的模拟与初动，对于研究较老地震的地震图通常是有价值的。这个应用通常出现在构造研究中，因为很多情况下那些较大的地震都发生在 20 世纪 60 年代全球地震台网(GSN)建立之前(6.6 节)。1930 年前后，一些台站开始向《国际地震汇编》(*International Seismological Summary*)提供初动数据。每个地震的数据点数远低于现代研究所能获得的数量，来自非标准化地震计的数据通常是不一致的。然而，在一些情况下，体波和/或面波模拟也非常有用，特别是当初动数据可以约束至少一个节面的时候；另一个常用的技术就是利用勒夫波和瑞利波的振幅比。

初动和波形模拟研究之间存在重要差异。对初动研究，唯一需要的就是极性，一般定义压缩波在地震图上是“向上”的。然而，模拟则需要知道仪器响应。幸运的是，现代仪器(至少在理论上)是标准化的，并且对它们的标定是可以验证的。这对于研究较老的地震是一个问题，因为当时地震计的标定往往非常差。

近年来，模拟方法越来越强大。数字宽频带地震计的高质量数据(6.6 节)已经成为标准。此外，地震波速度和衰减的横向均匀模型已经建立并得到改善。反演大量地震的体波和面波数据为构造和震源研究提供大量的震源机制数据库。

4.4 矩张量

4.4.1 等效体力

目前为止，本章主要把地震看作是断层上的滑动，并通过正演模拟地震波来估算震源参数。将这个方法加以扩展，可用于其他类型的震源参数计算。通过地震矩张量这一概念可以增加对破裂过程更深入的认识，并且大大简化了为估算震源参数的地震波形反演。

在生成由断层滑动产生的地震所激发的地震波时，我们假定断层可以表示为产生相同地震辐射的等效体力(4.2.3 节)，并求解质点运动方程。尽管这些力是与断层运动等效的震源，但它们并不能代表实际的破裂过程，因为其他震源同样可以推导出等效体力，如爆炸、滑坡，或地表撞击。当这些现象发生得足够快时(大约小于 1h)，只要它们释放到地球内部的能量在地震波的频带内就可以观测到(图 2.4-7)。如果能量释放得更慢一些，那么就不会激发传播的地震波，不过更慢的地壳形变可以利用大地测量方法记录到(4.5.1 节)。

图 4.4-1 显示了常见的力。如前所述，由于断层滑

① 一些地震破坏如图 1.2-11 所示。

动而产生的地震可以模拟为由四个力组成的双力偶。然而，这种力的组合只是可能的力组合中的一种。一般首先考虑单力和力偶，然后到双力偶。

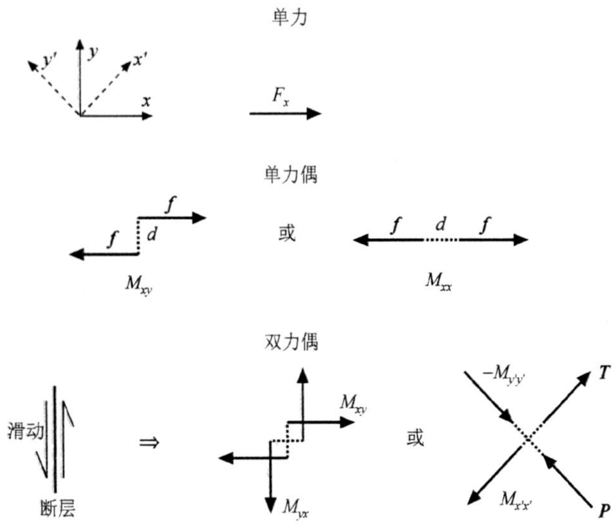

图 4.4-1 单力、单力偶和双力偶的等效体力描述。力偶有两种形式。一是表示为 M_{xy}，两个方向相反但在垂直方向上偏移距为 d 的力 $\boldsymbol{f}$，这种力偶产生了一个力矩。另一个表示为 M_{xx}，为无力矩的力偶极子。断层上的滑动可以表示为任意类似 M_{xy} 和 M_{yx} 的力偶和类似 M_{xx} 和 $-M_{yy}$ 的力偶极子的叠加。

4.4.2 单力

除勘探地震外，大多数地震图都源自天然地震。然而，其他地球物理现象有时也可以模拟为单力源而产生地震波。一个突出的例子是 1980 年圣海伦斯火山爆炸性喷发产生的大规模地震波。这个喀斯喀特(Cascade)山脉的火山是胡安德夫卡(Juan de Fuca)板块俯冲到北美洲之下的最好例证(图 5.2-3)。勒夫波和瑞利波的辐射花样(图 4.4-2)有两瓣，振幅相当，并且互相旋转 90°。如果用双力偶震源的模型来解释的话，唯一能产生这种花瓣图形的就是垂直倾滑断层(图 4.3-12)，且在这种情况下勒夫波应该远小于瑞利波。

对于可能的非双力偶源，垂直力和爆炸源都不可能产生勒夫波且瑞利波辐射花样为圆形(而不是花瓣形)。然而，水平力可以产生观测到的辐射花样。因此震源可以模拟为一个指向南方的单力，与北向的爆炸和向北流动的滑坡方向相反。模拟估计出了滑坡和爆炸产生的力的大小，它摧毁了山脉北边超过 640km^2 的面积。这个爆炸相当于一个 M_S 5.2 地震，显著大于火山内部岩浆运动产生的小地震。

滑坡同样可以模拟为一个与岩石流动方向相反的单力源。图 4.4-3 显示 1929 年 M_S7.2 大浅滩(Grand Banks)地震造成的巨大水下坍塌(大量岩石整体移动的一种滑坡)。这个地震是加拿大大西洋大陆边缘的一个地震不活跃区内最大的一个(5.6.3 节)。该地震导致的坍塌产生了强大的沉积物流动(称为浊流)，破坏了电话电缆，证明这种浊流的速度和力量均很大。如图 4.4-3 所示，观测到的 S 波可以非常好地模拟为水平指向的单力源的合成地震图，这表明坍塌本身就是地震源。然而，另一个研究发现地震图可以模拟深度约为 20km 的双力偶地震源，并且是该地震触发了坍塌。是否是该地震导致了坍塌是一个值得关注的问题，因为这种大规模的物质运动可能出现在有大量沉积物的大陆边缘，同时也可能产生大型的海啸(1.2.4 节)。该地震产生的海啸在加拿大海岸造成了 27 人死亡。M_S 7.0 地震之后的坍塌造成了毁灭性的 1998 年新几内亚海啸，该海啸造成了超过 2000 人死亡。

陨石撞击毫无疑问可以产生显著的地震波。月球上的陨石撞击已经被地震仪器监测到，但地球上还从未有过，因为只有大的陨石才可能通过大气层到达地面。尽管看上去陨石撞击应该被模拟为垂直的力，但这可能并不正确，因为撞击的能量可以使岩石破碎且导致一个类似地下核爆炸的球对称爆炸。陨石撞击所产生的陨石坑的形状支持这一观点。因为陨石一般以倾斜的角度撞击，但陨石坑的形状基本是对称的。球对称爆炸可以模拟为一组三个相互正交的力偶。

4.4.3 力偶

力偶由两个共同作用的力组成。在概念上与用于模拟地球磁场的电磁偶极子类似。图 4.4-1 显示了两种基本力偶。一种力偶包含一对方向相反但在垂直方向上存在偏移距的一对力。力偶 M_{xy} 由两个大小为 f 的力组成，沿 y 轴的偏移距为 d，且作用在相反方向($\pm x$)。M_{xy} 的大小为 fd，在地震学中其量纲为 dyn·cm 或 N·m。要得到作用在一点的力偶，可以 fd 恒定的情况下取极限 d 趋近于 0。

矢量偶极子是另一类力偶。它的偏移方向与力的方向平行。M_{xx} 由大小为 f 作用在 $\pm x$ 方向上的两个力组成，其沿 x 轴的偏移距为 d。力偶的大小为 fd，以相同的方式取极限。两种力偶的主要差异是第二个力偶不产生力矩。

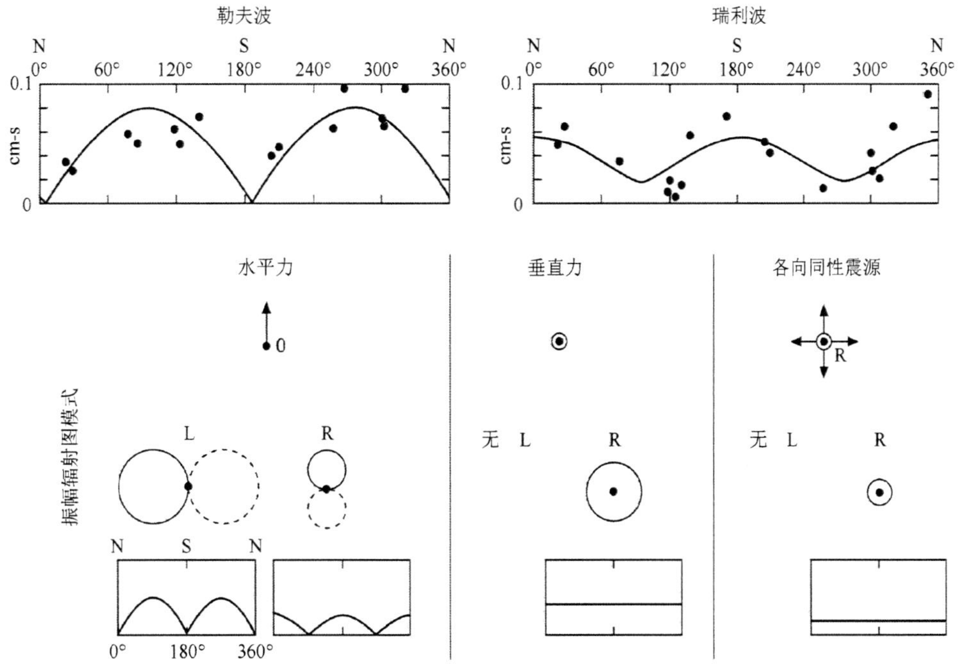

图 4.4-2　上图：1980 年 5 月 18 日圣海伦斯火山观测到的面波振幅辐射花样。下图：几种震源的理论辐射花样。仅水平力可以产生振幅相当的两瓣的勒夫波和瑞利波振幅辐射花样，且互相旋转 90°。(Kanamori and Given，1982，*J. Geophys. Res.*，87，5422-5423，版权归美国地球物理学会所有)

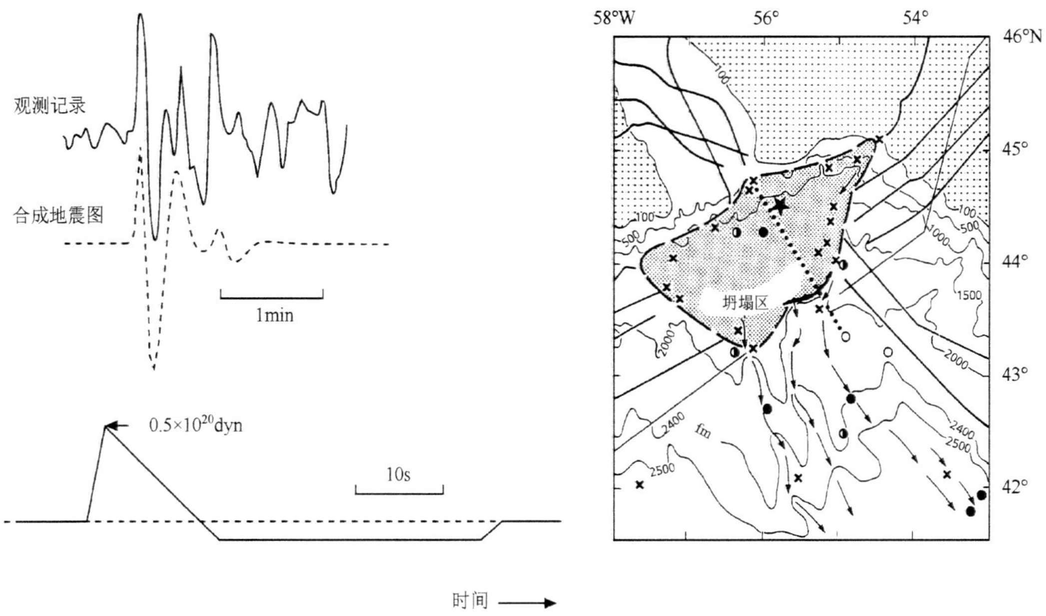

图 4.4-3　1929 年 11 月 18 日大浅滩地震和滑坡的模拟。坍塌在数个地方(叉号)破坏了跨大西洋电缆(实线，右图)。在这项研究中，S 波的震源被模拟为一个单力，该力的震源时间函数(左图)代表了坍塌过程。其他研究认为坍塌是地震引起的。(Hasegawa and Kanamori，1987，版权归美国地震学会所有)

组合不同方向的力偶可以形成地震矩张量 $\boldsymbol{M}$(图 4.4-4)。该张量是对不同震源的一个通用描述。没有一种地球物理过程可以很好地模拟为单力偶，这可能是因为这种力偶会产生大的力矩，并产生可观测到的沿不同轴的旋转。两组和三组力偶的组合可以模拟地震和爆炸，且不产生净力矩[①]。

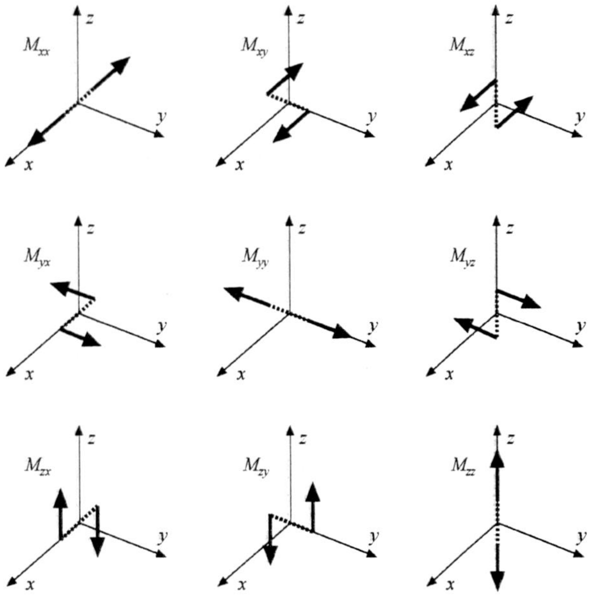

图 4.4-4 地震矩张量的 9 个力偶分量。每个由两个方向相反、偏移距为 d 的力组成(虚线)，因此净力恒为 0。

4.4.4 双力偶

图 4.4-1 显示了断层几何形状和双力偶等效体力之间的关系。这个例子中，左旋走滑在 y-z 平面内的断层上沿 $\pm y$ 方向滑动，等效体力 $M_{xy}+M_{yx}$ 组成了双力偶源。M_{yx} 力偶看似直观，因为力指向滑动方向，但仍需要 M_{xy} 力偶以平衡断层上的净力矩。

由于等效体力是一个双力偶，x-z 平面内的右旋滑动也可以用同样的双力偶表示。如前所述，无论哪个面是断层面或辅助面，双力偶点源产生的地震波都是相同的。

等效体力的大小为 M_0，称为地震的标量矩，其单位为 dyn·cm，与力矩单位一样。因此，如果 M_{xy} 和 M_{yx} 是单位大小的力偶，那么矩张量可以表示为

$$M=M_0(M_{xy}+M_{yx}) \tag{4.4-1}$$

因此地震矩张量的分量和标量矩，分别代表了地震的断层几何形状和大小。矩张量是一个简单的数学表达，它给出了不规则断层上的复杂破裂导致的随时空变化的位移而产生的地震波(图 4.4-5)。前面章节将破裂近似为一个矩形断层上的平均位移，现在进一步将它近似为一组力偶。这些多重近似可以很好地拟合观测地震波形。

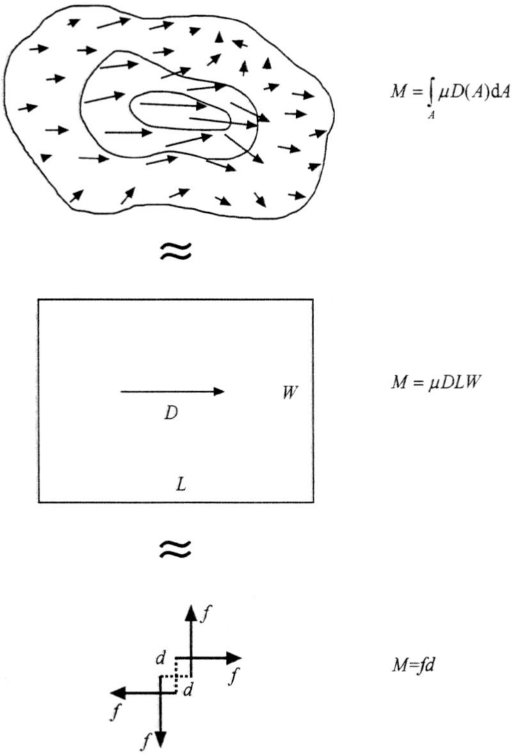

图 4.4-5 破裂过程模拟示意图。上图：随空间和时间变化的复杂的破裂过程。标量地震矩为该滑动过程的积分。中图：计算震源参数时，常将破裂近似为在一个简单断层上发生的平均滑动量为 $\bar{D}$ 的滑动过程，所以地震矩为刚性模量、平均滑动和断层面积三者的乘积。下图：断层活动被进一步近似为地震矩为 fd 的双力偶等效体力。

4.4.5 地震矩张量

如前所述，不同几何形状的震源的等效体力可以表示为地震矩张量 $\boldsymbol{M}$，它的分量是 9 个力偶：

$$\boldsymbol{M}=\begin{pmatrix} M_{xx} & M_{xy} & M_{xz} \\ M_{yx} & M_{yy} & M_{yz} \\ M_{zx} & M_{zy} & M_{zz} \end{pmatrix} \tag{4.4-2}$$

用这种表达方式，图 4.4-1 中的地震可以表示为

$$\boldsymbol{M}=\begin{pmatrix} 0 & M_0 & 0 \\ M_0 & 0 & 0 \\ 0 & 0 & 0 \end{pmatrix}=M_0\begin{pmatrix} 0 & 1 & 0 \\ 1 & 0 & 0 \\ 0 & 0 & 0 \end{pmatrix} \tag{4.4-3}$$

因为矢量和张量方程是独立于坐标系的，所以通过变换可以得到任何正交坐标系下的地震矩张量。总体而言，如果断层和滑动方向与坐标系方向不一致，张量会比式(4.4-3)更加复杂。双力偶地震在任意坐标

① 地震可引起可以观测到的地球自转的改变。然而，原因并不在于所施加的力矩，而在于断层附近的静态位移造成的质量在垂向上的重新分布(4.5 节)。

系下矩张量的每个分量由标量矩以及断层面的单位法向量 $\hat{\boldsymbol{n}}$，单位滑动向量 $\hat{\boldsymbol{d}}$ 的分量确定：

$$M_{ij} = M_0(n_i d_j + n_j d_i) \tag{4.4-4}$$

或

$$\boldsymbol{M} = M_0 \begin{pmatrix} 2n_x d_x & n_x d_y + n_y d_x & n_x d_z + n_z d_x \\ n_y d_x + n_x d_y & 2n_y d_y & n_y d_z + n_z d_y \\ n_z d_x + n_x d_z & n_z d_y + n_y d_z & 2n_z d_z \end{pmatrix} \tag{4.4-5}$$

这个表达式显示了两个重要性质。首先，由于 $\hat{\boldsymbol{n}}$ 和 $\hat{\boldsymbol{d}}$ 的可互换性，所以矩张量是对称的($M_{ij} = M_{ji}$)。物理上，它显示了无论滑动是在断层面或辅助面上，其产生的地震辐射花样是相同的。其次，张量的迹(对角线元素的总和)为 0①：

$$\sum_i M_{ii} = M_{ii} = 2M_0 n_i d_i = 2M_0 \hat{\boldsymbol{n}} \cdot \hat{\boldsymbol{d}} = 0 \tag{4.4-6}$$

因为滑动向量在断层面内，且与法向量垂直。因此，与断层面内的滑动相对应的矩张量的迹为 0。非零的迹意味着体积变化(爆炸或内爆)。这种各向同性分量对一个纯双力偶源来说并不存在。

在深入探讨之前，先简单地探讨一下张量 M_{ij} 的性质。在讨论应力时，我们指出一个数字矩阵如果是一个张量，那么它必然可以以特殊的方式在不同坐标系间变换［式(2.13-18)］，容易证明一个双力偶［式(4.4-5)］的矩张量可以满足这样的变换，因为矩张量是一个联系法向量和滑动向量的物理实体，这与应力张量同法向量和应力矢量之间的关系类似。在更深层次上，即便是一个非双力偶源的张量，M_{ij} 也是一个张量，因为它反映了地震造成的震源区应力变化之和(这种联系比较复杂，从略)。标量矩给出了矩张量的大小：$M_0 = \left(\sum_{ij} M_{ij}^2\right)^{1/2} / \sqrt{2}$，类似于矢量大小。

如果用断层走向、倾角和滑动方向(4.2 节)来表示断层的法向量和滑动向量，可以写出任何断层的矩张量。找到矩张量对应的断层几何形状的逆过程却更加复杂。然而，用地震记录反演出矩张量后，就需要进一步求出断层几何形状。这可以通过线性代数中关于向量变化的思想来完成，因为矩张量的特征向量平行于 T 轴、P 轴和零轴。

① 如 A.3.5 节中的求和约定，重复角标代表求和。

实际上，三个正交方向 $\boldsymbol{t}$、$\boldsymbol{p}$ 和 $\boldsymbol{b}$ 的矢量可以用断层法向量 $\hat{\boldsymbol{n}}$ 和滑动向量 $\hat{\boldsymbol{d}}$ 表示(4.2.5 节)，如：

$$\begin{aligned} &\boldsymbol{t} = \hat{\boldsymbol{n}} + \hat{\boldsymbol{d}},\ t_i = n_i + d_i, \\ &\boldsymbol{p} = \hat{\boldsymbol{n}} - \hat{\boldsymbol{d}},\ p_i = n_i - d_i, \\ &\hat{\boldsymbol{b}} = \hat{\boldsymbol{n}} \times \hat{\boldsymbol{d}},\ b_i = \varepsilon_{ijk} n_j d_k \end{aligned} \tag{4.4-7}$$

为了证明这些是特征向量，并且找到特征值，先考虑 T 轴方向的向量 $\boldsymbol{t}$，并求：

$$\begin{aligned} M_{ij} t_i &= M_0(n_i d_j + n_j d_i)(n_i + d_i) \\ &= M_0(n_i n_i d_j + n_i d_i d_j + n_i n_j d_i + n_j d_i d_i) \end{aligned} \tag{4.4-8}$$

由于法向量和滑动向量是垂直的($n_i d_i = 0$)且为单位长度($n_i n_i = d_i d_i = 1$)，所以有

$$M_{ij} t_i = M_0(d_j + n_j) = M_0 t_j \tag{4.4-9}$$

因此标量矩 M_0 是与特征向量 $\boldsymbol{t}$ 相关联的特征值。

相似地，对于 P 轴：

$$\begin{aligned} M_{ij} p_i &= M_0(n_i d_j + n_j d_i)(n_i - d_i) \\ &= M_0(n_i n_i d_j + n_i n_j d_i - n_i d_j d_i - n_j d_i d_i) \\ &= M_0(d_j - n_j) = -M_0 p_i \end{aligned} \tag{4.4-10}$$

因此 $-M_0$ 是与特征向量 $\boldsymbol{p}$ 相关联的特征值。

最后，由于 M_{ij} 是一个实对称矩阵，第三个特征向量与前两个垂直(A.5.3 节)。这个向量就是零轴 $\boldsymbol{b}$。在 4.2.5 节，展示了零轴垂直于 P 轴和 T 轴：

$$(1/2)(\boldsymbol{t} \times \boldsymbol{p}) = -(\hat{\boldsymbol{n}} \times \hat{\boldsymbol{d}}) = -\boldsymbol{b} \tag{4.4-11}$$

为证明 $\boldsymbol{b}$ 是一个特征向量，写出：

$$\begin{aligned} M_{il} b_l &= M_0(n_i d_l + d_i n_l)(\varepsilon_{ljk} n_j d_k) \\ &= M_0 \varepsilon_{ljk}(n_i d_l n_j d_k + d_i n_l n_j d_k) \\ &= M_0[n_i n_j(\varepsilon_{ljk} d_l d_k) + d_i d_k(\varepsilon_{ljk} n_l n_j)] \end{aligned} \tag{4.4-12}$$

考虑向量与它自身的外积为 0，则

$$\begin{aligned} &\varepsilon_{ljk} d_l d_k = \varepsilon_{jkl} d_k d_l = \hat{\boldsymbol{d}} \times \hat{\boldsymbol{d}} = 0, \\ &\varepsilon_{ljk} n_l n_j = \varepsilon_{klj} n_l n_j = \hat{\boldsymbol{n}} \times \hat{\boldsymbol{n}} = 0 \end{aligned} \tag{4.4-13}$$

所以零轴 $\boldsymbol{b}$ 是与特征值 0 相关联的特征向量：

$$M_{il} b_l = 0 \tag{4.4-14}$$

因为 P 轴、T 轴和零轴是矩张量的特征向量，所以可以把矩张量变换到基向量为特征向量的“自然”坐标系下。这种正交变换把张量从一个正交坐标系变换到另一个，矩张量分量变了，但是物理意义没有变。以特征向量为列的变换矩阵(A.5.3 节)：

$$\boldsymbol{U} = \begin{pmatrix} t_1 & b_1 & p_1 \\ t_2 & b_2 & p_2 \\ t_3 & b_3 & p_3 \end{pmatrix} \tag{4.4-15}$$

在张量主轴坐标系下给出双力偶的对角矩张量：

$$U^{-1}MU = \begin{pmatrix} M_0 & 0 & 0 \\ 0 & 0 & 0 \\ 0 & 0 & -M_0 \end{pmatrix} \quad (4.4\text{-}16)$$

一个对角元素为 0，另外两个为正负标量矩。矩张量的迹$(M_{xx}+M_{yy}+M_{zz})$，通过正交变换后仍然为 0。换言之，各向同性分量是矩张量的不变量且不依赖于坐标系。

坐标变换的好处是：在地理坐标系下反演地震图得到的是在该坐标系下的矩张量。然后找到它的特征向量，即 P 轴、T 轴和零轴，且利用式(4.4-7)找到断层的法向量和滑动向量以及由此得到的走向、倾角和滑动角。该过程同时也给出特征值及标量地震矩。

因此对应某个具体断层几何形状的矩张量可以用不同方式进行表达。图 4.4-1 用二维几何形状显示了变化的多样性。平行于和垂直于断层坐标系的基向量为断层面的法向量和滑动向量，其非零矩张量分量为 $M_{xy}=M_{yx}=M_0$［式(4.4-3)］。如果将矩张量变换到新的(带撇的)坐标系，其基向量为 P 轴和 T 轴，它们同第一组坐标系的夹角为 45°，那么式(4.4-16)的二维形式给出了矩张量 $M_{x'x'} = -M_{y'y'} = M_0$。坐标变换改变了分量，但是物理矩张量保持不变，因此这两个看似不同的力系产生了相同的地震波。因此仅就地震波无法决定哪种力系更"真实"。鉴于大多数地震发生在断层上，且这些断层可以通过其他资料加以约束，一般将地震视为断层上的滑动而不是偶极子。将矢量或张量在坐标系间转换时，都会有相似的概念。例如，图 2.3-6 显示的应力状态可以表示为正应力(应力张量的对角项)，也可以表示为切应力(应力张量的非对角项)，这取决于所用的坐标系。

图 4.4-6 显示了一些震源几何形状对应的对角化矩张量和震源机制。第二、第三和第四排显示了主要的双力偶机制。对每种机制，图 4.4-6 中显示了垂直走滑(第二排)、垂直倾滑(第三排)以及 45°倾角的纯逆冲断层。然而，第一排和最后两排显示的是看上去非常不同的机制，这将在 4.5 节讨论。矩张量坐标系在 4.2.1 节中给出，该坐标系的基向量分别指向正北、正西和正上方。在不同坐标系中，如球坐标系，张量的组成可能会不同。

4.4.6 各向同性和 CLVD 矩张量

如果矩张量的所有三个对角项都是非零且相等，

矩张量	沙滩球	矩张量	沙滩球
$\dfrac{1}{\sqrt{3}}\begin{pmatrix}1&0&0\\0&1&0\\0&0&1\end{pmatrix}$	●	$-\dfrac{1}{\sqrt{3}}\begin{pmatrix}1&0&0\\0&1&0\\0&0&1\end{pmatrix}$	○
$\dfrac{1}{\sqrt{2}}\begin{pmatrix}0&1&0\\1&0&0\\0&0&0\end{pmatrix}$	⊕	$\dfrac{1}{\sqrt{2}}\begin{pmatrix}1&0&0\\0&-1&0\\0&0&0\end{pmatrix}$	⊗
$\dfrac{1}{\sqrt{2}}\begin{pmatrix}0&0&-1\\0&0&0\\-1&0&0\end{pmatrix}$		$\dfrac{1}{\sqrt{2}}\begin{pmatrix}0&0&0\\0&0&-1\\0&-1&0\end{pmatrix}$	
$\dfrac{1}{\sqrt{2}}\begin{pmatrix}-1&0&0\\0&0&0\\0&0&1\end{pmatrix}$		$\dfrac{1}{\sqrt{2}}\begin{pmatrix}0&0&0\\0&-1&0\\0&0&1\end{pmatrix}$	
$\dfrac{1}{\sqrt{6}}\begin{pmatrix}1&0&0\\0&-2&0\\0&0&1\end{pmatrix}$		$\dfrac{1}{\sqrt{6}}\begin{pmatrix}-2&0&0\\0&1&0\\0&0&1\end{pmatrix}$	
$\dfrac{1}{\sqrt{6}}\begin{pmatrix}1&0&0\\0&1&0\\0&0&-2\end{pmatrix}$	○	$-\dfrac{1}{\sqrt{6}}\begin{pmatrix}1&0&0\\0&1&0\\0&0&-2\end{pmatrix}$	●

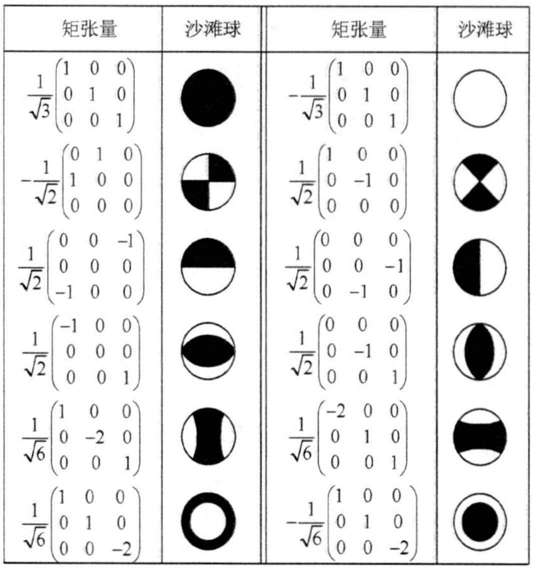

图 4.4-6 一些特殊的矩张量和相应的震源机制。顶排显示了爆炸(左)源和内爆(右)源。接下来三排为双力偶源。底部两排显示具有一个棒球或眼球/煎鸡蛋形状的 CLVD 源。(根据 Dahlen and Tromp, 1998, 矩张量的坐标系的基向量指向正北、正西和正上方, 经普林斯顿大学出版社许可复印)

那么所有方向上初动极性(震源机制)则是相同的。这种三个相等且正交的力偶称为三矢量偶极子，它是爆炸或内爆源的等价体力(图 4.4-7)。其矩张量形似为

$$M = \begin{pmatrix} E & 0 & 0 \\ 0 & E & 0 \\ 0 & 0 & E \end{pmatrix} \quad (4.4\text{-}17)$$

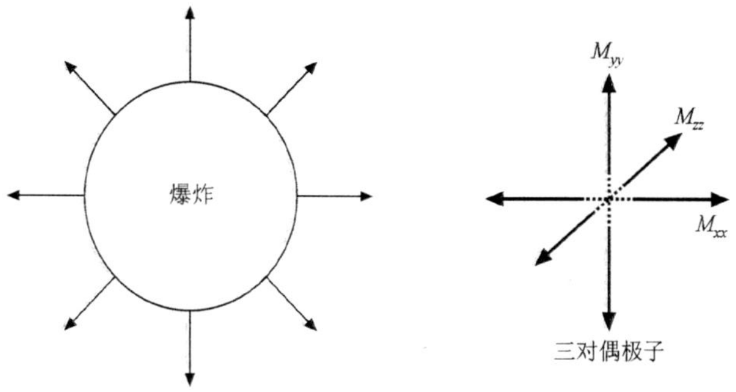

图 4.4-7 爆炸源向所有方向辐射的能量均相等，它可以被模拟为一个三偶极子的等效体力系。

其张量的迹 $3E$ 为非 0。具有非零各向同性分量的矩张量表明有体积变化。

大多数爆炸源是人工采矿爆破或核爆炸。用地震学方法识别及定位核爆炸对监测核试验非常重要(1.2 节)。天然爆炸源或内爆源较为罕见，但可能跟岩浆过

程中的液体或气体迁移或亚稳态下矿物突然相变有关。陨石的高速碰撞同样可以用爆炸源模拟。

爆炸的物理过程与地震显著不同。爆炸时压力突然增加，它造成的非线性形变可以熔化甚至气化岩石。这种压力产生的冲击波扩张时，振幅逐步减小直到其形变小到弹性形变范围内时，会产生球形发散的 P 波(2.4.3 节)。这种传播波与地球内部界面(包括地表)相互作用，产生 SV 和瑞利波。如图 1.2-19 中的核爆地震图所示。令人惊奇的是，SH 波，包括勒夫波，同样也可以观测到。这种现象在球对称和各向同性地球内不会出现，因为 P-SV 和 SH 波是解耦的。可能的原因包括震源附近构造偏应力的释放(实质上是触发了新的地震)，因此震源中包含有各向同性和双力偶分量。

另一类非双力偶震源为补偿线性矢量偶极子(CLVD)。它们是相互补偿的三个力偶的组合，其中一个偶极子是其他两个的 –2 倍：

$$\boldsymbol{M}=\begin{pmatrix}-\lambda & 0 & 0\\ 0 & \lambda/2 & 0\\ 0 & 0 & \lambda/2\end{pmatrix} \qquad (4.4\text{-}18)$$

CLVD 矩张量的迹为 0，因此没有各向同性分量。图 4.4-6 中最下两排显示的看似奇特的就是 CLVD。与双力偶震源机制的沙滩球对比，CLVD 的初动看似棒球(第五排)或眼球(第六排)。尽管具有大 CLVD 分量的震源很罕见，但是在较复杂的构造环境中可能存在这类震源。

CLVD 机制的解释主要有两种。特别是在火山地区，由于岩浆岩脉膨胀，类似于张力作用下裂缝张开。这种裂缝形成过程的矩张量为[①]

$$\boldsymbol{M}=\begin{pmatrix}\lambda & 0 & 0\\ 0 & \lambda & 0\\ 0 & 0 & \lambda+2\mu\end{pmatrix} \qquad (4.4\text{-}19)$$

其中，λ 和 μ 为拉梅弹性常数［式(2.3-69)］。该矩阵的迹为 $3\lambda+2\mu$。因为裂缝是张开的，该值为正。将该张量分解为两项：

$$\begin{pmatrix}\lambda & 0 & 0\\ 0 & \lambda & 0\\ 0 & 0 & \lambda+2\mu\end{pmatrix}=\begin{pmatrix}E & 0 & 0\\ 0 & E & 0\\ 0 & 0 & E\end{pmatrix}+\begin{pmatrix}-2/3\mu & 0 & 0\\ 0 & -2/3\mu & 0\\ 0 & 0 & 4/3\mu\end{pmatrix} \qquad (4.4\text{-}20)$$

式中，第一项是各向同性张量，它的对角分量 E 等于 $\lambda+2\mu/3$，对角矩阵迹的 1/3；第二项是一个 CLVD。随后将看到，浅源地震的矩张量反演不能分辨各向同性分量，从这种裂缝得到的地震波看起来像一个 CLVD。

另一个对 CLVD 的解释是：不同几何形状的相近的两个断层上几乎同时发生的两个地震的叠加。例如，考虑张量为 M_0 和 $2M_0$ 的两个双力偶源的总和，在主矩张量轴坐标系［式(4.4-16)］下：

$$\begin{pmatrix}M_0 & 0 & 0\\ 0 & 0 & 0\\ 0 & 0 & -M_0\end{pmatrix}+\begin{pmatrix}0 & 0 & 0\\ 0 & -2M_0 & 0\\ 0 & 0 & 2M_0\end{pmatrix}=\begin{pmatrix}M_0 & 0 & 0\\ 0 & -2M_0 & 0\\ 0 & 0 & M_0\end{pmatrix} \qquad (4.4\text{-}21)$$

因此，这两个双力偶之和产生了一个补偿线性矢量偶极子。在这个例子中，两个双力偶矩张量都是对角的，因此具有相同的特征向量，但是第一个的 P 轴、B 轴和 T 轴是第二个的 T 轴、P 轴和 B 轴。因此，如果第一个是垂直断层上的走滑地震，那么第二个就是倾角为 45°断层上的正断层型地震(图 4.2-16)。

将 CLVD 分解为双力偶表明了矩张量可以有不同的分解方式，且相应的解释也各有不同。这是因为矩张量代表的是等效体力系，所以不同分解反映相同的等效体力系，得到相同的地震波。因此地震波不能独立区分不同的分解方式。

有记录表明多个断层同时活动会产生显著的 CLVD 矩张量。例如，图 4.4-8 显示了冰岛一座火山的 CLVD 机制，它被解释为来自活火山口下方锥形环状断层的逆冲滑动，是由岩浆房气体排出所触发。这种 CLVD 和其他非双力偶震源，比如圣海伦斯火山的单力源(图 4.4-2)，发生在断层和岩浆过程相互作用的火山地区。通常比较难区分这两个过程的角色，即便是综合地质和其他地球物理学的数据亦是如此。因此对包括夏威夷州和加利福尼亚州长谷(Long Valley)活火山口地区发生的地震事件，经常会有不同的解释。

4.4.7 矩张量反演

矩张量是对震源的较完整的表达方式，对震源研究来讲它有以下两大优势。首先，它无须假定地震记录是否源自断层滑动。在一些情况下，比如深源地震或火山地震，可以确定各向同性或 CLVD 分量的比例。其次，矩张量使得通过反演地震记录求解震源参数更加容易。

① Aki 和 Richards(1980)。

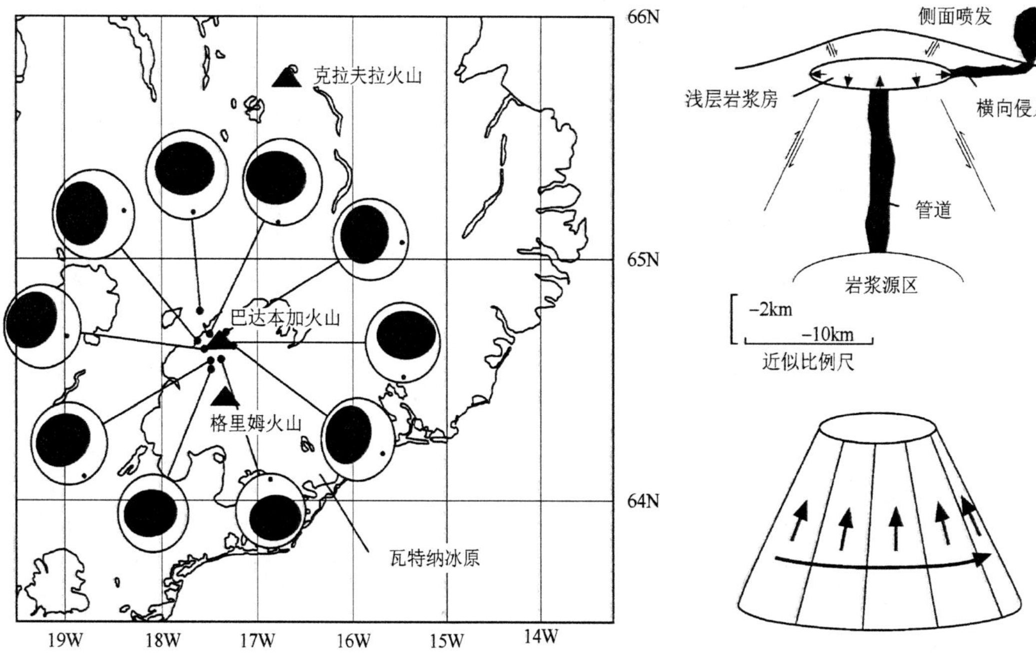

图 4.4-8 冰岛的巴达本加(Bardarbunga)火山附近地震的 CLVD 型震源机制。该机制与图 4.4-6 右下方显示的相似。这些被认为反映了岩浆房周围的三偶极子环形断层上的逆断层活动。在这个模型中，岩浆房的塌陷增加了水平压力，因此岩浆房上方的顶部岩体相对周围岩体下陷了(右图)。(Nettles and Ekström，1998，*J. Geophys. Res.*，103，17，973-983，版权归美国地球物理学会所有)

例如，考虑合成面波的表达式(4.3.4 节)，计算的合成地震图取决于断层几何因子，后者是断层走向、倾角和滑动角三角函数的复杂函数。正演中问题较简单，但是通过反演地震图求解断层角度是困难的。如果将地震记录写作矩张量分量的线性函数，那么反演问题会容易得多。

反演中，用矢量 $\boldsymbol{m}$ 表示震源，它包含了矩张量分量。尽管矩张量有 9 个分量，但只有 6 个是独立的，因为矩张量是对称的。前面章节中用格林函数表示具有特定几何形状的断层上的地震产生的地震图［式(4.3-15)］。这里将 $G_{ij}(t)$ 定义为矩张量分量 m_j 在第 i 个地震计上产生的地震图。$G_{ij}(t)$ 包含了地震计以及震源到该地震计路径上地球结构的响应，因此第 i 个地震记录是由矩张量分量加权的格林函数的总和：

$$u_i(t)=\sum_{j=1}^{6}G_{ij}(t)m_j \tag{4.4-22}$$

因为有很多地震记录，所以可以将它写作一个矢量矩阵公式：

$$\boldsymbol{u}=\boldsymbol{Gm} \tag{4.4-23}$$

其中，$\boldsymbol{u}$ 是由 n 个台站地震记录组成的向量；$\boldsymbol{G}$ 是格林函数矩阵。$\boldsymbol{G}$ 的行数同地震计个数相等，其列数同矩张量的分量个数相等，因此式(4.4-23)的具体形式为

$$\begin{pmatrix}u_1\\u_2\\\vdots\\u_n\end{pmatrix}=\begin{pmatrix}G_{11}&G_{12}&G_{13}&G_{14}&G_{15}&G_{16}\\G_{21}&G_{22}&G_{23}&G_{24}&G_{25}&G_{26}\\\vdots&\vdots&\vdots&\vdots&\vdots&\vdots\\G_{n1}&G_{n2}&G_{n3}&G_{n4}&G_{n5}&G_{n6}\end{pmatrix}\begin{pmatrix}m_1\\m_2\\m_3\\m_4\\m_5\\m_6\end{pmatrix} \tag{4.4-24}$$

该方程的公式个数(n)多于未知数个数(6)，是超定线性方程系统。当反演大量的数据来估算少数参数时经常会遇到这种情况。如 2.8 节及第 7 章所述，无法对矩阵 $\boldsymbol{G}$ 求逆，因为它不是方阵。相反，基于 $\boldsymbol{G}$ 的广义逆反演可以得到在最小二乘意义上对观测地震图拟合最佳的矩张量：

$$\boldsymbol{m}=(\boldsymbol{G}^{\mathrm{T}}\boldsymbol{G})^{-1}\boldsymbol{G}^{\mathrm{T}}\boldsymbol{u} \tag{4.4-25}$$

由于地震图是矩张量分量的线性函数，所以可以通过反演来找到矩张量的分量。

有关广义逆反演的大多数性质将在第 7 章讨论，但这里需要指出的是，对矩张量分量计算的好坏取决于格林函数。式(4.4-22)显示了地震图由矩张量分量与对应格林函数的乘积形成。因此，如果 G_{ij} 为 0，那么

不管 m_j 有多大，对地震图没有影响。相似地，如果 G_{ij} 很小，那么 m_j 对地震图的影响也很小。反之，反演地震图来确定 m_j 实质上类似于将地震图除以 G_{ij}。因此，如果 G_{ij} 很小，其倒数是一个很大的数值，因此任何小误差或数据中的噪声会产生值得怀疑的巨大数值 m_j。换言之，只有当地震图对矩张量某分量较敏感时，才能得到好的估算，如果地震图对其依赖较小，对该分量的估算就会较差①。

现在考虑利用面波来求震源机制的方法。4.3.4 节中讨论了该方法对应的正演问题。假定震源位于坐标系的北极，瑞利波垂直分量在 $\boldsymbol{r}=(r,\theta,\phi)$ 处可以用反傅里叶变换表示：

$$u(r,t)=\frac{1}{2\pi}\int_{-\infty}^{\infty}U(\omega,\theta,\phi)\mathrm{e}^{\mathrm{i}\omega t}\mathrm{d}\omega \tag{4.4-26}$$

式中，频谱振幅 $U(\omega,\theta,\varphi)$ 是一个代表震源、仪器响应以及从震源传播到接收点的弹性和非弹性影响的复数，类似于式(4.3-20)：

$$\begin{aligned}&u(\omega,\theta,\phi)=V(\omega,\varphi)H(\omega,\theta),\\&H(\omega,\theta)=I(\omega)\frac{\mathrm{e}^{\mathrm{i}\pi/4}}{\sqrt{\sin\theta}}\mathrm{e}^{-\mathrm{i}\omega a\theta/c}\mathrm{e}^{-\omega a\theta/2Qu}\mathrm{e}^{\mathrm{i}m\pi/2}\end{aligned}\tag{4.4-27}$$

其中，$V(\omega,\phi)$ 是需要求解的反映震源几何形状的辐射花样，而 $H(\omega,\theta)$ 代表已知的地震计和传播的响应。$I(\omega)$ 为地震仪器响应，剩下的项代表传播响应，包括 $\mathrm{e}^{-\omega a\theta/(2Qu)}$，其代表在传播距离 θ(包括 2π 项)之内波的衰减影响。在这些表达中，a 为地球半径，m 为通过极点或对拓点的次数，c、u 和 Q 分别为相速度、群速度和频率 ω 对应的衰减。

要建立反演，需要知道辐射花样同矩张量分量的关系，它体现了在给定频率下振幅随接收点相对震源的方位角(ϕ)的变化。它是矩张量分量的线性组合：

$$\begin{aligned}V(\omega,\phi)=&-P_R\left[M_{xy}\sin 2\phi-\frac{1}{2}(M_{yy}-M_{xx})\cos 2\phi\right]\\&+\frac{1}{3}(S_R+N_R)M_{zz}+\frac{1}{6}(2N_R-S_R)(M_{xx}+M_{yy})\\&+iQ_R(M_{yz}\sin\phi+M_{xz}\cos\phi)\end{aligned}\tag{4.4-28}$$

这个表达式与断层滑动产生的瑞利波的辐射花样类似[式(4.3-20)]，区别是这里的震源由矩张量表示，而不是表示为断层走向、倾角和滑动角的三角函数的乘积。式(4.4-28)是比单一断层滑动产生的双力偶震源更加通用的震源表达形式。

前面提到，辐射花样取决于特征频率的球型径向特征函数导出的激励函数，它体现了给定深度的震源所产生的位移随频率的变化。然而，除了(式 4.3-20)中的激励函数(P_R, S_R, Q_R)，还应该考虑各向同性源的激励函数 N_R。举一个例子，对于一个爆炸源，其矩张量[式(4.4-17)]有相等的对角元素($M_{xx}=M_{yy}=M_{zz}=M_0$)，以及为 0 的非对角元素($M_{xy}=M_{yz}=M_{xz}=0$)。将这些量代进式(4.4-28)得到 $V(\omega,\phi)=M_0N_R$，它取决于辐射花样 N_R 且相对于方位角对称，这符合对爆炸源的认识。反之，如果震源没有各向同性分量($M_{xx}+M_{yy}+M_{zz}=0$)，那么式(4.4-28)中的 N_R 项为 0。

可以利用式(4.4-28)构成反演矩阵。对特定频率，将 $V(\omega,\phi)$ 分解为实部和虚部，得到矩阵公式：

$$\begin{pmatrix}\mathrm{Re}[V(\omega,\phi)]\\\mathrm{Im}[V(\omega,\phi)]\end{pmatrix}=\boldsymbol{Bm} \tag{4.4-29}$$

其中，$\boldsymbol{m}$ 是需要求解的矩张量的分量组成的矢量：

$$\boldsymbol{m}=\begin{pmatrix}M_{xy}\\M_{yy}-M_{xx}\\M_{zz}\\M_{xx}+M_{yy}\\M_{yz}\\M_{xz}\end{pmatrix} \tag{4.4-30}$$

且 $\boldsymbol{B}$ 矩阵为已知：

$$\boldsymbol{B}=\begin{pmatrix}-P_R\sin 2\phi & \dfrac{P_R}{2}\cos 2\phi & \dfrac{1}{3}(S_R+N_R) & \dfrac{1}{6}(2N_R-S_R) & 0 & 0\\0 & 0 & 0 & 0 & Q_R\sin\phi & Q_R\cos\phi\end{pmatrix} \tag{4.4-31}$$

它包含了激励函数和对方位角的依赖。

为了反演地震图以获得矩张量，将台站 r_i 的地震记录的傅里叶变换除以传播路径和地震仪器响应项 $H(\omega,\theta_i)$ [式(4.4-27)]来获取复数振幅 $V(\omega,\phi_i)$。一个台站的数据仅满足两个方程，因此无法求解 $\boldsymbol{m}$ 的 6 个未知数。然而，通过三个或更多台站的数据，$\boldsymbol{m}$ 的所有 6 个分量原则上可以求出。用 n 个台站的 $V(\omega,\phi_i)$ 形成一个向量 $\boldsymbol{v}$。类似地，利用每个台站的 $\boldsymbol{B}$ 值形成一个矢量-矩阵方程组。这个方程组把观测振幅 $\boldsymbol{v}$ 与由已知矩阵 $\boldsymbol{B}$ 及矩张量 $\boldsymbol{m}$ 联系起来：

$$\boldsymbol{v}=\boldsymbol{Bm} \tag{4.4-32}$$

① 在 7.3 节中使用特征值进行定量评价。直觉告诉我们，在一个昏暗的房间中，白猫的数量比黑猫更容易计数。

其中，

$$\boldsymbol{v}=\begin{pmatrix}\mathrm{Re}V(\omega,\phi_1)\\ \mathrm{Im}V(\omega,\phi_1)\\ \vdots\\ \mathrm{Re}V(\omega,\phi_n)\\ \mathrm{Im}V(\omega,\phi_n)\end{pmatrix} \tag{4.4-33}$$

且

$$\boldsymbol{B}=\begin{pmatrix}-P_R\sin 2\phi_1 & \frac{P_R}{2}\cos 2\phi_1 & \frac{1}{3}(S_R+N_R) & \frac{1}{6}(2N_R-S_R) & 0 & 0\\ 0 & 0 & 0 & 0 & Q_R\sin\phi_1 & Q_R\cos\phi_1\\ \vdots & \vdots & \vdots & \vdots & \vdots & \vdots\\ -P_R\sin 2\phi_n & \frac{P_R}{2}\cos 2\phi_n & \frac{1}{3}(S_R+N_R) & \frac{1}{6}(2N_R-S_R) & 0 & 0\\ 0 & 0 & 0 & 0 & Q_R\sin\phi_n & Q_R\cos\phi_n\end{pmatrix} \tag{4.4-34}$$

使用超过三个台站，方程数量超过未知数，方程(4.4-32)由最小二乘解法求解，也就是

$$\boldsymbol{m}=(\boldsymbol{B}^{\mathrm{T}}\boldsymbol{B})^{-1}\boldsymbol{B}^{\mathrm{T}}\boldsymbol{v} \tag{4.4-35}$$

该解给出了对观测振幅频谱拟合最佳的矩张量。得到的解是震源为 δ 函数时某特定频率的矩张量。震源随时间的变化可以通过求解不同频率下的 $\boldsymbol{m}$ 得到。

该方法一个重要的局限性在于矩阵 $\boldsymbol{B}$ 的中间两列，对应于 M_{zz} 和 $M_{xx}+M_{yy}$，不包含 ϕ，因此不会随方位变化。因此，无论使用了多少台站记录，只能反演出这两项之和：

$$\frac{1}{3}(S_R+N_R)M_{zz}+\frac{1}{6}(2N_R-S_R)(M_{xx}+M_{yy}) \tag{4.4-36}$$

它对所有台站都是相同的。因此反演不能分别反演出 $M_{xx}+M_{yy}$ 和 M_{zz}，而仅仅是它们的和，这就是与体积变化相对应的震源的各向同性部分。

处理这个问题的一个方法是利用不同频率的数据，因为不同频率时 M_{zz} 和 $M_{xx}+M_{yy}$ 的系数不同。这通常是困难的，因为对于深源地震这些系数随频率的变化很慢［如图 4.3-14 中 11km 深地震的 $S_R(\omega)$］。因此面波矩张量反演通常不能约束震源中的各向同性部分，因此一般假定 $M_{xx}+M_{yy}=-M_{zz}$。在这种情况下，有

$$V_r(\omega,\phi)=-P_R\left[M_{xy}\sin 2\phi-\frac{1}{2}(M_{yy}-M_{xx})\cos 2\phi\right]-\frac{1}{2}S_R(M_{yy}+M_{xx})+\mathrm{i}Q_R(M_{yz}\sin\phi+M_{xz}\cos\phi) \tag{4.4-37}$$

所以只需求解 5 个分量。各向同性源的激励函数 N_R 为 0。

修改反演方程［式(4.4-32)］得

$$\boldsymbol{v}=\boldsymbol{A}\boldsymbol{m} \tag{4.4-38}$$

求解：

$$\boldsymbol{m}=\begin{pmatrix}M_{xy}\\ M_{yy}-M_{xx}\\ M_{yy}+M_{xx}\\ M_{yz}\\ M_{xz}\end{pmatrix} \tag{4.4-39}$$

其中已知矩阵 $\boldsymbol{A}$：

$$\boldsymbol{A}=\begin{pmatrix}-P_R\sin 2\phi_1 & \frac{P_R}{2}\cos 2\phi_1 & -\frac{S_R}{2} & 0 & 0\\ 0 & 0 & 0 & Q_R\sin\phi_1 & Q_R\cos\phi_1\\ -P_R\sin 2\phi_2 & \frac{P_R}{2}\cos 2\phi_2 & -\frac{S_R}{2} & 0 & 0\\ 0 & 0 & 0 & Q_R\sin\phi_2 & Q_R\cos\phi_2\\ \vdots & \vdots & \vdots & \vdots & \vdots\\ -P_R\sin 2\phi_n & \frac{P_R}{2}\cos 2\phi_n & -\frac{S_R}{2} & 0 & 0\\ 0 & 0 & 0 & Q_R\sin\phi_n & Q_R\cos\phi_n\end{pmatrix} \tag{4.4-40}$$

该解给出 5 个矩张量分量，其中 m_2 和 m_3 之差与之和分别得到 M_{xx} 和 M_{yy}。然后由 $-(M_{xx}+M_{yy})$ 得到 M_{zz}。

面波矩张量反演的另一个主要困难在于激励函数 Q_R 在地表为 0(图 4.3-14)，因为它与剪切应力成比例。在较浅深度 Q_R 小，因此对浅源地震($T=256$s 时小于 30km) M_{xz} 和 M_{yz} 有很大不确定性。剩下的只有三个矩张量分量可以被很好地约束，但它们不足以确定断层几何形状。

这个问题有几个解决方法。第一个方法是反演振幅更大的短周期波(图 4.3-14)。然而，对于更短周期，由于波长更短，横向非均匀性影响也就更大。第二个方法是将 M_{xz} 和 M_{yz} 约束为 0 且仅反演三个分量 M_{xx}、M_{yy}、M_{xy}。它假定一个特征向量为垂直并使得主要双力偶为以下三种之一：垂直面上的纯走滑(垂直零轴)、倾角为 45°面上的逆冲断层(垂直 T 轴)和倾角为 45°面上的正断层活动(垂直 P 轴)。实际

上，对垂直倾滑断层上的浅源地震来说，q_R 为唯一非零的断层几何因子，辐射花样与 $Q_R(\omega)$ 成比例，因此并不能有效激发面波。因此约束 M_{xz} 和 M_{yz} 为 0 排除了震源机制中任何垂直倾滑分量，所以一个完整的解需要其他数据加以约束，如初动或地质学认识。第三个方法是由初动约束一个节面，然后对第二个节面做线性反演。

同样可以利用这类公式来反演横向分量勒夫波数据，其类似表达式为

$$U(\omega,\theta,\phi)=V(\omega,\phi)I(\omega)\frac{e^{i\pi/4}}{\sqrt{\sin\theta}}e^{-i\omega a\theta/c}e^{-\omega a\theta/(2Qu)}e^{im\pi/2} \tag{4.4-41}$$

$$V(\omega,\phi)=P_L\left[\frac{1}{2}(M_{xx}-M_{yy})\sin 2\phi-M_{xy}\cos 2\phi\right]+iQ_L(-M_{xz}\sin\phi+M_{yz}\cos\phi) \tag{4.4-42}$$

4.4.8　矩张量解释

一般来说，通过反演地震图得到的矩张量一般比双力偶解复杂得多。即使震源是一个纯双力偶，数据中的噪声以及地球结构的复杂性都可能导致对角化后的矩张量如下式：

$$\boldsymbol{M}=\begin{pmatrix}\lambda_1&0&0\\0&\lambda_2&0\\0&0&\lambda_3\end{pmatrix},\quad |\lambda_1|\geqslant|\lambda_2|\geqslant|\lambda_3| \tag{4.4-43}$$

其特征向量为 $\hat{\boldsymbol{n}}_1$、$\hat{\boldsymbol{n}}_2$ 和 $\hat{\boldsymbol{n}}_3$。

如果 $\boldsymbol{M}$ 代表一个双力偶，那么 $\lambda_1=-\lambda_2$，且 $\lambda_3=0$。然而，除非采用矩张量约束来满足这些条件，否则它一般不会这么标准。在大多数情况，$\lambda_1\approx-\lambda_2$，因此 $\boldsymbol{M}$ 近似但不完全是一个双力偶解。在这种情况中，可以通过矩张量分解来解释，类似于 4.4.6 节中的 CLVD 的例子。如果存在各向同性分量，通过下式移除它：

$$\begin{pmatrix}\lambda_1&0&0\\0&\lambda_2&0\\0&0&\lambda_3\end{pmatrix}=\begin{pmatrix}E&0&0\\0&E&0\\0&0&E\end{pmatrix}+\begin{pmatrix}\lambda_1'&0&0\\0&\lambda_2'&0\\0&0&\lambda_3'\end{pmatrix} \tag{4.4-44}$$

其中，$E=(\lambda_1+\lambda_2+\lambda_3)/3$。剩余项为偏矩张量，其各向同性分量为 0 且其分量等于偏特征值 $\lambda_1'=\lambda_1-E$, $\lambda_2'=\lambda_2-E$, $\lambda_3'=\lambda_3-E$。如果需要，可以对偏特征值重新排序使 $|\lambda_1'|\geqslant|\lambda_2'|\geqslant|\lambda_3'|$。如果反演结果没有各向同性分量，则偏矩张量就是反演得到的矩张量。

偏矩张量可以用几种方式进行分解。一个是双力偶形式，称为主要和次要双力偶：

$$\begin{pmatrix}\lambda_1'&0&0\\0&\lambda_2'&0\\0&0&\lambda_3'\end{pmatrix}=\begin{pmatrix}\lambda_1'&0&0\\0&-\lambda_1'&0\\0&0&0\end{pmatrix}+\begin{pmatrix}0&0&0\\0&-\lambda_3'&0\\0&0&\lambda_3'\end{pmatrix} \tag{4.4-45}$$

其中，第一个张量代表标量矩为 $|\lambda_1'|$ 的主双力偶；第二个代表标量矩为 $|\lambda_3'|$ 的次双力偶。通常主双力偶要大得多，一般将它视为求解的震源机制。

作为示例[①]，考虑发生在日本附近库页岛俯冲带中等深度的逆冲地震，其矩张量为 $\boldsymbol{M}$。IDA 台网的数字超长周期地震计上记录的 256s 周期的瑞利波反演得到的矩张量为

$$\boldsymbol{M}=\begin{pmatrix}0.12&-0.17&-0.06\\-0.17&-1.54&-1.44\\-0.06&-1.44&1.43\end{pmatrix} \tag{4.4-46}$$

其中分量的单位为 10^{27}dyn·cm。其对角化矩阵为

$$\begin{pmatrix}-2.14&0&0\\0&2.01&0\\0&0&0.13\end{pmatrix}=\begin{pmatrix}-2.14&0&0\\0&2.14&0\\0&0&0\end{pmatrix}+\begin{pmatrix}0&0&0\\0&-0.13&0\\0&0&0.13\end{pmatrix} \tag{4.4-47}$$

其特征向量为 $\hat{\boldsymbol{n}}_1=(0.80,0.92,0.93)$，$\hat{\boldsymbol{n}}_2=(0.00,-0.38,0.93)$，$\hat{\boldsymbol{n}}_3=(-0.99,0.07,0.03)$。各向同性分量在反演中约束为 0。因为次双力偶矩是主双力偶矩的 6%，可以假定主双力偶矩代表所求的地震震源机制。$\hat{\boldsymbol{n}}_1$ 为双力偶的 P 轴，$\hat{\boldsymbol{n}}_2$ 为 T 轴，$\hat{\boldsymbol{n}}_3$ 为零轴。基于这些轴以及构造的先验信息(虽然初步认识并不总是正确的)，可以确定(利用投影立体图或计算机)断层面走向 N189°E、倾角为 23°W 的逆冲型地震。辅助面走向为 N3°E、倾角 67°E。

该实例忽略了次双力偶并假定地震是一个单独的双力偶。次双力偶有可能来源于地球横向非均匀性(该反演中使用的速度和衰减模型为横向均匀的)、数据中的噪声以及震源为非点源等。回顾图 4.3-13 中面波的例子，震源机制预测的振幅辐射花样近似地拟合数据，但一些台

① 此例由 A. Michael 提供。

站的振幅更大，而其他一些更小。相似现象可能出现在振幅和相位数据的矩张量反演上。即使是一个纯双力偶源，数据中偏离于最佳拟合的双力偶解所预测的数据的那一部分也参与拟合，导致与真实双力偶有所不同的矩张量。因此，反演方法对地球横向非均匀性和震源复杂性反映得越好，矩张量中含有误差的可能性就越小。然而，在一些情况下，次双力偶可能含有重要的物理意义，例如相邻断层不同方向的同时破裂。

矩张量可以以其他方式分解。比如分解为一个双力偶和一个 CLVD：

$$\begin{pmatrix}\lambda_1' & 0 & 0\\ 0 & \lambda_2' & 0\\ 0 & 0 & \lambda_3'\end{pmatrix}=\begin{pmatrix}\lambda_1'+\lambda_3'/2 & 0 & 0\\ 0 & -\lambda_1'-\lambda_3'/2 & 0\\ 0 & 0 & 0\end{pmatrix}+\begin{pmatrix}-\lambda_3'/2 & 0 & 0\\ 0 & -\lambda_3'/2 & 0\\ 0 & 0 & \lambda_3'\end{pmatrix} \tag{4.4-48}$$

双力偶和 CLVD 的相对强弱由最小和最大的偏特征值比例给出 $\varepsilon=\lambda_3'/\lambda_1'$。$\varepsilon=0$ 对应于纯双力偶，$\varepsilon=\pm0.5$ 对应于一个纯 CLVD 源。哈佛大学全球矩张量目录（反演中没有双力偶约束）中约有 4%震源机制的 $|\varepsilon|\geqslant 3$。其中一些是反演过程中的误差导致的伪次双力偶，但有一些是真实震源的反映。

然而，如前 CLVD 例子(4.4.6 节)所示，矩张量分解和解释不是唯一的。例如，式(4.4-45)显示了标量矩分别为 λ_1' 和 λ_3' 的主双力偶和次双力偶分解。相同的矩张量还可以分解为同样的主双力偶，但是其次双力偶的矩为 λ_2'：

$$\begin{pmatrix}\lambda_1' & 0 & 0\\ 0 & \lambda_2' & 0\\ 0 & 0 & \lambda_3'\end{pmatrix}=\begin{pmatrix}\lambda_1' & 0 & 0\\ 0 & 0 & 0\\ 0 & 0 & -\lambda_1'\end{pmatrix}+\begin{pmatrix}0 & 0 & 0\\ 0 & \lambda_2' & 0\\ 0 & 0 & -\lambda_2'\end{pmatrix} \tag{4.4-49}$$

两个分解之和的张量分量(对应于等效体力)是相等的，但这两种分解却得到了不同标量矩的矩张量。这类似于一个矢量可以被分解为不同大小的矢量之和。

矩张量解已经成为全球地震学的一个重要工具。全球分布的宽频带数字地震计使得大多数 $M_S\geqslant5.5$ 地震的震源机制在震后数分钟内可以算出，并且可通过邮件和互联网公开。数家机构提供了这项服务，包括哈佛大学矩心矩张量(CMT)计划。CMT 方法反演地震图的两个部分：长周期($T>40$s)体波和超长周期($T>135$s)面波，也称为地幔波。CMT 反演产生矩张量和矩心时间和位置。该位置通常与地震目录中所列的有所不同，例如国际地震中心(ISC)，因为两个位置对应的物理意义不同：地震目录中的位置是基于 P 波和 S 波体波震相的到时给出的震中；在时空上对应于破裂的起始点。CMT 解利用全波形，给出的是矩心，即时空上地震能量释放的平均位置。因此 CMT 初始时间几乎总是慢于 ISC 时间。大量高质量震源机制的存在(自 1976 年已经产出了超过 17000 个震源机制解)对很多应用都具有很大价值，特别是板块构造研究。

4.5 地震大地测量学

4.5.1 测量地面形变

本章到目前为止主要通过传播的地震波产生的瞬态位移来研究地震。然而，地震中巨大快速的形变源自空间尺度大、时间长的复杂形变场。因此，地震及其孕震过程的更多信息可以通过测量缓慢地表形变来获得，相关技术属于大地测量学范畴，它是研究地球形状的科学。大多数这样的技术都是基于对埋于地下的标识[①](即大地测量基准点)的连续跟踪。

直到近年，这些测量主要利用经纬仪测量基准点之间的角度，称为三角测量，或者是利用激光测量距离，称为三边测量技术。垂直运动可通过精确水平仪来瞄准远距离的测量杆进行。然而，利用空间信号的大地测量方法的出现使得三分量的位置测量可以达到亚厘米精度。因此，利用地震前后大地测量数据计算高精度的同震运动远比过去容易得多。

尽管空间测量技术是地球科学中最复杂的技术之一，但本质上都利用了类似于地震波的一些电磁波的特性。用于定位大地测量基准点的三种技术是：①甚长基线干涉测量(VLBI)利用来自遥远类星体的无线信号到达地球上不同位置的时间差异；②卫星激光测距(SLR)利用激光测量从地面到卫星反弹回来所需的时间；③利用无线信号在卫星和地面台站间的走时。

尽管不同测量系统提供的数据类似，但利用全球定

① 最熟悉的标识是贴在山顶岩石上的金属盘，为突显构造运动的影响，需要尽量减少土壤或近地表振动。在松软沉积区，标识物经常是插入地下的不锈钢棒。最常见的标识是“Benchmarks”，虽然大地测量学家习惯用它来标示垂向振动。

位系统（GPS）[①]是当前大多数构造研究的选择。GPS 在 20 世纪 70 年代后期由美国国防部开发。它可以用于实时定位和导航。卫星网中的卫星通过一对微波载波频率发射编码的定时信号，通过与卫星上的原子钟同步，这种时间非常精确。定时信号为载波频率的调制波，类似于前面的相速度和群速度的讨论（2.8.1 节）。通过来自最少 4 个卫星的信号延迟和卫星轨道信息，可以确定单个 GPS 接收站的三维位置，精度为 5～100m，取决于军事部门施加的信号干扰程度（图 4.5-1）[②]。这个方法概念上与我们在 7.2 节讨论的通过多个台站的地震到时来定位地震相同。GPS 定位的水平精确度要比垂直方向的高 2～3 倍，因为无线信号仅仅来自上方，正如地震位置在深度上不够精确一样，因为波仅仅来自下方。

提高精度到厘米或更加精确的程度主要利用微波载波的相位延迟来获得。因为载波的频率比调制波更高，其相位可以得到更加精确的位置，这类似于更高频率的地震波可以揭示更加详细的地球结构（3.2.3 节）。载波波长为 19～24cm，因此精确的相位测量可以使得位置精度远小于波长。使用多个接收点记录的多个卫星的信号可以减少时钟误差。结合两种发射频率可以移除 GPS 无线信号穿过电离层产生的影响。对流层内水蒸气造成的信号延迟会产生位置误差，这种延迟可以利用一个类似解决地震速度结构的反演过程来估算并消除它的影响。

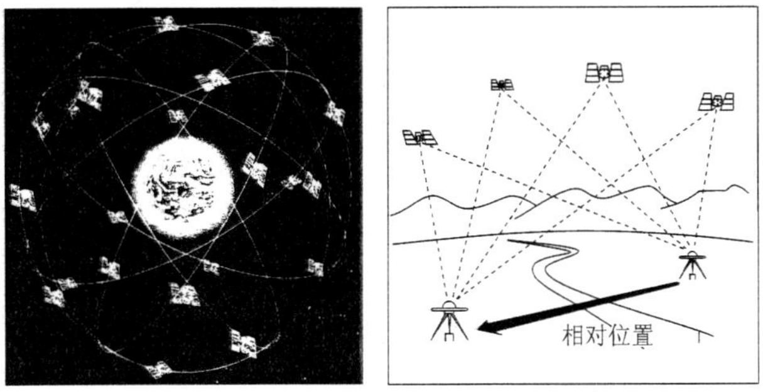

GPS卫星群　　　　测量的基线矢量

图 4.5-1　左图：GPS 利用卫星网传输时间信号。右图：利用多个接收器上记录的基于多个卫星信号的精确位置，长时间测量可以得到精度为几毫米每年或更好的相对速度。

高精度测量的最后一个方面就是持续运转的全球 GPS 追踪台站和数据中心提供的高精度卫星轨道和时钟信息、地球旋转参数以及全球参考框架。利用这些信息，GPS 研究可以实现 10mm 级以上的精度定位，因此长时间测量可以产生精度为几个毫米每年或更好的相对速度，即使是相距数千公里以外的站点。速度估算的不确定性来自估算位置的精确性以及它们之间的时间间隔。

GPS 数据采集有两种模式。在重复调查模式中，将 GPS 天线连接在基准点上进行较短时间的数据采集，一段时间之后在该位置重复采集。另一种模式是连续记录的 GPS 接收器永久安置于一个站点。尽管需要更高的费用（在美国，单个连续台站的花费相当于重复调查模式中 25 个台站的台网费用），但持续 GPS 可以提供更加精确的数据。

获取对地震研究有用的大地测量数据的最大限制在于必须在地震前就设置好大地测量基准点并进行测量。因此需要花费精力和资源提前在地震可能出现的范围建立调查基准点。在便于研究的地震活动区，这种条件是具备的但不总是能做到。绕过这个困难的一个方法是利用卫星合成孔径雷达干涉测量（InSAR）。

利用合成孔径方法，高分辨率雷达可以从航天器或飞机上成像。物理雷达的分辨率可以通过单缝衍射实验来估算（图 2.5-18），其中衍射花样上振幅为 0 的相邻条带之间的角度 θ 为 λ/d，其中，d 为缝隙宽度，λ 为波长。对于雷达，d 为天线长度，因此相对地表距离为 r 的一个雷达可以分辨大小为 x 的物体，其中（图 4.5-2 左图）：

$$\theta_d = \lambda/d = x/r \tag{4.5-1}$$

因为雷达波长为数十厘米，在地球上方数百公里轨道上绕转的数米长的雷达天线仅仅可以分辨数公里大小的地形。然而，合成孔径雷达利用信号处理以结合卫星运动的信息来模拟比卫星实际天线长很多的天线。例如，一个 10m 的天线可以视为 4km 的合成天线。合成天线因此可以在数十米的“轨迹图”上分辨出地形和地壳形变。

如图 4.5-2 右图所示。由地表反射且在天线位置 A_1 和 A_2 处记录的波长为 λ 的雷达信号间的相位差异为

$$\phi = (4\pi/\lambda)(r_2 - r_1) \tag{4.5-2}$$

其中，r_i 为从天线 A_i 到反射点的距离。天线基线分离向量 $\boldsymbol{B}$ 和卫星飞行高度 H 可从卫星轨道得到。因为基线长度 $|\boldsymbol{B}|$ 比距离 r_i 小得多，利用类似于地震破裂时间的分析方法（图 4.3-2），可以导出反射点的海拔高度

---

① 缩略词在空间大地测量学中常被赋予诙谐的含意：如 VLBI 项目指的是“Very Large Bunch of Investigators”；GPS 调查的缓慢节奏被调侃为“Great Places to Sleep”。还有二级缩略词，如 IGS 为 International GPS Service。

② 美国国防部可能会通过卫星时钟误差降低 GPS 定位精度。该功能于 2000 年 5 月停止，它降低了单个接收位置的精度，但对整个大地测量精度影响很小。

$h = H - r_1\cos\theta$，据此可以从空间对地形成像。这种方法称为干涉测量[①]，常用于地球和行星成像，如麦哲伦号金星探测器。

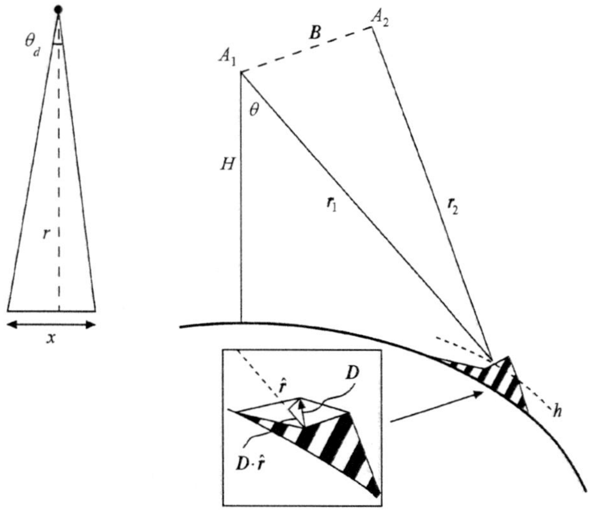

图 4.5-2　左图：空间雷达成像原理图。物理天线的角度分辨率为 $\theta_d = \lambda/d = x/r$，因此 x 为地表分辨率，这是一个天线长度为 d、波长为 λ、高程为 r 的雷达能够实现的分辨率。合成孔径雷达显著地提高了分辨率。右图：InSAR 方法的几何原理图。地壳运动 $\boldsymbol{D}$ 和其对应的距离变化 $\delta r = (\boldsymbol{D}\cdot\hat{\boldsymbol{r}})$。(根据 Bürgmann et al.，2000，经 Annual Reviews，Inc.许可重制)

图 4.5-2 所示的雷达图像可以监测到连续测量之间的地表运动。如果消除两次测量之间卫星位置的差异，一个矢量地面位移 $\boldsymbol{D}$ 造成的相位变化为

$$\phi \approx (4\pi/\lambda)\delta r,\quad \delta r = (\boldsymbol{D}\cdot\hat{\boldsymbol{r}}) \tag{4.5-3}$$

其中，δr 为向量位移沿 $\hat{\boldsymbol{r}}$ 的投影(内积，A.3.3 节)，$\hat{\boldsymbol{r}}$ 为连接卫星和反射点的视线方向。为找到全位移矢量，需要结合来自不同卫星或相同卫星的上升(向北运动)和下降(向南运动)轨道的观测。

结果显示为一个相位差异图，称为差分干涉图。图 4.5-3 上图显示了 1992 年发生在南加利福尼亚州内莫哈韦沙漠的兰德斯(Landers)地震(M_w7.3)和大熊(Big Bear)地震(M_w6.2)造成的地表位移的相位差异图。$\lambda/2$ 的距离变化 δr 造成的相位变化为 2π，在干涉图上显示为一个条纹(一个完整阴影)。在这种情况，C 波段雷达的频率为 5.2GHz，因此一个条纹相对于 28mm 的地面运动。观测到的条纹花样在大区域里连贯一致，显示出明显的地面形变。观测花样与用 Lander 破裂精细模型生成的合成干涉图非常类似(图 4.5-3 下图)，该地震破裂包括延伸约 85km 的 NW 走向的复杂断层带的数米的右旋走滑。

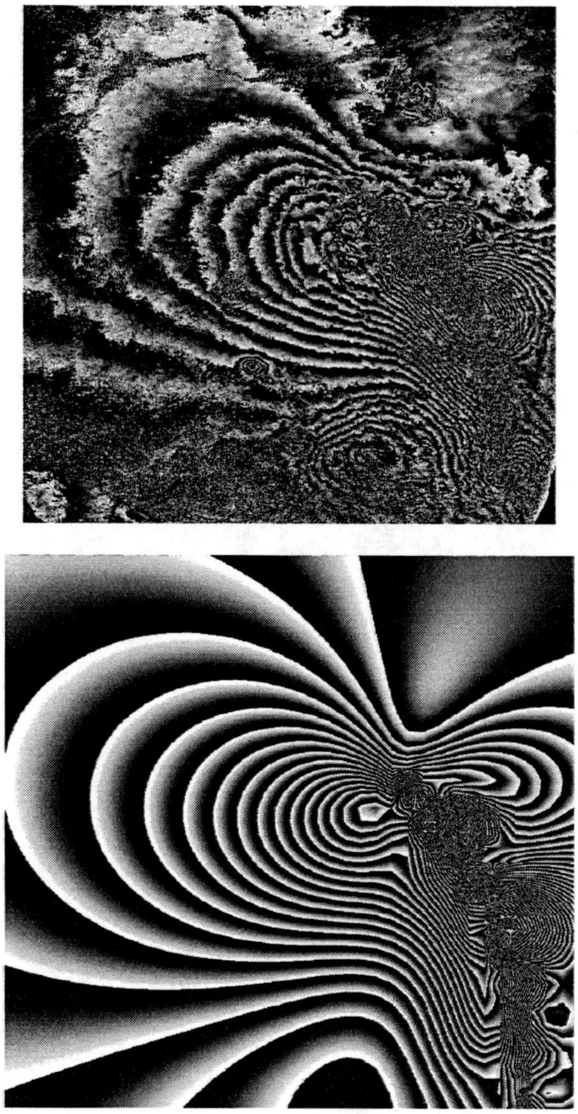

图 4.5-3　上图：合成干涉图由 1992 年 4 月 24 日和 1993 年 6 月 18 日拍摄的雷达图像合成。该图显示了 1992 年兰德斯和大熊地震产生的位移。阴影条纹为对比两幅雷达图像获得的干涉花样。阴影的每个周期代表卫星和地面之间的距离变化了 28mm，因此静态位移为数十厘米的量级。下图：通过震源机制预测的静态位移模型计算的合成干涉图。该图像宽度为 92.2km。(B. Hernandez，personal communication，1999，基于 Hernandez et al.，1997，*Geophys. Res. Lett.*，24，1579-1582，版权归美国地震学会所有)

InSAR 在地震研究中有几大优势。尽管需要地震前的雷达图像，但卫星能够成图的面积远远超过大地测量基点所能覆盖的范围。此外，InSAR 可以绘制的地面变

---

① 基于传播波的相位差异，干涉法广泛地应用于精确的距离和时间测量。在地震学中，可利用互相关测量地震波的时差(3.3.6 节、6.3.4 节)。GPS 和 VLBI 利用无线电波的相位差来测量位置。最著名的干涉应用为 1880 年的 Michelson-Morley 实验，证明光速在所有方向上均相同，其对相对论的提出有重要作用。

形间距为几十米，远比可实现的大地测量基点密得多。同时，InSAR 对 GPS 精度最低的垂直向位移分量特别敏感。InSAR 也有三个方面的局限性：一是它仅能测量视线方向的运动，不能用于雷达波束无法穿透的陡峭地形，或面向雷达的斜坡太过陡峭以至于几个点到雷达的距离相同。二是两个雷达成像时间间隔以内的一些非构造变化，例如植被生长或天气条件(影响无线电波在大气层中传播)都可能掩盖地壳运动。然而，当这种连续图像间的干扰因素不再是问题时，比如在沙漠或其他裸露的岩石环境中，InSAR 是一个强大工具。三是 InSAR 在图像中提供了跨越数十到数百公里的相对变化，但不能提供板块范围或全球尺度上的绝对位置。这对于个别地震研究不是问题，但意味着它不能单独应用在大尺度应用中，如板块边界研究。在很多应用中，InSAR 和 GPS 与地震学数据结合使用。这些技术同样与地震学一起被用来研究火山的地表形变。

类似 GPS 和 InSAR 这种空间方法的出现，使得搜集大地测量学数据更快且更容易，也使得地震大地测量学和地震波研究在地震研究中交叉重叠。因此，由于仪器的巨大差异，地震学和地震大地测量学长期独立发展，而如今地震大地测量学越来越多地被视作非常低频的地震学(或把地震学当作高频的大地测量学)。

4.5.2 同震形变

震源理论显示由地震产生的静态同震形变具有类似于图 4.2-6 和图 4.2-7 中地震波位移的辐射花样，因此同样可以用于推断断层几何形状和滑动量。这些位移的一个重要特征是包含 $1/r^2$ 项，对应于传播波的 $1/r$ 项。所以，相对于传播波，地震静态位移随距离衰减得更加迅速。因此经常使用断层附近的笛卡儿坐标系来描述静态位移，而不是远震地震波中使用的球坐标系。

图 4.5-4 中显示了 1927 年日本丹后(Tango)地震

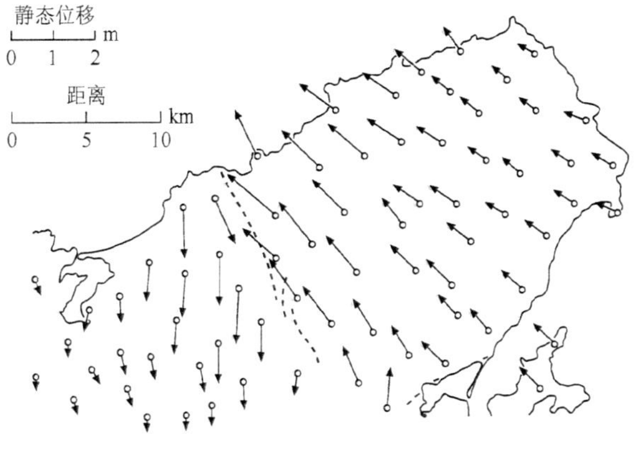

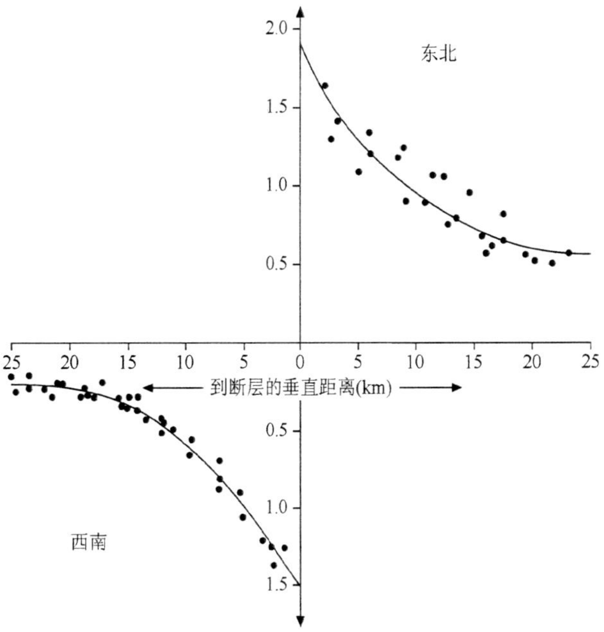

图 4.5-4 上图：1927 年日本丹后地震后的水平静态位移。虚线显示断层轨迹。下图：平行于断层的位移随着垂直于断层距离的增加而衰减。(根据 Chinnery，1961，版权归美国地震学会所有)

(M_s7.5)后的静态位移。断层轨迹两边的位移方向发生了变化，显示地震以左旋走滑为主。平行于断层的位移分量随着到断层的距离增大而迅速衰减。

尽管由断层滑动导致的静态位移的完整表达式非常复杂，下面以一个无限长的垂直断层上的纯走滑运动为例进行一些较深入的探讨。在这种情况下(图 4.5-5 上图)，平行于断层的位移为 x 方向，$u(y)$ 随到断层距离 y 的变化为

$$u(y) = \pm D/2 - (D/\pi)\tan^{-1}(y/W) \qquad (4.5\text{-}4)$$

其中，D 是整个断层上的平均滑动量；W 是断层活动的延伸深度，也称作断层宽度；$\pm D$ 项在 $y>0$ 时是正的，在 $y<0$ 时是负的。该模型假定滑动在整个断层面上是均匀分布的。图 4.5-5 显示了不同宽度断层的位移场。靠近断层时 $y\to 0$，反正切为 0，$u(0) = \pm D/2$。距离断层越远，位移会衰减，因此在等于断层宽度的距离($y/W=1$)，反正切为 $\pi/4$，位移为 $D/4$，只有断层面上的一半。远离断层 $y/W\to 0$，位移趋近于 0。因此位移延伸距离给出了断层宽度信息。例如，图 4.5-5 中数据表明断层宽度约为 10km。

这种无限断层假定平行于断层的位移沿断层无限延伸。有限长断层的计算显示位移经过断层末端后逐渐减小(图 4.5-6 上图)。此外，还存在一些断层法线(y 方向)方向的运动。对有限断层(图 4.5-6 中图)，平行于断层的位移随距断层垂直距离的衰减取决于

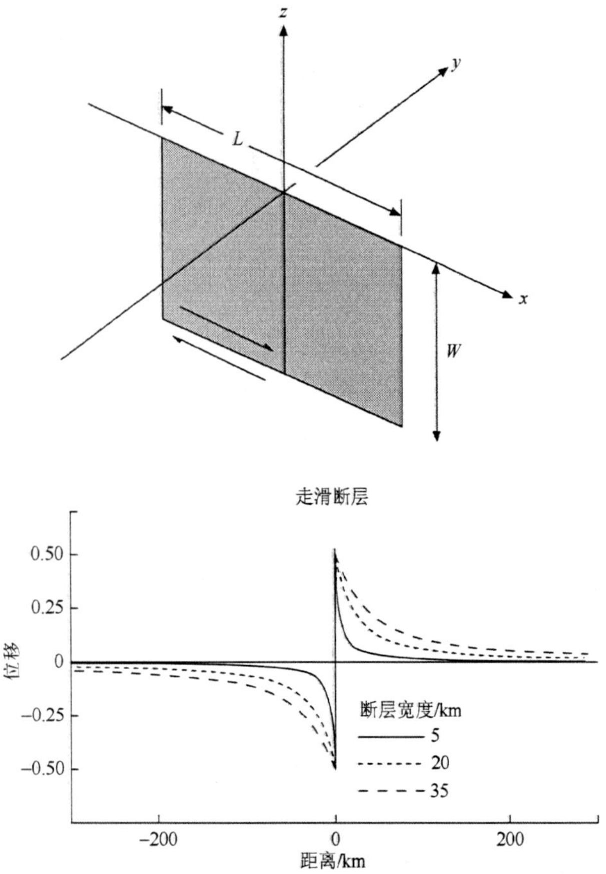

图 4.5-5 上图：垂直走滑断层模型。L 和 W 分别为断层长度和宽度。下图：对无限长不同宽度的断层，预测的平行于断层的静态位移，归一化到最大位移差。

断层宽度与长度的比值 W/L。因此由位移衰减估算的断层宽度取决于假定的断层长度。

对隐伏断层，破裂从深度 w 延伸到深度 W，式(4.5-4)变为

$$u(y) = (D/\pi)[\tan^{-1}(y/w) - \tan^{-1}(y/W)] \qquad (4.5\text{-}5)$$

在该情况下，最大地表位移小于断层滑动的一半且发生在到断层距离等于平均深度$(wW)^{1/2}$的地方(图 4.5-6 下图)。因此隐伏断层的位移场相比地表破裂的断层更加光滑且振幅更小。之所以有这些差异是因为隐伏断层远离地表的每个点，空间频率越高(更短波长)的位移随距离衰减越快，使得位移更加光滑。因此在断层的下倾尺寸 $W–w$ 和同震滑动 D 之间存在一定的补偿关系，经常可以假定一个来确定另一个。通常利用余震分布来估算断层规模。

为导出隐伏断层的位移解［式(4.5-5)］，可以假定存在一个虚拟的从地表延伸到断层顶部 w、具有相同滑动但是方向相反的第二个断层。两个断层的叠加可以模拟隐伏断层。

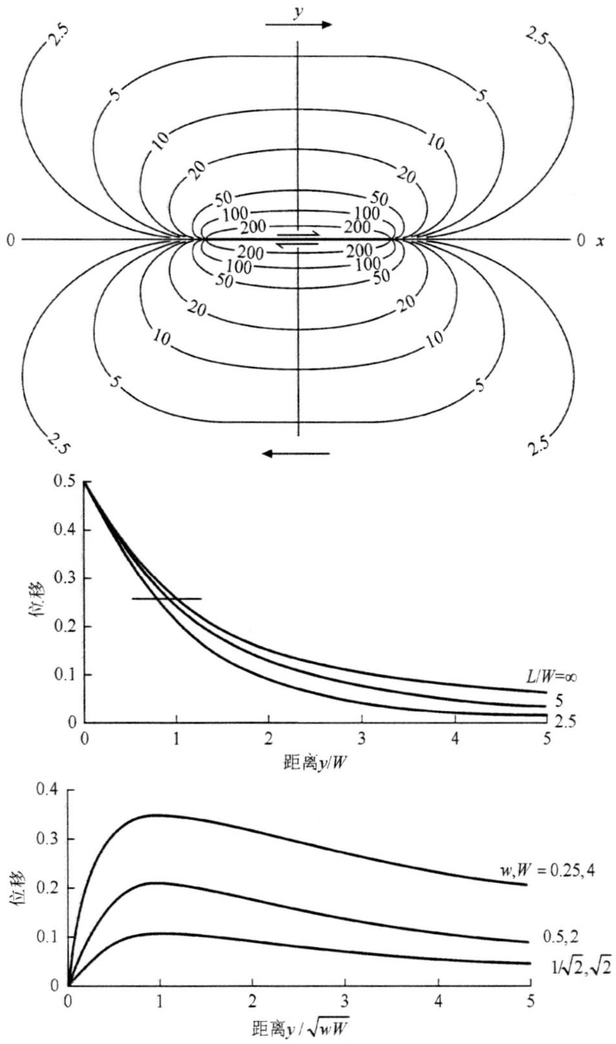

图 4.5-6 上图：有限长垂直走滑断层的平行于断层的静态位移。等值线以最大偏移的 10^{-3} 倍标注。(Chinnery，1961，版权归美国地震学会所有)中图：对不同长度和宽度的走滑断层，预测的平行于断层的静态位移(归一化到最大相对位移)。水平线标识位移减少到断层上位移一半的位置。下图：对于从深度 w 到 W 的三条掩埋的无限长走滑断层，预测的平行于断层的静态位移。(Mavko，1981，经 Annual Reviews Inc.许可重制)

这个例子显示了一个基本原则，可以通过简单几何形状的断层的静态解的叠加来获取一个复杂几何形态断层的解；同样可以通过类似方法获取复杂断层的传播波(见后文详述)。这些解可以叠加是因为它们满足线性弹性假设。

同样可以求出倾滑断层解。图 4.5-7 显示了不同纯倾滑断层静态位移解的垂直分量随距离的变化。对垂直断层，位移解类似于走滑断层解旋转到垂直方向。如果倾角不是垂直的，位移大小及符号在断层两边都会

变化。逆冲断层上盘岩体上的位移更大。有趣的是，这种几何形态的断层滑动产生的地震波振幅通常在上盘也是最大的。如果这种地震发生在人口稠密的地区就可能造成显著破坏。同延伸到地表的断层相比，没有破裂到地表的断层，其位移的幅度要小得多，且随距离的衰减更加平滑。这种隐伏倾滑断层有时称为“盲”断层，因为它们不出现在地表，并且可能直到地震发生时才被发现。

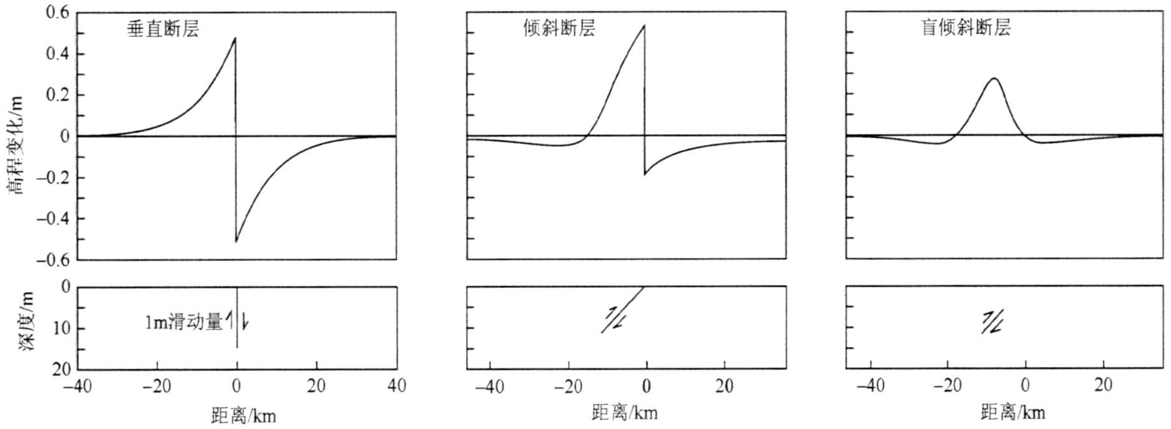

图 4.5-7 不同纯倾滑断层的静态位移垂直分量随距离的变化。(Yeats et al.，1997；根据 Stein and Yeats，1989；感谢 H. Iken)

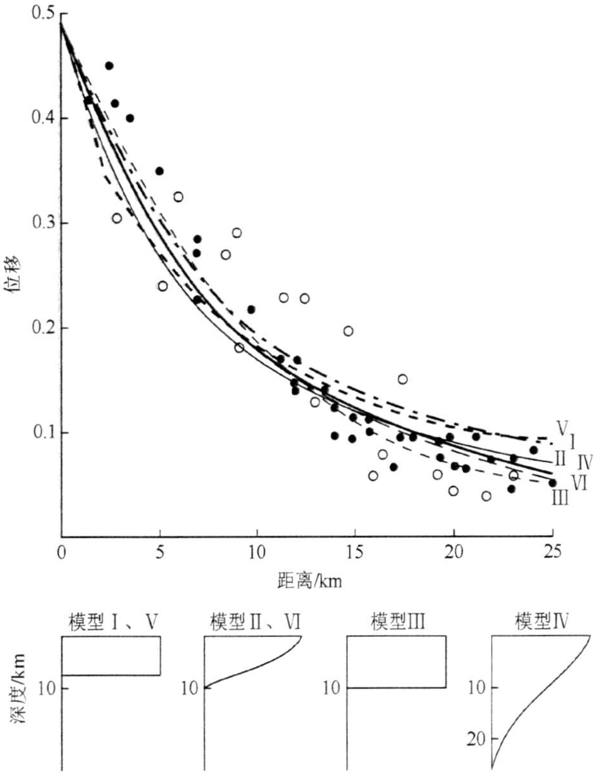

图 4.5-8 不同断层模型预测的丹后地震的同震形变的对比(图 4.5-4)。距离沿垂直于断层方向测量。数据归一化到断层两边的最大位移差，西南侧的点(实心点)乘以 –1 与北东侧的点(空心点)画在一起。(Mavko，1981，经 Annual Reviews，Inc.许可重制)

这些通用解可用于模拟任何震源机制和有限断层尺度的地震静态位移的三个分量，也可以模拟断层上不同部分的滑动量的变化。

用大地测量数据估算断层参数也存在非唯一解，因为不同的断层参数组合可以预测出相似的形变。图 4.5-8 显示了能较好地拟合丹后地震数据(图 4.5-4)的 6 个解。模型 I 是在深度上具有均匀滑动量的无限断层，模型 II 是滑动随深度逐渐减小到 0 的无限断层，模型 III 和模型 IV 分别是具有均匀和可变滑动量的有限断层，模型 V 是最复杂的，它假定靠近断层的物质比远离断层的物质的强度更弱。

4.5.3 大地测量学和地震学的接合

联合大地测量和地震波观测可以得到比单一数据更多的信息。这两种数据类型能很好地互补。例如，尽管地震波无法清楚地区别断层面和辅助面，但是大地测量数据则相反，比如丹后地震数据(图 4.5-4)和静态位移模型(图 4.5-6 上图)都直观地显示了断层面。两种数据结合对断层几何形状和断层上的滑动可以有很好的约束，余震位置通常对断层尺度提供了最好的约束。然而，显示地震前后位置差异的大地测量数据不能提供发震期间的信息，而地震学数据有时可以显示破裂的演变过程。

图 4.5-9 显示了联合使用大地测量和地震学数据

的例子，这是 1994 年发生在洛杉矶附近圣费尔南多谷的隐伏逆冲断层上的 M_S 6.7 北岭地震①。震源机制和余震分布揭示破裂为北西走向、倾向南西的断层上的逆冲断层活动。大地测量(GPS)数据显示出集中在隐伏断层上的显著垂直和水平运动。静态形变的方向和大小，包括断层下倾方向的站点朝向断层的运动以及

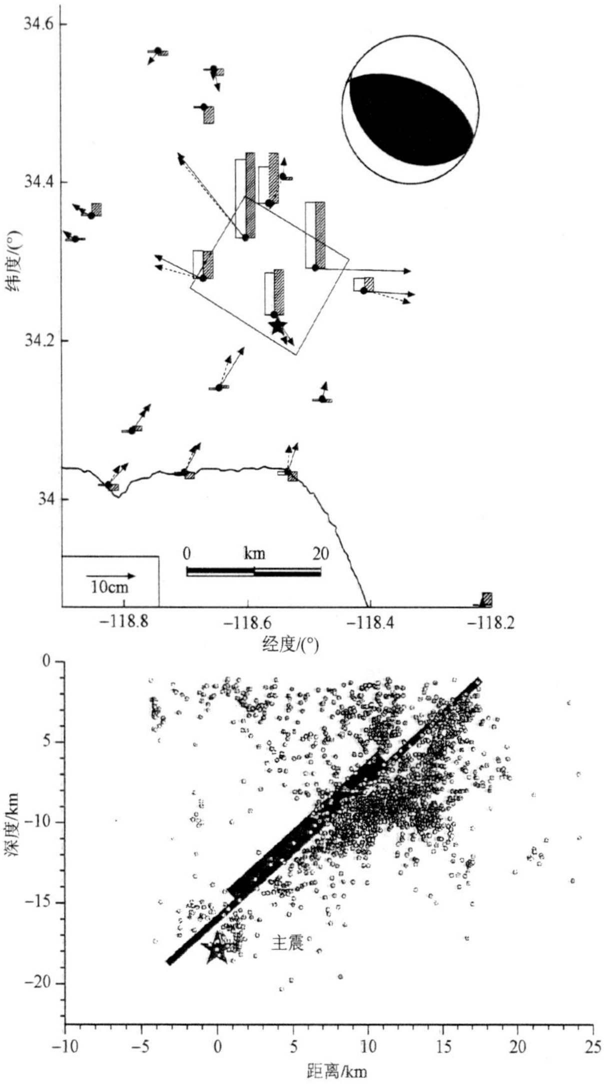

图 4.5-9 1994 年北岭地震的大地测量学和地震学结果。上图：由 GPS 观测的水平的(实箭头)和垂直的(实方柱)运动与通过这些数据导出的断层模型预测的数据匹配得很好(虚线箭头和空方柱)。负隆起显示为台站位置下方的短方柱(点)。下图：余震位置(黑点)及两个断层模型：沿断层均匀滑动(粗线)和可变滑动(细线)模型都能拟合数据。(根据 Hudnut et al.，1996; Thio and Kanamori，1996; Wald et al.，1996，版权归美国地震学会所有)

断层上方大的振幅，都是这种几何形状的断层可以预测的(图 4.5-7)。余震推断出断层面上约 2.5m 的滑动就可以很好拟合这些数据。图中显示了两个大地测量的断层解，一个具有均匀滑动量，另一个断层更长但滑动量是变化的。

使用高质量的大地测量和地震学数据，对滑动分布已经可以推断得相当精确。来自靠近震中的强震数据特别有价值，因为它们包含震源时间函数以及滑动过程的高频细节，而滑动过程信息常常因为衰减而在远震数据中丢失(图 4.3-10)。图 4.5-10 显示了反演强震运动、远震和大地测量数据，然后联合反演断层面上的滑动分布图。地震反演类似于图 4.3-11 显示的分析方法，即将震源时间函数分解为子事件，以定位断层面上的子事件。有意思的是，最大滑动量并不在震中(五角星号)。不同数据类型得到的结果有所不同是因为每种数据所反映的滑动特征有所不同。例如，大地测量数据反演得到的图像比地震数据的更光滑，后者可以分辨破裂过程，而 GPS 数据仅体现滑动最终结果。两个波形数据反演显示在断层北西角有一个高滑动量区域。图 4.5-11 显示了由波形推断出的破裂随时间的演化过程。破裂由震中开始，向上倾和北西方向传播。这种模式是迄今为止对破裂过程最好的描述，与岩石破裂实验和理论研究相结合，来探索地震断层活动的复杂物理过程。

震后大地测量数据有时会显示震后余滑现象，即在地震及地震学可观测到的余震后的非震滑动，这样的形变会继续发生一段时间。在板块边界，这种运动有时被认为是地震周期的震后部分，在此期间运动从快速的同震运动减慢到更缓慢稳定的震间运动。然而，如 5.7.6 节所述，对于震后运动是否反映了地震断层上的持续运动仍不清楚，岩石圈对地震的响应在纯弹性瞬时形变之外还具有随时间变化的黏弹性分量，或两者皆有。

4.5.4 震间形变与地震周期

大地测量学对震前、震后及震间的整个地震周期都有较完整地呈现，而地震波只有在地震发生之后才能观测到。考虑板块边界处无限长走滑断层上一个简单的弹性回跳模型(图 4.1-3)，假定大地震释放了震间期积累的所有应变能。在地震之后，远离断层右侧($+y$)的物质以远场速率 v 相对断层左侧($-y$)运

① 这个地震记录了有史以来最大的地动加速度，被地震学家和大地测量学家广泛研究。它说明即使震级中等的地震，也会造成巨大的破坏。由于采用了抗震建筑，死亡人数不多(58 人)，但造成了 2000 万美元的损失。

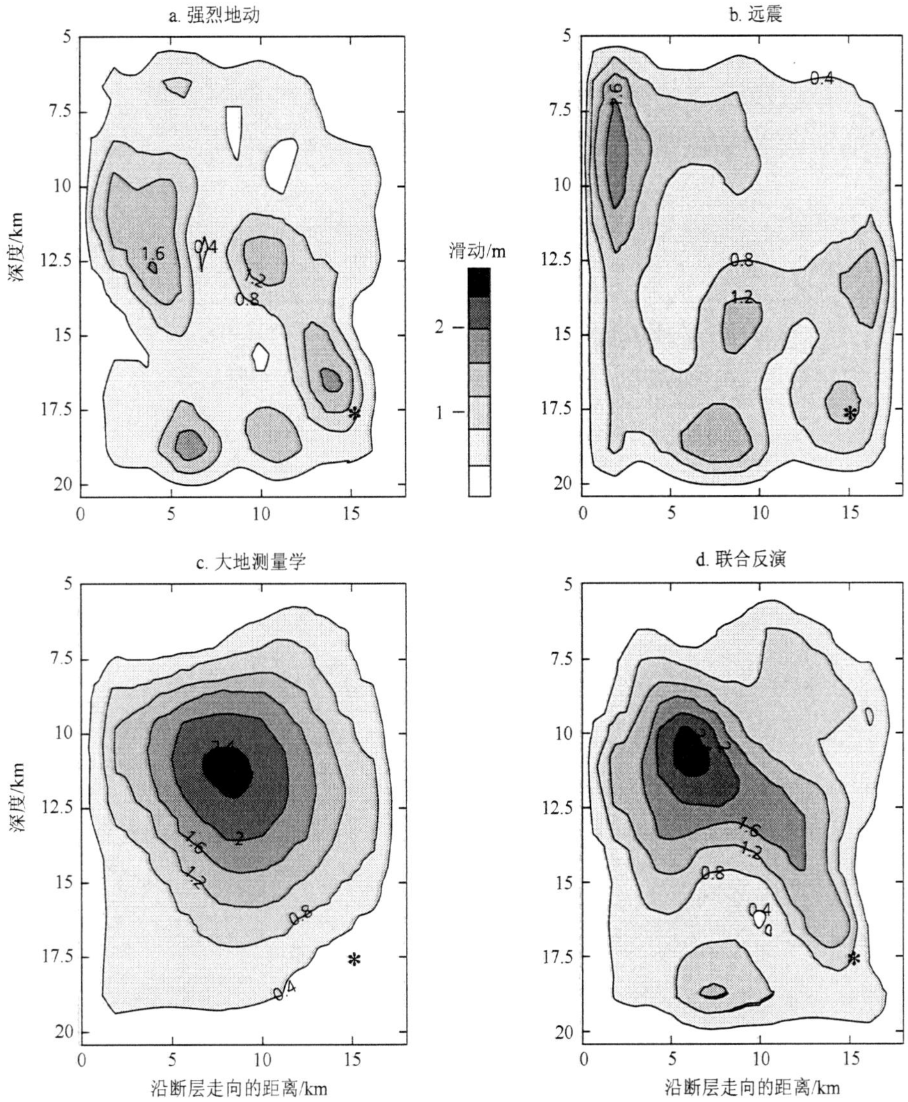

图 4.5-10　不同数据对北岭地震的滑动反演结果对比。断层面从西南及上方观察。震中以星号标示。(Wald et al.，1996，版权归美国地震学会所有)

动，在时间 t 内运动了距离 vt(图 4.5-12 上图)。然而，在震间期内断层从地表到深度 W 处是闭锁的，尽管 W 深度以下可以自由滑动，因此断层上的物质在震间期内并不运动。当下一个大地震发生，地震周期结束，断层右侧所有物质运动距离均为 vt。地震的同震位移由式(4.5-4)给出且 $D=vt$，因此同震滑动 $u(y)$ 除了在断层上外，均比 D 小。这意味着断层以外的点在地震前完成了一部分运动。相似地，断层左侧的所有物质在地震周期内没有净运动，即使靠近断层的物质在地震期间存在“反向”($-x$ 方向)运动。

因此平行于断层的震间运动 $s(y)$ 由远场(或净)运动减去同震滑动得到，其中：

$$s(y) = D/2 + (D/\pi)\tan^{-1}(y/W) \qquad (4.5\text{-}6)$$

如图 4.5-12 上图所示，靠近闭锁断层左侧的物质在震间期内被“拖行”，地震时回跳到平衡位置。靠近断层右侧的物质在震间期内被左边物质“拖曳”而落后于远端，地震时发生同震形变而“追上”远场运动。因此式(4.5-4)和式(4.5-6)是图 4.1-3 中弹性回跳模型的数学表达式。

如果断层是板块的边界，震间形变发生在有限的板块边界带，该边界带任意一侧的质点相对于其所在

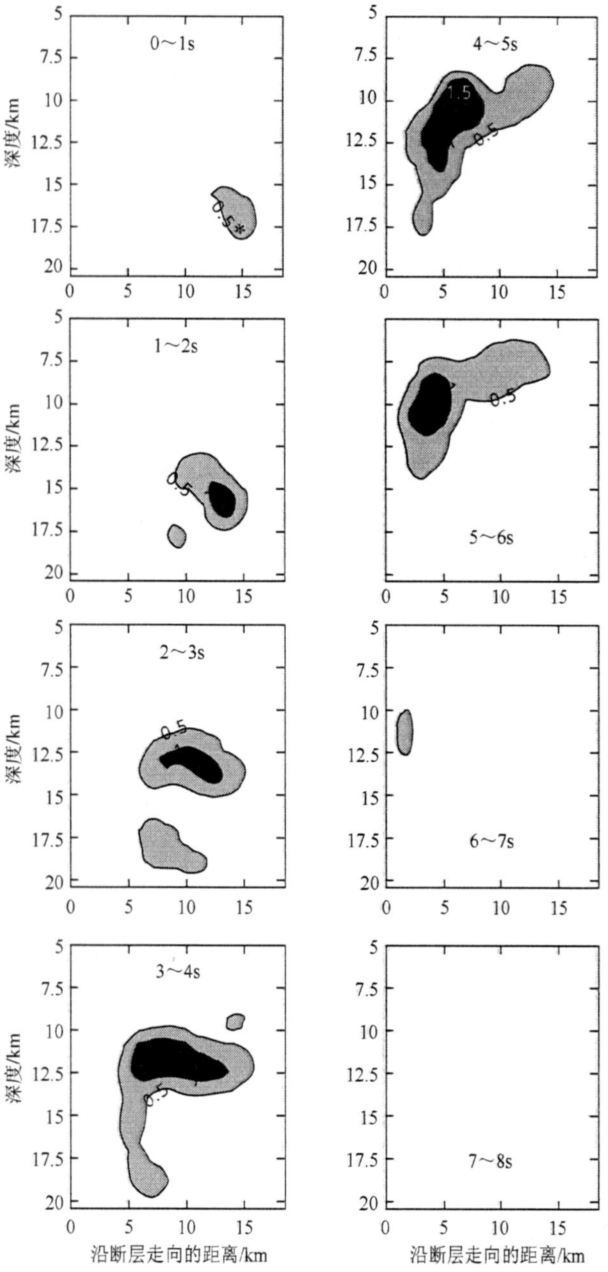

图 4.5-11 北岭地震的破裂随时间的演化。破裂在震中开始(星号)然后向上倾及北西传播。断层几何形状与图4.5-10相同。(Wald et al., 1996, 版权归美国地震学会所有)

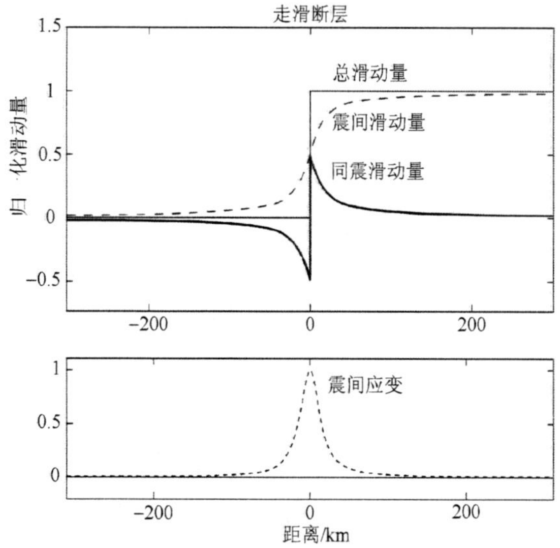

图 4.5-12 上图：对于一个无限长的垂直走滑断层，弹性回跳模型中平行于断层(x)方向的同震运动(粗实线)，震间运动(虚线)以及等同于远场(细实线)运动总运动量随垂直于断层的距离(y)的变化情况。下图：该模型的震间应变。

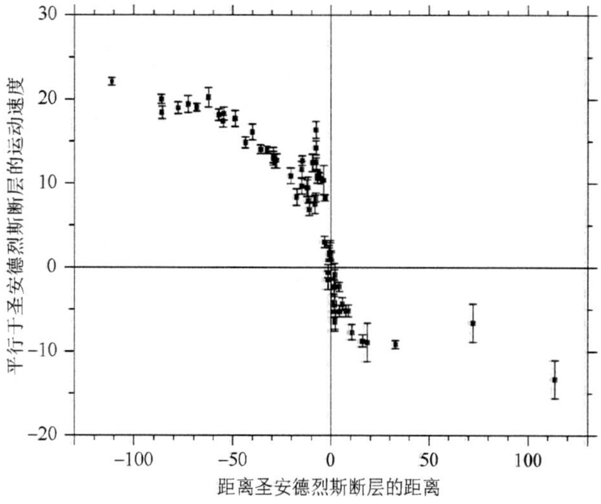

图 4.5-13 GPS 数据显示跨越圣安德烈斯断层卡利索平原段的平行于断层的水平震间运动。(Z. K. Shen, personal communication, 2000)

的板块内部运动。在这种情况下，与断层闭锁深度相比，边界带相对狭窄。然而，很多板块边界带很宽，因为多条断层共同吸收了板块间的相对运动。

由于震间运动是远场运动和同震形变之差，它随垂直于断层的距离的变化取决于闭锁深度及远场速率。与同震滑动相比，同震运动快速变化的区域的宽度取决于闭锁深度。闭锁深度较浅，震间滑动主要集中在靠近断层位置，而闭锁深度较深，震间滑动会扩散到更宽的剪切带。因此一系列大地测量调查可以得到跨越断层的速度剖面。假定式(4.5-6)中的 $D=vt$，用两次调查之间的位置变化除去调查时间间隔即可得到速度。图 4.5-13 显示了穿过(图 4.1-1)圣安德烈斯断层卡利索平原段的速度剖面。数据与约为 35mm/a 的远场速率一致。正如第 5 章所述，这个速率低于太平洋板块和北美板块之间总的运动速率(近似 45mm/a)，显示了一部分板块运动发生在圣安德烈斯断层附近的一个更宽阔的板块边界区域。事实上，从空间大地测量数据上可以看到宽阔的板块边界包括很多断层，但总体如图 4.5-12 上图所示，平均速度等于相对板块速度。

可以利用式(4.5-6)来获取震间剪切应变率：

$$\dot{e}_{xy}=\frac{1}{2}\frac{\mathrm{d}s(y)}{\mathrm{d}y}=\frac{v}{2\pi W}\frac{1}{[1+(y/W)^2]} \tag{4.5-7}$$

如图 4.5-12 下图所示，震间期应变在断层附近积累，并在大地震中释放。像位移一样，应变随距断层距离的变化取决于闭锁深度和远场速率。从大地测量基准点之间的角度变化可以推断应变率。因此，在 GPS 出现之前，很多断层大地测量学研究都利用三角测量来研究震间应变积累速率。

尽管这个例子显示的是走滑断层(易于图示)，类似方法可用于俯冲带的逆冲断层(图 4.5-14)。震间运动约等于长期板块运动和板块边界大地震的同震形变之差(如图 4.5-7 所示)。对走滑断层来说，震间运动发生在断层(名义上的板块边界)附近的边界带。模拟显示震间期闭锁断层上方大多数位置都以下沉和陆向运动为主，伴随着内陆隆起(图 4.5-14 下图)。在约等于海沟与闭锁断层末端之间距离的两倍后，垂向运动大幅衰减。

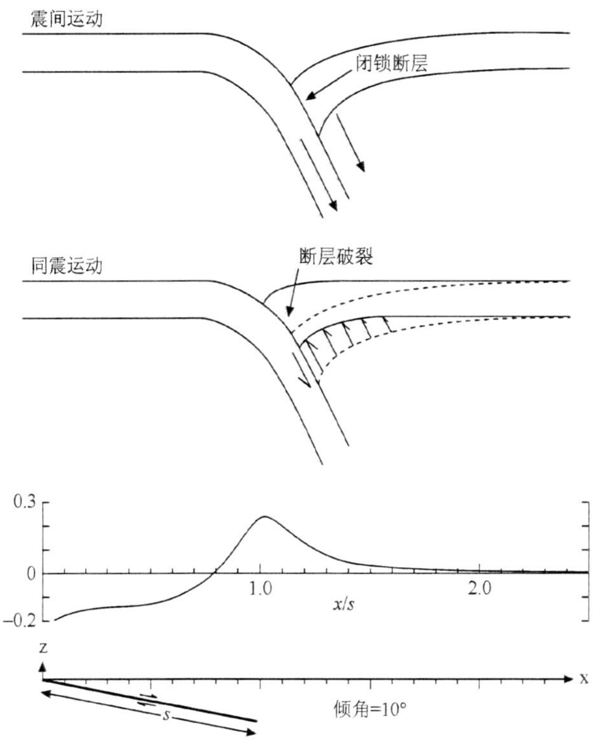

图 4.5-14　上图：俯冲带地震周期的两个阶段。下图：预测的俯冲带闭锁断层造成的震间期垂向运动。垂向运动归一化到闭锁板块的汇聚速率，且水平距离归一化到海沟和闭锁断层末端之间的距离。(Savage，1983，*J. Geophys. Res.*，88，4984-4996，版权归美国地球物理学会所有)

因此海沟附近的大地测量数据可以识别震间形变，并可用于俯冲带界面交互机制研究和未来大地震的研究。图 4.5-15 显示了相对于稳定北美板块内部的 1964 年阿拉斯加大地震破裂区附近一些位置的 GPS 速度(图 4.3-15)。区域以东的站点显示为北西向运动，与太平洋板块俯冲到北美板块以下的方向一致，这符合闭锁断层上覆板块预期的震间运动方向。运动随着与海沟的距离增大而向大陆方向快速衰减。这些数据及局部隆升与预期的震间运动相当一致(图 4.5-16)。然而，位于西边的站点向反方向朝着海沟运动，因此这可能显示为持续的震后运动。两个区域间的差异可能反映了大地震中复杂的滑动历史或板块界面不同部分表现出来的长期行为的差异。

总而言之，震间期内的大地测量数据可用于断层机制和对未来地震的研究。这已足够令人满意，因为地震周期可能长达数百年，一般需要等待很长一段时间才可能遇到给定断层上的某一段的大地震。换个角度来看，长时间的等待也有好的一面：大地测量速度的估算精度越来越高。考虑测量一个基准点的运动速度 v，它从位置 x_1 开始，在时间 T 到达 x_2。如果位置的不确定性由它的标准差 σ 给出，第 6 章中讨论的误差传递关系［式(6.5-18)］显示：

$$v=(x_1-x_2)/T,\ 隐含\ \sigma_v=\sqrt{2}\sigma/T \tag{4.5-8}$$

其中，σ_v 为推断速率的不确定性。时间越久(测量间隔越长)，速度不确定性越小，即使数据精度没有提高。因此，较老的大地测量数据(如 1906 年旧金山地震后测得的数据)也有很大的价值，即使它们比现代的数据有更大误差。

大地测量数据显示了闭锁位置滑动量积累的速率，因此暗示了未来大地震时可能的最大滑动量(也取决于发生时间)。相反，也可以由过去的地震记录，假定未来地震的同震滑动量来估算未来地震的发生时间。然而，正如 1.2 节所述，大地震的变化因素太多以至于通过类似方法来预测地震的尝试还从未成功过。

在一些地方，大地测量数据显示闭锁断层上的滑动积累速率比远场运动速率要小。对于所讨论的圣安德烈斯断层，这种差异似乎可归因于板块运动被不同的断层所吸收。在另一些地方，这种差异被认为是由于板块边界的一部分以无震滑动或蠕滑(或称“静地震”)形式发生，因此不利于应变积累以产生大地震。如第 5 章所述，很多板块边界上的相当一部分运动以无震的方式发生，这同样是历史地震研究的启示。这种无震断层蠕动在许多地区的大地测量数据中可以观测到。

地震的地震矩是断层面积、同震滑动量和刚性模量的乘积，因此断层宽度及滑动量积累速率可以帮助研究闭锁断层在未来地震中可能释放的最大地震矩。圣安德烈斯断层数据(图 4.5-13)表明垂直断层闭锁深度约在 20km 处，接近于小地震的最大深度以及大地震中破裂沿断层分布推断出的最深底界面。如 5.7 节所述，这个深度通常与岩石强度和摩擦系数相关，它表明深于 20km 的岩石较为软弱，弹性应变能以稳定的蠕滑形式释放不会积累而产生地震。阿拉斯加的情形非常不同，因为板块交界面倾角较低(图 4.5-16)，所以相同深度范围内的可积累应变能的断层面积较大。因此，正如 4.6 节所述，最大的地震发生在低倾角俯冲带，并且比转换边界地震要大得多。

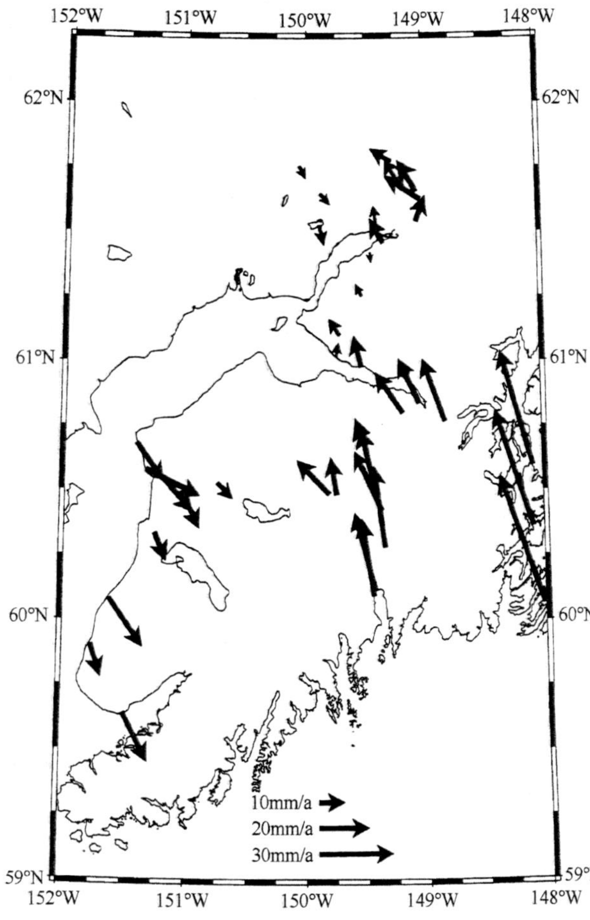

图 4.5-15 1964 年阿拉斯加大地震破裂区附近一些站点上相对北美板块的 GPS 速度。东部的站点沿板块汇聚方向运动，与震间运动预期一致，而西部站点沿相反方向运动。(Freymueller et al.，2000，*J. Geophys. Res.*，105，8079-8101，版权归美国地球物理学会所有)

然而，无论是哪种环境，很难判断整个闭锁区域积累的能量在一个大地震中全部释放，还是部分能量以地震的形式释放，而剩余部分以非震的形式释放。

目前还没有一个完整周期的、高质量的地震大地测量数据，这种数据与地震学结合对地震周期的详细研究更少。因此对于可能的时变现象，比如震后滑动，或地震造成的附近断层或同一断层不同部分的短时性影响，我们知之甚少。这些问题的解决尚需时日。

可以直观地将地震周期应变能的积累和释放视为断层的“滑动预算”，可以与个人理财进行类比。给定固定收入(板块运动)，一些钱会立即花费掉(即无震滑动)；有一些会节省下来(有震滑动)。节省的钱用于购买大型产品(地震)，其消费速率取决于个别产品的价格(同震滑动量)，以及相关产品的维护费(震后滑动)和收入速率(闭锁滑动积累速率)。因此，尽管对未来大型产品的采购时间有大体上的估算，但是实际日期取决于价格上不可预测的变化(地震大小的随机性)和超出稳定收入和常规开销之外的且不可预测的储蓄变化，比如购买礼物或其他不可预期的花费(其他地震的作用)。因此，即使在这样的简单类比中，地震周期的复杂性也可见一斑。

4.6 震源参数

4.6.1 震级和矩震级

到目前为止本章讨论了用地震辐射的地震波来研究震源几何形状和震源深度。虽然用地震波研究实际震源过程有一定的局限性，但对于大多数地震来说，在简单断层几何形状和震源模型假设下估算出的参数与其他数据及地质推断的结果基本一致。在此基础上可以利用地震波来进一步研究断层的活动过程。

实际上，即使在震源机制研究之前，除了地震定位之外的第二个任务就是量化地震大小，一方面为了科学研究，另一方面也讨论对社会造成的影响。第一个引入的量是震级，它基于地震波形振幅计算得到，其基本原理为：经几何扩散以及介质衰减校正后，波形振幅反映了地震大小。因此震级大小的一般形式为

$$M = \lg(A/T) + F(h, \Delta) + C \qquad (4.6\text{-}1)$$

其中，A 为信号振幅；T 为主周期；F 为振幅随地震深度 h 及与地震计距离 Δ 相关的校正项；C 为区域

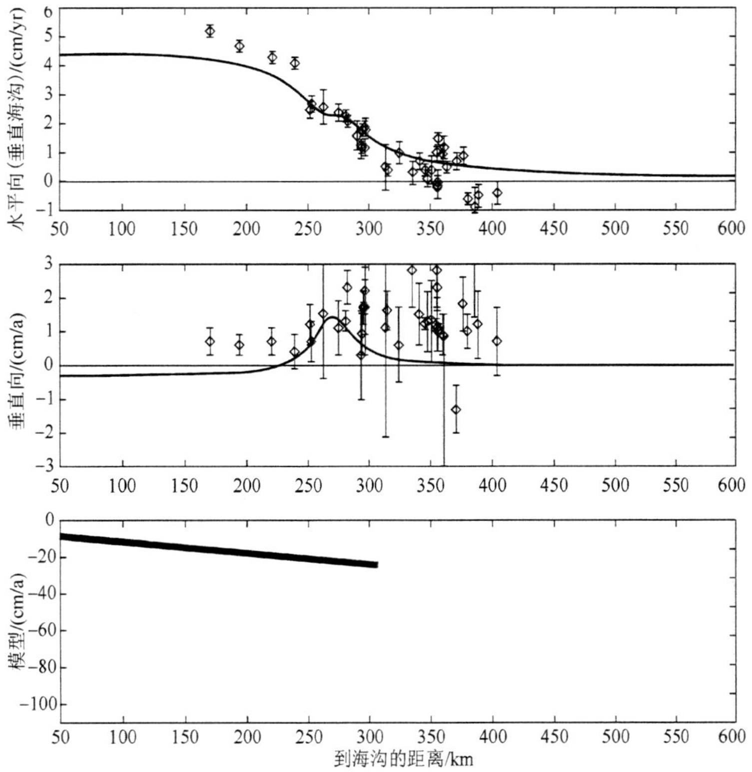

图 4.5-16 图 4.5-15 中东部台站相对于北美板块的水平(上图)和垂直(中图)GPS 速度剖面。观测数据与基于闭锁断层模型(下图)预测的速率有一定相似性。注意垂直 GPS 数据的不确定性比水平数据的更大。(Freymueller et al., 2000, *J. Geophys. Res.*, 105, 8079-8101, 版权归美国地球物理学会所有)

比例因子①。因为震级大小用对数表示，所以增加一个单位，如震级“5”到“6”，对应着地震波振幅增加 10 倍。可测量的震级变化超过 10 级②，因为地震计测量的位移跨度超过 10^{10} 倍。

最早的震级大小公式由 Charles Richter 在 1935 年根据美国南加利福尼亚州地震导出。该震级也称为地方震级 M_L，通常也称为“里氏震级”。图 4.6-1 显示用 Wood-Anderson 地震仪测量的振幅来确定 M_L 的方法。测量最大震相(通常是 S 波)的振幅并且校正震源和接收点之间的距离，该距离可由 P 波和 S 波到时差给出。里氏震级公式为

$$M_L = \lg A + 2.76\lg \varDelta - 2.48 \qquad (4.6\text{-}2)$$

该公式定义了南加利福尼亚州的地震震级，是假定仪器周期为 0.8s 及近似恒定(浅源)震源深度时［式(4.6-1)］的一种特殊形式，其中，震中距离单位为 km。里氏震级最初的形式已不再使用，因为大多数地震并不发生在加州并且 Wood-Anderson 地震仪也很少见。然而，地方震级有时仍会有用，因为许多建筑的共振频率在 1Hz 左右，接近 Wood-Anderson 地震仪的主频率，因此 M_L 对于一个地震可能造成的建筑破坏通常是一个很好的指示。

随着时间的推移，不同的地方及全球震级公式不断出现。对全球研究，最主要两个为体波震级 m_b 和面波震级 M_S。m_b 基于体波初始部分测得，通常是 P 波，利用公式：

$$m_b = \lg(A/T) + Q(h, \varDelta) \qquad (4.6\text{-}3)$$

其中，A 为移除地震计响应后的地面运动振幅，单位为 μm；T 为波的周期，单位为 s；Q 是一个取决于距离和震源深度的经验项。该公式可以用于全球平均或某个特殊区域，如图 4.6-2 所示。m_b 的测量取决于使用的地震计和所测量的地震波。通常在实践中，美国使用最初 5s 的记录和低于 3s 的周期，通常约为 1s，地震计具有约 1s 的峰值响应。m_b 适用距离可远至 100°，超过该距离地核衍射对地震波振幅会有较复杂的影响。

面波震级 M_s 利用面波的最大振幅测量(0 到峰值)：

$$M_s = \lg(A/T) + 1.66\lg \varDelta + 3.3 \quad 或$$
$$M_s = \lg A_{20} + 1.66\lg \varDelta + 2.0 \qquad (4.6\text{-}4)$$

其中，第一个公式是通用形式，第二个是针对周期为

① 用符号“lg”表示 $\log_{10}$，“ln”表示自然对数 $\log_e$。

② 对非常小的位移，震级可以为负：震级－1 的地震可能对应于一次锤击。

20s 左右的瑞利波振幅，它通常具有最大振幅。在这些关系中，A 为移除地震计影响后的地面运动振幅，μm；T 为波的周期，s；Δ 为距离，(°)。

就地震大小的测量来说，震级具有两个主要优势。首先，它们直接由地震图测得，未经过复杂的信号处理。其次，它们是较为直观的数量级为个位数的数字：震级 5 为中等地震，震级 6 为强震，7 为大震，8 为特大震。

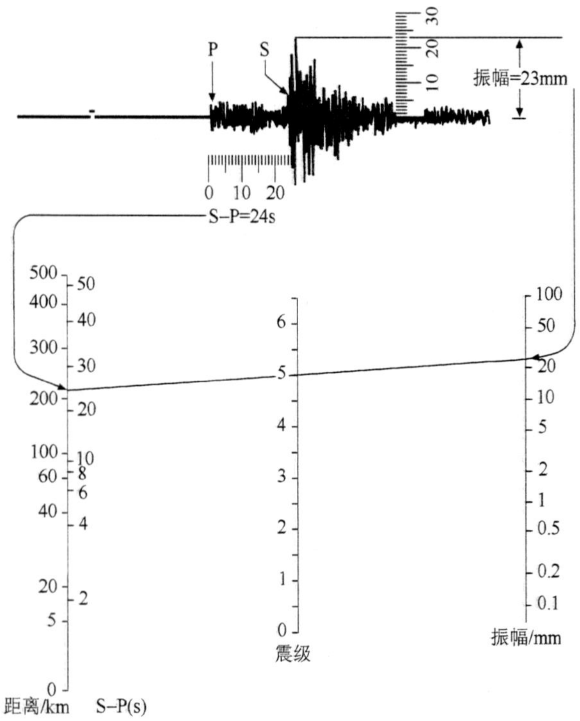

图 4.6-1 近震震级 M_L，也称里氏震级。该震级由最大的震相振幅及 S-P 走时差异得到。在该例子中，最大振幅为 23mm，S-P 到时差为 24s，得到 $M_L = 5.0$。(根据 Bruce A. Bolt，1978，1988，1993，*Earthquakes*，经 W. H. Freeman and Co.许可使用)

然而，震级有两个相互关联的局限性。第一个局限性是它们是完全经验性的，因此与地震物理特性没有直接联系。式(4.6-1)～式(4.6-4)甚至在维度上都不正确：对数的自变量应该为无量纲量，而这些表达式涉及位移与周期的比值。第二个局限性与振幅大小相关。震级估算会随方位角发生显著变化，这是由振幅辐射花样(4.3节)引起的。尽管这个困难可以通过求平均而适当降低影响，但不同的震级公式产生不同的测量值。同时，体波和面波震级并不能正确反映大地震震级。

表 4.6-1 对后两个影响显示较为清楚，该表给出了不同地震的震级，按增大的标量矩排序[①]。正如表中显示，m_b 和 M_s 差异明显。比圣费尔南多地震更大的地震，体波震级全部为 $m_b = 6.2$，即使地震矩增加了 2000 倍。相似地，比旧金山地震更大的地震面波震级 M_s 均约为 8.3，即使地震矩增加了约 400 倍。这个效应，称为震级饱和，m_b 大于～6.2 以及 M_s 大于～8.3 时经常出现。

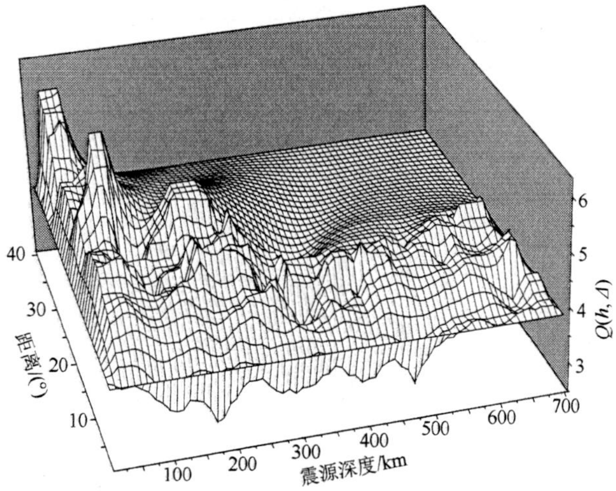

图 4.6-2 由临时部署的地震计记录的汤加地区地震的体波震级 m_b 导出的 P 波震级的 Q 项值。Q 项取决于震源深度和震中距。(Wysession et al.，1996，版权归美国地震学会所有)

表 4.6-1 中的地震震源参数部分显示在图 4.6-3 中，常用于研究与地震大小相关的问题。在此之前，有必要简单地讨论一下构造环境对地震大小的影响。除了智利地震外，所有这些地震反映了北美板块和太平洋板块之间宽阔边界带的形变(图 5.2-3)。圣费尔南多地震发生在洛杉矶地区盲逆冲断层上，类似于北岭地震(图 4.5-9 和图 4.5-10)。这些相对短的断层是边界区斜交走向断层的一部分，因此断层区往往大体上呈矩形。下倾的宽度受岩石状态控制：深于 20km 的岩石较为软弱，以稳定蠕滑为主，所以不能为未来地震积累弹性应变，这在断层锁定一节中有所讨论(4.5.4 节)。下一个相对较大的地震，洛马普列塔地震，发生在靠近圣安德烈斯断层或其中的一小段上(图 1.2-16)，因此是在一个长度稍长但宽度相当的断层上。旧金山地震导致圣安德烈斯断层破裂了很长一段且滑动量显著，但由于断层是垂直的，其宽度仍然较窄。因此 1906 年地震基本上代表了大陆转换带地震的最大震级。然而，阿拉斯加地震和智利地震具有大得多的破裂区，因为它们发生在低倾角逆冲界面上。如图 4.5-16 所示，这些断层的宽度可能长达数百公里，其上积累的弹性应变最终以地震的形式释放出来。如后文所述，

① 地震矩以 dyn·cm 或 N·m 为单位，1N·m = 10^7dyn·cm。

表 4.6-1　选定地震事件的震源参数

地震事件	体波震级(m_b)	面波震级(M_s)	断层面积(长×宽)	平均滑动量/m	地震矩(M_0)/(dyn·cm)	矩震级(M_w)
1966 年特拉基地震	5.4	5.9	10km×10km	0.3	8.3×10^{24}	5.9
1971 年圣费尔南多地震	6.2	6.6	20km×14km	1.4	1.2×10^{26}	6.7
1989 年洛马普列塔地震	6.2	7.1	40km×15km	1.7	3.0×10^{26}	6.9
1906 年旧金山地震		7.8	450km×10km	4	5.4×10^{27}	7.8
1964 年阿拉斯加地震	6.2	8.4	500km×300km	7	5.2×10^{29}	9.1
1960 年智利地震		8.3	800km×200km	21	2.4×10^{30}	9.5

越大的断层尺度意味着越大的滑动量，因此更大断层面积和滑动量的共同作用导致最大的地震往往发生在俯冲带而不是转换带。

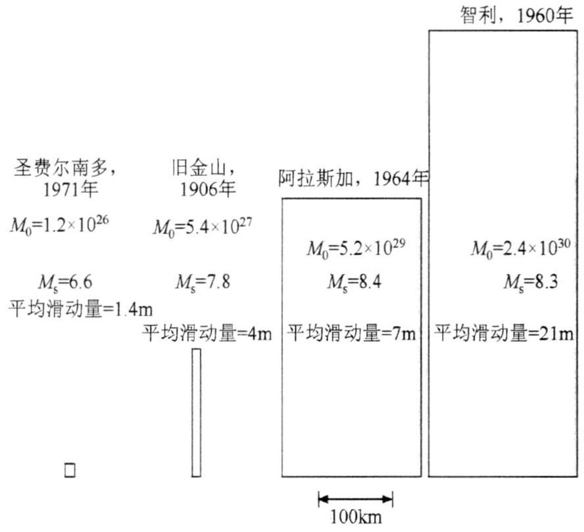

图 4.6-3　表 4.6-1 所列四个地震的标量矩、震级、断层面积和断层平均滑动量的对比。$M_w>8$ 的事件的 M_s 震级已经饱和，不再适用于地震大小的量度。

表 4.6-1 中估算的值都包含各种因素引起的相当大的不确定性，意识到这一点很重要。一是所使用的数学简化模型与实际地球的偏差会带来不确定性。例如，即使使用高质量的现代数据估算的洛马普列塔地震的地震矩相差约 25%，M_s 值相差约 0.2 个单位。二是估算方法变化多样。实际用于计算震级的方法随时间(注意 1964 年以前的地震没有 m_b 值)的推移而存在各种各样的变化。历史地震的不确定性尤其大。例如，对 1906 年旧金山地震的断层长度估算从 300km 变化到 500km，M_s 估算为 8.3，但是现在认为约为 7.8，断层宽度基本上未知，只能由比较近期的地震和大地测量数据进行推测。三是不同方法(体波、面波、大地测量、地质学)可能得出不同的估算。四是所显示的断层尺度和位错都是整个断层上的平均值，实际量可能沿断层有显著变化(图 4.5-10)。因此，不同的研究可能会得出不同的且有时相互冲突的结果，取决于哪些参数是由数据直接估算而来，哪些参数是假定的，以及哪些是结合了其他数据推断出来的。例如，地震矩、滑动量和断层尺度之间的关系取决于刚性模量(通常对浅源地震为 $3\times10^{11}\sim5\times10^{11}$dyn/cm^2)。即使如此，这些数据也足够展示一些我们感兴趣的基本特征。

基于 4.2 节和 4.3 节讨论的体波和面波振幅，我们可以理解这些效应——实际上在这些震级公式被提出之前地震学家们并不了解这些振幅信息。前面已经提到，振幅取决于标量矩、地震计相对断层的几何方位、与震源的距离以及震源深度。同时，由于震源时间函数的时间长度有限，该时长取决于断层尺度和起震时间，所以振幅也随频率变化。如后文所述，振幅随频率变化可以解释不同震级的差异以及为什么震级会达到饱和。

首先需要了解简单适用的基于地震矩的震级，即矩震级：

$$M_w=\frac{\lg M_0}{1.5}-10.73 \tag{4.6-5}$$

其中 M_0 单位为 dyn·cm。矩震级有几个优点。它给出了一个直接与地震震源过程相联系的震级，且该震级不会饱和。同时，其数量级为 1 阶而与其他震级公式兼容并保留了震级公式的简洁性。正如随后将看到的，M_w 与 M_s 基本一致，但 M_s 在 8.2 左右达到饱和，而 M_w 可以继续增加。有记录的最大地震，即表 4.6-1 所列的 1960 年智利地震，其矩震级 $M_w=9.5$。矩震级已经成为大地震震级的常规参数。M_0(及其导出的 M_w)的计算对地震图的依赖要比 m_b 或 M_s 强得多。然而，半自动化的程序，如哈佛大学 CMT 计划或类似的区域分析计划可以快速地计算大多数超过 $M_w=5$ 的地震的矩震级。

4.6.2　震源谱和标定律

地震矩和各种震级的关系与地震波谱密切相关。

4.3.2 节显示地震波依赖于地震产生的标量矩和震源时间函数的乘积。一个简单模型将震源时间函数视为两个“方波”时间函数的卷积，这两个方波对应于有限断层长度及断层上任意点有限的上升时间。震源时间函数的傅里叶变换为方波函数傅里叶变换的乘积。

权重为 $1/T$、长度为 T 的方波的傅里叶变换为

$$F(\omega)=\int_{-T/2}^{T/2}\frac{1}{T}e^{i\omega t}dt=\frac{1}{Ti\omega}(e^{i\omega T/2}-e^{-i\omega T/2})=\frac{\sin(\omega T/2)}{\omega T/2} \tag{4.6-6}$$

这个函数，有时写作 $\text{sinc}(x)=(\sin x)/x$，在信号滤波中很常见。在 2.5.10 节，平面波的一部分通过狭缝衍射产生的波形振幅就是 sinc 函数。在 6.3 节，时间序列的截断对波谱的影响也可以用 sinc 函数表示。这里，sinc 函数意味着震源脉冲的时间长度是有限的。

因此，震源信号的振幅谱为地震矩和两个 sinc 项的乘积：

$$|A(\omega)|=M_0\left|\frac{\sin(\omega T_R/2)}{\omega T_R/2}\right|\left|\frac{\sin(\omega T_D/2)}{\omega T_D/2}\right| \tag{4.6-7}$$

其中，T_R 和 T_D 分别为破裂和上升时间。通常利用式(4.6-7)的对数：

$$\lg A(\omega)=\lg M_0+\lg[\text{sinc}(\omega T_R/2)]+\lg[\text{sinc}(\omega T_D/2)] \tag{4.6-8}$$

一个有用的近似是当 $x<1$ 时，$\text{sinc}(x)=1$，$x>1$ 时，$\text{sinc}(x)=1/x$，如图 4.6-4(上)显示。在这个近似下，$\lg|A(\omega)|$随 $\lg\omega$ 变化可分为三部分，相对于不同的频率范围(图 4.6-4，下图)。假定 $T_R>T_D$，则有

$$\lg|A(\omega)|=\begin{cases}\lg M_0, & \omega<2/T_R\\ \lg M_0-\lg(T_R/2)-\lg\omega, & 2/T_R<\omega<2/T_D\\ \lg M_0-\lg(T_RT_D/4)-2\lg\omega, & \omega>2/T_D\end{cases} \tag{4.6-9}$$

该式被拐角频率 $2/T_R$ 和 $2/T_D$ 分为三个区域。频率低于第一个拐角的谱是平的，两个拐角频率之间为 ω^{-1}，高频部分按 ω^{-2} 衰减。因此震源谱被参数化为三个因子：地震矩、上升时间和破裂时间。除此之外，还有其他震源谱模型。第三个拐角频率可以添加进这个模型，表示断层宽度的影响。在高频部分按 ω^{-3} 变化。其他模型包括单一拐角频率(图 4.6-4 下图中的虚线)将上升时间和破裂时间的影响结合起来。对观测地震谱的解释一定程度上取决于选取的震源模型。

为弄清震源谱随地震大小的变化，首先注意在低频 $\omega\to0$ 处地震矩是谱振幅的比例因子，这就是它被称为“静态矩”的原因。静态矩定义为震源深度处的刚性模量 μ、断层平均滑动(或位错) $\bar{D}$ 和断层面积 S 的乘积。断层面积可以用形状因子 f 和尺度 L 的平方来表示，因此：

$$M_0=\mu\bar{D}S=\mu\bar{D}fL^2 \tag{4.6-10}$$

对于大地震，断层通常被近似为矩形，所以 L 是长度，f 是宽度与长度比值。另一个常见的断层模型将断层视为圆盘，L 为半径，$f=\pi$。

破裂时间［式(4.3-8)］为破裂沿断层的传播时间，可近似为

$$T_R=L/v_R=L/(0.7\beta) \tag{4.6-11}$$

这里假定破裂速度为 S 波速度的 0.7 倍。断层上任意点的位错达到最大值所需的上升时间约等于

$$T_D=\mu\bar{D}/(\beta\Delta\sigma)=16Lf^{1/2}/(7\beta\pi^{1.5}) \tag{4.6-12}$$

其中，$\Delta\sigma$ 为地震中的应力降，随后将进一步讨论这一物理量。假定剪切波速度约为 4km/s，从式(4.6-11)和式(4.6-12)可近似得到：

$$T_R=0.35L,\quad T_D=0.1Lf^{1/2} \tag{4.6-13}$$

表 4.6-1 显示特拉基和圣费尔南多地震所在的断层近似方形($f=1$)，对洛马普列塔和阿拉斯加地震 $L\approx2W$，或 $f\approx0.5$；旧金山地震发生在一条 $L\gg W$ 的长而窄的断层上，或 $f<0.1$。因此，对这些地震以及圆形断层，$T_R>T_D$，如图 4.6-4 所示。

如后文所述，地震应力降基本上独立于地震矩，意味着滑动长度与断层长度成比例。因此，对给定应力降，可以计算各种地震矩和断层长度的地震谱(图 4.6-5)。结果显示 m_b 和 M_s 会有差异，且这两种震级大小会饱和。由于断层长度增加，地震矩、破裂时间和上升时间也增加，因此拐角频率向左移动到较低的频率。标量矩 M_0，其确定了零频率的大小，随地震变大而增加。然而，面波震级 M_s 利用的是周期 20s 的振幅，所以依赖于该周期的谱振幅。对于地震矩小于 10^{26}dyn·cm 的地震，周期 20s 位于谱的平坦部分，因此 M_s 随着地震矩的增加而增加。然而，对于更大地震矩，20s 位于第一个拐角频率的右边，M_s 并不与地震矩以相同的速率增加。一旦地震矩超过约 5×10^{27}dyn·cm，20s 位于第二个拐角频率的右边，位于谱的 ω^{-2} 部分。因此面波

震级在大约8.2处饱和，即使地震矩增加。以周期为1s的体波振幅计算的体波震级有相似的效应。因为这个周期短于测量M_S的主周期20s，m_b饱和在一个更低的地震矩(约为10^{25}dyn·cm)，所以即使是大很多的地震，体波震级总保持在6左右。其他在特殊频率测得的震级大小也有相似的饱和效应。

图4.6-6基于不同地震数据用另一种方式显示了震级饱和现象。对于约大于10^{28}dyn·cm的地震，逐步增大的断层面积以及对应的地震矩，M_S达到饱和。所以，对于非常大的地震，M_S测得的震级并不合理。基于这个原因，一般用矩或矩震级来描述大地震。

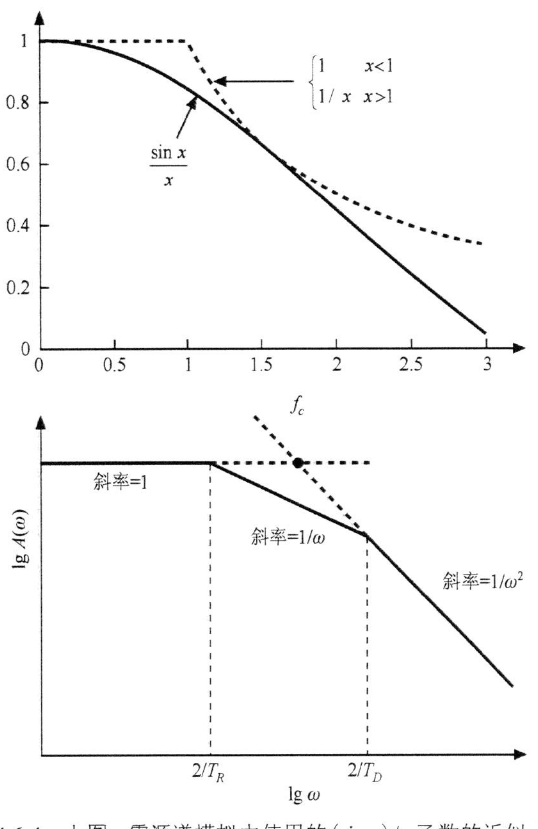

图4.6-4 上图：震源谱模拟中使用的(sin x)/x函数的近似。下图：地震的理论震源谱模拟为斜率为1、ω^{-1}和ω^{-2}三个频段，划分三个区域的角频率对应于破裂时间(T_R)和上升时间(T_D)。另一个常用的近似只需要一个单独的拐角频率f_c，位于震源谱第一和第三段延长线的交点上。平坦部分延伸到0频率，即得到M_0。

这些效应可以用不同震源参数间的理论比例关系来描述。图4.6-6显示了图4.6-5所使用的经验比例关系。在假定数据存在不确定性，以及导出这些关系式而使用的必要的简化前提下，这些经验比例关系与数据拟合得较好。表4.6-2介绍了这些比例关系以及m_b和M_S的关系式。尽管在这些关系中具体的数值是近似的，但是数据中大的趋势拟合得较好，因此这些经验比例关系也是有用的。它们揭示了震源参数间有价值的联系，并且可以用于估算尚未发生的地震的震源参数，或者估算未知的感兴趣的参数。

解决这些问题的另一个方法是从大量地震数据中拟合出震源参数间的经验回归关系(图4.6-7)。尽管这些关系并不能用于探索参数间的理论关系，如震级饱和，但是可以用作过去以及未来地震的有效推论。例如，这些回归关系暗示了100km长断层上地震的平均滑动约为2m，M_W约为7.4，而一个10km长断层上可以期望的滑动约为0.3m而M_W约为6.2。这些标定关系估计值是一个平均值。例如，100km长的断层上出现10m的滑动是少见的，但如果滑动量是1m或4m的话，则不足为奇，接近预期的平均值。

表4.6-2 地震比例关系

m_b和M_s的关系	
$m_b = M_s + 1.33$	M_s<2.86
$m_b = 0.67M_s + 2.28$	2.86<M_s<4.90
$m_b = 0.33M_s + 3.91$	4.90<M_s<6.27
$m_b = 6.00$	M_s<6.27
假定$L = 2W$，M_s和断层面积S的关系	
$\lg S = 0.67M_s-2.28$	M_s<6.76
$\lg S = M_s-4.53$	6.76<M_s<8.12
$\lg S = 2M_s-12.65$	8.12<M_s<8.22
$M_s = 8.22$	S>6080km^2
假定应力降50bar，$\lg M_0$(dyn·cm)和M_s的关系	
$\lg M_0 = M_s + 18.89$	M_s<6.76
$\lg M_0 = 1.5M_s + 15.51$	6.76<M_s<8.12
$\lg M_0 = 3M_s + 3.33$	8.12<M_s<8.22
$M_s = 8.22$	$\lg M_0$>28

资料来源：Geller(1976)。

4.6.3 应力降和地震能量

地震中的滑动量、断层尺度以及地震矩之间的关系与地震所释放的应力大小(或应力降)有紧密联系。如4.5.4节所述，地震释放了断层附近随时间积累的应变能，因此辐射的地震波可用于估算应力变化。

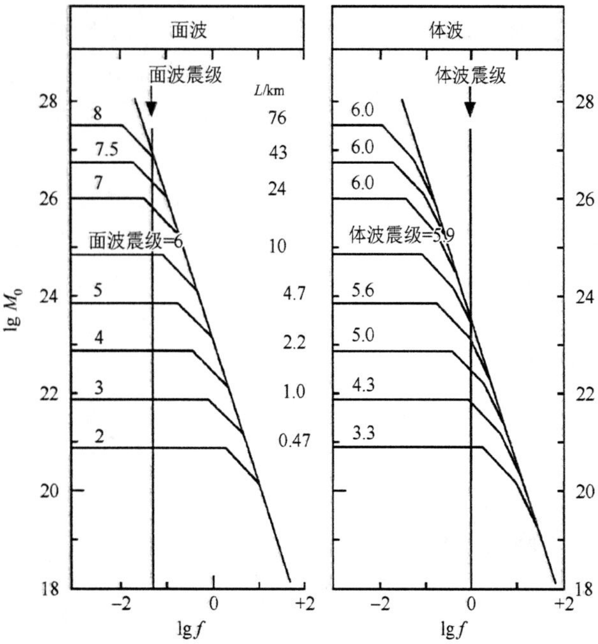

图 4.6-5 面波和体波的理论震源谱。在频率低于拐角频率 ω^{-2} 处，二者是完全相同的。该模型包含了断层宽度对应的拐角频率，因此在高频包括 ω^{-3} 部分。m_b 反映了周期 1s 的振幅，对地震矩约大于 10^{25}dyn·cm 的地震，震级饱和在 6 左右。M_s 在周期 20s 测得，地震矩约大于 5×10^{27}dyn·cm 时，震级饱和在 8 左右。x 轴为频率(Hz)而不是角频率(ω)。(Geller，1976，版权归美国地震学会所有)

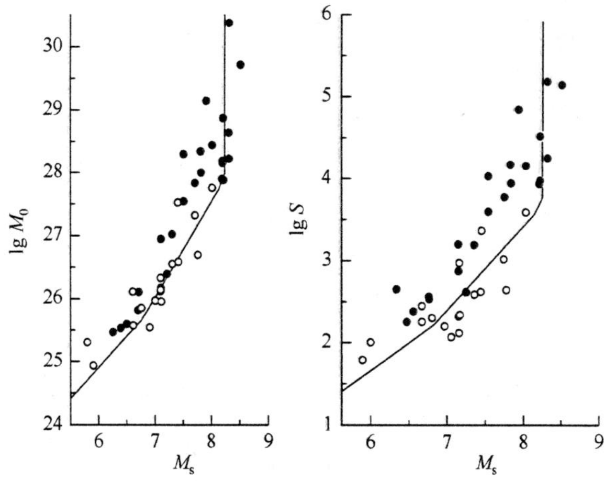

图 4.6-6 M_s 随 lg M_0 及 M_s 随断层面积(S)的对数的变化情况，显示了面波震级饱和。当地震矩和断层面积继续增加时 M_s 达到饱和。直线显示了表 4.6-2 中的经验公式的预测值。空心和实心圆分别代表板内和板间地震。(Geller，1976，版权归美国地震学会所有)

假定地震滑动 D，出现在长度 L 的断层上，其导致的应变为

$$\varepsilon_{xx}=\frac{\partial u_x}{\partial x}\approx\frac{\bar{D}}{L} \tag{4.6-14}$$

因此断层上的平均应力降约为

$$\Delta\sigma\approx\mu\bar{D}/L \tag{4.6-15}$$

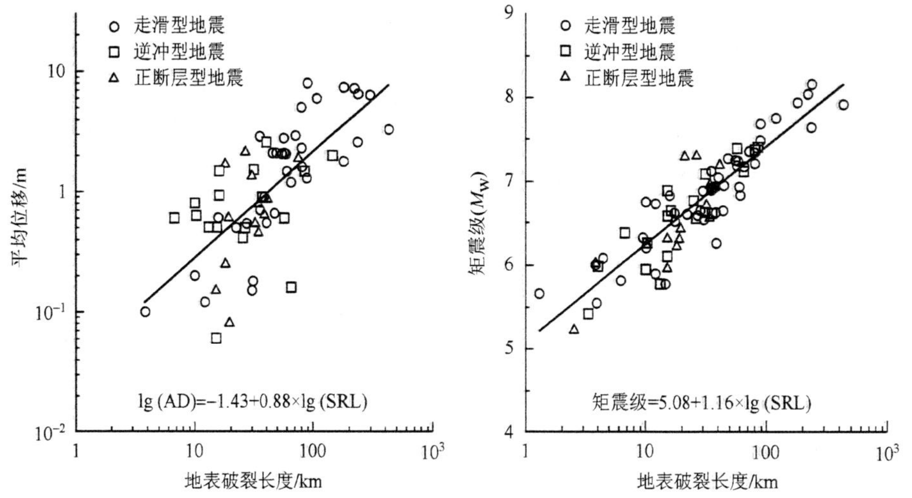

图 4.6-7 地震的平均滑动长度(AD)、断层长度(SRL)和矩震级(M_W)之间的经验关系。(Wells and Coppersmith，1994，版权归美国地震学会所有)

单从地震学观测的角度，约束最好的量是地震矩，因此我们一般用地震矩估算平均滑动：

$$\bar{D}\approx cM_0/(\mu L^2) \tag{4.6-16}$$

其中，c 为描述断层形状的因子。因此应力降与静态矩成正比，而与断层长度的立方或断层面积的 3/2 次方成反比：

$$\Delta\sigma=cM_0/L^3=cM_0/S^{3/2} \tag{4.6-17}$$

c 的具体关系和数值取决于断层形状和破裂方向。例如，半径为 R 的圆形断层上的应力降为

$$\Delta\sigma=\frac{7}{16}\frac{M_0}{R^3} \tag{4.6-18}$$

长度为 L、宽度为 w 的矩形断层上的走滑运动产生的

应力降为

$$\Delta\sigma = \frac{2}{\pi}\frac{M_0}{w^2L} \tag{4.6-19}$$

以及矩形断层上的倾滑滑动的应力降为

$$\Delta\sigma = \frac{4(\lambda+\mu)}{\pi(\lambda+2\mu)}\frac{M_0}{w^2L} \approx \frac{8}{3\pi}\frac{M_0}{w^2L} \tag{4.6-20}$$

其中最后一个近似假定 $\lambda = \mu$。

利用这些公式可以从观测的地震矩及推断出的断层尺度中估算应力降。如果从其他观测中知道断层尺度，这个估算更加直接。例如，1964 阿拉斯加大地震的断层面积可以结合余震面积，用面波计算震源的有限尺度(图 4.3-15)，以及大地测量等数据一起得到。因此根据表 4.6-1 中的值并假定 $\lambda=\mu$ 时，利用式(4.6-20)可以估计出平均应力降为

$$\Delta\sigma = \frac{8}{3\pi}\frac{5.2\times10^{29}\,\text{dyn}\cdot\text{cm}}{9\times10^{14}\,\text{cm}^2\times5\times10^7\,\text{cm}} \approx 10^7\,\text{dyn/cm}^2 = 10\text{bar} \tag{4.6-21}$$

如果不能独立获得断层尺度，估算应力降会更困难。一个方法是利用震源谱来识别拐角频率并估算破裂时间以及断层尺度。图 4.6-8 利用发生在墨西哥下方俯冲带 165km 深的 M_W 7.1 级地震来说明这点。震源谱类似于图 4.6-4 中的单拐角频率模型。假定破裂速度为 3km/s，且断层形状为环形，得到破裂的持续时间约为 22s，应力降约为 65bar①。谱的低频部分给出标量矩约为 5.2×10^{26}dyn·cm，与其他研究发现的 4.6×10^{26}dyn·cm 和 7.1×10^{26}dyn·cm 的差异在合理的可接受范围。

在许多情况下震源谱并不直接适合于拐角频率分析。图 4.6-8 中地震足够深，直达波谱没有被后至的地表反射干扰，因而可以直接使用。然而，对于浅源地震，P、pP 和 sP 经常重叠(图 4.3-7)，产生非常不同于震源函数的混合谱。图 4.6-9 显示了一个浅源地震的这种效应。如图所示，不同台站震源谱变化显著，这归因于振幅随方向的变化以及反射震相的振幅影响，因此不能用于估计拐角频率或地震矩。这个困难可以通过模拟包括自由表面的反射体波来解决，并通过匹配观测波形来估算震源时间函数持续时间。给定一个持续时间和一个假定的断层几何形状，进一步估算断层长度和应力降同利用拐角频率的方式一致。

① 应力降以 bar(1bar = 10^6dyn/cm²)或 MPa 为单位(1Mpa = 10bar)。

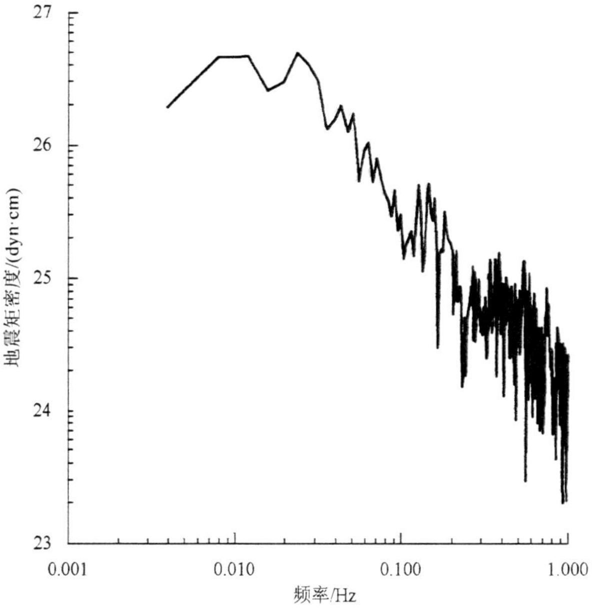

图 4.6-8 墨西哥的恰帕斯州(Chiapas)附近 1995 年 10 月 21 日地震的 P 波振幅谱，通过平均全球分布的宽频带地震记录得到。(Rebollar et al., 1999，版权归美国地震学会所有)

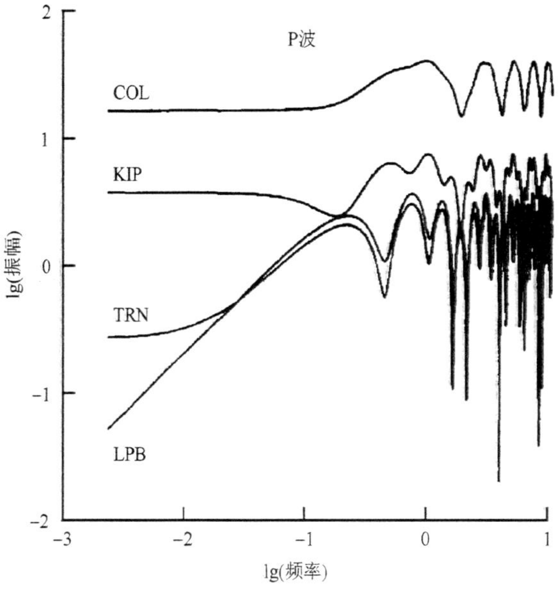

图 4.6-9 不同台站的浅源(震源深度约 8km)地震理论谱。由于自由表面影响，震源谱与图 4.6-4 中理论震源谱明显不同。(Langston, 1978, *J. Geophys. Res.*, 83, 3422-3426，版权归美国地球物理学会所有)

这些例子表明估算断层尺度和应力降是很有挑战性的，不论是在时间域内的正演或波形反演，还是在频率域都是如此。首先，参数的估算精度不够高，即使是图 4.6-8 中所显示的高质量数据所估算的拐角频率亦是如此。从拐角频率或震源时间函数推

断震源尺度时对破裂速度和断层几何形状的假定进一步增加了估算的不确定性。同时，估算的应力降取决于 $1/L^3$，因此断层尺度中的不确定性导致$\Delta\sigma$中巨大的不确定性。图 4.6-10 显示持续时间不同的震源时间函数的合成 P 波说明了这一点。如图 4.6-10 所示，地震图仅对震源时间函数有中等程度的依赖。然而，震源时间函数持续时间的细小差异导致更大的应力降差异，即使使用了相同的破裂速度和断层几何形状。

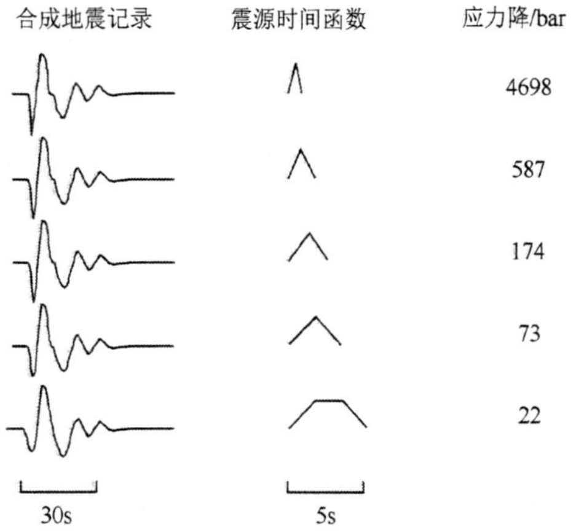

图 4.6-10　不同震源时间函数的合成地震图以及相应推断出的应力降。震源时间函数持续时间的较小变化引起应力降的较大变化。(Stein and Kroeger，1980，经美国机械工程师协会许可重制)

值得思考的问题是：一个量的不确定性与相关系数的不确定性之间的联系是什么？比如基于假定模型，利用数据估算出多个参数，然后联合这些参数推算出应力降。在 6.5.1 节中，一个常见方法是利用误差传递关系［式(6.5-19)］结合参数偏导数与参数估算误差进行计算。假定断层长度［式(4.6-17)］等于破裂速度和破裂时间的乘积，那么应力降为

$$\Delta\sigma = f(c, M_0, v_R, T_R) = cM_0/(v_R T_R)^3 \qquad (4.6\text{-}22)$$

因此应力降标准差，或不确定性可近似为

$$\sigma_f^2 = \sigma_c^2\left(\frac{\partial f}{\partial c}\right)^2 + \sigma_{M_0}^2\left(\frac{\partial f}{\partial M_0}\right)^2 + \sigma_{v_R}^2\left(\frac{\partial f}{\partial v_R}\right)^2 + \sigma_{T_R}^2\left(\frac{\partial f}{\partial T_R}\right)^2 \qquad (4.6\text{-}23)$$

计算参数偏导数以及各参数的不确定性来估算应力降的不确定性。例如，可以假定地震矩、破裂时间和破裂速度的不确定性约为 25%。如式(4.6-18)～式(4.6-20)所示，不同模型给出不同断层的形状因子，并且可以用不同方法估算拐角频率，因此如果没有其他断层几何形状信息，c 的不确定性至少为 50%。依赖于所使用的值，应力降估算的精度通常会有 2 或 3 倍的差异。至于准确度，即该值与断层物理过程的接近程度则很难评估，因为震源时间函数的形式以及它与其他震源参数的关系是基于简单震源模型导出的。因为不清楚该模型是否很好地描述了真实的断层活动，因此应力降最多被视为震源谱的表征之一，而不要过多地进行震源物理方面的解读。

尽管有这些困难，如图 4.6-11 所示，研究中发现地震应力降一般为 10～100bar。应力降对 5 个数量级的地震矩的变化基本上是恒定的，尽管在不同构造环境中会出现小的差异。板块间地震的应力降平均值约为 30bars，而板内地震应力降有时会超过 100bar。

不同板块边界类型的地震之间看似也有差异。图 4.6-12 显示了 M_0/τ^3，地震矩与观测时间函数总持续时间(上升时间加破裂时间)的比率，与洋中脊、转换断层或板内地震之间的关系。该量大致与应力降成正比［式(4.6-22)］，并且可能比应力降对模型的依赖更小。对一个给定的 M_W，转换断层地震的比值似乎比洋中脊地震的更小，可能暗示了更低的应力降。

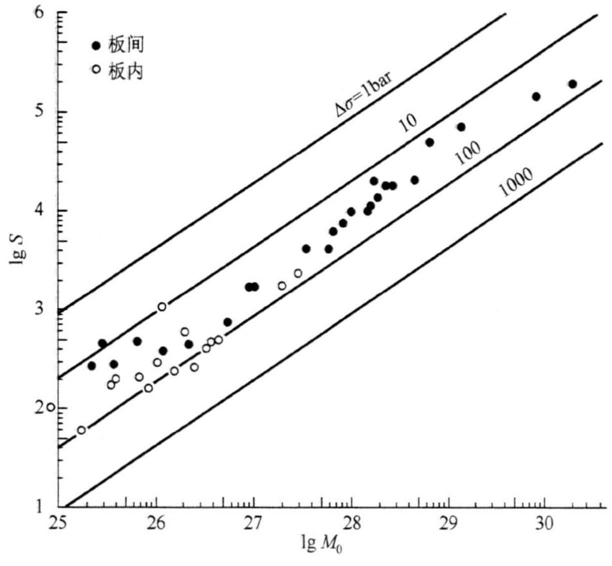

图 4.6-11　板间(板块边界)和板内(板块内部)地震的应力降。坐标轴分别为断层面积的对数和地震矩的对数。如式(4.6-17)所示，等应力降的直线斜率为 2/3。大多数地震的应力降为 $\Delta\sigma$ = 10～100bar，板内地震和板间地震分别趋向高值区和低值区。(Kanamori and Anderson，1975，版权归美国地震学会所有)

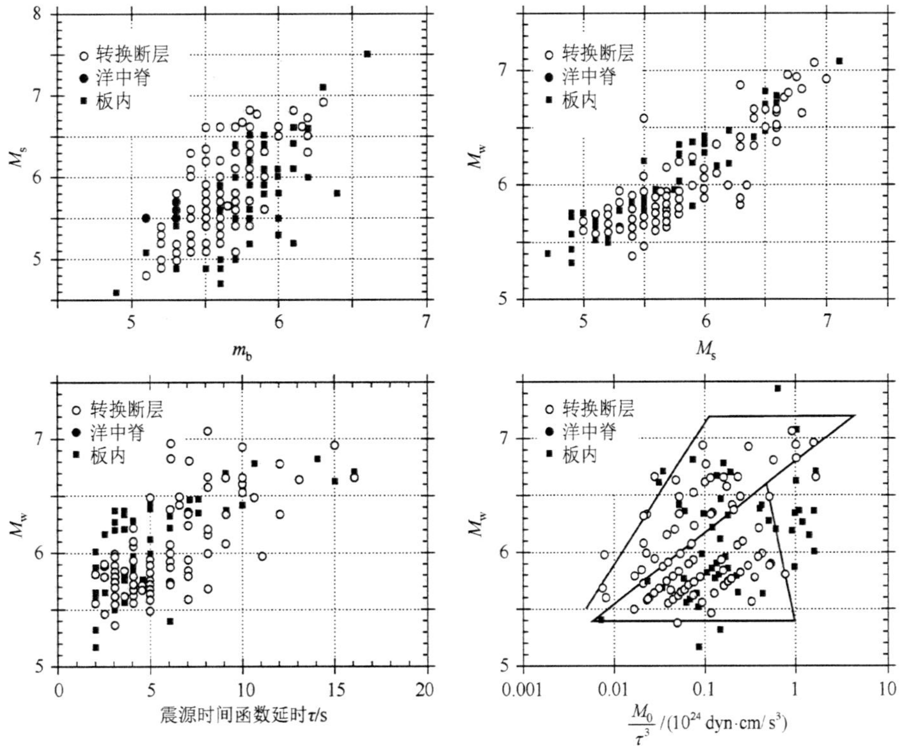

图 4.6-12　洋中脊、转换断层和板内地震的震源参数。转换断层地震具有相对更长的时间函数和更高的 M_s/m_b、M_w/M_s 和 M_0/τ^3 比值，意味着它们是“慢”地震，可能具有更低的应力降。(Stein and Pelayo，1991，经伦敦皇家学会许可重绘)

也可以利用不同震级来研究能量随频率的变化。对比洋中脊地震，转换断层地震通常具有相对大的 M_s/m_b 以及相对大的 M_w/M_s 比值，表明地震波能量在长周期相对更大。能量集中在长周期的地震被称为“慢”地震。慢地震在不同环境中均会出现。例如，发生在水下适当位置和特定断层形状的慢地震可能造成非常大的海啸(1.2.4 节)，而这些海啸不能被基于实时评估 m_b 或 M_s 的海啸预警系统探测到。

m_b、M_s 和 M_w 间的差异可能反映了应力降差异。图 4.6-13 利用相同地震矩的地震理论震源谱来说明这点。对一个给定的地震矩和断层形状，式(4.6-17)显示低应力降对应着更大断层尺度，因而有更长的时间函数和更小的拐角频率。因此，具有相同破裂速度的两个地震，更低应力降的地震具有更小的高频波，因而 M_s 和 m_b 更小。更慢的破裂速度对于给定断层尺度的地震同样对应着更长的时间函数，因而具有相似效应。当破裂速度可以由子事件之间的相对时间推断时，如图 4.3-11 或图 4.5-11 所示，则可以区分这两种情况。

因此应力降既表征了震源谱，也进一步揭示了断层的物理性质。从震源谱来看，地震震级会出现饱和是因为应力降随着地震矩的增加本质上接近常数，所以滑动量对断层长度的比值接近恒定。所以标量矩更大的

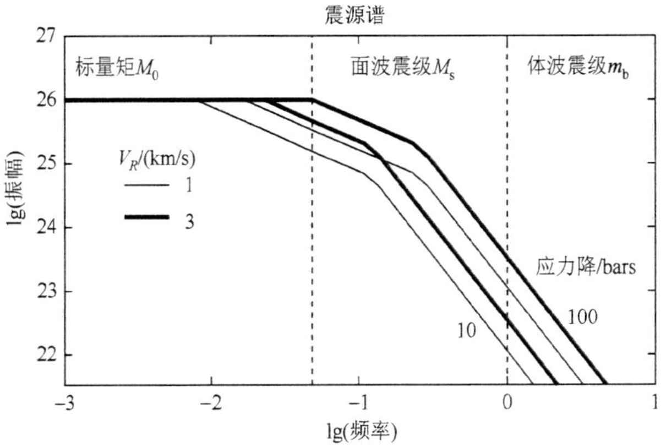

图 4.6-13　相同地震矩和断层形状的地震的理论震源谱。对相同破裂速度的每一对震源谱，左边曲线对应于较低应力降，更大断层尺度，因此有更长的时间函数和更小的拐角频率。该地震具有更少的高频能量和更低的 M_s 和 m_b，被称为慢地震。更慢的破裂速度会有相似效应。x 轴为频率(Hz)而不是拐角频率(ω)。

地震具有更长的断层长度以及更低的拐角频率。从断层机制的角度看，滑动量与断层长度的比值保持恒定表示地震中应变的释放大体上是恒定的，约为

$$\varepsilon_{xx} \approx \bar{D}/L \approx \Delta\sigma/\mu \approx 10^{-4} \qquad (4.6\text{-}24)$$

一般假定地壳和上地幔地震的平均应力降为 50bar 以及 $\mu = 5\times10^{11}\text{dyn/cm}^2$。

从地震中得出的 10～100bar 应力降远比实验室岩

石破裂实验得出的岩石强度要小，这将在 5.7 节中详细讨论。一种可能是：更低的应力降体现的是断层面上极度不均匀的滑动的平均值，而部分坚硬块体(有时称为凹凸体)的强度要高得多，这部分断层面上的滑动量要大得多。然而，其他数据，比如断层上不存在热流异常，同样暗示了断层比根据实验室结果预期的要软得多。综上所述，我们并不清楚地震释放了断层上积累的大多数应力还是其中一小部分。同样也不清楚如何解释在不同构造环境中，能量释放随周期(以及应力降)的变化。直觉告诉我们，它们可能反映了板间地震比板内地震更频繁，因为充分发育的断层可能更软弱。相似地，已经存在的转换断层可能比新形成的靠近洋中脊的地壳更软弱。

这个讨论自然引出了地震释放的地震波能量与标量矩和震级的关系。功等于力乘以距离，因此释放的应变能等于断层活动中的平均应力 $\bar{\sigma}$、平均滑动量 $\bar{D}$ 和断层面积 S 的乘积：

$$W=\bar{\sigma}\bar{D}S \tag{4.6-25}$$

如果断层活动前后的应力分别为 σ_0 和 σ_1，那么 $\Delta\sigma=\sigma_0-\sigma_1$，且 $\bar{\sigma}=\sigma_1+\Delta\sigma/2$。该能量的一部分 H，由于摩擦而消耗，因此辐射的地震波能量为

$$E=W-H=\bar{\sigma}\bar{D}S-\sigma_f\bar{D}S \tag{4.6-26}$$

其中，σ_f 为摩擦应力，或

$$\begin{aligned}E&=(\Delta\sigma/2)\bar{D}S+(\sigma_1-\sigma_f)\bar{D}S\\&=E_0+(\sigma_1-\sigma_f)\bar{D}S\end{aligned} \tag{4.6-27}$$

其中，

$$E_0=(\Delta\sigma/2)\bar{D}S=(\Delta\sigma/2\mu)M_0 \tag{4.6-28}$$

是所辐射的地震波能量的下限(图 4.6-14)。假定当最终应力等于摩擦应力时断层活动停止，那么 $\sigma_1=\sigma_f$，$E_0=E$。注意辐射的地震波能量与应力降成正比。

辐射能量与总应变能的比值称为地震能效：

$$\eta=E/W=\Delta\sigma/(2\bar{\sigma}) \tag{4.6-29}$$

其中，最后一个等式假定 $E_0=E$。地震能效取决于最终应力，或者应力降与平均应力的比值。$\Delta\sigma\ll\bar{\sigma}$ 的情况称为部分应力降，而$\Delta\sigma\approx2\bar{\sigma}$ 对应于近似完全的应力降。目前仍不清楚哪一种情况更适用于地震，因为该模型所有参数中，仅仅应力降可以从地震数据中直接估算出来。

这种地震能量的辐射模型构成了矩震级的基础。假定应力降为 50bar，$\mu=5\times10^{11}$dyn/cm^2，根据式(4.6-24)和式(4.6-28)有

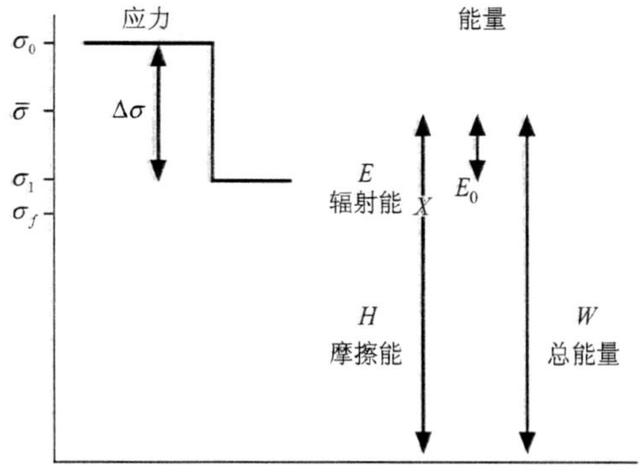

图 4.6-14 示意图显示断层活动释放的总应变能(W)同以地震波方式辐射的能量(E)以及摩擦消耗的能量(H)之间的关系。在该模型中，这些量都依赖于初始及最终应力(σ_0 和 σ_1)、它们的平均值($\bar{\sigma}$)、应力降($\Delta\sigma$)以及摩擦应力(σ_f)。如果最终应力等于摩擦应力，$E_0=E$。所有这些量中，仅仅应力降可以直接由地震数据估算。

$$E_0=M_0/(2\times10^4),\ \lg E_0=\lg M_0-4.3 \tag{4.6-30}$$

其中，E_0 单位为尔格(erg)。从矩震级的定义公式(4.6-5)可以得到：

$$\lg M_0=1.5M_w+16.1 \tag{4.6-31}$$

因此式(4.6-30)的第二部分变成：

$$\lg E_0=1.5M_w+11.8 \tag{4.6-32}$$

这个关系说明了地震矩震级每增加一个单位，比如从 5 到 6，增加的辐射能量为 $10^{1.5}$，或约为 32 倍。因此一个 7 级地震释放的能量是一个 5 级地震的 1000 倍。严格地说，该比值仅对具有相同应力降的地震有效，但是是一个很好的一般性近似。

式(4.6-30)同样说明了一个有趣的事实：尽管地震矩具有能量维度(1erg = 1dyn·cm)，但是地震辐射的能量仅为所释放地震矩的 $1/(2\times10^4)$，或 0.00005 倍。这是因为地震矩并不是能量，相反它实质上与震源区应力变化的积分相关，所以它的量度为(dyn/cm^2)·cm^3，或 dyn·cm，即地震矩的量度。式(4.6-28)可以视为把地震矩转换为应变，然后与地震时的应力相乘得到辐射的应变能量。为了显示地震矩和能量的差异，地震矩以 dyn·cm(或 N·m)为单位，而地震能量以 erg(或 J)为单位，虽然这两套单位是等价的。

4.7 地震统计

在讨论地震的震源参数时，基于对大量地震数据共同特性的研究，我们对地震过程有了一些深入理解，例如震级饱和恒定应力降。现在讨论地震统计

计的一些方法，它们对震源过程及灾害估计都具有一定意义①。

4.7.1 频度-震级关系

1.2 节中提到，世界上每年发生的地震数量随震级而变化，震级越小，数量越多。古登堡和里克特②在 20 世纪 40 年代提出了地震的频度-震级对数关系式：

$$\lg N = a_1 - bM \tag{4.7-1}$$

其中，N 为给定时间内震级大于或等于 M 的地震数量。这是一个线性关系；a_1 和 b 为常数。结果证明，尽管截距 a_1，取决于采样时间和区域内的地震数量，但是斜率 b，一般约为 1。图 4.7-1 显示了 1968～1997 年 30 年间近 13000 个 $M_s \geqslant 5$ 的地震。当震级逐级减小时，地震在数量上大约增加 10 倍：每年世界上有约 1 个 $M_s \geqslant 8$ 地震，10 个 $M_s \geqslant 7$ 地震，100 个 $M_s \geqslant 6$ 地震等。

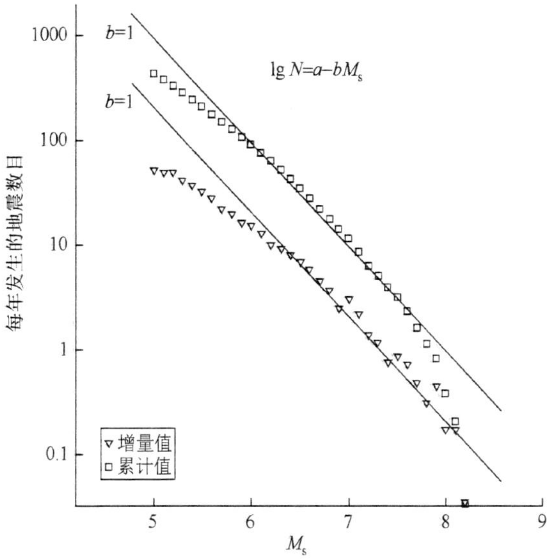

图 4.7-1 1968～1997 年(美国)国家地震信息中心地震目录所列的所有 $M_s \geqslant 5.0$ 的地震的频度-震级图。地震数量的对数随震级函数的变化可以拟合为斜率(b)约为 1 的直线。地震数量是每年震级大于或等于某个值的地震数量的总和，或者是以 0.1 震源单位为间隔的每个区间的增加值。

① 地震学家与其他地球科学家一样，对统计学的态度是矛盾的。他们发现统计是有价值的，但也不足以用它否定一些没有上升到统计意义的模型。通常我们的态度就像一则谚语所说，我们使用统计就像喝醉的人使用灯柱——主要用作支撑而不是照明。有时这个态度会有用：当被问到是否用统计学方法检验过令人兴奋的磁异常所显示的大洋中脊附近对称的海底扩张时，F. Vine 说他从来不触碰统计，仅依据事实(Menard，1986)。

② 本诺·古登堡(Beno Gutenberg，1889～1960 年)和查尔斯·里克特(Charles Richter，1900～1985 年)对地震学有许多重要贡献，包括量化全球和区域地震活动。

这个关系有时称作古登堡-里克特公式[式(4.7-1)]，它同样应用于局部区域，且 b 值通常近似为 1。因此，尽管地震数量取决于一个区域的地震活跃程度，相对频度($M>6$ 的地震约比 $M>7$ 的地震多 10 倍)仍然成立。例如，在过去 1300 年间日本据估计已经发生了 190 个 $M>7$ 的地震以及 20 个 $M>8$ 的地震。相似地，1816 年以来加利福尼亚南部已经发生了约 180 个 $M>6$ 的地震，24 个 $M>7$ 的以及 1 个 $M>8$ 的地震；而新马德里(美国中部)地震区已经发生了约 16 个 $M>5$ 的地震以及 2 个 $M>6$ 的地震。尽管精确数据(特别是更罕见的大地震)，依赖于估算震级时所使用的周期，以及发明地震计之前震级的不确定性，但对数衰减规律仍然成立。

这种模式，称作分形尺度、自相似性或尺度不变性，在自然界中是常见的。例如，一条海岸线或河流水道的形状在比例为 1km、10km、100km 或 1000km 时看起来是相似的。地震大小分布的尺度不变性(除了那些极大地震外)是地震不可预测论的论据之一，因为没有办法预测哪些小地震将会发展成为大地震(1.2.6 节)。

频度-震级关系不仅适用于超过一个给定震级的地震累计数量 N，而且适用于在一个震级范围(从 M 到 $M+\mathrm{d}M$)内地震数增量 n。将式(4.7-1)写为

$$N = 10^{a_1 - bM} \tag{4.7-2}$$

对 M 进行微分，并且取对数，因此：

$$\lg\left(\frac{\mathrm{d}N}{\mathrm{d}M}\right) = \lg n = a_2 - bM \tag{4.7-3}$$

其中，a_2 是一个新常数。因此尽管截距 a 变化了，但斜率 b 保持恒定。如图 4.7-1 所示，累加值的线性拟合更好，因为数据量更大，所以受时间间隔的影响更小。统计间隔更长，统计区域更大，得到的地震更多，则拟合度更好。相反，更短时间或更小区域，由于地震数量较小而导致拟合度降低。

尽管图 4.7-1 中的数据的线性拟合关系较好，但仍有偏差。对于非常小($M_s<3$)的地震，数据明显偏离 $b=1$ 的直线，这是因为全球地震目录不完整，许多小地震没有被监测到。大地震($M_s>7.5$)的偏差可能是因为面波震级达到饱和(图 4.6-6)。为解决这一问题，地震矩可以更好地体现大地震的大小。将矩震级的定义(式 4.6-5)代入式(4.7-1)得到：

$$\lg N = a_1 - b(\lg M_0 / 1.5 - 10.73) = \alpha - \beta \lg M_0 \tag{4.7-4}$$

这个线性关系的斜率 $\beta = b/1.5 \approx 2/3$，见图 4.7-2 中全球频度-地震矩分布图。这个公式同样可以写成类似于式(4.7-3)的增量形式。

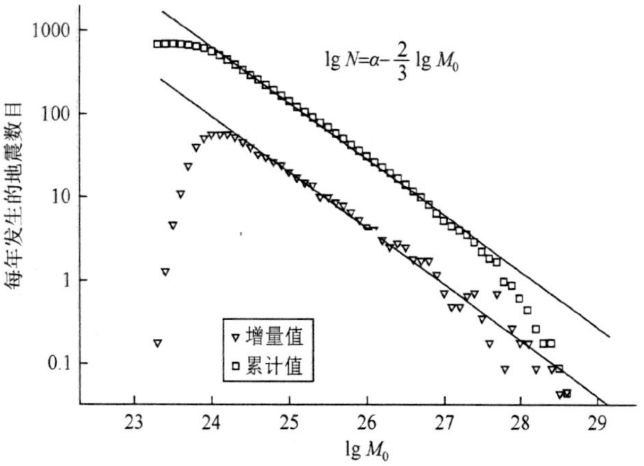

图 4.7-2　哈佛大学 CMT 数据库包括 1976～1998 年所有地震的地震矩的频度-地震矩图。拟合直线（实线）的斜率（β）为-2/3，与 $b=1$ 值一致。数据为每年 lg M_0 大于或等于某个值的地震数量的总和（方块），或以 0.1lg M_0 为间隔的地震矩增量（倒三角）。

图 4.7-2 中，较大和较小的地震矩偏离了线性的频度-地震矩关系，这同频度-震级数据一致。小地震的偏离可以部分归因于不完整的地震目录，但是从能量角度分析似乎也是可以理解的。然而，较大地震矩的偏离更加令人困惑，因为地震矩不会饱和。对地震矩超过 10^{27}dyn·cm，$\beta \geqslant 1$ 比 $\beta=2/3$ 更能拟合数据。换言之，对给定地震矩，发生的地震比预期的更少。

解释这个现象的一个模型是建立在尺度不变性基础上，它假定在一个断层上发生给定大小地震的概率与该断层的面积成反比，因此断层面积超过 S 的地震数量 N 可能遵循一个频度-面积关系，这个关系类似于前面提到的频度-震级或地震矩关系：

$$\lg N=c-\lg S \tag{4.7-5}$$

式(4.6-17)显示对恒定应力降，地震矩与 $S^{3/2}$ 或断层尺度 L 的立方成正比，因此可以预期：

$$\lg N=c-2/3\lg M_0 \tag{4.7-6}$$

与观测显示的 $\beta \approx 2/3$ 一致。然而，对发生在垂直大型转换断层上的地震，宽度（下延深度）比较窄，即使断层长度增加了（图 4.6-3）。所以，这种地震的地震矩不再与 L^3 成正比，而是比相同断层长度的其他地震更小，如图 4.7-3 所示。如果断层滑动量和宽度不再随长度增加，那么断层面积、地震矩以及地震数量可能与 L 成正比，因此由式(4.7-4)和式(4.7-5)可以得到 $\beta=1$。图 4.7-2 中地震矩较大的地震数量正好表明 β 值的这种变化。

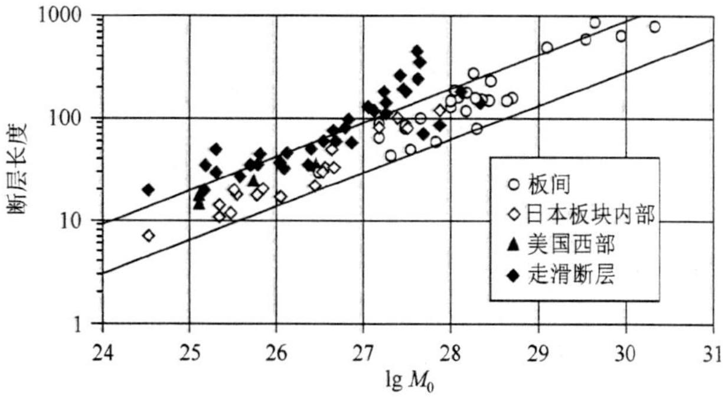

图 4.7-3　断层长度与地震矩对数关系图。大多数地震分布在斜率为 1/3 的实线之间，显示 M_0 正比于 L^3。然而，某些走滑地震（实心菱形）的地震矩比基于断层长度估算的更低，因为在某个地震矩以上，断层宽度达到了最大值，因此断层只在长度上增加。（Romanowicz，1992，*Geophys. Res. Lett.*，19，481-484，版权归美国地球物理学会所有）

频度-地震矩关系可以加深对地震能量的理解，因为辐射能量与地震矩成正比［（式(4.6-30)］。数量极少的大地震释放的能量超过所有小地震的能量。事实上，某一年中最大的一个地震释放的能量比该年其余地震的能量总和还多。图 4.7-4 显示了自 1976 年以来释放的地震矩之总和。每年小于一个给定矩震级，如 $M_W<7.5$ 的地震所释放的地震矩基本上是恒定的。然而，顶部弯曲曲线显示的每年总的地震矩释放（它的平均值约为 3.5×10^{28}dyn·cm/a）由于一些非常大的事件而发生显著变化。利用式(4.6-30)，这个地震矩相当于每年释放约 2×10^{24}erg 或 2×10^{17}J 的能量。因此从表 1.2-1 中可以看出，一个 8 级地震释放的地震矩占所有地震释放的地震矩的一半，而随震级减小，能量减弱，虽数量增加，但贡献的地震矩更少，因此震级小于 6 的地震的贡献可以忽略不计。

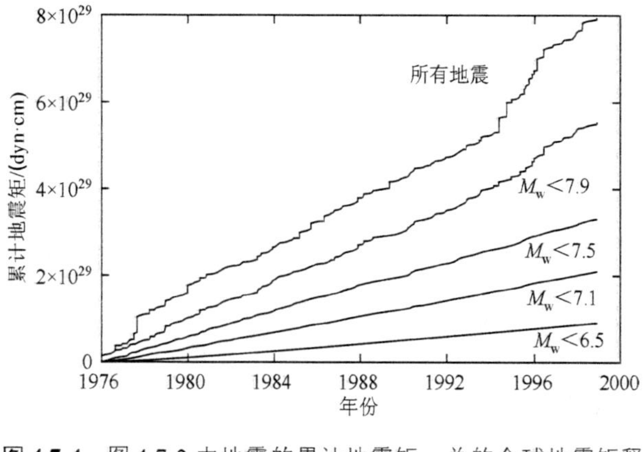

图 4.7-4　图 4.7-2 中地震的累计地震矩。总的全球地震矩释放受极少数超大地震的控制。1976～1998 年总的地震矩为 1960 年智利特大地震的大约 1/3。

尽管长时间尺度及大空间尺度上 b 值近似等于 1，但在比较小的尺度上该值有显著变化。地震群的 b 值通常比 1 大很多，有时接近 2.5。这些地震群，一般没有主震，通常出现在火山地区，且大多数是由岩浆流体迁移或火山口形成而引起的。例如，1968 年加拉帕戈斯岛的费尔南迪纳火山口崩塌引起的地震活动 $b\approx1.9$，表明小地震数量很多但是大地震数量比预期的要少。

b 值同样有区域性变化，它随空间以及深度而变。图 4.7-5 显示了加利福尼亚州的卡拉韦拉斯(Calavaras)断层上某一段的 b 值变化。一些区域的 b 值比 1 小得多，暗示了更短的复发时间。这些区域被解释为局部凹凸体或应力集中区，可能反映了沿断层摩擦性质的变化，它可能控制着下一个大地震的复发及地震矩的大规模释放。

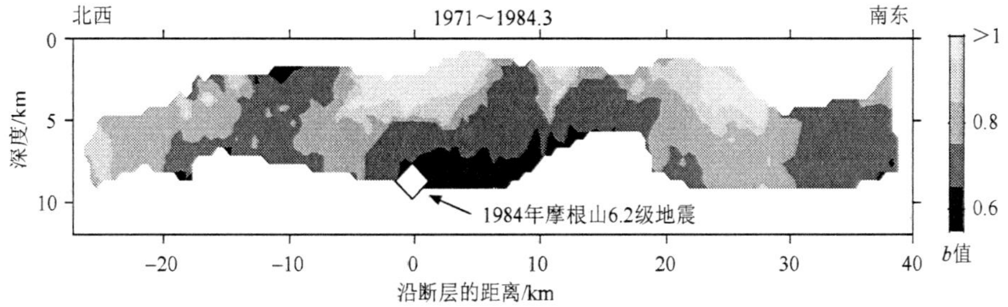

图 4.7-5　1971～1984 年沿卡拉韦拉斯断层的摩根山(Morgan Hill)附近的小地震的 b 值随深度的变化。低 b 值的地区可能意味着更有可能发生大地震。1984 年摩根山地震发生在一个低 b 值地区。(Wiemer and Wyss，1997，*J. Geophys. Res.*，102，15，115-128，版权归美国地球物理学会所有)

图 4.7-6 左图显示了从地质学古地震研究推断而来的大地震的震级和频度，它偏离了地震监测数据所确定的频度-震级关系($b=1$)。这些观测可能表明大地震(有时被称为特征地震)比基于地震仪器记录的地震数据推断的线性关系所预期的频度更高，尽管相反的趋势也常被观测到(图 4.7-6 右图)。目前尚不清楚这些影响是真实的，还是归因于地震学和地质学在估算震级和频度时存在差异。一项大陆内部地震学数据研究发现，最大地震比用小地震推出的频度-震级公式所预期的更少(图 4.7-6 右图)。这些观测被解释为大约 $M_w=7$ 处略微偏向高频度，随后转为低频度，与全球数据中(图 4.7-1)观测到的显著下降一样，这大概归因于有限的断层宽度。古登堡-里克特关系经修改后可以描述这些不同偏离线性关系的情况。

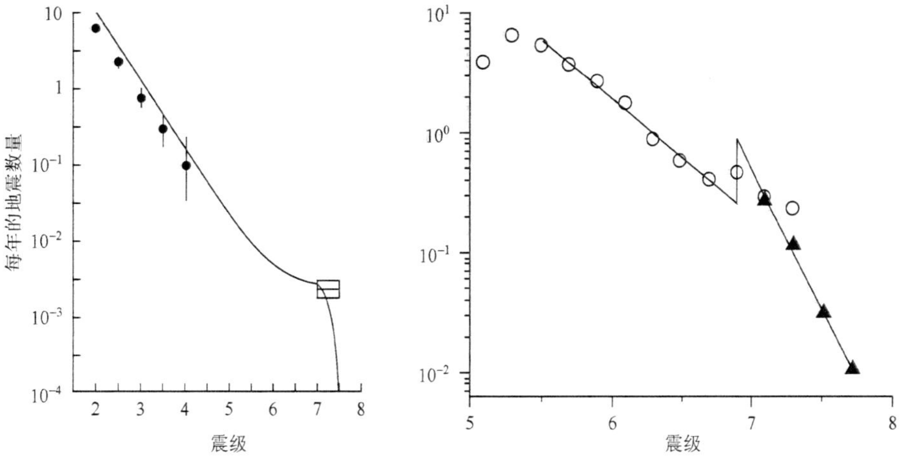

图 4.7-6　偏离线性频度-震级关系的例子。左图：犹他州瓦萨奇(Wasatch)断层区的古地震结果(长方形)显示大地震比由地震仪器监测结果(实心点)所预期的更频繁。实线是解释这些数据的模型。(Youngs and Coppersmith，1985，版权归美国地震学会所有)右图：大陆内部地震仪器监测得到的增量频度-震级数据，显示大地震比用小地震建立的频度-震级公式所预测的更少。(Triep and Sykes，1997，*J. Geophys. Res.*，102，9923-9948，版权归美国地球物理学会所有)

某些地区的大地震数量偏离线性频度-震级关系可能是采样太小所致(6.5.2 节)。图 4.7-7 中，将满足古登堡-里克特分布的地震数据分为 10 个子集。由于只有一个子集包含最大地震，且一些子集的大地震比其他子集要小得多，所以不同子集的频度-震级关系差异很大。最大地震和总体地震分布相比在一些情况更多而在其他情况下更少。因此利用较小地震估算 b 值比基于大地震估算的 b 值更可靠。研究中大地震的数量较少就可能会有这个问题。例如，个别断层上可能存在该问题，即便是一个区域的整体地震活动遵循古登堡-里克特关系。

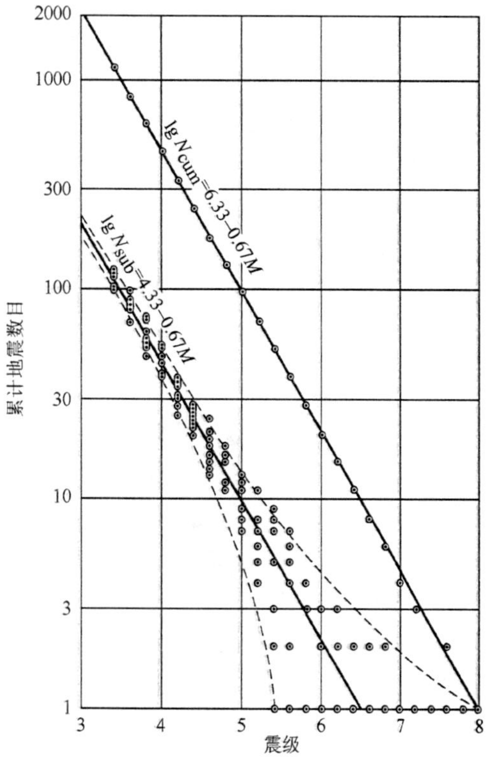

图 4.7-7 数值模拟显示，采样太小会导致偏离线性频度-震级关系。当满足线性关系(最上方实线)的数据被分割为几个子集，大多数子集里的最大地震数会高于或低于子集的理想线性关系(下方实线)。(Howell，1985，版权归美国地震学会所有)

最后值得注意的一点是尽管古登堡-里克特分布可以预测任一大地震的频度，但这种地震也许实际并不会发生。正如我们已经看到，断层可以滑动的面积限制了地震大小。例如，我们将在 5.3.3 节看到洋中脊的最大地震矩与扩张速率成反比。基于此，区域研究经常假定在古登堡-里克特分布中存在一个最大震级，该震级有时基于历史地震得到。这个假设具有有趣的暗示，因为在许多板块边界区从历史地震推断的运动明显小于板块本身的运动(5.3.3 节、5.4.3 节、5.6.2 节)。这些板块运动量的赤字预示存在大地震的可能，或者大多数板块运动以无震过程发生。其中哪种情况更接近实际情况，同样是地震灾害研究的关注点。

4.7.2 余震

主震后较小的余震在大小和时间上有一个特征性分布。如前所述(图 4.5-9)，大多数余震发生在靠近主震断层面的地方，因此它们的位置可以用于区分断层面和辅助面以及估算断层面积。最大的余震通常比主震震级小一个震级单位以上，并且余震的 b 值近似于 1，所以余震释放的总能量一般小于主震释放能量的 10%。

大多数余震发生在主震之后较短时间之内，随后余震数量随时间以近似双曲型形式衰减。该衰减可以用称为大森定律(Omori's law)的关系来描述①：

$$n=\frac{C}{(K+t)^{P}} \tag{4.7-7}$$

式中，n 为主震后时间 t 内余震发生的频度；K、C、P 为和断层相关的常数，P 通常约为 1。1989 年洛马普列塔地震(M_s 7.1)后的余震清楚地显示了这一规律(图 4.7-8)。

余震衰减被认为是反映由主震导致的应力变化后的应力再调整。大森定律的一个有趣的例外是大多数深源地震具有极少的，或者没有可探测到的余震。这个例外可能是因为深源地震是由地幔矿物的相变产生的(5.4.2 节)，与摩擦滑动相比，矿物相变只会在断层表面产生一次滑动，而摩擦滑动可以复发。

4.7.3 地震概率

地震统计的一个直接应用是估算未来地震的概率。这些概率从地震物理的观点来看很有意义，并且对于尝试预测破坏性地震造成的灾害也至关重要(1.2.5 节)。

估算地震概率的困难性可以由一个简单类比来说明。概率问题通常被认为是拼运气的游戏，但地震的特殊性在于它的游戏规则是未知的。估算从一副扑克牌里抽出某张牌的概率，如果游戏开始时有一副完整的扑克牌，那么有 25%(13/52)的机会会抽到黑桃，8%(4/52)的机会会抽到 A 牌，2%(1/52)的机会会抽到黑桃 A。这与每年发生一个震级为 6、7 或 8 的地震的概率类似。随着游戏继续，会出现几个可能的情况。如果每次抽完后重新洗牌，概率不会变化。反之，如果不重新洗牌，

① 大森房吉(1868～1923 年)，被认为是日本地震学创始人，参加了 1906 年旧金山地震委员会(4.1 节)，他在安抚忧心忡忡的民众时说：“至少在下一个 50 年内预期不会出现相同大小的地震。”

震级	地震数目	影响
5	2	破坏性的
4	20	强烈的
3	65	可察觉到的
2	384	无感
1	1855	无感
<1	2434	无感
总数目	4760	

1989年洛马普列塔地震发生后直到11月7日中午，共记录到4760个余震。余震数量随着时间呈现明显的衰减关系是加利福尼亚大地震的典型特征。

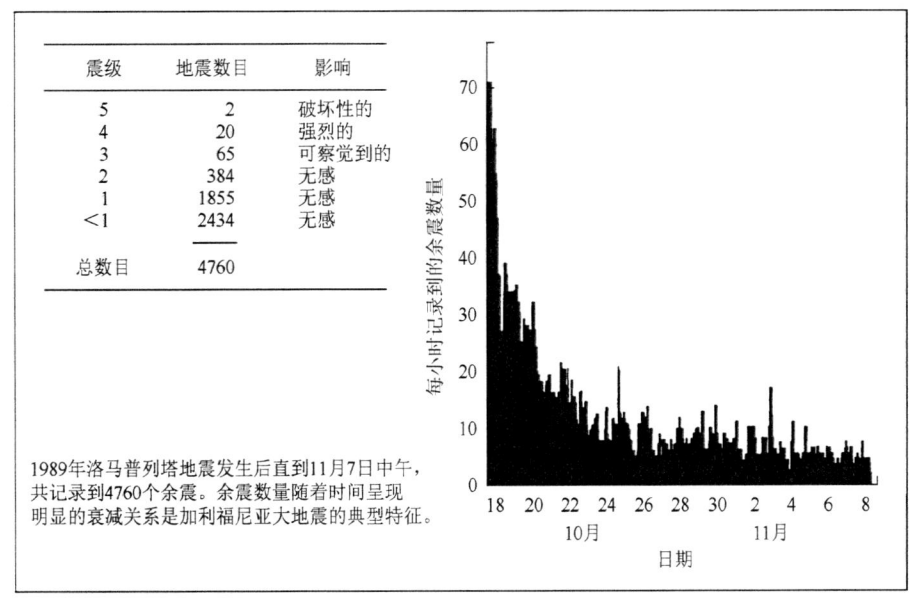

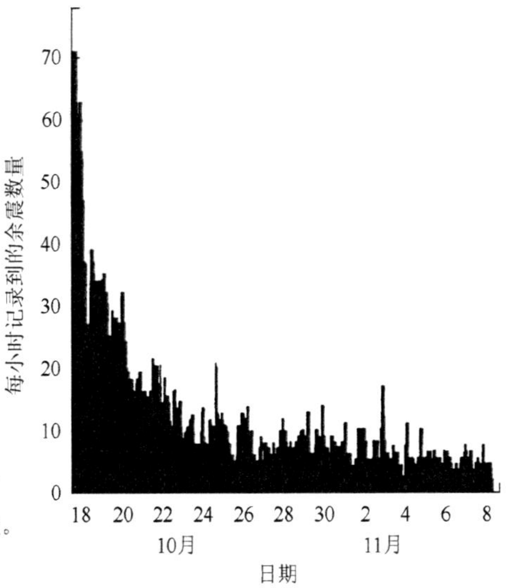

图 4.7-8　1989 年洛马普列塔地震后 22 天内余震数量及其随时间的变化。(美国地质调查局供图)

概率的变化取决于已经抽出的牌。例如，如果 A 牌仍未出现过，那么抽到它的概率随每次抽取而增加。然而，如果扑克牌抽取是在桌面下进行，我们不知道一副牌最初包括哪些牌(可能没有 A 牌或者有 8 个 A 牌)，以及是否每次抽取后重新洗牌。我们必须推断牌里面包含了什么，洗牌情况以及将会出现什么牌，而这只能根据已经抽出的牌进行推断。因此如果在大量抽取之后没有 A 牌出现，那么抽到 A 牌的概率可能会增高(因为剩余的牌里可能包含几个 A 牌)，也可能仍然很低(因为有可能牌里面的 A 牌极少)。

根据概率理论，某事件概率取决于所采样的概率密度分布以及采样方法。对于地震，这两者我们都不知道，因为没有哪一个理论模型可以成功地描述地震复发概率，因此我们采用基于地震历史的概率分布，但是地震历史对大多数断层而言是很短的(在这期间仅有少量地震出现)，也是很复杂的。所以，基于有限的地震历史可以拟合出很多不同的概率分布，但是往往得出差异很大的估计。

通常用泊松分布描述采样稀疏的事件。这也是描述地震的最简单模型[①]。假定在一个区域或一个断层上时间 t 内的 n 个大地震的概率为

$$p(n,t,\tau)=(t/\tau)^n \mathrm{e}^{-t/\tau}/n! \qquad (4.7\text{-}8)$$

其中，$1/\tau$ 为从区域古登堡-里克特分布或其修正公式得到的一年内预期的地震数量，因此 τ 为平均复发时间。一个或更多地震的概率可以通过“无震”概率来得到。一个地震要么发生，要么不发生 $(p=1)$，因此：

$$p(n\geqslant 1,t,\tau)=1-p(0,t,\tau)=1-\mathrm{e}^{-t/\tau}\approx t/\tau \qquad (4.7\text{-}9)$$

其中，最后一步利用了泰勒级数展开 $\mathrm{e}^{-x}\approx 1-x$，在 $t\ll\tau$ 时成立。在这个模型中，某个地震在从现在开始的时间长度 t 内发生的概率与当前所处时间无关，因为泊松过程是没有“记忆”的。平均来说，地震间隔时间为 τ，上一个地震发生的时间对下一个地震没有影响。

泊松模型与其他模型相比是最简单的零假设模型。然而，它的时间独立特性暗示地震为随机事件，因此并不符合实际情况，因为几乎所有地震学常识都支持地震周期模型：大地震之后应变会缓慢地积累直到下一个大地震发生[②]。在这种情况下，某个大地震之后，发生下一个大地震的概率应该是很小的，随着时间逐步增大。这种情况可以通过随时间变化的模型进行描述，在该模型里，距上一个大地震的时间 t 时发生一个大地震的概率由概率密度分布 $p(t,\tau,\sigma)$ 给出，该分布取决于复发时间的平均值和变化率，分别由平均值 τ 和标准差 σ 给出。换言之，在假定的复发时间分布前提下，p 给出地震复发时间为 τ 的概率。自上一

① 相同模型也可以用于描述火山喷发、放射性衰变以及普鲁士士兵被自己的马踩死的数量。

② 当然，这些依靠常识做出的判断最终也可能被证明是错误的，比如爱因斯坦最初对量子力学持否定态度，他曾说“上帝不玩骰子。”

个地震后时间 T 时发生下一次地震的累积概率可以通过密度函数的积分获得：

$$P(T)=\int_0^T p(t,\tau,\sigma)\mathrm{d}t \qquad (4.7\text{-}10)$$

估算现在到未来某个时间内地震发生的可能性，用专业术语来讲，是一个条件概率问题。也就是假定在 T_0时刻（现在）地震尚未发生的条件下，在时间 T_0（现在）和未来一个时间 T 内发生的概率。这里需要利用贝叶斯（Bayesian）定理：假定事件 B 已经发生的情况下事件 A 发生的条件概率 $P(A|B)$，是 A 和 B 的联合概率 $P(A, B)$与事件 B 的概率 $P(B)$的比值：

$$P(A\mid B)=P(A,B)/P(B) \qquad (4.7\text{-}11)$$

地震在 T_0和 T之间发生的条件概率 $C(T, T_0)$是地震将发生在间隔内的概率与时刻 T_0前未发生的概率的比值，后者正好是 1 减去时刻 T_0前已经发生的概率。因此：

$$C(T,T_0)=(P(T)-P(T_0))/(1-P(T_0)) \qquad (4.7\text{-}12)$$

分母小于 1，所以条件概率比联合概率（分子）大，因为地震尚未发生的事实使得之后发生的可能性更大。

这个方法可以与任意概率密度函数一起使用。最简单的是假定地震复发遵循高斯或正态（钟形曲线）分布（6.5.1 节）：

$$p(t,\tau,\sigma)=\frac{1}{\sigma\sqrt{2\pi}}\exp\left[\frac{-1}{2}\left(\frac{t-\tau}{\sigma}\right)^2\right] \qquad (4.7\text{-}13)$$

这个分布里的归一化变量 $z=(t-\tau)/\sigma$ 描述了基于标准差 t 与平均值的差异。

图 4.7-9 显示了圣安德烈斯断层上帕莱特溪段的概率分析（图 1.2-15），发生在该段的上一个大地震为 1857 年特琼堡地震。该分析利用了高斯分布，其平均值和标准差分别为 194 年和 58 年，这是基于最近 5 个大地震计算得到的。上图显示高斯分布（虚线）和其他两个概率密度函数。基于这些概率密度函数估算出 1983～2003 年发生大地震的条件概率。这两个时间点分别是自 1857 年后的 126 年和 146 年，所以对应于归一化时间的−1.17 和−0.83，概率为 0.12 和 0.20。因此基于条件概率［（式（4.7-12）］可得

$$C(2003,1983)=(P(2003)-P(1983))/(1-P(1983))$$
$$=(0.20-0.12)/(1.0-0.12)=0.09 \qquad (4.7\text{-}14)$$

或 9%。连续 20 年间隔内的概率随时间增长，因此如果地震在 2057 年没有发生的话，20 年内发生的概率为 29%，在 2157 年还没有发生的话，该概率为 56%。

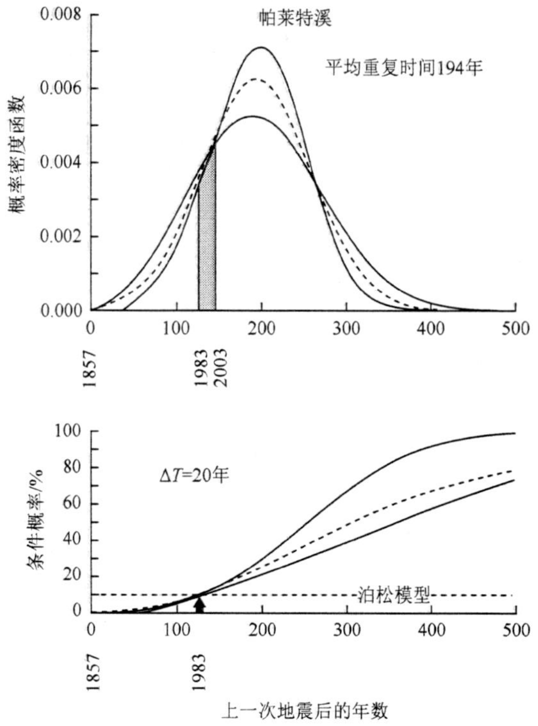

图 4.7-9 圣安德烈斯断层某一段的地震概率估计。该段上一个大地震发生在 1857 年。上图：概率密度函数，阴影区间为 1983～2003 年。高斯分布为虚线，其平均值为 194 年，标准差为 58 年，实线为另一种概率分布（Weibull 分布）。下图：在接下来 20 年内发生大地震的条件概率是自 1857 年以来的时间的函数。截至 1983 年（箭头处），依赖时间的模型的概率与不依赖时间的泊松模型的概率在这个时间相当。（Sykes and Nishenko，1984，*J. Geophys. Res.*，89，5905-27，版权归美国地球物理学会所有）

将依赖时间的概率不依赖时间的泊松模型相比较是有意义的。假定平均复发时间为 194 年，那么 20 年内的概率为 10%。当自上一个地震的时间小于复发周期的 2/3 时，泊松模型预测出更高的概率。在约为 2/3 处，在该例子里大约为 1986 年，两种模型预测的概率相当。在更晚的时间段，高斯模型预测出的概率逐步增加。这个比较引出了地震空区的概念：当距离上一个大地震足够长时间以后，依赖时间的模型预测的概率比不依赖时间的模型预测的概率高得多时，则可以认为这个区域存在地震空区。

模型间的差异可以通过每个模型预测的地震历史来比较。图 4.7-10 显示利用图 4.7-9 中参数随机采样概率分布所产生的合成地震历史。在这个模拟中，两个模型都假定在 0 时刻发生的地震后预测了 10 个地震。泊松模型预测的地震具有平均 189 年的复发时间以及 107 年的标准差，而高斯模型的平均值和标准差分别为 191 年和 58 年。差异源于泊松过程不依赖于时

间，因此时间间隔比更有规律的高斯过程可能更短也可能更长。因此泊松过程显示了由于随机采样形成的地震群集。当采样历史非常长的时候，泊松过程的标准差接近于它的平均值即复发周期。因此复发历史的标准差与平均值非常接近时，该过程接近于泊松过程，而标准差显著低于平均值时则接近于一个高斯或其他依赖于时间的过程。观测到的大地震的长度是有限的，正如上例所示，如何解释这样有限的地震历史也是需要进一步探讨的问题。

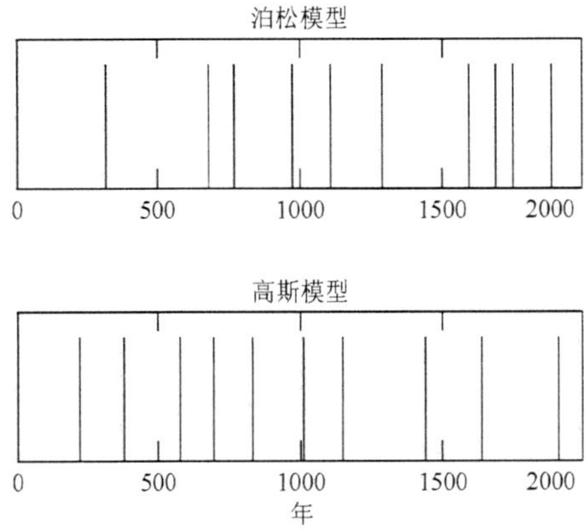

图 4.7-10 复发时间为 194 年的泊松模型，以及相同复发时间且标准差为 58 年的高斯模型得到的合成地震序列。高斯模型得到一个更接近于周期性的序列，而泊松模型得到地震群集。

这些例子表明地震概率的估算显著依赖于采用的概率分布以及分布参数，而观测资料对这些参数的约束是有限的。例如，图 4.7-9 中的分析利用了平均值和标准差分别为 194 年和 58 年的高斯分布，这是基于帕莱特溪最近 5 个大地震得出的。相反，过去 10 个地震产生的平均值和标准差分别为 132 年和 105 年(1.2.5 节)。其他概率分布给出不同的概率估计，如图 4.7-9 中对应于泊松和 Weibull 分布的曲线。相似地，利用对数正态分布可以得到不同的估计，这个分布中复发时间的自然对数为正态分布，在这种分布下复发周期长于平均值的情况比短于平均值的情况更多。因此做出地震预测是容易的，但很难进行检验。因为用一组观测数据得到的估计，必须被另一组独立的观测数据所检验，这将需要数百或数千年(多次复发)的地震事件来评估在特定断层或某一段上不同模型预测的大地震分布。第一个挑战是找到一个概率模型其对未来地震的预测显著地好于简单的、不依赖于时间的泊松模型。

受有限的地震研究历史和大地震数量所限，很多人转而求助于利用小地震或一个短时间间隔内的更多断层来进行替代实验。迄今为止，结果并不令人满意。如 1.2.5 节所述，在加利福尼亚州的帕克菲尔德附近，1985 年利用相对较小(M 5～6)事件的地震历史预测出下一个地震将在 1993 年发生，且其置信水平为 95%，然而地震至今(2002 年)仍没有出现(该地震最终发生于 2004 年)。地震最终将会发生，尽管它的条件概率似乎被过高地估计，甚至可以假定其正在下降，因为地震推迟得越久，从地震历史推断的平均复发间隔就会变得越长[①]。同时，一个全球性试验检验了地震空区地图(图 4.7-11)对大地震预测的准确度。结果表明该地图预测的准确度并不比随机猜测更好。实际上，更多的大地震发生在被认为是低风险区域，而不是在假定的高风险空区。该结果似乎与地震周期和地震空区理论不一致，并引申出很多不同解释。一种解释认为空区模型仅适用于板块边界上会产生最大的地震事件的那部分。

在美国加利福尼亚州进行的大规模地震概率研究也许是最复杂和详尽的。图 4.7-12 显示沿圣安德烈斯断层各段估算的条件概率。这种模型可以包含变化的滑动量以及邻近地震造成的应力变化等因素(5.7 节)。然而，包括更多可调参数的复杂模型将会更具挑战性并且花费更长时间。

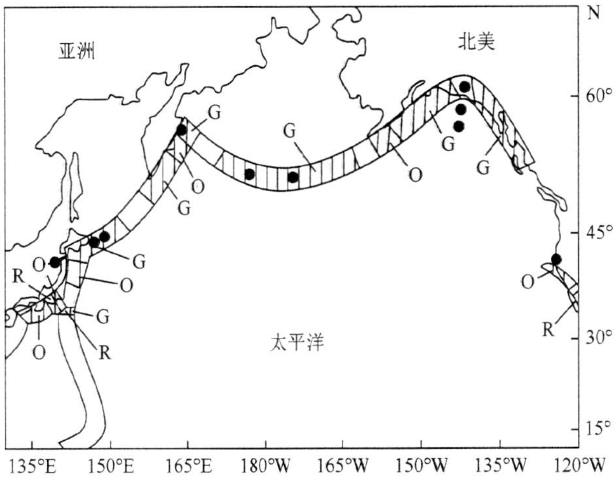

图 4.7-11 Kagan 和 Jackson(1991)用于测试空区假说的地震空区图(McCann et al., 1979)的一部分。板块边界的阴影段按地震风险被设定为高(R)，中等(O)以及低(G)。非阴影部分被认为风险性不确定。地图出版后的 10 年内，10 个大($M>7$)地震(黑点)发生在这些区域。没有一个发生在高或中等的风险段，5 个发生在低风险段。(Stein，1992，经 *Nature* 许可重制)

① 据 Davis 等(1989)的讨论，这种情况可以与等公共汽车类比，汽车越长时间未到，给人的感觉是其到达的可能性越小。见本章末的问题。

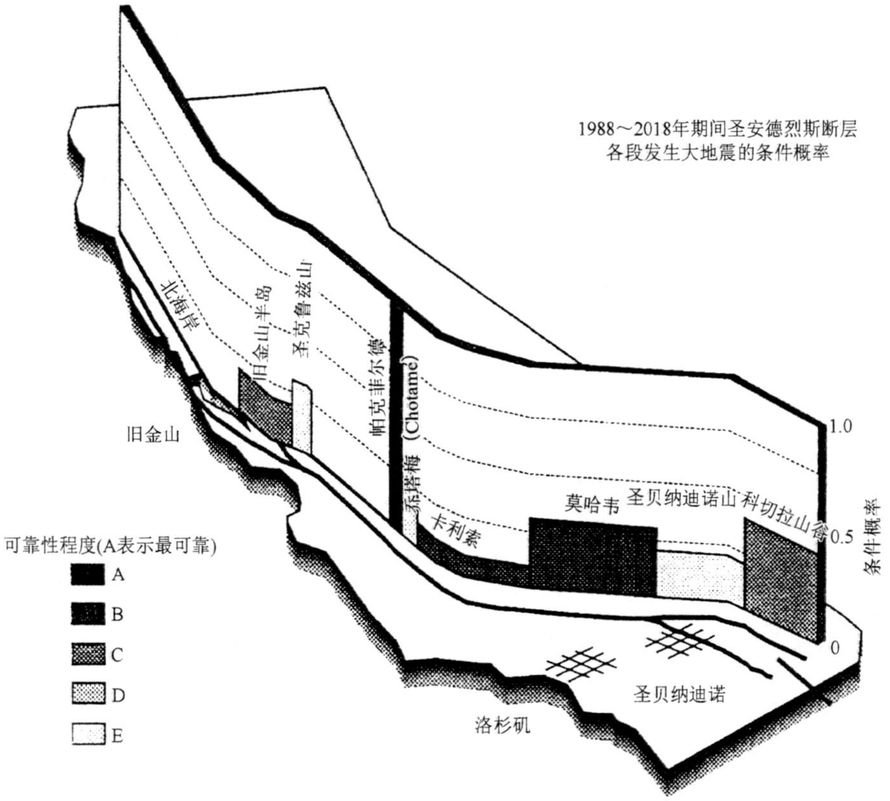

图 4.7-12 估算的圣安德烈斯断层各段 1988～2018 年周期内大地震的条件概率。(Agnew et al.，1988，美国地质调查局供图)

因此，在目前，地震概率的估算还具有很大的不确定性。例如，1989 年利用复杂的帕莱特溪地震序列(图 1.2-15)估算 2019 年以前发生大地震的概率为 7%～51%①。因此有建议认为概率仅在大的范围时有意义，如低概率(<10%)、中等概率(10%～90%)或高概率(>90%)②。然而，虽存在这些令人畏惧的困难，地震概率估算似乎一直是一个活跃的研究领域。如果某一些概率模型最终显示出可接受的成功率，其应用可以极大地推进地震灾害评估。

延伸阅读

其他关于震源的教材包括 Ben-menahem 和 Singh (1981)、Gubbins(1990)、Lay 和 Wallace(1995)以及 Shearer(1999)。许多这里列出但没有证明的结果出自 Aki 和 Richards(1980)。

一些具体的专题出自一些个人写的综述性的文章。Kanamori(1994)概述了震源参数和地震机制。Kanamori 和 Boschi(1983)的文章回顾了关于震源的不同主题。构造地质学教材如 Ragan(1968)讨论了立体图投影技术。Jarosch 和 Aboodi(1970)推导了断层和辅助面及应力轴之间的解析表达式。Helmberger 和 Burdick(1979)、Kanamori 和 Stewart(1976)及 Okal (1992)讨论了体波模拟。考虑到符号的兼容性，体波模拟主要参照后面二者，面波模拟参考 Kanamori 和 Stewart(1976)，而矩张量反演参照 Kanamori 和 Given(1981)。Jost 和 Hermann(1989)概述了矩张量反演，Dziewonski 等(1981)总结了哈佛大学 CMT 方法。Okal 和 Geller(1979)探索了横向非均匀性导致的伪各向同性矩张量分量，Michael 和 Geller(1984)讨论了在一个节面有约束的情况下的面波数据反演，Romaowicz 和 Guillemant(1984)讨论了反演面波以确定震源深度。

1929 年大浅滩地震不同的(双偶与坍塌)震源模型由 Hasegawa 和 Kanamori(1987)以及 Bent(1995)获得。Tappin 等(1999)讨论了 1998 年新几内亚(New Guinea)海啸的坍塌起源。Julian 和 Sipkin(1985)以及 Wallace(1985)考虑了长谷(Long Valley)火山口地震的 CLVD 与双偶模型。Hearon 和 Hartzell(1988)讨论了基于近场地震地面运动的震源研究。

① Sieh 等(1989)。

② Savage(1991)。

大地测量学的介绍参考了 Lambeck (1988) 和 Torge (1991) 等。断层的大地测量解由 Okada (1985) 给出。Mavko (1981) 回顾了断层模型以及大地测量数据在研究断层活动中的用途，Burgmann 等 (2000) 回顾了雷达干涉测量的用途。与地震的构造背景相关的主题，GPS 的用途以及地震与断层机制关系的参考文献在第 5 章末尾给出。

Geller 和 Kanamori (1977) 对地震震级展开了详细的讨论。断层参数间的关系由 Kanamori 和 Anderson (1975) 给出。Geller (1976) 讨论了震源谱和标定律。矩震级和地震能量的讨论主要参考了 Kanamori (1977) 以及 Hanks 和 Kanamori (1979)。Atkinson 和 Beresnev (1997) 讨论了应力降作为一个震源参数和作为一个构造量之间的关系。Okal 和 Romanowicz (1994) 给出了频度-震级关系的概述。Turcotte (1992) 和 Main (1996) 回顾了地震的自相似模型。与地震预测和地震空区相关主题的参考文献在第 1 章末尾给出。特别地，Kagan 和 Jackson (1991) 讨论了试验预测的挑战性。

还有关于个别地震研究的大量文献，特别是那些由于其大小、破坏性、构造背景等具有特殊意义的地震。最近的一些例子包括《美国地震学会通报》刊登的 1989 年洛马普列塔地震 (1991 年 10 月期)，1992 年兰德斯地震 (1994 年 6 月期) 以及 1994 年北岭地震 (1996 年 2 月期) 的专辑。其他地震的详细研究通常可以利用美国地质学会的 Georef 万维网搜索工具找到，在许多地球科学系和图书馆都可以找到。1977 年以后全世界的地震位置和震源机制见 http://www.seismology.harvard.edu/ CMTsearch. html，特定地区的地震信息，包括地震图，通常可以在万维网找到 (http://www.geophys.washington.edu/seismosurfing.html 或 http://www.iris.edu)。

问题

(1) 利用图 3.5-4 中深度为 600km 的地震走时图，画出震中距在 2000～10000km 的台站上的 P 波离源角。假定 P 波速度在 600km 深度为 10km/s。点越多，图像越平滑。

(2) 在立体图上利用 4.2.5 节的关系找到以下震源机制的第二个节面。说明压缩和膨胀象限，标记 P 轴和 T 轴，并描述断层活动类型。参照图 4.2-2，记住断层倾角是从 $-x_2$ 轴开始测量，且小于 90°。

① $\phi = 330°$，$\delta = 65°$，$\lambda = 70°$。

② $\phi = 280°$，$\delta = 60°$，$\lambda = 270°$。

③ $\phi = 280°$，$\delta = 60°$，$\lambda = 90°$。

④ $\phi = 40°$，$\delta = 80°$，$\lambda = 20°$。

⑤ $\phi = 40°$，$\delta = 80°$，$\lambda = 200°$。

(3) 图 P4-1 给出了四个地震的立体图上投影的初动数据。实心圆显示压缩，空心圆显示膨胀。评估每个地震的震源机制：

①找到你认为最佳解的节面。在初动图上画出这些节面，并测量走向和倾角。

②找到每个节面可能的范围边界。

③对每个最佳节面，通过所在节面上的滑动方向给出隐含的运动方式 (右旋走滑、左旋走滑、倾滑-逆

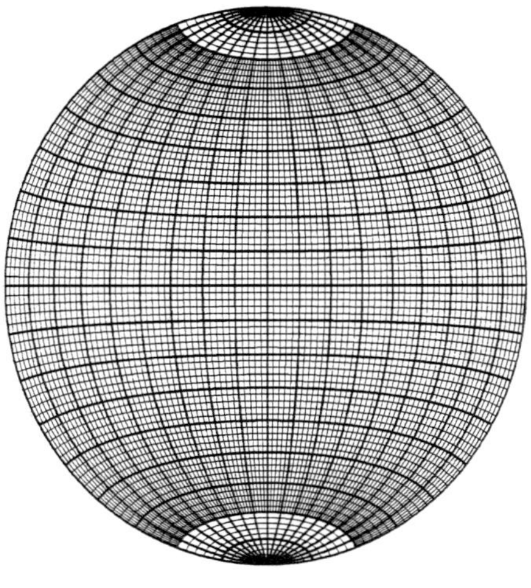

(a)

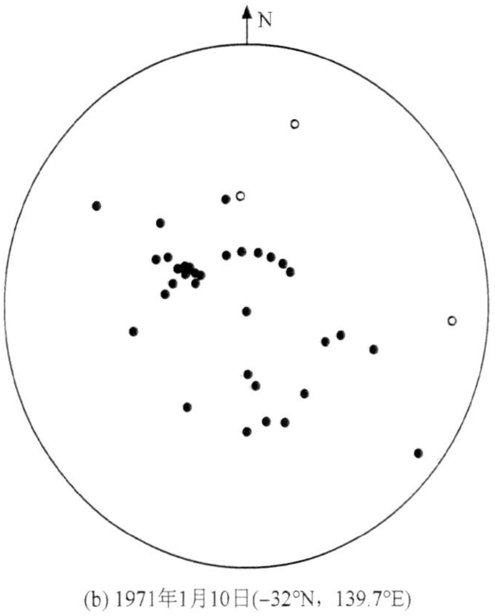

(b) 1971年1月10日(−32°N，139.7°E)

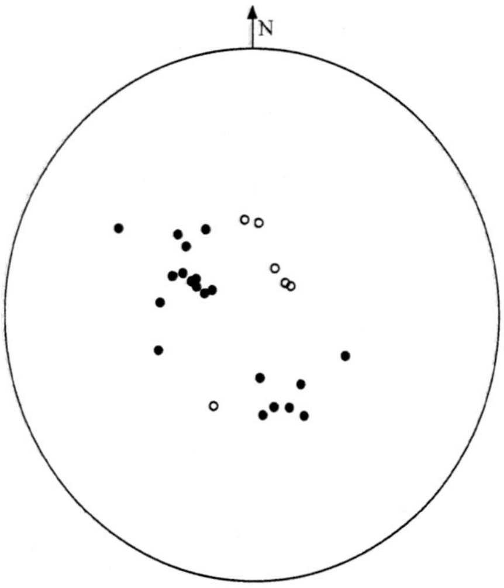

(c) 1961年6月15日(0.54°N，134.79°E)

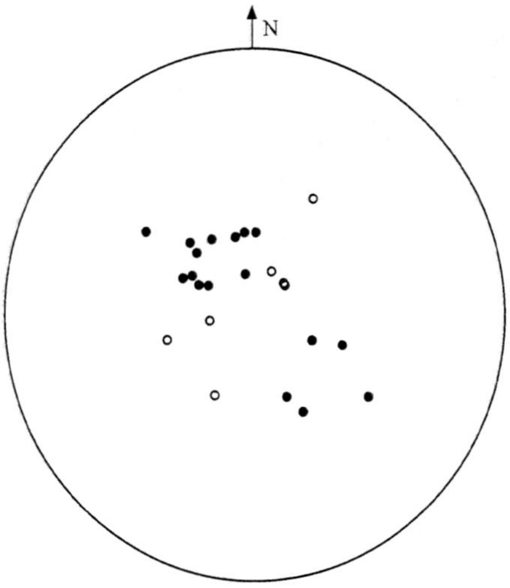

(d) 1979年9月12日(−1.68°N，136.04°E)

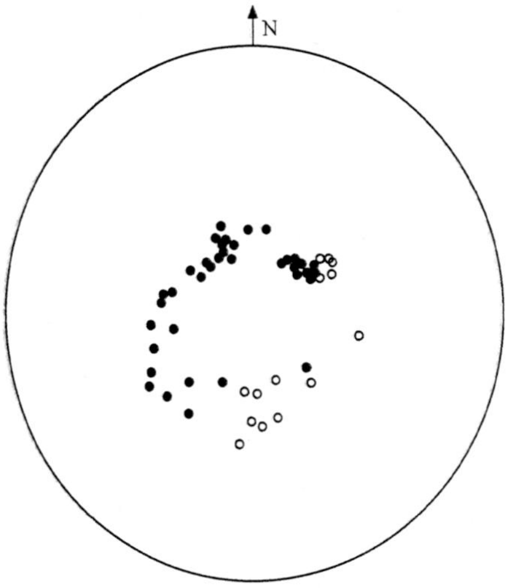

(e) 1978年3月22日(43.86°N，148.84°E)

图 P4-1　见问题(3)。

冲或正断层)。如果滑动方式是上述滑动方式的结合，给出主要滑动类型。

④通过最佳节面运动找到 B 轴、P 轴和 T 轴以及两个可能的滑动角(每个节面一个)。与③的答案进行对比。

(4) 如果 P 波沿一个节面离开震源球，那么它理论上的振幅为 0。解释为什么实际中并非完全如此。

(5) 利用类似于图 4.3-6 下图的几何关系，推导 sP 的走时［(式(4.3-11)］。

(6) 对一个断层面解，第一个面走向为 ϕ_1 且倾角为 δ_1，第二个面走向为 ϕ_2，证明 $\tan\lambda_1 = \cot(\phi_2 - \phi_1)/\cos\delta_1$。该公式对什么角度不适用？

(7) 计算各向同性源的勒夫波振幅辐射花样。

(8) 利用双力偶的矩张量的表达式[式(4.4-5)]证明它遵循张量变化法则[式(2.3-18)]。

(9) ①证明垂直偶极子的矩张量可以被分解为一个各向同性源和一个 CLVD。

②利用式(4.4-48)分解式(4.4-47)中的对角矩张量为一个双力偶和一个 CLVD。计算双力偶标量矩和 CLVD 标量矩与原张量标量矩的比值。

③给出一个与式(4.4-48)不一样的分解方式，它使得双力偶更小、CLVD 更大。利用该分解方式对式(4.4-47)中的对角矩张量进行分解，计算双力偶标量矩和 CLVD 标量矩与原张量标量矩的比值。

(10) 证明对于从深度 w 延伸到深度 W 的无限长隐伏走滑断层，最大同震地表位移发生在距断层面 $y=(wW)^{1/2}$ 处。

(11) 假定大地测量的不确定度为 3mm。1 年、5 年和 10 年后，速度估计的精度分别是多少？

(12) ①利用跨越走滑断层的震间速度剖面的解析表达式，定义估算断层闭锁深度的标准。

②利用该标准估算图 4.5-13 中圣安德烈斯断层的 GPS 速度剖面对应的闭锁深度。

③对该剖面，估算远场滑动速率。

④利用解析表达式计算该位置的速率。假定断层两边基线延伸 5km。

(13) 利用图 P4-2 中的地震图确定地震的面波震级。图中比例尺表示地震图上的 1cm。假定地震计的放大倍数为 3000，震中距为 17°。

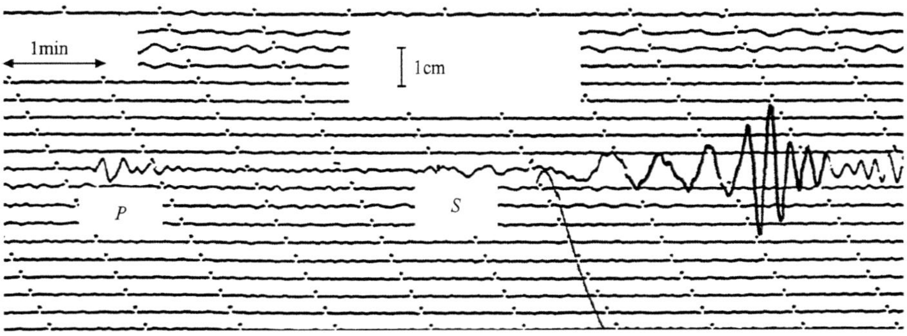

图 P4-2 见问题(13)。

(14) 利用表 4.6-1 中给出的地震的断层参数以及式(4.6-18)～式(4.6-20)的理论关系来估算每个地震的应力降。利用所有三个几何参数，指出哪一组最符合地质上的推断。(文中对 1964 年阿拉斯加地震做了部分估计) 推断的应力降与假定的断层几何参数有什么关系？

(15) 假定圣安德烈斯断层上最大的地震与 1906 年地震有相同的断层宽度(10km)和平均滑动量(4m)。如果这些地震与 1960 年智利地震或 1964 年阿拉斯加地震(表 4.6-1)具有相同地震矩，断层长度为多少？将该值与圣安德烈斯断层长度相比较(图 5.2-3)。

(16) 画出表 4.6-1 中的六个地震的 $\lg S$-$\lg M_0$ 图(如图 4.6-11 所示)。拟合一条穿过这六个点的直线且假定应力降为常数，那么该斜率是否与式(4.6-17)一致？

(17) 对于图 4.6-8 中观测的地震震源谱，估算拐角频率。做出必要的假设，估算震源尺度及应力降。由于不同的假设和模型，你的结果可能与其他研究得到的 30km 和 65bar 有一定差异。

(18) M_s 震级通常在周期 20s 测得。如果换成在 30s 测量，那么 M_s 值的饱和值比通常的 M_s 饱和值更高还是更低，为什么？

(19) ①推导地震能效公式(4.6-29)。

②假定断层活动期间地球的平均应力为 1.5kbar，估算一个典型地震的地震能效，这个能效和转换成地震波的应变能的比率有什么关系？

(20) 大地震释放的能量比较小的地震释放的能量总和还要多。因为如果所有震级为 6 的地震释放的能量比震级为 7 的地震释放的能量更多，震级为 5 的地震释放了比震级为 6 的地震更多的能量，以此类推，那么最小震级地震所释放的能量可以达到无限。要排除这种可能性，假定 b 值在非常小震级时仍然是常数(虽然实际情况可能相反)，最大的 b 值可能是多少？

(21) 由 4.7.1 节给出的值，估算日本、南加利福尼亚州和新马德里地震区的震级大于 6、7 和 8 的地震的平均复发时间。

(22) 仅利用图 4.7-6 中的仪器记录数据，估算在犹他州瓦萨奇断层区震级大于或等于 7.5 的地震的复发周期。将这个估算与古地震所显示的复发周期进行对比。

编程

(1) ①写一个子程序，基于给定的三个断层角度计算断层的法向量和滑动矢量。

②利用该子程序计算问题(2)中震源机制的 $\hat{\boldsymbol{n}}$ 和 $\hat{\boldsymbol{d}}$。与立体图获得的结果进行对比。

③测试 $\hat{\boldsymbol{n}}$ 和 $\hat{\boldsymbol{d}}$ 是否正交。

(2) ①利用编程问题(1)的结果，写一个子程序计算 $\boldsymbol{P}$ 和 $\boldsymbol{T}$ 向量。

②利用该子程序计算问题(2)中震源机制的 P 轴和 T 轴。将结果与立体图获得的结果进行对比。

(3) ①利用编程问题(1)的结果，写一个子程序计算矩张量。

②利用子程序计算问题(2)中震源机制的矩张量。

(4) ①写一个子程序通过对角化将矩张量转换为 P 轴和 T 轴。

②利用该子程序计算问题(2)中震源机制的 P 轴、T 轴。

(5) 写一个子程序计算勒夫波和瑞利波的振幅辐射花样。利用以下激励函数 P_L=−2.75，Q_L=−0.34，且 $S_R = 4.0$，$P_R = 2.7$，$Q_R = -1.6$ 验证图 4.3-12 中的例子。

(6) 图 P4-3 显示了三种数值积分方法。

①在区间 $0 \leqslant x \leqslant 10$ 内用解析解求出函数 $y = x^2$ 的积分。

②写一个子程序，参考图 P4-3(a)中的内接矩形方法求这个函数的数值积分。分别以 2(如图所示)和 0.02 为间隔计算积分。计算数字积分结果与①中真实值之间的差异的百分比。

③利用图 P4-3(b)中的矩形中心积分法重复②。

④利用图 P4-3(c)中的梯形积分法重复②。

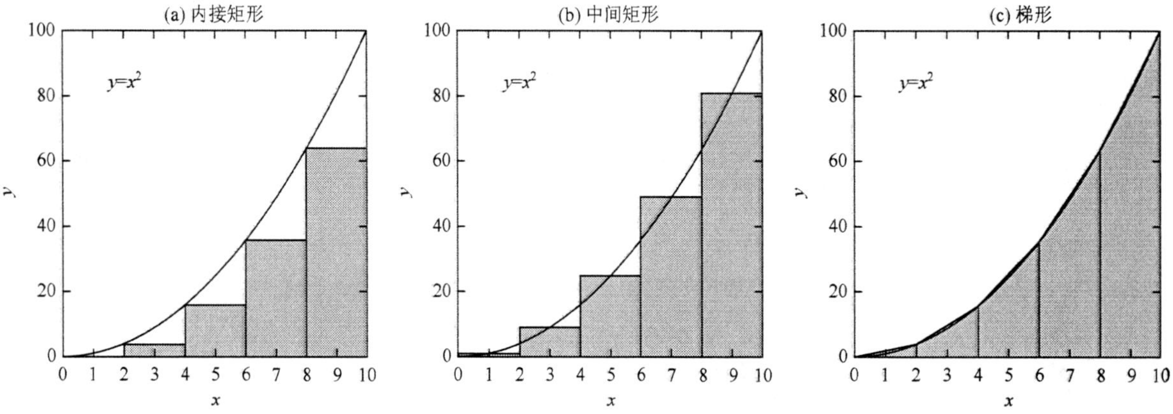

图 P4-3 见编程(6)。

(7) ①写一个子程序利用编程问题(6)中的方法之一，计算区间 $-t$ 到 t 上高斯概率函数 $p(t, \tau, \sigma)$ [(式 4.7-13)] 的积分。

②利用子程序在区间 $-10 \leqslant t \leqslant 10$ 上当 $\tau = 0$ 且 $\sigma = 5$ 时找到 $p(t, \tau, \sigma)$ 的积分 [(式(4.7-13)]。

(8) ①利用高斯或者泊松概率模型，计算一个地震将发生在某一时间段的条件概率：假定最近一个大地震的发震时间已知，以及复发时间的平均值和标准差已知。思考编程问题(7)中的程序是否可以用于高斯模型。

②以圣安德烈斯断层为例，假定开始时间分别为 1983 年、2057 年和 2157 年，周期为 20 年。将结果与图 4.7-9 对比。

③对于相同时间段，利用完整的帕莱特溪地震序列的平均复发时间 132 年以及标准差 105 年，计算条件概率值。解释结果为什么会变化。

(9) 利用编程问题(8)的程序估算未来 20 年在新马德里地震带发生一个大地震的泊松和高斯条件概率，假定上一个地震发生在 1812 年。假定大地震复发参数为：

①平均复发时间为 500 年，标准差为 100 年。

②平均复发时间为 750 年，标准差为 250 年。

③平均复发时间为 1000 年，标准差为 500 年。

(10) 写一个子程序(或利用电子表格)计算数值序列的平均值和标准差。

(11) 结合编程问题(8)和编程问题(10)的结果：

①美国帕克菲尔德的地震序列为 1857 年、1881 年、1901 年、1922 年、1934 年和 1966 年，计算其复发间隔的平均值和标准差。计算 1985～1993 年的 8 年间隔内泊松和高斯条件概率。

②如 1.2.5 节对地震预测的讨论，假定 1934 年地震发生在 1944 年，计算如上条件概率。

③假定到 2010 年该地震尚未发生，计算①中发震日期的复发时间的平均值和标准差(包括 1966～2010 年间隔)。计算地震将在 2010 年以后 8 年内发生的泊松和高斯条件概率。

④参照③，假定下一次地震在 2020 年尚未发生，计算地震将在 2020 年以后 8 年内发生的泊松和高斯条件概率。

⑤对比①、③和④的结果并解释差异。

第 5 章
地震学与板块构造

对大陆漂移学说的认可将地球科学从一些基于对自然现象乏味的且缺少创意的解释转变为一门有望取得重大理论与实际进展的统一的科学。(J. Tuzo Wilson, *Continents Adrift and Continents Aground*, 1976)

5.1 引言

自 20 世纪 60 年代以来，全球地震学的进步与我们对全球板块构造理论的深入理解是地球科学中的两大主要进展。由于地震学的发展提供了大量重要的数据，使板块构造学说成为探讨固体地球中大尺度构造演化过程的理论框架，所以二者密不可分。

板块构造学说源于阿尔弗雷德•魏格纳于 1915 年提出的大陆漂移学说。最初大陆漂移学说的提出是基于南美洲与非洲海岸线轮廓的相似性。然而，由于没有让人信服的板块间相互运动的证据，绝大多数地质学家认为这种运动在物理上是不可能的，因而无法接受魏格纳的学说。到了 20 世纪 70 年代情况就截然不同了，基于地球磁场的形状和历史的古地磁测量表明实际上大陆已经移动了数百万年，所以地质学家基本上接受了大陆漂移学说。综合古地磁与地震学、海洋地质、地球物理学的研究成果表明，地球外层的所有区域都在运动，而不仅仅是大陆地区。

板块构造在概念上很简单：地球表层由大约 15 个刚性板块构成，这些板块的厚度约为 100km，并相对于其他板块以每年几厘米的速度移动[①]。这些板块在某种意义上说是刚性的，块体内部几乎不产生形变，所以形变均发生在板块的边界附近，从而产生地震、山脉、火山以及其他壮观的自然现象。这些刚性板块就是地球的岩石圈，“漂浮”在其下方较弱的软流圈上运动。岩石圈和软流圈是力学单元，由其力学性质与形变方式定义，岩石圈包括整个地壳及上地幔顶部盖层。

图 5.1-1 所示为三种基本板块边界类型。热的地幔

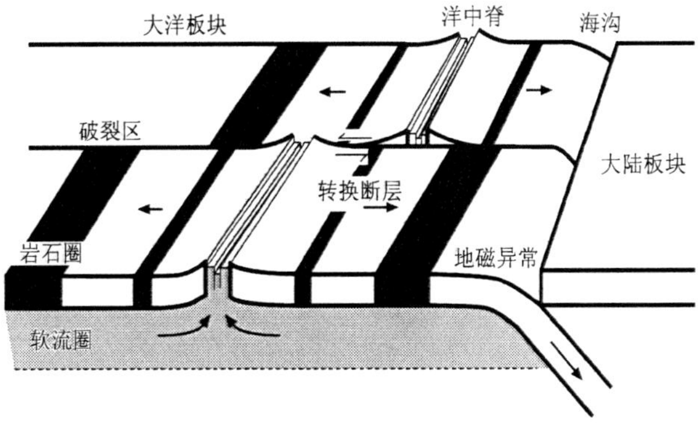

图 5.1-1 简化的板块构造模型。大洋岩石圈形成于洋中脊并在海沟处俯冲。在转换断层处，板块运动平行于板块边界，每种边界类型发生的地震震源机制不同。

物质从扩张中心(即洋中脊)处上升，然后冷却；由于岩石强度随着温度的降低而增强(详见 5.7.3 节)，冷却的地幔物质形成高强度的新大洋岩石圈板块；逐渐冷却的大洋岩石圈从洋中脊离开，最终抵达俯冲带区域或海沟处[②]，在这里以板块形式俯冲回到地幔中，并被重新加热。两个板块边界的相对运动方向决定了板块边界的性质。在扩张型边界区域，两板块相背运动，而在俯冲带区域两板块相向运动。在转换断层区域，即转换边界，板块的相对运动方向平行于板块边界。

正如 3.8 节讨论的，地震学研究表明，由于温度、压力、岩石矿物与物质成分的改变，地幔和地核结构随着深度的变化而变化。板块构造描述了岩石圈，即地幔的坚硬外壳的行为，它是一个热对流系统的外层冷边界层，这一系统包括地幔和地核并从地球内部向外输送热量。尽管对于这个热对流系统所知尚少，尤其是在下地幔和地核内部(图 5.1-2)，但通常认为在浅部热的、低密度物质在扩张中心形成上升流，反之，相对较冷、密度较大的俯冲板块形成下降流。相比上地

① 这大约是指甲生长的速度。

② 称这些边界为洋中脊和海沟以强调其形态，或者称为扩张中心和俯冲带，强调其板块运动方向。后者的命名法更精确，因为海洋盆地中的抬升带，并不都是扩张脊，且像东非裂谷一样的扩张中心也存在于大陆上。

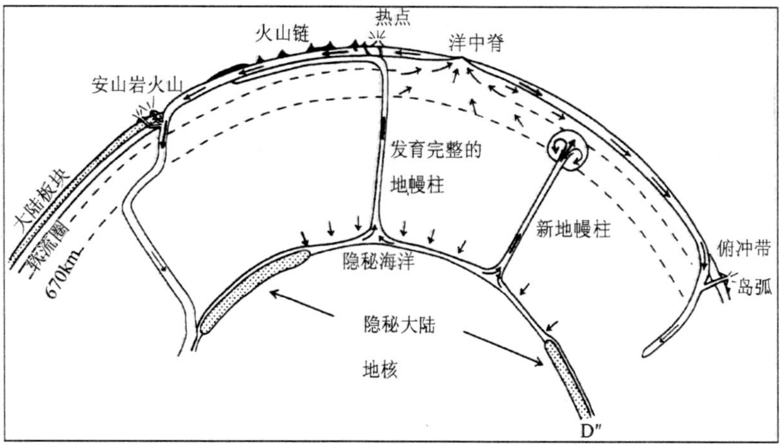

图 5.1-2 地幔对流模式图。洋中脊处为地幔上升流；板块俯冲穿透下地幔造成不均匀性，并在某些情况会下降到地幔底部(核-幔边界区域)；地幔柱(热点)代表地幔上升流。上述地幔对流的特点现今大多都存在争议。(根据 Stacey，1992 修改)

幔，岩石圈非常薄(100km，约是地幔的 1/29)，但是这个区域的温度变化最大，从 100km 深度的 1300°～1400°骤降到地表的 0°，所以岩石圈被称为热边界层。由于温度的变化，岩石圈相比下伏岩层坚硬得多，所以又被称为力学边界层。板块构造相比人们预期的简单对流模型复杂得多的主要原因就在于这个坚硬的边界层。此外，岩石圈包含地壳，相对于残存的原始地幔也是一个化学边界层。大陆岩石圈尤其特殊，尽管独立板块可以包含海洋和大陆岩石圈，但是大陆岩石圈相比海洋岩石圈密度较低(即花岗岩和玄武岩的差别，见 3.2 节)，所以不会发生俯冲。大洋岩石圈在海沟和洋中脊持续俯冲和新生，所以大洋岩石圈岩石年龄不超过 2 亿年，而大陆岩石圈年龄可能达到几十亿年。

换言之，板块构造是地球内部热引擎在地表的主要表现，正是热的本质和历史控制了这个行星的热学、力学和化学演化机制[①]。地球的热引擎从内部平衡三种热传输模式：板块构造循环中的大洋岩石圈冷却；被认为是地幔对流附属特征的地幔柱；非俯冲的，因而不直接参与海洋板块构造循环的贯穿大陆的热传导。基于海底地形和热流估计，地球内部的热主要通过板块构造(约 70%)消耗掉，约 5%通过热点(地幔柱)损失掉。相比来说，与地球为姊妹行星的火星和水星的构造运动完全不同，因为在这两个星球上至少现今不存在大规模的板块运动。

板块构造对于海洋和大气层的演化也至关重要，因为它包含了固体地球、海洋和大气相互作用的主要方式(包括火山活动、通过冷却海洋岩石圈的热液循环以及隆升和侵蚀的循环)(图 5.1-3)。海洋和大气的化学成分很大程度上取决于板块构造过程。很多长期的气候特征受由板块汇聚碰撞造成的山体抬升影响，也受到控制海洋环流的大陆位置的影响。事实上，板块构造的存在可解释地球上(在洋中脊的热泉)的生命是如何进化的，并对生命的发展至关重要(板块边界火山作用直接影响大气，并且板块构造运动把大陆抬升到海平面之上也有间接的影响)。

因此，地球科学家对板块构造进行了大量的研究。本章的目标是介绍地震学中有助于研究板块构造的一些方法和手段，对于研究这些课题更详细的方法会在本章的最后列出。

在对板块构造的研究中，地震学起着几个关键作用。地震分布为刚性板块的观点提供了强有力的证据，这些板块的形变集中在边界区。图 5.1-4 为 1964～1997 年的全球地震活动。这样的图直到 20 世纪 60 年代早期才得到，那时 WWSSN 能得到世界上任何地方发生的 5 级以上地震的精确位置。地震分布图显示出几种显著特征。

大洋岩石圈产生于大洋中脊系统中，大洋中脊的位置由地震分布很好地显示出来。例如，沿着大西洋中脊和东太平洋海隆，分布着几千公里的地震带。震源深度大于 100km 的地震分布图上(图 5.1-4 下图)，可明显看到全球海沟的位置，即大洋岩石圈俯冲的地方。因为大洋中脊地震很浅，因此在该图上没有显示出来。

① 据说热是行星的地质命脉。

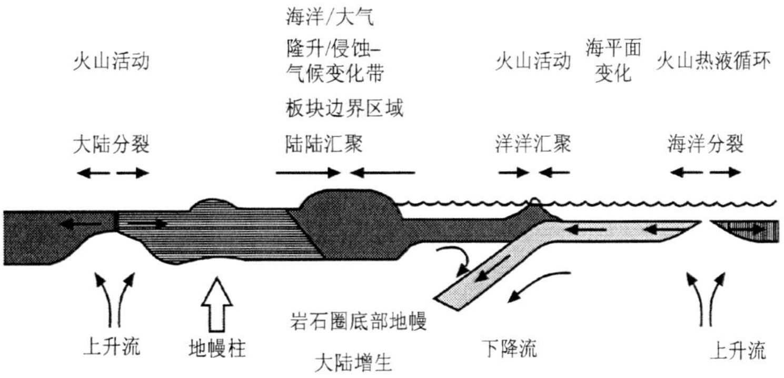

图 5.1-3　示意图总结了固体地球内部、流体大洋以及大气系统间的一些主要的交互模式。(Stein et al.，1995，*Seafloor Hydrothermal Systems*，425-445，版权归美国地球物理学会所有)

尤其令人印象深刻的是在横跨海沟横截面上绘制的地震位置剖面(图 5.1-5)。倾斜的地震活动带描述了俯冲大洋板块的形态，而走时和衰减研究显示其比周围的地幔温度低、强度大。这些区域在板块构造理论被接受之前就已确定，以其发现者名字命名为和达-贝尼奥夫(Wadati-Benioff)带[①]。

板间地震分布既划定了板块边界，又显示了发震带的运动方式。我们看到，断裂的方向反映了在大洋中脊处的扩张和在海沟处的俯冲。地震的位置和机制还表明，大陆板块边界通常是复杂和分散的，而不是刚性板块模型中所假设的简单狭窄的边界，这些简单狭窄的边界对于我们在大洋中所看到的现象是很好的近似。例如，地震活动表明印度和欧亚板块的碰撞产生了一个形变区，其中包括喜马拉雅山，但其远远延伸到了中国内陆。同样，太平洋板块相对于北美的向北运动产生了一个宽的地震带，这表明板块边界区跨越了美国和加拿大西部的大部分地区。

此外，板内地震在远离边界区的板块内部发生。例如，图 5.1-4 显示了加拿大东部和澳大利亚中部的地震分布。这样的地震比板块边界区的地震要少得多，但是也足够证明板块内部并不完全是刚性的。在某些情况下，这些地震与内陆火山活动有关，如在夏威夷。板块内部地震的研究表明板块构造模型在某些区域不能完全描述板块形变过程及其原因。

总之，地震学提供了关于板块运动学(板块运动的方向和速率)和板块动力学(引起板块运动的力)两方面的重要信息。正如后文所述，地震活动是用于识别和划定板块边界区的主要工具之一，而震源机制是确定板块边界运动状态的一种重要资料。震源机制还提供了板块边界和板块内部应力的信息。震源机制、地震深度和地震速度结构的联合解释，对于研究岩石形变和引起地震的力、物理过程具有重要意义。反之，板块运动资料也可用于推测地震发生的时间和地点及其社会风险。因此，要严格划分地震学和板块构造之间的界限通常很困难，甚至有时候是毫无意义的。

5.2　板块运动学

要理解地震的分布和类型，需要了解板块的运动方式，也就是板块运动学。在本节，假设读者已经具备一些板块运动学知识，我们给出一些基本的结论。关于这方面的全面探讨则超出了本书的范围，我们鼓励读者去深入阅读推荐的文献。

5.2.1　板块相对运动

板块构造的一个基本原理是任何两个板块之间的相对运动均可以描述为相对于一个欧拉极(Euler pole)[②](图 5.2-1)的旋转。这种运动方式控制了板块边界的类型以及板块相对运动所形成地震的震源机制，这些内容将在后面章节进行介绍。具体地说，对于板块 i 和板块 j 之间的边界上任意一点 $\boldsymbol{r}$，其经度为 μ、纬度为 λ，板块 j 相对于板块 i 的线性速度可以表示为

$$\boldsymbol{v}_{ji}=\boldsymbol{\omega}_{ji}\times\boldsymbol{r} \tag{5.2-1}$$

① 和达清夫(Kiyoo Wadati，1902～1995 年)发现了日本岛下深源地震活动的存在及其分布特征；因对地震仪器研制具有重要贡献而被人们熟知的雨果·贝尼奥夫(Hugo Benioff，1899～1968 年)，讨论了深源地震的全球特性及其地表特征之间的关系(图 1.1-10)。

② 该术语来源于欧拉定理，其指出任何刚体(本书情况下为板块)在一点固定的情况下(此处为地球中心)的位移是围绕一个轴的旋转。

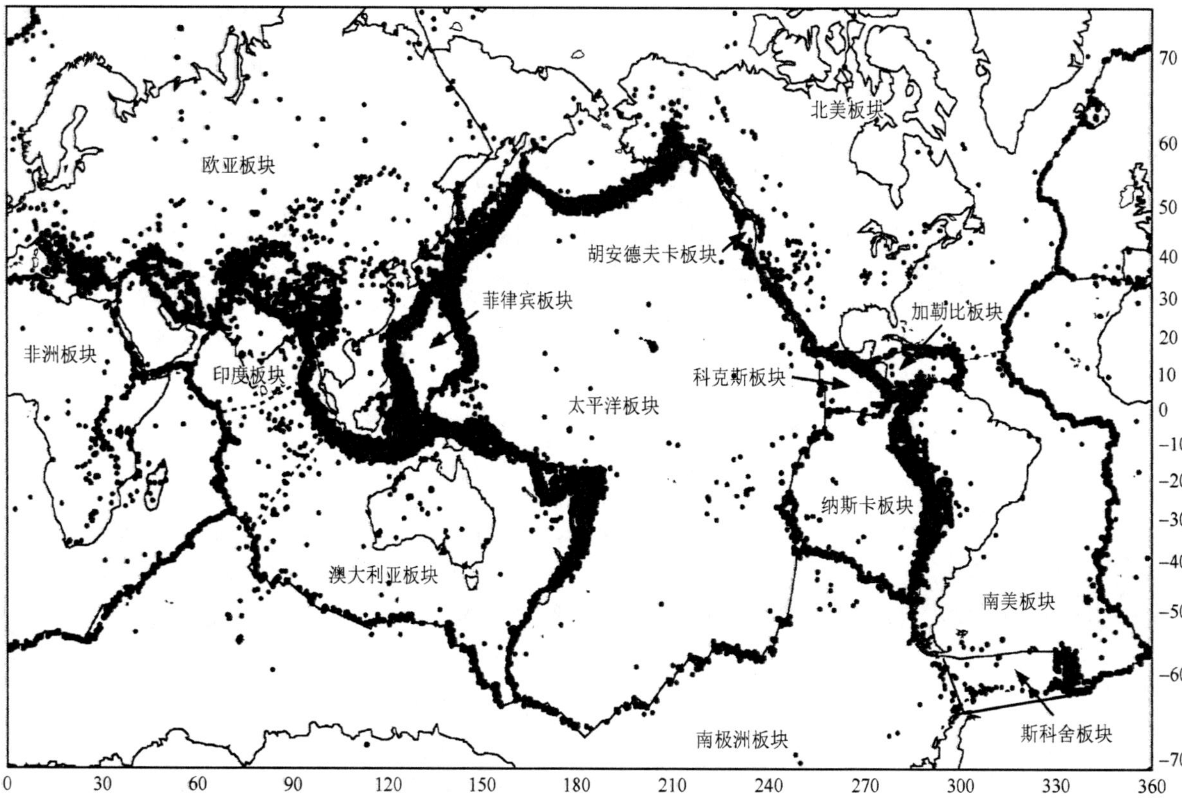

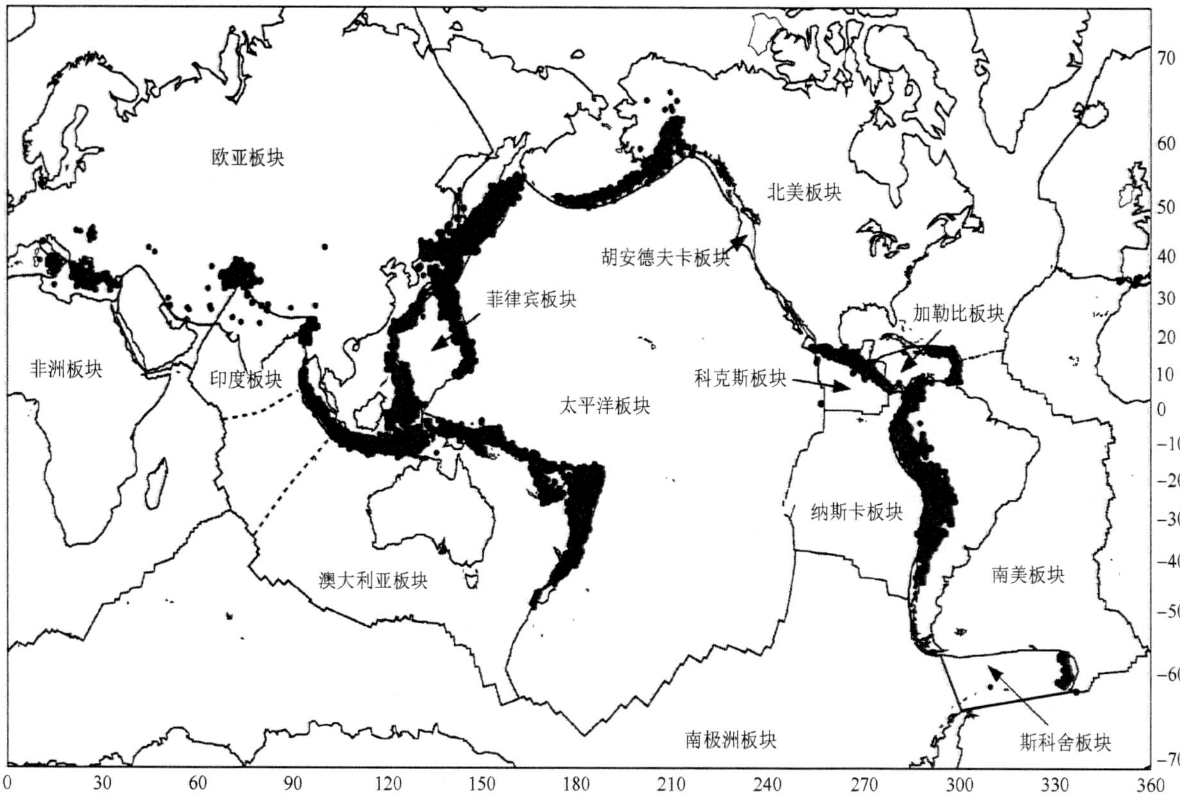

图 5.1-4 全球地震活动(1964～1997 年)。上图：地震($m_b \geq 5$，所有深度)的分布清楚地勾划出了大多数的板块边界，并表明一些边界(如印度-欧亚板块)是扩散的。许多板内地震表示板块内部形变。下图：深度大于 100km 的地震分布(所有震级)，勾划出了俯冲带位置。

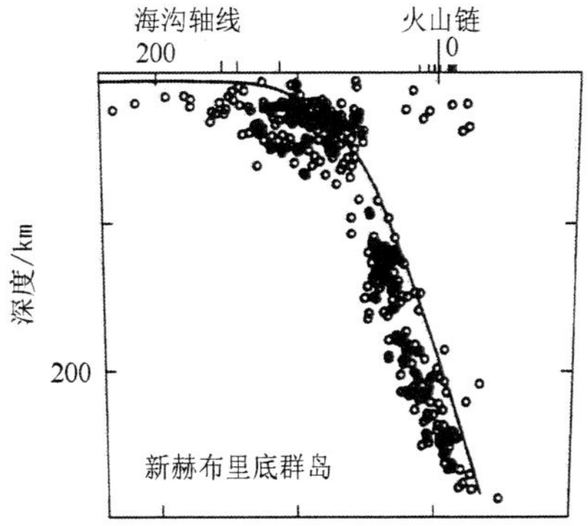

图 5.1-5　垂直于新赫布里底海沟(New Hebrides trench)的地震剖面显示的和达-贝尼奥夫带。倾斜分布的地震带显示了俯冲板块的位置。(Isacks and Barazangi，1977，*Deep Sea Trenches and Back Arc Basins*，99-114，版权归美国地球物理学会所有)

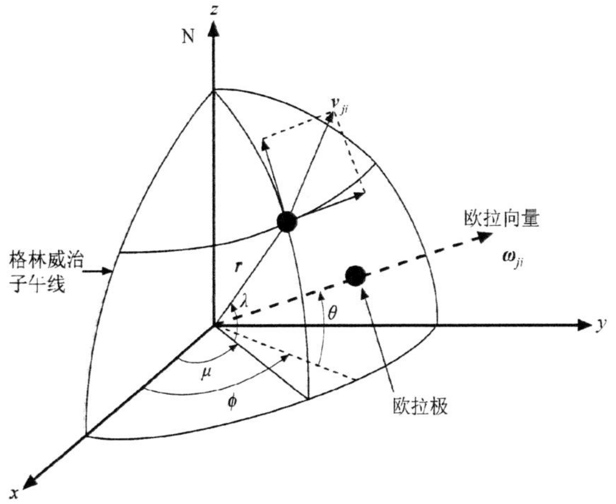

图 5.2-1　板块运动的几何模型。在点 ***r*** 处的线速度由 $\boldsymbol{v}_{ji} = \boldsymbol{\omega}_{ji} \times \boldsymbol{r}$ 给出，欧拉极是欧拉向量与地球表面的交点。注意南纬和西经是负值。

这是力学中常用的刚体旋转方程，***r*** 是边界点的位置向量，$\boldsymbol{\omega}_{ji}$ 是角速度向量或欧拉向量，二者都以地球的球心为起点。

边界点的相对运动方向是一个小圆，即围绕欧拉极的纬线(不是围绕北极的地理纬度)。例如，图 5.2-2 上图显示板块 2 相对于板块 1 运动的极点。惯例是第一个板块($j = 2$)相对于第二个板块($i = 1$)逆时针运动(根据右手定则)。相对运动平行于板块边界的构造称为转换断层。因此转换断层是关于极点的小圆，发生在这里的地震机制是纯走滑性质。其他部分的运动背离边界，形成扩张中心，图 5.2-2 下图给出了另外一个例子，在该图中极点是板块 1($j = 1$)相对于板块 2($i = 2$)的相对运动，形成了俯冲带。

板块相对运动的幅度/速率随着与极点的距离的增大而增大：

$$|\boldsymbol{v}_{ji}| = |\boldsymbol{\omega}_{ji}||\boldsymbol{r}|\sin\gamma \tag{5.2-2}$$

其中，γ 是欧拉极和观测点之间的夹角(相对于极点的余纬度)。板块边界上所有点有同样的角速度，但是线速度在极点处为 0，在 $\gamma = 90°$达到最大。

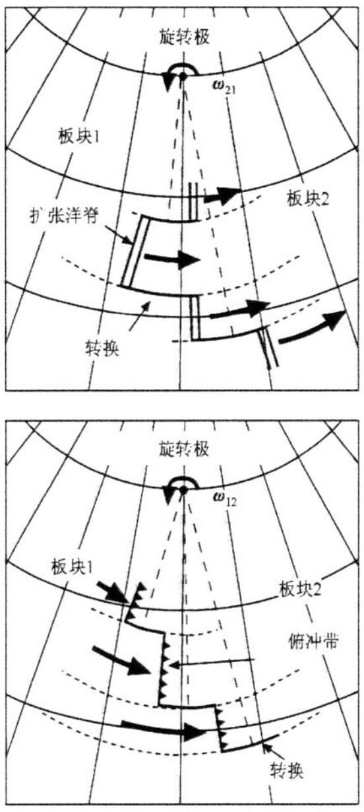

图 5.2-2　板块边界上的运动和欧拉极的关系。沿着关于欧拉极的小圆(短虚线)发生的相对运动，其速度随着与极点间距离的增加而增加。注意旋转方向的不同：$\boldsymbol{\omega}_{ji}$ 是与板块 j 相对于 i 逆时针旋转所对应的欧拉矢量。

在笛卡儿(x, y, z)坐标中(图 5.2-1)的位置矢量为

$$\boldsymbol{r} = (a\cos\lambda\cos\mu, a\cos\lambda\sin\mu, a\sin\lambda) \tag{5.2-3}$$

其中，a 是地球半径。类似地，如果欧拉极纬度为 θ，经度为 ϕ，则欧拉矢量(为简单起见，忽略了下标 ij)写为

$$\boldsymbol{\omega} = (|\boldsymbol{\omega}|\cos\theta\cos\phi, |\boldsymbol{\omega}|\cos\theta\sin\phi, |\boldsymbol{\omega}|\sin\theta) \tag{5.2-4}$$

其中，幅度$|\boldsymbol{\omega}|$是标量角速度或旋转速度。为找到线速度 ***v*** 的直角坐标分量，我们用它的定义[式(A.3-28)]来计算其矢量积［式(5.2-1)］，并且发现：

$$\begin{aligned}
&\boldsymbol{v} = (v_x, v_y, v_z), \\
&v_x = a|\boldsymbol{\omega}|(\cos\theta\sin\phi\sin\lambda - \sin\theta\cos\lambda\sin\mu), \\
&v_y = a|\boldsymbol{\omega}|(\sin\theta\cos\lambda\cos\mu - \cos\theta\cos\phi\sin\lambda), \\
&v_z = a|\boldsymbol{\omega}|\cos\theta\cos\lambda\sin(\mu - \phi)
\end{aligned} \tag{5.2-5}$$

在点 $\boldsymbol{r}$ 处，南-北和东-西单位向量可以通过式(A.7-4)写成直角坐标分量的形式：

$$\begin{aligned}\hat{\boldsymbol{e}}^{\mathrm{NS}} &= (-\sin\lambda\cos\mu, -\sin\lambda\sin\mu, \cos\lambda),\\ \hat{\boldsymbol{e}}^{\mathrm{EW}} &= (-\sin\mu, \cos\mu, 0)\end{aligned} \tag{5.2-6}$$

对直角坐标分量［方程(5.2-5)］和单位向量［(方程(5.2-6)］点积可得到线速度 v 的南北和东西分量：

$$\begin{aligned}v^{\mathrm{NS}} &= a\,|\boldsymbol{\omega}|\cos\theta\sin(\mu-\phi),\\ v^{\mathrm{EW}} &= a\,|\boldsymbol{\omega}|[\sin\theta\cos\lambda - \cos\theta\sin\lambda\cos(\mu-\phi)]\end{aligned} \tag{5.2-7}$$

然后得出板块运动的速率和方向：

$$\begin{aligned}&\text{速率} = |\boldsymbol{v}| = \sqrt{(v^{\mathrm{NS}})^2 + (v^{\mathrm{EW}})^2},\\ &\text{方位角} = 90° - \tan^{-1}[(v^{\mathrm{NS}})/(v^{\mathrm{EW}})]\end{aligned} \tag{5.2-8}$$

式中，方位角是从正北顺时针读取的度数。

计算以上表达式时，应该格外小心数据的量纲。尽管通常说旋转速率为多少度每百万年，但是应该把它们转换成为弧度每年，这样线速度和地球半径具有一致的量纲。巧合的是，半径单位从 km 转化为 mm 和 Ma 转化到 a 正好可以抵消，所以，如果想获得以 mm/a 为单位的线速度，只需要将角度转化为弧度($\times\pi/180°$)。板块移动的单位通常是 mm/a，因为以年为单位对于人们来说更容易接受，并且 1mm/a 和 1km/Ma 在数值上是对应的，这使得我们可以清晰地感受到看似缓慢的板块在地质时间尺度上移动了多少。

作为板块运动学的例子，图 5.2-3 显示了北美-太平洋板块的边界区域，这是关于欧拉极的投影图，所以板块相对移动应该平行于类似图中所示的小圆弧。与图 5.2-2 类比，可以得知板块沿着加利福尼亚湾洋脊北西-南东向扩张，使南加利福尼亚与墨西哥其他地区分开。向北，圣安德烈斯断层基本与相对运动的方向平行，因此大体上是一个转换断层。在阿拉斯加东部的阿留申岛弧与板块运动的方向垂直，所以太平洋板块会俯冲到北美板块下。因此，这个板块边界包含洋脊、转换断层和海沟①。此外，在这个板块边界区域还包含微小的胡安德夫卡板块，此板块在卡斯卡底俯冲带(Cascadia subduction zone)俯冲到美国的太平洋西北地区之下。

利用方程(5.2-8)可以得出板块的运动变化。北美板块与太平洋板块存在相对运动，预测其边界圣安德烈斯断层上一点(36°N，239°E)的运动速度为 46mm/a，方位角为 N36°W，预测的运动方向与圣安德烈斯断层的平均错动方向 N41°W 一致。因此可以认为圣安德烈斯断裂带是北美-太平洋板块的转换边界，其性质为右旋走滑，然而该断层并非为纯转换断层。正如我们所看到的，圣安德烈斯断层的错动速率要比整个板块的运动速率低，因为一些运动发生在板块边界附近很广的区域而不是仅仅表现在转换断层上。此外，在圣安德烈斯断裂带一些区域的走向与板块错动形成的走滑断层的方向差别较大，因此可以认为圣安德烈斯断层的主要特征是走滑。

类似地，在靠近 1964 年阿拉斯加地震区域的阿留申断裂带上(图 4.3-15)(62°N，212°E)，预测太平洋板块相对于北美板块的移动速率为 53mm/a，方向为 N14°W。板块的运动进入太平洋-北美板块俯冲带的海沟内部。值得注意的是，对于给定的相对运动聚合带模型，两个板块中的任何一块都可以发生俯冲。尽管如此，相对运动的方向也是非常重要的，也就是说板块不能相互交换：假如相对于太平洋板块，北美板块运移方向为 N14°W，那么板块的移动是远离边界的，将以相同的速率产生一个扩张中心。至于圣安德烈斯断层，通过地震和其他形变观测到的实际边界要比理想情况下的边界更宽、更复杂。

板块边界地震的震源机制和整个板块的运动相符并显示出某些复杂性。在加利福尼亚海湾，既有走滑性质的转换断层，也有洋脊区域的正断层。圣安德烈斯断层系由主断层和其他一些断层构成，既有纯走滑型地震(帕克菲尔德地震)，也兼具一些倾滑运动的地震，如北岭地震(4.5.3 节)、圣费尔南多地震和洛马普列塔地震。地震资料也显示板块边界区域非常宽，尽管大部分板块运动及由此产生的大地震发生在圣安德烈斯断裂带(图 4.5-13)，但是地震分布向东扩展，甚至远至落基山脉。例如，兰德斯地震显示了圣安德烈斯断层以东的走滑运动，而博拉峰(Borah Peak)地震是发生在盆岭区的拉伸断裂上。这些震源机制与空间大地测量的运动一致，随后将和地质方面的研究一起讨论。

① 展示板块运动的一个好方法是复印图 5.2-3，沿着太平洋板块边界进行切割，然后把“太平洋”复印到另一张纸上。把“太平洋”放到“北美”之下，绕着一个穿过极点的图钉进行旋转，则会显示出洋中脊、转换带和海沟随时间向前和向后的运动方式。

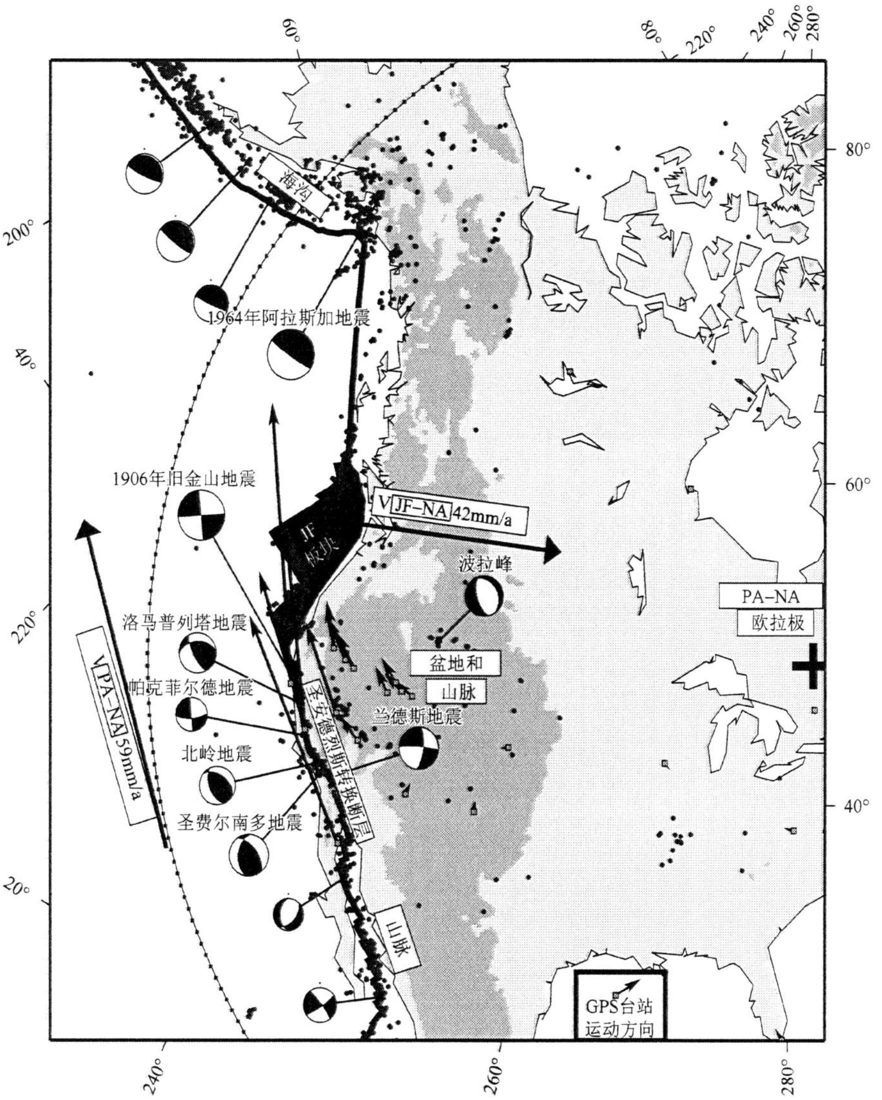

图 5.2-3　包含微小的胡安德夫卡板块的北美-太平洋板块边界地区和地震震源机制分布图。该图为相对于北美-太平洋板块欧拉极的投影，所以带有小圆点的曲线是一个小圆，即板块运动的方向。这个小圆距离极点比圣安德烈斯断裂带更远，所以此处的运动速度更快一些。震源机制显示板块边界的类型从拉伸变为转换再到汇聚。边界带的弥散性质可以从图示的下列资料看出：地震活动（小圆点）、震源机制、地形（阴影区域高程大于 1000m）以及 GPS 和 VLBI 测点（方块）相对于稳定的北美内陆的运动矢量（Bennett et al., 1999）。板块运动速度用箭头长度表示，一些地方的运动矢量小到无法看见。（Stein and Klosko，2002，From *The Encyclopedia of Physical Science and Technology*，ed. R. A. Meyers，经 Academic Press 许可复制）

5.2.2　全球板块运动

通过对板块相对运动的观测可以得到板块边界的演化过程。现今胡安德夫卡板块向北美板块的俯冲速度要大于胡安德夫卡-太平洋板块边界由海底扩张生成新岩石圈的速度，所以这个板块过去比现在大，并且正在缩小。向前推演太平洋板块和北美大陆之间的接触关系，可以发现在 10Ma[①]以前，还没有发生海底扩张而形成加利福尼亚海湾。这些变化是北美西部板块边界演化的一部分，位于北美和太平洋板块之间巨大的法拉隆（Farallon）海洋板块在距今约 40Ma 前开始向北美板块俯冲，剩下了现今的胡安德夫卡板块并且形成了圣安德烈斯断裂带。

对此而言，你可能想知道欧拉极是如何确定的。直到不久前，这项工作是通过联合不同板块边界的三种不同数据得到的。扩张速率是通过海底剩磁异常获得的，洋脊处岩石冷却时，会产生平行于当时

① “Ma” 指百万年。

地磁场方向的磁化，由于地磁场反转的历史是已知的，磁异常的年代可以确定，所以可以根据测量它们与洋脊的距离得到大洋板块的扩张速度。板块移动的方向可以通过转换断层的方向以及转换断层和俯冲带上地震的滑动矢量得到。欧拉矢量可以利用这些板块相对运动数据及之前讨论过的几何条件获得，这个过程直观上很容易理解。因为俯冲带滑动矢量和转换断层分布在围绕极点的小圆上，极点一定在垂直于它们的大圆上(图 5.2-2)。类似地，板块运动的速率随着其到极点距离正弦值的增加而增加[方程(5.2-2)]。这些条件使确定极点的位置成为可能。因此，确定所有板块欧拉矢量是一个超定的最小二乘问题，其解(7.5 节)给出全球板块相对运动模型。由于模型中板块的运移速率是通过跨度为几百万年的磁异常数据获得的，所以得到的板块运移速率是过去几百万年的平均值①。

表 5.2-1 给出了这样一个模型，称为NUVEL-1A②，说明了各板块相对于北美板块(图 5.2-4)的运动。按照惯例，板块移动的向量方向为相对于北美板块的逆时针方向。尽管表格中只给出了相对于北美板块的欧拉矢量，但通过矢量算法，我们可以很容易得到相对于其他板块的相对运动。例如，

$$\boldsymbol{\omega}_{ij} = -\boldsymbol{\omega}_{ji} \tag{5.2-9}$$

表 5.2-1　各主要板块相对于北美(NA)板块的欧拉极位置及其角速度

板块	极点纬度	极点经度	角速度$\lvert\boldsymbol{\omega}\rvert$/[(°)/Ma]
太平洋(PA)	−48.709°N	101.833°E	0.7486
非洲(AF)	78.807°N	38.279°E	0.2380
南极洲(AN)	60.511°N	119.619°E	0.2540
阿拉伯(AR)	44.132°N	25.586°E	0.5688
澳大利亚(AU)	29.112°N	49.006°E	0.7579
加勒比海(CA)	74.346°N	153.892°E	0.1031
科克斯(CO)	27.883°N	−120.679°E	1.3572
欧亚(EU)	62.408°N	135.831°E	0.2137
印度(IN)	43.281°N	29.570°E	0.5803
纳斯卡(NZ)	61.544°N	−109.781°E	0.6362
南美(SA)	−16.290°N	121.876°E	0.1465
胡安德夫卡(JF)	−22.417°N	67.203°E	0.8297
菲律宾(PH)	−43.986°N	−19.814°E	0.8389
里维拉(RI)	22.821°N	−109.407°E	1.8032
斯科舍(SC)	−43.459°N	123.120°E	0.0925
NNR*	2.429°N	93.965°E	0.2064

资料来源：DeMets 等(1994)。

注：“*”表示无净旋转，参见 5.2.4 节。

所以可以用负方向的欧拉向量表示相反的板块对。新板块对的极点正好是相反的，纬度改变符号且经度增加 180°，旋转速率也一样。也可以保持极点不变，将旋转速率变为负数的方法反转板块对(顺时针方向而不是逆时针方向)。尽管通常使用正的旋转率，但是有时候负的旋转率可以让我们更好地认识板块运动。例如，表 5.2-1 中显示，太平洋–北美板块极点位置为 −49°N，102°E，所以北美–太平洋板块对的极点位置约为 49°N，(102 + 180 = 282)°E，大约在加拿大的东南部。因此，对于这个极点，北美板块相对于太平洋板块逆时针旋转，太平洋板块相对于北美板块顺时针旋转，如图 5.2-3 所示。

对于其他的板块对，假设板块是刚性的，所以所有的运动都发生在板块边界上。可以对欧拉向量进行求和运算：

$$\boldsymbol{\omega}_{jk} = \boldsymbol{\omega}_{ji} + \boldsymbol{\omega}_{ik} \tag{5.2-10}$$

因为板块 j 相对于板块 k 的移动等于板块 j 相对于板块 i 的移动和板块 i 相对于板块 k 的运动的和，因此如果设置的初始向量都是相对于同一个板块 i，用

$$\boldsymbol{\omega}_{jk} = \boldsymbol{\omega}_{ji} - \boldsymbol{\omega}_{ki} \tag{5.2-11}$$

计算所有想用到的欧拉向量。这些运算可以很容易地通过方程(5.2-4)使用直角坐标分量进行，就如本章末的问题所示。对于一个特定位置的线速度向量，也可以进行类似的运算。

① 最近的磁场反转发生于约 78 万年前，因此基于古地磁数据的任何板块模型至少是在这段时间间隔内的平均。

② NUVEL-1(西北大学的速度模型)是作为一种新的模型发展起来的(DeMets et al.，1990)。但近年的发展已使得该模型相对落后。由于古地磁时间标尺的变化，该模型被修订为 NUVEL-1A(DeMets et al.，1994)。修订前后相对运动的速度略有差异，但是极点不变，因此相对运动的方向不变。

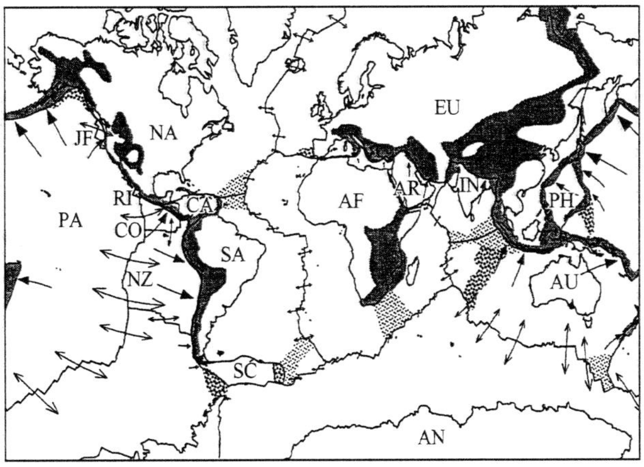

图 5.2-4　NUVEL-1 全球板块运动模型中板块相对运动示意图。箭头长度相当于板块以现有速度运动 25Ma 后的位移。大洋中脊的扩张由分离的箭头表示。俯冲板块上的单箭头表示汇聚。板块边界表现为根据地震、地形或其他断层证据推测的弥散区域。细点主要表示陆地区域，其形变可以从地震、地形、其他断层的或综合证据推断。中等点主要表示海底区域，在这些地区非闭合板块回路表明存在可测量的形变；在大多数情况下，这些区域也有地震产生。粗点主要表示海底地区，其形变主要依据地震的存在推断。这些地区的几何形状，以及某些区域的存在性，还在调查中。(Gordon and Stein，1992，*Science*，256，333-342，版权归美国科学促进协会所有)

这种向量加法是非常重要的，因为对于某些边界(图 5.2-5)，只存在特定类型的数据。虽然扩张中心提供了从磁异常中得到的速率以及从转换断层和滑动向量中得到的方位，但是在俯冲带只有运动方向是直接获得的。所以，在俯冲带的汇聚速度是由所有板块边界运动的全球闭合估计得到的(7.5 节)。因此，科克斯(Cocos)板块俯冲到北美板块下并引起墨西哥大地震的预测速率取决于在东太平洋海隆上测量的科克斯-太平洋海底扩张以及在加利福尼亚海湾太平洋-北美板块扩张的速率。在某些情况下，例如北美和南美之间的相对运动，没有能够直接使用的数据，因为边界位置和几何形状是不确定的，所以相对运动完全是从闭合度中推测出的。现今，对基于速度和方位数据获得的板块运动已经有较好的认识。

图5.2-4 显示了全世界板块边界处预测的相对运动。如图 5.2-3 的太平洋-北美板块边界以及后续章节中更广泛的讨论所示，预测的运动与震源机制相符。此外，可以用板块运动来对未来地震进行推测。例如，尽管胡安德夫卡和北美板块边界上没有大地震记录，但是板块运动表明胡安德夫卡板块向北美板块之下俯冲可能会导致这样的大地震。这种俯冲的证据由喀斯喀特山脉的火山［如圣海伦斯火山和雷尼尔火山(Mount Rainer)］和古地震记录(1.2.5 节)给出。

图 5.2-4 也表明板块间的边界常常是发散的。地震活动、活动断层和上升地形通常预示着板块间巨大的形变区域。这种作用在大陆岩石圈很明显，如亚洲的印度-欧亚板块碰撞带和美国西部的太平洋-北美边界带，但有时在大洋岩石圈也有这种现象，比如在印度洋的中部。板块边界区域覆盖了地球表面的 15%，且地球人口约 40%住在这些区域。

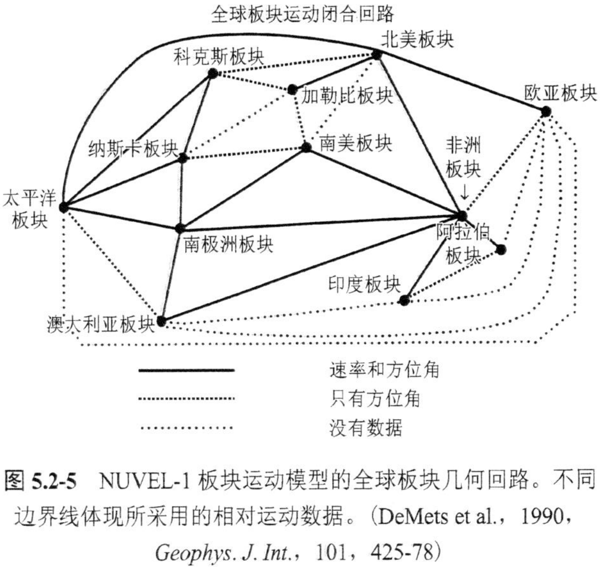

图 5.2-5　NUVEL-1 板块运动模型的全球板块几何回路。不同边界线体现所采用的相对运动数据。(DeMets et al.，1990，*Geophys. J. Int.*，101，425-78)

地震是调查板块边界区域和板块刚性程度的最好方法之一。它们是板块边界区域位置的最好指标之一，所以新的地震经常会改变已有的认识。也可以使用板块运动数据，其中许多是地震滑动矢量。例如，图 5.2-4 显示印度洋中部(5.5.2 节)的地震活动区是分离印度板块和澳大利亚板块的边界，而不是在单一的印度—澳大利亚板块内，因为沿着印度洋中脊的扩张速率更符合双板块模型。类似的论据证明了里维拉(Rivera)小板块独立于科克斯板块的假说。另一个方法是使用全球板块闭合回路(图 5.2-5)。假设三个板块都是刚性的，从前文可知，由其中两个可以形成另一个欧拉矢量［(式(5.2-10)］。因此这个假设可以用于测试偏离刚性的程度，简称非刚性度。为此，我们只使用从一对板块边界得到的数据为这对板块建立一个最佳拟合矢量，并用世界上其他地方的数据建立一个闭合拟合矢量。如果板块是刚性的，两个矢量将是一样的。然而，两者之间的显著差异表明非刚性度，或者是板块运动模型的其他问题。例如，这种分析显示出了沿着某些俯冲带的系统偏差，表明海沟地震的滑动矢量没有完全反映出板块运动，因为上覆板块上一小部分弧前介质的运动独立于上覆板块的剩余部分(5.4.3 节)。

该方法的一个应用是检测在三联点交汇的三个板块的欧拉矢量，计算三个板块对的最佳拟合欧拉矢量，并把它们相加。对于刚性板块，式(5.2-10)表明其和应该为零。然而，当在印度洋中部交汇处应用该方法，假设它是非洲、印度-澳大利亚和南极洲板块交汇处，欧拉矢量之和显然不为零，这表明刚性板块假设不成立。随着板块运动数据在质和量上的改善，原来假定的三板块系统可能包括多达六个可分辨的板块［南极洲、努比亚(西非)和索马里(东非)、印度、澳大利亚以及 Capricorn(印度和阿拉伯半岛之间)板块］。因此，板块边界和运动模型随时间的推移而得到改善(图 1.1-9)。例如，尽管图 5.2-4 中的模型有一个单独的非洲板块，但最近的模型正在力求分辨出努比亚和索马里之间的运动(图 5.6-2)。

5.2.3 空间大地测量学

由于空间大地测量技术的迅速发展，近几年可以获得新的板块运动数据。阿尔弗雷德·魏格纳在 1915 年提出大陆漂移学说时，建议使用基于空间的测量来确定板块运动。魏格纳意识到，证明大陆的分离运动是一个艰巨的挑战。虽然大地测量学(测量地球的形状和距离的科学)已很好地确立，但标准的测量方法对测量分离板块间的缓慢运动帮助不大。因此，魏格纳决定使用天文观测来测量大陆之间的距离[①]。然而，由于测量大陆漂移要求远高于以往的测量精度才能显示几年里位置的微小变化，魏格纳的尝试失败了，大陆漂移的假说基本被否定。

到了 20 世纪 70 年代，情况变得有所不同。地质学家接受了大陆漂移学说，很大程度上是因为古地磁测量结果表明大陆实际上已经移动了数百万年。因此，很自然地要看看现代空间技术是否可以完成魏格纳测量大陆运动的梦想。科学家们尝试了三种基本方法，每种方法都面临严峻的技术挑战，但所有方法都成功了。因此，使用 4.5.1 节中讨论的方法，以及从甚长基线干涉测量(VLBI)、卫星激光测距(SLR)和全球定位系统(GPS)得到的几年的数据，板块运动现在可以测量到几毫米每年或者更高的精确度。

空间大地测量同时获得测点之间运动的速率和方位，因此可以用于计算板块相对运动。对于地震学来说，空间大地测量最重要的结果之一就是证明了板块运动在过去的几百万年中总体保持稳定。过去几年内空间大地测量所测得的运动与过去 3Ma 里全球板块运动平均模型预测的惊人地一致(图 5.2-6)。这种一致性符合以下想法：虽然板块边界的运动可能是偶发性的，如大地震那样，但黏性软流圈使瞬时运动逐渐减弱(很像地震计中的阻尼元件，6.6 节)，并引起稳定的板块间运动。这种稳定性意味着板块运动模型可以用来与地震数据进行比较。

空间大地测量克服了诸如 NUVEL-1A 等模型面对的主要困难，即使用的数据(扩张速率、转换方位和滑动矢量)取自板块边界，所以该模型只提供了跨越边界的净运动。相比之下，空间大地测量也可以测量在板块边界区域内的运动。例如，图 5.2-3 显示的是在北美-太平洋边界区域内 GPS 和 VLBI 位点的运动。在北美东部的位点相对彼此移动得太过缓慢(小于 2mm/a)，以至于在这个尺度上看不到它们的运动矢量。因此，这些位点在北美板块稳定的内部定义了一个刚性参考系。圣安德烈斯断层西部位点的移动速度和方位基本上与由全球板块运动模型预测的太平洋板块的速度和方位一致。位点矢量表明大多数的板块运动是沿着圣安德烈斯断层系统发生的，但是向东一些

① 使用地外参考系已有很长的历史；约在公元前 230 年，埃拉托色尼(Eratosthenes)通过在不同地点观察太阳的位置确定地球的大小，航海家们通过观察太阳和星星确定自身所处的位置。

距离也有显著的运动发生。大地测量的运动与震源机制和地质数据一致。因此，如在 5.6 节中进一步讨论的，在许多板块边界的发散形变区内，需要联合使用不同类型的数据来研究地震和非地震形变随时间和空间变化。这种方法既在大尺度上应用(如本节所示)，也用于较小地区和单个地震的研究(4.5 节)。

空间大地测量也用于相对稀少但有时较大的板块内部地震的研究。全球板块运动模型不能给出板内地震在何时何地发生的任何信息，因为在理想的刚性板块内不会产生形变，也不应该产生地震。空间大地测量结合地震位置、震源机制和其他地质以及地球物理数据，用来调查板块内的运动和应力，以及它们与板内地震的关系(5.6.3 节)。

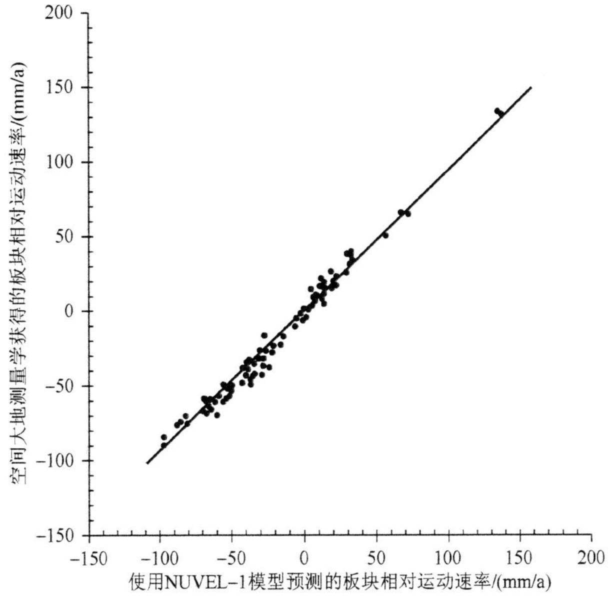

图 5.2-6 空间大地测量确定的速率和由 NUVEL-1 全球板块运动模型预测的速度的比较。空间大地测量速率是由远离板块边界的位点决定的，这减少了边界附近形变的影响。直线斜率为 0.94，这表明在过去 10 年的板块运动与 3Ma 平均模型所预测的板块运动十分相似。(Robbins et al.，1993. *Contributions of Space Geodesy to Geodynamics*，21-36，版权归美国地球物理学会所有)

5.2.4 绝对板块运动

前文主要讨论了板块之间的相对运动，对于地震学家，这历来是他们最感兴趣的，因为大多数地震都反映了这种运动。然而，在一些应用中，考虑相对于深部地幔的绝对板块运动是很重要的。

一般情况下，板块和板块边界都相对于深部地幔在运动。为了弄明白这一点，假设非洲板块并没有相对于深部地幔运动。在这种情况下，随着大西洋中脊海底扩张而产生的岩石圈添加到板块上(图 5.2-4)，所以洋脊和南美板块都会相对于地幔向西运动。相反，由于非洲板块通过俯冲到地中海的欧亚板块之下失去了部分区域，海沟将会“向后滚动”，引起它和欧亚大陆相对于地幔向南移动。这种运动对于板块边界的运动过程有着重要影响(图 5.3-10)。

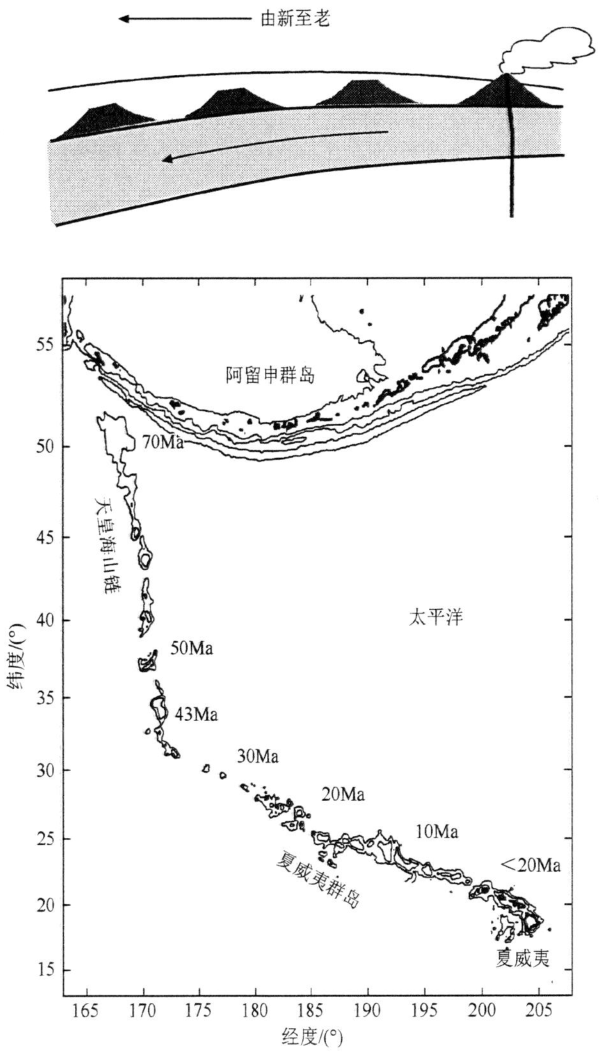

图 5.2-7 上图：在固定热点上方的板块运动形成火山岛链的示意图。下图：夏威夷-天皇海山链上的火山年龄。

板块的绝对运动不能直接测量，但可以用两个方法推断这些运动。使用热点假设，其中板块在一个热点或固定的火山上方运动，导致上覆板块发生熔融，从而产生特定的线性火山链(图 5.2-7)。如果上覆板块是海洋板块，当海洋岩石圈经过热点，离开并冷却、下沉时，其运动将产生一系列由活火山形成的岛屿，到较老的岛屿，再到水下海山。这个过程在热点周围形成了一个宽阔舒缓的地形隆起，并从热点向外沿着海岛链火山年龄逐步变化，如图 5.2-7 所示的夏威夷-天皇海山链。火山年代范围从夏威夷岛现今活动，到其他夏威夷群岛的几百万年，再到中途岛的大约 28Ma，最后火山链消失在阿留申海沟处的 70Ma①。因此，火山链的方位和年代给出了板块相对于热点的运动。例如，夏威夷-天皇海山链的弯曲被解释为 40Ma 前太平洋板块改变运动方向的标志。因此，在不同板块下使用热点追踪，并假定热点相对于深部地幔固定(或者以比板块运动更缓慢的速度相对于彼此运动)，这就是热点参考系。

通常进一步假设热点是由较深处，甚至是在核-幔边界处上升的地幔柱所产生的(图 5.1-2)。热点和地幔柱的概念很有吸引力并且得到广泛应用，但是持续性火山和可能的深地幔柱之间的关系一直是较为活跃的研究课题，因为有许多现象偏离我们的预期。一些热点移动明显，一些火山链没有明确的年龄规律，如图 5.2-7 中那样将火山链弯曲解释为板块运动方向变化的证据不够充分，海洋热流数据显示隆起处很少或不存在热异常。地震研究发现了低速异常，但是评估它们的深度范围及其与可能存在的地幔柱的关系很有挑战性。然而，热点参考系与岩石圈整体没有净旋转(NNR)的假设获得的结果相似，因此，所有板块绝对运动的面积加权和为零。尽管关于热点和地幔柱的存在和性质有未解决的问题，但 NNR 参考系通常被用来推断绝对运动。

为了计算绝对运动，可以认为在绝对参考系下的板块运动相当于对所有板块添加了一个旋转。因此，用欧拉矢量公式，把绝对参考系在数学上等同于另一个板块。把 $\boldsymbol{\Omega}_i$ 定义为在绝对参考系中板块 i 的欧拉矢量。例如，表 5.2-1 给出了相对于北美板块的 NNR 欧拉矢量($\boldsymbol{\omega}_{\text{NNR-NA}}$)，所以它的负值($\boldsymbol{\omega}_{\text{NA-NNR}}$)是在 NNR 参考系下北美板块的绝对欧拉矢量($\boldsymbol{\Omega}_{\text{NA}}$)。类似于式(5.2-1)，可以得到在点 $\boldsymbol{r}$ 处的线速度：

$$\boldsymbol{v}_i = \boldsymbol{\Omega}_i \times \boldsymbol{r} \tag{5.2-12}$$

因此可以发现，北美板块相对于产生黄石国家公园(44°N，−110°W)的火山活动和地震热点的运动速度是 18mm/a，方向 N239°E。该运动沿着连接黄石公园火山与蛇河(Snake River)平原的玄武岩的走向(图 5.2-8)，玄武岩可以认为是它留下的踪迹，类似于太平洋中夏威夷-天皇海山链。

相对和绝对欧拉矢量的关系很简单，因为：

$$\boldsymbol{\omega}_{ij} = \boldsymbol{\Omega}_i - \boldsymbol{\Omega}_j \tag{5.2-13}$$

两个板块的相对欧拉矢量，即为它们的绝对欧拉矢量之差。因此，如果知道一个板块的绝对运动，就可以根据相对运动计算其他的绝对运动。例如，可以从表 5.2-1 中给出的相对于北美的运动矢量找到太平洋板块的绝对运动：

$$\boldsymbol{\Omega}_{\text{PA}} = \boldsymbol{\omega}_{\text{PA-NA}} + \boldsymbol{\Omega}_{\text{NA}} \tag{5.2-14}$$

绝对运动在一些地震学应用中非常重要。例如可用于研究热点及其影响，包括产生板内地震，如夏威夷与火山有关的地震。例如，图 2.8-5 所示的使用面波频散来研究沃尔维斯湾洋脊下的速度结构，这被认为是由大西洋中脊下的热点产生的轨迹。第二个应用涉及地幔内的地震各向异性(3.6 节)，它反映了富含橄榄石介质的流动，其方向通常与预测的绝对板块运动方向一致。因此，地震各向异性、地震波速度和板块绝对运动可以结合起来模拟地幔流动。

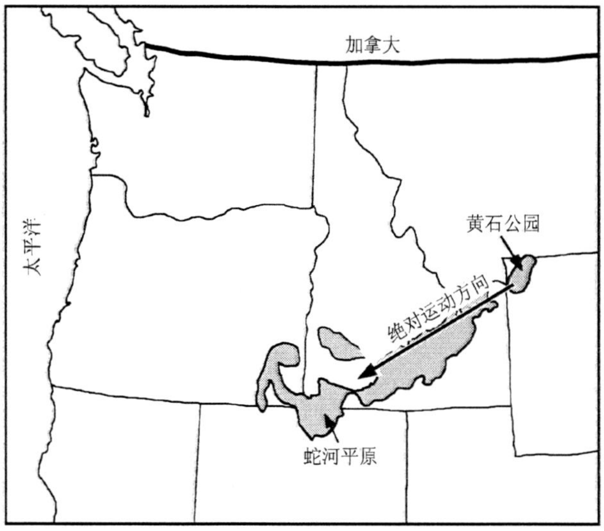

图 5.2-8　预测的北美板块绝对运动与蛇河平原玄武岩的比较，后者被认为是一个热点的轨迹。该热点产生了黄石国家公园的火山。(Smith and Braile，1994，*Volcano Geotherm. Res.*，61，121-187，经 Elsevier Science 授权)

5.3　扩张中心

由于岩石圈在扩张中心生成，我们首先对这个系统及其产生的地震进行阐述。地震观测直接或间接地揭示了洋中脊和转换断层的基本运动模型。此外，它们还提供了控制海洋岩石圈形成和演化的热学-力学过程的关键证据。

① 这个时间顺序是由夏威夷原住民发现的，他们将其归因于火山女神贝利把岛屿拽出海面的顺序。

5.3.1　洋脊和转换断层的几何形状

洋中脊处发生大量地震，这为研究海底扩张提供了重要资料。图 5.3-1 是部分洋中脊被转换断层移位的示意图。由于新的岩石圈在洋中脊上形成并且向两边移动，转换断层是板块之间的边界，其两侧的岩石圈向相反方向运动。同一对板块间可以既有右旋也有左旋走滑运动，取决于转换断层错断洋脊的方向；二者反映同样的板块相对运动方向。转换断层两侧的运动不等同于产生洋脊错断的运动。事实上，在通常情况下扩张是近似对称的(两边速率相等)，转换断层的长度将不会随时间变化。这种几何形态与平移断层完全不同，后一种情况下洋中脊的错断量由断层运动产生并随时间的推移而增加。

可以利用震源机制解释上述观点。图 5.3-2 上图显示大西洋中脊的一部分，南北走向的洋脊被近东西走向的转换断层(如 VEMA 转换断层)错开。洋脊和转换断层均发生地震。震源机制显示转换断层的相对运动是右旋的。洋脊处发生海底扩张，从而产生观测到的相对运动。因此，尽管转换断层两端都有不活动的破裂延伸带，但地震几乎只在两段洋脊之间的活动转换断层上发生。虽然这个破裂带上没有板块相对运动①，但是由于其两侧岩石圈年龄的差异，往往存在地形特征标志。

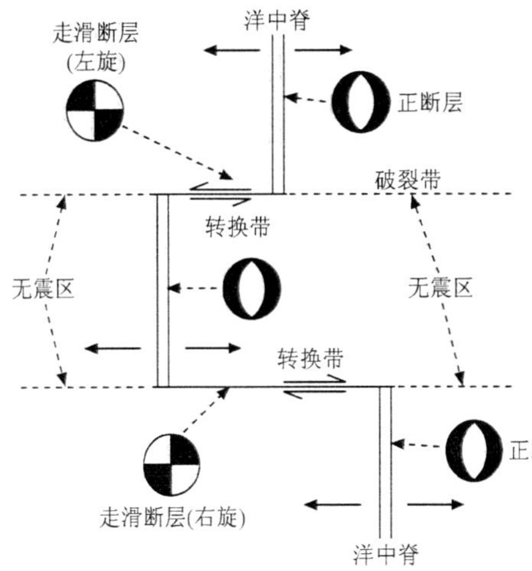

图 5.3-1　海洋扩张中心的地震构造环境。大多数地震事件发生在转换带的活动地带，并且走滑的震源机制与转换断层一致。在类似于大西洋一样缓慢扩张的洋脊上也会发生正断层地震。

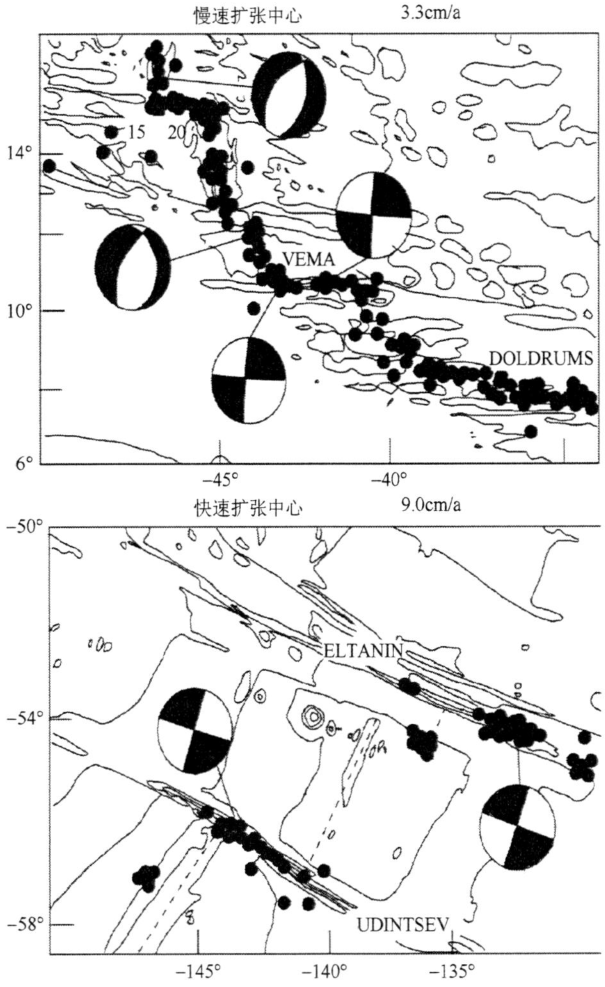

图 5.3-2　快速和慢速扩张中心的断裂对比图。上图：慢速的大西洋中脊在活动的转换断层和洋脊区域均发生地震。走滑断裂面平行于转换断层方向。在洋脊上正断层节面平行于洋脊的走向。下图：快速的东太平洋海隆只在转换断层上引起走滑地震。(Stein and Woods，1989)

地震也发生在扩张洋脊上。其震源机制显示为正断层错动，节面的走向近似沿着洋中脊轴的方向。这些正断层地震一般认为和轴向洋谷的形成有关。例如，图 5.3-3 显示一个大西洋中脊的横截面。由远震震源机制推断的断层面以及由海底地震计确定的小震位置与洋谷东侧的正断裂一致。10000 年的断层错动足以形成可观察到的几何形态，包括向东倾斜的谷底。

东太平洋海隆的地震活动是不同的。在这里，(图 5.3-2 下图)地震发生在转换断层上，并符合预期的走滑机制，极少有地震发生在洋脊顶部。这可能是因为东太平洋海隆形成了一个轴向高地，而不像大西洋中脊形成一个洋谷②。这似乎反映了扩张速率的差

① 不幸的是，在此区别变得明朗之前，某些转换断层整个长度都被称为“破裂带”。

② 在年代较久的地图上，经常被错误地标示。

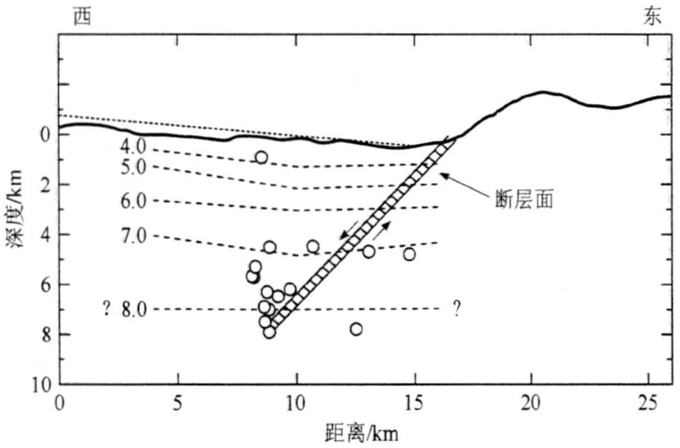

图 5.3-3　大西洋中脊的横截面。根据大震震源机制推断的断层面与利用海底地震计确定的小震位置(圆点)是一致的。虚线表示 P 波速度结构。(Toomey et al.，1988，*J. Geophys. Res.*，93，9093-9112，版权归美国地球物理学会所有)

异：以小于大约每年 60mm 的速率扩张的洋脊，在中脊轴向形成洋谷，而快速扩张的洋脊产生轴向高地，因此不产生脊顶正断裂。

这些例子显示最简单的扩张过程也具有复杂性。扩张可以是不对称的(一侧快于另一侧)或倾斜的，也就是扩张不垂直于洋脊的轴向。此外，洋脊系统的几何形状可能随着时间变化，如 5.3.3 节所述。

5.3.2　海洋岩石圈的演化

为了理解慢扩张和快扩张洋脊的区别，以及与之相关的地震性质，了解海洋岩石圈的演化是十分必要的。这个过程可以用一个简单而有效的模型解释，在洋脊产生的岩浆经过冷却和运移作用，形成了海洋岩石圈。

在这个模型中，洋脊处岩浆在地幔中的温度 T_m 为 1300～1400℃，并且上升到温度为 T_s 的海底。然后这些物质以速度 v 向外运动，其上表面温度维持在 T_s(图 5.3-4)。由于板块向洋脊两侧运移的速度要比水平方向热传导的速度快，所以可以只考虑垂向热传导。数学上可以表示为一个初值为 $T=T_m$ 的半空间冷却，其表面温度在时刻 $t=0$ 突然降至 T_s。

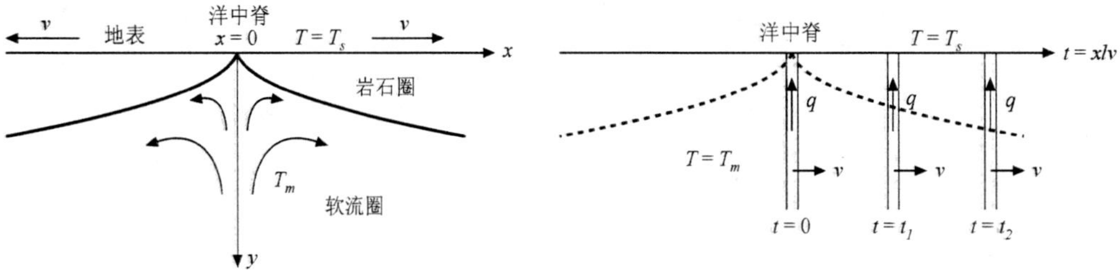

图 5.3-4　海洋板块离开洋脊而冷却的模型(左图)。由于岩石圈离开洋脊的运动速度大于水平方向热传导的速度(右图)，所以垂直方向上的冷却可以看作一维问题。(Turcotte and Schubert，1982)

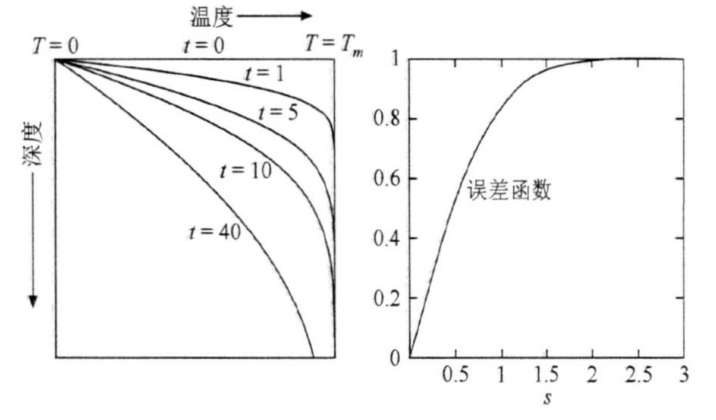

图 5.3-5　左图：一维热传导方程描述的半空间冷却模型。其表面在零时刻冷却，其内部随时间逐步冷却。右图：控制冷却解的误差函数。

温度作为时间和深度的函数可以用一维热传导方程表示，物质温度随时间的变化与物质传出热量的速率有关：

$$\frac{\partial T(z,t)}{\partial t}=\frac{k}{\rho C_p}\frac{\partial^2 T(z,t)}{\partial z^2}=\kappa\frac{\partial^2 T(z,t)}{\partial z^2}\qquad(5.3\text{-}1)$$

式中，κ 为热扩散率，它表征介质的热传导速率。其单位是距离的平方除以时间，定义为 $\kappa=k/\rho C_p$，其中，k 是热导率；ρ 是密度；C_p 是恒压下的比热值。

方程(5.3-1)的解为

$$T(z,t)=T_s+(T_m-T_s)\mathrm{erf}\left(\frac{z}{2\sqrt{\kappa t}}\right)\qquad(5.3\text{-}2)$$

其中：

$$\mathrm{erf}(s)=\frac{2}{\sqrt{\pi}}\int_0^s e^{-\sigma^2}\mathrm{d}\sigma\qquad(5.3\text{-}3)$$

被称为误差函数。图 5.3-5 右图表示这个函数在 $\mathrm{erf}(0)=0$ 和 $\mathrm{erf}(3)\approx 1$ 之间的变化。因此，冷却从表面开始随时间的推移而向深处传递(图 5.3-5 左图)。

假设所有的大洋岩石圈都以这种方式冷却，并且海底温度为 $T_s=0$℃，那么

$$T(z,t)=T_m\mathrm{erf}\left(\frac{z}{2\sqrt{\kappa t}}\right)\qquad(5.3\text{-}4)$$

给出了介质在年龄 t、深度 z 的温度。岩石圈以总扩张速率一半的速度远离洋脊向外运动，所以岩石圈年龄 $t=x/v$，即它与洋脊距离除以半扩张速率 v。因此，温度［(式(5.3-4)］作为距离和深度的函数表示为

$$T(x,z)=T_m \operatorname{erf}\left(\frac{z}{2\sqrt{\kappa x/v}}\right) \tag{5.3-5}$$

在板块内考虑等温线很有用，等温线是一条曲线，其误差函数的自变量为常数：

$$\frac{z_c}{2\sqrt{\kappa t}}=c \quad 或者 \quad z_c=2c\sqrt{\kappa t} \tag{5.3-6}$$

因此到达一个给定温度的深度随岩石圈年龄的平方根增大。

以下是体现热传导问题一般特征的例子：设 $c=1$，对于 erf(1)，图 5.3-5 显示在时间 t 内大部分温度变化的传播距离为 $2\sqrt{\kappa T}$。例如，熔岩流喷发后，随时间平方根而冷却。这种随时间平方根的变化发生在由扩散方程描述的任何过程中，其中热传导方程就是一个例子。

岩石圈随时间冷却，等温线随岩石圈年龄的平方根变深，这产生了许多可观测的结果。最简单的是，海洋深度应当随年代变化，因为扩张中心之所以成为洋脊正是因为其两边海洋深度的加深。为了模拟这种效果，考虑两个柱体的质量，一个在洋脊处，另一个在时间 t 处，并采用地壳均衡原理，这意味着两个柱体的质量是平衡的(图 5.3-6)①。

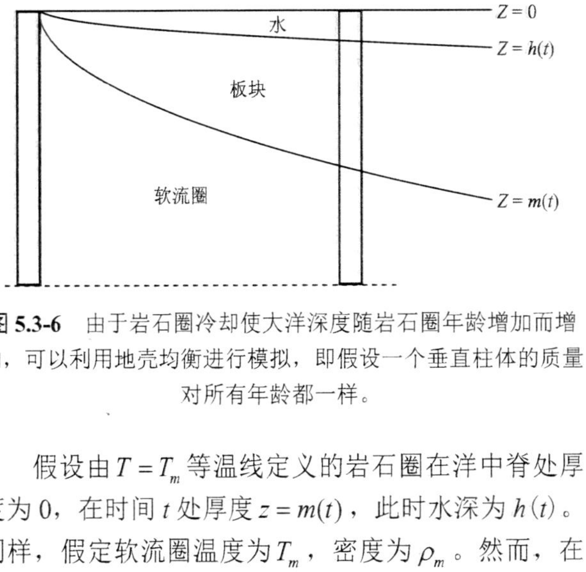

图 5.3-6　由于岩石圈冷却使大洋深度随岩石圈年龄增加而增加，可以利用地壳均衡进行模拟，即假设一个垂直柱体的质量对所有年龄都一样。

假设由 $T=T_m$ 等温线定义的岩石圈在洋中脊处厚度为 0，在时间 t 处厚度 $z=m(t)$，此时水深为 $h(t)$。同样，假定软流圈温度为 T_m，密度为 ρ_m。然而，在冷却岩石圈内温度不同，因此密度也不同，这使得在点 (z,t) 处温度为 $T(z,t)$，且其对应的密度为

$$\begin{aligned}\rho(z,t) &\approx \rho_m+\frac{\partial\rho}{\partial T}[T(z,t)-T_m] \\ &=\rho_m+\rho'(z,t)\end{aligned} \tag{5.3-7}$$

密度变化取决于温度，在恒压下该变化由热膨胀系数给出：

$$\alpha=\frac{1}{V}\left(\frac{\partial V}{\partial T}\right)_P=-\frac{1}{\rho}\left(\frac{\partial\rho}{\partial T}\right)_P \tag{5.3-8}$$

式中有负号是因为 $\partial\rho/\partial T$ 是负的。因此半空间冷却模型的密度扰动为

$$\rho'(z,t)=\alpha\rho_m[T_m-T(z,t)]=\alpha\rho_m T_m\left[1-\operatorname{erf}\left(\frac{z}{2\sqrt{\kappa t}}\right)\right] \tag{5.3-9}$$

如果水的密度为 ρ_w，两个柱体质量相等要求：

$$\rho_m m(t)=\rho_w h(t)+\int_{h(t)}^{m(t)}[\rho_m+\rho'(z,t)]\mathrm{d}z \tag{5.3-10}$$

这给出了海洋深部的均衡条件：

$$h(t)=\frac{1}{(\rho_m-\rho_w)}\int_{h(t)}^{m(t)}\rho'(z,t)\mathrm{d}z \tag{5.3-11}$$

因为板块内的温度和密度是对所有 z 值(板块厚度由特定的等温线定义)定义的，令 $z'=z-h(t)$，$m(t)\to\infty$。则

$$h(t)=\frac{\alpha\rho_m T_m}{(\rho_m-\rho_w)}\int_0^\infty\left[1-\operatorname{erf}\left(\frac{z'}{2\sqrt{\kappa t}}\right)\right]\mathrm{d}z' \tag{5.3-12}$$

为了计算该积分，用 $s=z'/2\sqrt{\kappa t}$ 做替换，然后采用分步积分得到：

$$\int_0^\infty[1-\operatorname{erf}(s)]\mathrm{d}s=\frac{1}{\sqrt{\pi}} \tag{5.3-13}$$

因此，大洋深度应随板块年龄平方根的增大而增大，那么有

$$h(t)=2\sqrt{\frac{\kappa t}{\pi}}\frac{\alpha\rho_m T_m}{(\rho_m-\rho_w)} \tag{5.3-14}$$

因此，岩石圈冷却也应引起在海底热流随时间变化。通过热传导的傅里叶定律，海底热流是在 $z=0$ 时，

$$q=k\frac{\mathrm{d}T}{\mathrm{d}z} \tag{5.3-15}$$

为海底温度梯度和热传导率 k 的乘积②。考察热流随时间变化的一个简单近似方法是把 T_m 等温线视为岩石

① 均衡的总体思路是地形变化以满足不同柱体质量相符的要求。在这里，我们考虑热均衡，其中温度变化产生的密度变化引起地形差异。另一种常见模型，艾里(Airy)地壳均衡模型，用于解释地壳厚度变化和地形之间的关系，如地壳的山根模型。

② 通常情况下，该方程要加一个负号，因为热流从热的物体流向冷的物体。无负号，则热的物体变得更热。这里没有加负号是因为热流以向上测量为正，而深度以向下测量为正。

圈基底，所以岩石圈厚度随时间平方根的增大而增大。用岩石圈平均梯度来近似表达地表梯度：

$$q(t) \approx k\frac{\Delta T}{\Delta z} \approx \frac{kT_m}{\sqrt{\kappa t}} \tag{5.3-16}$$

表明热流随时间平方根的增大而减小。同样的结果可通过温度结构［(式(5.3-4)］的微分得到：

$$\frac{\mathrm{d}}{\mathrm{d}z}\mathrm{erf}(s) = \frac{\mathrm{d}}{\mathrm{d}z}\frac{2}{\sqrt{\pi}}\int_0^s \mathrm{e}^{-\sigma^2}\mathrm{d}\sigma = \frac{2}{\sqrt{\pi}}\mathrm{e}^{-s^2}\frac{\mathrm{d}s}{\mathrm{d}z} \tag{5.3-17}$$

这给出了

$$q(t) = k\frac{\mathrm{d}T}{\mathrm{d}z}\Big|_{z=0} = k\frac{2T_m}{\sqrt{\pi}}\mathrm{e}^{-\frac{z^2}{4\kappa t}}\frac{1}{2\sqrt{\kappa t}}\Big|_{z=0} = \frac{kT_m}{\sqrt{\pi\kappa t}} \tag{5.3-18}$$

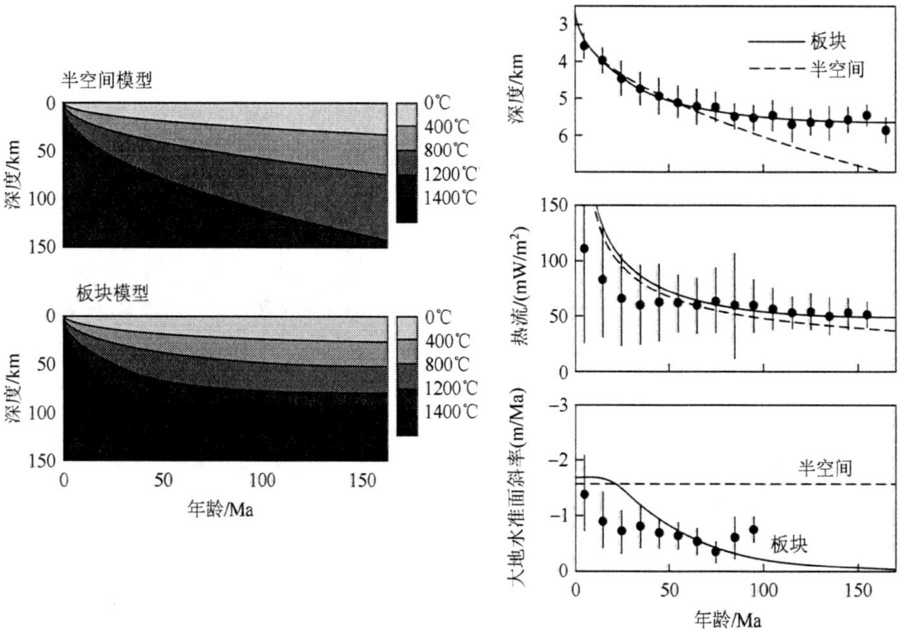

图 5.3-7　大洋岩石圈的热演化模型。左图：热模型的等温线。在半空间模型里，岩石圈随着年龄增大逐渐冷却，但对于一个有着 95km 厚的热岩石圈板块模型，岩石圈在 70Ma 左右达到平衡，如图所示的板块模型有一个比半空间模型高的基底温度。右图：热模型预测与观测数据比较。所有数据都显示出岩石圈冷却，板块模型的预测(实线)比半空间模型(虚线)更符合(但远非完美)这些数据。(Richardson et al.，1995，*Geophys. Res. Lett.*，22，1913-1916，版权归美国地球物理学会所有)

这个模型预测岩石圈厚度、热流和大洋深度在所有年代都随时间的平方根变化，被称为半空间模型(图 5.3-7 左上图)。在该模型中，岩石圈是一个半空间的上半层，随时间不断冷却(事实上，大洋岩石圈没有老于 2 亿年的，因为它不断被俯冲消减)。这个模型很好地描述了大洋深度和热流随岩石圈年龄的平均变化。

然而，由于大洋洋底在 70Ma 时基本“变平”，我们通常使用被称为板块模型的修正模型(图 5.3-7 左下图)，假设岩石圈朝着厚度 L 的有限板块厚度演化，有一个固定的基底温度 T_m。在该模型中：

$$T(x,z) = T_m\left[\frac{z}{L} + \sum_{n=1}^{\infty} c_n \exp\left(-\frac{\beta_n x}{L}\right)\sin\left(\frac{n\pi z}{L}\right)\right] \tag{5.3-19}$$

其中：$c_n = 2/(n\pi)$，$\beta_n = (R^2 + n^2\pi^2)^{1/2} - R$，$R = vL/(2\kappa)$。常数 R 被称为热雷诺数(thermal Reynolds number)，它与板块运动导致的水平热传输和垂直热传导的速率有关。在此模型中，等温线最初随年龄的平方根而加深，但是最终趋于水平。变平反映了热量从下方输入的事实，模型令古老岩石圈达到图 5.3-8 上图所示的近似简单线性稳态热结构。所以，预测的海底深度和热流在年轻时期表现为像半空间模型，但是逐渐向较老时期的常数值靠近。这两种情况都有简单的解释：热流与地热成正比，因此正比于 T_m/L，而深度与热沉降成正比，所以从中脊形成岩石圈开始损失的热量为 T_mL。模型参数可以通过一个反演问题来估计，找出那些最符合深度和热流随年龄变化数据的参数(图 5.3-8 上图)。

与观测数据的比较说明，板块热模型较好地但不完全符合数据的平均值，因为除了这个简单冷却模型，还有其他过程发生。例如，热点引起的抬升同样会影响海洋深度。年龄约小于 50Ma 时洋壳中的水流传输了部分热量，使观测到的热流低于模型预测，因为模型假设所有热量都是通过热传导输送的。一些地形效应，包括壮观的海底火山高原，是由地壳厚度变化造成的。由于这些以及其他一些影响因地而异，观测数据会在一个给定年龄平均值附近变化。

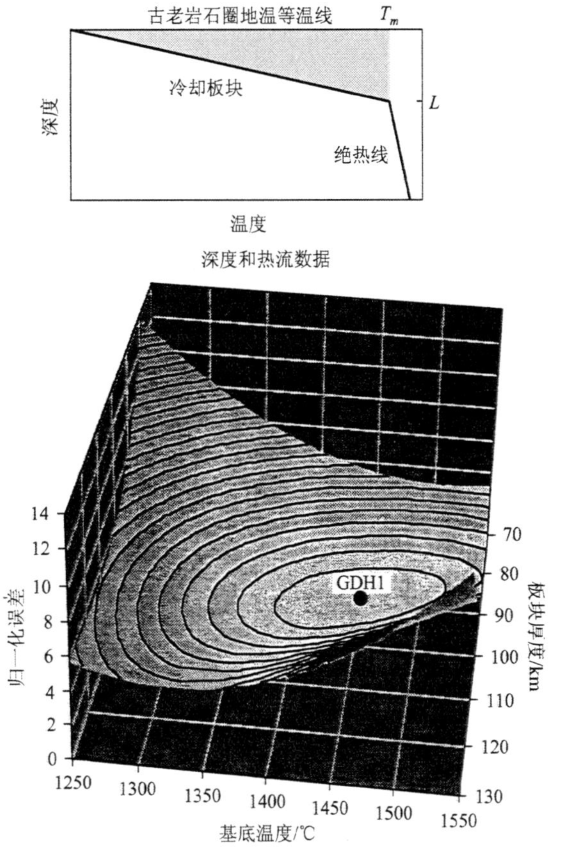

图 5.3-8　上图：板块模型中古老岩石圈的渐近热结构。海底从洋脊沉降，因此海洋深度与地温和 $T = T_m$ 之间的阴影面积成比例，而热流与地温成正比。板块下方给出一个示意性的绝热温度梯度(5.4.1 节)。(Stein and Stein，1992，经 *Nature* 许可转载)下图：热模型参数拟合过程。对一组深度和热流数据的拟合误差在点 GDH1 具有极小值，此处板块的热厚度为(95±15)km 且基底温度为(1450±250)℃。(Stein and Stein，1996，*Subduction*，1-17，版权归美国地球物理学会所有)

表 5.3-1　热模型的一些约束 $T(z, t)$

可观测量	比例项	相关参数
年轻海洋深度	$\int T(z,t)\mathrm{d}z$	$k^{1/2}\alpha T_m$
古老海洋深度	$\int T(z,t)\mathrm{d}z$	$\alpha T_m L$
古老海洋热流	$\left.\dfrac{\partial T(z,t)}{\partial z}\right\|_{z=0}$	kT_m / L
大地水准面梯度	$\dfrac{\partial}{\partial t}\int zT(z,t)\mathrm{d}z$	$k\alpha T_m \exp(-kt / L^2)$

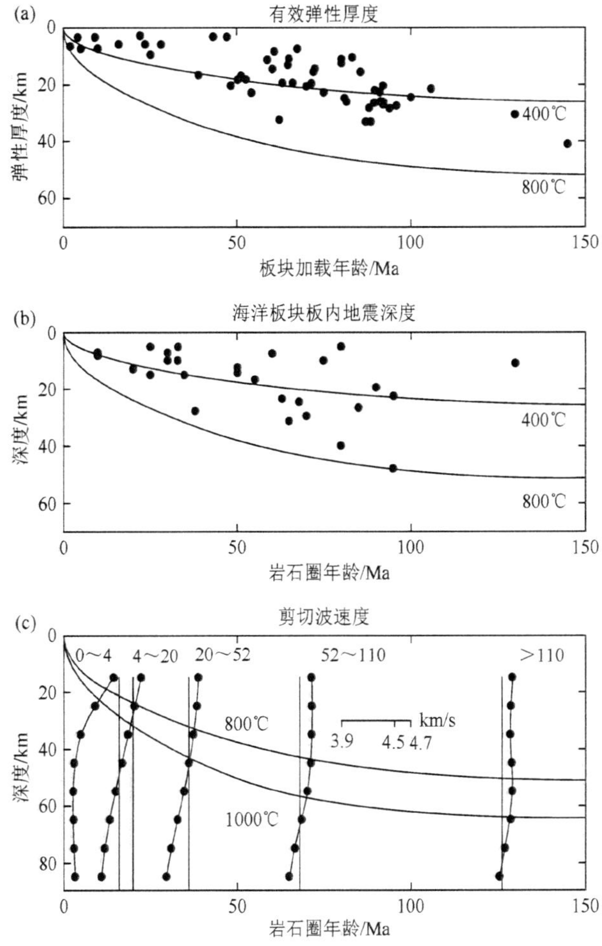

图 5.3-9　板块模型等温线与三个数据集的比较，这些数据集随年龄的变化与岩石圈的冷却一致。有效弹性厚度(a)、最深的板内地震活动(b)以及不同年龄岩石圈低速区域的深度(c)，它们都随年龄增加而增加。(Stein and Stein，1992，经 *Nature* 许可转载)

海洋深度、热流和海洋岩石圈一些其他的性质是冷却过程中岩石圈温度的可观测量。由于观测数据是不同参数的组合(表 5.3-1)，可以将它们联合起来去约束某一参数(半空间对应一个无限厚度的板块)。深度依赖于温度的积分［方程(5.3-11)］，而热流依赖于海底温度的导数［方程(5.3-15)］。类似地，大地水准面的梯度，作为重力场的函数，其依赖于密度的加权积分，同样也随着年龄而变化并大体上符合板块模型的预测(图 5.3-7)。

此外，根据海山等荷载引起的挠曲推断岩石圈弹性厚度［图 5.3-9(a)］，在海洋岩石圈中板内地震的最大深度［图 5.3-9(b)］和由面波频散确定的低速区深度(图 5.3-9 和图 2.8-7)都随着岩石年龄的增长而增加。因此，海洋岩石圈冷却造成岩石强度和地震波速度的增长在意料之中。此外，如 5.5 节所述，冷却引起的密度增加被认为是驱动板块运动的一种主要力量。

因为海洋岩石圈的各种性质随着年龄变化，所以可以根据不同性质进行不同的定义，常用的有“地震岩石圈”“弹性岩石圈”“热岩石圈”。有趣的是，这些岩石圈厚度各不相同。最深的发震深度所对应的温度为 600～800℃，因此比这更高温度的介质是无法产生地震破裂的。弹性岩石圈厚度大致对应于 400℃等温线，而低速区分布在大约 1000℃等温线之下［图 5.3-9(c)］。这些差异可能反映了岩石越坚硬其形变速度越快，这些将在 5.7 节中进行讨论。然而所有的这些厚度都只是对不能直接测量的未知物理量的近似：移动板块的底面深度，这很可能是一个渐变的，而不是一个分明的边界。

5.3.3 洋中脊和转换断层地震的产生过程

对于洋中脊扩张中心性质的认识和研究，地震学做了很大的贡献。海底地震计给出了微震的位置以及用于走时和波形研究的数据。大地震也可以用远震体波和面波进行研究。这些地震学结果与海洋地球物理和岩石物理学资料结合起来可以建立更好的模型。例如，图 5.3-10 上图显示了一个多道地震研究(3.3 节)的地质解译，该研究利用气枪和爆炸源对东太平洋海丘约 10km 以上的速度结构进行成像。洋中脊下的低速区解释为上覆一个岩浆透镜体的高温熔融区。其他一些研究使用海底地震计和远震资料给出了更深处的结构，包括使用各向异性推测洋脊下的流动方向(图 5.3-10 下图)。这些研究揭示了海底扩张过程的有趣特征。例如，在西侧的低速熔融区域要比东侧延伸得更长。这种不对称的原因可能是西侧的太平洋板块绝对运移速度明显高于东侧纳斯卡板块的运移速度，引起了洋中脊相对于地幔深处向西的偏移。因此，板块的扩张，不仅依赖于板块的相对运动(扩张速率)，也受绝对运动的影响。

通过图 5.3-11 中的模型可以说明扩张速度的一些影响。在距洋中脊的一个给定距离，快速扩张相对于慢速扩张产生了更新的岩石圈和更接近于地表的等温线，如果 1185℃等温线和 5km 深的莫霍面之间是岩浆囊区域，则快速扩张的洋脊有更大的岩浆囊。因此快速扩张洋脊产生新地壳的速度明显快于慢速扩张的洋脊。在慢速扩张洋脊上存在轴向洋谷和正断层地震，而快速洋脊有一个轴向高地，并且不发生地震。同样，在洋中脊顶部的正断层地震的深度和最大地震矩[①]都是随着扩张速度的增加而减小(图 5.3-12)。这些现象与在更快速扩张和更热的洋脊上断层区减小一致，因为如果产生断层，要求岩石低于一个限定的温度，高于这个温度会发生流动现象而非弹性破裂(5.7 节)。海洋板块内地震的最大深度随着岩石年龄的增大而加深也说明断裂依赖于温度［图 5.3-9(b)］。

转换断层产生的地震也同样和热结构有关。沿着转换断层的温度应该是两侧板块温度的平均值。转换断层中点上温度最低，两端温度最高(图 5.3-13)。根据可发生断裂的面积推断，转换断层地震的最大地震矩随着板块扩张速度的增加而减小(图 5.3-14)，因为断裂仅限于以一定等温线为边界的区域。

一个有趣的问题是，转换断层地震的地震矩和板块运动之间有什么关系？地震产生的平均滑动速率可以从转换断层释放的全部地震矩来推算：

$$\text{地震滑动速率}=\frac{\text{总地震矩}}{(\text{断层面积})(\text{刚度})(\text{时间})} \tag{5.3-20}$$

使用这个公式要求推断断层面积，它与转换断层的长度和断裂可能发生的深度有关。假设地震发生在 600～700℃等温线以上的区域，那么大西洋主要转换断层地震的滑动速率普遍小于由板块运动预测的速率。因此，假如采样时长足够长(这是个重要问题)，那么说明部分板块运动是无震的。关于有多少滑动量是以地震形式发生的依然没有定论，下面在俯冲带(5.4.3 节)和板内形变带(5.6.2 节)的讨论中，将会看到这一点。

① 回想一下(4.6 节)，地震矩是刚度、地震滑动量和断层面积的乘积。

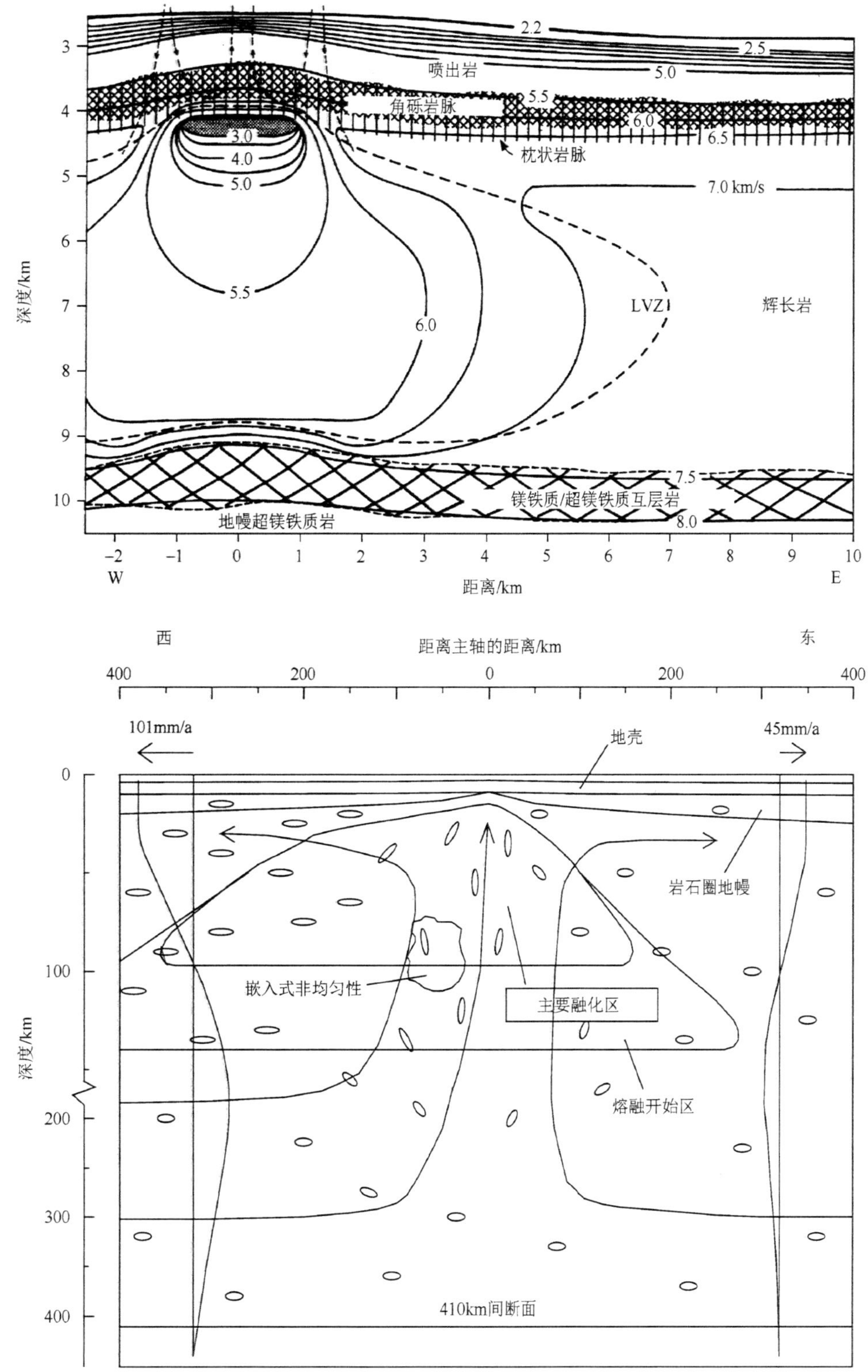

图 5.3-10　上图：东太平洋海隆多道地震速度研究的地质解译。洋中脊下方的低速区是一个高温熔融区域，上覆一个透镜状岩浆囊。虚线为可能的水循环路径。(Vera et al.，1990，*J. Geophys. Res.*，95，15，529-556，版权归美国地球物理学会所有)下图：东太平洋海丘横截面概略图。宽阔的低速区对应岩浆熔融的区域。小椭圆为根据各向异性推断的橄榄石晶格优势排列方向。带箭头的线条指示推测的地幔流，使得垂向直线被扭曲。水平小箭头给出的是两个板块(左边为太平洋板块，右边为纳斯卡板块)的绝对速度。(Forsyth et al.，1998，*Science*，280，1215-1218，版权归美国科学促进协会所有)

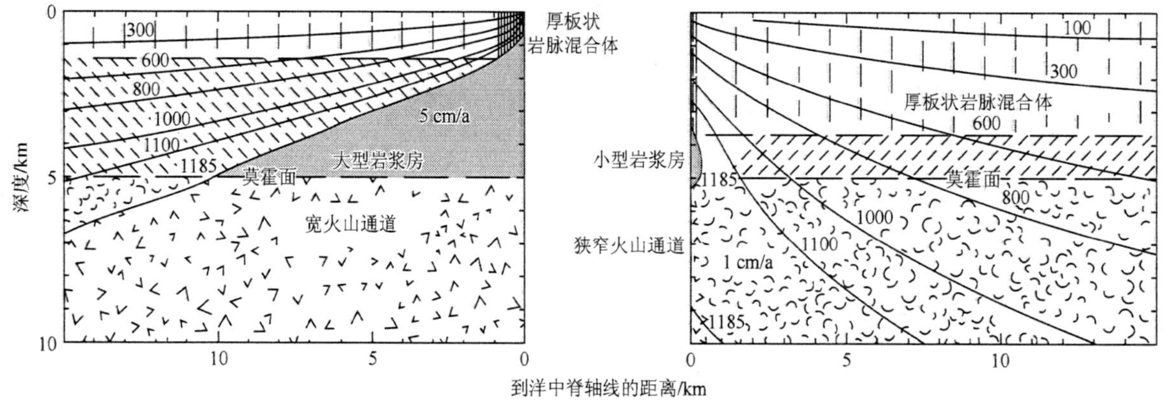

图 5.3-11 表现快速扩张(左图)和慢速扩张(右图)洋脊差异的热和岩石学模型。(Sleep and Rosendahl，1979，*J. Geophys. Res.*，84，6831-6839，版权归美国地球物理学会所有)

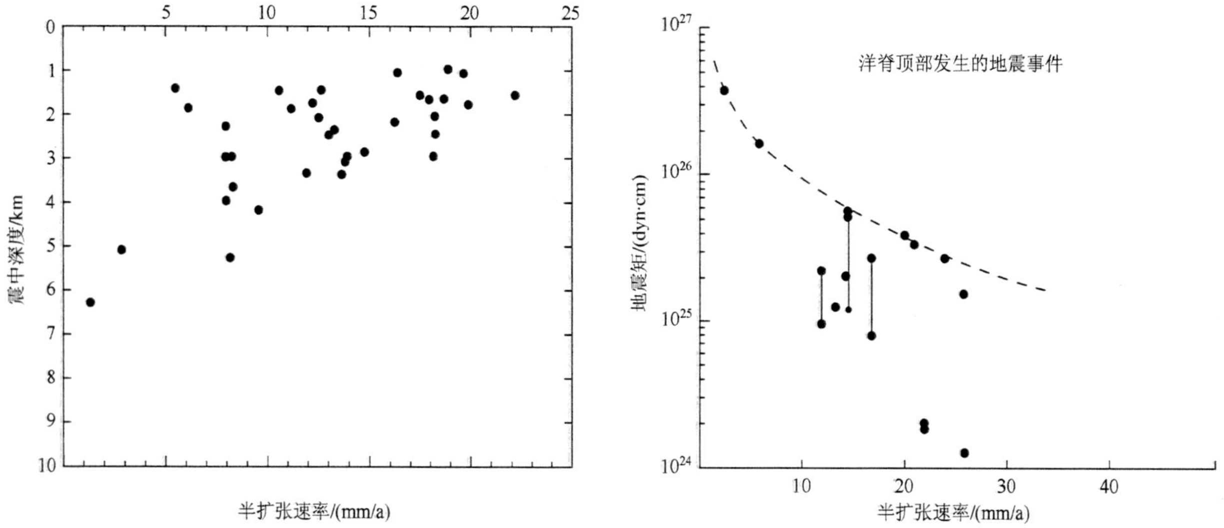

图 5.3-12 左图：洋脊顶部正断层地震震源深度随半扩张速率增大而变浅。(Huang and Solomon，1988，*J. Geophys. Res.*，93，13，445-77，版权归美国地球物理学会所有)右图：最大地震矩随半扩张速率增大而减小。(Solomon and Burr，1979. *Tectonophysics*，55，107-126，经 Elsevier Science 许可转载)

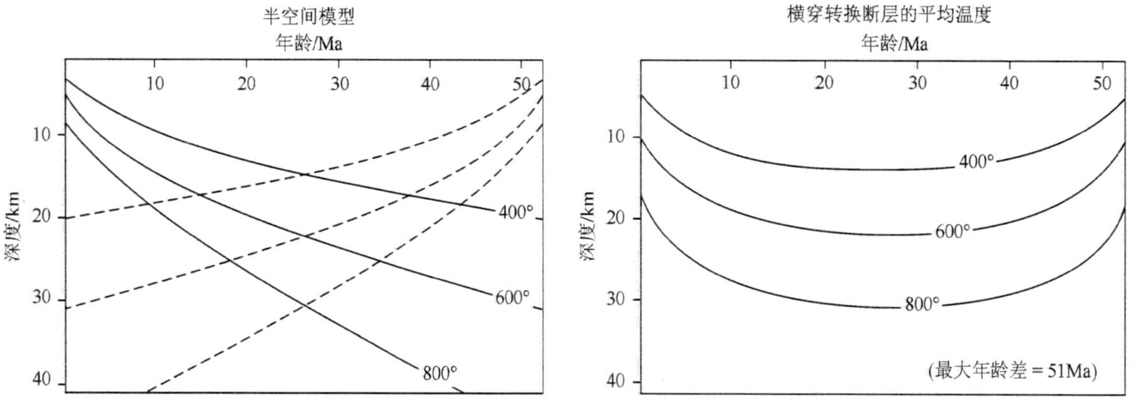

图 5.3-13 罗曼彻(Romanche)转换断层热模型。左图：冷却半空间模型预测的转换断层两侧温度。右图：沿着转换带的平均温度分布。(Engeln et al.，1986，*J. Geophys. Res.*，91，548-577，版权归美国地球物理学会所有)

此外，地震学还可以用于研究洋脊-转换断层系统的演化。例如，在复活节岛附近的东太平洋隆起包括两段接近平行的洋脊(图 5.3-15 上图)。地震发生在这些洋脊上，而不是在它们之间，表明它们之间是一个坚硬的微板块。在微板块南部的边界会产生正断层地震，这有点出人意料，因为东太平洋隆起在这个地方扩张非常快(15cm/a)，本不应发生正断层地震(图 5.3-12)。磁异常资料显示，东洋脊正在向北伸展并且取代老(西)洋脊。图 5.3-15 下图是这个过程的简单示意图。由于新旧两个洋脊之间发生扩张转换需要一定时间，所以两个洋脊都是活动的，新洋脊的扩张速率在北端很慢，向南不断增加。所以，微板块发生旋转，在其北边界和南边界分别产生了压缩(逆断层)和拉伸(正断层)。最终旧的洋脊会消失，把原来在纳斯卡板块上的岩石圈合并到太平洋板块，在海底留下不活动的古洋脊。标志洋脊扩张的 V 字形磁异常和古洋脊都在洋盆中被大量发现，证明了这是洋脊重新组构的普遍方式。即使是对于扩张较近(几千米)的洋脊系统，地震相关的研究也能为扩张过程提供有用信息。

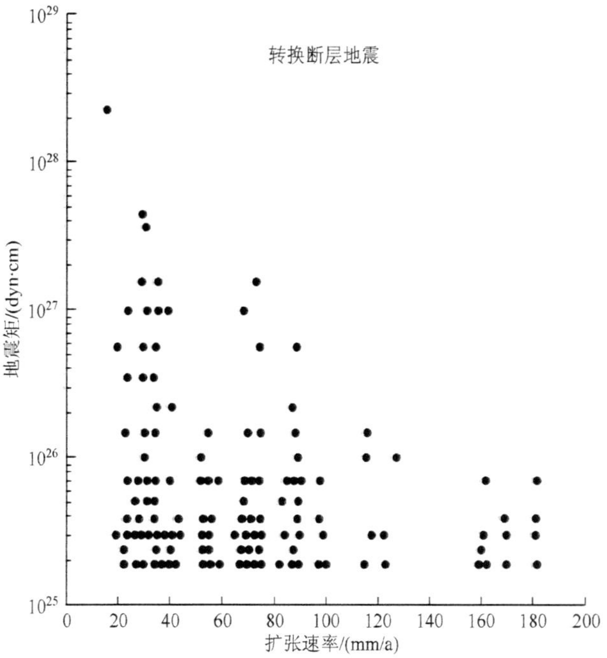

图 5.3-14　海洋转换断层扩张速率和地震矩之间的关系。最大地震矩的值随着扩张速率的增加而减小，符合热模型研究的预期。(Solomon and Burr，1979. *Tectonophysics*，55，107-126，经 Elsevier Science 许可转载)

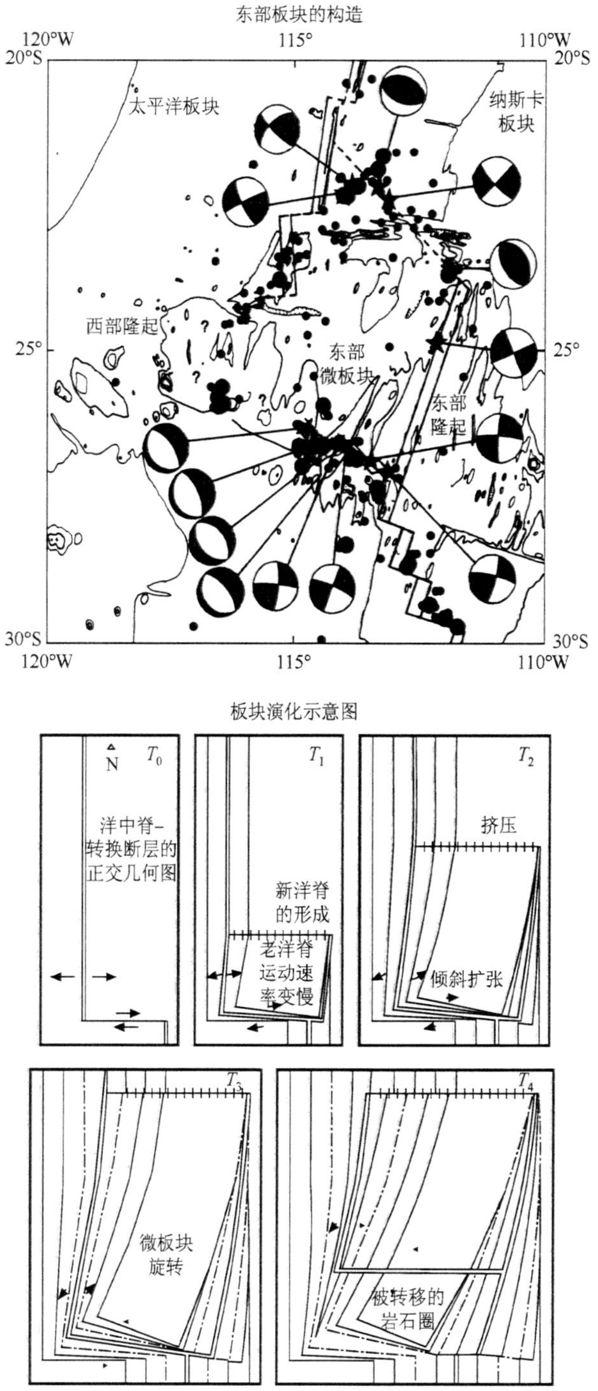

图 5.3-15　在东太平洋隆起的复活节岛微板块。上图：微板块的地震活动(圆点)和震源机制。注意南部边界的正断层错动。(Engeln and Stein，1984)下图：在两个主板块之间的一个刚性微板块因裂谷扩张而演变的示意图。相继的等时线说明东洋脊向北扩张，西洋脊扩张变慢，微板块旋转，两个洋脊重新定向，最初的转换断层变成慢速倾斜扩张的洋脊。(Engeln et al.，1988，*J. Geophys. Res.*，93，2839-2856，版权归美国地球物理学会所有)

5.4 俯冲带

扩张中心的浅部是地幔对流系统的上涌分支，那里的地震反映了海洋岩石圈的形成过程。同理，俯冲带是对流系统中的沉降分支，那里的地震反映了海洋岩石圈重新回到地幔的过程。板块汇聚有不同的方式，取决于汇聚板块本身。图 5.4-1 是某板块的海洋岩石圈俯冲到上覆板块岩石圈下的示意图。典型的情况是，一个火山岛弧形成，海底扩张发生在岛弧后面，形成一个弧后盆地或者边缘海。地震出现在海沟处以及更深部，形成了倾斜的和达-贝尼奥夫带。与之不同的是，当海洋岩石圈俯冲到大陆下面时，在大陆上形成山脉，如安第斯(Andes)山脉，同时海洋岩石圈形成了一个和达-贝尼奥夫带。最后，由于大陆地壳不能俯冲，两个大陆板块汇聚，如在喜马

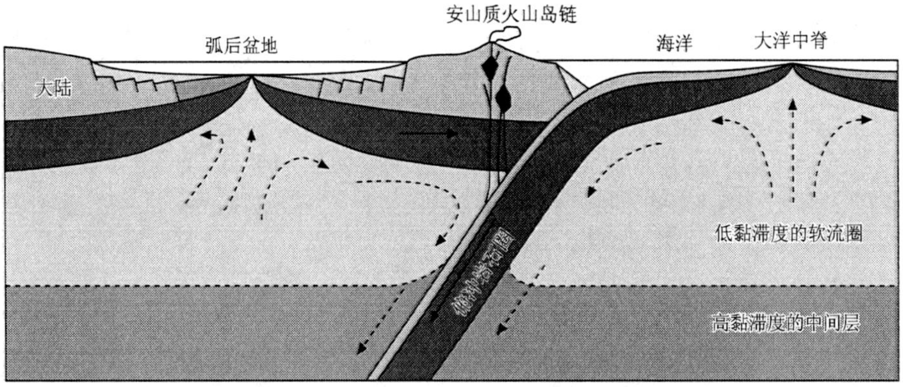

图 5.4-1 一个海洋板块俯冲到另一个海洋板块过程示意图

拉雅山(Himalayas)一带，就会引起地壳变厚，形成高山，也会发生浅源地震，但是不能产生和达-贝尼奥夫带。

俯冲带有很多种不同震源机制和深度的地震，有浅源地震(深度小于 70km)、中源地震(深度为 70～300km)和深源地震(深度大于 300km)①。这些地震发生在不同的构造环境中，形成贝尼奥夫带的中源和深源地震发生在向下俯冲的低温板块内部；浅源地震与两个板块的相互作用有关，最大最常见的浅源地震发生在板块交界面处，使该处原本锁住的板块运动得以释放。同时，浅源地震也可以发生在上覆板块以及俯冲板块内部。图 5.4-2 给出了在俯冲带中发现的一些地震活动特征。不是在任何地方都能发现所有这些特征。比如，俯冲带的倾角和形状变化很大；一些俯冲带具有双重中、深源地震活动面，其他的就不具备。

在关于俯冲带的讨论中，我们遵循与 5.3 节研究洋脊类似的方法，介绍一些俯冲热模型，然后利用这些模型增加对地震以及地震波速度观测的理解。联合地震学观测、热模型以及对高温高压下材料物性的计算可以研究那些复杂的区域。一般来说，地震学观测

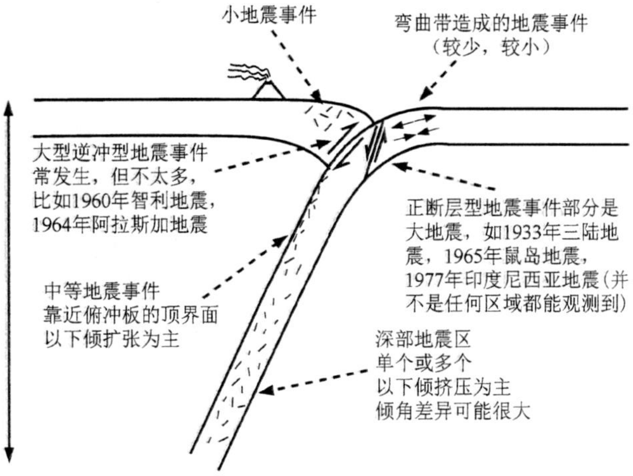

图 5.4-2 含有不同地震类型的复合俯冲带。不是所有地震类型在每一个俯冲带都被观测到。

是相当清楚的，但是它们可以用不同的模型来诠释。因此，对俯冲带的研究始终是活跃的、富有成效的，同时也是令人兴奋的。

5.4.1 俯冲热模型

俯冲的本质就是冷的岩石圈板块向下插入较热的地幔，并被慢慢加热。板块俯冲速度与来自周围地幔传导加热的时间相比较快，因此这些板块仍保持着低温、

① 有时 325km 也被用作深源地震的上限。

高密度以及比周围地幔更坚硬结实的特征，所以板块传播地震波的速度要比周围地幔快，并且衰减小，使得板块可以被刻画出来，同时也说明深源地震发生在这些板块内。低温板块的热负浮力是驱使板块移动的最基本作用力，也是产生深源地震的主要应力源。

探究板块的热演变，可以使用两种方法。首先通过一个简单的解析热模型来加强对物理特性的理解。然后再结合其他效应研究数值模型，以期给出更符合实际的描述。这里仅仅突出要点，在参考资料中可以找到更完整的信息。

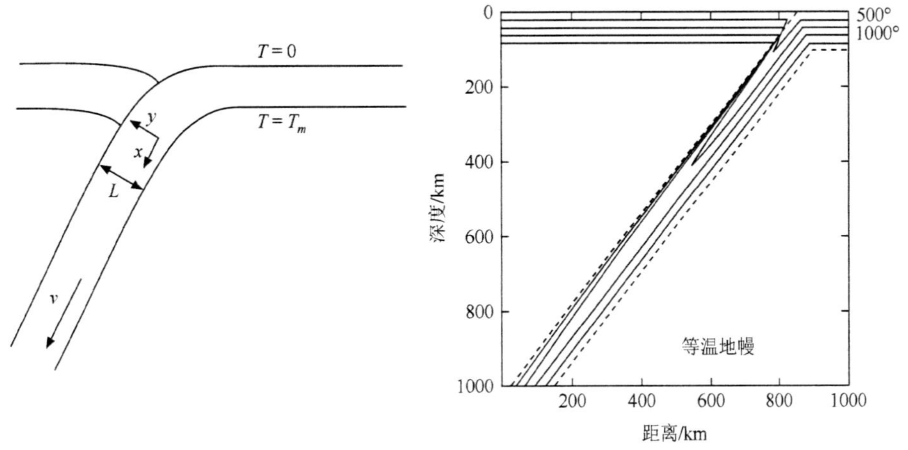

图 5.4-3　俯冲板块中温度的解析模型。左图：几何模型。右图：温度变化模型，表明低温板块通过周围热地幔加热而升温。

解析模型(图 5.4-3)是一个半无限板块，厚度为 L，俯冲速率为 v，周围地幔温度为 T_m，板块进入海沟时的温度满足线性变化，温度梯度为顶端 $T=0$ 到底端 T_m。定义 x 轴方向沿倾斜板块向下，y 轴横穿板块。该区域的演变可以由比方程(5.3-1)稍微复杂一点的热传导方程表示，该方程用于模拟岩石圈随着板块远离洋脊而逐渐冷却的过程，公式为

$$\rho C_p\left(\frac{\partial T}{\partial t}+v\nabla T\right)=\nabla\cdot(k\nabla T)+\varepsilon \qquad (5.4\text{-}1)$$

它描述了温度场 $T(x,y,t)$ 的演化，这个温度场是时间和两个空间坐标的函数。式中除了热传导项 $\nabla\cdot(k\nabla T)$，还包括 $v\nabla T$ 项，用来描述物质移动时的热量传输(对流)。ε 代表额外的热源或者热损，例如放射性和相变。这种形式中关键参数可以随着位置的变化而改变，如密度 ρ、比热 C_p、热传导系数 k、热源或者热损 ε。为了得到一个简单的解析解，我们假设这个问题是稳态的($\partial T/\partial t=0$)，同时忽略热源及热损($\varepsilon=0$)。接下来再假设物质的物理特性［ρ、C_p、k，或热扩散系数 $\kappa=k/(\rho C_p)$］与位置无关。

利用上述简化，式(5.4-1)变为

$$\rho C_p v\frac{\partial T}{\partial x}=k\left(\frac{\partial^2 T}{\partial x^2}+\frac{\partial^2 T}{\partial y^2}\right) \qquad (5.4\text{-}2)$$

此公式有一个级数解：

$$T(x,y)=T_m\left[1+2\sum_{n=1}^{\infty}c_n\exp(-\beta_n x/L)\sin(n\pi y/L)\right] \quad (5.4\text{-}3)$$

其中，$c_n=(-1)^n/(n\pi)$，$\beta_n=(R^2+n^2\pi^2)^{1/2}-R$，$R=vL/(2\kappa)$。$R$ 是冷物质俯冲速率与热传导加热速率的比，是无量纲的热雷诺数。这个解与岩石圈冷却板块模型的温度场相似［式(5.3-19)］，因为这两个模型都描述了有限厚度板块的热变化，在二者的顶部、底部和一端都具有温度边界条件。前一种情况下，板块降温，现在的情况是板块升温。

为了找到等温线沿着板块穿透的深度，用其第一项来近似表达以上级数，同时利用 $R\gg\pi$，因此可得

$$T(x,y)\approx T_m[1-(2/\pi)\exp(-\pi^2x/(2RL))\sin(\pi y/L)] \qquad (5.4\text{-}4)$$

令 $\partial T/\partial y=0$，得到 $y=L/2$，即板块中心。事实上，考虑到式(5.4-4)中的其他项，可以发现这个点更接近较冷的顶部(图 5.4-3)。使用首项近似，俯冲带温度 T_0 最大程度上能达到：

$$T_0(x_0,L/2)=T_m[1-(2/\pi)\exp(-\pi^2x_0/(2RL))] \quad (5.4\text{-}5)$$

达到的最大下倾距离为

$$x_0=-vL^2/(\pi^2\kappa)\ln[\pi(T_m-T_0)/(2T_m)] \quad (5.4\text{-}6)$$

为了将这个距离变换为地幔中的深度，乘以 $\sin\delta$，

其中 δ 是板块倾角。这种修正将俯冲速率 v 变为了垂直下降速率 $v\sin\delta$。因此等温线的最大深度正比于俯冲速率以及板块厚度的平方，俯冲速度越快或板块越厚，板块在温度升高之前俯冲得越深。如果假设板块厚度的平方正比于其年龄，则下降板块中等温线的最大深度正比于俯冲岩石层的垂直下降率乘以年龄 t。

就如扩张中心震源一样，这种观点可以通过假设地震的最大深度是由温度控制的来验证，也就是说当物质温度达到一定高度时，就不会再产生地震。为了比较各种不同的俯冲带，我们考察震源最大深度与以下热力参数的关系：

$$\phi = tv\sin\delta \tag{5.4-7}$$

图 5.4-4 表明最大深度随着热参数值的增加而增加，300km 以下的深源地震只会发生在热参数约大于 5000km 的俯冲板块内。

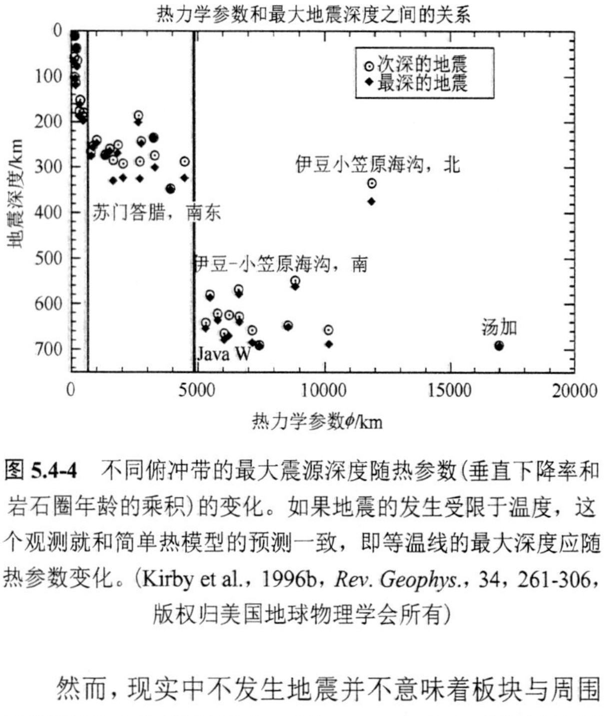

图 5.4-4 不同俯冲带的最大震源深度随热参数(垂直下降率和岩石圈年龄的乘积)的变化。如果地震的发生受限于温度，这个观测就和简单热模型的预测一致，即等温线的最大深度应随热参数变化。(Kirby et al.，1996b，*Rev. Geophys.*，34，261-306，版权归美国地球物理学会所有)

然而，现实中不发生地震并不意味着板块与周围地幔达到了热平衡状态。图 5.4-5 表明在假设板块保持平面几何形状，不弯曲也没有变厚的条件下，板块内可能的最低温度是俯冲时间的函数。温度最低的部分在 10Ma 里也只能达到地幔温度的一半，这个时间足以让板块下降到 660km 深。地震深度小于 660km 不能说明板块不再是一个独立的热和力学实体。从热力学观点来看板块完全可以俯冲进入下地幔，这个问题随后将要进行讨论。如果一个板块以相同的速

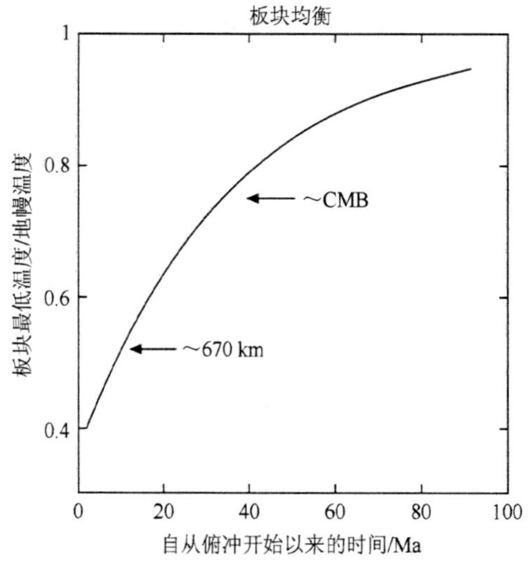

图 5.4-5 基于解析热模型(图 5.4-3)计算得出的板块最低温度与地幔温度比值随俯冲时间的变化。最低温部分假定 10Ma 达到地幔温度的一半，此时典型的俯冲板块已经达到 670km 深，40Ma 到其 80%，如以不变速度持续下降，此时板块将到达核-幔边界。因此板块可以在很长时间内维持其与地幔的温度差异。(Stein and Stein，1996，*Subduction*，1-17，版权归美国地球物理学会所有)

度下沉到下地幔(事实上，这个速度会由于下地幔的黏性增大而逐渐减小)，它就会在核-幔边界保持一个显著的热异常，这个结果与该区域的其他模型一致(3.8.4 节)①。

热模型可以通过简单修正而变得更实用。尽管我们假设板块俯冲进入的地幔是恒温的，但是实际上温度应该随着深度的增加而升高，因为物质会受到上覆的岩石产生的压力而被压缩。由于岩石圈下面的地幔存在对流，可以常假设自压缩是绝热的，因此物质垂直移动既不会增加热量也不会损失热量。这种情况下，为了保证熵值 S 不变，热力学平衡需要温度和压力变化的作用完全互相补偿。

$$\mathrm{d}S = \frac{C_p}{T}\mathrm{d}T - \frac{\alpha}{\rho}\mathrm{d}P = 0 \tag{5.4-8}$$

上述条件提供了绝热温度梯度，或者称为绝热曲线，

$$\left(\frac{\mathrm{d}T}{\mathrm{d}P}\right)_S = \frac{\alpha}{\rho C_p}T \tag{5.4-9}$$

其中，α 是热膨胀系数。由于压力随着深度增加可表示为 $\mathrm{d}P/\mathrm{d}z = \rho g$，则温度随深度变化可表示为

① 海洋岩石圈需要 70Ma 才能冷却到与下伏地幔达到热平衡，当它俯冲后，需要上述时间的一半以从两侧加热到地幔温度。

$$\left(\frac{\mathrm{d}T}{\mathrm{d}z}\right)_S=\frac{\alpha g}{C_p}T \tag{5.4-10}$$

修正温度使得恒温地幔包含绝热增温。要想使用熵就需要使用绝对温度(K)，它等于摄氏度加上273.15℃。因此，如果在深度 z_0 点，板块底部的绝对温度是 T_0^K，对式(5.4-10)求积分，得到在深度 z 的绝对温度为

$$T^K(z)=T_0^K\exp[(\alpha g/C_p)(z-z_0)] \tag{5.4-11}$$

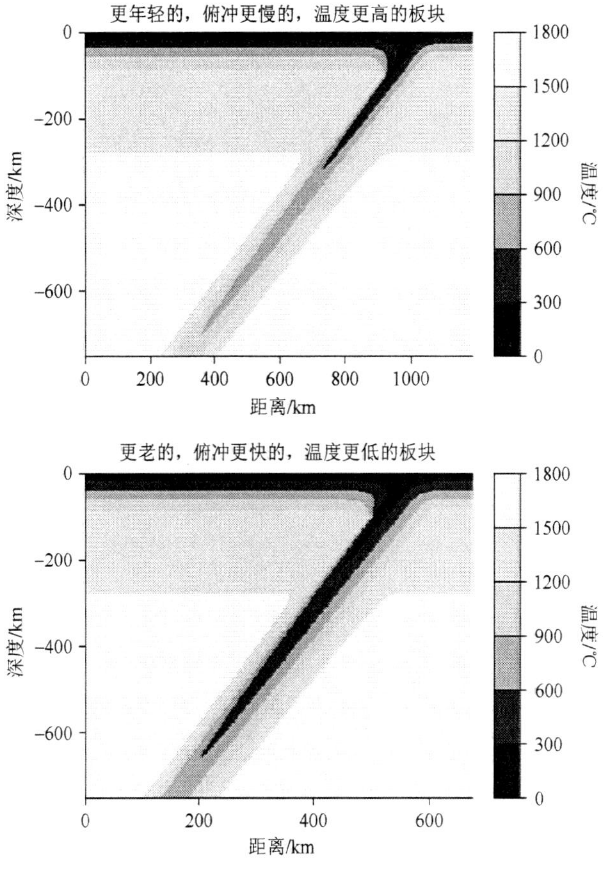

图 5.4-6 两个板块热结构的比较，一个是相对年轻的缓慢俯冲板块(50Ma 的岩石圈俯冲速度为 70mm/a；热参数大约为 2500km)，近似于阿留申岛弧(Aleutian arc)，另一个是老的俯冲速度快的板块(140Ma 的岩石圈俯冲速度为 140mm/a；热参数为 17000km)，近似于汤加岛弧(Tonga arc)。(Stein and Stein, 1996, *Subduction*, 1-17，版权归美国地球物理学会所有)

另一个可能的重要影响是热源和热损。比如，橄榄石到尖晶石的转化造成了板块外部 410km 的不连续面，当它在板块内发生时必定会释放出热量。热量也可能来源于下沉板块前部的摩擦。摩擦产生的热量等于俯冲速率和板块界面上剪切应力的乘积。此影响的量级大小很难估计，除非剪切应力大于几千巴(kbar)，否则这个影响没什么意义。正如后文所述(5.7.5 节)，断层上的应力是未知的。一个更复杂的因素是控制应力的地幔黏度随温度的升高以指数形式降低。因此，在板块交界面如果摩擦热使温度上升，那么黏度和应力都会减小以阻碍温度上升。

为了解决上述复杂性，使用数值模型求解板块上每个点的热方程式。这些模型允许参数随着位置的变化而变化，如密度。同时，可以包含热源和热损，如放射热、相变以及摩擦热。这种计算方法的结果与解析模型结果相似，也可以用来探索不同俯冲带的温度变化。举个例子，图 5.4-6 将两类板块模型进行比较，一类是相对年轻的、俯冲速度缓慢的板块(热参数约为 2500km)，近似于阿留申岛弧；另一类是相对较古老、俯冲速度较快的板块，近似于汤加岛弧。正如所预期的，具有高热参数的板块升温较慢，因此它的温度也就相对较低。这个推测与汤加岛有深源地震而阿留申岛没有的观测结果一致。

尽管可以计算出热模型，但其意义尚需验证。下面用两个地震学数据：震源位置和地震波速度来验证。穿过俯冲带的射线走时层析成像(7.3 节)表明板块是高速的(图 5.4-7)。这些结果可与利用俯冲板块热模型预测的速度，以及速度随温度变化的实验数据进行比较。这个热模型预测板块内部发生地震的位置温度最低。因为层析成像反演出矩形网格中的速度，因此将模型转换到这个网格并作平滑处理，因为地震射线并不是均匀地对板块采样。射线次数(即每个网格穿过射线的数量)表明大部分射线向下穿过高速板块，造成这个模型的反演图像稍微扭曲失真。这个图像和地震层析成像的结果相似表明该模型是实际板块的合理描述。从下面这点也可以引申出相似的结论，层析成像结果与模型图像中的一些假象(原始模型中不存在的速度异常)也类似。这些假象幅度一般不大，导致板块看上去更宽，倾角更小或者变平。因此，尽管板块热模型是实际复杂板块的简化，并且许多关键参数不准确，但是这些模型依然合理地逼近真实板块的温度(可能精确到几百摄氏度以内)。

地震学也提供了其他方式用来研究冷的、坚硬的下沉板块以及它们周围较热、较软物质之间的差异。图 3.7-20 表明在地震波能量传播时，低温板块相较于

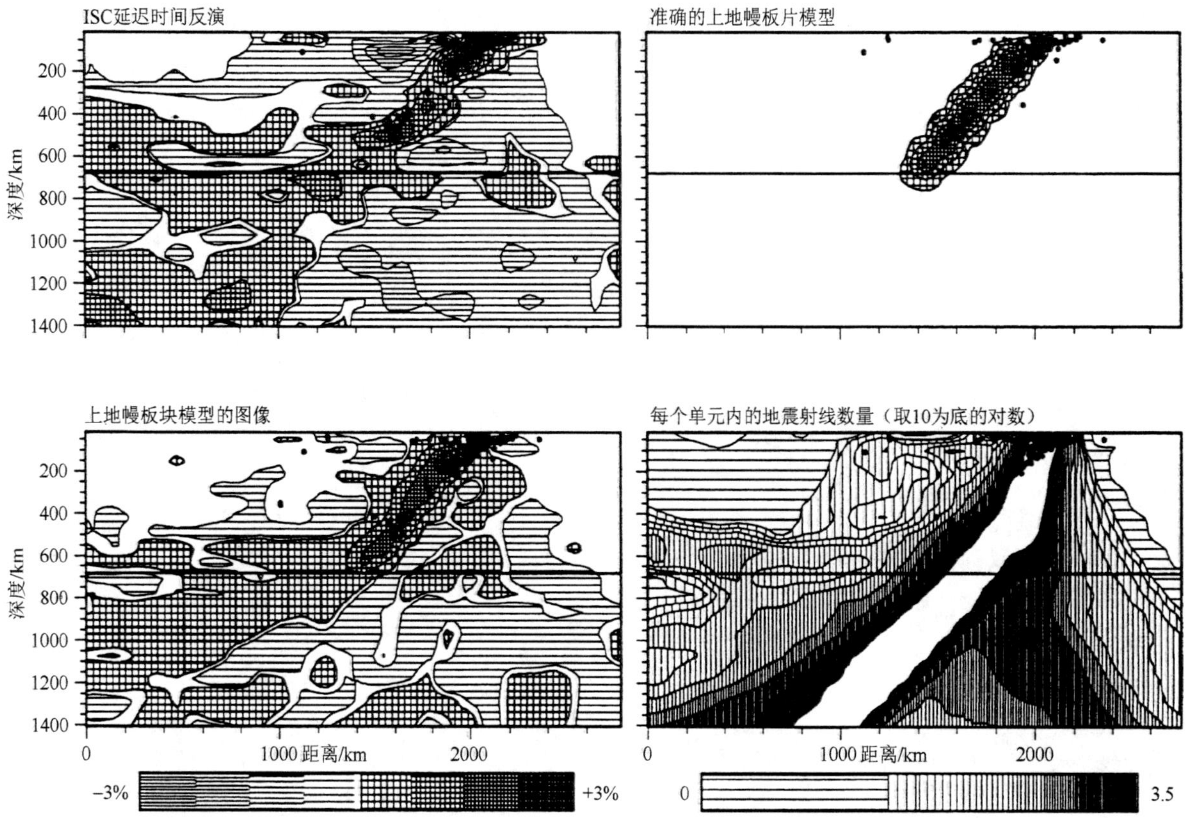

图 5.4-7　地震层析给出的俯冲板块［如速度异常和震中(实圆点)所示］图像(左上图)与根据板块热模型预测得出的图像(左下图)的对比。右上图为根据热模型预测的速度异常。利用与实际资料相同的射线路径采样进行模拟反演，得到左下图所示图像。命中次数(hit count)(右下图)表示反演中每个单元格的射线采样数量。由于射线分布和噪声问题，板块模型的图像有点扭曲(左下图)。模型图像与层析成像结果的相似性说明这个模型大体上描述了实际板块的主要特征。左边标尺给出了速度扰动百分比，正数代表速度快的介质。右边标尺代表命中次数，值是以 10 为底的对数；右下图中命中次数的白色区域采样密集，超出了标尺。(Spakman et al., 1989. *Geophys. Res. Lett.*，16，1097-1110，版权归美国地球物理学会所有)

周围物质衰减更小。图 5.4-8 展示了一些早期数据，深源地震的地震波穿过下沉板块到达台站 NIU，通过周围地幔的地震波到达 VUN。与台站 NIU 相比，台站 VUN 记录了更多长周期的能量，尤其是 S 波。因此与通过坚硬板块到达台站 NIU 的射线路径相比，高频分量在到达 VUN 的路径上更容易被吸收，原因是衰减很大(Q 小)。同时，可以通过反射波和转换地震波探测到板块顶端地震波速度的强烈差异(图 2.6-15)。

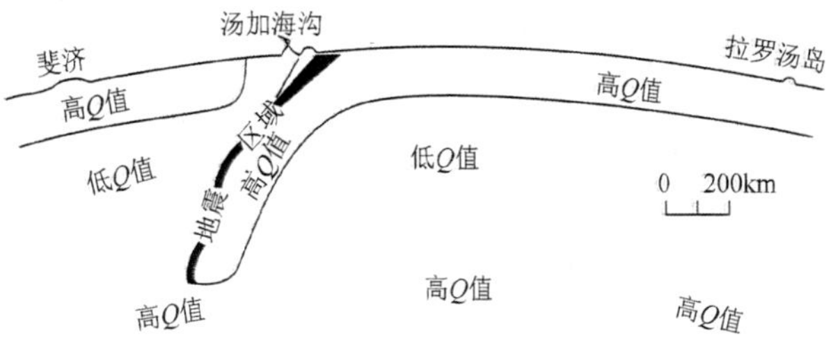

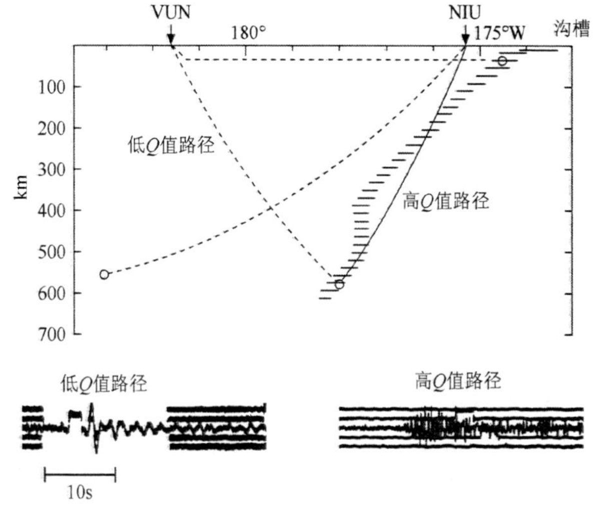

图 5.4-8　地震观测展示了低温板块和周围热地幔之间的区别。台站 NIU 和 VUN 接收到的地震图的差别说明高频分量在板块中传播很好，板块具有较小的衰减，或者说高 Q 值。(Oliver and Isacks，1967，*J. Geophys. Res.*，72，4259-4275，版权归美国地球物理学会所有)

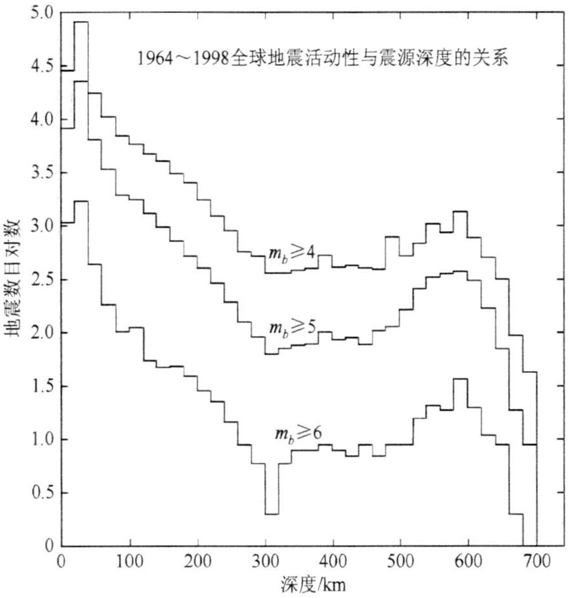

图 5.4-9　地震随深度的分布

5.4.2　俯冲板块中的地震

深源和中源地震组成了和达-贝尼奥夫带，在某些地方这些地震深度能到达地下 700km(图 5.4-9)。远离俯冲带，大约 40km 以下地震很少发生。和达-贝尼奥夫带内的地震提供了关于板块几何形状和力学性质的最好信息。

地震数量随深度的变化是区分中源和深源地震的主要依据。地震数量在接近约 300km 时减到最少，然后逐渐增加。因此一般认为 300km 以下的深源地震有别于中源地震。深源地震数在 600km 时最多，然后下降到 700km 时达到最小。震源机制也随着深度的变化而变化。深度小于 300km 的地震表现为沿倾向的拉张，然而在 300km 以下表现为沿倾向的挤压(图 5.4-10)。

关于地震分布和震源机制有很多种解释。其中一个解释是，在地表附近，板块由于自身重力而拉张，而在深层板块遇到更为高密度的下地幔物质，引起沿倾向的压应力。另一个可能的原因是在低温板块和周围地幔中发生矿物相变的深度不同。

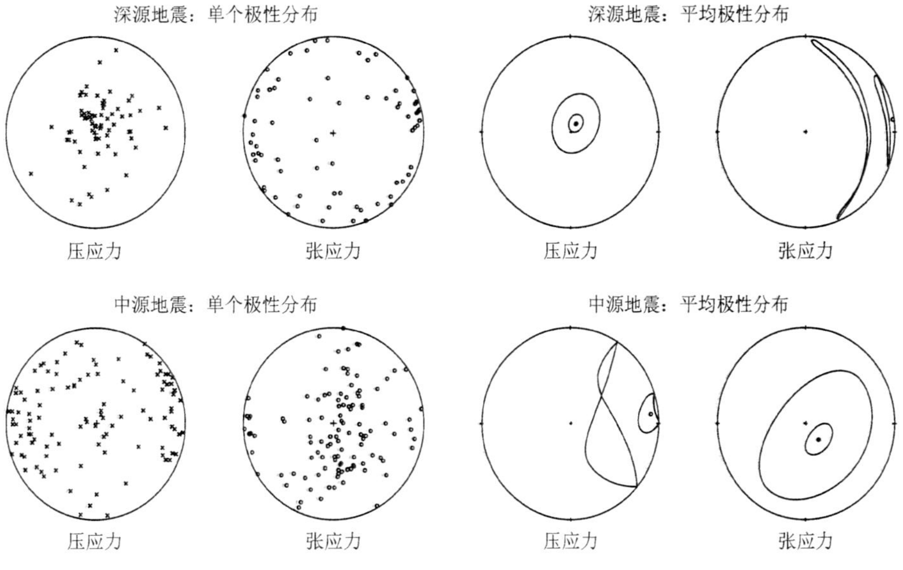

图 5.4-10　由俯冲带地震震源机制得出的应力方向。旋转 P 轴和 T 轴使下倾方向在每个图的中心，同时它们的分布按等值圆画出。上图：300km 以下的地震沿倾向的压应力占优势。下图：70～300km 的地震沿倾向的张应力占优势。(Vassiliou，1984，*Earth Planet. Sci. Lett.*，69，195-201，经 Elsevier Science 许可转载)

一般假设最重要的影响是低温、高密度板块产生的负浮力(下沉)。热模型给出了板块俯冲的驱动力来源于合成的负浮力，而负浮力是由同等深度条件下，板块和板块外部高温、低密度物质之间的密度差异产生的。由于解析模型中的板块不具有确定的下端，因此净作用力可以表示为

$$F = \int_0^L \int_0^\infty g[\rho(x,y) - \rho_m] \mathrm{d}x\mathrm{d}y \tag{5.4-12}$$

如果板块外部物质的温度是 T_m，密度为 ρ_m，则板块中任一点 (x, y) 的物质密度为

$$\rho(x,y) \approx \rho_m + \frac{\partial \rho}{\partial T}[T(x,y) - T_m] = \rho_m + \rho'(x,y) \tag{5.4-13}$$

对于冷却中的板块［式(5.3-9)］，密度扰动量为

$$\rho'(x,y)=\alpha\rho_m[T_m-T(x,y)] \qquad (5.4\text{-}14)$$

因此对于解析温度模型［式(5.4-3)］，对整个板块的积分给出一个作用力，记为

$$F=\frac{g\alpha\rho_m T_m vL^3}{24\kappa} \qquad (5.4\text{-}15)$$

这个力被称为“板块拉力”，是由于俯冲导致的板块驱动力。确切地说，它是与对流模式中低温下沉分支的负浮力有关联的。对于下沉板块内的应力，驱动板块运动的作用取决于负浮力和俯冲带阻力的相对大小。存在几种这样的阻力：随着板块潜入黏滞地幔，被推开的物质引发一种力，这种力与地幔的黏滞性和俯冲速率有关；板块还受到作用于其两个侧面的拖曳力，以及在上覆板块和下沉板块界面处的阻力，往往通过地震表现出来。

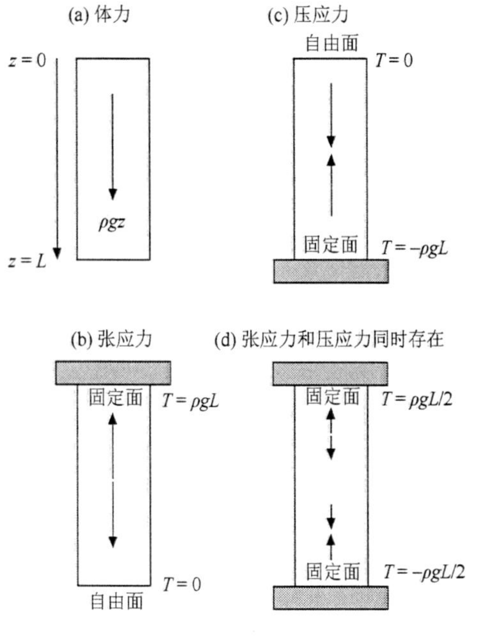

图 5.4-11 垂直柱状物质在自身重力作用下所受的应力，这是下降板块中应力的简单类比。对于相同的体力(body force)，不同边界条件会引起不同应力分布。如果负载在底部受到支撑力，则柱体受挤压力；如果支撑力在顶部，则柱体受到张力。两种模式结合导致了应力状态的转变。

为了加深对负浮力(“板块拉力”)和阻抗力之间相对大小的认识，考虑下沉板块中的应力和应力产生的震源机制。图 5.4-11 是一个简单的类似模型，一个长度为 L，密度为 ρ 的垂直柱体在自重作用下的应力。根据力平衡方程［方程(2.3-49)］，应力梯度与体力相等，

$$\frac{\partial\sigma_{zz}(z)}{\partial z}=-\rho g \qquad (5.4\text{-}16)$$

因此可以通过积分得到与深度有关的应力函数为

$$\sigma_{zz}(z)=-\rho gz+C \qquad (5.4\text{-}17)$$

其中，C 为积分常数。为了得到 C，进而得到柱体内的应力，我们需要知道边界条件。

首先，认为应力在顶端 $z=0$ 时为 0。在这种情况下 $C=0$，同时有

$$\sigma_{zz}(z)=-\rho gz \qquad (5.4\text{-}18)$$

由式(5.4-18)可知，应力是负值，相当于挤压。顶部和底部保持平衡所需要的作用力是通过牵引力、应力以及表面向外的法向量之间的关系给出的［方程(2.3-8)］：

$$T_z=\sigma_{zz}n_z \qquad (5.4\text{-}19)$$

在顶端 $T_z(0)=0$，但是在底部支撑柱状体的作用力为

$$T_z(L)=-\rho gL \qquad (5.4\text{-}20)$$

这种情况就像一个柱状体放在地表，内部处处受到压力。另一种情况是，假设应力在底部为 0。这种情况下得到常数 C，进而得到应力为

$$\sigma_{zz}(z)=\rho g(L-z) \qquad (5.4\text{-}21)$$

由于应力是正值，所以这个柱体内到处受到张力。底端受到的作用力为 0，如式(5.4-22)所示，顶端作用力支撑了整个柱状体，因为 n_z 指向 $-z$ 的方向。

$$T_z(0)=\rho gL \qquad (5.4\text{-}22)$$

这种情况相当于悬挂物质受自身重力作用。

如果柱状体在两端受到相同的支撑，即两边的作用力相等，则边界条件为

$$T_z(0)=-T_z(L) \qquad (5.4\text{-}23)$$

可得应力：

$$\sigma_{zz}(z)=\rho g(L/2-z) \qquad (5.4\text{-}24)$$

因此，柱状体在上半部分 $z<L/2$ 受张力，在下半部分受压力。

柱状体中的应力表明了来源于重力的体力如何通过边界处的作用力达到平衡的。类似地，如果下沉板块受张力作用，俯冲带处的负浮力就必须大于阻抗力，同时俯冲板块还会受到俯冲带外面的剩余板块的“拉力”。事实上，大部分板块深源地震都表现出下倾的压应力，然而中源地震表现出下倾张力(图 5.4-10)。这种情况就与两端都受到支撑的立柱相似。

这些关于俯冲带力的观点与两组重要的数据一致。第一，板块的平均绝对速度随着下沉板块面积占比的增大而增大(图 5.4-12)，这意味着俯冲板块本身

是决定板块下沉速度的一个主要因素。第二，如 5.5.2 节所述，在古老海洋岩石圈中的震源具有逆冲机制，表明了偏压应力的存在。因此，俯冲带对于板块剩余部分所产生的净效应不是“拉”，即“俯冲板块拉力”这个词具有误导性。正如俯冲板块的应力模型所示，“俯冲板块拉力”与当地的阻抗力相平衡，这个阻抗力是由黏滞地幔和板块在交界面处的共同作用产生的。上述情况就好像是一个物体掉入黏稠液体中，它的负浮力使其加速下沉，直到物体达到最大速度，这个速度由物体的密度、形状以及液体的密度和黏滞性决定。

一个可能的复杂情况是，俯冲板块不仅仅是温度不同于周围环境，其矿物学特性也可能不同。俯冲板块穿过地幔转换带，此时矿物相可能发生改变(3.8 节)。然而，由于下沉板块比周围同深度的物质温度低，所以板块中矿物相变的发生将偏离其正常发生的深度。这个偏离可以利用克拉佩龙(Clapeyron)方程的热力学关系式计算出来。Clapeyron 方程表示两个物相之间的边界是压力和温度的函数。如果 ΔH 和 ΔV 是由相变引起的热和体积变化，温度变化为 $\mathrm{d}T$，压力变化为 $\mathrm{d}P$，那么 $\mathrm{d}T$ 随着 $\mathrm{d}P$ 的变化可由 Clapeyron 斜率[方程(5.4-9)的倒数] 得到：

$$\gamma = \frac{\mathrm{d}P}{\mathrm{d}T} = \frac{\Delta H}{T\Delta V} \tag{5.4-25}$$

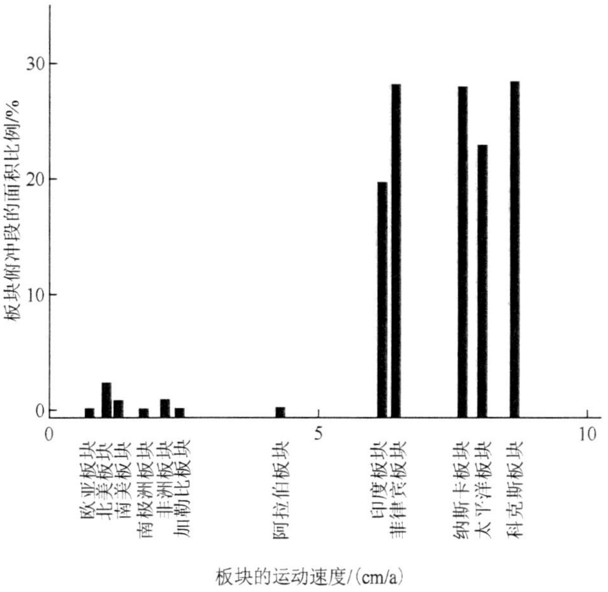

图 5.4-12　岩石圈板块的绝对速度随着俯冲板块面积占整个板块面积的比例增加，说明俯冲板块为板块运动提供了一个主要的驱动力。(Forsyth and Uyeda，1975)

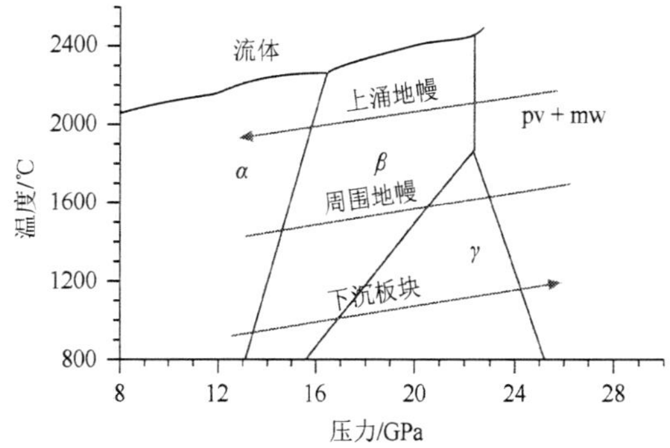

图 5.4-13　橄榄石随着深度变化的相变图。相边界是温度和压力的函数，称作 Clapeyron 曲线。下沉和上涌线分别表示俯冲板块和地幔柱相对于周围地幔的比较。正斜率的反应，例如造成板块外 410km 不连续面的橄榄石(α 相)向尖晶石(β 相)的转变，在低温板块中向上移动(压力小)。相反，γ 尖晶石向钙钛矿和镁铁矿(pv + mw)转化具有负斜率，因此俯冲板块内 660km 不连续面应该比周围地幔的更深。(Bina and Liu，1995，*Geophys. Res. Lett.*，22，2565-2568，版权归美国地球物理学会所有)

举个例子，地下 410km 处的间断面就归因于压力增加引起的相变，从橄榄石到较高密度的尖晶石结构[β 相，瓦兹利石(wadsleyite)]，如图 5.4-13 的相变图所示。因为尖晶石相密度大，所以 ΔV 小于 0。这个反应是放热的，因此 ΔH 也是负的，使得 Clapeyron 斜率是正值。如果我们已知地幔中相变发生的深度(压力)和温度，由 Clapeyron 等式就会得出相变在板块中发生的位置。俯冲板块比周围地幔温度低($\mathrm{d}T<0$)，所以相变发生时压力较低($\mathrm{d}P<0$)，等价于深度变浅。把压力转换为深度，这个相变的垂直偏移为

$$\frac{\mathrm{d}z}{\mathrm{d}T} = \frac{\gamma}{\rho g} \tag{5.4-26}$$

相比之下，尖晶橄榄石(γ 尖晶石相)到钙钛矿以及镁铁尖晶石的转化被认为是引起 660km 处的不连续面的原因，由于该过程是吸热过程，所以 ΔH 大于 0。同时这个过程是向高密度物相的转化(ΔV 小于 0)，因此 Clapeyron 斜率是负值，因而俯冲板块内部 660km 的间断面应该比板块外部深。这些相反的效果，即 410km 间断面向上偏移以及 660km 间断面的向下偏移(图 5.4-14)，这已经通过走时研究被发现。还有一个有趣的思考方式就是：与 410km 间断面抬升有关的负浮力有助于俯冲，与 660km 间断面凹陷有关的正浮力阻止俯冲。然而相反的效应不应该发生在上涌地幔柱的 660km 间断面处，因为相变图表明，在高温状态下，钙钛矿和镁铁尖晶石转换的 Clapeyron 曲线是垂直的，也就是说相变不会导致浓度的偏移(图 5.4-13)。

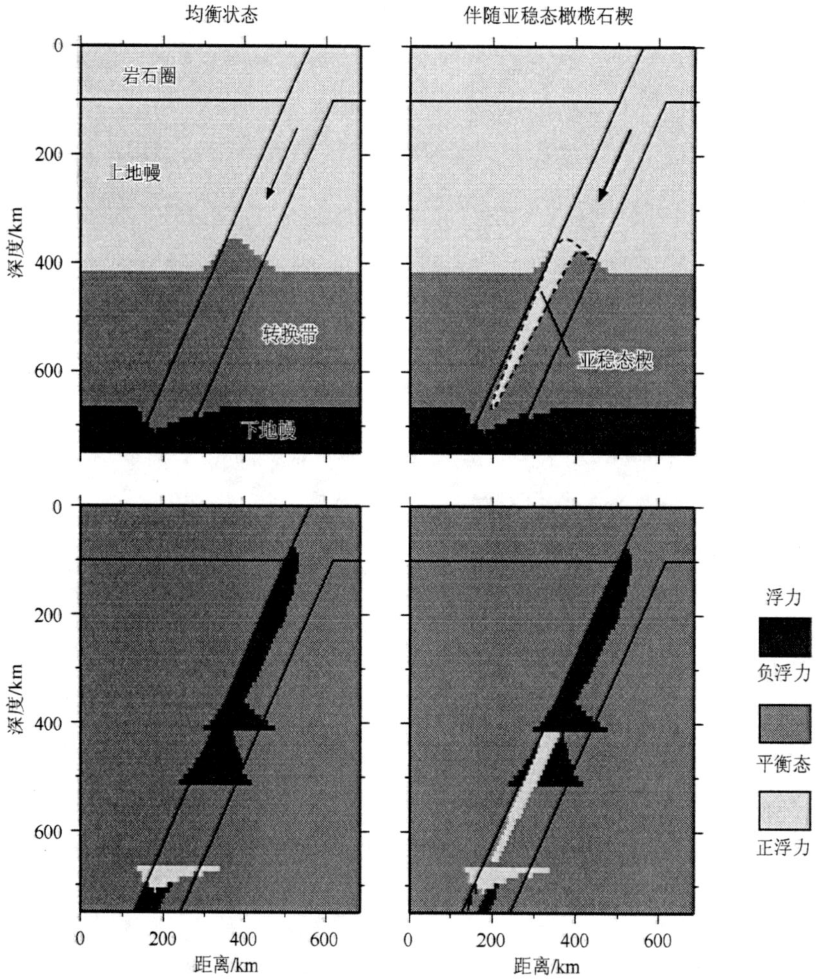

图 5.4-14 预测物相边界以及下沉板块有(右图)或者没有(左图)亚稳态橄榄石楔时的浮力。假设平衡矿物学低温板块具有负热浮力，410km 间断面的抬升与负浮力有关，660km 间断面的下降与正浮力有关。亚稳态楔提供了正成分浮力，因此降低了俯冲驱动力。负浮力有助于俯冲，正浮力阻碍俯冲。(Srein and Rubie，1999，*Science*，286，909-910，版权归美国科学促进协会所有)

橄榄石-尖晶石相变的位置受到的影响更大。Clapeyron 斜率可以推测一个相变发生处于平衡状态时产生的效果。事实上，相变发生是一个过程，高压相颗粒在低压相颗粒边界之间成核，然后随着时间的推移而生长(图 5.4-15)。对矿物成核和增长速率的研究表明在低温俯冲板块中，相变速度跟不上俯冲速度，这就使得低温板块核心中的橄榄石楔在更深的地下保持了亚稳定状态①(图 5.4-14)。

相边界的形变有几种可能的后果。第一种是相变产生的热量影响了俯冲板块的热结构。因此橄榄石-尖晶石转化放出的热量应该加在俯冲板块上。这个作用可用相变时温度升高的热模型模拟出来。第二种是相边界对浮力和板块内部的应力可能很重要。我们已经讨论过这样一个观点，即低温板块密度比周围大，产生负热浮力，使得板块更容易下沉。相边界导致了额外的矿物学浮力。比如，如果橄榄石-尖晶石边界在板块中上升，板块物质比同一深度其他地方的物质密度大，则会产生额外的负浮力。然而，如果一个亚稳态的橄榄石楔存在，除了引起 660km 间断面向下偏移之外，它还会比同一深度的其他物质密度小，进而产生正浮力(图 5.4-14)。尽管因为板块俯冲，净浮力必须是负的，但浮力的一些相关细节也很重要。比如，亚稳态橄榄石可以帮助控制俯冲速率。如果俯冲速度快，就会产生较大的低密度亚稳态橄榄石楔，然后亚稳态橄榄石就会减小驱动力，进而减小板块的俯冲速度。第三种

① 亚稳态是指某矿物相存在于其对应的温度-压力平衡态以外的环境中。上述亚稳态的持续是可预期的，因为板块中相对较低的温度会抑制反应速度。这个作用解释了为什么在地表低压下不稳定的金刚石能以亚稳态形式存在，而不是变为石墨。板块中的这个情况与过冷的水相似，过冷的水在温度低于平衡态冰点以下仍然以液态形式存在。

是相变引起深源地震。尽管这个观点是观测事实的自然结果：深源地震发生在转换带深度，在很长时间里没有给予认真的对待，因为深源地震震源机制表明是断层的滑动，而不是各向同性的内爆(4.4.6 节)，但是，现在实验室研究表明一种称为转换断裂的失稳可以引起沿着薄剪切带的滑动，在这个剪切带亚稳态橄榄石向高密度尖晶石转化。上述断裂可以发生在橄榄石向尖晶石转化的放热过程中，但是不能发生在尖晶石向钙钛矿和镁铁尖晶石转化的吸热过程中，因此深源地震只能发生在转换带处。由于亚稳态楔的下边界本质上来说是等温线，这个模型为震源深度随着热参数增加的观测事实(图 5.4-4)提供了一个物理机制。这个观点虽然很具有吸引力，但是地震学研究至今没有给出亚稳态楔的证据，而且发生深源大地震的断层面似乎超出了预期的亚稳态楔的边界。如果这样的楔存在，地震可能通过转换断裂成核，然后通过另一个断裂机制向楔外传播。

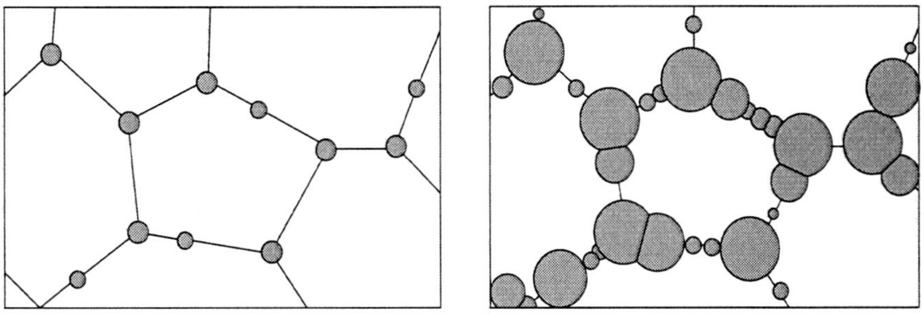

图 5.4-15　相变早期阶段。新物相的颗粒(阴影)在颗粒边界成核并增长，直到耗尽所有的原始物相。(Kirby et al.，1996b，*Rev. Geophys.*，34，261-306，版权归美国地球物理学会所有)

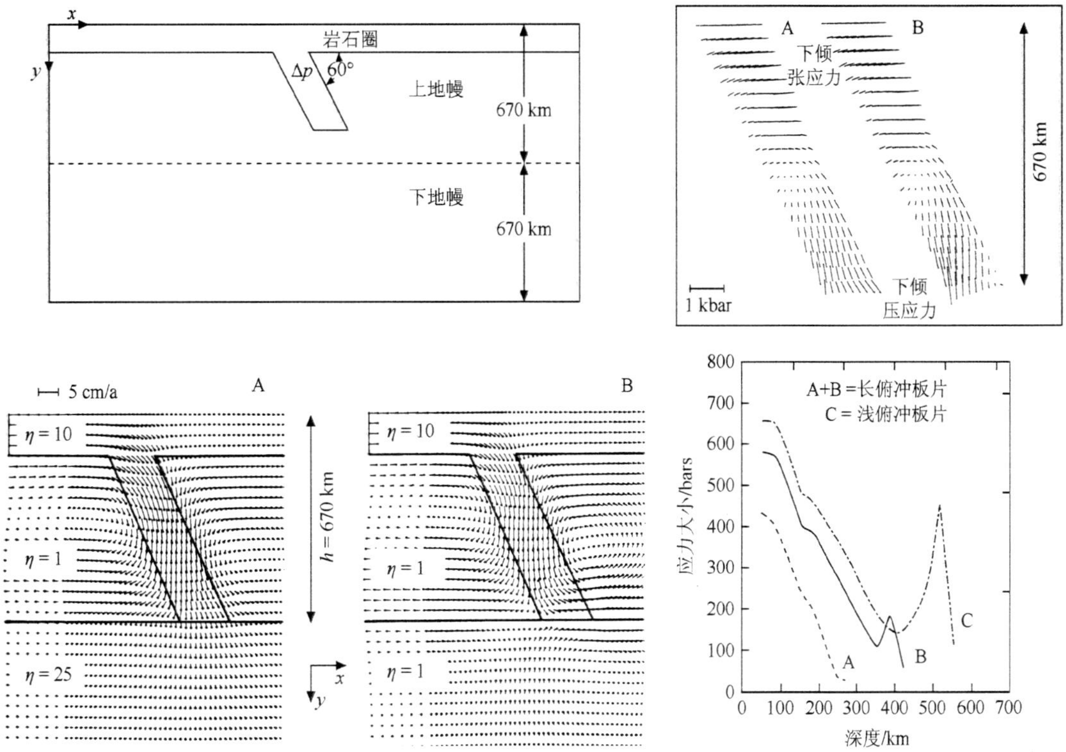

图 5.4-16　不同地幔流场(左下图)的数值模型和板块内部产生的应力(右上图)：A 板块在 670km 以下遭遇高黏滞物质，B 板块不能穿过 670km。η 值是相对黏度。两种情况都预测了板块上半部分的下倾张应力和下半部分的下倾压应力。计算得到的应力在接近板块底部处最高。

综合上述观点，可以得出一些板块地震特征的解释。第一个关键的特征是地震活动和震源机制随深度的变化。第一种解释是深度分布和应力很大程度上取决于板块的负浮力以及它们在660km间断面处遭遇的高黏性区域或阻止运动的障碍。数值模型(图 5.4-16)推算的应力与震源机制给出的结果接近。此外，应力大小随深度的变化也与地震活动的深度分布相似：在300～410km最小，然后从500～700km增加。第二种解释是包括相变浮力(图 5.4-14)的数值模型也能给出相似的应力大小和方向随深度的变化(图 5.4-17)，同时不用考虑下地幔的阻碍和强黏性。因此，在上述模型中，深源地震与中源地震没有物理上的区别，因为地震最少也就反映应力最小。

第二个关键问题是深源地震是如何发生的。如5.7节所述，岩石的强度随着压力的增加而增加，作用力必须超过岩石强度才能破裂。在俯冲板块的深处，压力应当高得足以阻止破裂。一种可能性是俯冲板块变得足够热，含水矿物分解，释放出水润滑断层(减小断层上的摩擦力)。另一种可能性之前提到过，就是亚稳态橄榄石转换断层。还有一种可能是地震通过非常快速的蠕动发生，可能与最低温板块中特别小的尖晶石晶粒造成的弱化有关。

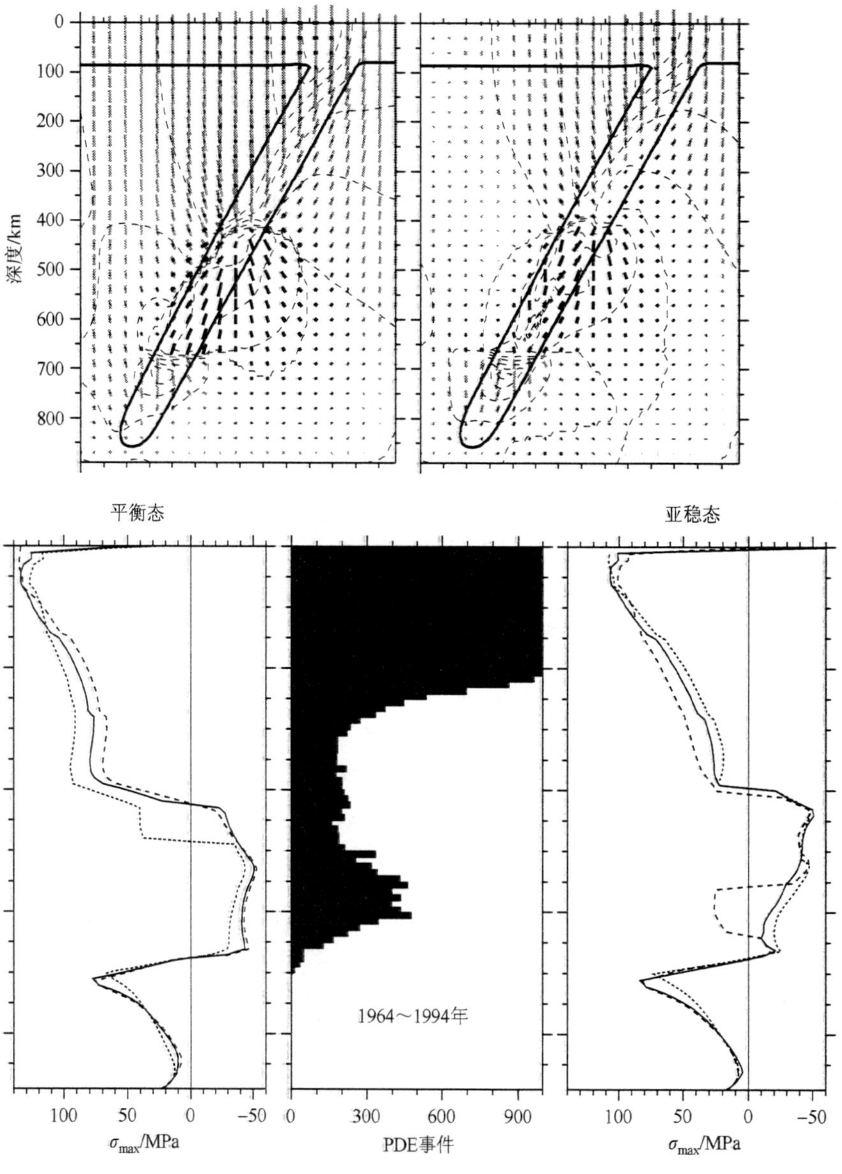

图 5.4-17 下沉板块应力数值模型，假设密度分布与平衡矿物学(左上图)和亚稳态橄榄石(右上图)一致。上图表示应力方向，下图是应力大小(压应力为负)与地震分布(下图中)相比。PDE是指USGS震中初定位目录。(Bina，1997，*Geophys. Res. Lett.*，24，3301-3304，版权归美国地球物理学会所有)

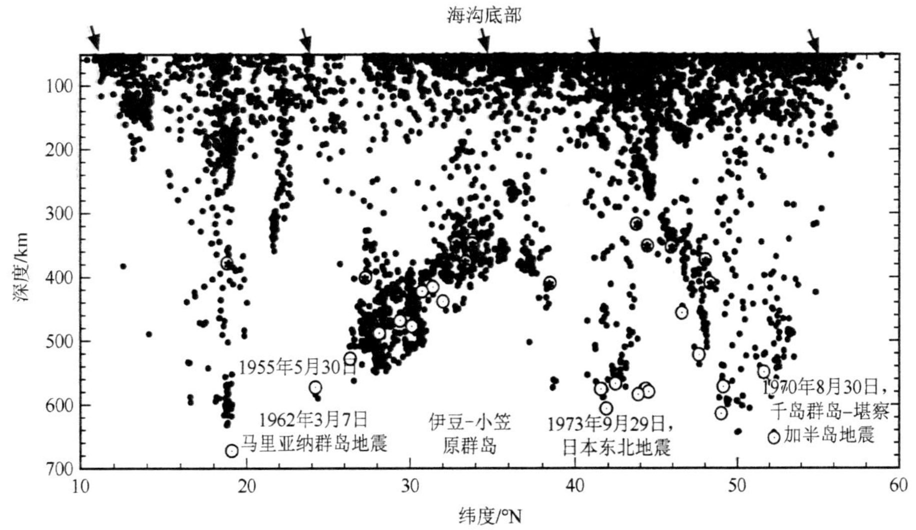

图 5.4-18　北-南横截面显示西北太平洋俯冲带地震。在岛弧相接的尖点附近地震变浅，使每一个和达-贝尼奥夫带呈现舌状。用空心圆表示的大深源地震(地震矩大于 10^{26}dyn·cm)。倾向于发生在深地震的边界或底部，或与主贝尼奥夫带分离。(Kirby et al.，1996b，*Rev. Geophys.*，34，261-306，版权归美国地球物理学会所有)

上述模型所提出的不同解释都有其独自的优势。尽管那些基于理想板块的简单模型解释了一些深源地震的特点，但是没有一个能完全解释深源地震的复杂性。图 5.4-18 是沿着西北太平洋俯冲带的剖面，深源地震成片分布并呈现变化。例如，在马里亚纳(Marianas)群岛、伊豆-小笠原(Izu-Bonin)群岛、日本东北、千岛-堪察加(Kuri-Kamchatka)岛弧的交点深源地震显著变浅。同时，大地震发生在深源地震区的边缘，伊豆群岛的北缘尤为明显。这些位置可能反映出岛弧结合点处俯冲岩石圈的撕裂，在此处，热地幔物质穿透俯冲板块。一个更复杂的问题是一些深源地震发生在和达-贝尼奥夫带延伸区域之外不同寻常的位置，这些深源地震与主要地震带的深源地震的震源机制不同(图 5.4-19)。

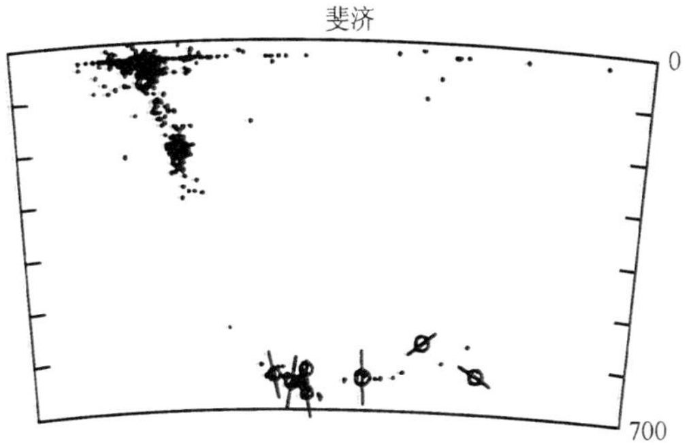

图 5.4-19　斐济(Fiji)俯冲带的地震横截面，展示了离群的深源地震。穿过符号的线代表 *P* 轴，一般与贝尼奥夫带的轴不同。(Lundgren and Giardini，1994，*Geophys. Res.*，99，15，833-842，版权归美国地球物理学会所有)

还有一些深源地震孤立于活跃的俯冲带之外。这些非常规地震可能发生在亚稳态橄榄石发育的板块碎片处，因此具有与局部应力相关的震源机制而不同于连续板块的震源机制。

某些俯冲带中(图 5.4-20)精确地震定位观测表明和达-贝尼奥夫带是由两个独立的面组成的，中间距离为 30～40km。上层面与 ScSp(图 2.6-15)转换平面一致，推测该板块顶部附近有很大的速度差异。震源机制表明上界面受到下倾压力，下界面受到下倾张力作用。学者们提出了很多模型。其中一个是双地震面来

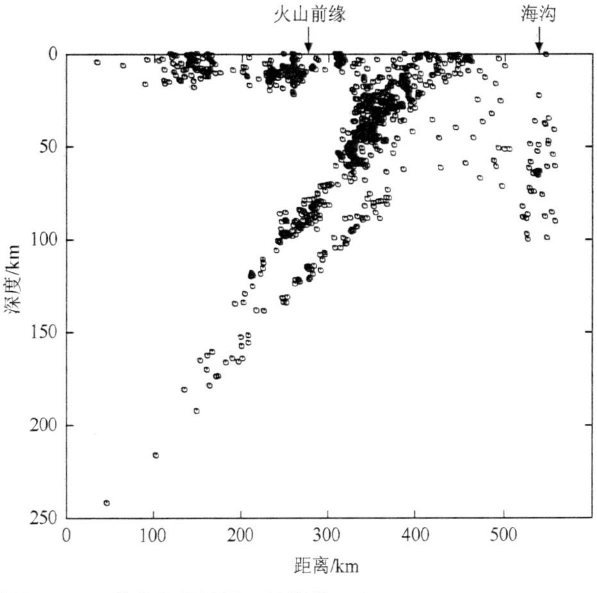

图 5.4-20　日本东北地区双地震带。(Hasegawa et al.，1978，*Tectonophysics*，47，43-58，经 Elsevier Science 许可转载)

源于板块的"反弯折"，即释放板块开始俯冲时产生的弯曲应力。另一个是板块在其自身重力作用下下凹，因为在比较深的深度，板块会进入更黏滞的中间层，而在中等深度会遇到黏滞力比较小的软流圈。上述现象的解释很复杂，因为观测结果表明只有部分俯冲带具有双重地震带。

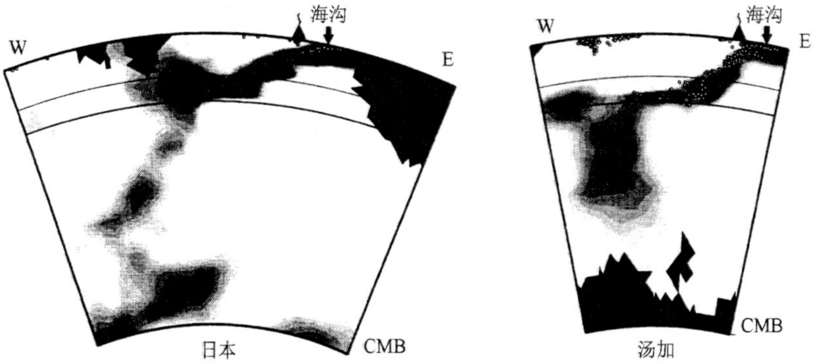

图 5.4-21　太平洋俯冲带深源地震层析图像。水平线深度为 410km 和 660km。白点是震源。贝尼奥夫地震带与低温俯冲板块造成的高速异常(黑色区域)一致。在转换带底部，板块进入下地幔之前发生偏转。(van der Hilst et al.，1998，*The Core-Mantle Boundary Region*，5-20，版权归美国地球物理学会所有)

深源地震的本质，尤其是过渡带对震源深度的控制，对研究地幔流动很有意义。对于深源地震终止于过渡带的最简单解释是板块不能穿透到下地幔。但是，如图 5.4-21 所示，层析成像研究(第 7 章)表明尽管一些板块在 660km 处偏转，它们最后也会俯冲得更深。看来更合理的模型是，无地震发生是因为压力不够大，或者是因为引起地震的相变不再发生。这个问题很重要，因为在上下地幔之间的热传递和物质传递对于地球动力学和地球演变有重大意义(3.8 节)。现今的大部分模型都倾向于上下地幔间存在一定程度的交换(图 5.1-2)。板块有时在 660km 间断面处偏转，温度变得越来越高，然后失去了有浮力的亚稳态楔，最后进入下地幔。俯冲板块几何结构是一些复杂作用的结果。另外，660km 间断面处的一些平伏板块可能是由于海沟相对于绝对(地幔)参考系后撤而造成的。

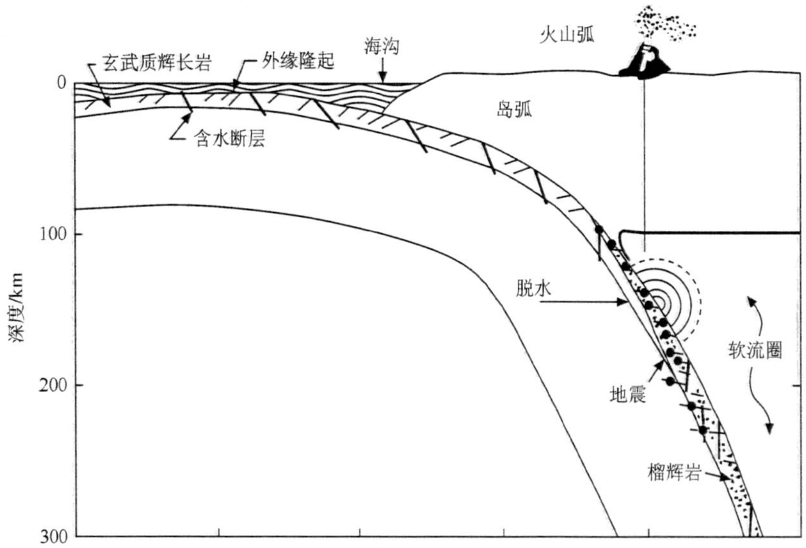

图 5.4-22　中源地震示意模型。地震发生在俯冲地壳中，同时伴随矿物相脱水和辉长石向榴辉石的转换。(Kirby et al.，1996a，*Subduction*，195-214，版权归美国地球物理学会所有)

关于中源地震的本质，也有大量的论述。图 5.4-22 是一个示意模型，其中地震发生在俯冲洋壳中，而在俯冲板块的地幔中并不常见，因为精确的地震定位研究表明地震发生在俯冲板块的顶面附近。地壳在俯冲时需要经历两次重要的矿物转变。在破碎带和断层处形成的含水矿物会被加热并脱水。最终，辉长岩转化为具有相同化学成分密度较高的榴辉岩①。在均衡条件下，榴辉岩在板块物质到达地下约 70km 时形成。然而，地震走时研究发现一些俯冲板块中存在低速波导，被解释为俯冲地壳延伸到更深的位置。因此可以认为在低温下沉板块中榴辉岩的形成变慢，使得辉长岩保持了亚稳态。一旦脱水作用发生，自由水会使断层变得脆弱，就容易发生地震，同时促进榴辉岩形成。在这个模型中，断层滑动引发中源地震，而相变有利于断裂发生。张性震源机制也可能反映相变，相变会造成俯冲地壳的拉伸。中源地震在岛弧火山下发生，这个事实支持了上述模型，因为火山的形成是因俯冲板块释放出的水引起上覆软流圈的局部熔融所致。

各种解释仍在争论中，说明理解真实板块复杂的热结构、矿物学、流变学和几何学是困难的。可以把深俯冲过程看作一个化学反应器，使低温浅层矿物进入地幔转换带中的温度和压力条件，此时这些物相已经不再具有热力学稳定性(图 5.4-23)。由

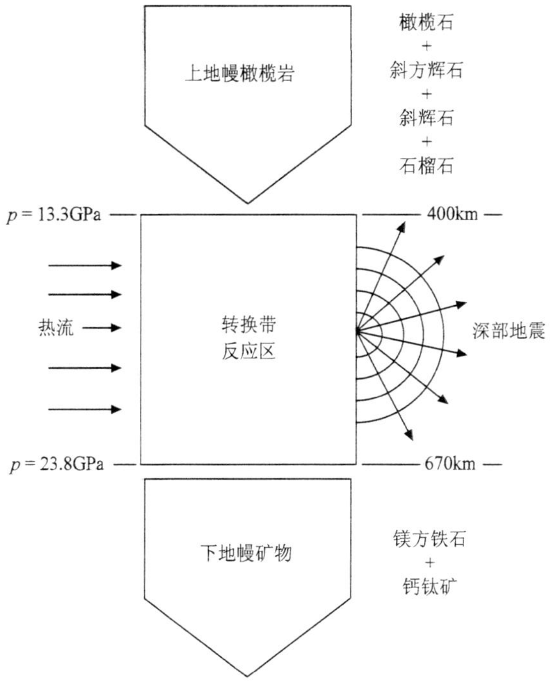

图 5.4-23　转换带中俯冲板块作为化学反应器的示意图。(Kirby et al.，1996b，*Rev. Geophys.*，34，261-306，版权归美国地球物理学会所有)

① 大部分洋壳是由辉长岩组成的，喷出玄武岩的侵入在洋中脊被发现(3.2.5 节)。随着压力增加，长石和辉石变为石榴石，同时玄武岩变成榴辉岩。

于没有能研究这些过程及结果的直接方法，但可以通过研究地震理解这个系统，因为地震能一定程度上反映地下状态。这是一个很有意义的挑战，但还有很长的道路要走。

5.4.3　板块间的海沟地震

我们所知道的大部分关于俯冲板块间相互作用的几何关系和力学关系都来源于板块交界面处的浅源地震分布和震源机制。上述地震也包括大地震，如图 5.4-24 所示的是 1904～1976 年发生的大地震(面波震级大于 8.0)，其中包括两个地震学记录的最大地震：1960 年智利地震($M_0=2\times10^{30}$dyn·cm，M_s 8.3)和 1964 阿拉斯加地震($M_0=5\times10^{29}$dyn·cm，M_s 8.4)。图 5.4-25 是智利地震的几何结构图：在走向 800km 长、倾向 200km 宽的断层上发生了 21m 滑动。震源机制表明南美板块逆冲到纳斯卡板块的海洋岩石圈上。余震带有 800km 长，地表形变很大，一些地方升高了 6m。这种类型的逆冲地震，尽管震级要小一些，构成了主要的俯冲带浅源大地震。这种板块间的地震释放了板块交界面闭锁的板块运动。如 4.6.1 节所述，这些地震可能比转换断层边界的地震大得多(如圣安德烈斯的地震)。例如，与 1964 年阿拉斯加地震相比，即便是 1906 年的美国旧金山地震也显得很小(地震矩差 100 倍)，尽管两个地震发生在同一板块边界的不同区域。这个差别反映了发生断裂的条件是岩石必须低于一定温度。因此，一个倾角直立的转换断层，如圣安德烈斯，与俯冲带浅倾角的逆冲面(有时称为巨型逆冲)相比，在倾向上温度低于某一阈值的宽度要小得多。

俯冲板块与上覆板块交界面处主要的逆冲地震体现了俯冲带的本质。大多数情况下，其震源机制表明了向海沟方向的滑动，大致符合全球板块运动模型或者空间测地学(5.2 节)(图 5.2-3)预测的汇聚方向。然而，在某些情况下当板块运动方向与海沟斜交时，弧前带就会独立于上覆板块运动(图 5.4-26)。这个作用称为滑移分解，海沟处的地震滑动向量介于海沟法线方向和预测的汇聚方向之间，同时引起弧前和上覆板块内部稳定区之间的走滑运动。这个作用可能导致板块回路不闭合，这可以通过研究板块运动和 GPS 数据看出。在纯粹滑移分解的极端情况下，纯粹的逆冲断层将会发生在海沟，所有倾斜的运动通过与海沟走向平行的滑动实现。

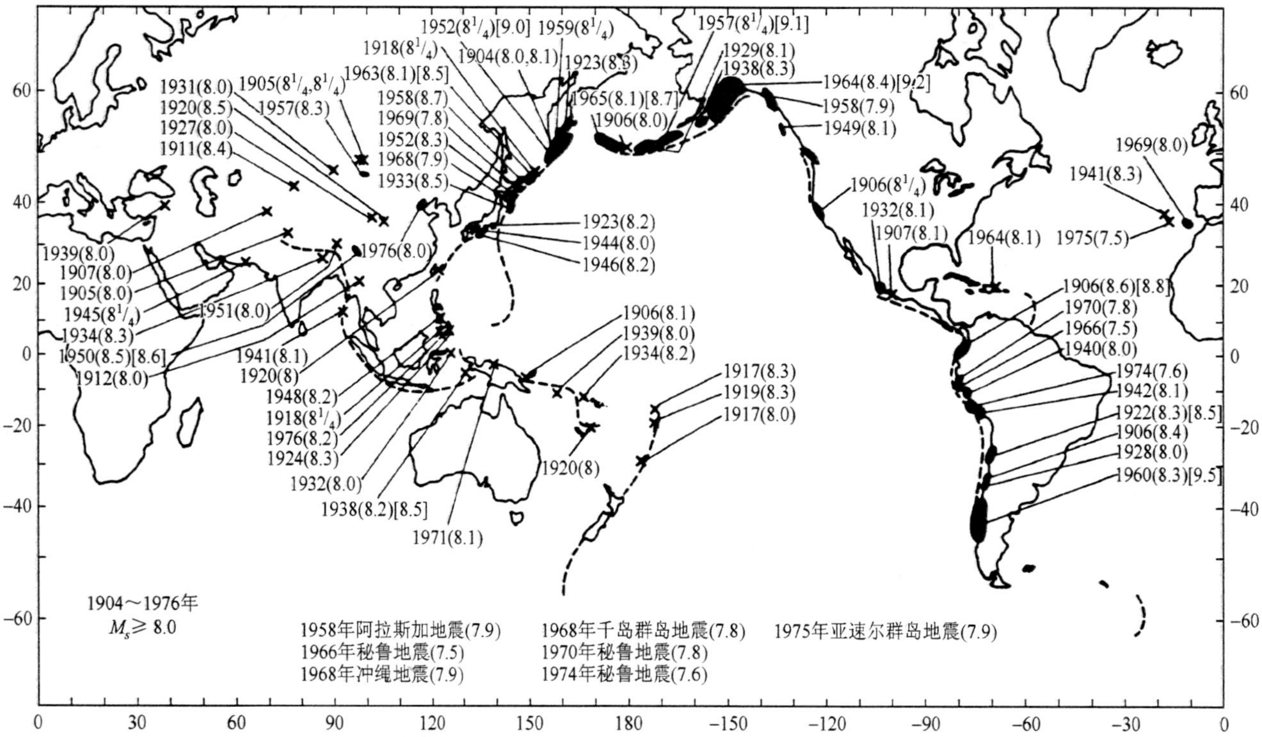

图 5.4-24　1904～1976 年大地震分布。圆括号里和方括号里分别为 M_s 震级和 M_w 震级。大部分发生在俯冲带，分布于两个板块交界面处的逆冲断层。(Kanamori，1978，经 *Nature* 许可转载)

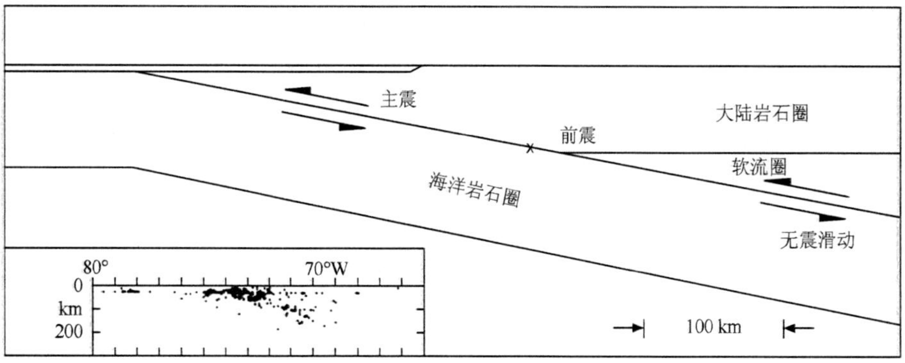

图 5.4-25　1960 年智利地震的断层几何形态以及余震分布。(Kanamori and Cipar，1974，*Phys. Earth Planet. Inter.*，9，128-136，经 Elsevier Science 许可转载)

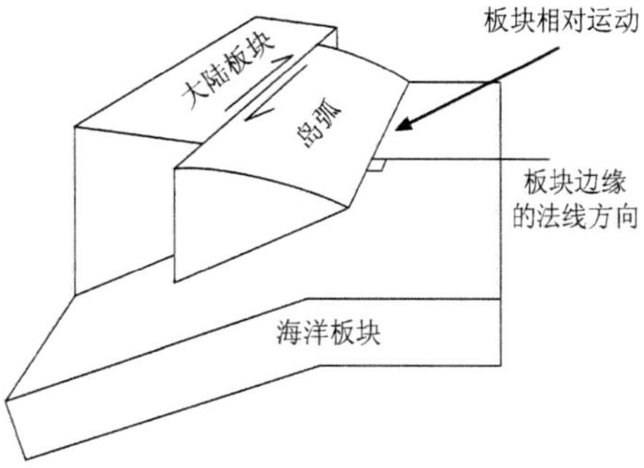

图 5.4-26　汇聚方向与海沟斜交的前弧撕裂运动。(D. Davis 提供)

逆冲地震如何释放累积的板块运动是一个有趣的科学问题，也是评价地震危险性的重要依据。在许多俯冲带，逆冲地震有自己的空间和时间特征模式。比如，日本南部的南海海槽从 1498 年以来大约每 125 年在相似的断层面上发生一轮大地震(图 5.4-27)①。在某些情况下，整个区域似乎同时发

① 由于日本的位置处在 4～6 个相互作用的板块之间[北美、太平洋、菲律宾、欧亚，也许还有鄂霍次克(Okhotsk)和阿姆利亚(Amuria)]，因此经常发生地震，最初的解释来源于一个日本神话，即地下大的鲶鱼在移动。因此日本有优秀的地震学传统，同时具有世界上最好的地震数据用于研究与俯冲有关的地震。

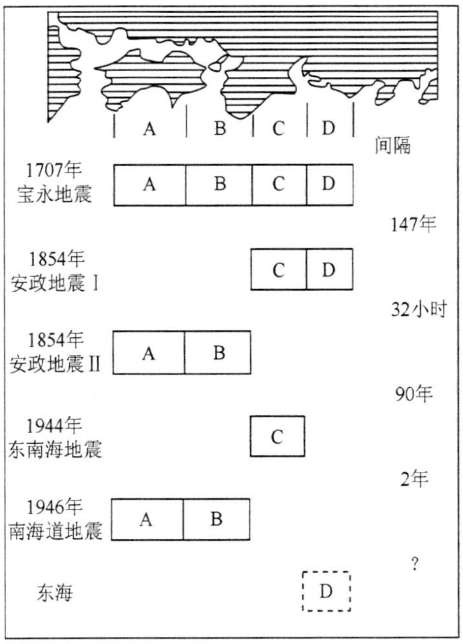

图 5.4-27　沿着南海海槽的俯冲带大地震时间序列，表明了其空间和时间周期性及其变化。(Ando，1975，*Tectonophysics*，27，119-140，经 Elsevier Science 许可转载)

生滑动；在另一些情况下，滑动会在多年中以多个地震释放。

如果重复规律已知，俯冲带中一段时间内没有滑动的部分就形成了地震空区，是可能发生地震的区域。比如，东海(Tokai)区域(D 段)就类似于上述的空区，成了地震预测研究的焦点。尽管空区的想法在直觉上是诱人的，但是使用该理论预测未来地震位置并没有取得普遍性的成功(1.2.5 节、4.7.3 节)。

其中一个困难在于不是所有的板块运动都伴随着地震发生。图 5.4-28 表明在 1952～1973 年，千岛海沟的一长段一连发生了 6 次大地震，且都有相似的逆冲断层机制。地震矩研究表明平均滑动量为 2～3m。该地区上一个大地震序列发生在 100 年前，因此平均地震滑动速率为 2～3cm/a，是相对运动模型预测的板块运动的 1/3，剩下的 2/3 的滑动都没有伴随大地震的发生，而是以震后和震间运动形式出现。全球还有一些类似的研究发现板块运动以地震滑动形式释放能量的比例，有时称为地震耦合因子，一般远小于 1，

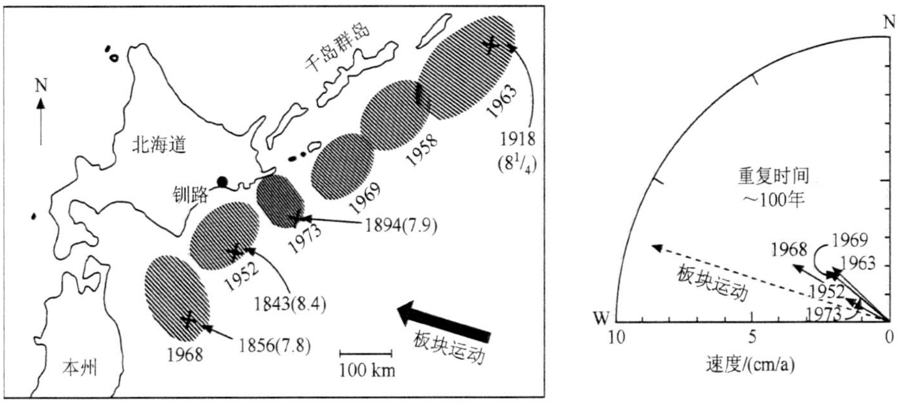

图 5.4-28　沿着千岛海沟的俯冲带大地震的破裂区域。随着时间的流逝，边界的不同部分发生地震滑动。箭头指明了地震滑动和板块运动的方向和速度。如果大约每 100 年发生一次这样的序列，同时这个时间采样有代表性，那么地震滑动就仅仅是板块运动的 1/3。(Kanamori，1977b，*Island Arcs*，*Deep Sea Trenches and Back Arc Basins*，163-174，版权归美国地球物理学会所有)

表明如果时间采样间隔准确，则大部分板块运动并不伴随地震发生，而通过其他方式释放积累的应变能。

智利俯冲带则是另一个极端的例子。历史记录表明在过去 400 年中，大地震大约每隔 130 年发生一次，由 1960 年地震滑动以及历史记录估计的地震滑动速率超过了板块运动模型预测的汇聚速率(图 5.4-29)。由于汇聚速率是地震滑动速率的上限，显然这两个估计不一致。一个可能的原因是地震滑动速率被过高估计：或者早期的地震比 1960 年的地震小，或者它们在过去 400 年里的发生频率比长期的平均值高。

一般来说，这些例子都说明了从历史地震记录推测地震滑动速率的困难性，其原因是多方面的，包括板块边界地震的多样性、时间采样是否足够长以及对有仪器记录以前的地震震源参数估计的困难。即使提供了地震数据，估计一个地震的滑动仍然存在不确定性，而没有这些数据就更是一个挑战。另一种估计板块耦合的方法，如 4.5.4 节和 5.6.2 节所述，利用 GPS 方法测量上覆板块的挠曲。这个量取决于交界面处的机械耦合，所以可以直接测量出从地震历史不能直接得到的内容。但是，GPS 数据只

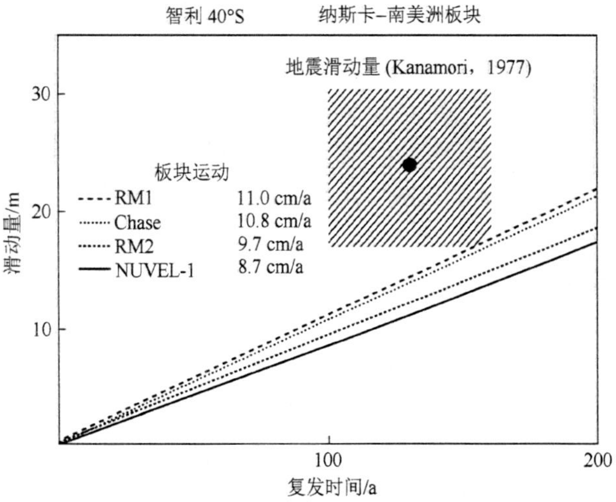

图 5.4-29 1960 年智利大地震区域的地震滑动速率和板块运动的比较。阴影区域是滑动速率，是由 1960 年地震滑动和过去 400 年中大海沟地震复发间隔估计得到的。估计的滑动速率超过了 4 个板块运动模型中任何一个模型的预测值。(Stein et al.，1986. *Geophys. Res. Lett.*，13，713-716，版权归美国地球物理学会所有)

能对当前的地震周期采样，不能代表历史上长期的地震活动。

也许由于类似的原因，利用俯冲的物理过程来解释地震滑动速率并不成功。尽管“地震耦合”隐含着地震滑动速率和某些属性有关，例如俯冲和上覆岩石圈之间的机械耦合，这个关系也很难建立。这个关系的最初形成是基于两个端元：发生大地震耦合的智利型俯冲带和主要是无震俯冲的非耦合的马里亚纳型带。最大的俯冲带地震发生在年轻岩石圈快速俯冲的俯冲带(图 5.4-30 上图)，因此认为此处具有最小的板块拉力和最强的耦合。但是，地震滑动速率与俯冲带属性如汇聚速率或板块年龄之间没有发现一个明确的关系(图 5.4-30 下图)。另外一种可能是，地震耦合在有沉积的海沟处最差，而且此处板块交界面的法向应力小，但是这些看似合理的观点还没有被证实。尽管地震耦合率可以通过地震滑动速率定义，

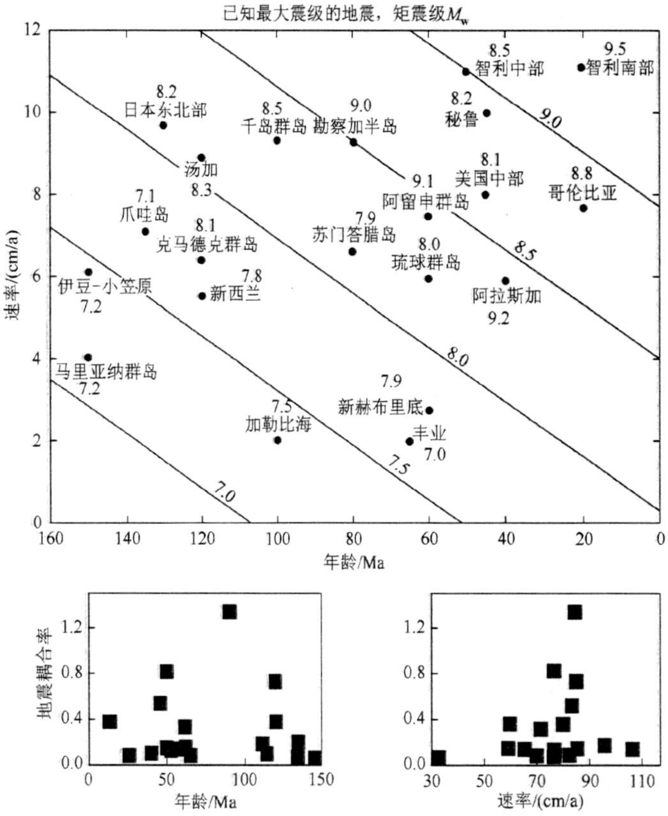

图 5.4-30 上图：不同俯冲带已知的最大逆冲地震的震级变化(M_w)随汇聚速率和俯冲岩石圈年龄的变化。(Ruff and Kanamori，1980，*Phys. Earth Planet. Inter.*，23，240-252，经 Elsevier Science 许可转载)下图：不同的俯冲带根据历史地震估计的地震耦合率。尽管大部分俯冲带显示相当部分的无震滑动，但没有证据表明无震滑动与俯冲岩石圈的年龄(左图)或者俯冲速率(右图)有明显的关系。(Pacheco et al.，1993，*J. Geophys. Res.*，98，14，133-159，版权归美国地球物理学会所有)

但它与板块耦合机制之间的关系还是不明确。大部分俯冲带都有相当部分的无震滑动分量，海洋转换断层和许多大陆板块边界也是如此(5.6.2 节)。即使这样的估计有很大的不确定性，无震运动在板块运动中也是很常见的。

估计地震耦合率以及理解无震板块运动过程的困难对估计板块边界地震复发时间和地震空区概念有一定影响。很难分辨真正的地震空区和无震伴随的滑动区。比如，最近发生大地震的区域并不一定是高地震危险区，同时也不能把最近没有发生地震的区域等同于高危险性的空区①。如 1.2 节和 4.7.3 节所述，地震发生的过程是相当随机的，很难利用板块运动速率和地震历史有效地预测下一次大地震发生的时间。

尽管大部分浅层俯冲带地震发生在板块交界面，有一些地震也发生在两个板块中。当下沉板块进入海沟时，板块的弯曲导致一些地震发生(图 5.4-31)。震源深度研究表明正断层发生在板块25km以上的上部，板块下部的逆冲深度为40～50km。上述观测约束了将坚硬的岩石圈(5.7.4 节)分为上拉张带和下挤压带的中性面的位置。在一些情况下正断层地震非常大，以至于可以认为它们是由“板块拉力”产生并使整个俯冲岩石圈破裂的“非耦合”地震(图 5.4-32)。对

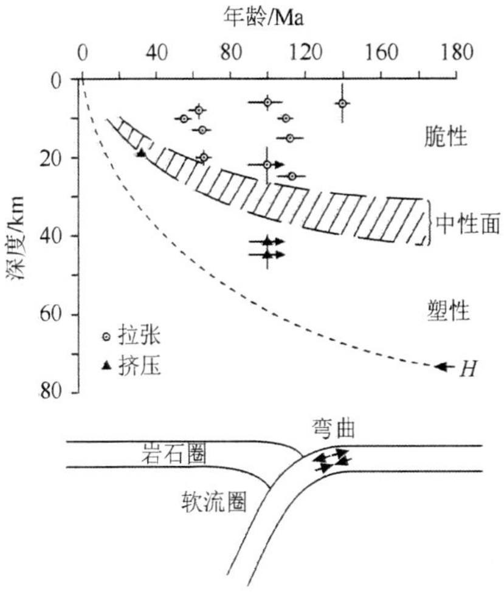

图 5.4-31 俯冲板块进入海沟时因弯曲而产生的地震的震源深度。拉张型地震发生在中性面之上，挤压型地震发生在中性面下方。正如热模型推测的一样，板块力学厚度 H 随着年龄增加而增加。(Bodine et al., 1981, *J. Geophys. Res.*, 86, 3695-3707, 版权归美国地球物理学会所有)

① 观测发现，最近灰熊袭击事件发生在蒙大拿州要多于发生在伊利诺伊州，可能说明伊利诺伊州是一个危险的“空区”，或者蒙大拿州本来就有较大的危险。

余震分布和破裂过程的研究表明岩石圈的大部(也可能全部)发生了断裂。整个岩石圈的破裂适合采用非耦合模型，如果只有一部分岩石圈破裂，解释起来就比较困难。破裂可能被限制在中性面的一侧(挠曲模型)，或者反映下面物质太热且太弱以至不能发生地震破裂。如果是后一种情况，可能整个岩石圈都发生了破裂，只是较深处的破裂是无震的。

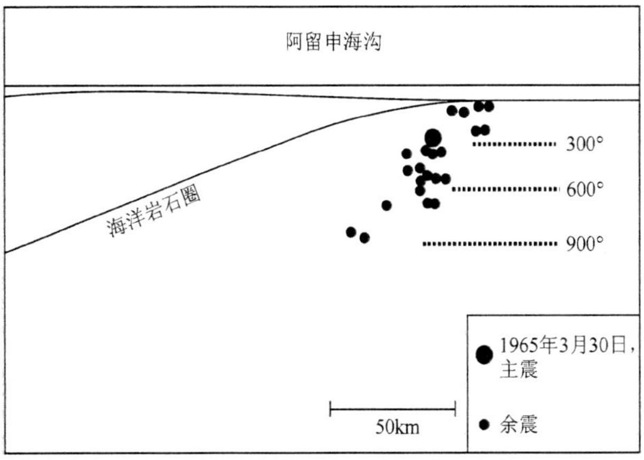

图 5.4-32 发生在海沟的正断层型大地震，例如 1965 年 M_S 7.5 鼠岛地震，可能是由岩石圈在自身重力作用下弯曲或者破裂引起。余震的范围没有遍及整个岩石圈，可能反映了破裂的范围或者是温度作用使得深部为无震滑动。(Wiens and Stein, 1985, *Tectonophysics*, 116, 143-162, 版权归 Elsevier Science 所有)

5.5 大洋板块内部地震与构造运动

绝大多数地震(尤其是依地震矩释放来算)发生在板块边界处，并反映了板块的相对运动。然而，在板块内部所发生的板内地震也提供了重要的构造活动信息。本节讨论大洋岩石圈中发生的板内地震；5.6 节将讨论发生在大陆岩石圈中的板内地震。

5.5.1 大洋板块内部地震活动性

图 5.5-1 给出了大西洋区域的地震分布，但不包括沿大西洋中脊所发生的地震。虽然图中这些地震比沿大西洋中脊板块边界的洋脊和转换断层所发生的地震要少，但是已经足以引起关注。它们很好地说明了实际板块与内部没有变形的完全刚性的理想板块有偏差，并非所有的运动都发生在狭窄的板块边界处。然而，正如 5.2 节所述，实际的板块都是复杂的实体，它们既有内部形变又有弥散的边界区域。

研究这些地震的一种方法就是按照一定的分级

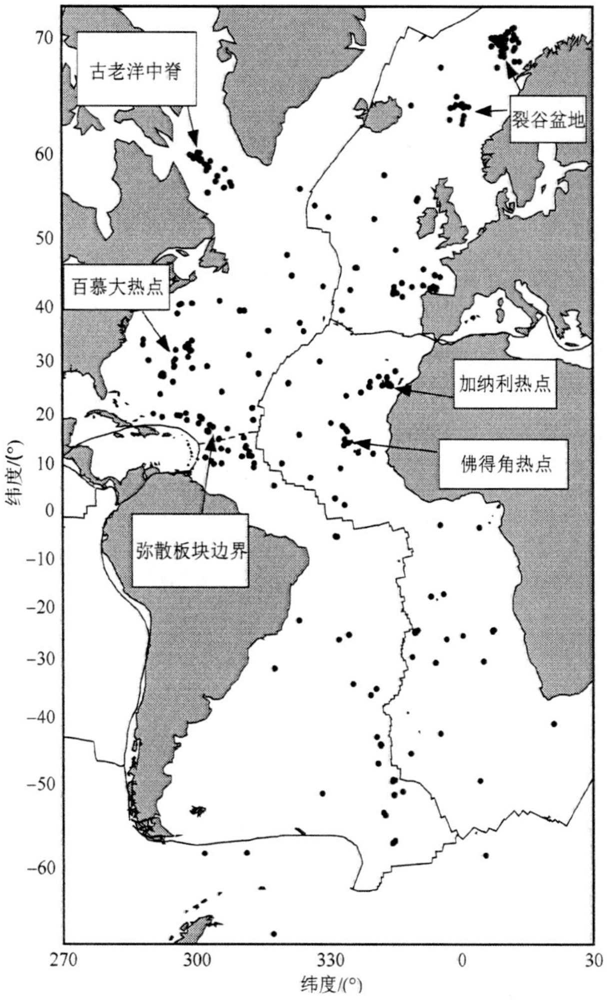

图 5.5-1 大西洋区域地震的分布情况，不包括发生在大西洋中脊系统的洋脊和转换断层上的地震。(Wysession et al.，1995，版权归美国地震学会所有)

体系，从缓慢移动的板块边界到可识别的脆弱构造，再到一些显著的独立地震。例如，位于大西洋的欧亚板块和非洲板块的界线，由直布罗陀(Gibraltar)海峡延伸至亚速尔(Azores)群岛，与大西洋中脊相比，这一部分在地形和地震活动方面的特征较为模糊。然而，震源机制(图 5.5-2 上图)显示了不同相对运动状态的转换，由靠近亚速尔群岛的特塞拉裂谷(Terceira Rift)处的扩张，到沿包括已知的格洛里亚(Gloria)转换断层这一段的走向滑动，到直布罗陀海峡附近的挤压，然后进入地中海。这一系列变化反映了由于太靠近欧拉极所以相对运动很小而且随距离迅速变化这一事实(图 5.5-2 下图)。例如，在三联点附近，NUVEL-1A 模型(表 5.2-1)预测了由在大西洋中脊上扩张的欧亚-北美板块(在 N97°E 处 23mm/a)和非洲-北美板块(在 N104°E 处 20mm/a)之间的差别产生的 4mm/a 拉伸。甚至在地中海西部，运动仍然太缓慢而不能产生一个像太平洋一样的发育完好的俯冲带，而是形成一个广阔的汇聚带，并伴随一些大地震，例如 1980 年阿尔及利亚阿斯南 7.3 级(M_s)的地震。

尽管这个区域存在一个地震活动的弥散带，但由于运动太慢，海床地形没有显示出类似于北美板块和南美板块之间界线(图 5.5-1 中虚线)。基于板块运动的深入研究，此区域被认为是一个板块边界。这些研究在两个不同的假设下反演了板块运动数据(扩张速率、转换断层方向以及地震滑动矢量，5.2.2 节)来寻找欧拉矢量：要么仅有单独的一个美洲板块，要么有两个。两个板块假设得到的欧拉矢量与数据拟合更好，因为有更多参数的模型通常可以更好地拟合数据。然而，统计测试(7.5.2 节)表明，对数据拟合程度的改善超出了纯粹由额外参数带来的改善，意味着这两个板块是独立存在的。

通过反演数据得到的北美-南美欧拉矢量并没有完备的约束条件，因为它并不是由北美和南美板块之间运动记录的数据直接推导得到，而是由板块闭合回路的估算得出(图 5.2-5)。因此估算的运动由北美-非洲和南美-非洲之间的运动差异得到而这两个运动十分接近(如果它们不接近，估算数据就会清晰地显示出两个完全独立的美洲板块)。所预测的沿北美-南美板块边界的运动约为 1mm/a，远远小于沿大西洋中脊约 20mm/a 的运动。因此，虽然北美-南美板块的边界位置和运动均没有被很好地约束，但是它被看作是一个扩散的、缓慢运动的边界区域。将它看成边界区域的另一个原因是古地磁重建发现在过去的 70Ma 里，当大西洋开启时，两个板块发生了相对运动。

通常，1～2mm/a 是板块边界形变的一个近似下限。运动速度比这个快的区域通常被看作板块边界，而低于这个速度则被看作板内形变。然而，并没有普遍认定的标准，地震活动和地形证据也可纳入考虑。换言之，很多情况下可以将一个区域看作是一个缓慢移动的板块边界区或一个板内形变区，而“板内”地震通常是指没有发生在明显的板块边界区域的地震。

大西洋的例子(图 5.2-1)表明，除了北美-南美板块边界区域外，一些板内地震活动集中在与构造特征相关的其他区域。例如，格陵兰岛和北美洲之间的地震活动似乎与以前开启大西洋(拉布拉多海，Labrador Sea)

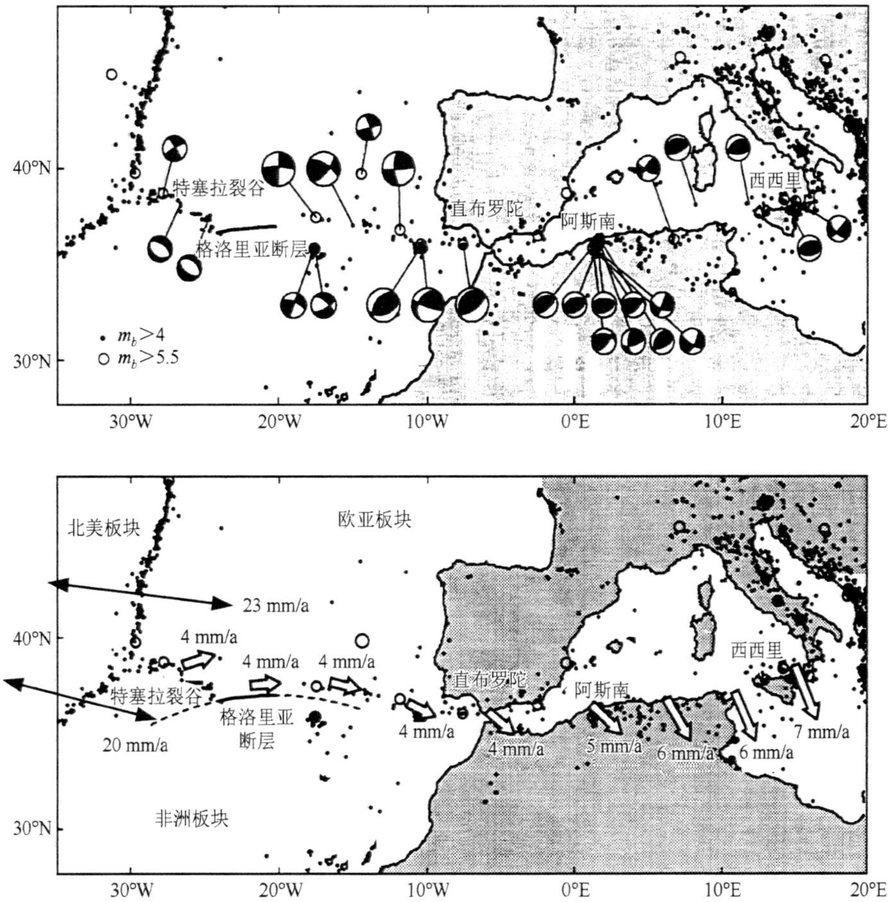

图 5.5-2　上图：沿欧亚-非洲板块边界西段的震源机制。从亚速尔群岛的扩张到走滑(格洛里亚断层是转换断层)，到直布罗陀海峡附近的挤压然后进入地中海的过渡。下图：由欧拉极预测的相对于非洲板块沿着边界的运动，欧拉极位于图片区域稍微向南，20°N、20°W 附近。虚线是围绕这个极的小圆。(Argus et al.，1989，*J. Geophys. Res.*，94，5585-5602，版权归美国地球物理学会所有)

的扩张洋脊有关。虽然这种扩张约在 43Ma 前就已经停止，但是古代遗留洋脊似乎残留下一个脆弱带，板内应力沿这个带产生了一定的运动。板内地震活动通常与这种遗留结构有关。成丛的地震活动也与百慕大(Bermuda)热点(32°N，65°W)、佛得角(Cape Verde)热点(17°N，25°W)以及加纳利(Canary)热点(26°N，17°W)有关。震源机制研究也说明，这些地震反映了热点加热了岩石圈。

夏威夷是海洋中最显著的热点踪迹(图 5.2-7)[①]，是与热点过程相关的板内地震最好的实例(图 5.5-3)。小地震与裂谷区上涌的岩浆有关。以数十年尺度发生的较大地震反映了火山体在近水平断层上的滑行，这种断层被认为是古老洋壳顶部的一层弱沉积层，在其上有火山岛屿形成。这些地震可能相当大：1975 年的 7.2

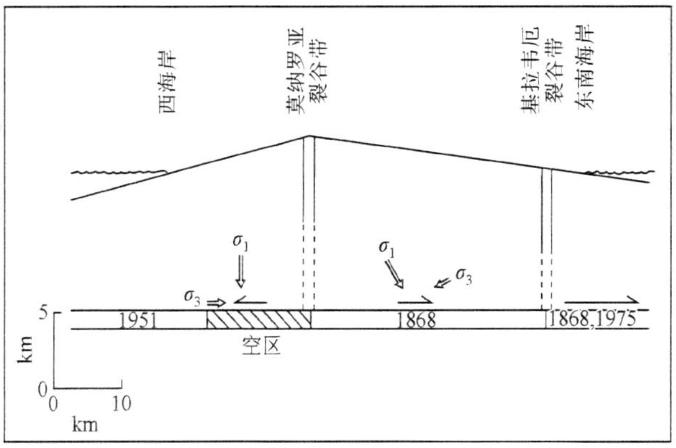

图 5.5-3　夏威夷岛下方板内大地震的示意模型。小地震与裂谷区上涌的岩浆有关。如所示日期发生的大地震反映了在近水平断层上的火山体的滑行。在历史上还没有发生破裂的基底断层也许是一个地震空区。(Wyss and Koyanagi，1992，版权归美国地震学会所有)

① 基于正常深度-年代曲线数字模拟海床抬升机制以及造成的地幔物质上涌量的数值，估计夏威夷热点具有一个比百慕大热点还大 5～10 倍的浮力通量(Sleep，1990)。

级(M_s)卡拉帕纳(Kalapana)地震引起海啸，导致海岸上两名野营者死亡以及大量财产损失。随之而来的是基拉韦厄(Kilauea)火山顶附近的小型火山喷发，也许是由于陆地的晃动触发了浅层岩浆的喷发。奇怪的是，某些地震发生在夏威夷热点之下的极深部地区，包括一个发生在48km深的6.2级(M_s)地震。

虽然很多海洋板内地震与构造特征有关，但是某些似乎发生在远离板块边界、热点或主要深海特征处。因此由板块驱动力以及其他力源，包括热点附近的地幔流产生的应力，似乎将重新激活板块薄弱区，这些薄弱区源于岩石圈演变中形成的小规模构造①。

这些地震可能十分引人关注。例如，1998年3月发生在大西洋板块内部的巴雷尼群岛(Balleny Islands)附近(63°S，149°E)巨大(M_w 8.2)的板内地震是几年来地球上最大的地震。通过波形模拟(4.3节)推测出的断层并不沿可见的线性特征分布，并直接横切过已存在的裂隙带。此外，在之前的几百年中，这个区域没发现有地震发生。是什么导致了地震，或者是否此处具有一些特殊的性质或应力作用，现在还不清楚。虽然这个地震发生在澳大利亚板块的最东南端角落里一个不熟悉的形变区的南部(图5.2-4)，它的断层面解与其位于一个微型板块边界上的设想不一致。因此，这个区域现在是否比其他区域更可能发生地震，以及这种地震的复发周期可能是多少，这些都还不清楚。类似的问题在构造更复杂的大陆中考虑板内地震活动及地震危害时同样存在。

海洋板内地震经常成群发生。先前没有地震活动的地区有时会持续几年处于活跃状态，发生数以百计的可通过远震方法定位的地震②。然后地震活动便消失了，似乎也不会再复发。比如在1981～1983年，一个板内震群发生在密克罗尼西亚(Micronesia)的吉尔伯特群岛(Gilbert Islands)附近。共探测到225个地震，大多数地震发生在15个月内，而且有87个地震的震级在m_b 5以上。这个区域并没有已知的主要构造特征，而且船舶测量也并没有找到水深异常。在地震群发生之前和之后，该区域没有发生其他地震的记录。因此，这些地震群与板块边界地震活动有差异，板块边界地震活动发生的地带有着长时间处于活跃状态的特征，即使其间有平静的间隔期。此外，板内震群似乎没有单一的发育完好的断层，而且没有一个地震显著大于其他地震。相反，板块边界地震通常存在1到2个主破裂，以及很多余震，也许反映了主震使整个断层破裂之后局部的应力场调整。

这些地震群引出了一个有趣的问题。我们可以假设这些区域与板块边界一样，具有特殊的、可能目前还不清楚的构造意义。如果是这样，它们就有可能是未来震群发生的地点。或者，也许所有海洋岩石圈区域都同样具有发生这类震群的可能。在这种情况下，随着时间的推移，震群会在很多地区发生，而且各处发生的机会是均等的。我们将会发现，在尝试估计大陆板内地震的危险性时，也会出现这样的问题。

5.5.2 海洋岩石圈的力和应力

除了利用海洋板内地震活动来调查作用于单个地区的特定过程，我们也通过地震研究来了解作用于整个板块的过程。例如，图5.5-4显示了震源机制类型随岩石圈年龄的变化。大多数海洋岩石圈似乎受到水平挤压力，表现为逆冲和走滑机制。这种挤压大致在海底扩张的方向，而且被看作是与“洋脊推力”有关联，“洋脊推力”指由于岩石圈的冷却和沉降形成的板块驱动力。主要的例外情况是发生在印度洋中部的拉张地震。虽然这些地震最初被看作是板内地震，但是现在看来它们发生于一个弥散的板块边界区域(5.2.2节)。在给出的模型中，震源机制(图5.5-5)反映了澳大利亚关于印度的逆时针方向旋转，造成了欧拉极附近年轻岩石圈中正断层型地震及东部地区的逆冲和走滑型地震。这些地震的震级在东经九十度洋脊上达到7级③。

海洋板块挤压机制的普遍趋势与海洋岩石圈冷却形成的板块驱动力相一致。考虑一个板块，定义为等温线$m(t)$以上的区域，t是年龄，且此处的水深为$h(t)$(图5.5-6)。此板块比它下部的物质温度更低，因此密度也更大。前面用于海洋深度和热流的热模型也可以推导出类似的力。

作用于岩石圈底部总的水平力F_1等于洋脊上软流圈整体的水平压力，因为物质处于流体静力学平衡：

① 这种情况与木船在波浪中颠簸时产生的小裂隙相似。

② 这些震群可能有很多更小的地震，但是由于这些震群经常发生在偏远地区，所以只有较大的地震能够被探测到。

③ 虽然像东经九十度和查戈斯-拉克代夫洋脊(Ninetyeast and Chagos-Laccadive ridges)这样的热点轨迹被称为“无震”洋脊，但为了将它们与扩张洋脊做区分，就释放的地震矩而言，这两个洋脊的地震较很多扩张洋脊更加活跃。

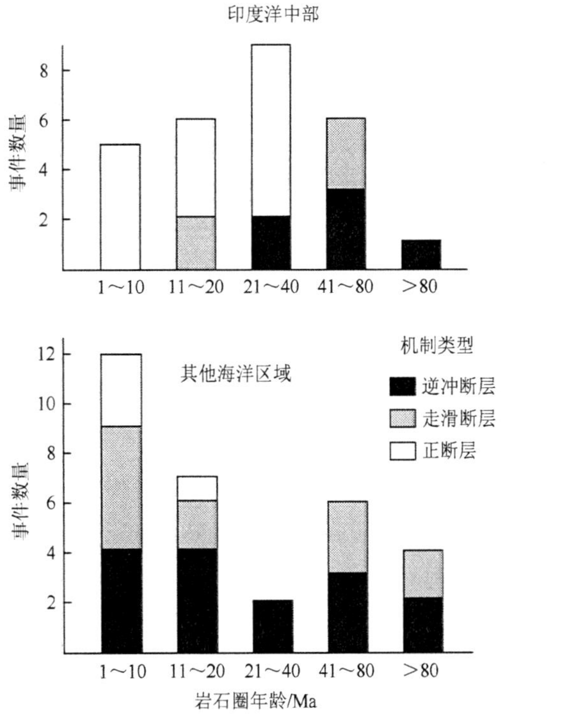

图 5.5-4　海洋板内地震震源机制类型与岩石圈年龄的关系。较老的海洋岩石圈受到挤压，而较年轻的岩石圈同时具有拉张和挤压机制。拉张地震主要位于印度洋中部。(Wiens and Stein，1984，*J. Geophys. Res.*，89，11，442-464，版权归美国地球物理学会所有)

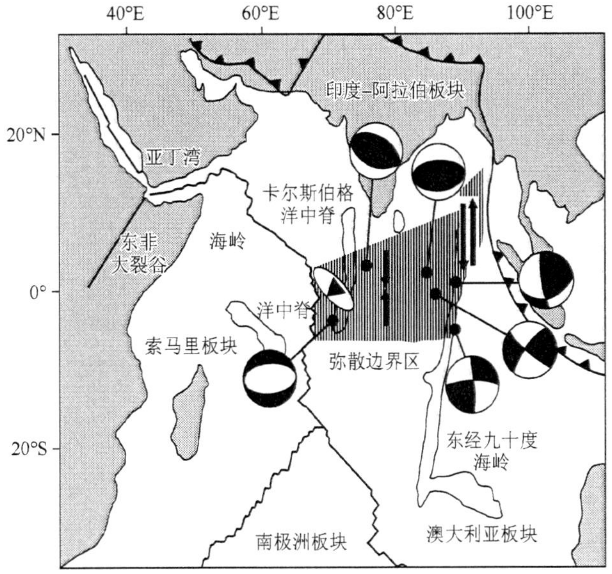

图 5.5-5　印度洋中部地震震源机制图，显示了此处是一个印度和澳大利亚版块之间的弥散边界区域（阴影）。后续的研究完善了边界区域（图 5.2-4）和欧拉极（三角形）的位置和几何形状。(Wiens et al.，1985. *Geophys. Res. Lett.*，12，429-432，版权归美国地球物理学会所有)

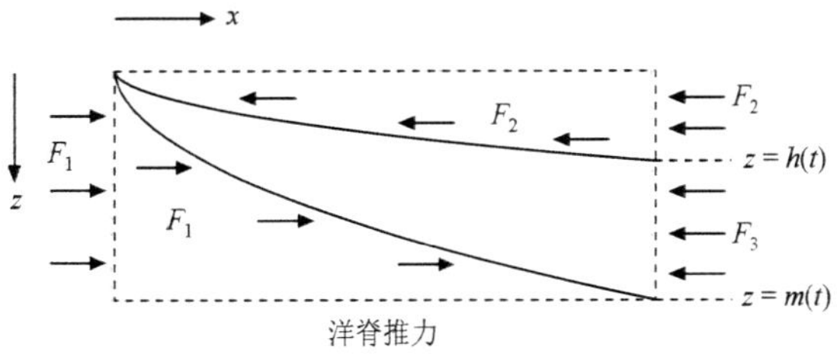

图 5.5-6　洋脊推力示意图。

$$F_1 = \int_0^{m(t)} \rho_m gz\mathrm{d}z = \rho_m g(m(t))^2/2 \tag{5.5-1}$$

类似地，F_2 是水在板块上的压力形成的水平力，等于水的整体水平压力：

$$F_2 = \int_0^{h(t)} \rho_w gz\mathrm{d}z = \rho_w g(h(t))^2/2 \tag{5.5-2}$$

F_3 是由于岩石圈压力 $P(z,t)$ 形成的剩余水平力：

$$F_3 = \int_{h(t)}^{m(t)} P(z,t)gz\mathrm{d}z \tag{5.5-3}$$

这里压力随着岩石圈冷却导致的密度扰动变化［式(5.3-7)］为

$$P(z,t) = \rho_w gh(t) + g\int_{h(t)}^{z} [\rho_m + \rho'(z',t)]\mathrm{d}z' \tag{5.5-4}$$

如果该板块没有加速，力的差值由一个净水平力平衡：

$$F_R = F_1 - F_2 - F_3 \tag{5.5-5}$$

对于冷却半空间温度结构［式(5.3-2)］，这个力是

$$F_R = g\alpha\rho_m T_m \kappa t \tag{5.5-6}$$

然而，对于一个板块模型来说，较老岩石圈的值接近一个常数。将这个力称为“洋脊推力”的约定十分模糊，因为它在洋脊处为零且随着板块年龄的增长而呈线性增长。它不由洋脊上的力决定，而是由给定年龄的冷却板块内部的密度异常形成的力的总和决定。

“洋脊推力”的表达式与“板块拉力”的表达式［方程(5.4-15)］类似，因为它们都是由板块与其周围环境间的温差导致的密度差异形成的热浮力。这两个力随密度差异形成力的 $g\alpha\rho_m T_m$ 项的变化形式相同，但是随 κ 的变化却不同，因为更快的冷却可以增加洋脊推力，而更快的加热却会减少板块拉力。虽然分开考虑这些力很有用，但是它们都是由地幔对流系统形成的净浮力，而这些板块也是地幔对流系统的一部分①。

① Verhoogen (1980) 给出了一个类比：下雨是因为相对于周围的空气雨滴的负浮力，作为太阳热过程的一部分，水蒸发后由于正浮力使水蒸气上升并被风携带至可以使其冷却、凝结并落下的地方。

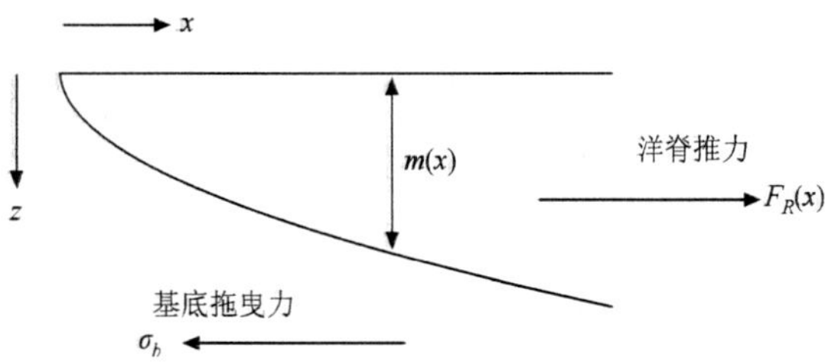

图 5.5-7 板内应力简单模型

为了讨论大洋岩石圈内部的应力，我们将洋脊推动力与板块边界上的其他力作比较。这些力包括板块基底上的力和俯冲带上的力。对于俯冲板块来说，地震震源机制约束了力的相对大小。这里，利用了以下观测结果(图 5.5-4)：对于所有年龄沿扩张方向的应力通常都是压应力。

利用图 5.5-7 中的几何形态，考虑一个简单的大洋岩石圈应力模型。利用扩张方向(x)上的应力平衡公式［式(2.3-49)］，将偏应力和体力 $f(x,z)$ 联系在一起，后者是 (x,z) 处的物质对洋脊推力的贡献。

$$\frac{\partial\sigma_{xx}(x,z)}{\partial x}+\frac{\partial\sigma_{xz}(x,z)}{\partial z}+f(x,z)=0 \quad (5.5\text{-}7)$$

首先对 x 积分然后对 z 积分，从 $z=0$ 到岩石圈基底 $m(x)$ 形成了力平衡：

$$\bar{\sigma}_{xx}(x)=\frac{\sigma_b x-F_R(x)}{m(x)}+\sigma_r \quad (5.5\text{-}8)$$

式中，扩张方向上的应力由它的垂向平均值 $\bar{\sigma}_{xx}(x)$ 给出；$\sigma_r=\bar{\sigma}_{xx}(0)$ 描述了洋脊的强度；板块基底拖曳力由基底剪切应力 σ_b 给出；$F_R(x)$ 是净洋脊推力：

$$F_R(x)=\int_0^{m(t)}\int_0^{x}f(x,z)\mathrm{d}x\mathrm{d}z \quad (5.5\text{-}9)$$

用板块年龄 t 表示：

$$\bar{\sigma}_{xx}(t)=\frac{\sigma_b vt-F_R(t)}{m(t)}+\sigma_r \quad (5.5\text{-}10)$$

式中，v 是半扩张速率，假定为常数。通常假设基底拖曳力(基底剪切应力)等于绝对速度 u 和拖曳系数 C 的积($\sigma_b=Cu$)，由该假设得到一个对比不同板块的有用形式：

$$\bar{\sigma}_{xx}(t)=\frac{Cuvt-F_R(t)}{m(t)}+\sigma_r \quad (5.5\text{-}11)$$

因此依赖于绝对速度的拖曳力施加于一个与扩张速率成正比的区域。为简单起见，我们假设 $v=u$，扩张速率等于绝对速度(洋脊相对于地幔是固定的)，所以净拖曳力与速度的平方成正比。

俯冲带可以提供相应板块上最老岩石圈的一个边界条件。例如，如果海沟附近岩石圈中的震源机制是拉张的，便可应用一个拉张条件。因为人们并没见过这种机制，所以经常假设板块的负浮力(板块拉力)由局部阻力平衡(5.4.2 节)。因此，虽然洋脊推力也许比板块拉力要小，但是逆冲断层机制表明，在确定大洋岩石圈中的应力时它是十分重要的。

虽然这个应力模型是示意性的，而且不针对任何单独的板块，但它表明可以利用震源机制观测来估计一些重要的物理量。图 5.5-8 给出了预测的板内应力与板块年龄和拖曳系数的关系。对于零拖曳力来说，应力是纯压应力($\bar{\sigma}_{xx}<0$)，并与 $\sqrt{t}$ 成比例，因为力随着年龄的增长而呈线性增加，而板块厚度随着它平方根的增加而增加。对于更大的拖曳系数，$\bar{\sigma}_{xx}$ 随着 $\sqrt{t}$ 曲线变化，压应力越来越小，直到所有年龄的岩石圈都处于拉伸状态。所有岩石圈板块似乎都受到挤压，所

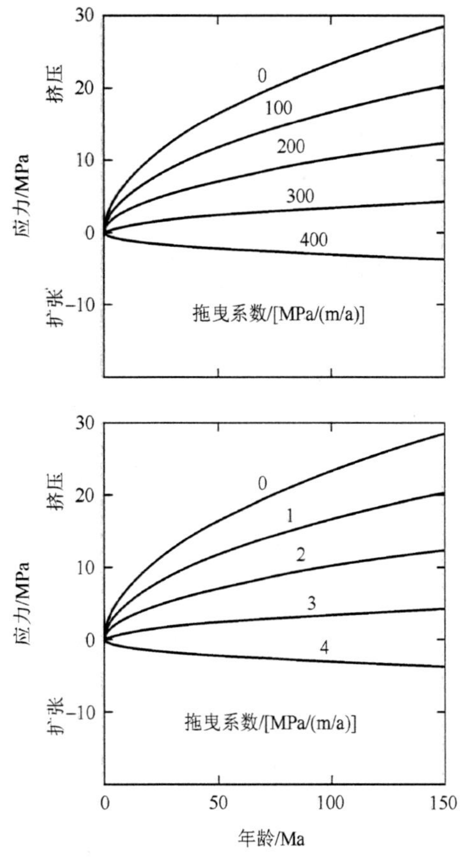

图 5.5-8 对缓慢移动(1cm/a，上图)和快速移动(10cm/a，下图)的板块，在扩张方向上的板内应力随岩石圈年龄和假设的基底拖曳系数的变化。古老大洋岩石圈中的挤压应力给出拖曳系数的上限为 4MPa/(m/a)。(Wiens and Stein, 1985, *Tectonophysics*, 116，143-162，经 Elsevier Science 许可转载)

以快速移动的板块（如太平洋板块的移动速度是10cm/a）使拖曳系数减少到大概4MPa/(m/a)以下。类似的结果出现在冷却板块模型中。

这种模型假设在洋脊轴上为零应力边界条件，所以这个轴没有拉伸强度。在年轻岩石圈中的预测应力，尤其是在扩张方向上可能从压缩过渡到拉伸的位置，对于洋脊强度十分敏感（图5.5-9）。在轴上具有高强度的模型预测在扩张方向上有一个宽阔的拉伸带。因为没有观测到这种正断层型地震的区域，所以这个轴似乎很弱。

虽然这个简单模型仅描述了假定的平均板块，但是更加复杂的模型利用实际板块的几何形状计算了由洋脊推力、板块拉力和基底拖曳力产生的预期应力。这些模型预测可以与特定区域中的地震震源机制和其他数据进行比较。例如，图5.5-10显示了印度洋地区预测的应力。虽然在计算这个模型时假设了统一的印度-澳大利亚板块，现在被认为是一个弥散的边界区域（图5.5-5）预测的应力，与震源机制以及重力和地震反射数据中看到的褶皱大体一致。

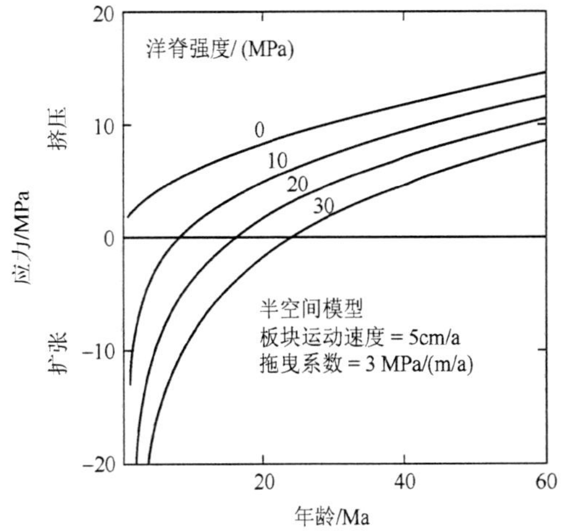

图5.5-9　对几种洋脊强度计算得到的扩张方向板内应力随岩石圈年龄的变化。从洋脊的扩张转变到挤压的年龄随洋脊强度增加而增加。（Wiens and Stein，1984，*J. Geophys. Res.*，89，11，442-464，版权归美国地球物理学会所有）

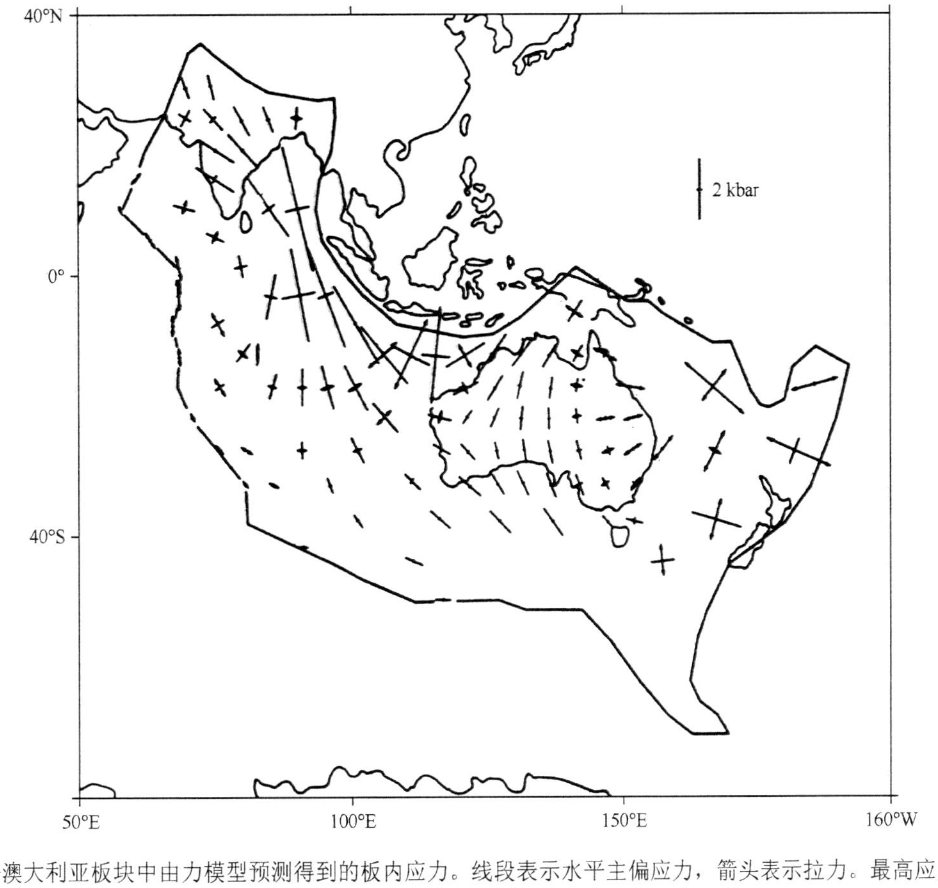

图5.5-10　印度-澳大利亚板块中由力模型预测得到的板内应力。线段表示水平主偏应力，箭头表示拉力。最高应力的位置和方向，如挤压和扩张之间的转换，与现在认为是弥散的板块边界区域（图5.5-5）的地震震源机制大体一致。（Cloetingh and Wortel，1985，*Geophys. Res. Lett.*，12，77-80，版权归美国地球物理学会所有）

5.5.3　地幔黏滞度约束

5.5.2 节关于地震震源机制和岩石圈底部拖曳力的分析，同样有助于了解地幔的黏滞度。黏滞度①就是剪切应力和应变率(或者速度梯度)之间的比例常量，控制地幔在应力作用下的流动，因此对地幔对流至关重要。如果板块底部的拖曳力是由相对于黏滞地幔的运动造成的，那么古老岩石圈上的挤压地震机制可以约束黏滞度。

考虑一个简单二维几何体，其中由移动板块形成的质量流量与深部回流平衡(图 5.5-11 上图)。拖曳系数与黏滞度成正比并且与流深成反比。图 5.5-12 表明了震源机制数据中得到的基底拖曳约束 $C\leqslant$ 4MPa/(m/a)，如果地幔流发生在上地幔 700km 深度以上，要求平均地幔黏滞度小于 2×10^{20} Pa·s；如果地幔流发生在整个地幔中，要求平均地幔黏滞度小于 10^{21} Pa·s。这些值均低于通常由冰川回跳、地球自转和卫星轨道运动估计得到的值 $1\times10^{22}\sim5\times10^{22}$ Pa·s。

可以假设板块下面存在一个薄的、低黏滞度的软流圈(图 5.5-11 下图)来解释这种差异。在低黏滞度层中仅发生一小部分回流，使板块与下伏地幔解耦。满足震源机制的黏滞度值与重力和冰川地壳均衡给出的约束相一致，而且这种解耦也可以解释海洋板块面积和绝对速度间的低相关性(图 5.4-12)。

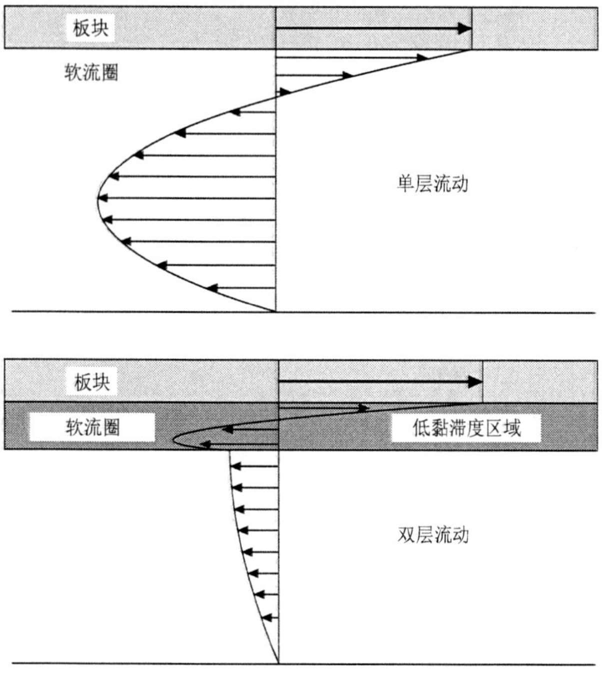

图 5.5-11　上图：均匀黏滞度软流圈回流的速度剖面，回流与板块运动的质量流量平衡。下图：与两层不同黏滞度的回流相关的速度分布。上部的低黏滞度层使板块与下伏地幔解耦。(McKenzie and Richter，1978)

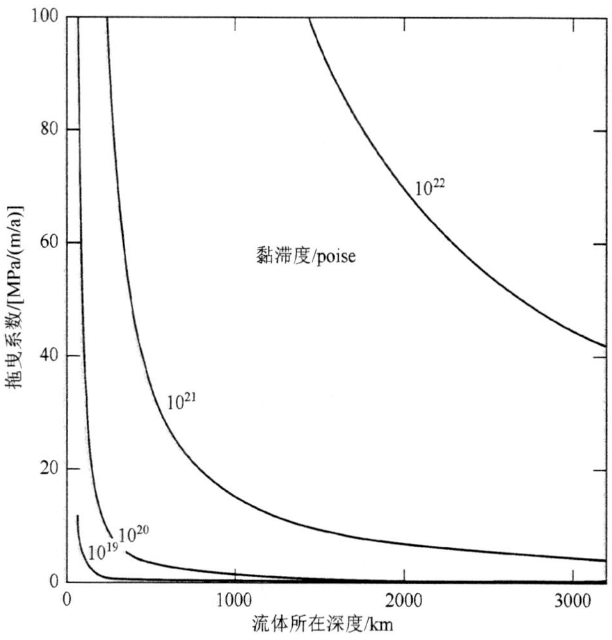

图 5.5-12　基底拖曳系数是地幔黏滞度和流深的函数，假设是单层流。(Wiens and Stein，1985，*Tectonophysics*，116，143-162，经 Elsevier Science 许可转载)

5.6　大陆地震与构造

虽然板块边界和板块内部与地震之间的基本关系既可运用在大陆岩石圈又可运用在大洋岩石圈，但是大陆的情况更复杂。陆壳更厚、密度更小，而且具有与洋壳不同的力学特性。因此，大陆岩石圈的板块边界通常比大洋岩石圈的板块边界(图 5.2-4)更宽也更复杂。

对于大陆板块边界的研究很大程度上依赖于地震学，它也提供了深入理解控制大陆演变的基本地质过程的重要信息。这个基本过程便是众所周知的威尔逊旋回②，如图 5.6-1 所示。一个大陆区域受到拉张作用，使得地壳被拉伸、形成断层并发生沉降，形成像现在的东非大裂谷一样的裂谷。因为上地幔也被拉伸，温度更高的地幔物质上涌，导致局部熔融和玄武岩火山

① 黏滞度，将在 5.7 节给出定义，CGS 单位为 poise(dyn·s/cm²)或 SI 单位为帕秒(1poise=0.1Pa·s)。

② 以 J. Tuzo Wilson(1908～1993 年)命名，他在发展板块构造理论方面有巨大贡献，其中包括转换断层、热点的想法以及大西洋曾闭合而后又重新开启的思想。

活动。有时这种拉伸在数十公里后停止，形成一个夭折的裂谷或化石裂谷，比如美国中部 1200Ma 的大陆中部裂谷。在其他的情况下这种拉伸仍在继续，所以大陆裂谷演变为一个大洋扩张中心(可由海床磁异常识别)，形成了一个像亚丁湾或红海一样的新大洋盆地。随着时间的流逝，由于海洋岩石圈的热沉降(5.3.2 节)，海洋变宽而且变深，厚沉积层在大陆边缘上累积，就像大西洋两边的沉积层一样，但这些边缘都不是板块边界(两边的洋壳和陆壳在同一板块上)，被称为被动边缘，以便与活动陆缘区分开，活动陆缘是板块边界。板块俯冲作用通常沿被动边缘中的一侧开始，接着大洋盆闭合，这样岩浆作用和造山运动发生了，例如今天的南美西海岸边缘。最终发生与喜马拉雅山脉形成类似的大陆碰撞，造山运动过程达到了顶峰。如果两边的大陆物质停止相对运动，这个过程在单一的板块内部形成一个山系。然而在未来的某个时候，可能会开始一个新的裂谷作用阶段，通常这个裂谷产生在更早的裂谷附近，即一个新的大洋开始发育。因此阿巴拉契亚山脉记录了大概在 270Ma 前古大西洋闭合的大陆碰撞，尽管现在的大西洋已经在过去的 200Ma 中重新张开，但这个记录仍然保留着。

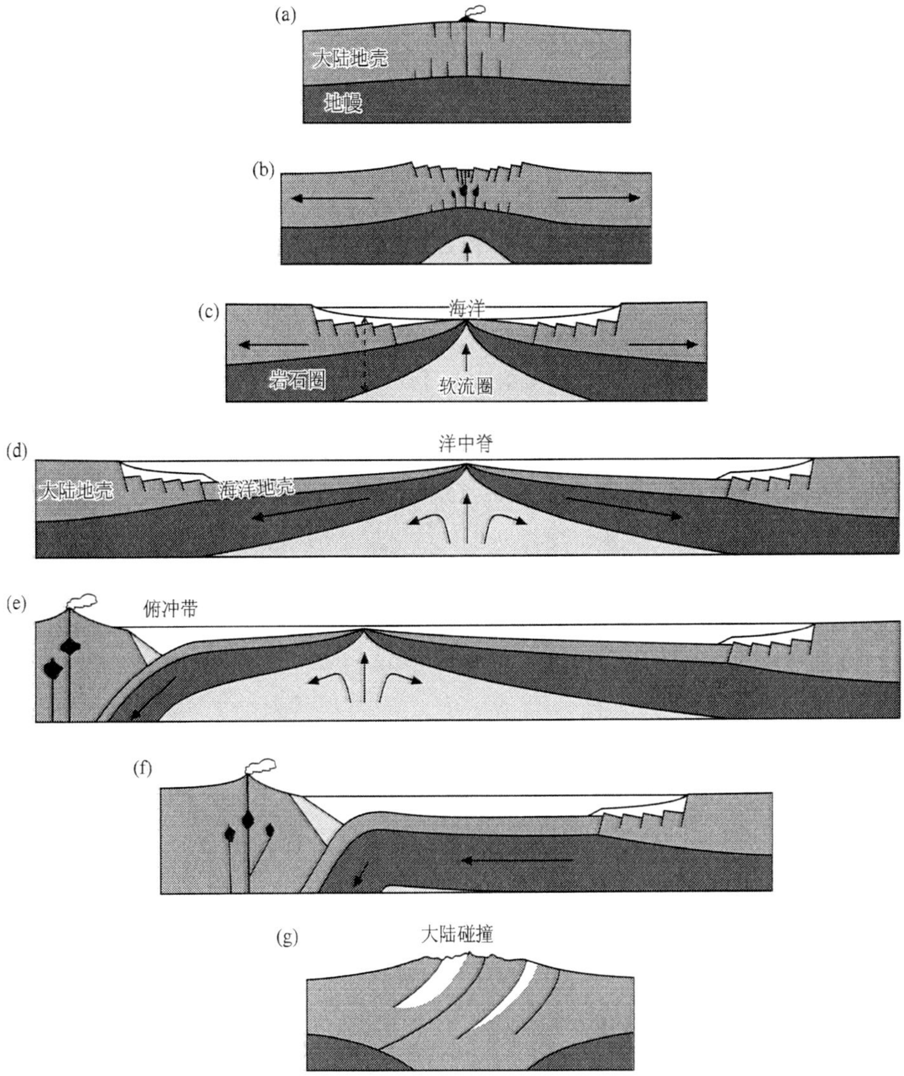

图 5.6-1　威尔逊旋回的示意图，控制大陆演变的基本地质过程。(a)～(b)大陆裂谷形成，使得地壳被拉伸、形成断裂并沉降。(c)海底扩张开始，形成一个新的洋盆。(d)大洋变宽，两侧是覆盖沉积的被动边缘。(e)海洋岩石圈板块俯冲开始于被动边缘之一，使洋盆闭合。(f)开始大陆造山运动。(g)洋盆由于大陆碰撞而消失，造山运动过程完成。在之后的某个时间，大陆裂谷作用再次开始。

陆壳和洋壳具有不同的寿命周期。因为相对密度较低的陆壳并不会被俯冲，大陆在很长的一段时间内发生增生，远比最老洋壳年龄的 200Ma 长。因此大陆上保留着一系列复杂的地质结构，其中很多是包括地震断层的形变地带。也因此无论是大陆板块边界还是其内部的板内形变区域都要比大洋中的同类构造复杂。

地学家们基于学术原因和实际需要力图了解大陆演变过程。这个过程对于星球如何演化来说很重要，同时也提供了地质灾害(地震、火山、抬升和侵蚀)和矿产资源的信息。而且，大型山脉对于地球气候具有重要影响。地震学为这些研究提供了一些区域的地震数据和速度结构，这些区域正处于或曾经历演化周期的不同阶段。将这些数据与其他地球物理和地质数据结合起来形成一个复杂大陆演化过程的完整图片。因此，虽然这些过程没有被完全认识，但是正在不断取得重大进展。

5.6.1　大陆板块边界区域

如同海洋边界一样，我们首先描述边界区的运动(运动学)，然后将运动学和其他数据结合来研究其机制(动力学)。其中一个例子是东非大裂谷(图 5.6-2)，一个处于努比亚(西非)板块和索马里(东非)板块之间的扩张中心。其拉张速率十分缓慢，小于 10mm/a，这在板块运动模型中难以分辨，因此这两个板块通常被视作一个(图 5.2-4)。然而，裂谷地形、正断层以及地震活动分布展示出了扩张边界区域的存在，并且比大洋中脊处的更广阔、更扩散，也更复杂。例如，地震活动终止于非洲南部而且与板块边界西南印度洋中脊没有明确的联系。最近的估算表明东非大裂谷的北部以约 6mm/a 的速度张开，而南部则大约以它一半的速度张开，这是因为欧拉极在南部。这种大陆扩张区域的复杂性由以下事实导致：不像大洋中脊，岩石圈在延伸区从一定的厚度开始被拉伸，并变薄。张裂过程最终形成一个新的海洋扩张中心。比如亚丁湾和红海，这二者都是新形成的(因此十分狭窄)海洋，将索马里和努比亚板块分别以约 22mm/a 和 16mm/a 的速度与阿拉伯板块分离。东非大裂谷是否会演化成这个结果还是未知的，因为地质记录显示，很多裂谷，虽然曾经很活跃，但是却没能发育成海洋扩张中心而消亡。正如后文所述，这些化石裂谷可能是板内地震发生的地方。

这些地震也说明了大陆裂谷的热和力学结构比大洋中脊更复杂。正断层地震延伸至 25～30km 深，远远深于大洋中脊上的地震。因此，下地壳似乎比活动裂谷预期的更硬也更冷。

大陆转换断层也比大洋的转换断层要更复杂。如 5.2 节所述，北美板块西部的太平洋-北美板块边界的转换断层部分是活动地震区域，宽达几百公里(图 5.2-3)，与宽度不足 10km 的大洋转换断层形成对照。因此震源机制显示圣安德烈斯断层上以走滑为主运动以及其他复杂现象，包括类似 1971 年的圣费尔南多地震和 1994 年北岭地震的逆冲断层以及盆岭区中由于区域性扩张引发的正断层。这些地震和空间大地测量数据显示，虽然大多数运动沿着圣安德烈斯及其附近断层(图 4.5-13)发生，但是也有一部分运动发生在其他部分(图 5.6-3 和图 5.2-3)。火山活动使这个边界区域变得更复杂，包括加利福尼亚州东部的长谷火山口(Long Valley caldera)和黄石热点(Yellowstone hot spot)，同时它们也具有相关联的地震活动。因此，我们认为板块内部的所有稳定运动都分布在边界区域并随空间和时间而变(图 5.6-4)。虽然大部分运动发生在为数不多的大地震中或主要边界段的稳定蠕变中，但是某些形变也发生在其他部分。

大陆板块边界区域的宽度对于发生在区域内的地震灾害具有重要意义。因为大地振动随着距离的增加而快速衰减(图 1.2-5)，在边界区域但非主要边界断层上的小地震对其附近区域的破坏，会超过在主要断层上发生的更大但更远的地震造成的破坏。因此洛杉矶地区既容易遭受如 1994 年北岭地震(M_w 6.7)或 1971 年圣费尔南多地震(M_w 6.6)这样的近震的袭击，同时也易遭受更远的圣安德烈斯断层上的大地震的影响，例如 1857 年估计震级达到 M_w 8 的特琼堡地震的再次发生。类似地，西雅图地区的地震灾害既包括俯冲界面上的大地震又包括更小却更近的地震，即发生在俯冲的胡安德夫卡板块上的地震［如 2001 年 M_w 6.7 的尼斯阔利(Nisqually)地震］或是北美板块上的浅层地震。

在这三种板块边界类型中，大陆汇聚带可能是最复杂的一个类型。一个主要的差异是由于陆壳比上地幔轻，不会发生俯冲，不会形成和达-贝尼奥夫带。所以，大陆汇聚带通常没有中源地震和深源地震。然而，板块边界构造发生在比大洋汇聚带更宽广、更复杂的区域中。

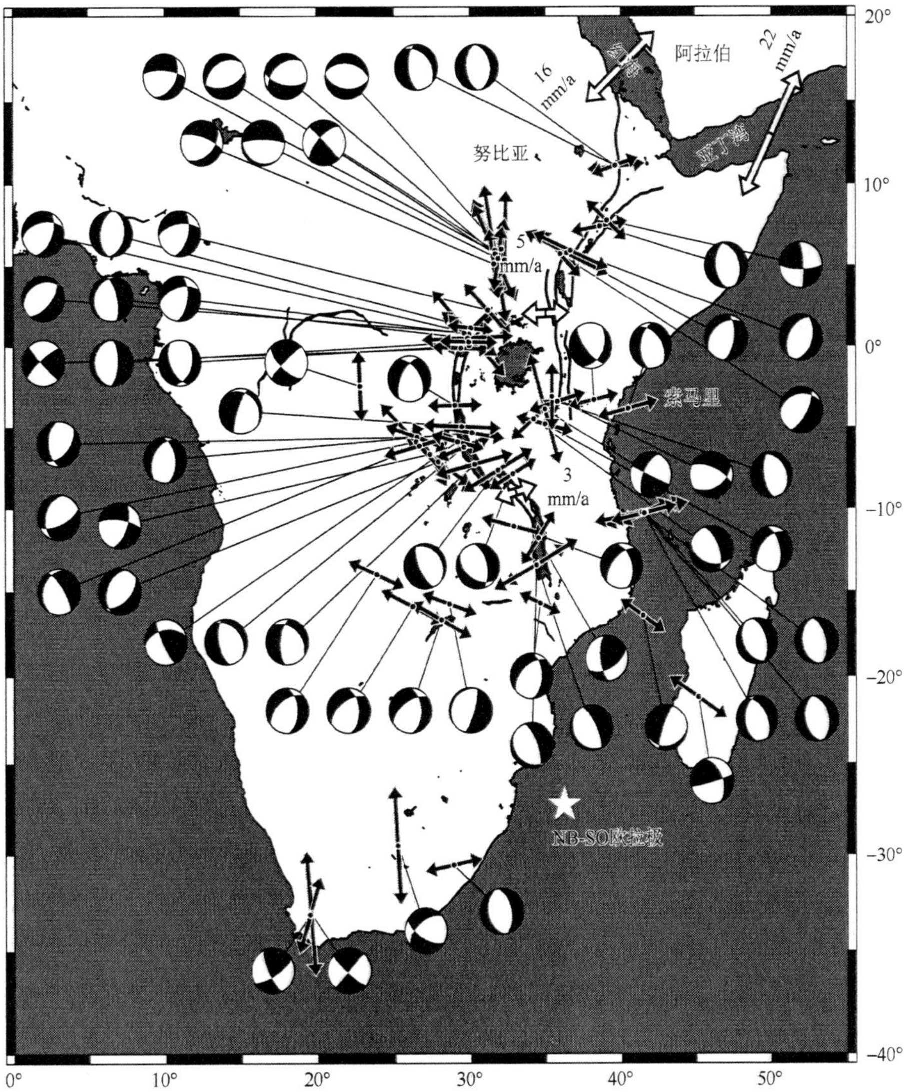

图 5.6-2　东非大裂谷系统中的地震活动和震源机制（*T* 轴由黑色箭头表示），以及相关的板块运动（白色箭头）。（Chu and Gordon，1998，1999）

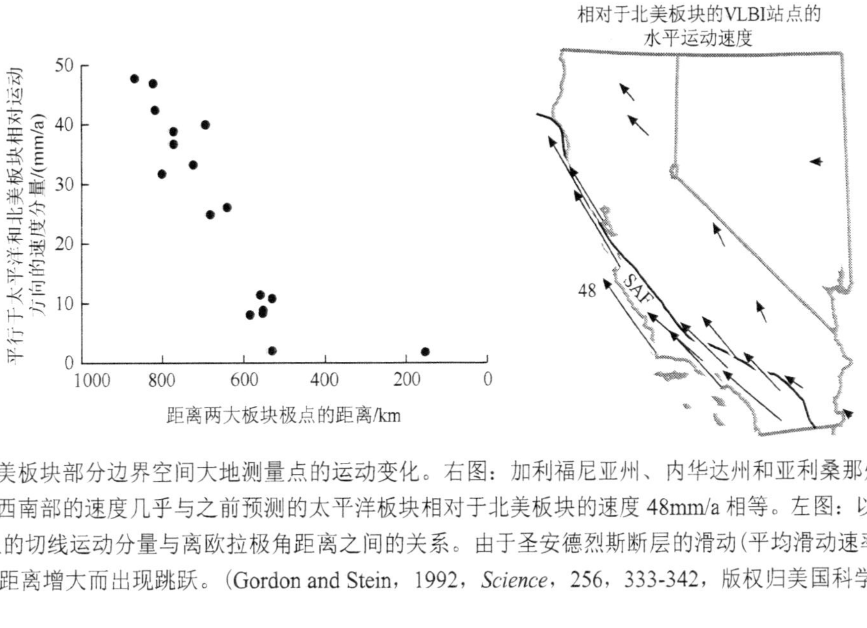

图 5.6-3　太平洋-北美板块部分边界空间大地测量点的运动变化。右图：加利福尼亚州、内华达州和亚利桑那州相对于稳定的北美板块的水平速度。最西南部的速度几乎与之前预测的太平洋板块相对于北美板块的速度 48mm/a 相等。左图：以太平洋-北美板块欧拉极为圆心的小圆上的切线运动分量与离欧拉极角距离之间的关系。由于圣安德烈斯断层的滑动（平均滑动速率为 35mm/a），速率随着与欧拉极的距离增大而出现跳跃。（Gordon and Stein，1992，*Science*，256，333-342，版权归美国科学促进协会所有）

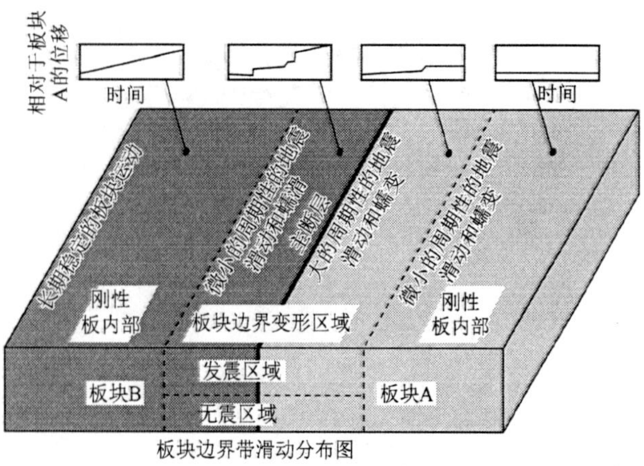

图 5.6-4 两个主要板块间走滑边界区域中运动时空分布的示意图。(Stein，1993，*Contributions of Space Geodesy to Geodynamics*，5-20，版权归美国地球物理学会所有)

一个壮观的实例便是印度洋板块和欧亚板块之间的碰撞。这个区域是由大陆碰撞形成的造山运动的现实例子，产生了从喜马拉雅山脉前缘向北延伸数千公里的板块边界区域(图 5.6-5)。总的板块汇聚有多种来源。大概有一半的汇聚发生在闭锁的喜马拉雅山脉的前缘断层，比如主中央逆冲断层(图 5.6-6)，并引发大型破坏性地震。这些断层是与俯冲的印度大陆地壳相联系的边界带的一部分，这也使得喜马拉雅山脉下的地壳变厚。然而，在汇聚带后面的青藏高原，也有正断层地震，大概是因为抬升的和加厚的地壳在其自身重量作用下发生拉张。GPS 数据(图 5.6-5)显示这种伸展是大规模地壳“逃逸”过程的一部分，或者叫地壳“挤出”过程，在这个过程中陆壳的大型碎片

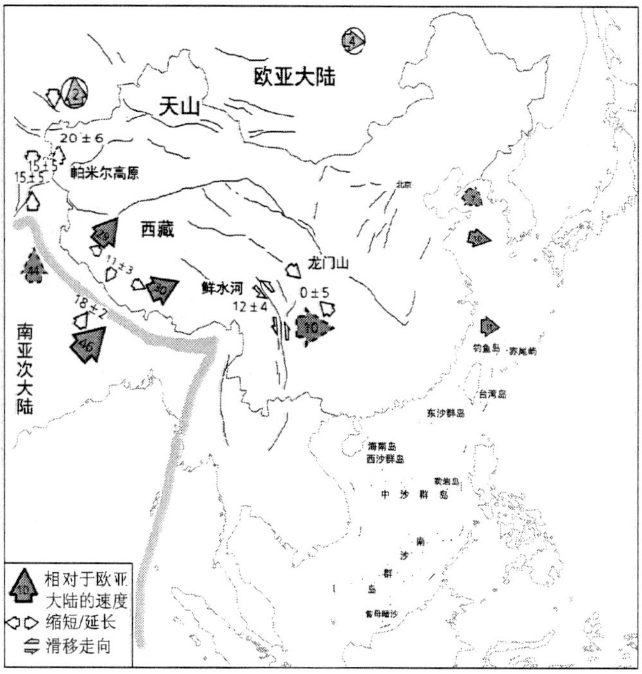

图 5.6-5 利用空间大地测量确定的印度-欧亚板块碰撞带地壳运动。大的箭头表示相对于欧亚板块的速度。圆圈里的箭头表示相对欧亚板块不显著的运动速度。小箭头表示局部相对形变。(注：译者据原书图件重绘)

在碰撞作用下沿主要走滑断层向东移动。挤出过程的模拟显示，假设印度板块是一个刚性块体，嵌入一个半无限塑性介质(亚洲)，并引发一个复杂的断层作用和滑动模式(图 5.6-7)。碰撞范围可由 GPS 数据和震源机制推断出来，显示位于喜马拉雅以北 1000～2000km 处的天山内陆山脉，几乎可吸收该地区西部净板块汇聚量的一半。

除了提供碰撞区域运动学的数据外，地震学研究也有助于对其机制的深入认识。碰撞过程被认为涉及几种力的复杂的相互作用：碰撞直接引起的力、隆起和地壳增厚所产生的重力以及来自地幔流动的力。对地震深度和地震波速度、衰减以及各向异性的研究增加了对地壳厚度、热和力学构造以及地幔流的认识。例如，P 波走时层析成像显示出冷却的喜马拉雅山脉下的 P 波是高速，然而与之相对的，在西藏下的 P 波则是低速。这些观测以及其他地震数据与青藏高原在碰撞时较容易发生形变这一设想一致。

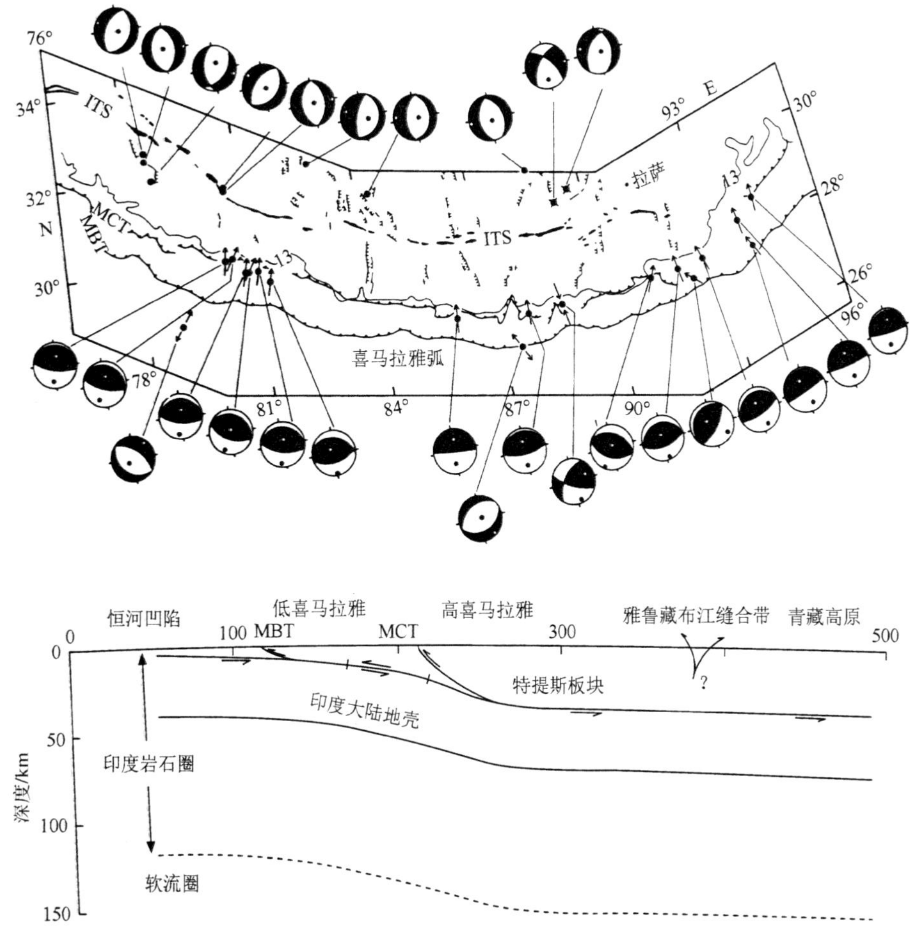

图 5.6-6 喜马拉雅大陆汇聚带的震源机制和构造解释。MCT 和 MBT 是主要中心和主要边界逆冲断层。(Ni and Barazanmi, 1984, *J. Geophys. Res.*, 89, 1147-1164, 版权归美国地球物理学会所有)

图 5.6-7 条纹橡皮泥块模拟亚洲板块的形变过程，与模拟印度次大陆的刚性块碰撞的结果。橡皮泥的左端固定，因此作用力使橡皮泥块向右挤出，与印支半岛和中国地块的东向运动类似。(Tapponnier et al., 1982, *Geology*, 10, 611-616, 经美国地质学会许可转载)

一个同样复杂的情况发生在地中海东部碰撞带，涉及非洲板块、阿拉伯板块以及欧亚板块。GPS 数据和震源机制显示出复杂的运动。图 5.6-8(a)显示出地中海西部测点相对于欧亚板块的运动。阿拉伯板块的北部大致向 N40°W 移动，与全球板块运动模型相一致。土耳其西部像安纳托利亚板块一样围绕西奈半岛(Sinai peninsula)附近的一个极点旋转。因此安纳托利亚板块在欧亚板块和向北移动的阿拉伯板块之间被向西挤压[图 5.6-8(c)][①]。在北安纳托利亚断层上的运动速度大概为 25mm/a，引起大型右旋走滑地震

① 像是用食指和拇指挤压一颗瓜子。

[图 5.6-8(b)]，例如 1999 年发生在伊斯坦布尔(Istanbul)以东约 100km 震级为 M_S 7.4 的伊兹米特(Izmit)地震，造成 30000 多人死亡。再向西，数据显示安纳托利亚板块非刚性特征。向海伦海沟(Hellenic trench)(非洲板块向克里特板块和希腊板块俯冲形成)增加的速度显示出安纳托利亚西部和爱琴海地区受到拉张，与正断层机制

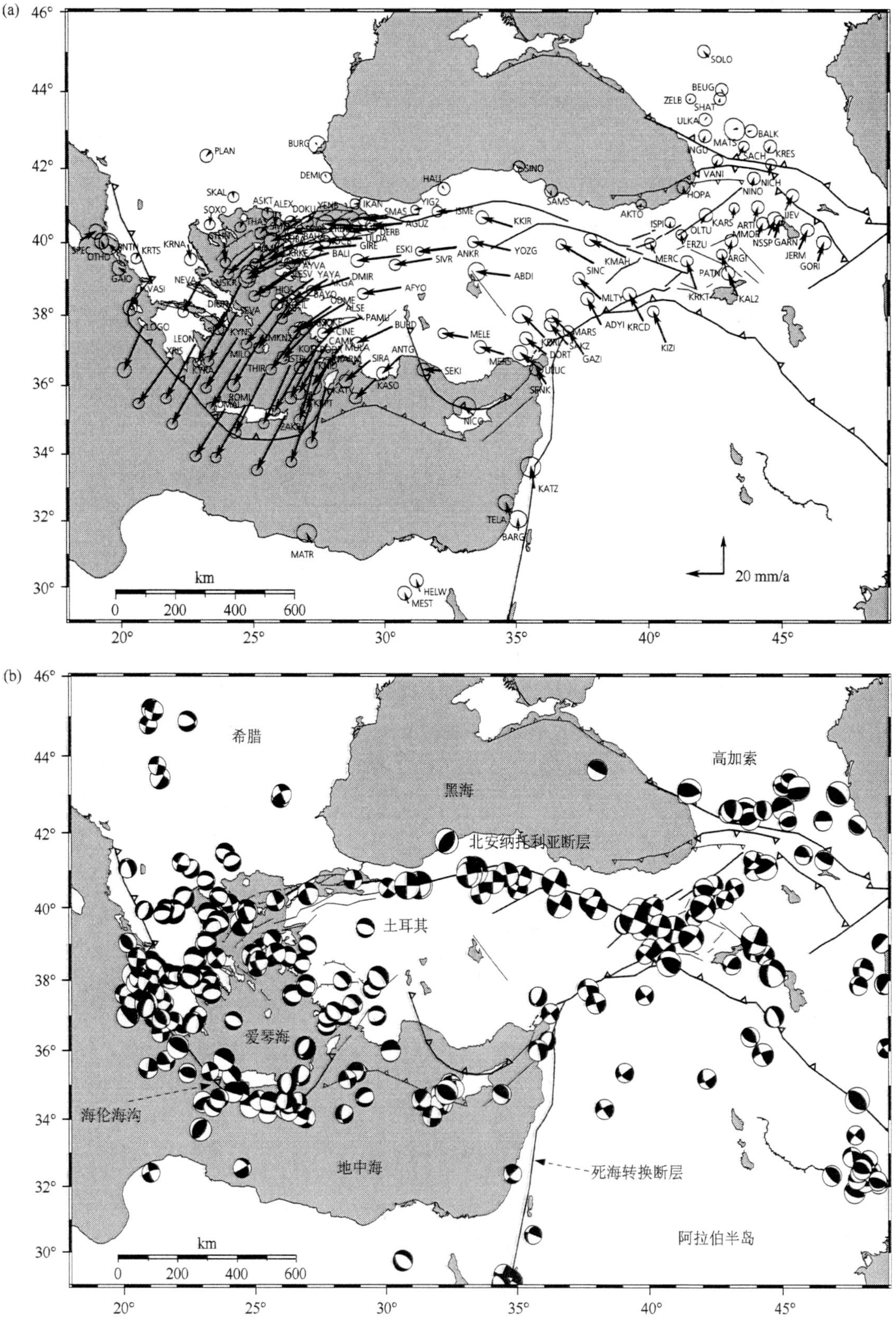

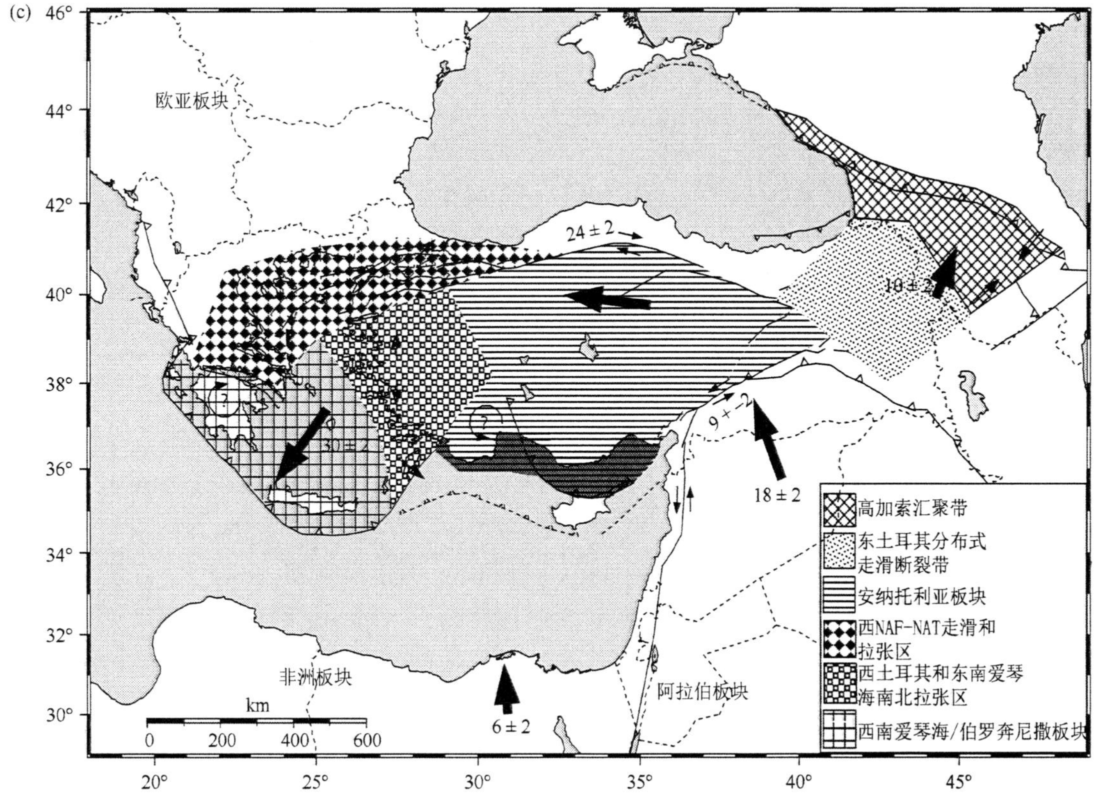

图 5.6-8 部分非洲-阿拉伯-欧亚板块碰撞带上相对于欧亚板块运动的 GPS 观测(a)，震源机制(b)以及构造解释(c)。沿北安纳托利亚断层的走滑，西安纳托利亚和爱琴海区域的拉张，以及高加索山脉中的挤压。速率以 mm/a 为单位。(McClusky et al.，2000，*J. Geophys. Res.*，105，5695-5719，版权归美国地球物理学会所有)

一致。在海沟“后撤”(5.2.4 节)的同时这个区域可能正被拉向岛弧，也许是由于与大洋弧后扩张类似的拉张过程。相对应的，土耳其东部被向北推至欧亚板块，形成表现为高加索(Caucasus)山脉的逆冲断层的挤压。死海(Dead Sea)转换断层分隔阿拉伯板块和其西边的地区，有时被视为西奈微板块。这个断层上的走滑运动引起了《圣经》中提到的地震，反复发生的地震摧毁了一些如耶利哥(Jericho)那样著名的城市。

5.6.2 地震、无震、瞬态和永久形变

前面章节中的实例反映了地震对于认识大陆的地壳形变具有重要意义。研究这种形变的其他途径，包括各种大地测量和地质手段，通过不同方法在不同的时间尺度上(图 5.6-9)分析各种形变样本。因此，我们投入了大量精力来认识利用这些不同技术进行观测的相关性。如前文所述(4.5.4 节、5.4.3 节)，在很多地方只有一部分板块运动以地震方式发生，剩下的是无震滑动。一个相关问题便是由地震表现出来的形变(时间尺度是数年)，如何与由地形和地质记录的更长期的形变联系起来。

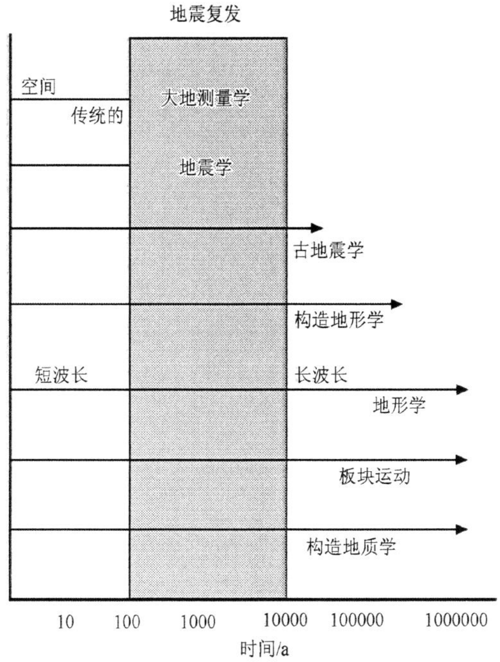

图 5.6-9 在不同时间尺度上利用不同技术观测地壳形变的示意图。

为了探讨这些想法，考虑板块边界区域内部运动分布，从大洋纳斯卡板块稳定的内部开始，穿过

秘鲁-智利海沟向海岸弧前延伸，再穿过阿尔蒂普拉诺(Altiplano)高原和前陆冲断带，并进入稳定的南美大陆内部。图 5.6-10 上图显示了 GPS 测点相对于稳定的南美大陆板块的速度，如果南美板块是刚性的而且所有运动发生在海沟板块边界，那么这个速度可能为零。然而，这些速度在海岸附近达到最大，而从纳斯卡板块内部到南美板块内部相对持续地减小。

图 5.6-10 下图给出了对于这些数据的解释。在这个模型中，大概有一半的板块汇聚(速度约为 35mm/a)被闭锁在俯冲界面中，造成上面板块的弹性应变并通过板内逆冲型大地震释放(4.5.4 节)，如图中给出震源机制的地震。板块运动闭锁的部分对应地震

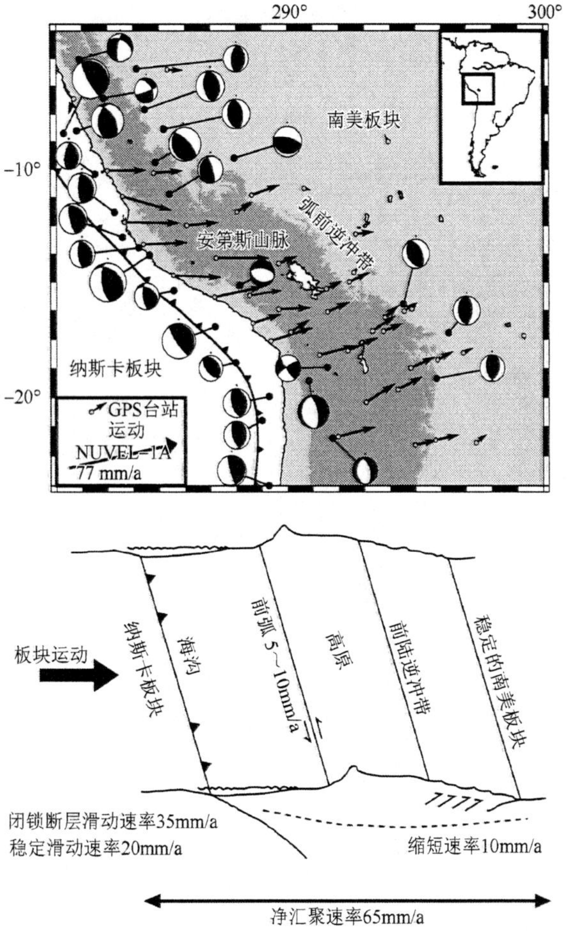

图 5.6-10 上图：GPS 测点相对于稳定的南美板块的速度(Norabuena et al.，1998，*Science*，279，358-362，版权归美国科学促进协会所有)，以及边界区域的选定地震机制。速率标尺由 NUVEL-1A 矢量给出。下图：切面显示出从 GPS 数据推断出的大概速度分布。(Stein and Klosko，2002，*The Encyclopedia of Physical Science and Technology*，ed. R. A. Meyers，经 Academic Press 许可转载)

滑动速率，在这个过程中，在任何时间也许只有一部分界面是锁住的。速率约为 20mm/a 的板块运动在海沟处由稳定滑动产生，它们没有造成上覆板块的形变。这部分板块运动对应无震滑动。剩下的板块运动发生在次安第斯前陆褶皱冲断带(subAndean foreland fold-and- thrust belt)，造成永久性的缩短和造山运动，正如内陆的逆冲断裂机制所示。如果划分板块运动时只考虑了发生在海沟处的地震矩释放，这部分板块运动就会被看作是无震滑动，然而事实上它导致了内陆板块的形变。这些解释来自对相对于稳定的南美板块内部的汇聚方向(图 5.6-11)的 GPS 数据分析。如果所有汇聚都闭锁在板块间的逆冲断层上，预测速率超过了在海沟 200km 以内观测到的结果。然而，如果只有一半的预测汇聚闭锁在断层上，那么海沟附近的预测速率就会更少，因为只有闭锁在界面上的这部分滑动会使上面的板块形变。类似地，假设速率约为 10mm/a 的板块运动在安第斯东部的逆冲断层上被锁住，那么距离海沟大于 300km 的数据拟合更好。对于这种简单模型，闭锁和缩短速率是拟合最佳的参数，模型中不包括其他可能的复杂性，例如高原的形变。

海沟处约有 40%的板块运动以无震滑动形式进行似乎是可信的，因为海沟大地震历史的研究通常估计只有大约一半的滑动由地震引起(图 5.4-30)。虽然由历史资料估计的震源参数存在一定的问题，但大地测量给出了相似的答案，这非常令人鼓舞。

从 GPS 数据中推测的冲断带缩短速率和地震所反映出来的缩短速率之间的关系也值得研究。估计地震滑动速率比转换断层(5.3.3 节)或俯冲带逆冲断层(5.4.3 节)的情况更复杂，因为大陆变形带地震发生在一个分布式体积上，而不是在一个单一断层上，而且具有不同的震源机制。因此利用下面的公式对地震矩张量求和(4.4 节)来估计地震应变率张量①：

$$\dot{e}_{ij} = \sum M_{ij} / (2\mu V t) \qquad (5.6\text{-}1)$$

式中，t 是时间间隔；μ 是刚度；V 是假设的震源体积，是地震活动区域的长度和宽度以及地震活动的延伸深度的乘积。例如，假设冲断带大约长 2000km、宽 250km，断层延伸至 40km 深。然后可以将结果对角线化并考虑与 P 轴相关的特征值。用假设的区域宽度把这个值换算成估计的缩短速率。结果小于 2mm/a，远小于由 GPS 数据显示出的 10mm/a。因

① 应变率常用一个点来表示时间偏导数。

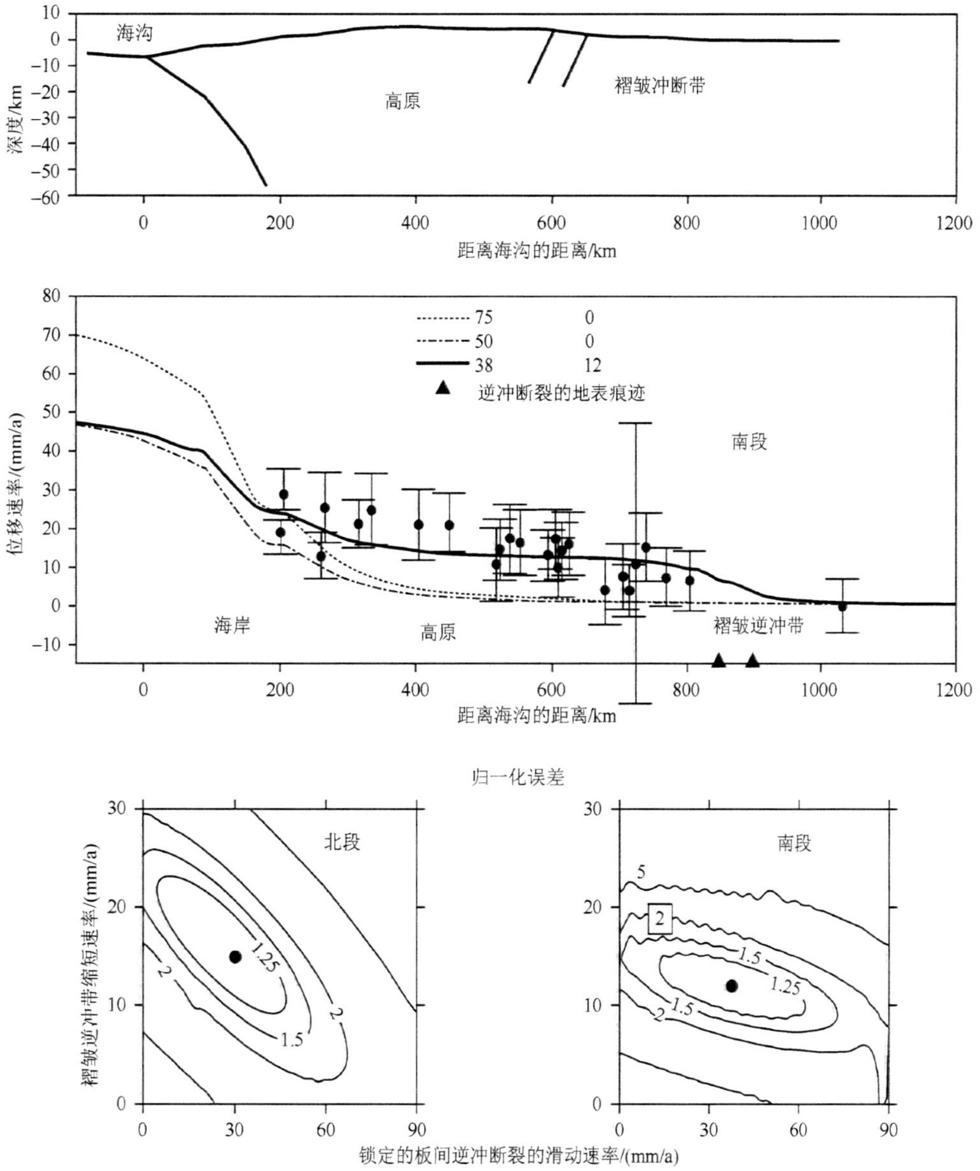

图 5.6-11　图 5.6-10 下图模型的推导。上图：几何模型，假设部分滑动闭锁在板块边界，部分导致了东安第斯造山带的缩短。中图：汇聚方向上的 GPS 测点速度，和由闭锁的滑动速率和缩短速率给出的不同模型。实线表示最佳拟合模型的预测，模型包括被闭锁在板块边界的部分滑动以及在东安第斯的缩短。短虚线表示所有滑动被锁住在板块边界而没有缩短的模型预测。长短相间的虚线表示没有缩短而且板块边界锁住的滑动等于最佳拟合滑动和缩短之和的模型预测。下图：等值线图显示数据拟合误差随闭锁在板块边界上的滑动速率和东安第斯山脉上的缩短速率的变化。大约 30～40mm/a 的闭锁和 10～20mm/a 的缩短模型对数据(圆点)拟合最好。

(Norabuena et al.，1998，*Science*，279，358-362，版权归美国科学促进协会所有)

此，考虑到地震历史很短而且可能漏掉了最大的地震，其影响可以尝试用地震的频率-震级数据来进行修正(4.7.1 节)，看起来大部分缩短是以无震形式发生的。

一个有趣的问题便是我们今天通过地震和 GPS 数据看到的现象如何与地质时间内发生的事件相关联。图 5.6-12 给出地质研究结果，图中箭头指示发生在过去 10Ma 中安第斯山脉形成时的形变。这些方向和速率与我们今天所看到的相似，说明虽然速率有一些变化，但是这个造山运动过程是比较匀速地发生的①。

① 震源机制、GPS 和地质数据的相似性说明均变原则，研究现今过程使我们可以了解过去，这是近两个世纪前莱伊尔(Lyell)和赫顿(Hutton)的开创性认识，且已经成为地质学的一个基本信条。

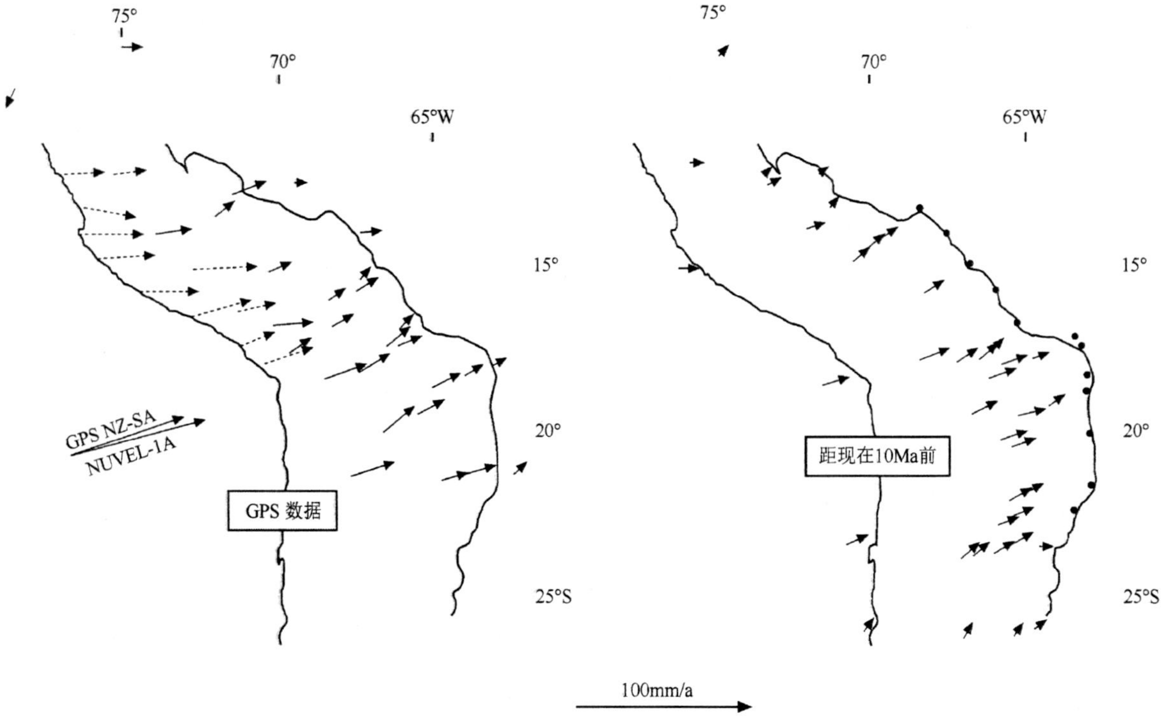

图 5.6-12　GPS 数据(左图)和地质研究(右图)得出安第斯山脉相对于稳定的南美地区缩短的比较。虚线 GPS 向量反映海沟地震周期引起的弹性应变，与地质资料的永久性缩短没有直接的可比性。运动向实线所示的山脉东界减小。地质向量在 18°S 处最大，并向北和南逐渐减小，显示了安第斯造山缩短速率的变化使得山脉弯曲并在该点最为广阔。(Hindle et al.，2002)

将这些观测结合起来，使我们对这一地区不同类型的地壳形变之间联系有一些了解。第一是关于地震形变与无震形变的相对量。大约有一半的海沟中发生的板块运动由地震的形式发生，剩余的以无震滑动的形式调节。类似情况在其他俯冲带中也有发生(图 5.4-30)，说明海沟中稳定的滑动是相对普遍的。而且，只有 10%～20%发生在前陆冲断带的缩短似乎是以地震的形式发生。因此无震滑动可能是冲断带岩石形变的主要形式。类似结果也在其他大陆形变带中观察到(图 5.6-13)。第二是永久性与瞬时形变。图 5.6-11 的模型中，南美板块由于海沟处的闭锁滑动而发生瞬时形变，而且会在即将到来的大海沟地震中释放。然而，前陆冲断带的形变可能是永久的，并表现为断层和岩石褶皱。随着时间的推移，这种永久性的位移累积起来形成了山脉(图 5.6-12)。

类似的研究在全世界展开，必然会更好地认识地震、无震、瞬态和永久形变之间的分配。科学家正在建立模型来探讨这些问题(5.7 节)，这对于了解大陆演化与地震灾害评价十分重要，因为一个明显的地震矩亏损(deficit)既可能表明存在逾期未发生的地震，也可能是无震形变。

5.6.3　大陆板内地震

地震研究的另一个重要应用是研究主要大陆板块的内部形变。虽然理想化的板块是完全刚性的，但是板块内部的地震反映了重要的但所知甚少的板内形变构造过程。正如在海洋中一样(5.5.1 节)，发生这种地震的地区可分为几个层次。如东非大裂谷这样的区域可以被看作缓慢移动的板块边界或是板块内部形变，较少活动的地区是与古代遗留构造或是像热点一样的其他过程相关联的，然后是不能与任何特殊构造或成因相关的板内地震。

美国中部的新马德里区域是一个实例，此处在 1811～1812 年发生过大地震，而现在又有小地震。其他大陆内部，包括澳大利亚、西欧和印度也曾发生过较大的内陆板块地震。因为这些区域的运动速率最多是几毫米每年，与一般的更快的板块边界运动相比，地震活动更少(图 5.6-14)，因此也更难研究。同时下面的事实也增加了这个困难，即不像在板块边

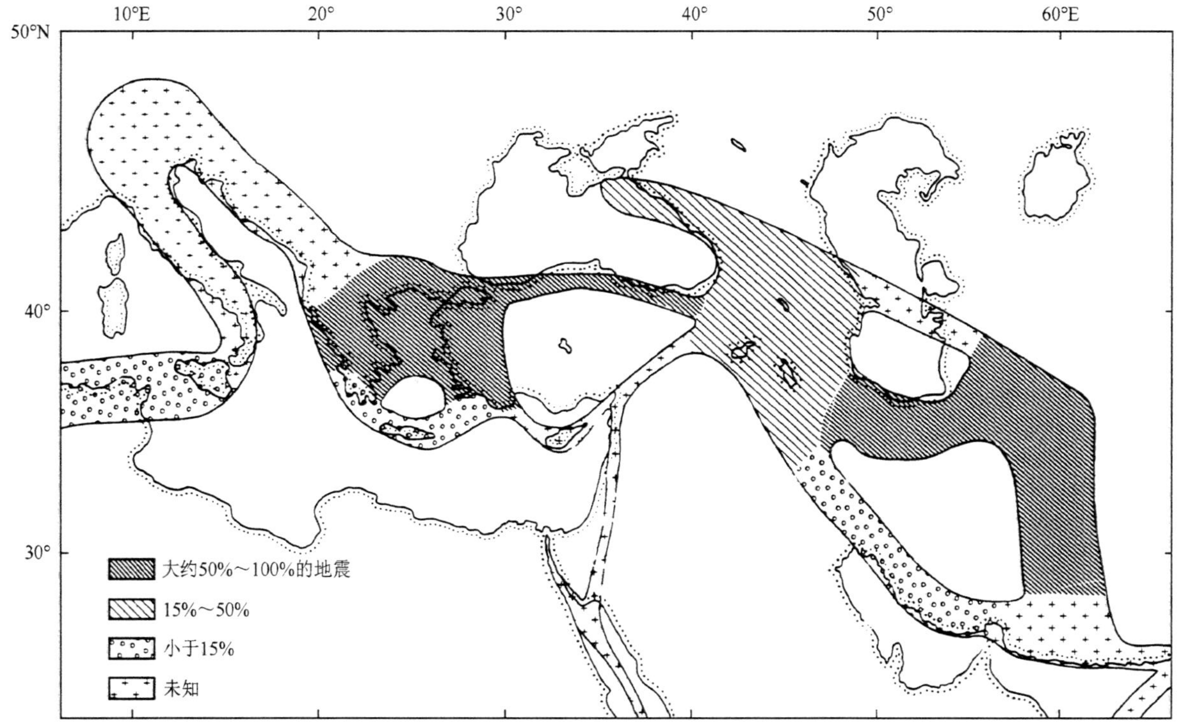

图 5.6-13　地中海和中东地区的地震形变所占比例的估计。在西土耳其，伊朗和爱琴海似乎大部分或者全部形变都是以地震的形式发生，在高加索和东土耳其相当大的一部分形变以地震的形式发生，而在扎格罗斯(Zagros)和海伦海沟很小部分形变会以地震的形式发生。(Jackson and McKenzie，1988)

界，板块运动使我们可以洞察为什么地震会发生，多久发生一次，但是我们不知道是什么导致了板内地震的发生，也没有直接的方式来估计它们的频度。因此，对这些地震的研究进展比板块边界上的地震要慢得多，而且一些关键问题也许在很长时间内也无法解决。

大地测量数据表明了这种挑战。例如，将北美落基山脉以东的 GPS 站点的绝对速度和刚性板块模型预测的速度做比较，结果显示，北美板块内部的刚性至少可以达到平均速度残差的水平，小于 1mm/a(图 5.6-15)。对于新马德里区域和其他主要板块内部区域的研究都得到了相似的结果，说明在地质时间尺度上是刚性的板块，在几十年的时间尺度上也是近似刚性的。例如，在 100km 或 1000km 距离上以 1mm/a 的速度拉伸，对应的应变率分别为 $10^{-8}a^{-1}$ 和 $10^{-9}a^{-1}$($3\times10^{-16}s^{-1}$ 和 $3\times10^{-17}s^{-1}$)。因为大地测量数据包括由于大地测量基准点的不稳定性导致的测量误差，构造应变可能更小。然而，经过足够长的时间，即使这么小的运动也可以累积成足够的滑动而导致大地震发生。

这个想法与已知的板内大地震的情况一致。虽然由于事件的稀有导致得到的地震数据很少，但可以通过结合地震数据与大地测量、古地震与其他地质和地球物理资料来观测。例如，1811～1812 年新马德里地震(图 1.2-4)基于历史记载估计的烈度震级均在稍大于 7 的范围内。古地震研究(1.2 节)表明之前的几个大地震也许能够与 1811～1812 年的地震相比拟，它们发生的时间间隔是 500～800a。因此，500～1000a(图 5.6-16 左图)小于 2mm/a 的稳态应变积累可以为未来地震提供 1～2m 的滑动，相当于一个 7 级地震。类似的想法来自对该区域地震历史的考察。如 4.7.1 节所述，一个给定震级的地震发生的频度，大约是比它小一级的地震频度的 1/10。因此，虽然仪器记录的资料不包括震级大于 5 的地震，这些资料和通过烈度数据估计得到震级的历史地震目录一起，可以用来外推得知一个 7 级地震每(1400±600)a 发生一次(图 5.6-16 右图)。因此，正如所预期的，板内大地震发生的频度远低于同样大小的板块边界地震(图 5.6-17)。然而，因为大陆内部更低的衰减(3.7.10 节)，这种地震比在板块边界上同等震级的地震造成更大的振动(图 1.2-5)。

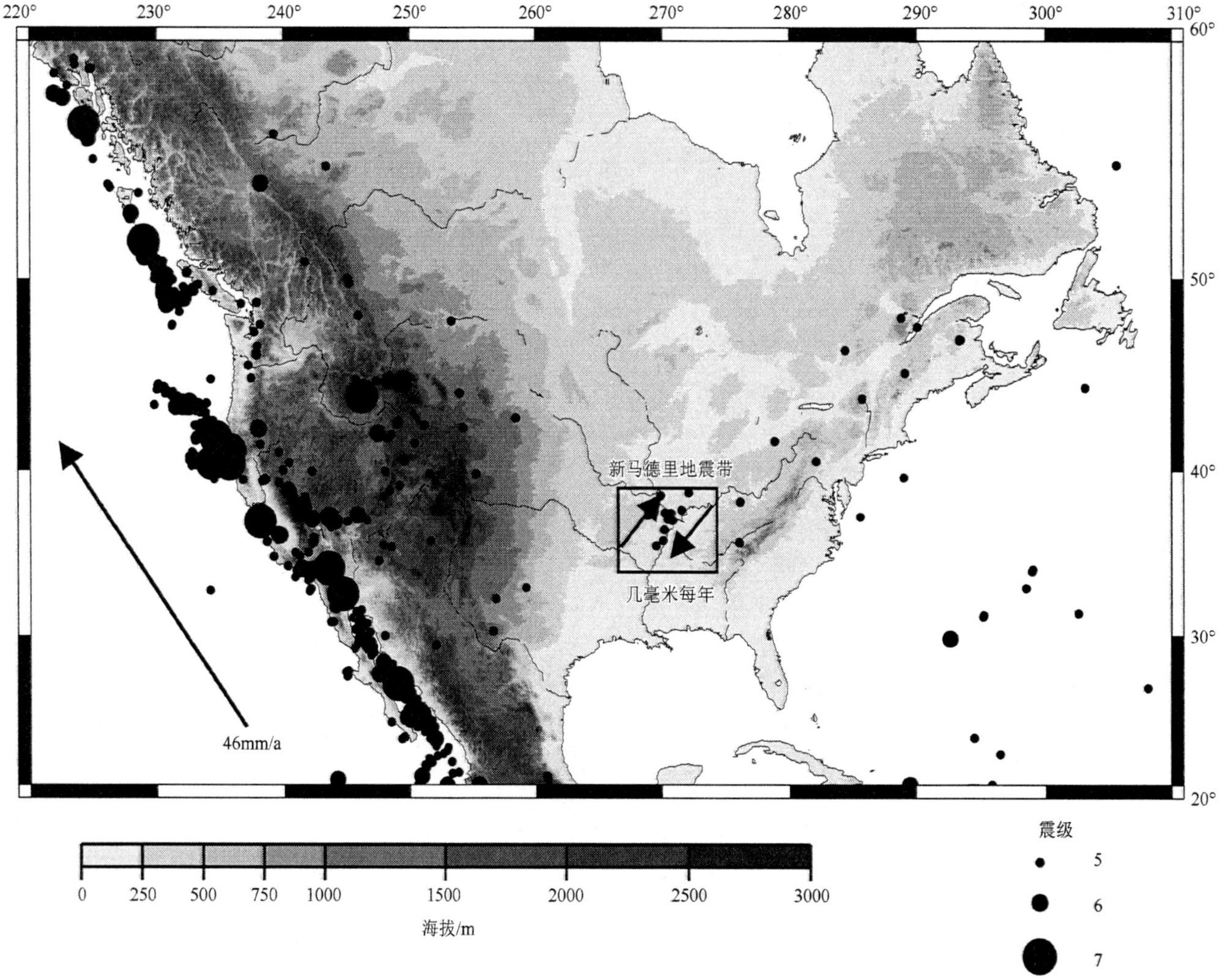

图 5.6-14 北美板块和邻区的大陆地震活动(1965 年以来 5 级以上)。地震活动和形变集中在太平洋-北美板块边界区域，反映了相对板块运动。剩下的大陆东部部分，大概在 260°的东边，地震不那么活跃。在这个相对稳定的大陆内部，地震活动和因此而形成的形变集中到几个区域，最主要的就是新马德里地震带。(Weber et al.，1998，*Tectonics*，17，250-266，版权归美国地球物理学会所有)

这样的地震一般认为是由于预先存在的断层或薄弱区域被局部应力或板内应力激活而导致。例如，新马德里地震被认为是发生在一个古生代消亡的大陆裂谷断层上，而现在被埋藏在由密西西比河和其历史沉积形成的厚沉积层下(图 5.6-18)。因此，这些断层没有暴露在地表，所以大部分相关理论是基于地震学和其他数据得到的推论。通过结合震源机制和断层方位以及钻井数据和现场应力测量研究板内应力场(图 5.6-19)。一般来说，美国东部显示出北东-南西向的最大水平应力，与根据板块驱动力预测的应力一致。其他区域正在编制类似的应力图，并应用于研究板内形变和板块驱动力。如 3.6.5 节中提到的，大陆下地壳中的地震各向异性有可能反映出主要构造事件(如造山运动)中的应力场。

一个有趣的问题是为什么板内应力在特定的断层上引起地震，而不是其他许多薄弱区。地质和古地震资料，以及与断层明显相关的地形的缺失，表明了单个板内地震带可能只活跃几千年，所以说板内地震活动会迁移。这种可能性类似于间歇性大洋板内地震群的情况。如果是这样，那么新马德里或现在观测到的其他板内地震活动集中地带便没有任何特殊性，这些区域最终会消亡然后被其他区域替代。而且，有足够多的地质构造使得地震(通常是小震)在大陆内部几乎随机地发生。

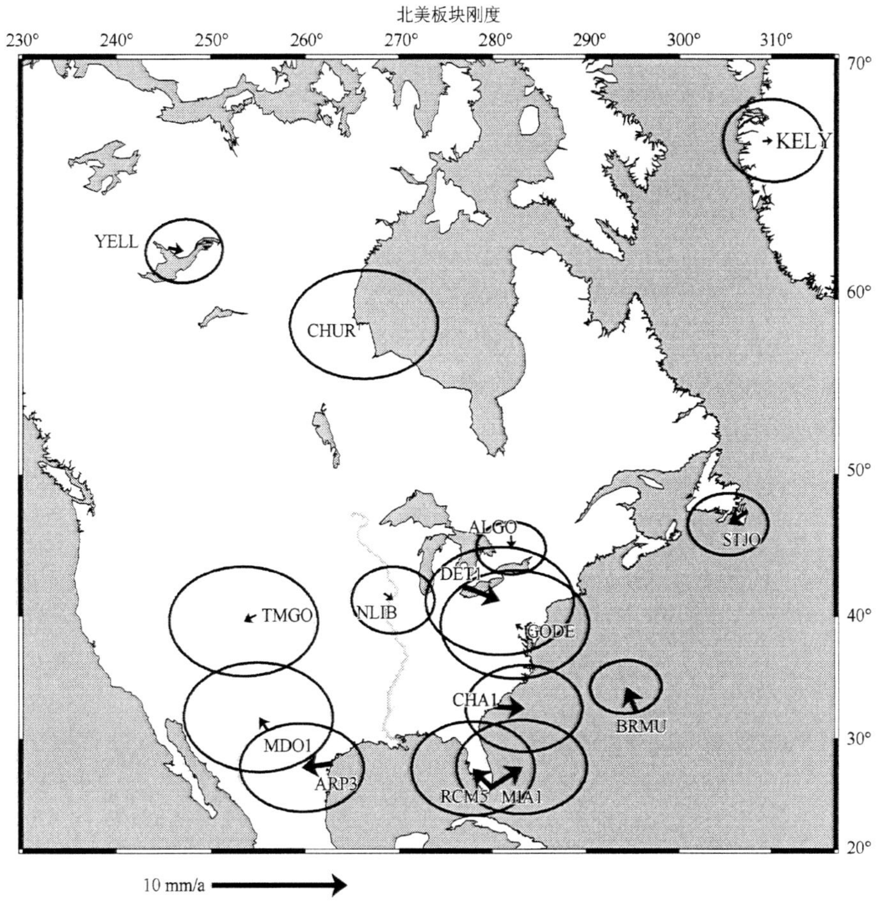

图 5.6-15　连续记录 GPS 站的位置，用来估计北美板块大致稳定部分的欧拉极。对于每一个站给出了观测速度与单板块模型预测速度的拟合差。平均拟合差小于 1mm/a，表示北美板块东部是十分刚性的。(Newman et al.，1999，*Science*，284，619-621，版权归美国科学促进协会所有)

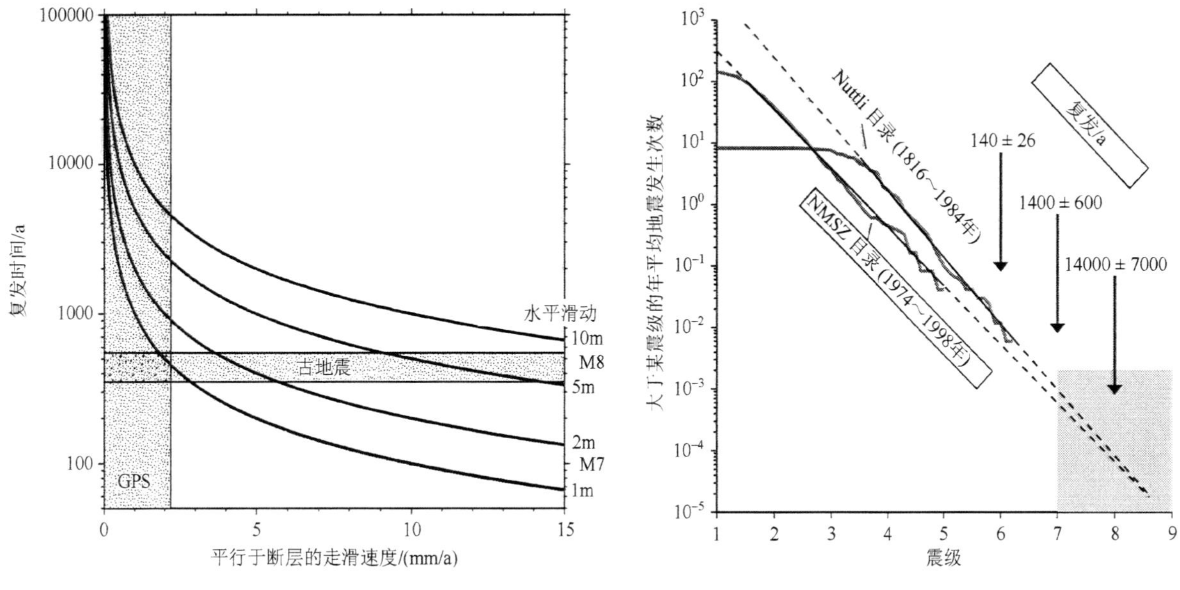

图 5.6-16　左图：震间运动和预期的新马德里大地震复发时间的关系。古地震研究估计的复发时间和大地测量数同时与 1911～1912 年地震大约 1m 的滑动相一致，相当于一个稍大于 7 级的地震。右图：新马德里地震带(NMSZ)的地震频率-震级数据。有仪器记录的地震以及古地震(1816～1984 年)数据都预测 7 级地震的复发间隔大概是 1000 年。(Newman et al.，1999，*Science*，284，619-621，版权归美国科学促进协会所有)

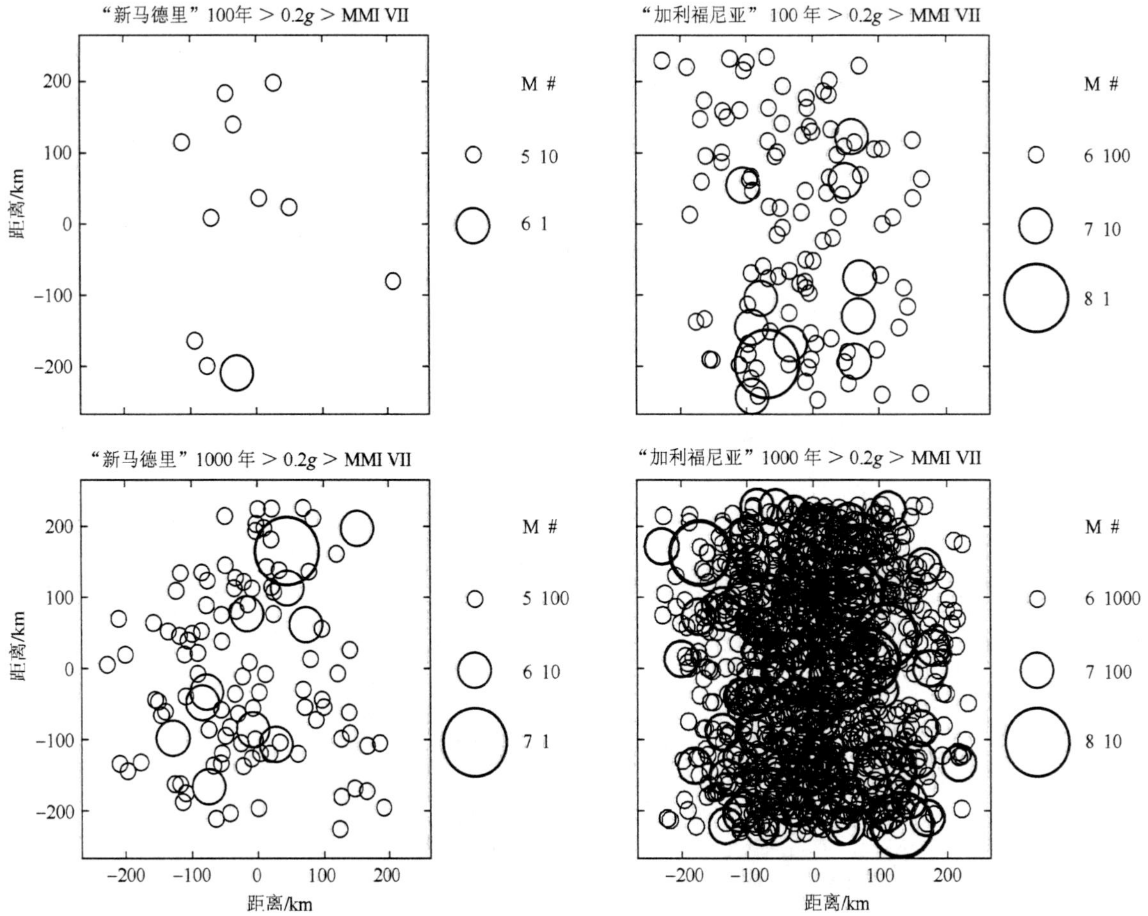

图 5.6-17 新马德里板内地震带和南加利福尼亚州板块边界区域地震复发时间与对应地震危险性之间的关系示意图。假设地震活动沿穿过横坐标 0km 的南北线随机分布，加利福尼亚州更加活跃 100 倍，但新马德里地震造成潜在的严重破坏的区域(圆圈显示加速度大于等于 0.2g 的区域，表 1.2-4)相当于加利福尼亚州大一级的地震。

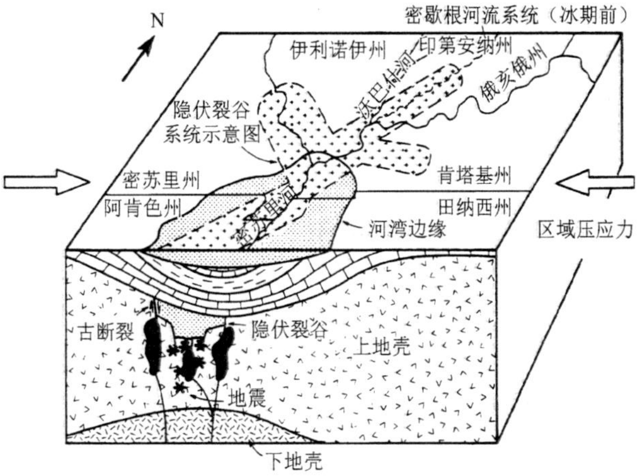

图 5.6-18 新马德里地震的构造模型示意图。(Braile et al.，1986，*Tectonophysics*，131，1-21，经 Elsevier Science 许可转载)

这种现象的一个特殊实例发生在被动陆缘，在这里大陆和海洋岩石圈相接。虽然一般来说这些区域在构造上并不活跃，但是仍会发生 7 级地震，例如在北美板块的东海岸(图 5.6-20)。这种地震也许与应力有关，包括由于冰川卸载导致的应力，这使原始大陆裂谷遗留的断层被重新激活(图 5.6-1)。虽然这些地震主要在先前有过冰川的边缘被观察到，但是它们也发生在无冰川的被动边缘上，也许是因为沉积负荷。在一些情况下，大型沉积滑动时有发生，如 1929 年纽芬兰大浅滩发生的 M_s 7 级地震，因为这个滑动破坏了跨大西洋的电话电缆并产生了海啸，造成 27 人死亡[①]。一个有趣的未解决的问题是构造断层是否是这种地震所必需的，或者这种滑坡本身触发了地震。一些研究发现地震图可由双力耦断层源得到最佳拟合，然而其他的则更偏向于与滑坡一致的单力源(图 4.4-3)。这个问题很重要，因为滑坡发生在许多被动边缘的沉积层上，即使是近期没有冰川的被动边缘上。与冰川卸载去除相关的应力，在像是美国

① 这个数字是加拿大已知的地震死亡总人数减一，不过预期的卡斯卡底俯冲带的大地震后情形将发生变化。

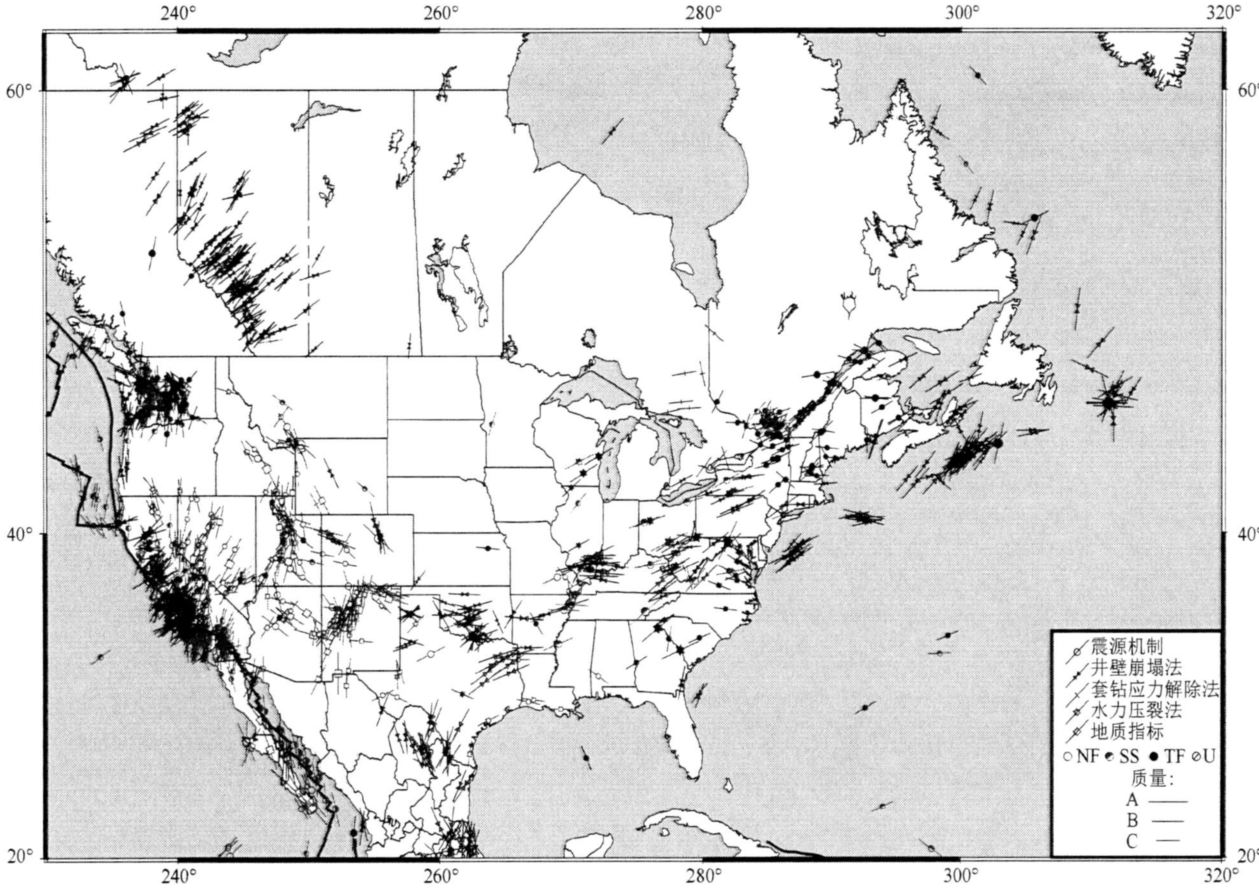

图 5.6-19　北美板块的应力图。(World Stress Map Project，Muller et al.，2000，由美国地质调查局提供)

东北部和加拿大东部的大陆内部造成地震可能也起着一定的作用。还有人提出，1998 年巴雷尼群岛巨大板内地震(5.5.1 节)也许是南极冰盖收缩产生的应力触发所致。

正如在大洋中一样，另一个有意思的板内地震类型与热点有关。美国西部的黄石热点附近区域显示了一个沿着蛇河平原边缘的地震活动(图 5.6-21)，这是当北美板块在热点上方移动时热点产生的火山轨迹(图 5.2-8)。这个地震活动包括 1959 年的 M_s 7.5 级蒙大拿州赫布根湖(Hebgen Lake)地震①，以及 1983 年的 M_s 7.3 级爱达荷州博拉峰地震，形成一个从黄石向西南延伸的抛物线模式。因此它从与盆岭区东部伸展构造相关的区域地震活动(图 5.2-3)突出出来，叫做山间地震带。沿轨迹本身没有地震活动，似乎是由热点产生的热岩浆扰动的结果，尽管具体的机制仍处于讨论之中。地震层析成像(图 5.6-21)表明，在黄石的地壳和上地幔有一个低速异常，大概是由于部分熔融和热液流体或一个沿着轨迹连续的更深的异常。

总而言之，虽然大陆板内地震活动是全球地震矩释放的一小部分，但是由于数量稀少，使其既具有科学意义又具有社会意义。它提供了一种少见的研究板块刚度和板内应力极限的方法，但同时地为应对罕见但具有潜在破坏性的地震确定一个适当的防备级别提出了挑战。

5.7　地球内部的断层作用与形变

由于地震断层是固体地球形变过程中最宏观的表现形式，我们寻求理解地震是如何由形变产生并且如何反映出这种形变。有价值的观点来自有关于固体材料特性的实验室和理论模型研究。虽然实验和模型相较于真实地球的复杂性要简单得多，但它们仍能揭示一些关键的地球特性。因此地震学和地球物理学与致力于材料特性研究的学科相互交叉：包括工程学、材料科学以及固体物理学。这里只是简单地触及一些基本概念，更多信息可以参阅参考文献。

① 该地震触发了一个巨大的滑坡灾害，导致一个露营场被埋，28 人死亡，麦迪逊河(Madison River)被阻并形成堰塞湖。这些巨大影响今日仍可看见，使得该地区成为一个值得去参观的地方，建有一个游客中心和停车场。

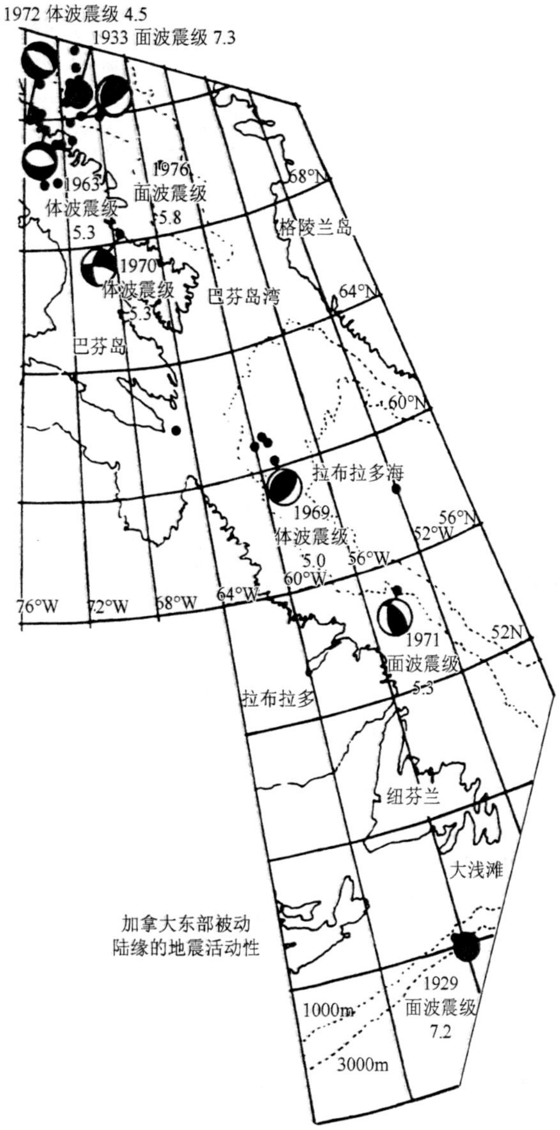

图 5.6-20 加拿大东部的被动陆缘发生的地震。这些地震可能发生在大陆裂谷遗存的断层上。(Stein et al., 1979, *Geophys. Res. Lett.*, 6, 537-540, 版权归美国地球物理学会所有)

5.7.1 流变学

材料可以用流变特征(即形变方式)来定性。在地震学中，通常考虑连续介质，考虑地球是一个可变形连续体。这意味着只考虑它的整体特性(2.3 节)，而不是其在微观尺度上的特性。

考虑岩石样本压缩时的应变。最简单的情况如图 5.7-1(a)所示。应力较小时，应变与施加的应力成正比，此时介质是完全弹性的。由于应变很小，当地震波穿过岩石时，会产生弹性应变特性(2.3.8 节)。然而一旦施加应力达到被称为岩石断裂强度(fracture strength)的值 σ_f 时，岩石会突然断裂。这种脆性断裂

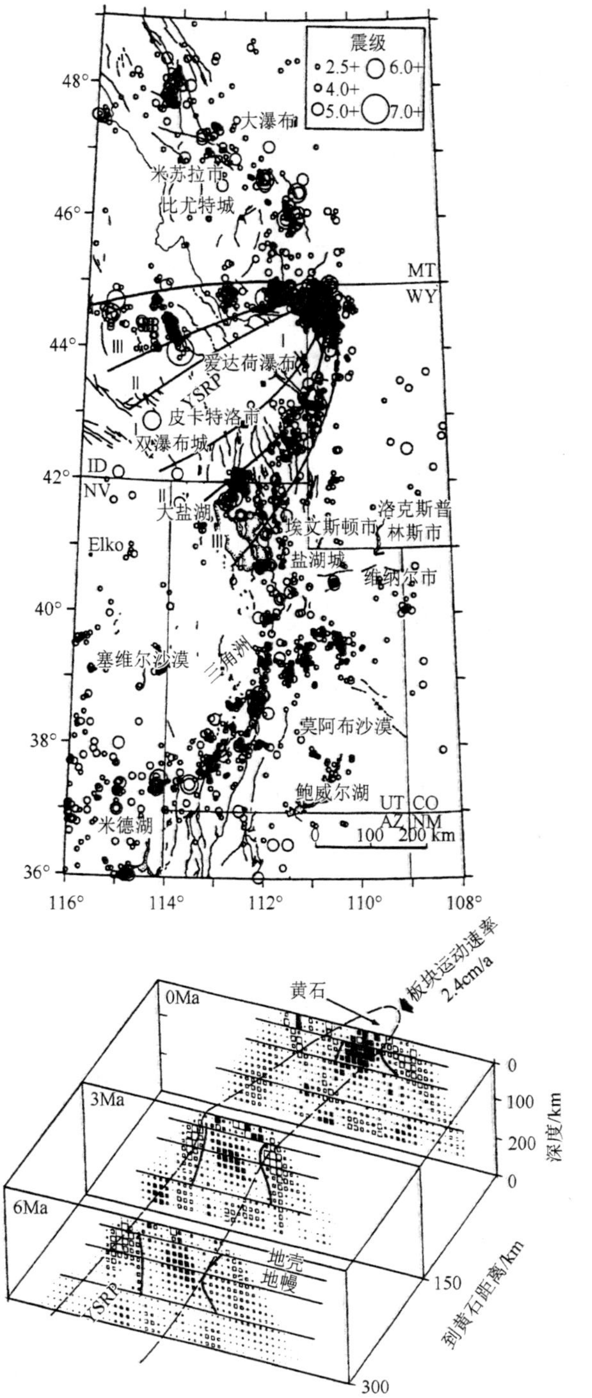

图 5.6-21 上图:美国西部山间地区地震活动(1900～1985 年)。地震沿着黄石-蛇河平原(Yellowstone-Snake River plain，YRSP)边缘，黄石热点的火山轨迹形成一个抛物线，叠加在区域性地震之上。下图：跨越热点轨迹的 P 波速度，方块大小与偏离匀速模型的差值成比例。用黑色和白色符号显示低速和高速，最大值为±3%。

(brittle fracture)是断层中发生地震时所产生现象的最简单模型。因此脆性破裂(区别于弹性应变)会产生弹性地震波。

其他材料显示出随着应力增加，应力-应变曲线发生变化［图 5.7-1(b)］。当应力小于屈服应力(yield stress) σ_0 时，材料表现出弹性。因此，如果该应力被释放，应变回到零。然而，当应力远大于屈服应力时，释放应力解除了应变的弹性部分，但留下了永久形变［图 5.7-1(c)］。如果对材料再次施加应力，那么应力-应变曲线就包括发生的永久应变。该材料的弹性性质似乎没有改变，但其屈服应力已经由 σ_0 增加到了 σ_0' 。在应力-应变曲线中对应的应力大于屈服应力的部分被称为塑性形变，与没有永久变形的弹性形变形成对比。材料表现出显著的可塑性被称为塑性特征。处理塑性材料的一个常见的近似是将其视为理想塑性：应力小于屈服应力时，应变与之成正比；而当应力超过屈服应力时，对于所有的应变，应力都为常数(图 5.7-2)。

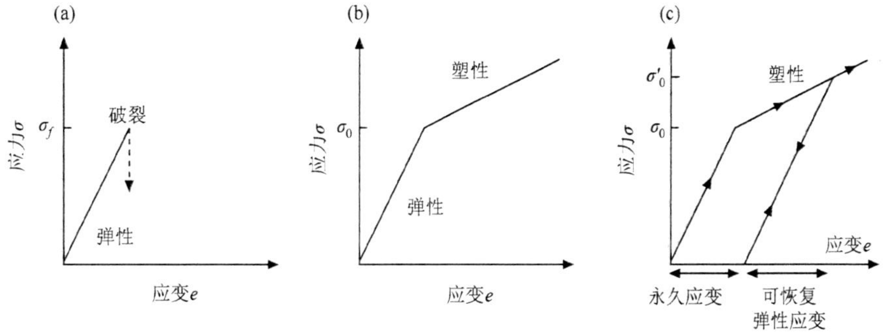

图 5.7-1　(a)在施加应力达到 σ_f 时材料会破裂，在这之前它是完全弹性的。(b)当应力超过屈服应力 σ_0 时，材料会经历塑性形变。(c)当应力上升到 σ_0' 时并释放，塑性形变会导致永久应变。

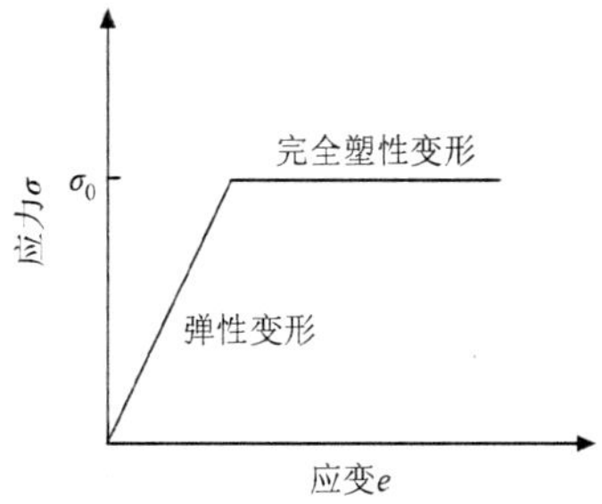

图 5.7-2　弹性-完全塑性流变关系，常用来近似塑性材料特性。

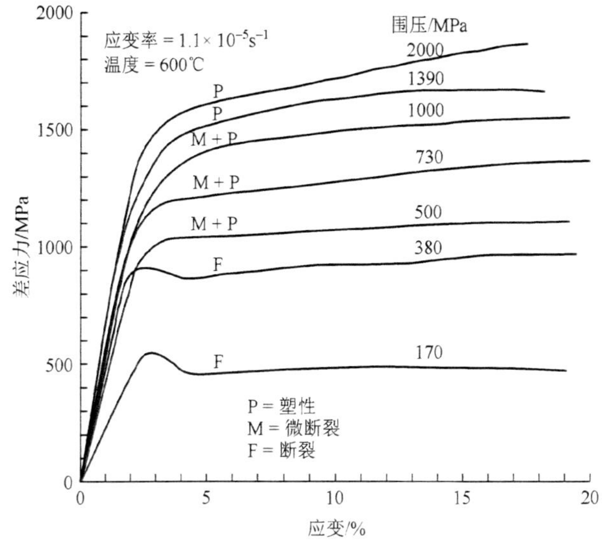

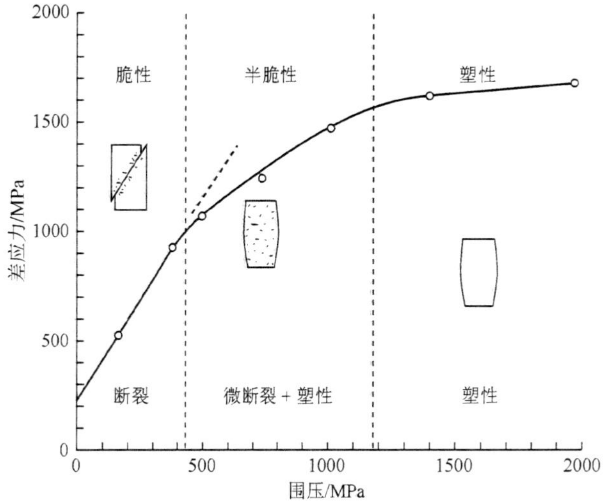

图 5.7-3　在实验中，岩石受到大于围压 σ_3 的挤压应力 σ_1 的作用。上图：在不同围压和差应力 $(\sigma_1-\sigma_3)$ 的应变(与图 5.7-1 和图 5.7-2 相比)曲线。下图：在不同围压下的极限强度［在上图中应变为 10%时的 $(\sigma_1-\sigma_3)$］。对于较低(<400MPa)的围压，介质断裂，并且它的强度随压力增加而增加。对于较高的压力，介质是塑性的，并且强度随压力增大只缓慢增加。在一种半脆性过渡机制中，既有微裂缝又有晶体塑性的产生，将脆性和塑性域分离开。(Kirby，1980，*J. Geophys. Res.*，85，6353-6363，版权归美国地球物理学会所有)

实验室研究的一个重要结果是：在低压下岩石是脆性的，但是在高压下表现为可塑的或流变的。在图 5.7-3 显示的实验中，岩石受到超过围压 σ_3 的挤压应力 σ_1 。

对于小于 400MPa 的围压，材料表现为脆性，当达到屈服强度时会产生破裂。对于更大的围压，材料会产生塑性形变。如前所述，在地球表面以下，3km 深度对应于 100MPa 压力，因此在约 24km 的深处达到 800MPa 压力。这一实验结果与岩石圈相对于其下伏软流圈强度较大的观点一致。

一个相关的现象是材料在不同时间尺度下表现不同。一个熟悉的例子是，尽管一个人摔倒在沥青车道上感觉很硬，但在炎热的天气里停在路面上的一辆汽车会一点点地下沉。在较短时间尺度内车道表现为刚性，但在较长时间尺度上它开始发生黏性流变。这种作用对地球而言至关重要，因为地幔在地震波通过所需的时间尺度上是固体，但在地质时间尺度上是流动的。

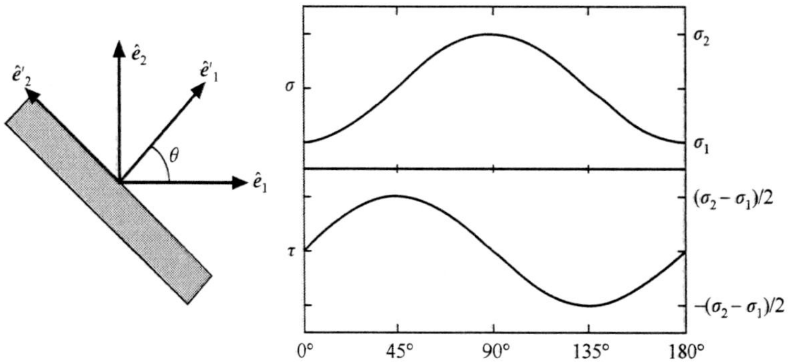

图 5.7-4 左图：法线为 $\hat{\boldsymbol{e}}_1'$ 的平面，与 $\hat{\boldsymbol{e}}_1$ 夹角为 θ，$\hat{\boldsymbol{e}}_1$ 是最大挤压应力 σ_1 的方向。右图：正应力 σ，剪切应力 τ，都是角 θ 的函数。

5.7.2 岩石破裂与摩擦力

下面我们探讨的第一个问题是岩石如何及何时破裂。在脆性状态下，断层的产生以及在先前存在的断层上的初始滑动取决于所施加应力。

对给定的应力张量，使用 2.3.3 节的方法来找出在不同断层方向上的正应力与剪切应力的变化。为简单起见，考虑二维应力。如果坐标轴 $(\hat{\boldsymbol{e}}_1,\hat{\boldsymbol{e}}_2)$ 指向主应力方向，应力张量为对角线形式：

$$\boldsymbol{\sigma}_{ij}=\begin{pmatrix}\sigma_1 & 0\\ 0 & \sigma_2\end{pmatrix} \tag{5.7-1}$$

为了找到法线为 $\hat{\boldsymbol{e}}_1'$（与 σ_1 的方向和 $\hat{\boldsymbol{e}}_1$ 的夹角为 θ）的平面上的应力及其方向(图 5.7-4)，使用变换矩阵把应力张量由主轴坐标系转换到新的坐标系统(2.3.3 节)：

$$\boldsymbol{A}=\begin{pmatrix}\cos\theta & \sin\theta\\ -\sin\theta & \cos\theta\end{pmatrix} \tag{5.7-2}$$

所以在新坐标系统中应力(加撇号)为

$$\boldsymbol{\sigma}_{ij}'=\boldsymbol{A}\boldsymbol{\sigma}\boldsymbol{A}^{\mathrm{T}}=\begin{pmatrix}\cos\theta & \sin\theta\\ -\sin\theta & \cos\theta\end{pmatrix}\begin{pmatrix}\sigma_1 & 0\\ 0 & \sigma_2\end{pmatrix}\begin{pmatrix}\cos\theta & -\sin\theta\\ \sin\theta & \cos\theta\end{pmatrix}$$
$$=\begin{pmatrix}\sigma_1\cos^2\theta+\sigma_2\sin^2\theta & (\sigma_2-\sigma_1)\sin\theta\cos\theta\\ (\sigma_2-\sigma_1)\sin\theta\cos\theta & \sigma_1\sin^2\theta+\sigma_2\cos^2\theta\end{pmatrix} \tag{5.7-3}$$

平面内正应力和剪切应力随平面方向的变化而改变。正应力分量记为 σ，有

$$\sigma=\sigma_{11}'=\sigma_1\cos^2\theta+\sigma_2\sin^2\theta=\frac{(\sigma_1+\sigma_2)}{2}+\frac{(\sigma_2-\sigma_1)}{2}\cos 2\theta \tag{5.7-4a}$$

剪切分量表示为 τ，有

$$\tau=\sigma_{12}'=(\sigma_2-\sigma_1)\sin\theta\cos\theta=\frac{(\sigma_2-\sigma_1)}{2}\sin 2\theta \tag{5.7-4b}$$

图 5.7-4 显示出在 σ_1 和 σ_2 为负值($|\sigma_1|>|\sigma_2|$)的情况下，σ 和 τ 是 θ 的函数，这与地球深部的挤压作用相对应。它们可以用图形方式展现，即用莫尔圆画出 σ 相对于 τ 的图像(图 5.7-5)。所有不同平面的值分布在一

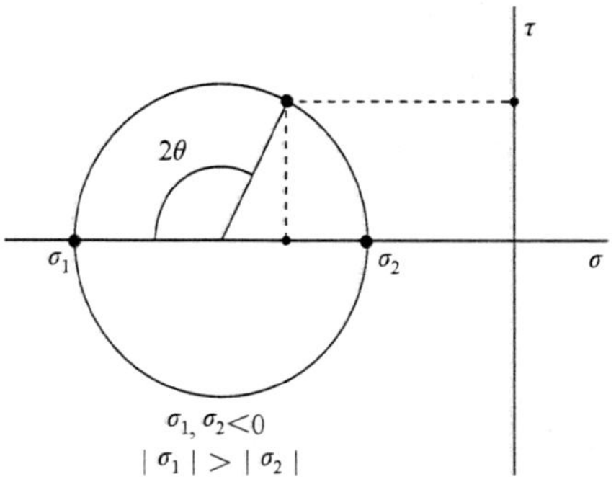

图 5.7-5 莫尔圆：给定主应力 σ_1 和 σ_2，任意平面上的正应力 σ 和剪切应力 τ 描述的应力状态，均位于半径为 $(\sigma_2-\sigma_1)/2$ 的圆上。圆上从 $-\sigma$ 轴顺时针旋转 2θ 的点，给出了法线与 σ_1 方向夹角为 θ 的平面上的 σ 和 τ。

个以 $\sigma=(\sigma_1+\sigma_2)/2$，$\tau=0$ 为中心的圆上，其半径为 $(\sigma_2-\sigma_1)/2$。从 $-\sigma$ 轴按顺时针方向旋转角度为 2θ 的点给出了法线与 σ_1 方向夹角为 θ 的平面上的 σ、τ 值①。

压缩岩石的实验室研究表明，当超出剪切应力与正应力组合绝对值的临界值时会发生破裂。这种关系被称为库仑-莫尔破裂准则(Coulomb-Mohr failure criterion)，可以表述为

$$|\tau|=\tau_0-n\sigma \tag{5.7-5}$$

其中，τ_0 和 n 是材料的黏结强度(cohesive strength)和内摩擦系数(coefficient of internal friction)（负号表示挤压应力为负）。破裂准则绘制为 τ-σ 平面内的两条直线，与 τ 轴截距为 $\pm\tau_0$、斜率为 $\pm n$（图 5.7-6）。如果主应力 σ_1、σ_2 使莫尔圆与破裂线不相交，那么材料不会破裂。然而，对于相同的 σ_2，更高值的 σ_1'，莫尔圆与破裂线相交，材料就会破裂。

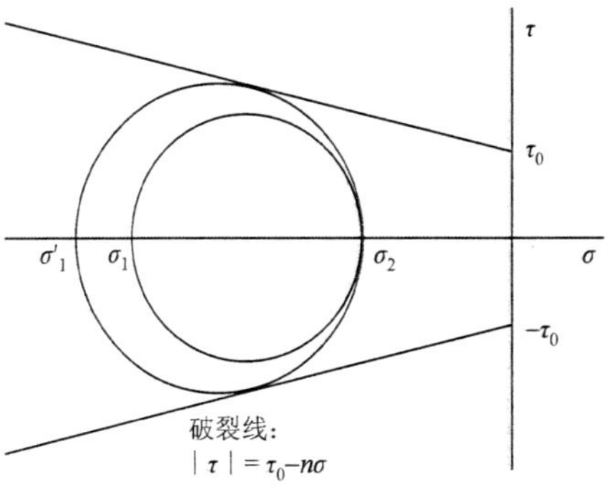

图 5.7-6　库仑-莫尔破裂准则，假定当莫尔圆与断裂线相交时，材料介质会发生破裂。

破裂线显示在破裂发生前受到正应力 σ 的表面可以承受的剪切应力为 τ。黏结强度是能产生破裂的剪切应力最小值(绝对值)。内摩擦系数表示当正应力增加时，能承受的附加剪切应力。因此，在压力以及由此产生的正应力更高的地壳深部，岩石更牢固，使它们破裂所需的剪切应力也更大。

破裂线和莫尔圆表示在给定应力状态下可能产生破裂的平面。为了找到平面的法线和与最大挤压应力 σ_1 方向间的夹角 θ，把破裂线写为

$$|\tau|=\tau_0-\sigma\tan\phi \tag{5.7-6}$$

其中，$n=\tan\phi$，内摩擦角 ϕ 通过延长破裂线到 σ 轴找到（图 5.7-7）。破裂发生在破裂线与莫尔圆相切点 F 处。考虑直角 $\triangle AFB$，得到：

$$\phi=2\theta-90°，所以\theta=\frac{\phi}{2}+45° \tag{5.7-7}$$

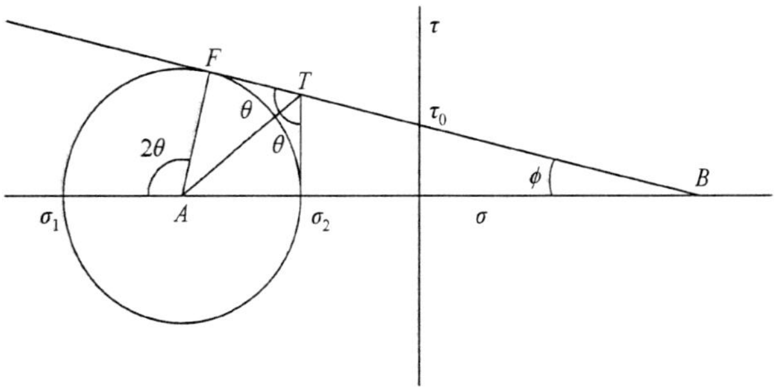

图 5.7-7　破裂在 F 点产生，该点是由介质黏结强度和内摩擦角所表征的介质破裂线与莫尔圆的切点。因此 θ 为破裂发生平面的角度，F 为断裂处的应力。点 A 是莫尔圆的圆心，B 是破裂线与应力轴的交点，$\overline{T\sigma_2}$ 垂直于 σ 轴。为简单起见，在这幅图和随后的图中，只画出破裂线的顶部分支。

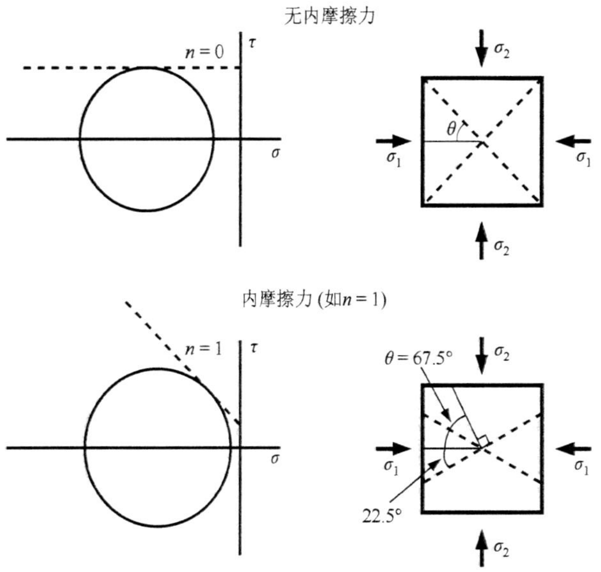

图 5.7-8　在没有内摩擦时，破裂在 45°角产生。当 $n=1$ 时，破裂角度为 67.5°，并且破裂平面与最大挤压方向更接近(22.5°)。

例如，在 2.3.5 节中介绍断层面解与地壳应力关系时，我们做了最简单的假设，认为断裂发生在距离主应力轴 45°处，对应于 $\phi=0°$，$n=0$，$\theta=45°$ 的情况。在物理上，这意味着正应力对岩石强度没有影响。然而，通常岩石的 n 值约为 1，所以 $\phi=45°$，$\theta=67.5°$，并且断层面更接近(22.5°)于最大挤压(σ_1)方向(图 5.7-8)。当使用震源机制的 P 轴和 T 轴来描述应力方向时，这个想法很重要。

图 5.7-7 也显示了当破裂发生时如何找到应力。考虑破裂线上一点 T 使得 $\overline{T\sigma_2}$ 垂直于 σ 轴。因为 $\angle AT\sigma_2$ 即为 θ（$\triangle AFT$ 与 $\triangle A\sigma_2T$ 是全等的）：

① 遵循地震学惯例，挤压应力为负，莫尔圆在 $\sigma<0$ 一侧绘制。与此相反的惯例通常用于岩石力学中，如图 5.7-3 和图 5.7-10 所示。

$$\overline{T\sigma_2} = A\sigma_2 \cot\theta \tag{5.7-8}$$

或者，因为 $\overline{A\sigma_2} = (\sigma_2 - \sigma_1)/2$，所以有

$$\overline{T\sigma_2} = \frac{(\sigma_2 - \sigma_1)}{2}\cot\theta \tag{5.7-9}$$

同样地，有

$$\overline{T\sigma_2} = \tau_0 - \sigma_2 \tan\phi \tag{5.7-10}$$

（负号是因为 σ_2 是负的），所以有

$$\frac{(\sigma_2 - \sigma_1)}{2}\cot\theta = \tau_0 - \sigma_2 \tan\phi \tag{5.7-11}$$

这种关系可以通过式(5.7-7)和三角恒等式写成断裂面角度的形式：

$$\tan\phi = -\cot 2\theta = \frac{-1}{\tan 2\theta} = \frac{\tan^2\theta - 1}{2\tan\theta} \tag{5.7-12}$$

得到：

$$\sigma_1 = -2\tau_0 \tan\theta + \sigma_2 \tan^2\theta \tag{5.7-13}$$

当破裂发生时，使用应力间的这种关系来估计地壳中的最大应力。

类似分析表明，剪切应力可以大到克服摩擦力并在预先存在的断层中产生滑动。这个结果与对未破坏的岩石中产生的新断裂的分析类似，不同的是在低应力水平下先前存在的断层没有内聚强度。因此，当 $|\tau| = -\mu\sigma$ 时，断层会发生滑动，其中 μ 是滑动摩擦系数，它可以由滑动摩擦角表示：

$$\tan\alpha = \mu \tag{5.7-14}$$

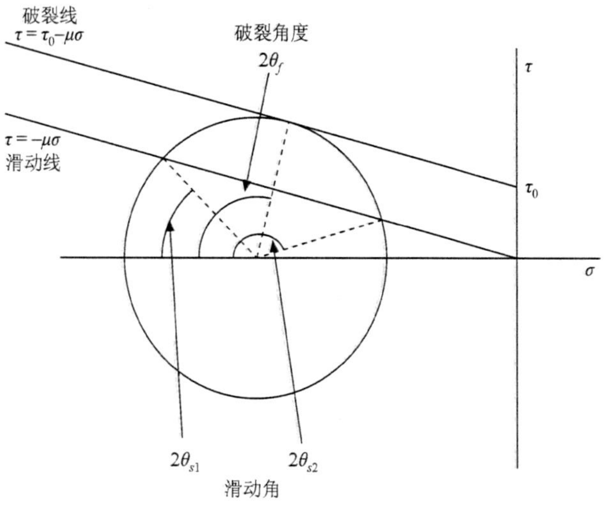

图 5.7-9 在岩石中预先存在的断层上滑动的莫尔圆。由破裂线给出的角 θ_f 处会产生一个新破裂。然而，如果有角度在 θ_{s1} 和 θ_{s2} 之间的预先存在的断层，滑动会在其上发生，由圆与摩擦滑动线的交点给出。

图 5.7-9 显示岩石中预先存在断层的莫尔圆。除了破裂线，还存在一个摩擦滑动线对应于：

$$\tau = -\mu\sigma = -\sigma\tan\alpha \tag{5.7-15}$$

因为滑动线从原点开始，它最初在断裂线下方。假设应力足够大，使得莫尔圆在对应于角 θ_f 平面上产生破裂的点接触到破裂线。类似地，摩擦滑动线截圆于两点，分别对应于角 θ_{s1} 和 θ_{s2}。因此岩石可以有多种方式破裂。如果有先前存在角度为 θ_{s1} 或 θ_{s2} 的断层，可能会在这些断层上产生滑动。另外，由 θ_f 给出的平面上可能会形成新的破裂。然而，这种破裂发生时的剪切应力比在预先存在断层中产生摩擦滑动所需的剪切应力要大，滑动比形成一个新破裂更容易。因此，如果该应力逐渐上升到这个水平，在先前存在断层上滑动可能会防止新破裂的形成。

这种作用可以用地震学进行观测。用震源机制推断应力方向最简单的方法是假设地震发生在新形成的断层上。然而，如果岩石开始时已经产生了断层，那么在先前存在的断层上可能已经发生过地震。图 5.7-9 中显示出，如果存在法线与最大压应力方向夹角在 θ_{s1} 和 θ_{s2} 之间的断层，在这些断层上会发生滑动，而不是形成一个新的破裂。因此，推断出的应力方向会不准确。例如，沿着喜马拉雅山脉前缘(图 5.6-6)或安第斯东部前陆冲断带(图 5.6-10)的逆冲型震源机制，其断层面随山脉走向变化而旋转，这表明断层面受现有构造的控制，所以 P 轴只是部分地反映了应力场。类似情况出现在沿着东非大裂谷的 T 轴上(图 5.6-2)。一般情况下，在一个地区，从很多断层面中推断出的应力轴似乎是相对一致的(图 5.6-19)。因此，如果假设地壳中包含所有方向的预先存在断裂，那么从震源机制中推断出的平均应力方向不会有严重偏差。

在这一点上，值得注意其他的复杂性。破裂曲线和滑动曲线都可能比直线复杂得多。这些曲线被称为莫尔包络线(Mohr envelopes)，它们可以从不同应力实验中得到。岩石中经常存在水和其他流体从而引起更多的复杂性，特别是上地壳中。流体压力被称为孔隙压力，它降低了正应力的影响并使得滑动能在更低的剪切应力下发生。这种影响可以用有效正应力的 $\bar{\sigma} = \sigma - P_f$ 来代替正应力 σ，其中 P_f 是孔隙流体压力①。因为孔隙压力被定义为负的，有效正应力是降低的(压力变小)。同样，有效主应力也要考虑孔隙压力：

① 孔隙压力在促进滑动中所起的作用可以通过分别在一个干燥平面和一个湿平面上使物体滑动表现出来。

$$\bar{\sigma}_1 = \sigma_1 - P_f \quad 和 \quad \bar{\sigma}_2 = \sigma_2 - P_f \qquad (5.7\text{-}16)$$

在断裂理论中需要加以考虑。

以上讨论过的这些关系可以用于估计地壳能够支持的最大应力。不同岩石类型中现有断层上滑动的实验室研究(图 5.7-10)发现一个“拜耳莱定律”(Byerlee’s law)：

$$\begin{cases} \tau \approx -0.85\bar{\sigma}, & |\bar{\sigma}| < 200\text{MPa} \\ \tau \approx 50 - 0.6\bar{\sigma}, & |\bar{\sigma}| > 200\text{MPa} \end{cases} \qquad (5.7\text{-}17)$$

这些关系可写成断层上正应力和剪切应力的形式，用于推断作为深度函数的主应力。为此，三维空间中把最小挤压应力写作 σ_3。假设地壳中包含各个方向的断层，并且这些应力不能超过莫尔圆与摩擦滑动线相切的点，否则将会发生滑动(图 5.7-11)。在 $|\bar{\sigma}| < 200\text{MPa}$ 的较浅深度，式(5.7-17)表明 $\tau_0 = 0$。因此当断裂发生时，应力间的关系式(5.7-13)给出：

$$\bar{\sigma}_1 = \bar{\sigma}_3 \tan^2 \theta_s \qquad (5.7\text{-}18)$$

在摩擦滑动的情况下使用式(5.7-7)：

$$\theta_s = \alpha/2 + 45^\circ \qquad (5.7\text{-}19)$$

给出式(5.7-17)中的值：

$$\begin{cases} \mu = \tan\alpha = 0.85, \quad \alpha \approx 41^\circ \\ \theta_s \approx 66^\circ, \quad \tan^2 66^\circ \approx 5 \end{cases} \qquad (5.7\text{-}20)$$

所以应力间的关系为

$$\bar{\sigma}_1 \approx 5\bar{\sigma}_3 \qquad (5.7\text{-}21)$$

在 $|\bar{\sigma}| > 200\text{MPa}$ 的更大深度处，$\alpha \approx 31^\circ$ 且 $\theta_s = 60.5^\circ$，所以应力间的关系为

$$\bar{\sigma}_1 \approx -175 + 3.1\bar{\sigma}_3 \qquad (5.7\text{-}22)$$

假设 σ_1 或 σ_3 中的一个主应力是岩石静压力引起的垂直应力，是深度(z)的函数：

$$\sigma_V = -\rho g z \qquad (5.7\text{-}23)$$

另一个主应力必须为水平，记为 σ_H。孔隙压力 $P_f(z)$ 未知。一个通常的假设是岩石是干燥的，所以 $P_f(z) = 0$。另一个假设是孔隙压力是静水压力，这相当于假设孔隙与地表面相通，所以有

$$P_f(z) = -\rho_f g z \qquad (5.7\text{-}24)$$

其中，ρ_f 是流体密度，通常是指水，此时有 $\rho_f = 1\text{g}/\text{cm}^3$。或者可以假定，孔隙压力为岩石静压力的一定比例(2.3.6 节)。

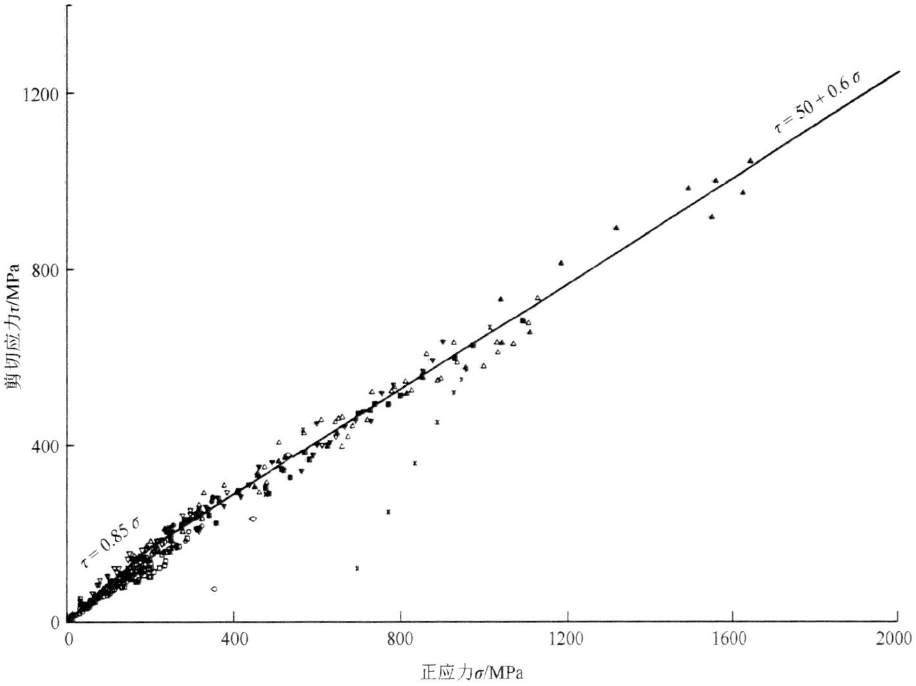

图 5.7-10 对于不同岩石类型，摩擦滑动中剪切应力与正应力的关系。挤压应力为正。(Byerlee，1978，*Pure Appl. Geophys.*，116，615-626，经 Birkhauser 授权转载)

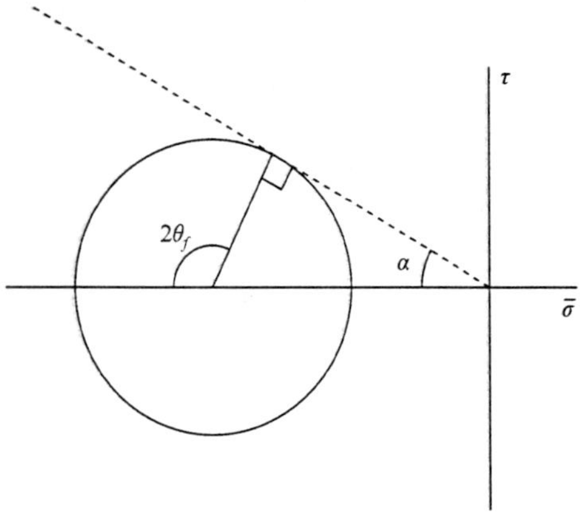

图 5.7-11 $|\bar{\sigma}|$<200MPa 时的莫尔圆和滑动线。如果岩石圈包括所有方向的断裂，则应力不能超过莫尔圆与滑动线的相切点，因为在该处会发生滑动。

现在我们可以来获得地壳强度，定义为岩石可以承受的水平和垂直应力的最大差值。在$|\bar{\sigma}|$<200MPa 的较浅深度，式(5.7-21)表明$\bar{\sigma}_1 = 5\bar{\sigma}_3$。根据垂直应力是最大($\bar{\sigma}_1$)还是最小($\bar{\sigma}_3$)压应力，有两种可能。如果垂直应力是最大挤压应力：

$$\begin{cases}\sigma_V = \sigma_1, & \bar{\sigma}_1 = \sigma_V - P_f = -\rho gz - P_f(z)\\ \sigma_H = \sigma_3, & \bar{\sigma}_3 = \bar{\sigma}_1/5 = -(\rho gz + P_f(z))/5\end{cases} \tag{5.7-25}$$

如果垂直应力是最小挤压应力：

$$\begin{cases}\sigma_V = \sigma_3, & \bar{\sigma}_3 = \sigma_V - P_f = -\rho gz - P_f(z)\\ \sigma_H = \sigma_1, & \bar{\sigma}_1 = 5\bar{\sigma}_3 = -5(\rho gz + P_f(z))\end{cases} \tag{5.7-26}$$

在第一种情况下：

$$\sigma_H - \sigma_V = \sigma_3 - \sigma_1 = 0.8(\rho gz + P_f(z)) \tag{5.7-27}$$

对应于一个拉伸(正的)应力。在第二种情况下：

$$\sigma_H - \sigma_V = \sigma_1 - \sigma_3 = -4(\rho gz + P_f(z)) \tag{5.7-28}$$

对应于一个挤压的(负的)绝对值更大的应力。因此，在任何深度，相较于拉伸偏应力，地壳可以承受更大的挤压偏应力(图 5.7-12)。

5.7.3 塑性流动

当岩石表现为脆性时，其特性与时间无关，它们产生弹性应变或者破裂。相比之下，塑性岩石的形变与时间有关。这种与时间有关的特性的一个常见模型是麦克斯韦黏弹性材料(Maxwell viscoelastic material)，其特性类似于短时间尺度上的弹性固体和长时间尺度上的黏性流体。这个模型能够描述地幔特性，因为地震波传播时地幔表现为固体，而冰川后期地壳回弹和地幔对流发生时，地幔表现为流体。

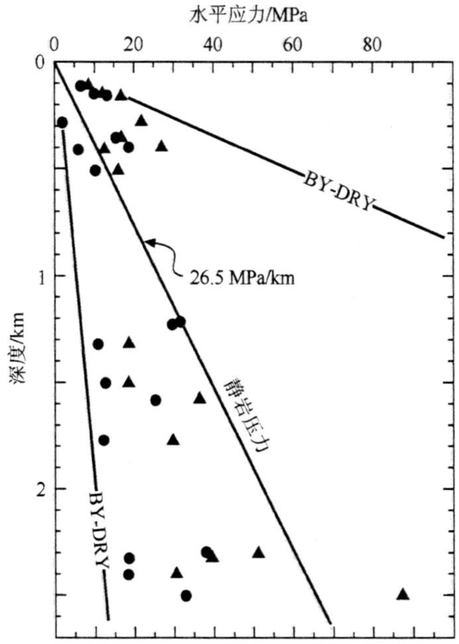

图 5.7-12 在南非测量的水平应力。圆点表示最小挤压的水平应力(σ_3)，三角形是最大挤压的水平应力(σ_1)。图中示出静岩应力梯度(26.5MPa/km)，以及零孔隙压力(DRY)的拜耳莱定律(BY)。较粗的线表示挤压，较细的线表示扩张。观测到的应力在最大和最小 BY-DRY 线之间。(Brace and Kohlstedt，1980，*Geophys. Res.*，85，6248-6252，版权归美国地球物理学会所有)

要对比二者差异，考虑一维条件下两种类型的形变。对于一个弹性固体，受到弹性应变：

$$e_E = e_{11}, \quad \sigma = Ee_E \tag{5.7-29}$$

其中，E 是杨氏模量；σ 是 σ_{11}。最简单的黏性流体遵循：

$$\sigma = 2\eta \frac{\mathrm{d}e_F}{\mathrm{d}t} \tag{5.7-30}$$

其中，η 是黏性系数；e_F 是流体的应变。这个等式定义了黏性系数，即度量流体抗剪切性的特性①。

通常把弹性材料类比为力与长度变化成正比的弹簧，因此，在任何时刻应力与应变都成正比，且不存在时间依赖性。相比之下，黏性材料被认为是一种减震器，即一种施加力与速度成正比的流体减震器。因此，应力与应变率成正比，并且材料响应随时间变化。二者的组合就形成类似于串联的弹簧和减震器(图 5.7-13)的黏弹性材料。组合的弹性和黏性响应来源于组合的应变率：

① 以熟悉的术语表示，黏度测量的是流体有多么“黏稠”。枫糖浆比水更加黏稠，而地球的地幔黏度大约是水黏度的 10^{24} 倍。

$$\frac{de}{dt}=\frac{de_E}{dt}+\frac{de_F}{dt}=\frac{1}{E}\frac{d\sigma}{dt}+\frac{\sigma}{2\eta} \qquad (5.7\text{-}31)$$

这个微分方程即麦克斯韦物质的流变定律，表明了在 $t=0$ 时刻施加了一个恒定应变 e_0 后，材料中的应力如何变化。在 $t=0$ 时，微分项占主导地位，所以材料表现为弹性，并且有一个初始应力：

$$\sigma_0 = Ee_0 \qquad (5.7\text{-}32)$$

当 $t>0$，$de/dt=0$，有

$$\frac{d\sigma}{dt}=-\frac{E}{2\eta}\sigma \qquad (5.7\text{-}33)$$

它的积分为

$$\sigma(t)=\sigma_0\exp[-(Et/2\eta)] \qquad (5.7\text{-}34)$$

因此应力作为时间的函数从初始值开始减小(图 5.7-13)。一个有用的参数是麦克斯韦弛豫时间(Maxwell relaxation time)①：

$$\tau_M=\frac{2\eta}{E}\approx\frac{\eta}{\mu} \qquad (5.7\text{-}35)$$

即应力衰减到初始值的 e^{-1} 的时间。当时间小于 τ_M 时，材料可以被认为是弹性固体，而对于较长时间，则可以被认为是黏性流体。

比如，如果地幔是一个 $\mu\approx10^{12}\text{dyn/cm}^2$ 且 $\eta\approx10^{22}$ Pa·s 的泊松固体，其麦克斯韦弛豫时间大约为 10^{10}s 或 300a。因为黏度并不能确切知道，所以麦克斯韦弛豫时间的估计值也在变化，但可以肯定的是，对于地震学来说我们可以把地幔看作固体，而在模拟构造运动时把它看作流体。如果为地幔建立一个黏弹性模型，那么在其表面上施加的荷载有一个随时间变化的作用。图 5.7-13(c)表明一个 150km 宽的沉积物荷载的效果，类似于被动大陆边缘的情况。最初，大地弹性响应产生了大的弯曲应力。随着时间推移，地幔流动，所以荷载下的挠曲加深并且应力松弛。当时间趋近极限时，应力变为零，并且挠曲值接近于均衡解，这是因为地壳均衡相当于假设岩石圈没有强度。应力松弛可以解释为什么除了冰川荷载最近被移除的地方，其他大陆边缘发生的大地震很罕见(图 5.6-20)。虽然大型沉积物荷载应当比其他板块内应力源产生更大的应力，比如较小和较低密度的冰川荷载，但由负载在板块边缘的早期的沉积物所产生的应力可能已经被释放。

① 麦克斯韦弛豫时间的定义不同，但总是包含黏度与弹性常数的比值。

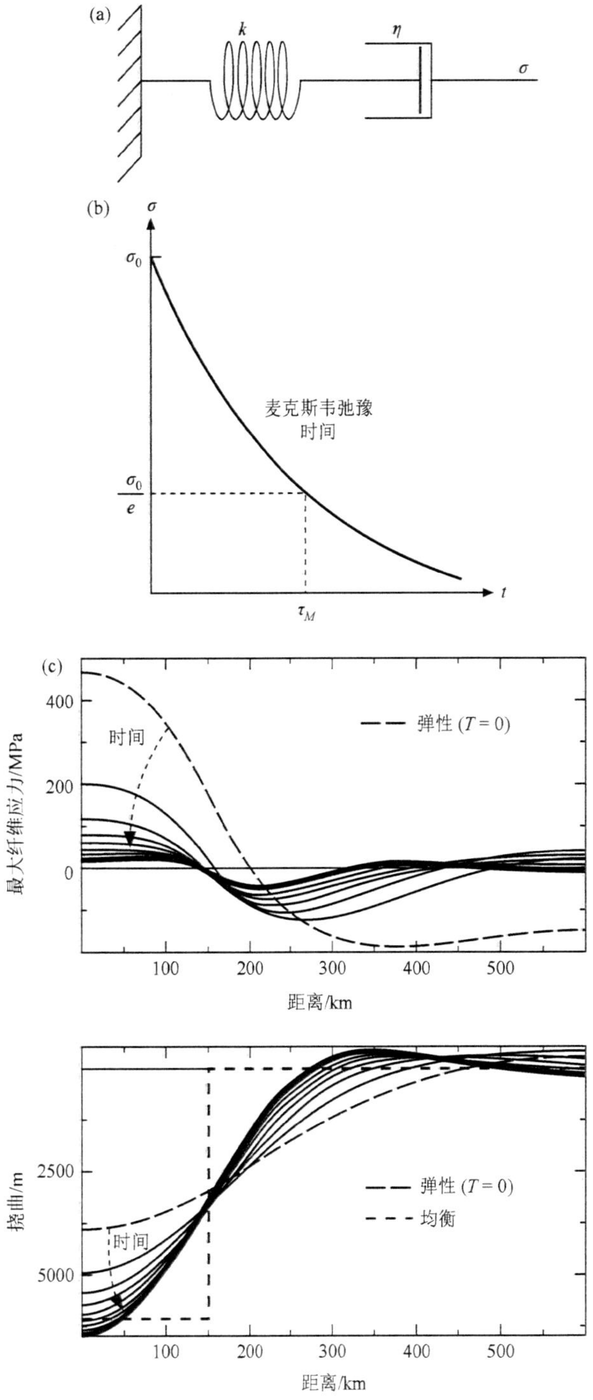

图 5.7-13　(a)串联的弹簧和黏性减震器组成的黏弹性材料模型。(b)对于一个施加的应变，黏弹性材料的应力响应。麦克斯韦弛豫时间 τ_M 是应力衰减到它初始值的 e^{-1} 时所需要的时间。(c)黏弹性地球上的沉积物负载所产生的挠曲和弯曲应力的演变。最初大地响应是弹性的，由长虚线表示，但是随时间增加发生流动，所以负载下的挠曲加深并且应力释放。(Stein et al.，1989，经 Kluwer Academic Publishers 授权转载)

实验室研究结果表明，塑性流中矿物的流变学特征可以描述为

$$\frac{\mathrm{d}e}{\mathrm{d}t} = \dot{e} = f(\sigma)A\exp[-(E^* + PV^*)/RT] \quad (5.7\text{-}36)$$

其中，T 是温度；R 是气体常数；P 是压强；$f(\sigma)$ 是应力差$|\sigma_1 - \sigma_3|$的函数；A 是常量。压力和温度的影响由激发能 E^*和激发体积 V^*来描述。$f(\sigma)$ 的观测值通常可以很好地拟合如下假设：

$$f(\sigma) = |\sigma_1 - \sigma_3|^n, \quad \dot{e} = |\sigma_1 - \sigma_3|^n A\exp[(E^* - PV^*)/RT] \quad (5.7\text{-}37)$$

这种流体的流变特征由一个幂定律来描述。如果 $n = 1$，则该介质被称为牛顿流体，而 $n = 3$ 的非牛顿流体通常用来表示地幔。从式(5.7-30)中可以看到，对于一个牛顿流体，黏度依赖于温度和压强：

$$\eta = (1/2A)\exp[(E^* + PV^*)/RT] \quad (5.7\text{-}38)$$

因此，黏度随温度呈指数衰减。这种衰减造成了强度较强的岩石圈覆盖于强度较弱的软流圈之上，并且这也是地震限制在较浅的深度的原因①。对于非牛顿流体，式(5.7-30)给出了有效黏度，即假设为牛顿流体时的等效黏度。

我们认为，式(5.7-37)显示了黏性介质的强度，即材料可以支持的最大应力差$|\sigma_1 - \sigma_3|$。这个应力差取决于温度、压强、应变率和岩石类型。介质在应变率越大的情况下强度越大，并且在高温下随温度呈指数衰减。深度较浅时，小压强的影响通常被忽略，所以激发体积 V^*被视为零。例如，对于干燥橄榄石常用的流动定律为②：

当$|\sigma_1 - \sigma_3| \leqslant 200\text{MPa}$，

$$\dot{e} = 7\times10^4 |\sigma_1 - \sigma_3|^3 \exp\left(\frac{-0.52\text{MJ/mol}}{RT}\right)$$

当$|\sigma_1 - \sigma_3| > 200\text{MPa}$，

$$\dot{e} = 5.7\times10^{11} \exp\left[\frac{-0.54\text{MJ/mol}}{RT}\left(1 - \frac{[\sigma_1 - \sigma_2]}{8500}\right)^2\right] \quad (5.7\text{-}39)$$

其中，$\dot{e}$的单位为 s^{-1}。同样，对于石英，当$|\sigma_1 - \sigma_3| <$ 1000MPa，

$$\dot{e} = 5\times10^6 |\sigma_1 - \sigma_3|^3 \left(\frac{-0.19\text{MJ/mol}}{RT}\right) \quad (5.7\text{-}40)$$

对于一个给定的应变率，石英的强度(只能承受较小的应力差)与橄榄石相比要弱得多。因此，富含石英的大陆地壳与富含橄榄石的海洋地壳相比强度更弱，其对构造的影响在下一节进行讨论。

5.7.4 岩石圈的强度

岩石圈强度随深度变化且取决于其形变机制。在较浅深度处，岩石由脆性断裂或由在预先存在断层上的摩擦滑动而产生断裂。这两个过程以相似的方式依赖于正应力，随着深度的增加，岩石强度增大。然而，在较深深度处，岩石的塑性流动强度小于脆性或摩擦强度，所以强度遵循流动定律，并且当温度随着深度的增加而升高时，强度减小。这种随温度变化的强度就是为什么冷的岩石圈会构成地球坚固外层的原因。

为了计算强度，需要假定一个应变率和随深度变化的地温曲线。在较浅深度，岩石圈强度(即摩擦滑动发生前的最大应力差)利用式(5.7-27)和式(5.7-28)计算。在某个深度处，摩擦强度超过塑性流动定律允许的塑性强度，因此对于较深的深度，最大强度由流动定律给出。图 5.7-14 给出被称为强度包络线的强度曲线，它适用于 10^{-15}s^{-1} 的应变率和古大洋岩石圈或稳定大陆内部的温度梯度。在摩擦区域，对于不同 λ 值(即不同孔隙压力与岩石静压力的比值)给出不同的曲线。孔隙压力越高，导致强度越低。所示塑性流动定律适用于石英和橄榄石矿物，这些矿物通常被用作大陆或大洋流变模型。由于不断增大的正应力，在脆

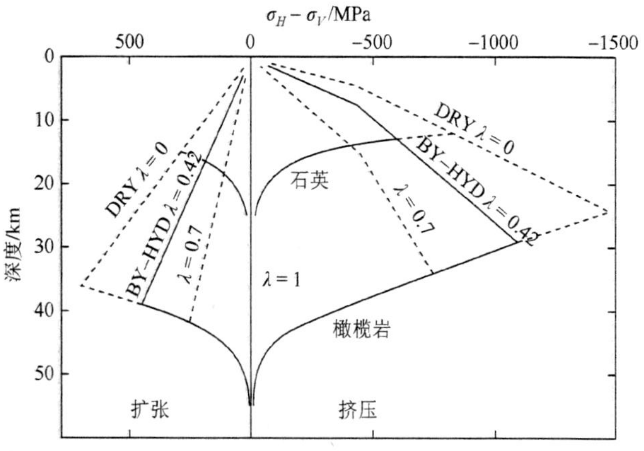

图 5.7-14 对于不同λ值，强度包络线是深度的函数，其中λ为孔隙压力与静岩压力的比值。BY-HYD 线由静水孔隙压力下的拜耳莱定律给出。在浅处，强度由脆性断裂决定；在较深处，塑性流动定律表明强度迅速减小。在塑性流动状态，石英比橄榄石强度更弱。在脆性状态时，挤压的岩石圈强度(右边)比扩张的岩石圈(左边)要强。(Brace and Kohlstedt，1980，*J. Geophys. Res.*，85，6248-6252，版权归美国地球物理学会所有)

① 随温度变化的黏度作用效果与在低温下汽车的驱动类似，此时发动机和传动装置变得明显迟缓。

② Brace 和 Kohlstedt(1980)。

性区域强度随深度的增加而增加；由于不断增加的温度，在塑性区域强度随深度的增加而减小。因此，强度在脆塑性转换区域最大。在这个转化区域下方强度迅速衰减，所以在大陆岩石圈约 25km 以及在大洋岩石圈约 50km 深度以下，强度很弱。强度包络线表明在脆性状态下岩石圈在压缩时比拉伸时强度大，但两者在塑性状态下是对称的。强度包络线绘制时采用了岩石力学中通常采用的压缩为正的约定。

强度随深度的实际分布可能更复杂，因为脆塑性转换经过一个半脆性区域，其中兼有脆性和塑性两种过程(图 5.7-3)。然而，这个简单模型对不同观察给出了解释。特别是，我们已经看到，在一些构造环境中，地震深度似乎是受温度限制。这很容易理解，因为对于一个给定应变率和流变性质的岩石，其强度对温度的指数依赖关系使得强度对地震活动的控制主要体现为温度对地震活动性的控制。

为明白这一点，考虑图 5.7-15，它表明随着大洋岩石圈老化和冷却，预期的高强度区域加深。这一结果似乎是合理的，因为地震深度、地震速度以及有效弹性厚度表明岩石圈坚固的上部分随年代的增长而变厚(图 5.3-9)。因此，强度包络线与观测一致，即海洋岩石圈内地震最大深度由 750℃等温线限定(图 5.7-16)。在 $10^{-15}s^{-1}$ 和 $10^{-18}s^{-1}$ 的应变率下绘制的包络线适用于板块内的缓慢形变。相比之下，周期 1s、波长 10km 的地震波以及 10^{-6} 的位移对应于 $10^{-10}s^{-1}$ 的应变率。因此，依次增大的有效弹性厚度、最深地震的深度以及低速区的深度与随应变率增大而增大的强度一致。

强度包络线可以解释大陆和大洋岩石圈之间差异(图 5.7-17)。首先，在一个给定温度下，石英比橄榄石强度弱(图 5.7-14)，这与大陆地震活动的限定温度与海洋地震相比较低的事实一致(图 5.7-18)。其次，强度的深度剖面图不同。大洋岩石圈随着深度增加，强度先增大后减小。然而，在大陆岩石圈，在富含石英的地壳中存在从低到高再减少的强度剖面，而且在莫霍面以下出现第二个橄榄石流变性质导致的高强度区。这个包含一个低强度区的“果冻三明治”剖面可能就是为什么大陆与大洋岩石圈形变不同的部分原因。例如，一些大陆造山运动(图 5.6-6)可能引起地壳增厚，因为一些上地壳薄层浮力太大不能俯冲而依次逆冲层叠。较弱的下地壳也可能以其他方式参与，这造成了大陆板块边界普遍比海洋边界更宽、更复杂的现象(图 5.2-4)。

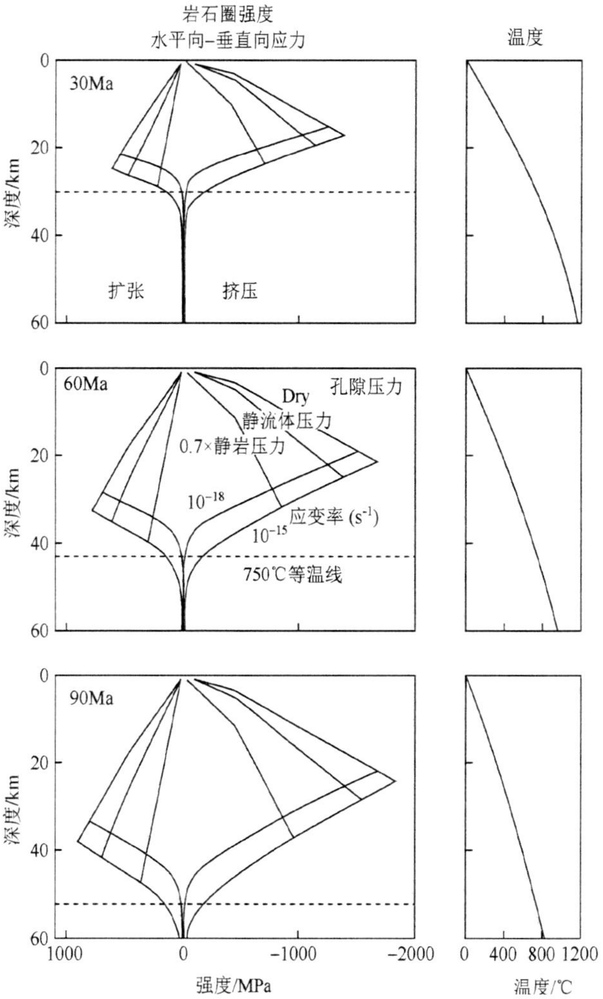

图 5.7-15　对于橄榄石的流变性，以及对应于不同年龄大洋岩石圈的地温曲线(右)，显示最大应力差(强度)随深度变化的强度包络线。在脆性状态下的强度因较高孔隙压力而减小；在塑性状态下的强度因较低应变率而减小。材料强度足以发生破裂的深度范围随年龄增加而增加。(Wiens and Stein，1983，*J. Geophys. Res.*，88，6455-6468，版权归美国地球物理学会所有)

5.7.5　地震与岩石摩擦

一般来说，当构造应力超过岩石强度时会发生地震，所以会产生一个新断层，或者已有断层发生滑动。因此，横跨板块边界的长期稳定运动似乎有可能导致有一定复发间隔的地震周期，这些地震有相同的滑动量和应力降(图 5.7-19)。然而，实际地震过程更为复杂。虽然引起地震的板块运动是稳定的，但在板块边界处的地震时间间隔各不相同(图 1.2-15)。在早期地震中，地震有时是沿着以往发生过地震的同一边界段破裂，而其他时期则沿着不同部分破裂(图 5.4-27)。此外，许多大地震表现出复杂的破裂模式，断层的某些部分与其他部

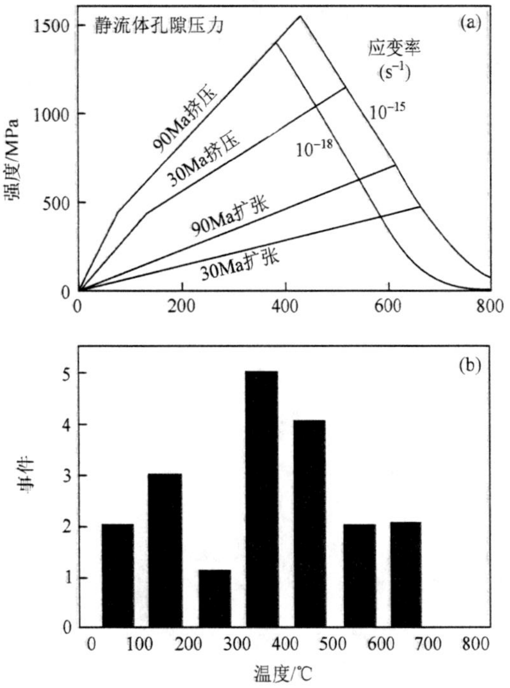

图 5.7-16　强度和地震活动与温度的关系。强度包络线解释了海洋板内地震活动只发生在 750℃等温线之上的观测。(Wiens and Stein，1985，*Tectonophysics*，116，143-162，经 Elsevier Science 授权转载)

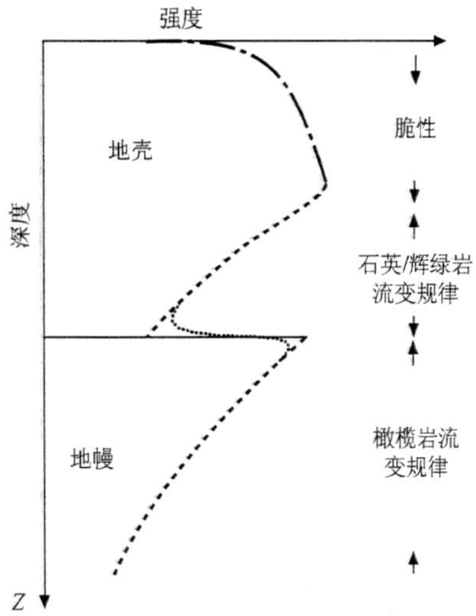

图 5.7-17　大陆强度包络线示意图。在塑性下地壳之下可能是富含橄榄石地幔的一个强度较强的区域。(Chen and Molnar，1983，*J. Geophys. Res.*，88，4183-4214，版权归美国地球物理学会所有)

分相比释放出更多的地震能量(图 4.5-10)。要想理解这些复杂性通常要结合两种基本理论。某些复杂性可能源于破裂过程中固有的随机性，这样，一些小破裂可以积累成大地震，而另一些则不能(1.2.6 节)。其他方面的复杂性可能由岩石的摩擦特性造成。

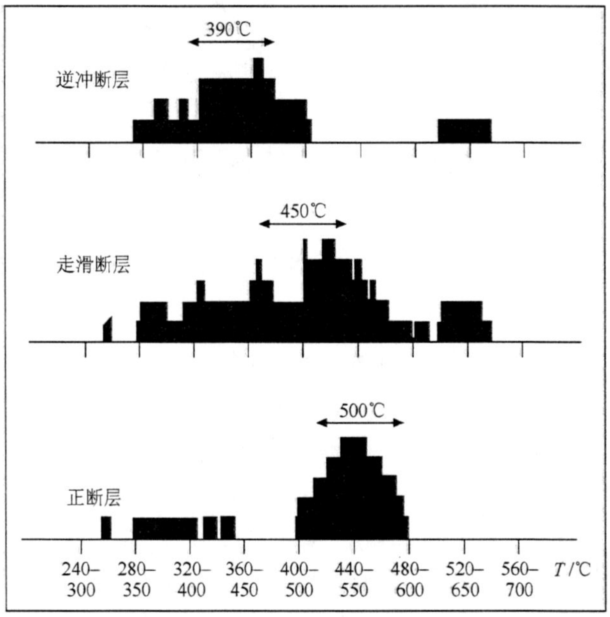

图 5.7-18　大陆地震活动的极限温度。这些温度比大洋岩石圈的温度要低得多，因为在大陆中的石英流变比橄榄石流变要弱得多。(J. Strehlau 和 R. Meissner 提供)

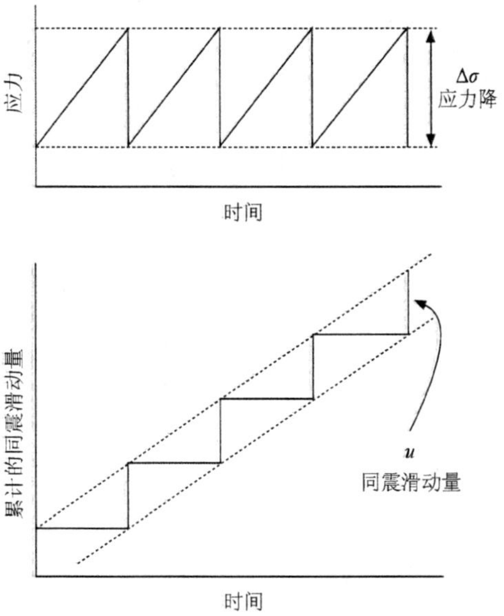

图 5.7-19　板块边界理想化的地震周期的应力和滑动量。其中，所有地震都具有相同的应力降和同震滑动量。(Shimazaki and Nakara，1980，*Geophys. Res. Lett.*，7，279-282，版权归美国地球物理学会所有)

考虑对岩石施加应力直到岩石破裂这样一个实验，可以得到一个有趣的认识：当断裂形成时，一些应力被释放，随后运动停止。如果再次施加应力，一旦应力达到一定水平，就会产生另一个应力降并发生运动。只要再次施加应力，就会继续产生间歇性的滑动和应力释放这个模式(图 5.7-20)。

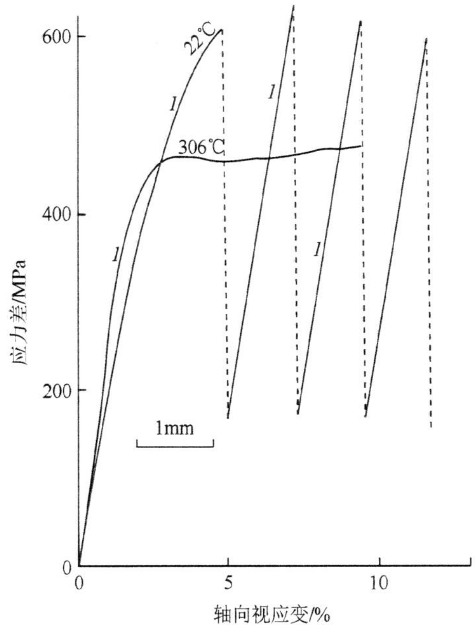

图 5.7-20　岩石样品的受力和滑动。在低温下，只要再次施加应力，就会继续产生间歇性的滑动和应力释放的黏滑模式。与此相反，在高温下产生稳定持续的滑动。(Brace and Byerlee, 1970. *Science*，168，1573-1575，1970。美国科学促进协会版权所有)

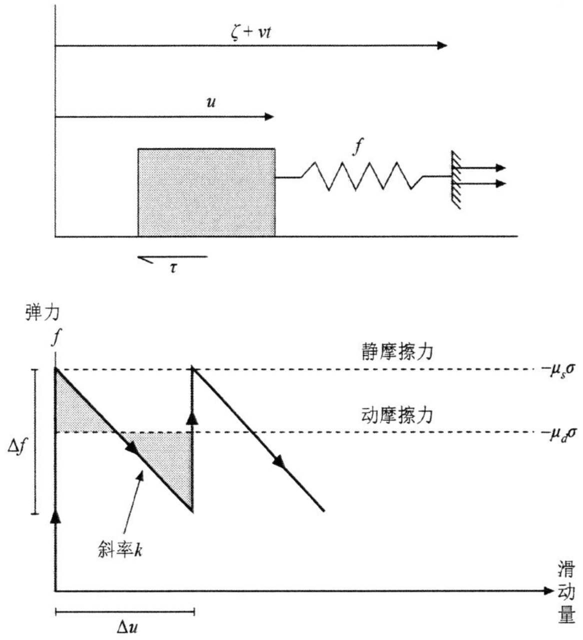

图 5.7-21　用简单的弹簧和滑块来模拟地震的黏滑模型。弹簧一端以速度 v 移动，施加在滑块的力为 f。滑动前，滑块受静摩擦力 $\tau=-\mu_s\sigma$ 阻滞，但是一旦滑动开始，摩擦力下降为 $-\mu_d\sigma$。在一连串滑动事件中，每次滑动 Δu 且力变化(应力降)为 Δf。

这种模式被称为黏滑运动，是断层上地震序列的实验室再现。以此类推，地震应力降只解除了总构造应力的一部分，并且当在断层上继续加载构造应力时，偶然会发生地震。在高温实验中(对于花岗岩约为300℃)黏滑运动不会发生(图 5.7-20)，这进一步证实了用实验研究地震的意义。另一种可能性是在断层上发生持续稳定的滑动，这和深部温度超过一定值时不会发生地震非常相似。因此，在实验室中了解黏滑运动可能有助于理解地震过程。

黏滑运动基于一个熟悉的现象：使一个物体克服摩擦开始滑动比在开始滑动后保持它的滑动状态更困难。这是因为阻碍物体滑动的静摩擦力要大于开始滑动后阻碍运动的滑动摩擦力①。图 5.7-21 有助于了解这个差值如何引起黏滑运动，以及地震中的黏滑运动。事实证明，用一根橡皮筋在桌面上拖动一个物体运动，会产生间歇性的黏滑运动②。因此，一个稳定负载，以及静摩擦和动摩擦的区别，会产生间歇性的一系列离散滑动事件。

为分析弹簧和滑块的滑动情况，假设一个滑块受到弹簧的作用力为 f，f 正比于弹簧常数(刚度) k 以及弹簧伸长量。如果在弹簧较远的一端施加并以速度 v 移动，则弹簧力为

$$f=k(\zeta+vt-u) \tag{5.7-41}$$

其中，u 是滑块滑动的距离；ζ 是在 $t=0$ 时的弹簧伸长量。这种运动受到一个阻碍其运动的摩擦力 $|\tau|=-\mu\sigma$，等同于 σ 的作用，即滑块重量引起的法向压应力(负值)和摩擦系数 μ 所决定的压缩(负的)正应力的乘积。由牛顿第二定律，力等于质量乘以加速度：

$$m\frac{\mathrm{d}^2u}{\mathrm{d}t^2}=f-\tau=k(\zeta+vt-u)+\mu\sigma \tag{5.7-42}$$

然而，只有当弹簧作用力超过摩擦力时滑块才开始滑动，所以在滑动开始的前一刻 $t=0$ 时，有

$$0=k\zeta+\mu_s\sigma \tag{5.7-43}$$

其中，μ_s 是静摩擦系数。为简单起见，假设在滑动瞬间摩擦系数降低到动态值 μ_d，并且有

$$m\frac{\mathrm{d}^2u}{\mathrm{d}t^2}=k(\zeta-u)+\mu_d\sigma \tag{5.7-44}$$

从式(5.7-44)中减去式(5.7-43)可以得出：

$$\begin{aligned}m\frac{\mathrm{d}^2u}{\mathrm{d}t^2}&=-ku+(\mu_d-\mu_s)\sigma\\&=-ku+\Delta\mu\sigma\end{aligned} \tag{5.7-45}$$

如果在滑动期间加载速率 v 小到可以忽略不计，那么我们可以用式(5.7-45)作为滑块滑动 $u(t)$ 的运动方程。

① 越野滑雪有类似的效果，对一个滑雪板加力会增加雪的摩擦，放松滑雪板则易于滑动。

② 我们建议试一下这个实验。

在初始条件为 $u(0)=0$ 以及 $\frac{du(0)}{dt}=0$ 时，式(5.7-45)的一个解为

$$\begin{aligned} u(t)&=\frac{\Delta\mu\sigma}{k}(1-\cos\omega t)\ (\text{滑动位移}),\\ \frac{du(t)}{dt}&=\frac{\Delta\mu\sigma}{\sqrt{km}}\sin\omega t\ (\text{速度}),\\ \frac{d^2u(t)}{dt^2}&=\frac{\Delta\mu\sigma}{m}\cos\omega t\ (\text{加速度}) \end{aligned} \tag{5.7-46}$$

其中，$\omega=\sqrt{k/m}$。正如以上所述，由于弹簧拉力超过摩擦力，滑块开始滑动。在滑动过程中，随着弹簧变短，弹簧弹力逐渐减小，直到它变得小于摩擦力时，滑块减速并最终停止运动。一旦弹簧弹力线上方的阴影部分与下方部分(图 5.7-21)相等，或者当滑块加速与减速做功相等时，滑块就会停止运动。如果弹簧末端继续滑动，继续加载直到弹簧弹力再次与静摩擦力相等，产生另一个滑动过程。

考虑这个滑动过程模型与地震之间的类比关系很有意思。滑动过程的持续时间 t_D 类似于一次地震的上升时间(4.3.2 节)，满足：

$$\frac{du(t_D)}{dt}=0,\quad t_D=\frac{\pi}{\omega}=\pi\sqrt{m/k} \tag{5.7-47}$$

这个过程中总的滑动为

$$\Delta u=u(t_D)=2\Delta\mu\sigma/k \tag{5.7-48}$$

与地震的应力降类似(4.6.3 节)，弹簧弹力的下降值为

$$\Delta f=2\Delta\mu\sigma \tag{5.7-49}$$

因此上升时间取决于弹簧系数而不是静摩擦力和动摩擦力之差。而总的滑动和应力降取决于摩擦力差值。但它们都与加载速率无关，加载速率类似于在板块边界引起地震的板块运动速率。但是加载速率决定了两次连续滑动之间的时间。因此，在与板块边界类比中，大地震之间的时间取决于板块运动速度，但它们的滑动和应力降取决于断层的摩擦特性和正应力。因此，运动较快的边界将有更频繁的大地震，但是它们的滑动和应力降不会比具有类似摩擦特性和正应力的滑动较慢的边界大。

实验室实验表明，静摩擦力和动摩擦力之间的差值比在这个简单模型中假设的恒定值更复杂。可以认为，较低的滑动摩擦可能是因为速度弱化(随着物体移动速度的加快而减小)，或者因为滑移弱化(随着物体移动量增加而减小)。具有可变滑动摩擦系数 μ 的摩擦模型称为速度和状态依赖摩擦。一个简单模型为

$$\mu=[\mu_0+b\psi+a\ln(v/v^*)] \tag{5.7-50}$$

其中，μ_0 是静摩擦系数。摩擦力取决于用速率 v^* 归一化的滑动速率 v，以及代表滑动历史的状态变量 ψ，而

$$\frac{d\psi}{dt}=-(v/L)[\psi+\ln(v/v^*)] \tag{5.7-51}$$

其中，L 是一个由实验确定的特征距离。摩擦力还取决于表征材料特性的 a 和 b。

图 5.7-22 说明了摩擦力的演变。如果滑动速率按因子 e 增加，则摩擦力按因子 a 减小，然后随着滑动过程减小，达到一个新的稳定状态。随着时间变化，ψ 达到一个由式(5.7-51)给出的稳定状态：

$$0=-(v/L)[\psi_{ss}+\ln(v/v^*)],\quad \psi_{ss}=-\ln(v/v^*) \tag{5.7-52}$$

稳定状态摩擦系数［式(5.7-50)］为

$$\begin{aligned}\mu_{ss}&=[\mu_0+b\psi+a\ln(v/v^*)]\\ &=[\mu_0+(a-b)\ln(v/v^*)]\end{aligned} \tag{5.7-53}$$

且随滑动速率变化关系为

$$\frac{d\mu_{ss}}{d\ln v}=(a-b) \tag{5.7-54}$$

所以在滑动速率变化后，摩擦的静变化值为 $(a-b)$。如果 $(a-b)$ 为负数，材料表现为速度弱化，这会产生由黏滑运动引起的地震。然而，对于 $(a-b)$ 为正的情况，材料表现为速度强化，并且有可能产生稳定的滑动。

实验室结果显示(图 5.7-20)，对于花岗岩，大约在 300℃时 $(a-b)$ 会改变符号，这对于地震来说应该是一个极限温度。因此，摩擦模型估计的大陆地震的最大深度与由岩石强度预计的值相似。

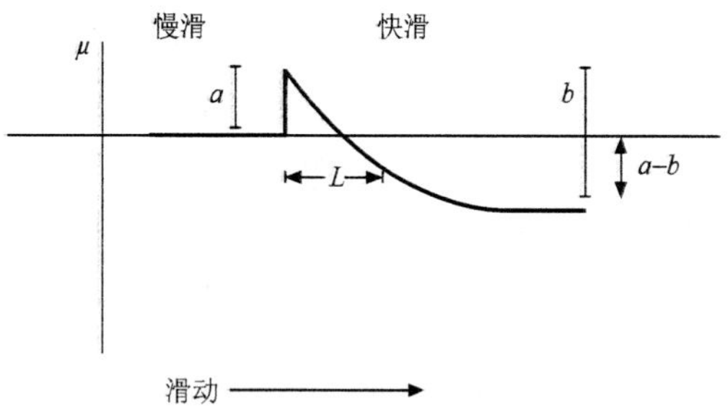

图 5.7-22 一个简单的速度和状态依赖模型中摩擦力的变化。如果滑动速率按因子 e 增加，摩擦力就会以因子 a 增加，然后随滑动量减小到稳态值 $(a-b)$。(Scholz，1990，经剑桥大学出版社授权转载)

利用与简单滑块模型(图 5.7-21)类似的断层模型，这些结果可以用来模拟地震周期。图 5.7-23 显示一个板块运动推动走滑断层模型的滑动历史，表示为

深度和时间的函数。断层的速度和状态依赖摩擦特性是深度的函数，使得黏滑运动产生于 11km 以上的深度。最初从时间 A 到 B，在深部发生稳定的滑动，并且在地表附近产生一些前兆性的滑动。在浅层，地震造成 2.5m 的突然滑动，如时间 B 和 B'的曲线所示。结果是，浅部断裂超过其下介质，对介质加载并在时间点 B'到 F 之间引起震后滑动。这之后，这个约 93a 的地震周期循环随着深部稳定的滑动再次开始。

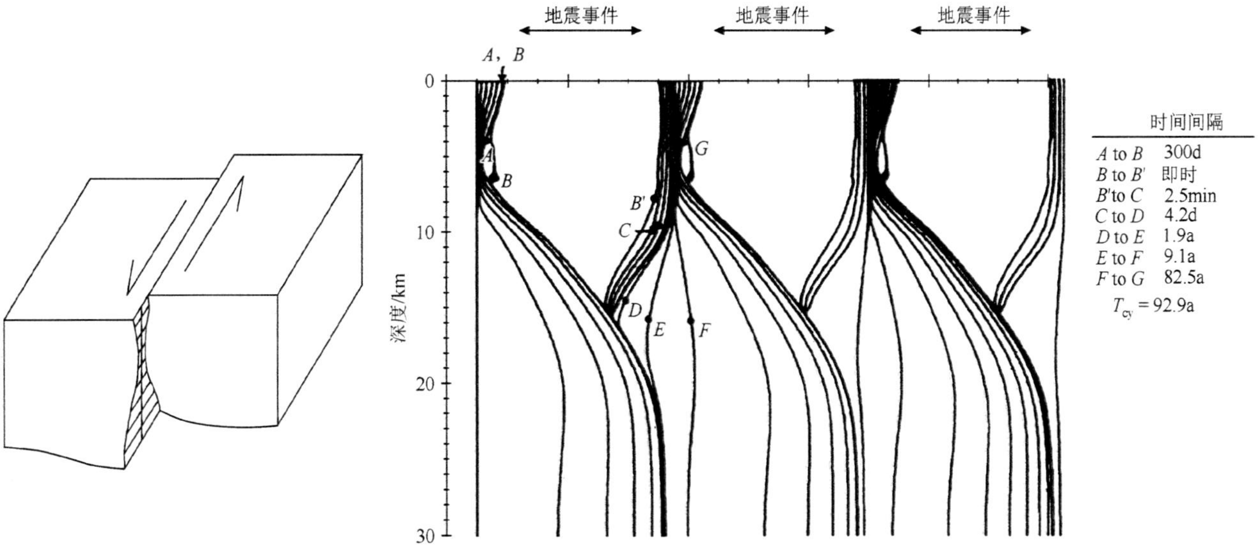

图 5.7-23　由板块运动推动的具有速率和状态依赖摩擦性质的走滑断层模型的地震周期。三个周期的滑动历史随深度和时间的变化而变化，每条曲线代表了一个特定时间。持续稳定运动发生在深部，黏滑运动发生在 11km 之上。(Tse and Rice，1986，*J. Geophys. Res.*，91，9452-9472，版权归美国地球物理学会所有)

这种模型表现出了地震循环中的许多方面。然而，存在一个有趣的差异，即模型预测的地震有固定的时间间隔，而历史地震记录间隔变化很大。一部分变化可能是由于其他断层上地震的影响，或者同一断层不同部分的影响。图 5.7-24 对应于图 5.7-21 中的滑块模型，用示意图方式表示出了这种观点。假设在一次地震循环后，滑块上的正压应力减小。这种“松脱效应”减少了抵抗滑动的摩擦力，所以减少了将弹簧弹力再次上升到下次滑动所需的时间。相反，增加的压应力更加“锁住”滑块，所以增加了到下次滑动过程的时间。此外，由式(5.7-49)，滑动过程中的应力降随 σ 的变化而变化。

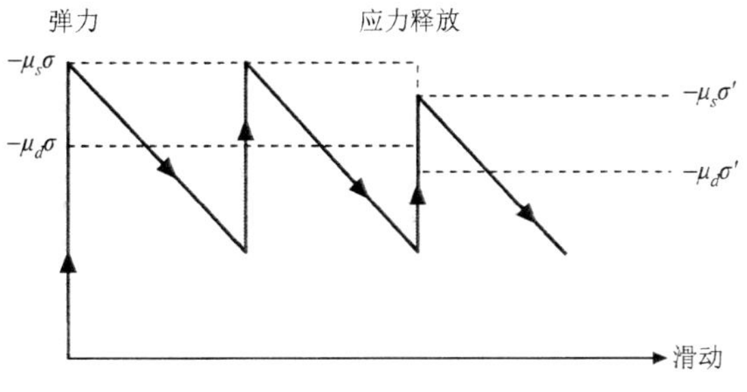

图 5.7-24　修正后的滑块模型(图 5.7-21)，包括了正应力变化的影响。减小正应力($|\sigma|-|\sigma'|$)也就减少了摩擦力，因此断层松脱后到下一个滑动事件的时间会减少。

对于地震，这种类比意味着在一段断层上地震的发生可能是由于其他地震引起的断层上的应力改变导致的。这个概念是通过库仑-莫尔准则(Coulomb-Mohr criterion)［式(5.7-5)］进行量化的，即当剪切应力超过滑动线上限(图 5.7-9)或 $\tau>\mu\sigma$ 时可能会产生滑动。因此，我们可以定义库仑断裂应力：

$$\sigma_f = \tau + \mu\sigma \tag{5.7-55}$$

当 σ_f大于零时，会发生断裂。附近的地震是否增加或减少了破裂的可能性表现为地震产生的库仑断裂应力的变化：

$$\Delta\sigma_f = \Delta\tau + \mu\Delta\sigma \tag{5.7-56}$$

而正 $\Delta\sigma_f$ 会促进断裂，这种情况的出现可能是因为剪切应力 τ 的增大或正应力的减小(挤压为负，所以 $\Delta\sigma>0$ 会促进滑动发生)。

一些地震观测为这个观点提供了支持。图 5.7-25 表明 1971 年(面波震级 6.6)的圣费尔南多地震在洛杉矶地区引起的库仑破裂应力变化。应力变化规律反映了地震的震源机制，即在西北-东南走向断层上的逆冲断裂(图 5.2-3)。两个中等地震，即 1987 年惠蒂尔海峡(Whittier Narrows)(里氏震级 5.9)地震以及随后的 1994 年北岭(矩震级 6.7)地震发生的地区，位于 1971 年地震导致的断裂应力增加区，这表明应力变化可能会触发地震。在其他地震发生过后也发现了类似规律，并且在一些研究中已经发现余震主要集中在主震增加了破裂应力的地区。应力触发也许能够解释为什么在一个断层上发生的连续地震有时似乎有一致模式。例如，1999 年在北安纳托利亚断层上面波震级 7.4 的伊兹米特地震(图 5.6-8)似乎是过去 60a 里一系列大地震(面波震级 7)中的一部分，这些地震连续地出现并逐步向西迁移，因此越来越接近伊斯坦布尔城市。

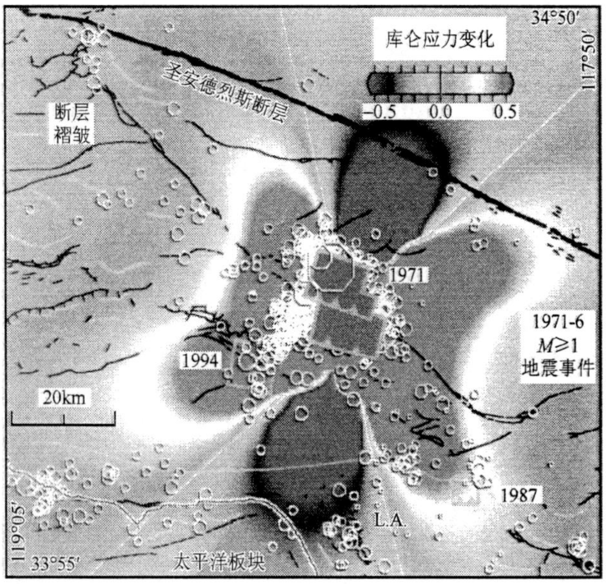

图5.7-25　计算的1971年圣费尔南多地震引起的库仑破裂应力变化。惠蒂尔海峡和北岭地震发生在 1971 年地震导致的应力增加的区域。(Stein et al.，1994，*Science*，265，1432-1435，版权归美国科学促进协会所有)

这种模型一个有趣特征是，其预测的应力变化数量级为 1bar，只是地震中典型应力降的 1%～10%(4.6.3 节)。这么小的应力变化应当只够触发一次构造应力已经接近临界值的地震。然而，正如在滑块模型中那样(图 5.7-24)，应力变化可能影响到构造应力增大到能产生地震的时间。有人认为，1906 年旧金山大地震减少了该地区其他断层上的断裂应力，导致了“应力影区”并增加了这些断层上到下一次地震的预期时间。这与下述观察一致，在 1906 年地震前 75a 内该地区有 14 个矩震级 6 以上地震，而只有一个发生在随后的 75a 内。这样的分析可能有助于改进对具有一定规模的地震在某个时期内在给定断层上发生的概率。到目前为止，这样的估计有很大不确定性(4.7.3 节)，部分是因为地震之间的时间间隔变化较大。由于简单的库仑摩擦预测的地震复发时间比较单一，结合速率和时间依赖摩擦系数的应力负载模型可能解释一些复发间隔变化从而减少这种不确定性。

本讨论表明对断层上应力状态研究的重要性。在这个问题上，摩擦模型给出了解释，但主要问题仍然存在。从地震观测资料估计的地震应力降通常小于几百巴(几十兆帕)。然而，岩石圈的预期强度要高得多(图 5.7-14～图 5.7-16)，在千巴(几百兆帕)级别。实验室结果(图 5.7-20)和摩擦模型(图 5.7-21)给出了对这种差异的一些解释，因为这两者滑动过程中应力降都只是总应力的一小部分。

然而，摩擦模型无法解释被称为“圣安德烈斯”或“断层强度”悖论这个有趣的问题。如在 5.4.1 节所指出的，在剪切应力 τ 作用下的断层以速度 v 滑动时，应当会以速率 τv 产生摩擦热。因此，如果断层上的剪切应力与从强度包络线中预期的一样高(数千巴或数百兆帕)，就应当产生显著热量。但是在圣安德烈斯断层两侧几乎没发现或者很少出现热流异常(图 5.7-26)，表明该断层比预期强度弱得多。应力方向数据可以得出类似结论。虽然库仑-莫尔模型预测，从震源机制、地质资料以及钻孔中推断出的最大主应力方向应该与圣安德烈斯断层相交 23° 左右(图 5.7-8)，而观测到的方向基本垂直于断层(图 5.6-19)，这表明该断层类似于一

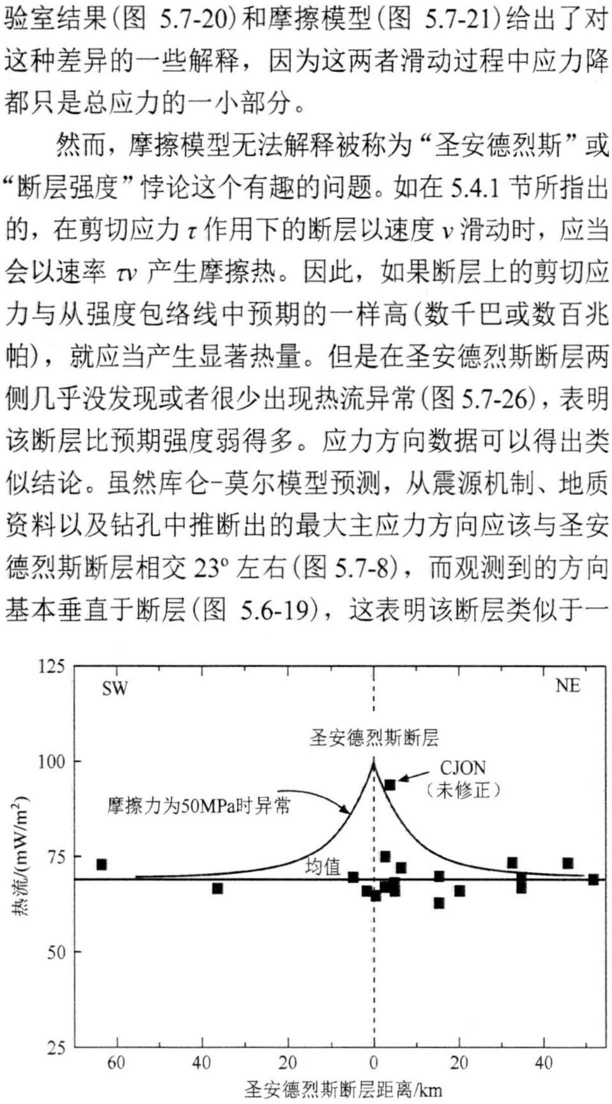

图 5.7-26　观测圣安德烈斯断层(正方形)的热流。除了一个点以外(CJON，卡洪山口)，通过剪切热(实线)预测的热流升高并未观测到，可能是因为断层强度很弱。(Lachenbruch and Sass，1988，*Geophys. Res. Lett.*，15，981-984，版权归美国地球物理学会所有)

个自由表面。到目前为止，对于这些观察还没有得出一个普遍接受的解释。一种解释是，断层上的有效应力由于高孔隙压力而减小，但关于在断裂带上是否能保持比静水压力更高压力的讨论仍在争议中。另一种解释是，断裂带充满了低强度富含黏土的断层泥，但这种解释面临的困难是，用这种材料的实验发现，除非孔隙压力很高，否则介质保持正常强度。

综上所述，基于岩石摩擦的观点为地震力学提供了重要的认识。虽然仍存在许多未解决的问题，并且一些引人关注的问题仍有待被充分证明，但岩石摩擦在解决地震问题中似乎扮演了一个越来越重要的角色。

5.7.6　地震与区域形变

地震中巨大快速的形变通常是发生在一个更大区域的缓慢形变过程的一部分。如在 5.6.2 节所述，在不同时间尺度上使用不同技术计算的地震的、无震的、短暂的和永久性的形变之间常常存在差异。关于流变学和岩石圈动力学实验和理论观念可用于调查地震和产生地震的地区形变之间的关系。

地震通常反映分布在一个广阔板块边界区域的形变。在这种情况下，把岩石圈看作黏性流体并把地震作为其形变的指示。这类似于用可变形的橡皮泥模拟由于喜马拉雅碰撞产生的亚洲形变(图 5.6-7)。图 5.7-27 显示美国西部太平洋-北美板块一部分边界区的这种分析。这种形变假定来自转换板块边界和上升地形势能所产生的力的联合作用，其中上升地形在其自身重力作用下向外扩散。为了验证这个想法，用空间大地测量、断层滑动和板块运动数据内插得到一个连续速度场(图 5.2-3 和图 5.6-3)。这个速度场被视为由黏性流体运动产生，并且转换为一个应变率张量场。然后与从地形和板块边界力推出的应力张量大小做比较。在任意一点应力与应变率的比值(即垂向平均的有效黏度)有显著变化。沿着圣安德烈斯断层和大盆地西部的低值表明，对于预期应力，应变率相对较高，这与强度较弱的下地壳相符。大峡谷-内华达块体内部形变很小，因此是相对刚性并表现为高黏度区域。对地震矩张量求和(5.6.2 节)会产生平均约为推断总应变 60%的地震应变率。如前文所述，这种差异可能指示出某些无震形变或者是 150a 的历史地震活动还不足以得出一个可靠的估计。

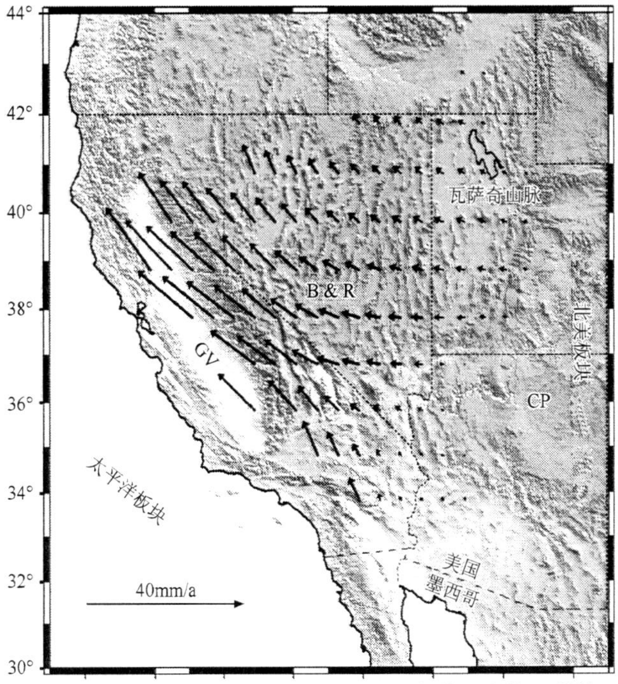

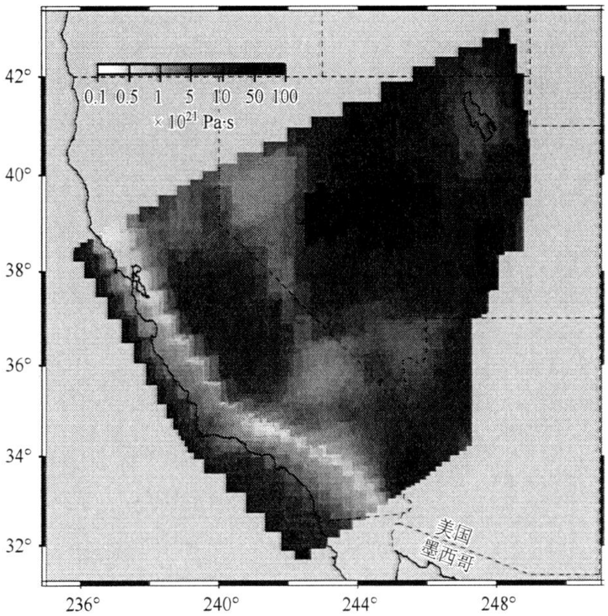

图 5.7-27　左图：美国西部太平洋-北美板块边界带的一部分估计速度场。右图：有效黏度由偏应力张量的大小除以应变率张量的大小确定。(Flesch et al.，2000，*Science*，287，834-836，版权归美国科学促进协会所有)

黏性流体模型可以用来研究岩石圈在不同时间尺度上形变。如 5.6.2 节所述，横跨整个纳斯卡-南美板块边界区的GPS数据显示出比从地质构造或地形模型推断出的更快速的运动。这种差异可能是由于 GPS 数据记录的是瞬时速度，既包括永久性形变也包括在未来地震中能恢复过来的弹性形变，而较低的地质速率只反映永久性形变。可以使用一个弹簧、一个阻尼器和一对摩擦平面组成的简单一维系统(图 5.7-28)代表上覆的南美板块来模拟。这个系统比较接近地壳特性：弹簧给出短时期内的弹性响应，阻尼器提供在地质时间尺度上的黏性响应，而摩擦平面模拟海沟处的逆冲断层的地震周期。当板块汇聚挤压系统时，应力 $\sigma(t)$ 随时间增大，直到达到屈服强度 σ_y，当地震发生时，应力降到 σ_b，并重复该过程。地震发生时位移为 Δu，其余时间位移以速度 v_0 累积。地形和地震数据记录了平均的长期缩短速率 v_c，它由锯齿形曲线的包络线表示，而 GPS 数据记录了较高的瞬时速度 v_0。因此，瞬时速度由锁定在海沟处的板块运动引起，它导致上覆板块的弹性形变(图 4.5-14)并在板间地震的地震滑动中释放。与之相比，在海沟处的无震滑动分量对上覆板块的形变及对界面的闭锁没有任何作用。类似的模型也用来解释其他区域，在这些地区内，形变在不同时间尺度上表现不同。

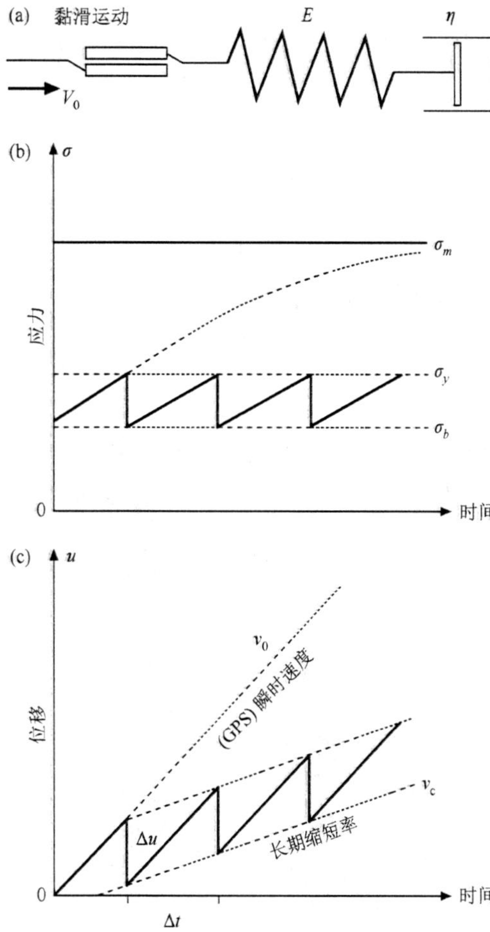

图 5.7-28　(a)黏弹-塑性地壳模型用来描述上覆的南美板块对纳斯卡板块俯冲的响应。减震器代表黏性体的永久形变，弹簧代表了弹性体的瞬时形变，摩擦板块代表了海沟处的地震周期。(b)应力演化模型。(c)模型的位移历史。地震时滑动位移为 Δu，其余时间，位移以 v_0 积累。在海沟处，GPS 数据记录了以 v_0 开始的梯度，在那里位移曲线包络 v_c 是在地质记录和地形上反映的长期缩短率。(Liu et al.，2000，*Geophys. Res. Lett.*，18，3005-3008，版权归美国地球物理学会所有)

黏性流体模型也可用于分析地震周期的其他方面。例如，图 5.7-29 表示的是圣安德烈斯断层某些部分附近的应变率随时间的变化。在一次地震之后，大概是由于稳定的震间运动，震后运动似乎持续几年时间，然后慢慢衰减。从 GPS 和其他大地测量较大海沟逆冲断裂地震的结果中可以得到类似结果。震后多年里，上覆板块海沟附近测点向海洋移动，表明震后运动与地震震源机制一致(图 4.5-15)。然而，通常最终这些测点恢复在海沟处的陆向震间运动(图 5.6-10)。

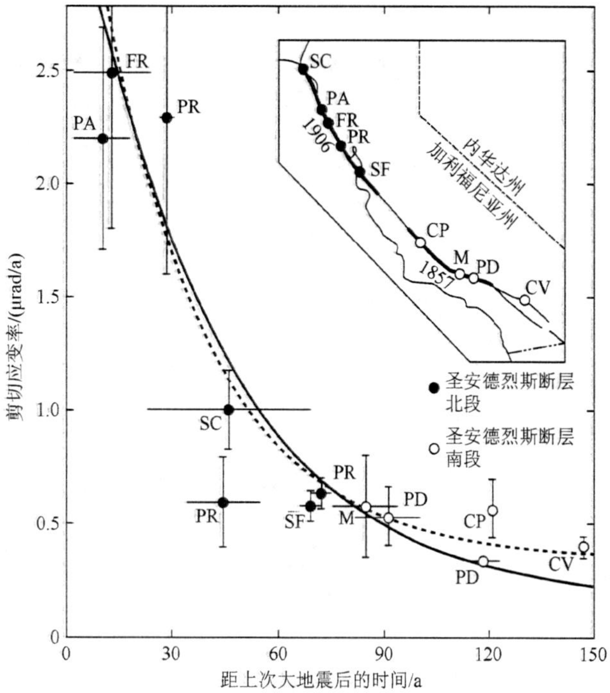

图 5.7-29　从上一个大地震以来，部分圣安德烈斯断层附近的剪切应变率随时间的变化。数据与两个模型的预测类似：黏弹性应力松弛(实线)和地震断层平面下的无震震后滑动(虚线)。(Thatcher，1983，*J. Geophys. Res.*，88，5893-5902，版权归美国地球物理学会所有)

解释这些观察是非常有挑战性的，因为断层上或其附近的震后滑动对地表的影响类似于软流圈黏弹性流动的影响(图 5.7-29)，这有助于对地震过程以及岩石圈和软流圈流变性的理解。一个可能性是黏性软流圈允许由大地震产生的应力波缓慢地穿过较大距离并促进地震触发。

延伸阅读

鉴于板块构造是相对较新的发现，及其对于地质学许多方面的重要性，以及它在地震过程中的关键作用，许多优秀资源为本章的主题提供了更多信息，其中一部分在这里列出。

Menard(1986)和 Cox(1973)的经典论文集从参与者的角度讨论了板块构造激动人心的发展。板块构造的基本思想在构造地质中作了简介。更详细的讨论来自 Uyeda(1978)、Fowler(1990)、Kearey 和 Vine (1990)以及 Moores 和 Twiss(1995)等。Cox 和 Hart (1986)提出了基本的运动学概念，Chase(1978)、Minster 和 Jordan(1978)和 DeMets 等(1990)讨论了全球板块运动模型。

Turcotte 和 Schubert(1982)以及 Sleep 和 Fujta(1997)对板块构造的热和力学性能进行了讨论。大洋中脊构造和结构则是由 Solomon 和 Toomey(1992)以及 Nicolas(1995)进行了讨论。大洋岩石圈的热演化由 Parsons 和 Sclater(1977)以及 Stein 和 Stein(1992)进行了讨论。McKenize(1969)提出了我们遵循的俯冲带热模型。在 Bebout 等(1996)的论文中涵盖了俯冲带的许多方面，Kamamori(1986)对俯冲带逆冲型地震进行了评论。Lay(1994)探讨了俯冲板块的性质和归宿。Frohlich(1989)、Green 和 Houston(1995)以及 Kirby 等(1996b)对深源地震进行了评论。Parsons 和 Richter (1980)对洋中脊推力进行了推导。Wiens 和 Stein(1985)对其在海洋板内应力方面的应用进行了讨论。Yeats 等(1997)的讨论涵盖了关于地震和区域地质关系的广泛话题。Resendahl(1987)讨论了大陆裂谷。Gregeren 和 Bashm(1989)的论文中探讨了被动边缘以及大陆内部地震，重点在于冰河期后的作用。

Molnar(1988)、England 和 Jackson(1989)探讨了大陆形变中的概念。Gordon(1998)对板块刚性和扩散板块边界进行了概述。在 Smith 和 Turcotte(1993)、Dixon(1991)、Gordon 和 Stein(1992)以及 Segall 和 Davis(1997)的论文中，对空间大地测量在构造运动中的应用进行了论述。可以在美国导航卫星定时测距大学联合会(University NAVSTAR Consortium)网站(http://www. unavco.org)上找到许多 GPS 数据和结果，其中包括一个综述手册。Zoback(1992)以及刊物同一期的其他论文对应力图和其解释做出了讨论；应力图可以在世界应力地图(World Stress Map)项目网站(http: //www-wsm.physik.uni-karlsruhe.de)上找到。

Sleep(1992)对地幔柱进行了概述。Nataf(2000)和 Foulger 等(2001)讨论了地幔柱的地震成像。Smith 和 Braile(1994)讨论了黄石热点。此外，Stein 和 Stein(1993)讨论了海洋热点上降。Peltier(1989)的论文探讨了地幔对流的许多方面。Silver 等(1988)探究了俯冲、对流和地幔结构之间的关系。此外，Christensen(1995)评述了相变对于地幔对流的影响。Stacey(1992)讨论了全球构造的热机观点，Ward 和 Brownlee(2000)总结了板块构造在地球生命的起源和存在中起到至关重要作用的论点。

Jaeger(1970)、Weertman 和 Weertman(1975)、Jaeger 和 Cook(1976)、Turcotte 和 Schubert(1982)、Kirby(1983)、Kirby 和 Kronenberg(1987)以及 Ranalli(1987)就包含岩石力学、流体力学及其构造应用的主题进行了讨论。Scholz(1990)和 Marone(1998)讨论了涵盖岩石力学与地震之间关系的主题，特别强调了岩石摩擦。我们对于断层的滑块模型遵循 Scholz(1990)的讨论。Evans 和 Wong(1992)对大陆形变和断裂强度的相关问题进行了探讨。Stein(1999)总结了应力触发地震的概念。

问题

(1)假设沿着圣安德烈斯断层的太平洋-北美板块相对运动速率为 35mm/a。

①如果所有运动都以地震方式发生，每次地震大约相隔 22a，这是帕克菲尔德断裂段的平均复发间隔，你预测在地震中会有多大的滑动量？从图 4.6-7 中，估计这种地震可能的断层长度和震级。

②如果地震发生间隔约为 132a，如帕莱特溪地震，给出类似的估计。

(2)假设帕莱特溪序列的所有地震(图 1.2-15)包含 4m 的地震滑动量。使用从目前到 1857 年地震的时间间隔，计算出圣安德烈斯断层在这部分的地震滑动速率。接下来，以平均过去两次地震(1857 年和 1812 年)、三次地震等，直到整个地震历史的时间间隔来计算地震滑动速率。这个简单实验对估计地震滑动有什么含义？还要考虑哪些不确定性？以及它们对这种估计的影响是什么？

(3) ①使用表 5.2-1 计算胡安德夫卡板块在 46° N，125° W 处俯冲到北美大陆下方的速率。

②如果这一切运动都发生在大地震中，在每个地震的滑动量是 5m 的情况下，你预计多久会发生一次地震？如果地震滑动量是 10m 或 20m，结果又如何？

③如果只有 25%或 50%的板块运动是通过地震滑动发生的，那么②的答案有什么变化？

④古地震观测和海啸的历史记录表明，这个俯冲带大约每 500a 发生一次特大地震。基于①～③给出几种可能性。结合这些可能性进行分析。

⑤这个俯冲海沟的地壳年龄约为 10Ma。参考图 5.4-30，假定汇聚速度已知，推断这个地区预期最大地震的矩震级是多少，找到相应的地震矩并给出与古地震和板块运动观察相一致的合理的断层几何结构和滑动量。

(4) 对于刚性板块，式(5.2-10)表明可以从两个板块的角速度矢量之和找到一个板块的角速度矢量。证明在任意一点也可以对线性速度矢量做这种处理。

(5) 新闻媒体有时会问："最大的可能地震有多大？" 假设世界上所有的海沟(48000km)同时滑动，估计地震矩和矩震级的大小，假设滑动量为 10m，且断层宽度为 250km。

(6) 假设 $\hat{k}=10^{-6}\,\mathrm{m^2/s}$，估计在式(5.3-19)和式(5.4-3)中定义的热雷诺数 R。这对于板块冷却和俯冲过程意味着什么？

(7) 假设大洋岩石圈的热传导系数为 $3.1\mathrm{Wm^{-1}\cdot ℃^{-1}}$。

①给出古老大洋岩石圈的热流，假设温度梯度为线性(图 5.3-8)，基底温度为 1450℃，板块厚度为 95km。

②对于 1350℃的基底温度和 125km 的板块厚度，这个值是如何变化的？

③当基底温度保持在 1350℃，如果在一个板块中部区域下方的岩石圈减薄到 50km，假设温度梯度是线性的，热流会怎么样？

(8) 认识俯冲的物理过程的一种方法是使用经典的流体力学结果，被称为斯托克斯问题(Stokes' problem)，它描述了一个半径为 a、密度为 ρ 的球在黏度为 η 和密度较低为 ρ' 的流体中，由于重力作用下降，其最终速度为 $v=2ga^2(\rho-\rho')/9\eta$。假设板块是一个半径为其厚度一半的球体，估计板块的俯冲速度。根据热模型［式(5.4-14)］以及热膨胀系数 $\alpha=3\times10^{-50}℃^{-1}$ 估计密度差。使用 5.5.3 节的地幔黏度。由于这是一个粗略的计算，所以没有正确答案，但是你应该能够给出一些合理的结果(在实际数据的 1～2 个数量级内)。

(9) 如果俯冲板块到达地核时仍然具有热差异性(图 5.4-5)，这个结果可能显得令人惊讶。作为另一个估算，假设板块立即被传送到地幔底部并且 $\hat{k}=10^{-6}\,\mathrm{m^2/s}$，使用 5.3.2 节的一维冷却方程来估计需要多长时间才能把板块升温至地幔底部环境温度的 90%。

(10) 使用板块拉力的定义［式(5.4-15)］：

①以俯冲板块年龄的形式写出这个力。

②当俯冲板块年龄、热膨胀系数和热扩散率的值增大时，说明这个力会变大还是变小，为什么？

(11) 假设在俯冲板块中，尖晶石-钙钛矿相变深度由通常的板块外 660km 加深到 700km，并且板块的中心处比周围地幔冷 800℃。相变的 Clapeyron 斜率是多少？

(12) 金星表面比地球表面热得多(450℃)。如果金星拥有与地球相似的板块构造和岩石，古老岩石圈的温度梯度与地球上的也相似，那么"海洋"岩石圈的厚度会有什么不同？板块拉力和洋脊推力会有什么不同？你预计还会有哪些其他差异？

(13) 写出板块拉力［式(5.4-15)］和洋脊推力［式(5.5-6)］的比值。解释为什么这个比值依赖于热扩散率。假设 $\hat{k}=10^{-6}\,\mathrm{m^2/s}$，估计在古老大洋岩石圈俯冲的海沟附近的这个比值。

(14) 为了考察在与亚洲碰撞开始很久之后，印度板块的动量能否推动它向北运动，估计印度板块以及一艘远洋客轮的动量，并将两者进行比较。

(15) 用莫尔圆表示以下现象的原因：

①如果只受静岩压力作用，深部的岩石不会发生断裂。

②在更深处断裂所需的偏应力增大。

(16) 假设当岩石施加压力到接近其脆性极限。用图形显示哪种情况会使岩石更快破裂：

①增加 σ_1。

②按相同的量减少 σ_2(假设 σ_1 和 σ_2 都为负值的二维情况，并且存在内部摩擦)。

(17) 假设对一个特定岩石，断裂线为 $\tau=80-0.5\sigma$，其中应力以 MPa 为单位。断裂面的法线与 σ_1 的夹角是多少？如果断裂时 σ_1 是 400MPa，σ_2 是多少？

(18) 对于 5.7.5 节的滑块地震模型：

①推导连续滑动事件时间间隔的表达式。

②画出两个不同的弹簧常数的力-滑动图，并用该图解释在滑动过程中滑动和应力降是如何变化的，以及为什么有这样的变化。

③对于滑块模型，定义一个类似于地震的地震矩的量，并且解释它与每一项的关系。这个量与地震矩之间的主要区别是什么？

④回想图 4.6-11 所示的地震应力降对于很多地震是相似的。如果滑块模型是适用的，这意味着什么？

⑤什么状态下可能发生无震滑动？无震滑动可以被看作是连续系列的非常小的滑动事件的组合。

编程

(1) ①写一个子程序来计算在某一点处板块运动的速度和方位，假定位置和欧拉矢量(极纬度、经度、幅度)已知。

②使用表 5.2-1 的欧拉矢量和 5.2.1 节中圣安德烈斯和阿留申测点实例来测试你的程序。

(2) ①找到在 18.3°N，102.5°W 的科克斯-北美板块运动的速度和方位。

②这个位置是 1985 年墨西哥大地震的震中，其震源机制给出两个节面的走向和倾向分别为 127°、81°和 288°、9°。从中美洲海沟的构造运动推断哪一个节面是断层面。使用 4.2 节中的方法，确定地震过程中的滑动的方位，并与你预期的方位相比较。

(3) ①写一个子程序来加减两个欧拉矢量，矢量以极纬度、经度、幅度的形式给出。输出也是欧拉矢量。

②用你的程序来确定表 5.2-1 中太平洋板块的绝对欧拉矢量。

③确定夏威夷地区(图 5.2-7)绝对板块运动的速度和方位，并与夏威夷-天皇海山链的方向做比较。

(4) 使用冷却半空间的热模型[式(5.3-4)]编写程序，绘制海洋岩石圈中温度随年龄的分布图。使用现成软件或者用第 4 章编程(6)中讨论的数值积分方法来计算 erf(s)[式(5.3-3)]。

(5) ①编写一个程序，使用解析热模型[式(5.4-3)]来绘制俯冲板块中的温度分布。对一个以 45°角，80mm/a 的速度俯冲的板块进行计算。做出合理假设并证明。

②修改程序，以俯冲板块的年龄作为一个参数，并且对于不同的板块算出温度场，如图 5.4-6 所示。

③用②的结果及图 5.4-4，估计一个温度值，在这个温度值之上观察不到深源地震。

第 6 章

地震图和信号

本章将介绍信号和噪声的概念。信号是指可利用当前的科学理论和技术手段进行分析、解释的数据，其余则称之为“噪声”。例如，过去受科学发展水平的限制，很长一段时期内只把地震图中的直达 P 波、S 波视为“信号”，而将面波、尾波等其他不能有效分析和解释的信息视为“噪声”。

利用现代先进的地震仪器能够观测更高精度、更多尺度的数据，运用新发展的理论和技术重新处理过去收集的地震数据能够带人领略新一轮的科学发现之美。(Aki and Richards，*Quantitative Seismology*，1980)

6.1 引言

地震学利用不同的方法研究地球内部不同地点、不同时间的弹性波位移场，从而来推断地震震源机制和地球内部结构与性质。虽然一些方法依赖于地震波在地球内部的特殊的传播性质，但很多信号可表述为空间和时间的一般函数。

信号处理或时间序列分析是常用的一类技术。信号处理技术针对数据信号本身进行分析，不包含特定的物理含义，因此，很多与波传播相关的学科，包括地震学、光学等都可以采用相同的处理方法。信号可以有不同的表达形式，如在地震学中对于观测到的地震信号，既可以处理连续模拟记录，也可以利用计算机直接处理以一定采样间隔采样后的离散数据。

通常情况下需要对原始信号进行滤波，或进行一些其他预处理操作。在前面章节中已经讨论过一些例子。地震计本身就是一个滤波器，输出的地动记录和实际输入的地面振动是不同的。地震波在地球内部传播过程中的频散和衰减也可以理解为作用于波场的滤波效应。通常可以利用滤波器来增强地震图中感兴趣的“有效”信号，压制噪声干扰。在这一章中将通过阐述一些常见的数学方法来拓展这一思想，以及基于这些方法对物理过程进行更深层次的思考。基于这一思想，本章主要介绍一些常用的信号处理方法及其数学原理，以及地震学的一些基础概念并探讨其相应的物理意义。另外，本章末尾还列举了其他学习资料以供参考。

6.2 傅里叶分析

6.2.1 傅里叶级数

傅里叶分析方法是最常用的一种信号分析方法，其基本思想是任何一个时间序列都可以分解成不同频率的简谐波的叠加。如 2.2.5 节所述，一根弦产生的波列可看作是这根弦所有简正振型(也称驻波)的叠加，在地球内部传播的地震波可看作是地球各种简正振型的叠加(2.9 节)。当地震图中不同频率成分存在差异时，该方法尤为有效。例如，不同频率的面波的视速度不同(2.8 节)，不同频率的地震波传播过程中衰减效应不同(3.7 节)，以及随后将看到不同地震计对地面振动响应的频率范围也不同。傅里叶分析将信号分解成多个单频简谐波，不同频率成分独立考虑，然后再由处理后的所有频率成分重建信号。对于地震图，当我们感兴趣的信号与干扰信号在时间域或空间域发生重叠时，可应用傅里叶变换将其变换到频率域或波数域进行滤波，从而分离有效信号。

首先将一个有限长序列表示为傅里叶级数，或不同频率谐波分量的求和形式。当序列为无限长时，傅里叶级数求和将变成傅里叶变换积分。

任意一个定义在 $-T/2<t<T/2$ 时间范围内的函数 $f(t)$ 的傅里叶级数定义为

$$f(t)=a_0+\sum_{n=1}^{\infty}a_n\cos\left(\frac{2n\pi t}{T}\right)+\sum_{n=1}^{\infty}b_n\sin\left(\frac{2n\pi t}{T}\right) \quad (6.2\text{-}1)$$

该式将 $f(t)$ 分解成不同周期的正弦和余弦函数的傅里叶级数之和，$\sin(2n\pi t/T)$ 和 $\cos(2n\pi t/T)$ 都以 T/n 为周期，对应频率为 n/T (图 6.2-1)。n 越大，周期越小，频率越高。当 $n=0$ 时，对任何 t 值来讲，余弦项都为 1，正弦项都为 0。

正弦和余弦函数的傅里叶级数是一系列正交函数，

任意两个不同函数在周期范围内（$-T/2<t<T/2$）的积分为 0：

$$\int_{-T/2}^{T/2}\sin\left(\frac{2m\pi t}{T}\right)\sin\left(\frac{2n\pi t}{T}\right)\mathrm{d}t=\frac{T}{2}\delta_{mn}(1-\delta_{m0}) \qquad (6.2\text{-}2)$$

$$\int_{-T/2}^{T/2}\cos\left(\frac{2m\pi t}{T}\right)\cos\left(\frac{2n\pi t}{T}\right)\mathrm{d}t=\frac{T}{2}\delta_{mn}(1+\delta_{m0}) \qquad (6.2\text{-}3)$$

对所有的 m 和 n 而言：

$$\int_{-T/2}^{T/2}\cos\left(\frac{2m\pi t}{T}\right)\sin\left(\frac{2n\pi t}{T}\right)\mathrm{d}t=0 \qquad (6.2\text{-}4)$$

其中，δ_{mn} 是 δ 函数，当 $m=n$ 时值为 1，否则为 0［式(A.3-37)］。对于 $m=n=0$ 的特殊情形，式(6.2-2)积分为 0，式(6.2-3)的积分为 $m=n\neq 0$ 时的两倍①。

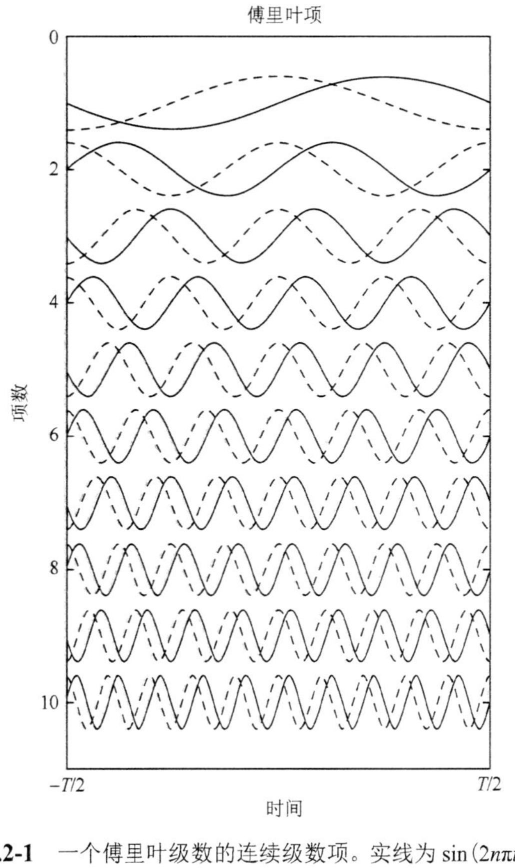

图 6.2-1　一个傅里叶级数的连续级数项。实线为 $\sin(2n\pi t/T)$，虚线为 $\cos(2n\pi t/T)$。

为了表达任意一个函数的傅里叶级数形式，在式(6.2-1)两边同时乘以一个正弦项或者余弦项，并从 $-T/2\sim T/2$ 进行积分求系数 a_n 和 b_n。例如，为了获得系数 a_k（k 为一个特定整数），式(6.2-1)两端同时乘以 $\cos(2k\pi t/T)$ 并积分得到

$$\int_{-T/2}^{T/2}\cos\left(\frac{2k\pi t}{T}\right)f(t)\mathrm{d}t=$$

$$\int_{-T/2}^{T/2}\cos\left(\frac{2k\pi t}{T}\right)\left[a_0+\sum_{n=1}^{\infty}a_n\cos\left(\frac{2n\pi t}{T}\right)+\sum_{n=1}^{\infty}b_n\sin\left(\frac{2n\pi t}{T}\right)\right]\mathrm{d}t \qquad (6.2\text{-}5)$$

由于式(6.2-4)的正交性质，右端求和项中对积分有贡献的项是 $\cos(2k\pi t/T)$，因此式(6.2-5)可简化为

$$\int_{-T/2}^{T/2}\cos\left(\frac{2k\pi t}{T}\right)f(t)\mathrm{d}t=a_k\int_{-T/2}^{T/2}\cos^2\left(\frac{2k\pi t}{T}\right)\mathrm{d}t=\frac{T}{2}a_k(1+\delta_{k0}) \qquad (6.2\text{-}6)$$

则系数 a_k 为

$$a_k=\frac{2-\delta_{k0}}{T}\int_{-T/2}^{T/2}\cos\left(\frac{2k\pi t}{T}\right)f(t)\mathrm{d}t \qquad (6.2\text{-}7)$$

a_0 项简化为

$$a_0=\frac{1}{T}\int_{-T/2}^{T/2}f(t)\mathrm{d}t \qquad (6.2\text{-}8)$$

即为函数平均值。同理可得正弦项的系数：

$$b_k=\frac{2}{T}\int_{-T/2}^{T/2}\sin\left(\frac{2k\pi t}{T}\right)f(t)\mathrm{d}t \qquad (6.2\text{-}9)$$

从数学上看，该过程相当于将函数 $f(t)$ 在以正弦、余弦函数为基向量的向量空间展开(A.3.6 节)。将每个基函数乘以适当的系数再求和就可以得到函数 $f(t)$。利用式(6.2-7)～式(6.2-9)求系数相当于利用一个矢量与单位基向量的标量积(内积)求其每个分量［式(A.3-27)］。

图 6.2-2 以斜坡函数 $f(t)=t/T$ 为例具体阐述了该方法的原理。利用式(6.2-7)～式(6.2-9)可以得到 $a_k=0$，$b_k=(-1)^{k+1}/k\pi$。鉴于余弦函数是偶函数($f(t)=f(-t)$)，而斜坡函数是一个奇函数($f(t)=-f(-t)$)，因此傅里叶级数中的余弦项为 0。相反如果函数是个偶函数，那么傅里叶级数仅有余弦项。如图 6.2-2 所示，将正弦项的前 10 项叠加起来，已经可以较好地恢复斜坡函数，如果用更多项叠加恢复效果更好。其中，较小的 k 对应函数中的较长周期，描述了时间序列的长周期特征，反之，较大的 k 描述了短周期特征。

利用傅里叶级数可将一根弦产生的波列描述为一系列简正振型的叠加(2.2.5 节)。每个简正振型有一个空间本征函数，对应着一个傅里叶级数和一个本征频率。每项傅里叶级数的振幅依赖于波源，不同加权求和方式代表了不同类型的波。对弦来说，傅里叶级数描述了函数在有限长的弦上随空间的变化，而此处我们用其描述函数随时间的变化。由于波动同时是时间

① 方程(6.2-2)～方程(6.2-4)的证明留作课后习题。

和空间的函数，傅里叶分析在时间域、空间域或时间-空间域均可进行。该方法在地球物理学中应用广泛，如用来描述海洋岩石圈冷却过程或板块俯冲过程中的温度场（5.4.3 节）。

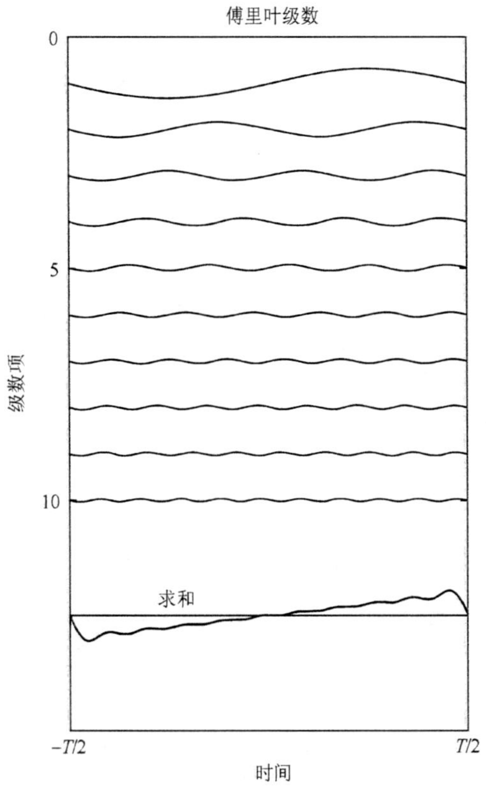

图 6.2-2 斜坡函数的傅里叶级数的前 10 项。每项以相应的系数加权后相加，叠加结果可以对时间域斜坡函数进行很好的近似，如果项数越多，叠加和近似效果越好。

6.2.2 傅里叶复级数

傅里叶级数［式(6.2-1)］可表述成更简单的形式。首先，利用角频率 $\omega_n = 2n\pi / T$，将正弦函数和余弦函数表示为复指数形式，得

$$f(t) = a_0 + \frac{1}{2}\sum_{n=1}^{\infty}[(a_n - \mathrm{i}b_n)\mathrm{e}^{\mathrm{i}\omega_n t} + (a_n + \mathrm{i}b_n)\mathrm{e}^{-\mathrm{i}\omega_n t}] \quad (6.2\text{-}10)$$

然后，利用式(6.2-7)～式(6.2-9)可得

$$\begin{cases} (a_n - \mathrm{i}b_n)/2 = \dfrac{1}{T}\displaystyle\int_{-T/2}^{T/2}[\cos\omega_n t - \mathrm{i}\sin\omega_n t]f(t)\mathrm{d}t \\ \qquad = \dfrac{1}{T}\displaystyle\int_{-T/2}^{T/2}\mathrm{e}^{-\mathrm{i}\omega_n t}f(t)\mathrm{d}t \\ (a_n + \mathrm{i}b_n)/2 = \dfrac{1}{T}\displaystyle\int_{-T/2}^{T/2}[\cos\omega_n t + \mathrm{i}\sin\omega_n t]f(t)\mathrm{d}t \\ \qquad = \dfrac{1}{T}\displaystyle\int_{-T/2}^{T/2}\mathrm{e}^{\mathrm{i}\omega_n t}f(t)\mathrm{d}t \end{cases} \quad (6.2\text{-}11)$$

定义：

$$F_n = (a_n - \mathrm{i}b_n)/2,\ F_0 = a_0,\ F_{-n} = (a_n + \mathrm{i}b_n)/2 \quad (6.2\text{-}12)$$

所以傅里叶级数又可写为

$$f(t) = F_0 + \sum_{n=1}^{\infty}F_n\mathrm{e}^{\mathrm{i}\omega_n t} + \sum_{n=1}^{\infty}F_{-n}\mathrm{e}^{-\mathrm{i}\omega_n t} \quad (6.2\text{-}13)$$

因为 $-\omega_n = -2n\pi / T = \omega_{-n}$，$F_{-n}$ 为 F_n 的复共轭（$F_{-n} = F_n^*$），负指数部分可以表示为

$$\sum_{n=1}^{\infty}F_{-n}\mathrm{e}^{-\mathrm{i}\omega_n t} = \sum_{n=1}^{\infty}F_n\mathrm{e}^{\mathrm{i}\omega_n t} \quad (6.2\text{-}14)$$

将式(6.2-13)和式(6.2-14)代入式(6.2-10)得到傅里叶复级数：

$$f(t) = \sum_{n=-\infty}^{n=\infty}F_n\mathrm{e}^{\mathrm{i}\omega_n t} \quad (6.2\text{-}15)$$

系数为

$$F_n = \frac{1}{T}\int_{-T/2}^{T/2}f(t)\mathrm{e}^{-\mathrm{i}\omega_n t}\mathrm{d}t \quad (6.2\text{-}16)$$

6.2.3 傅里叶变换

傅里叶复级数用一系列离散角频率 ω_n 表示时间函数，当角频率在一定范围内连续变化时积分将代替求和，傅里叶级数就扩展成傅里叶变换。因此，尽管用傅里叶级数可以描述一根有限长弦和地球的离散简正振型，但地震学中更多采用的是傅里叶变换，将地震波考虑为角频率的连续函数。

将式(6.2-15)写为

$$f(t) = \sum_{n=-\infty}^{n=\infty}F_n\mathrm{e}^{\mathrm{i}\omega_n t}\Delta n \quad (6.2\text{-}17)$$

（因为 $\Delta n = 1$）定义相邻两个角频率的差为

$$\Delta\omega = (2\pi / T)\Delta n \quad (6.2\text{-}18)$$

则：

$$\Delta n = (T\Delta\omega)/2\pi \quad (6.2\text{-}19)$$

$$f(t) = \sum_{n=-\infty}^{n=\infty}F_n(T/2\pi)\mathrm{e}^{\mathrm{i}\omega_n t}\Delta\omega \quad (6.2\text{-}20)$$

然后，定义 $f(t)$ 的周期 T 趋于无穷大，相邻的离散角频率 ω_n 非常接近，因此可用连续变量 ω 表示。此时，$\Delta\omega$ 变成 $\mathrm{d}\omega$，求和变成积分。在地震学中，需要满足周期 T 和 F_n 的乘积必须是有限的且可以用一个连续函数 $F(\omega)$ 代替，相应的傅里叶级数［式(6.2-20)］变成下面的积分形式：

$$f(t) = \frac{1}{2\pi}\int_{-\infty}^{\infty}F(\omega)\mathrm{e}^{\mathrm{i}\omega t}\mathrm{d}\omega \quad (6.2\text{-}21)$$

系数项的表示［式(6.2-16)］变为

$$F(\omega)=\int_{-\infty}^{\infty} f(t)\mathrm{e}^{-\mathrm{i}\omega t}\mathrm{d}t \tag{6.2-22}$$

式(6.2-22)称为傅里叶变换，式(6.2-21)称为傅里叶逆变换。这是最常见的傅里叶变换公式，但不是唯一的形式，例如可互换式(6.2-21)、式(6.2-22)中指数的正负号或其中任意一式积分号前乘以$1/2\pi$。

对一个实函数$f(t)$做傅里叶变换会得到一个以角频率为自变量的复函数$F(\omega)$，引入的负频率只是数学概念，与正频率相互补充，实现复函数从负频率到正频率的积分是具有物理含义的实信号。

傅里叶变换和逆变换的一个重要区别是量纲不同。例如，如果时间函数$f(t)$表示地震位移，其傅里叶变换$F(\omega)$的量纲是位移乘以时间(源于$\mathrm{d}t$)，因此如果地动位移单位是厘米(cm)，其傅里叶变换$F(\omega)$的单位则是厘米·秒(cm·s)。

傅里叶变换是角频率的复函数，也可以写成两个角频率实函数的组合：

$$F(\omega)=|F(\omega)|\,\mathrm{e}^{\mathrm{i}\phi(\omega)} \tag{6.2-23}$$

这里

$$|F(\omega)|=[F(\omega)F^{*}(\omega)]^{1/2}=[\mathrm{Re}^{2}(F(\omega))+\mathrm{Im}^{2}(F(\omega))]^{1/2} \tag{6.2-24}$$

称作振幅谱，而

$$\phi(\omega)=\tan^{-1}(\mathrm{Im}(F(\omega))/\mathrm{Re}(F(\omega))) \tag{6.2-25}$$

称为相位谱①。

振幅谱和相位谱一起可以表示傅里叶变换。在很多实际应用中仅给出振幅谱，表明时间序列中能量(振幅的平方根)随频率的变化。图 6.2-3 给出了一个中等大小地震的地震图，及其体波信号和面波信号的振幅谱。从图中可看出相对于体波，面波包含了长周期的能量，体波的能量主要集中在 0.1～0.08Hz(周期 10～12s)，面波的能量主要集中在 0.07～0.05Hz(周期 14～20s)的频带内。为了对比，图 6.2-4 给出了更大震级的地震图，由长周期地震计接收，记录了地震后大约 7 天的数据。大约 90000s 的长周期振荡为地球固体潮，叠加其上的是地震信号，振幅谱上能够观测到一部分长周期能量(频率为 0.002Hz 的波对应的周期为 500s)。能量集中在一些离散峰值上，对应地球的简正振型。

傅里叶变换$F(\omega)$是时间序列$f(t)$的另一种表述形式。$f(t)$为时间域表示，$F(\omega)$为频率域表示。两种表述是等价的，可以将信号不失真地从一个域变换到另一个域。地震图的某些分析方法在频率域更容易实现，应用时根据具体情况合理选择。

傅里叶变换和逆变换将时间函数$f(t)$和角频率的复函数$F(\omega)$联系起来。这种关系也可以应用在其他变量对上。在地震学中，另外最常用的一对变量是距离和波数。波数为空间频率(2.2.2 节)，它和距离的关系如同角频率和时间的关系。通过对地震图作二维傅里叶变换，可将空间-时间域的位移函数转换为波数-频率域的函数(3.3.5 节)，类似地，还可开展三维傅里叶变换。

6.2.4 傅里叶变换的性质

傅里叶变换有以下基本性质(证明留作本章末的问题)。

(1)线性：如果$F(\omega)$和$G(\omega)$分别是$f(t)$和$g(t)$的傅里叶变换，那么$aF(\omega)+bG(\omega)$则是$af(t)+bg(t)$的傅里叶变换。该性质在滤波过程中非常有用，它保证当原始信号为一系列信号的线性组合时，它的傅里叶变换就是对应的一系列傅里叶变换的线性组合。

(2)一个实函数的傅里叶变换是共轭对称的，即：

$$F(-\omega)=F^{*}(\omega) \tag{6.2-26}$$

对地震图(由于它是地动记录，因此是实函数)而言，其傅里叶变换的负频率部分可由正频率部分得到。地震图滤波时仅需要对傅里叶变换的正频率部分进行操作，负频率部分取其共轭，节省计算成本。

(3)时移与频移：如果$f(t)$的傅里叶变换为$F(\omega)$，则$f(t-a)$的傅里叶变换为$\mathrm{e}^{-\mathrm{i}\omega a}F(\omega)$。在地震图分析中，选取的时间原点不同，傅里叶变换的振幅谱保持不变，但存在相位变化。这很容易理解，在不考虑衰减的情况下，地震波传播时波形保持不变但随传播时间发生相位改变。类似地，傅里叶变换的频移对应着时间序列的相移：$F(\omega-a)$的傅里叶逆变换是$\mathrm{e}^{-\mathrm{i}at}F(t)$。这些关系也被称为时移定律。

(4)时间域微分：$(\mathrm{i}\omega)F(\omega)$是$\mathrm{d}f(t)/\mathrm{d}t$的傅里叶变换，类似地，$(\mathrm{i}\omega)^{n}F(\omega)$是$\mathrm{d}^{n}f(t)/\mathrm{d}t^{n}$的傅里叶变换。该性质让微分计算很容易用计算机编程实现。在地震学中，据此可以将位移记录转换成速度记录，或者将速度记录转换成加速度记录。利用傅里叶变换可以方便地求解微分方程［例如，式(3.7-8)］，还可利用波场的傅里叶变换求解波动方程[(式 2.2-34)、式(3.3-74)]。

---

① Re 和 Im 表示一个复数(A.2 节)的实部和虚部。

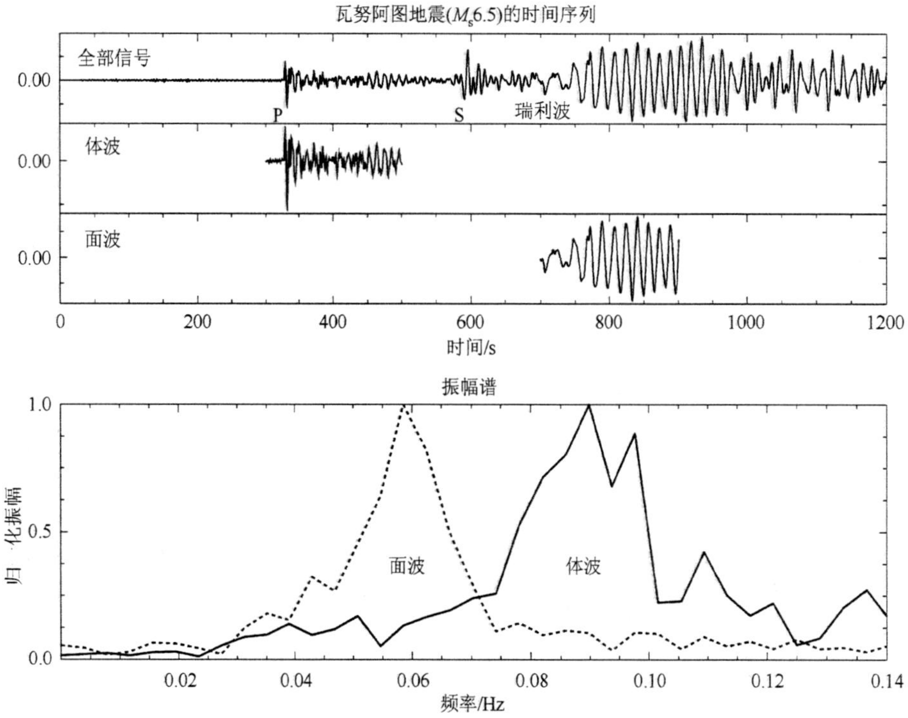

图 6.2-3 上图为南太平洋记录到的一个中等强度地震(M_s = 6.5)的垂向分量地震图，包括其一部分体波信号和面波信号。下图为相应的振幅谱，与体波相比，面波包含更多长周期能量。

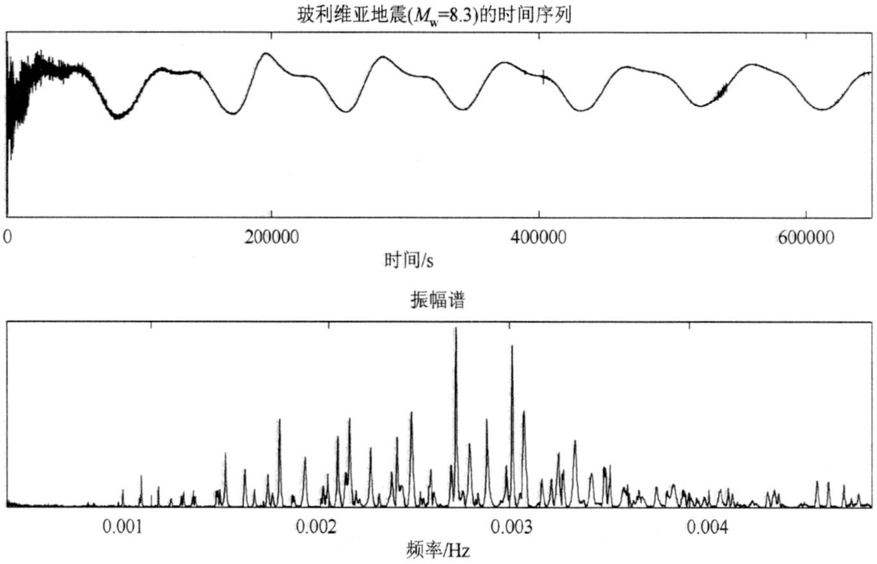

图 6.2-4 亚利桑那州(Arizona)记录到的 1994 年玻利维亚深源地震(M_w = 8.3)的垂向分量地震图和振幅谱，记录了震后几天的数据，包括地球固体潮和地震信号。振幅谱上的能量集中在一些离散峰值上，对应地球的简正振型。

(5)能量定理：

$$\int_{-\infty}^{\infty} |f(t)|^2 \mathrm{d}t = \frac{1}{2\pi}\int_{-\infty}^{\infty} |F(\omega)|^2 \mathrm{d}\omega \qquad (6.2\text{-}27)$$

上述关系又称为帕塞瓦尔定理(Parseval's theorem)。该定理成立是因为时间序列与其傅里叶变换是等价的表示方式。

6.2.5 δ函数(delta function)

在使用傅里叶变换时，经常需要描述集中在某一时间点或频率点的信号，此种信号可用狄拉克 δ 函数来表示。该函数本质上不是一个真正的函数，而是一个连续函数序列的极限衍生出的广义函数。δ 函数有多种定义方法，每一种都从不同视角去洞察其本质。

δ 函数在 $t=t_0$ 时，写为 $\delta(t-t_0)$，定义为与横轴围成的面积为 1，宽度 (σ) 不断变窄，高度 $1/\sigma\sqrt{2\pi}$ 不断增加的高斯函数的极限（图 6.2-5）：

$$\delta(t-t_0)=\lim_{\sigma\to 0}\frac{1}{\sigma\sqrt{2\pi}}\exp\left[-\frac{1}{2}\left(\frac{t-t_0}{\sigma}\right)^2\right] \tag{6.2-28}$$

可见 δ 函数是一个类似于有两个离散变量的克罗内克符号 δ_{ij}［式(A.3-37)］。另一种定义来自 δ 函数的积分性质，称作“筛选”性质。其定义为

$$f(t_0)=\int_{-\infty}^{\infty} f(t)\delta(t-t_0)\mathrm{d}t \tag{6.2-29}$$

第三种定义来自阶跃函数 $H(t-t_0)$，该函数在 $t=t_0$ 之前为 0，之后为 1（图 6.2-5）。δ 函数 $\delta(t-t_0)$ 定义为阶跃函数的一阶导数，除 t_0 外的其他时刻为 0，在 t_0 时刻趋于无穷。由于 δ 函数仅定义于自变量为 0 时，因此 $\delta(t_0-t)$ 定义于 t_0 时刻，而 $\delta(t+t_0)$ 定义于 $-t_0$ 时刻。

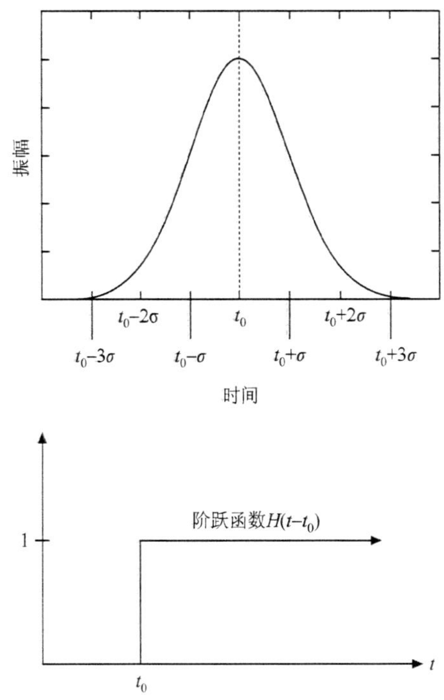

图 6.2-5　定义为 $t=t_0$ 时刻的 δ 函数。上图：$\delta(t-t_0)$ 定义为高斯函数的极限，其面积始终等于 1；宽度变窄时，高度增加。下图：$\delta(t-t_0)$ 定义为阶跃函数 $H(t-t_0)$ 在时刻 $t=t_0$ 时的导数，除 t_0 外的其他时刻为 0，在 t_0 时刻趋于无穷。

为求 δ 函数的傅里叶变换，利用傅里叶变换的定义［式(6.2-22)］，令 $f(t)=\delta(t-t_0)$，并利用 δ 函数的筛选性质，则：

$$F(\omega)=\int_{-\infty}^{\infty}\delta(t-t_0)\mathrm{e}^{-\mathrm{i}\omega t}\mathrm{d}t=\mathrm{e}^{-\mathrm{i}\omega t_0} \tag{6.2-30}$$

如果 δ 函数定义在 $t=0$ 时刻，则：

$$F(\omega)=\int_{-\infty}^{\infty}\delta(t)\mathrm{e}^{-\mathrm{i}\omega t}\mathrm{d}t=1 \tag{6.2-31}$$

类似地，如果 δ 函数定义在 $t=t_0$ 时刻，它的振幅谱依然为

$$|F(\omega)|=(\mathrm{e}^{-\mathrm{i}\omega t_0}\mathrm{e}^{\mathrm{i}\omega t_0})^{\frac{1}{2}}=1 \tag{6.2-32}$$

但相位谱为

$$\phi(\omega)=-\omega t_0 \tag{6.2-33}$$

此时的振幅谱和相位谱如图 6.2-6 所示。这个例子也说明了 6.2.4 节中傅里叶变换的时移性质，即时间序列向右移动 t_0，其对应的傅里叶变换乘以 $\mathrm{e}^{-\mathrm{i}\omega t_0}$。

δ 函数的振幅谱在任何频率上都为 1。为了进一步验证，利用式(6.2-21)写出其傅里叶逆变换：

$$f(t)=\frac{1}{2\pi}\int_{-\infty}^{\infty}\mathrm{e}^{-\mathrm{i}\omega t_0}\mathrm{e}^{\mathrm{i}\omega t}\mathrm{d}\omega=\frac{1}{2\pi}\int_{-\infty}^{\infty}\mathrm{e}^{\mathrm{i}\omega(t-t_0)}\mathrm{d}\omega=\delta(t-t_0) \tag{6.2-34}$$

式(6.2-34)表明 δ 函数是所有频率的正弦函数的求和。在 t_0 时刻这些正弦函数是同相位的，振幅之和最大；在 t_0 以外的时刻这些函数是异相位的，振幅之和为零（图 6.2-7）。

虽然到目前为止，我们仅在时间域讨论了 δ 函数，但它在频率域同样有效。频率域中 δ 函数的性质与时间域内类似。角频率 ω_0 处的 δ 函数 $\delta(\omega-\omega_0)$，其傅里叶逆变换为

$$f(t)=\frac{1}{2\pi}\int_{-\infty}^{\infty}\delta(\omega-\omega_0)\mathrm{e}^{\mathrm{i}\omega t}\mathrm{d}\omega=\frac{1}{2\pi}\mathrm{e}^{\mathrm{i}\omega_0 t} \tag{6.2-35}$$

因此根据其傅里叶变换来表示频率域 δ 函数：

$$\delta(\omega-\omega_0)=\frac{1}{2\pi}\int_{-\infty}^{\infty}\mathrm{e}^{\mathrm{i}\omega_0 t}\mathrm{e}^{-\mathrm{i}\omega t}\mathrm{d}t=\frac{1}{2\pi}\int_{-\infty}^{\infty}\mathrm{e}^{\mathrm{i}(\omega_0-\omega)t}\mathrm{d}t \tag{6.2-36}$$

频率域 δ 函数可视为单频正弦函数的频谱。例如，给定 ω_0 处的余弦函数：

$$f(t)=\cos\omega_0 t=(\mathrm{e}^{\mathrm{i}\omega_0 t}+\mathrm{e}^{-\mathrm{i}\omega_0 t})/2 \tag{6.2-37}$$

其傅里叶变换为

$$F(\omega)=\frac{1}{2}\int_{-\infty}^{\infty}[\mathrm{e}^{\mathrm{i}\omega_0 t}+\mathrm{e}^{-\mathrm{i}\omega_0 t}]\mathrm{e}^{-\mathrm{i}\omega t}\mathrm{d}t=\frac{1}{2}\int_{-\infty}^{\infty}[\mathrm{e}^{\mathrm{i}(\omega_0-\omega)t}+\mathrm{e}^{-\mathrm{i}(\omega_0+\omega)t}]\mathrm{d}t \tag{6.2-38}$$

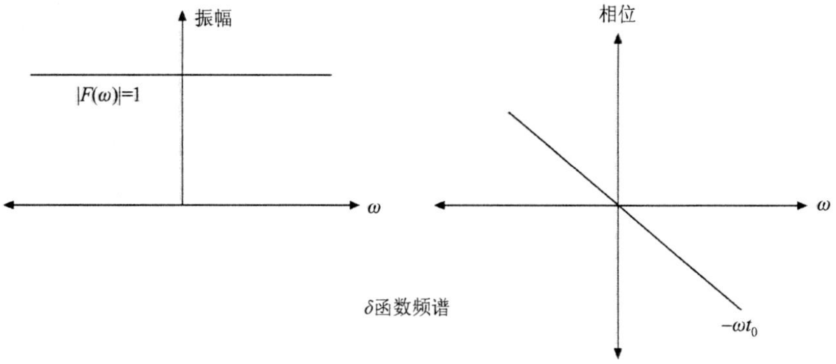

图 6.2-6 δ 函数 $\delta(t-t_0)$ 傅里叶变换 $e^{-i\omega t_0}$ 的振幅谱(左)和相位谱(右)。振幅谱在任何频率上都为 1，相位谱为斜率$-t_0$的直线。

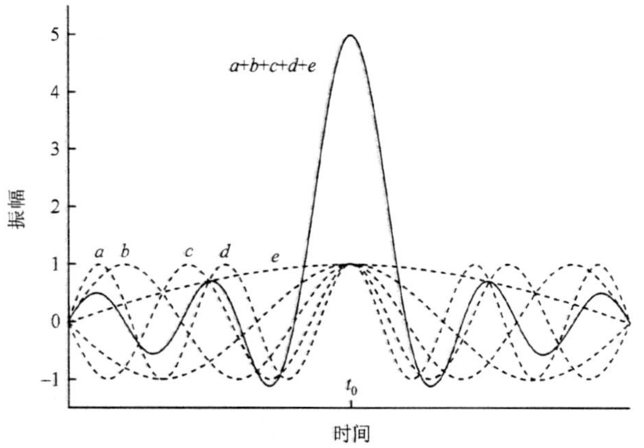

图 6.2-7 δ 函数的傅里叶变换在所有频率的振幅均为 1，表明 δ 函数是所有频率的正弦函数的求和。在 t_0 时刻这些正弦函数是同相位的，振幅之和最大；在 t_0 以外的时刻这些函数是异相位的，振幅之和为零。该例中，5 个振幅为 1（$\cos[(2n+1)(t-t_0)]$）的正弦函数(虚线 $a\sim e$)相加，叠加结果(实线)在 t_0 时刻具有最大振幅值 5。

根据式(6.2-36)，式(6.2-38)在频率域内可表示为两个 δ 函数的线性和：

$$F(\omega)=\pi[\delta(\omega-\omega_0)+\delta(\omega+\omega_0)] \quad (6.2\text{-}39)$$

因此式(6.2-37)中余弦时间函数的振幅谱是两个 δ 函数之和，一个是 ω_0 处的脉冲，另一个是$-\omega_0$ 处的脉冲。如果时间函数是正弦而不是余弦，那么它们的振幅谱相同、相位谱不同，结合前一节讨论的傅里叶变换时移性质，这一结论很容易理解，正弦函数是时移后的余弦函数，反之亦然。

这个例子表明傅里叶变换的一个明显优势：在频率域描述函数更为简单，时间域中描述余弦函数需要很多个精确的点，但是在频率域仅需两个复数，即 $\pm\omega_0$ 处的傅里叶变换值，就可以在频率域描述余弦函数。实际情况下，时间序列远比余弦函数复杂，因此在频率域内描述会更加容易，也更容易处理。通常情况下，会在频率域对信号进行一系列处理，然后利用傅里叶逆变换得到最终的时间序列。

6.3 线性系统

傅里叶分析在地震学中的应用之一是模拟不同因素对地震图的影响。地震图包含地震计仪器响应、震源时间函数及弹性和非弹性介质的传播路径效应(4.3 节)。为了探讨不同影响因素的组合效应，我们引入信号处理系统中常见的“线性系统”这一概念。信号处理系统基于一定的数学方法，对输入序列进行分析处理获得输出序列。

6.3.1 基本模型

线性系统可描述为：如果输入信号 $x_1(t)$ 和 $x_2(t)$ 对应的输出信号分别是 $y_1(t)$ 和 $y_2(t)$，那么输入信号的组合 $(Ax_1(t)+Ax_2(t))$ 对应输出信号的组合为 $(Ay_1(t)+By_2(t))$ (图 6.3-1)。前面已提到这个特征称为叠加性。通常地震波在地球内部的传播满足该性质。因此，线性系统模型在地震学中有着广泛应用。由于傅里叶变换本身满足线性叠加性质，无疑成为研究线性系统的首选工具。

一般用狄拉克时间函数(又称 δ 函数)作为脉冲输入信号来讨论线性系统的脉冲输出响应(图 6.3-2)。脉冲响应 $f(t)$ 可用来求取线性系统中任意输入信号的输出响应。从频率域来看，脉冲函数的振幅谱在各个频率上均为 1，输出信号 $F(\omega)$ 就是对脉冲响应的傅里叶变换，也称之为传递函数。对于一个任意的输入信号 $x(t)$，其傅里叶变换为 $X(\omega)$，则其输出频谱 $Y(\omega)$ 为 $X(\omega)$ 与脉冲响应频谱之积：

$$Y(\omega) = X(\omega)F(\omega) \tag{6.3-1}$$

因为傅里叶变换后是复数，因此输入信号的相位和振幅均发生了改变。

利用傅里叶逆变换，可以得到时间域的输出信号：

$$y(t) = \frac{1}{2\pi}\int_{-\infty}^{\infty} X(\omega)F(\omega)\mathrm{e}^{\mathrm{i}\omega t}\mathrm{d}\omega \tag{6.3-2}$$

如果输入信号为脉冲信号 $x(t)=\delta(t)$，$X(\omega)=1$，那么 $y(t)=f(t)$。该式对脉冲响应提供了另外一种认识。对一个单位振幅的谐波输入信号 $\mathrm{e}^{\mathrm{i}\omega_0 t}$，它的傅里叶变换是频率域 δ 函数：

$$X(\omega) = 2\pi\delta(\omega-\omega_0) \tag{6.3-3}$$

则线性系统时间域输出信号为

$$y(t) = \frac{1}{2\pi}\int_{-\infty}^{\infty} 2\pi\delta(\omega-\omega_0)F(\omega)\mathrm{e}^{\mathrm{i}\omega t}\mathrm{d}\omega = F(\omega_0)\mathrm{e}^{\mathrm{i}\omega_0 t} \tag{6.3-4}$$

其与输入信号频率相同，振幅是传递函数在频率 ω_0 的取值。

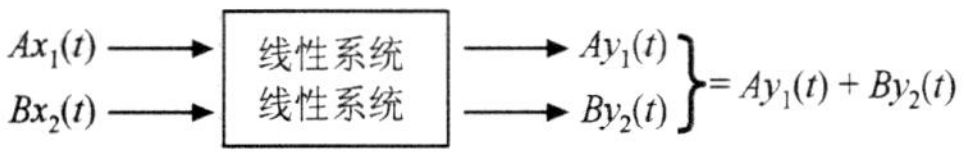

图 6.3-1　线性系统示意图

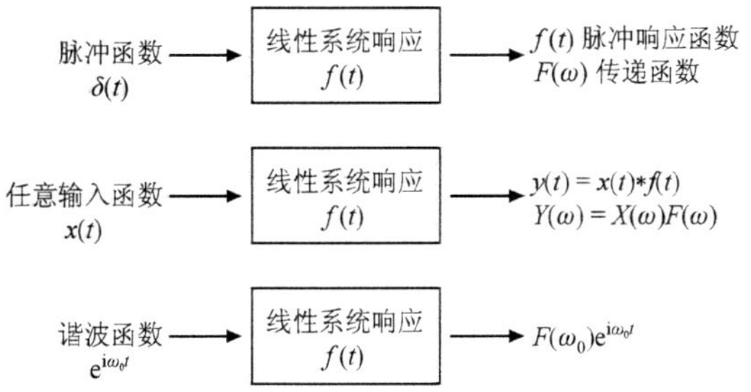

图 6.3-2　线性系统的脉冲响应特征 $f(t)$ 及其传递函数 $F(\omega)$

考虑输入时间函数、脉冲响应以及输出时间函数之间的关系有重要意义。为了进一步说明它们之间的关系，我们将式(6.3-2)进一步表示成输入函数 $x(t)$ 与传递函数 $f(t)$ 的傅里叶变换 $X(\omega)$ 及 $F(\omega)$：

$$y(t) = \frac{1}{2\pi}\int_{-\infty}^{\infty}\left[\int_{-\infty}^{\infty} x(\tau)\mathrm{e}^{-\mathrm{i}\omega\tau}\mathrm{d}\tau\right]\left[\int_{-\infty}^{\infty} f(\tau')\mathrm{e}^{-\mathrm{i}\omega\tau'}\mathrm{d}\tau'\right]\mathrm{e}^{-\mathrm{i}\omega t}\mathrm{d}\omega \tag{6.3-5}$$

并对式(6.3-5)进行重新组合得

$$y(t) = \int_{-\infty}^{\infty}\int_{-\infty}^{\infty} x(\tau)f(\tau')\left[\frac{1}{2\pi}\int_{-\infty}^{\infty}\mathrm{e}^{\mathrm{i}\omega(t-\tau'-\tau)}\mathrm{d}\omega\right]\mathrm{d}\tau\mathrm{d}\tau' \tag{6.3-6}$$

利用 δ 函数的傅里叶逆变换［式(6.2-34)］：

$$\frac{1}{2\pi}\int_{-\infty}^{\infty}\mathrm{e}^{\mathrm{i}\omega(t-\tau'-\tau)}\mathrm{d}\omega = \delta(t-\tau'-\tau) \tag{6.3-7}$$

消除关于频率的积分得到：

$$y(t) = \int_{-\infty}^{\infty} x(\tau)\left[\int_{-\infty}^{\infty} f(\tau')\delta(t-\tau'-\tau)\mathrm{d}\tau'\right]\mathrm{d}\tau \tag{6.3-8}$$

最终，利用 δ 函数的筛选性质得到：

$$y(t) = \int_{-\infty}^{\infty} x(\tau)f(t-\tau)\mathrm{d}\tau \tag{6.3-9}$$

式(6.3-9)称作函数 $x(t)$ 与 $f(t)$ 的卷积，通常写为

$$y(t) = x(t) * f(t) \tag{6.3-10}$$

表明线性系统的输出信号是输入信号与脉冲响应的卷积。比较式(6.3-10)和式(6.3-1)表明：时间域卷积对应着频率域内的乘积；反之，频率域内的卷积对应着时间域内的乘积。

现在有两种方法可用来实现线性系统的处理操作。输入信号的系统效应可通过时间域或频率域内的脉冲响应或者系统传递函数来表示。例如，对地震记录进行滤波只保留某些频带的信息，该过程既可在时间域进行也可在频率域进行。在频率域内进行滤波时，需定义一个简单的带通滤波器：要保留的频带内幅值为 1，其他频率范围内幅值为 0。图 6.3-3 示意了一个滤波器的振幅谱，它的相位谱在任何频率上都为零。将这个滤波器每一频率点的值乘以地震记录傅里叶变换对应频率点的值，然后再由傅里叶逆变换回时间域即可。滤波后的地震记录只有希望保留的频带。另一种思路是先利用傅里叶逆变换得到带通滤波器的脉冲响应，然后在时间域将脉冲响应函数(图 6.3-3 下图)与地震记录进行卷积滤波。

关于这个滤波器有一些值得注意的要点。首先，虽然通常只画出了传递函数的正频率频谱，但是为了确保最后的输出信号是实数，同时必须定义相应的负频率频谱；然后定义脉冲响应为输入的脉冲函数经过滤波器(线性系统)后的输出(图 6.3-2)，其具有特定的形态。脉冲函数的振幅谱在各个频率上都是一个常数，但通过滤波器后只保留了部分频率。一个明显特征是缺乏高频成分，这会导致非因果效应，即脉冲响应在时间零点之前有输出值。在 3.7.8 节中见到过类似现象，介质的非弹性效应就相当于一个滤波器，去除了高频成分，如果不考虑物理频散就会产生非因果波形输出。

其次，在频率域的通带边界上，滤波器有一个尖锐的“拐角”，实际应用中需要进行拐角平滑，其原因将在下面讨论。

由于频率域或时间域内都可达到同样的滤波效果，应用时视方便性进行选择。实际情况是，由于傅里叶变换和傅里叶逆变换的计算非常快，大多数情况下会在频率域内进行滤波，可以很方便地获得所需频带范围内的信号。例如，图 6.3-3 中，时间域内的滤波器(下图)很难直观呈现哪些信号是需要的，而频率域内(上图)则很容易观察有效频带范围。在 6.6 节将会看到，系统传递函数或地震计的仪器响应在频率域内分析说明也更为简便直观。

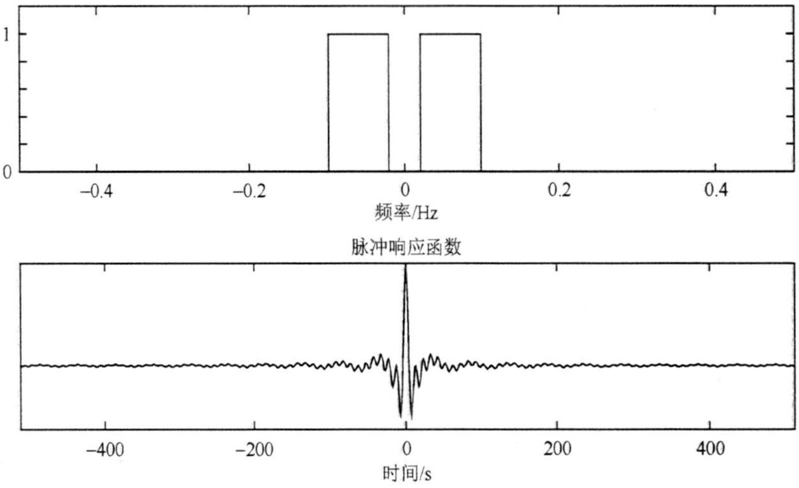

图 6.3-3 频率域内定义的带通滤波器(上图)及其时间域脉冲响应函数(下图)。

6.3.2 卷积和反卷积

线性系统的概念在地震学中应用广泛，例如在介绍其数学原理之前，反射地震法(3.3.6 节)和震源研究(4.3 节)中已使用了此概念。这个模型之所以重要，原因之一是很容易推广到多线性系统，描述复杂的物理效应。如当一个信号 $x(t)$ 经过了两个脉冲响应分别为 $f(t)$ 和 $g(t)$ 的二级连续线性系统(图 6.3-4)，输出信号既可在时间域内表述为

$$y(t)=x(t)*f(t)*g(t) \tag{6.3-11}$$

也可以写成传递函数在频率域内乘积的形式：

$$Y(\omega)=X(\omega)F(\omega)G(\omega) \tag{6.3-12}$$

这种思想可扩展到任意多个线性系统。

一个常见应用是将地震记录看作是震源信号经过了一系列线性系统后的输出信号。在最简单的情况下，地震位移记录 $u(t)$ 可以表示为三种基本线性系统的联合作用：

$$u(t)=x(t)*g(t)*i(t) \tag{6.3-13}$$

其中，$x(t)$ 是震源信号；$g(t)$ 是传播路径上地球介质响应算子；$i(t)$ 是地震计的脉冲响应。

图 6.3-5 给出了一个简单的例子：由震源函数、地球介质结构响应算子以及地震计仪器响应三者卷积构成的理论地震图，其中梯形震源函数代表了地震激发的信号。每个算子都既可以在时间域指定，也可以在频率域指定。图 6.3-6 表明，不同地震计在时间域内响应函数的有效频率范围不同。一旦给定上述三个算子的时间域或频率域表示形式，就可由式(6.3-13)计算理论地震图。

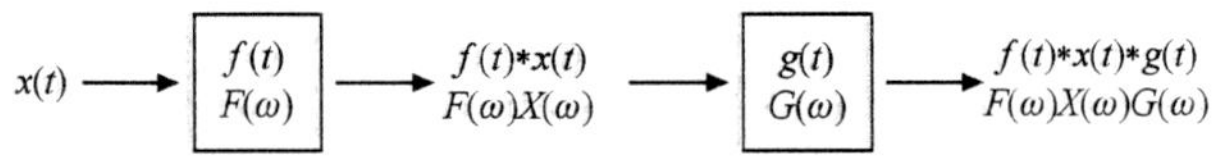

图 6.3-4 当信号依次通过 2 个线性系统时，其输出在时间域是脉冲响应的卷积，在频率域是传递函数的乘积。

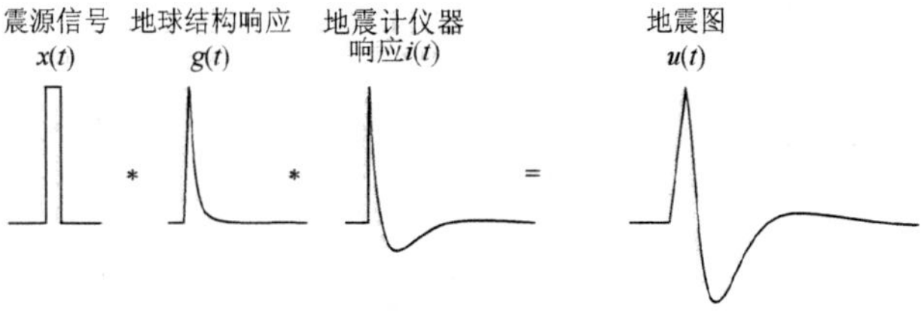

图 6.3-5 地震图可以表示为震源信号、地球结构响应和地震计仪器响应的时间域卷积。在时间域通过一系列卷积实现，而在频率域通过一系列乘积实现。(参考 Chung and Kanamori，1980，*Phys. Earth Planet. Inter.*，23，134-159，经 Elsevier Science 许可转载)

同时间域一样，卷积也可以用来描述空间域内的系统响应。例如，图 1.2-3 的地震灾害概率模型图可以看作是一个假定的地震分布和一个如图 1.2-5 所示的脉冲响应的空间二维卷积，输出信号是以地震震级和震中为变量的地面振动函数。

通常会在时间和空间上同时定义脉冲响应，这是表示震源所引起的地球响应的基本方法(第 4 章)。空间位置 $\boldsymbol{x}$、时间点 t 时刻的地动位移可表示为

$$u(x,t)=\iint G(\boldsymbol{x}-\boldsymbol{x}';t-t')f(\boldsymbol{x}',t')\mathrm{d}t'\mathrm{d}V' \quad (6.3\text{-}14)$$

其中，$G(\boldsymbol{x}-\boldsymbol{x}';t-t')$ 是格林函数①，其为位置 $\boldsymbol{x}'$ 处 t' 时刻震源激发的地球脉冲响应；$f(\boldsymbol{x}',t')$ 是震源分布函数。上述积分给出了震源所引起的总体响应。在很多情况下，震源只分布在有限的时间和空间范围内，式(6.3-14)只在震源附近区域内积分。震源经常表示为时间或空间上的一个点，因此 $f(\boldsymbol{x}',t')$ 包含一系列 δ 函数，利用 δ 函数的筛选性质很容易求上述积分。式(6.3-14)的一个明显特征是具有互易性，即震源和接收点可以互换。式(6.3-14)中的格林函数代表的介质是横向均匀的，因此地球响应只与震源和接收点的距离有关。对于一般介质，式(6.3-14)变为

$$u(\boldsymbol{x},t)=\iint G(\boldsymbol{x},t;\boldsymbol{x}',t')f(\boldsymbol{x}',t')\mathrm{d}t'\mathrm{d}V' \quad (6.3\text{-}15)$$

当用卷积描述一个系统时，可以用反卷积来分析不同影响因素的贡献。利用输出信号和参与卷积生成该输出信号的任何一个时间序列，可求解出参与卷积的另一个时间序列。例如，在 3.3.6 节中利用反射地震数据得到了地球内部高分辨率的反射系数。具体过程为：假定地震记录 $s(t)$ 是脉冲震源或震源小波 $w(t)$ 与地球介质响应算子 $r(t)$ 的卷积。其中，$r(t)$ 也被称作反射系数序列，是一系列 δ 函数，其位置对应着地球内部一系列反射界面上的反射波走时，振幅对应着反射波振幅。因此：

$$s(t)=w(t)*r(t)\text{或}S(\omega)=W(\omega)R(\omega) \quad (6.3\text{-}16)$$

如果各个界面产生的反射波到时差小于地震小波的持续时间，将会发生波形干涉产生复杂的输出信号。最理想的情况是，将震源小波看作是傅里叶变换为 1 的 δ 函数，那么接收到的地震记录就是反射系数序列。尽管实际情况下震源小波不是一个 δ 函数，但可以设计一个反小波滤波器 $w^{-1}(t)$②，使得它与震源小波的卷积是一个 δ 函数：

$$w^{-1}(t)*w(t)=\delta(t) \quad (6.3\text{-}17)$$

正如 3.3.6 节所述，反小波滤波器的傅里叶变换其实就是 $1/W(\omega)$，所以反卷积可以用傅里叶变换表示成除法：

$$S(\omega)/W(\omega)=R(\omega) \quad (6.3\text{-}18)$$

当震源小波的频谱 $W(\omega)$ 很小时会导致 $R(\omega)$ 趋于无穷，使得式(6.3-18)的结果不稳定，除此之外可获得很好的效果。通常设定一个最小振幅阈值，来保证式(6.3-18)计算过程的稳定性。

同样地，可在时间域内设计反小波滤波器以压制震源小波使它尽可能地接近 δ 函数。这种方法是滤波器设计的一种特殊情形，也就是寻找一个将给定输入转化成特定输出的具有特定形状的滤波器。后面将讨论另一种方法，它不依赖于卷积，而依赖于互相关算子。

反卷积在其他方面也有应用。如将远震记录表示成上行波遇到接收点下方的速度界面产生的二次波的总和(图 6.3-7)。将垂直分量近似为直达波，并作为格林函数与水平分量反卷积来获得与接收区下方介质性质有关的接收函数，对应于台站下方的一系列速度间断面。另外还可将地震记录与地震计仪器响应反卷积获得真实的地面振动，或者与另一个地震记录反卷积获取地震激发的震源脉冲函数。

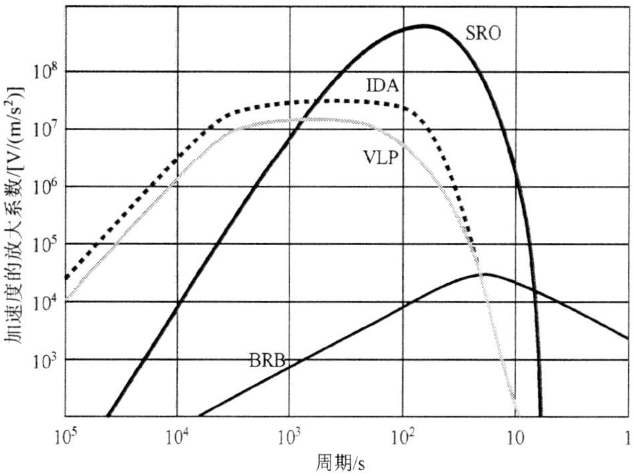

图 6.3-6　不同地震计传递函数的频率响应，部分内容会在 6.6 节中讨论。SRO 为地震研究观测台使用的地震计，IDA 为国际加速度计部署台网使用的仪器，VLP 为甚长周期地震计，BRB 为宽频带地震计。频率域中的传递函数是图 6.3-5 中所示的时间域仪器响应 $i(t)$ 的傅里叶变换。

① 物理问题中的格林函数和时间序列分析中的脉冲响应是等价的。在地震学中两者也基本是等价的。

② $w^{-1}(t)$ 不等于 $1/w(t)$。

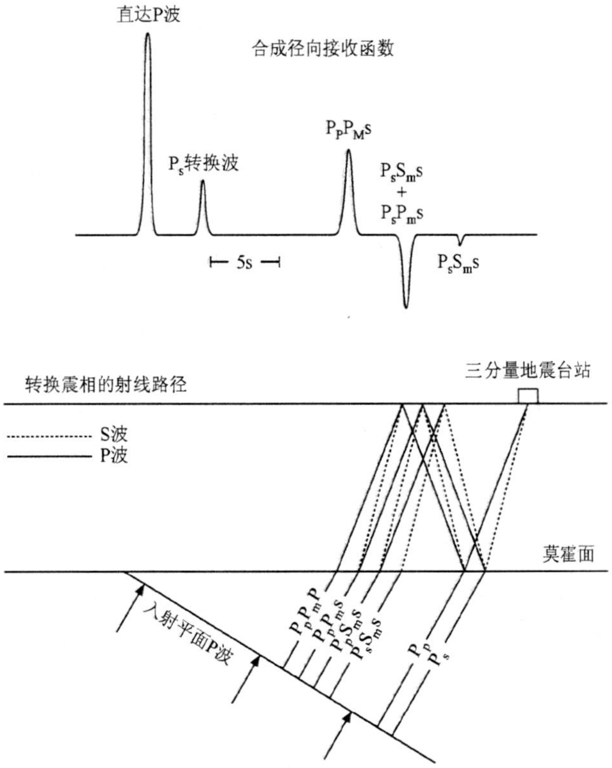

图 6.3-7　接收函数方法示意图。垂直分量和水平分量做反褶积即可获得接收函数，体现台站下方的上行波遇到速度间断面时产生的转换波到时和相应振幅。接收函数可用来研究界面深度和波阻抗值。因为利用了水平分量，接收函数中还包含 P-S 转换波的多次波震相(如 P_pP_ms 等)。(Owens et al.，1987，版权归美国地震学会所有)

6.3.3　有限长信号

前面已经提到傅里叶变换将一个信号描述成不同频率谐波信号之和。傅里叶变换最大的限制是要求在无限时间长度上进行积分，而实际应用中信号的持续时间都是有限的。

为了讨论有限长信号对傅里叶变换的影响，利用窗函数 $b(t)$ 从无限长信号中截取一段数据，它对数据 $f(t)$ 的影响用 $f(t)$ 乘以 $b(t)$ 来表示，加窗信号的傅里叶变换为

$$G(\omega)=\int_{-\infty}^{\infty} b(t)f(t)\mathrm{e}^{-\mathrm{i}\omega t}\mathrm{d}t \tag{6.3-19}$$

它与原始信号的傅里叶变换 $F(\omega)$ 存在一定的关系。

利用 $b(t)$ 和 $f(t)$ 的傅里叶逆变换表达式来探讨式(6.3-19)：

$$\begin{aligned}G(\omega)&=\int_{-\infty}^{\infty}\left[\frac{1}{2\pi}\int_{-\infty}^{\infty}B(\omega')\mathrm{e}^{\mathrm{i}\omega' t}\mathrm{d}\omega'\right]\left[\frac{1}{2\pi}\int_{-\infty}^{\infty}F(\omega'')\mathrm{e}^{\mathrm{i}\omega'' t}\mathrm{d}\omega''\right]\mathrm{e}^{-\mathrm{i}\omega t}\mathrm{d}t\\&=\frac{1}{2\pi}\int_{-\infty}^{\infty}B(\omega')\left[\int_{-\infty}^{\infty}F(\omega'')\left(\frac{1}{2\pi}\int_{-\infty}^{\infty}\mathrm{e}^{-\mathrm{i}\omega t+\mathrm{i}\omega' t+\mathrm{i}\omega'' t}\mathrm{d}t\right)\mathrm{d}\omega''\right]\mathrm{d}\omega'\end{aligned} \tag{6.3-20}$$

式(6.3-20)右端最里面的积分便是频率域内 δ 函数的傅里叶变换［式(6.2-36)］，则：

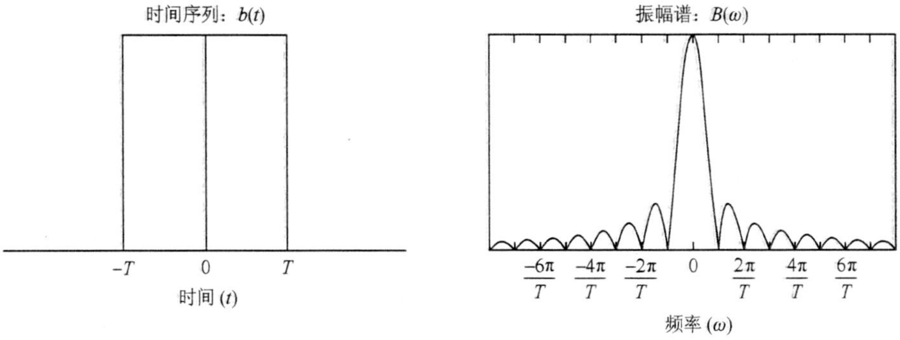

图 6.3-8　简单窗函数的时间域和频率域表示。左图：特定时间间隔的矩形函数；右图：相应的频谱具有中心峰值主瓣和较小的两侧旁瓣。

$$G(\omega)=\frac{1}{2\pi}\int_{-\infty}^{\infty}B(\omega')\left[\int_{-\infty}^{\infty}F(\omega'')\delta(\omega-\omega'-\omega'')\mathrm{d}\omega''\right]\mathrm{d}\omega' \tag{6.3-21}$$

利用 δ 函数的筛选性质［式(6.2-29)］得到：

$$G(\omega)=\frac{1}{2\pi}\int_{-\infty}^{\infty}B(\omega')F(\omega-\omega')\mathrm{d}\omega'=\frac{1}{2\pi}B(\omega)*F(\omega) \tag{6.3-22}$$

因此时间序列乘以一个窗函数等价于时间序列的频谱与窗函数频谱的卷积。这个例子也说明：时间域卷积对应着频率域乘积，时间域内乘积对应着频率域卷积。

为了进一步理解窗函数在频率域中的效应，假定一个简单的窗函数——“矩形函数”，该函数仅在一个时间窗内为非 0(图 6.3-8)：

$$b(t)=\begin{cases}1, & -T<t<T \\ =0, & \text{其他}\end{cases} \tag{6.3-23}$$

其傅里叶变换是

$$B(\omega)=\int_{-T}^{T}\mathrm{e}^{-\mathrm{i}\omega t}\mathrm{d}t=-\frac{\mathrm{e}^{-\mathrm{i}\omega t}}{\mathrm{i}\omega}\bigg|_{-T}^{T}=\frac{2\sin\omega T}{\omega}=\frac{2T\sin\omega T}{\omega T} \tag{6.3-24}$$

其振幅谱 $|B(\omega)|$ 由一个中心主瓣和较小旁瓣组成，并且在 $x=\omega T=2n\pi$ 时值为 0。主瓣宽度是 $2\pi/T$。其形状犹如 $|(\sin x)/x|$ 的函数曲线，也称作 sinc 函数，与之卷积会改变原始信号的振幅谱 $|F(\omega)|$。

如图 6.3-9 所示，假设 $f(t)$ 是一个单频正弦波，其频谱为两个 δ 函数(正频率轴和负频率轴)，与 $B(\omega)$ 卷积得到有限长正弦波的频谱，为正轴和负轴对称的两个 sinc 函数。可见，有限长波形记录相对于无限长记录的频谱有“拖尾”效应，频率域 δ 函数有一定的主瓣宽度且有旁瓣［图 6.3-9(b)］。由于主瓣的宽度与 $1/T$ 成正比，若使用更长的波形记录(增加 T)会得到更加尖锐的频谱(更接近 δ 函数)。

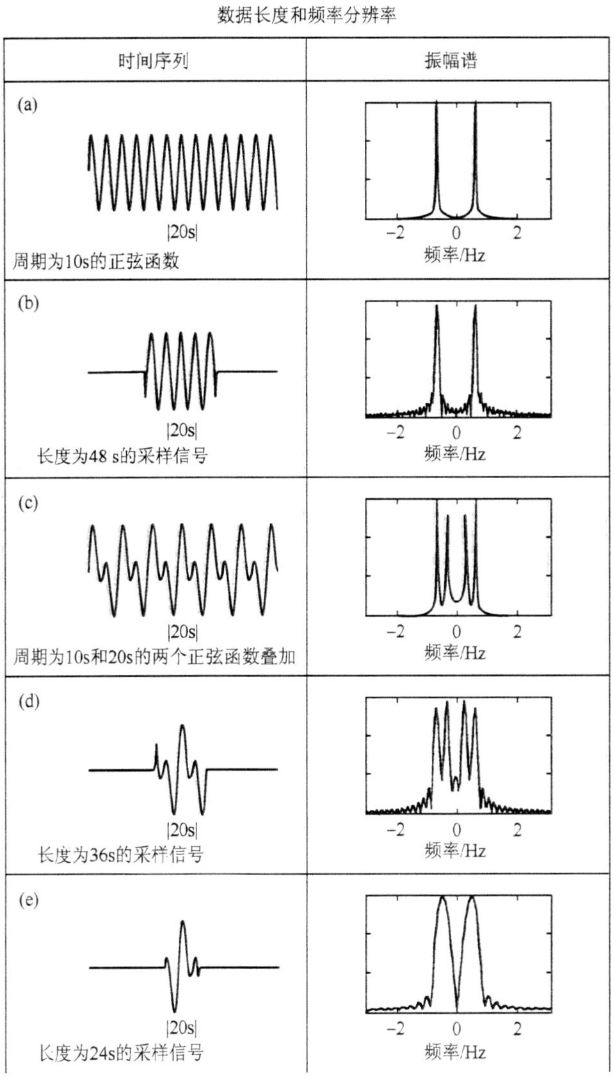

图 6.3-9　有限长数据的频谱特征，左侧为时间域信号，右侧为相应的频谱。(a)中的正弦函数加窗后其信号长度变短为(b)。(c)为包含两个频率的时间序列，当加窗使得数据变为有限长度时，频谱主瓣会增宽(d)，当主瓣宽度超过两个频率谱峰的间距时，将不能正确分辨原信号中的频率成分(e)。

加窗效应对包含不同频率成分的信号有重要影响，如图 6.3-9(c)所示，有两个频率的正弦波序列，加窗后波形记录的时间越短［图 6.3-9(d)和(e)］，其频谱主瓣越宽。在频率域中 sinc 函数的主瓣宽度超过两个频率谱峰的间距时［图 6.3-9(e)］，将不能正确分辨原信号中的频率成分。因此频率分辨率，即频率域中两个可分辨的频率谱峰之间的最小距离，与原始信号长度的倒数成正比。

信号在时间-频率域的关系印证了一个基本原理：基于有限长时间函数可预测其频谱被拉宽和扭曲的现象；反之在频率域取有限长的频谱进行傅里叶逆变换将得到扭曲的时间函数，如图 6.3-3 所示。例如，地震计仅对地面振动的某一频段有响应，地震图在一定程度上扭曲了真实的地动。地球介质的非弹性衰减(3.7.8 节)和衍射(2.5.10 节)等物理过程消除了地震波的高频成分，同样会引起波场记录的畸变。

因此存在一个“测不准”原理：频率域分辨长度和时间域信号宽度的乘积是一个常数。持续时间为 T 的信号记录，其频率域分辨率与 $1/T$ 成正比。若要频率域分辨率最大，则要求时间域信号是无限长的，相应地频率域中无限长的带宽才能得到最大分辨率的时间函数。该性质属于傅里叶变换对的一般特征，同样适用于距离-波数域①。

sinc 函数或者 $|(\sin x)/x|$ 函数常用来表示有限长的时间序列，其他领域也有类似应用。前面讲述的单缝衍射中，只有部分波前透射向前传播，该现象即可用 sinc 函数来描述(图 2.5-18)。该函数还可用来描述有限长度的断层所激发的地震波频谱(详见 4.6.2 节)。

在现实中数据信号都是有限长的，而且也没有必要分析处理全部的数据。例如，在地震图上我们感兴趣的信号会随着传播过程中的介质衰减效应或者受到其他信号的干扰而逐渐衰减至噪声水平，为了寻求有效信号的最佳谱分辨，需要长时间的地震图，但随着记录的增

① 量子物理中也存在不确定性，粒子的位置和动量构成一个傅里叶变换对。因此，粒子的位置越精确，其动量信息越不准确，反之亦然。

长，噪声会对有效信号频谱造成严重干扰。因此通常选取适当长度的记录以求获得最佳的谱分辨。正如地震波传播时的介质衰减会使其频谱的峰值变宽，有限长信号具有同样的效应(主瓣变宽)。相应地，使用长时间记录使频谱的宽度变小，一定程度上可以更好地估计衰减效应，但同时引入的噪声又会降低估计精度。

虽然有限记录长度的问题无法回避，但是可以用不同的窗函数代替矩形函数使该问题得到改善。如果窗函数的“拐角”不是很“尖锐”，称作渐变函数(taper)，可以有效减小旁瓣和频谱畸变。余弦函数是常用的一类渐变函数，使得矩形函数的两端呈余弦衰减：

$$W(t)=\begin{cases}\dfrac{1}{2}\left[1+\cos\dfrac{\pi(t+T-T_1)}{T_1}\right], & -T<t<-T+T_1\\ 1, & -T+T_1<t<T-T_1\\ \dfrac{1}{2}\left[1+\cos\dfrac{\pi(t-T+T_1)}{T_1}\right], & T-T_1<t<T\\ 0, & \text{其他}\end{cases} \tag{6.3-25}$$

其中，参数 T_1 与渐变函数宽度有关，一般不大于 $T/2$。图 6.3-10 通过比较两个相同长度的窗函数频谱，表明了此种窗函数的有效性，下图两端加余弦衰减的窗函数其频谱的旁瓣明显减小。该思想在时间域数据处理中同样有效，通常 $T_1/T\approx 0.1$。在频率域中带通滤波器也通常采用这类窗函数。一个真正的带通滤波器在频率域中是两个矩形函数。其中，一个是正频率通带，另一个是负频率通带(图 6.3-3)。它们对应的傅里叶反

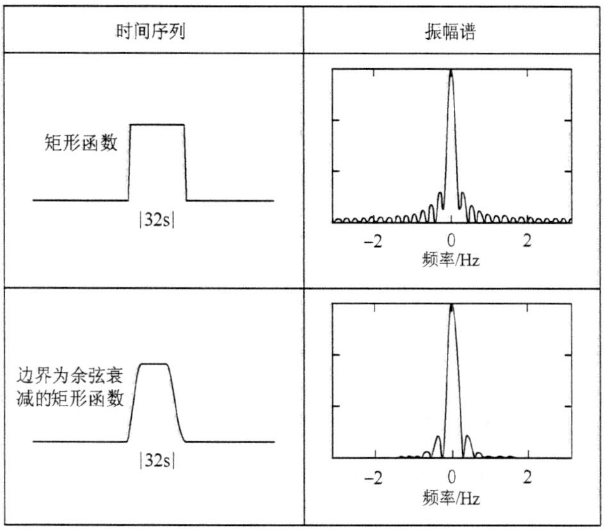

图 6.3-10　数据长度相同的两个窗函数及其相应的振幅谱。加余弦衰减边界的窗函数，其振幅谱的旁瓣明显减小，但主瓣锐度也相应减小。

变化与 sinc 函数很像，时间域信号产生与旁瓣类似的振铃(ringing)现象。若在带通滤波器的通带边界上使用余弦衰减，可有效减弱振铃现象。同样在使用傅里叶逆变换将理论(合成)地震图的频谱变换到时间域地震图之前，也可做类似处理。

在对数据信号滤波时，依据预期目的合理选择策略，没有绝对的最好准则。例如，在频率域中对一个滤波器加渐变函数，可降低时间域中产生假的、非因果的振铃效应，但代价是造成信号频谱和波形的畸变。在6.6.5节中将会看到设计数字地震计时会不可避免地面临该问题。

6.3.4　相关

很多情况下，我们想要衡量两个信号的相似程度。如在地震图中寻找反射震相，常用的方法是在地震图中找出与直达波或一个能够表征震源函数的相似函数部分，以此为基础寻找反射震相。为了实现这个目的，定义目标信号为 $f(t)$，地震图中剩下的信号为 $x(t)$，构成如下积分公式：

$$C(L)=\lim_{T\to\infty}\frac{1}{T}\int_{-T/2}^{T/2}x(t)f(t+L)\mathrm{d}t \tag{6.3-26}$$

式中，$C(L)$ 称为 $x(t)$ 与 $f(t)$ 的互相关函数，通过对 $f(t)$ 做不同延迟时间 L 的时移，并与 $x(t)$ 相乘相加获得的 $C(L)$ 值称为“相关系数”，值越大表明两部分信号的相似程度越大。$C(L)$ 取最大值时对应的延迟就是两个函数最相似的时移量。尽管信号长度 T 形式上趋于无穷，但是由于实际数据的记录长度有限，一般将 T 设为一个适当的量即可。事实上，$1/T$ 仅是一个归一化因子，常被忽略。由式(6.3-9)和式(6.3-26)可以看出，互相关与卷积运算相似，主要区别是时移符号不同，互相关运算相当于时间函数序列反转后做卷积。

图 6.3-11 给出了一个利用互相关求直达 S 波和 SS 波之间走时差的例子。一旦直达 S 波震相经过长射线路径的衰减效应校正及自由表面反射产生的 $\pi/2$ 相移(3.5.1 节)校正后，SS 反射震相应该与之相似。首先在地震图上选定直达 S 波并对其进行校正，然后与剩下的波形记录进行互相关计算，互相关系数最大值所对应的时间延迟即为两种震相的到时差。另外在勘探地震学中，用假定的可控源信号与地震图互相关，结果序列中一系列峰值对应的延迟时间就是不同深度反射震相的到时(3.3.6 节)。在上述应用中，通过互相关来确认反射震相，其实也可以通过反卷积来实现，因为

互相关和反卷积具有一定的相似性。

互相关的一种特殊情形是自相关，也就是时间序列和自己互相关：

$$R(L)=\lim_{T\to\infty}\frac{1}{T}\int_{-T/2}^{T/2} f(t)f(t+L)\mathrm{d}t \tag{6.3-27}$$

自相关函数是延迟时间的偶函数(图 6.3-12 和图 3.3-30)，延迟时间为零处取最大值。互相关计算识别反射震相(图 6.3-11 和图 3.3-31)相当于地震图中反射波附近的信号做自相关。

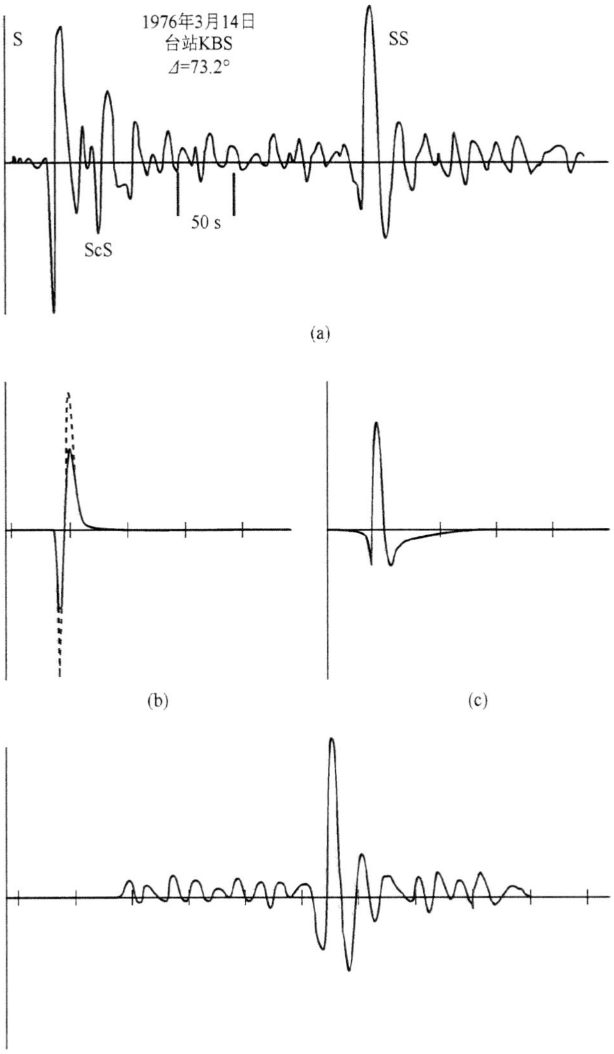

图 6.3-11　利用互相关计算确定(a)中直达 S 波和 SS 震相之间的到时差。(b)中实线为原始的直达 S 波震相，虚线为经过衰减校正后的波形，(c)为进一步经过相位校正后的波形，并以此与(d)中剩余的地震记录进行互相关计算。互相关结果中峰值所对应的时间延迟即为两个震相之间的到时差。(Kuo et al.，1987，*Geophys. Res.*，92，6421-6436，版权归美国地球物理学会所有)

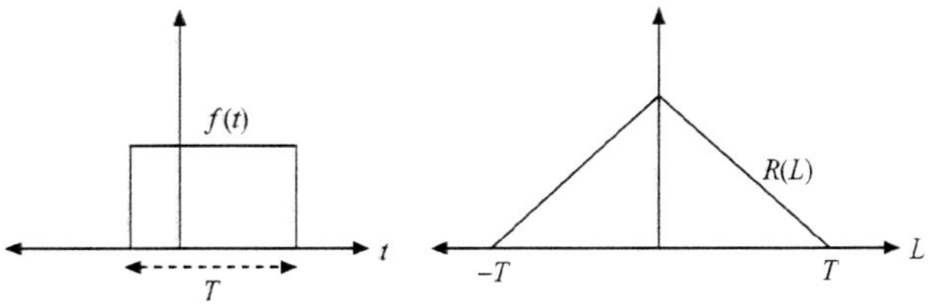

图 6.3-12　左图：矩形函数；右图：对应的自相关函数，在延迟时刻 0 取得最大值，且为关于坐标轴对称的偶函数。

由于自相关和振幅谱相关联，因此它在滤波理论中非常重要。假定一个在 $-T/2$ 与 $T/2$ 以外时间取值全为零的函数，其自相关为

$$R(L)=\lim_{T\to\infty}\frac{1}{T}\int_{-T/2}^{T/2} f(t)f(t+L)\mathrm{d}t \tag{6.3-28}$$

可以用傅里叶逆变换和时移定理来描述：

$$\begin{aligned}R(L)&=\lim_{T\to\infty}\frac{1}{2\pi T}\int_{-T/2}^{T/2} f(t)\left[\int_{-\infty}^{\infty}F(\omega)\mathrm{e}^{\mathrm{i}\omega(t+L)}\mathrm{d}\omega\right]\mathrm{d}t\\&=\lim_{T\to\infty}\frac{1}{2\pi T}\int_{-T/2}^{T/2}F(\omega)\mathrm{e}^{\mathrm{i}\omega L}\left[\int_{-\infty}^{\infty}f(t)\mathrm{e}^{\mathrm{i}\omega t}\mathrm{d}t\right]\mathrm{d}\omega\\&=\lim_{T\to\infty}\frac{1}{2\pi T}\int_{-T/2}^{T/2}F(\omega)F(-\omega)\mathrm{e}^{\mathrm{i}\omega L}\mathrm{d}\omega\\&=\lim_{T\to\infty}\frac{1}{2\pi T}\int_{-T/2}^{T/2}|F(\omega)|^2\,\mathrm{e}^{\mathrm{i}\omega L}\mathrm{d}\omega\end{aligned} \tag{6.3-29}$$

其中，$F(-\omega)=F^*(\omega)$。如果定义功率谱，即归一化振幅谱：

$$P(\omega)=\lim_{T\to\infty}\frac{1}{T}|F(\omega)|^2 \tag{6.3-30}$$

可以看出，自相关是功率谱的傅里叶逆变换：

$$R(L)=\frac{1}{2\pi}\int_{-\infty}^{\infty}|P(\omega)|\,\mathrm{e}^{\mathrm{i}\omega L}\mathrm{d}\omega \tag{6.3-31}$$

可见自相关函数仅包含振幅谱信息，而没有相位信息。振幅谱相同但相位谱不同的函数的自相关函数相同。例如，一个函数和其时间反序函数自相关结果相同。

6.4　离散时间序列及其傅里叶变换

利用傅里叶变换对地震数据进行分析一般在计算机上实现。因此，需要对地面振动的时间连续函数进行离散采样。早期的地震计，利用缠绕在滚筒上的纸来记录地面振动，获得连续的模拟地震图，再通过数字化获得离散地震图。现代地震计记录的是以一定时间间隔重复采样地振动的一系列离散值，例如每秒采

40 个点。对数字地震图进行处理时，6.3 节中介绍的傅里叶变换公式和其他数学操作将被离散化形式所代替。对离散化数据进行处理就称为数字信号处理技术，其基本思想如下。

6.4.1 连续数据采样

对信号进行间隔为 Δt 的离散采样可以用原始信号乘以一系列时间间隔为 Δt 的 δ 函数来实现（详见 6.2.5 节），称为脉冲梳状函数（图 6.4-1）：

$$\nabla(t;\Delta t)=\sum_{n=-\infty}^{\infty}\delta(t-n\Delta t) \tag{6.4-1}$$

为了解采样过程对信号频谱的影响，对上述函数进行傅里叶变换：

$$\int_{-\infty}^{\infty}\nabla(t;\Delta t)\mathrm{e}^{-\mathrm{i}\omega t}\mathrm{d}t=\int_{-\infty}^{\infty}\sum_{n=-\infty}^{\infty}\delta(t-n\Delta t)\mathrm{e}^{-\mathrm{i}\omega t}\mathrm{d}t=\sum_{n=-\infty}^{\infty}\mathrm{e}^{-\mathrm{i}\omega n\Delta t} \tag{6.4-2}$$

式(6.4-2)计算中利用了 δ 函数的筛选性质［式(6.2-29)］。尽管单个 δ 函数的傅里叶变换是一个复指数，但脉冲梳状函数的变换也是一个脉冲梳状函数。为了便于理解，考虑到 $\nabla(t;\Delta t)$ 是以 Δt 为周期的周期函数，它可以展开成傅里叶复级数(6.2.2 节)形式：

$$\nabla(t;\Delta t)=\sum_{m=-\infty}^{\infty}F_m\mathrm{e}^{\mathrm{i}\omega_m t}\text{，其中 }\omega_m=2m\pi/\Delta t \tag{6.4-3}$$

其系数由下式给出：

$$F_m=\frac{1}{\Delta t}\int_{-\Delta t/2}^{\Delta t/2}\nabla(t;\Delta t)\mathrm{e}^{-\mathrm{i}\omega_m t}\mathrm{d}t=\frac{1}{\Delta t}\int_{-\Delta t/2}^{\Delta t/2}\sum_{n=-\infty}^{\infty}\delta(t-n\Delta t)\mathrm{e}^{-\mathrm{i}\omega_m t}\mathrm{d}t \tag{6.4-4}$$

由于在 $(-\Delta t/2,\Delta t/2)$ 间隔内只有一个 δ 函数 $\delta(t-0)$，所以傅里叶系数为

$$F_m=\frac{1}{\Delta t}\int_{-\Delta t/2}^{\Delta t/2}\delta(t)\mathrm{e}^{-\mathrm{i}\omega_m t}\mathrm{d}t=\frac{1}{\Delta t}\mathrm{e}^{\mathrm{i}\omega_m 0}=\frac{1}{\Delta t} \tag{6.4-5}$$

所以脉冲梳状函数的傅里叶级数为

$$\nabla(t;\Delta t)=\frac{1}{\Delta t}\sum_{m=-\infty}^{\infty}\mathrm{e}^{\mathrm{i}2m\pi t/\Delta t} \tag{6.4-6}$$

现在考虑频率域内的脉冲梳状函数 $\nabla(\omega;2\pi/\Delta t)$，它由一系列间隔为 $2\pi/\Delta t$ 的 δ 函数组成：

$$\nabla(\omega;2\pi/\Delta t)=\sum_{m=-\infty}^{\infty}\delta(\omega-n2\pi/\Delta t) \tag{6.4-7}$$

它的逆变换可以由筛选性质得到：

$$\frac{1}{2\pi}\int_{-\infty}^{\infty}\nabla(\omega;2\pi/\nabla t)\mathrm{e}^{\mathrm{i}\omega t}\mathrm{d}\omega=\frac{1}{2\pi}\int_{-\infty}^{\infty}\sum_{n=-\infty}^{\infty}\delta(\omega-n2\pi/\Delta t)\mathrm{e}^{\mathrm{i}\omega t}\mathrm{d}\omega=\frac{1}{2\pi}\sum_{n=-\infty}^{\infty}\mathrm{e}^{\mathrm{i}2n\pi t/\Delta t} \tag{6.4-8}$$

它是 $\nabla(t;\Delta t)$ 的傅里叶级数［式(6.4-6)］的 $\Delta t/2\pi$ 倍。因此，以 Δt 为间隔的时间域内脉冲梳状函数的傅里叶变换为 $(2\pi/\Delta t)\nabla(\omega;2\pi/\Delta t)$，即以 $(2\pi/\Delta t)$ 为角频率采样间隔且振幅为 $(2\pi/\Delta t)$ 的频率域脉冲梳状函数（图 6.4-1）。

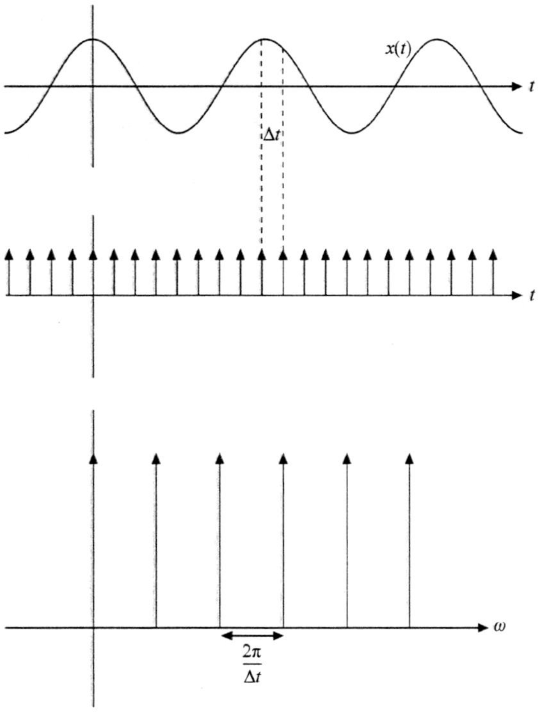

图 6.4-1 对信号进行间隔为 Δt 的离散采样（上图）可以用原始信号乘以一系列时间间隔为 Δt 的 δ 函数（中图）来实现。以 Δt 为间隔的时间域内脉冲梳状函数的傅里叶变换为以 $(2\pi/\Delta t)$ 为角频率采样间隔的频率域脉冲梳状函数。

对信号 $x(t)$ 以 Δt 为时间间隔采样后的离散信号 $\underline{x}(t)$ 可通过原始信号与脉冲梳状函数的乘积来表示：

$$\underline{x}(t)=x(t)\nabla(t;\Delta t) \tag{6.4-9}$$

因为时间域内的乘积等价于频率域内的卷积，离散采样信号的傅里叶变换 $\underline{X}(\omega)$ 可以写为

$$\underline{X}(\omega)=X(\omega)*(2\pi/\Delta t)\nabla(\omega;2\pi/\Delta t) \tag{6.4-10}$$

即 $X(\omega)$ 与频率域脉冲梳状函数的卷积就是离散采样信号的频谱 $\underline{X}(\omega)$，它是以 $(2\pi/\Delta t)$ 为角频率周期的周期函数。

为了详解该过程，假设一个有限带宽信号 $x(t)$，其主

频段 $-\pi/\Delta t < \omega < \pi/\Delta t$ 以外的频谱 $X(\omega)$ 为零，这也是第一个 δ 函数与两侧 δ 函数的间距范围［图 6.4-2(a)］。这样相邻 $X(\omega)$ 不会发生频谱混叠［图 6.4-2(b)］，保证离散采样后的信号频谱与原始连续信号的频谱一致。

反之，如果 $X(\omega)$ 不是限制在上述范围内，其离散采样的频谱相邻周期之间将会重叠［图 6.4-2(c)］。当角频率 $|\omega| > \pi/\Delta t$，或者频率 $|f| > 1/(2\Delta t)$ 时，将导致离散采样信号的频谱不准确，这种现象称为混叠效应。通过对原始信号更密集的采样可避免该问题。这要求采样间隔 Δt 有一个上界，相应的采样频率称为奈奎斯特(Nyquist)频率：

$$f_N = 1/(2\Delta t) \text{ 或 } \omega_N = \pi/\Delta t \tag{6.4-11}$$

该频率值高于信号中包含的最大频率成分时，可保证原始信号的频谱不失真。采样间隔越小，奈奎斯特频率越高，频谱的周期间隔越大，可恢复信号的最大频率越高。实际上采样频率通常为奈奎斯特频率的四倍或更高。时间域信号采样越密集，离散采样信号就越能更好地代表原始信号，其频谱也越接近原始信号的真实频谱。

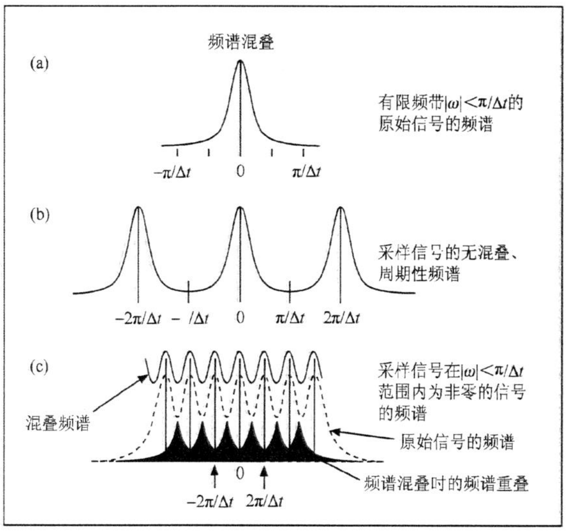

图 6.4-2　采样间隔对信号频谱的影响。(a)中未采样信号的频谱与频率域脉冲梳状函数做卷积，结果为角频率 $2\pi/\Delta t$ 的周期函数。如果原始信号的频谱在主频段 $-\pi/\Delta t < \omega < \pi/\Delta t$ 外均为 0，则离散采样后的信号频谱与原始连续信号的频谱在主频带内一致(b)。否则，卷积后会造成频谱重叠，如(c)中称之为“混叠效应”引起离散信号的频谱失真。

另一种直观的理解方式是对于正弦信号至少每个波长内采样两个点才能正确地重建原信号形状[①]。图 6.4-3 表明由于采样间隔过大，导致离散信号频谱发生混叠，不能恢复原正弦信号。对连续时间信号进行采样时，若采样过于稀疏就会产生频谱混叠，一旦发生混叠则难以消除。因此，连续地震数据通常会被一个“反混叠”模拟滤波器滤波，在采样产生离散数字地震图之前去除高于奈奎斯特频率的高频成分。

① 有关采样问题，可以举个例子：在电影中，马车车轮有时候看起来发生倒转、静止或者非常缓慢地前进。这是由于车轮转动的速率和电影采样速率(典型为每秒 24 帧)存在差异。

6.4.2　离散傅里叶变换

现在考虑一个采样时间序列的傅里叶变换。如果函数 $f(t)$ 以 Δt 为采样间隔的 N 个数据点可以表示为

$$f(t) = f(n\Delta t),\ n = 0, 1, \cdots, N-1 \tag{6.4-12}$$

为了接下来的求导方便，设定整数 N 是一个偶数。傅里叶变换的积分形式为

$$F(\omega) = \int_{-\infty}^{\infty} f(t) e^{-i\omega t} dt \tag{6.4-13}$$

可以写成求和：

$$F(\omega) = \Delta t \sum_{n=0}^{N-1} f(n\Delta t) e^{-i\omega n\Delta t} \tag{6.4-14}$$

傅里叶变换本来是频率的连续函数，这里用其在一系列离散频率点的值来近似。因为时间域采样信号的频谱是原信号频谱以采样角频率 $2\pi/\Delta t$（两倍的奈奎斯特频率 ω_N）为间隔的周期性重复，将一个频谱周期离散成 N 个点：

$$F(\omega) = F(k\Delta\omega),\ k = 0, 1, \cdots, N-1 \tag{6.4-15}$$

其中，

$$\Delta\omega = 2\omega_N / N = 2\pi / N\Delta t = 2\pi / T \tag{6.4-16}$$

其中，$T = N\Delta t$ 是时间域内数据长度，有时也称记录长度。这个时域采样信号的傅里叶变换在频率域内被采样，称为离散傅里叶变换(DFT)：

$$F(k\Delta\omega) = \Delta t \sum_{n=0}^{N-1} f(n\Delta t) e^{-ik\Delta\omega n\Delta t} = \Delta t \sum_{n=0}^{N-1} f(n\Delta t) e^{-ikn2\pi/N} \tag{6.4-17}$$

DFT 给出了一系列离散角频率处的谱：

$$0, \Delta\omega, 2\Delta\omega, \cdots, (N/2)\Delta\omega, \cdots, (N-1)\Delta\omega \tag{6.4-18}$$

其中，后半部分代表角频率大于奈奎斯特角频率 $(N/2)\Delta\omega$，这些点对应着负的角频率，位于正角频率之后。例如，奈奎斯特角频率后面的第一个点对应着角频率：

$$
\begin{aligned}
(N/2+1)\Delta\omega &= (N/2)\Delta\omega + \Delta\omega = \omega_N + \Delta\omega \\
&= -\omega_N + \Delta\omega = -\left(\frac{N}{2}-1\right)\Delta\omega
\end{aligned}
\quad (6.4\text{-}19)
$$

其中，频谱以 $2\omega_N$ 为周期，可以认为 DFT 给出的是以下角频率的值：

$$
0,\Delta\omega,2\Delta\omega,\cdots,\left(\frac{N}{2}-1\right)\Delta\omega,\omega_N,-\left(\frac{N}{2}-1\right)\Delta\omega,\cdots,-2\Delta\omega,-\Delta\omega \quad (6.4\text{-}20)
$$

图像上，可将DFT的后半部分移至零频点之前，代表负频率的频谱（图6.4-4）。

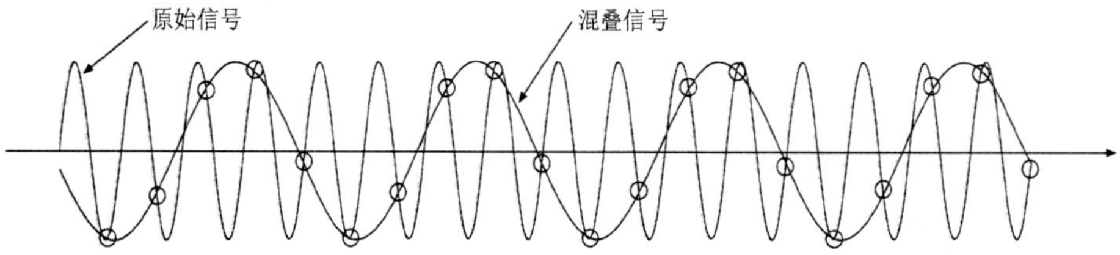

图 6.4-3　在时间域，频谱混叠可理解为每个波长内至少采样两个点才能正确地重建原正弦信号。原始信号中任何高于采样频率的频率成分会造成混叠现象。该例中，用 4～5 个周期的采样间隔对原始信号进行离散化，结果造成采样后信号周期为原始信号周期 4 倍的离散混叠信号。

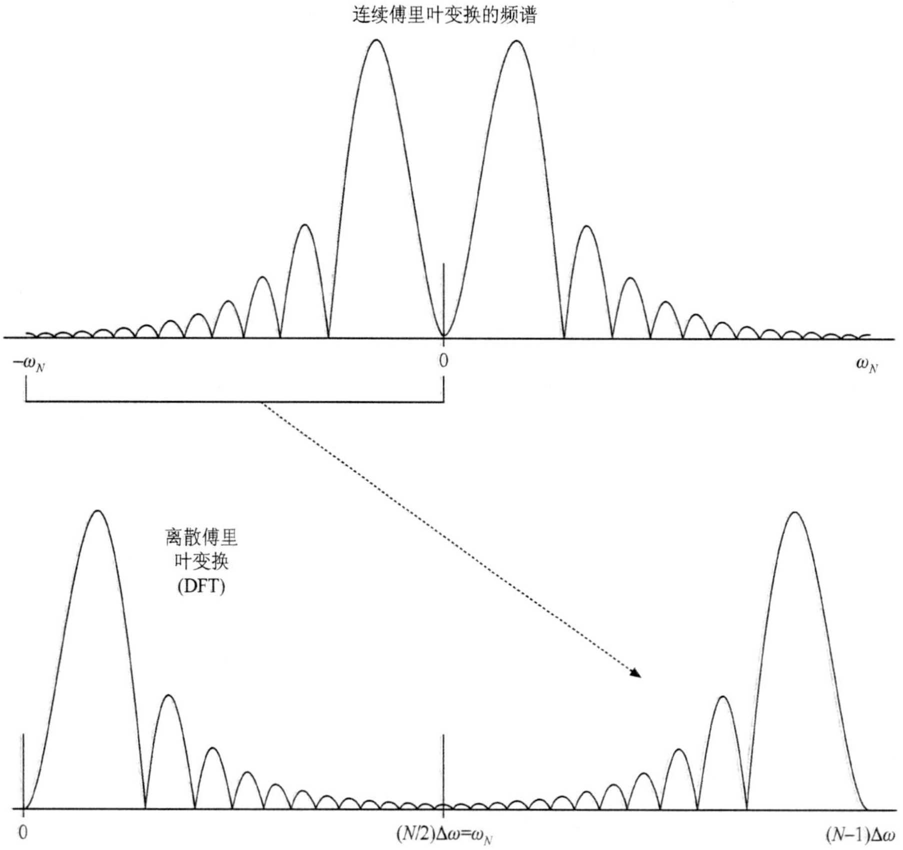

图 6.4-4　由于 DFT 的周期性，后半部分代表角频率大于奈奎斯特角频率 $(N/2)\Delta\omega$，对应着负的角频率。

实际上 DFT 是被采样的时间序列频谱的采样，它有两个重要性质：最高角频率由奈奎斯特角频率［时间域采样间隔的倒数 $\omega_N=\pi/(\Delta t)$］决定；角频率分辨率由两个相邻角频率点间隔给定，$\Delta\omega=2\pi/(N\Delta t)$，与记录长度 $T=N\Delta t$ 成反比。

例如为了分辨组成简正多谱振型 ${}_0S_2$ 的单个振型（图 2.9-16），频率分辨率至少需要达到 0.0001 周/min，或者 $1.7\times10^{-6}\text{s}^{-1}$，这需要数据时长达到 $1/1.7\times10^{-6}$s，也就是地震记录时长超过 160h。然而，由于该振型的周期是 54min，以数分钟为采样间隔的地震图的数据点数已经足够。但还需考虑周期为几十到数百秒的体波和面波信号造成的混频现象。一种易行的方法是利用地震后大约一天以后的数据进行分析，此时短周期的高频地震波已经由于衰减作用而减弱，相当于利用了地球的非弹性介质特性进行了一个反混频滤波器。相反地，反射地震法需要高的时间分辨率来确定相隔很近的界面，通常在使用反混频滤波器的同时采用每秒 250 次的采样间隔。

类似于 DFT，离散傅里叶逆变换(IDFT)由傅里叶逆变换的积分形式：

$$f(t)=\frac{1}{2\pi}\int_{-\infty}^{\infty}F(\omega)\mathrm{e}^{\mathrm{i}\omega t}\mathrm{d}\omega \tag{6.4-21}$$

近似给出：

$$\begin{aligned}f(n\Delta t)&=\frac{1}{2\pi}\sum_{k=0}^{N-1}F(k\Delta\omega)\mathrm{e}^{\mathrm{i}(k\Delta\omega)(n\Delta t)}\Delta\omega\\&=\frac{\Delta\omega}{2\pi}\sum_{k=0}^{N-1}F(k\Delta\omega)\mathrm{e}^{\mathrm{i}kn2\pi/N}\\&=\frac{1}{N\Delta t}\sum_{k=0}^{N-1}F(k\Delta\omega)\mathrm{e}^{\mathrm{i}kn2\pi/N}\end{aligned} \tag{6.4-22}$$

IDFT 从其公式定义可以看出，对频谱以 $\Delta\omega$ 间隔进行了采样。时间域信号以时间间隔 Δt 离散采样会导致混频现象，类似地，对频谱以 $\Delta\omega$ 间隔的采样会使时间序列具有以 T 为周期的周期性：

$$\frac{2\pi}{\Delta\omega}=\frac{2\pi}{2\pi/(N\Delta t)}=T \tag{6.4-23}$$

等于原始数据的长度①。这种“环绕”现象在接下来利用 DFT 导出卷积运算的讨论中非常重要。

6.4.3 离散傅里叶变换的性质

为简单起见，我们描述离散傅里叶变换和逆变换时都假定采样间隔为单位间隔，即 $\Delta t=1$，并定义：

$$F(k)\equiv F(k\Delta\omega)=\sum_{n=0}^{N-1}f(n)\mathrm{e}^{-2\pi\mathrm{i}kn/N},\quad k和n=0,1,\cdots,N-1 \tag{6.4-24}$$

$$f(n)\equiv f(n\Delta t)=\frac{1}{N}\sum_{k=0}^{N-1}F(k)\mathrm{e}^{2\pi\mathrm{i}kn/N},\quad k和n=0,1,\cdots,N-1 \tag{6.4-25}$$

这两个式子形式上非常接近并且很容易计算——正变换和逆变换的区别仅在于指数符号和归一化常数 $1/N$。定义 $W=\mathrm{e}^{-2\pi\mathrm{i}/N}$ 则 DFT 和 IDFT 定义变为

$$F(k)=\sum_{n=0}^{N-1}f(n)W^{kn} \text{ 和 } f(n)=\frac{1}{N}\sum_{k=0}^{N-1}F(k)W^{-kn} \tag{6.4-26}$$

复指数项具有 N 的周期性：

$$W^{kn}=W^{(N+k)n}=W^{k(N+n)} \tag{6.4-27}$$

因此对于任意整数 k，n，j，DFT 和 IDFT 如下形式成立：

$$f(n)=f(jN+n),\quad F(k)=F(jN+k) \tag{6.4-28}$$

根据前面已阐明的负频率与正频率的关系，还可以得到：

$$f(-n)=f(N-n),\quad F(-k)=F(N-k) \tag{6.4-29}$$

从式(6.4-29)也可以看出 DFT 序列的后半部分对应着负频率频谱(图 6.4-4)。

基于以上定义，我们可以看出离散傅里叶变换具有与连续傅里叶变换②类似的性质。

(1) DFT 和 IDFT 都是线性的：如果 $A(k)$ 和 $B(k)$ 是离散时间序列 $a(n)$ 和 $b(n)$ 的离散傅里叶变换，那么 $\alpha A(k)+\beta B(k)$ 是 $\alpha a(n)+\beta b(n)$ 的离散傅里叶变换。因此，可以用离散傅里叶变换来模拟线性系统。

(2) 实时间序列(也就是 $f(n)=f^{*}(n)$)的离散傅里叶变换是共轭对称的：

$$F(-k)=F(N-k)=F^{*}(k) \tag{6.4-30}$$

与连续傅里叶变换一样，负频率部分与正频率部分是共轭对称的。

(3) 时间序列的时移对应着 DFT 的相移：如果 $f(n)$ 的变换是 $F(k)$，则 $f(n-j)$ 对应的 DFT 则是 $W^{kj}F(k)$。类似地，傅里叶变换在频率域内的移动将改变 IDFT 的相位：$F(k-m)$ 对应的逆变换为 $W^{-mn}f(n)$。

6.4.4 快速傅里叶变换

离散傅里叶变换和逆变换必须借助计算机来实现，且正变换和逆变换操作相对较快时才方便利用其来进行滤波，快速傅里叶变换(FFT)算法使这种可能性得以实现。

计算机执行某一算法需要的时间依赖于该操作进行了多少步运算。若要计算 N 个点的离散傅里叶变换，每个点都需要对序列的 N 项求和，运算次数为 N^2 次。然而对 FFT 算法而言，运算次数显著减少到 $N\log_2 N$ 次，如当 $N=4096$，$N^2=16777216$，但 $N\log_2 N=49152$，大约是前者的 1/340。因此，无论是地震学还是其他领域，利用 FFT 算法处理数字信号都得到了广泛应用。

关于 FFT 算法有完整的书籍进行详细介绍，这里

① 因为这种周期性，记录长度为 $N\Delta t$，而不是 $(N-1)\Delta t$。

② 连续傅里叶变换的证明留作本章末的问题。

只对该方法做简短概述。基本思想是把长序列逐次分解为较短序列的 DFT 运算。对于一个 N 点数据序列：

$$f(n),\ (n=0,1,\cdots,N-1) \tag{6.4-31}$$

同时构建两个子序列，一个对应于奇数点，另一个对应于偶数点：

$$a(n)=(f(0),f(2),f(4),\cdots)=f(2n),$$
$$b(n)=(f(1),f(3),f(5),\cdots)=f(2n+1),\ n=0,1,\cdots,N/2-1 \tag{6.4-32}$$

这两个子序列的 DFT 分别为

$$A(k)=\sum_{n=0}^{N/2-1}a(n)\mathrm{e}^{-4\pi ikn/N} \text{ 和 } B(k)=\sum_{n=0}^{N/2-1}b(n)\mathrm{e}^{-4\pi ikn/N} \tag{6.4-33}$$

式中 k 从 0 到 $N/2-1$ 取值；因子 4 是由于两个子序列的长度是 $N/2$。

原始序列的 DFT 可以根据两个子序列来表示：

$$\begin{aligned}F(k)&=\sum_{n=0}^{N-1}f(n)\mathrm{e}^{-2\pi ikn/N}\\&=\sum_{n=0}^{N/2-1}[a(n)\mathrm{e}^{-2\pi ik(2n)/N}+b(n)\mathrm{e}^{-2\pi ik(2n+1)/N}]\\&=A(k)+\mathrm{e}^{-2\pi ik/N}B(k)\quad k=0,1,\cdots,N/2-1\end{aligned} \tag{6.4-34}$$

给出前 $N/2$ 个点的 $F(k)$，用 $k+N/2$ 代替 k，就可以得到后半部分：

$$F(k+N/2)=A(k+N/2)+\mathrm{e}^{-2\pi i(k+N/2)/N}B(k+N/2) \tag{6.4-35}$$

这是因为两个子序列的 DFT 都是以它们的长度 $N/2$ 为周期的：

$$A(k+N/2)=A(k) \text{ 和 } B(k+N/2)=B(k) \tag{6.4-36}$$

由于指数项可以写为

$$\mathrm{e}^{-2\pi i(k+N/2)/N}=\mathrm{e}^{-\pi i}\mathrm{e}^{-2\pi ik/N}=-\mathrm{e}^{-2\pi ik/N} \tag{6.4-37}$$

则 DFT 的后半部分可以由前半部分得到：

$$F(k+N/2)=A(k)-\mathrm{e}^{-2\pi ik/N}B(k) \tag{6.4-38}$$

根据 $W=\mathrm{e}^{-2\pi i/N}$，变换的两部分［式(6.4-34)和(式 6.4-38)］可简单表述为

$$F(k)=A(k)+W^kB(k) \text{ 和 } F(k+N/2)=A(k)-W^kB(k) \tag{6.4-39}$$

该方法称为“折叠”：利用两个 $N/2$ 点的子序列求一个 N 点离散序列的 DFT。折叠法可以递归调用，$N/2$ 个点的变换又可以通过两个 $N/4$ 个点的序列获得，逐次分解为更短的子序列，所以一个 $N=2^n$ 序列的 DFT 可以通过 $n=\log_2 N$ 步运算来获得。在最后一步两个点的序列变换可通过 1 个点 DFT 来获得，而 1 个点离散傅里叶变换是它自身。因此，为了获得一个时间序列的 FFT，我们将数据视为 N 个 1 点的序列，利用对折构造 $N/2$ 个 2 点序列，如此下去直到 N 个点计算完为止。FFT 算法同样可以用于 IDFT。通常 DFT 和 IDFT 可用同样的编程代码实现，只要改变指数的正负号并且记得逆变换时乘以 $1/N$ 归一化常数(这是初学者常犯的错误)。

利用 FFT 算法对数据进行滤波时，因子 $1/N$ 可以在任意一步使用。通常将时间序列的离散傅里叶变换与频率域的结果相比较，例如频率域理论合成地震图的解析表达式。这种情况下必须考虑 DFT 和 IDFT 的单位。DFT 是傅里叶积分变换［式(6.4-13)］的近似表示，其微分 $\mathrm{d}t$ 被差分 Δt 代替，FFT 运算结果需要乘以 Δt。同样地，IDFT 是反傅里叶积分变换［式(6.4-21)］的近似表示，其微分 $\mathrm{d}\omega$ 被差分 $\Delta\omega$ 代替，逆 FFT 运算结果和 $\Delta\omega/(2\pi)$ 的乘积就是归一化常数 $\Delta\omega\Delta t/2\pi=1/N$。

以上讨论假设了序列的长度 N 是 2 的整数次方。如果离散序列的数据点数不满足该假设条件，需要在序列后补零来获得 2 的整数次方数据长度。这样会使频谱采样加密，因为时间域采样间隔没有变，频率域采样间隔 $\Delta\omega=2\pi/(N\Delta t)$ 降低了，但这并没有改变实际的频率分辨率，实际非零数据的长度并没有增加，其效果相当于在分辨范围 $\Delta\omega_{\mathrm{real}}=2\pi/T_{\mathrm{nonzero}}$ 内的平滑插值。

最后，需要对 DFT 和 FFT 加以区别。DFT 是对傅里叶变换的离散化近似，且是周期为 N 的周期序列，FFT 仅是 DFT 的一种快速计算方法。

6.4.5 数字卷积

如 6.3.2 节所述，卷积在地震学中有很多应用。计算离散序列的卷积有一些特殊的性质。

考虑两个单位采样间隔的离散时间序列，$x(m)$ 的 M 个数据点分别为 $x(0),x(1),\cdots,x(M-1)$，$f(n)$ 的 N 个数据点分别为 $f(0),f(1),\cdots,f(N-1)$，根据时间域积分形式的卷积定义可得

$$y(t)=x(t)*f(t)=\sum_{m=0}^{M-1}x(m)f(t-m) \tag{6.4-40}$$

对每个时刻 t 都要进行求和从而得到一个非零值。因为 $f(n)$ 对于 $(0,N-1)$ 以外的 n 值为 0，$x(m)$ 对于 $(0,M-1)$ 范围以外的 m 为 0，因此卷积中一共有 $N+M-1$ 项，$y(t)$ 对 $t=0,1,\cdots,N+M-2$ 有意义。例如，假设 $N=3$ 和 $M=4$，那么 $3+4-1=6$ 项为

$$
\begin{aligned}
&y(0)=x(0)f(0),\\
&y(1)=x(0)f(1)+x(1)f(0),\\
&y(2)=x(0)f(2)+x(1)f(1)+x(2)f(0),\\
&y(3)=x(1)f(2)+x(2)f(1)+x(3)f(0),\\
&y(4)=x(2)f(2)+x(3)f(1),\\
&y(5)=x(3)f(2)
\end{aligned}
\tag{6.4-41}
$$

可以认为这个操作是倒转 $x(m)$ 的顺序，顺次移动并与 $f(n)$ 的非 0 项相乘求和(图 6.4-5)。

式(6.4-41)表明离散序列卷积的项数比参与卷积的两个序列项数都多。上述卷积运算在频率域也很容易实现，对两个时间域离散序列同时进行 DFT，然后相乘，最后对乘积结果进行 IDFT 变换即可。如果 $Y(k)$、$X(k)$ 和 $F(k)$ 分别是 $y(t)$、$x(m)$ 和 $f(k)$ 的 DFT，那么有

$$Y(k)=X(k)F(k) \tag{6.4-42}$$

给出了每个角频率对应的复频谱。值得注意的是：所有的离散傅里叶变换必须对应相同的离散频率点。对于一个单位采样间隔($\Delta t=1$)长度为 N 的时间序列，其 DFT 对应的角频率为

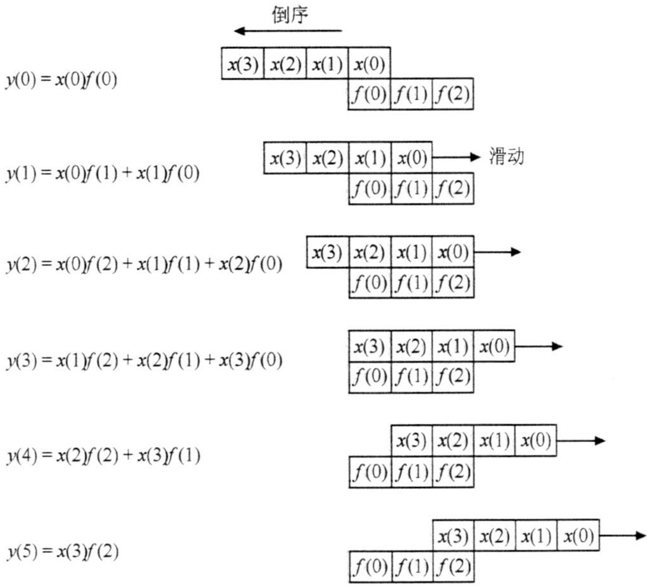

图 6.4-5　求解两个离散时间域信号的卷积示意图包括倒序、相乘和序列依次向右移动。

$$k\Delta\omega=k2\pi/N,\quad k=0,1,\cdots,N-1 \tag{6.4-43}$$

若 $x(m)$ 和 $f(n)$ 有不同的数据长度，则它们的 DFT 对应着不同的角频率。为了避免该情况，两个时间序列通过补零达到相同长度且都是 2 的整数次方。

另外要记住离散序列卷积后的序列长度大于参与卷积的任何一个序列长度。如果 DFT 的长度偏小，由于其具有周期性，当进行 IDFT 时就会产生类似于混频的环绕现象，所以在进行 DFT 之前，两个序列的长度至少要延伸至卷积结果的序列长度才能避免 DFT 后的波形畸变。

6.5　叠加

地震学研究利用地震数据来估计地球和震源的一些属性。理想情况下这些估计应该是“准确”并且是“可靠”的。“准确性”是指测量值与真实值的偏差，“精度”是指独立测量结果的可重复性。因此，准确性显示一组测量值的系统误差，而精度显示单次测量产生影响的随机误差。估计量可能精度很高但不一定准确，或者准确性高但精度有所损失。例如，对地震位置的估计依赖于走时数据的质量和速度模型的准确性，高质量的走时数据与一个不准确的速度模型可以得到一个与数据拟合很好的震源位置，那么该估计位置的不确定性很小，但这个估计位置并不能准确代表真实地震位置。这种情况下真实震源位置的不确定性超过了数据拟合所显示的不确定性。相反地，精确的速度模型和精度差的走时数据可以给出一个与真实地震位置很接近的较准确的位置，但由于数据拟合度差，不确定性增大，位置的精度降低。

如何提高数据的“准确性”和“测量精度”就好比测量一个桌子的长度，可以通过采用不同的测量工具提高准确性，理想情况下它们可以彼此标定；还可以通过多次测量来提高测量结果的精度，理想情况下是通过不

同的人来测量。这种思想同样可以用在地球科学领域，但要面临更为复杂的情况。例如，地震是一种不可重复的实验，无法进行重复观测，即便采用不同的观测方法，依然面临很多困难。无论用走时数据还是波形模拟来估计一个地震的震源深度时，两套数据彼此之间相对独立使得估计结果具有一定程度的准确性。震源附近的速度不准确会产生类似的系统偏差，但走时数据不依赖于震源机制解，波形模拟(依赖于相对到时)也不会因为个别地震图的绝对时间错误而产生估计偏差，更深层次的复杂性是不同的测量方法所测量的物理量彼此相关又非完全相同：走时、波形模拟、余震定位和大地测量都可以用来推断震源深度，但估计结果存在一定的差异性，因为这些观测量之间不完全独立又不完全相同。

大多数这类问题的讨论集中在随机误差的估计上，通过一系列测量结果的离散分布比较容易获得随机误差。但这并不是说系统误差不重要，就如 1.1.2 节讨论的一样，系统误差会通过一些意想不到的方式对测量结果产生微妙且关键的影响。例如，速度非均匀性会对地震射线路径产生扰动，从而影响震源机制解的估算(3.7.3 节)；介质衰减效应会引起核爆定位出现偏差(1.2.8 节)；古地磁时间尺度的误差会使板块运动的估计对出现偏差(5.5.2 节)；一个未被探测到的地震可能改变对古地震复发周期的估计(1.2.5 节)。一般系统偏差很难探测，但有时可以通过不同的测量方法获得。例如，由体波和简正振型估计出的地球模型的不一致性说明存在非弹性介质引起的物理频散(3.7.8 节)，海洋上勒夫波和瑞利波速度的不一致性表明存在各向异性(3.6.5 节)。因此，当数据不一致时，由于系统误差导致测量结果也不一致，比如利用现今地震和古地震统计结果(4.7.1 节)得出的地震频度-震级关系就存在差异性。

本节介绍关于误差的一些基本概念并考虑一些例子。利用地震数据提高估计精度的一种有效方法是：叠加，也就是重复测量并取平均值。如地震走时测量要么取不同地震图走时测量结果的平均值，要么对很多地震图进行叠加再进行走时测量。这个过程有两个效应：第一，降低了数据随机噪声的影响，提高测量精度；第二，如果数据以特定的方式叠加，通过对数据的某些特征进行压制而相应地对某些特征进行增强来提高测量结果的精度，有时也能提高其准确性。

6.5.1　随机误差

若通过重复测量来估计一个量 x，由于噪声和测量局限性，每一次测量都给出一个测量值 x_i，通过足够多的测量，x_i 会呈现一定的分布趋势。如果忽略测量的系统误差，就可以利用测量值 x_i 来获得真实 x 的一个估计值，并且讨论其与未知的真实 x 值之间的关系。

为了实现上述目的，将测量值 x_i 视为由概率密度函数 $p(x)$ 描述的随机样本，$p(x)$ 给出了观测值的概率分布。例如，在 4.7.3 节我们将地震的发生视为地震复发时间概率模型的一系列采样。该例子也显示在很多实际应用中最适合的概率分布模型是未知的。通常假定概率分布模型满足高斯分布，也称为“正态分布”，一般用来描述不同观测现象出现的频率。著名的“中心极限定理”表明一系列随机数的总和逼近于高斯分布，即便这些随机数是从其他概率分布模型得到的。

对于高斯分布，第 i 次测量值在 $x_i \pm \mathrm{d}x$ 之间的概率在 $\mathrm{d}x \to 0$ 时的极限为

$$p(x_i)=\frac{1}{\sigma\sqrt{2\pi}}\exp\left[-\frac{1}{2}\left(\frac{x_i-\mu}{\sigma}\right)^2\right]\mathrm{d}x \qquad (6.5\text{-}1)$$

该分布由两个参数来刻画：平均值 μ 和标准差 σ。在平均值处概率越大，距平均值越远概率越小。该分布经常写成归一化变量 $z=(x-\mu)/\sigma$ 的函数：

$$p(z)=\frac{1}{\sqrt{2\pi}}\exp[-z^2/2]\mathrm{d}z \qquad (6.5\text{-}2)$$

图 6.5-1 显示该分布为一“钟形曲线”。

一个常见应用是估计测量值落在平均值范围内的概率。为此，对概率密度函数进行积分求得累积概率：

$$A(z)=\int_{-z}^{z}p(y)\mathrm{d}y=\frac{1}{\sqrt{2\pi}}\int_{-z}^{z}\exp[-y^2/2]\mathrm{d}y \qquad (6.5\text{-}3)$$

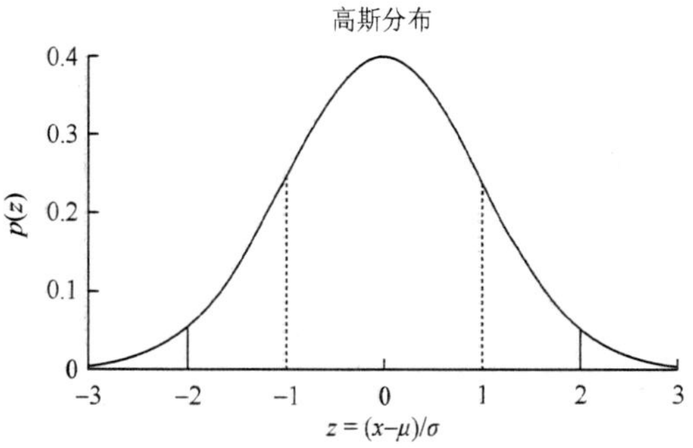

图 6.5-1　高斯分布的概率密度函数，平均值为 μ、标准差为 σ。竖线表示测量结果位于平均值一倍标准差、两倍标准差之间的概率分布范围。

若 $z=1$，$A(z)=0.68$，表明测量结果位于平均值一倍标准差内的概率为 68%。同样地，$A(2)=0.95$ 和 $A(3)=0.997$，表明测量结果位于平均值二倍标准差内

的概率为 95%，三倍标准差内的概率超过 99%。这种思想可用来估计地震发生的概率(4.7.3 节)。

假定在不含任何系统误差的情况下无限次测量，测量结果的直方图将看起来和概率分布模型一样，测量结果的平均值将趋近于分布模型的均值：

$$\mu = \lim_{N\to\infty}\left[\frac{1}{N}\sum_{i=1}^{N}x_i\right] \tag{6.5-4}$$

测量结果的分布情况由模型方差(标准偏差的平方)确定：

$$\sigma^2 = \lim_{N\to\infty}\left[\frac{1}{N}\sum_{i=1}^{N}(x_i-\mu)^2\right] \tag{6.5-5}$$

若上述假设有效，多次测量结果的平均值 μ 就接近于待求参数。

实际情况是只能通过有限的测量值来估计 μ，因此实际测量结果的平均值 μ' 并不一定等于 μ。现在的问题是用什么方法使得从测量值中得出的 μ' 是真实的概率分布模型平均值的最大似然估计。

为此，假定总体分布有一个平均值 μ' 和标准差 σ，那么第 i 次测量值落入区间 $x_i \pm \mathrm{d}x$ 的概率在 $\mathrm{d}x \to 0$ 时为

$$p_i(x_i) = \frac{1}{\sigma\sqrt{2\pi}}\exp\left[-\frac{1}{2}\left(\frac{x_i-\mu'}{\sigma}\right)^2\right] \tag{6.5-6}$$

对于 N 次观测，观测到某个 x_i 序列的概率就是独立获得序列中每个值的概率的乘积：

$$p(x_i) = \prod_{i=1}^{N}p_i(x_i) = \left[\frac{1}{\sigma\sqrt{2\pi}}\right]^N \exp\left[-\frac{1}{2}\sum_{i=1}^{N}\left(\frac{x_i-\mu'}{\sigma}\right)^2\right] \tag{6.5-7}$$

当 $p(\mu')$ 取最大值时给出最可能的 μ' 值。为此式(6.5-7)中指数项对自变量求导并令其为零：

$$0 = \frac{\mathrm{d}}{\mathrm{d}x_i}\left[-\frac{1}{2}\sum_{i=1}^{N}\left(\frac{x_i-\mu'}{\sigma}\right)^2\right] = -\frac{1}{2}\sum_{i=1}^{N}\frac{\mathrm{d}}{\mathrm{d}x_i}\left[\frac{x_i-\mu'}{\sigma}\right]^2 \tag{6.5-8}$$

式(6.5-8)在满足

$$\sum_{i=1}^{N}[x_i-\mu'] = 0 \tag{6.5-9}$$

或者

$$\mu' = \frac{1}{N}\sum_{i=1}^{N}x_i \tag{6.5-10}$$

时成立。

事实上 x_i 的平均值就是对 μ 的最好估计。值得思考的是对于估计的 μ'，其标准差是什么？这种估计的不确定性与每次测量的不确定性有何关联？

为了回答这个问题，可以采用误差传播这种一般性的方法来求得一个函数的不确定性与其自变量不确定性之间的关系。假定 z 是多个自变量的函数，则：

$$z = f(u,v,\cdots) \tag{6.5-11}$$

对 $(u,v,\cdots)$ 进行 N 次测量，函数平均值是自变量平均值的函数：

$$\bar{z} = f(\bar{u},\bar{v},\cdots) \tag{6.5-12}$$

其方差为

$$\sigma_z^2 = \lim_{N\to\infty}\frac{1}{N}\sum_{i=1}^{N}(z_i-\bar{z})^2 \tag{6.5-13}$$

将 z 在其均值处进行泰勒展开：

$$z_i-\bar{z} = (u_i-\bar{u})\frac{\partial z}{\partial u}+(v_i-\bar{v})\frac{\partial z}{\partial v}+\cdots \tag{6.5-14}$$

因此，

$$\begin{aligned}\sigma_z^2 &= \lim_{N\to\infty}\frac{1}{N}\sum_{i=1}^{N}\left[(u_i-\bar{u})\frac{\partial z}{\partial u}+(v_i-\bar{v})\frac{\partial z}{\partial v}+\cdots\right]^2\\ &= \lim_{N\to\infty}\frac{1}{N}\sum_{i=1}^{N}\left[(u_i-\bar{u})^2\left(\frac{\partial z}{\partial u}\right)^2+(v_i-\bar{v})^2\left(\frac{\partial z}{\partial v}\right)^2+\cdots\right.\\ &\quad\left.+2(u_i-\bar{u})\frac{\partial z}{\partial u}(v_i-\bar{v})\frac{\partial z}{\partial v}+\cdots\right]\end{aligned} \tag{6.5-15}$$

为了简化表述，定义每一个自变量的方差：

$$\sigma_u^2 = \lim_{N\to\infty}\frac{1}{N}\sum_{i=1}^{N}(u_i-u)^2 \text{ 和 } \sigma_v^2 = \lim_{N\to\infty}\frac{1}{N}\sum_{i=1}^{N}(v_i-\bar{v})^2 \tag{6.5-16}$$

及描述不同变量之间相关性的协方差：

$$\sigma_{uv}^2 = \lim_{N\to\infty}\frac{1}{N}\sum_{i=1}^{N}(u_i-\bar{u})(v_i-\bar{v}) \tag{6.5-17}$$

将式(6.5-16)和式(6.5-17)代入式(6.5-15)得到：

$$\sigma_z^2 = \sigma_u^2\left(\frac{\partial z}{\partial u}\right)^2+\sigma_v^2\left(\frac{\partial z}{\partial v}\right)^2+\cdots+2\sigma_{uv}^2\left(\frac{\partial z}{\partial u}\right)\left(\frac{\partial z}{\partial v}\right)+\cdots \tag{6.5-18}$$

式(6.5-18)就是误差传播关系式，表明了每一个自变量的不确定性对函数不确定性的贡献，且与函数对相应自变量的偏导数有关。通常假定不同变量的变化是不相关的(这一点并不总是成立)，因此上述协方差为零，z 的方差简化为

$$\sigma_z^2 = \sigma_u^2\left(\frac{\partial z}{\partial u}\right)^2+\sigma_v^2\left(\frac{\partial z}{\partial v}\right)^2+\cdots \tag{6.5-19}$$

这个结果即为前文中已经提到的估计大地测量速率

[式(4.5-8)]和震源参数[式(4.6-23)]的不确定性的一般形式。

在这里，考虑平均值为观测量的一个函数：

$$z = \mu' = \frac{1}{N}\sum_{i=1}^{N} x_i \tag{6.5-20}$$

则误差传播公式可用于 $(u, v, \cdots) = x_i$。假设自变量之间彼此独立，则它们的误差彼此不相关，那么：

$$\sigma_{\mu'}^2 = \sum_{i=1}^{N}\sigma_{x_i}^2\left(\frac{\partial \mu'}{\partial x_i}\right)^2 = \sum_{i=1}^{N}\sigma_{x_i}^2\left(\frac{1}{N}\frac{\partial}{\partial x_i}\sum_{i=1}^{N}x_i\right)^2 = \frac{1}{N^2}\sum_{i=1}^{N}\sigma_{x_i}^2 \tag{6.5-21}$$

如果所有的观测量具有相同的不确定性($\sigma_{x_i}^2 = \sigma^2$)，那么：

$$\sigma_{\mu'}^2 = \sigma^2 / N \tag{6.5-22}$$

因此平均值的方差为单次测量方差的 $1/N$ 倍。重复测量 N 次可使得平均值的标准差减小 $1/\sqrt{N}$ 倍。这便是叠加原理背后的物理实质；一些物理量多次测量后取平均值，该估计值具有更小的不确定性。

图 6.5-2 说明了上述思想。假定一个物理量的测量值满足高斯正态分布，其平均值为 0。如果利用不同的采样点数估计该物理量，随着采样点数的增多，采样点分布越来越向母体分布近似，样点平均值也越来越接近于母体分布的平均值。然而，当采样点数较少时，测量值分布与母体分布有明显差异。重复地震研究时就会碰到这个问题，因为发生地震的次数，即样本点数有限，使得以下两个问题的答案难以确定：历史地震分布(4.7.1 节)之间的明显差异是否有意义，以及应该使用什么样的母体分布和参数来估计地震概率(4.7.3 节)。

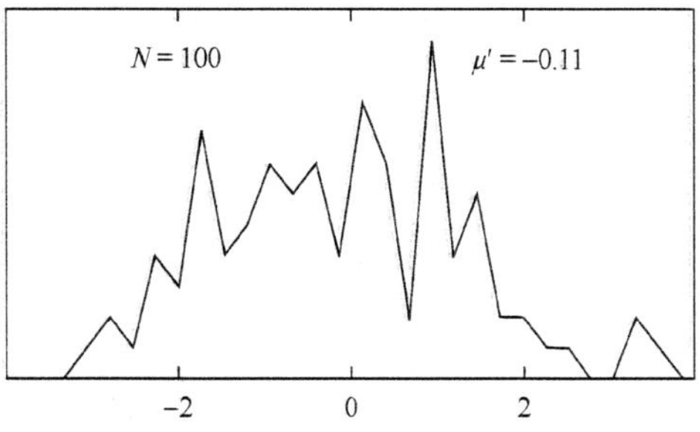

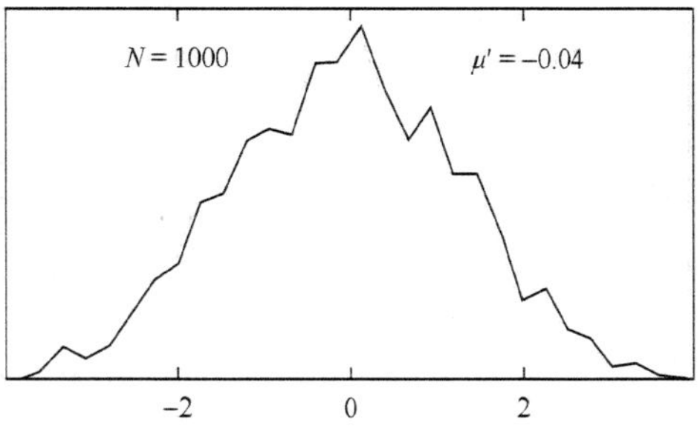

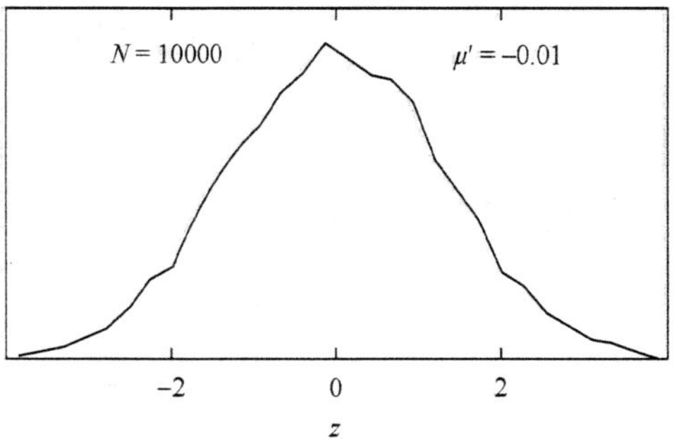

图 6.5-2 一个高斯正态分布(平均值为 0，标准差为 1)的 N 个采样点分布图。当采样点数较少时，测量值分布与母体分布有明显差异，其样本平均值 μ' 也和母体分布的平均值明显不同。随着采样点数增多，采样点分布越来越趋近于母体分布。

简单的高斯分布模型常用来分析数据。假定每个测量值均包含感兴趣的有效信号和不感兴趣的噪声信号。噪声包含了真实的测量误差和未知的物理过程，且假定不同测量值之间的所有误差均是不相关的。这些假定在一定程度上是有效的，所以数据叠加会增强有效信号。一般假定噪声是随机的、不相关的，这看起来是个不错的近似。然而，如果测量值之间的噪声是相关的，会减小利用叠加压制噪声的期望效果。这种情况有可能发生，比如当测量仪器存在系统误差，或者对所有测量值而言存在一个错误的源信号。例如，利用径向分量和垂向分量计算接收函数(图 6.3-7)来研究地震台站下方介质结构时，一般假定不同分量上的噪声是不相关的。但是，微震活动(6.6.3 节)由于会造成不同分量之间噪声的相关性，因此会造成在接收函数中出现假象地层。

6.5.2 叠加实例

一个简单的叠加方式是把相邻台站的地震图叠加，这里假定它们包含相同的有效信号和不同的“噪声”信号。这里所说的“噪声”包括两种类型：第一种是不同地震计的仪器响应差异，第二种是由上行波与不同地震计下部的地壳结构相互作用而在地震图上产生的差异。如果每个地震计和其下部地壳结构足够相似，那么叠加地震图就会消除这种“噪声”并产生一个比单个地震图更能呈现期望信号的地震图。

可以把这种方法延伸并运用于不同位置或不同时间的地震图上。在已知期望信号随空间位置和时间变化的情况下，可以将来自不同位置和时间的数据校正到一个共同位置或时间上并叠加。举个例子，在反射波资料的 CMP 叠加中，将时距曲线上的各点经过时差校正对齐到中心点，然后进行叠加。这样反射波波至就会变成同相位信号而得到增强，而对于其他拥有不同时距曲线的非期望地震波，即使它们不是随机噪声，依然能够被压制，其振幅相对反射波减小。同样地，随机噪声也能够被压制。

这种方法在观测地球更深部结构(如地幔的间断面)时依然有用(3.5.3 节)。在图 6.5-3 的例子中，我们把大量地震图的横向分量叠加以增强 SS 先驱波的波至。这些先驱波，如 $S_{410}S$、$S_{520}S$ 和 $S_{660}S$ 分别为 410km、520km 和 660km 深处的速度间断面的下表面反射波。然而这些波的能量非常弱，单个地震图上被淹没在噪声里不容易识别。而将许多地震图进行叠加可以增强这些波至，以便于研究这些间断面的深度。此外，移除 $S_{660}S$ 和 $S_{410}S$ 的理论波形(图 6.5-3 中图)后，叠加记录显示出了 $S_{520}S$ 震相的波至(图 6.5-3 下图)。由于 520km 间断面的地震波速度呈渐变状态，这种反射波的能量十分微弱，通常情况下很难被观测到。

同样可以通过倾斜叠加的方法观测地幔结构(3.3.5 节)。地震图经过时间和慢度校正后进行叠加，得到地震波能量随时间和慢度变换的图谱，而不仅仅是单个地震波形(图 6.5-3)。如图 6.5-4 所示，图中高幅值牛眼状的亮点代表波至。P 波和 pP 波的入射角存在 1°偏差，因此它们的慢度略有不同。由于倾斜叠加的局限性，较大的波至会出现弥散现象，造成人为的假象。

叠加也可以用于突出某个特定的地球简正振型。简正振型的振幅随台站位置的不同而改变，这是因为简正振型依赖于球谐函数，而球谐函数是经度和纬度的函数且不同振型之间存在差异(2.9.3 节)。虽然不同台站地震图的简单叠加不一定会得到显著的频谱峰，但对于给定的简正振型，通过校正它的理论振幅和相位后叠加，则会突出感兴趣的振型而压制其他振型(图 6.5-5)。

叠加可用于处理大量数据，图 6.5-6 是上千个来自不同地震事件和地震计的数字地震图产生的记录剖面。地震图被旋转至垂向、径向和切向分量，并按震源和台站的距离进行排列，然后将震中距每个 0.5°区间内的地震图归一化到相同的振幅并叠加。叠加剖面中的强波至对应时距曲线中的主要震相。有趣的是可将大尺度全球地震数据资料与小尺度反射地震数据的资料(3.3.4 节)进行对比分析。对于反射数据，

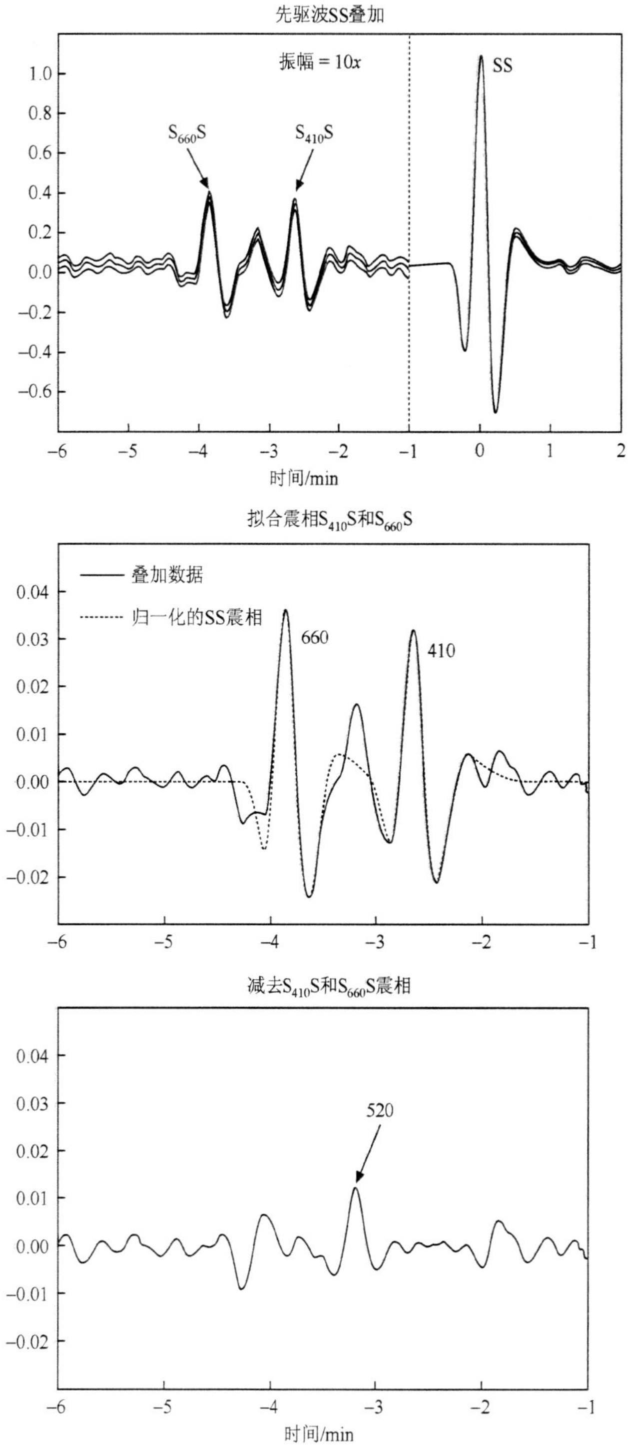

图 6.5-3　叠加长周期地震图，增强 SS 波的前驱波信号并用来确定地幔间断面的深度。上图：$S_{410}S$ 和 $S_{660}S$ 分别为 410km、660km 深处的速度间断面的下表面反射波，信号振幅放大 10 倍。该叠加信号减去基于 SS 波生成的理论波形(中图)，剩余的波形的叠加显示出 520km 间断面的反射波震相(下图)。(Sheare，1996，*J. Geophys. Res.*，101，3053-3066，版权归美国地球物理学会所有)

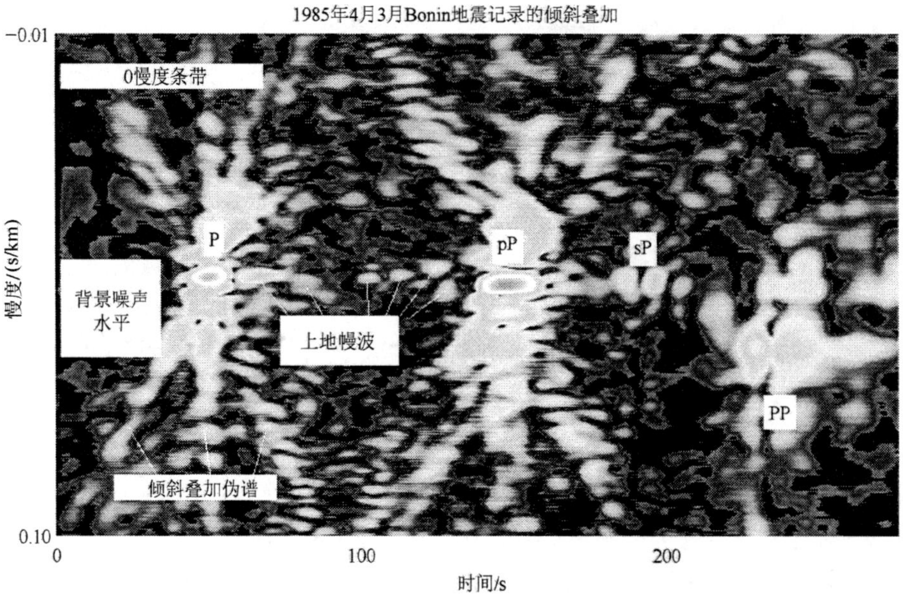

图 6.5-4 对 249 个台站接收到的地震图(地震震源深度 476km)进行倾斜叠加。牛眼状亮点为特定波至的地震波能量集中区。(Vidale and Benz，1992. 经 *Nature* 允许转载)

将共中心点的地震道进行叠加(图 3.3-18)，产生一个合成的零偏移距记录道，增强反射波。这些 CMP 叠加道形成一个共中心点叠加剖面，它是中心点和时间的函数。相比之下，全球数据一般使用共偏移距的方式呈现数据，将共偏移距的道进行叠加，它是偏移距和时间的函数。这种处理只是降低了噪声，而不是为了增强某种波至，因此可以显示多种地震波的波至(直达波、反射波、面波等)。图 2.7-4 中显示可通过叠加大量长周期地震图来获得面波的相速度和群速度。

在叠加处理中，产生系统误差的一种可能性是数据在不同时间或空间之间的转换误差。有趣的是，前面讨论的各种情况中，一个普遍的困难是地球结构存在横向变化。以反射波为例，地下结构(反射层)一般是倾斜的而不是水平的，这样就造成了共中心点的 CMP 道集在反射面上不是同一点(图 3.3-19)。在全球走时分析中，当震源和接收点之间的地层结构存在差异时，相同偏移距所得到的地震图也会存在差异。对于简正振型来讲，当实际地球结构偏离球对称参考模型时，类似影响也会发生。然而，因为大多数情况下地层结构差异主要随深度而变化，所以叠加处理通常都会有很好的效果。

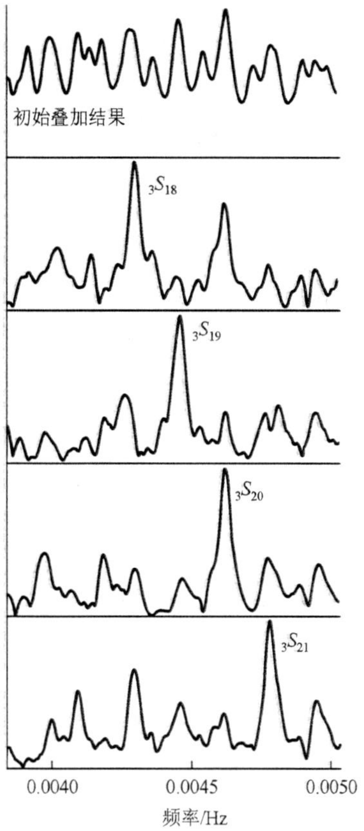

图 6.5-5 叠加长周期地震图，增强特定的地球简正振型。虽然不同台站地震图的简单叠加(上图)不一定会产生显著的频谱峰，但对不同台站之间的理论差异进行校正后再叠加，则会突出感兴趣的振型而压制其他振型(下四图)。(Mendiguren，1973，*Science*，179，179-180，版权归美国科学促进协会所有)

6.6 地震仪和地震台网

6.6.1 简介

在前文中讨论了信号处理，现在介绍地震测量学(简称测震学)，它是关于地震仪器设计和发展的学科。

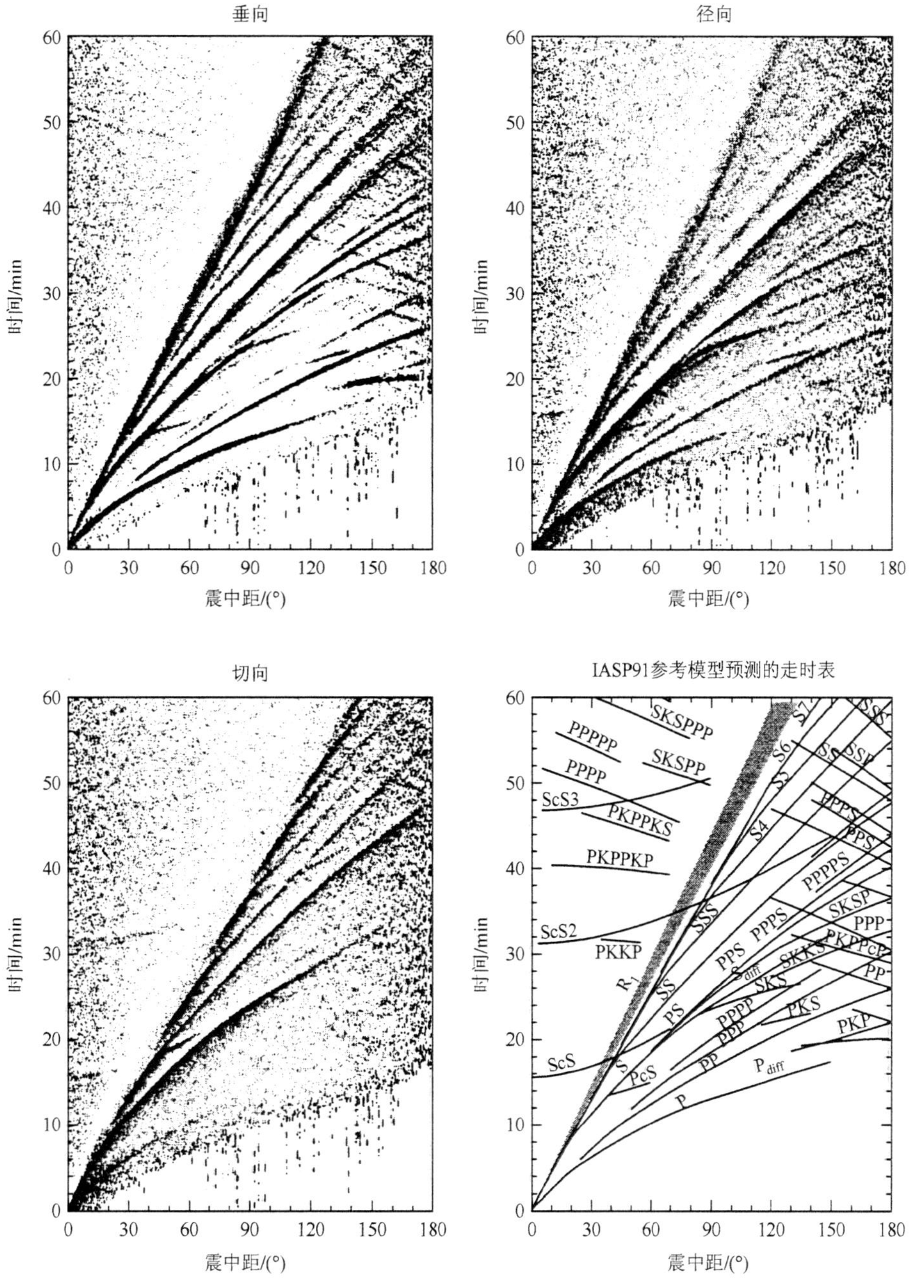

图 6.5-6　利用全球的地震图进行叠加生成的记录剖面。三张叠加结果图分别表示三个地震图分量，可看到明显的震相波至且能够与参考地球模型预测的走时表进行对比。(Asitz et al.，1996，版权归美国地震学会所有)

尽管我们将地震观测系统称为地震计，但地震计从本质上来说指的是记录地表运动的传感器，是整个观测系统(地震仪，seismograph)中一个重要的组成部分，而完整的观测系统由信号放大、时间测定、地震动记录等功能组成。地震仪输出的随时间变化的地表运动记录称为地震图。

基于线性系统理论可知地震图并不是地表运动的准确表示。地震图取决于地震计和其余的组成系统，因为地震计的敏感度会随被记录到的地表振动的频率发生变化。此外，地震计可以记录地表振动的位移、速度、加速度或者不同的数据组合[①]。

地震数据的发布也是个重要问题，因为只有当地震数据被用于研究，才会显现出其价值。因此，地震学已经成了所有学科中建立公共数据库的先驱者。这个传统大概在一个世纪以前就开始了。不同

① 类似地，对于相同的电磁波，人类的眼睛与熊的眼睛(严重近视)的感受会有所不同，但与苍蝇六角形眼面的眼睛的感受则完全不一样。

于一个局部范围内的地质观测和地球化学实验，地震观测需要许多台站记录的数据来进行地震定位和研究，记录数据量越多越好。在地震计可以比较灵敏地记录远震之后不久，地震波的走时数据开始共享。1904 年国际地震处(BCIS)开始发布地震波走时数据，这是最早的数据共享尝试。1913 年开始出版的《国际地震汇编》①，也就是后来的《国际地震中心简报》，是一个权威的地震定位发布平台。共享数据除了走时外，还包含极性和振幅，可用来研究地震震级和震源机制。

对于地震学的发展来说，数据共享至关重要。在现代，1962 年创建的 WWSSN 开始全球性地共享完整的地震波形数据。如今高质量的数字化地震数据可以通过数字宽频带地震台网联合会(FDSN)获得，美国地震学研究联合会(IRIS)的台站是 FDSN 的一部分。地震数据和地震定位等结果还可由国家和地区的数据中心提供。在世界上任何地方的地震学家，仅仅需要一台电脑进入互联网就可以方便地获得万亿字节②的免费地震数据，可使用软件查看，还可以获得很多其他的地震信息。与地震波理论或地震测量学一样，数据和软件共享对该领域一百年来的飞速发展起到了无可替代的作用。共享数据不仅使科学家们的工作更有效率，而且鼓励大家共享数据和模型，对比和测试研究结果。

6.6.2 阻尼谐波振荡器

测震学的基本问题是如何用地面的观测设备来测量地面振动。传统解决方法是用类似于摆的惯性系统，测量摆与地面之间的相对运动。三个相互正交的地震检波器(垂向、南北向、东西向)可以得到地面振动的三维记录。垂向地震计的示意图如图 6.6-1 所示，该系统的主要组成部分包括重物、弹簧和缓冲物或阻尼装置。通常把它们看作一个整体，而不考虑其内部的机械构造。

这种机械式地震计系统是简单的阻尼谐波振荡器。假设位移为 0 时，平衡状态下弹簧的长度是 ξ_0，在运动状态下，弹簧施加的力正比于弹簧的伸长量，其随时间的变化量 $\xi(t)-\xi_0$，乘以弹簧的弹性系数 k。缓冲物的阻尼系数为 d，它施加的力正比于重物和地球之间的相对速度。所以，对于地表运动 $u(t)$，有

$$m\frac{\mathrm{d}^2}{\mathrm{d}t^2}[\xi(t)+u(t)]+d\frac{\mathrm{d}\xi(t)}{\mathrm{d}t}+k[\xi(t)-\xi_0]=0 \quad (6.6\text{-}1)$$

如果假定 $\xi(t)-\xi_0$ 为 $\xi(t)$，即弹簧相对于平衡位置的位移，式(6.6-1)变为

$$m\ddot{\xi}+d\dot{\xi}+k\xi=-m\ddot{u} \quad (6.6\text{-}2)$$

或

$$\ddot{\xi}+2\varepsilon\dot{\xi}+\omega_0^2\xi=-\ddot{u} \quad (6.6\text{-}3)$$

其中，一个点或两个点分别代表一次求导和二次求导，$\omega_0^2=k/m$ 是无阻尼系统的固有频率。$\varepsilon=d/(2m)$代表阻尼。这是利用阻尼谐波振荡器作为滞弹性介质模型时的常系数线性微分方程(3.7.5 节)。所以等式(6.6-3)是方程(3.7-8)的非齐次形式（因为有受力项），其中阻尼项 ε 为 $\omega_0/2Q$。为求解该方程，假设：

$$u(t)=\mathrm{e}^{-\mathrm{i}\omega t},\quad \xi(t)=X(\omega)\mathrm{e}^{-\mathrm{i}\omega t} \quad (6.6\text{-}4)$$

将等式(6.6-4)代入等式(6.6-3)得到：

$$X(\omega)(-\omega^2-2\varepsilon\mathrm{i}\omega+\omega_0^2)\mathrm{e}^{-\mathrm{i}\omega t}=\omega^2\mathrm{e}^{-\mathrm{i}\omega t} \quad (6.6\text{-}5)$$

或

$$X(\omega)=-\omega^2/(\omega^2-\omega_0^2+2\varepsilon\mathrm{i}\omega) \quad (6.6\text{-}6)$$

这是地表运动为 $\mathrm{e}^{\mathrm{i}\omega t}$ 时的仪器响应。

$X(\omega)$是复数，可以表示为振幅和相位的形式：

$$X(\omega)=|X(\omega)|\mathrm{e}^{\mathrm{i}\phi(\omega)} \quad (6.6\text{-}7)$$

其中，

$$|X(\omega)|=\omega^2/[(\omega^2-\omega_0^2)^2+4\varepsilon^2\omega^2]^{1/2} \quad (6.6\text{-}8)$$

$$\phi(\omega)=-\tan^{-1}\frac{2E\omega}{\omega^2-\omega_0^2}+\pi \quad (6.6\text{-}9)$$

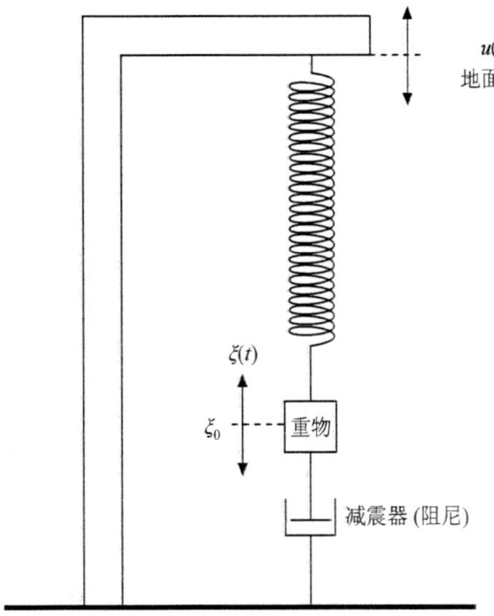

图 6.6-1 单摆型检波器，由重物、弹簧和缓冲器组成。

① 它最初的名字是：《英国科学促进会地震委员会地震月报》(*Monthly Bulletin of the Seismological Committee of the British Association for the Advancement of Science*)。

② 1T 字节等于 10^{12} 字节。

从图 6.6-2 可以看出这些函数有一些有趣的特征。第一，当地表运动的角频率 ω 接近弹簧的固有频率时，仪器振幅响应很大。这种现象称为共振，就像以其固有频率推动秋千一样。所以，在地表振动频率接近仪器固有频率时，地震计的响应最好。

当地表振动频率远大于仪器的固有频率，即 $\omega \gg \omega_0$ 时，$|X(\omega)| \to 1$，且 $\phi(\omega) \to \pi$，所以虽然地震计会记录地面振动，但记录数据的符号相反①。基于等式(6.6-3)，当 $\omega \gg \omega_0$ 时，$\ddot{\xi}$ 项是等式左边的最大项，所以 $\ddot{\xi}$ 约等于 $\ddot{u}$，此时地震计记录的是地面位移。另一方面，当地表振动频率远小于仪器固有频率时，即 $\omega \ll \omega_0$ 时，$|X(\omega)| \to \omega^2 / \omega_0^2$，且 $\phi(\omega) \to 0$，此时地震计对加速度更为敏感。由等式(6.6-3)可得出同样结论，由于等式左边 $\omega_0^2 \xi$ 项远大于其他项，所以 ξ 正比于 $\ddot{u}$。仪器响应的形状取决于阻尼系数 $h=\varepsilon / \omega_0$，当 $h = 0$ 时系统没有阻尼，弹簧在共振频率 $\omega = \omega_0$ 时，振幅响应达到最大。当接近其固有频率时，地震计会放大地表振动。随着阻尼增加，曲线变得平坦。因此可利用固有周期和阻尼来设计记录特定频率地震波的地震计。

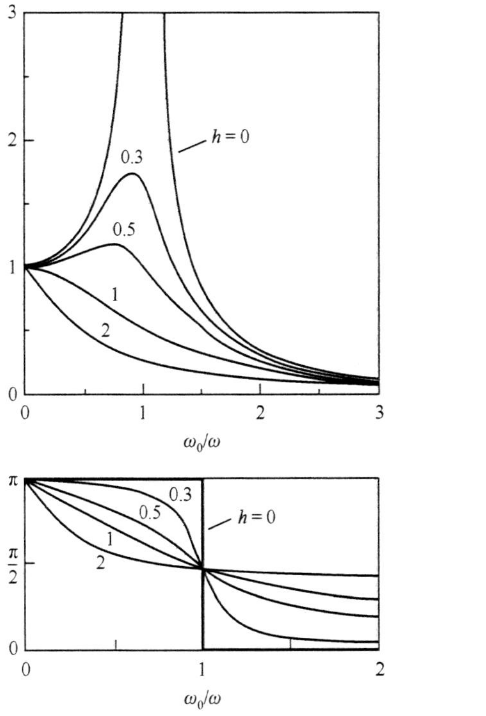

图 6.6-2　如图 6.6-1 所示的单摆地震计的振幅谱 $|X(\omega)|$ 和相位延迟 $\phi(\omega)$。

图 6.6-2 与图 3.7-13 有很大的相似性，后者显示随 Q 值变化的阻尼谐波振荡器的频率响应。但两幅图也有一些不同，图 3.7-13 体现了介质响应随 ω 的变化，而图 6.6-2 显示的是仪器响应随 ω_0/ω 的变化。另外，图 6.6-2 中按 $\omega_0/\omega = 0$ 时的仪器响应进行了归一化处理。但两幅图传递了相同的信息，因为 h 和 Q 可以由等式 $h = 1/2Q$ 相联系。图 3.7-13 中 Q 值分别为 5、15 和 100 时对应的 h 值分别为 0.1、0.03 和 0.005，这些曲线逐渐逼近图 6.6-2 中 $h = 0$ 的曲线。

6.6.3　地球噪声

设计地震计需要考虑的一个重要因素是地球噪声。测震学的一个重大挑战是：在存在一定噪声的情况下，设计一个足够敏感的传感器来记录微弱的远震信号。此外，利用地震数据时也必须考虑信噪比。

很多因素会导致地震噪声，包括固体地球内部的日潮和月潮、温度起伏和气压变化、风暴、人类活动和海浪等。这些因素持续进行，引起地壳的持续振动。大多数噪声信号的周期范围为 1～10s。这种波动称为地脉动，如图 6.6-3 上图所示在地震初至波到达之前，地脉动的能量大致保持不变[图 6.6-3 中图]。频谱分析显示，大部分地脉动的频率变化范围是 0.1～0.2Hz(周期为 5～10s)［图 6.6-3 下图］。一般认为这些地脉动的主要震源是海浪。当地震计越靠近海岸线噪声越大，所以海岛上地震台站的噪声是最强的。

地震计的布设方式对它所记录的噪声信号有很大影响。大部分噪声随着深度的增加而减小。固定地震台站常被安装在井中。对于流动地震台站，即使把它们埋在地表以下 0.5m 深的地方，也能很大程度地减小由于每日温度变化引起的噪声。降雨会产生高频噪声，风通过摇动树根，进而带动地面运动可以产生长周期的噪声。人类活动(如卡车、火车、机器等)产生显著的振动噪声。所以地震学家在建立固定地震台站时需要在建筑地下室的方便性(如电力的充足性、安全性、恒温性)和远程台站的低噪性之间做一个权衡。

6.6.4　地震计和测震系统

地震计记录的地面振动从非常高频的地面加速度到振幅微弱的超长周期的地球自由振荡(简正振型)。因为单独某一种地震计的频宽不足以记录全部信号，因此设计了具有不同动态范围和频带范围的地震计。

① 与此类似，快速地晃动悬挂在橡皮筋上的物体，你会发现它的运动与手的运动不同步。

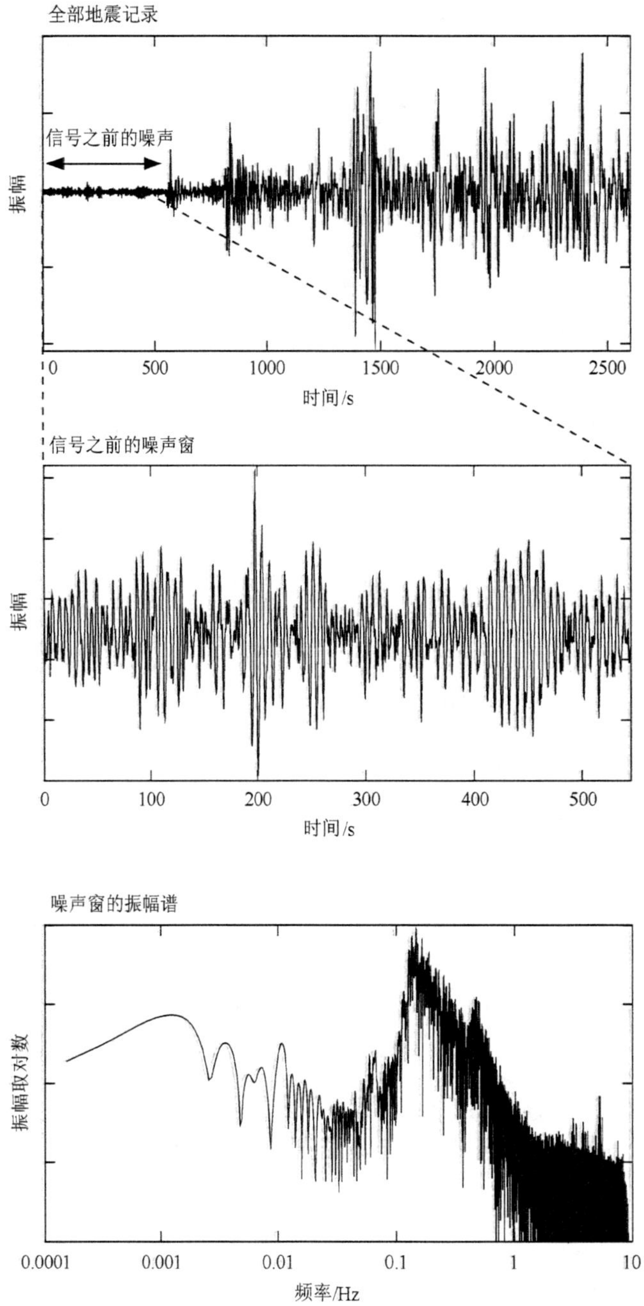

图 6.6-3 美国纽约哈德逊的地震台站记录到的 1995 年 4 月 7 日汤加地震的宽频带地震图及地震噪声。上图：初至波 P_{diff} 之前观测到明显的噪声信号；中图：检查发现噪声信号的周期主要为 5～6s，称为地脉动；下图：噪声信号的频谱，在 5～10s 的周期范围达到峰值。

动态范围用分贝来计量，振幅的数量级每增加一级，动态范围增加 20dB。因此，如果信号 A_1 的振幅比信号 A_2 的振幅高 5 个数量级，即 $A_1/A_2 = 10^5$，那么动态范围为 100dB。一个 2 级地震的位移可能低至 10^{-10}m，然而一个远距离 8 级地震的位移可能为 10^{-1}m，大地震附近的地面位移会更大。地震学的动态范围至少是 180dB。类似地，地震计的频率范围跨 7 个数量级，如从固体潮频率（0.000023Hz）到浅层勘探所用的大于 200Hz 的超高频率。

最早开始记录地震的仪器是地动仪，与地震计不同的是它只记录地表运动而没有记录时间信息。最早熟知的地动仪是在大约公元 132 年由中国天文学家张衡制作的，该地动仪包括一个直径 1.83m 的罐子。在罐子周围有八个口含金属球的龙头，在地震波传播到达的方向，龙口中的金属球就会掉下来。更晚期的地动仪包括单摆在沙盘里划动留下轨迹(Bina，1751)，用盛满水银的碗(Cavalli，1784)和水银盆的光学反射(Mallet，1851)来记录地面振动。图6.6-4显示了两个迥然不同的地动仪记录。

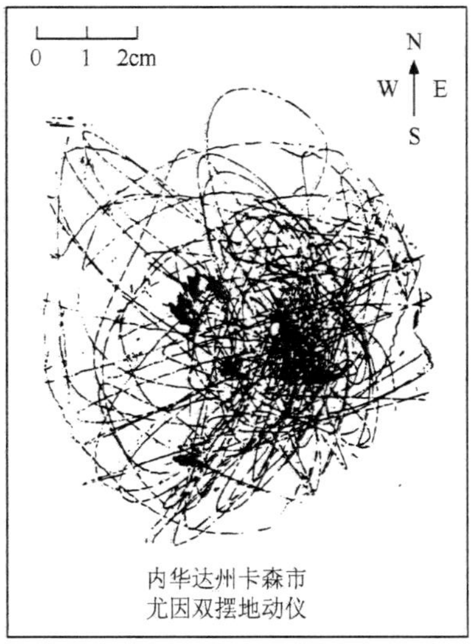

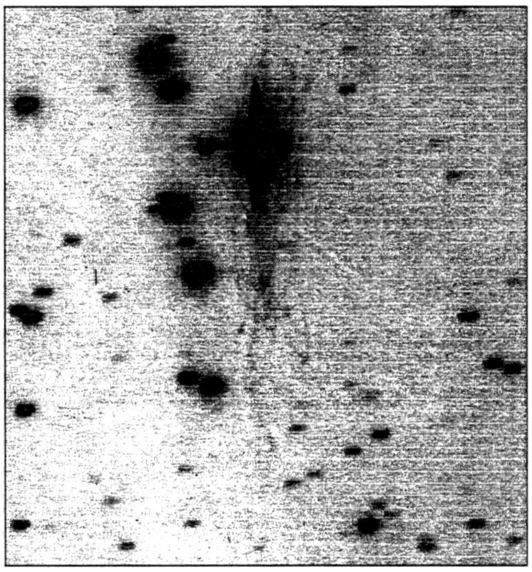

图 6.6-4 地动仪记录的两个实例，其仅仅记录振幅的变化，而没有记录时间。左图：1906年旧金山地震振动图，由内华达州的卡森市双摆地动仪记录。(Kanamori，1988，Improtance of hisrorical sismograms，in *Historical Seismograms and Earthquakes of the World*, ed. W. H. K. Lee，H. Myers and K. Shmizaki，经 Academic Press 许可复制)右图：夏威夷震级为4.3级的地震振动图，由夏威夷天文台望远镜记录到的振动图像。黑色的图像是恒星，在图像中心偏上方的恒星延伸出的放射线是由于地震导致望远镜的倾斜而产生的。(L. Meech 提供资料)

早期同时记录地面振动和地震时间的地震计都是类似于6.6.2节所示的机械仪器。测震学大约开始于1875年F. Cecchi设计的地震计，经过J. Milne、J. Ewing和T. Gray等地震学家的研究，测震学开始迅速发展。第一个远震记录是波茨坦市的地震计记录到的1889年的日本地震。20世纪初期全球有超过40台地震计在运行。这些仪器可以很好地记录地震数据，但是由于放大倍数只有实际地面振动的100倍，所以它们主要记录大的地震事件。

通过使用电磁仪器可实现更高的放大倍数，这种基于地震学家Galitzin在1914年引入的仪器设计现在已经得到广泛应用。通过附着在重物上的线圈与固定在地震计框架里的磁铁产生的磁场发生相对运动，从而能够测量重物相对于框架的运动。线圈中产生的电压与磁场的时间变化率成正比，因此与重物相对于框架的速度成正比(图6.6-5)。通过把来自该传感器的输出反馈到检流计中使得悬挂于细纤维上的指针发生偏转，进而增加仪器测量的灵敏度(图6.6-6)。通过连接到反射镜，地面运动造成反射镜偏转，从而改变光束在照相纸上的投影位置。纸张安装在每小时转动一次的旋转滚筒上。

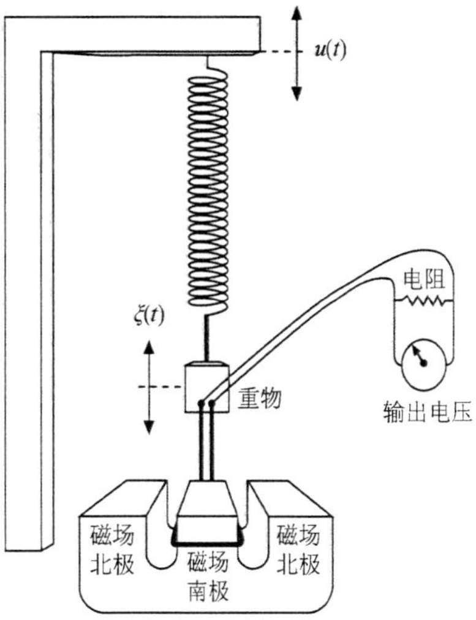

图 6.6-5 电磁地震计的示意图。重物与电磁换能器组合在一起。在磁场中，重物带动线圈相对于固定在仪器框架上的磁铁产生的运动会产生电流。线圈两端的电压与重物和磁体之间的相对运动速度成正比。

因此，电磁地震计系统的仪器响应是摆、传感器(电磁速度传感器)和检流计的组合，如图6.6-7中的对数-对数坐标图所示。对于$\omega<\omega_s$，摆的响应［图6.6-7(a)和(b)］与ω^2成正比，ω_s称为摆频率。传感器响应［图6.6-7(c)和(d)］与ω成正比，因为它

是速度(位移的时间导数)的响应。对于$\omega<\omega_g$，检流计响应［图6.6-7(e)和(f)］下降为ω^{-2}，整个系统响应如图6.6-7(g)和(h)所示。因此，电磁地震计的仪器响应可以通过选择不同的摆锤和检流计进行设计。

多年来被广泛使用的两种经典电磁地震计是WWSSN的长周期和短周期仪器。长周期(LP)仪器的摆周期为15s(某些早期版本为30s)，检流计周期为100s。短周期(SP)仪器的摆周期为1s而检流计周期为0.75s。每个WWSSN台站有三个LP仪器和三个SP仪器用于记录垂直、东西和南北方向的地面运动。LP仪器(数字化的WWSSN地震计称为“DWWSSN”)的响应曲线如图6.6-8所示。

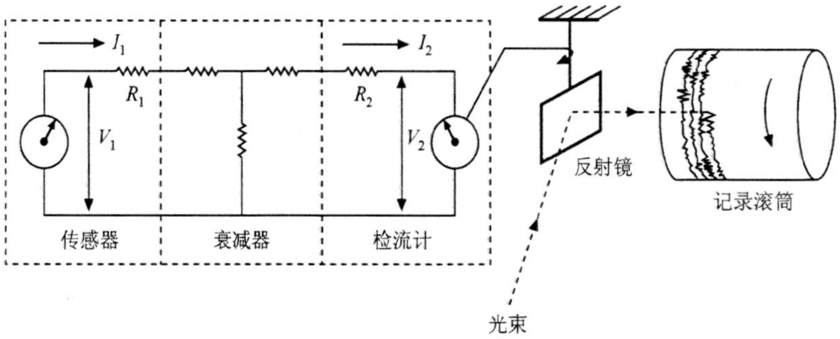

图 6.6-6 电磁地震计的传感器与检流计的耦合。检流计带动反射镜偏转，光束随之偏转，重物运动导致的电压信号随时间的变化被记录在照相纸上。定时脉冲使反射镜偏转以记录时间(分钟和小时)。

该仪器有几种放大倍数(增益)。两种仪器的设计有利于减少地震噪声的影响。LP传感器的峰值灵敏度在10～40s范围内，使其成为研究长周期远震的理想选择。SP传感器在大约1s处达到峰值，有利于P波到时的拾取。

图6.6-9显示了一个样本数据。该24时长的地震图，在其初始时间有一个用于估算振幅和相位的标定脉冲。由精度为10^{-7}s的晶体时钟产生以每分钟(短标记)和每小时(较长标记)为间隔的定时标记。6h的整数倍时，没有小时标记。该定时标记便于准确读取地震波到达时间，振幅标定便于拾取真实振幅。地震图以微缩胶片的形式进行共享。虽然本书讨论的结果大多来自这类数据，但使用WWSSN数据是很麻烦的。必须使用微缩胶片阅读器来获取并检查微缩记录，然后复制和重新组织，再利用特殊的电磁线网络和光标追踪将这些记录转化为数字地震图。数字化之后，对地震图按期望的采样率进行采样。手动数字化容易导致误差，因为跟踪感兴趣的地震图并不容易，尤其是对于大地震，面波可能在地震图上延续几个小时。由于非常耗时，整个博士论文期间可能只能分析几十或几百个地震图，而如今可能只需要几分钟或几天。

用数字宽频带地震计替代模拟地震计具有显著优点。现代地震计的频带更宽，数据质量更高，并且数字化地震数据可通过磁带、光盘或网络获得，使得计算机进行数据分析更加容易。一些常规处理，例如旋转成径向和切向分量和制作记录切片，已经变得轻而易举。大量数据可以被利用并且可以轻松地进行处理。例如，截至2000年，IRIS数据管理中心具有超过7T字节数字化地震数据可通过网络进行下载，这些数据可以立即获得，或者只需花费从海量存储系统中读取数据所需很短的延迟时间。

图6.6-10显示了国际加速度计部署(IDA)台网所使用的第一代数字地震计系统中的一些新技术。传感器是检测由于地表垂直运动导致重力变化的力反馈计。重力仪的重物与电容器的中心面板连接，另外两个面板是固定的。随着重物的移动，中心面板和外板之间的电压与位移成正比。施加到外板的5000Hz交流电压通过较低频率的地震信号进行振幅调节(2.8.1节)。调制信号反馈到放大器中产生与重物位移成正比的电压信号。该电压信号随后输入到积分电路，其输出与重物块的加速度成正比，作为地震计系统的最终输出信号，采样间隔为10s。电压信号也同时反馈到外部电容器板以稳定系统和增加线性度。这种重力反馈系统是现代地震计的重要特征，它有更大的动态范围，因为重物小的运动幅度也可以记录很大的地面振幅。因为这台仪器可以记录静态位移，所以它对于频率低至$\omega=0$的响应都是平坦的。这种长周期响应对于研究简正振型和大地震具有很高的实用价值。

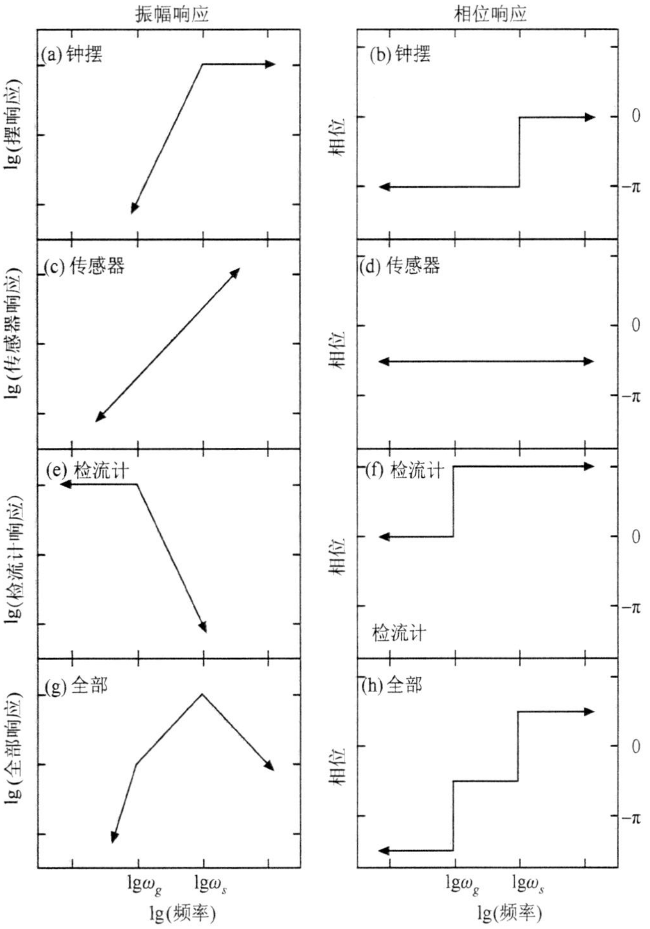

图 6.6-7 电磁地震计系统各个组件的仪器响应。左图显示的是振幅响应，右图显示的是相位响应，ω_s 和 ω_g 是摆锤和检流计的固有频率。

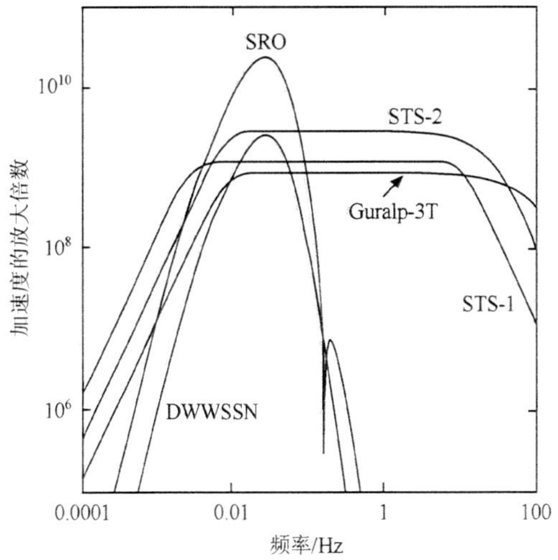

图 6.6-8 几种类型地震计的频域响应。SRO 和 DWWSSN 传感器的响应在长周期范围内才能达到峰值，因此不记录高频信号。STS-1、STS-2 和 Guralp-3T 传感器在宽频带范围内具有平坦的振幅响应。

当前数字地震计中最通用的是频率范围很宽的宽频带地震计系统。目前，主要的宽频带地震计包括 Streckheisen STS-1、STS-2 和 Guralp-3T 等，它们使用力反馈技术以达到增大动态范围和频率范围的目的(图 6.6-8)。这种宽频带仪器响应的优点如图 6.6-11 所示，对其记录的地震图进行滤波可分离两个差异很大的重叠信号。这些地震计非常精巧(三分量 STS-2 尺寸大小与保龄球相近，重量为 9.07kg)①，但是其频率响应在超过三个数量级的范围内都是平坦的。STS-1 设计用于固定台站，而 STS-2 和 Guralp-3T 足够稳定，可以用作流动观测台站。

其他常用的仪器还包括其他各种专业的测量仪器。比如应变仪用于测量位移梯度，尤其是靠近断层和火山的地方。这样的仪器在技术上具有挑战性。例如，由 H. Binioff 制造的早期应变仪由长 24m 的石英棒组成，一端连接到地面，另一端延伸到电容传感器，

① 在此之前，20 世纪初设计的机械式地震计重达 20t，因为要依靠大质量的重物来增加长周期信号的放大倍数，如方程(6.6-6)所示。

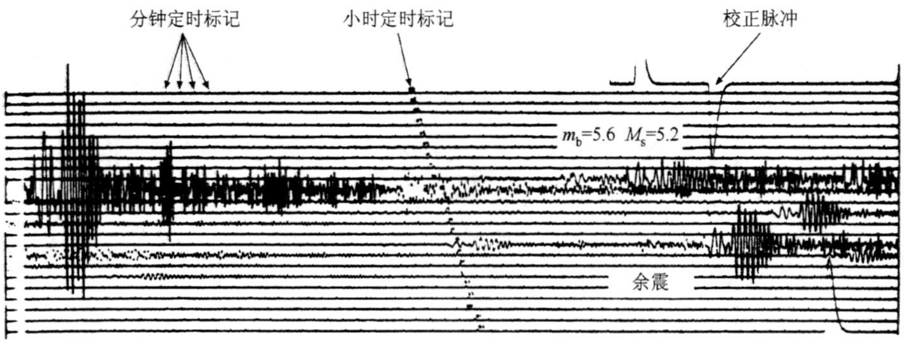

图 6.6-9　显示了 WWSSN 记录的长周期垂直分量地震图。地震事件发生在印度洋，地震台站位于震中距为 36°的巴基斯坦。

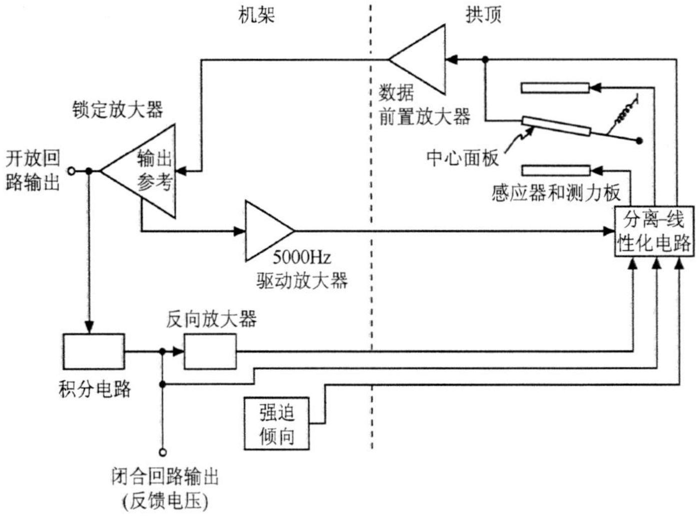

图 6.6-10　IDA 台网重力仪记录系统的感应电路和反馈电路图。(Agnew et al.，1976，*Eos Trans. Am. Geophys. Un.*，57，180-188，版权归美国地球物理学会所有)

可以记录到小至 $10^{-15}s^{-1}$ 的应变率。近代液压传感器应变仪的灵敏度为 10^{-12} 且动态范围约 130dB。对于长距离的水平应变测量，可在两个测点间(通常跨断层)用激光测距进行测量，或者使用空间-大地测量技术(4.5 节)，包括 GPS 卫星系统和甚长基线干涉测量技术。

地震计的另一大类是记录地震附近强烈地面振动的强震传感器。应变仪能记录每分钟的位移，强震传感器(也称为加速度计)能记录高达 $2g$ 的加速度，且不会限幅。例如，1971 年圣费尔南多地震时，距离震源 3km 处记录到了 $1.25g$ 的水平加速度。1979 年因皮里尔谷(Imperial Valley)地震时，距离震源 1km 处记录到了 $1.74g$ 的垂直加速度。因此，需要选择地震摆的固有频率 ω_0，使其超过常见地震信号的最高频率(大约 20Hz)。加速度计的摆体积较小，因而相比于长周期仪器不易受倾斜和漂移的影响。同时还需要选择阻尼参数(通常为临界值的 0.7)，使得从 0 到地震计固有周期频带内的响应曲线是平坦的且与地面加速度成正比。

测震学的最新重大进展是在计时方面。早期地震学研究中，计时误差是导致定位误差的主要原因。然而，现代地震计从 GPS 卫星接收时间信号，GPS 卫星的原子钟精确到十亿分之一秒。同样，尽管海底地震计无法接收 GPS 信号，但是也已经研制出精确的时钟。

6.6.5　数字记录

虽然数字地震数据比模拟数据更易于使用，但是把连续的振动转换成数字地震图并非易事。图 6.6-12 显示了其基本原理。左侧波形代表地面振动，由检波器通过摆的相对运动检测到。这种运动转换成模拟电信号然后放大。为了避免假频现象导致的假信号，需结合反混叠滤波。许多检波器在最初的频率域中使用低通滤波器作为模拟反混叠滤波器(analog anti-aliasing filter)。滤波后的信号以至少超过模拟反混叠滤波频率

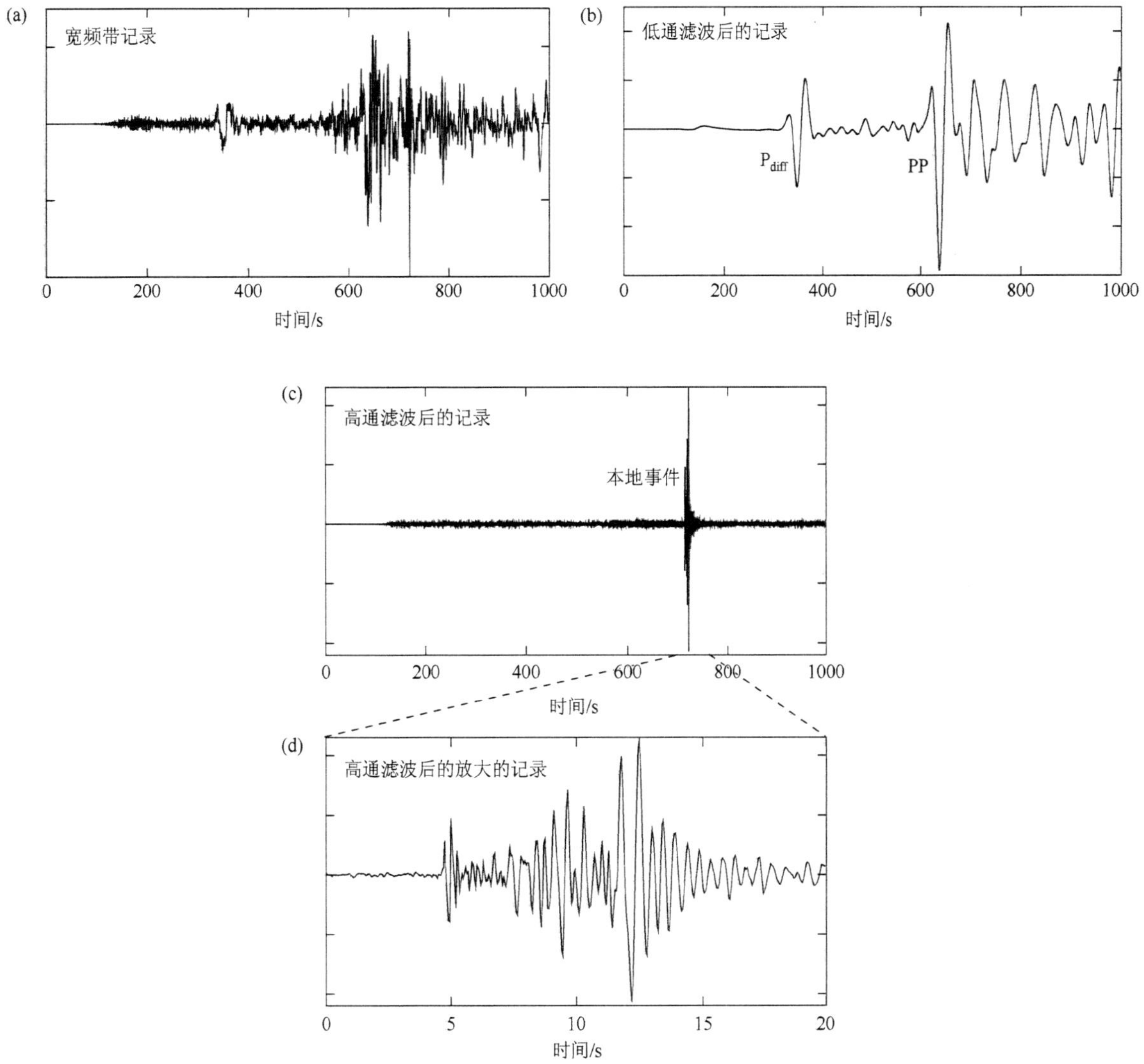

图 6.6-11　STS-2 宽频带地震计在宾夕法尼亚州的斯利珀里罗克(Slippery Rock)记录到的 1995 年 7 月 3 日汤加地震的地震图。由于地震计记录的频率范围很宽，同一地震图可用于研究本地和远震事件。(a)原始宽频带记录。(b)以角频率 0.03Hz 为截止频率的低通滤波后的记录，显示地震事件的长周期远震信号。(c)以角频率 0.5Hz 为截止频率的高通滤波后的记录，显示来自本地事件的高频信号。(d)放大的经过高通滤波后的记录，显示本地事件的全部波形。S-P 到时差表明该事件距离台站 20km，可能源自当地的采石场爆炸。

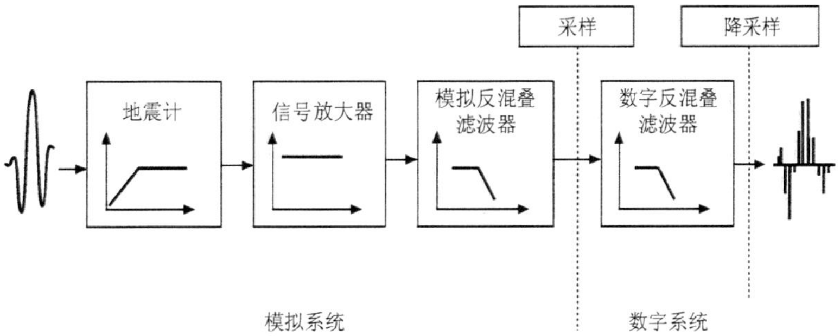

图 6.6-12　模拟信号向数字信号转换(ADC)的过程。这个系统的模拟部分包括记录地震波的地震计、信号放大器和模拟反混叠滤波器。系统的数字处理部分包括：对模拟反混叠滤波后的模拟信号进行采样，用数字反混叠滤波器(digital anti-aliasing filter)进一步滤波，然后重新采样以达到期望的采样率。(Scherbaum，1996，经 Kluwer Academic Publishers 许可转载)

两倍的频率进行采样，可以避免出现混叠现象。然后再将这个信号与数字反混叠滤波器卷积，通常称为有限冲激响应滤波器，最后以期望的奈奎斯特频率的两倍再次对数据进行采样。

图 6.6-13(a)显示了一个有限冲激响应滤波器，图 6.6-13(c)是应用该滤波器处理后的结果。有限冲激响应滤波器保持了滤波前信号的波形，但是会产生非因果关系的伪波至，可能会被误认为是地震破裂的前兆信息。这些“前驱”信号的出现是因为有限冲激响应滤波器的脉冲响应是一个非因果信号。这种影响可以通过校正有限冲激响应滤波器的相位来消除，从而使因果关系成立［图 6.6-13(b)］。这样滤波后就不会产生前兆信号［图 6.6-13(d)］，但是信号波形会发生改变。在 3.7.8 节提到一个相似的情况，介质的滞弹性作为滤波器会去除高频信号但也使波形表现为非因果关系，除非改变相位。正如 6.3.3 节中所讨论，没有

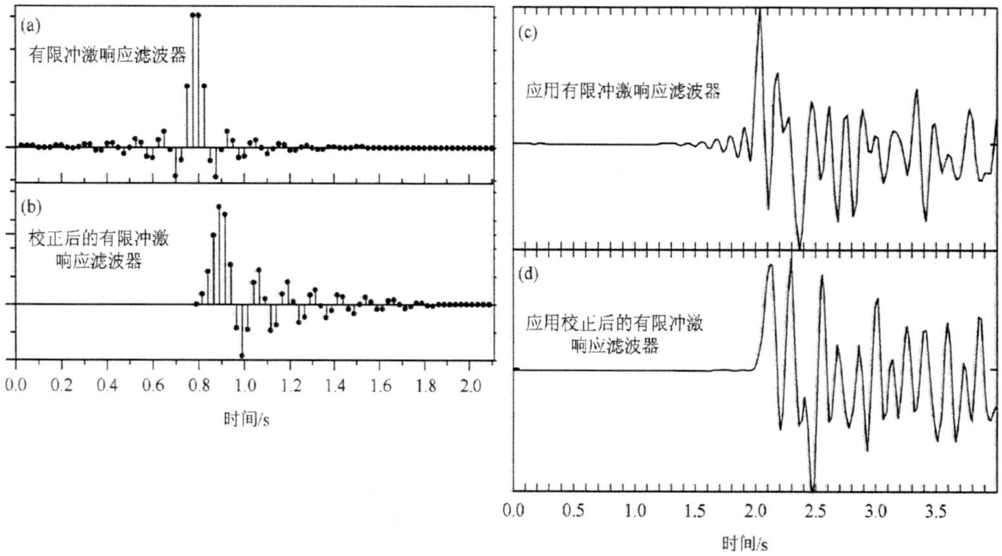

图 6.6-13 有限冲激响应滤波器(数字反混叠滤波器的一种类型)和滤波效果。当有限冲激响应滤波器(a)用于数字反混叠，输出信号(c)保留了原始信号的波形，但是出现了高频假信号。用相位校正后的有限冲激响应滤波器(b)代替时，前驱信号就会消失(d)，但是滤波后的地震信号与原始信号存在相移。(After Acherbaum，1996，经 Kluwer Academic Publishers 许可转载)

完美的方法来对一个地震波信号进行滤波，因此一般综合考虑需求及其相应的后果进行折衷选择。

因为地震记录是地面运动与仪器响应的卷积，获得地动记录需要给定检波器的频率响应。频率响应可以用列表的形式给出每一频率对应的振幅和相位响应。更加简洁的方式是以复数分式的形式给出，如：

$$T(\mathrm{i}\omega)=\frac{\beta\prod_{j=1}^{L}(\mathrm{i}\omega-z_j)}{\alpha\prod_{k=1}^{N}(\mathrm{i}\omega-p_k)} \tag{6.6-10}$$

这个分式由(使得分子为 0 的)L 个复数零点 z_j，(使得分母为 0 的)N 个复数极点 p_k 和常数 α、β 表示。因为频率 $\mathrm{i}\omega$ 总是虚数并且极点总是包含实部，所以分母不会为 0，避免出现奇异值。

图 6.6-8 中的仪器响应是用检波器响应的极点和零点计算得到的。例如：STS-1 的响应有三个零点，都等于(0, 0)，四个复共轭极点：(−0.0123, 0.0123)、(−0.0123, 0.0123)、(−39.1800, 49.1200)、(−39.1800, −49.1200)。这些极点确定了角频率并且决定拐角的锐度。类似地，DWWSSN 仪器响应有 5 个零点和 11 个极点。

根据需要，地震计可以记录地面位移、速度或加速度。在强震计中，其振动位移可能比仪器记录范围更大，因此一般测量加速度避免限幅。这是有意义的，因为加速度是造成结构损坏的主要原因，因此在强震研究中着重考虑加速度。在频谱的另一端(长周期)，用应变仪来研究缓慢的构造位移。事实上，如果用应变仪测量加速度，信号会小到没有实用价值。地震学的其他大多数分支介于两者之间，比如远震波，一般使用记录地表速度的速度型地震计测量。

虽然用不同的仪器记录位移、速度和加速度，但是它们之间的转换很简单。例如，给定一个速度记录，地震记录的导数是加速度，通过积分可得到位移。这在频率域中很容易实现，因为如果 $F(\omega)$是 $f(t)$的傅里叶变换，那么 $\mathrm{i}\omega F(\omega)$就是 $\mathrm{d}f(t)/\mathrm{d}t$ 的傅里叶变换，$-\omega^2F(\omega)$是 $\mathrm{d}^2f(t)/\mathrm{d}t^2$ 的傅里叶变换(6.2.4 节)。因

此，速度记录可以通过将它的傅里叶变换乘以 $i\omega$ 转换成加速度，或者除以 $i\omega$ 转换成位移。三者中，位移记录在低频时能量最大，加速度记录在高频时能量最大。总的来说，位移记录比速度记录的频率更低，速度记录比加速度记录的频率更低，因为积分使信号“平滑(低频)”，而求导使信号“粗糙(高频)[①]”。

图 6.6-14(a)显示相同地震记录的速度、加速度和位移的关系。如果加速度记录包括高频部分，分别由一次和二次积分得到速度和位移记录则显得平滑和低频。图 6.6-14(b)中显示 1971 年圣费尔南多地震的一次强震记录，速度和加速度记录比位移记录有更高的频率成分。在地震工程中常使用位移、速度和加速度图表来显示建筑物对地面振动的响应。图 6.6-15 显示了图 6.6-14(b)中数据的这种关系。表述方式使用了上述傅里叶变换之间的关系，速度轴垂直，而加速度和位移轴随频率的变化有着相反的斜率。

6.6.6 地震台网类型

大多数地震研究需要多台地震计组成地震台网或台阵。基于不同目的，比如研究区域性和全球性地球构造、资源勘查、地震活动性监测，或者监控核爆试验等，需要建立不同的地震观测系统。某些情况下，针对特定目的会布设特殊类型的地震台网，但现在的台网大多数是满足多种研究目的的综合选择。

地震台网通常可划分为全球台网、区域台网以及地方台阵。全球台网用于研究全球地震活动性分布、板块构造、地幔对流以及地球深部构造。为此，地震计应当在全球均匀布设。这同时也意味着台站分布比较稀疏而无法分辨整个地震波场[②]。反之，多个单台的独立观测可结合起来研究震源定位、三维层析成像和地震波形分析等。

相对于全球台网的是地方台阵，它们由一组为了某个特殊目的而单独布设的地震检波器阵列组成。台阵数据通常作为一个整体来分析，如折射波和反射波研究(3.2 节和 3.3 节)。另一个应用是用来定位远距离的核爆实验，通过叠加台阵数据以追踪地震波场在台阵中的传播，波矢量则体现了地震波的传播方向和距离。另外，还有一些介于全球台网和地方台阵之间的地震研究，如地球的自由振荡(简正振型)研究中有时将一个全球台网的所有台站当作一个单一台阵来进行分析。

介于全球台网和地方台阵之间的是区域台网，它更聚焦于某个特定区域的地震活动性或结构研究。数据有时以台阵的方式处理，但更多时候与处理全球台网的地震数据一样，将单个台站记录的测量值(如波至时间或振幅)结合起来进行研究。

6.6.7 全球台网

全球台网发展历史丰富。20 世纪初，地震计已经布设于世界上很多地方，主要由包括耶稣教会在内的组织管理运行。毁灭性的大地震，如 1906 年旧金山大地震和 1923 年东京大地震，推动了更多地震计的部署和数据交流。一些机构开始发布地震定位的简报，其中最著名的为《国际地震汇编》(即后来的《国际地震中心简报》，6.6.1 节)。到 20 世纪中期，《国际地震汇编》开始收集几百个台站监测到的特大地震的波至信息。但是数据缺乏标准化，不同台站的仪器响应和走时数据的质量，以及台站操作流程的规范性等各不相同。可想而知，震源定位的精度很低，而震源机制更是难以确定，因为它要求准确的初动极性信息。

这些问题在 WWSSN 建立后得到了很好的解决。WWSSN 使用标准化地震计，并且仪器响应已知。WWSSN 于 1961 年开始部署地震台网，用于监测欧亚大陆的核爆实验。在苏联、中国、东欧边界地震台站密度较高，并在 20 世纪 60 年代末达到顶峰，共部署约 120 个台站，极大地促进了地球物理学的发展。20 世纪 60 年代的几个大地震，如 1964 年阿拉斯加大地震，都为地震研究提供了很好的材料。WWSSN 记录的地震数据对板块构造、震源研究以及全球速度结构的研究进展都至关重要。

第一个数字地震计出现于 20 世纪 70 年代。在此后的20年，固定数字地震计的数量快速增长。随着 WWSSN 地震台的逐步淘汰，它们成为全球数字地震台网(GDSN)的一部分，是 1977～1986 年全球宽频带地震数据收集的主要手段。随着 1977 年 IDA 重力仪开始布设监测网，法国于 1982 年开始布设 GEOSCOPE 宽频地震计监测网，GDSN 得到进一步增强。

---

① 可以把位移和速度之间的关系类似于地形和山体梯度之间的关系。水平范围 1m 内不太可能有 1km 的地形高差，但若水平范围为 5～10km，1km 的地形高差看起来就是正常现象。类似地，也很少见到山体的垂直梯度非常大(约塞美蒂国家公园的埃尔卡皮坦峰和瑞士的少女峰是例外)，但对于米级的高频率空间尺度则是常见现象。

② 与时间序列类似，采样不足会造成空间混叠现象。

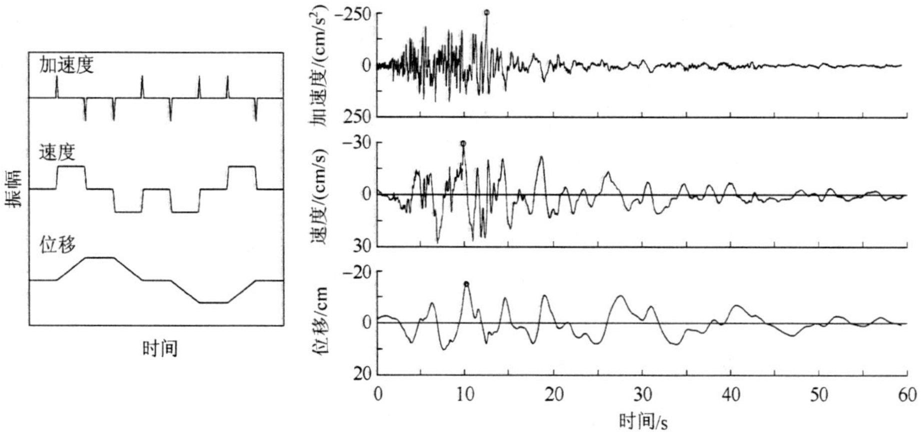

图 6.6-14 时间域中速度、加速度和位移之间的关系。(a)合成例子，由类似于 δ 函数的加速度脉冲组成。速度和位移信号通过对加速度记录逐次积分得到。(b)实际的例子，1971 年圣费尔南多地震期间位于洛杉矶一座建筑物一楼的加速度计地震图。速度和位移信号通过对加速度记录逐次积分得到。(Krinitzsky et al., 1993, *Fundamentals of Earthquake Resistant Construction*, 经 John Wiley&Sons, Inc.许可转载)

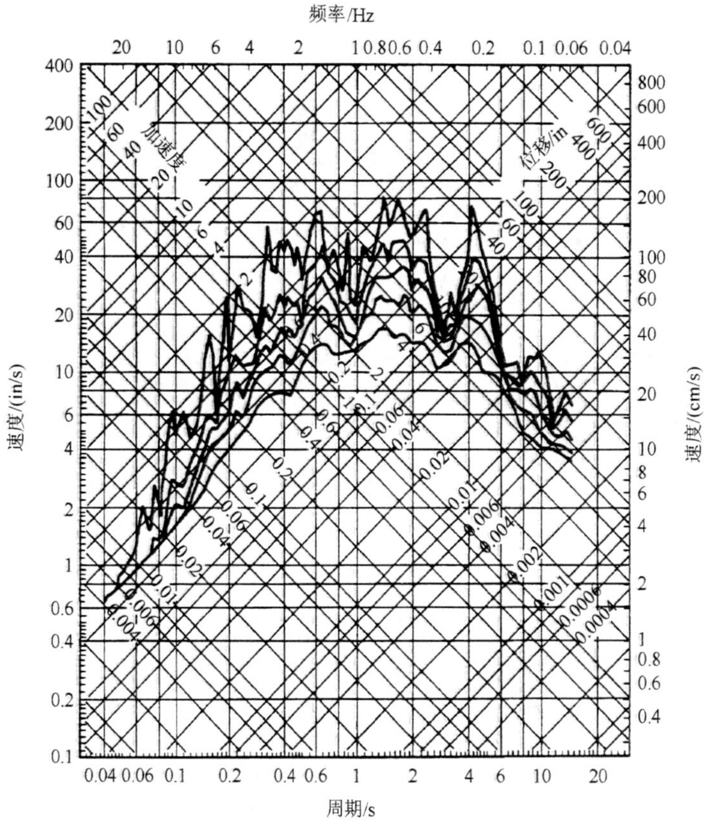

图 6.6-15 频率域中速度、加速度和位移之间的关系。这个例子基于图 6.6-14(b)中的加速度记录得到安置强震计的建筑物的场地响应谱，包括位移谱、速度谱和加速度谱。这些曲线显示了不同阻尼的振幅响应，顶部的是无阻尼曲线，向下依次对应的阻尼分别为临界阻尼的 2%、5%、10%和 20%。(Krinitzsky et al., 1993, *Fundamentals of Earthquake Resistant Construction*, 经 John Wiley&Sons, Inc.许可转载)

1986 年，IRIS 的全球地震台网(GSN)计划出台，GDSN 也逐渐退出历史舞台。GSN 以覆盖全球为目标且包括很多井中地震计，共 128 个台站，间距为 2000km。这些噪声水平极低、永久放置的台站提供了高质量的观测数据。GSN 是更大的“联盟”——数字宽频带地震台网联合会(FDSN)的一部分。FDSN 包括美国国家地

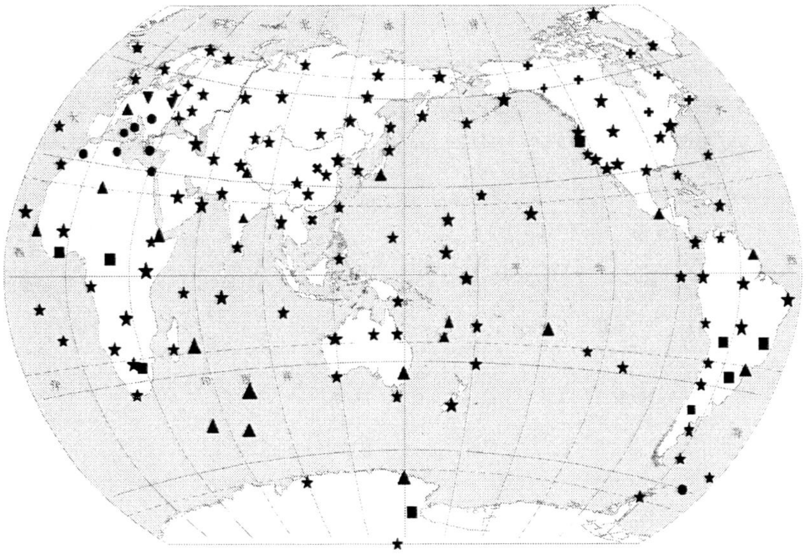

图 6.6-16　截至 1999 年的全球数字宽频带地震台网（FDSN）的台站分布图。（注：译者据原书图件重绘）

震台网（NSN），以及加拿大（CNSN）、中国（CDSN）、法国（GEOSCOPE）、德国（GEOFON）、意大利（MEDNET）、日本（Pacific 21），此外还包括中国台湾（BATS）。FDSN 台站的分布如图 6.6-16 所示。一些 FDSN 台站同时也是国际监测系统（IMS）的一部分，用来监测核爆实验。

尽管当前的全球宽频带地震台网大多建于内陆，但期望永久性的海底地震计（OBS）也能成为台网的一部分。尤其在南半球，陆地相对较少，地震计的分布很不均匀。尽管海底地震计目前大多用作流动观测，但科技发展使得建立有效的永久性海底地震台站具备实际可操作性。

高精度宽频带地震计组成的地震台网的一个重要考虑是高度标准化的数据格式和处理。2000 年，由 IRIS 数据管理中心（DMC）收集归档的 7 万亿字节的地震数据以 FDSN 通用的标准地震数据交换格式（SEED）储存①。SEED 数据可以转化为研究者需要的任何格式。

直到 20 世纪 90 年代中期，也就是 WWSSN 出现 30 年后，全球宽频带数字地震固定台站的数量才超过 WWSSN 全盛时期的数量。但是，因为任何 FDSN 台站的数据都可以以单个台阵的方式获得，使得地震数据分析更优于 WWSSN。许多地震台站可以通过卫星遥测实现数据的实时传输，地震信号在地震发生后的几分之一秒内即可到达数据中心，使得更好的质控成为可能。如果全部 GSN 台站实现实时数据传输，这对海啸预警等工作非常重要。数据处理软件已经逐步发展为可以从不同台网获取实时数据，再发布到互联网上，就像处理单一台阵数据一样简便。因此，不论你是谁，只需通过一台电脑连接互联网，就可以在数据被记录几秒后检索到全球的地震数据。

6.6.8　地方台阵

对于全球台网，整个台网的覆盖率要比单个台站的记录精度和配置更重要。然而，针对具体调查问题则需要优化地震台阵的几何分布。台阵可能是线性的、二维的，甚至是三维的，以及井中地震计（图 7.3-8）。

线性台阵和二维台阵各有优缺点。对于相同数量的台站，相同的成本和布设时间，线性台阵能提供更高的分辨率，但仅仅可获得地球的二维“切片”，缺少三维信息。线性台阵长时间以来一直是主动源地震反射和折射实验的主流布设方式②。用船拖曳电缆上的水中检波器可以很方便地布设海洋线性台阵，类似部署也用于陆地研究。这些地震数据用 3.2 节和 3.3 节中讨论的处理技术进行分析。

如果调查的地质结构主要沿一个方向变化，比如板块边界带，那么线性台阵最为有用。例如，图 5.3-10 下

① 因为所有数据需要备份，同时也存储在台站上，电脑存储量超出 4 倍，也就是约 28T。

② 人工源实验使用专门的震源，而被动源则以天然地震为震源。

图显示了利用海底地震计台阵获得的东太平洋洋隆的地震结构。因为岩石圈结构在垂直于洋脊方向上的变化比平行于洋脊方向上的变化更加显著，所以海底地震计大多数布设在垂直于洋脊的线性台阵上。剩余地震计的大多数布设成与第一条平行的第二条线性台阵，两条线性台阵均位于穿过汤加和南美洲孕震区的大圆路径上，以便争取更大机会获得来自远距离的地震信号。类似地，在俯冲带和转换断层处横穿板块边界比沿着板块边界的变化更明显，因此折射剖面通常垂直于板块边界。例如，图 3.2-17 所示美国西部的垂直于圣安德烈斯断层的岩石圈横切面，是基于地震折射波勘探获得的结果。

通过二维台阵可以得到一个小区域的三维图像。二维台阵一般围绕热点、裂谷、台地、转换断层以及俯冲区布设用以研究这些地区的介质结构和地质构造。二维地表台阵也经常用于采集折射数据。计算机和图形软件的进步使得分析和模拟这样的三维数据成为可能，并可以直观地展示所获得的地球结构。这样的三维图像在石油和天然气勘探以及现有的油气田的开发方面有重要作用。

用于特别研究目的的二维台阵，通常由短周期垂直地震计组成，常用于监测地下核试验的位置和大小。最大规模的这种台阵是环状大孔径地震台阵(LASA)，从 1960 年代中期到 1978 年在蒙大拿州运行。LASA 是一个台阵的阵列，共 525 个高频垂直地震计。由 21 个子台阵组成，每个子台阵包括 25 个地震计，每个子台阵覆盖约 7km^2，总台阵直径为 200km(图 6.6-17)。一个类似台阵是挪威地震台阵(NORSAR)，建于 1971 年，包括 22 个子台阵，全部覆盖面积为 100km^2。NORESS 台阵是 NORSAR 的一部分，共 24 个地震计分布在直径为 3km 的圆环上。挪威北部、芬兰和德国都有类似台阵。正如 WWSSN 用于核监测的台阵同样可用于地球内部结构研究。通过台阵波形叠加(6.5 节)，可以从噪声中提取出微弱的地震信号。内核边界特征最先是使用台阵记录的 PKiKP 震相的叠加获得的。PKiKP 震相在内核-外核边界处反射，但由于振幅太小而很难在单个地震图上被识别出来。

6.6.9 区域台网

区域台网介于全球台网和地方台阵之间，通常用于监测局部地震活动或火山活动。在美国，包括阿拉斯加、夏威夷和波多黎各等在内的 40 多个区域

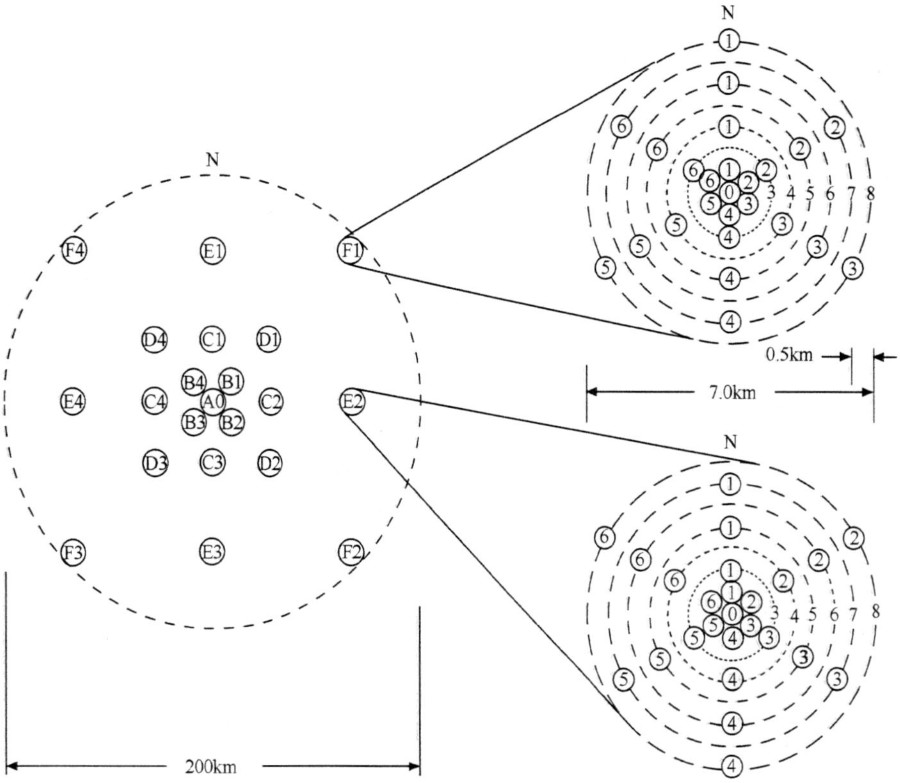

图 6.6-17 大孔径地震台阵(LASA)的台站几何分布。(Capon，1969，*J. Geophys. Res.*，74，3182-3194，版权归美国地球物理学会所有)

台网拥有超过 3200 个地震台站(图 6.6-18)。每个区域台网的台站数量从几个到几百个不等。很多使用短周期垂直地震计，但有些使用加速度计，如加利福尼亚强震动项目布设了 400 多个加速度计为地震工程师提供研究数据。强震动数据还可用于震源性质研究，因为大多数地震信号在远距离传播中衰减相当严重。一些台网还加入了宽频带地震计。例如，截至 2000 年，除了 163 个短周期仪器外，南加利福尼亚州地震台网还运行了 79 个宽频带台站。区域台网对于地球结构研究也很有价值(图 6.6-19)。许多国家都有区域台网。例如，截至 1999 年日本约有 560 个台站在运行。这些台站为俯冲带研究提供了非常有价值的数据，包括双地震带(图 5.4-20)和板块顶部的 ScS-to-P 转换波(图 2.6-15)。

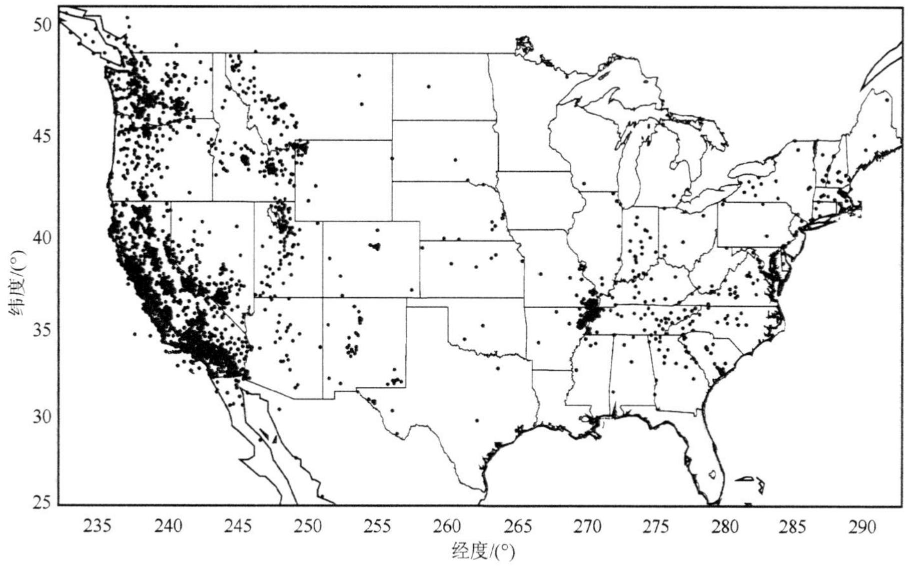

图 6.6-18 截至 1999 年美国区域地震台站分布图。部分台网与墨西哥和加拿大共建。

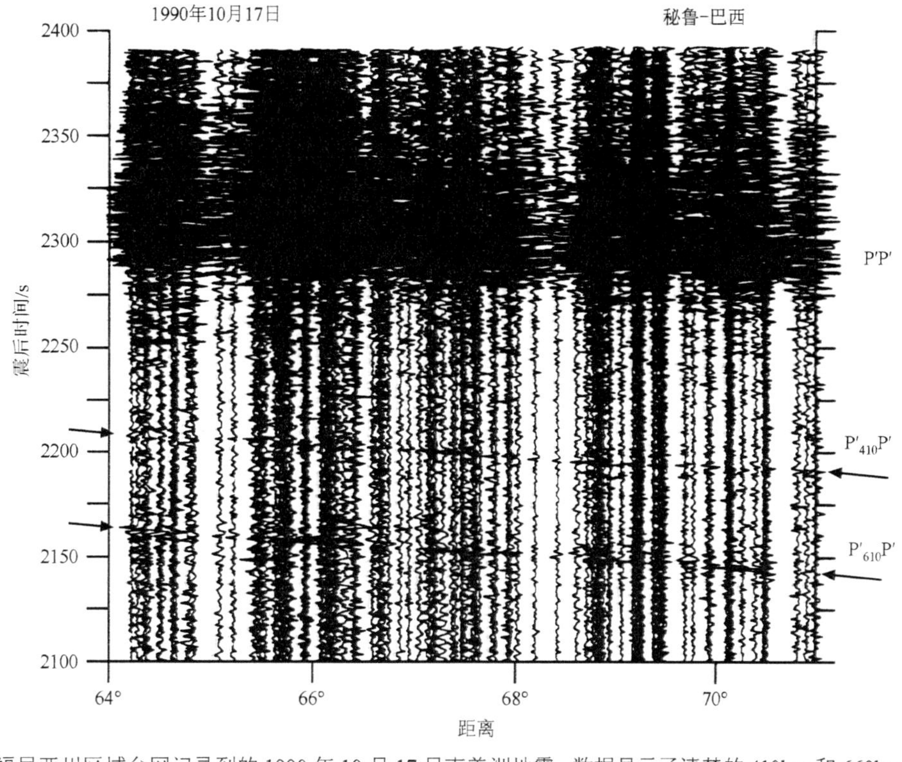

图 6.6-19 南加利福尼亚州区域台网记录到的 1990 年 10 月 17 日南美洲地震。数据显示了清楚的 410km 和 660km 间断面的反射震相。小范围内的大量数据增加了地球结构的分辨率。(Benz and Vidale，1993，经 *Nature* 许可复制)

区域台网和全球台网一样，正在持续不断地升级。作为高级国家地震系统（ANSS）的一部分，美国正计划安装更多的宽频带和短周期地震计，同时在遭受破坏性地震风险较大的城市安装约 6000 台强震观测仪。USArray 无疑是最宏大的台网计划之一。它包括同时运作的三个部分。首先，增加永久宽频带台站的数量（图 6.6-20 左图）。其次，利用 400 个便携式宽频带地震计以滚动的方式逐次覆盖全国。在 8 年时间中，被称为“大脚”（Bigfoot）的滚动台阵将覆盖美国大陆约 2000 个站点，平均站点间距约 70km，最后移步阿拉斯加和夏威夷（图 6.6-20 右图）。然后，大约 2400 个地震计（宽频带、短周期和高频地震计）作为临时台网以辅助滚动台阵 Bigfoot 的观测。按计划，USArray 将是一个区域规模的台阵。来自滚动台阵的数据将以接近实时的速度进行共享，并且可以使用偏移技术处理以获得深层地幔中的高分辨率图像。

有趣的是，因为地震数据的实时传输变得越来越普遍，来自全球台网、区域台网和许多地方台阵的数据可以很容易地组合在一起，这大大消除了网络之间的区别。这为地震科学的发展提供了巨大机遇。

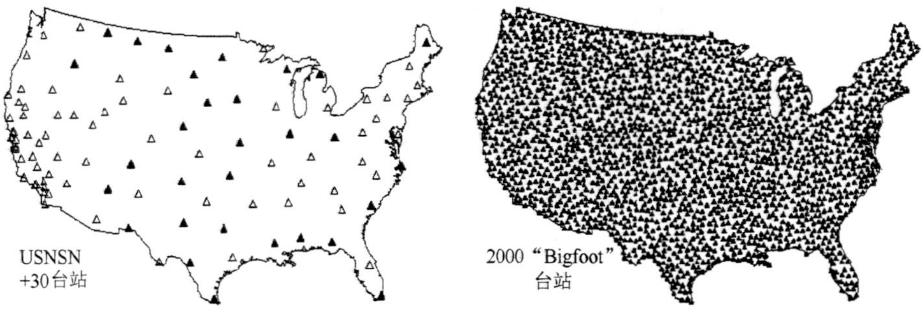

图 6.6-20 USArray 地震台站分布图。左图：空心三角形为原有美国国家地震台网的台站，实心三角形为计划增加的固定台站。右图：由 400 个宽频带地震计组成的滚动台阵将覆盖 2000 个台站位置。

延伸阅读

由于地震数据应用广泛，有关信号处理及其地球物理学应用方面有很多参考书目。入门级著作包括 Rabiner 和 Rader（1972）、Claerbout（1976）、Bracewell（1978）、Robinson 和 Treitel（1980）、Kanasewich（1981）和 Hatton 等（1986）。Brighan（1974）详细介绍了 FFT 方法。

物理学中的误差分析是在很多著作中均讨论到的问题，包括 Bevingtos 和 Robinson（1992）的著作。地震学论著中，尤其是 Aki 和 Richards（1980）、Lay 和 Wallace（1995）的著作着重讨论了地震学工具。Scherbaum（1996）主要讨论了地震观测系统，尤其是从单个数据处理的角度讨论了数字化问题。

问题

（1）求下列函数傅里叶级数系数的解析解。

①阶梯函数：

$$f(t)=\begin{cases}1, & 0<t<\dfrac{1}{2}\\ -1, & -\dfrac{1}{2}<t<0\end{cases}$$

②斜坡函数：

$$f(t)=t,\quad -\frac{1}{2}<t<\frac{1}{2}$$

（2）利用正弦和余弦函数的乘积公式（A.2 节）证明正弦和余弦函数之间为相互正交的关系［式(6.2-4)］。

（3）将下列复数表达成 $a+bi$ 的形式：

① $e^{i\pi}$。

② $4e^{i\pi/2}$。

③ $e^{-i\pi/2}$。

④ $3e^{-i\pi/3}$。

（4）在傅里叶级数中［式(6.2-1)］，为什么没有 b_0 项？

（5）证明以下论述。

①傅里叶变换是线性的：如果 $F(\omega)$ 和 $G(\omega)$ 分别是函数 $f(t)$ 和 $g(t)$ 的傅里叶变换，那么 $aF(\omega)+bG(\omega)$ 是函数 $af(t)+bg(t)$ 的傅里叶变换。

②实序列函数的傅里叶变换满足对称性 $F(-\omega)=F^*(\omega)$。

③傅里叶变换的总能量等于相应的时间序列的总能量（帕塞瓦尔定理）。

$$\int_{-\infty}^{\infty}|f(t)|^2\,dt=\frac{1}{2\pi}\int_{-\infty}^{\infty}|F(\omega)|^2\,d\omega$$

(6) 如果 $F(\omega)$ 是函数 $f(t)$ 的傅里叶变换，证明以下各为傅里叶变换对。

① $f(t-a)$ 和 $e^{-i\omega a}F(\omega)$。

② $F(\omega-a)$ 和 $e^{iat}f(t)$。

③ df/dt 和 $i\omega F(\omega)$。

(7) 对于函数 $f(t)=\sin\omega_0$：

①求出它的傅里叶变换。

②将它与 $f(t)=\cos\omega_0 t$ 的傅里叶变换比较。

③在频率域通过什么操作(滤波)可以让 $\sin\omega_0 t$ 的傅里叶变换转换成 $\cos\omega_0 t$ 的傅里叶变换。

④考虑一个函数是另一个函数的时移变换，解释 $\sin\omega_0 t$ 的傅里叶变换与 $\cos\omega_0 t$ 的傅里叶变换之间的关系。

(8) 假设 $f(t)$ 和 $F(\omega)$ 是傅里叶变换对，证明 $F(\omega)$ 的逆变换为 $f(t)$。

(9) 利用误差传播关系［式(6.5-18)］，解释下列函数的不确定性与变量(u 和 v)方差和协方差的关系，已知 a 和 b 是一个常量：

① $z=au+bv$。

② $z=auv$。

③ $z=au/v$。

④ $z=au^b$。

(10) 对于离散傅里叶变换和离散傅里叶逆变换，证明：

①离散傅里叶变换和离散傅里叶逆变换是线性的：如果 $A(k)$ 和 $B(k)$ 分别是时间域函数 $a(n)$ 和 $b(n)$ 的离散傅里叶变换，那么 $\alpha A(k)+\beta B(k)$ 是函数 $\alpha a(n)+\beta b(n)$ 的傅里叶变换。

②实时间函数的离散傅里叶变换满足对称性 $F(-k)=F(N-k)=F'(k)$。

③如果 $f(n)$ 的离散傅里叶变换是 $F(k)$，$f(n-j)$ 的离散傅里叶变换是 $W^{kj}F(k)$，$F(k-m)$ 的离散傅里叶逆变换是 $W^{-mn}f(n)$，其中 $W=e^{-2\pi i/N}$。

(11) 如式(4.3-10)所示，地震震源深度 h 可以通过直达纵波P和地表反射纵波pP到达的时间差异 δt 来估计，利用公式 $\delta t=(2h\cos i)/v$，其中 i 和 v 分别是入射角和速度：

①将深度 h 表示为参数 δt、v、i 的函数。

②当时间差是2.7s，速度是6.8km/s，入射角度是 24° 时，求震源深度。

③利用误差传播公式计算深度的不确定性与三个模型参数的不确定性之间的关系。

④利用③中结果，计算震源深度的不确定性，其中时间差异不确定性是0.5s，速度不确定性是0.5km/s，入射角度的差异是 3°(注意需要转换为弧度)。

编程

(1) 利用上述问题(1)中①得到的阶梯函数的傅里叶序列，画出傅里叶级数的前10项，并求前10项、前20项、前30项的和。

(2) 写一个子程序对时间序列进行预处理以进行快速傅里叶变换。这个子程序可以调用一系列独立的子程序，包括延伸时间序列到2的指数倍，利用输入数据长度对数据进行尖灭处理，利用框图Box 6-1提供的子程序(COOLB)或其他子程序来进行快速傅里叶变换，画出振幅谱。要求这个子程序能够输出频谱的实部和虚部，以及每个频率的振幅和相位谱。

(3) ①写一个子程序，要求能生成函数 $\sin\dfrac{2\pi t}{T}$ 的值，其中 t 从 $t=0$ 到 $t=T_{max}$，输入参数包括时间间隔 Δt，周期 T，数据总长度 T_{max}。

②以输入参数 $\Delta t=0.25$，$T=0.5$，$T_{max}=20$ 画出图像。

③利用(2)的子程序，分别找出没有尖灭，10%尖灭和20%尖灭的振幅谱。

④假设 $\Delta t=0.25$，$T=8$，$T_{max}=50$，重复②和③。

⑤对于函数 $\sin\dfrac{2\pi t}{5}+0.5\sin\dfrac{2\pi t}{8}$，$\Delta t=0.25$，$T_{max}=256$，重复②和③。

(4) ①利用(2)的子程序，计算一个时间序列的快速傅里叶变换，在频率域中用给定的滤波频带滤波。这个子程序有在频率域内进行尖灭处理的功能，最好能由一系列子程序组成。

②利用这个子程序处理(3)中⑤的时间序列，分离两种不同的频率成分。

(5) ①写一个子程序，利用(2)和(4)的子程序，用快速傅里叶变换的方法求出两个时间序列的卷积。

②利用这个子程序计算单位振幅、长度分别是6s和3s的两个方脉冲函数的卷积。

(6) ①写一个子程序，将两个不同长度的函数在时间域进行卷积，并且两个函数的采样间隔都是 Δt。

②利用这个子程序计算单位振幅、两个长度分别是6s和3s的矩形函数的卷积。并与(5)中②的结果进行比较。

Box 6-1 COOLB子程序

```
SUBROUTINE COOLB(NN,DATAI,SINGI)
C CLASSIC-BUT USABLE-FFT PROGRAM
C DATAI IS DATA ARRAY,2*NP REAL NUMBERS
REFERENTING
C NP COMPLEX POINTS,SO EACH PAIR OF POINTS ARE
THE
C (REALM IMAGINARY)PARTS OF A COMPLEX
NUMBER.
C NN IS POER OF TWO,CAN BE FOUND BY
C NN=(ALOG10(FLOAT(NP))/ALOG10(2.))+.99
C TR ANSFORM DIRECTION CONTROLLED BY REAL VARIABLE
C SINGI(SIGN OF EXPONENTIAL):-1.FORWARD,1.TO
C INVERT.
C DIMENSIONS:IF TIME SERIES HAS TIME INCREMENT
DT,
C TRANSFORM HAS DELTA FREQ=1/(2**NN*DT)
C NOTE:AFTER TAKING INVERSE FFT DIVIDE OUTPUT
BY 2**NN
      INTEGER NN
      REAL SIGNI
      DIMENSION DATAI(1)
      N=2**(NN+1)
      J=1
      DO 5 I=1,N,2
      IF(I-J)1,2,2
      TEMPR=DATAI(J)
      TEMPI=DATAI(J+1)
      DATAI(J+1)=DATAI(I+1)
      DATAI(I)=TERMPR
      DATAI(I+1)=TEMPI
      M=N/2
3     IF(J-M)5,5,4
4     J=J-M
      M=M/2
      IF(M-2)5,3,3
5     J=J+M
      MMAX=2
6     IF(MMAX-N)7,10,10
7     ISTEP=2*MMAX
      THETA=SIGNI*6.2831831/FLOAT(MMAX)
      SINTH=SIN(THERTA/2.)
      WSTPR=-2.1*SINTH*SINTH
      WSTPI=SIN(THETA)
      WR=1.
      WI=0.
      DO 9 M=1.MMAX,2
      DO 8 I=M,N,ISTEP
      J=I+MMAX
      TEMPR=WR*DATAI(J)-WI*DATAI(J+1)
      TEMPI=WR*DATAI(J+1)+WI*DATAI(J)
      DATAI(J)=DATAI(I)-TEMPR
      DATAI(J+1)=DATAI(I+1)-TEMPI
      DATAI(I)=DATAI(I)+TEMPR
8     DATAI(I+1)-DATAI(I+1)+TEMPI
      TEMPR=WR
      WP=WP*WSTPR-WI*WSTPI+WR
9     WI=WI*WSTPR+TEMPR*WSTPI+WI
      MMAX=ISTEP
      GO TO 6
10    RETURN
      END
```

第 7 章
反演问题

对大多数人而言，根据一系列相关的事件可以推测出可能的结果。但对于极少数人，你告诉他们结果，他们可以靠自己的思维意识反推导引发这种结果的事件。这种能力就是逆向思维能力。(Sherlock Holems，in *A Study in Scarlet* by Arthur Conan Doyle)

7.1 引言

纵观全书可以发现，地震学反演主要是在解决震源机制和地球内部结构问题。从获得的地震图出发，来反向推导激发地震波的震源特征，以及地震波传播的媒介性质。想要达到这个目的，首先要从地震图中弄清楚观察到的地震波应该具备何种特征，如与震源和介质相关的走时、振幅、波形、特征频率、频散和能量衰减等，这是一个正演问题。前面已经讨论过震源和传播介质的一些属性参数，如速度结构和震源机制。这些具体例子说明了地震学研究的一个基本目标：从地震图和地表的其他观察现象能反映出什么样的地球内部特征。

本章将主要讨论反演中遇到的一些问题。对于一个已知的物理过程，假设用矢量 $\boldsymbol{m}$ 表示一系列模型参数，用矢量 $\boldsymbol{d}$ 表示一系列观测数据，该数据可认为是一个函数或者算子作用于模型 $\boldsymbol{m}$ 所产生的结果：

$$\boldsymbol{d} = A(\boldsymbol{m}) \tag{7.1-1}$$

由给定的模型参数预测数据就是正演问题，只要清楚运算过程，正演问题是很好解决的。相应的反演问题就是找到能得到一系列观测数据的模型参数，这个过程相对较难。一般先假定一些物理模型，然后用观测数据估算能够与之拟合的一系列模型参量。有两种方法可以解决反演问题：一个是用数学反演方法直接由 $\boldsymbol{d}$ 计算出 $\boldsymbol{m}$；另一种方法是试错法，重复计算正演问题，直到寻找到最优化的一组模型参数。在不同应用中，每种方法各有优缺点。

前面章节已经对反演问题有所提及，包括利用面波频散研究正在冷却的洋壳(2.8.3 节)，通过走时和振幅数据反演地壳结构(第 3 章)，通过极性、波形、大地测量数据来反演震源机制(第 4 章)，进一步通过震源机制研究板块运动和区域构造(第 5 章)。在 1.1.2 节中已经指出，求解正演问题较为简单和直接，并且解具有唯一性。但是反演问题一般没有唯一确定的或者是“正确的”解。因为误差导致的数据的不一致性，且模型往往是真实物理过程的简化，预测的数据通常不会完全拟合观测数据而存在一定误差，因此没有模型可以准确且完美地拟合观测数据。同样地，对于给定模型，多种模型参数组合都可能很好地拟合数据，同时基于不同标准和先验信息可以得到不同模型。此外，观测数据也常常不足以反映真实物理模型的各个方面。因此，反演问题求解过程中应注意这些潜在的局限性[①]。

这些局限性导致了模型分辨率(细节刻画能力)和模型稳定性之间的消长。例如，基于简单的地震定位算法和横向匀速模型进行走时反演时，结果显示和达-贝尼奥夫带具有显著的地震活动性。这一结果因对定位算法和速度模型的依赖较小而较为可靠，但却降低了模型分辨率，无法给出地震发生在俯冲板块的具体位置。利用更复杂的定位算法和更好反映地层变化的横向非均匀速度模型来进行更准确的定位，更有利于将地震与俯冲过程联系起来。然而，为改善模型分辨率而采用的复杂速度模型却牺牲了反演结果的稳定性，因为它依赖于所使用的初始模型。

反演结果可以分为两个大类：一类是用一套特定的数据来描述一个特定现象，例如震源位置或者某一区域的速度结构；另一类是用一个区域或全球的平均数据反演得到相对简单的参量稀疏的模型。后者常用来获得大范围的参考模型(用一套特定参数描述的物理模型)，这些模型是大型数据体的简单

---

① 文章 *Interpretation of Inaccurate Insufficient，and Inconsistent Data*(Jackson，1972)对这种情况进行了介绍。

抽象表达。在局部区域没有观测值的情况下可以用来预测数据，或者确定观测值与预测值的拟合度或者“异常值”，体现与全球平均模型的差异。所以，参考模型预测的平均值与实际观测数据之间的差异性，可以用来反向推导造成这种差异的物理过程。例如，体波、面波以及简正振型的数据均可以反演全球平均速度结构。这一平均结构可以用来约束地球内部物质组成和温度上的径向变化，也可以作为参考模型通过反演局部速度扰动来研究板块俯冲、大陆根、热点以及洋中脊。如表 7.1-1 所示，可以用相似的方法考虑其他几种参考模型。例如欧拉向量是板块运动行为的简单描述，且发生地震的位置与模型预测地点不相符，说明真实的板块运动不能完全用刚性块体运动来描述。类似地，海洋岩石圈的简单冷却模型描述了海洋深度、热流和大地水准面的平均变化，并给出了参考温度模型并用以模拟和鉴别其他因素对温度的影响。

表 7.1-1　基于反演建立的几个大尺度地球参考模型

数学建模	观测数据	模型参数	失配值（异常值）含义
各向同性的层状地球模型	走时和本征频率	平均速度和密度参数随深度的变化	横向速度非均匀性（俯冲区，大陆-大洋差异性）
板块相对运动模型	板块运动速率和方位角	欧拉向量	板块的非刚性特征（板内和边界形变区域）
大洋岩石圈的热演化历史	深度、热流和大地水准面随岩石圈年龄的变化	板块厚度、软流圈温度和物理性质（如地震波速度、热导率、温度）	热力学机制的横向非均匀性（热物质上涌等）

如图 1.1-8 所示，随着新的观测数据的加入和模型参数的优化，模型不断更新，直至参考模型趋于稳定而不再有显著变化，此时该模型就是我们能够得到的最好的参考模型。例如 3.5 节所述，目前全球横向均匀速度模型已经足够精确，更多关注的是地球内部介质速度的横向非均匀性变化。

在这一章中，将主要讨论几种反演问题并介绍一些常用的反演方法。这些反演问题不仅对地震学和地球科学的研究非常重要，而且广泛用于其他科学问题中。事实上，物理学上的不同问题常常可以用类似的数学方法来描述。本章主要介绍一些普适性的原理和方法，而不具体讨论细节。一些更复杂的讨论将会列在章末的参考书目中。

7.2　地震定位

首先，我们考虑一个典型的反演问题：地震定位，并利用不同台站记录的地震波到时来确定初始发震时间。速度结构是至关重要的，因为它决定了地震波传播的射线路径和走时。

7.2.1　理论

假设一个地震发震时刻为 t，位置为 $\mathbf{x}=(x,y,z)$，t 和 $\mathbf{x}$ 都是未知的，图 7.2-1 显示了震源位置。点 (x,y) 是震源在地面上的垂直投影点，称为震中。n 个地震台站的位置记为 $\mathbf{x}_i=(x_i,y_i,z_i)$，监测到的地震波到时记为 d_i'，到时是由发震时刻 t 和地震波在震源与台站 $T(\mathbf{x},\mathbf{x}_i)$ 间的走时共同决定的：

$$d_i'=T(\mathbf{x},\mathbf{x}_i)+t \tag{7.2-1}$$

如果速度结构已知，那么正演问题可以用公式来表示：

$$\boldsymbol{d}=A(\boldsymbol{m})\quad 或\quad d_i=A(m_j) \tag{7.2-2}$$

式 (7.2-2) 显示，包含台站到时的数据向量可由一个假定的模型向量进行预测，这一模型向量由震源位置和发震时间组成：

$$\boldsymbol{m}=(x,y,z,t) \tag{7.2-3}$$

包含了四个不同的物理量：三个空间坐标和一个发震时刻。因为数据和模型参数都是向量，它们之间的关系可用向量形式表达［$\boldsymbol{d}=A(\boldsymbol{m})$］，也可用元素形式表达［$d_i=A(m_j)$］。

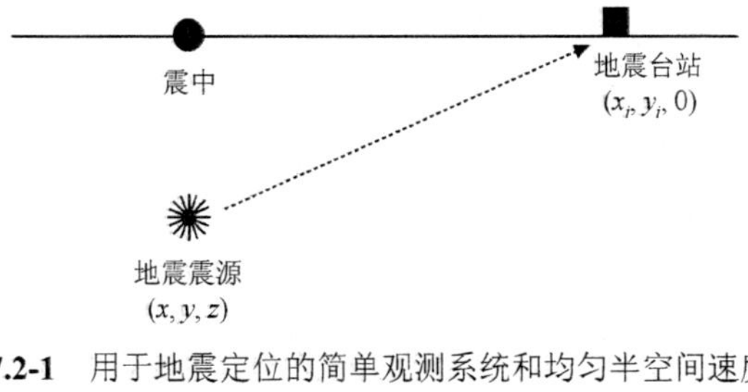

图 7.2-1　用于地震定位的简单观测系统和均匀半空间速度模型示意图。

反演问题可以表述为：根据观察的地震波到时，寻找适合的模型，其预测的到时与实际观测值拟合。具体过程为：首先从一个初始模型 m^0 开始。初始模型是估算的，希望其尽可能接近真实模型。假设基于初始模型得到了观测数据 $d_i^0=A(m_j^0)$。除非很幸运，一般这些预测的到时数据与真实的观测到时数据总会有偏差。此时，对初始模型引入改变量 Δm_j：

$$m_j = m_j^0 + \Delta m_j \tag{7.2-4}$$

这样使得改进后的预测的到时数据进一步接近真实观测值。一般来说，观测数据与模型参数并不是线性相关的，需要将两者之间的关系进行线性化处理，所以需要在初始模型处进行泰勒展开并只保留线性关系的部分：

$$d_i' \approx d_i^0 + \sum_j \frac{\partial d_i}{\partial m_j}\Big|_{m^0} \Delta m_j \tag{7.2-5}$$

根据观测数据与模型预测值之间的差异，式(7.2-5)又可写为

$$\Delta d_i^0 = d_i' - d_i^0 \approx \sum_j \frac{\partial d_i}{\partial m_j}\Big|_{m^0} \Delta m_j^0 \tag{7.2-6}$$

上述关系在反演理论中是很常见的。为简单起见，省略上标，并定义一个偏导数矩阵：

$$G_{ij} = \frac{\partial d_i}{\partial m_j} \tag{7.2-7}$$

于是，式(7.2-6)又变为

$$\Delta \boldsymbol{d} = \boldsymbol{G}\Delta \boldsymbol{m} \quad 或 \quad \Delta d_i = \sum_j G_{ij}\Delta m_j \tag{7.2-8}$$

通常情况下也可省略 Δ，写成 $\boldsymbol{d} = \boldsymbol{G}\boldsymbol{m}$。这使得公式表达更加简洁，但容易让人感到困惑，所以下面的推导中，将会保留 Δ 以明确显示所涉及变量的性质。

式(7.2-8)是一个向量矩阵方程，表示一个线性方程组。为了对其求解，我们要寻求一个模型变化量 $\Delta \boldsymbol{m}$，乘以已知的偏导数矩阵 $\boldsymbol{G}$，以拟合数据残差量 $\Delta \boldsymbol{d}$。这就是一个反演问题。与此相反，正演问题则是利用模型变化量 $\Delta \boldsymbol{m}$ 计算相应的数据变化量 $\Delta \boldsymbol{d}$。反演理论中的许多方面都涉及在不同条件下求解这些方程组。这里讨论的地震定位反演问题只是一个简单例子。

对于一个地震事件，我们通常会获得许多地震台站(通常是几百个)记录的地震波到时，需要反演计算四个模型参数。式(7.2-8)中 j 的范围是 1～4，i 的范围是 1～n，n 一般远大于 4。因为每个到时都对应一个方程，每个模型参数都是一个未知数，$\boldsymbol{G}$ 的行数与观测到时数据的数量相等，列数与模型参数数量相等。因为 n 远大于 4，所以 $\boldsymbol{G}$ 的行数总是大于列数，所以式(7.2-8)也可以表示为

$$\begin{pmatrix} \Delta d_1 \\ \Delta d_2 \\ \vdots \\ \Delta d_n \end{pmatrix} = \begin{pmatrix} G_{11} & G_{12} & G_{13} & G_{14} \\ G_{21} & G_{22} & G_{23} & G_{24} \\ \vdots & \vdots & \vdots & \vdots \\ G_{n1} & G_{n2} & G_{n3} & G_{n4} \end{pmatrix} \begin{pmatrix} \Delta m_1 \\ \Delta m_2 \\ \Delta m_3 \\ \Delta m_4 \end{pmatrix} \tag{7.2-9}$$

这类超定问题的求解是比较困难的。一种方法是令 $n = 4$，那么矩阵 $\boldsymbol{G}$ 就是方阵，式(7.2-8)可以通过乘以其逆矩阵来求解：

$$\boldsymbol{G}^{-1}\Delta \boldsymbol{d} = \boldsymbol{G}^{-1}\boldsymbol{G}\Delta \boldsymbol{m}，\quad 或$$
$$\sum_i G_{ki}^{-1}\Delta d_i = \sum_i G_{ki}^{-1}\left(\sum_j G_{ij}\Delta m_j\right) = \Delta m_k \tag{7.2-10}$$

如果 $n>4$，$\boldsymbol{G}$ 不是方阵，没有逆矩阵①。我们第一反应可能是只用四个台站的到时数据来得出精确的模型参数结果，而忽略其他台站的数据，视其为冗余信息。理想情况下这样做是可以的。但实际情况中，观测到时数据可能包含了各种影响因素产生的误差，如读数误差、台站钟表误差以及对直达波的错误识别。除了这些测量误差，还存在速度结构的不精确和横向不均匀性带来的系统误差。因此，方程组的各个方程之间存在不一致性，导致没有一个模型可以拟合全部数据。此外，选取四个到时数据可能意味着丢弃了更多的高质量记录数据。因此，一般通过寻求满足这些超定方程组的最优解以获得发震时刻和震源位置。

为此，将观测数据 d_i 的误差以其标准差 σ_i 的形式表示，然后寻找使下面目标函数的值(失配度)最小的模型：

$$\chi^2 = \sum_i \frac{1}{\sigma_i^2}\left(\Delta d_i - \sum_j G_{ij}\Delta m_j\right)^2 \tag{7.2-11}$$

这是一个预测误差，是观测到时和模型预测到时的方差归一化总和。拟合函数 χ^2 要取最小值，通过方差倒数对数据进行加权，从而确保最大的不确定因素对反演过程带来的影响最小。为了达到最佳的拟合度，即式(7.2-11)取得最小值，可以设定上述目标函数关于模型变量 Δm_k 的偏导数等于 0 来求其极值点，并且假定模型中的各个元素之间相互独立，所以某一个参数变量相对于其他模型参量的偏导数为零：

$$\frac{\partial \Delta m_j}{\partial \Delta m_k} = \delta_{jk} \tag{7.2-12}$$

目标函数的偏导数为

$$\frac{\partial \chi^2}{\partial \Delta m_k} = 0 = 2\sum_i \frac{1}{\sigma_i^2}\left(\Delta d_i - \sum_j G_{ij}\Delta m_j\right)G_{ik} \tag{7.2-13}$$

或

$$\sum_i \frac{1}{\sigma_i^2}\Delta d_i G_{ik} = \sum_i \frac{1}{\sigma_i^2}\left(\sum_j G_{ij}\Delta m_j\right)G_{ik} \tag{7.2-14}$$

如果不同台站观察数据的方差都相等($\sigma^2 = \sigma_i^2$)，那么：

$$\sum_i \Delta d_i G_{ik} = \sum_i \left(\sum_j G_{ij}\Delta m_j\right)G_{ik} \tag{7.2-15}$$

或者矩阵形式：

① 逆矩阵的定义要求满足公式：$\boldsymbol{A}^{-1}\boldsymbol{A} = \boldsymbol{A}\boldsymbol{A}^{-1} = \boldsymbol{I}$。

$$\boldsymbol{G}^{\mathrm{T}}\Delta\boldsymbol{d}=\boldsymbol{G}^{\mathrm{T}}\boldsymbol{G}\Delta\boldsymbol{m} \tag{7.2-16}$$

因为$\sum_i \Delta d_i G_{ik}=\boldsymbol{G}^{\mathrm{T}}\Delta\boldsymbol{d}$，而$\sum_j G_{ij}\Delta m_j=\boldsymbol{G}\Delta\boldsymbol{m}$。

写成这一形式的优势在于，虽然矩阵$\boldsymbol{G}$没有逆矩阵，但是$\boldsymbol{G}^{\mathrm{T}}\boldsymbol{G}$是方阵，有逆矩阵。对于一组不能求得精确解的方程组，式(7.2-16)给出了一个标准最小二乘解，因为：

$$\Delta\boldsymbol{m}=(\boldsymbol{G}^{\mathrm{T}}\boldsymbol{G})^{-1}\boldsymbol{G}^{\mathrm{T}}\Delta\boldsymbol{d}=\boldsymbol{G}^{-g}\Delta\boldsymbol{d} \quad 或 \quad \Delta m_j=\sum_i G_{ji}^{-g}\Delta d_i \tag{7.2-17}$$

算子$(\boldsymbol{G}^{\mathrm{T}}\boldsymbol{G})^{-1}\boldsymbol{G}^{\mathrm{T}}$作用于数据可以得到一个模型修正量，称为矩阵$\boldsymbol{G}$的广义逆，也写作$\boldsymbol{G}^{-g}$。它在最小二乘法意义上给出了最好的解，对应于目标函数的最小值，即预测数据与观测值之间最小失配度的平方。广义逆相当于非方阵(逆矩阵不存在)矩阵的逆矩阵。如果$\boldsymbol{G}$是一个方阵并且逆矩阵存在，那么$\boldsymbol{G}^{-1}=\boldsymbol{G}^{-g}$。如果数据误差不相等，那么最小二乘解需要误差加权，见本章末问题(5)的讨论。

要利用上述反演方法，首先需要给定一个初始模型(包含震源位置和发震时间)$\boldsymbol{m}^0$及其预测到时，$\boldsymbol{d}^0=A(\boldsymbol{m}^0)$。然后写成向量残差的形式并给出数据的失配度$\Delta\boldsymbol{d}^0=\boldsymbol{d}'-\boldsymbol{d}^0$，评估初始模型的偏导数矩阵：

$$G_{ij}=\frac{\partial d_i}{\partial m_j}\bigg|_{\boldsymbol{m}^0} \tag{7.2-18}$$

并用广义逆［式(7.2-17)］找到$\Delta\boldsymbol{m}^0$，于是更新后的模型为

$$\boldsymbol{m}^1=\boldsymbol{m}^0+\Delta\boldsymbol{m}^0 \tag{7.2-19}$$

相应的预测数据值为

$$\boldsymbol{d}^1=A(\boldsymbol{m}^1) \tag{7.2-20}$$

这一预测数据比初始模型计算出的数据更接近真实观测值，可以通过计算观测值和预测值的差$\Delta\boldsymbol{d}^1=\boldsymbol{d}'-\boldsymbol{d}^1$来进行检测，计算各个数据差值总的平方和$\sum(\Delta d_i^1)^2=\sum(d_i'-d_i^1)^2$，其结果应该比初始模型计算出的$\sum(\Delta d_i^0)^2$残差小。这里用残差平方和比$\sum\Delta d_i$更好，因为对于残差绝对值大但符号相反的数据求和后，后者值会更小。

在以上基础上还可以进一步提高。偏导数所形成的矩阵$\boldsymbol{G}$是基于对预测数据(走时)在初始模型处进行泰勒展开保留线性部分而得到的。如果初始模型很接近真实模型，那么这一近拟会得到很好的反演结果。反之，线性近似将不是一个好策略。图7.2-2是这一方法的示意图。这里很难画出实际情况，因为每个模型向量都是四维向量空间的一个元素。

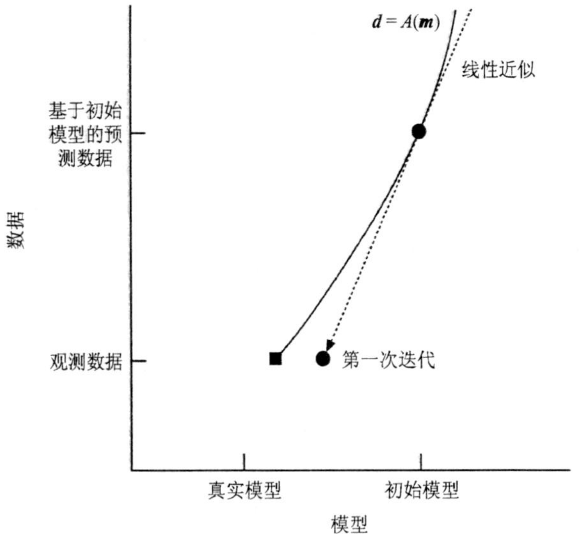

图 7.2-2 反演问题中基于初始模型进行线性化反演的理论示意图。新的模型是由观测数据和初始模型预测数据的差值得到的。线性近似越差，需要迭代的次数就越多。

因此，考虑迭代上述过程。一旦模型发生变化，就会形成一个新的偏导数矩阵：

$$G_{ij}=\frac{\partial d_i}{\partial m_j}\bigg|_{\boldsymbol{m}^1} \tag{7.2-21}$$

那么由广义逆矩阵方法可以得出：

$$\Delta\boldsymbol{d}^1=\boldsymbol{G}\Delta\boldsymbol{m}^1 \tag{7.2-22}$$

$\Delta\boldsymbol{m}^1$进一步改变模型使得失配度减小。重复这一过程，直到连续迭代的模型变化量极小，相应的目标函数值几乎不再变化为止(图7.2-3)。

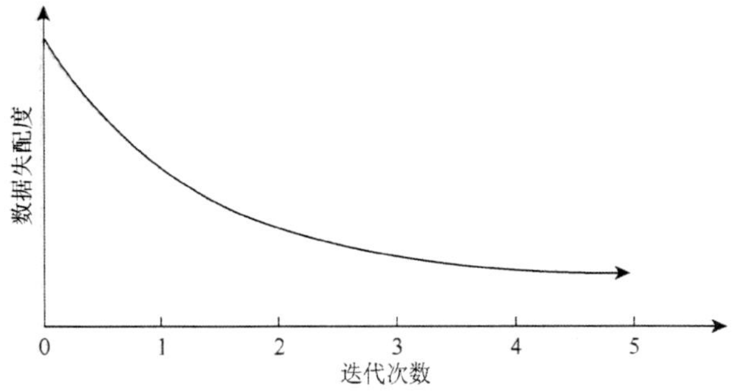

图 7.2-3 反演问题的迭代次数与数据失配度的关系示意图。

7.2.2 均匀介质中的地震定位

为了直观地说明上述反演思想，考虑一个具体实例：速度为v的均匀模型中地震定位的反演问题。这样，震源和台站之间的射线路径就是直线。相当于实际情况中，台站与震源非常近，那么最先到达的波就是速度在介质中没有太大变化的直达波。时刻t、位置

$\boldsymbol{x}=(x,y,z)$ 处发生的地震产生的地震波会被位置为 $\boldsymbol{x}_i=(x_i,y_i,z_i)$ 的地震台站接收，到时数据为

$$d_i=T(\boldsymbol{x},\boldsymbol{x}_i)+t=\frac{1}{v}[(x-x_i)^2+(y-y_i)^2+(z-z_i)^2]^{1/2}+t \tag{7.2-23}$$

虽然地震可能发生在地表以下，但是台站是在地面上，即 $z_i=0$。走时只依赖于震源和台站间的距离 $|\boldsymbol{x}-\boldsymbol{x}_i|$。

为了求解这一反演问题，首先计算矩阵 $\boldsymbol{G}$，矩阵中的元素是数据向量 $\boldsymbol{d}$(每个台站所记录的到时)对模型向量 $\boldsymbol{m}$(地震的位置坐标和发震时刻)的偏导数。数据向量的第 i 个元素相对于模型向量第一个元素的微分，即对于横坐标 x：

$$G_{i1}=\frac{\partial d_i}{\partial m_1}=\frac{\partial d_i}{\partial x}=\frac{\partial T(\boldsymbol{x},\boldsymbol{x}_i)}{\partial x}=\frac{(x-x_i)}{v}[(x-x_i)^2+(y-y_i)^2+z^2]^{-1/2} \tag{7.2-24}$$

对于其他两个参数 y、z 的微分也有相似表达。需要指出的是，这些偏导数是空间模型参数 (x,y,z) 的函数。而最后的偏导数是对发震时刻 t 进行微分：

$$G_{i4}=\frac{\partial d_i}{\partial m_4}=\frac{\partial d_i}{\partial t}=1 \tag{7.2-25}$$

想要给出矩阵 $\boldsymbol{G}$，首先要选取一个初始模型包含地震位置，然后计算观测数据和模型预测数据之间的差值 $\Delta\boldsymbol{d}$，最后通过上节所说的步骤来计算模型差值 $\Delta\boldsymbol{m}$。

表 7.2-1 无误差数据的地震定位示例

同时反演地震发震时刻和位置				
		模型演化		
参数	真实值	初始模型	迭代一次更新后的模型	迭代两次更新后的模型
		0	1	2
x	0.0	3.0	−0.5	0.0
y	0.0	4.0	−0.6	0.0
z	10.0	20.0	10.1	10.0
发震时刻	0.0	2.0	0.2	0.0
台站位置		每次迭代后的残差		
		0	1	2
35.0	9.0	−2.1	−0.4	0.0
−44.0	10.0	−3.0	−0.2	0.0
−11.0	−25.0	−3.8	−0.1	0.0
23.0	−39.0	−3.0	−0.2	0.0
42.0	−27.0	−2.6	−0.3	0.0
−12.0	50.0	−2.0	−0.3	0.0
−45.0	16.0	−2.9	−0.2	0.0
5.0	−19.0	−3.7	−0.2	0.0
−1.0	−11.0	−4.1	−0.2	0.0
20.0	11.0	−2.4	−0.4	0.0
误差		92.4	0.6	0.0
同时反演地震发震时刻、发震位置和速度				
		模型演化		
参数	真实值	初始模型	迭代一次更新后的模型	迭代两次更新后的模型
		0	1	2
x	0.0	3.0	0.2	0.0
y	0.0	4.0	0.3	0.0
z	10.0	20.0	10.2	10.0
发震时刻	0.0	2.0	0.7	0.0
速度	5.0	4.0	4.9	5.0
台站位置		每次迭代后的残差		
		0	1	2
35.0	9.0	−4.0	−0.9	0.0
−44.0	10.0	−5.6	−1.0	0.0
−11.0	−25.0	−5.7	−0.9	0.0
23.0	−39.0	−5.6	−1.0	0.0
42.0	−27.0	−5.2	−1.0	0.0
−12.0	50.0	−4.6	−0.9	0.0
−45.0	16.0	−5.6	−1.0	0.0
5.0	−19.0	−5.2	−0.9	0.0
−1.0	−11.0	−5.3	−0.9	0.0
20.0	11.0	−3.8	−0.8	0.0
误差		261.3	8.3	0.0

续表

表 7.2-1(上)是一个假设的例子，在震源处方圆 100km 内布置了 10 个台站，地震发生的初始时间为 0s，位置为 (0,0,10) km。然后用 10 个台站记录的到时数据来进行地震定位，这些到时数据即为真实观测数据。接下来设定一个初始模型，假定地震发生时间是 2s，位置为 (3,4,20) km。正如前一小节所述，根据初始模型计算出每个台站预计的直达波到时，然后得出真实数据与模型计算的到时数据［式(7.2-6)］之间的残差。对于初始模型，失配度总的平方和为 92.4s^2。

为了降低失配度，利用初始模型估算的矩阵 $\boldsymbol{G}$ 以及广义逆［式(7.2-17)］来求得 $\Delta\boldsymbol{m}^0$，即初始模型的改变量。改变后的模型震源位置是 (−0.5, −0.6, 10.1) km，发

震时间 0.2s，这一新预测的模型更加接近真实模型。因为我们并不知道真实模型是什么，那么需要用新模型的预测到时再次检验，形成数据残差，计算失配度总的平方和，该值减少到 $0.6s^2$。为了进一步降低失配度，用更新后的模型重新计算偏导数矩阵，并进行迭代运算。由此产生的新模型更加接近真实模型，预测的数据与真实数据更加拟合。

上例中的观测到时是理论合成的，不存在观测数据误差，准确反演出定位结果是不足为奇的。我们可以用任意四个台站的数据来找到真实模型，而不必使用广义逆。在讨论误差之前必须指出的是，可以用同样的方法来求速度，把速度当作第五个模型参数，并把数据转化成模型向量 $\boldsymbol{m}=(x,y,z,t,v)$。那么，另一个偏导数就是：

$$\frac{\partial d_i}{\partial m_5}=\frac{\partial d_i}{\partial v}=-\frac{1}{v^2}[(x-x_i)^2+(y-y_i)^2+z^2]^{1/2} \quad (7.2\text{-}26)$$

这样，需要假定一个速度值作为初始模型的一部分，再生成偏导数矩阵(列数为 5)，并用广义逆来计算初始模型的改变量。表 7.2-1(下)是用前面例子同时包括速度参数的反演结果。

7.2.3 误差

在利用到时来进行地震定位时，观测数据存在一定误差，所以得出的震源位置和发震时刻都有一定的不确定性。为了评估这些不确定性，需要检验数据中的误差是怎样影响广义逆求解的。

将第 i 个台站数据 d_i 中的误差定义为一个特定值，该值是从由所有可能的 $d_i^{(k)}$，$k=1,\cdots,\infty$ 组成的概率分布中抽样得出的。$d_i^{(k)}$ 是 d_i 的第 k 个样本，是台站 i 的到时记录。由于在实际应用中，d_i 的分布是未知的，所以我们用平均数 $\bar{d}_i$、标准差 σ_i 的高斯分布近似这一分布，这在 6.5 节中有所讨论。对于这一高斯分布的大量样本值，平均值为

$$\bar{d}_i=\lim_{K\to\infty}\frac{1}{K}\sum_{k=1}^{K}d_i^{(k)} \quad (7.2\text{-}27)$$

方差为

$$\sigma_i^2=\lim_{K\to\infty}\left(\frac{1}{K}\sum_{k=1}^{K}(d_i^{(k)}-\bar{d}_i)\right)^2 \quad (7.2\text{-}28)$$

如果数据的确满足高斯分布，那么所有样本都落在 $\bar{d}_i\pm\sigma_i$ 范围的概率为 68%，而所有样本都落在 $\bar{d}_i\pm2\sigma_i$ 范围的概率为 95%(图 6.5-1)。

不同台站的观测数据误差可以用数据的方差-协方差矩阵来表达：

$$\boldsymbol{\sigma}_d^2=\sigma_{ij}^2=\lim_{K\to\infty}\frac{1}{K}\sum_{k=1}^{K}(d_i^{(k)}-\bar{d}_i)(d_j^{(k)}-\bar{d}_j) \quad (7.2\text{-}29)$$

矩阵的对角线元素 $(i=j)$ 是台站数据自身的方差。非对角线元素 $(i\neq j)$ 是不同台站对之间误差数据的协方差。如果两个台站之间的误差不相关(如一些台站时钟不同)，那么一个台站的样本数据与平均值的差值与另一个台站无关，所以理想状态下，它们的协方差为 0。对有限个真实观测数据，只能期望协方差会很小，通常不为 0。反之，如果数据误差是相关的(例如，一个人读取不同台站的地震记录，可能存在一致的主观判断性)，不同台站的到时相对于平均值之间的差异就是相似的，那彼此的协方差就会相对较大。另外，尽管数据误差也可以是不相关的，但系统误差经常是相关的。例如，速度变化可能引起不同台站之间相关或反相关的系统偏差。

我们用广义逆方法来反演数据：

$$m_j=\sum_i G_{ji}^{-g}d_i \quad (7.2\text{-}30)$$

(这里省略了 Δ)事实上，模型参数的不确定性反映了所有观测数据的整体误差。这样，即便数据误差是不相关的，计算出的模型参数的不确定性也是相关的。鉴于此，根据数据协方差写出模型参数的协方差为

$$\begin{aligned}\boldsymbol{\sigma}_m^2=\sigma_{m_{ji}}^2&=\lim_{K\to\infty}\frac{1}{K}\sum_{k=1}^{K}(m_j^k-\bar{m}_j)(m_i^k-\bar{m}_i)\\&=\lim_{K\to\infty}\frac{1}{K}\sum_{k=1}^{K}\left(\sum_p G_{jp}^{-g}(d_p^{(k)}-\bar{d}_p)\right)\left(\sum_s G_{is}^{-g}(d_s^{(k)}-\bar{d}_s)\right)\\&=\sum_p G_{jp}^{-g}\sum_s G_{is}^{-g}\left(\lim_{K\to\infty}\frac{1}{K}\sum_{k=1}^{K}(d_p^{(k)}-\bar{d}_p)(d_s^{(k)}-\bar{d}_s)\right)\\&=\sum_p G_{jp}^{-g}\sum_s G_{is}^{-g}\sigma_{d_{ps}}^2\end{aligned} \quad (7.2\text{-}31)$$

这一关系也可以写成 $\boldsymbol{\sigma}_d^2$ 和 $\boldsymbol{\sigma}_m^2$ 的矩阵形式，即数据和模型的方差-协方差矩阵：

$$\boldsymbol{\sigma}_m^2=\boldsymbol{G}^{-g}\boldsymbol{\sigma}_d^2(\boldsymbol{G}^{-g})^{\mathrm{T}} \quad (7.2\text{-}32)$$

通常假定数据误差是不相关并且相等的，那么数据的方差-协方差矩阵就是单位矩阵的常数倍：

$$\boldsymbol{\sigma}_d^2=\boldsymbol{\sigma}^2\delta_{ij} \quad (7.2\text{-}33)$$

模型的方差-协方差矩阵就是

$$\boldsymbol{\sigma}_m^2=\boldsymbol{\sigma}^2(\boldsymbol{G}^{\mathrm{T}}\boldsymbol{G})^{-1} \quad (7.2\text{-}34)$$

相关证明留到本章末问题(4)作推导。

表 7.2-2　有误差的数据的地震定位示例

反演地震发震时刻和位置					
模型演化					
参数	真实值	初始模型	迭代一次更新后的模型	迭代两次更新后的模型	迭代三次更新后的模型
		0	1	2	3
x	0.0	3.0	–0.2	0.2	0.2
y	0.0	4.0	–0.9	–0.4	–0.4
z	10.0	20.0	12.2	12.2	12.2
发震时刻	0.0	2.0	0.0	–0.2	–0.2
台站位置		每次迭代后的残差			
		0	1	2	3
35.0	9.0	–2.0	–0.1	0.1	0.1
–44.0	10.0	–3.0	–0.1	0.0	0.0
–11.0	–25.0	–3.8	0.0	0.1	0.1
23.0	–39.0	–3.2	–0.1	0.0	0.0
42.0	–27.0	–2.8	–0.2	–0.1	–0.1
–12.0	50.0	–2.1	–0.3	–0.1	–0.1
–45.0	16.0	–2.9	–0.1	0.0	0.0
5.0	–19.0	–3.7	–0.1	0.0	0.0
–1.0	–11.0	–4.0	–0.1	0.0	0.0
20.0	11.0	–2.5	–0.3	0.0	0.0
误差		93.74	0.33	0.04	0.04
数据标准差				0.10	
模型协方差矩阵					
0.06	0.01	0.01	0.00		
0.01	0.08	–0.13	0.01		
0.01	–0.13	1.16	–0.08		
0.00	0.01	–0.08	0.01		
模型标准差					
x	y	z	发震时刻		
0.25	0.28	1.08	0.10		

表 7.2-2 利用前一节的地震定位例子说明这一结论。在到时数据中加入平均值为 0、标准差为 0.1s 的高斯误差。这样数据存在不一致性的观测误差，从而不能准确地被任何一个模型拟合。通过迭代改变模型直到得到一个能较好拟合数据的模型，反演过程就完成了。本例迭代了三次后，模型不再变化，虽然不是非常精确，但已经很接近真实模型。这一简单的例子反映了求解真实反演问题的一些特点。

最终反演模型的不确定性可以表达成模型参数方差-协方差的矩阵形式：

$$\sigma_m^2=\begin{pmatrix}\sigma_{xx}^2 & \sigma_{xy}^2 & \sigma_{xz}^2 & \sigma_{xt}^2\\ \sigma_{yx}^2 & \sigma_{yy}^2 & \sigma_{yz}^2 & \sigma_{yt}^2\\ \sigma_{zx}^2 & \sigma_{zy}^2 & \sigma_{zz}^2 & \sigma_{zt}^2\\ \sigma_{tx}^2 & \sigma_{ty}^2 & \sigma_{tz}^2 & \sigma_{tt}^2\end{pmatrix} \tag{7.2-35}$$

为了证明结果的合理性，将最终的反演模型(包含不确定性)和真实模型进行比较。模型的方差-协方差矩阵对角线元素的平方根就是每个参数的标准差，所以最终模型是在可接受误差范围内代表了真实模型，最终反演模型为 $x=(0.2\pm0.25)\text{km}$，$y=(-0.4\pm0.28)\text{km}$，$z=(12.2\pm1.08)\text{km}$，$t=(-0.2\pm0.10)\text{s}$。

模型的方差-协方差矩阵显示了一些有趣的特点。估算的震源深度的方差 σ_{zz}^2 要比相应的 σ_{xx}^2 和 σ_{yy}^2 大，这说明地震定位对水平震中的估算更可靠，而震源深度的约束较差。这种情况是很常见的，因为所有的地震计都放置在地表面①。在一些情况下，如果震源深度约束太差，反演时可将深度值固定，只反演震中和发震时刻。然后通过改变深度的取值，来比较哪个模型能更好地拟合数据。此外，也可以用其他标准来确定震源深度的值，如利用地面反射波时间来估算(4.3 节)，然后同样固定震源深度进行反演。

不同模型参数估算的不确定性是相关的，因为模型的方差-协方差矩阵中非对角线元素不是 0。深度和发震时刻不确定性的协方差 σ_{zt}^2 为负，说明震源深度和发震时刻相互制约。如果地震发生时间较早(t 小)、震源较深(z 大)，那任何一个台站都会记录到相似的直达波到时。同样地，x 和 y 不确定性的协方差 σ_{xy}^2 也非零，说明这两个参数的不确定性是相关的。通常用下面的方法来证明这点，首先提取 2×2 的子矩阵：

$$\begin{pmatrix}\sigma_{xx}^2 & \sigma_{xy}^2\\ \sigma_{yx}^2 & \sigma_{yy}^2\end{pmatrix} \tag{7.2-36}$$

找到特征值 λ^1、λ^2 和相应的特征向量 (x_1^1,x_2^1)、(x_1^2,x_2^2) 使其对角化。那么震中的不确定性就可以看成长半轴为 $\lambda^{(1)1/2}$，短半轴为 $\lambda^{(2)1/2}$ 的椭圆，方向为 $\tan^{-1}(x_1^1/x_2^1)$。在本例中，长半轴和短半轴的长度分别为 0.29km 和 0.24km，长半轴方位角趋向 N22ºE。这个误差椭圆有意思的特点是它的形状和方向依赖于矩阵 $(\boldsymbol{G}^{\mathrm{T}}\boldsymbol{G})^{-1}$，大小依赖于数据的方差 σ_d^2。由于误差椭圆的形状依赖于接收点的几何分布，不需要特定参考数据也可以进行检验。如前所述，一般给出置信水平为 1σ (68%)的椭圆，但有时也给出 2σ (95%)或者 3σ (99%)的椭圆。

① GPS 定位类似于震源定位，其高程精度要低于水平位置的定位精度。

前文证明数据的方差-协方差矩阵决定了模型的方差-协方差矩阵。在例子中，已知数据的标准差及其误差是不相关的。但这并非实际情况。但是，可以通过数据和最佳拟合模型的预测值之间的失配度来估算数据标准差，即由样本方差 s^2 给出：

$$\sigma^2 \approx s^2 = \frac{1}{n-k}\sum_{i=1}^{n}(d_i' - d_i)^2 \qquad (7.2\text{-}37)$$

式中，d_i' 是观测值；d_i 是最佳拟合模型的预测值；k 是模型参数的个数；$n-k$ 是自由度；n 是观测数据的数量。这样，对于之前举的例子来说，最后失配度的平方是 0.4s^2，四个模型参数从数据中反演得到，样本的标准差是 $s = [0.4/(10-4)]^{1/2} = 0.08\text{s}$，接近真实的观测数据标准差 (σ) 0.1s。

7.2.4 复杂几何模型的地震定位

以上的地震定位方法并不只局限于均匀半空间。综合速度变化，发震时刻 t 和走时 $T(\mathbf{x},\mathbf{x}_i)$，第 i 个台站的到时为 $d_i' = T(\mathbf{x},\mathbf{x}_i) + t$，例如，用于区域地震定位的分层速度模型。这样，即便震源在地表，走时曲线也是传播距离的一个复杂函数(3.2 节)。在较近的距离，第一个到达的波是直达波。如果距离更远，那么第一个到达波就是来自深层界面的首波，随着震中距的增加，这一界面就会更深。对于深部的震源来讲，情况类似但更复杂，即便震中距为 0，走时也不为 0。

通过解析法或者射线追踪可以计算走时曲线。如果接收台站在地表位置 (x_i, y_i)，那么震源与接收器之间的水平距离为

$$r_i = [(x - x_i)^2 + (y - y_i)^2]^{1/2} \qquad (7.2\text{-}38)$$

加上震源深度 z，所以到时为

$$d_i' = T(r_i, z) + t \qquad (7.2\text{-}39)$$

这种情况下对 x 求导就是

$$\frac{\partial d_i'}{\partial x} = \frac{\partial T(r_i,z)}{\partial x} = \frac{\partial T(r_i,z)}{\partial r}\frac{\partial r_i}{\partial x} = \frac{\partial T(r_i,z)}{\partial r}\frac{(x-x_i)}{r_i} \qquad (7.2\text{-}40)$$

对 y 的求导也是一样的。如果 ζ 是震源到接收器的方位角(图 7.2-4)，那么：

$$\frac{(x-x_i)}{r_i} = -\sin\zeta_i,\quad \frac{(y-y_i)}{r_i} = -\cos\zeta_i \qquad (7.2\text{-}41)$$

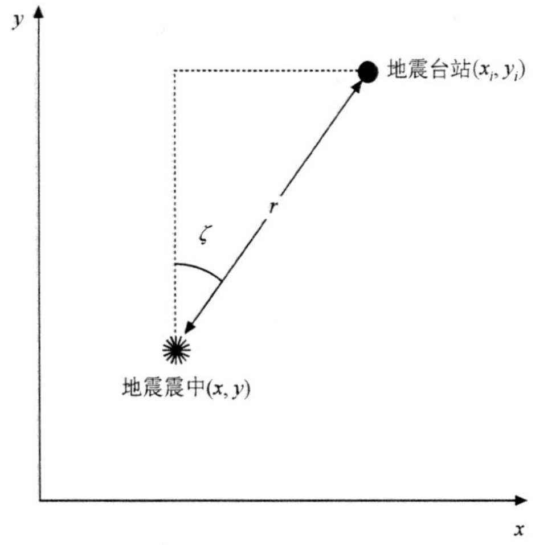

图 7.2-4 笛卡儿坐标系中地震震中与台站的几何关系图。

如果走时曲线是离散数值，那么 $T(r_i, z)$ 就是不同点 (r, z) 的集合而不是一个确定的函数。除了对 x、y、z 的偏导数是数值点外，地震定位的方法与前面介绍的一样。例如，假定震源在 (x_0, y_0, z_0)，那么震中距为

$$r_i^0 = [(x^0 - x_i)^2 + (y^0 - y_i)^2]^{1/2} \qquad (7.2\text{-}42)$$

走时 $T(r_i, z^0)$ 对 r 的导数可用平面上两点 $(r_i^0 + \delta/2, z^0)$，$(r_i^0 - \delta/2, z^0)$ 的走时差表示。那么对 x 求导：

$$\frac{\partial T(r_i,z^0)}{\partial x} = \frac{\partial T(r_i,z^0)}{\partial r}\frac{\partial r_i}{\partial x} = \frac{\partial T(r_i^0+\delta/2,z^0) - \partial T(r_i^0-\delta/2,z^0)}{\delta}\frac{(x^0-x_i)}{r_i^0} \qquad (7.2\text{-}43)$$

类似地，可以对y求导。对 z 求导可以用相邻深度点的差分代替微分获得。然后用前述方法开始进行反演。

球坐标系下地震定位算法也是一样的。假定速度仅随深度的变化而变化。在这种情况下，对于震源的纬度是 θ、经度是 φ、深度为 z、发震时刻为t的地震事件，建立的模型参数向量应该为 $\mathbf{m} = (\theta, \varphi, z, t)$。

假定地表台站的纬度为 θ_i，经度为 φ_i，地震波到接收器的走时主要依赖于震源深度和震中到台站的角距离 Δ_i [式(A.7-7)]：

$$\cos\Delta_i = \cos\theta\cos\theta_i + \sin\theta\sin\theta_i\cos(\varphi_i - \varphi) \qquad (7.2\text{-}44)$$

对于走时曲线 $T(\Delta, z)$，到时则为

$$d_i = T(\Delta_i, z) + t \qquad (7.2\text{-}45)$$

图3.5-4给出了几个全球平均走时曲线。另外，对于一个特定速度模型，通过射线追踪可以用数值方法计算走时曲线。

在这种情况下，对 θ 求导：

$$\frac{\partial d_i}{\partial \theta}=\frac{\partial T(\Delta_i,z)}{\partial \theta}=\frac{\partial T(\Delta_i,z)}{\partial \Delta}\bigg|_{\Delta_i}\frac{\partial \Delta_i}{\partial \theta} \tag{7.2-46}$$

为了求解最后一项可以利用：

$$\frac{\partial(\cos\Delta_i)}{\partial \theta}=\frac{\partial(\cos\Delta_i)}{\partial \Delta}\frac{\partial \Delta_i}{\partial \theta} \tag{7.2-47}$$

所以有

$$\begin{aligned}\frac{\partial \Delta_i}{\partial \theta}&=\frac{\partial(\cos\Delta_i)}{\partial \theta}\bigg/\frac{\partial(\cos\Delta_i)}{\partial \Delta}\\&=\frac{1}{\sin\Delta_i}(\sin\theta\cos\theta_i-\cos\theta\sin\theta_i\cos(\varphi_i-\varphi))\\&=\cos\zeta_i\end{aligned} \tag{7.2-48}$$

式中，ζ_i 是第 i 个台站相对于震源［式(A.7-10)］的方位角。那么，关于震源纬度的偏导数就是

$$\frac{\partial d_i}{\partial \theta}=\frac{\partial T(\Delta_i,z)}{\partial \Delta}\cos\zeta_i \tag{7.2-49}$$

类似的，

$$\begin{aligned}\frac{\partial \Delta_i}{\partial \varphi}&=\frac{\partial(\cos\Delta_i)}{\partial \varphi}\bigg/\frac{\partial(\cos\Delta_i)}{\partial \Delta}\\&=\frac{1}{\sin\Delta_i}(-\sin\theta\sin\theta_i\sin(\varphi_i-\varphi))\\&=-\sin\theta\sin\zeta_i\end{aligned} \tag{7.2-50}$$

对震源经度的偏导数为

$$\frac{\partial d_i}{\partial \varphi}=-\frac{\partial T(\Delta_i,z)}{\partial \Delta}\sin\theta\sin\zeta_i \tag{7.2-51}$$

导数 $\partial T(\Delta_i,z)/\partial\Delta$ 和 $\partial T(\Delta_i,z)/\partial z$ 求取需要用到走时表，可用相邻走时的差分来计算。这一方法用于远震数据的全球地震定位，通常需要几百个台站。

也可以用离散数值表示走时曲线，求解速度结构存在横向变化情况下的地震定位问题。这种情况下的走时及偏导数依赖于震源和台站的真实位置而不仅仅是它们之间的角距离。目前为止所讨论的技术依然适用，但每个震源-台站对，走时和偏导数需要通过射线追踪或者其他方法进行计算，这种情况涉及的计算量非常大，所以一般假定横向均匀的速度模型。

目前有很多方法可用来提高横向均匀速度模型下的地震定位准确性。比如有些方法把台站残差当作校正量而从数据中去掉。“主事件方法”假定一个地震群中的某一个地震(通常是最大的)定位最精确，然后利用每个台站相对于主震的走时校正量来进行周围其他地震群的定位。该方法主要是为了更准确地确定其他地震相对主事件的位置。“联合震源定位”(JED)方法需要用到大量邻近地震的数据，同时进行定位以更好地拟合走时数据。图 7.2-5 给出了该技术的一个应用实例：联合震源定位的地震群相对于标准定位程序的结果更为集中；不同方法定位的相同事件的位置存在一定程度的偏差。

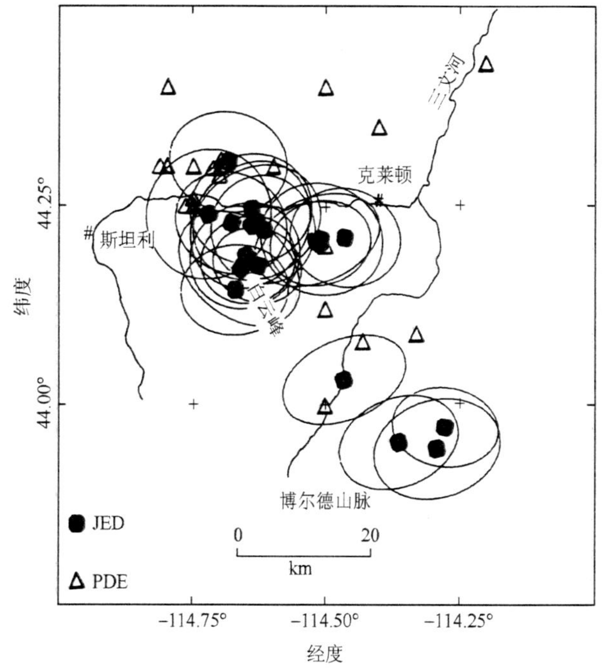

图 7.2-5 爱达荷中部的地震震中定位结果比较。一种由标准定位程序(PDE，空心三角)给出；另一种由联合震源定位(JED，实心标志)方法给出。同时显示了 JED 的误差椭圆。可见，JED 的震中区比 PDE 震中区分布更集中。(Dewey，1987，版权归美国地震学会所有)

在地震定位中，就算是反演的最优事件位置，也仍然存在走时残差。正如格言所述：一个人认为有用的信息，对其他人来讲可能是噪声。这就很自然地引入了下一个主题：用走时残差来研究横向非均匀地球模型。

7.3 走时层析成像

上一节中指出走时数据中包括震源位置、发震时刻信息以及震源和接收点所在区域的地下速度结构信息。在简单均匀半空间模型基础上，也可以通过反演走时残差来找到最合适的速度结构。这类似于在第 3 章中讨论的确定速度只随深度变化的层状速度模型。然而，地球的许多构造活动(如俯冲带)，都会引起速度异常而偏离横向均匀速度模型。为此，进一步发展了用地震学数据建立横向非均匀速度结构的反演方

法。例如，用面波速度的横向变化来研究海洋圈(2.8.3节)的冷却，或用地震反射波偏移技术进行深部(3.3.7节)结构成像。本节将主要介绍走时层析成像的概念，其中一些研究结果已经在3.7节和5.4节提及。这一讨论进一步展示反演问题的一些一般特征以及地球结构反演的一些具体特点。

7.3.1 理论

假设地震射线路径 s 穿过一个速度为 v 的介质，v 随路径位置而变化。那走时 T 为

$$T=\int 1/v(s)\mathrm{d}s=\int u(s)\mathrm{d}s \qquad (7.3\text{-}1)$$

即慢度沿射线路径的积分，慢度是速度的倒数。反之，射线路径又由速度分布决定。假设射线路径上不同点的慢度扰动量为一小量 $\delta u(s)$，$\delta u(s)$ 很小以至其对射线路径的影响可以忽略；走时改变量为

$$\delta T=\int \delta u(s)\mathrm{d}s \qquad (7.3\text{-}2)$$

那么可以用走时的改变量来研究速度变化量。

因为走时扰动可以表示成沿射线路径慢度扰动的积分，单个观测数据不能反映扰动沿射线路径的分布。一个局部的大扰动和均匀分布的小扰动可能带来同样的效果。为了提高分辨率，可以综合通过不同区域介质的射线路径联合求解(图7.3-1)。最简单的方法是把存在慢度扰动的速度模型空间分成许多均匀的子空间，也称网格或单元。那么沿第 i 条射线路径走时扰动的积分可以表达为离散形式：

$$\Delta T_i=\sum_{j=1} G_{ij}\Delta u_j \qquad (7.3\text{-}3)$$

其中，G_{ij} 是第 i 条射线在第 j 个网格的长度，Δu_j 是这一网格的慢度扰动量。

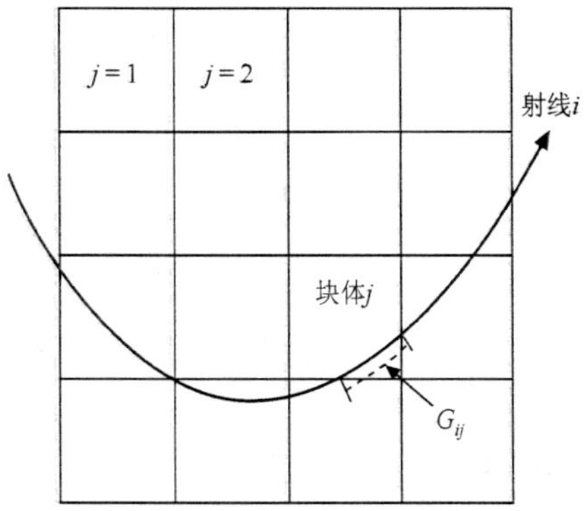

图 7.3-1 用走时层析成像研究一个区域速度结构的几何示意图。整个区域划分为很多网格，单元 j 中的速度扰动可由沿 i 条射线路径的走时得出。假定网格外的速度是横向均匀的，所以相对于参考模型的走时扰动可用于求解网格内的速度扰动。

我们的目标是利用穿过介质的大量射线的走时数据来恢复慢度扰动。这类“用穿过介质的大量射线的观测属性来推断二维或者三维介质物理性质的扰动”的问题在很多科学分支中都有应用，并统称为层析成像①。二维或者三维的扰动可以认为是一种从观测中重建的图像。观测数据是介质中扰动的一维积分，即所谓的投影。

在走时层析成像中，从观测的走时扰动中估算慢度扰动是一个反演问题，正如上节所述：

$$\boldsymbol{d}=\boldsymbol{Gm} \quad 或 \quad d_i=\sum_j G_{ij}m_j \qquad (7.3\text{-}4)$$

这里没有明确地标出 Δs，所以模型向量 $\boldsymbol{m}$ 是初始模型慢度的扰动，数据向量 $\boldsymbol{d}$ 是观测走时和初始模型预测走时之间的差值。偏导数矩阵的元素为

$$G_{ij}=\frac{\partial d_i}{\partial m_j}=\frac{\partial T_i}{\partial u_j} \qquad (7.3\text{-}5)$$

也就是第 i 条射线在第 j 个网格中的长度，等于射线走时相对于慢度的偏导数。

矩阵 $\boldsymbol{G}$ 是模型向量和数据向量的关系算子。在定位问题中，这些向量的物理意义及维度各不相同。模型向量中的元素个数等于模型中的网格数，而数据向量的元素个数与射线条数相等。在数学上，这就意味着如果模型中有 r 个网格，那么，在 r 维模型空间中任意的模型向量都是矢量。同样地，如果有 n 个走时数据和 n 条射线路径，那么在 n 维数据空间中，任意的数据向量都是矢量。因为通常情况下射线条数(射线路径)要多于未知量个数(模型参数)，方程组是超定的。因为数据中含有噪声，所以方程组通常也是不一致的。

反演问题可以通过类似地震定位问题的方法步骤来求解。对于不同的射线路径，可以通过初始或者参考模型来预测某条射线的走时及其在每个网格里的射线长度。初始模型一般都是横向均匀模型，所以走时是很容易计算的。进而可以计算每条射线路径的走时残差，即观测值减去模型预测值。然后用广义逆方法根据走时残差得到拟合数据的最优慢度变化。

下面用一个简单的实例来展示这一基本原理：首先把地震台网所覆盖的区域划分成四个边为单位长度的方形网格(图7.3-2)。观测数据为六条射线路径的走时残差。假设四条路径(①～④)是远震引起的，垂直地穿过模型。其余两条路线(⑤和⑥)由近震引起，水平地穿过模型。假定网格以外的慢度参考模型是准确

① 源于希腊语“Slice Picture”，即图像切片。

的，那么每条路径的走时残差只与网格内的慢度扰动有关。这一问题可以表达为

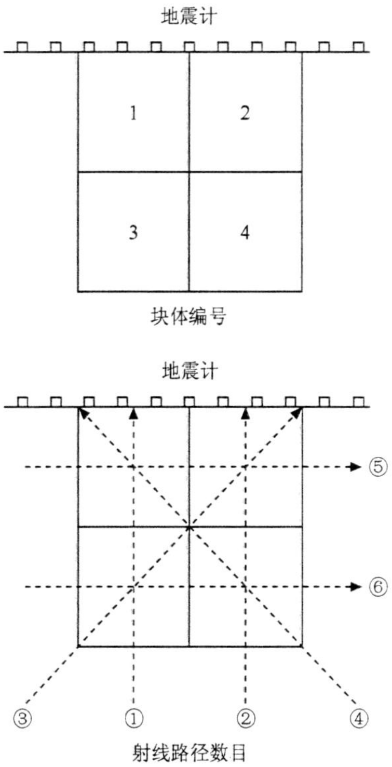

图 7.3-2 理想的层析成像实验所用的射线路径和网格几何示意图。每个网格都被三条不同的射线路径采样。

$$\begin{bmatrix} 1 & 0 & 1 & 0 \\ 0 & 1 & 0 & 1 \\ 0 & \sqrt{2} & \sqrt{2} & 0 \\ \sqrt{2} & 0 & 0 & \sqrt{2} \\ 1 & 1 & 0 & 0 \\ 0 & 0 & 1 & 1 \end{bmatrix} \begin{pmatrix} m_1 \\ m_2 \\ m_3 \\ m_4 \end{pmatrix} = \begin{pmatrix} d_1 \\ d_2 \\ d_3 \\ d_4 \\ d_5 \\ d_6 \end{pmatrix} \tag{7.3-6}$$

这里需要求解非方阵的向量矩阵方程，如上节所示：

$$\boldsymbol{G}^{\mathrm{T}}\boldsymbol{G}\boldsymbol{m} = \boldsymbol{G}^{\mathrm{T}}\boldsymbol{d} \tag{7.3-7}$$

然后用方阵 $\boldsymbol{G}^{\mathrm{T}}\boldsymbol{G}$ 形成广义逆矩阵解：

$$\boldsymbol{m}_g = (\boldsymbol{G}^{\mathrm{T}}\boldsymbol{G})^{-1}\boldsymbol{G}^{\mathrm{T}}\boldsymbol{d} = \boldsymbol{G}^{-g}\boldsymbol{d} \tag{7.3-8}$$

要对比通过反演得到的 $\boldsymbol{m}_g$ 与产生走时数据的真实慢度模型，在式(7.3-8)中用 $\boldsymbol{Gm}$ 代替 $\boldsymbol{d}$，得到：

$$\boldsymbol{m}_g = (\boldsymbol{G}^{\mathrm{T}}\boldsymbol{G})^{-1}\boldsymbol{G}^{\mathrm{T}}\boldsymbol{G}\boldsymbol{m} = \boldsymbol{m} \tag{7.3-9}$$

所以反演得到的模型确实反映了真实模型。如前所述，数据中存在误差会传递到反演结果中去。

7.3.2 广义逆

在上例中，如果只有四条远震射线(①～④)，这一反演问题就变成了从式(7.3-10)中求解 $\boldsymbol{m}$ 的四个元素：

$$\begin{bmatrix} 1 & 0 & 1 & 0 \\ 0 & 1 & 0 & 1 \\ 0 & \sqrt{2} & \sqrt{2} & 0 \\ \sqrt{2} & 0 & 0 & \sqrt{2} \end{bmatrix} \begin{pmatrix} m_1 \\ m_2 \\ m_3 \\ m_4 \end{pmatrix} = \begin{pmatrix} d_1 \\ d_2 \\ d_3 \\ d_4 \end{pmatrix} \tag{7.3-10}$$

公式两边乘以 $\boldsymbol{G}^{\mathrm{T}}$ 求解方程组，会发现矩阵 $\boldsymbol{G}^{\mathrm{T}}\boldsymbol{G}$ 的行列式为 0，为不可逆矩阵。所以，即便方程(7.3-7)有四个等式、四个未知量，也没有唯一解(A.4.4 节)。这是因为 $\boldsymbol{G}$ 的行并不是线性无关的，射线的几何分布不足以确定四个网格的慢度扰动。

在反演问题中这种情况经常发生，所以要进一步改善反演方法。虽然完美的解决方案是非常困难的，但可以大胆总结一些主要思想。

通常情况下，如果矩阵 $\boldsymbol{G}$ 是 $n\times r$ 矩阵，那么 $\boldsymbol{G}^{\mathrm{T}}\boldsymbol{G}$ 就是 $r\times r$ 的对称矩阵，那就可以用它的特征向量和特征值进行分解(A.5.3 节)：

$$\boldsymbol{G}^{\mathrm{T}}\boldsymbol{G} = \boldsymbol{V}\boldsymbol{\Lambda}\boldsymbol{V}^{\mathrm{T}} \tag{7.3-11}$$

矩阵 $\boldsymbol{V}$ 的列是 $\boldsymbol{G}^{\mathrm{T}}\boldsymbol{G}$ 的 r 个特征向量：

$$\boldsymbol{V} = \begin{pmatrix} v_1^{(1)} & \cdots & v_1^{(r)} \\ \vdots & & \vdots \\ v_r^{(1)} & \cdots & v_r^{(r)} \end{pmatrix} \tag{7.3-12}$$

$\boldsymbol{\Lambda}$ 是一个对角矩阵，对角线元素是 $\boldsymbol{G}^{\mathrm{T}}\boldsymbol{G}$ 的特征值，其余的都为 0：

$$\boldsymbol{\Lambda} = \begin{pmatrix} \lambda_1 & 0 & \cdots & 0 \\ 0 & \lambda_2 & \cdots & 0 \\ \vdots & \vdots & & \vdots \\ 0 & 0 & \cdots & \lambda_r \end{pmatrix} \tag{7.3-13}$$

λ_i 是 $\boldsymbol{G}^{\mathrm{T}}\boldsymbol{G}$ 的特征值。

因为特征向量是正交的，所以：

$$\boldsymbol{V}\boldsymbol{V}^{\mathrm{T}} = \boldsymbol{V}^{\mathrm{T}}\boldsymbol{V} = 1,\ \text{所以}\ \boldsymbol{V}^{\mathrm{T}} = \boldsymbol{V}^{-1} \tag{7.3-14}$$

如果 $\boldsymbol{G}^{\mathrm{T}}\boldsymbol{G}$ 可逆，则：

$$(\boldsymbol{G}^{\mathrm{T}}\boldsymbol{G})^{-1} = (\boldsymbol{V}\boldsymbol{\Lambda}\boldsymbol{V}^{\mathrm{T}})^{-1} = \boldsymbol{V}\boldsymbol{\Lambda}^{-1}\boldsymbol{V}^{\mathrm{T}} \tag{7.3-15}$$

其中，

$$\boldsymbol{\Lambda}^{-1} = \begin{pmatrix} 1/\lambda_1 & 0 & \cdots & 0 \\ 0 & 1/\lambda_2 & \cdots & 0 \\ \vdots & \vdots & & \vdots \\ 0 & 0 & \cdots & 1/\lambda_r \end{pmatrix} \tag{7.3-16}$$

通过表达式可以看出，如果至少一个特征值是 0，那么 $\boldsymbol{G}^{\mathrm{T}}\boldsymbol{G}$ 是奇异矩阵。这种情况下，剩下的 p 个非 0 特征值可以组成 $p\times p$ 矩阵：

$$\Lambda_p=\begin{pmatrix}\lambda_1 & 0 & \cdots & 0\\ 0 & \lambda_2 & \cdots & 0\\ \vdots & \vdots & & \vdots\\ 0 & 0 & \cdots & \lambda_p\end{pmatrix} \tag{7.3-17}$$

而相关的特征向量可以分解为两个矩阵：

$$V_p=\begin{pmatrix}v_1^{(1)} & \cdots & v_1^{(p)}\\ \vdots & & \vdots\\ v_r^{(1)} & \cdots & v_r^{(p)}\end{pmatrix},\quad V_0=\begin{pmatrix}v_1^{(p+1)} & \cdots & v_1^{(r)}\\ \vdots & & \vdots\\ v_r^{(p+1)} & \cdots & v_r^{(r)}\end{pmatrix} \tag{7.3-18}$$

其中，V_p是由非0特征值的特征向量组成的$r\times p$矩阵，V_0是特征值为0的特征向量组成的$r\times(r-p)$矩阵。

同样地，$n\times n$矩阵GG^{T}可以分解为

$$GG^{\mathrm{T}}=U\Lambda U^{\mathrm{T}} \tag{7.3-19}$$

其中，U是特征向量矩阵。$G^{\mathrm{T}}G$与GG^{T}有相同的非0特征值，所以矩阵U可以被分为：U_p，它是非0特征值对应的特征向量组成的$n\times p$矩阵；U_0，它是0特征值对应的特征向量组成的$n\times(n-p)$矩阵。我们在这里不做证明，但矩阵$G^{\mathrm{T}}G$可以分解成非0特征值的特征向量形式：

$$G^{\mathrm{T}}G=U\Lambda U^{\mathrm{T}}=U_p\Lambda_p U_p^{\mathrm{T}} \tag{7.3-20}$$

这个分解公式就是兰乔斯分解(Lanczos decomposition)，这个公式很重要，因为任何矩阵的广义逆可以用非0特征值及其特征向量来表示：

$$G^{-p}=V_p\Lambda_p^{-1}U_p^{\mathrm{T}} \tag{7.3-21}$$

利用广义逆可以给出反演问题的最优解。这一解决方法可以使Δm最小化并使模型最好地拟合数据。这是一个理想的特性，例如，在层析成像问题中，我们选取的初始模型是横向均匀模型，所以最好的反演解是模型横向速度变化最小且能够拟合观测数据的解。

7.3.3 广义逆反演方法的特性

反演问题的解：

$$m_p=G^{-p}d \tag{7.3-22}$$

和“真实”模型(未知)m之间的关系是可以找到的，因为通过正演过程[方程(7.3-4)]可以找到数据与“真实”模型之间的关系，所以：

$$m_p=G^{-p}Gm=V_p\Lambda_p^{-1}U_p^{\mathrm{T}}U_p\Lambda_pV_p^{\mathrm{T}}m=V_pV_p^{\mathrm{T}}m \tag{7.3-23}$$

其中，$G^{-p}G=V_pV_p^{\mathrm{T}}$(未知)就是模型分辨率矩阵。

$U_p^{\mathrm{T}}U_p=I$，这是因为U_p的列数和U_p^{T}的行数是正交特征向量。同样地，$V_p^{\mathrm{T}}V_p=I$。相比之下，如果存在零特征值，那么$p\neq n$，$U_pU_p^{\mathrm{T}}\neq I$，且$p\neq r$，$V_pV_p^{\mathrm{T}}\neq I$，因为$U_p$和$V_p$的行数不再是正交向量(因为零特征值对应的列向量抽出去组成U_0和V_0矩阵)。

为了证明这些理论，以式(7.3-10)为例。由矩阵G得到：

$$G^{\mathrm{T}}G=\begin{pmatrix}3&0&1&2\\0&3&2&1\\1&2&3&0\\2&1&0&3\end{pmatrix} \tag{7.3-24}$$

求出的特征值是0，2，4，6，所以是奇异矩阵。特征向量矩阵为

$$V_p=\begin{pmatrix}-0.5&-0.5&0.5\\0.5&0.5&0.5\\-0.5&0.5&0.5\\0.5&-0.5&0.5\end{pmatrix},\quad V_0=\begin{pmatrix}0.5\\0.5\\-0.5\\-0.5\end{pmatrix} \tag{7.3-25}$$

由模型分辨率矩阵得到的模型m_p与“真实”模型m之间的关系是

$$m_p=V_pV_p^{\mathrm{T}}m=\begin{pmatrix}0.75&-0.25&0.25&0.25\\-0.25&0.75&0.25&0.25\\0.25&0.25&0.75&-0.25\\0.25&0.25&-0.25&0.75\end{pmatrix}m \tag{7.3-26}$$

模型分辨率矩阵的第i列表示真实模型第i个元素的单位扰动对m_p中不同元素的影响。因此真实模型被“模糊”了。如图7.3-3所示，由于网格3中存在1%的慢度扰动，走时数据的反演结果会在模型网格1和网格2中产生0.25%的扰动，网格3中产生0.75%的扰动，网格4中产生-0.25%的扰动。这些慢度扰动满足四条射线路径的走时扰动，但是因为没有水平射线路径，这个反演结果并不完全正确。但大部分扰动被正确归位。需要指出的是，反演结构的最大慢度扰动比真实结构要小。

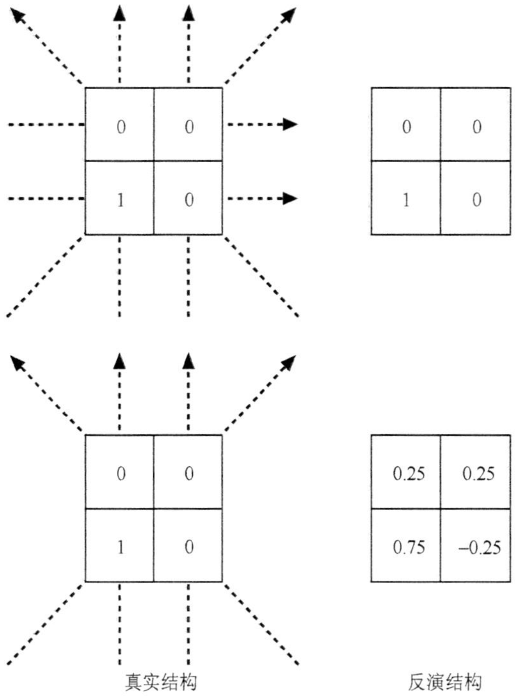

图 7.3-3 由图 7.3-2 层析成像实验(射线覆盖不完整)获得的“模糊”结果示意图。如果射线覆盖完整，真实的慢度扰动(左上图)被恢复(右上图)。如果射线分布不完整，恢复的慢度扰动(左下图)是模糊的(右下图)，即便由慢度扰动引起的每条射线路径上的走时扰动被很好拟合。

分辨率矩阵和模型协方差矩阵的关系比较有意思[式(7.2-32)]。即便数据不存在误差，射线几何分布也会导致模糊的分辨率矩阵。换言之，就算数据中没有误差，模型分辨率仍然可能很低。由于数据一般都包含误差，由模型协方差给出的模型不确定性就综合反映了射线几何分布和数据中的误差。

由于分辨率矩阵反映了每个网格的扰动经反演后的分布情况，它可以显示多大程度上可以恢复某个慢度异常。因此射线几何路径是反演的关键，它决定了矩阵 $\boldsymbol{G}$ 和 $\boldsymbol{V}$ 的形式。在第一个例子中我们就指出，六条射线都参与反演时，得到的反演模型才是真实模型。这时的分辨率矩阵是单位矩阵。

那四条射线为什么会导致分辨率的降低呢？试想如果 $\boldsymbol{G}^{\mathrm{T}}\boldsymbol{G}$ 只有非 0 特征值并且可逆，通过式(7.3-21)和式(7.3-22)可知，从数据中得到的模型为

$$\boldsymbol{m}_p = \boldsymbol{V}\boldsymbol{\Lambda}_p^{-1}\boldsymbol{U}_p^{\mathrm{T}}\boldsymbol{d} \tag{7.3-27}$$

因为 $\boldsymbol{V}_p = \boldsymbol{V}$。那么这个模型就是矩阵 $\boldsymbol{V}$ 的列(或者说是 $\boldsymbol{G}^{\mathrm{T}}\boldsymbol{G}$ 的特征向量)的线性组合。因为此时有 r(这里为 4)个线性无关的特征向量，r 个特征向量就是 r 维模型空间的基向量。那么模型空间中的任意向量都有可能是模型。

相反，如果有些特征值为 0，那么相关的特征向量就不包括在矩阵 $\boldsymbol{V}_p$ 中。模型：

$$\boldsymbol{m}_p = \boldsymbol{V}_p\boldsymbol{\Lambda}_p^{-1}\boldsymbol{U}_p^{\mathrm{T}}\boldsymbol{d} \tag{7.3-28}$$

就只是矩阵 $\boldsymbol{V}_p$ 列的线性组合。这种情况下，就只有 $r-p$(这里为 3)个线性无关的特征向量。所以，并不是模型空间中所有可能的向量都会被构建出来。反演出来的模型不包含 0 特征值对应的特征向量的线性组合。

为了证明这一理论，考虑式(7.3-25)中四条射线的情况，那么零特征值的特征向量就是

$$\boldsymbol{v} = (0.5, 0.5, -0.5, -0.5)^{\mathrm{T}} \tag{7.3-29}$$

这个向量对应着网格 1 和网格 2 的等量慢度扰动以及网格 3 和网格 4 的负等量慢度扰动。在物理上，这意味着上层介质中各处的慢度发生相同的变化，而下层的慢度发生相反的变化。因为四条远震射线在上层和下层介质中都有相同的路径长度，所以它们的走时不受影响，因而走时数据不能体现这种慢度扰动变化。

从另一个角度来看这个问题，假设 $\boldsymbol{v}$ 是特征值为 0 的特征向量，由式(7.3-7)得

$$(\boldsymbol{G}^{\mathrm{T}}\boldsymbol{G})\boldsymbol{v} = 0 \tag{7.3-30}$$

所以即便模型包含这种特征向量的线性组合，也是于事无补。从而 0 特征值的特征向量限制了模型分辨率。因为这些特征向量的任意线性组合都没有意义，反演得到的模型都不是唯一的。可以证明这些特征向量对利用广义逆 $\boldsymbol{G}^{-p}$ 找到“最优”反演模型没有贡献。从数学上来看，模型空间仅由 $\boldsymbol{V}_p$ 确定，而没有 $\boldsymbol{V}_0$ 分量。因此，这一解是满足数据的最小可能解。在这一应用中，最小化模型是能够拟合数据的模型中慢度扰动最小的解。从反演策略来看，这是一个很自然的选择。

六条射线的情况正相反，没有 0 特征值。因为分别有一条线只穿过上层和下层的射线，每一层的慢度变化都会影响到相应的走时。这一射线几何分布避免了四条射线时的不确定性，所以可以得出真实模型。此时模型空间没有 $\boldsymbol{V}_0$。所以 $\boldsymbol{V} = \boldsymbol{V}_p$，$\boldsymbol{G}^{\mathrm{T}}\boldsymbol{G}$ 可逆，就可以用广义逆 $\boldsymbol{G}^{-p}$ 来反演[式(7.3-8)]。为了弄清楚广义 $\boldsymbol{G}^{-g}$ 和 $\boldsymbol{G}^{-p}$ 的关系，用兰乔斯分解来分解 $\boldsymbol{G}$：

$$\boldsymbol{G}^{\mathrm{T}}\boldsymbol{G} = (\boldsymbol{V}_p\boldsymbol{\Lambda}_p\boldsymbol{U}_p^{\mathrm{T}})(\boldsymbol{U}_p\boldsymbol{\Lambda}_p\boldsymbol{V}_p^{\mathrm{T}}) = \boldsymbol{V}_p\boldsymbol{\Lambda}_p^2\boldsymbol{V}_p^{\mathrm{T}} \tag{7.3-31}$$

$$(\boldsymbol{G}^{\mathrm{T}}\boldsymbol{G})^{-1} = \boldsymbol{V}_p\boldsymbol{\Lambda}_p^{-2}\boldsymbol{V}_p^{\mathrm{T}} \tag{7.3-32}$$

其中，$\boldsymbol{\Lambda}_p^2 = \boldsymbol{\Lambda}_p\boldsymbol{\Lambda}_p$，$\boldsymbol{\Lambda}_p^{-2} = \boldsymbol{\Lambda}_p^{-1}\boldsymbol{\Lambda}_p^{-1}$。这样，如果 $\boldsymbol{G}^{\mathrm{T}}\boldsymbol{G}$ 可逆，那广义逆：

$$G^{-g}=(G^{\mathrm T}G)^{-1}G^{\mathrm T}=(V_p\Lambda_p^{-2}V_p^{\mathrm T})(V_p\Lambda_pU_p^{\mathrm T})$$
$$=V_p\Lambda_p^{-1}U_p^{\mathrm T}=G^{-p} \tag{7.3-33}$$

因此G^{-p}是广义逆的一般形式，G^{-g}是$G^{\mathrm T}G$可逆时的特殊形式。后者比较容易计算，因为它不需要分解特征向量。幸运的是，在类似地震定位这种问题中后者一般存在。

特征向量分解也可以把数据空间分为U_p和U_0两部分，分别对应非0和0特征值。U_0空间中的数据向量是0特征值所对应的特征向量的线性组合，对任何模型都不能由算子G恢复。例如，在六条射线路径的情况下不可能有六个互不相关的线性组合，因为模型只有四个参数。6×6的$G^{\mathrm T}G$矩阵中的六个特征向量，至少有两个特征值为0。如果数据中包含这些特征向量的线性组合，可能是因为数据中存在噪音，那么反演结果中不会有任何一个模型与其完全匹配。

图7.3-4概括了这些理论：算子G和它的广义逆矩阵G^{-p}连接着模型和数据空间。这些空间的一部分是“未知的”。模型空间中V_0部分的任意模型都对数据没有影响，所以无法被反演出。如果V_0空间存在，那么反演得出的模型就不是唯一的。想要解决这一问题，唯一的方法就是增加其他类型的数据，如在上述层析成像例子中增加新的射线路径(图7.3-3)①。同样，任何可能的模型都不能描述数据空间的U_0部分。那么如果U_0空间存在，反演得到的模型也不会是准确的。

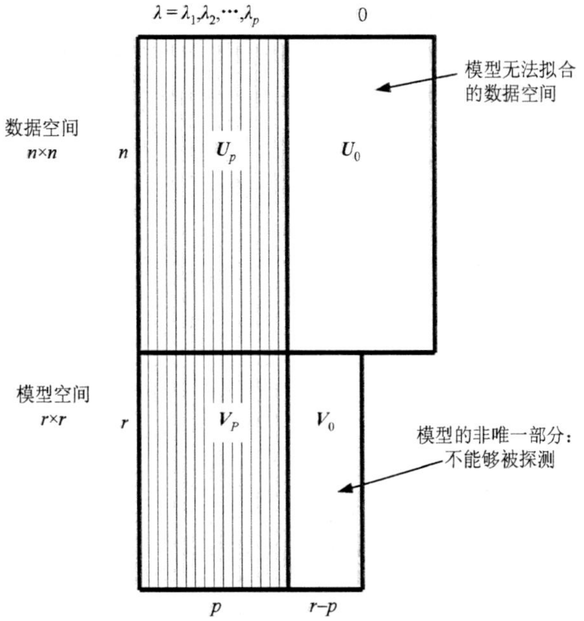

图7.3-4 反演问题$d=Gm$的模型和数据空间示意图。观测数据d是n维数据空间中的一个向量，模型m则是r维模型空间中的一个向量，已知的偏导数矩阵G就是$n\times r$维矩阵。矩阵U的列是矩阵$GG^{\mathrm T}$的特征向量，它可以被分解成U_p和U_0两个子矩阵，前者是由p个非0特征值$(\lambda_1,\lambda_2,\cdots,\lambda_p)$对应的特征向量组成的矩阵。矩阵$U_0$则是由0特征值对应的特征向量组成的。同样地，矩阵$V$的列是矩阵$G^{\mathrm T}G$的特征向量，它可以分解为$V_p$和$V_0$，$V_p$由非0特征值的特征向量组成，$V_0$则是由0特征值的特征向量组成。(Lanczos，1961)

7.3.4 方法的改进

最小二乘法的各种改进形式在地震定位和层析成像以及类似的反演问题中有广泛应用。

虽然特征向量分解可以求解反演问题，但是在一些实际应用中并不是最好的方法。第一，当矩阵很大时它所涉及的计算量非常大。第二，特征值为0时尤其困难。然而在实际应用中带噪声的数据很容易产生很小的非0的特征值，给反演过程带来困难。至此，需要指出的是式(7.3-27)中的模型是由数据乘以矩阵Λ^{-1}得到的，Λ^{-1}包含了特征值的倒数。那么小的特征值代表着对数据和模型空间的约束最小，但对结果影响很大。例如，在4.4.7节用广义逆来估算矩张量可以很好地显示哪些元素对地震图的影响最大，但对地震图影响较小的显示不明显。

这个问题可以从多方面来解决。一方面反演时要尽量避免出现小的特征值。另一方面可以通过修改衡量预测数据和观测值之间失配度的目标函数以避免特征向量的分解：

$$\chi^2=\sum_i\frac{1}{\sigma_i^2}\left(\Delta d_i-\sum_j G_{ij}\Delta m_j\right)^2+\varepsilon^2\sum_j(\Delta m_j)^2 \tag{7.3-34}$$

这一函数是失配度和模型向量长度变化被ε^2加权的函数。目标函数最小时，相当于牺牲部分数据拟合度而换来相对于初始模型变化较小的模型。最后的结果(省略Δ)为

$$m=(G^{\mathrm T}G+\varepsilon^2 I)^{-1}G^{\mathrm T}d \tag{7.3-35}$$

m即为阻尼最小二乘解。如果ε为0，相当于最佳数据拟合［式(7.2-17)］，然而较大的ε值会减少相对于初始模型的变化，数据拟合度变差。选择阻尼参数ε以生成一个相对合理的符合预期的反演模型是一个经验性过程。因为抑制缺乏约束的、预期之外的模型变化也同时抑制了约束较好的、期望之内的模型变化。

另一种常见的情况是，我们认为数据中的一部分更为精确，希望增强其对反演结果的约束，为此加入了数

① 正如福尔摩斯所讲：“我已经想出了7种不同的解释，每一种都能够解释目前为止我们所观察到的事实。但哪一种是正确的，则需要依靠更多新的信息来确定”。

据加权矩阵 $\boldsymbol{W}_d$。最简单的加权就是 $\boldsymbol{W}_d=(\sigma_d^2)^{-1}$，即数据方差-协方差矩阵的逆矩阵，所以不确定性最小的数据影响最大。本章末问题(5)显示了加权最小二乘解为

$$\boldsymbol{m}=(\boldsymbol{G}^{\mathrm{T}}\boldsymbol{W}_d\boldsymbol{G})^{-1}\boldsymbol{G}^{\mathrm{T}}\boldsymbol{W}_d\boldsymbol{d} \tag{7.3-36}$$

有时我们希望模型变化相对平滑：每个点相对于其周围点的变化较小。比如，如果模型是变量的连续变化函数，可以用下式评价模型变化的平滑度：

$$\boldsymbol{f}=\begin{pmatrix} -1 & 1 & 0 & \cdot & \cdot & 0 \\ 0 & -1 & 1 & \cdot & \cdot & 0 \\ 0 & 0 & 0 & \cdot & \cdot & 0 \\ \cdot & \cdot & \cdot & \cdot & \cdot & 0 \\ \cdot & \cdot & \cdot & \cdot & \cdot & 0 \\ 0 & 0 & 0 & 0 & -1 & 1 \end{pmatrix}\begin{pmatrix} m_1 \\ m_2 \\ m_3 \\ \cdot \\ \cdot \\ m_r \end{pmatrix}=\boldsymbol{Fm} \tag{7.3-37}$$

$\boldsymbol{F}$ 是平滑度矩阵。那么解的整体平滑度就是

$$\boldsymbol{f}^{\mathrm{T}}\boldsymbol{f}=\boldsymbol{m}^{\mathrm{T}}\boldsymbol{F}^{\mathrm{T}}\boldsymbol{F}\boldsymbol{m}=\boldsymbol{m}^{\mathrm{T}}\boldsymbol{W}_m\boldsymbol{m} \tag{7.3-38}$$

所以矩阵 $\boldsymbol{W}_m=\boldsymbol{F}^{\mathrm{T}}\boldsymbol{F}$ 是模型的加权矩阵。对于更复杂的模型来说，$\boldsymbol{f}$ 会相应变化。

将模型和数据加权合并为阻尼加权最小二乘反演：

$$\boldsymbol{m}=(\boldsymbol{G}^{\mathrm{T}}\boldsymbol{W}_d\boldsymbol{G}+\varepsilon^2\boldsymbol{W}_m)^{-1}\boldsymbol{G}^{\mathrm{T}}\boldsymbol{W}_d\boldsymbol{d} \tag{7.3-39}$$

如前所述，阻尼参数 ε 是根据经验选取的。如果我们不对数据和模型进行加权，那么加权矩阵 $\boldsymbol{W}_m$ 和 $\boldsymbol{W}_d$ 就是单位矩阵，式(7.3-39)就只是一个简单的阻尼最小二乘解［式(7.3-35)］。

图 3.5-17 介绍了地幔底部 P 波速度反演的例子。我们将地幔底部分为 660 个等间距的网格。阻尼因子 $\varepsilon=1.2$，代表了最佳拟合度和结果不确定性最小化的折衷因子。因为每个节点都被等距的 5 个或 6 个节点包围，模型平滑度矩阵 $\boldsymbol{F}$ 对角线元素等于−1，最近的 N 个节点对应的元素等于 $1/N(N=5$ 或 $6)$。然后根据经验对数据进行加权。矩阵 $\boldsymbol{W}_d$ 的对角线元素按观测数据质量给定，从 9(优)到 4(良)再到 1(差)。这些选择再次证明可以通过多种方法求解反演问题，所以最终结果取决于主观选择的合理性。因此某种程度上反演解是半客观、半主观的，不同的反演方法会产生不同的结果。

7.3.5　实例

针对不同区域利用走时层析成像进行反演会产生很多有趣的结果。例如，图 7.3-5 上图显示了在中欧、地中海和中东进行上地幔研究时使用的几何模型。这个模型包含九层，每层分成 1040 个网格。层厚度随深度的增加而增加，最上面一层是 33km，到 670km 深度时厚度为 130km。数据包括模型区域内地震台站记录的震中距 90°以内的 25000 个地震，大约用到 50 万个走时记录。

这里的观测数据是相对 Jeffreys-Bullen (JB) 走时值的走时残差，这些残差可能是由地震位置的不准确和地震速度的变化引起的。地震位置和发震时刻也同时作为模型参数参与反演，所以未知数的数量为网格数目(9360)和所用地震数量的四倍之和。为了减少未知量的数量，将震源位置靠近的地震数据和台站位置较近的记录的地震数据进行合并。这样最终有大约 300000 个方程等式和 20000 个未知数参与反演。

想求解如此庞大的矩阵方程组是很困难的。计算机很难存储以及运算如此大数量的矩阵，本例中矩阵有 6×10^9 个元素。采用数值方法时，每次只运算矩阵的一行。这些求解大型矩阵的算法和提高成像结果的方法已成为一个活跃的研究领域。

生成的三维速度模型可以用横断面或者不同深度的切片进行呈现。图 7.3-5 下图是一个横穿希腊海沟地区的横断面，显示非洲板块向克里特岛和爱琴海下

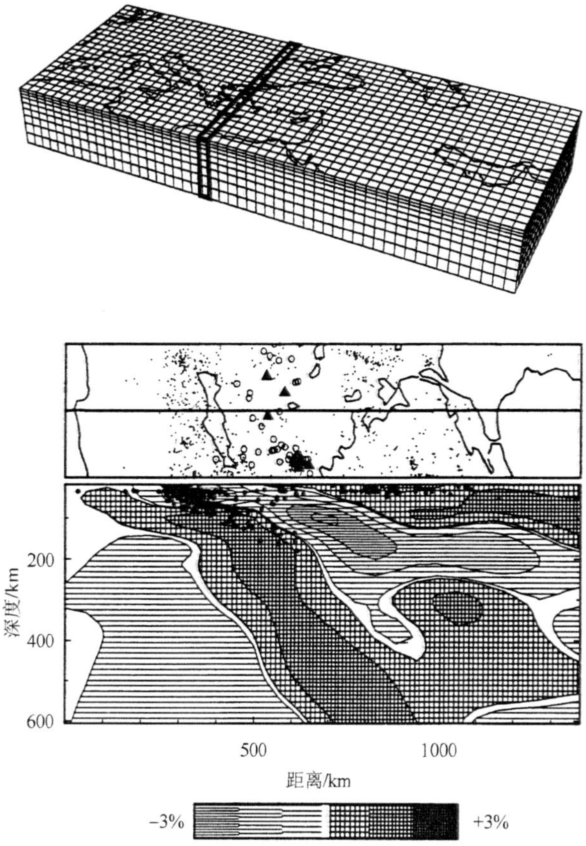

图 7.3-5　上图：在中欧、地中海、中东区域进行上地幔走时层析成像研究使用的网格模型。粗线表示下图中横断面的位置(Spakman and Nolet，1988，经 Kluwer Academic Publishers 许可转载)。下图：穿过了希腊海沟地区的剖面，显示了相对于 JB 模型的 P 波速度扰动。(Spakman et al.，1988，*Geophysical. Res. Lett.*，15，60-63，版权归美国地球物理学会所有)

方俯冲(图5.6-8)。层析成像结果显示了速度异常占JB模型速度的百分比。一个平面的高速异常(正异常)可能代表低温的俯冲板块,其从海沟沿西北方向延伸到最深地震(点)的下方。俯冲板块之上呈现低速异常,可能是弧后流体上涌的原因。可以利用这些观测信息对俯冲过程及动力学过程进行建模。

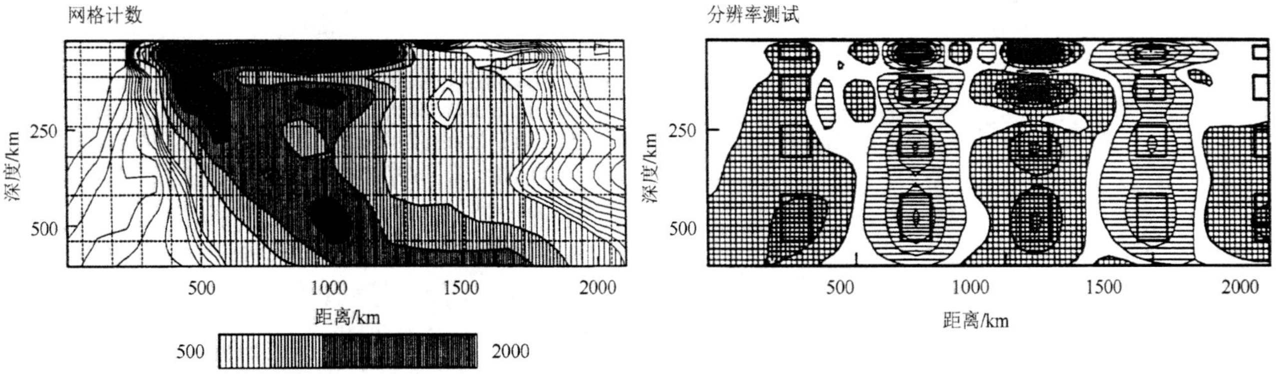

图 7.3-6 对图 7.3-5 层析成像结果的分辨率分析。左图:每个网格的射线采样的次数。黑色区域表示被采样最多的网格(射线数超过2000)。右图:用合成速度异常进行分辨率测试。生成走时的模型是在粗线方框中交替加入的速度扰动而形成的。结果显示了扰动被恢复的程度和图像被模糊的程度。(Spakman and Nolet,1988,经 Kluwer Academic Publishers 许可转载)

层析成像生成的图像仅仅是反演问题的一个解,它既不是唯一的也不是绝对准确的。因此,从地质学角度解释图像中哪些特性是真实的,哪些是假象是非常重要的。前面提到,射线路径能否很好地覆盖模型区域是一个非常重要的因素。图 7.3-6 左图是图 7.3-5 下图剖面中射线穿过网格的点数分布,显示了每个网格中的射线条数。射线路径覆盖更密的区域反演效果也更好。同时也要分析模型中一个网格单元的扰动如何受邻近网格的影响。这一信息可由分辨率矩阵给出[式(7.3-23)],或者在一个网格中加扰动,通过正演获得数据,然后再反演。对于一个如此大的模型,逐网格测试将要花费大量时间,因此采用在不同的网格中同时加入扰动,通过正演计算合成走时,然后反演,从而来估算综合分辨率。图 7.3-6 右图中加了 5%的速度扰动,不同列之间符号交替。如果分辨率是完美的,则可以精确地还原模型:每个异常会被约束在真实模型中预先给定的位置(粗线),由于射线分布问题,异常或多或少有点模糊,但仍集中在正确的位置。对比计数点,采样较好的区域(如左起第二列)要比采样较差区域(左下列)的分辨率高。如果在数据中加入噪声,那重建的模型分辨率会更低。即便在这种情况下,反演结果也能很好地呈现扰动网格的位置并恢复扰动。这些情况有力地说明了高速层是真实存在的。

一般来说,层析成像图中的主要特征很可能是真实的,但评估细节性的结构是否真实则非常困难。例如,图 5.4-7 显示走时层析成像的数值实验以验证层析成像能否很好地重建一个理论上正在俯冲的板块。事实证明,板块的大致形状被恢复出来,但同时也出现一些理论模型中没有的速度异常假象。本例中,这些假象可能与射线的几何路径有关,或许利用上行波和下行波同时反演会改善成像结果。

层析成像中另一个重要的因素是初始参考模型,反演的速度异常是相对于参考模型的变化。研究成像结果时很自然会关注速度结构的横向变化,但是这些变化通常是相对于初始横向均匀模型而言的,反演结果依赖于初始模型。图 7.3-7 给出了一个小安地列斯群岛的例子。由全球参考模型 JB 和 PREM 预测的射线路径与区域参考模型 VCAR 的预测结果存在一定差异,不同参考模型获得的结果也不同。尽管基于 JB 和 VCAR 参考模型的两个反演结果都显示高速的北美板块西向俯冲到加勒比海下方,但基于 JB 参考模型的成像图显示板块平置于 660km 间断面处,但该特征在基于 VCAR 参考模型的结果中并不明显。原因是 660km 间断面以上和以下 JB 参考模型中速度分别偏高和偏低。因此,参考模型中的偏差会造成成像结果中的假象。类似的由于参考模型引起的成像假象在很多反演中均存在[①]。但参考模型的选择有其主观性,因此在选择时需要了解其

① 90%的摩托车骑手认为自己的技术高于平均水平;盖瑞森·凯勒(Garrison Keillor)在广播小说《牧场之家好作伴》(*A Prairie Home Companion*)里虚构的乌比冈湖小镇(Lake Wobegon)中“所有孩子都高于平均水平”。

优点和不足。例如不包含俯冲板块的全球速度参考模型的平均速度低于实际全球平均速度，包括俯冲板块的参考模型会造成其他区域的速度变慢。

除了射线分布和参考模型的选择会产生假象外，层析成像成果图也会受类似等值线的选择等简单因素的影响。有时当成像特征并不是很明显时，解释这些构造就要靠一定的先验信息，就像心理学家所用的墨渍测试一样。所以，尽管层析成像很有价值，但也要认识到它的局限性。

层析成像在地震学还有更广泛的应用。如图 7.3-8 所示的两个钻孔之间的走时成像。移动的震源和接收器能够产生相互交叉的密集射线分布。在这个实验中，用扰动模型重新计算射线路径及走时并用于后续迭代过程。初始射线路径和扰动后的射线路径之间的差异性表明：每次迭代过程中重新进行射线追踪优势明显，该过程被称为非线性层析成像。这使得射线路径及其预测的走时异常与寻找的速度模型更加一致。然而，在实际应用中，通常用初始模型的射线路径进行线性化层析成像，即便模型中加入了扰动，也假定带来的射线扰动很小而可以忽略。

走时层析成像和面波层析成像有较大的差异。2.8.3 节利用不同路径上海洋岩石圈的平均面波速度来推断不同年龄岩石圈的速度结构。该方法计算不同年龄岩石圈的平均相速度或群速度随频率变化的曲线(即频散曲线)，再从频散曲线中推导出速度随深度的变化。这里所讲的层析成像反映横向速度变化，而面波频散分析反映垂向速度变化。频散分析实际上是用深度敏感函数反演地球结构随深度变化的一个很好示例。

层析成像方法既可用于走时也可以用于波形。如图 7.3-7 所示，波形比走时所采样的地球结构更宽，而走时仅仅采样沿几何射线的结构。图 7.3-9 显示了全球层析成像的结果，该结果基于 27000 条长周期地震波形和 14000 条走时数据的联合反演。地震波包括体波(从 P 或 PKP 震相开始到面波之前)和“地幔波”(经过低通滤波后的长达 4.5h 的波形)。走时数据包括绝对 S 波走时和横波(SS-S 和 SCS-S)走时差。反演时不采用网格速度扰动，而是用一系列正交函数来描述速度扰动，反演得到的是这一系列函数的系数。横向结构是用球谐函数表达的(2.9.3 节)，垂向结构则用切比雪夫多项式描述。

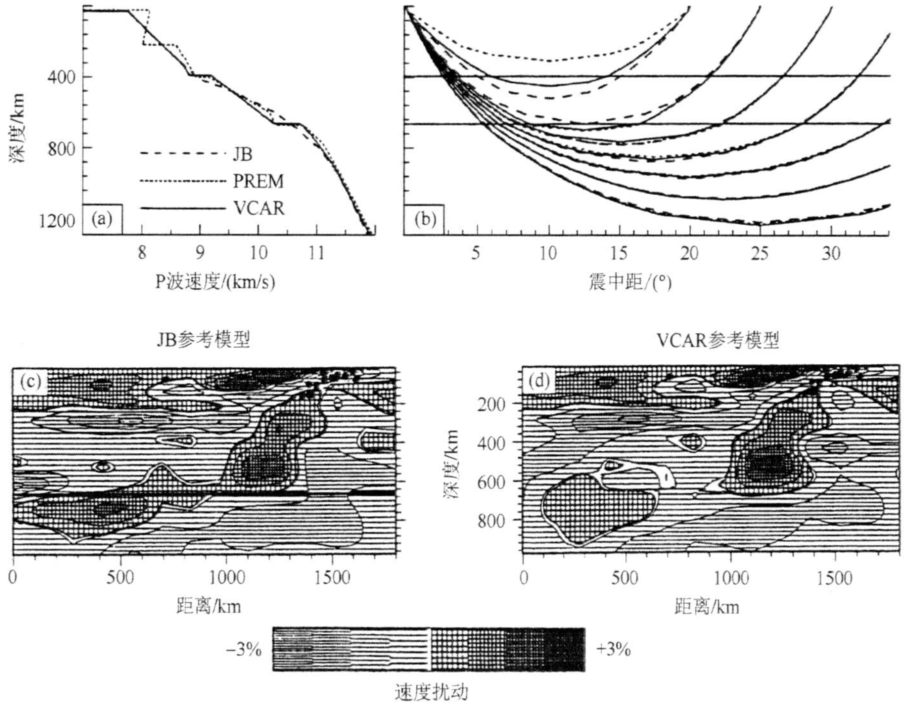

图 7.3-7　参考模型对走时层析成像的影响。全球参考模型 JB 和 PREM 与区域参考模型 VCAR 的速度结构(a)和射线路径(b)。层析成像图中的 600km 处异常分布的差别[(c)和(d)]可能是由于参考模型之间的差异造成的。(van der Hilst and Spakman，1989，*Geophys. Res. Lett.*，16，1093-1096，版权归美国地球物理学会所有)

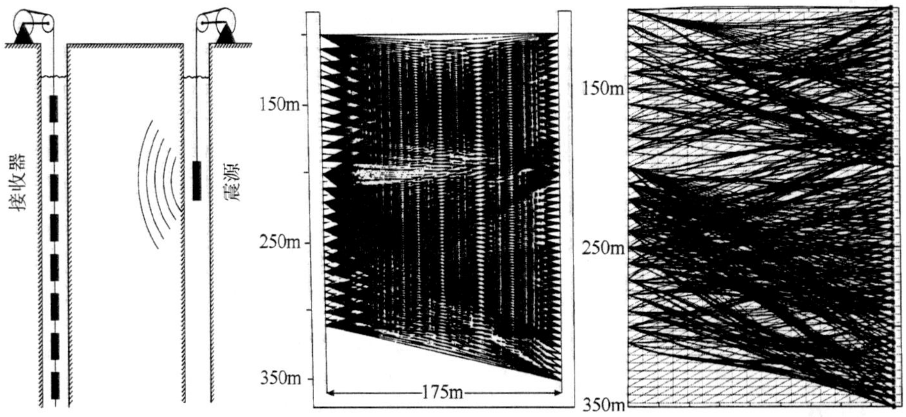

图 7.3-8 加拿大马尼托巴湖的井间层析成像示例。左图：在一个钻孔中的不同深度发射震源，接收器在另一个钻孔中记录走时。在反演时得到密集的射线分布。中图：横向均匀初始模型计算的直线射线路径。右图：通过反演建立的横向速度变化模型的射线路径。(Wong et al.，1987)

另外，3.7 节显示振幅成像可以展现沿射线路径的能量衰减变化。振幅成像与医学层析成像①类似，后者可以看出物体不同部位对 X 光的吸收程度。医学成像的优势在于物体可以从各个方向、各个角度被解析，并且可以直接观察从而了解物体的内部结构。

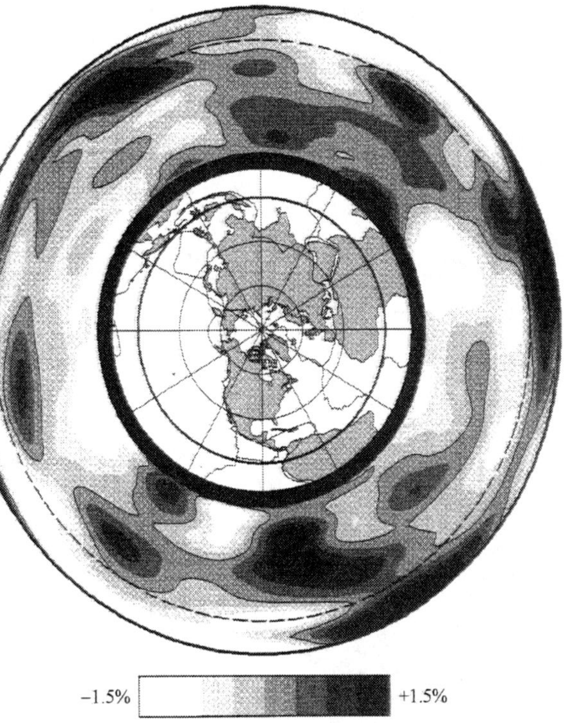

图 7.3-9 沿穿过赤道的大圆的剪切波速度层析图像切片，通过波形和走时反演得到。(Su et al.，1994，*J. Geophys. Res.*，99，6945-6980，版权归美国地球物理学会所有)

7.4 层状地球结构

观测到的地震数据常常是地球物理参数的积分。例如，走时是沿射线路径对慢度的积分。正如上节所述，即便单个走时只能给出射线路径上的平均慢度，但用不同射线路径的走时可用来求解慢度的空间分布。

一个最常见的问题是反演横向均匀模型或层状模型，其物理性质只随深度的变化而变化。通常，观测量 d_i 可用物理参量 $m(r)$ 在半径上的积分来表达：

$$d_i = \int_0^a G_i(r)m(r)\mathrm{d}r \tag{7.4-1}$$

$G_i(r)$ 是已知的随深度变化的函数，称之为核函数。不同观测量 d_i 对应于不同的核函数，每个核函数对 $m(r)$ 分布的采样不同，反演问题的目的就是求解 $m(r)$。虽然观测量和地球结构的关系有时不如走时和慢度的关系那样直观，但可以用相似的方法求解。

2.7.4 节所讨论的勒夫波频散就是类似例子。面波在自由表面传播的视速度是面波周期的函数，而不同周期面波的敏感深度不同，因而视速度可以体现速度随深度的变化，进而可以用视速度变化研究地球深部的速度结构。

7.4.1 利用简正振型反演地球结构

简正振型反演就是典型的层状介质结构反演(2.9 节和 3.7 节)。地震激发的第 i 个振型的位移场可表示为

$$u_i(t) = C_i(t)\exp(-\omega_i t/2Q_i) \tag{7.4-2}$$

这一振型的特征频率 ω_i，品质因子 Q_i (其决定了频谱的宽度)可以通过地震图的傅里叶变换得到(图 7.4-1)。因为 ω_i 和 Q_i 依赖于地震波速度、密度和衰减随深度的

① 医学术语“CAT 扫描”指的是计算轴向层析成像。

变化，所以这些观测值可以用来研究地球结构。

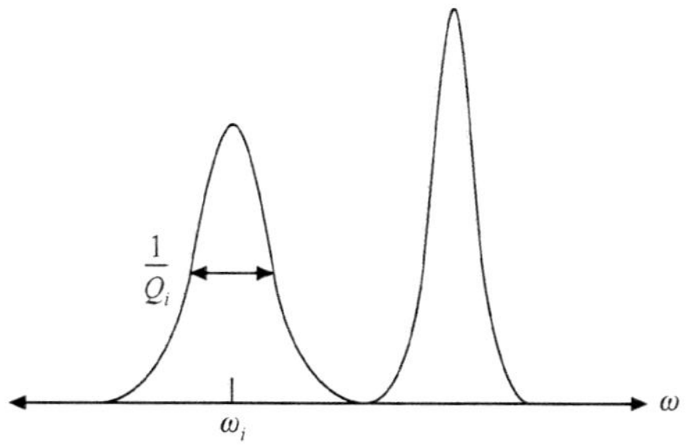

图 7.4-1 地震记录的振幅谱示意图，显示用观测数据反演地球结构的自由振荡。每个振荡峰值都由宽度 Q_i^{-1} 和特征频率 ω_i 来描述，其中 Q_i^{-1} 代表其衰减。

对于参数为 $\alpha(r)$，$\beta(r)$，$\rho(r)$ 的地球模型，计算不同简正振型的本征频率 ω_i，同时计算偏导数函数：

$$\frac{\partial\omega_i}{\partial\alpha}(r),\ \frac{\partial\omega_i}{\partial\beta}(r),\ \frac{\partial\omega_i}{\partial\rho}(r) \tag{7.4-3}$$

这些函数体现了在某一深度处速度或者密度的扰动对振型本征频率的影响。本征频率总的变化是地球模型参数扰动在半径上的积分：

$$\Delta\omega_i = \int_0^a \left[\frac{\partial\omega_i}{\partial\alpha}(r)\Delta\alpha(r) + \frac{\partial\omega_i}{\partial\beta}(r)\Delta\beta(r) + \frac{\partial\omega_i}{\partial\rho}(r)\Delta\rho(r)\right]\mathrm{d}r \tag{7.4-4}$$

利用测量的本征频率和预测的本征频率之差反演得到拟合数据最好的地球扰动模型。虽然单个振型的观测值给出的是所有深度的扰动对本征频率的平均效应，但一系列振型可以相互制约，因为式（7.4-3）中偏导数随振型的不同而变化。

这里用一个简单的线性衰减反演问题来说明该方法。如果地球内部的衰减可以用函数 $q(r)$ 来表示，那第 i 个振型的品质因子就是

$$Q_i^{-1} = \int_0^a G_i(r) q^{-1}(r)\mathrm{d}r \tag{7.4-5}$$

核函数 $G_i(r)$ 由偏导数获得［式(7.4-4)］。如 3.7.6 节所述，品质因子就是频率的虚部，该项与速度的虚部有关。虽然 Q 既代表振型的品质因子，也代表随深度变化的介质衰减，但常用 $q(r)$ 来代表后者以强调它们的区别。倒数 $q^{-1}(r)$ 和 $Q_i^{-1}(r)$ 的值越大，对应着越高衰减(较多的地震能量损失)。

图 7.4-2 显示基阶球振振型的衰减测量值，小于几百秒的周期对应于基阶瑞利波。长周期振型的面波衰减比较少，之后逐步增加，在略高于 100s 周期时，衰减达到峰值，然后减少直到短周期(50s 左右)。这是由不同振型的核函数决定的(图 7.4-3)。因为一个振型的 $Q^{-1}(r)$ 是核函数加权后对衰减的积分，而核函数的形状体现了该振型对不同深度介质衰减的敏感性。长周期面波对下地幔比较敏感，周期 100s 的面波对低速区比较敏感，而周期 50s 的面波对低速区上方的盖层比较敏感。$Q^{-1}(r)$ 是周期的平滑函数，因为相似周期的面波，其基阶振型的核函数也相似。

反演问题就是用观测的波形衰减数据 $Q^{-1}(r)$ 和已知核函数 $G_i(r)$ 来寻求能最佳拟合数据的函数 $q^{-1}(r)$，其体现了衰减随深度的变化。这个问题可以用几种方法来求解，这里只简单讨论其中两个。

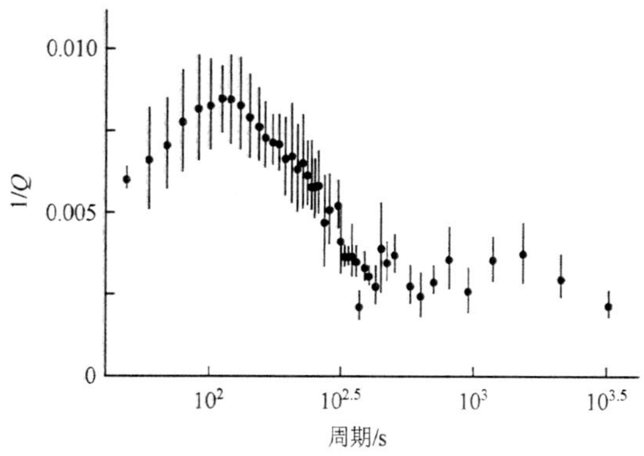

图 7.4-2 基阶球振振型 ${}_0S_2$-${}_0S_{191}$ 的观测衰减值。Q^{-1} 随周期的变化反映了 $q^{-1}(r)$ 随深度的变化。(Stein et al.，1981，*Anelasticity in the Earth*，39-53，版权归美国地球物理学会所有)

7.4.2 参数和数据空间反演

最直接的方法就是参数空间反演，也就是假定在一系列地层中未知模型 $q^{-1}(r)$ 的值是常数(图 7.4-4 左图)，那么在第 j 层：

$$q^{-1}(r) = q_j^{-1},\ r_j \leqslant r \leqslant r_{j+1} \tag{7.4-6}$$

这样反演问题就从积分变换成矩阵方程组：

$$Q_i^{-1} = \int_0^a G_i(r)\sum_j q_j^{-1}\mathrm{d}r = \sum_j A_{ij} q_j^{-1} \tag{7.4-7}$$

矩阵元素为

$$A_{ij} = \int_{r_j}^{r_{j+1}} G_i(r)\mathrm{d}r \tag{7.4-8}$$

利用观测的衰减数据就可以反演每一层的模型参数 q_j^{-1}。

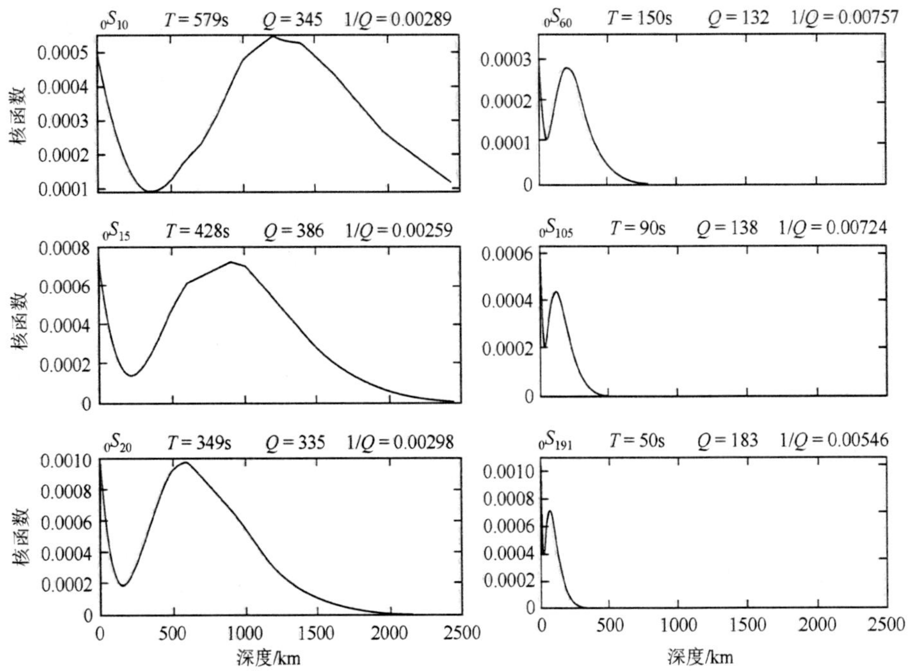

图 7.4-3 不同振型的衰减核函数，代表对不同深度的采样。衰减值是基于图 7.4-5 的第三个模型计算的。(Stein et al., 1981, *Anelasticity in the Earth*，39-53，版权归美国地球物理学会所有)

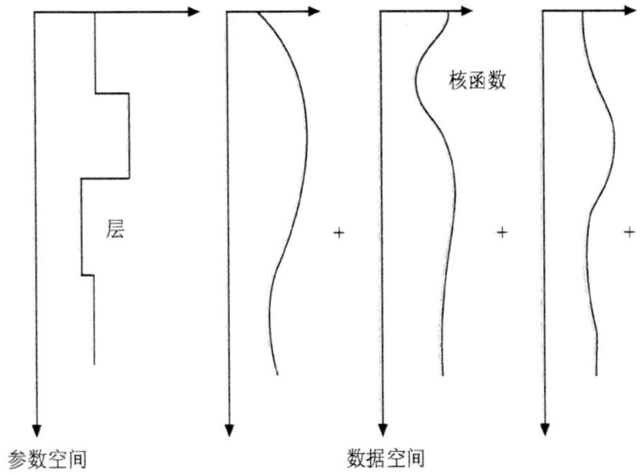

图 7.4-4 图示是两种类型反演方法的模型参数化。在参数空间反演中，我们将模型分成许多层；在数据空间反演中，模型被当作核函数的加权叠加。

如果选取的模型参数(层数)少于观测值数量，就是一个超定方程组。如前所述，广义逆在最小二乘意义上给出了最佳解。之前介绍的一些概念对评估结果很有用。分辨率矩阵的列称为分辨核函数，表示当数据中没有误差时，其他地层对某一地层反演结果有多大影响。这种不确定性是由反演问题本身决定的，并且反映了基于已知核函数可以得到的最好分辨率[式(7.3-23)]。模型协方差矩阵也是很有用的，它显示由反演问题本身和观测值中的误差引起的模型不确定性。通常，多层参数的加权平均是能够得到的最好分辨率，类似于走时层析成像中的模糊效应。

参数空间反演有一定的局限性。首先，该方法假定每层的衰减值为常数，但模型分层是事先确定的，而这种分层不一定有意义。其次，层边界处会存在“跳跃”，但这种跳跃不一定体现真实的物理性质变化。而且很多情况下，直觉告诉我们物理属性一般会随着深度平滑地变化，虽然直觉有时也会出错。

另一个方法是数据空间反演。未知模型中随深度变化的衰减不是被视为多层介质的加权平均，而表示为不同核函数的加权求和(图 7.4-4 右图)：

$$q^{-1}(r)=\sum_j v_j G_j(r) \tag{7.4-9}$$

反演问题就变为

$$Q_i^{-1}=\int_0^a G_i(r)\sum_j v_j G_j(r)\mathrm{d}r=\sum_j A_{ij}v_j \tag{7.4-10}$$

其中矩阵元素为

$$A_{ij}=\int_0^a G_i(r)G_j(r)\mathrm{d}r \tag{7.4-11}$$

通过反演不同核函数的加权系数就可以得到反演的衰减模型。

数据空间反演不如参数空间反演直观，但是有显著优势：最后的反演模型是关于深度的平滑函数，并且不需要预先分层。此外，在某种意义上，使用核函数作为模型的基函数是很自然的选择，因为观测值是基于这些核函数对模型进行采样。然而，数据空间反演的结果有时看起来太过平滑，正如参数空间反演的结果有时起伏太大。有时，我们一方面期望在某一深度存在物理性质的变化，但又不愿意将这一点强加在反演结果中。这种进退两难的局面其实反映了我们想要反演结果在多大程度上反映出先验信息。这些先验信息有些是正确的，特别是有其他数据作为参考时，但也有一些是错误的。总之，要么完全用数据确定模型，要么在数据允许的前提下加入先验模型信息，或者两者结合。

图 7.4-5 显示几个介质衰减随深度变化的模型，所有模型都能拟合图 7.4-2 中的数据。模型 SL8 是基于参数空间反演得到的，其他的则是基于数据空间反演的。最下面的两个模型是用图 7.4-2 的数据但基于不同的拟合度函数(目标函数)推导出的，最上面的两个则使用了不同数据。虽然模型各不相同，但在下地幔都呈现低衰减，上地幔呈现高衰减，可能是上地幔的低速软流圈引起的，且在低速区上方的盖层呈现中度衰减。这些模型显示了可接受的反演结果范围。例如，模型 SL8 中地幔底部的高衰减区域可能是合理的，但也可能在初始模型中就存在且反演后也保留下来，这种反演结果的模糊性是因为数据对该深度结构不敏感，如图7.4-3的核函数所示。

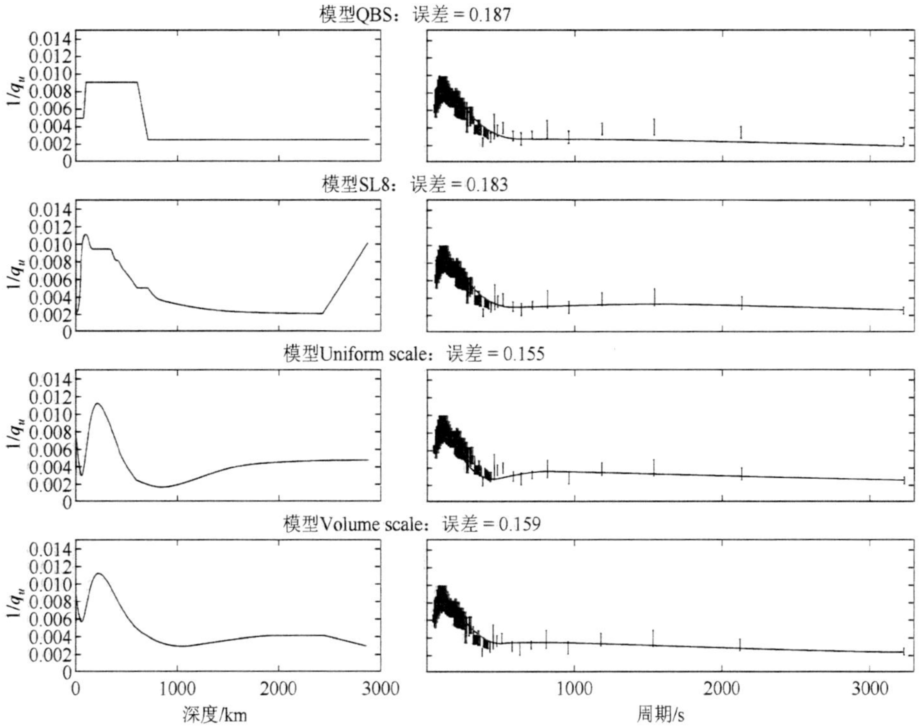

图 7.4-5 不同衰减振型的对比。尽管有差异，但都显示了图 7.4-2 中数据的一般特，如右列的 4 个图所示。(Stein et al.，1981，*Anelasticity in the Earth*，39-53，版权归美国地球物理学会所有)

7.4.3 方法的特点

介质衰减的反演问题［式(7.4-5)］形式简单，因为振型的品质因子线性地依赖于 $q^{-1}(r)$，所以从观测值可以直接反演衰减结构。对于非线性问题，可以将模型基于初始模型进行线性展开(7.2.1 节)，使得数据残差就线性地依赖于模型参数的改变量：

$$\Delta d_i = \int_0^a G_i(r)\Delta m(r)\mathrm{d}r \qquad (7.4\text{-}12)$$

图 7.4-6 显示用瑞利波基于参数空间反演获得的垂向 S 波速度结构。所用的偏导数为

$$\frac{\partial C(T)}{\partial \beta}(r),\ \frac{\partial U(T)}{\partial \beta}(r) \qquad (7.4\text{-}13)$$

它显示某一周期的相速度和群速度对不同深度 S 波速度扰动的响应，反演中通过改变初始模型来拟合观测到的频散分布。体现垂向平均效应的分辨核函数在其敏感深度上为最大值，在其他深度其振幅减小但并不为 0。当核函数在对应的敏感深度出现尖锐峰值时，其对该深度结构的分辨率最高。

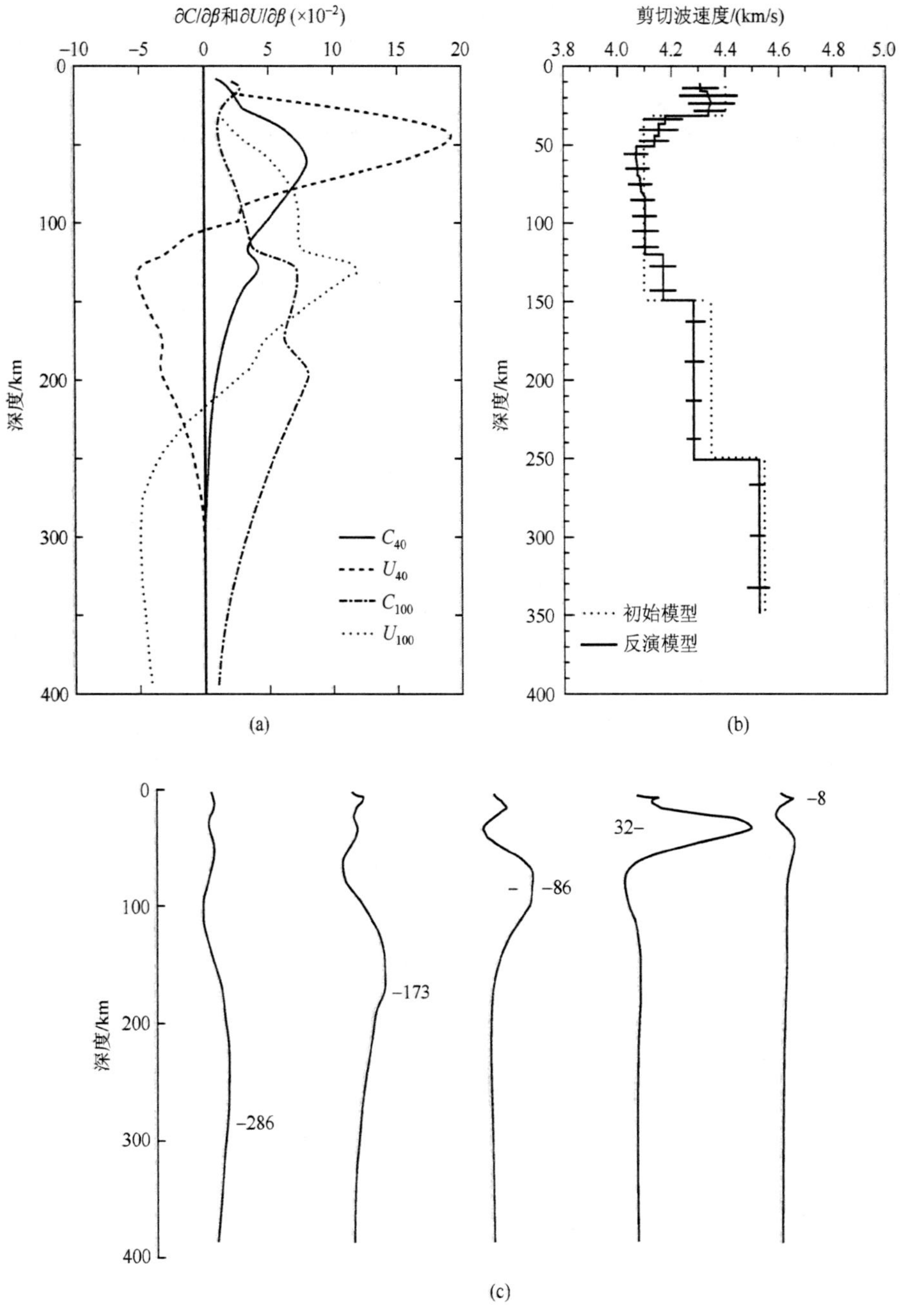

图 7.4-6 通过测量瑞利波相速度和群速度来反演太平洋下的剪切波速度结构。(a)在 40s 和 100s 周期时相速度和群速度的偏导数。(b)初始模型(虚线)和由参数空间反演出的最终模型。水平线表示每层的模型标准差。(c)不同深度的核函数。数字和水平线代表每个核函数的深度。(Yu and Mitchell，1979)

正如前文所述，广义逆方法会得到相对于初始模型变化最小且能够拟合数据的反演解。所以最后的模型会尽可能地接近初始模型。所以，线性反演推导出的模型依赖于初始模型。例如，在参数空间反演中，假设初始模型中有一层与其相邻层的值差别很大，反演结果中也极有可能会保留这一特点。避免这种情况的一个方法就是使得初始模型参数不随深度变化，也可以用反演数据之外的数据找到比常数初始模型更适合的初始模型。另一种方法是用不同的初始模型进行反演，然后比较它们的结果。如果结果不同，那可能是反演时目标函数陷入了局部极小值［式(7.2-11)］，然而，如果不同的初始模型产生相同的结果，那可能就是我们要找的全局最小值。还有一种方法是在整个模型空间中搜索全局最小值，称为“穷举法”，它需要很多次正演计算。当模型参数比较少时，该方法很有吸引力，因为它避免了对初始模型进行线性化并且能显示不同参数之间的相互影响。例如，图 5.3-8 显示在用海洋深度和热流数据反演温度结构时板块厚度和基底温度之间的消长关系。

参数空间和数据空间反演有很多更复杂的改进形式。例如，参数空间反演可以加入平滑约束以减少岩层边界的跃变。数据空间反演则可以用一套正交核函数而不是彼此相似的核函数来进行反演。这种方法以最简单的方式、最少的模型参数对模型进行合理构建和采样。另外，也可以约束模型使其在误差范围内拟合整体数据，而不是试图拟合每个观测点的值。

由于反演问题本身的特性以及多种反演方法的存在，利用同一组地震观测数据有可能会得到多个不同解。所以，反演问题仍然是一个重要的研究领域。对这些问题的解决方案的选择，结果的模糊性，以及不同解决方案之间的优缺点等有时对反演解有至关重要的影响。对非地震学家来说，试图完全解释这些问题是很困难的，所以地球物理学家经常会这样来自我解嘲：如果问“2 + 2 = ？”，工程师的回答可能是“3.9999”，地质学家的回答可能是“约等于个位数的中间值”，地球物理学家则会告诉你 “你希望它是多少呢？”。

7.5 板块运动的反演

本章最后讨论用以描述板块相对运动的欧拉向量的反演问题。前面已经指出，欧拉向量是由包括地震震源机制在内的数据推导出来的，并作为参考模型来预测板块运动的方向和速率，进而预测地震复发时间、滑动分布以及讨论板块边界地震和无震滑动的比例。

7.5.1 方法

正演问题(5.2.1 节)描述为在边界上的任一点 r，板块 j 关于板块 i 的线性速度是

$$\boldsymbol{v}_{ji} = \boldsymbol{\omega}_{ji} \times \boldsymbol{r} \tag{7.5-1}$$

其中，$\boldsymbol{\omega}_{ji}$ 是相对角速度或者欧拉向量。所以，板块运动的速率和方向由速度 $\boldsymbol{v}$ 的南北、东西分量给出：

$$\begin{aligned}\text{rate} &= |\boldsymbol{v}| = \sqrt{(v^{\text{NS}})^2 + (v^{\text{EW}})^2},\\ \text{azimuth} &= 90° - \tan^{-1}\left[(v^{\text{NS}})/(v^{\text{EW}})\right]\end{aligned} \tag{7.5-2}$$

相应的反演问题就是找到一个模型(一组欧拉向量)可以最好地预测观测到的板块运动。假设板块是刚性的，m 个板块运动由 m–1 个欧拉向量定义，这样就有 $3(m-1)$ 个分量。然后，用速度和方位角组成的数据向量 $\boldsymbol{d}$ 来估算由欧拉向量组成的模型向量 $\boldsymbol{m}$。模型向量和数据向量都由不同数量的物理量组成：模型向量包括欧拉极纬度、经度和角速度：

$$\boldsymbol{m} = (\theta_1, \theta_2, \cdots, \theta_{m-1}, \phi_1, \phi_2, \cdots, \phi_{m-1}, |\omega_1|, |\omega_2|, \cdots, |\omega_{m-1}|) \tag{7.5-3}$$

数据向量包括速率和方位角：

$$\boldsymbol{d} = (r_1, r_2, \cdots, r_k, az_1, az_2, \cdots, az_{n-k}) \tag{7.5-4}$$

因为数据和模型之间的关系较为复杂，所以反演问题是非线性的。类似前面的例子，基于初始模型利用偏导矩阵将反演问题线性化：

$$G_{ij} = \frac{\partial d_i}{\partial m_j} \tag{7.5-5}$$

它表示第 j 个模型参数的变化对第 i 个预测数据的影响程度。对 v^{NS} 和 v^{EW} ［式(5.2-7)］求偏导得到偏导数矩阵。观测数据与模型预测数据的残差向量和模型扰动量之间的关系为

$$\Delta\boldsymbol{d} = \boldsymbol{G}\Delta\boldsymbol{m} \quad \text{或} \quad \Delta d_i = \sum_j G_{ij}\Delta m_j \tag{7.5-6}$$

这个方程组通常是超定的，因为通常有很多台站数据而只有几个板块模型参数。例如，模型 NUVEL-1 有 12 个板块，由 1122 个数据反演得到板块的相对运动(图 1.1-9)。然后用加权最小二乘法求解：

$$\Delta\boldsymbol{m} = (\boldsymbol{G}^{\text{T}}\boldsymbol{W}_d\boldsymbol{G})^{-1}\boldsymbol{G}^{\text{T}}\boldsymbol{W}_d\Delta\boldsymbol{d} \tag{7.5-7}$$

其中，$\boldsymbol{W}_d = (\boldsymbol{\sigma}_d^2)^{-1}$ 是数据方差-协方差矩阵，包括用地磁异常确定的滑动速度的不确定性和用转换断层方位角和地震滑动矢量确定的板块运动方向的不确定性。因为不同数据点的误差不同且不同数据的量纲也各异，所以一般使用加权反演。

估算欧拉向量的不确定性由模型方差-协方差矩阵给出：

$$\boldsymbol{\sigma}_m^2 = (\boldsymbol{G}^{\text{T}}\boldsymbol{W}_d\boldsymbol{G})^{-1} \tag{7.5-8}$$

欧拉向量的不确定性通常用类似地震定位中的误差椭圆来表示，速率误差单独表示，也可以将极点和速度的不确定性看作一个三维椭球。这样，如果误差椭圆不重叠的话，表示两个欧拉向量是独立的。如前文所述，基于相同的反演方法，用传统的磁异常、转换断层和地震滑动矢量反演得到的全球板块运动参数与用大地测量数据(5.2.3 节)反演得到的参数基本一致。传统的方法用数百万年磁异常的平均值、长时间的转换断层的方位角以及地震的滑动矢量结合起来作为观测数据进行板块运动研究，而空间大地测量的数据仅仅只有几年，两者存在完全不一样的不确定性。

7.5.2　用 χ^2 和 F 检验检测结果

对于反演得到的结果是否可靠，通常用数据和模型的拟合程度来表示，这属于统计学范畴。为此，这里主要讨论两个问题并给出一些结论，但不做证明。

一种常见的测试模型与数据拟合度的方法是利用失配度函数 χ^2，这也是最小二乘解的目标函数［式(7.2-11)］：

$$\chi^2 = \sum_i \frac{(d_i - d_i^m)^2}{\sigma_i^2} \tag{7.5-9}$$

其中，d_i^m 是模型预测数据；d_i 是观测数据；σ_i 是它们的不确定性。χ^2 越小，表示数据拟合度越高。然而，由数据推导出的模型对数据的拟合一般会比较好，所以一般用：

$$\chi_v^2 = \chi^2 / v \tag{7.5-10}$$

其中，v 表示自由度，它等于 $n-p$；n 为数据数量，p 是模型参数数量。

如果模型可以很好地拟合数据，对不确定性的估计也很合理，那么 χ_v^2 应该约等于 1。统计学上，这意味着如果数据误差是随机的话，可以认为该数据是模型所决定的概率分布的样本。然而，如果 χ_v^2 比 1 大得多，那数据就不太可能是该概率分布的样本。解决这一问题就要用由统计表或者数学软件给出的累积概率分布 $P(\chi_v^2, v)$，它表示 χ_v^2 高于某一阈值的概率(图 7.5-1)。换言之，这个测试就是计算由于测量误差而观测到某个高值的概率。自由度的值越高，那出现高值的可能性越小。例如，当 $v=10$ 时，观测到 χ_v^2 大于 1.5 的概率是 13%；但当 $v=100$ 时，它将会小于 1%。这样的话，数据越多，自由度就越高，χ^2 就越接近 1。这个测试并不能非常明确地说明观测到的数据是否服从模型所确定的概率分布，但显示了概率的一些特性。如果 χ_v^2 很大，那反演结果的误差可能会较大。

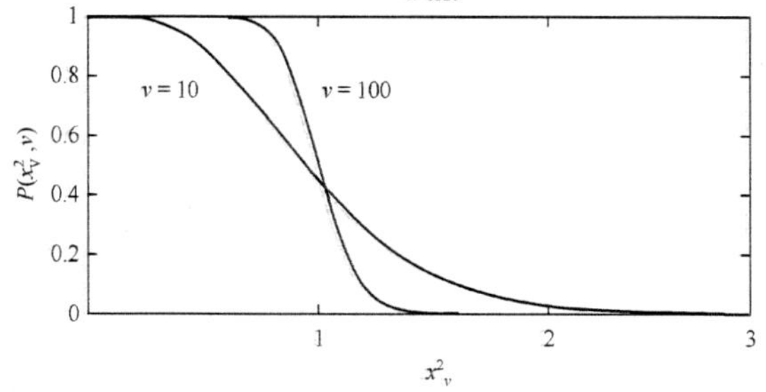

图 7.5-1　自由度 v 分别为 10 和 100 时的累积概率分布 $P(\chi_v^2, v)$。自由度越高，χ_v^2 越接近于 1；反之，自由度越低，χ_v^2 的值离 1 越远(越高或越低)。

如果模型中没有包括一些关键因素，例如，板块运动模型中没有包括某个重要的板块边界，那么就不能很好拟合数据。在这种情况下，失配度就会比只考虑观测数据误差时的预测值大，因为同时存在系统误差。同样地，在地震定位中走时的失配度包括测量误差以及速度结构引起的误差，如横向非均匀性。有时可以通过归一化不确定性使 $\chi_v^2=1$，从而用 χ_v^2 设定置信区间。这种归一化虽然并不能改善失配度，但是可内在地将系统误差与数据测量误差结合起来。反演效果的提高需要改善模型。

相反，如果 χ_v^2 很小，从图 7.5-1 可以看出其中可能也存在错误。例如，当 $v=10$ 时，观测到 χ_v^2 小于 0.3 的概率仅为 2%，自由度越大，这一概率越小。这是因为数据误差使得数据拟合不可能很完美。有大概 1/3(100%～68%)数据的失配度至少为 1σ，大约有 5% 在 2σ 范围外。因此，较低的 χ_v^2 值可能意味着高估了数据的不确定性，即便是看似拟合度很好。例如，NUVEL-1 模型的 χ_v^2 是 0.24，然而我们预计它在 0.93～1.07 的可能性为 95%。其他板块运动模型也存在类似问题，表明指定数据的不确定性落在 95%(2σ)的置信区间而不是一个标准差区间。如果是这样，模型中的不确定性要比模型方差-协方差矩阵估计的要低。这样，χ^2 测试就印证了这样的格言：好得难以置信的东西很可能就是真的。

第二个问题是模型参数的数量是否合适。如第 5 章所述，一个区域的板块边界划分可能有几种划分方式。通常情况下，板块划分越多，对一个区域板块运动的拟合越好，这是因为增加了模型参数。问题是较高拟合度(较低的 χ_v^2 值)是否仅仅得益于模型参数的增加？例如，高阶多项式(比如二次方程)对 x-y 平面上一系列数据的拟合度总是高于低阶多项式(比如直线)。

可以用 F 检验来测试探讨这个问题。该比值可以从较深层次探讨增加模型参数是否可以大规模地提高数据拟合度。基本思想是：如果两个模型都可以拟合同一套数据，其数量为 n，一个模型有 r 个参数(自由度为 $n-r$)，另一个模型有 p 个参数(自由度为 $n-p$)，p 大于 r，那么后一个模型对数据拟合应该更好，且 $\chi^2(p)$ 应该比 $\chi^2(r)$ 小。要验证 χ^2 的减少量是否比单纯的模型参数增加导致的减少量更大，可利用如下统计量：

$$F = \frac{(\chi^2(r) - \chi^2(p))/(p-r)}{\chi^2(p)/(n-p)} \tag{7.5-11}$$

统计表或者数学软件可以给出 $v_1=(p-r)$ 和 $v_2=(n-p)$ 时 F 值大于随机样本的概率 $P_F(F,v_1,v_2)$。例如，如果 P_F 是 0.01，那么只有 1%的概率：表明改进的更多参数的模型对数据拟合度的提高是随机的。因为这个测试取决于 χ^2 的比率，所以如果不确定性系统地被高估或低估，对测试结果就没有影响。

我们可以用 F 来测试 $p+1$ 个板块模型对 n 个相对运动数据的拟合度是否比 p 个板块的模型高。p 个板块模型包括 $3(p-1)$ 个参数（$n-3p+3$ 的自由度），而 $p+1$ 个板块模型包括 $3p$ 个参数（$n-3p$ 的自由度）。因此：

$$F=\frac{(\chi^2(p\text{ plates})-\chi^2(p+1\text{ plates}))/3}{\chi^2(p+1\text{ plates})/(n-3p)} \tag{7.5-12}$$

用 $v_1=3$ 和 $v_2=(n-3p)$ 的 $P_F(F,v_1,v_2)$ 进行测试。如果拟合度随机增加的概率很小，比如可能小于 1%，那可以认为增加板块数量是可取的。反之，如果拟合度的提高主要是源于额外增加的模型参数，那么数据不支持额外板块的存在。例如，测试结果显示虽然北美和南美板块之间的板块边界比较模糊，但它们还是应该被看作两个独立板块。这个方法过去常用于板块几何边界不清晰的复杂区域，如印度洋内以及日本附近。我们可以用类似方法研究内陆板块的形变区域，看那里是否有可分辨的板块运动。

在许多应用中，类似的统计学检验可用来测试模型对数据的拟合程度，并可以反映模型对数据来说是过于简单（参数过少）还是过于复杂（参数过多）。例如可以检验以下实例中采用复杂模型的必要性：速度模型多加几层可以显著提高走时数据的拟合度，更复杂的震源模型能更好地拟合地震图；或更复杂的复发地震模型可以更好地解释地震历史。在这些应用中，统计学测试只针对使用的数据，而未使用的其他数据可能需要更复杂的模型，即便对于参与测试的数据并不需要。此外，我们经常怀疑实际的地球比用简单统计模型计算出的更为复杂，特别是当对随机误差和系统误差的先验信息很少时。即便如此，测试模型也很有必要：可以看出数据是否很好地支持我们的推测模型。统计学测试是新的观测数据和模型参数化不断迭代更新的循环过程中至关重要（图 1.1-8）的一部分。

延伸阅读

许多反演理论的讨论，包括本书，都是基于兰乔斯理论（Lanczos，1961）。文中以及综述中［（Parker，1977），Aki 和 Richards（1980）和 Menke（1984）］讨论了其在地球科学，特别是地震学中的应用。Nolet（1987）、Thurber 和 Aki（1987）、Spakman 和 Nolet（1988）、Humphreys 和 Clayton（1988）和 Romanowicz（1991）给出了地震学层析成像方法的原理及求解方法。Wiggins（1972）回顾了分层介质属性的反演。

很多统计学教材中讨论了拟合度的测试，如 Bevington 和 Robinson（1992）及 Freedman 等（1991），后者讨论了 Mendel 的结论。Chase（1972）和 Minster 等（1974）讨论了板块运动反演问题；后者讨论了偏导数。Stein 和 Gordon（1984）及 DeMets 等（1990）讨论了 F 检验测试在板块运动和板内形变中的应用。

问题

（1）证明如下等式。

①对于任一矩阵（不是方阵）$\boldsymbol{A}$，矩阵 $\boldsymbol{A}^{\mathrm{T}}\boldsymbol{A}$ 和 $\boldsymbol{A}\boldsymbol{A}^{\mathrm{T}}$ 是对称的。

②对于任一矩阵（不是方阵）$\boldsymbol{B}$ 和一个对称矩阵 $\boldsymbol{A}$，$(\boldsymbol{B}^{\mathrm{T}}\boldsymbol{A}\boldsymbol{B})^{\mathrm{T}}=\boldsymbol{B}^{\mathrm{T}}\boldsymbol{A}\boldsymbol{B}$。

③对于方阵 $\boldsymbol{A}$、$\boldsymbol{B}$，如果存在 $(\boldsymbol{A}\boldsymbol{B})^{-1}$，那么 $(\boldsymbol{A}\boldsymbol{B})^{-1}=\boldsymbol{B}^{-1}\boldsymbol{A}^{-1}$。

（2）证明如果一个方阵 $\boldsymbol{G}$ 存在逆矩阵，那么逆矩阵和广义逆矩阵是相等的。

（3）证明如果数据的方差-协方差矩阵是对角矩阵 $\boldsymbol{\sigma}_d^2=\boldsymbol{\sigma}_{ij}^2\boldsymbol{\delta}_{ij}$（不求和），那么它的逆矩阵是另一个对角矩阵 $\boldsymbol{W}_d=\boldsymbol{\delta}_{ij}/\boldsymbol{\sigma}_{ij}^2$（同样不求和）。

（4）证明模型的方差-协方差矩阵［方程（7.2-32）］$\boldsymbol{\sigma}_m^2=\boldsymbol{G}^{-g}\boldsymbol{\sigma}_d^2(\boldsymbol{G}^{-g})^{\mathrm{T}}$，当数据误差彼此不相关，但相等时，$\boldsymbol{\sigma}_m^2=\boldsymbol{\sigma}^2(\boldsymbol{G}^T\boldsymbol{G})^{-1}$。那么，数据方差-协方差矩阵为单位矩阵的常数倍 $\boldsymbol{\sigma}_d^2=\boldsymbol{\sigma}^2\boldsymbol{\delta}_{ij}$。

（5）证明数据误差彼此不相关且不相等时，数据方差-协方差矩阵是对角矩阵 $\boldsymbol{\sigma}_d^2=\boldsymbol{\sigma}_{ij}^2\boldsymbol{\delta}_{ij}$，其逆矩阵为 $\boldsymbol{W}_d$［（问题 3）］。

①反演问题的最小二乘准则［方程（7.2-14）］得到的加权最小二乘解为 $\Delta\boldsymbol{m}=(\boldsymbol{G}^{\mathrm{T}}\boldsymbol{W}_d\boldsymbol{G})^{-1}\boldsymbol{G}^{\mathrm{T}}\boldsymbol{W}_d\Delta\boldsymbol{d}$。

②模型方差-协方差矩阵为 $\boldsymbol{\sigma}_m^2=(\boldsymbol{G}^{\mathrm{T}}\boldsymbol{W}_d\boldsymbol{G})^{-1}$。

（6）对于一个均匀半空间模型，已知速度 α 和 β。

①证明如何同时利用 P 波和 S 波初至作为观测数据求解地震位置。写出数据向量、模型向量和偏导数矩阵。将这些参量与单独使用 P 波数据时的表达形式进行对比。

②证明如何只利用 P 波和 S 波初至到时差作为观测数据求解地震位置。写出数据向量、模型向量和偏导数矩阵。说明这些参量与单独使用 P 波数据时的表达形式有何异同。如果知道 P 波速度，如何求解该反演问题？理解何种条件下该方法有效？

(7) 对于图 7.3-2 中理想化的走时层析成像实验。

①如果四条射线路径彼此不是相互独立的，证明式(7.3-10)中矩阵 $\boldsymbol{G}$ 的某一行元素如何由其他行得到。解释其物理含义。

②找出式(7.3-6)中矩阵 $\boldsymbol{G}$ 线性不相关的四行元素，并解释其物理含义。

编程

(1) 写一个子程序，求解矩阵 $\boldsymbol{G}(n\times r)$ 的广义逆 $\boldsymbol{G}^{-g}=(\boldsymbol{G}^{\mathrm{T}}\boldsymbol{G})^{-1}\boldsymbol{G}^{\mathrm{T}}$。用一个方阵来检验该程序，直接求方阵的逆矩阵，应该与广义逆的解相等。

(2) 对于一个均匀半无限模型，P 波速度为 α。

①写一个子程序，计算两点 (x,y,z) 和 (x_i,y_i,z_i) 之间的距离和走时。用一些简单的例子测试程序。

②写一个程序读取 n 个地震台站的位置、发震位置、发震时刻和介质速度，利用①中的子程序获得每个台站记录到的地震波到时。

③写一个程序，利用①中的子程序计算一个台站的初至到时数据，对可变模型参数(发震位置、发震时刻、介质速度)求偏导数。

④修改②中的程序，对初始模型求地震波到时(假定发展位置、发震时刻和介质速度)，然后基于该合成到时数据，利用(1)的子程序，反演求解最佳拟合模型获得地震位置，当模型改变量小于设定的阈值时，迭代过程终止。该程序应该能够选择同时反演介质速度或把速度固定为初始值，只反演其他模型参量。

(3) 设定一组地震台站位置，用一个“真实”的发震时刻和位置，不正确的初始模型来测试上述地震定位程序。反演结果应该能得到“真实”模型。当测试无误时，利用电脑生成随机噪声加入观测数据，再次进行反演获得最佳拟合模型，注意观察当数据中的噪声逐渐增大时，对反演结果有什么影响。同时反演介质速度或者将其当作固定值不参与迭代反演时，对反演结果又有什么样的影响。

(4) 针对(3)中的情况，计算同时考虑介质速度，比较目标函数分别为 χ^2 和 χ_v^2 的反演结果；不考虑介质速度，把它固定为一个不正确的速度值，比较目标函数分别为 χ^2 和 χ_v^2 的反演结果。对比上述两种情况。利用 F 检验测试，观察增加模型参数(介质速度)是否明显提高了反演结果的拟合度。

附录：

数学和计算方法背景知识

如果你希望了解自然，欣赏自然，你必须明白她所说的语言。她只用一种形式展现其信息；而我们不应该妄自尊大地要求她按照我们的愿望而变化。(Richard Feynman，1982，*The Character of Physical Law*)

A.1 引言

地震学研究遵循许多一般性的科学研究规律。首先，确定试图研究的现象，例如地震波在固体地球内的传播。然后，考虑最简单的相关物理过程，例如单一频率的波在均匀介质中的传播，据此进行数学建模并制定解决方案。基于这个解决方案，可以针对更复杂的问题建立相应的数学模型，理想情况下，每个更复杂的模型应该更接近于复杂的真实地球。简单的数学问题可能求得解析解，但更复杂化问题的求解需要用到数值计算技术。

在解决物理学问题时，通常要依赖很多数学方法与技术。根据经验所知，尽管很多读者对本书中的大部分数学公式已比较熟悉，但做一个总结性回顾还是很有必要的。本附录简要地对较为广泛的内容进行总结。第一部分包含一些数学概念，最后一部分回顾一些科学研究中所需用到的计算机知识。

在使用这些数学方法与技术时，要时刻谨记我们是在利用数学方法的一些特殊能力去解决物理学问题。这种能力指的是，如果一个物理问题能够正确地用数学语言来描述，然后用数学的方法求解，其结论可能出人意料，甚至看似无关，但它是对物理世界的准确描述。例如，在 2.4 节中，基于弹性方程和向量计算得到地震波的特性。同样在 2.5 节基于三个不同的物理学公式推导获得可以观测到的斯涅尔定律。反之，很多不同的物理现象可以使用类似的数学方法描述，也因此可以发现不同现象之间深层次的相似性。事后看来这些发现不足为奇，这是因为我们熟悉的许多数学方法是为解决这样的物理学问题而开发的，从而显示科学，比如地震学与数学之间的密切联系[①]。

① 量子物理学的先驱之一，δ 函数的发明人保罗·狄拉克认为："数学之美是一个指导原则，一个方程式的数学之美比其对物理学实验数据的拟合更重要。"但大多数地震学家对此持保留意见。

A.2 复数

在几个应用中，特别是在描述波的传播和其频谱时，复数非常适用。这里简要回顾复数的一些属性。

复数 $z=a+\mathrm{i}b$，其中 $\mathrm{i}=\sqrt{-1}$，实部为 a，虚部为 b。这些关系有时也写为 $a=\mathrm{Re}(z)$ 和 $b=\mathrm{Im}(z)$。复数可用复平面上的点表示，x_1 轴为实轴，x_2 轴为虚轴（图 A.2-1）。另外，复数也可以用极坐标形式表示为

$$z=a+\mathrm{i}b=re^{\mathrm{i}\theta}=r(\cos\theta+\mathrm{i}\sin\theta) \tag{A.2-1}$$

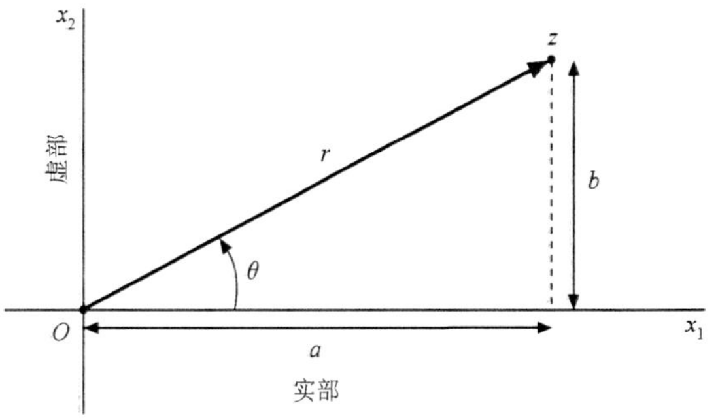

图 A.2-1 一个复数在复平面中可以表示成实部和虚部的形式 $z=a+\mathrm{i}b$，或者极坐标形式 $re^{\mathrm{i}\theta}$。

在极坐标形式中复数的模 r 和相位角 θ，可以用实部和虚部表示为

$$r=\sqrt{a^2+b^2},\quad \theta=\tan^{-1}(b/a) \tag{A.2-2}$$

相反有

$$a=r\cos\theta,\quad b=r\sin\theta \tag{A.2-3}$$

为了用复平面的四个象限描述复数，θ 的范围从 0～2π。由于反正切函数的周期是 π，那么需要利用实部和虚部的符号以获得正确的相位。

复数相等指的是它们有相同的实部和虚部。两个形如 $(a+\mathrm{i}b)$ 的复数相加就是实部和虚部对应相加：

$$(a_1+\mathrm{i}b_1)+(a_2+\mathrm{i}b_2)=(a_1+a_1)+\mathrm{i}(b_1+b_2) \tag{A.2-4}$$

复数相乘可以写成 $(a+\mathrm{i}b)$ 形式：

$$(a_1+\mathrm{i}b_1)(a_2+\mathrm{i}b_2)=(a_1a_2+b_1b_2)+\mathrm{i}(a_1b_2+a_2b_1) \tag{A.2-5}$$

或者写成模和相位的形式：

$$r_1 e^{i\theta_1} r_2 e^{i\theta_2} = r_1 r_2 e^{i(\theta_1+\theta_2)} \tag{A.2-6}$$

复数 z 的共轭为 z^*，它们有相同的实部和符号相反的虚部：

$$\begin{aligned} z^* &= a - ib = r\cos\theta - ir\sin\theta \\ &= r\cos(-\theta) + ir\sin(-\theta) = re^{-i\theta} \end{aligned} \tag{A.2-7}$$

一对共轭复数具有相同的模和相反的相位角。因此，一个复数模的平方可以用复数和其共轭的相乘得到：

$$\begin{aligned} |z|^2 &= zz^* = (a+ib)(a-ib) \\ &= (a^2+b^2) = re^{i\theta}re^{-i\theta} = r^2 \end{aligned} \tag{A.2-8}$$

结合欧拉公式：

$$e^{i\theta} = \cos\theta + \sin\theta \text{和} e^{-i\theta} = \cos\theta - i\sin\theta \tag{A.2-9}$$

可以得到余弦和正弦函数的复指数形式：

$$\cos\theta = (e^{i\theta} + e^{-i\theta})/2 \text{和} \sin\theta = (e^{i\theta} - e^{-i\theta})/2i \tag{A.2-10}$$

据此可得，三角函数角度的求和公式：

$$e^{i(\theta_1+\theta_2)} = \cos(\theta_1+\theta_2) + i\sin(\theta_1+\theta_2) \tag{A.2-11}$$

以及通过式(A.2-6)得到：

$$\begin{aligned} e^{i(\theta_1+\theta_2)} &= e^{i\theta_1}e^{i\theta_2} = (\cos\theta_1 + i\sin\theta_1)(\cos\theta_2 + i\sin\theta_2) \\ &= (\cos\theta_1\cos\theta_2 - \sin\theta_1\sin\theta_2) \\ &\quad + i(\sin\theta_1\cos\theta_2 + \cos\theta_1\sin\theta_2) \end{aligned} \tag{A.2-12}$$

式(A.2-11)和式(A.2-12)的实部与虚部相对应可以发现：

$$\cos(\theta_1+\theta_2) = \cos\theta_1\cos\theta_2 - \sin\theta_1\sin\theta_2 \tag{A.2-13}$$

以及

$$\sin(\theta_1+\theta_2) = \sin\theta_1\cos\theta_2 + \cos\theta_1\sin\theta_2 \tag{A.2-14}$$

这些表达式关于 θ_1 和 θ_2 对称。相应的两个角度相减的三角函数关系可以通过改变 θ_2 的符号实现。令 $\theta_1 = \theta_2$ 可以得到 $\cos(2\theta)$ 和 $\sin(2\theta)$ 的表达式。

两个三角函数的乘积也可以用复指数表示：

$$\begin{aligned} \cos\theta_1\cos\theta_2 &= \frac{(e^{i\theta_1} + e^{-i\theta_1})}{2}\frac{(e^{i\theta_2} + e^{-i\theta_2})}{2} \\ &= \frac{1}{4}[(e^{i(\theta_1+\theta_2)} + e^{-i(\theta_1+\theta_2)}) \\ &\quad + (e^{i(\theta_1-\theta_2)} + e^{-i(\theta_1-\theta_2)})] \\ &= \frac{1}{2}[\cos(\theta_1+\theta_2) + \cos(\theta_1-\theta_2)] \end{aligned} \tag{A.2-15}$$

类似地，

$$\begin{aligned} \sin\theta_1\sin\theta_2 &= \frac{(e^{i\theta_1} - e^{-i\theta_1})}{2i}\frac{(e^{i\theta_2} - e^{-i\theta_2})}{2i} \\ &= \frac{1}{4}[(e^{i(\theta_1-\theta_2)} + e^{-i(\theta_1-\theta_2)}) \\ &\quad - (e^{i(\theta_1+\theta_2)} + e^{-i(\theta_1+\theta_2)})] \\ &= \frac{1}{2}[\cos(\theta_1-\theta_2) - \cos(\theta_1+\theta_2)] \end{aligned} \tag{A.2-16}$$

A.3 标量和向量

A.3.1 定义

在地震学中，我们常用到几种类型的物理量。其中最简单的为标量，用数字来描述不依赖于坐标系的给定一点的物理性质。温度、压力、质量和密度都是熟悉的例子。在数学上，如果一个点在一个坐标系中描述为 (x_1, x_2, x_3)，在第二个坐标系中描述为 (x_1', x_2', x_3')，则标量函数 ϕ 在第一坐标系与在第二坐标系中是相等的，即：

$$\phi(x_1, x_2, x_3) = \phi'(x_1', x_2', x_3') \tag{A.3-1}$$

两点之间的距离是一个标量，虽然点的坐标依赖于坐标系，但两点之间的距离与坐标系无关。

向量则变得复杂，它具有大小和方向。在地震学中最常见的向量是地球内部一质点由于地震波传播而产生的振动，或者位移。向量在不同坐标系之间可通过特定的方式进行变换。因此，如果用地震计记录到地面的水平运动位于东北-西南和西北-东南的坐标系中，那么可利用向量的性质计算其在南北和东西坐标系中相应的位移。之后将会看到，尽管向量分量依赖于坐标系，但向量的大小和方向保持不变。

考虑常用的笛卡儿坐标系(图 A.3-1)，具有三个互相垂直(或正交)的坐标轴。此类坐标系的表示方法有两种标准形式：一个是 x_1, x_2, x_3，另一个是 x, y, z。每个标准形式都有其优点。用 x_1, x_2, x_3 可以更方便地派生一些其他形式，而用 x, y, z 有时能够更清晰地反映物理问题。在本附录中使用 x_1, x_2, x_3，而在其他讨论中视表述问题的方便性进行选择。

一个点在笛卡儿坐标系中描述为 x_1、x_2、x_3。因为一个向量可以定义为一条从原点 $(0, 0, 0)$ 开始，到点 (u_1, u_2, u_3) 终止的直线，这三个数字 u_1、u_2、u_3 是向量 $\boldsymbol{u}$ 的分量。向量可以用黑体字或一组分量表示：

$$\boldsymbol{u} = (u_1, u_2, u_3) = (u_x, u_y, u_z) \tag{A.3-2}$$

笛卡儿坐标系可以表示为三个沿着 x_1、x_2 和 x_3 轴的正交单位向量 $\hat{\boldsymbol{e}}_1$、$\hat{\boldsymbol{e}}_2$ 和 $\hat{\boldsymbol{e}}_3$：

$$\hat{e}_1=(1,0,0),\ \hat{e}_2=(0,1,0),\ \hat{e}_3=(0,0,1) \quad (A.3\text{-}3)$$

上述插入符号，或者“帽子”上标，表示长度为 1 的单位向量。向量 $\boldsymbol{u}$ 可以由它的分量和单位向量构成：

$$\boldsymbol{u}=u_1\hat{e}_1+u_2\hat{e}_2+u_3\hat{e}_3=(u_1,u_2,u_3) \quad (A.3\text{-}4)$$

现在，考虑第二个笛卡儿坐标系，有相同的原点但有不同的坐标轴 x_1'、x_2'、x_3'，沿着每个坐标轴的单位向量为 $\hat{e}_1'$、$\hat{e}_2'$、$\hat{e}_3'$（图 A.3-2）。在这个坐标系中，向量 $\boldsymbol{u}$ 有不同的分量，表示为

$$\boldsymbol{u}=u_1'\hat{e}_1'+u_2'\hat{e}_2'+u_3'\hat{e}_3'=(u_1',u_2',u_3') \quad (A.3\text{-}5)$$

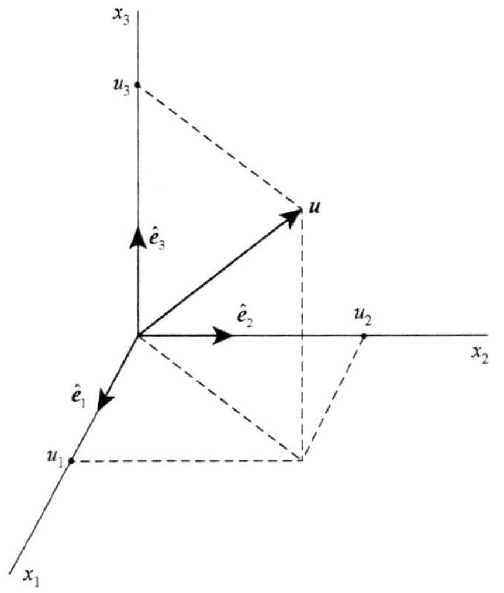

图 A.3-1 向量 $\boldsymbol{u}$ 用笛卡儿坐标系的单位向量和其分量表示：$\boldsymbol{u}=u_1\hat{e}_1+u_2\hat{e}_2+u_3\hat{e}_3$。

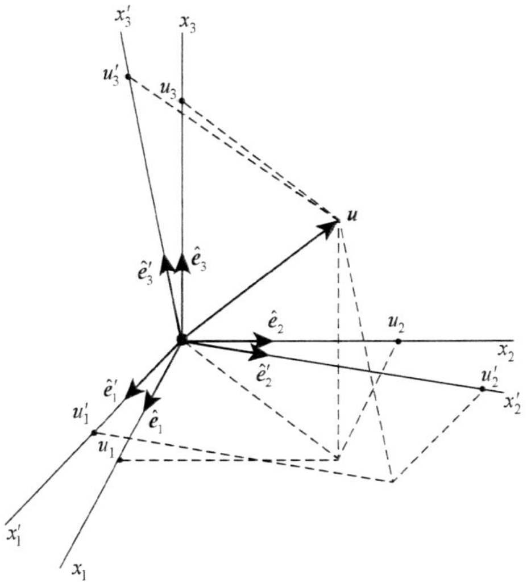

图 A.3-2 向量 $\boldsymbol{u}$ 可以由两个正交的笛卡儿坐标系中的单位向量和它在各坐标系中的分量表示：$\boldsymbol{u}=u_1\hat{e}_1+u_2\hat{e}_2+u_3\hat{e}_3=u_1'\hat{e}_1'+u_2'\hat{e}_2'+u_3'\hat{e}_3'$。虽然各坐标系的分量不同，但表示的向量是相同的。

因此，相同的物理向量在不同的坐标系中用不同的基向量和不同的分量来表示。在不同的坐标系中向量保持不变，尽管其三个分量会发生变化。比如牛顿定律，力的向量等于物体质量和加速度向量（位移对时间的二次导数）的乘积，物理定律都可写成向量的形式，因为物理现象不依赖于描述它所使用的具体坐标系。

向量的长度或者模 $|\boldsymbol{u}|$ 是一个标量，且其在不同坐标系中都相同。根据毕达哥拉斯定理（Pythagorean theorem，又称勾股定理），向量的长度为

$$|\boldsymbol{u}|=(u_1^2+u_2^2+u_3^2)^{1/2}=(u_1'^2+u_2'^2+u_3'^2)^{1/2} \quad (A.3\text{-}6)$$

零向量在任意坐标系中的分量都是零，模也是零。

一个向量既可在笛卡儿坐标系中用三个分量表示，也可在极坐标系中用模和方向表示。例如在二维坐标系 (x_1,x_2) 中（图 A.3-3），向量 $\boldsymbol{v}$ 可以写成：

$$\boldsymbol{v}=(v_1,v_2) \quad (A.3\text{-}7)$$

它的模大小为

$$|\boldsymbol{v}|=(v_1^2+v_2^2)^{1/2} \quad (A.3\text{-}8)$$

方向由向量 $\boldsymbol{v}$ 与 x_1 轴的夹角 θ 确定：

$$\theta=\tan^{-1}(v_2/v_1) \quad (A.3\text{-}9)$$

正如 $|\boldsymbol{v}|$ 和 θ 可以用向量的分量表示，向量的分量也可以由 $|\boldsymbol{v}|$ 和 θ 表示：

$$v_1=|\boldsymbol{v}|\cos\theta,\ v_2=|\boldsymbol{v}|\sin\theta \quad (A.3\text{-}10)$$

以此类推，在三维坐标系中，一个向量可表示为三分量形式，也可由基模及其任意两个坐标轴的夹角表示。值得注意的是，数学上定义的角度是从 x_1 轴逆时针旋转到向量，不同于地理学上的定义是从正北方向（x_2 轴）顺时针旋转到向量方向。

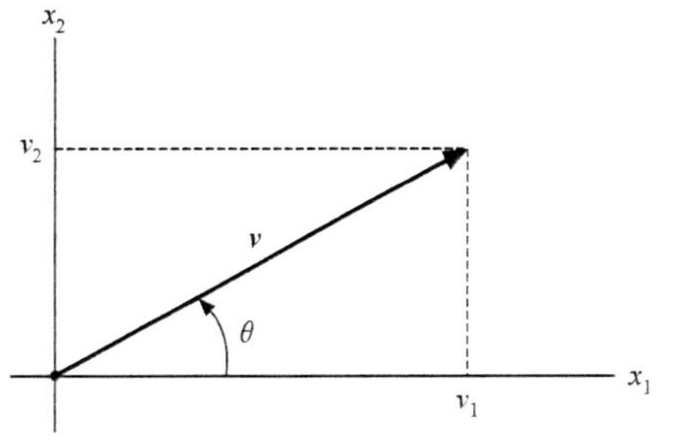

图 A.3-3 在二维坐标系中向量与 x_1 轴的夹角为 θ。

A.3.2 向量的基本运算

最简单的向量运算是一个向量与标量的乘积：

$$\alpha\boldsymbol{u}=(\alpha u_1,\alpha u_2,\alpha u_3) \quad (A.3\text{-}11)$$

例如在二维坐标系中，

$$\alpha \boldsymbol{v} = (\alpha v_1, \alpha v_2) \qquad (A.3\text{-}12)$$

新向量的模为

$$((\alpha v_1)^2 + (\alpha v_2)^2)^{1/2} = |\alpha|(v_1^2 + v_2^2)^{1/2} = |\alpha||\boldsymbol{v}| \qquad (A.3\text{-}13)$$

方向为

$$\tan\theta = \alpha v_2 / a v_1 = v_2 / v_1 \qquad (A.3\text{-}14)$$

可见，向量与一个正标量的乘积，仅改变向量的大小，其方向保持不变。类似地，向量与一个负标量的乘积，不仅改变向量的大小，且其方向与之前相反。$\hat{\boldsymbol{u}}$ 表示向量 $\boldsymbol{u}$ 方向的单位向量，由向量 $\boldsymbol{u}$ 和它的模相除得到：

$$\hat{\boldsymbol{u}} = \boldsymbol{u} / |\boldsymbol{u}| \qquad (A.3\text{-}15)$$

两个向量的和形成另一向量，该向量分量为这两个向量对应坐标分量的和：

$$\begin{aligned} \boldsymbol{a} &= a_1\hat{\boldsymbol{e}}_1 + a_2\hat{\boldsymbol{e}}_2 + a_3\hat{\boldsymbol{e}}_3, \\ \boldsymbol{b} &= b_1\hat{\boldsymbol{e}}_1 + b_2\hat{\boldsymbol{e}}_2 + b_3\hat{\boldsymbol{e}}_3, \\ \boldsymbol{a}+\boldsymbol{b} &= (a_1+b_1)\hat{\boldsymbol{e}}_1 + (a_2+b_2)\hat{\boldsymbol{e}}_2 + (a_3+b_3)\hat{\boldsymbol{e}}_3 \\ &= \boldsymbol{b}+\boldsymbol{a} \end{aligned} \qquad (A.3\text{-}16)$$

向量相加可以形象地表示为（图 A.3-4）保持一个向量的方向不变，移动它，使其“尾”与另一个向量的“头”相连，连接另外的“头尾”形成的新向量为两向量的和。例如作用在物体上的合力的向量为各个分力的和。例如式（A.3-16）和图 A.3-4 表明了向量相加是可以互换的，与相加的前后顺序无关。

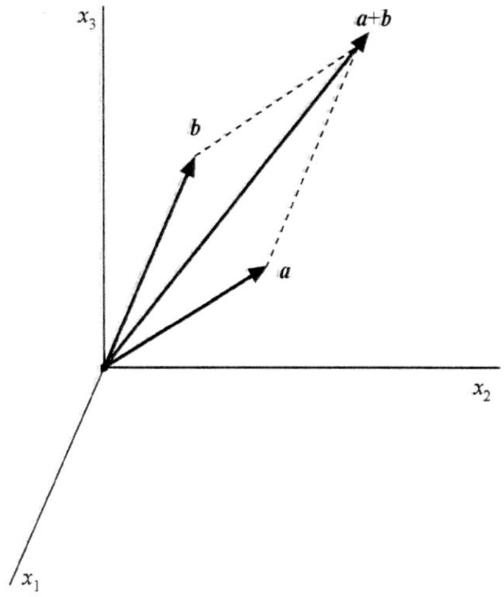

图 A.3-4 向量 $\boldsymbol{a}$ 和 $\boldsymbol{b}$ 相加。向量相加既可用分量分别相加得到，也可用图形表示。向量相加是可以交换的，与相加的顺序无关。

A.3.3 标量积

向量相乘有两种方式：第一种是标量积（也叫点积或内积），其结果是个标量：

$$\boldsymbol{a}\cdot\boldsymbol{b} = a_1b_1 + a_2b_2 + a_3b_3 = |\boldsymbol{a}||\boldsymbol{b}|\cos\theta \qquad (A.3\text{-}17)$$

其中，θ 是两个向量的夹角。点积的两种定义方式是等价的。考虑在二维坐标系中（图 A.3-5）的两个向量 $\boldsymbol{a} = (a_1, a_2)$ 和 $\boldsymbol{b} = (b_1, b_2)$。如果向量 $\boldsymbol{a}$ 和向量 $\boldsymbol{b}$ 与 x_1 轴的夹角分别为 θ_1 和 θ_2，那么：

$$\boldsymbol{a}\cdot\boldsymbol{b} = |\boldsymbol{a}||\boldsymbol{b}|\cos\theta = |\boldsymbol{a}||\boldsymbol{b}|\cos(\theta_2 - \theta_1) \qquad (A.3\text{-}18)$$

利用公式（A.2-13）的三角函数定义，则有

$$\cos\theta = \cos(\theta_2 - \theta_1) = \cos\theta_1\cos\theta_2 + \sin\theta_1\sin\theta_2 \qquad (A.3\text{-}19)$$

由于

$$\cos\theta_1 = a_1 / (a_1^2 + a_2^2)^{1/2}, \quad \sin\theta_1 = a_2 / (a_1^2 + a_2^2)^{1/2} \qquad (A.3\text{-}20)$$

类似地，可以得到 θ_2 的三角函数表示，将式（A.3-18）转化为

$$|\boldsymbol{a}||\boldsymbol{b}|\cos\theta = \frac{|\boldsymbol{a}||\boldsymbol{b}|(a_1b_1 + a_2b_2)}{(a_1^2 + a_2^2)^{1/2}(b_1^2 + b_2^2)^{1/2}} = a_1b_1 + a_2b_2 \qquad (A.3\text{-}21)$$

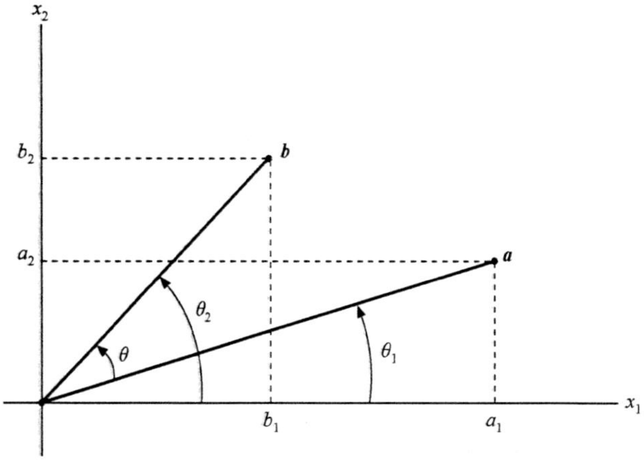

图 A.3-5 点积 $\boldsymbol{a}\cdot\boldsymbol{b}$ 在二维坐标系中的定义。

从式（A.3-17）可以看出点积的几个特征：

①交换律 $\boldsymbol{a}\cdot\boldsymbol{b} = \boldsymbol{b}\cdot\boldsymbol{a}$。

②两个相互垂直的向量的点积为零，因为 $\cos 90° = 0$。

③向量和它本身的点积为向量模的平方：

$$\boldsymbol{a}\cdot\boldsymbol{a} = a_1a_1 + a_2a_2 + a_3a_3 = |\boldsymbol{a}|^2 \qquad (A.3\text{-}22)$$

向量点积的定义可广义化为分量为复数的复向量的情况。对于向量 $\boldsymbol{a} = (\mathrm{i}, 1, 0)$，其中 $\mathrm{i} = \sqrt{-1}$，应用式（A.3-22）中向量 $\boldsymbol{a}$ 的模的平方为零。因我们希望零向量的各分量均为零，则式（A.3-17）的广义定义为

$$\boldsymbol{a}\cdot\boldsymbol{b} = a_1^*b_1 + a_2^*b_2 + a_3^*b_3 \qquad (A.3\text{-}23)$$

其中，*表示复共轭，即复数向量的内积为前一个向量中各分量的共轭与后一个向量中各分量对应相乘然后相加。那么式（A.3-22）可以表示为

$$\boldsymbol{a}\cdot\boldsymbol{a} = a_1^*a_1 + a_2^*a_2 + a_3^*a_3 = |\boldsymbol{a}|^2 \qquad (A.3\text{-}24)$$

例如 $|(\mathrm{i},1,0)|^2 = (\mathrm{i})(-\mathrm{i}) + (1)(1) = 2$。对分量为实数的复向

量，其内积定义简化为式(A.3-17)和式(A.3-22)的形式。

在笛卡儿坐标系中，坐标轴单位向量之间的关系可以很容易用内积来表示。因为它们之间相互垂直，所以任意两个的内积为零：

$$\hat{e}_1 \cdot \hat{e}_2 = \hat{e}_1 \cdot \hat{e}_3 = \hat{e}_2 \cdot \hat{e}_3 = 0 \qquad \text{(A.3-25)}$$

它们和自身的点积，即模的平方为

$$\hat{e}_1 \cdot \hat{e}_1 = \hat{e}_2 \cdot \hat{e}_2 = \hat{e}_3 \cdot \hat{e}_3 = 1 \qquad \text{(A.3-26)}$$

因此单位向量之间是标准正交的，任意一个向量和其他向量正交，且其模为单位 1。

向量在坐标轴上的投影或分量，为向量与该坐标轴单位向量的点积。根据这一理论，向量的某一分量可由该向量在相应坐标轴上的投影求得。因此，向量 $\boldsymbol{u}$ 的 x_1 分量为

$$\boldsymbol{u} \cdot \hat{e}_1 = (u_1\hat{e}_1 + u_2\hat{e}_2 + u_3\hat{e}_3) \cdot \hat{e}_1 = u_1 \qquad \text{(A.3-27)}$$

其他分量的定义与之类似。

A.3.4　向量积

第二种向量之间的乘法为向量积或者叫叉积。两个向量的叉积形成第三个向量：

$$\boldsymbol{a} \times \boldsymbol{b} = (a_2b_3 - a_3b_2)\hat{e}_1 + (a_3b_1 - a_1b_3)\hat{e}_2 + (a_1b_2 - a_2b_1)\hat{e}_3 \qquad \text{(A.3-28)}$$

也可以写成矩阵的形式：

$$\boldsymbol{a} \times \boldsymbol{b} = \begin{vmatrix} \hat{e}_1 & \hat{e}_2 & \hat{e}_3 \\ a_1 & a_2 & a_3 \\ b_1 & b_2 & b_3 \end{vmatrix} \qquad \text{(A.3-29)}$$

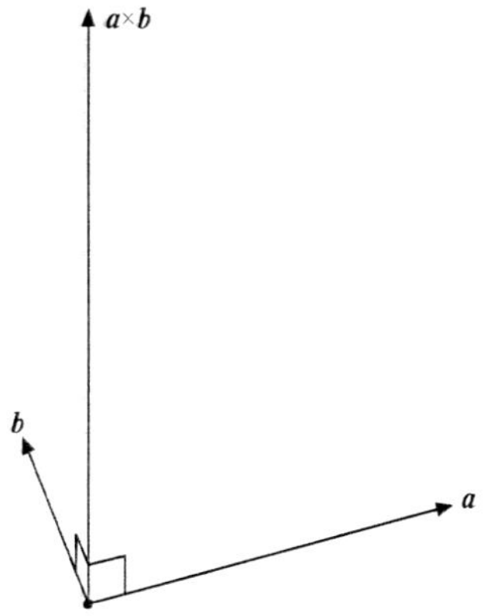

图 A.3-6　图中表示右手定则确定向量积 $\boldsymbol{a} \times \boldsymbol{b}$ 的方向。

两个向量的向量积产生的新向量与它们都垂直。例如，如果向量 $\boldsymbol{a}$ 和 $\boldsymbol{b}$ 都在 x_1-x_2 的平面上，那么根据式(A.3-28)可得 $a_3 = b_3 = 0$，两者的向量积只剩下 $\hat{e}_3$ 方向的分量，即 $\boldsymbol{a} \cdot (\boldsymbol{a} \times \boldsymbol{b}) = \boldsymbol{b} \cdot (\boldsymbol{a} \times \boldsymbol{b}) = 0$。在几何学上，向量积遵循“右手定则”(图 A.3-6)：如果右手的手指从 $\boldsymbol{a}$ 旋转到 $\boldsymbol{b}$，那么拇指的方向就是 $\boldsymbol{a} \times \boldsymbol{b}$ 的方向。向量叉积的模为

$$|\boldsymbol{a} \times \boldsymbol{b}| = |\boldsymbol{a}||\boldsymbol{b}|\sin\theta \qquad \text{(A.3-30)}$$

其中，θ 为两个向量之间的夹角。平行向量的向量积为零，因为 $\sin 0° = 0$，所以向量和自身的向量积为零。

向量积常常用于描述物理旋转关系，如 2.5 节描述的岩石圈运动。如果一个物体在半径为 $\boldsymbol{r}$ 的圆上旋转，那么它的线速度为

$$\boldsymbol{v} = \boldsymbol{\omega} \times \boldsymbol{r} \qquad \text{(A.3-31)}$$

其中，$\boldsymbol{\omega}$ 为旋转角速度，方向沿着旋转轴的方向，大小为 $|\boldsymbol{\omega}|$ (图 A.3-7)。类似地，向量积可用于定义力矩，描述角动量变化的速度。如果作用力为 $\boldsymbol{F}$，作用点距离为 $\boldsymbol{r}$，则力矩为

$$\boldsymbol{\tau} = \boldsymbol{r} \times \boldsymbol{F} \qquad \text{(A.3-32)}$$

例如力矩在 x_3 轴的分量 $\tau_3 = (r_1F_2 - r_2F_1)$，对于每个分量而言，力矩的方向都是逆时针方向，表示为其与相应力臂的乘积，力臂定义为作用点到坐标轴的垂直距离(图 A.3-8)。

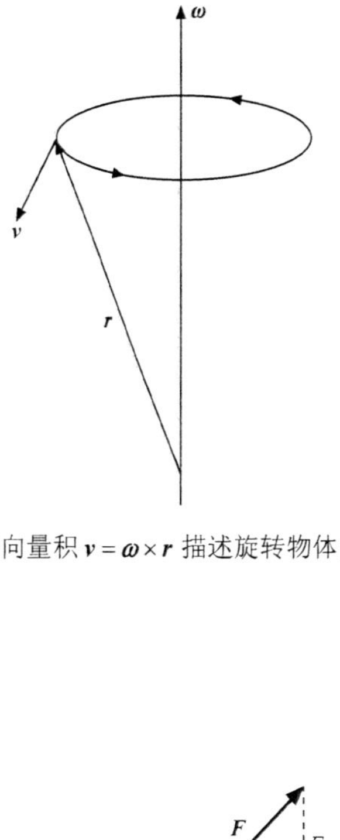

图 A.3-7　用向量积 $\boldsymbol{v} = \boldsymbol{\omega} \times \boldsymbol{r}$ 描述旋转物体的线速度。

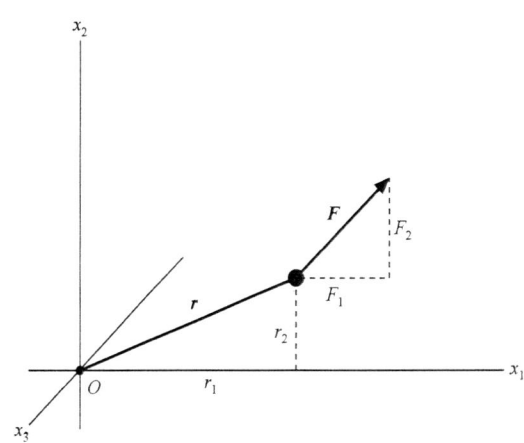

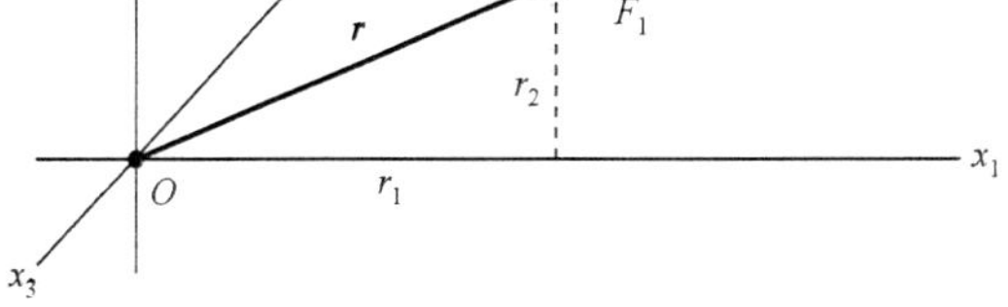

图 A.3-8　向量积 $\boldsymbol{\tau} = \boldsymbol{r} \times \boldsymbol{F}$ 表示的力矩在 x_3 轴方向的分量为 $r_1F_2 - r_2F_1$，r_1F_2 大于 r_2F_1，所以物体绕 x_3 轴逆时针方向旋转。

向量积存在如下一些有用的特征，其证明作为附录末的问题。

$$\begin{aligned}&\boldsymbol{a}\cdot(\boldsymbol{b}+\boldsymbol{c})=\boldsymbol{a}\cdot\boldsymbol{b}+\boldsymbol{a}\cdot\boldsymbol{c}\\&\boldsymbol{a}\times(\boldsymbol{b}+\boldsymbol{c})=\boldsymbol{a}\times\boldsymbol{b}+\boldsymbol{a}\times\boldsymbol{c}\\&\boldsymbol{a}\cdot(\boldsymbol{b}\times\boldsymbol{c})=\boldsymbol{b}\cdot(\boldsymbol{c}\times\boldsymbol{a})=\boldsymbol{c}\cdot(\boldsymbol{a}\times\boldsymbol{b})\\&\boldsymbol{a}\times(\boldsymbol{b}\times\boldsymbol{c})=\boldsymbol{b}(\boldsymbol{a}\cdot\boldsymbol{c})-\boldsymbol{c}(\boldsymbol{a}\cdot\boldsymbol{b})\end{aligned} \tag{A.3-33}$$

A.3.5 索引符号

矢量公式，例如向量积的定义，以分量的形式表示可能显得很复杂，使用索引符号(或指标)来表示则简单很多，即假设一个索引符号可以表示所有可能的坐标轴。例如向量 $\boldsymbol{u}=(u_1,u_2,u_3)$ 可以写成 u_i，i 代表 1，2 或者 3。用该符号，数积可以表示为

$$\boldsymbol{a}\cdot\boldsymbol{b}=a_1b_1+a_2b_2+a_3b_3=\sum_{i=1}^{3}a_ib_i \tag{A.3-34}$$

因为对所有坐标求和经常出现，可以采用爱因斯坦求和约定：对单项而言，其索引符号重复出现两次且仅两次则意味着对所有索引元素求和，求和符号也不需写出。因此，两个实数向量的数积可以写为

$$\boldsymbol{a}\cdot\boldsymbol{b}=a_ib_i \tag{A.3-35}$$

将索引符号所代表的所有元素求和。类似地，实数向量模的平方可以写成：

$$|\boldsymbol{u}|^2=u_iu_i \tag{A.3-36}$$

重复的索引号称为“哑”指标，就像一个虚拟的积分变量，因为它只在求和时使用。比如表达形式 u_iu_i 实际是标量。相比之下，u_i 是一个向量，其中 i 为自由指标。

引入两个特殊符号：δ_{ij} 和 ε_{ijk} 可以进一步简化上述指标。克罗内克(Kronecker)函数 δ_{ij} 定义为

$$\delta_{ij}=\begin{cases}0, & i\neq j\\1, & i=j\end{cases} \tag{A.3-37}$$

例如，$\delta_{11}=1$ 但 $\delta_{12}=0$。利用克罗内克函数，笛卡儿坐标单位向量之间的关系［式(A.3-25)和式(A.3-26)］可以简化为

$$\hat{\boldsymbol{e}}_i\cdot\hat{\boldsymbol{e}}_j=\delta_{ij} \tag{A.3-38}$$

基于离散变量 i 和 j 定义的克罗内克函数类似于描述连续变量的 δ 函数(6.2.5 节)。

排列(permutation)符号 ε_{ijk} 定义为

$\varepsilon_{ijk}=0$，如果有任意两个指标相同；

$\varepsilon_{ijk}=1$，如果 i、j、k 是按顺序排列的，例如(1, 2, 3)，(2, 3, 1)或者(3, 1, 2)；

$\varepsilon_{ijk}=-1$，如果 i、j、k 不是按顺序排列的，例如(2, 1, 3)，(3, 2, 1)或者(1, 3, 2)

(A.3-39)

如果索引号是按顺序排列的，称为偶排列或循环；如果是不按顺序排列的，称为奇排列。由于定义的对称性，一个有用的关系是(其证明留作附录末的问题)：

$$\varepsilon_{ijk}\varepsilon_{ist}=\delta_{js}\delta_{kt}-\delta_{jt}\delta_{ks} \tag{A.3-40}$$

据上所述，向量积的定义［式(A.3-28)］可以表示为

$$(\boldsymbol{a}\times\boldsymbol{b})_i=\sum_{j=1}^{3}\sum_{k=1}^{3}\varepsilon_{ijk}a_jb_k=\varepsilon_{ijk}a_jb_k \tag{A.3-41}$$

其中，后面的表示形式用到了爱因斯坦求和约定。通过排列符号可以看到向量积最后得到一个向量，因为只剩下指标 i 是自由的，指标 j 和 k 都是重复的，表示求和。为了验证上述定义是否正确，我们展开 $i=2$ 的情况：

$$\begin{aligned}(\boldsymbol{a}\times\boldsymbol{b})_2&=\varepsilon_{211}a_1b_1+\varepsilon_{212}a_1b_2+\varepsilon_{213}a_1b_3\\&+\varepsilon_{221}a_2b_1+\varepsilon_{222}a_2b_2+\varepsilon_{223}a_2b_3\\&+\varepsilon_{231}a_3b_1+\varepsilon_{232}a_3b_2+\varepsilon_{233}a_3b_3\\&=(a_3b_1-a_1b_3)\end{aligned} \tag{A.3-42}$$

因为其中的非零部分只有 $\varepsilon_{213}=-1$ 和 $\varepsilon_{231}=1$。据此给出一个向量积的有趣特征。因为数积满足交换律，即 $a_ib_i=b_ia_i$。相比之下，排列符号的定义表明：

$$\boldsymbol{a}\times\boldsymbol{b}=\varepsilon_{ijk}a_jb_k=-\varepsilon_{ijk}b_ja_k=-\boldsymbol{b}\times\boldsymbol{a} \tag{A.3-43}$$

可见向量积和排列顺序有关。

虽然索引符号看起来不习惯，但它使表达式变得简洁。这些符号显性地表达了必须执行的操作，容易评估其数学和物理含义。例如，向量和自身的向量积是零，与 $(\boldsymbol{a}\times\boldsymbol{a})$ 相比，用符号表示为 $\varepsilon_{ijk}a_ja_k$，因为 a_ja_k 关于索引 j 和 k 对称，所以排列符号使得包括任意 j 和 k 组合的项的总和都是零。这些符号使得复杂的应力与应变问题的表达更直观。

A.3.6 向量空间

上述有关向量的定义可以通过几种不同的方式广义化。在三维坐标系中，任意一个向量可由三个基向量加不同权重表示。为了简单起见，通常选择沿着坐

标轴的基向量。我们也可以选择任何三个相互正交的向量组成基向量，且不需要为单位长度。需要注意的是物理向量不依赖于坐标系。

此外，这些关于二维或者三维空间的向量定义也可以推广到更多维度的空间。例如，给定单位向量：

$$\hat{\boldsymbol{e}}_1=(1,0,0,0,0),\ \hat{\boldsymbol{e}}_2=(0,1,0,0,0),\ \hat{\boldsymbol{e}}_3=(0,0,1,0,0),$$
$$\hat{\boldsymbol{e}}_4=(0,0,0,1,0),\ \hat{\boldsymbol{e}}_5=(0,0,0,0,1) \tag{A.3-44}$$

向量 $\boldsymbol{u}$ 可以由基向量和分量表示为

$$\begin{aligned}\boldsymbol{u}&=u_1\hat{\boldsymbol{e}}_1+u_2\hat{\boldsymbol{e}}_2+u_3\hat{\boldsymbol{e}}_3+u_4\hat{\boldsymbol{e}}_4+u_5\hat{\boldsymbol{e}}_5\\&=(u_1,u_2,u_3,u_4,u_5)\end{aligned} \tag{A.3-45}$$

这个向量定义在一个五维空间中，其中五个坐标轴相互正交，彼此的数积为零。虽然这很难想象(或画出来)，但在数学上可以通过三维空间的例子推导出。N 个相互正交向量形成了一个 N 维空间的基向量。

这些思想形成了一般性的线性向量空间。包含向量 $\boldsymbol{x}$，$\boldsymbol{y}$，$\boldsymbol{z}$ 的向量空间应满足以下几个条件：

①空间内任意两个向量的和也在这个空间内。

②向量相加的交换律：$\boldsymbol{x}+\boldsymbol{y}=\boldsymbol{y}+\boldsymbol{x}$。

③向量相加的结合律：$(\boldsymbol{x}+\boldsymbol{y})+\boldsymbol{z}=\boldsymbol{x}+(\boldsymbol{y}+\boldsymbol{z})$。

④存在独特的 0 向量，对于所有向量 $\boldsymbol{x}$，$\boldsymbol{x}=\boldsymbol{x}+0$。

⑤存在独特的 $-\boldsymbol{x}$ 向量，对于所有向量 $\boldsymbol{x}$，$\boldsymbol{x}+(-\boldsymbol{x})=0$。

⑥标量乘积的结合律：$\alpha(\beta\boldsymbol{x})=(\alpha\beta)\boldsymbol{x}$。

⑦标量乘积的分配律：$\alpha(\boldsymbol{x}+\boldsymbol{y})=\alpha\boldsymbol{x}+\alpha\boldsymbol{y}$ 和 $(\alpha+\beta)\boldsymbol{x}=\alpha\boldsymbol{x}+\beta\boldsymbol{x}$。

值得考虑的是向量空间中的独立向量个数。在线性空间中给定 N 个向量 $\boldsymbol{x}^1,\boldsymbol{x}^2,\cdots,\boldsymbol{x}^N$，加权求和 $\sum\alpha_i\boldsymbol{x}^i$ 称为线性求和。如果这 N 个向量是线性无关的，那么：

$$\sum_{i=1}^{N}\alpha_i\boldsymbol{x}^i=0\text{，唯一条件是所有的 }\alpha_i=0 \tag{A.3-46}$$

所以没有一个向量可以表示为其他向量的和。否则，若它们彼此线性相关，那么一个向量可以表示为其他向量的线性求和。

如果 N 个基向量是相互正交的，那么它们线性无关。N 维空间的任何向量都可以表示为 N 个线性无关的基向量的线性和，这些基向量可以生成整个向量空间。因此，向量空间的维数是空间内线性无关的基向量个数。例如，在三维空间内找不到四个线性无关的基向量。

虽然向量空间听起来很抽象，但在地震学研究中很有用。例如，在第 2 章研究简正振型的地震波传播，可将其表示为向量空间中彼此正交的基向量的加权和。弦振动的简正振型(2.2.5 节)为傅里叶级数(第 6 章)，该级数可以在向量空间扩展成正弦和余弦函数的线性组合，一系列正、余弦函数为对应的基向量。类似的可将该方法应用到球形地球的研究(2.9 节)。此外，向量空间的概念还可用于地震学反演，用以研究地球内部结构(第 7 章)。

A.4 矩阵代数

A.4.1 定义

矩阵代数是非常有用的数学工具，通常用于研究方程组。在地震学研究中应用广泛，包括应力和应变、地震定位和地震层析成像。这里只介绍一些基本概念和结论，不做证明，证明的过程留作附录末的问题。关于这些问题的深入讨论可以在线性代数教材中找到。

假设 $\boldsymbol{A}$ 矩阵有 m 行 n 列，也称 $\boldsymbol{A}$ 矩阵为 $m\times n$ 矩阵，写为

$$\boldsymbol{A}=\begin{pmatrix}a_{11}&a_{12}&\cdots&a_{1n}\\a_{21}&a_{22}&\cdots&a_{2n}\\\vdots&\vdots&&\vdots\\a_{m1}&a_{m2}&\cdots&a_{mn}\end{pmatrix} \tag{A.4-1}$$

另一个矩阵 $\boldsymbol{B}$，也有 m 行 n 列，那么矩阵加法定义为

$$\boldsymbol{A}+\boldsymbol{B}=\begin{pmatrix}a_{11}+b_{11}&a_{12}+b_{12}&\cdots&a_{1n}+b_{1n}\\a_{21}+b_{21}&a_{22}+b_{22}&\cdots&a_{2n}+b_{2n}\\\vdots&\vdots&&\vdots\\a_{m1}+b_{m1}&a_{m2}+b_{m2}&\cdots&a_{mn}+b_{mn}\end{pmatrix} \tag{A.4-2}$$

通常用大写字母来表示矩阵，小写带下标字母来表示矩阵元素。

矩阵乘法的定义是：$m\times n$ 矩阵 $\boldsymbol{A}$ 和 $n\times r$ 矩阵 $\boldsymbol{B}$ 相乘得到矩阵 $\boldsymbol{C}$，$\boldsymbol{C}=\boldsymbol{AB}$，总共 $m\times r$ 个元素，其中第 ij 个元素的定义为

$$c_{ij}=\sum_{k=1}^{n}a_{ik}b_{kj}=a_{ik}b_{kj} \tag{A.4-3}$$

矩阵 $\boldsymbol{C}$ 的第 ij 个元素为矩阵 $\boldsymbol{A}$ 的第 i 行和矩阵 $\boldsymbol{B}$ 的第 j 列的数积。因此，矩阵乘法中两个矩阵不需要具有相同数目的行和列，但是第一个矩阵的列数必须等于第二个矩阵的行数。

通常可以相乘的两个矩阵的行和列数目使得两个矩阵只能以一种顺序相乘。在上面的例子中，矩阵 $\boldsymbol{A}$“左乘”矩阵 $\boldsymbol{B}$，或者是矩阵 $\boldsymbol{B}$“右乘”矩阵 $\boldsymbol{A}$。一种简便的记忆方法是第一个矩阵的列数目必须和第二个矩阵的行数目相同，但这个维数并不会出现在乘积中。对于 $\boldsymbol{AB}=\boldsymbol{C}$，可以示意性地写出 $[m\times n][n\times r]=[m\times r]$。因此，在式(A.4-3)中使用了爱因斯坦求和约定，k 为哑指标表示求和，i 和 j 为自由指标，所以 c_{ij} 是矩阵中的一个元素。此外，即使 $\boldsymbol{AB}$ 和 $\boldsymbol{BA}$ 都存在，两个矩阵乘积的结果通常也是不相等的，所以说矩阵乘积是不可交换的。

单位矩阵 $\boldsymbol{I}$ 是一个方阵(有相同数目的行和列)，其对角元素全部等于 1，而所有其他元素为 0：

$$\boldsymbol{I}=\begin{pmatrix}1 & 0 & \cdots & 0 & 0\\ 0 & 1 & \cdots & 0 & 0\\ \vdots & \vdots & & \vdots & \vdots\\ 0 & 0 & \cdots & 1 & 0\\ 0 & 0 & \cdots & 0 & 1\end{pmatrix} \tag{A.4-4}$$

单位矩阵对于任意矩阵 $\boldsymbol{A}$ 有如下性质：

$$\boldsymbol{AI}=\boldsymbol{IA}=\boldsymbol{A} \tag{A.4-5}$$

矩阵 $\boldsymbol{A}$ 的转置为 $\boldsymbol{A}^{\mathrm{T}}$，矩阵 $\boldsymbol{A}$ 的行元素变为矩阵 $\boldsymbol{A}^{\mathrm{T}}$ 的列元素，因此对于 $\boldsymbol{C}=\boldsymbol{A}^{\mathrm{T}}$，有

$$c_{ij}=a_{ji} \tag{A.4-6}$$

矩阵 $\boldsymbol{A}$ 和矩阵 $\boldsymbol{B}$ 的转置有如下性质：

$$(\boldsymbol{A}+\boldsymbol{B})^{\mathrm{T}}=\boldsymbol{A}^{\mathrm{T}}+\boldsymbol{B}^{\mathrm{T}},\ (\boldsymbol{AB})^{\mathrm{T}}=\boldsymbol{B}^{\mathrm{T}}\boldsymbol{A}^{\mathrm{T}} \tag{A.4-7}$$

根据这些定义，向量计算可以使用矩阵代数来表示，把向量当作只有一列的矩阵。例如，一个向量右乘一个矩阵，产生另一个向量，$\boldsymbol{y}=\boldsymbol{Ax}$，则：

$$y_i=\sum_j a_{ij}x_j \quad 或 \quad y_i=a_{ij}x_j \tag{A.4-8}$$

第二个表达式使用了求和约定。每个元素 y_i 是矩阵 $\boldsymbol{A}$ 的第 i 行和向量 $\boldsymbol{x}$ 的数积。类似地，两个向量的点积也可以表示成矩阵形式：

$$\boldsymbol{a}\cdot\boldsymbol{b}=\boldsymbol{a}^{\mathrm{T}}\boldsymbol{b}=\sum_i a_ib_i=a_ib_i \tag{A.4-9}$$

因此，两个向量的数积产生一个标量，因为一个 $1\times m$ 的矩阵乘以一个 $m\times 1$ 的矩阵，结果是一个 1×1 的矩阵，或者说是一个数值。一个实数向量模的平方可以写为

$$|\boldsymbol{u}|^2=\boldsymbol{u}\cdot\boldsymbol{u}=\boldsymbol{u}^{\mathrm{T}}\boldsymbol{u}=\sum_i u_iu_i=u_iu_i \tag{A.4-10}$$

如果向量中有复数元素，则向量的数积［式(A.3-23)］为

$$\boldsymbol{a}\cdot\boldsymbol{b}=\boldsymbol{a}^{*\mathrm{T}}\boldsymbol{b}=\sum_i a_i^*b_i=a_i^*b_i \tag{A.4-11}$$

在线性代数中，如前面几个公式，通常将向量作为 $n\times 1$ 矩阵：

$$\boldsymbol{u}=\begin{pmatrix}u_1\\ u_2\\ \vdots\\ u_3\end{pmatrix} \tag{A.4-12}$$

它的转置为行向量(1 行，n 列)：

$$\boldsymbol{u}^{\mathrm{T}}=(u_1,u_2,\cdots,u_n) \tag{A.4-13}$$

尽管如此，有时为了省空间，会写为

$$\boldsymbol{u}=(u_1,u_2,\cdots,u_n) \tag{A.4-14}$$

在需要时把一个行向量 $\boldsymbol{u}$ 写成列向量。严格地讲，行向量应当写成 $\boldsymbol{u}^{\mathrm{T}}$。

我们经常会遇到对称矩阵，其与它的转置相等，即：

$$\boldsymbol{A}=\boldsymbol{A}^{\mathrm{T}},\ a_{ij}=a_{ji} \tag{A.4-15}$$

对于矩阵中有复数元素的情况，它的共轭矩阵 $\boldsymbol{A}^*$ 是其中每个复数元素的共轭，共轭矩阵的转置是广义的伴随矩阵(adjoint matrix) $\boldsymbol{A}^+=\boldsymbol{A}^{*\mathrm{T}}$，也是矩阵 $\boldsymbol{A}^{\mathrm{T}}$ 的共轭矩阵。需要注意的是，如果矩阵 $\boldsymbol{A}$ 的元素都是实数，那么 $\boldsymbol{A}^+=\boldsymbol{A}^{\mathrm{T}}$。如果矩阵 $\boldsymbol{A}$ 和它的伴随矩阵相等，那么矩阵 $\boldsymbol{A}$ 称为埃尔米特矩阵(Hermitian matrix，又称自共轭矩阵)：

$$\boldsymbol{A}=\boldsymbol{A}^+,\ a_{ij}=a_{ji}^* \tag{A.4-16}$$

如果 $\boldsymbol{A}$ 为实数矩阵，那么“自共轭矩阵”和“对称矩阵”是等价的。

A.4.2 行列式

矩阵一个重要的量就是其行列式，写作 $\det\boldsymbol{A}$，或者 $|\boldsymbol{A}|$。对于 $n\times n$ 的矩阵，

$$\det\boldsymbol{A}=\sum_{j_1=1}^{n}\sum_{j_2=1}^{n}\cdots\sum_{j_n=1}^{n}s(j_1,j_2,\cdots j_n)a_{1j_1}a_{2j_2}\cdots,a_{nj_n} \tag{A.4-17}$$

这种复杂的对 n 个下标 $(j_1,j_2,\cdots,j_n)$ 求和使用了排列符号的广义形式：

$$s(j_1,j_2,\cdots,j_n)=\mathrm{sgn}\prod_{1\leqslant p\leqslant q\leqslant n}(j_q-j_p) \tag{A.4-18}$$

sgn 函数表示参数的正负符号，若其参数为正，值为 1；若其参数为负，值为−1；若其参数为零，值为 0。对于 $n=3$，有

$$s(j_1,j_2,j_3)=\mathrm{sgn}[(j_2-j_1)(j_3-j_1)(j_3-j_2)] \tag{A.4-19}$$

可得

$$s(1,2,3)=1,\ s(2,1,3)=-1,\ s(1,1,3)=0 \tag{A.4-20}$$

由于 $s(j_1, j_2, j_3)$ 当存在相等的两个上下标时，其结果为零，其他的符号取决于上下标排列的顺序，这与排列符号 $\varepsilon_{j_1 j_2 j_3}$ 一致［式(A.3-39)］。

对于 $n=2$ 的矩阵，行列式的结果为

$$|A| = \det\begin{pmatrix} a_{11} & a_{12} \\ a_{21} & a_{22} \end{pmatrix} = \sum_{j_1=1}^{2}\sum_{j_2=1}^{2} s(j_1, j_2) a_{1j_1} a_{2j_2}$$
$$= s(1,1)a_{11}a_{21} + s(1,2)a_{11}a_{22} + s(2,1)a_{12}a_{21} + s(2,2)a_{12}a_{22}$$
$$= a_{11}a_{22} - a_{12}a_{21} \tag{A.4-21}$$

式中 $s(1,1)=s(2,2)=0$，$s(1,2)=1$ 以及 $s(2,1)=-1$。只有一个元素的矩阵，它的行列式等于这个矩阵元素。

记住行列式的如下性质有助于求解方程组：

①矩阵和其转置的行列式相等，$|A|=|A^{\mathrm{T}}|$。

②如果矩阵的任意两行或两列互换，则其行列式结果的绝对值不变，但其符号改变。

③如果一行(或一列)乘以一个常数，则行列式整体乘以这个常数。

④如果矩阵任意一行(或一列)乘以一个常数后，对应加到另一行(或一列)上，行列式的值不变。

⑤如果矩阵的任意两行或两列相同，则其行列式为零。

上述性质的证明留作附录末的问题。

A.4.3 逆矩阵

对于 $n \times n$ 的方阵 A，其逆矩阵 A^{-1} 定义为：矩阵和其逆矩阵的乘积为单位矩阵：

$$A^{-1}A = AA^{-1} = I \tag{A.4-22}$$

A^{-1} 可以用代数余子式矩阵(cofactor matrix) C 表示，其元素为

$$c_{ij} = (-1)^{i+j} |A_{ij}| \tag{A.4-23}$$

因与矩阵 A_{ij} 的行列式相关。矩阵 A_{ij} 为 $(n-1)\times\ (n-1)$ 的方阵，其元素为矩阵 A 除了第 i 行和第 j 列元素外的全部元素。如果 $|A|$ 不为零，则：

$$A^{-1} = C^{\mathrm{T}}/|A| \tag{A.4-24}$$

对于 $n=2$ 的例子可以参见附录末问题(7)。

行列式为零的矩阵不存在逆矩阵，称之为奇异矩阵(singular matrix)。若矩阵的行列式中有两行或者两列相等，则行列式为零，这样的矩阵为奇异矩阵。更一般的奇异矩阵是其中一行或一列与其他行或列线性相关。

如果矩阵积 AB 为非奇异矩阵，则 AB 的逆矩阵为

$$(AB)^{-1} = B^{-1}A^{-1} \tag{A.4-25}$$

如果矩阵 A 的转置和其逆矩阵相等：

$$A^{-1} = A^{\mathrm{T}} \tag{A.4-26}$$

则矩阵 A 为正交矩阵。引申开来，矩阵 A 中有复数元素，如果其伴随矩阵与其逆矩阵相等，则矩阵 A 为酉矩阵或单式矩阵(unitary matrix)。

$$A^{-1} = A^{+} \tag{A.4-27}$$

A.4.4 线性方程组

通常可以用向量-矩阵形式表示线性方程组。对于含有 n 个未知量的 m 个方程：

$$\begin{gathered} a_{11}x_1 + a_{12}x_2 + \cdots + a_{1n}x_n = b_1 \\ a_{21}x_1 + a_{22}x_2 + \cdots + a_{2n}x_n = b_2 \\ \cdots\cdots\cdots \\ a_{m1}x_1 + a_{m2}x_2 + \cdots + a_{mn}x_n = b_m \end{gathered} \tag{A.4-28}$$

通常写作：

$$\sum_{j=1}^{n} a_{ij}x_j = b_i,\ Ax = b \tag{A.4-29}$$

根据定义，方程组的系数矩阵和未知变量的列向量及等号右侧量可以表示为

$$A = \begin{pmatrix} a_{11} & a_{12} & \cdots & a_{1n} \\ a_{21} & a_{22} & \cdots & a_{2n} \\ \vdots & \vdots & & \vdots \\ a_{m1} & a_{m2} & \cdots & a_{mn} \end{pmatrix},\ x = \begin{pmatrix} x_1 \\ x_2 \\ \vdots \\ x_n \end{pmatrix},\ b = \begin{pmatrix} b_1 \\ b_2 \\ \vdots \\ b_3 \end{pmatrix} \tag{A.4-30}$$

其中，系数矩阵 A 为 $m \times n$ 矩阵，这里每一行对应一个方程，每一列对应一个未知变量。

$Ax=b$ 的形式说明线性方程组能否求解取决于矩阵 A。当 $b=0$ 时，线性方程组为齐次线性方程组；当 $b \neq 0$ 时，线性方程组为非齐次线性方程组。当未知变量的数目与方程组方程的数目相同时，系数矩阵 A 为方阵。如果矩阵 A 可逆，等式两边可以同时左乘一个逆矩阵 A^{-1}，则：

$$A^{-1}Ax = A^{-1}b = Ix = x \tag{A.4-31}$$

此时向量 x 有唯一解。对于非齐次线性方程组，计算 A^{-1} 为求解未知变量 x_i 提供了一个简单直接的方法。对于齐次线性方程组，如果 A^{-1} 存在，则方程组只有零解 $x=0$。因此，对于齐次线性方程组，如果存在非零解，那么矩阵 A 必须为奇异矩阵。如果矩阵 A 的行列式为零，那么矩阵的一些行(或者列)并非线性无关的。如果齐次线性方程组有非零解，那么该组解乘以一个常数也是该方程组的解。

如果系数矩阵是奇异矩阵，那么对应的非齐次线性方程组不存在唯一解，有可能无解。矩阵 A^{-1} 的存在

与否，方程组是否有解，均取决于矩阵 $\boldsymbol{A}$ 的行或列是否线性无关。例如，如果矩阵的行线性相关，那么独立的方程数目就会少于未知数的个数，求解变得困难，就像前面关于反演问题的讨论一样(第 7 章)。

A.4.5 求解线性方程组

利用计算机求解线性方程组存在标准的方法。对于最基础的问题：

$$\boldsymbol{Ax}=\boldsymbol{b},$$

$$\begin{pmatrix} a_{11} & a_{12} & a_{13} \\ a_{21} & a_{22} & a_{23} \\ a_{31} & a_{32} & a_{33} \end{pmatrix}\begin{pmatrix} x_1 \\ x_2 \\ x_3 \end{pmatrix}=\begin{pmatrix} b_1 \\ b_2 \\ b_3 \end{pmatrix} \tag{A.4-32}$$

其中，求解向量 $\boldsymbol{x}$，矩阵 $\boldsymbol{A}$ 和向量 $\boldsymbol{b}$ 已知。如果矩阵 $\boldsymbol{A}$ 为一个三角矩阵 $\boldsymbol{T}$，对角线以下全是零，其解比较容易得到：

$$\boldsymbol{Tx}=\boldsymbol{d},$$

$$\begin{pmatrix} t_{11} & t_{12} & t_{13} \\ 0 & t_{22} & t_{23} \\ 0 & 0 & t_{33} \end{pmatrix}\begin{pmatrix} x_1 \\ x_2 \\ x_3 \end{pmatrix}=\begin{pmatrix} d_1 \\ d_2 \\ d_3 \end{pmatrix} \tag{A.4-33}$$

从最简单的方程(底部)开始解出 x_3，继而求解出 x_2 和 x_1。先求解出：

$$x_3=d_3/t_{33} \tag{A.4-34}$$

然后将其代入中间的方程，解出：

$$x_2=(d_2-t_{23}x_3)/t_{22} \tag{A.4-35}$$

然后将 x_3 和 x_2 代入第一个方程，得

$$x_1=(d_1-t_{13}x_3-t_{12}x_2)/t_{11} \tag{A.4-36}$$

该方法的重要性在于任意一个矩阵都可以化为三角矩阵。求解线性方程组的过程中，以下基本的行变换后方程组的解保持不变：

①重排列方程组，对应于向量 $\boldsymbol{b}$ 和系数矩阵同时换行，例如：

$$\begin{pmatrix} a_{11} & a_{12} & a_{13} \\ a_{31} & a_{32} & a_{33} \\ a_{21} & a_{22} & a_{23} \end{pmatrix}\begin{pmatrix} x_1 \\ x_2 \\ x_3 \end{pmatrix}=\begin{pmatrix} b_1 \\ b_3 \\ b_2 \end{pmatrix} \tag{A.4-37}$$

方程组的解保持不变，因为方程的顺序与解无关。

②一个方程乘以一个常数 c，也就是系数矩阵 $\boldsymbol{A}$ 和向量 $\boldsymbol{b}$ 的对应行乘以该常数，例如：

$$\begin{pmatrix} ca_{11} & ca_{12} & ca_{13} \\ a_{21} & a_{22} & a_{23} \\ a_{31} & a_{32} & a_{33} \end{pmatrix}\begin{pmatrix} x_1 \\ x_2 \\ x_3 \end{pmatrix}=\begin{pmatrix} cb_1 \\ b_2 \\ b_3 \end{pmatrix} \tag{A.4-38}$$

③两个方程相加，也就是对应的一行乘以一个常数与另一行相加，例如：

$$\begin{pmatrix} ca_{11}+a_{21} & ca_{12}+a_{22} & ca_{13}+a_{23} \\ a_{21} & a_{22} & a_{23} \\ a_{31} & a_{32} & a_{33} \end{pmatrix}\begin{pmatrix} x_1 \\ x_2 \\ x_3 \end{pmatrix}=\begin{pmatrix} cb_1+b_2 \\ b_2 \\ b_3 \end{pmatrix} \tag{A.4-39}$$

因此，如果线性方程组 $\boldsymbol{Ax}=\boldsymbol{b}$ 可以通过行变换转化为 $\boldsymbol{Tx}=\boldsymbol{d}$，那么这两个方程组有相同的解 $\boldsymbol{x}$。基于此得到一个快速求解线性方程组的方法，即组合 $\boldsymbol{A}$ 和 $\boldsymbol{b}$ 为一个增广矩阵(augmented matrix)：

$$(\boldsymbol{A},\boldsymbol{b})=\begin{pmatrix} a_{11} & a_{12} & a_{13} & b_1 \\ a_{21} & a_{22} & a_{23} & b_2 \\ a_{31} & a_{32} & a_{33} & b_3 \end{pmatrix} \tag{A.4-40}$$

三角化增广矩阵为

$$(\boldsymbol{T},\boldsymbol{d})=\begin{pmatrix} t_{11} & t_{12} & t_{13} & d_1 \\ 0 & t_{22} & t_{23} & d_2 \\ 0 & 0 & t_{33} & d_3 \end{pmatrix} \tag{A.4-41}$$

并利用式(A.4-34)～式(A.4-36)的简单方法即可求解 $\boldsymbol{x}$。

下面介绍进行矩阵三角化的列变换方法：

①找到每一列的对角或者对角以下绝对值最大的元素。

②如果这个“中心”元素在对角线的下方，通过行变换，将它放在对角线上。

③中心元素所在行以下的各行减去中心行的倍数，使对角线下方的元素都变为零。

这种中心元素方法，虽然不是必需的，却有效避免了数字计算的困难。值得注意的是，一旦某一列对角线以下的元素全部为零后，就不必再考虑这一列。

这种方法称为高斯消元法。如下列线性方程组：

$$\begin{cases} x_1+x_2=5 \\ 4x_1+x_2+x_3=4 \\ 2x_1+2x_2+2x_3=3 \end{cases} \tag{A.4-42}$$

表达为矩阵形式：

$$\begin{pmatrix} 1 & 1 & 0 \\ 4 & 1 & 1 \\ 2 & 2 & 2 \end{pmatrix}\begin{pmatrix} x_1 \\ x_2 \\ x_3 \end{pmatrix}=\begin{pmatrix} 5 \\ 4 \\ 3 \end{pmatrix} \tag{A.4-43}$$

求解的增广矩阵为

$$\begin{pmatrix} 1 & 1 & 0 & 5 \\ 4 & 1 & 1 & 4 \\ 2 & 2 & 2 & 3 \end{pmatrix} \quad (A.4\text{-}44)$$

为了将第一列对角线以下元素变为零，我们首先进行行变换，将第一列绝对值最大的元素 4 移到对角线上：

$$\begin{pmatrix} 4 & 1 & 1 & 4 \\ 1 & 1 & 0 & 5 \\ 2 & 2 & 2 & 3 \end{pmatrix} \quad (A.4\text{-}45)$$

然后第二行减去第一行的 1/4 倍，第三行减去第一行的 1/2 倍，得

$$\begin{pmatrix} 4 & 1 & 1 & 4 \\ 0 & 0.75 & -0.25 & 4 \\ 0 & 1.5 & 1.5 & 1 \end{pmatrix} \quad (A.4\text{-}46)$$

接下来，将第二列对角线以下的元素变为零，同样使用行变换将这一列中心元素 1.5 移到对角线上，得

$$\begin{pmatrix} 4 & 1 & 1 & 4 \\ 0 & 1.5 & 1.5 & 1 \\ 0 & 0.75 & -0.25 & 4 \end{pmatrix} \quad (A.4\text{-}47)$$

然后第三行减去第二行的 0.75/1.5 = 0.5 倍，得

$$\begin{pmatrix} 4 & 1 & 1 & 4 \\ 0 & 1.5 & 1.5 & 1 \\ 0 & 0 & -1 & 3.5 \end{pmatrix} \quad (A.4\text{-}48)$$

这样就完成了矩阵的三角化。然后求解方程组，从最底部的方程开始，就像式(A.4-34)～式(A.4-36)。

类似的过程可以用于求矩阵的逆。对于两个线性方程组：

$$\boldsymbol{Ax}=\boldsymbol{b},\ \boldsymbol{Ay}=\boldsymbol{c} \quad (A.4\text{-}49)$$

可以形成一个增广矩阵：

$$\boldsymbol{X}=(\boldsymbol{x},\boldsymbol{y}),\ \boldsymbol{B}=(\boldsymbol{b},\boldsymbol{c}) \quad (A.4\text{-}50)$$

然后矩阵方程写为

$$\boldsymbol{AX}=\boldsymbol{B} \quad (A.4\text{-}51)$$

由于求解 $\boldsymbol{Ax}=\boldsymbol{b}$ 中的 $\boldsymbol{x}$ 时，增广矩阵 $(\boldsymbol{A},\boldsymbol{b})$ 中应用基本的行变换，方程组的解保持不变。因此，相应地，求解 $\boldsymbol{AX}=\boldsymbol{B}$ 的过程中，在增广矩阵 $(\boldsymbol{A},\boldsymbol{B})$ 中应用基本的行变换，那么方程组的解也不受影响。

为了求矩阵的逆矩阵，先看一个特殊的例子：

$$\boldsymbol{AX}=\boldsymbol{I} \quad (A.4\text{-}52)$$

求解的 $\boldsymbol{X}=\boldsymbol{A}^{-1}$，为 $n\times n$ 矩阵 $\boldsymbol{A}$ 的逆矩阵。对增广矩阵应用基本的行变换，$\boldsymbol{X}$ 不受影响：

$$(\boldsymbol{A},\boldsymbol{I})=\begin{pmatrix} a_{11} & \cdots & a_{1n} & 1 & \cdots & 0 \\ \vdots & & \vdots & \vdots & & \vdots \\ a_{n1} & \cdots & a_{nn} & 0 & \cdots & 1 \end{pmatrix} \quad (A.4\text{-}53)$$

通过变换，将增广矩阵的左侧变为单位矩阵：

$$(\boldsymbol{I},\boldsymbol{B})=\begin{pmatrix} 1 & \cdots & 0 & b_{11} & \cdots & b_{1n} \\ \vdots & & \vdots & \vdots & & \vdots \\ 0 & \cdots & 1 & b_{n1} & \cdots & b_{nn} \end{pmatrix} \quad (A.4\text{-}54)$$

对应的方程为

$$\boldsymbol{IX}=\boldsymbol{B} \quad (A.4\text{-}55)$$

增广矩阵的右侧表明 $\boldsymbol{B}=\boldsymbol{X}=\boldsymbol{A}^{-1}$，为矩阵 $\boldsymbol{A}$ 的逆矩阵。这种将增广矩阵 $(\boldsymbol{A},\boldsymbol{I})$ 左侧 $(\boldsymbol{A})$ 对角化的操作顺序类似于矩阵的三角化。

A.5 向量的变换

在地震学中，通常需要对向量作两种变换。第一种是将相同向量在不同的坐标系中表示；第二种是在相同坐标系中，通过一些操作将一个向量变换为另一个向量。本节将总结讨论这些变换关系和彼此之间的区别。

A.5.1 坐标变换

前面已经讨论过，不管坐标系如何定义，向量总保持不变，尽管其在不同坐标系中的分量不同，一个坐标系中(例如沿着地震断层走向的坐标系)定义的向量，也可以用另一个坐标系来表示(地理坐标系)。这一性质对于解决实际问题并深入了解向量的本质很有帮助。

为了定义向量分量和坐标系之间的关系，我们用两个正交的笛卡儿坐标系进行讨论(图 A.5-1)。因为原点是相同的，一个坐标系通过旋转可以变换为另一个坐标系。两个坐标系的单位向量分别为 $\hat{\boldsymbol{e}}_1$、$\hat{\boldsymbol{e}}_2$、$\hat{\boldsymbol{e}}_3$ 和 $\hat{\boldsymbol{e}}_1'$、$\hat{\boldsymbol{e}}_2'$、$\hat{\boldsymbol{e}}_3'$，它们之间的关系由如下数积给出，称为方向余弦：

$$\hat{\boldsymbol{e}}_i'\cdot\hat{\boldsymbol{e}}_j=\cos\alpha_{ij}=a_{ij} \quad (A.5\text{-}1)$$

其中，角度 α_{ij} 为相对应坐标轴的夹角。

一个向量由两个坐标系的分量表示为

$$\boldsymbol{u}=u_1\hat{\boldsymbol{e}}_1+u_2\hat{\boldsymbol{e}}_2+u_3\hat{\boldsymbol{e}}_3=u_1'\hat{\boldsymbol{e}}_1'+u_2'\hat{\boldsymbol{e}}_2'+u_3'\hat{\boldsymbol{e}}_3' \quad (A.5\text{-}2)$$

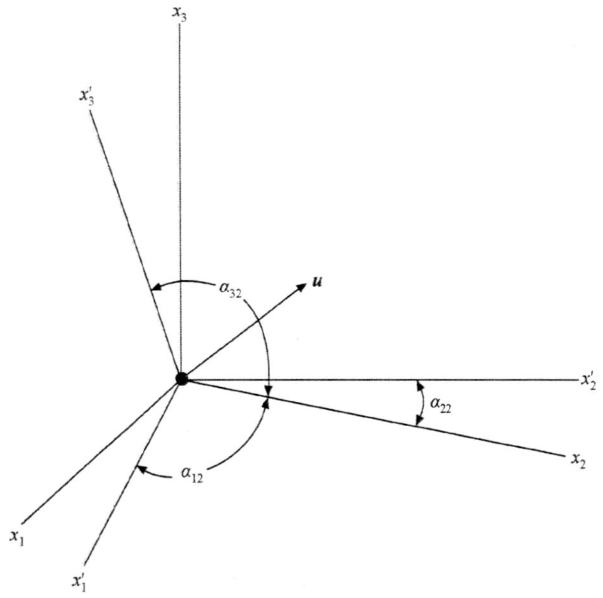

图 A.5-1 相同原点的两个正交坐标系之间的关系可以由角度 α_{ij}，即两套坐标轴之间的夹角描述。

给定不带撇号坐标系中的各分量 u_i，则带撇号坐标系中的分量 u_i' 可以由撇号坐标系的基向量与向量本身的数积求得：

$$\begin{aligned}u_1' &= \hat{\boldsymbol{e}}_1' \cdot \boldsymbol{u} = (\hat{\boldsymbol{e}}_1' \cdot \hat{\boldsymbol{e}}_1)u_1 + (\hat{\boldsymbol{e}}_2' \cdot \hat{\boldsymbol{e}}_2)u_2 + (\hat{\boldsymbol{e}}_1' \cdot \hat{\boldsymbol{e}}_3)u_3 \\ &= a_{11}u_1 + a_{12}u_2 + a_{13}u_3, \\ u_2' &= \hat{\boldsymbol{e}}_2' \cdot \boldsymbol{u} = a_{21}u_1 + a_{22}u_2 + a_{23}u_3, \\ u_3' &= \hat{\boldsymbol{e}}_3' \cdot \boldsymbol{u} = a_{31}u_1 + a_{32}u_2 + a_{33}u_3\end{aligned} \tag{A.5-3}$$

写成矩阵的形式：

$$\boldsymbol{u}' = \boldsymbol{A}\boldsymbol{u}，\text{或} \begin{pmatrix} u_1' \\ u_2' \\ u_3' \end{pmatrix} = \begin{pmatrix} a_{11} & a_{12} & a_{13} \\ a_{21} & a_{22} & a_{23} \\ a_{31} & a_{32} & a_{33} \end{pmatrix} \begin{pmatrix} u_1 \\ u_2 \\ u_3 \end{pmatrix} \tag{A.5-4}$$

其中，$\boldsymbol{A}$ 是一个变换矩阵，它将向量从一个没有撇号的坐标系转化到有撇号的坐标系。要注意的是，$\boldsymbol{u}$ 和 $\boldsymbol{u}'$ 并非两个向量，而体现的是同一个向量在两个坐标系中的不同分量。结果证明，矩阵 $\boldsymbol{A}$ 唯一地描述了这些坐标系统之间的变换。

例如，没有撇号坐标系中的一个单位向量：

$$\hat{\boldsymbol{e}}_1 = 1\hat{\boldsymbol{e}}_1 + 0\hat{\boldsymbol{e}}_2 + 0\hat{\boldsymbol{e}}_3 = (1,0,0) \tag{A.5-5}$$

在有撇号坐标系中的分量为

$$\begin{pmatrix} a_{11} \\ a_{21} \\ a_{31} \end{pmatrix} = \begin{pmatrix} a_{11} & a_{12} & a_{13} \\ a_{21} & a_{22} & a_{23} \\ a_{31} & a_{32} & a_{33} \end{pmatrix} \begin{pmatrix} 1 \\ 0 \\ 0 \end{pmatrix} \tag{A.5-6}$$

又可写为

$$a_{11}\hat{\boldsymbol{e}}_1' + a_{21}\hat{\boldsymbol{e}}_2' + a_{31}\hat{\boldsymbol{e}}_3' = (a_{11}, a_{21}, a_{31}) \tag{A.5-7}$$

最后的表达式是矩阵 $\boldsymbol{A}$ 的第一列。类似地，撇号坐标系中的分量 $\hat{\boldsymbol{e}}_2$ 和 $\hat{\boldsymbol{e}}_3'$ 是矩阵 $\boldsymbol{A}$ 的第二列和第三列。可见，变换矩阵 $\boldsymbol{A}$ 的每一列对应没撇号坐标系中的单位向量在撇号坐标系中的分量。

例如，将笛卡儿坐标系绕 $\hat{\boldsymbol{e}}_3$ 轴逆时针旋转 θ，那么只有 $\hat{\boldsymbol{e}}_1$ - $\hat{\boldsymbol{e}}_2$ 平面发生旋转，$\hat{\boldsymbol{e}}_3$ 轴还是 $\hat{\boldsymbol{e}}_3'$ 轴(图 A.5-2)。变换矩阵由单位向量的数积求得，$a_{ij} = \hat{\boldsymbol{e}}_i' \cdot \hat{\boldsymbol{e}}_j$，所以：

$$\begin{aligned}&a_{11} = \hat{\boldsymbol{e}}_1' \cdot \hat{\boldsymbol{e}}_1 = \cos\theta, \quad a_{12} = \hat{\boldsymbol{e}}_1' \cdot \hat{\boldsymbol{e}}_2' = \cos(90° - \theta) = \sin\theta, \\ &a_{22} = \hat{\boldsymbol{e}}_2' \cdot \hat{\boldsymbol{e}}_2 = \cos\theta, \quad a_{21} = \hat{\boldsymbol{e}}_2' \cdot \hat{\boldsymbol{e}}_1' = \cos(90° + \theta) = -\sin\theta, \\ &a_{33} = \hat{\boldsymbol{e}}_3' \cdot \hat{\boldsymbol{e}}_3 = 1, \qquad a_{13} = a_{23} = a_{31} = a_{32} = 0\end{aligned} \tag{A.5-8}$$

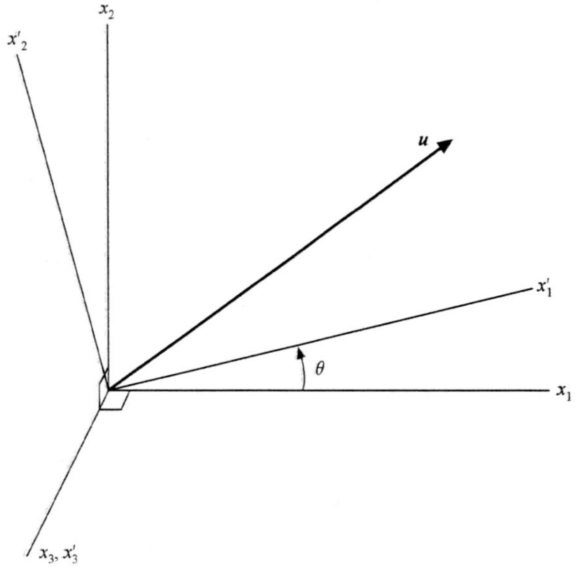

图 A.5-2 正交的两个坐标系，其中一个是由另一个在 x_1 - x_2 坐标平面旋转 θ 角得到。

向量各个分量在两个坐标系中的关系为

$$\begin{pmatrix} u_1' \\ u_2' \\ u_3' \end{pmatrix} = \begin{pmatrix} \cos\theta & \sin\theta & 0 \\ -\sin\theta & \cos\theta & 0 \\ 0 & 0 & 1 \end{pmatrix} \begin{pmatrix} u_1 \\ u_2 \\ u_3 \end{pmatrix} \tag{A.5-9}$$

因此，$\hat{\boldsymbol{e}}_1$ 和 $\hat{\boldsymbol{e}}_1'$，$\hat{\boldsymbol{e}}_2$ 和 $\hat{\boldsymbol{e}}_2'$ 的分量不同，而 $\hat{\boldsymbol{e}}_3$ 和 $\hat{\boldsymbol{e}}_3'$ 的分量是一样的。为了验证该结论，考虑 $\theta = 90°$ 的情况。正如所料，没有撇号系统的 (1,0,0) 变为撇号系统中的 (0,−1,0)，没有撇号系统的 (0,1,0) 变为撇号系统中的 (1,0,0)，而没有撇号系统的 (0,0,1) 转化到撇号系统仍然是 (0,0,1)。

以上坐标变换在地震学中很常见。因为地面振动是一个向量，地震计一般记录东西分量、南北分量以及垂直分量。但更实用的是将地面振动分解为径向和切向分量。其中径向指的是沿着连接检波器和地震的大圆弧方向，切向则是垂直于大圆路径的方向。垂直分量保持不变。利用东西向和连接地震与检波器大圆的夹角将东西和南北分量旋转到径向和切向。与之相关的角度是从检波器指向地震的反方位角，将在 A.7.2 节讨论。

同样也可以进行反向变换。类比式(A.5-3)，没有撇号的系统分量也可以通过撇号的系统分量变换而来：

$$\begin{aligned} u_1 &= \hat{\boldsymbol{e}}_1' \cdot \boldsymbol{u}' = (\hat{\boldsymbol{e}}_1 \cdot \hat{\boldsymbol{e}}_1')u_1' + (\hat{\boldsymbol{e}}_1 \cdot \hat{\boldsymbol{e}}_2')u_2 + (\hat{\boldsymbol{e}}_1 \cdot \hat{\boldsymbol{e}}_3')u_3' \\ &= a_{11}u_1' + a_{21}u_2' + a_{31}u_3', \\ u_2 &= \hat{\boldsymbol{e}}_2 \cdot \boldsymbol{u}' = a_{12}u_1' + a_{22}u_2' + a_{32}u_3', \\ u_3 &= \hat{\boldsymbol{e}}_3 \cdot \boldsymbol{u}' = a_{31}u_1' + a_{32}u_2' + a_{33}u_3' \end{aligned} \tag{A.5-10}$$

结合这些，逆变换的向量-矩阵形式为

$$\begin{pmatrix} u_1 \\ u_2 \\ u_3 \end{pmatrix} = \begin{pmatrix} a_{11} & a_{21} & a_{31} \\ a_{12} & a_{22} & a_{32} \\ a_{13} & a_{23} & a_{33} \end{pmatrix} \begin{pmatrix} u_1' \\ u_2' \\ u_3' \end{pmatrix} \tag{A.5-11}$$

可见逆变换的变换矩阵为矩阵 $\boldsymbol{A}$ 的转置：

$$\boldsymbol{u} = \boldsymbol{A}^{\mathrm{T}}\boldsymbol{u}' \tag{A.5-12}$$

因此，在撇号坐标系统的一个单位向量：

$$\hat{\boldsymbol{e}}_1' = 1\hat{\boldsymbol{e}}_1' + 0\hat{\boldsymbol{e}}_2' + 0\hat{\boldsymbol{e}}_3' \tag{A.5-13}$$

通过矩阵转化为没有撇号系统中的分量为

$$a_{11}\hat{\boldsymbol{e}}_1 + a_{12}\hat{\boldsymbol{e}}_2 + a_{13}\hat{\boldsymbol{e}}_3 \tag{A.5-14}$$

这是矩阵 $\boldsymbol{A}$ 的第一行，所以在没有撇号的坐标系中，矩阵 $\boldsymbol{A}$ 的每一行都可以用有撇号坐标系的基向量表示。这是自然得到的结论，因为这种变换与矩阵的转置有关。

或者，可以在 $\boldsymbol{u}' = \boldsymbol{A}\boldsymbol{u}$ 两边同时乘以逆矩阵实现逆变换：

$$\boldsymbol{A}^{-1}\boldsymbol{u}' = \boldsymbol{A}^{-1}\boldsymbol{A}\boldsymbol{u} = \boldsymbol{I}\boldsymbol{u} = \boldsymbol{u} \tag{A.5-15}$$

与式(A.5-12)对比表明，变换矩阵的逆矩阵等于它的转置，所以变换矩阵是正交矩阵。因为矩阵 $\boldsymbol{A}$ 的列是彼此正交的基向量。同样，矩阵 $\boldsymbol{A}$ 的行也是正交的。因此，这种坐标变换称为正交变换。正交变换的一个重要特征是它保持向量的长度不变，该性质的证明留作附录末的问题。

式(A.5-4)和式(A.5-12)代表的变换关系也显示了向量的数学定义。任意一个向量可以通过这种方式在两个坐标系间变换。在三分量空间内不满足上述变换方程的物理量(例如温度、压强、密度)不是向量。

A.5.2 特征值和特征向量

任意 $n \times n$ 的矩阵 $\boldsymbol{A}$ 与任意 n 维向量 $\boldsymbol{x}$ 的数积为

$$\boldsymbol{y} = \boldsymbol{A}\boldsymbol{x} \tag{A.5-16}$$

其结果也是一个 n 维向量。这与坐标变换不同，是在同一个坐标系中，将向量 $\boldsymbol{x}$ 转化为另一个完全不同的向量。

在物理学上有一类重要的变换，就是将一个向量转化为另一个与之平行的向量：

$$\boldsymbol{A}\boldsymbol{x} = \lambda\boldsymbol{x} \tag{A.5-17}$$

式中，$\boldsymbol{A}$ 为矩阵；λ 为标量。唯一的效果是转化后 $\boldsymbol{x}$ 向量的长度会根据系数 λ 变化。对于给定矩阵 $\boldsymbol{A}$，求解满足该方程的向量 $\boldsymbol{x}$ 和标量 λ 是非常有用的。

在最常见的三维空间，式(A.5-17)可以写成

$$\begin{gathered} (\boldsymbol{A} - \lambda\boldsymbol{I})\boldsymbol{x} = 0, \\ \begin{pmatrix} a_{11}-\lambda & a_{12} & a_{13} \\ a_{21} & a_{22}-\lambda & a_{23} \\ a_{31} & a_{32} & a_{33}-\lambda \end{pmatrix} \begin{pmatrix} x_1 \\ x_2 \\ x_3 \end{pmatrix} = \begin{pmatrix} 0 \\ 0 \\ 0 \end{pmatrix} \end{gathered} \tag{A.5-18}$$

这是一个齐次线性方程组，只有矩阵 $(\boldsymbol{A} - \lambda\boldsymbol{I})$ 为奇异矩阵时方程才有解。根据下列行列式来求解 λ：

$$|(\boldsymbol{A} - \lambda\boldsymbol{I})| = \det\begin{pmatrix} a_{11}-\lambda & a_{12} & a_{13} \\ a_{21} & a_{22}-\lambda & a_{23} \\ a_{31} & a_{32} & a_{33}-\lambda \end{pmatrix} = 0 \tag{A.5-19}$$

整理可得下列特征多项式：

$$\lambda^3 - I_1\lambda^2 + I_2\lambda - I_3 = 0 \tag{A.5-20}$$

该多项式依赖于以下三个常数，也就是矩阵 $\boldsymbol{A}$ 的不变量：

$$\begin{aligned} I_1 &= a_{11} + a_{22} + a_{33}, \\ I_2 &= \det\begin{pmatrix} a_{11} & a_{12} \\ a_{21} & a_{22} \end{pmatrix} + \det\begin{pmatrix} a_{22} & a_{23} \\ a_{32} & a_{33} \end{pmatrix} + \det\begin{pmatrix} a_{11} & a_{13} \\ a_{31} & a_{33} \end{pmatrix}, \\ I_3 &= \det \boldsymbol{A} \end{aligned} \tag{A.5-21}$$

其中，I_1 为矩阵 $\boldsymbol{A}$ 的第一不变量或迹，为矩阵 $\boldsymbol{A}$ 对角线元素的和。矩阵第一不变量对于应力、应变以及地震矩张量有重要意义，因为它们在正交变换后保持不变。

这个特征多项式是关于 λ 的三次方程，行列式 $|\boldsymbol{A} - \lambda\boldsymbol{I}|$ 为零的解 λ_m 称为特征值。对于每个特征值，都有一个互不相关的特征向量 $\boldsymbol{x}^{(m)}$，满足：

$$\boldsymbol{A}\boldsymbol{x}^{(m)}=\lambda_m\boldsymbol{x}^{(m)} \tag{A.5-22}$$

特征向量的分量$x_1^{(m)}$，$x_2^{(m)}$，$x_3^{(m)}$通过求解下式获得：

$$\begin{pmatrix} a_{11}-\lambda_m & a_{12} & a_{13} \\ a_{21} & a_{22}-\lambda_m & a_{23} \\ a_{31} & a_{32} & a_{33}-\lambda_m \end{pmatrix}\begin{pmatrix} x_1^{(m)} \\ x_2^{(m)} \\ x_3^{(m)} \end{pmatrix}=\begin{pmatrix} 0 \\ 0 \\ 0 \end{pmatrix} \tag{A.5-23}$$

每个特征值及其对应的特征向量均满足式(A.5-22)。一般而言，特征值和特征向量是一一对应的。

例如，对于矩阵$\boldsymbol{A}$：

$$\boldsymbol{A}=\begin{pmatrix} 3 & -1 & 0 \\ -1 & 2 & -1 \\ 0 & -1 & 3 \end{pmatrix} \tag{A.5-24}$$

求解特征值时的特征多项式为

$$\lambda^3-8\lambda^2+19\lambda-12=0 \tag{A.5-25}$$

其根为$\lambda_1=4,\lambda_2=3,\lambda_3=1$。对应的特征向量方程为

$$\begin{pmatrix} 3-\lambda_m & -1 & 0 \\ -1 & 2-\lambda_m & -1 \\ 0 & -1 & 3-\lambda_m \end{pmatrix}\begin{pmatrix} x_1^{(m)} \\ x_2^{(m)} \\ x_3^{(m)} \end{pmatrix}=\begin{pmatrix} 0 \\ 0 \\ 0 \end{pmatrix} \tag{A.5-26}$$

求解每一个特征值对应的特征向量。例如，对于$\lambda_3=1$，有

$$\begin{cases} 2x_1^{(3)}-x_2^{(3)}=0 \\ -x_1^{(3)}+x_2^{(3)}-x_3^{(3)}=0 \\ -x_2^{(3)}+2x_3^{(3)}=0 \end{cases} \tag{A.5-27}$$

上述为齐次方程组，没有非零的唯一解。令$x_1^{(3)}$等于1，求解其他两个未知数$x_2^{(3)}=2$，$x_3^{(3)}=1$。类似地，可求解λ_1和λ_2对应的特征向量，于是

$$\boldsymbol{x}^{(3)}=(1,2,1),\ \boldsymbol{x}^{(2)}=(1,0,-1),\ \boldsymbol{x}^{(1)}=(1,-1,1) \tag{A.5-28}$$

因为特征向量为一组齐次方程的解，所以特征向量乘以任意常数也为一个特征向量。特征向量的空间方向是一定的，但其大小是任意的。通常将特征向量进行归一化。所以上述三个特征向量又写成：

$$\boldsymbol{x}^{(1)}=(1/\sqrt{3},-1/\sqrt{3},1/\sqrt{3}),\ \boldsymbol{x}^{(2)}=(1/\sqrt{2},0,-1/\sqrt{2}),$$
$$\boldsymbol{x}^{(3)}=(1/\sqrt{6},2/\sqrt{6},1/\sqrt{6}) \tag{A.5-29}$$

有时情况会变得复杂，例如矩阵：

$$\boldsymbol{A}=\begin{pmatrix} 1 & 0 & 0 \\ 0 & 0 & 0 \\ 0 & 0 & 1 \end{pmatrix} \tag{A.5-30}$$

其特征值为 1、1、0。用上述方法求$\lambda_3=0$对应的特征向量，设$x_1^{(3)}=1$，没有解。设$x_2^{(3)}=1$，求出的特征向量为(0,1,0)。由于没有$\hat{\boldsymbol{e}}_1$分量，因此设$x_1^{(3)}=1$是无解的。

这个例子显示了特征值出现重复时的情况，即重复特征值或者简并特征值，如$\lambda_1=\lambda_2=1$，在这种情况下，一个特征值并不是对应一个特征向量，而是对应整个平面，包含在平面内的任意向量均为特征向量。通过非简并特征值(不重复出现的特征值)的特征向量可以找到与之垂直的特征平面，然后选择该平面两个独立的正交基向量。因为非简并特征值对应的特征向量为(0,1,0)，则简并特征值对应的两个相互正交的特征向量可以选为(1,0,0)和(0,0,1)。

A.5.3 对称矩阵的特征值、特征向量、对角化和分解

对称矩阵的特征值和特征向量有些有趣的性质。一个$n\times n$的矩阵$\boldsymbol{H}$的特征多项式为n次，其n个根为特征值。对比其中两个特征值和其对应的特征向量：

$$\boldsymbol{H}\boldsymbol{x}^{(i)}=\lambda_i\boldsymbol{x}^{(i)},\ \boldsymbol{H}\boldsymbol{x}^{(j)}=\lambda_j\boldsymbol{x}^{(j)} \tag{A.5-31}$$

第一个式子两边乘以$\boldsymbol{x}^{(j)\mathrm{T}}$（$\boldsymbol{x}^{(j)}$的转置），第二个式子两边乘以$\boldsymbol{x}^{(i)\mathrm{T}}$：

$$\boldsymbol{x}^{(j)\mathrm{T}}\boldsymbol{H}\boldsymbol{x}^{(i)}=\lambda_i\boldsymbol{x}^{(j)\mathrm{T}}\boldsymbol{x}^{(i)},\ \boldsymbol{x}^{(i)\mathrm{T}}\boldsymbol{H}\boldsymbol{x}^{(j)}=\lambda_j\boldsymbol{x}^{(i)\mathrm{T}}\boldsymbol{x}^{(j)} \tag{A.5-32}$$

将式(A.5-32)的第二个式子两边转置并与第一个式子相减构成下面的形式：

$$\boldsymbol{x}^{(j)\mathrm{T}}\boldsymbol{H}\boldsymbol{x}^{(i)}-\boldsymbol{x}^{(j)\mathrm{T}}\boldsymbol{H}^{\mathrm{T}}\boldsymbol{x}^{(i)}=(\lambda_i-\lambda_j)\boldsymbol{x}^{(j)\mathrm{T}}\boldsymbol{x}^{(i)} \tag{A.5-33}$$

因为$\boldsymbol{H}$为对称矩阵，因此$\boldsymbol{H}=\boldsymbol{H}^{\mathrm{T}}$，所以上式左边为0：

$$0=(\lambda_i-\lambda_j)\boldsymbol{x}^{(j)\mathrm{T}}\boldsymbol{x}^{(i)} \tag{A.5-34}$$

如果$i\neq j$且两个特征值不同，则其对应的特征向量正交，$\boldsymbol{x}^{(j)\mathrm{T}}\boldsymbol{x}^{(i)}$的数积为零。因此，对于对称矩阵，不同的特征值对应的特征向量彼此正交。

这个结论可以方便我们对角化对称矩阵。例如对于一个3×3的矩阵，矩阵$\boldsymbol{U}$的每列都是对称矩阵$\boldsymbol{H}$的特征向量：

$$\boldsymbol{U}=\begin{pmatrix} x_1^{(1)} & x_1^{(2)} & x_1^{(3)} \\ x_2^{(1)} & x_2^{(2)} & x_2^{(3)} \\ x_3^{(1)} & x_3^{(2)} & x_3^{(3)} \end{pmatrix} \tag{A.5-35}$$

如果矩阵$\boldsymbol{H}$的特征值各不相同，则矩阵$\boldsymbol{H}$的特征向量构成的矩阵每一列相互正交，所以$\boldsymbol{U}$为正交矩阵，满足$\boldsymbol{U}^{-1}=\boldsymbol{U}^{\mathrm{T}}$。

所有特征值和其相应的特征向量都满足$\boldsymbol{H}\boldsymbol{x}^{(i)}=\lambda_i\boldsymbol{x}^{(i)}$，可以写作矩阵方程：

$$\boldsymbol{H}\boldsymbol{U}=\boldsymbol{U}\boldsymbol{\Lambda} \tag{A.5-36}$$

其中$\boldsymbol{\Lambda}$为对角线元素为特征值的对角矩阵：

$$\boldsymbol{\Lambda}=\begin{pmatrix}\lambda_1 & 0 & 0\\ 0 & \lambda_2 & 0\\ 0 & 0 & \lambda_3\end{pmatrix} \quad \text{(A.5-37)}$$

对于式(A.5-36)两边同时左乘特征向量矩阵的逆矩阵：

$$\boldsymbol{U}^{-1}\boldsymbol{H}\boldsymbol{U}=\boldsymbol{U}^{\mathrm{T}}\boldsymbol{H}\boldsymbol{U}=\boldsymbol{\Lambda} \quad \text{(A.5-38)}$$

这表明了如何利用特征向量矩阵将对称矩阵对角化。该等式也可以写为

$$\boldsymbol{H}=\boldsymbol{U}\boldsymbol{\Lambda}\boldsymbol{U}^{\mathrm{T}} \quad \text{(A.5-39)}$$

该式说明对称矩阵可以分解为特征值组成的对角矩阵和正交的特征向量矩阵。类似的结论也适用于复杂的埃尔米特矩阵(即自共轭矩阵)，矩阵中第 i 行第 j 列的元素都与第 j 行第 i 列的元素共轭相等。

由此可见，如果矩阵由向量在某坐标系中的分量组成，对应的物理问题可以用类似的方法进行矩阵对角化处理，其基向量即为特征向量。这相当于将物理量从数学坐标系转换为具有物理意义的“自然”坐标系。该方法在应力(2.3.4 节)和地震矩张量(4.4.5 节)的研究中非常重要。

A.6 向量分析

A.6.1 标量场和向量场

地震学中的诸多现象取决于随空间变化的不同物理量。密度、温度这类物理量是标量场，其标量函数 $\phi(\boldsymbol{x})$ 或 $\phi(x_1,x_2,x_3)$ 是空间向量 $\boldsymbol{x}$ 的函数。类似地，一个随空间变化的向量可用一个矢量场来描述。例如，将地震波描述为位移向量的变化：

$$\begin{aligned}\boldsymbol{u}(\boldsymbol{x})&=\boldsymbol{u}(x_1,x_2,x_2)\\&=u_1(x_1,x_2,x_3)\hat{\boldsymbol{e}}_1+u_2(x_1,x_2,x_3)\hat{\boldsymbol{e}}_2+u_3(x_1,x_2,x_3)\hat{\boldsymbol{e}}_3\end{aligned} \quad \text{(A.6-1)}$$

它是位置的函数，可由应力张量的空间导数推导出来。

标量、向量或者张量场的空间变化可用矢量微分算子“del”，∇ 表示：

$$\nabla=\left(\hat{e}_1\frac{\partial}{\partial x_1},\hat{e}_2\frac{\partial}{\partial x_2},\hat{e}_3\frac{\partial}{\partial x_3}\right) \quad \text{(A.6-2)}$$

该算子表现为一个向量的形式，但只有用于标量、矢量或张量场中才具有实质意义。首先讨论 ∇ 算子在笛卡儿坐标系中的应用，下一节将讨论它在更复杂的球坐标系中的应用。

A.6.2 梯度

∇ 算子最简单的应用是计算梯度，即标量场空间导数形成的矢量场。如果 $\phi(\boldsymbol{x})$ 是位置的标量函数，则其梯度定义为

$$\operatorname{grad}\phi(\boldsymbol{x})=\nabla\phi(\boldsymbol{x})=\frac{\partial\phi(\boldsymbol{x})}{\partial x_1}\hat{\boldsymbol{e}}_1+\frac{\partial\phi(\boldsymbol{x})}{\partial x_2}\hat{\boldsymbol{e}}_2+\frac{\partial\phi(\boldsymbol{x})}{\partial x_3}\hat{\boldsymbol{e}}_3 \quad \text{(A.6-3)}$$

其中，$\partial\phi(\boldsymbol{x})/\partial x_1$ 为 $\phi(x_1,x_2,x_3)$ 对自变量 x_1 求偏导数，x_2 和 x_3 相关部分保持不变。梯度为一个矢量场，其各个分量等于对应坐标的偏导数。

如果不显式地表达变量对空间位置的依赖，式(A.6-3)可以更简洁地表示为

$$\nabla\phi=\frac{\partial\phi}{\partial x_1}\hat{\boldsymbol{e}}_1+\frac{\partial\phi}{\partial x_2}\hat{\boldsymbol{e}}_2+\frac{\partial\phi}{\partial x_3}\hat{\boldsymbol{e}}_3 \quad \text{(A.6-4)}$$

这个式子暗含 ϕ 及其偏导数(梯度)均随坐标位置变化。

例如，海拔高程 $\phi(x_1,x_2)$ 是一个标量场，它描述二维区域中地形随空间位置的变化，通常用于绘制地形等高线(图 A.6-1)，沿着每条曲线 ϕ 是一个常数。任意点 $\partial\phi/\partial x_1$ 表示 x_1 方向的斜率，$\partial\phi/\partial x_2$ 表示 x_2 方向的斜率。

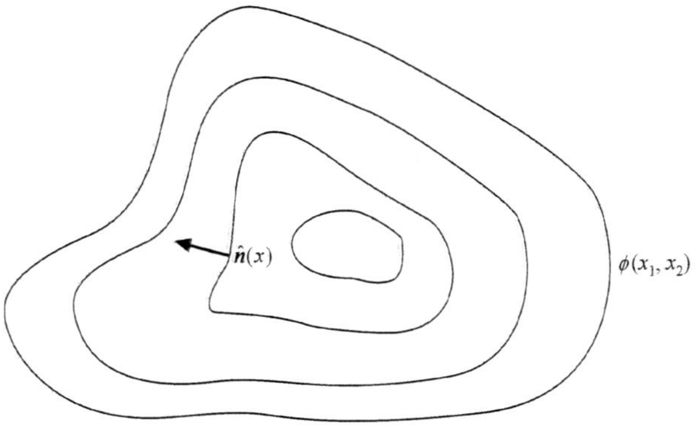

图 A.6-1 标量场的梯度场。如果 $\phi(x_1,x_2)$ 为给定高程，可以用梯度表示点 (x_1,x_2) 在 $\hat{\boldsymbol{n}}$ 方向的斜率。

梯度可用于计算任意方向的斜率。向量在给定方向的投影为向量与该方向单位法向量 $\hat{\boldsymbol{n}}=(n_1,n_2)$ 的数积。因此，梯度和法向量的数积：

$$\hat{\boldsymbol{n}}\cdot\nabla\phi=n_1\frac{\partial\phi}{\partial x_1}+n_2\frac{\partial\phi}{\partial x_2} \quad \text{(A.6-5)}$$

为 $\hat{\boldsymbol{n}}$ 方向的方向导数。$\hat{\boldsymbol{n}}$ 和 $\nabla\phi$ 均为位置的函数。在任意点，当法向量 $\hat{\boldsymbol{n}}$ 与梯度平行时，数积为最大值，表示在该方向的斜率最大，即 ϕ 在该方向变化最快。当 $\hat{\boldsymbol{n}}$ 与梯度垂直时，数积为零，梯度与常数 ϕ 表示的曲线垂直。这些概念同样适用于三维空间。

在指标符号表示法中，梯度写作为

$$(\nabla\phi)_i=\frac{\partial\phi}{\partial x_i}=\phi_{,i} \tag{A.6-6}$$

最后一个表达形式中用常见的逗号代表求梯度。该表达式有一个自由指标，表明梯度是一个向量。相比之下，方向导数写为

$$\hat{\boldsymbol{n}}\cdot\nabla\phi=n_i\frac{\partial\phi}{\partial x_i}=n_i\phi_{,i} \tag{A.6-7}$$

其中，i 为哑指标，表示求和，计算结果为标量。

梯度有重要的物理意义，它的值反映了场的空间变化。例如，热流值依赖于温度场的梯度(5.3.2 节～5.4.1 节)，大气中压力场的梯度是天气预报中的重要参数。

A.6.3 散度

描述向量场空间变化的物理量是散度。向量场 $\boldsymbol{u}(\boldsymbol{x})$ 的散度为∇和 $\boldsymbol{u}(\boldsymbol{x})$ 的数积：

$$\operatorname{div}\boldsymbol{u}=\nabla\cdot\boldsymbol{u}=\frac{\partial u_1}{\partial x_1}+\frac{\partial u_2}{\partial x_2}+\frac{\partial u_3}{\partial x_3} \tag{A.6-8}$$

结果是一个标量场，因为向量的分量和其导数都是位置坐标的函数。

散度经常在守恒方程中出现。例如，若 $\boldsymbol{u}(\boldsymbol{x})$ 表示流体的速度场，则$\nabla\cdot\boldsymbol{u}(\boldsymbol{x})$ 表示位置 $\boldsymbol{x}$ 处在单位时间内从单位体积中净流出物质的量。如图 A.6-2 所示，沿 x_2 方向的流入量为u_2，流出量为$u_2+\frac{\partial u_2}{\partial x_2}$，净流量为两者的差：

$$u_2+\frac{\partial u_2}{\partial x_2}-u_2=\frac{\partial u_2}{\partial x_2} \tag{A.6-9}$$

类似地，可用于 x_1 和 x_3 方向。如果散度的数值为正，则表示物质为净流出，如果是负数则表示净流入。

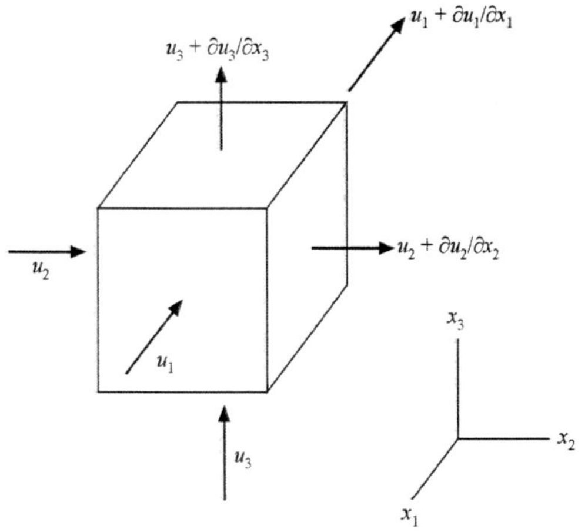

图 A.6-2 散度表示从单位体积的一个面流入，从相反面流出的流量差。

散度的概念可以应用于任何向量场 $\boldsymbol{u}(\boldsymbol{x})$ 。对于一个体积为V 和表面积为S 的区域，可用散度求其净流出量。如果 $\hat{\boldsymbol{n}}(\boldsymbol{x})$ 是在表面点 $\boldsymbol{x}$ 处指向外的单位法向量(图 A.6-3)，则 $\hat{\boldsymbol{n}}(\boldsymbol{x})\cdot\boldsymbol{u}(\boldsymbol{x})$ 的数积给出了该点单位面积上向外的通量。将通量在整个表面上积分就可以得到总通量。另一种计算总通量的方法是在整个体积上对散度积分。两种方法的计算结果相同，因此：

$$\int_S\hat{\boldsymbol{n}}\cdot\boldsymbol{u}\mathrm{d}S=\int_V\nabla\cdot\boldsymbol{u}\mathrm{d}V \tag{A.6-10}$$

上述关系叫作高斯定理，也叫散度定理，它表明一定体积内的积累量，等于通过其闭合表面单位流出量的积分。如果将该体积当作很多紧密排列的单元，一个单元的流出量，则为邻近单元的流入量，从而抵消为零。只有流进或流出体积表面的通量不会以这种方法相互抵消。$\int\mathrm{d}V$ 是整个体积的三重积分，$\int\mathrm{d}S$ 是整个表面积的二重积分。

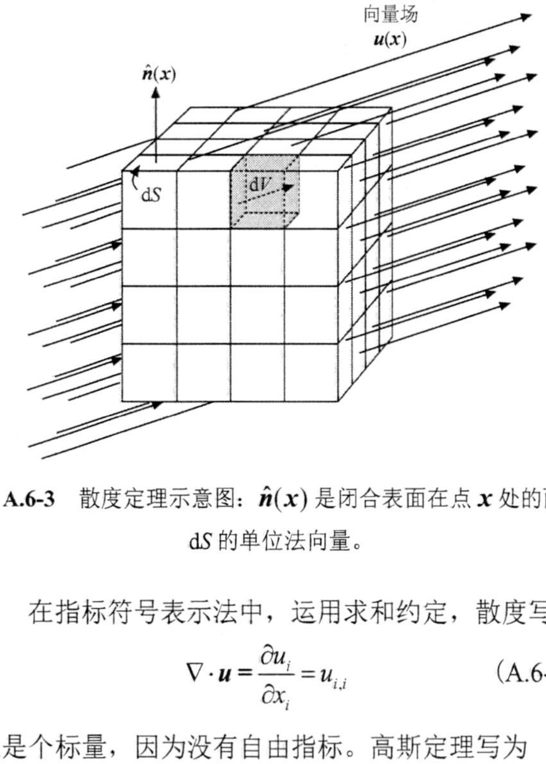

图 A.6-3 散度定理示意图：$\hat{\boldsymbol{n}}(\boldsymbol{x})$ 是闭合表面在点 $\boldsymbol{x}$ 处的面元 dS 的单位法向量。

在指标符号表示法中，运用求和约定，散度写为

$$\nabla\cdot\boldsymbol{u}=\frac{\partial u_i}{\partial x_i}=u_{i,i} \tag{A.6-11}$$

这是个标量，因为没有自由指标。高斯定理写为

$$\int_S u_in_i\mathrm{d}S=\int_V\frac{\partial u_i}{\partial x_i}\mathrm{d}V \tag{A.6-12}$$

或者用逗号表示：

$$\int_S u_in_i\mathrm{d}S=\int_V u_{i,i}\mathrm{d}V \tag{A.6-13}$$

与之前一样，向量场 $\boldsymbol{u}$ 的散度和其法向量 $\hat{\boldsymbol{n}}$ 随位置的变化而变化。

A.6.4 旋度

旋度为∇和矢量场的向量积，结果为另一个向量场：

$$\nabla\times\boldsymbol{u}=\hat{\boldsymbol{e}}_1\left(\frac{\partial u_3}{\partial x_2}-\frac{\partial u_2}{\partial x_3}\right)+\hat{\boldsymbol{e}}_2\left(\frac{\partial u_1}{\partial x_3}-\frac{\partial u_3}{\partial x_1}\right)+\hat{\boldsymbol{e}}_3\left(\frac{\partial u_2}{\partial x_1}-\frac{\partial u_1}{\partial x_2}\right)\tag{A.6-14}$$

写成行列式的形式为

$$\nabla\times\boldsymbol{u}=\det\begin{pmatrix}\hat{\boldsymbol{e}}_1 & \hat{\boldsymbol{e}}_2 & \hat{\boldsymbol{e}}_3\\ \dfrac{\partial}{\partial x_1} & \dfrac{\partial}{\partial x_2} & \dfrac{\partial}{\partial x_3}\\ u_1 & u_2 & u_3\end{pmatrix}\tag{A.6-15}$$

或者用更简洁的指标表示：

$$\nabla\times\boldsymbol{u}=\varepsilon_{ijk}\frac{\partial u_k}{\partial x_j}=\varepsilon_{ijk}u_{k,j}\tag{A.6-16}$$

旋度的物理意义体现在斯托克斯定理中，它将向量场的旋度在曲面 S 上的积分与沿曲面边界曲线的线积分(图 A.6-4)联系起来：

$$\int_C\boldsymbol{u}\cdot\hat{\boldsymbol{t}}\mathrm{d}C=\int_S(\nabla\times\boldsymbol{u})\cdot\hat{\boldsymbol{n}}\mathrm{d}S\tag{A.6-17}$$

式中，$\mathrm{d}S$ 为曲面中微元的面积；$\hat{\boldsymbol{n}}(\boldsymbol{x})$ 为该面积上的法向量；$\mathrm{d}C$ 为微元的边界曲线；$\hat{\boldsymbol{t}}(\boldsymbol{x})$ 为曲线的切线。类似于高斯定理在体积中的应用，可以认为曲面是由很多微元曲面组成，围绕每个微曲面进行线积分 $\boldsymbol{u}\cdot\hat{\boldsymbol{t}}$ 。每个微曲面边界都与其相邻微曲面部分共享，由于沿边界线的积分计算是逆时针方向，紧邻的两个微曲面边界的积分结果相等但符号相反，从而相互抵消。最后，所有微曲面的相邻边界线的积分相互抵消，只剩下外边界的区段。

如果沿边界线的积分不为零，则向量场沿着边界曲线存在净旋转，其表面的旋度积分非零。向量场的旋度表示旋转量。一个常见的应用是描述流体的速度场。图 A.6-5 上半部分显示了黏滞性流体流过一个圆形障碍物时的流线分布。任一点的流线平行于该点的速度方向。在障碍物上速度为零，随着与障碍物的距离增加，速度逐渐增大，障碍物底部的速度场是对称的。图 A.6-5 下半部分显示了速度场旋度的等值线，越接近球体，旋度越大，流线越弯曲，旋转量越大。

下面给出两个有用的性质：旋度的散度与梯度的旋度都为零，其证明留作附录末的问题：

$$\nabla\cdot(\nabla\times\boldsymbol{u})=0\tag{A.6-18}$$

$$\nabla\times(\nabla\phi)=0\tag{A.6-19}$$

式(A.6-19)结合斯托克斯定理显示，如果一个向量场为标量场的梯度，沿任意闭合曲线的旋度(旋转量)都为零。在力学中，可用于证明保守力(势能的梯度)的线积分与路径无关，因为它沿任何闭合路径的积分都是零。上述关系也有助于深入了解地震波，正如我们所知的 P 波没有旋度，为一个无旋场，而 S 波没有散度，为一个无散场(2.4.1 节)。

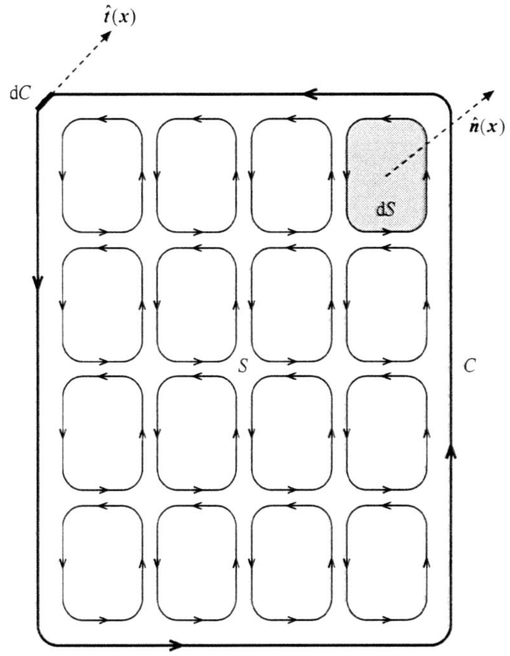

图 A.6-4 斯托克斯定理的几何示意图：$\hat{\boldsymbol{n}}(\boldsymbol{x})$ 为曲面 S 上位于 $\boldsymbol{x}$ 处的面元 $\mathrm{d}S$ 的法向量。曲面 S 的边界 C 上的线元 $\mathrm{d}C$ 的切线为 $\hat{\boldsymbol{t}}(\boldsymbol{x})$。

A.6.5 拉普拉斯算子

拉普拉斯算子为标量场梯度的散度，也为标量场：

$$\nabla^2\phi=\nabla\cdot\nabla\phi=\frac{\partial^2\phi}{\partial x_1^2}+\frac{\partial^2\phi}{\partial x_2^2}+\frac{\partial^2\phi}{\partial x_3^2}=\phi_{,ii}\tag{A.6-20}$$

其中，最后的表示形式使用了求和约定。同样，向量场的拉普拉斯算子也是向量场，其分量在笛卡儿坐标系中为原向量分量的拉普拉斯算子：

$$\nabla^2\boldsymbol{u}=(\nabla^2u_1,\nabla^2u_2,\nabla^2u_3)\tag{A.6-21}$$

例如，其中 $\nabla^2\boldsymbol{u}$ 的 $\hat{e}_1$ 分量为

$$\frac{\partial^2u_1}{\partial x_1^2}+\frac{\partial^2u_1}{\partial x_2^2}+\frac{\partial^2u_1}{\partial x_3^2}\tag{A.6-22}$$

在笛卡儿坐标系中，拉普拉斯算子满足：

$$\nabla^2\boldsymbol{u}=\nabla(\nabla\cdot\boldsymbol{u})-\nabla\times(\nabla\times\boldsymbol{u})\tag{A.6-23}$$

式(A.6-23)虽然不容易理解，但在地震 P 波和 S 波场的推导中至关重要。

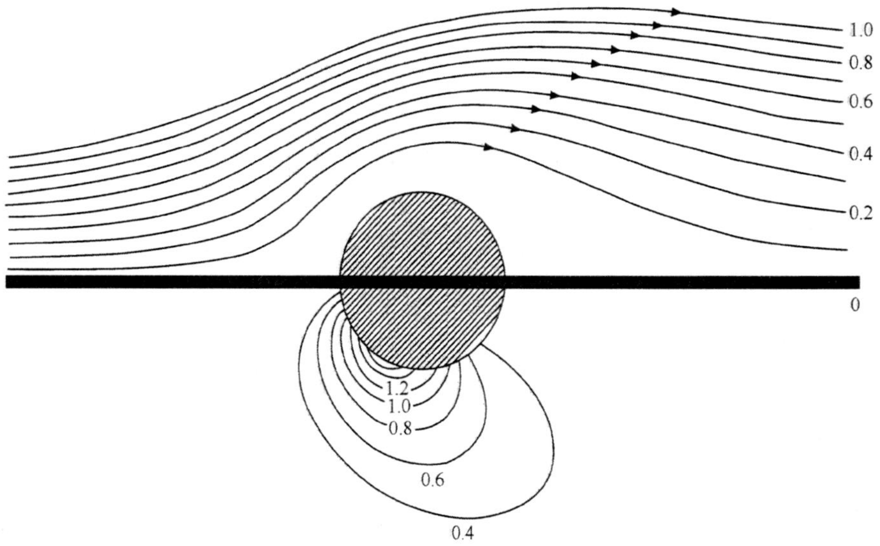

图 A.6-5 上半部分：流线显示了圆形障碍物周围的流体速度。数字显示速度大小。下半部分：等值线表示速度场的旋度。越靠近障碍物旋度越大，曲线的弧度也越大。(据 Batchelor，1967 修改，经剑桥大学出版社许可复印)

A.7 球坐标

到目前为止，向量及其计算的讨论都基于笛卡儿坐标系，其单位向量为$(\hat{\boldsymbol{e}}_1,\hat{\boldsymbol{e}}_2,\hat{\boldsymbol{e}}_3)$，各分量的方向始终保持不变。然而，向量运算在非笛卡儿坐标系统中尽管不具备笛卡儿坐标下的一些优越性质，但非常实用。特别是对于相对于某一点高度对称的问题，用球坐标系就要方便得多。

A.7.1 球坐标系

在球坐标系中，位置向量以从原点出发的距离$r=|\boldsymbol{x}|$及两个角度来定义。θ为余纬度，即向量$\boldsymbol{x}$与x_3轴之间的夹角，ϕ为经度，x_1-x_2平面上的角度。通常用纬度$90°-\theta$来代替余纬度。球坐标系在地震学中被广泛使用，因为地球大致近似为球对称，沿深度方向(半径)的变化远大于横向(切向)变化。因此，速度和密度等函数通常近似为r的函数，而与θ和ϕ无关。

图 A.7-1 显示了直角坐标和球坐标之间的关系。如果向量$\boldsymbol{x}$写为

$$\boldsymbol{x}=x_1\hat{\boldsymbol{e}}_1+x_2\hat{\boldsymbol{e}}_2+x_3\hat{\boldsymbol{e}}_3 \tag{A.7-1}$$

其在直角坐标中的分量为(x_1,x_2,x_3)，在球坐标系中表示为

$$x=\begin{pmatrix}x_1\\x_2\\x_3\end{pmatrix}=\begin{pmatrix}r\sin\theta\cos\phi\\r\sin\theta\sin\phi\\r\cos\theta\end{pmatrix} \tag{A.7-2}$$

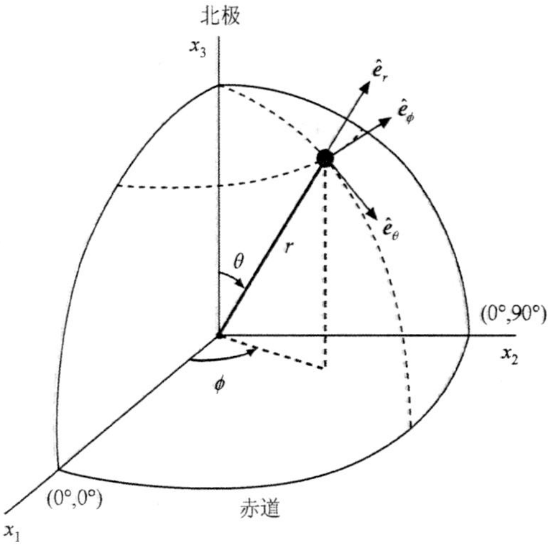

图 A.7-1 球坐标(r,θ,ϕ)和笛卡儿坐标(x_1,x_2,x_3)之间的关系。(Marion，1970，*Classical Dynamics of Particles and Systems*，2nd edn，经 Academic Press 许可转载)

相反地，球坐标中的r、θ、ϕ可以写作：

$$r=(x_1^2+x_2^2+x_3^2)^{1/2},\quad \theta=\cos^{-1}(x_3/r),\quad \phi=\tan^{-1}(x_2/x_1) \tag{A.7-3}$$

在(x_1-x_2)赤道平面内，θ=90°，$\cos\theta$=0，$\sin\theta$=1，所以$x_1=r\cos\phi$，$x_2=r\sin\phi$，这与 A.3.1 节中描述的极坐标系统一致。沿着坐标轴x_3，$\theta=0°$，所以$x_1=x_2=0$，$x_3=r$。在任何表达式中余纬度θ可以转化为纬度$\lambda=90°-\theta$，$\cos\theta=\sin\lambda$和$\sin\theta=\cos\lambda$。

图 A.7-2 显示大家熟悉的用以确定地球内部或表面上$(r=a)$一个点的地理坐标系。为此，原点在地球

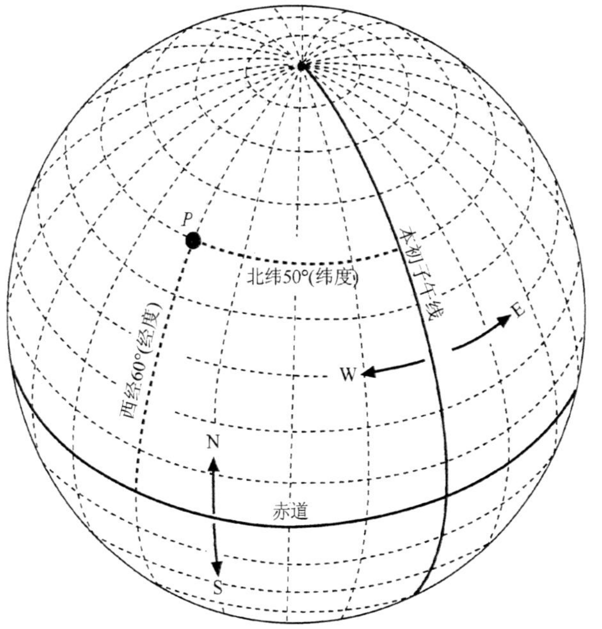

图 A.7-2 用于确定地球表面位置的经度和纬度。点 P 在 50°N，60°W（$\theta=40°$，$\phi=-60°$）。(Strahler，1969)

中心，x_3 轴定义为从地球中心到北极的轴。包含 x_3 轴的平面与地球表面相交的线定义为子午线，或者经线。与 x_1 轴相交的子午线为本初子午线，ϕ 为零，该子午线穿过了英格兰格林尼治天文台，又称格林尼治子午线。与 x_3 轴垂直的平面与地球表面相交的线定义为平行线，或者余纬度或纬度线。子午线是大圆中的一种，大圆为通过地球球心的平面与地球表面相交的线。纬度是小圆(small circle)中的一种，定义为任一平面与地球表面的交线。

上述规定使得余纬度 $\theta(0°\leqslant\theta\leqslant180°)$ 和经度 $\phi(0°\leqslant\phi\leqslant360°)$ 能够唯一地确定地球表面上的点。通常以赤道为界将纬度分为南北向，以格林尼治为界将经度分为东西向。南北纬度对应的余纬度分别大于或小于90°。ϕ 从本初子午线的东部开始测量，西经对应于 ϕ 小于 0° 或者大于180°。例如，对于点(10°S，110°W)，$\theta=90°+10°=100°$，$\phi=-110°=360°-110=250°$。

对于任意点，球坐标的单位基向量 $(\hat{\boldsymbol{e}}_r,\hat{\boldsymbol{e}}_\theta,\hat{\boldsymbol{e}}_\phi)$ 定义为 r、θ、ϕ 增加的方向。$\hat{\boldsymbol{e}}_r$ 为远离原点的方向，给出了垂直于地球表面向外的方向。$\hat{\boldsymbol{e}}_\theta$ 为指南的方向，$\hat{\boldsymbol{e}}_\phi$ 为指东的方向，有时也写作以北和以东为正方向的单位向量：$\hat{\boldsymbol{e}}_{\text{NS}}=-\hat{\boldsymbol{e}}_\theta$，$\hat{\boldsymbol{e}}_{\text{EW}}=\hat{\boldsymbol{e}}_\phi$。

球坐标单位向量的一个重要性质是不同点的单位向量指向与笛卡儿坐标不同的方向。笛卡儿坐标中的单位向量为 $(\hat{\boldsymbol{e}}_1,\hat{\boldsymbol{e}}_2,\hat{\boldsymbol{e}}_3)$，其在任意点的指向都固定不变。相比之下，$\hat{\boldsymbol{e}}_r$ 在北极时指向 $\hat{\boldsymbol{e}}_3$，在南极时指向 $-\hat{\boldsymbol{e}}_3$。在球坐标系中，假设一个点的余纬度为 θ、经度为 ϕ，则球坐标单位向量为

$$\hat{\boldsymbol{e}}_\phi=\begin{pmatrix}-\sin\phi\\ \cos\phi\\ 0\end{pmatrix},\quad \hat{\boldsymbol{e}}_\theta=\begin{pmatrix}\cos\theta\sin\phi\\ \cos\theta\sin\phi\\ -\sin\theta\end{pmatrix},\quad \hat{\boldsymbol{e}}_r=\begin{pmatrix}\sin\theta\cos\phi\\ \sin\theta\sin\phi\\ \cos\theta\end{pmatrix}\tag{A.7-4}$$

对余纬度和经度的依赖显示了方向相对于笛卡儿坐标轴的方位变化。

对于任意点，球坐标单位向量 $(\hat{\boldsymbol{e}}_r,\hat{\boldsymbol{e}}_\theta,\hat{\boldsymbol{e}}_\phi)$ 组成一组正交集。当空间范围足够小时，地球的曲率可以忽略，这些基向量可以近似为局部坐标系统。

A.7.2 距离和方位

球坐标系在描述地球表面两点之间的地理关系时尤其有用。一个常见的应用是计算两点之间的距离以及连接两点的大圆弧方向。大圆弧是球面上两点之间的最短路径，假设地震波速度的变化只与深度有关，则在球面上最快的传播路径就是连接两点的大圆弧路径，在地球内部穿行的最快路径位于大圆弧和地球中心组成的平面内。大部分区域速度横向变化大多只有几个百分点(在液态外核中基本微不可查)，该假设在很多地震应用中是个实用的近似。通常震源到接收台站的距离用相对于大圆弧路径对应的圆心弧度 Δ 表示(图 A.7-3)。如果 Δ 单位为弧度，那么沿着地球表面的大圆弧长度(千米)是 $R\Delta$，R 是地球半径(约 6371km)。如果 Δ 表示角度，$s=R\Delta\pi/180$，所以一度等于弧长 111.2km。

考虑连接地震震源 $(\theta_{\text{E}},\phi_{\text{E}})$ 和地震台站 $(\theta_{\text{S}},\phi_{\text{S}})$ 的大圆弧。地震波沿大圆弧传播(或在其与地球中心组成的平面内传播)，地震震源的方位角 ζ 定义为在震源从北顺时针旋转到大圆弧路径的角度。地震波到达地震计的方向为反方位角 ζ'，是在台站处从北顺时针旋转到连接台站与震源大圆弧路径的角度。地震震源与台站位置向量在笛卡儿坐标中可用式(A.7-2)写为

$$\boldsymbol{x}_{\text{E}}=\begin{pmatrix}R\sin\theta_{\text{E}}\cos\phi_{\text{E}}\\ R\sin\theta_{\text{E}}\cos\phi_{\text{E}}\\ R\cos\theta_{\text{E}}\end{pmatrix},\quad \boldsymbol{x}_{\text{S}}=\begin{pmatrix}R\sin\theta_{\text{S}}\cos\phi_{\text{S}}\\ R\sin\theta_{\text{S}}\cos\phi_{\text{S}}\\ R\cos\theta_{S}\end{pmatrix}\tag{A.7-5}$$

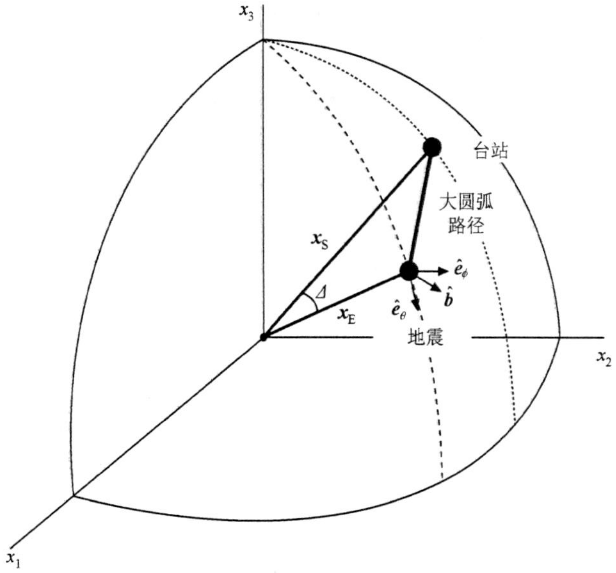

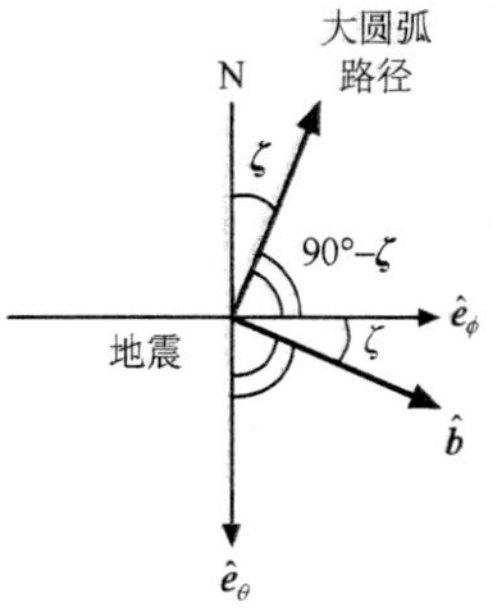

图 A.7-3　震源和台站之间大圆弧路径的几何表示(左图)，以及方位角 ζ 的定义(右图)。

震中距 Δ 为 $\boldsymbol{x}_S$ 和 $\boldsymbol{x}_E$ 的夹角，由两者的数积给出：

$$\boldsymbol{x}_E \cdot \boldsymbol{x}_S = R^2 \cos\Delta \qquad \text{(A.7-6)}$$

所以：

$$\Delta = \cos^{-1}[\cos\theta_E \cos\theta_S + \sin\theta_E \sin\theta_S \cos(\phi_S - \phi_E)] \qquad \text{(A.7-7)}$$

上述公式在 0° 和 180° 之间唯一地定义了 Δ。两点之间的大圆弧较短的部分称为劣弧，较长的部分称为优弧，其长度为 $(360° - \Delta)$。

为了计算震源到台站的方位角，震源位置 $\boldsymbol{x}_E$ 的局部水平面上垂直于大圆弧的单位向量记作 $\hat{\boldsymbol{b}}$，写作位置向量的向量积：

$$\boldsymbol{x}_S \times \boldsymbol{x}_E = \hat{\boldsymbol{b}} R^2 \sin\Delta \qquad \text{(A.7-8)}$$

计算得

$$\hat{\boldsymbol{b}} = \frac{1}{\sin\Delta}\begin{pmatrix} \sin\theta_S \cos\theta_E \sin\phi_S - \sin\theta_E \cos\theta_S \sin\phi_E \\ \cos\theta_S \sin\theta_E \cos\phi_E - \cos\theta_E \sin\theta_S \cos\phi_S \\ \sin\theta_S \sin\theta_E \sin(\phi_E - \phi_S) \end{pmatrix} \qquad \text{(A.7-9)}$$

方位角 ζ，如图 A.7-3 所示，从北顺时针旋转，

$$\cos\zeta = \hat{\boldsymbol{b}} \cdot \hat{\boldsymbol{e}}_\phi = \frac{1}{\sin\Delta}(\cos\theta_S \sin\theta_E - \sin\theta_S \cos\theta_E \cos(\phi_S - \phi_E)) \qquad \text{(A.7-10)}$$

$$\sin\zeta = \hat{\boldsymbol{b}} \cdot \hat{\boldsymbol{e}}_\phi = \frac{1}{\sin\Delta}\sin\theta_S \sin(\phi_S - \phi_E) \qquad \text{(A.7-11)}$$

同时使用 $\sin\zeta$ 和 $\cos\zeta$ 可以确定方位角 $\zeta(0° \leqslant \zeta < 360°)$。从震源到台站的方位角非常有用，因为地震辐射的能量在某些方向要大于其他方向(第 4 章)，通过测量不同方向的能量可获得震源信息。

式(A.7-10)和式(A.7-11)中将下标 S 和 E 互换求得反方位角 ζ'，表示地震能量到达地震计的方向。地震计通常用南北和东西分量记录地面的水平运动。利用反方位角和式(A.5-9)的向量变换公式可以将观察结果转化为径向(沿着大圆弧路径)和切向(垂直于大圆弧路径)分量。这样变换是因为这两个方向的地震波传播方式不同(2.4 节)。方位角和反方位角都是从地理上的北顺时针测量，而在数学上的角度则是从 x_1 轴方向逆时针旋转所得的角度。如图 A.7-4

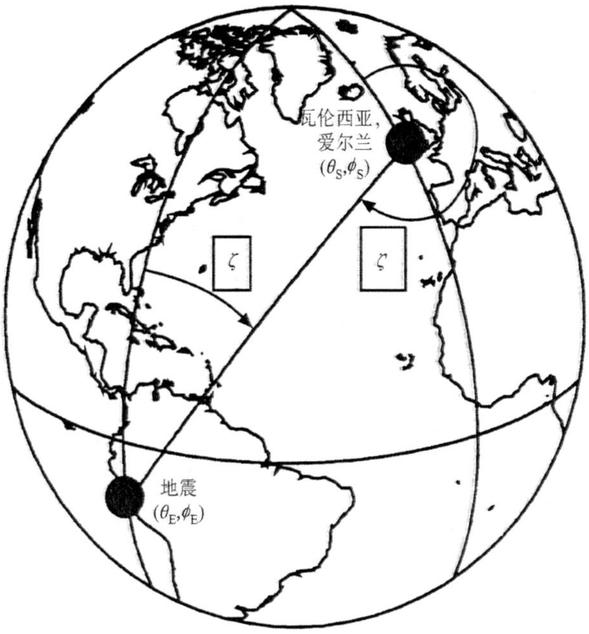

图 A.7-4　从秘鲁海沟的震源到 VAL(瓦伦西亚，爱尔兰)台站的大圆弧路径及相应的方位角 ζ 和反方位角 ζ'。由于地球是球体，这两个角度之间的关系比较复杂。

所示，地震震源位于秘鲁海沟($\theta_E=102°$，$\phi_E=-78°$)，记录台站为 VAL(瓦伦西亚，爱尔兰；$\theta_S=38°$，$\phi_S=-10.25°$)，相应的震中距、方位角和反方位角分别为$\Delta=86°$，$\zeta=35°$，$\zeta'=245°$[①]。

以上分析假定地球是完美的球体。但事实上，地球是扁平的，由于自身旋转其形状接近于椭球体，所以半径随余纬度存在变化：

$$r(\theta)=R_e(1-f\cos^2\theta) \tag{A.7-12}$$

其中，R_e是赤道半径，约 6378km。扁平因子f大约为 3.35×10^{-3}，或 1/298；极半径R_p为 6357km。如果地球是一个完美的椭球体，其平均半径为与地球体积相同的均匀球体的半径。像地球这样的椭球的体积为$(4/3)\pi R_e^2R_p$，半径为R的球体体积为$(4/3)\pi R^3$，由此可得地球的平均半径为 6371km。在某些情况下必须考虑椭球体以得到更精确的距离。

A.7.3 坐标轴的选择

球坐标系的坐标轴可以不同于地理坐标轴。因为物理问题不依赖于坐标选择，所以尽量选择使问题表达简单的一组坐标轴。例如，在震源研究中，x_3轴可以选择从地球中心到震源位置的方向，x_1轴(也就是本初子午线)选择使断层走向$\phi=0$的方向。这样使地震波传播过程的描述简单化，两点间的距离Δ等于余纬度。此外，通常地震能量的辐射模式关于断层呈现高度对称性，可以简单地用ϕ的函数表示。相反，地震辐射模式与北极和格林尼治子午线无关，所以用地理坐标描述地震波传播显得更为复杂。

幸运的是，以地震位置为参考点的坐标系通常是描述地震波传播过程最简单的坐标系。因为地球结构主要是随深度的变化而变化，关于地球中心的球对称性使得坐标轴方向的选择关系不大。地理上地球是围绕x_3轴自转的，这样定义坐标轴有助于导航。在大多数地震学应用中，北向并没有特别的意义，因为地震波传播几乎不受地球自转的影响。本初子午线的选择是任意的。在 19 世纪初，美国地图将穿过华盛顿特区的子午线定为本初子午线，法国人则将通过巴黎的子午线定为本初子午线。

① 这些距离-方位角公式也可以应用在非地震学上，比如船只和飞机的航行路径也基本沿最短路径(两点之间大圆弧)行驶。

A.7.4 球坐标系中的向量计算

球面上任一点的单位球向量分别指向上、南和东方向，它们在不同位置处一般不相互平行，这就使得向量的微分计算更为复杂，因为涉及求取向量的空间导数。在笛卡儿坐标系中，单位向量的方向不发生改变，所以只需考虑向量分量的导数。而在球坐标系中，一个向量：

$$\boldsymbol{u}=u_r\hat{\boldsymbol{e}}_r+u_\theta\hat{\boldsymbol{e}}_\theta+u_\phi\hat{\boldsymbol{e}}_\phi \tag{A.7-13}$$

的微分计算必须包含基向量的空间导数。因此，在球坐标中，对于一个标量场ψ和向量场$\boldsymbol{u}$：

$$\operatorname{grad}\psi=\hat{\boldsymbol{e}}_r\frac{\partial\psi}{\partial r}+\hat{\boldsymbol{e}}_\theta\frac{1}{r}\frac{\partial\psi}{\partial\theta}+\hat{\boldsymbol{e}}_\phi\frac{1}{r\sin\theta}\frac{\partial\psi}{\partial\phi} \tag{A.7-14}$$

$$\operatorname{div}\boldsymbol{u}=\frac{1}{r^2}\frac{\partial}{\partial r}(r^2u_r)+\frac{1}{r\sin\theta}\frac{\partial}{\partial\theta}(\sin\theta u_\theta)+\frac{1}{r\sin\theta}\frac{\partial u_\phi}{\partial\phi} \tag{A.7-15}$$

$$\begin{aligned}\operatorname{curl}\boldsymbol{u}=&\hat{\boldsymbol{e}}_r\frac{1}{r\sin\theta}\left(\frac{\partial}{\partial\theta}(\sin\theta u_\phi)-\frac{\partial u_\theta}{\partial\phi}\right)\\&+\hat{\boldsymbol{e}}_\theta\frac{1}{r\sin\theta}\left(\frac{\partial u_r}{\partial\phi}-\sin\theta\frac{\partial}{\partial r}(ru_\phi)\right)\\&+\hat{\boldsymbol{e}}_\phi\frac{1}{r}\left(\frac{\partial}{\partial r}(ru_\theta)-\frac{\partial u_r}{\partial\theta}\right)\end{aligned} \tag{A.7-16}$$

$$\begin{aligned}\nabla^2\psi=&\frac{1}{r^2}\frac{\partial\psi}{\partial r}\left(r^2\frac{\partial\psi}{\partial r}\right)+\frac{1}{r^2\sin\theta}\frac{\partial}{\partial\theta}\left(\sin\theta\frac{\partial\psi}{\partial\theta}\right)\\&+\frac{1}{r^2\sin^2\theta}\frac{\partial^2\psi}{\partial\phi^2}\end{aligned} \tag{A.7-17}$$

这些表达式在 2.4 节对球面波的讨论和 2.9 节对地球简正振型的讨论中已经使用过。

最后值得注意的是，积分过程中使用的体元和面元在球坐标系和直角坐标系中不一样。在球坐标中(图 A.7-5)有几个标量因子，所以面元的面积表示为

$$\mathrm{d}S=r^2\sin\theta\mathrm{d}\theta\mathrm{d}\phi \tag{A.7-18}$$

体元的体积表示为

$$\mathrm{d}V=r^2\sin\theta\mathrm{d}r\mathrm{d}\theta\mathrm{d}\phi \tag{A.7-19}$$

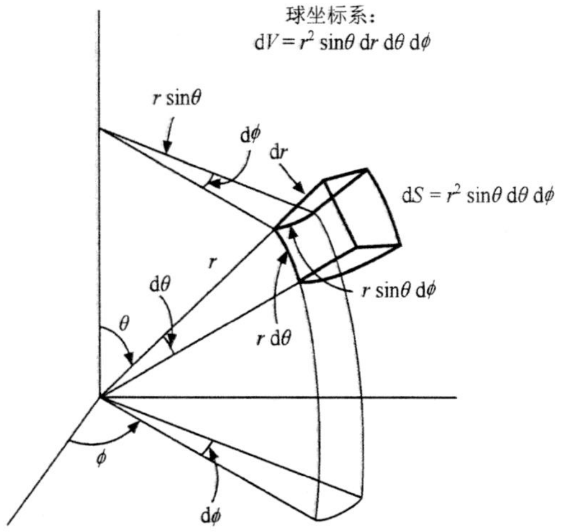

图 A.7-5 球坐标系中的体元和面元与笛卡儿坐标不同，在球坐标系中体元并不是一个立方体。(Marion，1970，*Classical Dynamics of Particles and Systems*，2nd edn，经 Academic Press 许可转载)

A.8 程序设计与编译

地震学研究大多数时候需要用到计算机编程，这些客观需求促进了计算机软件和硬件的发展，特别是勘探地震学中大数据量的存储和处理能力得到了极大发展。

地震学在如下几个方面对计算机有特别的需求：

①计算机通常用于数据采集和记录。

②在电脑上显示和处理原始采集数据。

③使用计算机对地震数据进行后续分析。例如，使用滤波技术处理地震记录增强某些频带的信号，或者综合处理突出某些特性。

④在合成理论地震记录时，需要使用计算机针对一系列模型参数进行数值模拟，对比计算结果并选择最适合的模型参数。

⑤反演地震数据需要用到计算机模拟技术，以确定与观测数据最匹配的模型参数。

⑥通过对地震观测资料的处理分析，利用计算机绘制合理的地质推断模型图。例如，将地震速度数据和岩石的预测速度进行比较，可得到岩石的成分、温度和压力参数。

上述这些应用通常需要进行科学编程设计，这在数学领域非常普遍。本书中讨论的一些问题同样需要科学程序设计。虽然程序的设计风格因人而异，但本节将讨论几个普适性的基本问题，作为计算机编程的入门介绍，读者可在此基础上逐步提升。

A.8.1 实例：合成地震图

考虑一维匀速介质中地震波的传播及其理论合成地震记录，在数学上可以抽象为理想情况下振动在弦上的传播。程序设计需要计算函数 $u(x,t)$，其为点 x 在时间 t 的位移函数。弦的两端固定，即在 $x=0$ 和 $x=L$ 处位移为 0，波的传播速度是 v。如 2.2.5 节中所述，可将位移表示成弦的简正振型的总和，每个简正振型为一驻波，且弦长为驻波半波长的 n 倍，即

$$u_n(x,t) = \sin(n\pi x/L)\cos(\omega_n t) \tag{A.8-1}$$

振动的特征频率或者本征频率为

$$\omega_n = n\pi v/L \tag{A.8-2}$$

由此频率决定的各种振动方式称为弦振动的简正振型。如果震源在点 x_s，零时刻产生了持续时长 τ 的脉冲信号，波的传播过程可以描述为各个简正振型的加权和：

$$u(x,t) = \sum_{n=1}^{\infty} \sin(n\pi x/L)\sin(n\pi x_s/L)\cos(\omega_n t)\exp[-(\omega_n \tau)^2/4] \tag{A.8-3}$$

给定任一位置和时间的位移 $u(x,t)$，地震图就是接收点 x_r 记录的随时间变化的位移 $u(x_r,t)$。t_0 时刻弦上各点的位移 $u(x,t_0)$ 形成位移快照。

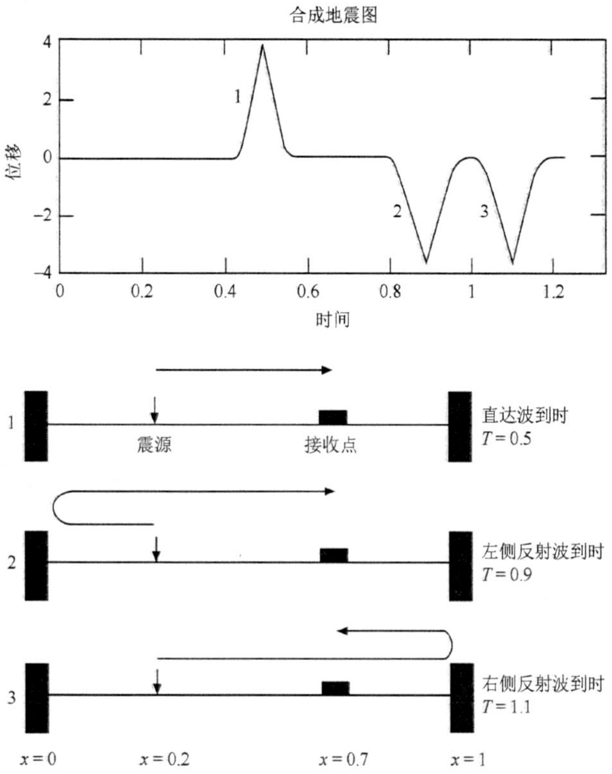

图 A.8-1 上图：合成地震图，显示直达波(1)和两端的反射波(2，3)。下图：显示震源和接收器的位置，以及直达波和反射波的到时。

基于上述数学原理，可以利用计算机编程来合成理论地震图。为简单起见，假定弦长度为 1m①，波速为 1m/s，震源在 $x_s = 0.2\text{m}$ 的位置，接收器在 $x_r = 0.7\text{m}$。为了近似无穷个振动简正振型叠加，模拟时只叠加了前 200 个简正振型。图 A.8-1 上图显示的地震图是每 50 时间步长的计算结果，记录时长为 1.25s。该程序是用 Fortran 语言编写而成的。该计算机语言特别适合用于科学计算，常常用在地震学中(包括本书)。这个程序当然也可以用其他编程语言编写，但基本思想是一样的。

```
C  SYNTHETIC SEISMOGRAM FOR HOMOGENEOUS STRING
C  DISPLACEMENT U AS FUNCTION OF TIME T
C  CALCULATED BY NORMAL MODE SUMMATION
      DIMENSION U(200)
      PI = 3.1415927
C
C  PARAMETERS(NORMALLY WOULD COME FROM INPUT)
C  STRING LENGTH(M)
      ALNGTH = 1.0
C VELOCITY(M/S)
      C = 1.0
C NUMBER OF MODES
      NMODE = 200
C SOURCE POSITION(M)
      XSRC = 0.2
C RECEIVER POSITION(M)
      XRCVR = 0.7
C SEISMOGRAM TIME DURATION(S)
      TDURAT = 1.25
C NUMBER TIME STEPS
      NTSTEP = 50
C TIME STEP(S)
      DT = TDURAT/NTSTEP
C SOURCE SHAPE TERM
      TAU = .02
C
C  LIST  PARAMETERS
      WRITE(6, 3000)
3000  FORMAT('SYNTHETIC SEISMOGRAM FOR STRING')
      WRITE(6, 3001)NMODE
3001  FORMAT('NUMBER OF MODES', I6)
      WRITE(6, 3002)ALNGTH, C
3002  FORMAT('LENGTH(M)' F7.3, 'VELOCITY,
     X(M/S)', F7.3)
      WRITE(6, 3003)XSRC, XRCVR
3003  FORMAT('POSITION(M): SOURCE', F7.3,
     X  'RECEIVER', F7.3)
      WRITE(6, 3004)TDURAT, NTSTEP
3004  FORMAT('SEISMOGRAM DURATION(S)', F7.3,
     X  I6, 'TIME  STEPS')
      WRITE(6, 3005)TAU
3005  FORMAT('SOURCE SHAPE TERM', F7.3)
C
C  INITIALIZE DISPLACEMENT
      DO  5  I = 1, NTSTEP
      U(I) = 0.0
5     CONTINUE
C
C  OUTER  LOOP  OVER  MODES
      DO  10  N = 1, NMODE
      ANPIAL = N*PI/ALNGTH
C  SPACE TERMS: SOURCE AND RECEIVER
      SXS = SIN(ANPIAL*XSRC)
      SXR = SIN(ANPIAL*XRCVR)
C  MODE FREQUENCY
      WN = N*PI*C/ALNGTH
C  TIME INDEPENDENT TERMS
      DMP = (TAU*WN)**2
      SCALE = EXP(-DMP/4.)
      SPACE = SXS*SXR*SCALE
C
C  INNER  LOOP  OVER  TIME  STEPS
      DO 15 J = 1, NTSTEP
      T = DT*(J - 1)
      CWT = COS(WN*T)
C  COMPUTE  DISPLACEMENT
      U(J) = U(J) + CWT*SPACE
15    CONTINUE
10    CONTINUE
C
```

① 计算机上可以使用任何长度，比如 1km 或 1fur($1\text{fur} = 2.01168\times10^2\text{m}$)的弦。物理上能否找到 1km 长的弦则是另外的问题。

```
C  OUTPUT  SEISMOGRAM  FOR  LATER  PLOTTING
        WRITE(6, 3101)(U(J), J = 1, NTSTEP)
3101  FORMAT(7F10.4)
      STOP
      END
```

结合这个例子，如下几点是编程必须注意的问题。

(1)答案的正确性。在程序编译与设计中存在两种错误类型。第一，程序本身错误。例如，描述物理问题的数学公式是正确的，但程序编写是错误的。通常这种情况可以通过程序调试而修正错误。第二，数学公式错误，而程序编写中正确地实现了错误的公式。这种可能是数学推导上的错误，例如对发散级数求和；或者是物理的错误，例如采用的公式不能正确描述振动在弦上的传播。后者无法通过检查程序而找到错误所在。图 A.8-2 显示了两组计算机模拟结果，表达入射波从低速介质入射到高速介质时产生的折射现象，上图运用了正确的斯涅尔定律(2.5 节)进行模拟，而下图看起来似乎是对的，但其实是错误的，因为描述物理过程的数学公式是错误的。

程序员检查这两种类型的错误时，一般可以通过解析解预测结果的例子，将解析解结果与计算机模拟结果进行对比以检查程序的可靠性。仍然以弦的波动实验为例。波沿最短(直达)路径传播，到达接收点的时刻与预期时刻都为 0.5s(图 A.8-1 下图)，因为震源和接收器相距 0.5m，波速为 1m/s。直达波之后的两个波形为从弦两端反射回来的反射波，走时也与预测值相等。此外，两个反射波的脉冲信号与初始脉冲信号的极性相反(2.2.3 节)。还可以通过不同的弦长度、波传播速度、震源和接收器位置来检测程序的可靠性。除了合成地震记录，特定时刻的位移也可以计算。这些测试非常重要，因为如果数学模型不能合理地描述物理过程，那么程序的调试、编译和优化都毫无意义。

(2)程序应该清晰易懂。程序设计的目的和方法应该写明；变量命名尽量反映其在公式中的角色，如变量名 SXS 表示 $\sin x_s$ 等；增加必要的注释解释函数的各部分或子函数的功能。

(3)程序使用循环和数组。地震记录通过数组 U(J)来描述，其连续时间上的数值是通过循环实现的。使用数组代替离散变量 UT1、UT2 等使程序更清晰，更

正确使用

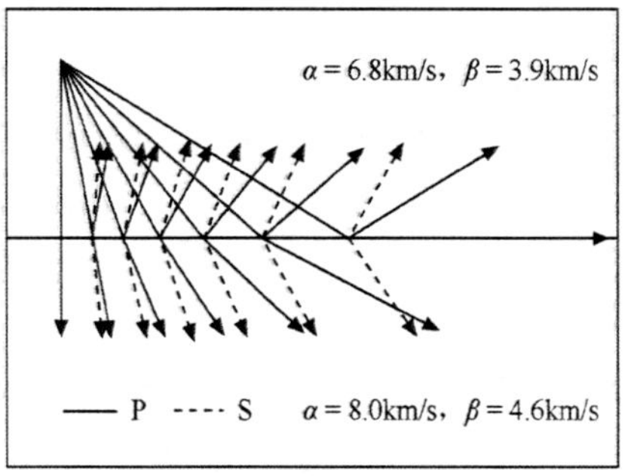

错误使用

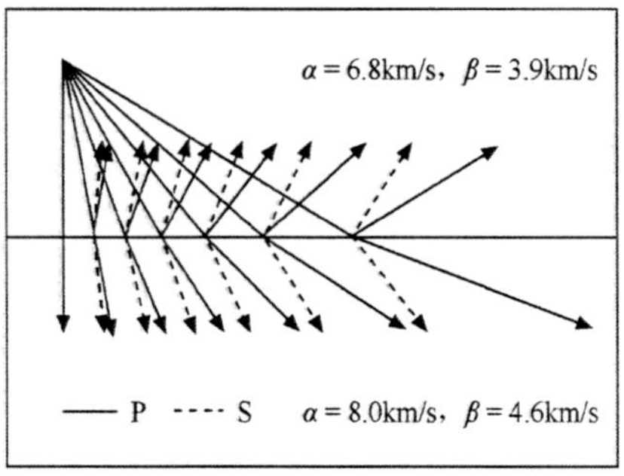

图 A.8-2 基于错误的数学公式在编程中的危险性。上图：正确地使用斯涅尔定律模拟波的折射，$\sin i_1/v_1 = \sin i_2/v_2$。下图：使用错误的斯涅尔定律公式，$i_1/v_2 = i_2/v_2$ 进行的模拟。

加接近于数学公式且简化了程序输出。循环结构也使得程序更清晰，并允许通过改变参数 NTSTEP 改变计算次数。简正振型的数量也很容易改变。

(4)标记输出。地震记录放置在一个输出文件中，以便日后绘图。计算过程中的参数设置也放在输出文件中，所以使用结果时知道该结果所依赖的参数。如果有大量的计算结果存在，这样有助于避免由于不清楚所使用的参数而不得不重新进行大量冗余计算。此外，对于随后程序的“改进”版本，可以对照分析结果是否相同。

(5)提高程序计算效率。将程序进行合理优化使运行速度显著提高。上述程序能够计算整个时间段内的位移，并将某一时刻的所有简正振型求和。然而，公式表明对于每个振型，下面三项：$\sin(m\pi x/l)$、$\sin(n\pi x_s/l)$ 和 $\exp[-(\omega_n\tau)^2/4]$ 只计算一次，只有 $\cos(\omega_n t)$ 项随时间变化。图 A.8-3 优化了循环过程，外(模型)循环执行 200 次，内(时间)循环执行 200×50 = 10000 次，内循环应该尽可能地提高计算效率。如果将循环顺序调换，程序会运行得更慢。两者之间的差别虽然对本计算的意义不大，但对于更多模型和更长时长的计算过程的意义是很明显的。

```
C OUTER LOOP OVER MODES
DO 10 N = 1, NMODE
terms for each mode
that do not depend on time
C INNER LOOP OVER TIME STEPS
DO 15 J = 1, NTSTEP
terms that depend on time
C COMPUTE DISPLACEMENT
15
CONTINUE
10
CONTINUE
```

图 A.8-3 合成地震图的循环计算。

还可以对上述计算程序进一步优化，但同时要考虑程序员的时间和程序可读性。通常程序员只需要合理地优化程序，但没必要过度优化而忽视了其可读性和可调试性。一旦测试完毕，如果程序会被广泛使用，运行效率提高的收益远大于所付出的努力，进行进一步优化就是必要的。但必须保证程序的正确性，否则再快速的计算都没有意义[①]。对于并行运行处理的电脑可能需要特殊的优化手段。

A.8.2 编程风格

合理的程序书写规则使其更加容易开发、调试和使用。下面给出一些有用的建议。

1. 程序的文档描述

如果没有合适的文档描述，计算机程序几乎是无用的。巨石阵被描述为“世界上最大的没有归档的电脑系统[②]。”没有文档的程序意味着不会被再次使用。因为即使是程序作者，一旦忘了详细内容，可能也无法再次使用未归档记录的程序。

文档应该记录程序的设计目标和方法。输入和输出变量及其单位，以及它们的定义规则应该被详细列出。隐含的假设和限制条件也应该列出。应详细注释程序的主体部分及其相应的功能。

文档最好在编写程序的过程中完成，这样可以帮助调试程序。此外，一旦程序编写完成，有时很难记住它的工作原理。包含在程序中的文档比分开单独编写的文档更不容易丢失。

① Kernighan 和 Plauger(1978)。

② Brooks(1975)。

最后，文档资料有助于科学家在合作中交换程序。

2. 编程模块化

大型程序通常可以被分成更小的子程序或函数，这些函数(如正弦、平方根)可由许多计算机语言提供。每个子程序可以单独测试，然后用于各种程序。子程序经常为重复使用的应用程序，如阅读、绘图、数学运算等，从而节省了编写和调试类似小程序的时间。此外，程序的总体结构由一组子程序构成会更容易理解，因为许多复杂的语句已被分离到一个个子程序中。

3. 增加程序可读性

一旦程序编写完成，它需要易于理解。清晰的文档和模块化的编程有助于达到这一目标。此外，它应该清楚说明哪些部分将在哪些情况下执行。为此，程序的各部分应该按顺序执行，而不是随意跳跃。

同样，程序注释也要清楚。使用助记符变量名和自然的变量分组有助于使用者理解。例如：

X = 0.23873 * A / (Y * Y * Y)

给出了质量为 A，半径为 Y 的行星的平均密度 X，而下式：

RHO=AMASS/((4.0/30) * PI * (RADIUS**3))

表达更清晰。为清楚起见，后者先定义 π，使得程序更加明了，但部分损失了执行效率。

4. 不要投机取巧

有时过分简短、“偷巧”的编程方式可能是最糟糕的。除了表达不清楚外，一些快捷方式也使得程序在不同电脑之间的移植存在困难，尤其对个人电脑或编译器依赖性较大的一些特殊编程技巧，如一些标准编程语言的局部变量。

5. 注意计算精度

程序计算和处理数据时，至少在理论上处理的是真实的物理量。如果想得到预期的计算结果，就需要跟踪计算数据和其他量的精度。

6. 程序和数据的组织

相关的程序和文件可以放在一组目录下，且包含文件列表和目录说明。数据文件也可以按类似方式组织。例如，经过多阶段不同程序处理后的地震数据可存放在一组有明确说明的目录中。一个常见的做法是使用特定含义的文件名称来表示不同的处理阶段。此外，数据文件应该包括文件头，说明所使用的数据和相关的操作信息。文件头和文件名应该由程序自动生成，而不是“手工”修改。无论是文本还是图形输出，应该包含能够重复该结果的参数信息。这对交互式数据处理尤其重要，因为通常输入文件不会保存。

A.8.3 数字的表示方法

数值计算的几个简单概念需要牢记。一个是由于数字在计算机上的表示和操作方式会带来一定影响。因为计算机使用二进制(基数 2)算法，数字编写为一系列二进制“位”，组合成“字”。

整数直接用对应的二进制表示。例如，46(十进制)的二进制形式是 101110，因为：

$$46=1\times2^5+0\times2^4+1\times2^3+1\times2^2+1\times2^1+0\times2^0$$

许多计算机使用 16 位或 32 位字符代表整数。字符长度决定其能够表示的最大整数。例如，对于 16 位字符，最高位为符号位，能够表示的最大正整数为

$$111\ 1111\ 1111\ 1111(\text{二进制})=2^{15}-1=32767$$

对于科学计算，需要更大的计数范围，一般使用浮点数：

$$\text{number}=(\text{尾数})\times2^{\text{指数}}$$

浮点数可以包含分数，小数点右边的值用 2 的负指数表示，小数点左边的数用 2 的正指数表示。例如：

$$\begin{aligned}46.625(\text{十进制})&=1\times2^5+0\times2^4+1\times2^3+1\times2^2+1\times2^1\\&\quad+0\times2^1+1\times2^{-1}+0\times2^{-2}+1\times2^{-3}\\&=101110.101(\text{二进制})=0.101110101\times2^6\end{aligned}$$

为了在计算机上表示二进制浮点数，采用科学计数法，用符号、一定位数的尾数和指数来表示。图 A.8-4 显示了一个 32 位单精度浮点数的表示方法。1“位”预留给尾数的符号，8“位”用于指数及其符号，剩下的 23“位”留给尾数。指数的位数决定了浮点数的范围。因为 $2^8=256$，指数代表 $2^{127}\sim2^{-128}$ 或 $10^{38}\sim10^{-39}$。尾数的位数决定了前置浮点数的有效数字。因为 2^{-23} 近似 10^{-7}，因而最大的有效小数位数是 7。为了进一步提高精度，可以增加尾数的位数以达到双精度来表示。

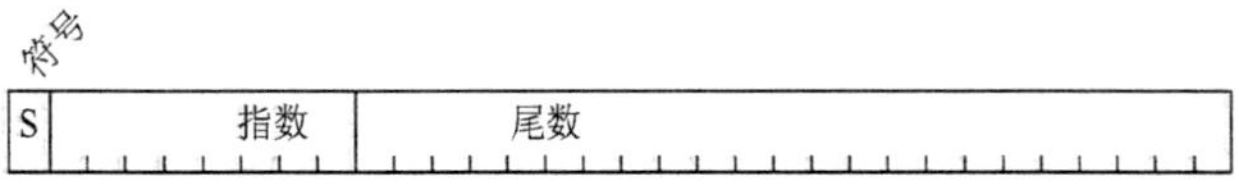

图 A.8-4 32 位浮点数表示法

数字的取值范围和精度需要时刻谨记，因为计算机并不总是给出“上溢”或“下溢”的警告。计算机可能随机地赋一个数值，例如最大浮点数，程序会继续执行，但执行结果可能因为超出了表示范围而出错。

舍入误差指的是由于有效数字有限而导致计算精度丢失。假设计算机使用了 6 位尾数。十进制加法：

$$0.65625+0.96875=1.625$$

其二进制表示为

$$0.10101+0.11111=1.10100$$

因为没有精度损失，这个就等于确切答案。现在，考虑十进制加法：

$$5.25+0.96875=6.21875$$

其二进制表示为

$$0.101010\times2^3+0.111110\times2^0$$

对于二进制加法，由于数字有不同的指数，将较小数的尾数进行移位变换使两者指数相同。如果较小数的二进制表示中丢失一些尾数，则结果就不精确。如该例中：

$$\begin{aligned}0.101010\times2^3+0.000111\times2^3&=0.110001\times2^3\\&=6.125(\text{十进制})\end{aligned}$$

计算机的有效数字精度一般足以避免严重的舍入误差。尽管如此，这个潜在问题也需要注意，尤其是对于大数据计算或者涉及大数据之差的系列求和计算而言。

A.8.4 一些误区

在程序编写过程中，考虑不同语句的执行方式，往往可以避免很多困难。当使用汇编语言时，这一点尤其重要，因为某些编程语言提供很少的错误检查和出错警告信息。计算机根据其自身运行规则，可能会产生不同于预期的计算结果。Fortran 和其他的编程语言均存在此类弱点。

1. 执行语句

问题通常源于整数和浮点数之间的区别。例如，如果 I 和 J 是整数型变量：

```
J=5
I=1/J
```

I结果为零，因为整数相除结果仍为整数。就算将结果赋值给一个浮点型变量，或执行浮点型操作也不能解决问题：

X=1/J

Z=1.0*(1/J)

上述结果仍为零，因为除法还是作为整数型操作完成，结果将(0)转换为浮点数(0.0)。另一方面，大多数编译器对于下式的计算结果为0.2：

X=1.0/J

一个最保守的方法就是明确地将整数型转换为浮点型：

X=1.0/FLOAT(J)

第二类问题可能是执行顺序的问题。例如：

-1.0**2

不清楚应该解释为$(-1.0)^2=1.0$还是$-(1.0)^2=-1.0$。虽然计算机语言的规则非常明确，但使用括号是比较明智的写法，例如：

(-1.0)**2

以确保操作正确，加上括号也使程序更容易理解。

2. 子程序

子程序在科学计算程序中被大量使用。在计算机编程语言中，如Fortran，可能会在参数传递给子程序的过程中出现问题，子程序实际调用的是传递参数的"内存地址"。

一个常见错误如下面的程序所示。

```
CALL SUB(1.0)
X = 1.0
WRITE(6,*)'X = ', X
STOP
END
SUBROUTINE SUB(Y)
Y = 5.0
RETURN
END
```

执行结果："X = 5.0"。因为子程序中设定参数Y等于5.0。在子程序调用过程中，相应的参数值"在子程序被重新定义为5.0"。这种情况下，一些令人费解的执行程序，可以通过不传递参数的数值到子程序来避免，以防参数被重新定义。例如，第一个语句

Z = 1.0

CALL SUB(Z)

变量Z将等于5.0，但1.0不会受影响。

另外，若调用子程序的传递参数与子程序中定义的参数类型或者个数不匹配也会发生错误。例如，调用子程序的传递参数为一个整数型变量，而子程序中却定义其为实数型变量，就会产生意想不到的结果。

3. 数组

科学计算中通常需要处理数组，即一组以下标标记的数据集。例如，地面振动的一个地震记录分量(如垂向)可以写成随时间变化的位移数组(U(1), U(2), …)。类似地，地震记录的三个位移分量(垂直、南北、东西)可以写成一个二维数组：

U(1, 1), U(1, 2), U(1, 3),U(1, 4), …

U(2, 1), U(2, 2), U(2, 3), U(2, 4), …

U(3, 1), U(3, 2), U(3, 3), U(3, 4), …

其中，第一个指标表示分量，第二个指标表示时间。

在程序开头，需要先声明数组，即：

DIMENSION A(N, M)

或者

REAL A(N, M)

通常计算机选择一个内存位置给元素A，并分配$N\times M$个连续位置。类似地，$N\times M\times R$连续位置分配给一个三维数组(N, M, R)。在Fortran中，不管数组的维度是多少，都存储为一维数组的形式，其第一个下标最先变化，然后是第二个下标，依次类推。换句话说，一个(2, 3)的二维数组，存储顺序是

A(1, 1), A(2, 1), A(1, 2), A(2, 2), A(1, 3), A(2, 3)

对于二维数组，可以认为是按列存储的。数组中各元素的位置是通过计算它相对于第一个元素的位置得到的。因此，对于(N, M)的数组，第一个元素位置是(1, 1)，则元素(I, J)的位置为

$$1+(I-1)+(J-1)\times N$$

在处理数组的过程中会遇到一些计算困难。最常见的错误是数组越界，指的是元素下标超过最小或最大界限。这是很容易出现的错误，因为一些计算机语言(如Fortran语言)数组定义的第一个元素是从1开始，而其他语言(如C语言)数组定义的第一个元素从0开始。因此，需要确保数组元素与预期变量值相对应，比如地震记录时间。通常，由程序计算得出数组的下标时，可能引起下标超出数组维度范围的错误。许多编译器都不检查这类错误，除非有特别要求，像如下语句：

A(9) = 4.0

通常也会执行通过，即使数组的维度定义为

DIMENSION A (5)

计算机将 4.0 放在 A(1)后面第 8 个内存空间。该空间可能包含一些其他变量，或者程序本身的一部分。通常程序会继续，直到它需要使用被覆盖的内存，这样就会引发错误，最好的情况是程序“崩溃”；而最坏的情况是它仍以错误的数值继续计算。数组元素溢出的问题是最常见的，也是最令人苦恼的，在编程过程中，应习惯使用编译器提供的数组大小检查工具。

数组存储的方式也会导致程序运行低效。许多计算机中，磁盘上的数据可视为虚拟内存，并在需要时自动交换为物理内存。为了提高效率，磁盘毗邻的大片区域经常同时交换到物理内存。高效的程序是最小化磁盘数据与物理内存的交换。相比之下，低效率的程序可能产生“超负荷”，此时计算机运行的大部分时间会用于交换内存而不是进行计算。

例如[①]：

```
DIMENSION A(1000, 1000)
DO 10 I = 1, 1000
DO 10 J = 1, 1000
10 A(I, J) = I + J
```

因为 A 中的元素按列存储，A(1, 1)和 A(1, 2)的存储位置相距 1000 个数据点，使用反向循环将会更有效：

```
10 A(J, I) = I + J
```

这样相邻的内存数据(A(1, 1)，A(2, 1)…)相继调用。

4. 未初始化变量

变量未初始化是另外一个经常出现的问题：计算中使用的一些变量没有设置数值。一个常见的例子如数组求和：

```
DO 10 I = 1, N
10 SUM = SUM + A(I)
```

如果没有将变量 SUM 初始化为零，将会得到一个奇怪的结果。错误的情况除此之外还有很多，因此在循环之前，明确地变量初始化是很明智的，如：

```
SUM = 0.0
```

适当的初始化也有助于确保程序不会在不同的电脑上给出不同的结果。

① Hatton (1983c)。

5. 计算机出错

尽管大多数问题来自编程的错误，但是仍有非常小的一部分问题可能是计算机错误。编译器在处理一些常规程序(例如平方根、切线或复数的运算)时可能会出现一些问题。在运行较长而复杂的程序时，除非测试中可疑程序产生了错误结果，一般不会怀疑是计算机的问题。

A.8.5 一些哲学观点

在本附录讨论结束之前讨论一些基本思路。从历史的角度看，计算机曾被认为是一种稀缺和宝贵的资源。而目前，随着生产计算机的能力不断提高，以及成本的不断下降，计算机被广泛用于数值计算。一个实例就是在勘探和全球地震学中，从简单的层状介质模型(物性只随深度变化)，发展为可进行数值模拟的三维模型。

解析法的地位也在发生改变。除了在传统意义上对简单问题提供精确解外，也可以为更复杂问题的数值解提供测试依据，并对数值结果进行评估。

随着问题复杂性的增加，解决问题时计算结果的输出量也在增加。与此同时，图形输出技术也在不断发展，尤其在颜色表示方面。谚语中所说的“一图抵千字”在现在看来已经显得过度保守了。1000 个字在计算机上可能是 32000 位，而输出的图形可能使数百万位的数据可视化。

最后，诸如电子表格等软件或者能进行复杂的通用数学计算的程序可能使得部分计算机编程显得多余。在本书中，尽管许多时候可以用这些现成的软件解决问题，但我们不推荐这样做。我们认为动手编写程序来解决遇到的问题可以对一些基本原则有更深层次的理解。因此，从教育的角度来说，我们强烈支持自己动手编程，然而在其他非教学性场合，也建议使用更复杂的广泛验证过的已有软件。

延伸阅读

对有关数学方面的文献进行如下总结。Feynman (1982) 讨论了数学和科学存在的普遍联系。Butkov (1968)、Menke 和 Abbott (1990) 对相关主题进行了进一步介绍。Fung (1969)、Hay (1953)、Jeffreys (1950) 和 Marion (1970) 探讨了向量、向量变换以及向量微分运算。通过将线性代数引入科学研究领域，包括 Franklin (1968) 和 Noble (1969) 等用以处理包括数值方法在内的科学问题。

Hatton (1983a、d，1984a、b，1985) 的文章通俗易

懂地介绍了计算机科学概论在地球物理学中的广泛应用。Eckhouse 和 Morris(1979) 和 Sloan(1980) 概括地介绍了计算机软件，包括数字表示和数学方法的运算处理软件。Kernighan 和 Plauger(1976，1978) 讨论了编程的设计风格。Brooks(1975) 讨论了计算机软件的开发和组织问题。Froberg(1969) 在数值分析的文章中讨论了程序运行过程中的舍入误差和其他数值计算误差的来源。Harkrider(1988) 描述了在地震学中早期使用计算机的奇闻轶事。

Ben-Menahem 和 Singh(1981) 以及 Bullen 和 Bolt(1985) 在研究地震波从震源到接收器之间的传播路径时运用了球面几何学，其中包括对地球椭圆率影响的讨论。地球形状的理论由 Cook(1973) 和 Jeffreys(1976) 提出。

问题

(1) 求向量 (1, 4, 2) 和 (2, 3, 1) 的夹角。

(2) 用下标表示三维向量 $\boldsymbol{a}$、$\boldsymbol{b}$、$\boldsymbol{c}$，证明：

① $\boldsymbol{a}\times\boldsymbol{b}$ 与向量 $\boldsymbol{a}$ 和向量 $\boldsymbol{b}$ 均垂直。

② $|\boldsymbol{a}\times\boldsymbol{b}|=|\boldsymbol{a}||\boldsymbol{b}|\sin\theta$，其中 θ 是两个向量的夹角。

③ $\boldsymbol{a}\cdot(\boldsymbol{b}+\boldsymbol{c})=\boldsymbol{a}\cdot\boldsymbol{b}+\boldsymbol{a}\cdot\boldsymbol{c}$。

④ $\boldsymbol{a}\times(\boldsymbol{b}+\boldsymbol{c})=\boldsymbol{a}\times\boldsymbol{b}+\boldsymbol{a}\times\boldsymbol{c}$。

⑤ $\boldsymbol{a}\cdot(\boldsymbol{b}\times\boldsymbol{c})=\boldsymbol{b}\cdot(\boldsymbol{c}\times\boldsymbol{a})=\boldsymbol{c}\cdot(\boldsymbol{a}\times\boldsymbol{b})$。

⑥ $\boldsymbol{a}\times(\boldsymbol{b}\times\boldsymbol{c})=\boldsymbol{b}(\boldsymbol{a}\cdot\boldsymbol{c})-\boldsymbol{c}(\boldsymbol{a}\cdot\boldsymbol{b})$。

(3) 对任意矩阵 $\boldsymbol{A}$、$\boldsymbol{B}$、$\boldsymbol{C}$，证明：

① $(\boldsymbol{AB})^{\mathrm{T}}=\boldsymbol{B}^{\mathrm{T}}\boldsymbol{A}^{\mathrm{T}}$。

② $(\boldsymbol{ABC})^{\mathrm{T}}=\boldsymbol{C}^{\mathrm{T}}\boldsymbol{B}^{\mathrm{T}}\boldsymbol{A}^{\mathrm{T}}$。

(4) 以 2×2 的矩阵为例，证明以下行列式的性质。

①矩阵的行列式和其转置矩阵的行列式相等。

②如果矩阵的任意两行或两列互换，则其行列式结果的绝对值不变，但改变其符号。

③如果行列式任意一行(或一列)乘以一个常数后，对应加到另一行(或一列)上，行列式的值不变。

④如果矩阵的任意两行或两列相同，则其行列式为零。

(5) 用式(A.4-17)定义，给出一个 3×3 矩阵的行列式。

(6) 证明：如果 $\boldsymbol{A}$ 有逆矩阵，则对于向量 $\boldsymbol{x}$ 和 $\boldsymbol{y}$ 满足 $\boldsymbol{Ax}=\boldsymbol{b}$ 和 $\boldsymbol{Ay}=\boldsymbol{b}$，则 $\boldsymbol{x}$ 和 $\boldsymbol{y}$ 相等。

(7) 分别用辅助因子和行变化法，求矩阵 $\begin{pmatrix}1 & 2\\ 5 & 4\end{pmatrix}$ 的逆矩阵，并检验过程的可逆性。

(8) 将 2×2 的矩阵 $\boldsymbol{A}$ 用下列方式表示其逆矩阵：

$$\boldsymbol{A}^{-1}=\frac{1}{|\boldsymbol{A}|}\begin{pmatrix}a_{22} & -a_{12}\\ -a_{21} & a_{11}\end{pmatrix}$$

(9) 矩阵 $\boldsymbol{A}$ 是沿着 $\hat{\boldsymbol{e}}_3$ 轴旋转对应的变换矩阵［式(A.5-9)］，证明 $\boldsymbol{A}^{\mathrm{T}}\boldsymbol{A}=I$，即 $\boldsymbol{A}$ 是正交矩阵。

(10) 证明一个向量的大小在正交变换后保持不变。

(11) 展开计算 3×3 矩阵的特征值对应的行列式，并证明其特征多项式的系数就是特征矩阵的不变量。

(12) 用索引表示法证明下列向量的性质：

①对于任意的向量场 $\boldsymbol{u}(\boldsymbol{x})$，$\nabla\cdot(\nabla\times\boldsymbol{u})=0$。

②对于任意的标量场 $\phi(\boldsymbol{x})$，$\nabla\times\nabla\phi=0$。

(13) 对于向量场 $\boldsymbol{u}(x,y,z)=(3x^2y^2+z,\ 2x^3y+2y,\ x)$，求：

① $\nabla\cdot\boldsymbol{u}$。

② $\nabla\times\boldsymbol{u}$。

③ $\nabla^2\boldsymbol{u}$。

④一个标量场 $\phi(x,y,z)$，那么 $\boldsymbol{u}=\nabla\phi$。

(14) 在笛卡儿坐标系中用下标表示法证明任意向量场 $\boldsymbol{u}(\boldsymbol{x})$ 的拉普拉斯算子满足：

$$\nabla^2\boldsymbol{u}=\nabla(\nabla\cdot\boldsymbol{u})-\nabla\times\nabla\times\boldsymbol{u}$$

(15) 证明球坐标系中的任意一点，其基础向量 $(\hat{\boldsymbol{e}}_r,\hat{\boldsymbol{e}}_\theta,\hat{\boldsymbol{e}}_\phi)$ 是两两正交的。

(16) 用式(A.7-6)推导出地震震源和地震台站之间的角距离 $\varDelta$，对比式(A.7-7)。

编程

下面的编程练习对本附录或者其他章节都非常有用。

(1) 找到电脑允许的最大整数，从“2,”“2×2,”“2×2×2,”开始相继乘以 2，当超过最大整数时会出现什么情况？对于单精度和双精度浮点数，用“10”代替“2”重复以上过程，找出最大的浮点数，那么单双精度的浮点数一致吗？

(2) 从 10.0 开始，相继乘以 10.0，直到计算机显示舍入误差为止。在每一步的结果中加上 1.0，然后再将两数相减。什么时候两数之差为 0？对于双精度做同样的测试。

(3) 编写子程序，对输入的三维向量做如下操作。

①求出向量的模。

②求两个向量的和。

③求两个向量的数积。

④求两个向量的向量积。

子程序应该包括常规的注释行说明子程序的功能，显示不同的输入输出。

(4)编写一个小程序，调用(3)的子程序求两个向量的夹角。

(5)用(3)和(4)的子程序求向量(1, 4, 2)和向量(2, 3, 1)的模、向量和、数积、向量积和两个向量的夹角。

(6)①编写子程序，求 $n\times m$ 矩阵和有 m 个元素的向量的乘积。

②编写子程序，求 $n\times m$ 的矩阵和 $m\times r$ 矩阵的乘积。

③编写子程序，求 3×3 矩阵的行列式。

(7)①编写子程序，用高斯消元法求解方程 $\boldsymbol{Ax}=\boldsymbol{b}$。程序输入为任意的 3×3 矩阵 $\boldsymbol{A}$ 和 3 个元素的向量 $\boldsymbol{b}$。利用 $\boldsymbol{Ax}$ 和向量 $\boldsymbol{b}$ 的差异检验程序。程序的编写可以调用(6)的子程序。

②用该子程序求解：

$$\begin{pmatrix}10 & -7 & 0\\ -3 & 2 & 6\\ 5 & -1 & 5\end{pmatrix}\begin{pmatrix}x_1\\ x_2\\ x_3\end{pmatrix}=\begin{pmatrix}7\\ 4\\ 6\end{pmatrix}$$

(8)①编写子程序，返回 δ_{ij} 和 ε_{ijk} 的值。输入参数为下标。测试函数确保输出的正确性。

②写一个调用以上两个子程序，通过测试所有的组合证明：

$$\varepsilon_{ijk}\varepsilon_{ist}=\delta_{js}\delta_{kt}-\delta_{jt}\delta_{ks}$$

测试所有可能的组合。

(9)①编写子程序，通过初等行变换求 3×3 矩阵的逆矩阵。该程序首先要检查矩阵是否为奇异矩阵。最后将结果乘以原矩阵进行测试。

②用程序求如下矩阵的逆矩阵：

$$\begin{pmatrix}1 & -1 & -1\\ 3 & -1 & 2\\ 2 & 2 & 3\end{pmatrix}$$

(10)①编写子程序，利用上一个问题中求逆矩阵的程序，求解 3×3 的方程组 $\boldsymbol{Ax}=\boldsymbol{b}$。利用 $\boldsymbol{Ax}$ 和向量 $\boldsymbol{b}$ 的差检验程序。程序的编写可以调用(6)的子程序。

②用程序求解(7)中的方程组。

(11)①编写一个程序，用下面给出的方法[①]，求三次方程的根。

一个三次方程 $y^3+py^2+qy+r=0$ 可以转化为

$$x^3+ax+b=0$$

其中，

$$y=x-p/3,\ a=(3q-p^2)/3,\ b=(2p^3-9pq+27r)/27$$

如果 p、q、r 为实数，则

$$c=b^2/4+a^3/27$$

反映根的性质：如果 $c>0$，则有一个实数根和两个共轭的虚数根；如果 $c=0$，则有三个实数根，其中两个相等；如果 $c<0$，则有三个不相等的实数根。令

$$A=(-b/2+c^{1/2})^{1/3},\ B=(-b/2-c^{1/2})^{1/3}$$

则

$$x=A+B,\ [-(A+B)+(A-B)\sqrt{-3}]/2,$$
$$-[(A+B)+(A-B)\sqrt{-3}]/2$$

为所求的根。

子程序要求有复数运算。把求得的根代入方程进行验证。

②用编写的子程序求解：

$$y^3-8y^2+19y-12=0$$

(12)①使用(11)的结果，编写子程序，求出 3×3 对称实数矩阵的特征值和特征向量。依据定义检验特征值和特征向量，注意避免被零除。

②用该子程序求出下面矩阵的特征值和特征向量：

$$\begin{pmatrix}1 & 2 & 3\\ 2 & 4 & 5\\ 3 & 5 & 6\end{pmatrix}$$

(13)①编写子程序，通过地球表面上两点的经度和纬度，计算它们的距离和夹角、方位角和反方位角。

②用子程序找到以下两点的距离和方位角。

a. 伊利诺伊州的开罗(37°N，89°W)和埃及的开罗(30°N，32°E)。

b. 新罕布什尔州的柏林(44.5°N，71.5°W)和德国柏林(52.5°N,13.5°E)。

c. 明尼苏达州的蒙得维的亚(45°N，95.5°W)和乌拉圭的蒙得维的亚(35°S，56°W)。

d. 缅因州的墨西哥(44.5°N，70.5°W)和墨西哥的墨西哥城(19°N，99°W)。

① Beyer(1984)。

参考文献(影印)

Agnew, D. C., B. Berger, R. Buland, W. Farrell, and F. Gilbert (1976) International deployment of accelerometers: A network for very long period seismology, *Eos. Trans. Am. Geophys. Un.*, *57*, 180–8.

Agnew, D. C., *et al.* (1988) *Probabilities of Large Earthquakes Occurring in California on the San Andreas Fault*, US Geol. Survey, Open-File Rep.

Ahrens, T. J. (ed.) (1995a) *Global Earth Physics: a handbook of physical constants*, Am. Geophys. Un., Washington, DC.

Ahrens, T. J. (ed.) (1995b) *Mineral Physics and Crystallography: a handbook of physical constants*, Am. Geophys. Un., Washington, DC.

Ahrens, T. J. (ed.) (1995c) *Rock Physics and Phase Relations: a handbook of physical constants*, Am. Geophys. Un., Washington, DC.

Aki, K. (1980) Presidential address to the Seismological Society of America, *Bull. Seism. Soc. Am.*, *70*, 1969–76.

Aki, K., and P. G. Richards (1980) *Quantitative Seismology: theory and methods*, W. H. Freeman, San Francisco.

Al-eqabi, G. I., K. Koper, and M. E. Wysession (2001) Source characterization of Nevada test site explosions and western United States earthquakes using Lg waves, with implications for regional discrimination, *Bull. Seism. Soc. Am.*, *91*, 140–53.

Alexander, D. (1993) *Natural Disasters*, Chapman and Hall, New York.

Ambraseys, N. (1989) Studies begin on Armenian quake, *Eos Trans. Am. Geophys. Un.*, *70*, 17.

Anderson, D. L. (1989) *Theory of the Earth*, Blackwell, Oxford.

Ando, M. (1975) Source mechanisms and tectonic significance of historical earthquakes along the Nankai Trough, Japan, *Tectonophysics*, *27*, 119–40.

Ando, M., Y. Ishikawa, and F. Yamazaki (1983) Shear wave polarization anisotropy in the upper mantle beneath Honshu, Japan, *J. Geophys. Res.*, *88*, 5850–64.

Argus, D. F., R. G. Gordon, C. DeMets, and S. Stein (1989) Closure of the Africa-Eurasia-North America plate motion circuit and tectonics of the Gloria fault, *J. Geophys. Res.*, *94*, 5585–602.

Astiz, L., P. S. Earle, and P. Shearer (1996) Global stacking of broadband seismograms, *Seism. Res. Lett.*, *67*, 8–18.

Atkinson, G. M., and I. Beresnev (1997) Don't call it stress drop, *Seism. Res. Lett.*, *68*, 3–4.

Atkinson, G. M., and D. M. Boore (1995) Ground-motion relations for Eastern North America, *Bull. Seism. Soc. Am.*, *85*, 17–30.

Babuska, V., and M. Cara (1991) *Seismic Anisotropy in the Earth*, Kluwer Academic Publishers, Boston.

Baker, B. B., and E. T. Copson (1950) *The Mathematical Theory of Huygens' Principle*, Clarendon Press, Oxford.

Batchelor, G. (1967) *An Introduction to Fluid Dynamics*, Cambridge University Press, Cambridge.

Bath, M., and A. J. Berkhout (1984) *Mathematical Aspects of Seismology*, Geophysical Press, London.

Bebout, G. E., D. W. Scholl, S. H. Kirby, and J. P. Platt (1996) *Subduction: top to bottom*; Geophysical Monograph 96, Am. Geophys. Un., Washington, DC.

Benioff, H. (1955) Seismic evidence for crustal structure and tectonic activity, in A. Poldervaart (ed.), *Crust of the Earth*, Geol. Soc. Amer. Spec. Pap. 62, pp. 61–74.

Ben-Menahem, A., and S. J. Singh (1981) *Seismic Waves and Sources*, Springer-Verlag, New York.

Bennett, R. A., J. L. Davis, and B. P. Wernicke (1999) Present-day pattern of Cordilleran deformation in the Western United States, *Geology*, *27*, 371–4.

Bent, A. (1995) A complex double-couple source mechanism for the M_s 7.2 1929 Grand Banks earthquake, *Bull. Seism. Soc. Am.*, *85*, 1003–20.

Benz, H. M., and J. E. Vidale (1993) Sharpness of upper-mantle discontinuities determined from high-frequency reflections, *Nature*, *365*, 147–50.

Bevington, P. R., and D. K. Robinson (1992) *Data Reduction and Error Analysis for the Physical Sciences*, McGraw-Hill, New York.

Beyer, W. H. (1984) *CRC Standard Mathematical Tables*, CRC Press, Boca Raton, FL.

Bina, C. R. (1997) Patterns of deep seismicity reflect buoyancy stresses due to phase transitions, *Geophys. Res. Lett.*, *24*, 3301–4.

Bina, C. R., and M. Liu (1995) A note on the sensitivity of mantle convection models to composition-dependent phase relations, *Geophys. Res. Lett.*, *22*, 2565–8.

Bina, C. R., and B. J. Wood (1987) The olivine-spinel transitions: Experimental and thermodynamic constraints and implications for the nature of the 400 km seismic discontinuity, *J. Geophys. Res.*, *92*, 4853–66.

Birch, F. (1952) Elasticity and constitution of the Earth's interior, *J. Geophys. Res.*, *57*, 227–86.

Birch, F. (1954) The earth's mantle: Elasticity and constitution, *Trans. Am. Geophys. Un.*, *35*, 79–85.

Birch, F. (1968) On the possibility of large changes in the earth's volume, *Phys. Earth Planet. Inter.*, *1*, 141–7.

Bland, D. R. (1988) *Wave Theory and Applications*, Oxford University Press, New York.

Bodine, J. H., M. S. Steckler, and A. B. Watts (1981) Observations of flexure and the rheology of the oceanic lithosphere, *J. Geophys. Res.*, *86*, 3695–707.

Boehler, R. (1996) Melting temperature of the Earth's mantle and core: Earth's thermal structure, *Ann. Rev. Earth Planet. Sci.*, *24*, 15–40.

Bolt, B. A. (1976) *Nuclear Explosions and Earthquakes: the parted veil*, W. H. Freeman, San Francisco.

Bolt, B. A. (1982) *Inside the Earth*, W. H. Freeman, San Francisco.

Bolt, B. A. (1999) *Earthquakes*, 4th edn, W. H. Freeman, San Francisco.

Bonini, W. E., and R. R. Bonini (1979) Andrija Mohorovičić: Seventy years ago an earthquake shook Zagreb, *Eos Trans. Am. Geophys. Un.*, *60*, 699–701.

Boore, D. M. (1977) Strong-motion recordings of the California earthquake of April 18, 1906, *Bull. Seism. Soc. Am.*, *67*, 561–77.

Boschi, E., G. Ekstrom, and A. Morelli (eds) (1996) *Seismic Modelling of Earth Structure*, Editrice Compositori, Rome.

Bott, M. H. P. (1982) *The Interior of the Earth: its structure, constitution and evolution*, Elsevier Science Publishing Co., Inc., New York.

Bott, M. H. P., A. P. Holder, R. E. Long, and A. L. Lucas (1970) Crustal structure beneath the granites of south-west England, in G. Newall and N. Rast (eds), *Mechanism of Igneous Intrusion*, Geol. J. Special Issue, 2, pp. 93–102.

Brace, W. F., and J. D. Byerlee (1970) California earthquakes: Why only shallow focus?, *Science*, *168*, 1573–5.

Brace, W. F., and D. L. Kohlstedt (1980) Limits on lithospheric stress imposed by laboratory experiments, *J. Geophys. Res.*, *85*, 6248–52.

Bracewell, R. (1978) *The Fourier Transform and its Applications*, McGraw-Hill, New York.

Braile, L. W., and C. S. Chiang (1986) The continental Mohorovičić discontinuity: Results from near vertical and wide angle seismic reflection studies, in M. Barazangi and L. Brown (eds), *Reflection Seismology: a global perspective*, Geodynamics Series, 13, Am. Geophys. Un., Washington, DC, pp. 257–72.

Braile, L. W., and R. B. Smith (1975) Guide to the interpretation of crustal refraction profiles, *Geophys. J. R. Astron. Soc.*, *40*, 145.

Braile, L. W., W. J. Hinze, R. G. Keller, E. G. Lidiak, and J. L. Sexton (1986) Tectonic development of the New Madrid rift complex, Mississippi embayment, North America, *Tectonophysics*, *131*, 1–21.

Braile, L. W., W. J. Hinze, R. R. B. von Frese, and G. Randy Keller (1989) Seismic properties of the crust and uppermost mantle of the conterminous United States and Canada, in L. C. Pakiser and W. D. Mooney (eds), *Geophysical Framework of the Continental United States*, Geol. Soc. Amer. Mem. 172, Boulder, CO., pp. 655–79.

Bray, J. D. (1995) Geotechnical earthquake engineering, in W. F. Chen (ed.), *The Civil Engineering Handbook*, CRC Press, Boca Raton, FL.

Brennan, B. J., and D. E. Smylie (1981) Linear viscoelasticity and dispersion in seismic wave propagation, *Rev. Geophys.*, *19*, 233–46.

Brigham, E. O. (1974) *The Fast Fourier Transform*, Prentice-Hall, Englewood Cliffs, NJ.

Brooks, F. P. (1975) *The Mythical Man-Month*, Addison-Wesley, Reading, MA.

Brown, G. C., and A. E. Mussett (1993) *The Inaccessible Earth*, Chapman and Hall, London.

Brumbaugh, D. (1999) *Earthquakes: science and society*, Prentice-Hall, Upper Saddle River, NJ.

Brune, J. N., W. M. Ewing, and J. T. F. Kuo (1961) Group and phase velocities for Rayleigh waves of period greater than 380 seconds, *Science*, *133*, 757–8.

Bullen, K. E. (1975) *The Earth's Density*, Chapman and Hall, London.

Bullen, K. E., and B. A. Bolt (1985) *An Introduction to the Theory of Seismology*, 4th edn, Cambridge University Press, Cambridge.

Bürgmann, R., P. A. Rosen, and E. J. Fielding (2000) Synthetic aperture radar interferometry to measure earth's surface topography and its deformation, *Ann. Rev. Earth Planet. Sci.*, *28*, 169–209.

Butkov, E. (1968) *Mathematical Physics*, Addison-Wesley, Reading, MA.

Byerlee, J. D. (1978) Friction of rocks, *Pure Appl. Geophys.*, *116*, 615–26.

Capon, J. (1969) Investigation of long-period noise at the large aperture seismic array, *J. Geophys. Res.*, *74*, 3182–94.

Chase, C. G. (1972) The *n*-plate problem of plate tectonics, *Geophys. J. R. Astron. Soc.*, *29*, 117–22.

Chase, C. G. (1978) Plate kinematics: The Americas, East Africa, and the rest of the world, *Earth Planet. Sci. Lett.*, *37*, 355–68.

Chave, A. D. (1979) Lithospheric structure of the Walvis Ridge from Rayleigh wave dispersion, *J. Geophys. Res.*, *84*, 6840–8.

Chen, W.-P., and P. Molnar (1983) Focal depths of intracontinental and intraplate earthquakes and their implications for the thermal and mechanical properties of the lithosphere, *J. Geophys. Res.*, *88*, 4183–214.

Chinnery, M. A. (1961) The deformation of the ground around surface faults, *Bull. Seism. Soc. Am.*, *51*, 355–72.

Chopra, A. K. (1995) *Dynamics of Structures: theory and applications to earthquake engineering*, Prentice-Hall, Upper Saddle River, NJ.

Choy, G., and P. G. Richards (1975) Pulse distortion and Hilbert transformation in multiply reflected and refracted body waves, *Bull. Seism. Soc. Am.*, *65*, 55–70.

Christensen, U. R. (1995) Effects of phase transitions on mantle convection, *Ann. Rev. Earth Planet. Sci.*, *23*, 65–87.

Chu, D., and R. G. Gordon (1998) Current plate motions across the Red Sea, *Geophys. J. Int.*, *135*, 313–28.

Chu, D., and R. G. Gordon (1999) Evidence for motion between Nubia and Somalia along the Southwest Indian ridge, *Nature*, *398*, 64–7.

Chung, W.-Y., and H. Kanamori (1980) Variation of seismic source parameters and stress drops within a descending slab and its implications in plate mechanics, *Phys. Earth Planet. Inter.*, *23*, 134–59.

Claerbout, J. F. (1976) *Fundamentals of Geophysical Data Processing*, McGraw-Hill, New York.

Claerbout, J. F. (1985) *Imaging the Earth's Interior*, Blackwell, Oxford.

Cloetingh, S., and R. Wortel (1985) Regional stress field of the Indian plate, *Geophys. Res. Lett.*, *12*, 77–80.

Coburn, A. W., and R. J. S. Spence (1992) *Earthquake Protection*, Wiley, New York.

Cook, A. H. (1973) *Physics of the Earth and Planets*, Wiley, New York.

Cox, A. (1973) *Plate Tectonics and Geomagnetic Reversals*, W. H. Freeman, San Francisco.

Cox, A., and R. B. Hart (1986) *Plate Tectonics: how it works*, Blackwell, Palo Alto, CA.

Creager, K. C. (1992) Anisotropy of the inner core from differential travel times of the phases PKP and PKIKP, *Nature*, *356*, 309–14.

Crossley, D. J. (ed.) (1997) *Earth's Deep Interior*, Gordon and Breach, Amsterdam.

Dahlen, F. A., and J. Tromp (1998) *Theoretical Global Seismology*, Princeton University Press, Princeton, NJ.

Davies, G. F. (1999) *Dynamic Earth: plates, plumes and mantle convection*, Cambridge University Press, Cambridge.

Davis, P., D. Jackson, and Y. Kagan (1989) The longer it has been since the last earthquake, the longer the expected time till the next, *Bull. Seism. Soc. Am.*, *79*, 1439–56.

DeMets, C., R. G. Gordon, D. F. Argus, and S. Stein (1990) Current plate motions, *Geophys. J. Int.*, *101*, 425–78.

DeMets, C., R. G. Gordon, D. F. Argus, and S. Stein (1994) Effect of recent revisions to the geomagnetic reversal time scale on estimates of current plate motion, *Geophys. Res. Lett.*, *21*, 2191–4.

Dewey, J. W. (1987) Instrumental seismicity of Central Idaho, *Bull. Seism. Soc. Am.*, *77*, 819–36.

Diebold, J. B., and P. L. Stoffa (1981) The travel time equation, tau-p mapping and inversion of common midpoint data, *Geophysics*, *46*, 238–54.

Dixon, T. H. (1991) An introduction to the global positioning system and some geological applications, *Rev. Geophys.*, *29*, 249–76.

Dobrin, M. B. (1976) *Introduction to Geophysical Prospecting*, McGraw-Hill, New York.

Dobrin, M. B., and C. H. Savit (1988) *Introduction to Geophysical Prospecting*, 4th edn, McGraw-Hill, New York.

Douglas, A., J. A. Hudson, and R. G. Pearce (1988) Directivity and the Doppler effect, *Bull. Seism. Soc. Am.*, *78*, 1367–72.

Doyle, H. (1995) *Seismology*, John Wiley & Sons, Chichester.

Dziewonski, A. M., and D. L. Anderson (1981) Preliminary reference Earth model, *Phys. Earth Planet. Inter.*, *25*, 297–356.

Dziewonski, A. M., T.-A. Chou, and J. H. Woodhouse (1981) Determination of earthquake source parameters from waveform data for studies of global and regional seismicity, *J. Geophys. Res.*, *86*, 2825–52.

Eakins, P. R. (1987) Faults and faulting, in C. K. Seyfert (ed.), *Encyclopedia of Structural Geology and Plate Tectonics*, Van Nostrand Reinhold, New York, pp. 228–39.

Eaton, J. P., D. H. Richter, and W. U. Ault (1961) The tsunami of May 23, 1960 on the island of Hawaii, *Bull. Seism. Soc. Am.*, *51*, 135–57.

Eckhouse, R. E., and L. R. Morris (1979) *Minicomputer Systems*, Prentice-Hall, Englewood Cliffs, NJ.

Ekeland, I. (1993) *The Broken Dice*, University of Chicago Press, Chicago.

Engeln, J. F., and S. Stein (1984) Tectonics of the Easter plate, *Earth Planet. Sci. Lett.*, *68*, 259–70.

Engeln, J. F., D. A. Wiens, and S. Stein (1986) Mechanisms and depths of Atlantic transform earthquakes, *J. Geophys. Res.*, *91*, 548–77.

Engeln, J. F., S. Stein, J. Werner, and R. Gordon (1988) Microplate and shear zone models for oceanic spreading center reorganizations, *J. Geophys. Res.*, *93*, 2839–56.

England, P., and J. Jackson (1989) Active deformation of the continents, *Ann. Rev. Earth Planet. Sci.*, *17*, 197–226.

Evans, B., and T.-F. Wong (1992) *Fault Mechanics and Transport Properties of Rocks*, Academic Press, San Diego.

Evans, R. (1997) Assessment of schemes for earthquake prediction, *Geophys. J. Int.*, *131*, 413–20.

Ewing, W. M., W. S. Jardetsky, and F. Press (1957) *Elastic Waves in Layered Media*, McGraw-Hill, New York.

Few, A. A. (1980) Thunder, in *Atmospheric Phenomena*, W. H. Freeman, San Francisco, pp. 111–21.

Feynman, R. P. (1982) *The Character of Physical Law*, MIT Press, Cambridge MA.

Feynman, R. P. (1988) *What Do You Care What Other People Think?*, W. W. Norton, New York.

Feynman, R. P., R. B. Leighton, and M. Sands (1963) *The Feynman Lectures on Physics*, Addison-Wesley, Reading, MA.

Finlayson, D. M., J. H. Leven, and K. D. Wake-Dyster (1989) Large-scale lenticles in the lower crust under an intra-continental basin in eastern Australia, in R. F. Mereu, S. Mueller and D. M. Fountain (eds), *Properties and Processes of Earth's Lower Crust*, IUGG 6, Am. Geophys. Un., Washington, DC, pp. 1–16.

Fischman, J. (1992) Falling into the gap, *Discover*, Oct., 58–63.

Flesch, L. M., W. E. Holt, A. J. Haines, and B. Shen-Tu (2000) Dynamics of the Pacific-North American plate boundary zone in the western United States, *Science*, *287*, 834–6.

Forsyth, D. W. (1975) The early structural evolution and anisotropy of the oceanic upper mantle, *Geophys. J. R. Astron. Soc.*, *43*, 103–62.

Forsyth, D. W., and S. Uyeda (1975) On the relative importance of the driving forces of plate motion, *Geophys. J. R. Astron. Soc.*, *43*, 162–200.

Forsyth, D. W., *et al.* (1998) Imaging the deep seismic structure beneath a mid-ocean ridge: The MELT experiment, *Science*, *280*, 1215–18.

Fouch, M. J., K. M. Fischer, E. M. Parmentier, M. E. Wysession, and T. J. Clarke (2000) Shear wave splitting, continental keels, and patterns of mantle flow, *J. Geophys. Res.*, *105*, 6255–76.

Foulger, G. R. *et al.* (2001) Seismic tomography shows that upwelling beneath Iceland is confined to the upper mantle, *Geophys. J. Int.*, 146, 504–30.

Fountain, D. M., and N. I. Christensen (1989) Composition of the crust and upper mantle: a review, in L. C. Pakiser and W. D. Mooney (eds), *Geophysical Framework of the Continental United States*, Geol. Soc. Amer. Mem. 172, Boulder, Co, pp. 711–41.

Fowler, C. M. R. (1990) *The Solid Earth: an introduction to global geophysics*, Cambridge University Press, Cambridge.

Frankel, A., C. Mueller, T. Barnhard, D. Perkins, E. Leyendecker, N. Dickman, S. Hanson, and M. Hopper (1996) *National Seismic Hazard Maps Documentation*, US Geol. Survey, Open-File Rep. 96–532, US Government Printing Office, Washington, DC.

Franklin, J. N. (1968) *Matrix Theory*, Prentice-Hall, Englewood Cliffs, NJ.

Freedman, D., R. Pisani, R. Purves, and A. Adhikari (1991) *Statistics*, W. W. Norton, New York.

French, A. P. (1971) *Vibrations and Waves*, W. W. Norton, New York.

Freymueller, J. T., S. C. Cohen, and H. J. Fletcher (2000) Spatial variations in present-day deformation, Kenai Peninsula, Alaska, and their implications, *J. Geophys. Res.*, *105*, 8079–101.

Froberg, C. E. (1969) *Introduction to Numerical Analysis*, 2nd edn, Addison-Wesley, Reading, MA.

Frohlich, C. (1989) The nature of deep focus earthquakes, *Ann. Rev. Earth Planet. Sci.*, *17*, 227–54.

Fung, Y. C. (1965) *Foundations of Solid Mechanics*, Prentice-Hall, Englewood Cliffs, NJ.

Fung, Y. C. (1969) *A First Course in Continuum Mechanics*, Prentice-Hall, Englewood Cliffs, NJ.

Garnero, E. (2000) Heterogeneity of the lowermost mantle, *Ann. Rev. Earth Planet. Sci.*, *28*, 509–37.

Geller, R. J. (1976) Scaling relations for earthquake source parameters and magnitudes, *Bull. Seism. Soc. Am.*, *66*, 1501–23.

Geller, R. J. (1997) Earthquake prediction: A critical review, *Geophys. J. Int.*, *131*, 425–50.

Geller, R. J., and H. Kanamori (1977) Magnitudes of great shallow earthquakes from 1904 to 1952, *Bull. Seism. Soc. Am.*, *67*, 587–98.

Geller, R. J., and S. Stein (1977) Split free oscillation amplitudes for the 1960 Chilean and 1964 Alaskan earthquakes, *Bull. Seism. Soc. Am.*, *67*, 651–60.

Geller, R. J., and S. Stein (1978) Normal modes of a laterally heterogeneous body: A one dimensional example, *Bull. Seism. Soc. Am.*, *68*, 103–16.

Geller, R. J., D. D. Jackson, Y. Kagan, and F. Mulargia (1997) Earthquakes cannot be predicted, *Science*, *275*, 1616–17.

Gere, J. M., and H. C. Shah (1984) *Terra Non Firma: understanding and preparing for earthquakes*, W. H. Freeman, New York.

Geschwind, C.-H. (2001) *California Earthquakes: science, risk, and the politics of hazard mitigation*, Johns Hopkins University Press, Baltimore.

Gibson, R. L., and A. R. Levander (1988) Lower crustal reflectivity patterns in wide-angle seismic recordings, *Geophys. Res. Lett.*, *15*, 617–20.

Gledhill, K., and D. Gubbins (1996) SKS splitting and the seismic anisotropy of the mantle beneath the Hikurangi subduction zone, New Zealand, *Phys. Earth Planet. Inter.*, *95*, 227–36.

Gordon, R. G. (1998) The plate tectonic approximation: Plate non-rigidity, diffuse plate boundaries, and global reconstructions, *Ann. Rev. Earth Planet. Sci.*, *26*, 615–42.

Gordon, R. G., and S. Stein (1992) Global tectonics and space geodesy, *Science*, *256*, 333–42.

Green, H. W., II, and H. Houston (1995) The mechanics of deep earthquakes, *Ann. Rev. Earth Planet. Sci.*, *23*, 169–213.

Gregersen, S., and P. Basham (1989) *Earthquakes at North-Atlantic Passive Margins: neotectonics and post-glacial rebound*, Kluwer, Dordrecht.

Griffiths, D. H., and R. F. King (1981) *Applied Geophysics for Geologists and Engineers; the elements of geophysical prospecting*, Pergamon, Oxford.

Gubbins, D. (1990) *Seismology and Plate Tectonics*, Cambridge University Press, Cambridge.

Gurnis, M., M. E. Wysession, E. Knittle, and B. Buffett (eds) (1998) *The Core–Mantle Boundary Region*, Am. Geophys. Un., Washington, DC.

Gutenberg, Beno (1959) *Physics of the Earth's Interior*, Academic Press, London.

Hale, L. D., and G. A. Thompson (1982) The seismic reflection character of the continental Mohorovicic discontinuity, *J. Geophys. Res.*, *87*, 4625–35.

Hanks, T. C. (1997) Imperfect science: Uncertainty, diversity, and experts, *Eos Trans. Am. Geophys. Un.*, *78*, 369–77.

Hanks, T. C., and C. A. Cornell (1994) Probabilistic seismic hazard analysis: A beginner's guide, in *Proceedings of the Fifth Symposium on Current Issues Related to Nuclear Power Plant Structures, Equipment, and Piping*, I/1-1 to I/1-17, North Carolina State University, Raleigh, NC.

Hanks, T. C., and H. Kanamori (1979) A moment magnitude scale, *J. Geophys. Res.*, *84*, 2348–50.

Hannay, J. H. (1986) Intensity fluctuations from a one-dimensional random wavefront, in B. J. Uscinski (ed.), *Wave Propagation and Scattering*, Oxford University Press, Oxford, pp. 37–48.

Harkrider, D. G. (1988) The early years of computational seismology at Caltech, *Bull. Seism. Soc. Am.*, *78*, 2105–9.

Hasegawa, A., N. Umino, and A. Takagi (1978) Double-planed structure of the deep seismic zone in the north-eastern Japan arc, *Tectonophysics*, *47*, 43–58.

Hasegawa, H. S., and H. Kanamori (1987) Source mechanism of the magnitude 7.2 Grand Banks earthquake of November 1929; double couple or submarine landslide?, *Bull. Seism. Soc. Am.*, *77*, 1984–2004.

Hatton, L. (1983a) Computer science for geophysicists, part I: Elements of a seismic data processing system, *First Break*, *1*, June, 18–24.

Hatton, L. (1983b) Computer science for geophysicists, part II: Seismic computer system architecture, *First Break*, *1*, Sept., 18–22.

Hatton, L. (1983c) Computer science for geophysicists, part III: Operating systems, I/O and the interrupt, *First Break*, *1*, Oct., 13–19.

Hatton, L. (1983d) Computer science for geophysicists, part IV: The user-interface, *First Break*, *1*, Nov., 18–23.

Hatton, L. (1984a) Computer science for geophysicists, part V: Databases and expert systems, *First Break*, *2*, Jan., 9–15.

Hatton, L. (1984b) Computer science for geophysicists, part VI: Communications and networks, *First Break*, *2*, Sept., 9–17.

Hatton, L. (1985) Computer science for geophysicists, part VII: Form and structure in programming, *First Break*, *3*, April, 9–19.

Hatton, L., M. H. Worthington, and J. Makin (1986) *Seismic Data Processing*, Blackwell, Oxford.

Hay, G. E. (1953) *Vector and Tensor Analysis*, Dover, New York.

Heaton, T. H., and S. H. Hartzell (1988) Earthquake ground motions, *Ann. Rev. Earth Planet. Sci.*, *16*, 121–45.

Hedlin, M. A., P. M. Shearer, and P. S. Earle (1997) Seismic evidence for small-scale heterogeneity throughout the Earth's mantle, *Nature*, *387*, 145–50.

Helffrich, G., S. Stein, and B. Wood (1989) Subduction zone thermal structure and mineralogy and their relation to seismic wave reflections and conversions at the slab/mantle interface, *J. Geophys. Res.*, *94*, 753–63.

Helmberger, D. V., and L. J. Burdick (1979) Synthetic seismograms, *Ann. Rev. Earth Planet. Sci.*, *7*, 417–42.

Henrion, M., and B. Fischhoff (1986) Assessing uncertainty in physical constants, *Am. J. Phys.*, *54*, 791–8.

Hernandez, B., F. Cotton, M. Campillo, and D. Massonet (1997) A comparison between short-term (coseismic) and long-term (1 year) slip for the Landers earthquake: Measurements from strong motion and SAR interferometry, *Geophys. Res. Lett.*, *24*, 1579–82.

Hill, D. P. (1998) Science, geologic hazards, and the public in a large, restless caldera, *Seism. Res. Lett.*, *69*, 400–2.

Hindle, D., J. Kley, E. Klosko, S. Stein, T. Dixon, and E. Norabuena (2002) Consistency of geologic and geodetic displacements during Andean orogenesis, *Geophys. Res. Lett.*, *29(7)*, 10.1029/2001GL013757, 2002.

Hough, S., J. G. Armbruster, L. Seeber, and J. F. Hough (2000) On the Modified Mercalli intensities and magnitudes of the 1811/1812 New Madrid, central United States, earthquakes, *J. Geophys. Res.*, *105*, 23,839–64.

Howell, B. F., Jr. (1985) On the effect of too small a data base on earthquake frequency diagrams, *Bull. Seism. Soc. Am.*, *75*, 1205–7.

Huang, P. Y., and S. C. Solomon (1988) Centroid depths of mid-ocean ridge earthquakes: Dependence on spreading rate, *J. Geophys. Res.*, *93*, 13,445–77.

Hubbard, W. (1984) *Planetary Interiors*, Van Nostrand, New York.

Hudnut, K., *et al.* (1996) Coseismic displacements of the 1994 Northridge, California, earthquake, *Bull. Seism. Soc. Am.*, *86*, S19–36.

Hudson, J. A. (1980) *The Excitation and Propagation of Elastic Waves*, Cambridge University Press, Cambridge.

Humphreys, E., and R. Clayton (1988) Adaptation of back projection tomography to seismic travel time problems, *J. Geophys. Res.*, *93*, 1073–86.

Huygens, C. (1962 [1690]) *Treatise on Light*, trans. S. P. Thompson, Dover, New York.

Igarashi, G., S. Saeki, N. Takahata, K. Sumikawa, S. Tasaka, Y. Sasaki, M. Takahashi, and Y. Sano (1995) Ground-water radon anomaly before the Kobe earthquake in Japan, *Science*, *269*, 60–1.

Isacks, B., and M. Barazangi (1977) Geometry of Benioff zones: Lateral segmentation and downwards bending of the subducted lithosphere, in M. Talwani and W. C. Pitman, III (eds), *Island Arcs, Deep Sea Trenches and Back Arc Basins*, Maurice Ewing Ser., 1, Am. Geophys. Un., Washington, DC, pp. 99–114.

Jackson, D. D. (1972) Interpretation of inaccurate, insufficient, and inconsistent data, *Geophys. J. R. Astron. Soc.*, *28*, 97–109.

Jackson, D. D., and Y. Y. Kagan (1993) Reply, *J. Geophys. Res.*, *98*, 9919–20.

Jackson, I. (1993) Progress in the experimental study of seismic wave attenuation, *Ann. Rev. Earth Planet. Sci.*, *21*, 375–406.

Jackson, J., and D. McKenzie (1988) The relationship between plate motions and seismic moment tensors, and the rates of active deformation in the Mediterranean and Middle East, *Geophys. J. R. Astron. Soc.*, *93*, 45–73.

Jacobs, J. A. (1987) *The Earth's Core*, 2nd edn, Academic Press, London.

Jaeger, J. C. (1970) *Elasticity, Fracture and Flow, with Engineering and Geological Applications*, 3rd edn, Barnes & Noble, New York.

Jaeger, J. C., and N. G. W. Cook (1976) *Fundametals of Rock Mechanics*, Chapman and Hall, London.

Jarchow, C. M., and G. A. Thompson (1989) The nature of the Mohorovičić discontinuity, *Ann. Rev. Earth Planet. Sci.*, *17*, 475–506.

Jarosch, H., and E. Aboodi (1970) Towards a unified notation of source parameters, *Geophys. J. R. Astron. Soc.*, *21*, 513–29.

Jeanloz, R. (1990) The nature of the earth's core, *Ann. Rev. Earth Planet. Sci.*, *18*, 357–86.

Jeffreys, H. (1976) *The Earth: its origin, history, and physical constitution*, 6th edn, Cambridge University Press, Cambridge.

Jeffreys, H., and K. E. Bullen (1940) *Seismological Tables*, British Association Seismological Committee, London.

Jeffreys, H., and B. S. Jeffreys (1950) *Methods of Mathematical Physics*, Cambridge University Press, Cambridge.

Jost, M. L., and R. B. Hermann (1989) A student's guide to and review of moment tensors, *Seism. Res. Lett.*, *60*, 37–57.

Julian, B. R., and S. A. Sipkin (1985) Earthquake processes in the Long Valley Caldera area, California, *J. Geophys. Res.*, *90*, 11,155–70.

Kagan, Y. Y., and D. D. Jackson (1991) Seismic gap hypothesis: Ten years after, *J. Geophys. Res.*, *96*, 21,419–31.

Kanamori, H. (1970a) Synthesis of long-period surface waves and its application to earthquake source studies — Kurile Islands earthquake of October 13, 1963, *J. Geophys. Res.*, *75*, 5011–27.

Kanamori, H. (1970b) The Alaska earthquake of 1964: Radiation of long-period surface waves and source mechanism, *J. Geophys. Res.*, *75*, 5029–40.

Kanamori, H. (1977a) The energy release in great earthquakes, *J. Geophys. Res.*, *82*, 2981–7.

Kanamori, H. (1977b) Seismic and aseismic slip along subduction zones and their tectonic implications, in M. Talwani and W. C. Pitman, III (eds),

Island Arcs, Deep Sea Trenches and Back Arc Basins, Maurice Ewing Ser., 1, Am. Geophys. Un., Washington, DC, pp. 163–74.

Kanamori, H. (1978) Quantification of earthquakes, *Nature*, *271*, 411–14.

Kanamori, H. (1986) Rupture process of subduction-zone earthquakes, *Ann. Rev. Earth Planet. Sci.*, *14*, 293–322.

Kanamori, H. (1988) Importance of historical seismograms for geophysical research, in W. H. K. Lee, H. Meyers and K. Shimizaki (eds), *Historical Seismograms and Earthquakes of the World*, Academic Press, San Diego, pp. 16–36.

Kanamori, H. (1994) Mechanics of earthquakes, *Ann. Rev. Earth Planet. Sci.*, *22*, 207–37.

Kanamori, H., and K. Abe (1968) Digital processing of surface waves and structure of island arcs, *J. Phys. Earth*, *16*, 137–40.

Kanamori, H., and D. L. Anderson (1975) Theoretical basis of some empirical relations in seismology, *Bull. Seism. Soc. Am.*, *65*, 1073–95.

Kanamori, H., and D. L. Anderson (1977) Importance of physical dispersion in surface wave and free oscillation problems: Review, *Rev. Geophys. Space Phys.*, *15*, 105–12.

Kanamori, H., and E. Boschi (1983) *Earthquakes: observation, theory, and interpretation*, Proc. Int. Sch. Phys. "Enrico Fermi", Course 85, North Holland, Amsterdam.

Kanamori, H., and J. J. Cipar (1974) Focal process of the great Chilean earthquake May 22, 1960, *Phys. Earth Planet. Inter.*, *9*, 128–36.

Kanamori, H., and J. W. Given (1981) Use of long-period surface waves for rapid determination of earthquake-source parameters, *Phys. Earth Planet. Inter.*, *27*, 8–31.

Kanamori, H., and J. W. Given (1982) Analysis of long-period seismic waves excited by the May 18, 1980 eruption of Mount St. Helens – a terrestrial monopole?, *J. Geophys. Res.*, *87*, 5422–32.

Kanamori, H., and G. S. Stewart (1976) Mode of the strain release along the Gibbs Fracture Zone, Mid-Atlantic Ridge, *Phys. Earth Planet. Inter.*, *11*, 312–32.

Kanamori, H., E. Hauksson, and T. H. Heaton (1997) Real-time seismology and earthquake hazard mitigation, *Nature*, *390*, 461–4.

Kanasewich, E. R. (1981) *Time Sequence Analysis in Geophysics*, University of Alberta Press, Edmonton.

Karato, S., and H. A. Spetzler (1990) Defect microdynamics in minerals and solid state mechanisms of seismic wave attenuation and velocity dispersion in the mantle, *Rev. Geophys.*, *28*, 399–421.

Kaula, W. M. (1975) The seven ages of a planet, *Icarus*, *26*, 1–15.

Kearey, P., and M. Brooks (1984) *An Introduction to Geophysical Exploration*, Blackwell, Oxford.

Kearey, P., and F. Vine (1990) *Global Tectonics*, Blackwell, Oxford.

Keller, E., and N. Pinter (1996) *Active Tectonics: earthquakes, uplift, and the landscape*, Prentice-Hall, Upper Saddle River, NJ.

Kendall, J. M., and P. G. Silver (1996) Constraints from seismic anisotropy on the nature of the lowermost mantle, *Nature*, *381*, 409–12.

Kennett, B. L. N. (1977) Towards a more detailed seismic picture of the oceanic crust and mantle, *Mar. Geophys. Res.*, *3*, 7–42.

Kennett, B. L. N. (1983) *Seismic Wave Propagation in Stratified Media*, Cambridge University Press, Cambridge.

Kennett, B. L. N., and E. R. Engdahl (1991) Traveltimes for global earthquake location and phase identification, *Geophys. J. Int.*, *105*, 429–65.

Kennett, B. L. N., E. R. Engdahl, and R. Buland (1995) Constraints on seismic velocities in the Earth from travel times, *Geophys. J. Int.*, *122*, 108–24.

Kernighan, B. W., and P. J. Plauger (1976) *Software Tools*, Addison-Wesley, Reading, MA.

Kernighan, B. W., and P. J. Plauger (1978) *The Elements of Programming Style*, McGraw-Hill, New York.

Kikuchi, M., and H. Kanamori (1991) Inversion of complex body waves – III, *Bull. Seism. Soc. Am.*, *81*, 2335–50.

Kirby, S. H. (1980) Tectonic stresses in the lithosphere: Constraints provided by the experimental deformation of rocks, *J. Geophys. Res.*, *85*, 6353–63.

Kirby, S. H. (1983) Rheology of the lithosphere, *Rev. Geophys. Space Phys.*, *21*, 1458–87.

Kirby, S. H., and A. K. Kronenberg (1987) Rheology of the lithosphere: Selected topics, *Rev. Geophys.*, *25*, 1219–44.

Kirby, S. H., E. R. Engdahl, and R. Denlinger (1996a) Intermediate-depth intraslab earthquakes and arc volcanism as physical expressions of crustal and uppermost mantle metamorphism in subducting slabs, in G. E. Bebout, D. W. Scholl, S. H. Kirby and J. P. Platt (eds), *Subduction: Top to Bottom*, Am. Geophys. Un., Washington, DC, pp. 195–214.

Kirby, S. H., S. Stein, E. A. Okal, and D. C. Rubie (1996b) Metastable phase transformations and deep earthquakes in subducting oceanic lithosphere, *Rev. Geophys.*, *34*, 261–306.

Klein, C., and C. Hurlbut, Jr. (1985) *Manual of Mineralogy*, John Wiley & Sons, Inc., New York.

Klein, M. V., and T. E. Furtak (1986) *Optics*, 2nd edn, John Wiley & Sons, Inc., New York.

Klosko, E., J. DeLaughter, and S. Stein (2000) Technology in introductory geophysics: The high-low mix, *Comp. Geosci.*, *26*, 693–8.

Kovach, R. L. (1995) *Earth's Fury: an introduction to natural hazards and disasters*, Prentice-Hall, Englewood Cliffs, NJ.

Krinitzsky, E. L., J. P. Gould, and P. H. Edinger (1993) *Fundamentals of Earthquake Resistant Construction*, John Wiley & Sons, New York.

Kuhn, T. (1962) *The Structure of Scientific Revolutions*, University of Chicago Press, Chicago.

Kuo, B. Y., D. W. Forsyth, and M. W. Wysession (1987) Lateral heterogeneity and azimuthal anisotropy in the North Atlantic determined from SS-S differential travel times, *J. Geophys. Res.*, *92*, 6421–36.

Lachenbruch, A. H., and J. H. Sass (1988) The stress-heat flow paradox and thermal results from Cajon Pass, *Geophys. Res. Lett.*, *15*, 981–4.

Lambeck, K. (1988) *Geophysical Geodesy: the slow deformations of the earth*, Clarendon Press, Oxford.

Lanczos, C. (1961) *Linear Differential Operators*, Van Nostrand, London.

Langston, C. A. (1978) Moments, corner frequencies, and the free surface, *J. Geophys. Res.*, *83*, 3422–6.

Lapwood, E. R., and T. Usami (1981) *Free Oscillations of the Earth*, Cambridge University Press, Cambridge.

Larson, K., R. Bürgmann, R. Bilham, and J. T. Freymueller (1999) Kinematics of the India-Eurasia collision zone from GPS measurements, *J. Geophys. Res.*, *104*, 1077–94.

Lay, T. (1992) Nuclear testing and seismology, in *The Encyclopedia of Earth System Science*, vol. 3, Academic Press, New York, pp. 333–51.

Lay, T. (1994) *Structure and Fate of Subducting Slabs*, Academic Press, New York.

Lay, T., and T. C. Wallace (1995) *Modern Global Seismology*, Academic Press, New York.

Lewis, B. T. R. (1978) Evolution of ocean crust seismic velocities, *Ann. Rev. Earth Planet. Sci.*, *6*, 377–404.

Liu, H.-P., D. L. Anderson, and H. Kanamori (1976) Velocity dispersion due to anelasticity: Implications for seismology and mantle composition, *Geophys. J. R. Astron. Soc.*, *47*, 41–58.

Liu, M., Y. Zhu, S. Stein, Y. Yang, and J. Engeln (2000) Crustal shortening in the Andes: Why do GPS rates differ from geological rates?, *Geophys. Res. Lett.*, *18*, 3005–8.

Lomnitz, C. (1989) Comment on "temporal and magnitude dependence in earthquake recurrence models" by C. A. Cornell and S. R. Winterstein, *Bull. Seism. Soc. Am.*, *79*, 1662.

Lomnitz, C. (1994) *Fundamentals of Earthquake Prediction*, Wiley, New York.

Lorenz, E. (1993) *The Essence of Chaos*, University of Washington Press, Seattle.

Lowrie, W. (1997) *Fundamentals of Geophysics*, Cambridge University Press, Cambridge.

Lundgren, P. R., and D. Giardini (1994) Isolated deep earthquakes and the fate of subduction in the mantle, *J. Geophys. Res.*, *99*, 15,833–42.

Madariaga, R. I. (1972) Toroidal free oscillations of the laterally heterogeneous Earth, *Geophys. J. R. Astron. Soc.*, *27*, 81–100.

Main, I. G. (1978) *Vibrations and Waves in Physics*, Cambridge University Press, Cambridge.

Main, I. (1996) Statistical physics, seismogenesis, and seismic hazard, *Rev. Geophys.*, *34*, 433–62.

Malvern, L. E. (1969) *Introduction to the Mechanics of a Continuous Medium*, Prentice-Hall, Englewood Cliffs, NJ.

Marion, J. B. (1970) *Classical Dynamics of Particles and Systems*, 2nd edn, Academic Press, New York.

Marone, C. (1998) Laboratory-derived friction laws and their application to seismic faulting, *Ann. Rev. Earth Planet. Sci.*, *26*, 643–96.

Mavko, G. M. (1981) Mechanics of motion on major faults, *Ann. Rev. Earth Planet. Sci.*, *9*, 81–111.

McCann, W. R., S. P. Nishenko, L. R. Sykes, and J. Krause (1979) Seismic gaps and plate tectonics: Seismic potential for major plate boundaries, *Pure Appl. Geophys.*, *117*, 1082–147.

McClusky, S., *et al.* (2000) Global positioning system constraints on plate kinematics and dynamics in the eastern Mediterranean and Caucasus, *J. Geophys. Res.*, *105*, 5695–719.

McElhinny, M. W. (ed.) (1979) *The Earth, Its Origin, Structure and Evolution*, Academic Press Inc., New York.

McKenzie, D. P. (1969) Speculations on the consequences and causes of plate motions, *Geophys. J. R. Astron. Soc.*, *18*, 1–32.

McKenzie, D. P., and F. M. Richter (1978) Simple plate models of mantle convection, *J. Geophys.*, *44*, 441–71.

Medawar, P. (1979) *Advice to a Young Scientist*, Basic Books, New York.

Meissner, R. (1986) *The Continental Crust*, Academic Press, Inc., San Diego.

Melchior, P. (1986) *The Physics of the Earth's Core*, Pergamon Press, Oxford.

Meltzer, A. S., A. R. Levander, and W. D. Mooney (1987) Upper crustal structure in the Livermore valley and vicinity, *Bull. Seism. Soc. Am.*, *77*, 1655–73.

Menard, H. W. (1986) *The Ocean of Truth: a personal history of global tectonics*, Princeton Series in Geology and Paleontology, ed. A. G. Fischer, Princeton University Press, Princeton, NJ.

Mendiguren, J. A. (1973) High resolution spectroscopy of the Earth's free oscillations knowing the earthquake source mechanism, *Science*, *179*, 179–80.

Menke, W. (1984) *Geophysical Data Analysis: discrete inverse theory*, Academic Press, Inc., Orlando, FL.

Menke, W., and D. Abbott (1990) *Geophysical Theory*, Columbia University Press, New York.

Michael, A. J., and R. J. Geller (1984) Linear moment tensor inversion for shallow thrust earthquakes combining first motion and surface wave data, *J. Geophys. Res.*, *89*, 1889–97.

Michaels, A., D. Malmquist, A. Knap, and A. Close (1997) Climate science and insurance risk, *Nature*, *389*, 225–7.

Minster, J. B., and T. H. Jordan (1978) Present-day plate motions, *J. Geophys. Res.*, *83*, 5331–54.

Minster, J. B., T. H. Jordan, P. Molnar, and E. Haines (1974) Numerical modeling of instantaneous plate tectonics, *Geophys. J. R. Astron. Soc.*, *36*, 541–76.

Mitchell, B. J. (1995) Anelastic structure and evolution of the continental crust and upper mantle from seismic surface wave attenuation, *Rev. Geophys.*, *33*, 441–62.

Mitchell, B. J., J. Xie, and S. Baqer (1997) *Lg Excitation, Attenuation, and Source Spectral Scaling in Central and Eastern North America*, Report to the Nuclear Regulatory Commission, NUREG/CR-6563, Washington, DC.

Molnar, P. (1988) Continental tectonics in the aftermath of plate tectonics, *Nature*, *335*, 131–7.

Mooney, W. D., and C. S. Weaver (1989) Regional crustal structure and tectonics of the Pacific coastal states: California, Oregon, and Washington, in L. C. Pakiser and W. D. Mooney (eds), *Geophysical Framework of the Continental United States*, Geol. Soc. Amer. Mem. 172, Boulder, Co, pp. 129–61.

Mooney, W. D., G. Laske, and T. G. Masters (1998) CRUST 5.1; a global crustal model at 5 degrees X5 degrees, *J. Geophys. Res.*, *103*, 727–47.

Moores, E. M., and R. J. Twiss (1995) *Tectonics*, W. H. Freeman, New York.

Morris, G. B., R. W. Raitt, and G. G. Shor, Jr. (1969) Velocity anisotropy and delay-time maps of the mantle near Hawaii, *J. Geophys. Res.*, *74*, 4300–16.

Morse, P. M., and H. Feshbach (1953) *Methods of Theoretical Physics*, McGraw-Hill, New York.

Muller, B., J. Reinecker, B. Sperner, and K. Fuchs (2000) The 2000 release of the World Stress Map.

Nakamura, Y. (1983) Seismic velocity structure of the moon's upper mantle, *J. Geophys. Res.*, *88*, 677–86.

Nataf, H. C. (2000) Seismic imaging of mantle plumes, *Ann. Rev. Earth Planet. Sci.*, *28*, 391–417.

Nettles, M., and G. Ekström (1998) Faulting mechanism of anomalous earthquakes near Bardarbunga Volcano, Iceland, *J. Geophys. Res.*, *103*, 17,973–83.

Newman, A., S. Stein, J. Weber, J. Engeln, A. Mao, and T. Dixon (1999) Slow deformation and lower seismic hazard at the New Madrid Seismic Zone, *Science*, *284*, 619–21.

Newman, A., J. Schneider, S. Stein, and A. Mendez (2001) Uncertainties in seismic hazard maps for the New Madrid Seismic Zone and implications for seismic hazard communication, *Seism. Res. Lett.*, *72*, 653–67.

Ni, J., and M. Barazangi (1984) Seismotectonics of the Himalayan continental collision zone: geometry of the underthrusting Indian plate beneath the Himalayas, *J. Geophys. Res.*, *89*, 1147–64.

Nicolas, A. (1995) *The Mid-Oceanic Ridges*, Springer-Verlag, Berlin.

Nishenko, S. P., and L. R. Sykes (1993) Comment on "Seismic gap hypothesis: ten years after" by Kagan and Jackson, *J. Geophys. Res.*, *98*, 9909–16.

Nishimura, C., and D. Forsyth (1989) The anisotropic structure of the upper mantle in the Pacific, *Geophys. J. R. Astron. Soc.*, *96*, 203–26.

Noble, B. (1969) *Applied Linear Algebra*, Prentice-Hall, Englewood Cliffs, NJ.

Nolet, G. (1987) *Seismic Tomography*, D. Riedel, Dordrecht.

Norabuena, E., L. Leffler-Griffin, A. Mao, T. Dixon, S. Stein, I. S. Sacks, L. Ocala, and M. Ellis (1998) Space geodetic observations of Nazca-South America convergence along the Central Andes, *Science*, *279*, 358–62.

Officer, C. B. (1958) *Introduction to the Theory of Sound Transmission, with Application to the Ocean*, McGraw-Hill, New York.

Okada, Y. (1985) Surface deformation due to shear and tensile faults in a half-space, *Bull. Seism. Soc. Am.*, *75*, 1135–54.

Okal, E. A. (1992) A student's guide to teleseismic body wave amplitudes, *Seism. Res. Lett.*, *63*, 169–80.

Okal, E. A., and R. J. Geller (1979) On the observability of isotropic seismic sources: The July 31, 1970 Colombian earthquake, *Phys. Earth Planet. Inter.*, *18*, 176–96.

Okal, E. A., and B. Romanowicz (1994) On the variation of b-values with earthquake size, *Phys. Earth Planet. Inter.*, *87*, 55–76.

Oliver, J., and B. Isacks (1967) Deep earthquake zones, anomalous structures in the upper mantle, and the lithosphere, *J. Geophys. Res.*, *72*, 4259–75.

Owens, T. J., S. R. Taylor, and G. Zandt (1987) Crustal structure at regional seismic test network stations determined from the inversion of broadband teleseismic P waveforms, *Bull. Seism. Soc. Am.*, *77*, 631–62.

Pacheco, J., L. R. Sykes, and C. H. Scholz (1993) Nature of seismic coupling along simple plate boundaries of the subduction type, *J. Geophys. Res.*, *98*, 14,133–59.

Pakiser, L. C., and W. D. Mooney (eds.) (1989) *Geophysical Framework of the Continental United States*, Geol. Soc. Amer. Mem. 172, Boulder, Co.

Parker, R. L. (1977) Understanding inverse theory, *Ann. Rev. Earth Planet. Sci.*, *5*, 35–64.

Parsons, B., and F. M. Richter (1980) A relation between the driving force and geoid anomaly associated with mid-ocean ridges, *Earth Planet. Sci. Lett.*, *51*, 445–50.

Parsons, B., and J. G. Sclater (1977) An analysis of the variation of ocean floor bathymetry and heat flow with age, *J. Geophys. Res.*, *82*, 803–27.

Pearce, R. G. (1977) Fault plane solutions using the relative amplitudes of P and pP, *Geophys. J.*, *50*, 381–94.

Pearce, R. G. (1980) Fault plane solutions using the relative amplitudes of P and surface reflections: further studies, *Geophys. J.*, *60*, 459–87.

Peltier, W. R. (ed.) (1989) *Mantle Convection*, Gordon and Breach, New York.

Pho, H.-T., and L. Behe (1972) Extended distances and angles of incidence of P waves, *Bull. Seism. Soc. Am.*, *62*, 885–902.

Poirier, J.-P. (2000) *Introduction to the Physics of the Earth's Interior*, 2nd edn, Cambridge University Press, Cambridge.

Press, F., and R. Siever (1982) *Earth*, 3rd edn, W. H. Freeman, San Francisco.

Rabiner, L. R., and C. M. Rader (1972) *Digital Signal Processing*, IEEE Press, New York.

Ragan, D. M. (1968) *Structural Geology*, Wiley, New York.

Ranalli, G. (1987) *Rheology of the Earth*, Allen and Unwin, Boston.

Rebollar, C. J., L. Quintanar, J. Yamamoto, and A. Uribe (1999) Source process of the Chiapas, Mexico, intermediate-depth earthquake, *Bull. Seism. Soc. Am.*, *89*, 348–58.

Reiter, L. (1990) *Earthquake Hazard Analysis*, Columbia University Press, New York.

Reynolds, J. M. (1997) *An Introduction to Applied and Environmental Geophysics*, John Wiley & Sons, Chichester.

Rial, J. A., and V. F. Cormier (1980) Seismic waves at the epicenter's antipode, *J. Geophys. Res.*, *85*, 2661–8.

Richards, P. G., and J. Zavales (1990) Seismic discrimination of nuclear explosions, *Ann. Rev. Earth Planet. Sci.*, *18*, 257–86.

Richardson, W. P., S. Stein, C. Stein, and M. T. Zuber (1995) Geoid data and the thermal structure of the oceanic lithosphere, *Geophys. Res. Lett.*, *22*, 1913–16.

Richter, C. F. (1958) *Elementary Seismology*, W. H. Freeman, San Francisco.

Ringwood, A. E. (1975) *Composition and Petrology of the Earth's Mantle*, McGraw-Hill, New York.

Ringwood, A. E. (1979) Composition and origin of the Earth, in M. W. McElhinny (ed.), *The Earth, Its Origin, Structure and Evolution*, Academic Press Inc., New York, pp. 1–58.

Robbins, J. W., D. E. Smith, and C. Ma (1993) Horizontal crustal deformation and large scale plate motions inferred from space geodetic techniques, in D. E. Smith and D. L. Turcotte (eds), *Contributions of Space Geodesy to Geodynamics: crustal dynamics*, Geodynamics Series 23, Am. Geophys. Un., Washington, DC, pp. 21–36.

Robinson, E. A. (1983) *Migration of Geophysical Data*, International Human Resources Development Corp., Boston.

Robinson, E. A., and S. Treitel (1980) *Geophysical Signal Analysis*, Prentice-Hall, Englewood Cliffs, NJ.

Roeloffs, E. A., and J. Langbein (1994) The earthquake prediction experiment at Parkfield, California, *Rev. Geophys.*, *32*, 315–36.

Romanowicz, B. (1991) Seismic tomography of the earth's mantle, *Ann. Rev. Earth Planet. Sci.*, *19*, 77–99.

Romanowicz, B. (1992) Strike-slip earthquakes on quasi-vertical transcurrent faults: Inferences for general scaling relations, *Geophys. Res. Lett.*, *19*, 481–4.

Romanowicz, B. (1995) A global tomographic model of shear attenuation in the upper mantle, *J. Geophys. Res.*, *100*, 12,375–94.

Romanowicz, B. (1998) Attenuation tomography of the Earth's mantle: A review of current status, *Pure App. Geophys.*, *153*, 257–72.

Romanowicz, B., and P. Guillemant (1984) An experiment in the retrieval of depth and source mechanism of large earthquakes using very long period Rayleigh-wave data, *Bull. Seism. Soc. Am.*, *74*, 417–37.

Rosendahl, B. R. (1987) Architecture of continental rifts with special reference to East Africa, *Ann. Rev. Earth Planet. Sci.*, *15*, 445–503.

Roth, E. G., D. A. Wiens, L. M. Dorman, J. Hildebrand, and S. C. Webb (1999) Seismic attenuation tomography of the Tonga-Fiji region using phase pair methods, *J. Geophys. Res.*, *104*, 4795–809.

Ruff, L., and H. Kanamori (1980) Seismicity and the subduction process, *Phys. Earth Planet. Inter.*, *23*, 240–52.

Sadigh, K., C.-Y. Chang, J. A. Egan, F. Makdisi, and R. R. Youngs (1997) Attenuation relationships for shallow crustal earthquakes based on California strong motion data, *Seism. Res. Lett.*, *68*, 180–9.

Sangree, J. B., and J. M. Widmier (1979) Interpretation of depositional facies from seismic data, *Geophysics*, *44*, 131–60.

Sarewitz, D., and R. Pielke, Jr. (2000) Breaking the global-warming gridlock, *Atlantic Monthly*, July, 56–64.

Sarewitz, D., R. Pielke, Jr., and R. Byerly, Jr. (2000) *Prediction: science, decision making, and the future of nature*, Island Press, Washington, DC.

Sato, H., and M. C. Fehler (1998) *Seismic Wave Propagation and Scattering in the Heterogeneous Earth*, Springer-Verlag, New York.

Savage, J. C. (1983) A dislocation model of strain accumulation and release at a subduction zone, *J. Geophys. Res.*, *88*, 4984–96.

Savage, J. C. (1991) Criticism of some forecasts of the national earthquake prediction council, *Bull. Seism. Soc. Am.*, *81*, 862–81.

Savage, J. C. (1993) The Parkfield prediction fallacy, *Bull. Seism. Soc. Am.*, *83*, 1–6.

Scherbaum, F. (1996) *Of Poles and Zeros*, Kluwer, Dordrecht.

Schneider, W. A. (1971) Developments in seismic data processing and analysis (1968–1970), *Geophysics*, *36*, 1043–73.

Scholz, C. H. (1990) *The Mechanics of Earthquakes and Faulting*, Cambridge University Press, Cambridge.

Segall, P., and J. Davis (1997) GPS applications for geodynamics and earthquake studies, *Ann. Rev. Earth Planet. Sci.*, *25*, 301–36.

Shearer, P. M. (1994) Imaging Earth's seismic response at long periods, *Eos Trans. Am. Geophys. Un.*, *75*, 449, 451, 452.

Shearer, P. M. (1996) Transition zone velocity gradients and the 520-km discontinuity, *J. Geophys. Res.*, *101*, 3053–66.

Shearer, P. M. (1999) *Introduction to Seismology*, Cambridge University Press, Cambridge.

Shedlock, K., D. Giardini, G. Grunthal, and P. Zhang (2000) The GSHAP global seismic hazard map, *Seism. Res. Lett.*, *71*, 679–86.

Sheriff, R. E., and L. P. Geldart (1982) *Exploration Seismology*, Cambridge University Press, Cambridge.

Shimazaki, K., and T. Nakata (1980) Time-predictable recurrence model for large earthquakes, *Geophys. Res. Lett.*, *7*, 279–82.

Sieh, K., and S. LeVay (1998) *The Earth in Turmoil: earthquakes, volcanos, and their impact on humankind*, W. H. Freeman, New York.

Sieh, K., M. Stuiver, and D. Brillinger (1989) A more precise chronology of earthquakes produced by the San Andreas fault in southern California, *J. Geophys. Res.*, *94*, 603–24.

Silver, P. G. (1996) Seismic anisotropy beneath the continents: Probing the depths of geology, *Ann. Rev. Earth Planet. Sci.*, *24*, 385–432.

Silver, P. G., R. W. Carlson, and P. Olson (1988) Deep slabs, geochemical heterogeneity, and the large-scale structure of mantle convection, *Ann. Rev. Earth Planet. Sci.*, *16*, 477–541.

Simon, R. B. (1981) *Earthquake Interpretations*, William Kaufmann, Inc., Los Altos, CA.

Sipkin, S. A., and T. H. Jordan (1979) Frequency dependence of Q_{ScS}, *Bull. Seism. Soc. Am.*, *69*, 1055–79.

Sleep, N. H. (1990) Hotspots and mantle plumes: Some phenomenology, *J. Geophys. Res.*, *95*, 6715–36.

Sleep, N. H. (1992) Hotspots and mantle plumes, *Ann. Rev. Earth Planet. Sci.*, *20*, 19–43.

Sleep, N. H., and K. Fujita (1997) *Principles of Geophysics*, Blackwell, Malden, MA.

Sleep, N. H., and B. R. Rosendahl (1979) Topography and tectonics of mid-oceanic ridge axes, *J. Geophys. Res.*, *84*, 6831–9.

Sloan, M. E. (1980) *Introduction to Minicomputers and Microcomputers*, Addison-Wesley, Reading, MA.

Smith, D. E., and D. L. Turcotte (1993) *Contributions of Space Geodesy to Geodynamics*, Geodynamics Ser. 23, Am. Geophys. Un., Washington, DC.

Smith, R. B., and L. W. Braile (1994) The Yellowstone hotspot, *J. Volcan. Geotherm. Res.*, *61*, 121–87.

Smithson, S. B. (1989) Contrasting types of lower crust, in R. F. Mereu, S. Mueller and D. M. Fountain (eds), *Properties and Processes of Earth's Lower Crust*, IUGG 6, Am. Geophys. Un., Washington, DC, pp. 53–63.

Snelson, C. M., T. J. Henstock, G. R. Keller, K. C. Miller, and A. Levander (1998) Crustal and uppermost mantle structure along the Deep Probe seismic profile, *Rocky Mountain Geology*, *33*, 181–98.

Snieder, R. K. (2001) *A Guided Tour of Mathematical Physics*, Cambridge University Press, Cambridge.

Snoke, J. A., I. S. Sacks, and D. E. James (1979) Subduction beneath western South America: Evidence from converted phases, *Geophys. J. R. Astron. Soc.*, *59*, 219–25.

Solomon, S. C., and N. C. Burr (1979) The relationship of source parameters of ridge-crest and transform earthquakes to the thermal structure of oceanic lithosphere, *Tectonophysics*, *55*, 107–26.

Solomon, S. C., and D. R. Toomey (1992) The structure of mid-ocean ridges, *Ann. Rev. Earth Planet. Sci.*, *20*, 329–64.

Song, X., and D. V. Helmberger (1993) Anisotropy of Earth's inner core, *Geophys. Res. Lett.*, *20*, 2591–4.

Spakman, W., and G. Nolet (1988) Imaging algorithms, accuracy and resolution in delay time tomography, in N. J. Vlaar, G. Nolet, M. J. R. Wortel and S. A. P. L. Cloetingh (eds), *Mathematical Geophysics*, Reidel, Dordrecht, pp. 155–87.

Spakman, W., N. J. Vlaar, and M. J. R. Wortel (1988) The Hellenic subduction zone: A tomographic image and its geodynamic implications, *Geophys. Res. Lett.*, *15*, 60–3.

Spakman, W., S. Stein, R. van der Hilst, and R. Wortel (1989) Resolution experiments for NW Pacific subduction zone tomography, *Geophys. Res. Lett.*, *16*, 1097–110.

Spudich, P., and J. Orcutt (1980) A new look at the seismic velocity structure of the oceanic crust, *Rev. Geophys. Space Phys.*, *18*, 627–45.

Stacey, F. D. (1992) *Physics of the Earth*, 3rd edn, Brookfield Press, Kenmore, Brisbane.

Stein, C. A., and S. Stein (1992) A model for the global variation in oceanic depth and heat flow with lithospheric age, *Nature*, *359*, 123–9.

Stein, C. A. and S. Stein (1993) Constraints on Pacific midplate swells from global depth-age and heat flow-age models, in M. Pringle, W. Sager, W. Sliter, and S. Stein (eds), *The Mesozoic Pacific*, Geophysical Monog. 77, Am. Geophys. Un., Washington, DC, pp. 53–76.

Stein, C. A., S. Stein, and A. M. Pelayo (1995) Heat flow and hydrothermal circulation, in S. Humphris, L. Mullineaux, R. Zierenberg and R. Thomson (eds), *Seafloor Hydrothermal Systems, Physical, Chemical, Biological, and Geological Interactions*, Geophys. Mono. 91, Am. Geophys. Un., Washington, DC, pp. 425–45.

Stein, R. S. (1999) The role of stress transfer in earthquake occurrence, *Nature*, *402*, 605–9.

Stein, R. S., and R. S. Yeats (1989) Hidden earthquakes, *Sci. Am.*, *260*, 48–57.

Stein, R. S., G. C. P. King, and J. Lin (1994) Stress triggering of the 1994 M = 6.7 Northridge, California, earthquake by its predecessors, *Science*, *265*, 1432–5.

Stein, S. (1978) An earthquake swarm on the Chagos-Laccadive Ridge and its tectonic implications. *Geophys. J. R. Astron. Soc.*, *55*, 577–88.

Stein, S. (1992) Seismic gaps and grizzly bears, *Nature*, *356*, 387–8.

Stein, S. (1993) Space geodesy and plate motions, in D. E. Smith and D. L. Turcotte (eds), *Contributions of Space Geodesy to Geodynamics: crustal dynamics*, Geodynamics Series 23, Am. Geophys. Un., Washington, DC, pp. 5–20.

Stein, S., and R. J. Geller (1978) Time-domain observation and synthesis of split spheroidal and torsional free oscillations of the 1960 Chilean earthquake: Preliminary results, *Bull. Seism. Soc. Am.*, *68*, 325–32.

Stein, S., and R. G. Gordon (1984) Statistical tests of additional plate boundaries from plate motion inversions, *Earth Planet. Sci. Lett.*, *69*, 401–12.

Stein, S., and E. R. Klosko (2002) Earthquake mechanisms and plate tectonics, in R. A. Meyers (ed.), *The Encyclopedia of Physical Science and Technology*, Academic Press, San Diego.

Stein, S., and G. C. Kroeger (1980) Estimating earthquake source parameters from seismological data, in S. Nemat-Nasser (ed.), *Solid Earth Geophysics and Geotechnology*, AMD Symp. Ser., 42, Amer. Soc. Mech. Engin., New York, pp. 61–71.

Stein, S., and A. Pelayo (1991) Seismological constraints on stress in the oceanic lithosphere, *Phil. Trans. R. Soc. London Ser. A*, *337*, 53–72.

Stein, S., and D. C. Rubie (1999) Deep earthquakes in real slabs, *Science*, *286*, 909–10.

Stein, S., and C. A. Stein (1996) Thermo-mechanical evolution of oceanic lithosphere: Implications for the subduction process and deep earthquakes, in G. E. Bebout, D. W. Scholl, S. H. Kirby and J. P. Platt (eds), *Subduction: top to bottom*, Am. Geophys. Un., Washington, DC, pp. 1–17.

Stein, S., and D. Wiens (1986) Depth determination for shallow teleseismic earthquakes: Methods and results, *Rev. Geophys. Space Phys.*, *24*, 806–32.

Stein, S., and D. F. Woods (1989) Seismicity: Midocean ridge, in D. E. James (ed.), *The Encyclopedia of Solid Earth Geophysics*, Van Nostrand Reinhold, New York, pp. 1050–4.

Stein, S., N. H. Sleep, R. J. Geller, S. C. Wang, and G. C. Kroeger (1979) Earthquakes along the passive margin of eastern Canada, *Geophys. Res. Lett.*, *6*, 537–40.

Stein, S., J. M. Mills, Jr., and R. J. Geller (1981) Q^{-1} models from data space inversion of fundamental spheroidal mode attenuation measurements, in Stacey *et al.* (eds), *Anelasticity in the Earth*, Geodynamics Series, 4, Am. Geophys. Un., Washington, DC, pp. 39–53.

Stein, S., J. F. Engeln, C. DeMets, R. G. Gordon, D. Woods, P. Lundgren, D. Agrus, C. Stein, and D. A. Wiens (1986) The Nazca–South America convergence rate and the recurrence of the great 1960 Chilean earthquake, *Geophys. Res. Lett.*, *13*, 713–16.

Stein, S., S. Cloetingh, N. Sleep, and R. Wortel (1989) Passive margin earthquakes, stresses, and rheology, in S. Gregerson and P. Basham (eds), *Earthquakes at North-Atlantic Passive Margins: neotectonics and postglacial rebound*, Kluwer, Dordrecht, pp. 231–60.

Stixrude, L. (1998) Elastic constants and anisotropy of $MgSiO_3$ perovskite, periclase, and SiO_2 at high pressure, in M. Gurnis, M. E. Wysession, E. Knittle and B. Buffett (eds), *The Core-Mantle Boundary Region*, Am. Geophys. Un., Washington, DC, pp. 83–96.

Stixrude, L., and R. E. Cohen (1995) High-pressure elasticity of iron and anisotropy of Earth's inner core, *Science*, *267*, 1972–5.

Strahler, A. N. (1969) *Physical Geography*, John Wiley, New York.

Su, W., R. L. Woodward, and A. M. Dziewonski (1994) Degree 12 model of shear velocity heterogeneity in the mantle, *J. Geophys. Res.*, *99*, 6945–80.

Sykes, L. R., and D. M. Davis (1987) The yields of Soviet strategic weapons, *Sci. Am.*, *256*, 29–37.

Sykes, L. R., and S. P. Nishenko (1984) Probabilities of occurrence of large plate rupturing earthquakes for the San Andreas, San Jacinto, and Imperial Faults, California, 1983–2003, *J. Geophys. Res.*, *89*, 5905–27.

Sykes, L. R., B. E. Shaw, and C. H. Scholz (1999) Rethinking earthquake prediction, *Pure Appl. Geophys.*, *155*, 207–32.

Talandier, J., and E. A. Okal (1979) Human perception of T waves: The June 22, 1977 Tonga earthquake felt on Tahiti, *Bull. Seism. Soc. Am.*, *69*, 1475–86.

Taner, M. T., and F. Kohler (1969) Velocity spectra — digital computer derivation and application of velocity spectra, *Geophysics*, *34*, 859–81.

Tappin, D., *et al.* (1999) Sediment slump likely caused Papua New Guinea tsunami, *Eos Trans. Am. Geophys. Un.*, *80*, 329–34.

Tapponnier, P., G. Peltzer, A. Le Dain, R. Armijo, and P. Cobbold (1982) Propagating extrusion tectonics in Asia: New insights from simple experiments with plasticine, *Geology*, *10*, 611–16.

Tatham, R. (1989) Tau-p filtering, in P. L. Stoffa (ed.), *Tau-p, a Plane Wave Approach to the Analysis of Seismic Data*, Kluwer, Dordrecht, pp. 35–70.

Telford, W. M., L. P. Geldart, R. E. Sheriff, and D. A. Keys (1976) *Applied Geophysics*, Cambridge University Press, Cambridge.

Thatcher, W. (1983) Nonlinear strain buildup and the earthquake cycle on San Andreas fault, *J. Geophys. Res.*, *88*, 5893–902.

Thio, H. K., and H. Kanamori (1996) Source complexity of the 1994 Northridge, California, earthquake and its relation to aftershock mechanisms, *Bull. Seism. Soc. Am.*, *86*, S84–92.

Thurber, C. H., and K. Aki (1987) Three dimensional seismic imaging, *Ann. Rev. Earth Planet. Sci.*, *15*, 115–39.

Toomey, D. R., S. C. Solomon, and G. M. Purdy (1988) Microearthquakes beneath the median valley of the Mid-Atlantic Ridge near 23°N: Tomography and tectonics, *J. Geophys. Res.*, *93*, 9093–112.

Torge, W. (1991) *Geodesy*, de Gruyter, Berlin.

Triep, E. G., and L. R. Sykes (1997) Frequency of occurrence of moderate to great earthquakes in intracontinental regions: Implications for changes in stress, earthquake prediction, and hazard assessments, *J. Geophys. Res.*, *102*, 9923–48.

Tromp, J. (1993) Support for anisotropy of the Earth's inner core from free oscillations, *Nature*, *366*, 678–81.

Tsai, Y.-B., and K. Aki (1970) Precise focal depth determination from amplitude spectra of surface waves, *J. Geophys. Res.*, *75*, 5729–43.

Tse, S. T., and J. R. Rice (1986) Crustal earthquake instability in relation to the depth variation of frictional slip properties, *J. Geophys. Res.*, *91*, 9452–72.

Turcotte, D. L. (1991) Earthquake prediction, *Ann. Rev. Earth Planet. Sci.*, *19*, 263–82.

Turcotte, D. L. (1992) *Fractals and Chaos in Geology and Geophysics*, Cambridge University Press, Cambridge.

Turcotte, D. L., and G. Schubert (1982) *Geodynamics: applications of continuum physics to geological problems*, John Wiley, New York.

Udias, A. (1999) *Principles of Seismology*, Cambridge University Press, Cambridge.

Usselman, T. N. (1975) Experimental approach to the state of the core, I: The liquidus relations of the Fe-rich portion of the Fe-Ni-S system from 30 to 100 kb, *Am. J. Sci.*, *275*, 291–303.

Uyeda, S. (1978) *The New View of the Earth*, W. H. Freeman, San Francisco.

van der Hilst, R. D., and W. Spakman (1989) Importance of the reference model in linearized tomography and images of subduction below the Caribbean plate, *Geophys. Res. Lett.*, *16*, 1093–6.

van der Hilst, R. D., S. Widiyantoro, K. C. Creager, and T. J. McSweeney (1998) Deep subduction and aspherical variations in P-wavespeed at the base of earth's mantle, in M. Gurnis, M. E. Wysession, E. Knittle, and B. Buffett (eds), *The Core-Mantle Boundary Region*, Am. Geophys. Un., Washington, DC, pp. 5–20.

van der Lee, S., and G. Nolet (1997) Upper mantle S velocity structure of North America, *J. Geophys. Res.*, *102*, 22,815–38.

Vassiliou, M. S. (1984) The state of stress in subducting slabs as revealed by earthquakes analysed by moment tensor inversion, *Earth Planet. Sci. Lett.*, *69*, 195–202.

Vassiliou, M. S., B. H. Hager, and A. Raefsky (1984) The distribution of earthquakes with depth and stress in subducting slabs, *J. Geodynam.*, *1*, 11–28.

Vera, E. E., J. C. Mutter, P. Buhl, J. A. Orcutt, A. J. Harding, M. E. Kappus, R. S. Detrick, and T. M. Brocher (1990) The structure of 0–0.2-m.y.-old oceanic crust at 9°N on the East Pacific Rise from expanded spread profiles, *J. Geophys. Res.*, *95*, 15,529–56.

Verhoogen, J. (1980) *Energetics of the Earth*, National Academy of Sciences, Washington, DC.

Vidale, J. E., and H. M. Benz (1992) Upper-mantle seismic discontinuities and the thermal structure of subduction zones, *Nature*, *356*, 678–83.

Von Huene, R., L. D. Kulm, and J. Miller (1985) Structure of the frontal part of the Andean continental margin, *J. Geophys. Res.*, *90*, 5429–42.

Walck, M. C. (1984) The P-wave upper mantle structure beneath an active spreading center: The Gulf of California, *Geophys. J. R. Astron. Soc.*, *76*, 697–723.

Wald, D. J., H. Kanamori, D. V. Helmberger, and T. H. Heaton (1993) Source study of the 1906 San Francisco earthquake, *Bull. Seism. Soc. Am.*, *83*, 981–1019.

Wald, D. J., T. H. Heaton, and K. Hudnut (1996) The slip history of the 1994 Northridge, California, earthquake determined from strong-motion, teleseismic, GPS, and leveling data, *Bull. Seism. Soc. Am.*, *86*, S49–70.

Wallace, T. C. (1985) A reexamination of the moment tensor solutions of the 1980 Mammoth Lakes earthquakes, *J. Geophys. Res.*, *90*, 11,171–6.

Wallace, T. C., A. Velasco, J. Zhang, and T. Lay (1991) Broadband seismological investigation of the 1989 Loma Prieta earthquake, *Bull. Seism. Soc. Am.*, *81*, 1622–46.

Ward, P. D., and D. Brownlee (2000) *Rare Earth*, Copernicus Press, New York.

Ward, S. (1989) Tsunamis, in D. E. James (ed.), *The Encyclopedia of Solid Earth Geophysics*, Van Nostrand-Reinhold, New York, pp. 1279–92.

Waters, K. H. (1981) *Reflection Seismology: a tool for energy resource exploration*, John Wiley, New York.

Weber, J., S. Stein, and J. Engeln (1998) Estimation of strain accumulation in the New Madrid seismic zone from repeat Global Positioning System surveys, *Tectonics*, *17*, 250–66.

Weertman, J., and J. R. Weertman (1975) High temperature creep of rock and mantle viscosity, *Ann. Rev. Earth Planet. Sci.*, *3*, 293–315.

Weidner, D. J. (1986) Mantle model based on measured physical properties of minerals, in S. K. Saxena (ed.), *Chemistry and Physics of Terrestrial Planets*, Advances in Physical Geochemistry, 6, Springer-Verlag, New York, pp. 251–74.

Wells, D. L., and K. J. Coppersmith (1994) New empirical relations among magnitude, rupture length, rupture width, rupture area and surface displacement, *Bull. Seism. Soc. Am.*, *84*, 974–1002.

Widmer, R., G. Masters, and F. Gilbert (1992) Observably-split multiplets — data analysis and interpretation in terms of large-scale aspherical structure, *Geophys. J. R. Astron. Soc.*, *111*, 559–76.

Wiegel, R. L. (ed.) (1970) *Earthquake Engineering*, Prentice-Hall, Englewood Cliffs, NJ.

Wiemer, S., and M. Wyss (1997) Mapping the frequency-magnitude distribution in asperities: An improved technique to calculate recurrence times?, *J. Geophys. Res.*, *102*, 15,115–28.

Wiens, D. A., and S. Stein (1983) Age dependence of oceanic intraplate seismicity and implications for lithospheric evolution, *J. Geophys. Res.*, *88*, 6455–68.

Wiens, D. A., and S. Stein (1984) Intraplate seismicity and stresses in young oceanic lithosphere, *J. Geophys. Res.*, *89*, 11,442–64.

Wiens, D. A., and S. Stein (1985) Implications of oceanic intraplate seismicity for plate stresses, driving forces and rheology, *Tectonophysics*, *116*, 143–62.

Wiens, D. A., *et al.* (1985) A diffuse plate boundary model for Indian Ocean tectonics, *Geophys. Res. Lett.*, *12*, 429–32.

Wiggins, R. A. (1972) The general linear inverse problem: Implication of surface waves and free oscillations for Earth structure, *Rev. Geophys. Space Phys.*, *10*, 251–85.

Wilson, J. T. (1976) *Continents Adrift and Continental Aground*, W. H. Freeman, San Francisco.

Wong, J., N. Bregman, G. West, and P. Hurley (1987) Cross-hole seismic scanning and tomography, *Leading Edge*, *6*, 36–41.

Wood, B. J., and D. G. Fraser (1977) *Elementary Thermodynamics for Geologists*, Oxford University Press, Oxford.

Woodhouse, J. H., and A. M. Dziewonski (1984) Mapping the upper mantle: Three dimensional modeling of Earth structure by inversion of seismic waveforms, *J. Geophys. Res.*, *89*, 5953–86.

Woods, M. T., and E. A. Okal (1987) Effect of variable bathymetry on the amplitude of teleseismic tsunamis: A ray-tracing experiment, *Geophys. Res. Lett.*, *14*, 765–8.

Wyllie, P. J. (1971) *The Dynamic Earth: textbook in geosciences*, John Wiley, New York.

Wysession, M. E. (1996a) Imaging cold rock at the base of slabs: The sometimes fate of slabs?, in G. E. Bebout, D. W. Scholl, S. H. Kirby, and J. P. Platt (eds), *Subduction: top to bottom*, Am. Geophys. Un., Washington, DC, pp. 369–84.

Wysession, M. E. (1996b) Large-scale structure at the core–mantle boundary from core-diffracted waves, *Nature*, *382*, 244–8.

Wysession, M. E., and P. J. Shore (1994) Visualization of whole mantle propagation of seismic shear energy using normal mode summation, *Pure Appl. Geophys.*, *142*, 295–310.

Wysession, M. E., J. Wilson, L. Bartko, and R. Sakata (1995) Intraplate seismicity in the Atlantic Ocean basin: A teleseismic catalog, *Bull. Seism. Soc. Am.*, *85*, 755–74.

Wysession, M. E., B. C. Hicks, D. A. Wiens, and P. J. Shore (1996) Determining the frequency–magnitude–depth relations of seismicity in the Tonga subduction zone. *Seism. Res. Lett.*, *67*, 62.

Wysession, M. E., T. Lay, J. Revenaugh, Q. Williams, E. J. Garnero, R. Jeanloz, and L. H. Kellogg (1998) Implications of the D″ discontinuity, in M. Gurnis, M. E. Wysession, E. Knittle, and B. Buffett (eds), *The Core–Mantle Boundary Region*, Am. Geophys. Un., Washington, DC, pp. 273–97.

Wyss, M., and R. Koyanagi (1992) Seismic gaps in Hawaii, *Bull. Seism. Soc. Am.*, *82*, 1373–87.

Wyss, M., R. K. Aceves, and S. K. Park (1997) Cannot earthquakes be predicted?, *Science*, *278*, 487–90.

Yeats, R. S., K. Sieh, and C. R. Allen (1997) *The Geology of Earthquakes*, Oxford University Press, New York.

Yilmaz, O. (1987) *Seismic Data Processing*, Society of Exploration Geophysicists, Tulsa, OK.

Young, C. J., and T. Lay (1990) Multiple phase analysis of the shear velocity structure in the D″ region beneath Alaska, *J. Geophys. Res.*, *95*, 17,385–402.

Young, G. B., and L. W. Braile (1976) A computer program for the application of Zoeppritz's amplitude equations and Knott's energy equations, *Bull. Seism. Soc. Am.*, 66, 1881–6.

Youngs, R. R., and K. J. Coppersmith (1985) Implications of fault slip rates and earthquake recurrence models to probabilistic seismic hazard estimates, *Bull. Seism. Soc. Am.*, *75*, 939–64.

Yu, G.-K., and B. Mitchell (1979) Regionalized shear velocity models of the Pacific upper mantle from observed Rayleigh and Love wave dispersion, *Geophys. J. R. Astron. Soc.*, *57*, 311–42.

Zhao, L., T. Jordan, and C. Chapman (2000) Three-dimensional Frechet differential kernels for seismic delay times, *Geophys. J. Int.*, *141*, 558–76.

Zoback, M. L. (1992) First and second order patterns of stress in the lithosphere: The world stress map project, *J. Geophys. Res.*, *97*, 11,703–2104.

索引

A

阿尔弗雷德·魏格纳，Alfred Wegener，8
埃尔米特矩阵(又称自共扼矩阵)，Hermitian matrix，426

B

拜耳莱定律，Byerlee's law，335
半震源球，focal hemisphere，210
伴随矩阵，adjoint matrix，426
包络，envelope，89
北岭，Northridge，11
本构方程，constitutive equation，38
本征频率，eigenfrequency，36
毕达哥拉斯定理(又称勾股定理)，Pythagorean theorem，421
标量势函数，scalar potential，52
标准地震数据交换格式，standard for the exchange of earthquake data(SEED)，387
表面本征函数，surface eigenfunction，97
波的二元性，mode-wave duality，96
波动周期，wave cycle，32
波峰，crest，31
波谷，trough，31
波前，wave front，53
波数向量，wavenumber vector，53
波向量，wave vector，53
波形愈合，waveform annealing，72
泊松比，Poisson's ratio，50
泊松固体，Poisson solid，50
不均匀波，inhomogeneous wave，75

C

层速度，interval velocity，130
查尔斯顿市，Charleston，21
长谷火山口，Long Valley caldera，316
超临界，postcritical，65
初动，first motion，3
初始相位，initial phase，90
纯橄榄岩，dunite，194
纯预测，pure prediction，7
次安第斯前陆褶皱冲断带，subAndean foreland fold-and-thrust belt，322
从众效应，bandwagon effect，7

D

大森定律，Omori's law，260
大圆，great circle，55
代数余子式矩阵，cofactor matrix，427
带谐函数，zonal harmonics，98
单谱，singlet，99
单式矩阵，unitary matrix，427
单轴拉伸，uniaxial tension，49
弹性回跳，elastic rebound，21
弹性应变能，elastic strain energy，51
导波，waveguide，67
等效体力，equivalent body force，208
迪克斯方程，Dix equation，129
地壳，crust，1
地幔，mantle，1
地幔对流，mantle convection，1
地幔岩，pyrolite，194
地震低速带，low-velocity zone(LVZ)，162
地震海浪预警，seismic sea wave warning system，26
地震计，seismometer，1
地震矩，seismic moment，6
地震矩变化速率函数，seismic moment rate function，209
地震空区，seismic gap，24
地震烈度，intensity，12
地震谱，seismic spectrum，57
地震图，seismogram，1
地震学研究联合会，Incorporated Research Institutions for Seismology(IRIS)，28
地震预报，earthquake forecasting，20
地震预测，prediction of earthquake，20
地震周期，seismic cycle，23
多路径，multi-pathing，177
多谱，multiplet，99

F

发震时间，origin time，1
反射，reflection，2
反演问题，inverse problem，6
方位角阶数，azimuthal order，98

菲涅尔区，Fresnel zone，158
费马原理，Fermat's principle，68
辐射花样，radiation pattern，102
俯冲带，subduction zone，5
辅助面，auxiliary plane，208
傅里叶变换，Fourier transform，89
傅里叶逆变换，inverse Fourier transform，90

G

橄榄石，olivine，57
刚性模量，rigidity，49
高级国家地震系统，Advanced National Seismic System (ANSS)，390
高阶振型，higher mode，87
各向同性，isotropy，49
各向异性，anisotropy，57
国际地震汇编，*International Seismological Summary*，225
国际地震中心，International Seismological Centre (ISC)，236
国际监测系统，International Monitoring System (IMS)，28
国家地震减灾计划，National Earthquake Hazards Reduction Program，11

H

哈罗德・杰弗里斯，Harold Jeffreys，8
海底地震计，ocean bottom seismometer (OBS)，387
焊接，welded，51
合成孔径雷达干涉测量，synthetic aperture radar interferometry (InSAR)，237
和达-贝尼奥夫带，Wadati-Benioff zone，271
横波，transverse，55
横向不均匀，laterally heterogeneous，60
横向均匀，laterally homogenous，60
横向扩散，lateral spreading，19
互易定理，reciprocity，37
环状大孔径地震台阵，circular large aperture seismic array (LASA)，388
惠更斯原理，Huygens' principle，69

J

基尔霍夫积分，Kirchhoff integral，72
基尔霍夫偏移，Kirchoff migration，147
基阶振型，fundamental mode，87
极性，polarity，207
几何扩散，geometrical spreading，54
几何射线理论，geometrical ray theory，68
挤压，compression，207
尖晶橄榄石，ringwoodite，195
尖晶石，spinel，195
剪切波，shear wave，2
剪切应力，shear stress，40
简正振型，normal mode，5
渐变函数，taper，362
角度阶数，angular order，97
阶数，overtone number，96
节面，nodal plane，208
节线，nodal line，98
截止角频率，cutoff angular frequency，87
解耦，decoupled，61
经度，longitude，97
精确度，precision，6
径向，radial，56
径向阶数，radial order，99
静岩石，lithostatic，45
矩张量，moment，3

K

康拉德，Conrad，123
抗压性，incompressibility，49
可靠性，accuracy，6
可控震源数据，vibroseis data，141
克拉佩龙，Clapeyron，297
克罗内克，Kronecker，37
库仑-莫尔破裂准则，Coulomb-Mohr failure criterion，333
矿物晶格优选方位，lattice-preferred orientation (LPO)，169

L

拉梅常数，Lame constant，49
兰乔斯分解，Lanczos decomposition，404
勒夫波，Love wave，82
勒让德多项式，associated Legendre functions，98
离散傅里叶逆变换，inverse discrete Fourier transform (IDFT)，367
离源角，take-off angle，210
里程碑式的跃进，paradigm shifts，8
理想液体，perfect fluid，49
力偶，force couple，208
立体投影，stereographic，211
连续介质力学，continuum mechanics，38
联合震源定位，joint epicenter determination (JED)，401
临界角，critical angle，65
零轴，null axis，208
六角紧密堆积，hexagonal close-packed (HCP)，176
洛马普列塔，Loma Prieta，6

M

麦克斯韦弛豫时间，Maxwell relaxation time，337
麦克斯韦黏弹性材料，Maxwell viscoelastic material，336
镁方铁矿，magnesiowustite，196
镁橄榄石，forsterite，194
面心立方，face-centered-cubic (FCC)，176
模拟反混叠滤波器，analog anti-aliasing filter，382
莫尔包络线，Mohr envelopes，334
莫霍洛维奇，Mohorovičić，115

N

内核，inner core，1

内摩擦系数，coefficient of internal friction，333
能量通量，energy flux，74
能流，flux，36
逆冲断层，thrust fault，207
逆断层，reverse fault，207
黏弹性，viscoelastic，186
黏结强度，cohesive strength，333
挪威地震台阵，Norwegian Seismic Array(NORSAR)，388

O

欧拉极，Euler pole，271
偶然误差，aleatory uncertainty，7
耦合，coupled，61

P

帕克菲尔德，Parkfield，23
帕姆代尔隆起，Palmdale bulge，25
帕塞瓦尔定理，Parseval's theorem，354
排列符号，permutation symbol，47
喷沙，sand blows，19
盆岭，basin and range，124
膨胀，dilation，47
偏应力，deviatoric stress，45
频率，frequency，32
频散，dispersion，82
平衡态方程，equation of equilibrium，46
平面谐波，harmonic plane wave，53
平移，translation，46

Q

齐次运动方程，homogeneous equation of motion，46
奇异矩阵，singular matrix，427
前兆，precursor，25
前震，foreshock，205
切向，transverse，56
倾滑运动，dip-slip motion，207
全内部反射，total internal reflection，65
全球地震台网，Global Seismographic Network(GSN)，386
全球定位系统，Global Positioning System(GPS)，10
全球数字地震台网，Global Digital Seismic Network(GDSN)，385
群速度，group velocity，89

R

热雷诺数，thermal Reynolds number，284
认知误差，epistemic uncertainty，7
瑞利波，Rayleigh wave，82

S

散射，scattering，177
扫频，sweep，141
扇谐函数，sectoral harmonics，98
上盘，hanging wall，206
射线路径，ray path，62
甚长基线干涉测量，very long baseline interferometry(VLBI)，236
声波阻抗，acoustic impedance，33
声发层，sound fixing and ranging，67
圣安德烈斯断层，San Andreas fault，4
实时地震预警，real-time warning，26
世界标准地震台网，World Wide Standardized Seismographic Network (WWSSN)，27
视精度，apparent precision，7
数字反混叠滤波器，digital anti-aliasing filter，383
数字宽频带地震台网联合会，Digital Broad-Band Seismographic Network (FDSN)，386
数字信号转换，analog-to-digital conversion(ADC)，383
双力偶，double couple，208
水中检波器，hydrophone，68
斯皮塔克，Spitak，11
索引表示法，index notation，40

T

特琼堡，Fort Tejon，21
特征方程，eigenfunction，88
田谐函数，tesseral harmonics，98
同震，coseismic，205
土壤液化，liquefaction，19

W

瓦兹利石，wadsleyite，195
外核，outer core，1
微震，microseismicity，25
卫星激光测距，satellite laser ranging(SLR)，278
无限小应变理论，infinitesimal strain theory，48

X

下盘，foot wall，206
线弹性，linearly elastic，48
相位，phase，31
相位谱，phase spectrum，90
向量势函数，vector potential，52
消散波，evanescent wave，65
小圆，small circle，437
新马德里，New Madrid，21
形变，deformation，30
形态优选方位，shape-preferred orientation(SPO)，169
修正麦卡利烈度表，modified Mercalli intensity(MMI)，12
旋转，rotation，46

Y

压缩波，compressional wave，2

岩石断裂强度，rock's fracture strength，330
衍射，diffraction，2
杨氏模量，Young's modulus，50
洋中脊，mid-ocean ridge，8
应变张量，strain tensor，38
应力张量，stress tensor，38
右旋，right-lateral，207
余纬度，colatitude，97
运动方程，equation of motion，38

Z

载波，carrier wave，89
增广矩阵，augmented matrix，428
折合走时图，reduced travel time plot，116
折射，refraction，1
振幅谱，amplitude spectrum，90
震级，magnitude，3
震间，interseismic，205
震前，preseismic，205
震源，focus/hypocenter，3
震源机制，focal mechanism，207
震源时间函数，source time function，209
正常时差，normal moveout (NMO)，128
正断层，normal fault，207
正应力，normal stress，40
质点运动图，particle motion plot，57
滞弹性，anelasticity，177
重力均衡，isostasy，124
驻波，standing wave，36
转换断层，transform fault，7
自由振荡，free oscillation，36
纵波，longitudinal wave，55
走滑，strike-slip，207
左旋，left-lateral，207

其他

《部分禁止核试验条约》，*Limited Test Ban Treaty*，27
《核试验当量上限条约》，*Threshold Test Ban Treaty*，27
《全面禁止核试验条约》，*Comprehensive Test Ban Treaty*，27
P 波，primary wave，2
S 波，secondary wave，2